JN192747

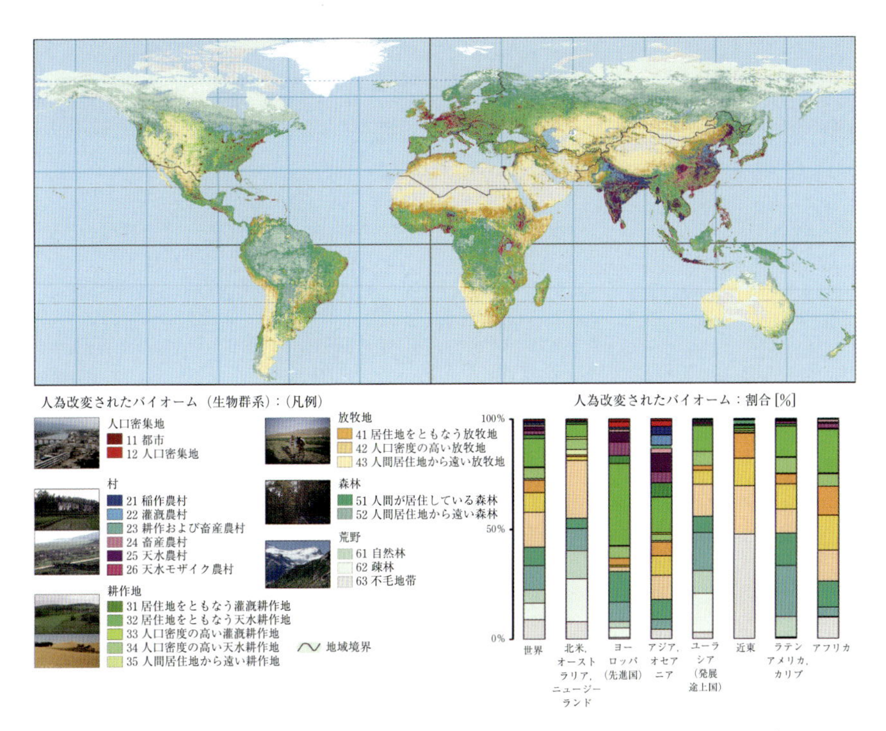


口絵 1（図 1.8） 世界の人為により改変された生態系（Ellis and Ramankutty 2008）

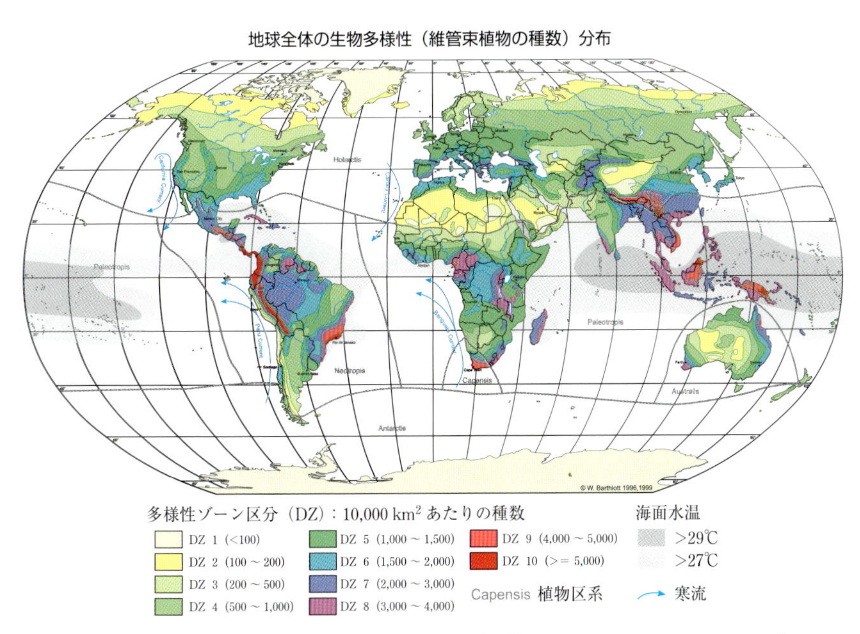


口絵 2（図 2.37 上） 種の豊富さのグローバル分布（観測．Kleiden and Mooney 2000）

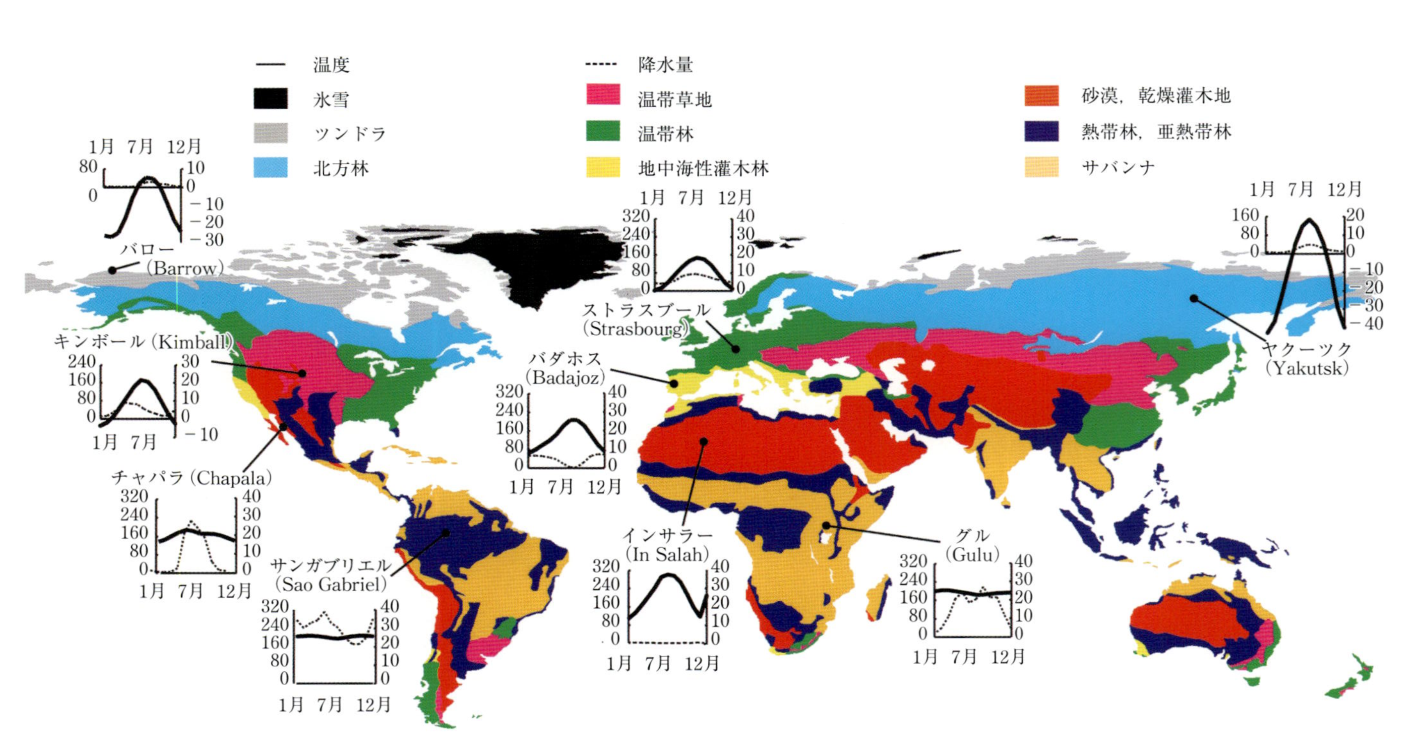


口絵 3（図 2.24） 地球上の主なバイオームの分布，および代表的な場所での月平均気温と降水量の季節パターン
（気候データ：http://www.ncdc.noaa.gov/oa/climate/stationlocator.html，地図：Bailey 1998）

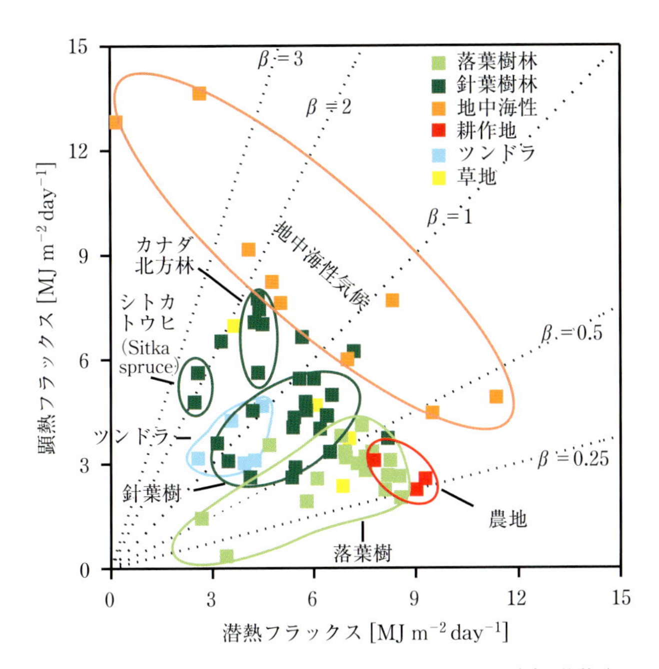


**口絵 4（図 4.3）** さまざまな生態系における顕熱および潜熱フラックスの夏季平均値（Wilson et al. 2002）

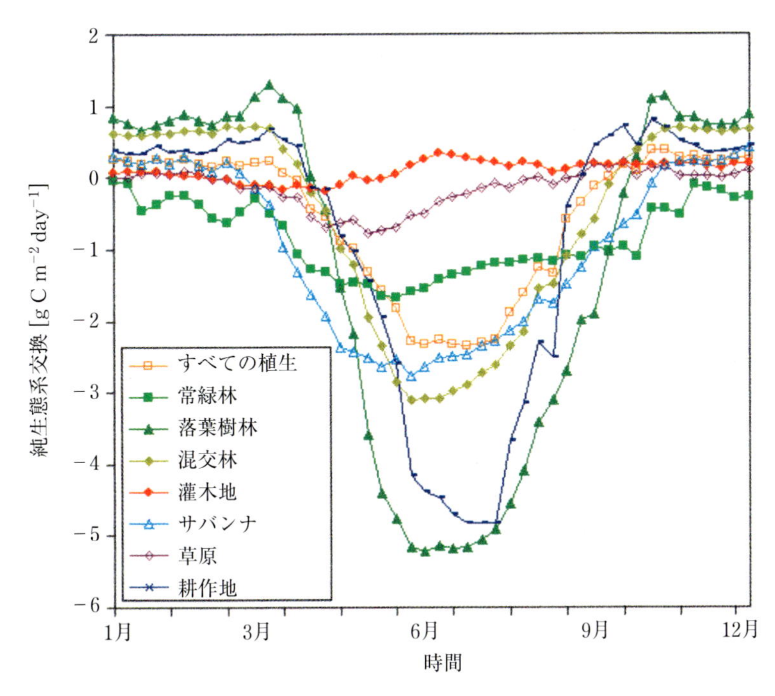


**口絵 5（図 7.18）** 2005 年のアメリカにおける主要な植生タイプの NEE の季節変化（Xiao et al. 2008）

④

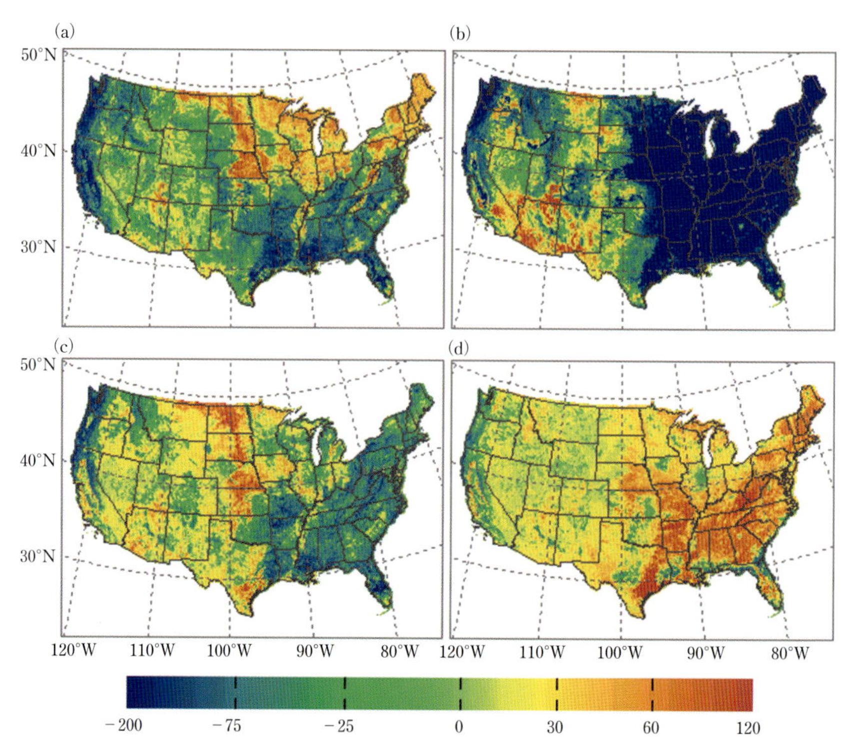


口絵 6（図 7.19） AmeriFlux による純生態系交換（NEE）の測定結果と MODIS 衛星画像を用いた回帰モデルに基づいて予測された NEE マップ（Xiao et al. 2008）

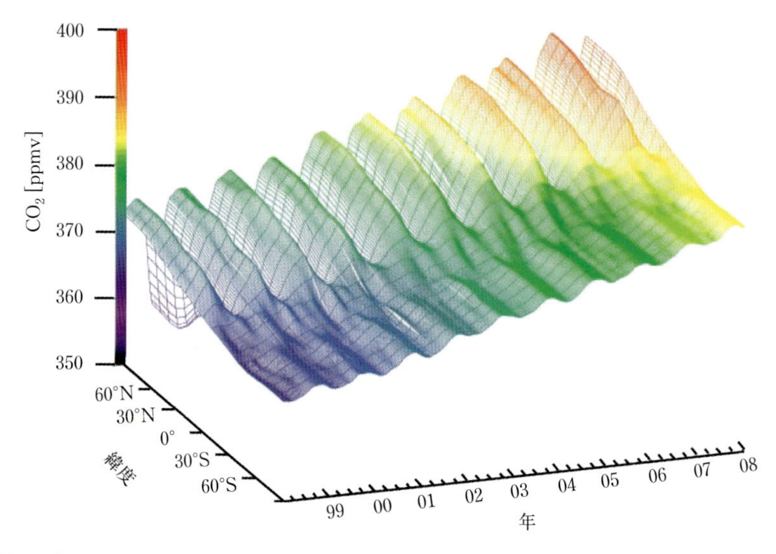


口絵 7（図 7.27） 大気 $CO_2$ 濃度の季節と緯度による変動（Pieter Tans 氏，http://www.esrl.noaa.gov/gmd/ccgg/）

口絵 8（図 8.2） リンの添加によって湖の生産性を上昇させた実験（David Schindler 氏）

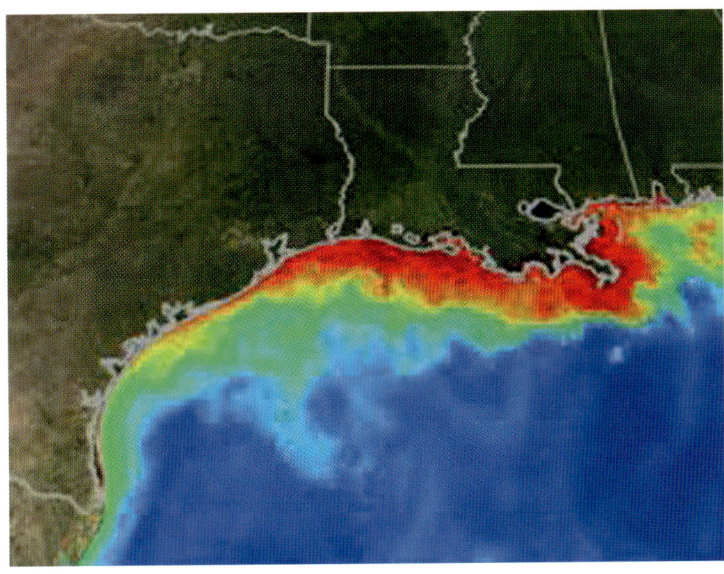

口絵 9（図 9.1） ミシシッピ川排水からの農業廃水による養分インプットによって悪化したメキシコ湾の酸欠区域（http://www.nasa.gov/vision/earth/environment/dead_zone.html）

口絵 10（図 10.2） 集中的な植食は，嗜好性が高い植物の密度を減らし生態系の構造を変える（David Tongway 氏）

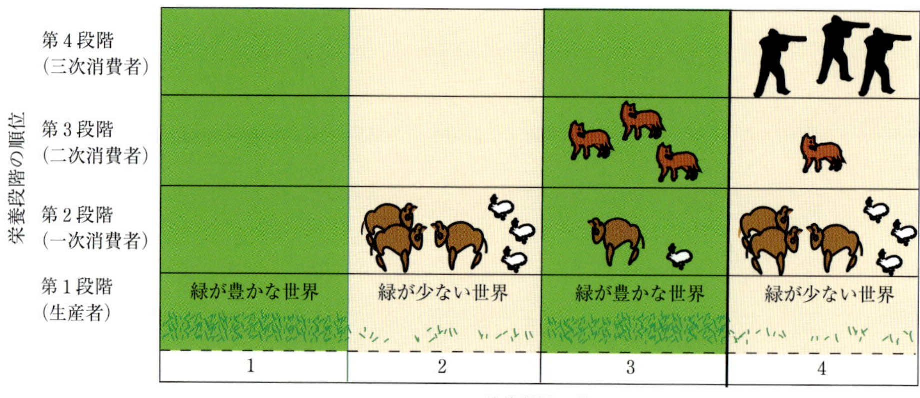


口絵 11（図 10.8） 栄養カスケードを操作したさまざまなケースにおける，一次生産者バイオマスへの食物連鎖の長さの影響

口絵 12（図 11.8） アラスカのアリューシャン列島において，ラッコが優占する潮下帯のコンブの森のハビタットと，ウニが優占する不毛な場所（右下）の比較（Jim Estes 氏，Mike Kenner 氏）

口絵 13（図 12.1） コロラド州ゴールドヒル（Gold Hill）における 2010 年の火災（Greg Cortopassi 氏）

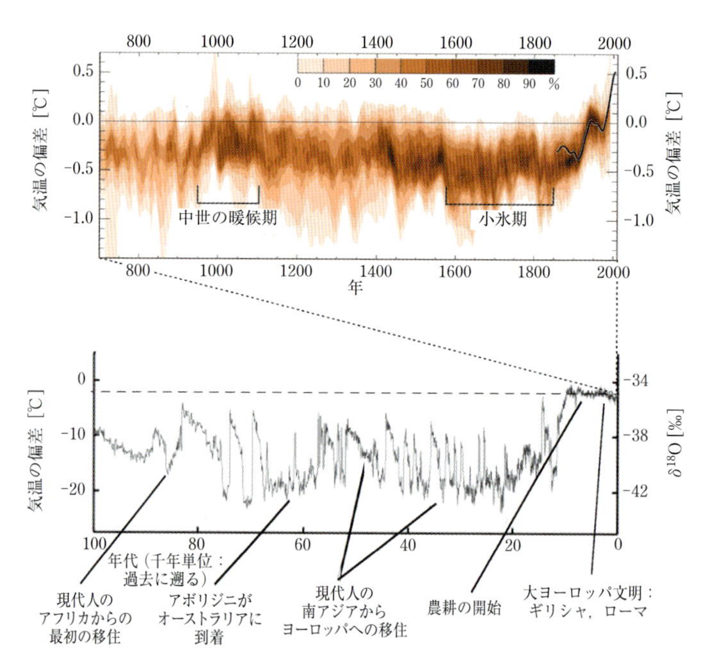


**口絵 14（図 14.2）** 過去 1,300 年と過去 100,000 年の気温傾向（IPCC（2007），Young and Steffen（2009））

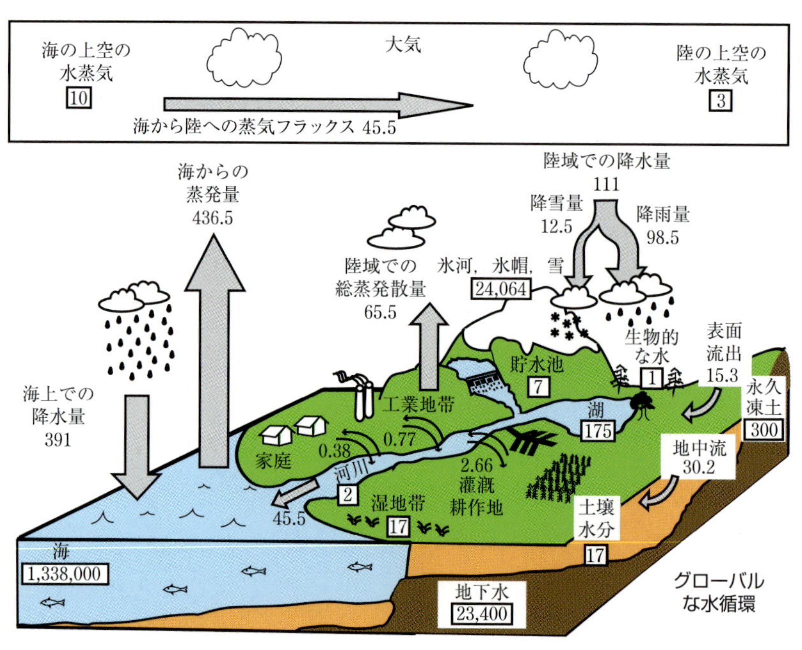


**口絵 15（図 14.3）** グローバルな水循環の主要なプール（枠）とフラックス（矢印）のおおよその規模（単位：1,000 km$^3$ yr$^{-1}$．Carpenter and Biggs 2009）

# 生態系生態学

## 第2版

F. Stuart Chapin III, Pamela A. Matson, Peter M. Vitousek 原著

加藤 知道 監訳

Principles of Terrestrial Ecosystem Ecology

Second Edition

森北出版株式会社

Translation from the English language edition:
Principles of Terrestrial Ecosystem Ecology
by F. Stuart Chapin, III, Pamela A. Matson and Peter Vitousek
Copyright © Springer New York 2011
Springer New York is a part of Springer Science+Business Media
All Rights Reserved.

Japanese translation rights arranged with
Springer Science+Business Media
through Japan UNI Agency, Inc., Tokyo

---

●本書のサポート情報を当社 Web サイトに掲載する場合があります．下記の URL にアクセスし，サポートの案内をご覧ください．

http://www.morikita.co.jp/support/

●本書の内容に関するご質問は，森北出版 出版部「(書名を明記)」係宛に書面にて，もしくは下記の e-mail アドレスまでお願いします．なお，電話でのご質問には応じかねますので，あらかじめご了承ください．

editor@morikita.co.jp

●本書により得られた情報の使用から生じるいかなる損害についても，当社および本書の著者は責任を負わないものとします．

---

■本書に記載している製品名，商標および登録商標は，各権利者に帰属します．

■本書を無断で複写複製（電子化を含む）することは，著作権法上での例外を除き，禁じられています．複写される場合は，そのつど事前に(社)出版者著作権管理機構（電話 03-3513-6969，FAX 03-3513-6979，e-mail: info@jcopy.or.jp）の許諾を得てください．また本書を代行業者等の第三者に依頼してスキャンやデジタル化することは，たとえ個人や家庭内での利用であっても一切認められておりません．

# 序　文

人間の活動は，生態系への直接的・間接的な作用を通して，グローバルな環境に影響を与えている．たとえば，人間は陸地の半分を直接的に変えてしまっており，さらに，陸域生産力の40%を利用している．そして，地球の気候と大気組成は急速に変化している．我々人間の行動は，森林，草原，渓流や海洋の間の相互作用を極端に変えてしまっており，地球の生命の歴史においても六つ目の大きな絶滅イベントを引き起こしてきている．本書は，陸域生態系プロセスとその環境的・生物的変化に対する感受性についての概念を示す．それらを理解することは，人間活動による影響とその緩和方法について考える際の助けとなるに違いない．

本書は，広い学問分野の学部生高学年・大学院生や現在すでに活躍している科学者に，「陸域生態系生態学」を紹介することを目指している．我々の定義する「陸域生態系生態学」には，淡水生態系とそれらを取り巻く陸域（マトリクス）だけでなく，陸域との境界付近の海洋生態系も含まれ，地球システムを調べるための基礎になる．この第2版には，過去10年間の生態系生態学の大きな進歩とそれによる新しい解釈が盛り込まれている．

本書の第I部は，生態系生態学という学問分野を理解するための基礎を示す．大気，海洋，気候と地質システムなどの要素から構成される地球システムの中での，生態系生態学の位置づけを示す．そして，これらの要素が，どのように生態系プロセスに影響を与え，陸域生態系の構造とプロセスのグローバルな変化に寄与するのかを示す．第II部では，水とエネルギーの流れと，炭素と養分の循環に焦点を当て，陸域生態系が機能するためのメカニズムを考える．また，栄養相互作用（供給関係），環境効果や撹乱を通した生態系プロセスにおける生物の役割の重要さについても考える．第III部では，生態系プロセスの時間的・空間的パターンについて述べる．そして最後の第IV部で，人間社会による持続的な利用のために，これらプロセスの統合的な因果関係について，グローバルスケールで考えることで本書を締めくくる．補助資料として，本書のイラストを含むパワーポイントによる講義ノートが，ウェブサイト（http://terrychapin.org/）から利用できる．

本書の発展には，多くの人の貢献があった．我々は，本書の発行を支えてくれた忍耐強い家族，本書で示されている重要なアイデアの多くを教えてくれた学生，第1版の共著者であったHal Mooneyに感謝する．さらに，我々は下記の方々による継続的なレビューについて感謝する：Richard Bardgett, Dan Binkley, Dave Bowling, Pep Canadell, Mimi Chapin, Doug Cost, Joe Craine, Wolfgang Cramer, Eric Davidson, Sandra Díaz, Jim Elser, Eugenie Euskirchen, Valerie Eviner, Noah Fierer, Jacques Finlay, Doug Frank, Mark Harmon, Sarah Hobbie, Dave Hooper, Bob Howarth, Ivan Janssens, Julia Jones, Bill

Lauenroth, Joe McFadden, Dave McGuire, Sam McNaughton, Russ Monson, Deb Peters, Mary Power, Steve Running, Josh Schimel, Ted Schuur, Tim Seastedt, Mark Serreze, Phil Sollins, Bob Sterner, Kevin Trenberth, Dave Turner, Monica Turner, Diana Wall, John Walsh.

また，写真の利用を許可してくださった次の方々に感謝する：Julio Betancourt, Scott Chambers, Norm Christensen, Greg Cortopassi, Steve Davis, Sandra Díaz, Jack Dykinga, Jim Elser, Jim Estes, Peter Franks, Mark Harmon, Al Levno, Mike Kenner, Alan Knapp, Aaryn Olsson, Roger Ruess, Dave Schindler, David Tongway.

我々は，本書全体を通して建設的なコメントをくださったJoe CraineとDana Nossovにとくに感謝する．

米国アラスカ州フェアバンクス　F. Stuart Chapin III
米国カリフォルニア州スタンフォード　Pamela A. Matson
米国カリフォルニア州スタンフォード　Peter M. Vitousek

## ■ 日本語版読者へのメッセージ

『Principles of Terrestrial Ecosystem Ecology』第2版の日本語版出版に際し，すばらしい翻訳を行ってくださった監訳の加藤知道博士とチームのみなさま（榎木勉博士，戸田求博士，藤井一至博士，中井太郎博士，鎌倉真依博士，植山雅仁博士，友常満利博士，吉竹晋平博士，小山里奈博士，木庭啓介博士，廣田充博士，小林真博士，小山明日香博士，吉原佑博士，酒井佑槙博士，佐々木雄大博士）に大変感謝いたします．

人間は，グローバルな生態系と環境に劇的なインパクトを与えており，そのために現代の生態学はますます複雑になっています．「生態系生態学」は，それら生態系と環境の変化のメカニズムを理解するために，非常に重要な洞察をもたらします．それは，細分化されてしまった生態学の多くの分野と環境科学を統合し，グローバルな生態学的変化が引き起こしているさまざまな課題を解決する際に役立ちます．

これまで日本の生態学者は，生態学分野において伝統的に非常に重要な貢献をしてきました．我々原著者は，日本の科学者，学生，そして社会のみなさまにとって，本書が総合的な科学である「生態系生態学」をさらに発展させ，世界をより良くするきっかけになることを期待します．

F. Stuart Chapin III, Pamela A. Matson, Peter M. Vitousek

# 訳者序文

本書は，生態系レベルの比較的大きな空間スケールの生態系プロセスについて，広範な知識をまとめた教科書である，Chapin III, Matson, Vitousek『Principles of Terrestrial Ecosystem Ecology』の第2版（2012年，初版2002年）の邦訳書である．原著者はこの分野の世界的な権威であり，これまで多くの研究者や学生によって繰り返し論評を受けて内容が洗練されている．世界中で広く利用されている有名な本であり，たとえばアメリカの大学では，この教科書の内容と構成をそのまま利用した授業が見受けられ，また我が国では生態系レベルの研究を行う研究者によく読まれてきた．本書は，植物生理生態学・土壌学・気象学・水文学・地球化学・地形学などをベースに，植物の光合成から，森林・草原・耕作地・沿岸などのさまざまな生態系内外の炭素・窒素・養分循環，陸域・水域での栄養動態，生態系管理まで，生態系レベルの重要な課題についてわかりやすく説明している．また，気候変動や人間活動による生態系の大規模な撹乱のような，複雑な問題に対応する場合の基礎的な知識を提供している．

本書の最大の特徴は，「生態系生態学」という名のつく唯一の日本語の教科書であることである．これまでの我が国の「生態学」では，どちらかといえば，葉・樹木の生理や，植物・昆虫・動物などの種間の個体群動態を取り扱う，小さな空間スケールの生物学的な教科書が主であった．また，「生態系」レベルの学問分野では，大気と生態系の間のエネルギー・水・炭素の循環を扱うような大きな空間スケールの気象・水文学的な教科書が多かった．しかし本書は，それらの間に置き忘れられた，まさに生態系レベルの空間スケールの生物と環境の間の物質循環や生物間相互作用について，包括的かつ明快な基礎知識を読者に提供することを意図している．主読者となる生態学や環境科学の研究者・学生のほか，社会学・経済学分野の研究者や，農林水産・環境分野の技術系行政官まで，幅広い読者が活用できる内容となっている．

本書翻訳の動機は，「生態系生態学」を体系的に学ぶ本の必要性を痛感したことによる．関連する研究者は国内にも数多くいるため，各分野の活躍が目覚ましい若手・中堅研究者に呼び掛け，協力して翻訳にあたった．分野ごとの慣例をふまえつつ，できる限り統一的な翻訳に努めたが，不十分な箇所が残っていれば監訳者の責任であり，読者からのご教示を願う次第である．本書がこの分野の基盤となり，将来は日本語書きおろしの『生態系生態学』の教科書が出版されることを願っている．

最後に，共訳者のまわりで推敲にご協力いただいた研究者・学生のみなさま，また翻訳書出版の手ほどきをしていただいた九州大学の久米篤氏に，深く感謝する．

2018年5月　　訳者を代表して　加藤知道

# 目　次

## 第8章　植物の養分利用　273



## 第9章　養分循環　313

# 第 I 部

# 背　景

# 第1章 生態系の概念

生態系生態学は，地球システムにおける生物とその物理環境との関係を対象とする学問分野である．この章では，生態系生態学の概念的なフレームワークと歴史的な背景について述べる．

## 1.1 はじめに

**生態系生態学は，生物とそれを取り巻く環境との相互作用を一つの統合システムとして捉える学問である．**この生態系アプローチは地球資源管理の基礎となる．なぜならば，人類も含む生物的システムと，それらが依存している物理的システムとの間の相互作用を扱うからである．このアプローチは，一つの農場から，アマゾン流域，地球全体などのさまざまなスケールに応用される．人口や消費が増加し，地球環境が大規模かつ急速に変化する時代において，持続可能な形で資源を管理・利用するためには，この生態系アプローチが不可欠である．

生態系アプローチは，多くの分野でますます重要になっている．たとえば，1992年に採択された国連生物多様性条約は，人類を含む生物多様性を保全するために，それまで主流だった種ベースのアプローチよりも生態系アプローチを推進した．種の相互作用が生態系機能に果たす役割への評価は高まっており（Díaz et al. 2006），我々に食料と繊維を提供する生態系をより持続的に管理するための方法についての考え方は大きく変化した．現在でも漁業管理は種ベースの評価基準に基づいて行われているが，これでは商業的価値のある魚類が必要とする資源量を適切に評価できず，結果として海洋からの魚類資源の供給は減少している（Walters and Martell 2004）．総合的な視点をもつ管理システムは，どのような単純な生態系にも存在する複雑な相互作用を説明することができる．供給水資源の量と質を管理することや，地球の気候を決定する大気組成を制御するためには，生態系を徹底的に理解することが重要であるという認識が広まっている（Postel and Richter 2003）．

## 1.2 焦　点

**過去半世紀における人類による地球生態系の利用は，それ以前の全地球史では経験がないほど大きく増加し**（Steffen et al. 2004），**しばしば想定外の悪影響を及ぼした．**たとえば，森林伐採により生活に必要な木材や紙製品が生産される（図1.1）が，その量と場所により，森林が社会に提供する他の利益にも影響がある．それは，河川源流の水量，水

図 1.1　アメリカ北西部の 100〜500 年生のベイマツ（Douglas-fir）天然林では，モザイク状に生育する森林をパッチ状に皆伐すると，単一種で構成されるパッチが形成される．皆伐の方法と規模により生態系プロセスは，一つのパッチ（たとえば生産性と種の多様性）から，地域（たとえば水の供給や火災の危険性）や地球全体（気候変動）までのスケールで影響を受ける．写真は Al Levno 氏（米国森林局）による．

質；森林レクリエーション，美的機能；地滑り，昆虫の大発生，森林火災の確率；気候変動に影響を及ぼす二酸化炭素（$CO_2$）の放出や吸収などである．これらの複合的な（そしてしばしば相反する）ニーズに応えるためにはどのように生態系を管理すればよいのだろうか？　たとえば，アメリカ北西部では，20 世紀後半に森林の更新速度よりも速く木材が伐採されたが，その結果，ニシアメリカフクロウ（spotted owl）のような絶滅危惧種のハビタット（棲み場所）であった老齢林が消失することへの関心が高まり，森林がもつ複数の機能とその利用を取り扱う生態系管理手法が 1990 年代に発展した（Christensen et al. 1996；Szaro et al. 1999）．このように，生態系生態学は幅広い分野において，社会が選択して生じた結果とその理由を理解するための原則を提供する．

## 1.3　生態系生態学とは

**生物と物理環境との間のエネルギーと物質の流れは，地球の物理的，生物的プロセスの構造と機能の多様性を理解するためのフレームワークとなっている．**熱帯林には巨大な樹木が生育するが，なぜ土壌表面の落葉層は非常に薄いのか？　一方で，ツンドラでは植物は小さいが，なぜ土壌表層の有機物は多いのか？　大気中の二酸化炭素濃度は，なぜ夏に減少し，冬に増加するのか？　農家が農場に施した窒素肥料は作物と一緒に回収されることはないが，それらには何が起こるのか？　外来性の草本を牧場に導入すると，なぜ隣の森林に火災が起こるのか？ これらは生態系生態学が取り組む代表的な問いである．これらの問いに答えるためには，生物と物理環境との相互作用――生物の環境に対する反応と生物が環境へ与える影響の両方――の理解が必要である．また，個々の生物や物理的構成要素だけでなく，統合された生態系に焦点を当てることも必要である．

生態系を解析するためには，系内の物質とエネルギーについて，その**プール**（量，pool）と**フラックス**（流れ，flux）を制御する要因を理解する必要がある．これらの物質には炭素，水，窒素と，リンなどの岩石由来の元素のほか，人が環境に付加した農薬や放射性核種のような新規化学物質が含まれる．これらの物質は，植物，動物，土壌微生物のような**生物的な**プール，および土，岩，水，大気のような**非生物的な**プールの中に存在する．

一つの**生態系**は，相互作用するすべての生物的・非生物的なプールで構成される．**生態系のプロセス**は，エネルギーと物質を一つのプールから別のプールへと移動させる．光合成プロセスで，光エネルギーを利用して二酸化炭素（$CO_2$）を還元し，糖を生成することでエネルギーは生態系に取り込まれる．有機物とエネルギーは，密接に関係しながら生態系の中を移動する．燃焼や，植物，動物と微生物の呼吸により，有機物が酸化されて二酸化炭素になることで，エネルギーは生態系から失われる．物質はシステム内の非生物的な要素の間を，岩石の風化，水の蒸発，水中での溶解などさまざまなプロセスで移動する．生物的要素をもつフラックスには，植物による無機物の吸収，落葉，土壌微生物による生物遺体の分解，植食者による植物の消費，捕食者による植食者の消費などが含まれる．これらのフラックスのほとんどが，温度や湿度などの環境要因や，個体群動態や群集内での種の相互作用を制御する生物的要因の影響を受ける．生物的・非生物的要因を，一つの統合されたシステムの中で相互作用する要素として焦点を当てることは，生態系生態学に特有なアプローチである．

**生態系プロセスはさまざまな空間的なスケールで研究されている．** 一つの生態系の大きさはどれくらいなのだろうか？ 生態系プロセスはさまざまなスケールで生じており，着目する問題の内容によって研究に適切なスケールが決まる（図1.2）．たとえば，動物プランクトンの餌となる藻類への影響については，実験室の小さな瓶の中で研究される．生産力の制御については，湖，山，農場の比較的均質な区画で研究される．非常に大きな面積で起こっている変化については，グローバルスケールで考えるのがよいかもしれない．たとえば，大気の二酸化炭素濃度は，二酸化炭素の生物的変換や，化石燃料の燃焼のグローバル地理分布パターンに影響される．この空間的なばらつきは，大気中で二酸化炭素が迅速に混合されることで平均化される．また，このことはグローバルスケールでの地球－大気間の炭素フラックスの長期変動の予測を容易にする（第14章参照）．

いくつかの課題を解決するためには，物質の水平方向の移動を注意深く測定する必要がある．流域は，町の貯水池に供給する水の量と質に森林が及ぼす影響を調べるためには合理的な単位である．その**流域**とは，一つの河川とそこに降水が集まる陸地表面のすべてからなる地域のことである．流域を調べることで，ちょうど小切手帳の差引勘定をするように，大気や岩石から取り込まれる物質の量と河川水に流出する物質の量を比較することが

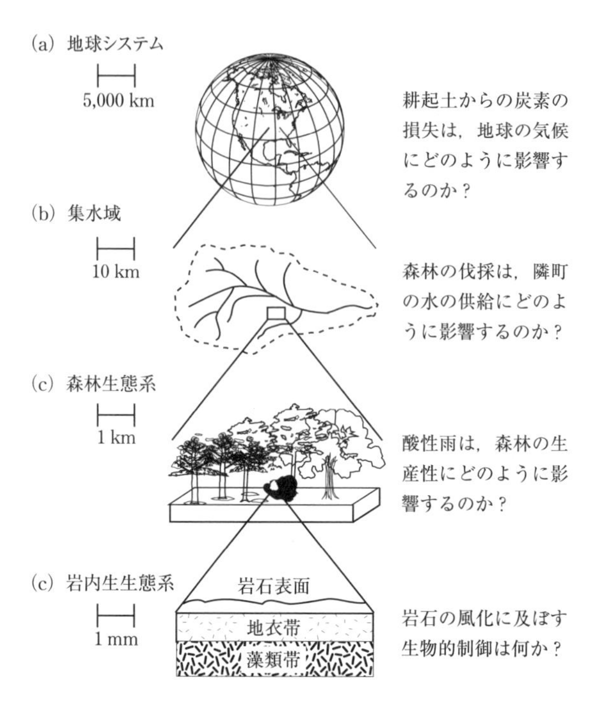


**図 1.2**　10 桁のサイズ範囲をもつ生態系の例：岩石表層の岩内生の生態系（高さ $1 \times 10^{-3}$ m），森林（直径 $1 \times 10^{3}$ m），集水域（長さ $1 \times 10^{5}$ m），地球（周囲長 $4 \times 10^{7}$ m）．それぞれのスケールで適切な問題の例も示す．

できる．流域における物質の収支を研究することで，養分を供給する岩石の風化と，養分を生態系内に保持する植物や微生物の成長との相互作用に対する理解が深まる（Vitousek and Reiners 1975；Bormann and Likens 1979；Driscoll et al. 2001；Falkenmark and Rockström 2004）．

生態系の空間的な上下の境界は，着目する問題やその問題に適切なスケールによって決まる．たとえば，大気は土壌粒子間から，地球と宇宙との境界まで存在する．森林と大気の間での二酸化炭素の交換は，林冠の数 m 上で測定され，そこでの二酸化炭素濃度のばらつきは，風上にある生態系の過程よりも，林内のイベントを反映しているだろう．一方で，草原が大気の水分含量に与える地域的な影響は，生態系から放出された水分が凝結し，雨水として還元される数 km 上空で測られる（第 2 章参照）．また，水や養分循環に及ぼす植物の影響に関しては，生態系の下限は植物が根を伸ばす最大の深さになるだろう．なぜならば，植物はそれより深い所にある水や養分には到達できないからである．これに対し，長期の土壌発達に関する研究であれば，徐々に表層土壌に取り込まれる多くの養分の長期リザーバーとして機能している土中深くの岩石が下限になるだろう（第 3 章参照）．

**生態系の動態はさまざまな時間的スケールからなる．**生態系プロセスの速度は，マイクロ秒から数百万年という範囲の時間スケールで生じる環境と生物活動の変動に応じて，つねに変化している（第12章参照）．短い時間スケールの例では，光合成は葉に届く光のゆらぎにほぼ一瞬で反応し，光を獲得している．また，極端に長い例では，20億年前に起こった光合成の進化によって，酸素が100万年以上にわたって大気に放出された．これは，地球表面の地球化学的特性を還元状態から酸化状態に変えた（Schlesinger 1997）．また，古細菌の仲間の微生物は，初期の還元的な地球大気の中で進化した．これらの微生物だけがいまでもメタンを生成することができ，湿地の土壌，土壌団粒内や動物の腸内の嫌気的な環境で機能する．山地の形成や侵食は，植物の成長に必要な養分の利用可能量に強く影響する．植生は，1，2万年前の更新世氷河の退行に対応していまでも移動している．植物，動物，微生物群集は，火災や倒木などによる撹乱の後に，数年から数百年にわたり徐々に変化する．光合成による生態系への炭素の取り込み速度は，光，温度，葉面積の違いに応じて，数秒から数十年のスケールで変化する．

生態系生態学に関する多くの初期の研究で，生態系は環境条件に対して**平衡状態**（equilibrium）にあるという単純な仮定をおいていた．この見方では，あまり撹乱を受けていない生態系は，(1) 内部循環が卓越した，ほぼ閉じたシステム，(2) 自己制御と決定論的†な動態，(3) 安定した終点や循環，(4) 撹乱や人類の影響の不在，という特性をもつと考えられた（Pickett et al. 1994；Turner et al. 2001）．生態系生態学の最も重要な概念的発展の一つは，生態系の機能を形成する過去のイベントや外力の重要性への認識が高まったことである．この非平衡の視点によって，我々が認識できることがいくつかある．たとえば，ほとんどの生態系で流入と流出が釣り合っていないこと，生態系の動態は変化する外部と内部の両方に影響されること，一つの安定な平衡点を示さないこと，撹乱は元から備わった要素であること，人間活動は広範な影響を及ぼすこと，などである．現在の非平衡的な視点にともなう複雑性を理解するためには，生態系プロセスの制御に対して，より動的かつ確率論的†な見通しが必要である．

もし，生態系へのインプットとアウトプットのバランスに時間変化がみられなかったら，その生態系は**定常状態**（steady state）にあると考えられる（Bormann and Likens 1979）．定常状態は，生態系動態には時空間的な変動が通常あるものと考えている平衡状態とは異なる想定である．たとえば，定常状態においても植物の成長は，夏と冬や湿潤年と乾燥年で異なる（第6章参照）．林分スケールでは，若齢個体が老齢や病害により枯死した植物の後を継ぐ．景観スケールでは，いくつかのパッチは火災や他の撹乱により変化するが，他のパッチは撹乱からのさまざまな回復段階にある．これらの生態系や景観は，その対象とする時間スケールにおいて，属性やインプットとアウトプットのバランスが，方向性をもった傾向を長期にわたって示さないときは，定常状態にある．

**生態系生態学は，生理生態学，進化生態学，個体群生態学，群集生態学で培われた知識**

† 訳注：決定論的（deterministic）とは，初期条件が決まれば因果法則により結果が一意的に決定されること．確率論的（stochastic）とは，一意的な因果法則によってではなく確率によって結果が決定されること．

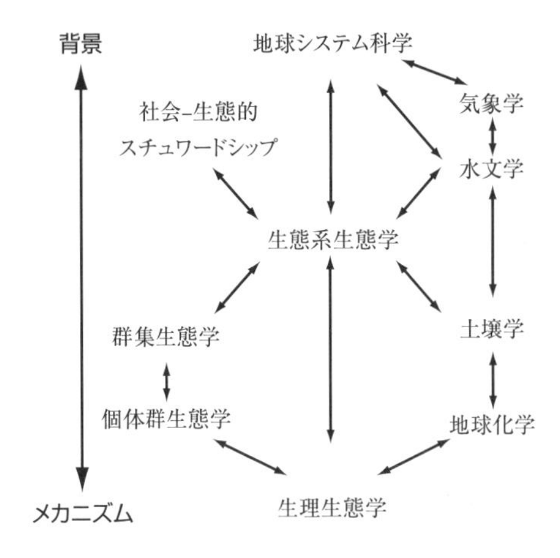


**図 1.3**　生態系生態学と他の学問分野との関係．生態系生態学は，いくつかの生物学的，物理学的分野の原則を統合し，社会が利用可能な資源を測定し，地球システム科学のメカニズムの基礎を提供する．

**や原則に基づいている**（図 1.3）．生態系での生物を介した炭素・窒素の移動は，植物，動物，土壌微生物の生理学的特性の影響を受けている．生物の形質は，進化的歴史と，生物が成長，生残，繁殖できるように群集内に種を配置する競争的相互作用から，得られたものである（Vrba and Gould 1986）．生態系フラックスも，生息する植物，動物，微生物の密度や齢構成を調整する個体群プロセスや，その場での種の存在を決定する競争，捕食や資源の消費速度を決める群集プロセスの影響を受ける．

水や養分の土壌から植物への供給は，土壌微生物の活動だけでなく，岩石，土壌，大気の間にある物理的，化学的相互作用にも影響を受ける．たとえば，オーストラリア西部の風化と養分の流亡が進んだ古土壌は，リンの利用可能量が少ないため，維持できる植物や動物の成長，量，種類を強く制限する．そのため，生態系生態学の原則には，地球化学，水文学，気象学などの物理環境に焦点を当てる学問分野の概念や理解も組み込まれている（図 1.3）．

人類は，生態系へインパクトを与えることと**生態系サービス**（ecosystem services）——人類が生態系から享受する利益のこと——を利用することにより，生態系と相互に影響しあう．人類が生態系とかかわるパターンは，さまざまな時空間スケールで操作される複雑な社会的プロセスを反映している．そのため，生態系生態学は，生態系のレジリエンスと人類の福利を高める社会－生態的変化の軌跡を人類が具現化できるようにする新しい概念，すなわち**社会－生態的スチュワードシップ**（social-ecological stewardship）を提供するとともに，その影響を受ける（図 1.3）

生態系生態学は，グローバルスケールで生じているプロセスの理解を助ける基本的メカニズムを提供する．物理システムとしての地球の研究は，土地や水の表面が地球の大気，岩石，水と相互に作用する速度や経路についての情報に基づく（図 1.3）．その逆に，大気，陸地，海洋を循環する物質のグローバルスケールでの収支は，ある特定の生態系で研究されているプロセスを理解するのに役立つ．たとえば，大気の二酸化炭素濃度の緯度による変化と季節的な変化は，炭素を吸収・放出している地点の特定に利用できる（第 14 章参照）．

## 1.4 生態系生態学の歴史

**生物学における多くの初期の発見は，生態系の統合的な特性に対する疑問が動機となっていた．**17 世紀には，ヨーロッパの科学者は植物を構成する物質の起源を理解していなかった．プラッツ（Plattes）やフック（Hooke）らは，植物が空気と水から養分を取り込んでいるという新しいアイデアを提案した（Gorham 1991）．18 世紀には，プリーストリー（Priestley）が動物の呼吸に必須な物質を植物が生産することを示し，そのアイデアを拡張した．それとほぼ同時期に，マクブライド（MacBride）とプリーストリーは，有機物の分解が，動物の生命を支えない「固定空気（二酸化炭素）」を生成することを示した．19 世紀には，ド・ソシュール（De Saussure）やリービッヒ（Liebig）らが二酸化炭素，酸素，養分の循環の中でのそれぞれの役割を明らかにした．たとえば，1843 年にリービッヒは，窒素は火山に固定され，植物に吸収され，分解プロセスでアンモニアの形で大気に放出され，その後，降水により再び生態系に返ってくるという最初の窒素循環説を発表した．19，20 世紀の多くの生物学研究は，生物がどのように機能するかを説明する生物化学，生理学，行動学，進化学的な詳細なメカニズムについて行われた．「生物地球化学的プロセスを自然生態系の機能にどのように統合するのか」という，この研究の本来の動機づけとなった疑問に立ち返ったのは，ほんの数十年前である．

生態学的思考の小さな筋道の多くは，**栄養相互作用**（trophic interaction，生物間の食性関係）や**生物地球化学**（biogeochemistry，生態系内の化学的プロセスとの生物的相互作用）に関連した概念も含めて，生態系生態学の発展に貢献してきた（Hagen 1992）．栄養相互作用に関する初期の研究は，生物間でのエネルギーの移動に着目した．イギリスの動物学者で自然史にも精通していたエルトン（Elton）は，動物が何を食べ，何に食べられるかという観点から動物の群集内での役割（**ニッチ**）を示した（Elton 1927）．エルトンは，ある生物から他の生物への物質の移動を示す**食物連鎖**（food chain）の関係を，各動物種について調べた．エルトンの栄養構造の概念は，生態系内の物質の流れを理解するためのフレームワークとなる（第 10 章参照）．

アメリカの陸水学者ハッチンソン（Hutchinson）は，エルトンと，土壌－植生間での養分移動を記述したロシアの地球化学者ベルナドスキー（Vernadsky）の考え方に強く影響を受けた．ハッチンソンは，湖における資源の利用可能量は藻類の生産性を制限し，その藻類の生産性は藻類食の動物の数を制限するはずであると提唱した．一方，イギリスの陸上植物学者タンズリー（Tansley）は，生態学者が生物に注目しすぎて，生物と物理環境間での物質の移動の重要性を見落としていることに関心をもった．彼は，生物とそれを取り巻く環境との間の物質の相互移動の重要性を強調するために，**生態系**という単語を作った（Tansley 1935）．

もう一人の陸水学者リンデマン（Lindeman）は，これらすべての生態学理論に関する議論や知見の流れに強い影響を受けた．リンデマンは，生態系でのエネルギーの流れが，養分動態に生物群が果たす役割を定量化するための基準として使えることを提案した．緑色植物（**一次生産者**，primary producer）は，エネルギーを取り込み，動物（**消費者**，consumer）と**分解者**（decomposer）に運ぶ．それぞれの移動において，いくらかのエネルギーは呼吸により生態系から消失する．そのため，植物の生産性は生態系が維持できる消費者の量を決定する（第10章参照）．生態系におけるエネルギーの流れは，光合成プロセス，養分移行，呼吸による放出プロセスにおける炭素の流れとして描かれる．リンデマンの学位論文研究「生態学の栄養的・動的側面」は，そのような大きな結論に至るに十分なデータがないこと，一つの湖での観察結果から一般則を導くために数学モデルを用いることが不適当であると査読者が問題視したため，当初は出版を拒否された．リンデマン没後，彼のポスドク時代の指導教員であったハッチンソンは，後に生態系理論の多くの基本的概念のきっかけとなったこの論文を出版するよう編集者を説得した（Lindeman 1942）．

ハッチンソンに師事したH. T. オダム（Odum）とその兄E. P. オダムは，生態系研究のための「**システムアプローチ**†」をさらに発展させた．それは，生態系にあるメカニズムや相互作用をすべて記述することはしないで，生態系の一般的な特徴を強調するものである．オダム兄弟は，放射性同位元素トレーサーを用いて，サンゴ礁と他のシステムに流れるエネルギーと物質の動きを測定した．その結果，生態系全体のエネルギーの流れと代謝のパターンを記述し，どのように生態系が機能するかについての一般論を提示した（Odum 1969）．生態系におけるエネルギーと物質の収支の測定は，多くの淡水および陸域生態系を対象に発展し（Ovington 1962；Golley 1993），生産性などのプロセスのグローバルスケールでのパターンを一般化するのに重要な情報を与えた（Saugier et al. 2001；Luyssaert et al. 2007）．システム生態学から発せられたいくつかの問いには，情報伝達（Margalef 1968），食物網の構造（Polis 1991），異なる時空間スケールでの生態系制御の階層構造の変化（O'Neill et al. 1986；Peterson et al. 1998；Enquist et al. 2007），撹乱後の生態系のレジリエンス（Holling 1973）などがある．

現在，我々は元素の循環が重要な経路で相互作用していることは認識しているが，それらを個別に理解することはできない．水や窒素の利用可能性は，生態系の炭素循環の速度を決める重要な因子である．逆に，植生による生産性は，窒素や水の循環速度に強く影響する．この生物地球化学的循環の**カップリング**（coupling）は，植物と根端の菌類との相互作用から，人為による大気中の二酸化炭素濃度や窒素負荷の増加に対する陸域の生産性の反応まで，さまざまなプロセスを理解するのに重要である（第9章参照）．

加えて，地域やグローバルスケールで生じる環境変化は，撹乱や他の環境変化が生態系プロセスに及ぼす影響に対する生態学者の関心を高めた．撹乱に続いて起こる**遷移**（succession）は，構造と機能の方向性をもった変化であり，生態系の移行動態を理解するための重要なフレームワークである．コールズ（Cowles）やクレメンツ（Clements）などの初期のアメリカの生態学者は，植生が消失し地表面がむき出しになった後の植生の発達パターンに興味を惹かれた．たとえば，ミシガン湖の砂丘は，はじめに耐乾性の草本植物

---

† 訳注：システムズアプローチ，システム思考ともいう．

が定着し灌木の侵入が可能となり，やがて低木が定着し，最後は森林が成立する（Cowles 1899）．クレメンツは群集発達の理論を発展させ，植生遷移は，撹乱がなければ，最終的にはその場所の気候に対応した安定した群集型に移行するという予測可能なプロセスを提案した（**気候極相**，climatic climax もしくは**クライマックス**；Clements 1916）．クレメンツは，群集とは相互作用する器官（種）からなる一つの生物のようなものであり，極相群集への遷移的な発達は生物の成熟のようなものであると提案した．クレメンツの考え方は最初から議論をよび，グリースン（Gleason）などの他の生態学者は，植生の変化はクレメンツが述べたような予測可能なものではないと信じていた（Gleason 1926）．その代わり，偶然の散布イベントで景観の植生パターンの大部分を説明できた．この論争は，植生変化を発生させるメカニズムに関する一世紀にわたる研究につながった（第 12 章参照）．一方で，生態学的群集と生物の類推からは，生態系生理学の概念の基礎が生まれた（たとえば，生態系と大気との間の二酸化炭素や水蒸気の純交換量）．これらの生態系での純交換量の計測は，いまではクレメンツが当時掲げていたものとは異なる問いによって動機づけられているが，生態系生態学の活発な分野の一つである．

生態系生態学者は，生態系を比較観察と実験により研究する．比較アプローチは，気候や地質に応じた一般的なパターンを記述する植物地理学者や土壌学者の研究が起源である（Schimper 1898）．これらの研究は，植物の生産性や土壌発達のグローバルパターンの多くが，気候に対応して予測どおりに変化することを示した（Jenny 1941；Rodin and Bazilevich 1967；Lieth 1975）．またこれらの研究は，ある気候レジームでは，植生の特性は土壌に強く影響を受けること，またその逆も同様であることを示した（Dokuchaev 1879；Jenny 1941；Ellenberg 1978）．生物と土壌のプロセスベースの研究により，気候傾度に沿った生物と土壌の分布を規定するメカニズムについて多くの知見が得られた（Billings and Mooney 1968；Mooney 1972；Paul and Clark 1996；Larcher 2003）．それらは，より広い地域を特徴づける複雑な景観を包括するプロセスを説明するための基礎にもなった（Woodward 1987；Turner et al. 2001）．これらの研究は，しばしば生態系のいくつかの特性（たとえばリターの質や養分の供給）やプロセスを操作する野外や実験室での実験，または環境傾度に沿った比較研究によって行われる（Vitousek 2004；Turner 2010）．たとえば，ある比較研究では，生産性と水フラックスの平均値が大きく異なる生態系どうしを，乾燥条件に置いてみると，生産のための降水の利用効率が同程度であることが示された（Knapp and Smith 2001；Huxman et al. 2004）．古生態学研究では，もっと長い時間スケールや現在は存在しない条件下の事象であっても，氷床コア，堆積物，年輪の中にある記録を利用することで評価できる（Webb and Bartlein 1992；Petit et al. 1999）．

生態系全体を操作する実験により，観察結果から立てられた仮説の検証が可能になる（Likens et al. 1977；Schindler 1985；Chapin et al. 1995）．これらの実験は，しばしば生態系の管理に有益な知見を与える．たとえば，アメリカ北東部のハバードブルック（Hubbard Brook）実験流域での皆伐実験では，流量が 2 ～ 3 倍増加し，渓流水中の硝酸濃度は 50 倍以上増加し，飲料水の安全基準を超えた（Bormann and Likens 1979）．この劇的な結果は，森林における水や養分循環の制御に植生が重要な役割を果たしていることを示した．長期渇水期間における水の供給量を増やすために，大規模な伐採が計画されていたが，この結果を受けて中止された．カナダ南部の実験湖エリアでの養分負荷実験は，リンが多くの湖の生産性を制限していたこと（Schindler 1985），1960年代に人口密集地近くの湖でよく発生していた藻類の大発生，アオコ，魚の死亡の原因がリン汚染であったことを示した．この研究結果は，合成洗剤からリンを排除し，家庭廃水からの流出量を制限する規制の根拠となった．

**地球システムの変化は，陸域生態系，大気，海洋との間にある相互作用に関する研究のきっかけとなった．** 人間活動の地球システムへの影響は劇的であり（Steffen et al. 2004；MEA 2005；Ellis and Ramankutty 2008；Rockström et al. 2009），陸域生態系のプロセスが大気や海洋に及ぼす影響を理解することが緊急に必要になった．これらの生態系への影響のスケールは大きすぎて，生態学者が従来用いてきた手法では不十分である．人工衛星による生態系のリモートセンシング，大気サンプリングサイトのグローバルネットワーク，グローバルモデルの進歩は，グローバルスケールの問題に対処するための重要な新しい手法である（Goetz et al. 2005；Field et al. 2007；Waring and Running 2007；Bonan 2008）．たとえば，二酸化炭素や大気汚染のグローバルパターンの情報は，グローバルな問題が生じている主要な場所やその原因を示す決定的な証拠となりうる（Field et al. 2007）．これにより，地球システムに最も強い影響を与える生態系とプロセスについて，また，それらの問題を理解し，解決するために集中すべき研究・管理について，ヒントが得られる．

システムアプローチ，プロセス理解，グローバル解析を利用した研究は，生態系生態学の研究者にとって心躍るような最先端分野にあたる．地球環境の変化は生態系プロセスの制御をどのように変えるのか？　これらの変化により生態系の統合システムはどうなるのか？　生態系の特性の変化は地球システムにどのように影響を与えるのか？　生態系で起こっている急速な変化を理解しようと考えると，これまであった基礎研究と応用研究の区別は，曖昧なものになる（Stokes 1997）．地球の生態系がどのように変化しているのか，それはなぜなのかを緊急に理解する必要がある．

## 1.5　生態系の構造と機能

### ■生態系プロセス

**ほとんどの生態系は，エネルギーを太陽から取り入れ，また物質を大気と岩石から取り入れる．取り入れられたエネルギーと物質は，生態系内の各構成要素間を移動し，やがて環境に放出される．** 生態系における必須の生物的構成要素は，植物，動物，分解者である．陸域生態系における必須の非生物要素は，**水**，炭素と窒素を供給する**大気**，生物の支持や蓄積の役割をもち他の養分を供給する**土**である．**植物**は，生態系に炭素を取り込む過程で太陽エネルギーを取り込む．深海の熱水噴出孔などのごく一部の生態系では，植物がいない代わりに，硫化水素（$H_2S$）の酸化によりエネルギーを獲得して有機物を生産する細菌（バクテリア）が生育する．植物は，太陽エネルギーを養分の獲得や有機物の生成に用いる．

**分解者**である微生物は，生物遺体（有機物）を分解し，二酸化炭素を大気に放出し，養分を他の微生物や植物が利用可能な状態にする．分解者が存在しないと，生物遺体が大量に蓄積し，植物の成長に必要な養分は利用できない状態のままになる．**動物**はエネルギーと物質を運び，植物と土壌微生物の量と活動を制御する．

**生態系モデル**は，生態系の主要なプールとフラックス，ならびにフラックスを制御する要因を表現する．生態系内外への移動と生態系内部での循環の相対的な重要性は，炭素，水，養分で異なる（第4～9章参照）．たとえば，植物は主に大気から炭素を取り込み，呼吸により放出する．その放出された炭素のほとんどは大気に戻る．したがって，生態系内外への大量のインプットとアウトプットがある炭素循環は，かなり開放的である（図6.1参照）．生態系内外への大量の炭素の出入りがあるにもかかわらず，植物と土壌は炭素を大量に蓄積することで，植物による炭素取り込みの時間的変動が，動物と微生物の活動に及ぼす影響を緩和している．生態系での水循環も比較的開放的である．ほとんどの水は降水として流入し，蒸発，蒸散，地下水や河川への排出により流出する（図4.4参照）．炭素とは対照的に，ほとんどの陸域生態系では植物と土壌に貯蔵できる水の量に制限があるため，生物活動は水の流入量に密接に関係する．炭素や水とは対照的に，窒素やリンなどの無機元素は生態系内をほぼ損失なく再循環し，それらの生態系内の循環量に比べて年間の系内外への出入りは小さい（図9.17参照）．これらの循環の「開放性」と「緩衝性」の違いは，基本的には生態系内の物質循環の速度とパターンの制御に影響する．

炭素，水，養分のプールの大きさと循環の速度は，生態系間で大きく異なる．熱帯林は，砂漠やツンドラと比べて植物への炭素と養分の蓄積が非常に大きい．これに対して，泥炭地は植物炭素よりも土壌炭素の蓄積量のほうが大きい．生態系は，プール間の物質の年間フラックスも大きく異なる．これについては後の章で説明する．

## ■生態系の構造と制限

**水と空気の物理的な違いは，水域生態系と陸域生態系の構造に基本的な違いを生み出している．**水は高密度であるため，陸域生態系における空気よりも光合成生物への物理的支持力が大きい（表1.1）．**海洋表層**（開水域）生態系の一次生産者は，微細光合成生物（**植物プランクトン**）である．それらは光が十分に当たる水表面に浮遊するのに対して，陸上植物は支持構造を形成し葉を隣接個体よりも高い位置に配置する．陸地では，植物はしばしばハビタットの主要な構成要素になる．その物理構造は，物理環境，生物活動，生態系プロセスを制御する．しかし，海洋や湖の環境は，鉛直方向の光，温度，酸素，塩分濃度の勾配により物理的に形成される．小さな湖や透明度の高い渓流では，**底生**藻類がほとんどの一次生産を担う（Vander Zanden et al. 2005；Allan and Castillo 2007）．湖，渓流，河川，河口，ラグーンの周辺部では維管束植物も重要な一次生産者である．

水生生物の移動方法は体サイズによって決まる．水は生物の表面に付着する極性分子で

**表 1.1**　生態系プロセスに影響を与える水と空気の基本的な特性（20℃，海面位での値）

| 特徴[a] | 水 | 空気 | 比（水：空気） |
|---|---|---|---|
| 酸素濃度［mL $L^{-1}$］（25℃） | 7.0 | 209.0 | 1：30 |
| 密度［kg $L^{-1}$］ | 1.000 | 0.0013 | 800：1 |
| 粘性［cP］ | 1.0 | 0.02 | 50：1 |
| 熱容量［cal $L^{-1}$ $(℃)^{-1}$］ | 1,000.0 | 0.31 | 3,000：1 |
| 拡散係数［mm $s^{-1}$］ | | | |
| 酸素 | 0.00025 | 1.98 | 1：8,000 |
| 二酸化炭素 | 0.00018 | 1.55 | 1：9,000 |

[a] Moss（1998）のデータ．

ある．この粘性力は小さな生物や粒子の動きを妨げる．これに対して大きな生物は泳ぐことができ，その速度は主に慣性力によって決まる．レイノルズ数（$Re$）は，慣性力と粘性力の比であり，水のような粘性流体の中での生物の移動のしやすさを表す．

$$Re = \frac{lv}{V_{\mathrm{k}}} \tag{1.1}$$

体長（$l$）と速度（$v$）が大きい生物は，動粘性率（$V_{\mathrm{k}}$）が低い水中では動作に強い制限を受けない（図1.4）．しかし，小さな細菌や光合成プランクトンは，粘性力が慣性力よりもかなり強くなるレイノルズ数の小さい生育環境に対応する必要がある．このような小さなサイズの場合，養分が細胞表面に移動する主なプロセスは，陸域の細根の場合と同じように，拡散である．もう少し大きなサイズの動物プランクトンは，食物を能動的に濾過摂食するか，採餌のために遊泳する．

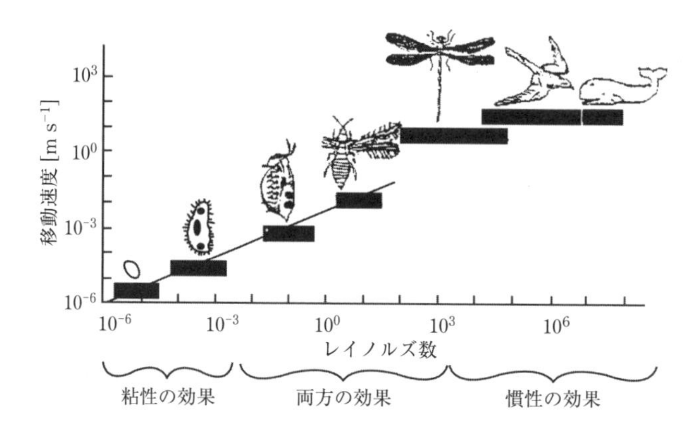


**図 1.4**　異なる体長および移動速度をもつ生物のレイノルズ数の範囲．植物プランクトンのような小さな生物はレイノルズ数が小さく，養分は拡散により摂取する．体サイズやレイノルズ数が増加すると，動作による養分摂取（濾過摂食，遊泳）は急速に重要になる．Schwoerbel（1987）より．

酸素と他のガスは，空気中では水中より1万倍速く拡散する．空気中，水中とも，拡散による動態は乱流や側方流動によって大きくなる．たとえば，海洋表層水の酸素濃度は空気中の30分の1であり（表1.1），水域の堆積物は陸域の土壌よりも嫌気状態にある．そのため，水生生物は酸素を獲得し嫌気条件に耐えるためのさまざまな適応を示す．それに対して陸上では，水の獲得と乾燥からの回避，または乾燥への耐性が，より一般的な進化の方向性になる．

**渓流や河川は流水によって構成される．**渓流生態系の物理環境とそれにともなう生物的構造は，陸地，湖，海洋とは劇的に異なる．水はたえず河床の上を流れ，下流に向かって移動し，上流から新しい物質を運び，付着できないものや泳力の弱いものを押し流す．そのため流水中では，流れの緩やかな汚染された場所や大きな川を除いて，植物プランクトンは重要ではない．流速の速い渓流中の主な一次生産者は**付着生物**（periphyton），すなわち藻類，細菌，岩や維管束植物などの安定した表面に固定できる無脊椎動物の群集である．河床の岩のヌルヌルした表面は，多糖類マトリクス中の付着生物で構成される．流速が遅い場所では，水中植物または抽水植物や底生生物のマットは比較的重要である．川のある範囲においても，淵と瀬が交互に配列されることで流速と生態系構造が変化する．流出量の季節変化は流動様式を急激に変え，川の構造と流れを変える．たとえば，砂漠の流路は強雨の後に鉄砲水が発生するが，乾季には地表流がないことがある（Fisher et al. 1998）．融雪にともない流出量がピークになる川もある．一般に，洪水や他の高水発生イベントには重要な働きがあり，河床と**河畔部**（riparian）から堆積物と生物相を洗い流し，水中のハビタットを構成する丸太などの材料の配置を変え，新しく土壌を堆積し，氾濫原に新しいハビタットを形成する．いくつかの川では毎年氾濫し，そのたびに氾濫原は陸域と水域のハビタットが入れ替わる．ダムや土手の構築など人による氾濫防止は，河川および河畔生態系の構造と動態を根本的に変化させる．

## 1.6　生態系プロセスの制御

**生態系の構造と機能は，さまざまな独立した制御変数の影響を受ける．**ジェニー（Jenny）と共同研究者らが**状態因子**（state factor）[†]とよんだものは，**気候**，**母材**（土壌を作る岩石），**地形**，**潜在的生物相**（潜在的にその場所に生息しうる生物群），**時間**である（図1.5；Jenny 1941；Amundson and Jenny 1997；Vitousek 2004）．これら五つの因子が互いに影響しあって，一つの生態系を特徴づける．

広い地理スケールで，気候は生態系のプロセスと構造を最も強く決定づける状態因子である．グローバルスケールでの気候の違いは，熱帯湿潤林，温帯草原，北極域ツンドラのような**バイオーム**（biome，生物群系：生態系の一般的なカテゴリー）の分布を説明する（第2章参照）．各バイオームにおいて，母材は発達する土壌タイプに強く影響を与え，生

† 訳注：書籍によっては，状態決定因子，生成因子，定常因子という用語も用いられる．

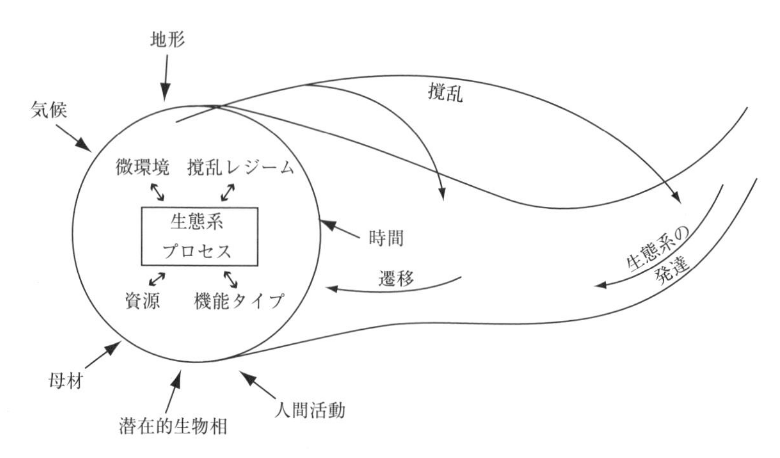


図 1.5　状態因子（円の外），相互的制御（円の中）と生態系プロセス（四角の中）の関係．円は生態系の境界を示し，生態系の構造と機能は相互的制御に反応するとともに影響を与え，その相互的制御は究極的には状態因子に影響を与える．生態系の特徴は，長期の発達と短期の遷移を通じて変化する．Chapin et al.（2006b）から改変．

態系プロセスの地域的な違いの多くを説明する（第3章参照）．地形の凹凸は，局所的なスケールでの微気候や土壌の発達に影響する．潜在的な生物相は，実際にその場所に生育する生物のタイプや多様性に影響を与える．たとえば島の生態系は，新種が島に到着する頻度が低く，地域的な絶滅も大陸より発生しやすいため，しばしば同じ気候帯の大陸の生態系よりも多様性が低くなる．（MacArthur and Wilson 1967）．時間は土壌の発達に影響し，長い時間スケールでは生物の進化にも影響を及ぼす（Vitousek 2004）．過去の攪乱や環境変化が生態系プロセスに及ぼした影響は，さまざまな時間スケールで現れる．状態因子については，土壌の発達を例にして第3章でより詳細に述べる．

ジェニーは晩年，生態系への影響が大きくなった人間活動を6番目の主要な状態因子として提案した（Jenny 1980）．人間活動は，生態系を制御するほとんどすべてのプロセスに影響を及ぼし，その影響は増大している（MEA 2005）．人類は，数千年にわたりほとんどの生態系において自然な要素であった．しかし産業革命以降，人為インパクトは増大し，他の生物のものとは明らかに異なっている．そのため，近年の人間活動の影響には特別な注意を払う必要がある（Vitousek et al. 1997b；Steffen et al. 2004）．長年にわたる人間活動の影響は，個々の生態系内にとどまらず，気候（大気組成の変化を通じた影響）や潜在的生物相（種の移入や絶滅を通じた影響；図1.5）などの状態因子にも及ぶ．人間活動はすべての生態系の構造と機能に大きな変化をもたらし，その結果，新しいタイプの生態系を創生するようなこれまでにない状況を作り出す（Foley et al. 2005；Ellis and Ramankutty 2008）．人為インパクトの主なカテゴリーは次節で要約する．

ジェニーの状態因子アプローチは，生態系生態学に大きな概念的貢献をもたらした．一つ目は，単にパターンの記述だけでなく，プロセスの制御を強調したことである．二つ目は，個々の制御動作の重要性や状態を検定するという研究手法を提案したことである．それぞれの状態因子の役割を研究するための一つの論理的な方法は，ある一つの因子以外のすべての因子ができる限り同じであるサイトを比較することである．たとえば**年代系列**（chronosequence）は，気候，母材，地形，潜在的定着生物が同じで，年代だけが異なるサイトを並べたものである（第12章参照）．**地形系列**（toposequence）では，生態系は主に地形上の位置が異なる（Shaver et al. 1991）．気候または母材が異なるサイトを用いることで，これらの因子が生態系プロセスに及ぼす影響を調べることができる（Vitousek 2004）．カリフォルニア，チリ，ポルトガル，南アフリカ，オーストラリアの西海岸に発達する地中海性灌木林のような潜在的生物相が異なる生態系を比較することで，生態系プロセスを形成する進化的歴史の重要性を示すことができる（Mooney and Dunn 1970；Cody and Mooney 1978）．

**生態系プロセスは，そのプロセスの活性に直接影響を及ぼす因子に反応もするし，それら因子の制御もする．相互的制御**は生態系スケールで働く要因で，生態系に反応もするし，生態系の制御もする（図1.5；Chapin et al. 1996）．重要な相互的制御として，生物の成長や維持を支える**資源**の供給，生態系プロセスの速度に影響を及ぼす**微環境**（たとえば温度やpH），**撹乱レジーム**，**生物群集**などがある．

**資源**（resource）とは，生物が成長と維持に利用する環境の中にあるエネルギーや物質のことである（Field et al. 1992）．一般には，生物が資源を獲得すると，環境内での資源量や他の生物が利用できる資源量が減少する．ただし，いくつかの資源は（たとえば，大気の二酸化炭素）非常に素早く混合するので，枯渇しないものと考えられる（Rastetter and Shaver 1992）．エネルギー資源は，物質の中に蓄えられる化学エネルギーか，取り込まれる太陽放射である．物質資源は，炭素，酸素，水，一般に**養分**（nutrient）とよばれる生命が必要とする他の元素などである．陸域生態系では，これらの資源は空間的に分散しており，主に地上（光と二酸化炭素）または地下（水と養分）に利用可能な状態で存在する．資源の供給は気候，母材，地形などの状態因子によって制御され，生態系内で起こるプロセスの影響を受ける．たとえば，利用可能な光資源量は，雲量などの気候的要素や地形的方位だけでなく，植生による被陰の程度にも影響される．同様に，土壌の肥沃度は母材や気候だけでなく，過度な被食にともなう土壌侵食による流亡や侵略的な窒素固定種による窒素の取り込みなどの生態系プロセスにも影響される．土壌水の利用可能量は，乾燥気候では種組成の影響を強く受ける．この土壌水の利用可能量は，撹乱レジーム（たとえば動物による踏み固め）や生育する生物のタイプ（たとえば，深い地下水を利用するメスキート（mesquite）のような深根性樹木が生育しているか否か）などの他の相互的制御の影響も受ける．水域生態系では，水はめったに生物活動を直接的に制限しないが，光と養分は少なくとも陸域の場合と同様に重要である．酸素は，溶解性が低く，水中での拡散が遅いため，水域生態系においてとくに重要な資源である．

**微環境**（microenvironment）は，生物活動に影響する温度やpHなどの物理的，化学的な特性を含むが，資源とは異なり，生物が消費したり枯渇させたりすることはない（Field et al. 1992)．温度のような微環境因子は気候（状態因子の一つ）によって変化するが，被陰や蒸散のような生態系プロセスの影響も受ける．土壌 pH は母材，時間だけでなく，植生構成にも影響を受ける．

火災，風，洪水，昆虫の大発生，ハリケーンなどの景観スケールでの**撹乱**は，生態系の自然構造やプロセス速度を決定する重要な因子である（Pickett and White 1985；Peters et al. 2011）．他の相互的制御と同様に，撹乱レジームは状態因子と生態系プロセスの両方の影響を受ける．火災の発生確率と規模は，気候と，植物や生物遺体の量と可燃性の影響を受ける．洪水による堆積と侵食は河川の流路を変え，次の洪水の発生確率に影響を及ぼす．撹乱の強度と頻度の変化は，生態系の長期的な変化を起こすことがある．防火により火災の発生頻度が下がると，しばしば木本植物が草原に侵入する．

生物群集の特徴——たとえば，生息する種のタイプ，相対的な数，相互作用の状態——は，気候や母材の違いと同様に，生態系プロセスに影響を及ぼす（第11章参照）．これらの種の影響は，**機能タイプ**（functional type）のレベルでしばしば一般化される．機能タイプとは，ある特定の群集内または生態系プロセス内で似た役割をもつ種のグループを指す．ほとんどの常緑樹は光合成速度が遅く，植食者による被食や分解速度を抑制する化学組成をもつ葉を生産する．常緑樹内である種から他の種への移行が生態系プロセスに与える影響は，常緑樹から落葉樹への移行が与える影響よりも通常小さい．一方で，生態系への大きな影響をもつ種の導入や排除にともなう重要な機能タイプの獲得と喪失は，資源の供給や撹乱レジームの変化を通じて，生態系に永続的な変化をもたらすことがある．また別の例では，イギリスの鉱山廃棄物上への窒素固定樹木の導入は，窒素供給量，生産性，植生の発達速度を大きく増加させた（Bradshaw 1983）．外来草本種が草原を侵略することで，火災の頻度，資源供給，栄養段階間相互作用など，ほとんどの生態系プロセスの速度が変わることがある（D'Antonio and Vitousek 1992；Mack et al. 2001）．捕食者が消失することで，餌を過剰に摂食するシカが大発生したり（Beschta and Ripple 2009），病原菌をもったダニが景観中を移動したり（Ostfeld and Keesing 2000）することがある．ある生態系に生育する種のタイプは，他の相互的制御の影響を強く受ける（第11章参照）．したがって，機能タイプはほとんどの相互的制御と生態系プロセスの影響を受けるし，それらに影響を与えもする．

**フィードバックは生態系内部の動態を制御する**．住宅の自動温度調整器（サーモスタット）は，家が設定温度より冷えるとスイッチが入り，設定温度まで暖まるとスイッチが切れる．自然の生態系は，相互作用するフィードバックの複雑なネットワークである（DeAngelis and Post 1991）．**安定化フィードバック**（stabilizing feedback，システム学では負のフィードバックとよばれる）は，あるシステムの二つの要素が互いに逆の効果をもつときに生じる（図1.6）．捕食者による餌の消費は，消費者にとって正の効果をもつが，餌にとっては負の効果をもつ．捕食者による餌への負の効果は，餌個体群の無制限な成長によって抑制される．その結果，捕食者と餌の個体群サイズは両方とも安定する．生態系内には，あるシステムの要素が双方に正の効果や負の効果を与えあう**増幅フィードバック**

(amplifying feedback，システム学では正のフィードバックとよばれる）もある．たとえば，植物は養分の見返りに菌根菌に炭水化物を与える．植物と菌根菌が互いに成長を制限する資源を交換することで，共生体である両者の成長は他の要因によって制限を受けるまで促進される．

安定化フィードバックは，相互的制御の変化に対して抵抗となり，生態系の現状を維持する．一方，増幅フィードバックは変化を増大させる．ある植物が成長に必要な水，養分，光を獲得することで，他の植物が利用できるこれらの資源量は減少し，その結果，群集の生産性は抑制される（図 1.6）．同様に動物個体群は，餌の減少や捕食の増加により個体数増加速度が減少するため，個体数の指数的増加を無制限に維持することはできない．一方，遷移過程においては，別の撹乱が遷移の時計をリセットするまで，植物の成長と土壌の肥沃度が互いに増加させるような増幅フィードバックの連続がしばしばみられる．安定化フィードバックが弱い，もしくはない場合（たとえば，捕食者の個体群管理により捕食速度が低下した場合），個体群サイクルは増幅し，相互作用する種の片方もしくは両方の種の絶滅が起こりうる．一つの生態系パッチ内における群集動態には，まず土壌資源と生物の機能タイプとの間のフィードバックが働く．

撹乱と回復のサイクルを通じて生態系の変化に影響を与える景観動態には，景観内の生態系をつなげる微気象と撹乱レジームを含む付加的なフィードバックが働く（第 13 章参照）．撹乱後の植生の発達は，生態系スケールでの増幅フィードバックにより促進されるだけでなく，遷移段階の多様性を維持することや，山火事や昆虫大発生のような撹乱が広域に広がる危険性を低減させることで，長期間の景観内での安定化フィードバックを働かせる．

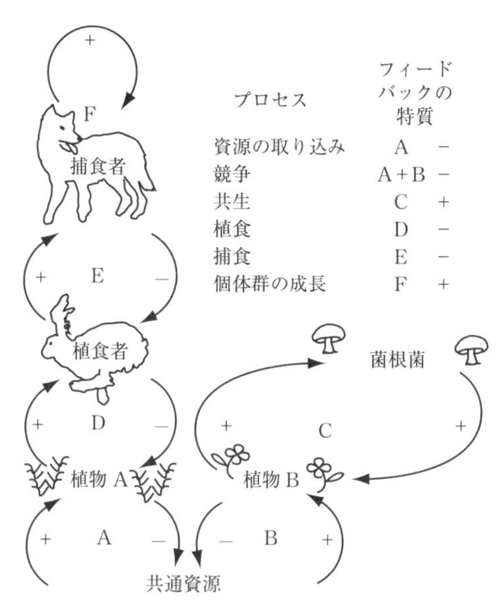


**図 1.6**　生態系における安定化および増幅フィードバックの関連性を示した例．それぞれの生物（または資源）が他の生物に与える影響は，正（+）または負（−）である．フィードバックは，生物相互の影響が同じ符号（双方が正または双方が負）のときに増幅し（正のフィードバック），異なる符号のとき安定する（負のフィードバック）．安定化フィードバックは生態系の変化に抵抗するように働き，増幅フィードバックは変化を促進するように働く．Chapin et al. (1996) より．

## 1.7　人為による生態系の変化

### ■生態系への人為インパクト

**人間活動は，地球の生物地球化学や気候を改変する規模で，土地表面，種組成，生物地球化学的循環を変化させてきた．**この人間による影響は非常に大きいため，産業革命の初期（1750年頃）が，新しい地質年代，すなわち**人新世**（Anthropocene）の始まりと広く認識されている（図2.15参照；Crutzen 2002）．

最も直接的で重大な人類による生態系の改変は，食料や繊維をはじめとする，人が利用する品物を生産するための土地改変である（図1.7）．人は地球の不凍表面の75%以上の場所に居住している．その居住区域は，都市や村（7%），耕作地（20%），放牧地（30%），森林（20%）などである（図1.8（口絵1）；Foley et al. 2005；Ellis and Ramankutty 2008）．残り25%の人が居住しない地域は，もとよりの不毛地や増設された林地である．人は，収穫（人による消費の53%），土地利用と生産性の変換（40%），人為による火災（7%）により，居住しない地域から陸域の地上部生産量の25〜40%を消費する（Vitousek et al. 1997b；Haberl et al. 2007）．

人間活動は淡水や海洋生態系も改変した．現在，人間は陸地から海洋へ流出する水の約

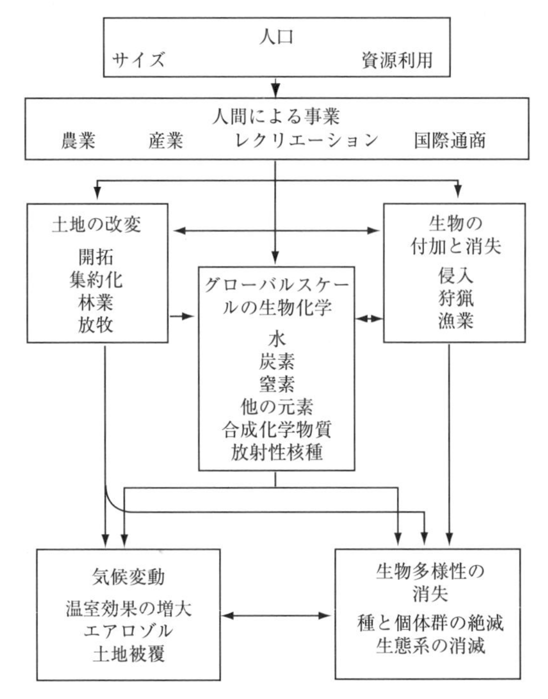


図1.7　人間活動が地球生態系に与える直接的および間接的な影響．Vitousek et al.（1997b）より．

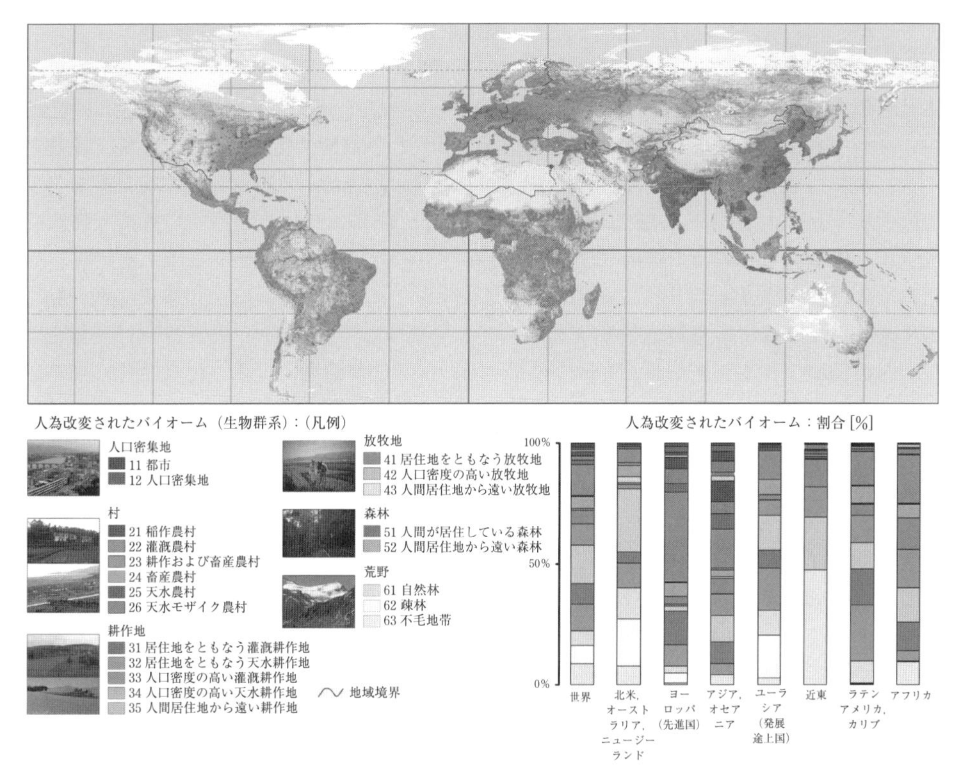


**図 1.8（口絵 1）** 世界の人為により改変された生態系．人間活動は地球生態系の特性と概念を根本的に変える．Ellis and Ramankutty (2008) から転載．

25％を利用している（第 14 章参照；Postel et al. 1996；Vörösmarty et al. 2005）．人間はまた海洋生態系の一次生産量の約 8 ％を利用している（Pauly and Christensen 1995）．商業的漁業は対象種のサイズと数を減少させ，漁場で意図せず捕獲した種の個体群特性を変化させる．海洋漁場の約 70％が乱獲状態にあり，そのうち 25％は崩壊（バイオマスの 90％以上の減少を意味する；Mullon et al. 2005）している．人口の大部分が住むのは沿岸から 100 km 以内であり，海洋との境界海岸線は人間活動に強く影響を受ける．たとえば，農業廃水や人や家畜の下水が含まれる多くの沿岸水は養分過多で，藻類の生産性を高めている．この物質の分解は水柱内の酸素を枯渇させ，嫌気状態により魚や他の動物を死亡させる死の領域を作る（図 9.1（口絵 9）参照；Rabalais et al. 2002）．

土地利用の変化とその結果生じるハビタットの消失は，種の絶滅や生物多様性の喪失の主な原動力である（第 11 章参照；Mace et al. 2005）．加えて，経済のグローバリゼーションや，人や物資の国際輸送の増加によって生物種が世界中を移動することで，生物的侵略の頻度は高まる．いま，多くの大陸では植物種は外来のものが 20％以上を占め，多くの島嶼では 50％以上を占める（Vitousek et al. 1997b）．国際的な交易にともなう意図しない導入や，導入先の環境における良好な成長と繁殖を意図した積極的な種の選別によって，生物地理学的な境界は消滅した．農作物や放牧地の牧草のような導入の多くは，人が消費する食料の供給などの生態系サービスを増加させた．一方で，新しい種の導入は，人の健康被害（たとえばアフリカの牛疫；Sinclair and Norton-Griffiths 1979）や，大きな経済損失（たとえば，火災になりやすいスズメノチャヒキ（cheatgrass）の北米における放牧地への導入；Bradley and Mustard 2005）をもたらすことがある．他にも生態系の構造と機能を改変する場合があり，その結果，種の多様性がさらに減少することがある．一度定着した侵略的生物種を除去することは困難であったり多大なコストがかかったりするため，多くの生物的な侵略は不可逆的である．

人間活動は，さまざまな形で生物地球化学的な循環に影響を及ぼす．化石燃料の過剰な利用や農業の拡大と強化は，大気ガスの濃度を増加させ，炭素，窒素，リン，硫黄，水のグローバルスケールでの循環を改変する（第14章参照）．生物地球化学的な変化は生態系内部の循環を改変するとともに，大気の移動によって風下の生態系を改変したり，湖，川，海洋沿岸からの流出水によって川下の生態系も同様に改変したりする．

**人間活動は環境に新しい化学物質をもたらしている．** 明らかに人に無害な人為起源のガスでも，大気と生態系に劇的な影響を与えてきたものがある．たとえば，クロロフルオロカーボン（フロン；CFCs）は当初，冷却材，噴霧剤†，溶媒として1950年代に製造された．しかし，フロンは，地球表面を紫外線放射の高エネルギーから守る働きがあるオゾンと大気圏上層で反応し，オゾンを減少させた．オゾンの破壊は，はじめは南極付近での劇的な**オゾンホール**として発見されたが，いまでは南半球の低緯度や北半球の高緯度地域でも生じている．DDT（農薬の一種）やPCBs（ポリ塩化ビフェニル，工業用化合物）などの合成有機化学物質は，生態学的影響が広く認識されるまで，1960年代に発展途上国でよく使用されていた．それらは移動しやすく分解が遅いため，長期間にわたる残留や，世界中の生態系への移動が生じる．これらの化合物の多くは脂溶性であるため，生物体内に蓄積し，栄養段階が上がるたびに濃度が増加する（第10章参照）．これらの化合物の濃度が閾値に達すると，生殖障害が起こることがあり（Carson 1962），とくに高次の栄養段階や高脂肪の種を採餌している動物で起こりやすい．鳥の卵殻の形成などのいくつかのプロセスはとくに農薬の蓄積の影響を受けやすく，農薬を使用していた場所から離れた地域においても，ハヤブサ（peregrine falcon）のような捕食性の鳥の個体数減少の原因になることがある．

1950～60年代の核兵器の野外実験は，多くの元素の放射性同位体の大気中濃度を増加させた．発電用の原子炉の爆発と漏出も，局所スケールから地域スケールで放射線を放出する．たとえば，1986年に旧ソ連（ウクライナ）のチェルノブイリで起こった原子力発電所の爆発は，その地域の人々の健康に直接影響のある放射線を放出し，西ヨーロッパやスカンジナビアまで放射性物質の大気降下物を増加させた．ストロンチウムやセシウムの放

† 訳注：スプレーや吸入薬を加圧するもの．

射性同位元素は，それぞれカルシウムやカリウムに化学的に似ているため，生物に能動的に集積し保持される．たとえば，地衣類は養分を主に大気から摂取し，能動的にストロンチウムやセシウムを集積する．地衣類を食べるトナカイ（reindeer）はこれらの元素をさらに濃縮し，トナカイを食べる人間ではさらに著しく集積する．このような理由により，放射性同位元素の大気や水への流入は，それらが使用された地域のはるか遠くまで影響範囲を拡大する．

別の場合として，人が生態系に導入した化学物質には利用する対象を限定したものもある．たとえば，Bt トウモロコシは，遺伝子操作によりヨーロッパアワノメイガ（European corn border）に毒性のある化合物を生産する細菌遺伝子をもっている．新しい化学物質の導入は，どのような場合でも，対象種でない生物への毒性や，対象種の耐性の進化などの問題が生じる（Marvier et al. 2007）．これらは生態系生態学者によって研究されるべき課題である．

**拡大する人間活動のスケールと範囲は，すべての生態系が直接または間接的に人間活動によって影響を受けていることを示唆している．**生態系は単独で機能することはなく，隣接する地域社会や世界中での人間活動の影響を受ける．人間活動は，主要な生態系制御：気候（地球温暖化），土壌と水資源（窒素降下物，侵食，分水），撹乱レジーム（土地利用の変化，山火事の消火），生物の機能タイプ（種の導入と絶滅）のほとんどに対し，グローバルスケールでの変化をもたらす．これらのグローバルスケールでの変化の多くは，局所スケールや地域スケールで相互に影響しあう（Rockström et al. 2009）．したがって，すべての生態系は生態系制御の方向が変化したり，新しい環境条件が生じたり，ある場合には新しい生態系を形成するフィードバックが増幅したりする．これらの相互的制御の変化は，生態系の動態を不可逆的に変化させる．

## ■ レジリエンスと閾値の変化

状態因子と相互的制御への広範な人為インパクトの影響に対し，生態系はレジリエンスや閾値の変化などさまざまな反応を示す．**レジリエンス**（resilience）とは，社会－生態的システムが，衝撃や撹乱を受けても，同じ構造，機能，フィードバックを維持する能力である．**閾値**（threshold）とは，それを超えると急激な生態系の変化が生じるような，一つまたはそれ以上の制御の臨界値である．たとえば，湖は，農業廃水や地域の汚水処理タンクからの過剰な養分の流入に対して，水の透明度と，期待される魚類資源を維持することができる．これは，湖の堆積物がリンを結合する安定化（負の）フィードバックが働くこと，水柱からリンが取り除かれることによって，レジリエンスが生じることによる．しかし，場所によってはリンの結合能力が飽和し，堆積物が水柱へのリンのソース（供給源）となる．その結果，水の透明度を下げ，回復が難しい事態を連鎖的に引き起こすような有害な藻類の成長が促進される（第 9，12 章参照）．生物多様性もレジリエンスの効果をもたらす．なぜなら，多種が生育している生態系では，一種やわずかな種が生育している生態系よりも生態系機能を維持できる条件が広いからである（第 11 章参照；Elmqvist et al.

2003；Suding et al. 2008）．社会的なプロセスは，生態系での人の役割に影響しており，それはレジリエンスの源（すなわち持続可能性）になる場合もあるし，閾値が変化する引き金になる場合もある．生態学者は，生態系のレジリエンスや閾値の変化を制御する要因の理解を始めたばかりである（第12章参照）．このことは，人類による優占が増大している地球において，重要な研究分野として着目されている．

生態系への負荷のいくつかは，簡単に観察されたり（たとえば酸性雨），予測されたり（たとえば数十年前に予測され，いま観察されている地球温暖化）するが，予測が困難または不可能な**不意な出来事**も起こる．レジリエンスをもたらすプロセスには，ある変化の原因をかなり特定できるものもある（たとえばリンの堆積固定）．また，生物多様性や多角的な管理政策などのように，予期せずに起こるさまざまな潜在的な変化に対するレジリエンスをもたらすものもある．

### ■生態系サービスの劣化

**多くの生態系サービスは，20世紀中頃から世界的に劣化してきている**（Daily 1997；MEA 2005）．社会が生態系からさまざまな形で得ている利益には，次の三つがある（図15.4参照）．

(1) **供給サービス**（provisioning service，または**生態系の財**）：人が直接収穫する生産物（たとえば，食料，繊維，水）．

(2) **調整サービス**（regulating service）：境界を越えるプロセスに生態系が与える影響（たとえば，気候，水量，水質，疾病，山火事の拡大，送粉の制御）．

(3) **文化的サービス**（cultural service）：社会の福利に重要な非物質的な利益（たとえば，レクリエーション，美的価値，精神的な利益）．

多くの生態系プロセスは（たとえば，生産，物質循環，生物多様性の維持），これらの生態系サービスを支えている．これらの生態系サービスの半分以上が，20世紀の後半にグローバルスケールで劣化した――意図しないで，人が物質的な欲求や要求を満たすときに不注意で気づかないうちに劣化した（MEA 2005）．変化は課題と機会の両方をもたらす．人類は，地球の生命を支えるシステムを改変する能力を十分に示してきた．適切な生態系スチュワードシップによって，人間の能力は，社会的発展を支える地球の生命維持システムの収容力を回復するだけなく，向上させることもできる．生態系生態学の重要な課題の一つは，この目標を達成するための科学的知見を提供することである．

## 1.8　まとめ

生態系生態学は，生態系の中の物質とエネルギーの蓄積や流れを制御する要因を研究することで，生物とその環境との相互作用を一つの統合されたシステムとして取り扱う．生態系研究の空間的なスケールは，その生態系を出入りし生態系内を移動する重要なフラックスを，円滑に計測できるように選ぶ．生態系の機能は，現在の構造や環境だけでなく，過去のイベントに対するこれまでの反応にも影響される．生態系生態学の研究は，高度に学際的であり，生態学，水文学，気象学，地理学，社会学の多くの側面を作り，地球を一つの統合されたシステムとして理解するための今日の努力に寄与する．生態系生態学の多くの未解決問題には，システムアプローチ，プロセス理解，グローバルスケール解析の統合的な利用が必要である．

ほとんどの生態系は，究極的には，エネルギーは太陽から，物質は大気と岩石から獲得する．エネルギーと物質は，生態系内の構成要素間を移動し，環境に放出される．生態系に必須の生物要素は，炭素とエネルギーを生態系に取り込む植物，生物遺体（有機物）を分解し二酸化炭素と養分を放出する分解者，およびエネルギーと物質を生態系内で移動させ植物と分解者の活動を調整する動物である．生態系の必須の非生物要素は，大気，水，土である．生態系プロセスは，比較的独立した状態因子（気候，母材，地形，生物，時間，増大している人間活動）および直接生態系プロセスを制御する相互的制御（資源の供給，微環境，撹乱レジーム，生物の機能タイプなど）によって制御される．相互的制御は生態系プロセスに反応もするし，影響も与える．一方，状態因子は生態系とは独立したものと考える．生態系の安定性とレジリエンスは，生態系の現状を維持する安定化（負の）フィードバックと，更新と変化の原因となる増幅（正の）フィードバックのそれぞれの，強度と相互作用に影響される．

## 復習問題

1. 生態系とは何か？　それは生物群集とはどのように異なるのか？　群集生態学者では簡単には対処できない環境問題のうち，生態系生態学者はどのような問題に取り組むのか？
2. プールとフラックスの違いは何か？　次のものはフラックスとプールのどちらか？　植物，植物の呼吸，雨，土壌炭素，動物による植物の消費．
3. 生態系の構造やプロセス速度を制御する状態因子とは何か？　この問題に答えるための状態因子アプローチの強みと制限は何か？
4. 状態因子と相互的制御との違いは何か？　ある地域の管理計画を策定する際，状態因子と相互的制御を別にして扱うのはなぜか？
5. 森や湖を例にして，人による温暖化や樹木や魚の収穫が主な相互的制御をどのように改変するのか説明せよ．また，これらの制御の変化が，生態系の構造やプロセスをどのように改変するのか説明せよ．
6. 生態系の気候変動に対する反応に，増幅フィードバックと安定化フィードバックがどのように影響を与えるか，例を挙げて説明せよ．

# 参考文献


Chapin, F.S., III, G.P. Kofinas, and C. Folke. 2009. *Principles of Ecosystem Stewardship: Resilience-Based Natural Resource Management in a Changing World*. Springer, New York.

Ellis E.C., and N. Ramankutty. 2008. Putting people on the map: Anthropogenic biomes of the world. *Frontiers in Ecology and the Environment* 6:439-447.

Golley, F.B. 1993. *A History of the Ecosystem Concept in Ecology: More than the Sum of the Parts*. Yale University Press, New Haven.

Gorham, E. 1991. Biogeochemistry: Its origins and development. *Biogeochemistry* 13: 199-239.

Hagen, J.B. 1992. *An Entangled Bank: The Origins of Ecosystem Ecology*. Rutgers University Press, New Brunswick, New Jersey.

Jenny, H. 1980. *The Soil Resources: Origin and Behavior*. Springer-Verlag, New York.

Lindeman, R.L. 1942. The trophic-dynamic aspects of ecology. *Ecology* 23: 399-418.

MEA (Millennium Ecosystem Assessment). 2005. *Ecosystems and Human Well-being: Synthesis*. Island Press, Washington.

Schlesinger, W.H. 1997. *Biogeochemistry: An Analysis of Global Change*. Academic Press, San Diego.

Tansley, A.G. 1935. The use and abuse of vegetational concepts and terms. *Ecology* 16: 284-307.

Vitousek, P.M. 2004. *Nutrient Cycling and Limitation: Hawai'i as a Model System*. Princeton University Press, Princeton.

# 第2章 地球の気候システム

**気候は，陸域バイオームのグローバル分布を最も強く支配する状態因子である．この章では，気候システムの機能，気候と大気化学性・海洋・陸域との相互作用全般に関する話題を提供する．**

## 2.1 はじめに

**気候は，地球の生態系機能に大きな影響を与える．**温度や水分の利用効率は，多くの生化学反応速度と付随する生態系プロセスを制御する．これらのプロセスには，植物による有機物生成，微生物による分解，岩石風化，そして土壌発達が含まれる．そのため，気候の時空間変化の要因を理解することは，生態系プロセスのパターンを包括的に理解するうえで重要である．

入射する太陽放射量，化学組成，大気の動き，そして地表面特性が，気候それ自体と気候変動を決定する要因である．大気と海洋の循環は，地球全体の熱・水輸送に影響を与え，気候パターンやその時空間変動に強く影響を与える．本章は，地球のエネルギー収支について述べると同時に，大気，海洋，および陸域がエネルギー再分配でどのような役割を果たし，気候と生態系分布が形作られるか，その概要を説明する．

## 2.2 焦　点

**人間活動は地球の気候を改変し続けている．そのため，地球全体にわたる生態系プロセスの基本的制御要因が変化し，社会への損害もしばしば生じている．**気候変動は，生態系プロセスの速度をわずかに変えるだけの場合もあるが，度重なる暴風雨のように社会に対する壊滅的な影響に直結する場合もある．たとえば，気候の温暖化は海水面温度を上昇させ，熱帯低気圧へ輸送されるエネルギーを増やす（図2.1）．個々の嵐は気候変動によって生成されたものではないが，熱帯低気圧の強度は増している（IPCC 2007）．他には，アフリカのサハラ砂漠以南の乾燥地で頻発する干ばつ，湿潤気候帯や沿岸低地で頻発する洪水，寒冷地域の温暖化，そして火災が起こりやすい森林での自然発火が挙げられる．地球の気候帯分布を決定づけているものは何なのか？　なぜ気候は変化しているのか，そしてなぜ気候の変化は地域によって異なるのか？　本章の目的は，気候システムの時空間変化の原因を理解し，あらゆる場所で起こりうる変化を予測するための指針を得ることである．

図2.1　アメリカ・ルイジアナ州沿岸部を通過するハリケーン・カトリーナ（Katrina）の衛星画像．この熱帯低気圧は，2005年にニューオーリンズに大洪水をもたらした．この影響で，およそ1,570人が死亡，被害総額は400億～500億ドルに達した．ルイジアナ州沿岸部では，人為影響による生態系変化がこのハリケーンの被害に拍車をかけた．気候の温暖化により，このカトリーナのような猛烈な熱帯低気圧の発生頻度増加が予想される．画像はNOAAの好意による．（http://www.katrina.noaa.gov/satellite/satellite.html）

## 2.3　地球のエネルギー収支

**太陽は，地球の気候システムを駆動させるエネルギー源として利用されている．**物体により生成されるエネルギーの波長は，その物体がもつ温度に依存する．太陽の表面温度は6,000℃と熱い物体で，0.2～4.0 μmの波長をもつ**短波放射**（shortwave radiation）の形で高いエネルギーを放出する（図2.2）．これには紫外域（UV；全体の8％），可視域（39％），近赤外域（53％）の放射が含まれる．地球へ入射する短波放射量のうち，平均で約30％は，雲（16％），空気分子，ダスト，霧（6％），そして地球の表面（7％）からの**後方散乱**（反射）によって宇宙空間に放出される（図2.3）．その他に，入力放射量の23％が大気，とくに大気上層のオゾンや大気下層の雲，水蒸気によって吸収される．残りの47％が直達光および散乱光として地球表面に到達し，吸収される（Trenberth et al. 2009）．

また，地球自身も，他のすべての物体と同様に放射するが，その低い表面温度のため大半は低エネルギーの**長波放射**（longwave radiation）である（図2.2）．大気は入力短波放射の約半分を地球表面へ伝達するが，同じ大気内にある**放射活性ガス**（radiatively active gas，水蒸気，$CO_2$，$CH_4$，$N_2O$，クロロフルオロカーボン（CFCs）のような工業生産物）が，地表からの長波放射の90％を吸収する（図2.3）．宇宙空間へ放出される約10％の長波放射のうち，その大半は大気による吸収が小さい長波長域に属する（これは大気の窓とよばれる；図2.2）．大気中の放射活性ガスにより吸収されたエネルギーは，地表面の全方

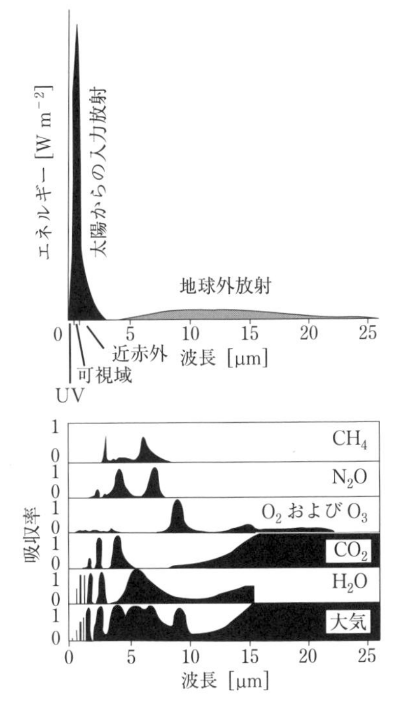


**図 2.2** (上)太陽放射と地球放射の各スペクトル分布,(下)主な放射活性ガスおよび大気全体の各吸収スペクトル.これらのスペクトルは,大気が太陽放射より広い波長帯で地球放射を吸収することを示し,大気が下端から加熱される状況を説明している.Sturman and Tapper (1996),Barry and Chorley (2003) より.

位に向けて再放射される(図 2.3).この地表面への放射の一部は地球を暖めることから,この現象は**温室効果**(greenhouse effect)として知られている.このような大気による長波放射の吸収がない場合,地球表面における平均温度は現在よりも約 33℃低くなる.その場合,地球は深海における熱水噴出孔付近を除き,生命を維持することができないと考えられている.

地球全体の長期平均では,通常,地球の放射収支は平衡に近い状態にある.これは,吸収したエネルギーの大半を宇宙空間に(長波放射として)放出していることを示す.しかし,人間の活動は,後に述べるように,大気化学組成を変化させ,結果として地球のもつ熱量を増加させている.平衡状態を仮定すると,宇宙空間に放出される長波放射は,地表面と大気の双方で吸収された短波放射の合計に等しくならねばならない.大気は,放射活性ガスによる(短波)太陽放射量の吸収と長波放射で加熱される.また,大気は**乱流**(混合)で上向きに輸送される非放射の熱フラックスにより,地表面から加熱される.この熱源には**潜熱フラックス**(latent heat flux)が含まれる.地表面上で水を蒸発させるために使用されたこの熱は,空気塊の上昇にともない冷却され,大気中に解放される.その後,水蒸気は凝結して雲や降水になる.さらに,地表面における暖かい空気からその直上の空気への熱輸送があり,熱はその後にサーマル(熱上昇気流)として対流により上向きへ輸送される(**顕熱フラックス**,sensible heat flux).これらの熱源は,下層大気から地表面へ戻る大量の長波放射フラックスと同様,長波放射を持続的に宇宙空間へ放出する.なお,

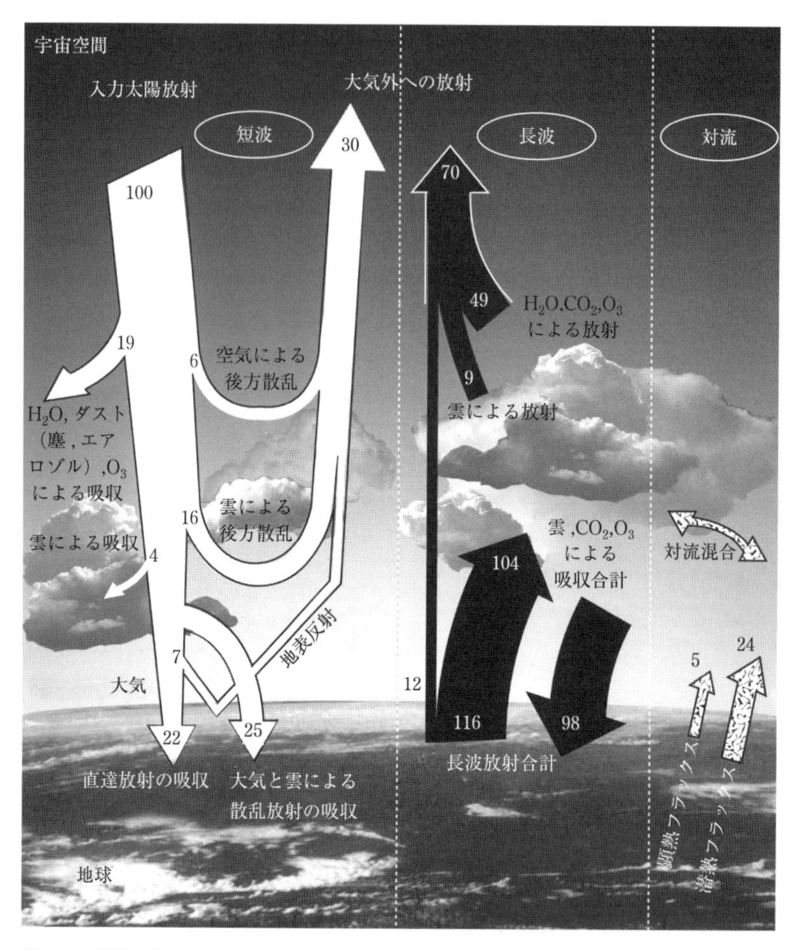


図2.3　地球－大気システムに関する，2002～2004年の平均的な地球の年間エネルギー収支．数値は，入射した太陽放射から受け取るエネルギーの割合［%］を示す．大気上端では，入射する太陽放射（これを100［%］とする．341 W $m^{-2}$（グローバル平均））が，反射される短波放射（30）と射出される長波放射（70）で釣り合う．大気中では，吸収される短波放射（23）および長波放射（104），さらに潜熱＋顕熱フラックス（29）が，宇宙へ放出される長波放射（58）と地表面への長波放射（98）で釣り合う．地表面では，入射する短波放射（47）と長波放射（98）が，放出される長波放射（116）と潜熱＋顕熱フラックス（29）とで釣り合う．データは Trenberth et al. (2009) より．

地表面への再放射は，先に述べた自然発生的な温室効果を表している．

1950年代以降における大気中ガスの計測と，氷河氷中に含まれる空気泡に関する長期間の計測記録から，主要な放射活性ガス（$CO_2$，$CH_4$，$N_2O$，CFCs）が，250年前に起こった産業革命の開始期以降に，大きく増加していることがわかってきた（図14.7参照）．化石燃料の燃焼，工業活動，畜産業，施肥・灌漑された農業といった人間活動が，これらの放射活性ガスを増加させてきた（第14章参照）．これらのガスの濃度上昇にともない，地球から射出された長波放射量の多くが捕捉されることで温室効果が強まり，地球の表面温度が上昇している．図2.3に示されている放射のフロー（流れ）には，わずかではあるが収支の不均衡がみられる．この量は入力放射量のおよそ0.26%と見積もられる．この過剰なエネルギーの大半は海洋によって吸収されており，水が膨張し海水面の上昇をもたらしている．この放射不均衡により生じる温暖化は，氷河，氷床（グリーンランド，南極）や北極海の海氷融解を拡大することにもつながる．

上述したグローバル平均の年間エネルギー収支は，地球の気候システムを制御する重要な要因であることが予想される．しかし，地域気候は大気と海洋によるエネルギー交換と水平方向の熱輸送の空間変化を反映する．地球は，極域よりも赤道付近でより強く加熱され，また，太陽を回る地球の軌道（公転）面に対し傾いた軸上で回転（自転）する．大陸は地表上で不均一に広がっており，大気と海洋の化学性・物理性は，動的かつ空間的に変わりやすい．それゆえ，エネルギーの行方やそのプロセスを理解し，その結果として地球の生態系にもたらされる影響を把握するためには，大気および海洋に関するより深い理解が必要となる．

## 2.4 大気システム

### ■大気組成と化学性

**大気の化学組成は，地球のエネルギー収支の中でその役割が決まる．**大気は巨大な反応容器のようなもので，数千種に及ぶガスや粒子状の化学組成を含み，遅いものから速いものまでさまざまな速度の反応，溶解，沈殿が生じている．これらの反応が，大気組成や多くの物理過程（たとえば雲形成やエネルギー吸収など）を制御している．これらに関連して生じる加熱・冷却が，太陽放射の不均一な分布とあわせて，エネルギーの再分配に重要である強力な大気の動きを生み出している．

地球における乾燥大気体積の99.9%以上は，窒素，酸素，アルゴンで構成される（表2.1）．その次に主要な大気組成ガスは$CO_2$であるが，大気全体のわずか0.039%を占める程度しかない．この割合は世界中でほぼ一定であり，地表から高度80 kmまでの空間につ

**表2.1** 大気の主要な化学組成

| 成分 | 化学式 | 濃度［%］ |
|---|---|---|
| 窒素 | $N_2$ | 78.082 |
| 酸素 | $O_2$ | 20.945 |
| アルゴン | Ar | 0.934 |
| 二酸化炭素 | $CO_2$ | 0.039 |

Schlesinger (1997) とIPCC (2007) のデータ．

いても同様である．この均一性が成り立っている背景には，$CO_2$の大気中での**平均滞留時間**（mean residence time，MRT）が非常に長いことが関係している．MRTは，ある時間間隔を対象とし，現存の全質量を大気に出入りするフラックスで割ることで計算され，窒素のMRTは1,300万年，$O_2$は10,000年，そして$CO_2$は5年である（第14章参照）．$CO_2$，$N_2O$，$CH_4$，CFCsのような多くの放射活性ガスには，大気中での反応が比較的遅く，数年から数十年の滞留時間をもつものがある．一方で，より反応性が高く，数日から数ヶ月程度の滞留時間しかないものもある．より反応性の高いガスは，乾燥大気体積の0.001%以下しかなく，時間・空間分布の変動が激しい．この反応性の高いガスは，栄養塩輸送，煙霧，酸性雨，オゾン層破壊とのかかわりを通じ，生態系に影響を及ぼすことになる（Graedel and Crutzen 1995）．さらに，水蒸気も季節的・空間的に反応性が高く，変化しやすいガスである．

MRTは，$CH_4$や$N_2O$のように可逆的に分解されるガスが，大気中にどのくらいの時間，存続するかを推定する場合に有効である．しかし，$CO_2$は海洋や生物圏に吸収される際に「破壊」されることはなく，大気との間で循環し続けるガスである．もし，すべての化石燃料の放出がまさにいま停止した場合，大気中に存在している化石燃料由来の過剰な$CO_2$は30年間で50%まで減少し，次の数世紀ではさらに20%減少する．しかし，残りの30%は数千年にわたり大気中にとどまる（IPCC 2007；Archer et al. 2009；第14章参照）．このことは，人類の寿命（存続期間）から考えて，恒久的に温暖な世界が作り出されることを意味する（Solomon et al. 2009）．つまり，気候温暖化の程度は，人々がいつから化石燃料やその他の微量ガスの放出抑制に取り組むかにかかっているのである．

大気中には，生命にとって非常に重要なガスが存在する．光合成を行う生物は，光が存在する状況下で$CO_2$を利用し，ほとんどすべての動物や微生物にとって必須の食料源となる有機物を生成する（第5～7章）．また，大半の生物は代謝呼吸の過程で酸素を必要とする．窒素分子（$N_2$）は大気の78%を構成するが，大半の生物はこの$N_2$を利用することはできない．しかし，窒素固定細菌は$N_2$を生物的に利用可能な窒素に変換し，最終的にはすべての生物が利用可能なタンパク質を作り出している（第9章）．その他に，一酸化炭素（CO），一酸化窒素（NO），一酸化二窒素（亜酸化窒素，$N_2O$），メタン（$CH_4$），そしてテルペンやイソプレンなどの揮発性有機化合物ガスは，植物および微生物活動にともなう生成物である．対流圏オゾン（$O_3$）のように，**生物起源**（生物的に生成される）と人工起源の双方を含む化学反応の生産物として化学的に大気中に生成されるガスもあるが，高濃度になると植物や微生物，人に対しても被害を与えるようになる．

また，大気は**エアロゾル**（aerosol）を含む．これは，大気中に浮遊している小さい固体または液体の粒子である．エアロゾル粒子は火山の噴火，大気中を浮遊するダスト，海水中の塩からも生じる．また，何らかの汚染源やバイオマス燃焼から発生したガスとの反応で生成されるものもある．エアロゾルには，**雲の凝結核**として作用するものがあり，その周辺で水蒸気が凝結し雲粒を作り出す．エアロゾルは，ガス，雲，地表面の特性とともに惑星の反射特性（**アルベド**，albedo）を決定し，エネルギー収支と気候に大きな影響を及ぼす．エアロゾルによる入力短波放射の散乱（反射）は，地表面に到達する放射量を減少させ，気候を寒冷化させる．たとえば，1991年にフィリピンで起こったピナツボ火山の噴火で硫黄酸化物が大気中に放出され，その後に生成された硫酸塩エアロゾルの影響で，およそ1年にわたって地球の気候が寒冷化した．

雲は地球の放射収支に複雑な影響をもたらす．雲はアルベドが高いため，暗い地表面よりも非常に多くの短波放射を反射する．しかし，雲は水滴や氷の結晶からなり，地表面からこれらの雲に作用する長波放射を効率良く吸収する．最初のプロセス（短波放射の反射）は，入力放射の宇宙空間への反射による冷却効果を与える．次のプロセス（長波放射の吸収）は加温効果で，宇宙空間へのエネルギー射出を防いでいる．これら二つの効果のバランスは，雲のタイプ，温度，厚さ，高度など多くの要因に依存する．通常，雲による短波放射の反射は，高層雲において冷却を引き起こす．一方で，長波放射の吸収や再放出は一般に低層雲において支配的で加温効果をもたらす．雲は，地球全体としては太陽からの入力を減少させることで正味の冷却効果をもたらすが，北極や南極のような熱損失が大きな地域では，正味の加温効果をもたらしている．

## ■大気の構造

**大気圧および大気密度は，高度の上昇にともない減少する．** 大気の鉛直構造は平均的には四つの明瞭な層に区分され，温度のプロファイルにより特徴づけられる．大気は圧縮性が高く，地表面近傍での大気の（空気）塊は重力の影響でその場に保たれる．気圧は着目地点を覆う大気塊と関連しており，大気の密度と同様，高度とともに対数的に減少する．大気が低気圧や低密度方向に表面上を移動する際，鉛直の圧力傾度も減少する．さらに，暖気は寒気よりも密度が低いため，寒気よりも暖気において，圧力は高度とともに緩やかに減少する．

**対流圏**（troposphere）は最も低い大気層である（図2.4）．この層は大気質量の75％を含んでおり，主に地表面からの顕熱，潜熱，また地表面からの長波放射により加熱される．地表で加熱された空気は，上昇とともに冷却され，広域に広がる．そのため，対流圏において温度は高度とともに減少する．

対流圏の上には**成層圏**（stratosphere）が存在する．ここでは，対流圏とは異なり，上部から加熱される．その結果，高度に沿って温度が増加する（図2.4）．成層圏上部に存在する**オゾン**によって紫外線が吸収されることで空気を暖める．オゾンは成層圏上部に最も集中しているが，これは，酸素分子 $O_2$ を酸素原子Oに分解するために必要な短波長の紫外線量と，$O_3$ を生成するためにO原子との衝突に必要な $O_2$ 分子密度とのバランスで決まっている．オゾン層は，地表面の生物相を紫外線から防御している．生物システムは，紫外線に対し非常に敏感である．これは，細胞を生成するために必要な情報を含むDNAが，紫外線で損傷するおそれがあるためである．成層圏におけるオゾン濃度は，オゾンを破壊するクロロフルオロカーボン類（CFCs）の生成・放出により減少しており，とくに極域においてその傾向が顕著である．これにより，オゾンに空いた穴，すなわち，オゾンホール

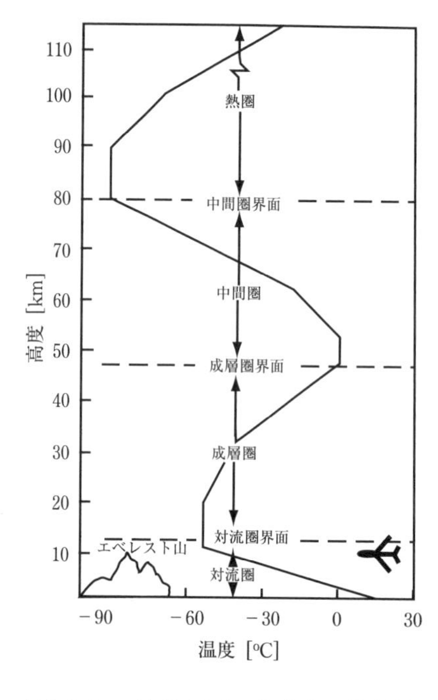


**図 2.4**　大気の平均的な熱（サーマル）構造，地球の主な大気層温度の鉛直傾度を表す．Schlesinger (1997) より．

が作られ，地球表面へ到達する紫外線が増加している．南極域は寒冷で多くの成層圏雲があるためオゾンを破壊する反応が生じており，南極上空のオゾンホールは北極に比べずっと大きい．対流圏と成層圏との間では緩やかな混合がみられ，この混合で CFCs やその他の混合物がオゾンの豊富な成層圏に到達・蓄積し，その場における滞留時間が増してしまう．

成層圏の上部は**中間圏**（mesosphere）で，温度が再び高度とともに減少する層である．大気最上層の**熱圏**（thermosphere）は，高度約 80 km から始まり，宇宙空間に延びている．熱圏大気の質量は大気全体の中では非常にわずかで，極端に短い波長を吸収できる O 原子や N 原子で構成され，高度とともに再び温度の増加がみられる（図 2.4）．中間圏と熱圏は生物圏への影響が相対的に小さい．

対流圏は，多くの大気現象が発生する大気層で，雷雨，吹雪，ハリケーン，高・低気圧の動きがみられる．それゆえ，対流圏は生態系プロセスに直接的に反応し，影響を及ぼす大気である．**対流圏界面**（tropopause）は対流圏と成層圏の境界面に相当する．対流圏温度が最大である熱帯では高度約 16 km に発生し，高度にともなう気圧減少率が最も緩やかな場所である．また，対流圏温度が最も低い極域では約 9 km である．対流圏界面高度は季節で変化し，夏より冬に低くなる．

**プラネタリー（惑星）境界層**（planetary boundary layer，PBL）は対流圏底部に相当し，その場の空気は地表面加熱による対流性乱流と，空気塊が地表面近傍の粗度層で運動する際に発生する機械的乱流によって混合される．PBL は，日中は対流性乱流により上昇する．大気が暴風で乱されるようなとき，PBL は自由大気と急速に混合する．たとえば，

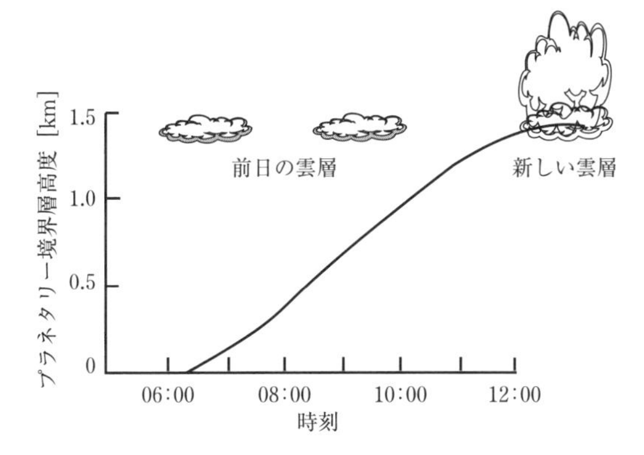


**図 2.5** アマゾン流域，雷雨未発生時（午前 6 時から正午）に植生樹冠層上に発達したプラネタリー境界層（PBL）高度の時間経過．地表面温度の増加は蒸発散と対流混合を駆動する．境界層は，上昇した空気が冷却と凝結を経て，雲を形成する高度にまで発達する．Matson and Harriss (1988) より．

アマゾン流域上の境界層高度は，一般に対流活動により日中の半ばまで上昇する（図 2.5)．PBL は，対流混合を駆動する太陽エネルギーのない夜間には下降する．PBL 中の空気は相対的に自由大気と区分され，そのため地表面上では一つの独立した部屋のように振る舞う．したがって，PBL 中の水蒸気，$CO_2$，その他の化学成分の変化は，地表面で生じた生物学・生化学的プロセスの指標とみなすことができる (Matson and Harriss 1988)．たとえば，都市域の PBL は，上部のきれいな安定空気よりも汚染物質濃度が高い場合も多々ある．夜間には，自然生態系からの $CO_2$ や都市環境での汚染物質など地表面から放出されたガスは，高い濃度に達する．これは，境界層厚が薄くなり濃度が高くなるためである．

## ■ 大気循環

**大気循環が生じる基本的要因は，太陽による不均一な地表面の加熱である．**地球は球形のため，赤道は極に比べて入力する太陽放射を多く受け取る．赤道において，正午の太陽光入射角はほぼ地面に対して垂直である．高緯度の特徴である低い太陽角の場合，太陽光が広い表面積に当たるため，単位面積あたりの入力放射量は低下する（図 2.6)．さらに，高緯度では，太陽光が大気を通過する距離が長くなる．そのため，入力した太陽放射の多くが地面に達する前に，吸収，反射および散乱される．この太陽による不均一な加熱が，極よりも熱帯で高い対流圏温度を生じ，大気循環を駆動することで熱を極へ輸送する．その結果，熱帯では，短波長の太陽放射エネルギー入力が宇宙空間への長波放射エネルギー損失を上回る．一方で，温帯や高緯度では，長波放射エネルギー損失が入射エネルギーを上回る（図 2.7)．

大気循環には，鉛直成分と水平成分の双方が存在する（図 2.8)．地表面の加熱は，地表の空気を膨張させ周囲よりも低密度状態にするため，空気が上昇する．空気は，上昇する

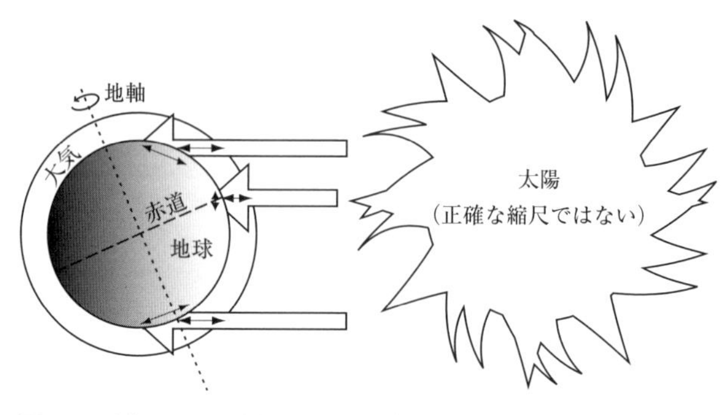


図2.6　大気および入力角度の違いが各緯度での入射する太陽放射に及ぼす影響．太陽放射に対し平行な矢印は，太陽放射が透過する大気層の深さを示す．地表面に対し平行に描かれた矢印は，太陽放射が到達した場所の表面積を示す．高緯度の生態系は，赤道域に比べて受け取る放射が少ない．これは，高緯度では放射が通過する大気層が長く，また放射が到達する面積がより広範囲になるためである．

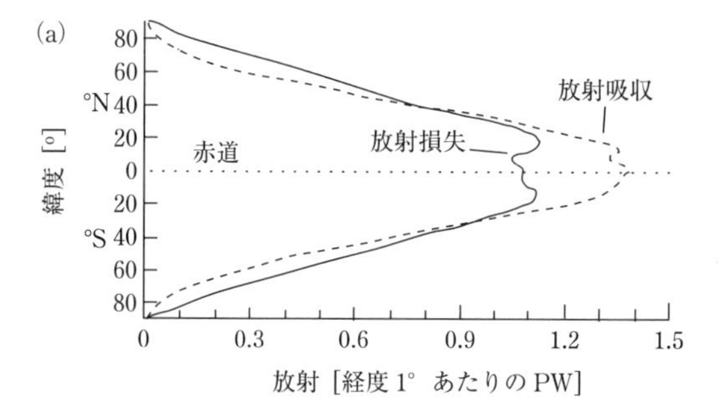


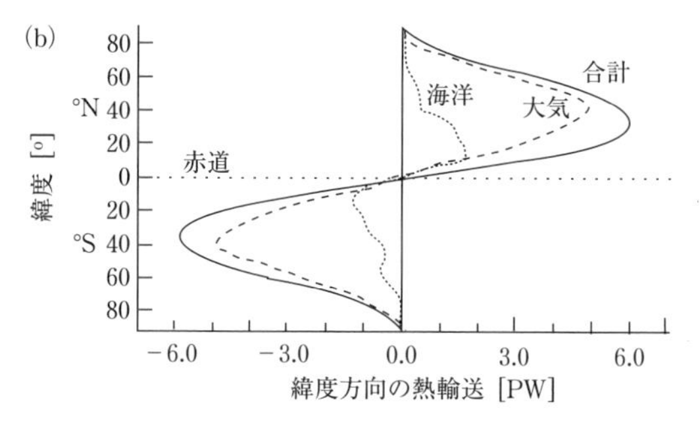


図2.7　(a) 地球への熱入力と熱損失の緯度別変化（単位は，緯度1°あたり PW ($10^{15}$ W)），(b) 海洋と大気による緯度方向での熱輸送量（単位は PW）．Fasullo and Trenberth (2008) より．

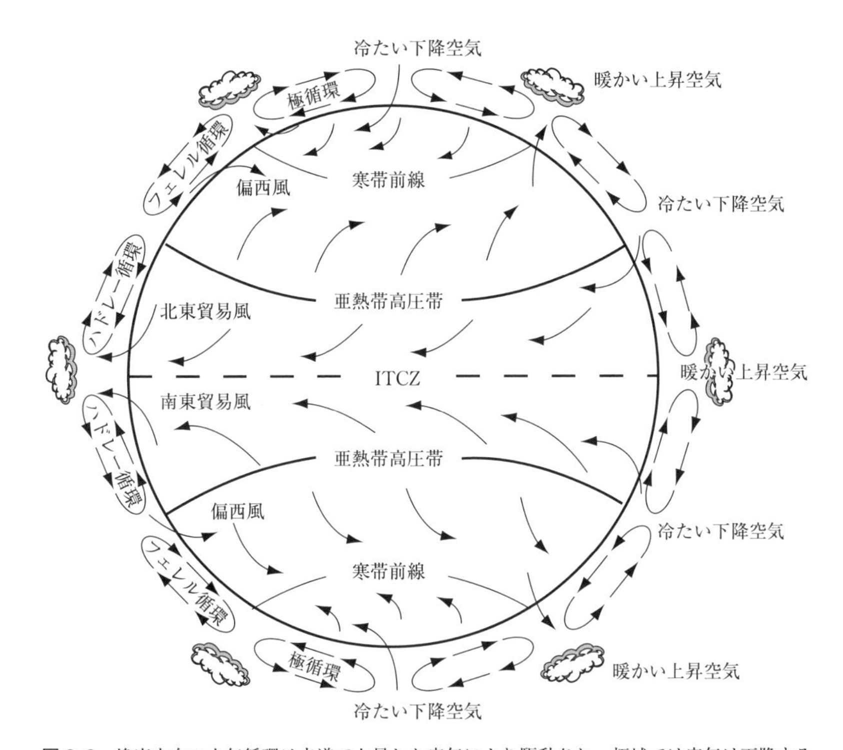


**図 2.8** 緯度方向の大気循環は赤道で上昇した空気により駆動され，極域では空気は下降する．この駆動力とコリオリ力は，三つの主要な大気の鉛直循環（ハドレー循環，フェレル循環，極循環）を形成する．空気は赤道で強烈な加熱により上昇する．空気は対流圏に到達した後，極方向へ南北緯約 30° まで移動する．ここで，空気は下降し赤道へ戻る動き，すなわちハドレー循環の形成と，極方向へ動く空気に分離する．極域での空気は冷たく密度が高いため，下降する．これらはおよそ南北緯 60° 付近で極方向へ移動する空気と遭遇するまで，赤道方向に向けて移動する．この場で空気は再び上昇し，これらは極域で下降した空気の分を補うため極方向へ向かう流れと，赤道へ向かう流れに分かれる．後者がフェレル循環である．卓越する地表付近の風系（熱帯では東からの貿易風，温帯域では偏西風）からなる大気循環の水平パターンで示されているように，これらの気団の境界は，上昇空気の低圧帯（ITCZ と寒帯前線）か，下降する空気の高圧帯（亜熱帯高圧帯）のいずれかである．

と，大気圧が高度にともない減少するので，さらに膨張し，空気分子の平均的な運動エネルギーが低下する．すなわち，これは上昇する空気が冷やされたことを表す．冷やされた空気は，暖かい空気に比べ水蒸気の保持力が低いため，凝結し，さらに下降する．上昇する空気は周囲に比べ暖かい空気を保持しているため上昇するが，凝結過程でこの空気は潜熱を解放する．**気温の減率**（lapse rate，高度とともに気温が低下する割合）は，地表面の加熱される程度や大気中の水分含量で異なるが，平均的にはおよそ 6.5 ℃/km である．

空気は赤道で最も大きく上昇する．強烈な加熱に加え，湿った空気の上昇，膨張，冷却，そして水蒸気凝結後の大量の潜熱解放がその理由である．この空気はしばしば，対流圏界面に到達するまで上昇を続ける．赤道付近にある空気の上昇運動と膨張は，水平方向にも圧力勾配を作り出す．そのため，上昇した空気が，赤道から極まで水平方向に流れるようになる（図 2.8）．極方向へ動く空気は，長波放射の宇宙空間への射出と，極から赤道へ向けて動く冷たい空気との混合で冷却される．さらに，熱帯の空気は，極へ向かうにつれてその体積が収縮する．これは，地球の半径と表面積が赤道から極へ向かうにつれて減少するためである．空気の冷却と小さい体積への収縮により，空気の密度が高くなると，上層の空気が下降し暖められ高気圧を生成する．亜熱帯高圧帯は，一般的に快晴日を作り出す．その結果，入射する強い太陽放射が蒸発を活発化させる．この湿った亜熱帯の表面空気は，上昇した赤道の空気と入れ替わるために，再び赤道方向へと流れる．ハドレー（Hadley）は，1735 年に大気循環モデルを提唱し，赤道における大気加熱と上昇，さらに極域での下降により駆動される大循環が，北半球と南半球それぞれに存在することを示唆した．観測に基づき，フェレル（Ferrell）は 1865 年に，我々が今日も使用する概念モデル（現実の大気の動きはずっと複雑ではあるが）を提案した（Trenberth and Stepaniak 2003）．このモデルは，南北両半球それぞれの三つの循環を説明している．一つ目は**ハドレー循環**（Hadley cell）であり，赤道域における空気の膨張と上昇，そして冷たく密度の高い亜熱帯の空気の下降で駆動される循環である．次は**極循環**（polar cell）で，極域で収縮する冷たい空気の下降で駆動される循環である．そして，三つ目はその中間に位置する**フェレル循環**（Ferrell cell）で，前述の二つの動的なプロセスによって間接的に駆動される（図 2.8）．フェレル循環は，安定かつ恒久的な大気特性を表すというよりも，実際には中緯度の天候システムでみられるような空気の長期平均的な動きである．この中緯度の天候システムでみられる循環運動（循環渦）は，最終的に極方向への熱輸送を生成している．これら三つの循環が，大気を複数の明瞭な循環場，すなわち，赤道から南北緯 30° までの熱帯気団，南北緯 30°～60° の範囲にある温帯気団，そして南北緯 60° から極の範囲までの極気団に分割している（図 2.8）．

**地球の自転により，風は北半球で進行方向の右向きに，南半球では左向きに偏向する．**地球と大気は毎日，地軸の周りを一回転する．その回転の向きは西から東である．赤道域の大気は，高緯度の大気よりも地軸から離れているため，地球の周りを移動する際に大きい線速度をもつ．空気塊が北または南へと動く際，その空気塊は**角運動量**（$M_\mathrm{a}$）を維持しようとする．それは，ちょうど氷上で車を停止したり，また回ろうとしたりするとき，車自身はその運動量を維持しようとするのと同様である．この影響は次式で表される．

$$M_\mathrm{a} = mvr \tag{2.1}$$

ここで，$m$ は空気塊の質量，$v$ は速度，$r$ は回転半径である．空気塊の質量が一定である場合，その速度は回転半径に逆比例する（式 (2.1)）．たとえば，フィギュアスケーターが回転の際，腕を体に近づけて回転速度を増加させることはご存知であろう．赤道から極方向へ移動する空気は，極に近づくにつれて，地軸に対する回転半径が小さくなる．それゆえ，この空気は角運動量を保存するために急速に動く（すなわち，地表面に対して西から東への動き）（図2.8）．逆に，赤道に向かう空気は，地軸周辺における回転半径の増加に遭遇し，角運動量保存のためにゆっくりと移動する（すなわち，地表面に対して東から西への動き）．さらに，空気塊に作用する別の力が存在する．地表面に対して東向きに移動する空気塊は，地表面に対し静止している空気に比べ，大きな遠心力の影響を受けやすい†．この付加的作用である遠心力は，地軸から外側に向けて作用するが，地表が球面であるから，遠心力の一つの成分は赤道に向かう．空気が地表面に対して東から西に動いている場合には，これとは反対の作用が生じる．角運動量の保存と遠心力は，動いている空気塊を北半球では右へ，南半球では左へずらす作用があることから，**コリオリ力**（Coriolis effect）の二つの成分を表している．コリオリ力は，我々が大気の運動を地球の回転面に対して眺めているときにのみ生じる見かけ上の力（慣性力）である．コリオリ力は，中緯度で生じた暴風雨が北半球では時計回りに（南半球では反時計回りに）回転する理由を考える際に役立つ．また，コリオリ力を用いて，ハドレー循環で生じる回転についても説明できる（図2.8）．

大気の鉛直および水平方向での運動の相互作用が，地球における**卓越風**，つまり最も頻繁に現れる風向を作り出す．卓越風の風向は，空気の動きが赤道に向かうか，それとも離れるか，によって異なる．熱帯では，ハドレー循環内部の表層空気は南北緯30°から赤道に向けて移動し，さらにコリオリ力が作用して東からの流れを作るため，東風の**貿易風**（tradewinds）となる（図2.8）．また，南北両半球からの表層（大気下層）を流れる空気が収束する地域は，**熱帯収束帯**（intertropical convergence zone，ITCZ）とよばれている．この地帯は，上昇する空気の風が弱く，湿度の高い領域を形成することから，昔の船員の間では**無風帯**として知られていた．他方，南北緯30°での下降流も比較的風が弱く，**亜熱帯無風帯**として知られている．南北緯30°から60°にかけて，極方向へ移動する表層の空気はコリオリ力が働き，東に偏向する流れとなる卓越風，すなわち西からの流れをもつ地表の空気であるから，**偏西風**（westerlies）を形成する．

主要な大気循環の境界部では，コリオリ力をともない，比較的急な温度と気圧の勾配がみられ，対流圏上層の広い高度範囲で強風が発生する．これらはそれぞれ亜熱帯**ジェット気流**，寒帯前線**ジェット気流**として分類される．コリオリ力を理解すれば，西風，すなわち西から東へ風が吹く理由を理解できる．

ITCZと各循環の配置は季節で移動する．これは，入射する太陽放射が最大となる領域が，地球が太陽を回る軌道面に対し，23.5°傾いていることを受け，夏から冬にかけて変化するためである．これらの循環配置が季節的に変わると，気候の季節性が高まる要因となる．

**陸域と海洋の不均一な分布は，不均一な加熱分布を生み，気候を緯度に応じて変化させる**．南北緯30°では，比較的暖かい陸地よりも冷たい海洋上で，空気は冷たく密度が高くなるために大きく下降する．海洋上での空気の下降が強まれば，大西洋，太平洋上（それぞれバミューダ高気圧，太平洋高気圧），さらに南極海上において高気圧帯が形成される

---

† 訳注：風向は，風の吹いてくる方向で示す．（例）東風＝東の風＝東から西に吹く風＝西向きの風

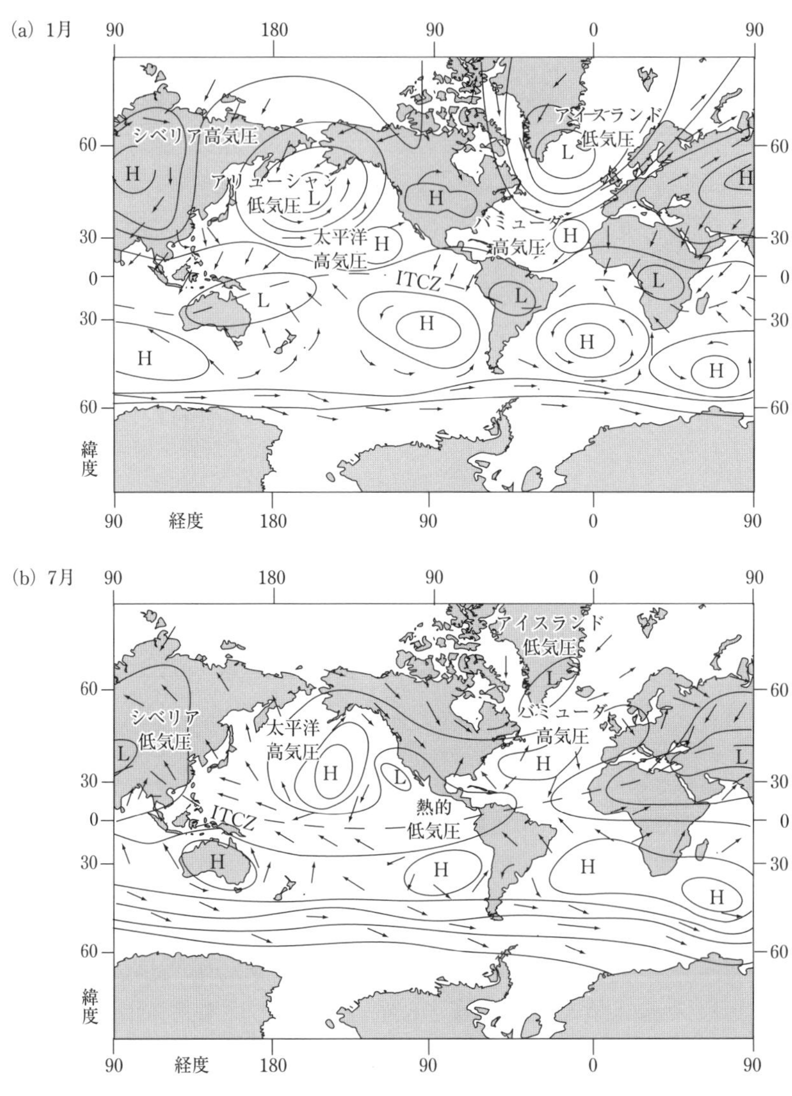


**図 2.9**　平均的な地表面の風系パターンおよび，低気圧（L），高気圧（H）の中心を示す分布．図（a）は1月，図（b）は7月を表す．Ahrens (1998) より．

(図 2.9)．北緯 60° では，アイスランド上およびアリューシャン列島上において（それぞれ，アイスランド低気圧およびアリューシャン低気圧），上昇する空気が半永久的に低気圧帯を発生させる．これらの低気圧は，実際には循環場の安定的な特性というより，むしろ中緯度におけるストームトラック[†]の時間平均である．一方で，南半球の南緯 60° 付近

---

† 訳注：低気圧の典型的な経路のこと．

にはほとんど島（陸地）がみられないことから，明瞭な気圧場の中心がなく，低気圧性の谷が広く存在する．高気圧の中心で下降する空気は，摩擦力，コリオリ力，下降流により生成される気圧傾度力との相互作用により，北半球では時計回り，南半球では反時計回りで外へ向かってらせん運動をする．また，低気圧の中心に向かって旋回する風については，北半球で反時計回り，南半球で時計回りになっている．低気圧の中心にある空気は，高気圧の中心にある下降流とバランスをとりながら上昇する．これらの空気の鉛直運動と水平運動について長期平均すると，フェレル循環（図 2.8）で説明された鉛直運動や，一般に天気図上で観測される高・低気圧の中心をもつ水平パターンが生じる（図 2.9）．

東西方向に流れる卓越風からの偏差は，惑星規模で影響を及ぼすが，これは**プラネタリー波**（planetary wave）として知られている．この波は北半球において最も顕著であり，陸地で多く現れる．プラネタリー波は，コリオリ力，陸地－海洋間の加熱の対照性，大きな山脈（たとえば，ロッキー山脈やヒマラヤ山脈）の配置などから影響を受ける．これらの山々による障壁が，北半球での偏西風を鉛直上方向かつ北方向へシフトさせる．空気は山の風下に向かって下降し，気圧の谷を形成しながら南へと移動する．この流れは，たとえば急流河川の早瀬において，河床の岩々の配置によって生じる定在波とよく似ている．対照的に，極からの空気が南に向かって移動してくるため，気圧の谷の温度は低くなり，一方で気圧の尾根では高くなる．たとえば，北米・ロッキー山脈では，風下にあたる東麓での気圧の谷（図 2.9）で比較的低温になり，西部側に比べ東部側で北極からの樹木限界線が南下している．プラネタリー波は，それが成立するための好条件となる場所が存在するが，つねに変動している．この場所や波数が変化すると，地域的な気候パターンに影響が及ぶ．そのため，これらの循環パターンの段階的変化は，**気候モード**（climate mode）の転換とみなすことができる．

プラネタリー波と主要な高・低気圧の分布から，大気の水平運動の多くについて詳細な説明が可能であり，生態系分布のパターンに関しても同様に説明可能である．たとえば，主要な高・低気圧の中心の配置は，南北緯 50～60° の大陸西岸への温暖で湿潤な空気の運動を説明することができ，世界の主な温帯雨林がこの場所に生育していることも理解できる（例として北米北西部やチリ南東部が挙げられる，図 2.9）．南北緯 30° にある亜熱帯高圧帯の中心は，冷たい極からの空気を大陸西岸上に赤道へ向かって移動させ，南北緯 30° 付近に乾燥した地中海性気候を形成する．大陸東岸上では，暖かく湿った赤道域の空気を亜熱帯高圧帯が南北緯 30° で極方向へ移動させ，湿った亜熱帯性気候を形成している．

## 2.5 海 洋

### ■ 海洋の構造

**大気と同様，海はかなり安定した層を維持する．そのため，層間の鉛直混合は制限される．**太陽は海を上部から加熱し，大気を底部から加熱する．温かい水は冷たい水よりも密度が小さいため，海水の層は安定し，容易に混合しない．**表層水**の最上部は温かく，大気と直接に相互作用している．その深さは，風による海水の混合状況にもよるが，75 m から 200 m まで広がっている．一次生産と分解の多くは表層水内で生じる（第5～7章参照）．大気と海洋の循環にみられるその他の主な違いは，海水密度が温度と塩分濃度の双方によって決定されている点である．したがって，大気ではみられない水の特徴として，温かくても塩分濃度が十分高ければ沈み込むことができる．

温かい表層水と，冷たく塩分の濃い中間的な深さの層（200～1,000 m）の水との間で，比較的急激な温度勾配（**温度躍層**，thermocline）と塩分濃度勾配（**塩分躍層**，halocline）が生じる（図2.10）．これら二つの鉛直勾配が海水の密度勾配（**密度躍層**，pycnocline）を作り，密度の高い深層水の上に密度の低い表層水が乗るような，比較的安定な鉛直成層を生じる．そのため，深層水は数百年から数千年をかけて非常にゆっくりとしか表層水と混合しない．それでも深層水は，炭素の長期的吸収源（シンク）であり，また海洋生産を駆動する栄養塩の長期的供給源（ソース）であるため，元素の循環，生産力，さらに気候に対して非常に重要な役割を果たしている（第5～9章参照）．栄養塩が豊富な深層水が急激に表層へと移動する海域は**湧昇**（upwelling）域であり，高い一次生産力，二次生産力が得られる場である．そのため，世界の主要漁場の多くがこの海域に属する．

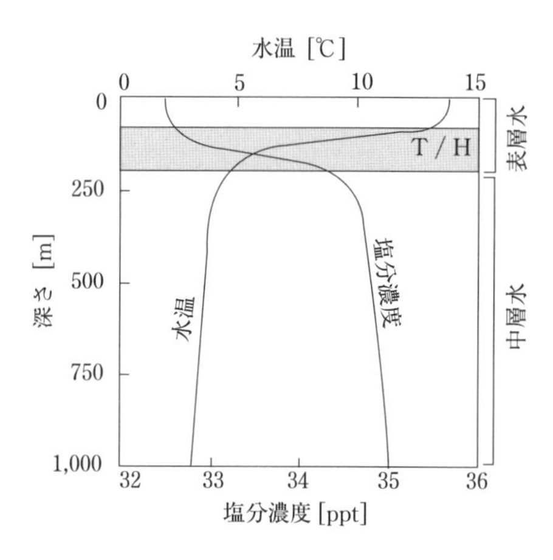


**図2.10**　典型的な海水温度，塩分濃度の鉛直分布．海水の温度躍層および塩分躍層（T/H）は，海水温度と塩分濃度が深さにともない最も減少する帯域を示す．この二つの移行帯は，通常はほぼ一致する．

## ■海洋循環

**海洋循環は地球の気候システムに重要な役割を果たしている．**海洋と大気は，熱帯における緯度方向の熱輸送については同等に重要な系として作用する．しかし，中高緯度では，大気が緯度方向における大半の熱輸送を決める主要因である（図2.7）．海の表面流は表面風により駆動されており，それゆえ，一般的にはグローバルスケールで卓越する表面風のパターン（図2.9）に類似する動きを示す（図2.11）．しかし，海流はコリオリ力により風向に対して南北緯20～40° ずれた動きをする．このずれと大陸辺縁部の影響で，海流は表面風以上に循環する（**旋廻**，**渦**，gyre）．赤道域では，海流は東からの貿易風により駆動され，東から西へと流され大陸まで達する．その後，旋廻し，海洋の西の縁に沿って極方向

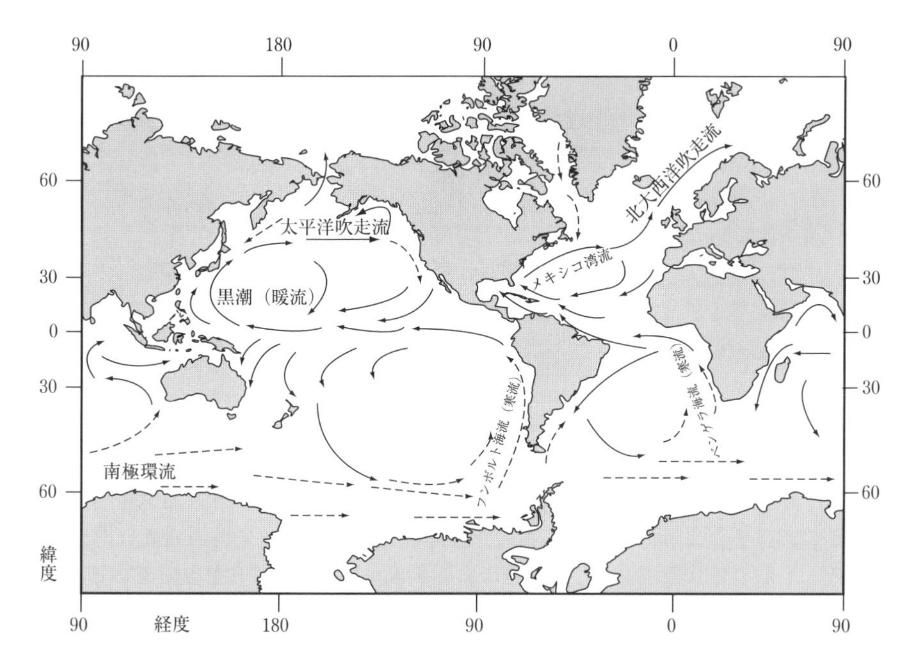


**図 2.11**　主要な表層の海流図．図では，暖流が実線矢印，寒流が破線矢印を用いて表される．Ahrens (1998) より．

への流れができ，熱帯の温かい水を高緯度側へ運ぶ．極方向への流れの途中，海流はコリオリ力で偏向する．海水はひとたび高緯度に到達すると，一部は海盆の東方辺縁部を通って熱帯に向かい，それ以外は極方向へ流れ続ける（図 2.11）．

深層水は，風が駆動する表層（風成）循環とはまったく異なる循環パターンを示す．極域，とくに冬季のグリーンランド南方や南極沖では，寒冷な空気が表層の水を冷却し，その密度を増加させる．氷の結晶（氷晶）から塩分が取り除かれた状態（**塩水排除**）で海氷が形成されると，地表水の塩分濃度が増加するとともに，海水密度も増加する．この冷たい塩水の高密度化で海水は沈み込む．グリーンランド遠方における北大西洋深層水と，南極遠方における南極底層水を形成するこの**沈降**が，つまるところは，グローバルスケールで中層から深層にわたる海洋の**熱塩循環**（thermohaline circulation）を駆動し，主要な海盆間の海水輸送を行っている（図 2.12）．高緯度での冷たい高密度水の沈降は，低緯度海盆の東方辺縁部上で起こる深層水の湧昇と釣り合っている．この湧昇域では，海岸に沿って流れる表面流が，コリオリ力と東からの貿易風により沖合に向かってずれる．その他にも，北大西洋深層水が実際に海盆へ向かう輸送場があり，とくに，年月を経てリンを豊富に含む海水が表層に出現する場所が，東太平洋やインド洋にある．温かい表層水の極方向への動きは，赤道へ向かう冷たい深層水の動きと釣り合っている．熱塩循環は緯度方向の熱輸送を制御する．そのため，熱塩循環の強度が変わると，気候に重大な影響を与えることになる．さらに付け加えれば，熱塩循環は炭素を深層へと輸送する役目も担っており，

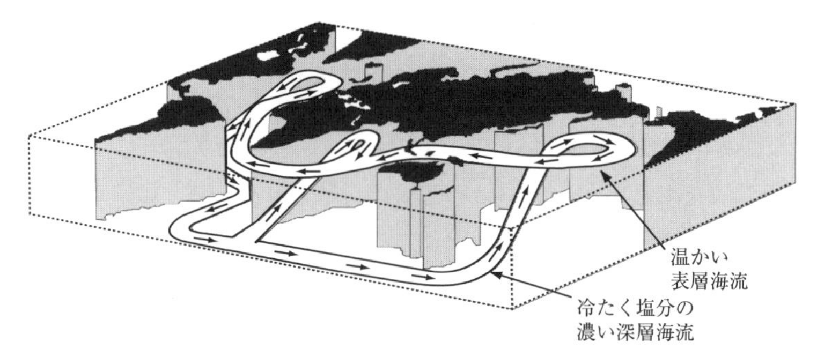


図2.12　主要な海盆間を流れる深層・表層水の循環パターン

何世紀もの間にわたって深層中に貯蔵している（第14章参照）.

海の熱容量は大きい．そのため，海は陸以上にゆっくりと加熱され，また冷却される．そのため，隣接する陸地の気候影響を緩和する効果をもっている．イギリスや西ヨーロッパの冬季における気温は，暖流である**北大西洋吹走流**（メキシコ湾流の極方向側への延伸；図2.11）による影響で，同じ緯度帯にある北米東岸と比べずっと温暖である．これとは反対に，冷たい湧昇流や極から熱帯へ移動する海流は，夏季に近隣陸部を冷却する．たとえば，寒流であるカリフォルニア海流は米国西岸に沿って北から南へ流れ，この影響でカリフォルニア北部の夏季における気温は，米国東岸沿いの同程度の緯度帯の気温に比べ低くなる．これらの温度の違いが，地球全体にわたって異なる種類の生態系分布を決めるうえで主要な役割を果たしているのである.

## 2.6　陸地形成が気候に与える影響

**陸，水，山，これらの空間分布は，全般に各経度の気候特性を変化させる**．熱容量が大きい海は，長期間にわたる地球全体の気候に対する影響力をもつと同時に，短期間かつ地域レベルの気候に対しても同様な影響力をもつ．海は陸に比べ，日中や夏季にはゆっくりとした速度で暖まり，一方で夜間や冬季はゆっくりと冷やされることで，局地スケールから大陸スケールでの大気循環に影響を及ぼす．たとえば，東アジアでみられる季節的な風の反転（**モンスーン**，monsoon）は，陸地と隣接する海との温度差により大きく駆動される．北半球の冬季には，陸は海よりも冷やされ，シベリア高気圧の中心からインドを通過し海洋に至るまで，南向きに流れる冷涼で高密度な大陸風が生じている（図2.9；図2.13）．しかし，夏季は陸が海に比べて加熱されるため，空気の強制上昇と同時に，海の湿った水面からの空気を引き込む．上昇した湿潤な空気が凝結すると，大量の降水がもたらされる．夏季に貿易風が北へ移動すると海から陸方向への空気の流れが強まり，インド北部にある山岳地形が空気の鉛直運動を高めることで，やがて降水となる水蒸気の割合を増加させる．同時に，風の季節変化は温度と降水量の季節パターンをもたらし，これらが生態系の構造や機能に強い影響を及ぼすことになる.

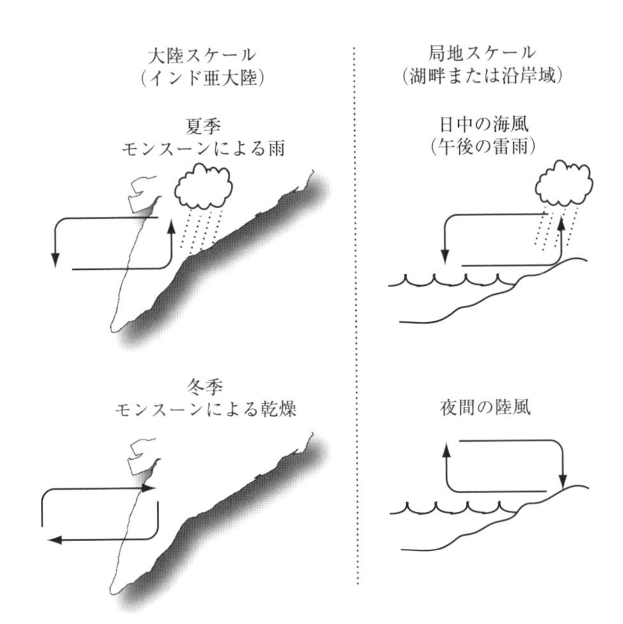


**図 2.13** 大陸スケールおよび局地スケールにおける，陸地と海洋での加熱の違いが風，降水量に与える影響．(左図，インド亜大陸を対象とした図) 大陸スケールでは，夏季で海洋よりも陸地での大きな加熱が空気を上昇させ，大量の降水をもつ冷たく湿った海洋上の空気をインドの上空に引き込む．冬季には，海洋のほうが陸地より暖かくなり，風のパターンが逆転する．(右図，湖畔または沿岸域) 局地スケールについて，沿岸域や湖畔では大陸スケールと類似した陸地との加熱の対照性が生じ，日中には海風と午後の雷雨，夜間には陸風がそれぞれ発生する．

数 km のスケールでは，陸と海との間の熱の偏りによって**海陸風** (land and sea breeze) が作り出される．日中の陸における強い加熱が空気を上昇させ，海から冷たい空気を引き込む (図 2.13)．大規模スケールで起こる卓越風が弱い場合，陸上での空気上昇は，その気圧が生じる高度を増加させ，その上部にある空気を陸から海へ移動させる．その結果，海上における空気塊の増加で表面気圧が上昇し，地表にある空気は海から陸へ向けて流れることになる．これらの結果として生じる循環セル (空気塊) は，原理的にはハドレー循環 (図 2.8) またはアジアモンスーン (図 2.13) と同様の動きを生じる．一方で，陸よりも海が暖かい夜には，海上で空気が上昇し陸から海へ向かって地表に風の流れができ，日中とは逆の循環となる．海風がもつ基本的な効果は，温度の極端な変化を軽減し，海や大きな湖の近くにある陸地の降水量を増加させることである．

山脈は，山が存在することにより生まれるいくつかの**地形性効果**をもち，局地的な大気循環や気候に影響を与える．風は山の風上部で空気を吹き上げるため，空気は冷却され水蒸気が凝結し降雨をもたらす．そのため，風上側は冷涼で湿潤になる傾向がある．空気が山の風下方向へ運ばれると，空気は膨張し暖められ，水の吸収および保水能が上がる．これが**雨陰**（rain shadow）で，風下側に低降水帯が生まれる．ロッキー山脈の雨陰は東へ1,500 km広がっており，東側のコロラド州（300 mm $yr^{-1}$）からイリノイ州（1,000 mm $yr^{-1}$，図13.3参照；Burke et al. 1989）にかけて，東西方向における年降水量の強い勾配ができる．砂漠や砂漠性草地（ステップ）は，しばしば世界の主要な山脈の風下直下に存在する．また，山岳域では風が谷合に沿った流れを作り出すことで，気候に影響を与えている．南カリフォルニアでみられるサンタアナ風（the Santa Ana wind）は，内陸の砂漠上にある高気圧が暖かく乾いた風を山地内の谷に通過させ，太平洋岸に向けて吹きつける際に生じる局地風で，強力な山火事を発生させるほど乾燥した強風状態を作り出す．

傾斜のある地形であれば，アリ塚から山脈に至るまでさまざまなスケールで特有の微気候が生じる．赤道に面した傾斜地（北半球では南向き斜面，南半球では北向き斜面となる）は反対側の傾斜地に比べてより多くの放射を受け，暖かく乾いた状態を作り出す．冷たく湿った気候下では，赤道に面した傾斜上の暖かい微環境において生産性や分解，その他生態系のプロセスを高める条件が整う．その一方で，乾燥した気候下では，傾斜地はより強く乾燥した状態になるため生産性が制限される．傾斜とその**方向**（傾斜地が面した磁針の方向）の影響を受けた微気候の変異が形成されると，代表的な生態系が，その主要な分布域を数百 kmも超えて広がることができる．他方，この主要群からはずれたハビタットにある個体群は，急速な気候変動のときに重要な種の移入源となる．それゆえ，種の移動や生態系変化の長期動態を理解する際に重要になる（第12章参照）．

地形は，冷たい高密度空気を排出することにより気候に影響を与える．夜間に空気が冷やされ，それらが蓄積する場所では，空気が高密度化し，谷底に向かって流れ下る傾向がある（**カタバ風**，katabatic wind）．これにより温度の**逆転**（冷たい空気が暖かい空気の下に存在し，高度の上昇にともない温度が減少する対流圏での典型的な温度パターンとは逆の温度の鉛直分布；図2.4）が生じる．この逆転現象は主に夜間や冬季など，太陽からの加熱が対流混合を促すには不十分な日時において起こる．また，雲は長波放射を地表面に向けて放射し，雲が存在する場合には夜間や冬季に起こる逆転の形成を止める役割がある．太陽加熱の増大や強風条件においては，前線の通過をともない，その場合には逆転を破壊してしまうことになる．この逆転現象は気候学的に重要である．それは，温度の極端性が季節性や日周期をもって増加すると，背丈の低い場所で横ばいに分布する生態系はこの影響を強く受けることになるためである．冷涼な気候下であれば，逆転現象は無霜生育期間を短くするだろう．

## 2.7　植生が気候に与える影響

**植生は，地表面における熱収支への影響を通して気候に影響を及ぼす**．気候は，植生の地域的差異や地表面での水分含量に非常に敏感である．アルベド（地表面で反射される短波放射の割合）は，地表面によって吸収される太陽エネルギー量を決定するが，このエネルギーは後に長波放射および顕熱，潜熱の乱流フラックスとして大気への輸送に利用される．水は一般にアルベドが小さい．そのため，湖や海洋は多くの太陽エネルギーを吸収することになる．その反対に，雪氷はアルベドが大きく，太陽放射をほとんど吸収しない．そのため，雪氷はそれ自身が維持されるような寒冷状態を形成する．植生のアルベドはこれらの中間にあり，高い反射率をもち直立状態の枯死葉を含んだ草地では大きく，落葉樹林，鬱蒼とした暗い針葉樹林となるにつれて減少する（第4章参照）．近年の土地利用変化は，実質的に裸地面を増加させたことでアルベドを広範囲に変化させた．土壌のアルベドは土壌タイプや湿潤度に依存して変化するが，乾燥した気候下では植生のアルベドよりも大きくなる．したがって，過放牧はしばしばアルベドを増加させ，吸収される太陽光エネルギー量と大気へのエネルギー輸送量を低下させる．これにともない，大気が冷却されて下降流が生じ，湿潤な海洋からの空気を陸に引き寄せる海風が止まることになる．そのため，降水量が低下し，植生が過放牧状態から回復する能力は低下する（Foley et al. 2003a）．このように，多くの陸域でみられる大きな規模での気候へのフィードバックは，陸域の変化が地域レベルの気候変動に対して大きく寄与していることを示唆している（Foley et al. 2003b）．

生態系の構造は，顕熱や潜熱の乱流フラックスが大気へ輸送される効率に影響を与える．背丈が不均一な樹冠上を通過する風は機械的乱流を発生させ，地表面から大気への熱輸送効率を増加させる（第4章参照）．対照的に，滑らかな地表面は，機械的乱流ではなく対流によってのみ熱を輸送するため，大気を加熱する傾向にある．

植生構造が水やエネルギーの交換効率に及ぼす効果が，地域の気候形成に影響している．アマゾン流域では，降水量のおよそ25～40％が蒸発散により陸から再循環された水である（Costa and Foley 1999）．気候モデルによる数値実験によれば，アマゾン流域が森林から採草地に完全に改変された場合，暖かく乾燥した気候が永久に定着するかもしれないことを示唆している（Foley et al. 2003b）．それは，浅く根を張る草本は，樹木に比べ吸水量が少なく蒸散速度が低いため（図2.14），その採草地は吸収された太陽放射のほとんどを顕熱として解放し，大気を直接加熱するからである．しかし，このプロセスには多くの不確実性が存在する．たとえば，雲量の変化は雲の特性や高度に依存し，放射強制力に対し正負いずれかへの影響をもたらすことになる．

植生変化によって生じたアルベドの変化は，増幅フィードバックを生み出す．たとえば，樹木に覆われた地域は，融雪期より前に雪に覆われたツンドラよりも多くの太陽放射を吸収する．6,000年前に生じた気候温暖化についてのモデルシミュレーションでは，このイベントの半分は，（訳注：北半球の）森林限界線の北方への移動が，地域レベルでのアルベドの低下とエネルギー吸収量の増加を引き起こしたことで説明できることが示唆された（Foley et al. 1994）．その後，温暖化した地域の気候が，樹林の限界線上を好む樹種の生産と実生の定着を促し（Payette and Filion 1985），地域の温暖化への増幅（正の）フィードバックをもたらしたのであろう（第12章参照）．そのため，将来の植生に及ぼす気候のインパクトに関する予測は，気候に対する生態系フィードバックも考慮されなければならない（Field et al. 2007；Chapin et al. 2008）．

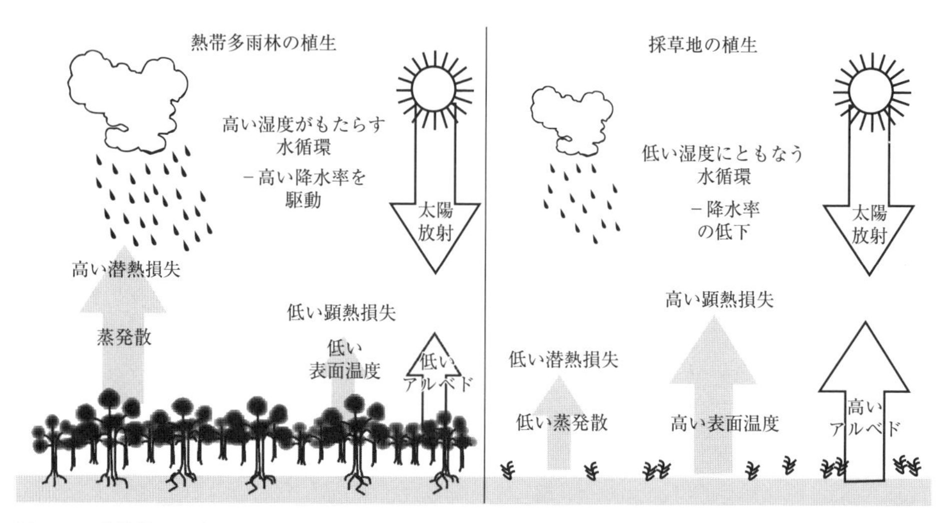


図2.14　熱帯林から採草地への土地改変によって生じる気候変化．森林があるとアルベドが低く，エネルギー吸収が高まるため蒸散速度が増加し，地表面は冷える．また，大気へ多くの水蒸気が供給され降水速度が高まるため，地表に雨がもたらされる．森林伐採後に開発された採草地の場合，植生被度は低く，浅い植物根のため蒸散は制限され，そのために降水を生み出すほどの利用可能な水分がない．また，採草地では顕熱フラックスが高い．これらの結果，暖かく乾燥した気候が形成される．Foley et al. (2003b) に基づく．

アルベド，潜熱と顕熱フラックスとの間のエネルギー分配，地表面の構造は，大気へ放出される長波放射量に影響を及ぼす（図 2.3）．長波放射は地表面温度に依存する．地表面が，大量の入力放射を吸収する（低いアルベドの）場合，蒸発させる水がほとんどない場合や，顕熱と潜熱の乱流フラックスを大気へ輸送するには不十分な平滑面で構成されている場合などにおいて，地表面温度は高くなる傾向を示す（第 4 章参照）．たとえば，砂漠の場合，その乾燥した平滑面では地表面温度が高くなるため，長波放射でエネルギーを多く損失し，また土壌を冷却できるほどの蒸発を可能とする水分は存在しない．

## 2.8　気候の時間変動

### ■長期変化

**千年スケールでの気候変動は，主に太陽光の入力と大気組成の変化によって駆動される．** 地球の気候は周期的に変化する動的システムであり，劇的な氷期や海水面変化を含め，頻繁な，そして急激な気候変動を生み出す（図 2.15）．火山噴火や小惑星の衝突は，太陽エネルギーの吸収や反射の変化により，短い時間スケールで気候を改変してしまう．大陸移動，山地の隆起，侵食は長い時間スケールの中で，大気－海洋の循環パターンを変更してきた．しかし，地球の気候の進展に強くかかわりを果たしてきたものは太陽入力放射の変化であり，過去 40 億年をかけ，太陽の発達にともない約 30％も増加した（Schlesinger 1997）．そして，千年の時間スケールで，太陽光の入力分布が現在認められる地球の軌道

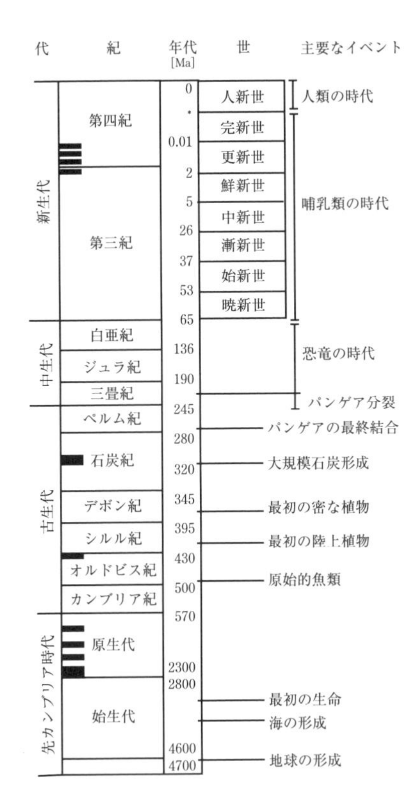


**図 2.15**　地球史の中の地質時代区分．図には，主要な氷期イベント（黒い線）と生態系プロセスに強く影響を及ぼした生態系イベントが記される．時間スケールの単位は 100 万年（Ma）である．最も近年における地質年代（人新世）は，産業革命初期のおよそ 1750 年に始まり，人類による生物圏支配が特徴とされる（Crutzen 2002）．Sturman and Tapper（1996）を改変．

変化によって変わってきたのである．

地球軌道に変化を与える要素は三つあり，これらが 1 年の中で，また緯度によって地表で受け取る太陽放射に影響を与えてきた．その三つの要素とは，**離心率**（太陽を回る地球軌道の離心率の程度），**傾き**（地球の太陽に対する公転軌道面と，自転軸の間の角度），そして**歳差運動**（恒星に対する地軸のぶれ，地球上の異なる場所が太陽に最も近くなる 1 年の時期を決定）である．これらのパラメータ（離心率，傾き，歳差運動）の周期性は，それぞれについておよそ 100,000 年，41,000 年，そして 23,000 年である．これらの周期の相互作用が，氷期と間氷期をともなう入力太陽放射の**ミランコビッチサイクル**（Milankovitch cycle）を生じる．この周期解析によれば，地球は自然状態であれば少なくとも 30,000 年間は氷期にならない．そのため，自然条件によって生み出される太陽放射の入射周期は，人間が引き起こす気候の温暖化を実質的に相殺しない，ということになる（IPCC 2007）．氷期は，冬季の降雪が 1 年を通して残り，入力放射を反射する北半球の氷床が構築できるほど北半球夏季の放射が最小化することで誘導される．このような変化が，地球の気候システムのフィードバック（たとえば，大気 $CO_2$ 濃度変化など）により地球全体に増幅されると，大きな気候変動が生じる．

氷と閉じこめられた気泡の化学的性質から，氷期が形成された過去の時代における気候の記録を読み解くことができる．南極やグリーンランドの氷床を掘削して得られた氷柱のコアは，過去65万年に及ぶ長い時間の気候変動を示しており，その大部分はミランコビッチサイクルに関係している（図14.6参照）．このコアに含まれる気泡の分析から，過去の温暖化イベントは $CO_2$ や $CH_4$ の濃度増加と関係していたことが示されており，過去の気候変動に及ぼす放射活性ガスの役割を示す状況証拠となっている．人為影響の結果として近年の増加傾向を示すこれらのガスについての他にはない特徴として，この増加は地球の気候がすでに相対的に暖かい間氷期で確認されていることが挙げられる．大気 $CO_2$ 濃度は少なくとも過去650,000年の間では，どの時期よりも現在が一番高いということが氷床コア調査により明らかにされた（IPCC 2007）．グリーンランドの氷床コアを用いた高解像度分析では，氷期から間氷期への気候の大きな変化は，数十年またはそれ以下の時間スケールで生じたものと考えられている．新しい状態への気候システムの急展開は，赤道から極への熱輸送を支配する熱塩循環の強度が急激に変化したことに関係しているかもし

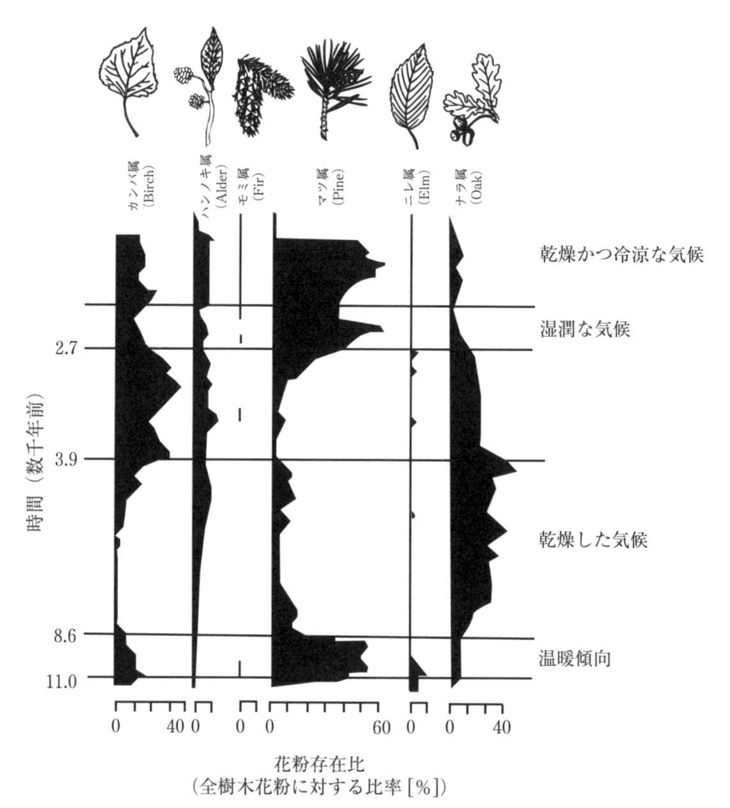


**図2.16**　アメリカ・ミネソタ州北西部の湿地帯で記録された過去11,000年間の花粉プロファイル．図は，優占樹種を対象とした変化が示されている．McAndrews (1966) より．

れない.

過去の気候は，その他の記録からも復元できる．たとえば，生木および枯死木の年輪記録は，過去数千年における気候の記録を与える．年輪幅の変化は温度や湿度の記録であり，また，樹木の化学成分はその形成時期における大気特性を反映する．湖の低酸素条件下にある堆積物中で保存されていた花粉からは，植物の分類史と過去1万年規模の気候について知ることができる（図2.16)．異なる場所の間で得られた花粉の記録は，過去のさまざまな時代における種の空間分布のマッピングを進める際に利用でき，気候変動後の大陸全体に及ぶ種の移動・定着などの履歴を提供する（COHMAP 1988)．これら以外の過去の状態を読み取る試料（代理指標）は，温度（ユスリカ（chironomids）の種構成），降水量（湖の水位），pH，そして生物地球化学的性質の尺度となるような情報を提供してくれる．

過去の気候状態を示す複数の代理指標を合わせみることで，地球のあらゆる時間スケールにわたり，気候は本質的に変わりやすいものであったことが理解できる．大気，海洋，その他，現在の人間活動によってもたらされている環境変化は，地球表層における特性と軌道の幾何学的特性の長期的変化から生ずる自然状態下での気候変動が根底にあり，その上で起こっている現象として捉える必要がある．

## ■人為的な気候変動

**20世紀後半の50年間の地球の気候は，過去500年間におけるどの50年間よりも暖かく，また，おそらく過去1,300年間，またはそれ以上を遡っても，最も暖かかった**（図2.17；IPCC 2007；Serreze 2010)．この温暖化は地球表層付近において最も明瞭で，生態系への影響が大きい．近年の温暖化に対し，太陽から入射する放射の増加による影響はわずかであり，一方で，その影響の多くは，大気中の放射活性ガス濃度の増加をもたらした

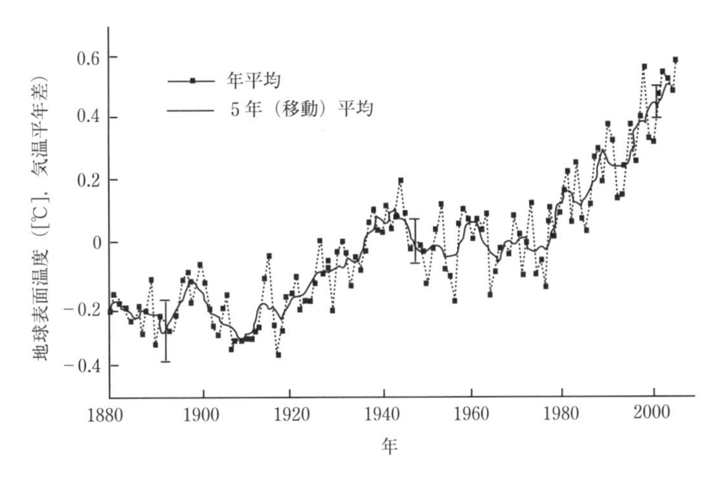


図2.17 1880年から2005年までの平均的な地表面温度の時系列（ただし，縦軸は同一期間の平均気温に対する相対値を表す)．IPCC (2007) より．

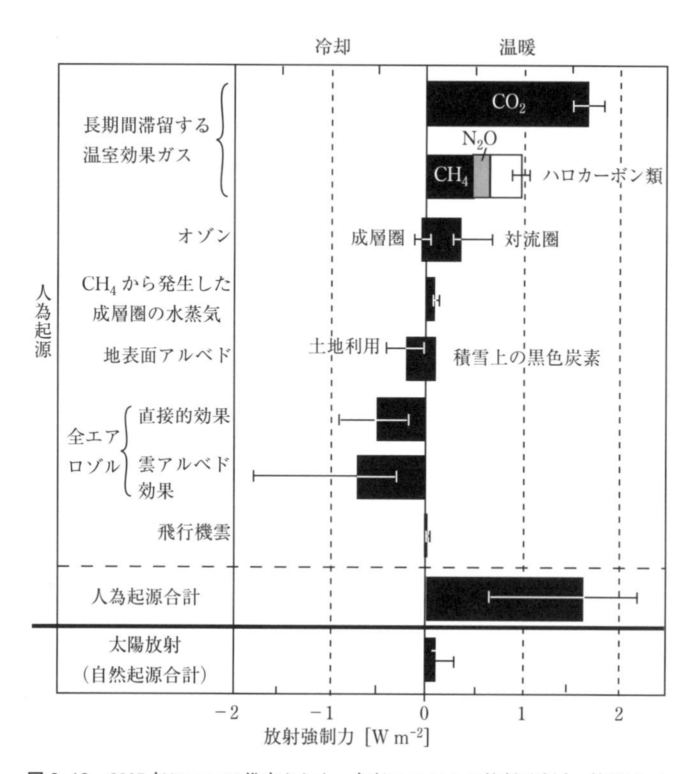


図 2.18　2005年について推定された，気候システムの放射強制力（気候システムに変化をもたらす外部強制力）のグローバル平均値．気候システムの変化は，温暖もしくは寒冷状態を生み出す強制力の集合体によって生じる．気候を温暖にする最も大きい単独要因は，大気中 $CO_2$ 濃度の増加であり，主に人為的な化石燃料の燃焼によってもたらされる．IPCC (2007) より．

人間活動により生じたものである（図 2.18）．これらのガスは地表面から射出される長波放射の多くを取り込み，大気を暖める．これにより，大気は多くの水蒸気（とその他の強力な温室効果ガス）を蓄えるため，さらに長波放射の取り込みを増大させていく．その結果，地球はもはや放射平衡にはなく，太陽からのエネルギー吸収と比べ，宇宙への放出は少ない．その結果，地球表面はすでに1880年から2008年までに約0.7℃まで温暖化しており（図 2.17），21世紀の終わりまでにはさらにその3，4倍ほど温暖化が進むと予想されている（Serreze 2010）．

気候モデルや近年の観測から，温暖化は，海による緩和作用が働かない大陸内部と高緯度域で最も顕著である．また，高緯度での温暖化は増幅フィードバックが働くであろう．さらに気候が温暖化するにつれて，雪や海氷は早い時期に融解する．これにより，高い反射特性をもつ雪氷面が，低いアルベドをもつ地表や水面に置き換わってしまう．このような黒い表面は熱を多く吸収し，吸収したエネルギーを大気へ輸送することで，気候温暖化の速度を増幅させる．雲，水蒸気の増加，極方向へのエネルギー輸送の増加もまた，極における温暖化をもたらす．数年から数十年のスケールで起こるこれら気候システムの変化は，アイス－アルベドフィードバックのようなフィードバックを増幅させる傾向を顕在化させるが，人為的な温暖化がこの加速を促している（Serreze 2010）．

気候が温暖化すると，空気は水蒸気の保持能力を高める．そのため，海洋やその他の湿潤な地表面から，より多くの蒸発が生じる．上昇する空気が凝結する場所では，この過程でより多くの降水をもたらす．大陸内部は多くの降水量増加が期待できず，むしろさらに乾燥化が進むと思われる．したがって，土壌水分に加え，河畔域や河川への流出は，海岸域，山岳域で増加し，一方で大陸内部では減少するであろう．言い換えると，湿潤地域はより湿潤化が進み，乾燥地域はより乾燥化が進むということである．冬季の温暖化は山岳域の積雪を少なくし，多くの都市が水源地として依存している貯水池についても早春の流出機能低下のために減少することが懸念されている．気候システムにおける複雑な制御や非線形的なフィードバック作用は，気候予測の精度向上を難しくさせるが，それゆえに研究が盛んに行われている分野でもある（IPCC 2007）．

### ■気候の年々変化

**地域気候でみられる年々変動の多くは，大気－海洋システムにおける大規模スケールの変化と関連している．**何世紀もの間，農家や漁業者，自然愛好家らにより言及されてきた年々変化は，長期的な気候変動との重なりの中で起こってきたものである．たとえば，**エルニーニョ・南方振動**（El Niño/ Southern Oscillation，ENSO；Webster and Palmer 1997；Federov and Philander 2000）現象は，赤道太平洋上の海水温度変化（エルニーニョ）と大気圧変化（南方振動）が結合して起こる，大規模スケールでの大気－海洋相互作用の一部である．ENSO は，過去 100 年間で平均して 3 ～ 7 年ごとに，かなり不定期に起こっている現象である（Trenberth and Haar 1996）．たとえば，1943 年から 1951 年の間でこの現象は一度もなく，一方で 1988 年から 1999 年の間には大きな ENSO が 3 回も生じた．

通常は，東からの貿易風が太平洋の暖水を西方へと押し出すため，温かい表層水が東側よりも太平洋西方で深くなる（図 2.8；図 2.19）．その結果，西太平洋の温かい水は低気圧の中心と関連して対流が活発化し，インドネシアでは多くの降雨がもたらされる．東太平洋の表層水が沖合へと移動すると，エクアドルやペルーの沿岸沖では冷たい深層水が湧昇する．この冷たく，かつ栄養塩の豊富な水が，生産性の高い漁場を提供すると同時に（第 9 章参照），大気上層に下降流を促し高気圧場を発達させる．そのため，降水量の少ない状況が作り出される．しかし，ときに，東太平洋の高気圧の中心，インドネシアの低気圧の中心，そして東からの貿易風のすべてが弱まる場合がある．すると，温かい表層の海水は東方へと移動し，東太平洋で温かい表層水が深くなる．このことにより冷たい水の湧昇を縮小あるいは停止させてしまい，エクアドルやペルーの沿岸部での大気の対流を促し，降水量が増加する．対照的に，西太平洋では冷たい水が対流を抑制するため，インドネシ

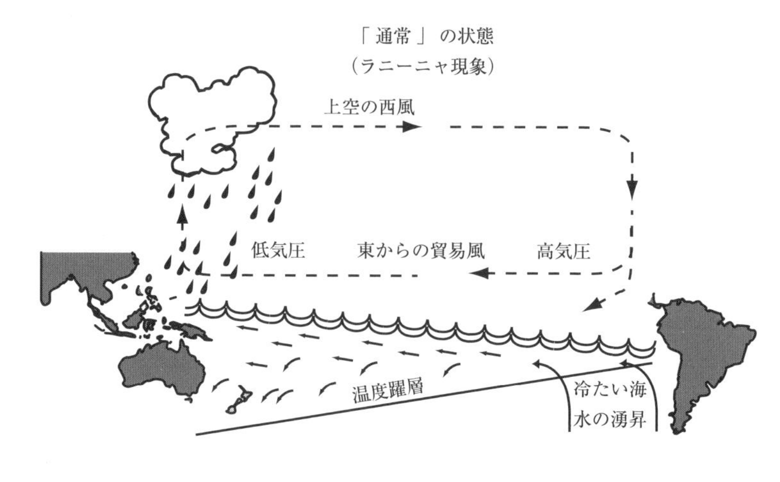


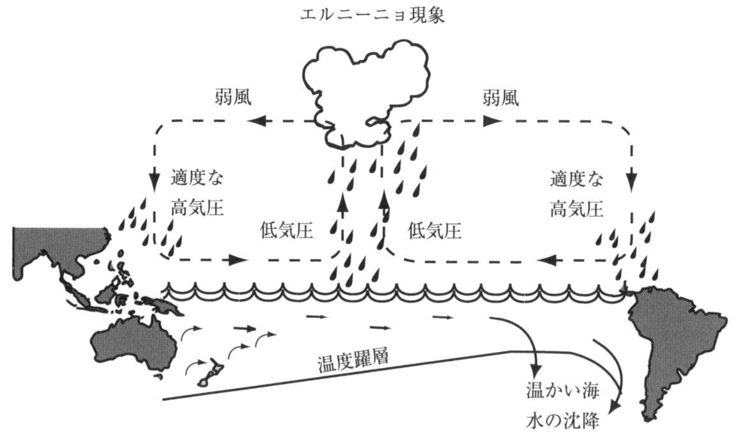


**図 2.19**　南アメリカとインドネシアとの間の，熱帯太平洋における海洋と大気の循環．ここで，上図は通常の年（ラニーニャ現象）を，下図はエルニーニョ現象が発生した年を表す．通常の年では，強い東からの貿易風が表層の海水を西へ押し出す．このため，東南アジアの沿岸部から離れた海洋上では温かい海水が深くまで形成され，豊富な降水が発生する．一方で，南アメリカ沿岸部から離れた場所では，湧昇流にともない冷たい水が地表に停滞するため降水が少なくなる．しかし，エルニーニョ時には，東からの風が弱く，太平洋上の海水は西から東へと移動する．そのため，東南アジアにおいて冷たい表層水がもたらされ低降水域となり，南アメリカ沖では表層水が温かくなり大量の降水がもたらされる．McElroy (2002) より．

ア，オーストラリア，インドでは干ばつとなる．一般に，この状態を**エルニーニョ**（El Niño）という．一方で，東太平洋において比較的冷たい海水をともなう「通常」の状態がとくに強く現れている期間を，**ラニーニャ**（La Niña）という．この海洋－大気システムの変化がいつ誘発されるかについては不確実性があるが，熱帯太平洋全体にわたって行き来する大規模スケールの海洋波である**ケルビン波**（Kelvin wave）が，その一端を担っているともいわれている．

ENSO 現象は，気候，生態系，さらに社会へ及ぼす影響が大きいことを受け，幅広い視点で注目されている．強力なエルニーニョの段階に入ると，ペルーではイワシ漁に大打撃を生じるほか，海鳥や海洋哺乳類の繁殖が成功せず，また植物の枯死率も上昇するといった事態が生じる．過去 400 年の間，ペルーのジャガイモ農家は夏に見える星々の明るさを確認し，エルニーニョとともに到来する高層の巻雲の存在から，エルニーニョの初期状態を見抜いてきた（Orlove et al. 2000）．これによって，彼らは最も重要な作物の播種日を調整することができた．同様に，ニュージーランドのマオリ族では，ミズナギドリ（shearwater）のひなの捕獲数に年々変化がみられることを受け，この変動からエルニーニョ現象の早期発見をしていた（Lyver et al. 1999）．降水の極端性についても，熱帯太平洋から離れた領域では，ENSO 循環との関連性が明らかである．エルニーニョ現象はアマゾン流域に暑く乾燥した天候をもたらし，潜在的に樹木の成長，土壌炭素貯蔵，火災の頻度に影響を与えている．熱帯の温かい水が北太平洋にまで北方向へと拡張すると，カリフォルニア沿岸に降水がもたらされ，またアラスカでは冬季に高温化する．ENSO 研究から得られる重要な教訓とは，ある地域で生じる強烈な気候イベントが，大気循環や海流と関連した力学的相互作用（**テレコネクション**とよばれる）により，地球全体の至る場所に気候学的なイベントを生み出す可能性をもち合わせる，ということである．

太平洋・北米パターン（PNA）もまた，気候変動の大規模パターンの一つである．PNA が正の段階をとると，北米西部では平均を上回る大気圧で覆われ暖かく乾いた天候をともない，その東側では平均を下回る大気圧と低温がもたらされるのが特徴である．その他の大規模な気候パターンには，太平洋十年規模振動（PDO）がある．これは，ENSO 現象を変調させる数十年規模の気候変動パターンである．PDO が正の段階に入ると，エルニーニョが多く発生する傾向にあり，20 世紀最後の 25 年間がまさにそうであった．北大西洋振動（NAO）も同様の大規模循環パターンである．NAO の正の段階は，アイスランド低気圧とバミューダ高気圧とをつなぐシステム間に強い気圧傾度が生じることに関連している（図 2.9）．これは，風や海流による高緯度帯への熱移動を増加させ，スカンジナビア半島や北アメリカ西部の温暖化，カナダ東部の低温化をもたらす．この大規模気候特性が発生する要因についての理解はいまだに不十分であるが，これらのパターンは生態系へ重大な影響を及ぼす．将来の気候変動は，単純な気候の線形的な変化傾向というよりはむしろ，上述の大規模気候パターンの頻度や強度の変化と関係してくるであろうと思われる．たとえば，気候の温暖化は，エルニーニョ現象，PDO や NAO の正の段階の頻度を増加させるかもしれない．

## ■ 季節変化・日変化

**入力太陽放射の季節変化・日変化は，気候や生態系に対して大きな影響をもたらす．**気候システムにおいて，おそらく最も明瞭な変化は，季節変化と日変化のパターンである．

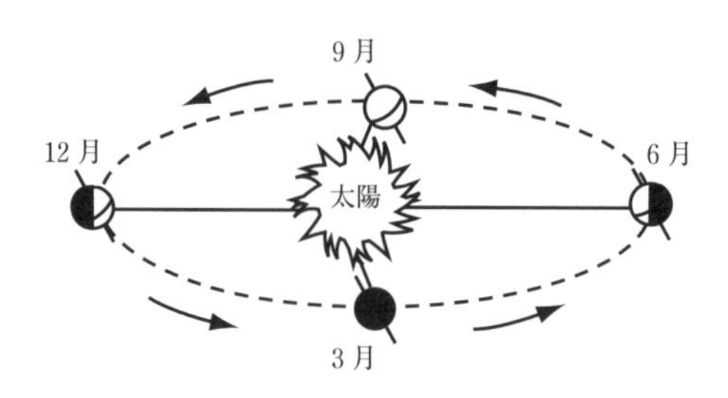


図2.20　太陽を回る地球の軌道．図より，強く加熱される領域（ITCZ）は，12月に赤道南側，6月に赤道北側，そして3月，9月に赤道で最大となる．

地球は，太陽の軌道面に対し23.5°に傾いた軸上で回転している．この地球の軸（地軸）の傾きが，日長や太陽の**照度**（irradiance），すなわち，単位時間あたりに地球表面が受け取る太陽エネルギー量に季節変化を生じさせる．春と秋の**昼夜平分**（春分，秋分）の時期，太陽は赤道の真上にあり，地表面の全体はおよそ12時間の間で日光を受け取る（図2.20）．北半球の夏の**至点**（equinox，夏至）には，太陽光は最も直接的に地面へ降り注ぎ，日長は最大となる．また，冬至には，太陽光は地面に斜め方向から降り注ぐため，日長は最小となる．南半球での夏至と冬至は，北半球で生じた時期から6ヶ月の位相のずれがある．入力放射量の変化は，緯度の増加とともにますます大きくなる．そのため，熱帯の環境下では太陽放射や日長の季節性が比較的小さい．一方で，これらの違いは北極や南極で最大となる．北極や南極上で，夏至には24時間続けて日が射し続け，一方，冬至に太陽が昇ることはない．熱帯では，温度と光は1年を通して比較的均一であり，このことが高い生態系の生産性と多様性を生み出す要因である．高緯度域では，暖候期の長さが生態系の生活型や生産量に強く影響する．

光や温度の変化は，与えられた気候下で生育する植物タイプや，生物的プロセスの生成速度を決定する重要な役割がある．ほとんどすべての生物的プロセスには温度依存性があり，低温時にはゆっくりとした速度でそのプロセスが起こる．日長（**光周期**，photoperiod）の季節変化は，生物が気候の季節変化に対し事前の準備をするうえで，重要な合図となる．

**水域生態系では，日照の季節的な変化が温度や光環境だけでなく生態系の基本的構造にも影響を与える**．湖と海洋は上部から加熱される．その後，上部数cmから数mの水で多くの放射が吸収され，熱へ変換される．この表面の加熱が，水を温め密度を小さくする．そのため，湖や海が**成層化**（stratify）する（図2.21）．この成層化傾向は，風や河川流入からの乱流混合，また夜や寒い天候時に生じる表層水の冷却によって，バランスが保たれることになる．成層化は，風にさらされやすい湖や多くの河川入力をともなう湖（たとえば多くの貯水池）など，乱流が生じて層と層との混合が促されるような状況下では起こりにくい．海洋での乱流混合は，およそ100～200 mの深さにまで達する．狭い湖での乱流混合は，水柱全体に及ぶ．

湖の成層は，北緯，南緯ともに25～40°の温帯域の多くで安定している（Kalff 2002）．

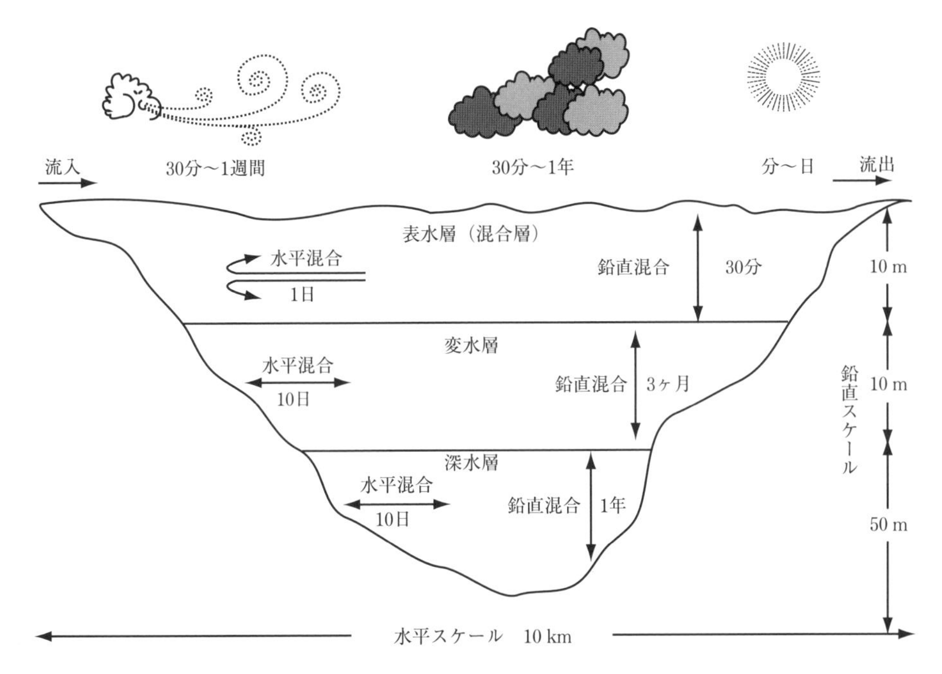


**図 2.21** 温帯にある中規模の湖において，推定される水平混合と鉛直混合．Kalff (2002) より．

寒冷気候下では，冷たい表層水が表層と深層との間の温度（すなわち密度）勾配を小さくする．熱帯では，深層水は1年を通して温かい．そのため，表層－深層間の温度勾配は小さく，たいていの場合およそ1℃程度である．熱帯の湖における表面水の温度の季節変化については，風が駆動する蒸発や雲量の季節的な変動でおおよそ説明がつく．

熱帯域以外の湖では，表面水の加熱が最も強くなる夏季に成層が発達する．弱い成層を呈する湖は，夏の期間でもしばしば水柱全体を通して，水が混合されている．これらの湖では，気温が表面水よりも冷えた場合や風による混合が強い嵐の際には，夜間に混合が起こる．最も安定的に成層化している湖（例：ある程度の深さがあり，風の影響を受けにくい温帯の湖）では，比較的はっきりと分離した二つの層，すなわち，吸収された放射によって加熱され風による混合がみられる**表水層**（混合層，epilimnion）と，冷涼かつ高密度で，表水層の乱流によって影響されない深い場所の**深水層**（hypolimnion）が発達する（図 2.21）．この安定成層をもつ温帯湖の**反転**（turnover）は，気温が混合層の温度を下回る秋に起こり，それによって混合層は冷却される．表層が冷却されると表水層と深水層との密度勾配が小さくなり，その結果，風が駆動する乱流混合によって，深水層へと水が行き渡ることになる．風の影響を受けない湖でも，夜間の冷却で水が冷やされ高密度になり，水柱深くまで混合が行われる．

成層化現象は重要である．なぜなら，光が十分に届き光合成が呼吸を上回る表水層と，光が届かないために呼吸が光合成を上回る深水層が分離されるためである．この生態系プロセスの鍵を握る空間的分離により，表水層では酸化と栄養塩の枯渇，一方で深水層では栄養塩の濃縮と酸素の枯渇を生じる．そして季節性の風成混合は，栄養塩を表水層へ，酸素を深水層へ再供給することになる．したがって，この空間的分離は重要である．湖では，光と温度が増加する春に藻類の大量発生が起こるが，その際，秋と冬に表水層に再供給されていた栄養塩を利用することができる．肥料や家庭からの下水・汚水にともない栄養塩が流入することで生じる湖の富栄養化は，水の透明度を低下させ，それによって地表付近の水が加熱され濃縮することで表水層の厚さが低下する．表水層において生産量が増加しすぎてしまうと，枯死してしまった有機物が雨粒のごとく深水層へ行き渡るようになり，水中の酸素が減少する．このようになると，富栄養な湖は藻類が豊かで高い生産力をもっているにもかかわらず，魚類の生息には適さない場所となる．

### ■暴風雨と気象

**暴風雨，干ばつ，その他の異常気象が生態系に大きな影響を及ぼしている．**定義のとおり，極端な大気現象は頻繁に起こらない．そのため，これらの大気現象の気候学的な原因を明確に説明することは一般に不可能である．たとえば，ハリケーンやその他の熱帯低気圧の強度は海水面温度に依存しており，そのため海洋の温暖化が，ハリケーンの強度増加と関連しているということは驚くべきことではない（IPCC 2007）．とはいえ，2005年にニューオーリンズを氾濫させたハリケーン・カトリーナ（図2.1）のような個々の現象を，気候温暖化が引き起こしていると断定することはできない．しかし，今後も気候の温暖化が継続すれば，強力なハリケーンは，より頻繁に起こるであろう．また，気候の温暖化と関連して緯度方向への熱輸送量が増加すると，偏西風の強度が増し，極方向への移動が顕著になるであろう．その結果，高緯度帯では猛烈な暴風の頻度が増加することになる．このような熱帯性だけでなく高緯度帯でもみられる暴風は，撹乱を引き起こす重要因子として振る舞い，生態系の構造や長期的な動きを変えてしまうおそれがある（第12章参照）．

## 2.9　生態系の分布・構造と気候との関係

**気候は，バイオームのグローバル分布を大きく制御する要因である．**生態系の大まかなタイプの違いは，温度や湿度のような気候変数と関係が深い（図2.22；Holdridge 1947；Whittaker 1975；Bailey 1998）．それゆえ，本章で表されるように，気候の地理的パターンを理解することが（図2.23），地球上の主要なバイオーム分布の予測につながる（図2.24（口絵3））．

**熱帯湿潤林**（tropical wet forest，熱帯多雨林）は，ITCZと一致する北緯12°から南緯3°に現れる．この気候帯では，日長や太陽角はほとんど季節変化を示さず，一貫して高い温度が保たれる（図2.22～2.25）．ITCZにおける強い太陽放射と東からの貿易風は，強い上昇気流を促し，多くの降水量をもたらす（年間降水量1,750～4,000 mm）．この気候帯では，降水量の少ない期間が1～2ヶ月以上続くことはまれである．**熱帯乾燥林**

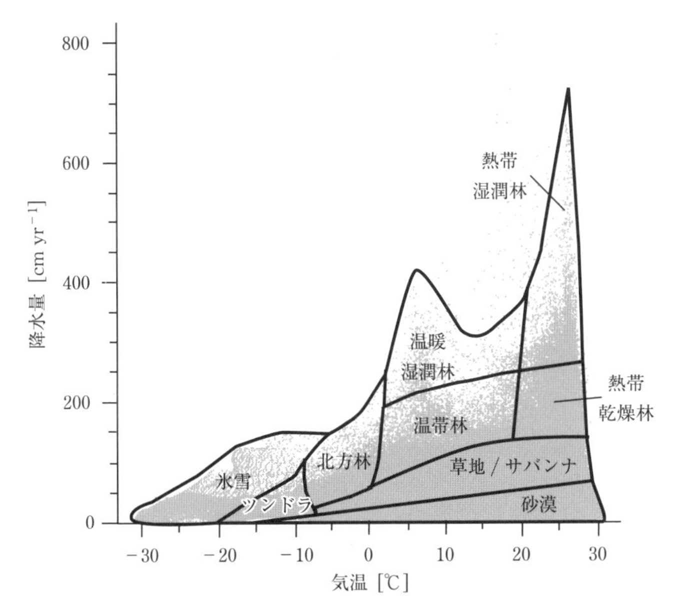


**図 2.22**　年平均温度，年積算降水量で区分された世界の主要なバイオーム分布．図内のグレーの点は，全陸地（南極を除く）を 18.5 km 空間解像度で分割し，各メッシュの温度 - 降水量レジームを示したものである（データは New et al.（2002）より）．図は Joseph Craine 氏と Andrew Elmore 氏の好意による．

(tropical dry forest，図 2.26）は，熱帯湿潤林の南北緯両側に現れる．この森林が出現する場所には，ITCZ の季節的な移動にともなった湿潤期と乾燥期が明瞭にある．すなわち，ITCZ で覆われる時期は雨季で，遠ざかる時期は乾季となる．**熱帯サバンナ**（tropical savanna，図 2.27）は，熱帯乾燥林と砂漠の間に出現する．これらのサバンナは温暖かつ低降水量下に存在するが，降水量がある季節は非常に限られている．南北緯 25° から 30° の緯度帯には**亜熱帯性砂漠**（subtropical desert，図 2.28）がみられ，温暖で乾燥した気候下に存在する．これは，ハドレー循環の減衰縁に相当する大気下降場のためである．

**中緯度帯の砂漠，草地，灌木**（図 2.29）は，内陸部，とくに山岳地域の雨陰（風下側）に現れ，突発的に少ない降水量と冬季の低温，さらには熱帯砂漠以上の極端な温度較差に見舞われる．降水量が増加すると，徐々に砂漠から草地，灌木へ移行する．**地中海性灌木林**（Mediterranean shrubland，図 2.30）は大陸西岸に位置している．そこでは，夏季に亜熱帯海洋性の高気圧と冷たい湧昇流が，温暖で乾燥した気候を生み出す．冬季には，風や気圧配置が赤道側に向かって動くため，寒帯前線により発生した嵐が，突発的な降水をもたらす．**温帯林**（temperate forest，図 2.31）は中緯度に出現する．同地域は樹木が成長するうえで必要な降水量がもたらされる．極気団と亜熱帯気団の境界となる寒帯前線が，夏から冬にかけてこの森林帯の南北を移動し，季節性の強い気候を生み出している．**温帯**

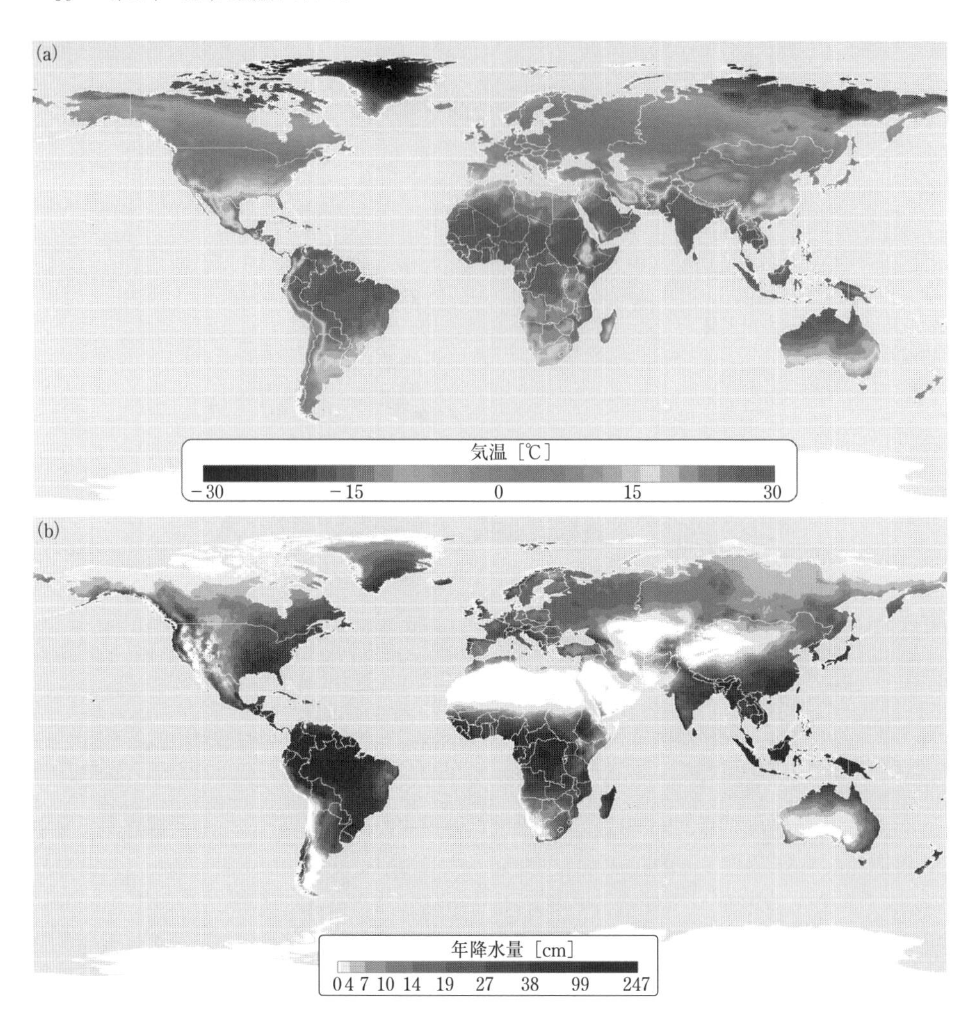


図2.23　(a) 年平均温度と (b) 年積算降水量のグローバル分布 (New et al. 1999). Atlas of the Biosphere (http://www.sage.wisc.edu/atlas/) より改変.

**湿潤林**（雨林）（temperate wet forest，図 2.32）は，南北緯 40〜65° の大陸西岸に現れる．この地域には比較的温暖な海を通過した偏西風が豊富な水蒸気の供給源をなし，寒帯前線をともなう移動性低気圧が豊富な降水をもたらす．冬季は温暖であり，夏季は冷涼な地域である．

**北方林**（boreal forest，または**タイガ**（taiga）；図 2.33）は，北緯 50〜70° の内陸部で現れる．冬季においてその気候は極気団に，夏季は温帯気団に支配される．そのため，寒冷な冬と温和な夏がもたらされる．水蒸気源となる海からの距離があるため，降水量は少ない．そして，年平均温度は氷点下を下回り，排水を阻害する**永久凍土**（permafrost，永久

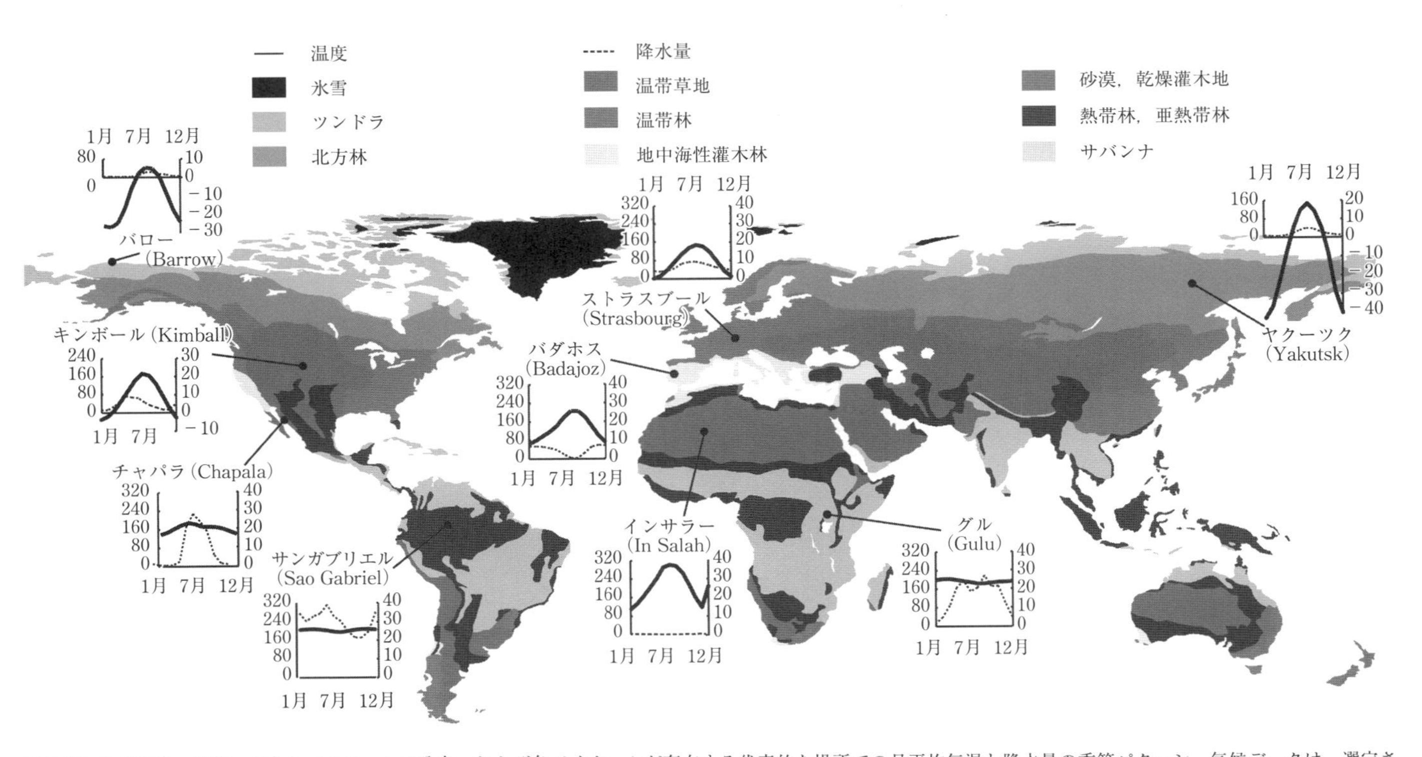


図 2.24（口絵 3） 地球上の主なバイオームの分布，および各バイオームが存在する代表的な場所での月平均気温と降水量の季節パターン．気候データは，選定された場所の 2000 年における月平均値である（http://www.ncdc.noaa.gov/oa/climate/stationlocator.html）．地図は Bailey（1998）より．

図 2.25　ブラジルの熱帯湿潤林．つる植物や着生植物，常緑広葉樹を含む，多様な生活型と種によって特徴づけられる．Peter Vitousek（筆者）による撮影．

図 2.26　メキシコ西部・カメラ（Chamela）の亜熱帯乾燥林．写真は雨季（左）と乾季（右）における景観を表す．この森林は，主に乾燥に対する耐性が強い落葉樹からなる．Peter Vitousek（筆者）による撮影．

図 2.27　南アフリカ・クルーガ（Kruger）国立公園における亜熱帯サバンナ．多様な植物（草，灌木，高木）と植食性哺乳類がみられる．細い葉型の植物種が多いサバンナでは頻繁に火災が発生するため，樹木と草の双方が共存する．写真は Alan K. Knapp 氏の好意による．

図 2.28　アメリカ・アリゾナ州スーパースティションマウンテン（Superstition Mountains）における，ソノラ（Sonoran）砂漠の景観．乾燥に適応した多様な生活型をもつ植物がみられる．植物の隙間にはかなりの裸地面が存在する．写真は Jim Elser 氏の好意による．

図2.29　中緯度帯，アメリカ・カンザス州に広がる初夏の草地（プレーリー）．バイソン（bison）が食草する様子がみられる．ここでは，早春に野焼きが行われた．樹木が存続する場所は火災を免れた湿潤地に制限される．写真は Alan K. Knapp 氏の好意による．

図2.30　アメリカ・カリフォルニア州サンタモニカマウンテン(Santa Monica Mountains)にある地中海性灌木地．浅い土壌層で急な斜面上に存在する．乾燥に適応した常緑性，落葉性の灌木も同一地に生育．写真は Stephen Davis 氏の好意による．

図 2.31 アメリカ東部（ノースカロライナ州）の温帯林．林冠全層に陽斑が入る複雑な多層構造をもつ．写真は Norm Christensen 氏の好意による．

図 2.32 アメリカ西部オレゴン海岸山域（Oregon Coast Range）にある巨木の渓谷地である温帯湿潤林．林分は最大林齢 500 年にも及ぶ樹木を含む．林床には粗大木質有機物の他，灌木，シダ，草，コケ，樹木の実生などの植物相を含む．写真は Mark E. Harmon 氏の好意による．

図 2.33　アメリカ・アラスカ州内陸，タナナ（Tanana）川河畔の北方林．写真にはさまざまな林齢をもつ植生が含まれ，遷移初期の灌木林が図の左下方と左上方の皆伐区に点状にみられる．写真中央には，数千年の寿命をもつ成熟したシロトウヒ（white spruce）が遠方の台地上にある湿地帯まで広がる．写真は Roger Ruess 氏の好意による．

図 2.34　アメリカ・アラスカ州，ブルックス山脈北麓にあるトゥーリック（Toolik）湖近くの北極域ツンドラ．この地形は更新世氷河により形成された．地表面付近 30～50 cm の土壌は連続した永久凍土層で覆われ，湿潤で冷たい状態が維持される．Stuart Chapin（筆者）による撮影．

に凍った地面）ができると，低地部には排水性の悪い土壌や泥炭地が形成される．**北極域ツンドラ**（Arctic tundra，図 2.34）は，夏冬の双方において寒帯前線の北に位置している．そのため，寒さが厳しく樹木は成長できない．短く冷涼な夏は生物の活動を規定し，生育可能な生活型の範囲を制限する．

**異なるバイオーム間，また同一のバイオーム内のいずれにおいても，それによって形成される植物の構造は気候とともに変化する**．つまり，植物の典型的な成長形態が，バイオームタイプを決定している．たとえば，常緑かつ広葉型の樹木は熱帯湿潤林において優勢である一方で，周期的な冷涼や乾燥が成長に影響を及ぼす地域では，落葉樹が優勢となる．さらに極度な寒冷および乾燥条件になると，それぞれツンドラ，砂漠といったバイオームに置き換わる．バイオームには明瞭な境界で区分けしやすい単位が存在するわけではないが，気候傾度に沿って構造が連続的に変化する．たとえば，熱帯では，水分傾度に沿って，最も湿潤な場所には背丈の高い常緑樹が成立し，湿度に季節性がともなうようになると常緑樹と落葉樹が混在するようになる（図 2.35；Ellenberg 1979）．気候の乾燥化が進むと，光を巡る競争よりもむしろ水分を巡る競争により，樹木と灌木の背丈が低くなる（図 2.36）．最終的に乾燥した大地になると，木々は存在せず，多年生草本をもつ砂漠になる．極端な干ばつが生じる場合には，一年生植物や球根（乾燥期には地上部を枯死させる多年生草本）の成長形態をもつ植物が優占する．その他の緯度帯においても，水分傾度に沿って，成長形態，葉の型，生活型において，類似した変化がみられる．

**生態系の内部でみられる成長形態の多様性は，バイオーム全体を通してみられる優占種の成長形態に関する多様性とほぼ同程度に高い**．たとえば，熱帯湿潤林の場合，温暖かつ湿潤な気候下では，一貫した季節性をもつ成長形態が高密度の樹冠層をもつ大型の樹木を

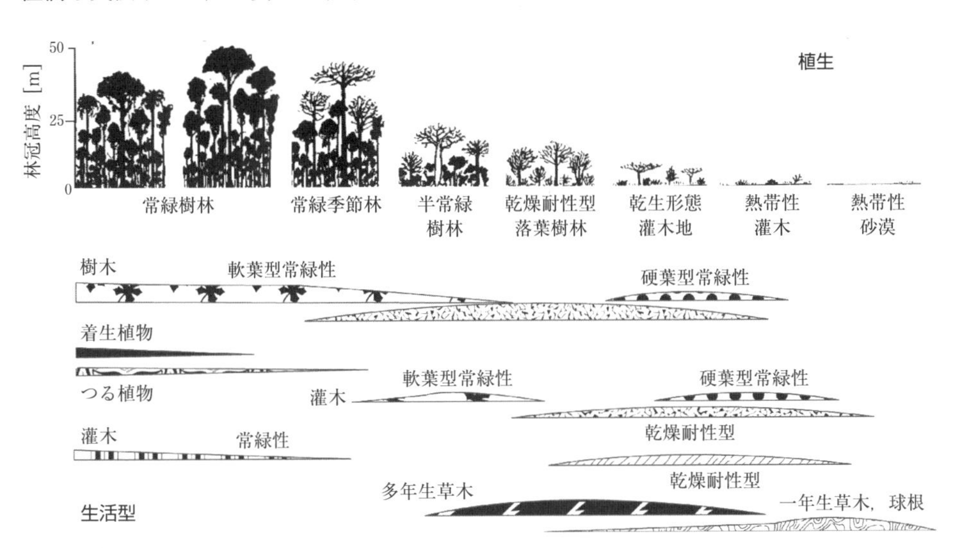


図 2.35 温度が比較的一定な熱帯域での，降水傾度に沿った優占生活型の変化．Ellenberg (1979) より．

図 2.36　アルゼンチンの冷涼でかつ乾燥した山々であるパタゴニア地方の草原（ステップ）地帯．ステップは幅広い「バイオーム」の中間的位置にあり，冷涼乾燥下にみられる生態系タイプの例である．写真は Sandra Díaz 氏の好意による．

生み出し，入力放射の多くを遮断し光を巡る競争を活発にする．その際，光は生態系内部の多様性を生み出す主要な駆動源となる．植物が樹冠に到達して光を得やすくなると，高木間で優位に競争を進めることができる．たとえば，つる植物は，自身を支える頑強な茎柄を得るために炭素を利用することはせず，その代わりに，樹体支持の方法として，他樹木に寄生することを選択した植物である．また，着生植物も，熱帯湿潤林の樹冠層でよくみられる植物であり，豊富な光を享受している．しかし，この植物の根は樹冠部に限定されており，しばしば水不足に陥る．そのため，着生植物は水や栄養塩を獲得するために多様な種分化を遂げてきた．樹冠層下には，弱光条件下でもゆっくりとした速度で環境適応した樹木，灌木，草本が，幅広い亜樹冠層を形成する（図 2.35）．光は，湿潤熱帯域の高密度森林において，構造の多様性を生み出す最も重要な動力源である．

構造の多様性を決定づけているものは何なのか？　光よりもむしろ水分が制限要因であろうか？　砂漠，その中でも温暖域の砂漠には，常緑や落葉の小木，灌木，多肉植物，多年生および一年生の草本が存在しており，植物形態の多様性が高い．ここでは，成長形態が高さ方向の分布に影響を及ぼしているという明確な理由はなく，一方で，水平方向では水分利用可能性と関連して一貫した成長形態に関連した配置がみられる．たとえば，季節変化をともなう河畔域では樹木や背丈の高い灌木，水分が保持される粘土質土壌付近には常緑性灌木，そして最も乾燥した場所には多肉植物がそれぞれ優占する．水分に関する競争では，限られた水分の取得，蓄積，そして利用にかかわる多様な戦略が生じる．その結果が，乾燥の回避または耐性を高める幅広い根圏戦略と，その能力をもたらすことにつながっている．

**種の多様性は，熱帯から高緯度方向に，また多くの場合で低標高から高標高に向かうにつれて低下する．** 種が豊富な熱帯域には，10,000 km$^2$ の中に 5,000 種以上の植物が存在する．一方，高緯度の北極域では同じ面積で 200 種以下となる．多くの動物群の多様性では，似た緯度方向のパターンを示すが，その理由はその場にある植物の多様性に対する依存度

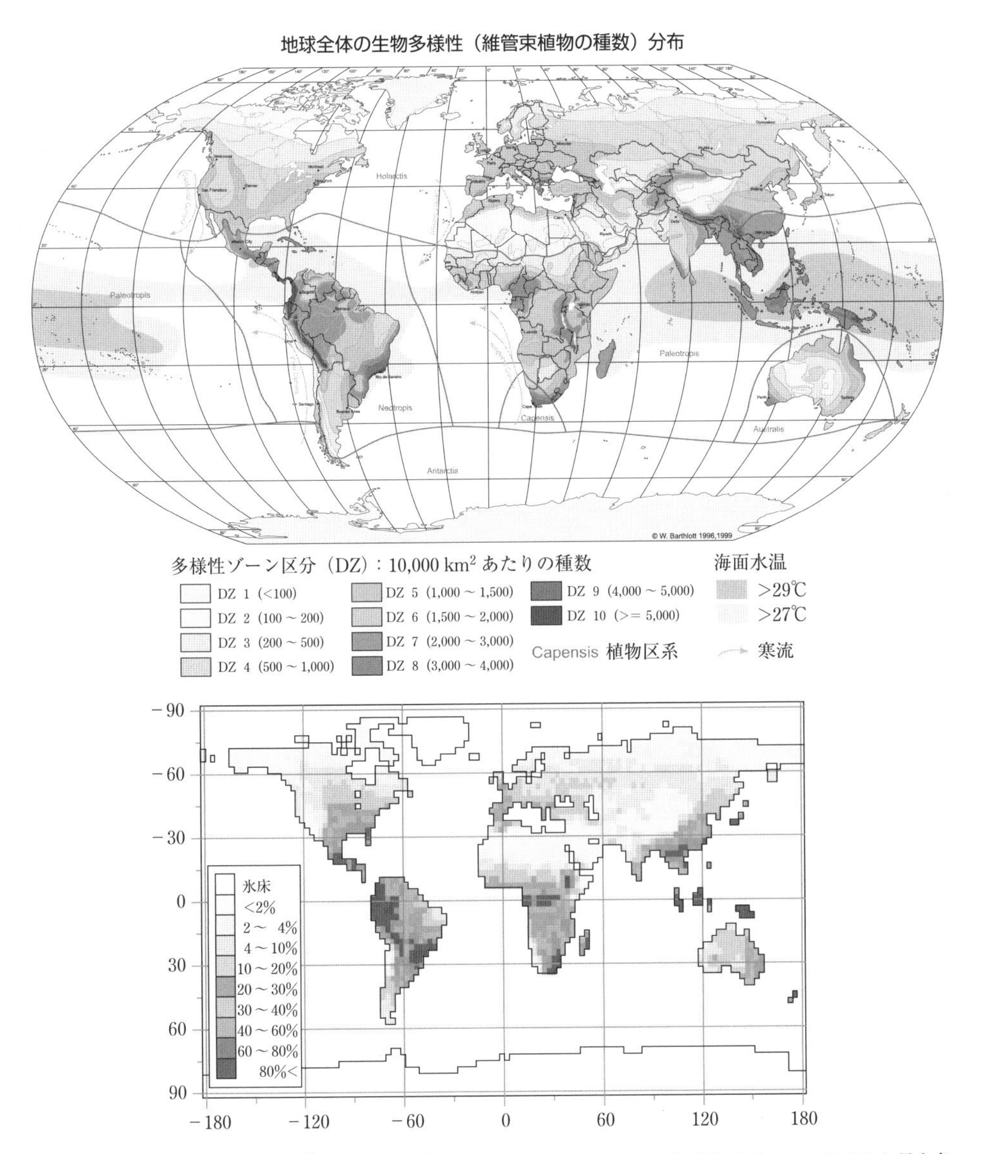


図 2.37 観測（上図：10,000 km$^2$ あたりの種数）とモデルシミュレーション（下図：シミュレートされた最大多様度の割合［%］）に基づく，種の豊富さ（richness）のグローバル分布（上図は口絵 2）．モデルシミュレーションでは気候値を使用し，種分配のさまざまな戦略プロセスを単純化した．Kleiden and Mooney (2000) から転載．

と部分的に関係しているためである．気候，種の拡散に利用できる進化時間（プロセス），生産力，撹乱の頻度，競争作用，利用可能な土地，その他を含めた要因のすべてが，地球上の多様性分布とかかわりがあると思われる（Heywood and Watson 1995）．各地域の植物機能タイプを気候のみで振り分けるモデルを利用すると，一般的に地球上でみられる構造や種の多様性についての分布（パターン）を再現できる（図2.37（口絵2）；Kleiden and Mooney 2000）．種多様性の地理的分布（パターン）を規定している要因は，実際にはもっと複雑であろうが，そのようなモデル解析は，人間が引き起こす気候，土地利用，外来種の侵入などの改変が，未来の多様性パターンを変えてしまうかもしれないことを示している．

## 2.10　まとめ

地球のエネルギー収支は，出入りする放射間のバランスにより決定される．地表面へ入射される短波長の太陽放射の約半分は大気を通過する．しかし，大気は，地球から放出される長波放射の90%を吸収する．このため，大気は主に地面から加熱され，大気中で対流運動を生じる．大規模な大気循環パターンは，熱帯では太陽からのエネルギーを宇宙へ放出されるエネルギーより多く受け取る一方で，極域では太陽から受け取る以上の多くのエネルギーを宇宙へ損失するために生じる．その結果，このエネルギー不均衡を解消するため，循環セルが熱を赤道から極域へ輸送する．その過程で，循環セルは各半球で三つの比較的明瞭な気団，すなわち，熱帯気団（南北緯0～30°），温帯気団（南北緯30～60°），極気団（南北緯60°）を形成する．また，空気が下降し降水量の少ない高圧帯が，主に四つ（極域に2，南北緯30°に各1）みられる．亜熱帯高圧帯は，世界の主要な砂漠が存在する分布帯である．また，空気が上昇し降水量が多い低圧帯が主に三つ存在し（赤道と南北緯60°），この低圧帯が，赤道域の熱帯多雨林，北米北西部，南米南西部の温帯雨林の成長を支える．海流は，赤道から極域まで緯度方向への熱輸送全体の約40%を担う．これらは，地表風と高緯度の冷たく塩分濃度の高い水が駆動する下降流で生じ，低緯度における湧昇流とで均衡を保っている．

気候の地域的・局地的パターンは，地表面の不均一性を反映している．陸と海との間でみられる不均一な加熱が，高・低気圧の卓越場を生み，気候の全体的な緯度方向のパターンを変える．これらの気圧場の中心は，主要山脈を介して誘導されるストームトラックと関係し，地域的な気候パターンを強く制御している．海や大きな湖はその高い熱容量のために，陸に比べゆっくりとした速度で加熱と冷却を生じ，近隣の陸地気候を変化させる．この加熱の対照性により，パターン化された季節性のある風系（モンスーン）や日スケールの特性をもつ風（海陸風）が発生し，陸地に影響を及ぼす．また，山地における降水や太陽放射量は，その地形による遮断を受け，不均一性が高くなる．

植生は，地表面で吸収される入力放射量を決める地表面でのアルベド，長波放射と顕熱，潜熱の乱流フラックスエネルギーを経由し，大気へ解放されるエネルギーによる影響を介して気候に影響を与える．顕熱フラックスと長波放射は大気を直接的に加熱し，潜熱フラックスは水蒸気を大気へ輸送する．それらは，局地的な温度や降水の水蒸気源に影響を与える．

気候はあらゆる時間スケールで変化しやすい．しかし，気候の長期的変化は，入射する太陽光と大気組成の変化によって大きく駆動される．この太陽光や大気組成の長期的な変化傾向との重なり合いにより，気候の日・季節性に典型的なパターンが生み出される．これはエルニーニョ・南方振動についても同様である．そのような振動は，数年から数十年の時間スケールで気候の地理的パターンに幅広い変化をもたらす．将来の気候変動は，このような大規模スケールで起こる気候モードの頻度を反映するものになると思われる．

## 復習問題

1. 地球表面および地球大気におけるエネルギー収支について説明せよ．また，エネルギーが地表面によって吸収される主要経路には何があるか？　大気についての主要経路についてもあわせて考察せよ．これらの吸収経路を考える際，相対的に重要因子である，雲や放射活性ガスの役割はどのようなものか？
2. 対流圏は最下層で最も暖かくなり，一方で成層圏は最上層で最も暖かくなる．この理由について答えよ．また，これらの各大気層が生態系の環境にどのような影響を及ぼすと考えられるか，答えよ．
3. 太陽による不均一な地球加熱とその結果もたらされる大気循環が，主な緯度での気候帯（たとえば，熱帯雨林気候，亜熱帯砂漠性気候，温帯林気候，および北極域ツンドラ気候）の形成にどのようにかかわっているか説明せよ．
4. 地球の回転（とその結果として生じるコリオリ力），および海と大陸の地表面分配が，気候のグローバル分布にどのような影響をもたらしていると考えられるか？
5. 地球大気の化学組成が，地球の気候にどのような影響を及ぼしているか？
6. 地表でみられる海流のグローバルパターンを駆動する要因は何か？　深層海流はなぜ，表層の海流と分離しているのか？　さらに，深層と表層の海流をつなぐ特性は何か？
7. 海流循環は，グローバルスケール，大陸スケール，そして局地スケールにおいて，気候にどのような影響を与えているのか？
8. 地形は，大陸スケールおよび局地スケールにおいて，気候にどのような影響を与えているのか？
9. 気候の長期的変化を制御する要因は何か？　今後100年，100,000年，さらに10億年という時間の中で，将来の気候は現在と比べどのように変化すると考えられるか？説明せよ．
10. インドネシア，ペルー，カリフォルニアにおける気候の年々変化は，どのように相互結合しているのか説明せよ．
11. 主要なバイオームのグローバル分布から，各バイオームが成立するために必要な気候学的特性について説明せよ．なお，この分布を説明する際，地球全体の風系および海流図を用いよ．

12. あなたの出身地（国）における気候について説明せよ．グローバルな気候システムに関する理解から，その地域がもつ気候学的特性（特徴）について説明せよ．

## 参考文献


Ahrens, C.D. 2003. *Meteorology Today: An Introduction to Weather, Climate, and the Environment*. 7th edition. Thomson Learning, Pacific Grove, CA.

Foley, J.A., M.H. Costa, C. Delire, N. Ramankutty, and P. Snyder. 2003. Green surprise? How terrestrial ecosystems could affect earth's climate. *Frontiers of Ecology and the Environment* 1: 38-44.

Graedel, T.E. and P.J. Crutzen. 1995. *Atmosphere, Climate, and Change*. Scientific American Library. New York.

Oke, T.R. 1987. *Boundary Layer Climates*. 2nd Edition. Methuen, London.

Skinner, B.J., S.C. Porter, and D.B. Botkin. 1999. *The Blue Planet: An Introduction to Earth System Science*. 2nd Edition. Wiley, New York.

Serreze, M.C. 2010. Understanding recent climate change. *Conservation Biology* 24:10-17.

Sturman, A.P., and N.J. Tapper. 1996. *The Weather and Climate of Australia and New Zealand*. Oxford University Press, Oxford.

Trenberth, K.E. and D.P. Stepaniak. 2004. The flow of energy through the earth's climate system. *Quarterly Journal of the Meteorological Society* 30: 2677-2701.

# 第3章 地質，土壌，堆積物

同じ気候区分の中では，土壌特性は生態系プロセスを制御する主要な因子である．この章では，土壌および堆積物の特性を制御する要因に関する基礎知識を解説する．土壌および堆積物の特性は，生態系だけでなく陸地から河川，湖，海洋への物質移動にきわめて強く影響を及ぼしている．

## 3.1 はじめに

土壌は，陸地表面を覆う薄い層を形成し，そこでは地質プロセスと生物的プロセスが交わる．土壌は固相，液相，気相からなり，固相はその体積の半分を占め，液相，気相がそれぞれ体積の15〜35%を占める（Ugolini and Spaltenstein 1992）．土壌材料は，植物・微生物に対して水および養分のソースとなり，陸上植物の根張りを物理的に支える．また，土壌は，分解者である生物や多くの動物が棲む培地でもある．これらの理由のために，土壌の物理化学特性は生態系機能のあらゆる面に強く影響を及ぼし，それがさらに土壌の物理的，構造的，化学的な特性へ影響するようなフィードバックが起こる（図1.5参照；Amundson et al. 2007）．土壌は，生態系プロセスにおいて統合的な役割を果たすため，生態系プロセスの研究から切り離すことは困難である．なお，開水域（海洋）の生態系では，植物プランクトンは堆積物から直接的に養分を吸収することができない．このため，堆積物は水と混ざることで間接的に一次生産者へ養分を供給している．

土壌はグローバルシステムの重要な構成要素でもある．土壌は，巨大なグローバルスケールの炭素，窒素，硫黄の酸化・還元サイクルの重要な反応の多くを媒介し，その循環を駆動する生物的プロセスに不可欠な資源を供給する．土壌は，生物地球化学という分野名に含まれている「生物」，「地球」と「化学」の交差点である．本書の後半の章の多くでは，土壌プロセスの短期動態，とくに時間〜世紀のスケールで進むプロセスを解説する．この章では，より長い時間スケールをかけて進む土壌プロセス，あるいは環境との物理的，化学的な相互作用によって強く影響を受けて進む土壌プロセスに焦点を当てている．これは，生態系の動態を理解するために不可欠な基礎知識である．

## 3.2 焦　点

人間活動は，陸域から水域生態系への養分および堆積物の流入を大幅に増加させた．数千年かけて発達した土壌も数年〜数十年のうちに侵食によって失われ，上流域の生産力の減少と，貯水池，低地氾濫原，汽水域，沿岸水への土壌の蓄積を引き起こしている．これは人間の時間スケールでは，実質的に永久的な地域景観の改変となる．たとえば，1920年代のアメリカでは，耐乾性の低い作物を耕作限界地で広大に栽培したために，干ばつに脆弱な景観が生まれた．1930年代の暑く乾燥した気候と強風とが合わさることによって，広範囲に風食が起こった．風食は土壌の生産力を減少させ，地域の気候を変化させ，土地の放棄と人々の移住の原因ともなった（図3.1；第12章参照；Peters et al. 2004；Schubert et al. 2004）．中国の黄土高原やサハラ砂漠以南の侵食は，広範な地域に住む数百万人もの人々の生計を脅かす今日的問題である．どの植生・土壌特性が異なれば，ある土壌が他の土壌よりも侵食を受けやすくなるのか？　侵食を最初に受ける表土が下層土よりも肥沃なのはなぜか？　土壌粒子が堆積した生態系に対する風食・水食の影響とはどのようなものか？　土壌の生産性を維持し，侵食速度を軽減するためには，どのような管理方法があるか？　この章では，これらの疑問と生態系や管理された景観の持続性にかかわる他の重要な点を解説する．

**図3.1**　1920年代のアメリカ中西部では，大規模な農耕によって耐乾性のある自然植生から，干ばつの影響を受けやすい作物に変わった．いわゆる「ダストボウル」（Dustbowl，砂嵐）の時代である1930年代には，干ばつによって作物が枯れ，大規模な砂嵐を発生させた．1935年に，テキサス州Stratfordに近づく嵐の様子．写真はNOAAの好意による（http://www.photolib.noaa.gov/htmls/theb1365.htm）

## 3.3　土壌生成の制御要因

**生態系における土壌の特性は相反する二つの作用，すなわち生成と損失の動的なバランスによって決まる．**これらの相反するプロセスに対する状態因子の影響は異なり，そのため土壌，生態系の特性に対する影響も異なる（Jenny 1941；Amundson and Jenny 1997）．

## ■母 材

**岩石の物理的，化学的な特性と隆起・風化速度は，土壌の特性に強い影響を及ぼす．**数十億年にわたり作用している岩石循環の動態が，陸地表面の地質の変異と分布を決定している．岩石循環とは，岩石が生成し**風化**する循環プロセスを指す．風化とは，地表近くで物理的，化学的に変質することである（図 3.2）．岩石循環は，岩石風化の大部分を占める生物由来の酸を緩衝する鉱物を生じるだけでなく，生物が酸を作ることができる養分も提供する．風化によって生まれた化合物は，河川を経て湖沼，貯水池，海洋へと運ばれて，堆積物として沈積し，さらに埋没して**堆積岩**となる．**火成岩**は，**マグマ**が地下深くから地割れや火山へ上昇することで形成される．堆積岩や火成岩は高熱・高圧条件で変成を受け，**変成岩**を形成する．さらに熱・圧力が加わると，変成岩は溶けマグマとなる．これらの岩石はいずれも隆起によって地表にもち上げられ，再び風化や侵食を受ける（図 3.2）．岩石循環を通して，地殻は 1 〜 2 億年周期で循環する．それはすなわち，植物が陸地に進出してから 2 〜 4 回分起こっているということになる（図 2.15 参照）．隆起の時期と場所，隆起する岩石の種類によって，地表面の母岩の分布が決まる．

**プレートテクトニクス**（Plate tectonics）は岩石循環の駆動力である．**岩石圏**または地殻（部分的に融解した物質の上に乗った，強固な最外殻）は大きな固いプレートへと分割

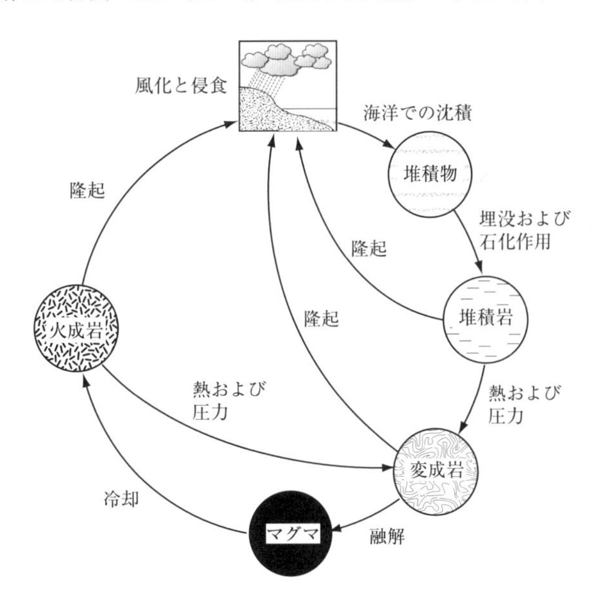


**図 3.2** 1785 年にハットン（Hutton）によって提案された岩石循環．岩石は風化し堆積物を形成し，埋没する．深層に埋没後，岩石は変成や融解，その両方を受ける．その後，変形し，山脈へと隆起し，再び風化を受け，リサイクルされる．Press and Siever（1986）より．

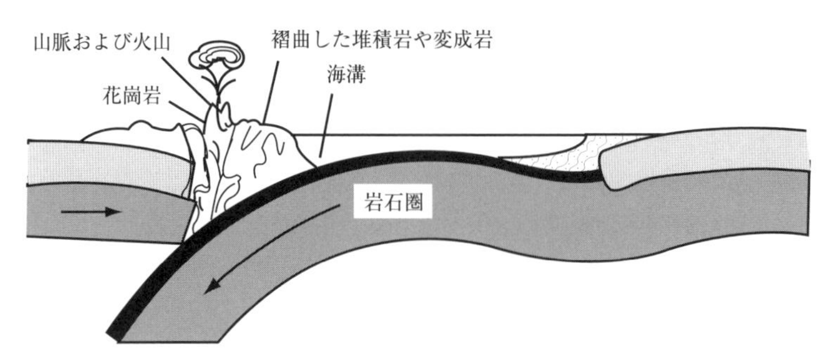


図 3.3　プレート衝突の断面．海洋プレートが大陸プレートに沈み込み，沈降帯に海溝を，また隆起帯に山脈，火山を，それぞれ形成する．Press and Siever (1986) より．

され，それぞれは独立して移動する．プレートどうしが接近し衝突した所では，地殻の一部が下に曲がり**沈み込んで**海溝を形成し，一方，上に乗ったプレートは**隆起**し山脈となる（図 3.3）．プレートの衝突する造山帯は地球の主要な地震帯と一致する．たとえば，ヒマラヤ山脈は 4,000 万年前のアジアとインド亜大陸の衝突以降，現在も隆起し続けている．プレートどうしが接近すると，他のどこかで分散・分離が起こる．全地球史を通して，巨大な超大陸が形成されては分離し，各大陸は新しい場所へ移動し，また新たに超大陸を形成してきた．直近では，超大陸パンゲアが 2 億年前〜5,000 万年前に分裂し，ユーラシア大陸，アフリカ大陸，南極大陸，南北アメリカ大陸を形成した．現在もたとえば，オーストラリア大陸は南極を出発点として東南アジアへ向けて 1 年に 5〜6 cm の速度で移動している．大西洋中央海嶺，東太平洋海嶺は今日の海洋プレートの活発な発散地帯である．大陸移動が起きることによって，世界の生物相と土壌は，その発達過程で複数の気候帯を経験することとなった．

## ■気　候

**温度，水分，二酸化炭素濃度，酸素濃度は，生物活動だけでなく風化速度および風化産物を決定する化学反応速度に影響し，それゆえ，岩石からの土壌発達にも影響する．**温度，水分，酸素濃度は，植物による有機物生産や微生物による分解のような生物的プロセスに影響し，土壌有機物の量と質に影響する（第 5 〜 7 章参照）．たとえば，土壌炭素は，グローバルスケールや地域内の気候傾度に沿って，温度が低下するほど，あるいは降水量が上昇するほど，増加する（Post et al. 1982；Burke et al. 1989；Jobbágy and Jackson 2000）．降水は物質が生態系に流入する一つの経路である．**貧栄養**（oligotrophic）湿地は，鉱質土壌から隔離されており，新しい無機成分の供給をすべて降水に依存している．水の移動は，風化産物が集積するのか，あるいは土壌から失われ他の場所へ移動するのかを決定するうえで重要となる．つまり，気候は局所的なスケールからグローバルスケールで，ほとんどすべての土壌特性に影響する．

## ■地　形

**地形は，気候や水の利用可能性に与える効果や，細土粒子（2 mm 以下の土壌）の選択的輸送を通して土壌に影響する．**地形的な勾配は，尾根上部から谷底までの斜面系列（**カテナ**，catena）を形成する．斜面の勾配と**傾斜方位**（コンパスの方向）は，土壌特性に強く影響する（Amundson and Jenny 1997）．たとえば，侵食は細粒物質を斜面下部へと選択的に移動させ，堆積させる．斜面下部では，有機物含量が高く水分保持量が高い細粒質な深い土壌が形成される（図 3.4）．これらの谷底部の土壌は，植物と微生物により多くの資源と力学的な安定性をもたらし，尾根部や斜面肩部よりも多くの生態系プロセスが速くなることが多い．たとえば，斜面下部のヨモギ（sagebrush）植生の土壌では，斜面上部よりも，水分含量と有機物含量が高く，窒素の無機化およびガス揮散速度が高い（Burke et al. 1990；Matson et al. 1991）

斜面方位は太陽光の入射量に影響し（第 2 章参照），結果として地温，蒸発散速度，土壌水分に影響する．高緯度かつ湿潤気候下では，極向き斜面（北半球ならば北向き斜面）の寒冷湿潤環境では分解速度，無機化速度が減少する（Van Cleve et al. 1991）．低緯度かつ乾燥地域では，極向き斜面の土壌水分が高く，成長期間が長くなることで森林が発達するが，赤道向き斜面（北半球ならば南向き斜面）では砂漠や灌木となりやすい（Whittaker and Niering 1965）．

また，寒冷気候下では，斜面の位置によって雪の溜まり方が決まり，尾根の下や斜面下部で最も雪が深くなる．このように雪の蓄積パターンが異なることで，有効降水量と成長期間が変わり，これによって植物や微生物のプロセスが，夏季に至るまで影響を受ける．

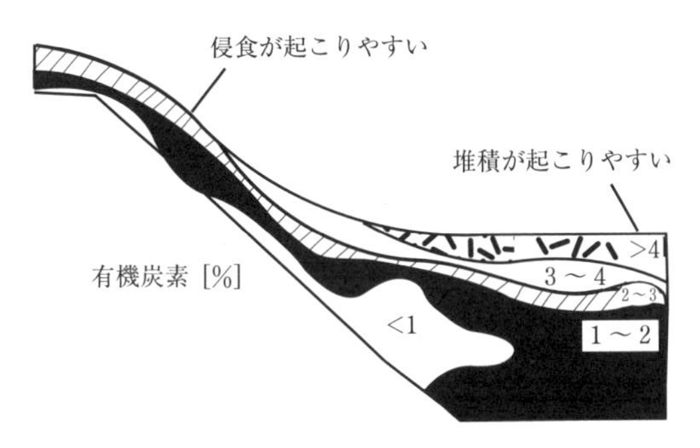


図 3.4　斜面位置と侵食・堆積の可能性，土壌有機物濃度の関係．Birkeland（1999）より．

## ■時　間

**多くの土壌生成プロセスはゆっくり進行する．そのため，土壌の発達にかかった時間がその特性に影響する．**岩石と鉱物は長い時間をかけて風化し，重要な養分元素は土壌層位間を移動するか，あるいは生態系外へ流出する．斜面は侵食され，物質が谷底に集積し，生物的なプロセスによって有機物や，炭素や窒素のような重要な養分元素が供給される．

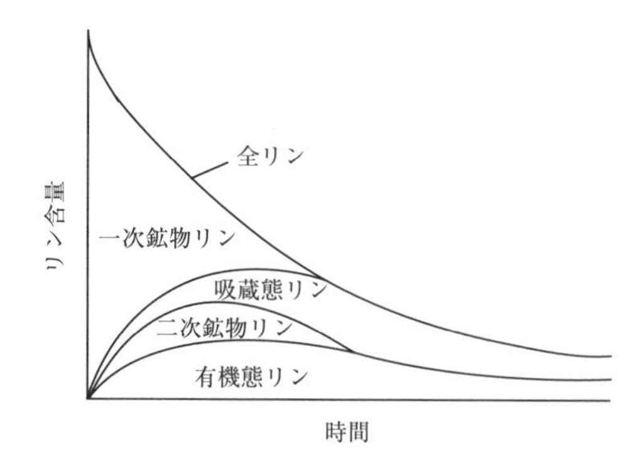


図 3.5　長期風化と土壌発達がリンの分布と可給性へ与える影響．新たに露出した地質的基質は易風化性鉱物に比較的富んでおり，リンを放出する．このリンの放出は，有機質と水溶性のリン（リン酸カルシウムのような二次鉱物のリン）の集積につながる．一次鉱物はなくなり，リンを吸着する二次鉱物が集積するにつれて，系に残留しているリンがますます利用できない形態（吸蔵態）で保持される．植物によるリンの可給性は初期にピークとなり，その後低下する．Walker and Syers (1976) より．

リンの可給性（＝利用可能性）は，土壌生成初期には高いものの，系外への損失や植物に利用できない無機態リンの固定によって時間とともに低下する（図 3.5；Walker and Syers 1976）．ハワイは温暖湿潤な気候であるが，このプロセスが数百万年にわたる土壌生成を通して作用し，生態系プロセスは，若い土壌では窒素律速にあるが古い土壌ではリン律速へと変化する（Hobbie and Vitousek 2000；Vitousek 2004）．

土壌特性の変化には，比較的速やかに進行するものもある．後退する氷河や河川の氾濫原は，しばしばリンに富んだ堆積物を堆積させる．種子の供給があれば，窒素固定微生物と共生する植物が土壌に進出し，50〜100 年の間にその生態系の最大値まで炭素と窒素を蓄積する（Crocker and Major 1955；Van Cleve et al. 1991）．他の土壌生成プロセスはゆっくり進行する．カリフォルニア沿岸部の年代の新しい海岸段丘の土壌は，リンの可給性は比較的高いが，炭素・窒素含量は低い．それらの段丘は少なくとも数万年かけて有機物と窒素を蓄積し，沿岸部の草地は生産力の高いセコイア（redwood）林へと変化した（Jenny et al. 1969）．ケイ酸塩鉱物は数十万年かけて溶脱し，鉄とアルミニウムの硬盤が残された結果，季節的に嫌気性となる肥沃度の低い土壌となった．植食者への防御のために樹木が生産したフェノール化合物は有機物の分解を遅らせ，土壌肥沃度をさらに低下させる（第 7 章参照；Northup et al. 1995）．

## ■潜在的生物相

**ある場所の過去と現在の生物は，土壌の化学・物理特性に強く影響する．** ほとんどの土壌生成は生きている生物の存在下で起こる．植物は土壌への有機炭素のソースであり，植物の機能タイプ（たとえば，草本，落葉樹，常緑樹）は土壌炭素の量と深度分布に強く影

響する (Jobbágy and Jackson 2000). 後述するが, 炭素を含む土壌有機物は, 土壌の機能特性の多くにさらに強く影響する.

植物は土壌の無機成分の特性にも強く影響する. 植物は生物の必須元素を土壌から取り去る地球化学的なポンプであり, 必須元素を細胞の中に貯蔵し, リターフォールや分解を通して土壌へ戻す (Amundson et al. 2007). このプロセスの中で, リンやカルシウム, カリウム, ケイ素のような岩石由来の無機物 (ミネラル) のうち, 水溶性のものは土壌上層へ移動し, 土壌表層で最も可給性が高い. ただし, これらは下方への溶脱によって部分的に相殺される. 後述するが, 下層では, 無機物が可給性の低い形態で沈殿しない限りは (たとえば, 砂漠土におけるカルシウムや, 湿潤土壌における鉄やアルミニウム), 上向きの物質移動が卓越する. 植物や微生物の呼吸由来の $CO_2$ や多くの植物が生産する有機酸は, 土壌を酸性にし, 岩石の風化に働く. 無機物の吸収や有機物の放出における植生の違いは, 土壌特性に強く影響する (第7章参照). しかし, ニワトリと卵の関係を分離することは, しばしば難しい. 植生が土壌特性を決定したのか, あるいはその逆なのだろうか (Berner et al. 2004 ; Dietrich and Perron 2006 ; Amundson et al. 2007) ?

植生の土壌への影響を推定する一つの方法は, 均質な場所へ単一栽培もしくは数種混合栽培を行う実験である. 成長の速い草本は, 窒素の欠乏した永年性の草地で, 3年以内に土壌の窒素無機化を促進した (もしくは, 微生物による不動化を減少させた) (図11.5参照 ; Wedin and Tilman 1990). これは, 一年生の草地における深根性の草本と同様である (Hooper and Vitousek 1998). もう一つは, 種の侵入や絶滅の土壌プロセスへの影響を調査する方法である. たとえば, ハワイの熱帯多雨林では, 外来性の窒素固定種は生態系への窒素供給量を5倍以上に増加させるため, 土壌の特性, 外来性の侵入と在来植物種との競合のバランスを変化させる (図11.3参照 ; Vitousek et al. 1987). 他には, 植生のない場所 (たとえば, 火星または先カンブリア紀初期の土壌) または生物の影響が最小の場所 (南極のドライバレー† ; Amundson et al. 2007) で, 風化・侵食速度を調査する方法がある.

動物もまた土壌特性に影響する. たとえば, ミミズ (earthworm), シロアリ (termite), 無脊椎動物の破砕食者は分解を促進し (第7章参照), 有機物含量によって影響を受けやすい土壌特性を変化させる. アメリカバイソン (American bison) のような植食動物は, 泥浴び場にナトリウムを集積し, 粘土を分散し, 水を蓄える硬盤層を作る. また, アフリカサイ (African rhino) のような植食動物は養分を集積した大きな糞の山を作り, 大きなシロアリ塚を作るシロアリは土壌資源を集積し, 養分を鉛直方向に再分配する. 微生物もまた, 放出する有機物の種類によって土壌の構造と特性に影響を及ぼす.

## ■ 人間活動

**過去40年にわたり, 人口と農業・産業活動の倍増は世界中で土壌発達に強い影響を及ぼしている.** 人間活動は, 養分の投入量の変化, 灌漑, 土壌微小環境の改変を通して土壌

† 訳注：南極大陸上だが, 雪や氷がまったくない氷河谷群.

を直接的に変化させ，侵食による損失を増加させる．人間活動は，大気組成の変化や種の増加・減少を含む他因子への変化を通して，間接的にも影響する．

## 3.4　土壌損失の制御要因

**土壌生成は，堆積と侵食と土壌発達（すなわち，土壌がその場所で経験した変化）のバランスに依存している．**土壌の厚さは斜面位置によって異なる．すなわち，急斜面では侵食が卓越し，谷底では堆積が卓越し，側方への物質移動の小さい緩やかな斜面や地形面では土壌発達が卓越する（図3.4）．地表の多くは丘陵または山岳地形であり，侵食と堆積が重要なプロセスとなる．侵食は，風化と生物活動の生産物を取り去る．年代の新しい土では，侵食は水と養分を蓄積する粘土と有機物を取り去るために，肥沃度を低下させる．一方で，強く風化した地形では，その残留物（砂と鉄酸化物）を侵食が取り去ることによって土壌肥沃度を回復させ，風化程度の小さい材料を露出させることで新たな必須養分を供給する（Porder et al. 2005）．

**主要な侵食プロセスは，地形，表層物質の特性，水が景観を通過する経路に依存する．**質量移動は多くの地域で主要な侵食プロセスとなる．これは，土壌または岩石物質の斜面に沿った移動であり，水，空気，氷のような他の媒介の直接的な助けがなくとも，重力の影響下で起こる．物質移動は，個々の土粒子の移動のような微細スケールのプロセス（**土壌移動**，soil creep）と，地滑りや土石流のような大規模なイベントの両方を含み，$m^3$ から $km^3$ スケールで物質を急速に運搬する．物質移動はメカニズムにかかわらず，急峻な斜面で急速に進む．土粒子を移動するあらゆるプロセス（たとえば，凍結・融解イベントあるいは動物の穴掘り）は，結果として下方への移動に働く．土壌移動による侵食は何百万の小さなイベントが積み重なった結果である．たとえば，ホリネズミ（gopher）は深い土壌を好むために下層をより活発に掘ることで，深い土壌からの侵食を増加させ，土壌深度のばらつきをならす（Yoo et al. 2005）．一方，地滑りはめったに起こらない大規模なイベントとなる．地滑りの可能性は，土壌が受ける**せん断応力**（shear stress，斜面に平行な力であり，地滑りのような物質移動を引き起こす）に依存する．それは，重力（$F_t$）の斜面に沿った成分と，その移動に抵抗する摩擦力（$F_n$；図3.6）のバランスである．

多くの要因が，土壌質量の**せん断力**（shear strength，すなわち，斜面崩壊なしに土壌が保つことができるせん断応力）に影響する（Selby 1993）．しばしば，物質と平滑な平面（凍結した土壌層のように）の間の滑り摩擦力は，地滑りが起こるかどうかを決定する．しかし，より多くの場合，物質移動への抵抗性を決定するのは，土壌基質内の個々の構成要素の内部摩擦力である．土壌粒子と水分子との結合は，物質移動に抵抗する内部摩擦力を高める．少量の水が粒子間の結合を高めることは，たとえば砂の城を作るのに乾燥した砂よりも湿った砂のほうがたやすいことからわかる．しかし，さらに水分含量が高くなると土壌の重量が増加し，土壌粒子はより多くの浮力を得るため，摩擦力が減少する．湿った土壌はより不安定であり，土壌物体の液状化をもたらし，斜面下部へ流れる．細粒質の

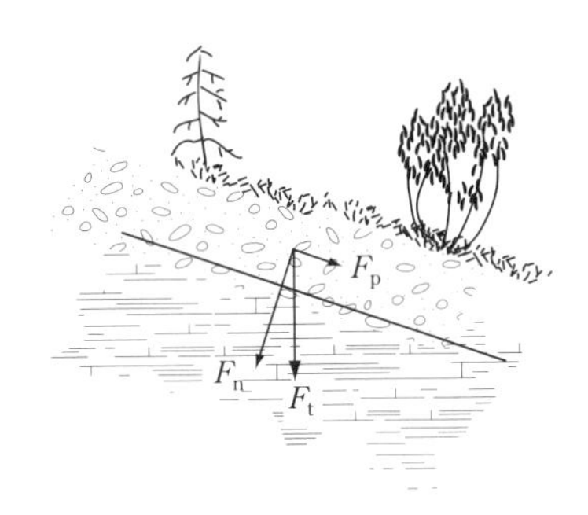


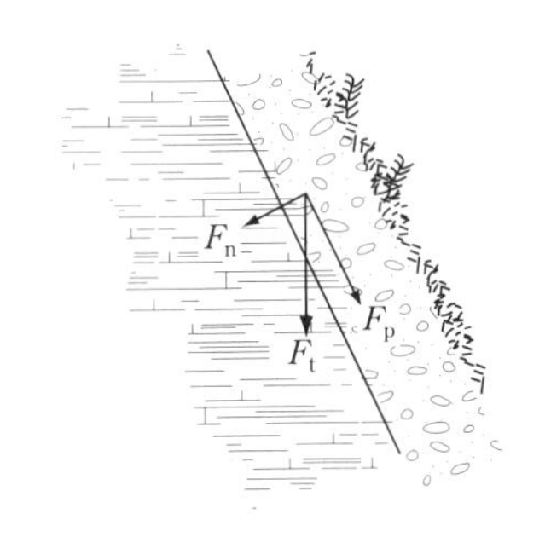


**図 3.6**　重力 $F_t$ のうち，斜面に垂直な要素（$F_n$；侵食に抵抗する摩擦力に働く）と斜面に平行な要素（$F_p$；せん断応力）の分配に対する，傾斜角の影響．急峻な斜面は大きな $F_p$ 値と小さな $F_n$ 値をとるため，質量移動が起こりやすくなる．

土壌は斜面の不安定性の閾値が低く，粗粒質の土壌よりも斜面崩壊を引き起こしやすい．根は土壌の斜面移動への抵抗を強くする．そのため，根バイオマスを減少させる森林伐採や他の土地利用変化は，地滑りの可能性を増大させる．

**水が流域から出る経路はいくつかあり，それらは侵食に強く影響する．** 大気への蒸発や蒸散，地下水流，浅い地中流，地表流（降水量が浸透速度を超えた場合；図 4.4 参照）．これらの経路の相対的な重要性は，地形，植生，土壌の透水係数のような物質特性に依存する．地下水流，浅い地中流は，土壌からイオンを溶かし込み，微細粒子を移動させる．これとは反対に，地表流は主に表層のシート侵食，リル侵食，雨のしぶきによる侵食を引き起こす．これは，植生が乏しく半乾燥の土壌に覆われた景観や，撹乱を受けた地面でしばしば起こる．0.15～3 cm $s^{-1}$ の速度の地表流は粘土やシルト粒子を懸濁させ，下方へ移動させる（Selby 1993）．水はガリ（浸食溝）へと集まるにつれて，その速度と侵食の起こりやすさが増加する．水の速度が 2 倍になると，侵食される粒子サイズが 60 倍に大きくなる．植生やリター層は，雨滴が土を打つ速度を減少させることによって土壌への浸透速度を大きく増加させ，それゆえ，雨滴による表土の圧密を防止する．また，植生に覆われた土壌は，根や土壌動物が水路を作るために，あまり緻密にならない．このように，植生とリター層は水の浸透を増加させ，地下水流と地中流を増加させる．

土壌表面での高い風速は，侵食のもう一つの重要な力となる．これは植生除去後，しばしば起こる．中国の農業地域の各地では風食によって数 m の厚さの土壌が失われ，太平洋の植物プランクトンに対する鉄の主要なソースとなっている（第 9 章参照）．

**渓流や河川は，景観スケールにわたる土壌の再分配に重要な役割を果たしている．**大きな流域スケールでは，三つの地形帯に区分できる（Naiman et al. 2005）．それは，堆積に対して侵食が卓越する**侵食帯**（erosional zone），侵食と堆積が動的な平衡状態にある**遷移帯**（transfer zone），侵食と懸濁物質の河川による輸送能を堆積が上回る**堆積帯**（depositional zone）である（図3.7）．海洋へ運搬される多くの堆積物は，侵食帯に起源をもつ（Milliman and Syvitski 1992）．ここで，源流が川底を掘り下げれば斜面はより急峻になり，近接する土壌のせん断応力と質量移動の速度を増加させる．物質は，質量移動と川底の侵食によって渓流へと運搬されると，流速と堆積物の粒径に依存した速度で下流へと運搬される．微細粒子は，れきや巨れきよりも速く下流へと運ばれる．氷河，採掘，植生の除去は，堆積物の運搬を大きく増加させる．

遷移帯では，一次堆積物の渓流や河川への運搬は少なくなり，主要なプロセスは堆積物の粒径淘汰や侵食と堆積のバランスの結果としての下流への物質の運搬である．たとえば，洪水によって河川のエネルギーが増加すれば，より大きな粒子が徐々に移動し，河川のエネルギーが減少すれば，大きな粒子から堆積する．これが，れき州，砂州，シルト質で埋まった河川周辺部，という不均一なパッチワークを生み出す（Naiman et al. 2005）．河川のエネルギーと運搬される粒子のサイズは，洪水時や急峻な傾斜（急流），深く細い水路でより大きくなる．侵食帯と堆積帯を結ぶ遷移帯は，（1）河川の流域の鉛直勾配を決定する山の隆起や海水面の変化，（2）気候や河川による水の流入・流出量，（3）人間活動や他

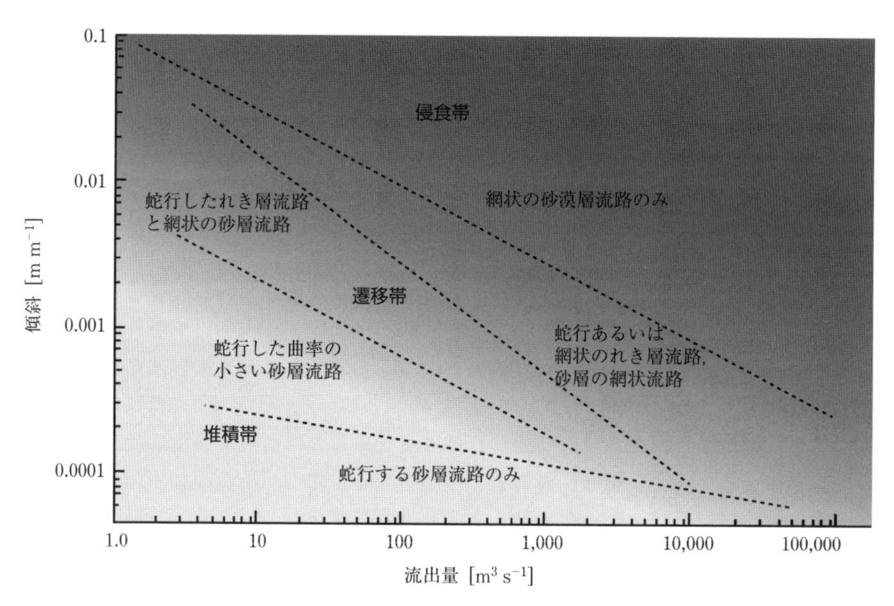


**図3.7**　河川の流路形態のパターンに対する流出量と勾配の影響．斜面が急峻で流出量が大きい渓流ほど侵食が卓越し（赤（濃いアミ）で示した侵食帯），次第に斜面が緩やかで流出量が少ない渓流へ移行すると徐々に堆積が卓越するようになる（緑（薄いアミ）で示した堆積帯）．Church (2002) を改変．

の要因によって影響を受ける堆積物の供給，という三つの因子の結果として時間とともに推移する．氾濫原は堆積プロセスが卓越する時期に形成され，水路の掘り込みは侵食プロセスが卓越する時期に起こる．

堆積帯では河川は蛇行しがちであり，広い沖積性の氾濫原と三角州を発達させる．堆積帯の河川は広い流域から一つの流路に水を集めるために，ピーク時の放出量（洪水）は上流よりも多い．洪水時には河川は土手から溢れ出し，低い地域を満たす．洪水は，河川域の堆積プロセスのほとんどを担う．たとえば，アマゾンでは海洋よりも氾濫原へより多くの堆積物が運ばれる（Dunne et al. 1998）．氾濫原内部のより細かいスケールの動態としては，河川速度が最大となる川の湾曲の外側で堆積物が侵食されるプロセスと，湾曲の内側で新しい砂州やシルト州が堆積するプロセスがある．このような動態は，材料の氾濫原への再分配を促し，異なる林齢の木立によるハビタットのモザイクを作る．

海洋に入る堆積物は河口近くに堆積し，三角州や干潮時の干潟を形成する，あるいは沿岸流によって再分配される．砂質海岸や防波島を含む柔らかい（岩がちではない）海岸線は，堆積物の沿岸域への運搬と，沿岸流や嵐による再分配，（とくに沖合の微細粒子の）流出の動的な平衡によって維持される．航路を維持するための港の浚渫や，侵食を防ぐための「保護」は，他の場所への堆積物の供給を減らすため，しばしば予期せぬ破滅的な結果をもたらす．たとえば，ミシシッピ川からの堆積物の運搬を，沖合への流路変更によって再分配したことは，湿地を地盤沈下させ，防波島を消失させた．これを行っていなければ，2005 年のハリケーン・カトリーナ到来時に，防波島はニューオーリンズを守るために役立っていたであろう．

景観の侵食は，風，水，氷，斜面崩壊の組み合わせによって起こる．陸域の物質の侵食速度は，平均して 1 世紀あたり 1〜10 mm（Selby 1993）である．しかし，侵食速度は，地形，気候，人間活動，岩石と土壌の侵食感度に依存して，100 倍から 1,000 倍の地域差をもつ（表 3.1）．侵食速度はテクトニクスの隆起速度に近づく傾向があるため，隆起が活発で傾斜が急峻な地域では，平らで風化した地形よりも侵食速度が高い．気候は，主に植生被覆への影響を通して侵食に影響する．たとえば，植生の少ない乾燥地，半乾燥地，極地では，集中豪雨にともなう雨滴衝撃や地表流が大部分の侵食を引き起こす．対照的に，植生被覆の多い生態系では，岩石の溶解（風化）を通して物質を失い，系外へ溶脱する水溶性物質を生産する．植生被覆の少ない場合は，風食によって土壌を損失する傾向が強くなる．地滑りのような大規模で頻度の少ないイベントが，長期的な土壌侵食へ及ぼす影響については，よくわかっていない．大規模なイベントは，陸地から海洋への流出よりも，流域内の物質の再分配においてより重要かもしれない．たとえば，1700 年以来，アメリカ南東部のピードモント（Piedmont）台地から侵食された物質の 90%は，斜面，谷底，貯水池に蓄積した（Selby 1993）．グローバルスケールでは，人間活動は河川による侵食と堆積フラックスを年間 23 億トンも増加させたが，貯水池での堆積物の捕捉によって海洋への流出を年間 14 億トンも減少させた（Syvitski et al. 2005）．しかし，これらのパターンは地域的な変異に富んでいる．たとえば，インドネシアでは土地利用変化や堆積物の運搬が

表3.1　長期的な侵食速度に対する気候と地形の影響

| 気候区分 | 地形 | 侵食速度[a] [mm century$^{-1}$] |
|---|---|---|
| 氷河帯 | 緩やか（大陸氷河） | 5～20 |
| | 急峻（氷河の作った谷） | 100～500 |
| 極域山地 | 急峻 | 1～100 |
| 温帯沿岸部 | 大部分は緩やか | 0.5～10 |
| 温帯大陸部 | 緩やか | 1～10 |
| | 急峻 | 10～20＋ |
| 地中海性 | — | 1～？ |
| 半乾燥 | 緩やか | 10～100 |
| 乾燥 | — | 1～？ |
| 湿潤亜熱帯 | — | 1～100 ？ |
| 湿潤熱帯 | 緩やか | 1～10 |
| | 急峻 | 1～100 |

Selby（1993）のデータ.
[a] 侵食速度は，異なる気候と地形区分における河川の平均堆積物量から見積もられた.

大きいが，海洋への堆積物の流出を防ぐ貯水池が少ない．自然景観における侵食の大部分は，平均的な条件よりも，豪雨イベントや撹乱が植生被覆を減少させた後に起こる.

## 3.5　土壌断面の発達

**土壌は，系への物質の供給，系内での物質の形態変化，断面内の上下の移動，系からの物質の損失を通して発達する**（図3.8；Richter and Markewitz 2001).

### ■土壌への供給

**土壌系への直接的な物質供給は，生態系の内部，外部の両方から生じる**．生態系の外部からの物質供給は，イオンとダスト粒子を沈着させる降水と風，堆積物と溶質を堆積させる洪水と潮汐交換を起源とする（第9章参照)．これらの物質のソースは，粒径分布と化学性を決定し，特定の土性，化学特性をもつ土壌の発達を促す．ときにこれらの供給量は大きく，たとえば，更新世には1 m$^2$あたり数百から数千gの風成塵（ダスト）が，北米，アジアの風成塵集積地域に供給された（Sun et al. 2000；Bettis et al. 2003)．生態系内部の生物は，枯死有機物の形で有機物と窒素を土壌へ供給する．枯死有機物には，植物の地上部・地下部，動物，土壌微生物が含まれる.

### ■土壌の形態変化

**物質は，土壌内部で物理的，化学的，生物的プロセスの相互作用を通して形態を変化さ**

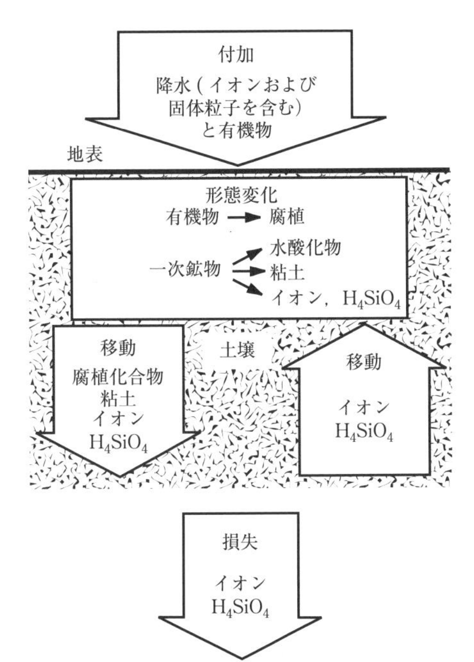


**図 3.8**　土壌に対して物質の供給，形態変化，移動，損失を引き起こすプロセス．Birkeland (1999) より．

せる．新たに堆積した枯死有機物は**分解**（decomposition）によって土壌有機物へと変化し，二酸化炭素と，窒素・リンのような養分を放出する（第7章参照）．植物，微生物由来の難分解性有機物は，土壌鉱物との物理化学的な相互作用を経て，土壌有機物の長期的な蓄積に働く．たとえば，下層土の炭素量は，気候よりも粘土含量とより強く相関する（Jobbágy and Jackson 2000）．

**風化**（weathering）とは，より安定な形態を生み出す母岩と鉱物の変化のことである．これは，岩石と鉱物が生成時と異なる物理的・化学的条件にさらされたときに起こる（Ugolini and Spaltenstein 1992）．風化は物理的，化学的の両方のプロセスを含み，母材の特性，環境条件（温度・水分），生物活動によって影響を受ける．**物理風化**（physical weathering）とは，化学的な変化をともなわない母材の細分化である．これは，凍結・融解，加熱・冷却，乾燥・湿潤の循環，根の伸長にともなう膨潤，圧密によって岩石が壊れることで起こる．たとえば，火災は物理風化の大きな営力である．火は岩石の露出面を加熱する一方で，内側は冷たいままである．また，土壌粒子と岩石破片は，風によって摩耗し，氷河，地滑り，洪水によってすり潰される．物理風化は，極端な気候や季節性の高い気候でとくに重要となる．物理風化が起こる場所は，いずれも水と空気の浸透のための経路が開き，化学風化反応のための表面積が増加する．

**化学風化**（chemical weathering）は，一般に水の存在下で，母岩物質が酸性物質あるいは酸化剤と反応すると起こる．化学風化の間，**一次鉱物**（primary mineral，岩石や未固結の母材中の変化を受けていない鉱物）は溶解し，イオンを放出して**二次鉱物**（secondary mineral，不溶性の風化反応産物）を形成する．化学風化はほとんど共通して，鉱物と接した水と酸の反応を含む．炭酸はこれらの酸の中で最も重要なものである．炭酸は$CO_2$と水の反応を通して作られ，イオン化して水素イオンと重炭酸イオンとなる．炭酸の生成を駆動する土壌中の$CO_2$濃度は，大気中よりも10～500倍高い．これは，植物，土壌動物，微生物の**呼吸**（respiration，$CO_2$生産）と土壌中のガスの拡散しにくさによる．**根圏**（rhizosphere，根によって直接的に影響を受ける）では，活発な生物活動が多量の$CO_2$と有機酸を生産するため，風化速度はとくに根の近傍で高い．たとえば，炭酸はカリ長石と反応し，水溶性のケイ酸とカリウムを除去することによって，二次鉱物のカオリナイトへと変換する（式（3.1））．

$$2KAlSi_3O_8 + 2(H^+ + HCO_3{}^-) + H_2O \rightarrow Al_2Si_2O_5(OH)_4 + 4SiO_2 + 2K^+ + 2HCO_3{}^- \qquad (3.1)$$

化学風化を促進する他の酸のソースは，有機酸，硝酸，硫酸，そして陽イオン吸収にともなう植物根の水素イオン放出である（Richter and Markewitz 2001）．植物根や微生物は多くの有機酸を土壌へ放出し，有機酸は土壌酸性度への寄与と，イオンを**キレート化**する能力を通して化学風化に影響する．キレート化のプロセスで，有機酸は$Fe^{3+}$や$Al^{3+}$の金属イオンと結合し，水溶性にして動きやすくする．キレート化は，鉱物表面のキレート化していない無機態のイオン濃度を低下させるため，溶存態と一次鉱物はもはや平衡状態ではなくなる．これが風化を促進する．

温度は化学反応を加速し，植物や微生物の活性を高めるため，温暖な気候は化学風化を促進する．湿潤条件は，直接的な影響と生物的なプロセスを通して風化を促進する．このため，湿潤熱帯地域の温暖湿潤条件で化学風化が最大となる．

岩石鉱物の物理的・化学的な特性は，風化の受けやすさと風化産物を決定する．たとえば，化学的沈殿によって形成された頁岩のような堆積岩は，カルシウム（$Ca^{2+}$），ナトリウム（$Na^+$），カリウム（$K^+$）のような塩基性陽イオンを火成岩よりも多く含む．堆積岩からは，比較的高いpHと植物への高い陽イオン供給能をもつ土が生まれる．一方，火成岩はより酸性な土壌を形成する．

鉱物は結晶化したときと同じ順序で風化する（Schlesinger 1997；Birkeland 1999）．たとえば，かんらん石はマグマが冷却したときに結晶化する最初の鉱物の一つである．結合が比較的少なく風化しやすい．長石は生成も風化もかんらん石よりもゆっくり進行し，石英は最も結晶化しにくい鉱物の一つである．結晶構造を作る強力な結合をもち，きわめて風化しにくい（表3.2）．ケイ酸塩鉱物や鉄・アルミニウム酸化物のような二次鉱物は，風化に最も抵抗性がある仲間である．元素間には，風化の受けやすさと水への溶けやすさについて違いがあり，岩石から風化して河川へ溶脱する順序は次のようになる†．

† 訳注：いずれも，本来はイオンとして移動するが，ここでは元素記号などで示されている．

**表 3.2** 地表の風化条件下で共通してみられる鉱物の安定性

| | | |
|---|---|---|
| 最も安定 | $Fe^{3+}$ 酸化物 | 二次鉱物 |
| | $Al^{3+}$ 酸化物 | 二次鉱物 |
| | 石英 | 一次鉱物 |
| | 粘土鉱物 | 二次鉱物 |
| | $K^{+}$ 長石 | 一次鉱物 |
| | $Na^{+}$ 長石 | 一次鉱物 |
| | $Ca^{2+}$ 長石 | 一次鉱物 |
| 最も不安定 | かんらん石 | 一次鉱物 |

Press and Siever (1986) のデータ.

$$Cl > SO_4 > Na > Ca > Mg > K > Si > Fe > Al \tag{3.2}$$

中程度に風化した土壌は，$Ca^{2+}$，$Mg^{2+}$，$K^{+}$ の濃度が比較的高く（いずれも植物生育の必須元素），水溶性の $Al^{3+}$ の濃度が低い（風化の遅い元素，植物にしばしば有害となる）．対照的に，熱帯湿潤地域の年代の古い土壌は $Ca^{2+}$，$Mg^{2+}$，$K^{+}$ に加えて，比較的動きやすい Si，$Mg^{2+}$ も溶脱し，移動しにくい $Al^{3+}$，$Fe^{3+}$ が残る．

**風化反応で形成される二次鉱物は，土壌および生態系のプロセスにおいて重要な役割を担う**．化学反応の不溶性生成物は，層状に配列したアルミニウム，鉄，マグネシウムの水和ケイ酸塩からなる微細な粘土粒子である．二つのタイプのシートがこれらの層状ケイ酸塩鉱物を構成する．四面体シートは，一つのケイ素原子を四つの $O^{-}$ 基が囲んだ基本単位からなる（図 3.9 (a)，(b)）．八面体シートは，$Al^{3+}$，$Mg^{2+}$，$Fe^{3+}$ を六つの $O^{-}$ 基または $OH^{-}$ 基が取り囲んだ基本単位からなる（図 3.9 (c)）．これらのシートのさまざまな組み合わせは，異なる交換特性をもつ多様な粘土鉱物を生じる．たとえば，モンモリロナイトやイライトは 2：1 比のケイ酸層とアルミニウム層をもち，1：1 比のカオリナイトよりも高い**陽イオン交換容量**（cation exchange capacity，CEC）をもつ（図 3.10）．土壌鉱物の交換サイトの一部は，恒常的な荷電（電荷）† をもっており，それはとくに表面に酸素層があるケイ酸塩粘土で著しい．他の交換サイト，とくに表面にヒドロキシ基層をもつ鉄・アルミニウム酸化物は，pH によって正荷電から負荷電まで変化する．

熱帯気候では，ケイ酸が選択的に二次鉱物から溶脱し，赤い鉄酸化物やギブサイトのようなアルミニウム酸化物（アルミニウムが優占した八面体シートのみをもつ）が生産される．八面体シートが優占する強く風化した鉱物は，リン酸などの陰イオンを強く吸着する．しかし，寒冷湿潤気候では，鉄やアルミニウムが選択的に溶脱し，ケイ酸の優占した石英砂が残る．後述するように，CEC は風化とともに低下するが，陰イオン交換容量は増加す

† 訳注：土壌学では，charge を荷電と訳す．

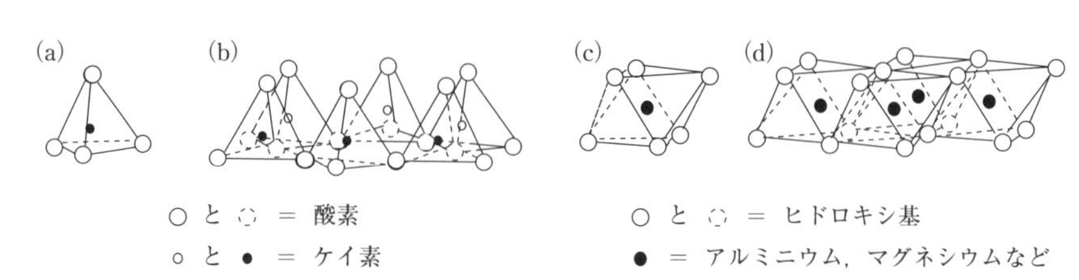


**図 3.9**　単純な粘土層の分子構造を示す図．(a) 四面体基本単位，(b) 四面体シート，(c) 八面体基本単位，(d) 八面体シート．Grim (1968) より．

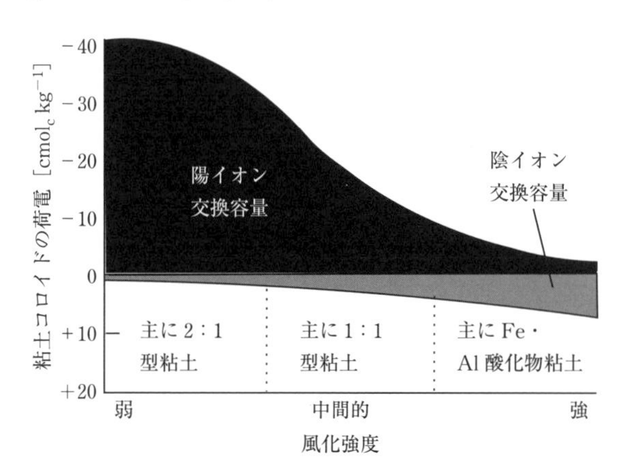


**図 3.10**　粘土鉱物の荷電，陽イオン・陰イオン交換容量に対する風化強度の影響．Brady and Weil (2008) より．

る（図 3.10）．ほとんどの土壌は複数の二次鉱物の混合物である．粘土鉱物の構造と量が，土壌の CEC，水分保持量，他の特性に強く影響する．

土壌中で形成される二次鉱物は，**結晶性**（crystalline，高度に規則的な原子配列）または**非晶質**（amorphous，規則的な原子配列がない）のどちらかである．たとえば，アロフェン（$Al_2O_3 \cdot 2SiO_2 \cdot nH_2O$）は，火山灰降下物に特有な非晶質二次鉱物である．時間とともにケイ酸が減少することで，アロフェンはギブサイトのような結晶性のアルミニウム酸化物鉱物（$Al(OH)_3$）へと形態変化する．アロフェンは，正荷電の余剰分によって高い陰イオン交換容量をもつ．それによってリンを強く結合し，比較的年代の若い火山灰土壌をもリン律速にする．

## ■ 土壌移動

**土壌中の物質の鉛直移動は，鉛直方向に層をなす特有の土壌断面を生成する．**これらの移動は，水による**溶脱**（leaching，溶存物質の下方移動）と粒子の移動によって起こる．降水や表層土壌の風化によって供給された溶存イオンは，反応物となる環境条件に達するまで，溶液とともに下方へ移動する．その後，溶存イオンは不溶性の生成物を生成する，あるいは，脱水によって溶液から沈殿する．それゆえ，二次鉱物中の塩基性陽イオンの量は地表から1m内では深さ方向に増加する．これらの陽イオンは上層（**層位**とよばれる）から溶脱し，下層の新たなpH，イオン濃度条件下で新しい鉱物を形成する．また，有機物と鉄，アルミニウムイオンのキレート錯体も水溶性であり，水とともに下層へと移動する．イオン濃度の変化と微生物による有機物の分解によって，金属イオンは酸化物として沈殿する．ケイ酸塩鉱物，鉄・アルミニウム酸化物のような粘土粒子もまた下方移動し，湿潤気候下ではときに粘土含量の高い下層を形成する．土性は，溶脱する速度と深さに，ひいては土壌断面内の物質の移動・集積量に影響する．たとえば，粗粒質な氷河堆積物の風化によって放出される成分は，二次鉱物を生成する反応の前に土壌から溶脱する．

また，乾燥地，半乾燥地の土壌も特定の層に物質を集積する．これらの系は，しばしば硬い炭酸カルシウムに富んだ**カルシック**（calcic）層をもつ．下方へ移動する土壌水は溶存態カルシウムと重炭酸イオン（$HCO_3^-$）を運ぶ．炭酸カルシウムのような沈殿物は，pHが増加する条件で生じ，式（3.3）の左向きの反応が進行する．沈殿は，炭酸塩の飽和濃度下や土壌水の蒸発によっても起こる．

$$CaCO_3 + H_2CO_3 \leftrightarrow Ca^{2+} + 2HCO_3^- \tag{3.3}$$

多くの移動は水の下方浸透によって起こるが，物質は上方にも移動する．たとえば，浅い地下水面からの毛管上昇は，水とイオンを下層から上層へと移動させる（第4章参照）．後述するが，毛管上昇は土壌粒子の粘着力に依存するので，水が毛管上昇できる距離は砂質土壌よりも粘土質土壌のほうが長い（Birkeland 1999）．水溶性のイオンや化合物は毛管帯の最上部に集積する．たとえば，**塩類の硬盤**（salt pan）は砂漠の低位部の土壌表層で形成し，広大な**塩類平原**（salt flat）を構成する．また，乾燥地の灌漑水によって土壌に供給された無機物も，水の蒸発にともない，土壌表面に蓄積する．このような**塩類化**（salinization）は，オーストラリアの多くの地域で広大な乾燥地の放棄につながっている．

いくつかの鉱物は，湛水土壌と好気的土壌の間の界面で集積する．酸素は，大気中よりも水中での拡散が1万倍遅く，湛水土壌では根や微生物呼吸によって簡単になくなるため，排水の悪い条件では酸素可給性が低下する．酸素濃度の低下によって還元状態となり，イオンを酸化態から還元態へと変換する．たとえば，鉄やマンガンは，酸化態（$Fe^{3+}$，$Mn^{4+}$）よりも還元態（$Fe^{2+}$，$Mn^{2+}$）のほうが水に溶けやすいため，$Fe^{2+}$，$Mn^{2+}$は湛水土壌から地下水面へ拡散する．地下水面には酸素が多く，還元態は酸化態へと変換される．ここで溶液から沈殿し，鉄やマンガンに富んだ層が形成される．鉄とマンガンの層は，堆積物の表面から酸素濃度に強い勾配がある湖沼の堆積物でとくにはっきりしている．3価の鉄イオン（$Fe^{3+}$）から2価の鉄イオン（$Fe^{2+}$）への変換（還元）によって，湛水した**グライ土**（gley soils）に特徴的な青灰色が生じる．

湿潤と乾燥の繰り返しや季節的な水飽和を受ける土壌は，鉱物の特徴的な集積層が発達する．たとえば，**プリンサイト**（plinthite）は，鉄，アルミニウムに富んだ材料からなる熱帯土壌であり，乾湿サイクルの繰り返しによって不可逆的に硬化したものである．断面内の位置によっては，鉄，アルミニウムの集積層が排水や根の成長を妨げる．

**植物根と土壌動物の作用は，土壌断面の上下に物質を移動する**（Paton et al. 1995）．有機物の供給は主に土壌表面および上位層で起こる．葉や根が落ちる，あるいは植物が枯れて死ぬと，深い根から獲得された無機物もまた土壌表面または表層に堆積する．たとえば，このプロセスによって，スウェーデン南部の深根性のナラ（oak；Andersson 1991）やアメリカ東部のハナミズキ（dogwood；Thomas 1969）の木の下では，塩基に富んだ土壌と特有の地上植生が発達する．大木が強風によって倒されると，根と付着した土壌が上部へ再分配される．さらに，ホリネズミのような動物は，トンネルを掘り植物根を食べるため，土壌断面の上下に物質を移動させる．温帯土壌のミミズ（earthworm）や熱帯土壌のシロアリは，表層の有機物を下層に移動させ，同時に鉱質土層を深くから表層へもち上げるのでとくに重要である．これらのプロセスは，養分の再分配と純一次生産の制御において重要な役割を担っている．

### ■土壌からの損失

**物質は，主に溶液やガスとして土壌から失われる**．生態系から溶脱する無機物の量は，土壌断面を流れる水の量と溶質濃度の両方に依存する．植物の要求量，微生物による無機化速度，陽イオン・陰イオン交換容量，溶脱やガスによる過去の損失を含む多くの要因が濃度に影響する．後述するが，水が土壌を通過するにつれて，鉱物や有機物表面との交換反応が，交換サイトに弱く結合しているイオンを，より強く結合するイオンへと置き換える．このように，**1価**のイオン，すなわち $Na^+$，$NH_4^+$，$K^+$ などの陽イオンや $Cl^-$，$NO_3^-$ などの陰イオンは，交換サイトから土壌溶液へと簡単に放出され，とくに溶脱しやすい．土壌溶液の荷電バランスを維持するため，負荷電のイオン（**陰イオン**，anion）の溶脱は，それに等しい正荷電のイオン（**陽イオン**，cation）の溶脱をともなう．酸性雨による硫酸の沈着は，$SO_4^{2-}$ とともに $Na^+$，$NH_4^+$，$K^+$ など交換しやすい陽イオンの下方への溶脱を増加させる．

物質はガスとしても失われる．ガス揮散は，微生物によるガスの生産速度，土壌内の拡散経路，土壌・大気界面のガス交換に依存する（Livingston and Hutchinson 1995）．この放出の制御メカニズムは第9章で議論する．

## 3.6　土壌層位と土壌分類

**物質の付加，形態変化，移動，集積，損失に関する生態系間の違いは，土壌と土壌断面に違いを生む**．土壌は有機態，無機態，ガス，液体の構成要素からなり，比較的予想どおりの鉛直構造で配置されている．**層位**（horizon）の数と深さ，断面内の各層の特徴は，土壌によって大きく異なる．それにもかかわらず，一連の層序は多くの土壌の典型的なパターンとして記述できる（図3.11）．有機質層（**O層**）は，鉱質土層の上に蓄積した有機物からなっている．この層は死んだ植物の**リター**（litter）や動物遺体に由来し，分解の程度に基づいてさらに分けられる．下層の有機質層は，より強く分解を受けている．**A層**は鉱

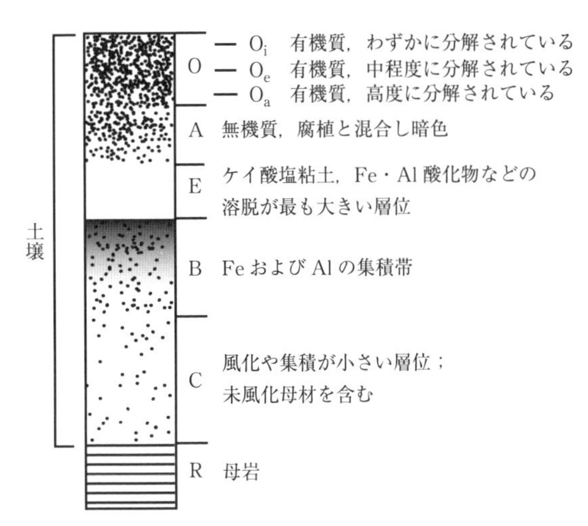


**図 3.11**　包括的な土壌断面．土壌発達で生成される主要な層位を示す．点の密度は土壌有機物濃度を表す．

質土層の最上部である．O層に近接しているので，典型的に多くの有機物を含み，暗色を呈する．O層，A層は，植物と微生物プロセスの最も活発な層であり，最も高い養分供給速度をもっている（第9章参照）．湿潤気候下の多くの土壌は，強く溶脱を受けた**E層**をもっている．多くの粘土鉱物と鉄・アルミニウム酸化物はE層から溶脱し，他の砂・シルトサイズの粒子の中に石英のような抵抗性の強い鉱物が残る．A層，E層の下の**B層**は，鉄・アルミニウム酸化物や粘土を最も多く集積している層である．また，乾燥地や半乾燥地では，塩分や沈殿物もB層に蓄積する．**C層**はA層，B層の下にある．C層は上部からの溶脱物質の一部を集積しているが，土壌生成プロセスにはあまり影響を受けておらず，未風化の母材を高い割合で含んでいる．最後に，未風化の母岩の層（R層）がある．湿潤環境では溶脱と陽イオンの損失が卓越し，酸性土壌を生成する．乾燥地では塩分の供給と蓄積が卓越し，塩基性の土壌を生成する．

世界の土壌は，大きな差異があるにもかかわらず，同じ土壌生成因子・プロセスによって生成され，多くの類似性をもつ土壌群に分類できる．土壌分類体系は，特定の層位の識別特徴，そして有機物含量，塩基飽和度，湿潤・乾燥を示す特性に依存する．アメリカの土壌分類は 12 の主要な土壌群を識別し，これを**土壌目**（soil order）とよぶ（表 3.3）．ほとんどの農学，生態学研究は**土壌統**（soil series）のレベルで土壌を分類する．土壌統とは，土壌層位の型，厚さ，特性（物理的・化学的）のような同様の特徴をもつ土壌断面のグループである．土壌統は，A層の土性によって**土壌型**（soil type）に，あるいは景観位置，石れき率，塩分などの情報によって**土壌相**（soil phase）に，それぞれ分けられる．主要な土壌目の土壌断面の比較は，異なる気候区分の土壌生成への影響を示す（図 3.12；図 3.13）．土壌目のより詳細な記述は，Brady and Weil（2008）に示されている．

**エンティソル**（Entisol；未熟土）は，土壌発達の少ない土壌である．最近できた土壌，

表3.3　アメリカ土壌分類体系における土壌目の名前と特徴，典型的な分布地

| 土壌目 | 面積（不凍陸地に占める%） | 主要な特徴 | 典型的な分布 |
| --- | --- | --- | --- |
| 岩石および砂 | 14.1 | | |
| エンティソル（Entisol；未熟土） | 16.3 | 発達した層位がない | 砂の堆積物，耕起した圃場 |
| インセプティソル（Inceptisol） | 9.9 | 弱く発達した土壌 | 若いあるいは侵食された土壌 |
| ヒストソル（Histosol；泥炭土） | 1.2 | 高度に有機質；酸素が少ない | 泥炭，湿地 |
| ジェリソル（Gelisol；永久凍土） | 8.6 | 永久凍土層の存在 | ツンドラ，北方林 |
| アンディソル（Andisol；黒ぼく土） | 0.7 | 火山噴出物由来；やや発達した層位 | 火山帯 |
| アリディソル（Aridisol；乾燥地土壌） | 12.1 | 溶脱のほとんどない乾燥した土壌 | 乾燥地 |
| モリソル（Mollisol） | 6.9 | 塩基飽和度 > 50%の深く暗色のA層 | 草地；一部の落葉樹林 |
| バーティソル（Vertisol） | 2.4 | 膨潤性粘土含量が高い（> 30%）；乾燥すると地割れを起こす | 明瞭な雨季と乾季をもつ草地 |
| アルフィソル（Alfisol） | 9.7 | B層へ粘土を移動することのできる降水量；塩基飽和度 > 50% | 湿潤な森林，灌木 |
| スポドソル（Spodosol；ポドゾル） | 2.6 | 溶脱を受けた砂質E層；酸性のB層；表層に有機物集積 | 寒冷湿潤な気候，針葉樹林下に多い |
| アルティソル（Ultisol） | 8.5 | 粘土に富むB層，低い塩基飽和度 | 湿潤熱帯・亜熱帯気候，森林あるいはサバンナ |
| オキシソル（Oxisol） | 7.6 | 古い地形面において強度に溶脱した層位 | 高温湿潤気候の森林 |

Miller and Donahue（1990）および Brady and Weil（2008）のデータ．

あるいは土壌構造を撹乱するプロセスが，生成プロセスに卓越する土壌である．この土壌は世界で最も広く分布し，不凍地表の16%を占めている．**インセプティソル**（Inceptisol）は，断面が発達し始めた土壌であり，不凍地表の10%を占めている．2種類を合計すると，岩石と変化中の土壌を含む，不凍地表面の約30%は土壌発達が未熟である（表3.3；図3.12）．

**ヒストソル**（Histosol；泥炭土）は，湛水条件であればどの気候帯でも発達する有機質土壌である．湛水条件は酸素の土壌への拡散を制限し，分解速度を遅らせ有機物を蓄積する．ヒストソルは，未分解の有機物からなる発達したO層をもち，植物はそこで根を張る．

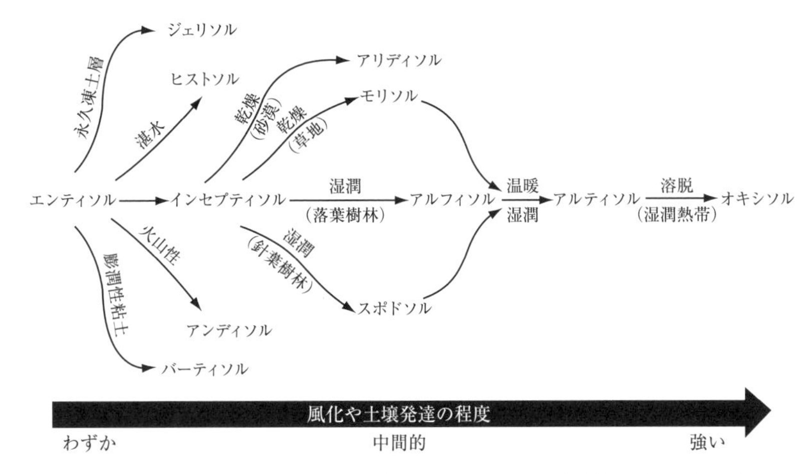


**図 3.12** 主要な土壌目の関係．生成条件，生成に必要となる相対的な時間，関連する典型的な生態系のタイプ．Birkeland（1999），Brady and Weil（2008）に基づく．

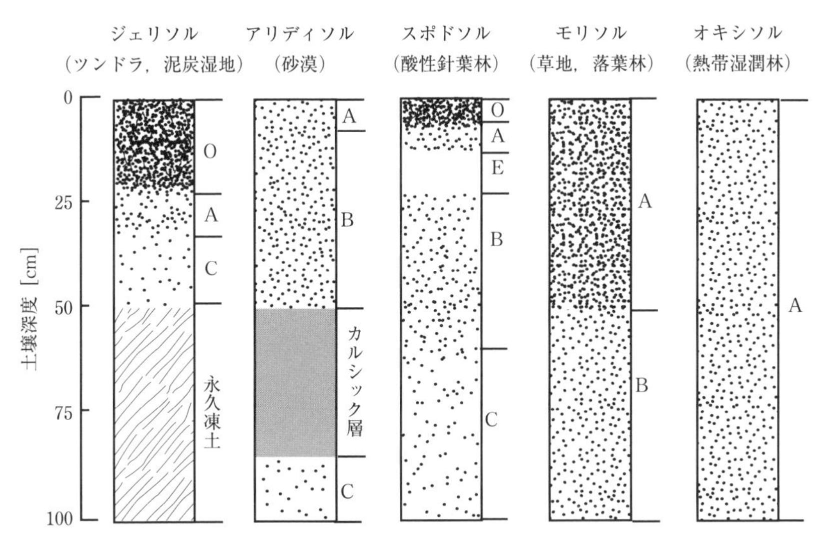


**図 3.13** 五つの土壌目の典型的な断面．層位のタイプと深さの違いを表す．記号は図 3.11 と同じ．

高い地下水位は土壌発達に必要な鉛直方向の溶脱を妨げるため，鉱質土層の発達は弱い．

**ジェリソル**（もしくはゲリソル，Gelisol；永久凍土）は，永久凍土層をもつ平均温度 0 ℃以下の気候で発達する土壌である．永久凍土は典型的には，表層に有機質層をもつか，あるいは凍結攪乱を受けている（図 3.13；図 3.14）．

**アンディソル**（Andisol；黒ぼく土）は，非晶質粘土をもつ火山性の基質に由来する年代の若い土壌である．

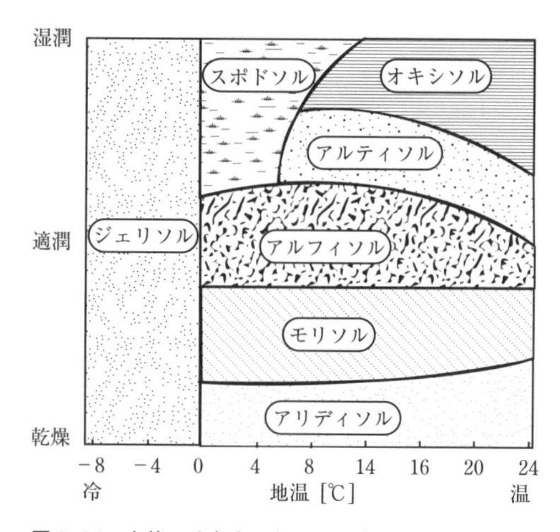


図3.14　広範に分布する七つの土壌目を特徴づける一般的な土壌水分・温度区分．他の土壌大群（アンディソル，エンティソル，インセプティソル，ヒストソル）はすべての環境条件にわたり分布する．バーティソルは粘土が多く，中間的な温度水分条件に分布する．データは Brady and Weil (2008) より．

**アリディソル**（Aridisol；乾燥地土壌）は，その名前が意味するとおり乾燥気候下で発達する．雨が少ないために，風化と下層への溶脱が小さく，水溶性の塩分が蓄積する．表層にO層はない．薄いA層は，生産性が低く分解が速いために有機物が少ない．降水量が少ないためにB層の発達が弱い．アリディソルの多くは，カルシウム・マグネシウム炭酸塩を系外へ流出するのに十分な水がないため，下層に炭酸塩の蓄積したカルシック層を形成する．砂漠土のカルシック層は，多くの砂漠植物の表層土への根の伸長を妨げるため，根張りが小さい．アリディソルは世界中に広く分布しており，陸地面の12%を占める (Miller and Donahue 1990)．

**バーティソル**（Vertisol）は，膨張・収縮する粘土によって特徴づけられる．これらの粘土に富んだ土壌は，湿潤～乾燥気候で発達しやすく，しばしば石灰岩や他の塩基に富んだ母材上に生成する．バーティソルは，膨張・収縮によって鉛直方向によく混ざった土壌を生成するため，しばしばB層がない．土壌は攪乱を多く受けるため，樹木は育たない．

**モリソル**（Mollisol）は，草地下およびある種の落葉樹林下で発達する肥沃な土壌である．モリソルは，有機物と養分の多い深いA層をもち，B層へと徐々に遷移する．肥沃度の高さゆえにモリソルは広く耕起され，世界の主要な穀倉地帯となる．モリソルは，アメリカの土壌の22%，世界の土壌の7％を占める（Miller and Donahue 1990)．

**スポドソル**（Spodosol；ヨーロッパの命名法ではポドゾル，Podzol）は，寒冷湿潤な気候の針葉樹林下で最も共通して発達する高度に溶脱した土壌である．強く溶脱した白いE層と暗褐色や黒色のB層が発達し，溶脱してきた産物が蓄積する．スポドソルはしばしば粗粒質であり酸性である．**アルフィソル**（Alfisol）は，温帯や亜熱帯の森林，多くの場合，とくに降水量が少ない落葉樹林で発達する．スポドソルよりも溶脱程度は小さく，B層には塩基に富んだ粘土集積層をもつ．

**アルティソル**（Ultisol）は，溶脱の激しい温暖湿潤気候で発達する．B層は粘土含量が高く，塩基飽和度が低い．**オキシソル**（Oxisol）は，最も風化と溶脱の激しいグループである．湿潤熱帯の古い地形面で生成する．A層はとても風化しているために，鉄・アルミニウム酸化物を含み，主にケイ酸が少なくきわめて低い肥沃度の粘土粒子からなる．この層はしばしば数mの深さになる．

土壌目の幅広い比較から，四つの一般則が導かれる．

1. 地表のほとんど半分（40%）は土壌発達が未熟であり，母材の特性と現在の気候を反映する．
2. 湿潤環境は溶脱した酸性土壌を生じやすく，乾燥環境は陽イオンを蓄積した塩基性土壌を生じる．
3. 風化と土壌生成は，植物の生産が盛んな温暖湿潤気候で最も速く進む．風化は時間とともに顕著となる．
4. 土壌有機物の量，質，ターンオーバー速度は気候の影響を受けやすく，土壌肥沃度と他の土壌特性に強く影響する．

## 3.7　土壌特性と生態系機能

### ■土壌の物理特性

**土壌生成の時空間的変異が，土壌特性に大きな変異を生む．**以下の段落では，土壌粒子の特性とそれらの間の空間構造が，植物への水と養分資源の可給性，そして生態系を通した循環をどのように決めているかを議論する．

土壌の粒径組成（**土性**，soil texture）は，体積あたりの表面積を決定するため重要である．土性は，**粘土**（clay，$< 0.002$ mm）[†]，**シルト**（silt，0.002〜0.05 mm），**砂**（sand，0.05〜2.0 mm）の三つの粒子サイズの相対的な割合として定義される（図3.15）．多くを占める**壌土質**（loam）な土壌は三つのサイズ画分の混合物であり，それぞれのサイズ画分の一部の特徴を示す．岩石やれきはより大きい粒子（$> 2$ mm）であり，多くの土壌体積のかなりの割合を占める．れきや砂粒子のほとんどは未風化の一次鉱物であり，粘土画分はほとんど二次鉱物である．シルト粒子は組成として中間である（図3.16）．

土性は，その場で起こる土壌発達と風や水による物質の堆積，侵食による損失のバランスに依存している．土壌はその場で風化するにつれて，一次鉱物から二次鉱物（多くは小さな粒子）に変換し，小さな土壌粒子の割合が増加する．このため，高緯度域の土壌では化学風化の速度が遅いために粘土含量が10%程度であり，温帯や熱帯土壌と比較して低い．

---
† 訳注：土性分類において，粘土（clay）の一部を埴土とよぶ．

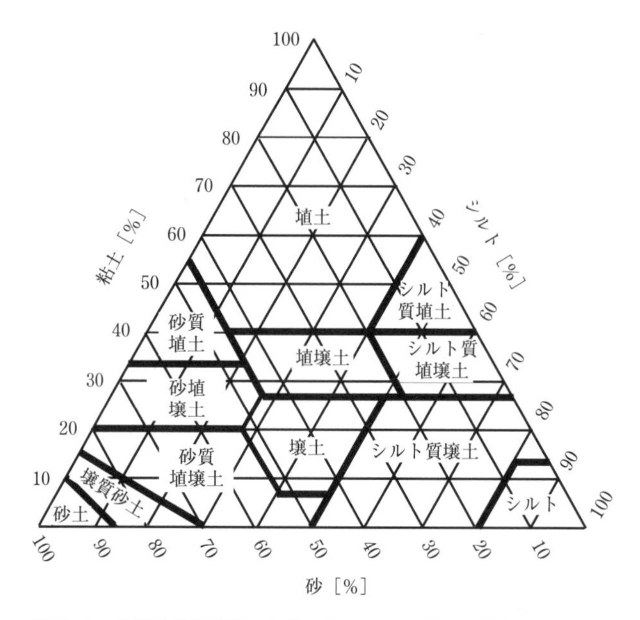


**図 3.15**　主要な土性分類における砂，シルト，粘土の割合．Birkeland (1999) より．

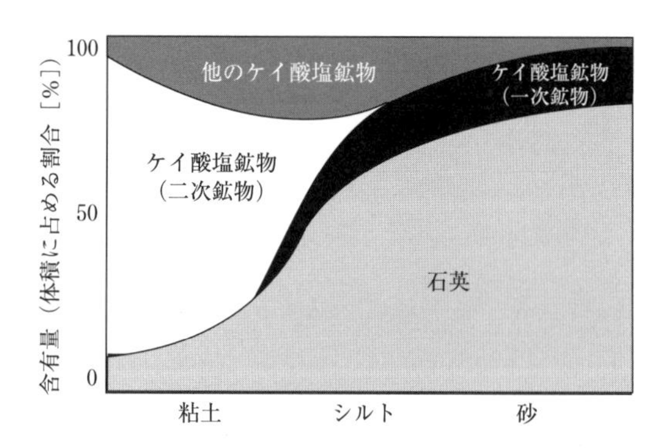


**図 3.16**　粒径と鉱物種の一般的な関係．Brady and Weil (2008) より．

前述のように，風化速度と土性もまた母材に依存する．小さな粒子は風食や水食をとくに受けやすい．水食は丘から谷底へ粘土を運び，川の流域では細粒質な土壌が生成され，斜面には粗粒質な土壌を作り出す．氷河作用を受けた景観を流れる網状河川のように，川の流域に植生があまりない場合，風は細かな粒子を丘に戻し，高いシルト含量の**レス** (loess) 土壌を形成する．数百万年にわたり，無機成分は溶解し，土壌から失われる．

粘土粒子は，中程度のサイズの砂粒子と比べて約1万倍の表面積をもつ (Brady and Weil 2008)．また，有機物も高い表面積－体積比をもつ．表面積は逆に，粒子表面に吸着する水の量を決定し，それゆえ土の容水量を決定する．また，後述するように，表面荷電とCECも粒子の表面積に依存する．土性は荷電特性や他の多くの特徴に影響するために，多くの生態系の特性を予測するうえで有効な判断材料となる（Parton et al. 1987）．

土壌の物理特性は，粒子とその間の空隙の両方の特性に依存する．**仮比重**（bulk density，体積あたりの乾燥土重）は，土壌と**孔隙**の比率の簡単に測定できる指標である．鉱質土層の仮比重（1〜2 g cm$^{-3}$）は，一般に有機物堆積層の仮比重（0.05〜0.4 g cm$^{-3}$）よりも高い．細粒質な土壌は，後述するように，粒子と介在する孔隙との集合体からなり，粗粒質な土壌よりも孔隙体積が多く，仮比重は低い．しかし，圧迫された場合には，粘土質土壌は，粗粒質な土壌よりも仮比重が高くなる．

**土壌構造**（soil structure）は，粒子がより大きな単位へと集合したものである．**団粒**（aggregate）は，土壌粒子が互いに接着することで生成し，土壌が乾燥または凍結するとより大きな単位になる．土壌団粒は階層的な構造をなし，直径3 mm以上の大きな団粒は，より小さな団粒，微小団粒から直径0.001 mm以下の粘土・腐植の塊までのものによって構成される．団粒は，砂質土壌よりも壌土質，粘土質な土壌で生成されやすい．団粒を形成するために土壌粒子どうしを接着する材料は，有機物，鉄酸化物，多価陽イオン，ケイ酸である．鉄・アルミニウム酸化物は，強風化土壌の団粒形成にとくに重要である．たとえば，鉄酸化物は粘土粒子を接着し，とても安定な**疑似砂**とよばれる団粒となり，粘土に富んだオキシソルやアルティソルの排水を良好にする．対照的に，根や細菌から放出された多糖類のような有機物は，温帯地域の土壌で団粒形成により重要となる．また，糸状菌の菌糸も多くの土壌で団粒形成に働く．このため，土壌有機物含量と微生物を減少させる撹乱は土壌構造の減少を引き起こし，さらなる土壌劣化を招く．ミミズや他の土壌中の無脊椎動物は，土を食べて粘着性の構造を保持する糞をすることで，団粒形成の役割を果たす．植物種と共生微生物によって，浸出物による団粒形成能は異なる．たとえば，数種の菌根菌は，微細団粒を接着して粗大団粒を形成する際に効果的な糖タンパク質である**グロマリン**を生産する（Wilson et al. 2009）．つまり，土性，無機化学，有機物含量，種組成はすべて土壌構造に影響する．

孔隙構造は土壌の機能にとって重要である．孔隙は，土壌の体積の約半分を占め（図3.17），細菌（バクテリア）や根毛が進入するには小さすぎるような微細孔隙から，粗大孔隙（直径0.08 mm以上）までサイズには幅がある．微細孔隙は，土壌粒子間の元々の孔隙と，粒子間の吸水・脱水によって粘土が膨潤・収縮する際に形成される孔隙の両方を含む．この膨潤・収縮は，小さな微細団粒から大きな粗大団粒まで幅広いサイズの孔隙を作り出す．また，粗大孔隙も，根や土壌動物，とくにミミズが過去に形成された割れ目に沿って動くことによって形成される．生じる割れ目や水路は，水浸透やガス拡散，根の成長にとって重要な経路であり，そのため，水の利用しやすさ，土壌の通気，酸化還元反応，植物成長に影響する．微細なスケールでの孔隙構造の不均一性は，土壌の機能にとって重要である．団粒内の部分的にふさがれた孔隙でガスの拡散が遅れることによって，土壌孔隙の好気的な表面のすぐ隣に嫌気的条件が生じる．これによって，通気の良い土壌でも，好気

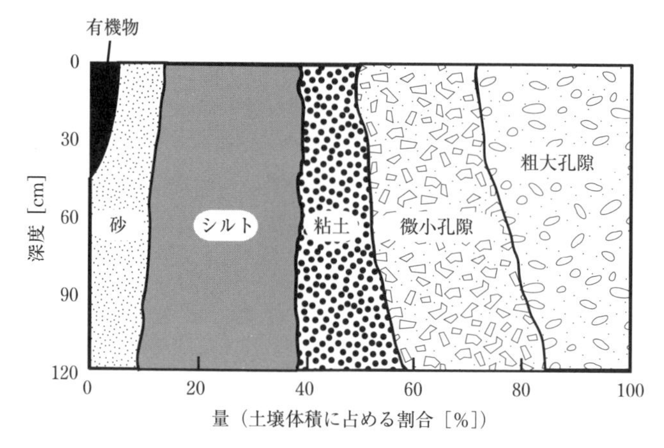


**図 3.17**　代表的なシルト質壌土における有機物，砂，シルト，粘土，微小孔隙，粗大孔隙の体積分布．Brady and Weil (2008) より．

的プロセス（この場合は硝化）の産物を必要とする嫌気的プロセス（たとえば脱窒）が起こる（第9章参照）．粗大孔隙の表面は，根の浸出物，細菌のバイオフィルムの成長・代謝，土壌動物による捕食を含む生物活動のホットスポットである（第7章参照）．

人間活動は，多くの生態系で土壌構造を大きく変化させる．動物や機械による圧密は，より大きな割れ目や孔隙の多くを圧縮し，酸素の土壌への拡散を減少させる．圧密は雨水の浸透もまた減少させ，表面流と侵食の可能性を増加させる．逆に，機械による耕起は団粒構造を乱し，新しい粗大孔隙を生み出し，それまで存在していた粗大孔隙を破壊する．土壌の初期条件によって，耕起が土壌構造を改善することもあれば，劣化させることもある．たとえば，自然草原では耕起は土壌団粒と初期の粗大孔隙を破壊することによって孔隙体積を減少し，一方で圧密した土壌の耕起は粗大孔隙の体積を増加させる（Brady and Weil 2008）．粗大孔隙の体積への影響にかかわらず，以前に接着した団粒の破壊は，酸素の拡散と嫌気的条件で分解から守られていた土壌有機物の分解を増加させ，土壌炭素の損失を招く（Fisher and Binkley 2000；Baker et al. 2007）．

**水**は，ほとんどの生態系にとって決定的な資源であり，その可給性は土壌構造に依存する．土壌では，土壌粒子に吸着した水の膜として孔隙に保持される．すべての孔隙が水で満たされると，土は**水で飽和**された状態となる．孔隙が水で飽和されると，水は重力の影響によって排水され始める（**重力水**，saturated flow）．団粒内部の小さな孔隙が飽和されていない場合でも起こる．排水はしばしば数日間継続し，その後，土壌粒子上の水膜を保持する吸着力が重力圧と釣り合う．**圃場容水量**（field capacity）として測定されるこの時点では，もはや排水は起こらない．

圃場容水量を下回る水分含量では，水は**水ポテンシャル**（water potential，純水に対する水の潜在的なエネルギー）の勾配に反応して，**不飽和流**（unsaturated flow）によって土壌中を移動する（第4章参照）．土壌から蒸散で失われる水を補うために植物が水を吸収すると，根の周りの水膜の厚さは減少し，残った水は土壌粒子により強く吸着する．正味の効果として，根表面の水ポテンシャルが低下する．水ポテンシャルの勾配に従い，水膜に沿って孔隙を通して水は移動する．植物が蒸散し続けると，水は根に向けて移動し続ける．最小限の水ポテンシャルに達すると，根はもはや粒子表面から水を吸収することができず，水膜が断絶する（第 4 章参照）．この段階は**永久しおれ点**（permanent wilting point）とよばれる．**保水力**（water-holding capacity）とは，圃場容水量と永久しおれ点との含水量の差を指す（図 4.8 参照）．表面積の大きい粘土や土壌有機物の存在によって，保水力は大きく高まる．たとえば，有機質土壌の保水力は 300％（3 kg $H_2O$ $kg^{-1}$ 乾土重），粘土質土壌では 30％，砂質土壌では 20％以下くらいである．体積ベースでは通常，壌土質な土壌で最も高い．この違いによって生じる結果の一つは，ある量の降雨に対して，粗大孔隙のない土壌（たとえば多くの粘土質土壌）より粗粒質土壌で深くまで湿潤となるものの，多くの植物に利用できる表層に保持される水は少ないことである．土壌の水分保持特性は，植物の吸収と成長，また分解や養分循環や損失を含む微生物プロセスに利用可能な水分量を決定する．

## ■ 土壌の化学的特性

**水は，植物の成長を支える資源としての影響に加えて，酸素の可給性への影響を通して，土壌の化学的・生物的なプロセスに強く影響する．**酸化還元反応は，反応物間の電子のやりとりを含み，生物の利用するエネルギーを生み出す（Schlesinger 1997）．これらの反応では，エネルギーの供給源（しばしば有機物）は一つ以上の電子を供与する（**酸化**，oxidation）．この電子は，電子受容体へと受け渡される（**還元**，reduction）．便利な記憶術は「ライオン LEO（レオ）が GER（ガー）と吠える」（Loss of Electron ＝ Oxidation；電子の損失＝酸化，Gain of Electron ＝ Reduction；電子の受け入れ＝還元）である．**酸化還元電位**は，環境の電子を受け取るまたは供与する傾向を表す（Schlesinger 1997；Fisher and Binkley 2000）．より正確には，硫酸塩と硫化物，水と酸素のような物質ペアの正味の酸化状態を表す．土壌も堆積物も，電子のやりとりの複雑なパターンを担う物質の混合物からなっている．加えて，化学組成や酸素の可給性によって，土壌と堆積物の酸化還元電位（正味の酸化状態）は大きく異なる．生きている真核細胞のミトコンドリア内部で起こる最も好気的な条件では，還元反応の一連の反応を通して電子が炭水化物から酸素へ受け渡される．この一連の反応は，細胞の成長と維持を支えるエネルギーを放出する．他の酸化還元反応は，土壌や底生の生物の細胞内で，電子供与体から酸素以外の電子受容体へと電子が受け渡されることで起こる（表 3.4）．生物は，電子を酸素へ移動することでほとんどのエネルギーを獲得しており，酸素が存在している場合，この反応が卓越する．しかし，有機物含量の高い湛水した土壌，土壌団粒の内部，湖や沿岸堆積物でよく起こる嫌気的な条件では，電子は他の電子受容体へと受け渡され，電子の受け渡しにともなうエネルギー放出は，以下の電子受容体の順に低下する（表 3.4）．

**表 3.4**　酸化還元ポテンシャルの低下とともに起こる $H^+$ を消費する酸化還元反応の序列

| 反応[a] | 酸化還元電位[b]［mV］ | エネルギー放出量[b]<br>［電子1個あたりの kcal $mol^{-1}$］ |
|---|---|---|
| $O_2$ の還元<br>$O_2 + 4H^+ + 4e^- \rightarrow 2H_2O$ | 812 | 29.9 |
| $NO_3^-$ の還元<br>$NO_3^- + 2H^+ + 2e^- \rightarrow NO_2^- + H_2O$ | 747 | 28.4 |
| $Mn^{4+}$ の $Mn^{2+}$ への還元<br>$MnO_2 + 4H^+ + 2e^- \rightarrow Mn^{2+} + 2H_2O$ | 526 | 23.3 |
| $Fe^{3+}$ の $Fe^{2+}$ への還元<br>$Fe(OH)_3 + 3H^+ + e^- \rightarrow Fe^{2+} + 3H_2O$ | −47 | 10.1 |
| $SO_4^{2-}$ の $H_2S$ への還元<br>$SO_4^{2-} + 10H^+ + 8e^- \rightarrow H_2S + 4H_2O$ | −221 | 5.9 |
| $CO_2$ の $CH_4$ への還元<br>$CO_2 + 8H^+ + 8e^- \rightarrow CH_4 + 2H_2O$ | −244 | 5.6 |

Schlesinger（1997）のデータ．

[a] 表の上側の反応は高い酸化還元電位をもつ土壌で起こり，電子受容体が利用可能であれば，多くのエネルギーを放出する（そのため，選択されやすい）．表の下側の反応はエネルギーの放出量が少ないため，他の電子受容体が存在しないか酸化還元反応によってすでに消費された条件下でのみ起こる．電子は $e^-$，亜硝酸は $NO_2^-$，マンガン酸化物は $MnO_2$，鉄水酸化物は $Fe(OH)_3$，有機物は $CH_2O$，気体定数は $R$，温度は $T$，平衡定数は $K$ と省略している．

[b] あまり現実的ではないが，すべての反応物および生成物はモル濃度で反応し，酸化反応（$CH_2O + H_2O \rightarrow CO_2 + 4H^+ + 4e^-$，エネルギー放出量$= RT \ln(K)$）が完結すると仮定している．

$$O_2 > NO^{3-} > Mn^{4+} > Fe^{3+} > SO_4^{2-} > CO_2 > H^+ \tag{3.4}$$

ほとんどの土壌や堆積物で，有機物は電子供与体として働くのに十分な量が存在している．また，還元鉄，硫化物なども重要な電子供与体となる．酸素がなくなると，$Fe^{2+}$ のような還元物質は電子供与体としてますます重要になる．土壌中の酸素が消費され酸化還元電位が低下するとともに，電子受容体は徐々に消費される（表 3.4）．酸化還元電位と電子供与体の同様な勾配は，湛水した土壌や湖の堆積物の深さ方向でもみられる．酸素が深さや時間とともに消費されると，大部分のエネルギーを生み出す酸化還元反応としては，最初に脱窒（硝酸への電子の供与）が進み，その後に $Mn^{4+}$ から $Mn^{2+}$ への還元が進む．この反応は，好気的・嫌気的条件のどちらでも代謝・成長のできる通性嫌気的細菌によって進められる．通性嫌気的細菌は，酸素があればエネルギーの報酬がより大きいので電子受容体として利用するが（表 3.4），酸素が分解者の呼吸によってなくなると電子受容体を硝酸や $Mn^{4+}$ に切り替える．硝酸は，絶対好気性硝化細菌による硝化を通して土壌や水中で生産される（第 9 章参照）．それゆえ，脱窒は酸素の可給性や外部からの硝酸の供給に時空間的にかなり変異がある状態で，最も重要な酸化還元反応である．脱窒は，たとえば土壌団粒の内部や季節的に冠水する土壌，深水層，季節的な成層湖の堆積物でとくに重要である．

$Mn^{4+}$ の還元領域の下では（すなわち $Mn^{4+}$ が消費された後に），ほとんどの酸化還元反応は絶対嫌気性細菌によって引き起こされるか，あるいは非生物的に進む（Howarth 1984；Schlesinger 1997）．この条件では，細菌の還元反応において最も一般的な電子供与体である有機物によって，$Fe^{3+}$ が $Fe^{2+}$ に還元される．あるいは，塩性湿地では硫酸イオンは硫酸還元細菌によって硫化物イオンに還元される．硫化物イオンは，$Fe^{3+}$ の非生物的な還元における電子供与体として働く（Howarth 1984）．いずれの場合も，土や堆積物において，$Fe^{3+}$ の赤から $Fe^{2+}$ の青灰色への目でわかる変化がある．これらの反応の生成エネルギーは，脱窒やマンガン還元が生み出す量の半分以下（分解される有機物の単位あたり）である（表 3.4）．そのため，実際上は鉄還元細菌と硫酸還元細菌は，土壌から硝酸や $Mn^{4+}$ がなくなったときのみ競合する．最終的に，他の電子受容体がなくなると，メタン生成細菌が，しばしば硫酸還元とともにメタンを生成する．一般に，**弱く酸化的**（hypoxic）な環境は好気的・嫌気的な微小環境が共存するために脱窒率が高くなるが，一定して嫌気的な環境では硫酸還元（海洋環境や塩性湿地）やメタン生成（硫黄の少ない環境）が重要となる．沿岸の堆積物では，メタン生成と硫酸還元は結びついており，メタン生成で作られたメタンは硫酸還元細菌によって消費される．これは正味の硫酸還元を進めるが，メタンはほとんど放出されない（Howarth 1984）．多くの土壌，湖の深層水，堆積物において，酸素の可給性と酸化還元反応の相対的な重要性は季節変化が大きい．酸化還元反応の生物的な基礎は第 7 章で，元素循環における役割は第 9 章で，それぞれ述べる．

**土壌有機物**含量は，土壌や堆積物の重要な構成成分である．土壌有機物は従属栄養土壌生物にエネルギーと炭素を供給し（第 7 章参照），植物の必須養分の重要なリザーバーとなる（第 8 章参照）．加えて，土壌有機物は風化や土壌発達の速度，保水力，土壌構造，養分保持力に強く影響する．土壌有機物は死んだ植物，動物，微生物組織に由来し，新鮮な未分解の植物組織から，木炭成分や，再合成され化学的にも物理的にも起源が不明な数千年前の腐植物質までを含む（第 7 章参照）．土壌有機物は多くの土壌特性にとって重要なので，不適切な土地管理による土壌有機物の損失は土地劣化や生物生産性の低下の主要因となる．

前述したように，生物活動を支える陽イオンを供給する生態系の容量は，長期的には母材と風化・損失速度に依存する．しかし，数日から数十年の間では，陽イオンは土壌の交換複合体（主に粘土や土壌有機物）に弱く結びついており，主要なソースとなる．**陽イオン交換容量（CEC）**は，土壌鉱物や有機物の表面の負荷電を帯びたサイトと陽イオンとの弱い静電気的な結合を形成する土壌の容量を表す．陽イオン交換は，溶液中の陽イオンは交換複合体の陽イオンと置き換わることで起こる．CEC の値は粘土鉱物間で 100 倍以上異なり，風化とともに減少する（図 3.10）．粘土鉱物の負荷電は，鉱物表面や露出末端の負荷電の余剰分に由来している．土壌有機物もまた，フェニル基，カルボキシル基の存在によってきわめて高い CEC をもち，土壌の全 CEC の多くの割合を占める場合もある．たとえば，CEC の比較的低い鉄・アルミニウム酸化物と 1：1 型ケイ酸塩鉱物からなる熱帯土壌では，有機物が CEC の大部分を占める．高緯度地域の土壌もまた，高い有機物含量，低い粘土含量のために，CEC の大部分は有機物由来である．土壌中の交換態陽イオンのプールは水溶性陽イオンのプールよりも数倍大きく，植物や微生物の吸収にとって主要な短期的なリザーバーとなる．

**塩基飽和度**（base saturation）は，全交換態陽イオンプールに占める**塩基性陽イオン**（base cation，水素イオン，アルミニウムイオンは含まない）の割合（%）を表す．交換サイトの陽イオン量は，土壌溶液中の陽イオン濃度と，陽イオンが交換サイトに保持される強度に依存する．一般に，陽イオンが交換サイトを占める，あるいは他のイオンと置き換わる順序は以下のようになる．

$$H(Al^{3+}) > H^+ > Ca^{2+} > Mg^{2+} > K^+ \approx NH_4^+ > Na^+ \tag{3.5}$$

そのため，溶脱した土壌では $Na^+$ と $NH_4^+$ を失いやすく，$Al^{3+}$ や $H^+$ を保持する．この置換順序は，荷電や水和イオン半径の違いに起因している．多価のイオンは，一価のイオンよりも強く交換サイトと結合している．水和半径の小さいイオンはより小さい体積に荷電が集中しているので，交換サイトと強く結合する．鉱物と有機物はともに正と負の荷電を帯びた官能基をもっており，静電気的に陰イオンと陽イオンの両方と結合できる．ただ，CEC は一般に**陰イオン交換容量**（anion exchange capacity）よりも大きい（図 3.10）．ある土壌，とくに熱帯地域の土壌では，鉄・アルミニウム酸化物は典型的な pH 条件で正荷電を帯びている．これらの土壌では，陽イオンよりも陰イオンを強く引きつける十分な陰イオン交換サイトがある（Uehara and Gillman 1981）．陽イオンと同様に，陰イオンの吸着は陰イオンの濃度と，吸着あるいは他の陰イオンと置換する相対的な強度に依存する．陰イオンが，交換サイトを占め，また他のイオンと置換する一般的な順序は，次のとおりである．

$$PO_4^{3-} > SO_4^{2-} > Cl^- > NO_3^- \tag{3.6}$$

そのため，溶脱した土壌は $NO_3^-$ や $Cl^-$ を失いやすく，$PO_4^{3-}$ や $SO_4^{2-}$ を保持する．

陽イオン交換，陰イオン交換のような弱い静電気的な結合に加え，鉱物は陽イオン（たとえば $K^+$），陰イオン（たとえば $PO_4^{3-}$）の両方を強く結合する．これらの強い化学結合のうち，生態学的に最も重要なものは**リン固定**である．これは，強風化土壌や火山灰土壌でとくに顕著であり，これらの土壌の生態系がしばしば植物の成長と分解に強いリン制限を受ける理由である（Uehara and Gillman 1981）．リンの固定は pH によって変化しやすく，リンの可給性は高 pH（たとえば石灰岩由来土壌）や低 pH（たとえば強風化土壌）条件でかなり低下する．

生態系は，降水や分解，近年の人為的酸性雨に由来する $H^+$ の継続的な流入にもかかわらず，しばしば比較的安定な pH を維持している．この**緩衝能**（buffering capacity）は，$H^+$ を生産・消費する複数の化学反応によって生じる．この中には，酸性条件でのギブサイトのようなアルミニウム化合物と $H^+$ の反応，高 pH での炭酸塩と $H^+$ の反応を含む．これらの反応の多くは化学風化の一般的なものである．有機物と $H^+$ の反応は，幅広い pH 範囲で起こる．中間の pH 範囲では，有機物や鉱物の交換サイトの陽イオンと $H^+$ の交換もまた酸の緩衝に働く．pH 変化を緩衝する反応の容量や相対的な重要性は土壌によって異なるが，CEC や塩基飽和度の高い土壌は高い酸緩衝能をもつ．酸緩衝能は，慢性的な酸性雨を長期的に受けても比較的小さい pH 変化に収まるために重要である．緩衝能を超えると，土壌 pH は低下し始め，$Al(OH)_X$，$Al^{3+}$ や他の陽イオンを溶かし，陸域や下流域の水系で有害な影響を及ぼす（Schulze 1989；Driscoll et al. 2001）．たとえば，温帯・熱帯の酸性土壌は CEC と緩衝能が比較的低く，$H^+$ を消費する反応は溶液中にアルミニウムを放出し，酸性条件に適応していない植物や微生物にとって有害な土壌となる．

## 3.8　まとめ

五つの状態因子が土壌の生成と特徴を制御する．

(1) 母材は，岩石循環によって生み出され，岩石が形成，隆起，風化した結果，土壌の材料が生成される．
(2) 気候は，土壌生成のプロセスと速度を最も強く決定する因子である．
(3) 地形は，微気候や土壌発達と侵食のバランスへの影響を通して，局所的なスケールで土壌生成の速度を変える．
(4) 生物もまた，物理化学環境への影響を通して土壌生成に強く影響する．
(5) 時間は，土壌生成の長期的な軌跡を決定するすべての状態因子の影響を統合する．最近数十年の間，人間活動は状態因子の相対的重要性を改変し，土壌を大きく変化させている．

土壌断面の発達は，断面発達と混合，侵食，堆積のバランスの結果を示している．断面の発達は，物質の流入，形態変化，鉛直移動，損失によって起こる．土壌への物質の流入は，生態系の外部由来（たとえばダストや降水の供給）と内部由来（たとえばリターの供給）がある．供給された有機物は分解され $CO_2$ と養分を放出するか，あるいは，難分解性の有機物へと形態変化する．$CO_2$ に由来する炭酸や分解にともなって生産される有機酸は，一次鉱物を表面積や CEC の大きな二次鉱物に変換する．水は，二次鉱物や水溶性の風化産物を下方浸透させ，それらは新しい化学条件で反応あるいは沈殿する．地下水や侵食による物質の溶脱や大気へのガス放出は，土壌からの物質流出の主要経路である．これらのプロセスの正味の効果として，気候，母材，生物，土壌年代によって異なる土壌層位が形成され，異なる物理的，化学的，生物的特性をもつようになる．

## 復習問題

1. 地球の地殻で岩石材料の循環を担うプロセスは何か？
2. 地理的に大きなスケールでは，どの状態因子が土壌生成を制御するのか？
3. どのようなプロセスが侵食速度を決定するのか？　どのプロセスが人間活動によって最も強く影響を受けるのか？

4. どのプロセスが土壌断面の発達を引き起こすのか？
5. 物理的・化学的風化にかかわるプロセスは何か？　それぞれの例を挙げよ．植物や植物の生産物は，それぞれのプロセスにどのように働くのか？
6. 土性はどのように土壌特性に影響するのか？　土性はなぜ生態系プロセスに強く影響するのか？
7. CEC とは何か？　そして，温帯の土壌では何がその大きさを決定するのか？　ヒストソル，アルフィソル，オキシソルを比べた場合，CEC の決定因子はどのように異なると予測されるか？
8. 温暖な気候条件で降水の多いサイトときわめて少ないサイトでは，土壌プロセスや特性はどのように異なるのか？　湿潤な気候条件で降水の多いサイトときわめて少ないサイトでは，土壌プロセスや特性はどのように異なるのか？
9. もし，グローバルスケールの温暖化が温度の増加だけを引き起こした場合，100 年後の土壌の特性にどのように影響すると予測されるか？　100 万年後はどうか？

## 参考文献


Amundson, R., and H. Jenny. 1997. On a state factor-model of ecosystems. *BioScience* 47: 536-543.

Birkeland, P.W. 1999. *Soils and Geomorphology*. 3rd Edition. Oxford University Press, New York.

Brady, N.C. and R.R. Weil. 2008. *The Nature and Properties of Soils*. 14th edition. Pearson Education, Inc., Upper Saddle River, NJ.

Chadwick, O.A., L.A. Derry, P.M. Vitousek, B.J. Huebert, and L.O. Hedin. 1999. Changing sources of nutrients during 4 million years of soil and ecosystem development. *Nature* 397: 491-497.

Jenny, H. 1941. *Factors of Soil Formation*. McGraw-Hill, New York.

Selby, M.J. 1993. *Hillslope Materials and Processes*. 2nd edition. Oxford University Press, Oxford.

Ugolini, F.C. and H. Spaltenstein. 1992. Pedosphere. Pages 123-153 *in* S.S. Butcher, R.J. Charlson, G.H. Orians, and G.V. Wolfe, editors. *Global Biogeochemical Cycles*. Academic Press, London.

Vitousek, P.M. 2004. *Nutrient Cycling and Limitation: Hawai'i as a Model System*. Princeton University Press, Princeton.

# 第Ⅱ部

# メカニズム

# 第4章 水・エネルギー収支

太陽エネルギーで駆動される水循環は，すべての生物地球化学的循環を支配する．本章では，生態系のエネルギー収支と，水循環を制御するその他のメカニズムについて述べる．

## 4.1 はじめに

水と太陽エネルギーは，生命にとって不可欠である．これらが地球表面上で不均一に分布していることは，生態系の構造や機能に大規模なパターンを生じさせており，生態系の動態を理解するうえで中心的な事柄である．水とエネルギーは非常に複雑に絡み合っているため，これらを別々に取り扱うのは不可能である．太陽エネルギーは，**蒸発散**（evapotranspiration，表面からの蒸発（evaporation）と，植物の葉からの水損失である**蒸散**（transpiration）の和）による地面から大気への水の鉛直輸送を介して，水循環を駆動する．そして，蒸発散は地球表面から大気への乱流によるエネルギー輸送（すなわち，潜熱フラックスと顕熱フラックスの和）の80%を占めるため，地球のエネルギー収支において鍵となるプロセスである（図2.3参照）．また，水循環は，栄養塩を生態系の内部や生態系間で輸送することによって，生物地球化学的循環も支配する．そして水と栄養塩は，生物の成長を支える土壌資源をもたらす．水に溶解し浮遊している物質の移動は，景観内の生態系どうしを結びつけている．

## 4.2 焦　点

人間活動は，地域規模からグローバルスケールにわたって地球上の水循環を大幅に改変してきた．人々は現在，地球上の利用できる再生可能な真水（淡水）の約50%を利用しているが，乾燥地ではその割合が100%を超える所もある（Oki and Kanae 2006；Carpenter and Biggs 2009）．この人間による淡水の利用は，土地や水の管理，生態系間の汚染物質の移動に影響し，そして間接的には人間によって管理されていない生態系におけるプロセスにも影響する．土地利用変化は，地域や地球全体の気候を変えてしまうほどに，陸域の水収支とエネルギー収支を変質させてきた（図4.1；Chase et al. 2000；Foley et al. 2005）．たとえば，オーストラリアでは，20世紀終わりに起こった10年にも及ぶ干ばつによって，水の利用可能量が減少して農業に必要なレベルを下回った．また，アメリカ中西部の乾燥地域では，「化石地下水」を灌漑農業に利用しているが，この水は現在の気候で降水によって補填可能なレベルをはるかに超えて急激に減少している．さまざまな作物や他の生態

**図 4.1**　オーストラリア南西部では，暗色の在来ヒース植生から，入射放射量をより反射するコムギ生産地へと土地利用が変化することによって，相対的にヒース側で表面の加熱が強い状況が発生している．この加熱は空気を上昇させ，水蒸気を多く含む空気をコムギ生産地から引き込み，ヒース上で雲を形成させて降水量を増加させる．それによって，コムギ生産地での降水量は 30% も減少し，この乾燥地での農業を支える能力が低下している（第 13 章参照）．

系タイプの水の要求を満たすには，どれだけの降水が必要で，それは植物や土壌の特性にどのように影響されるのだろうか？　生態系に流入する降水のうち，上水道に取り入れられて社会ニーズを支えるのに利用可能な割合は，何によって決定されているのだろうか？水の蒸発もまた，入射太陽放射からのエネルギーがたどる主な結果の一つであり，空気と水の循環の両方に影響する（図 4.1）．もし，植物群落を蒸発で冷却するための水が不足していたならば，生態系に吸収されるエネルギーには何が起こるだろうか？

最終的に，人間活動は大気が水蒸気を保持する量を変えてしまう．水蒸気は最も主要な温室効果ガスである．水蒸気は太陽からの短波放射に対しては透明だが，地球からの長波放射を吸収するため（図 2.2 参照），断熱性の高い保温毛布のように機能する．$CO_2$ や他の温室効果ガスの放出による気候温暖化によって，大気中の水蒸気量は増加し，それによって大気が長波放射を捕捉する効率が上昇する．この**水蒸気のフィードバック**が，気候が水蒸気以外の温室効果ガスの放出に対して敏感に応答する理由である（第 2 章参照）．温暖化は水循環を加速させ，それによって蒸発散や降水がグローバルスケールで上昇する（第 14 章参照）．さらに温暖化は，主に（いままでのところ）海洋の熱膨張によって，そして副次的には氷河や氷冒の融解によって，海面上昇も引き起こす．海面上昇は，世界中の主要都市の多くが位置する沿岸地域を危険にさらす．海面上昇の将来予測（たとえば http://flood.firetree.net/）によると，あなたの身近な沿岸地域や都市はどの程度氾濫する可能性があるのだろうか？ 水とエネルギーは，生態系および地球全体のプロセスにおいて重要な役割をもっている．したがって，水・エネルギー交換を支配するものを理解し，また，これらがどれだけ人間活動によって改変されてきたかを理解することがきわめて重要である．

## 4.3 地表面熱収支

### ■放射収支

**地表面に吸収される放射エネルギーは，出入りする放射の収支から求められる．**共通する一般的な原理が，個葉の表面から地球表面に及ぶさまざまなスケールに当てはまるが（図 2.3 参照），ここでは生態系スケールの放射収支に焦点を合わせる．放射収支の二つの主要な成分は，短波放射（$S$），すなわち太陽から射出される高エネルギーの放射，および長波放射（$L$），すなわちすべての物体から射出される熱エネルギーである（第 2 章参照）．**正味放射量**（net radiation, $R_{net}$）は，入力および出力の短波放射と長波放射の収支で，[W m$^{-2}$] 単位で測定される（図 4.2）．

$$R_{net} = (S_{in} - S_{out}) + (L_{in} - L_{out}) \tag{4.1}$$

快晴の日の正午には，太陽からの**直達放射**（direct radiation）は生態系への短波入力の 90％を占める（図 2.3 参照）．短波放射の入力は他に，大気中の粒子やガスによって散乱された**散乱放射**（diffuse radiation），そして雲や周辺の景観構成要素（湖沼，砂丘，雪原など）による**反射放射**（reflected radiation）の形でもたらされる．曇りの日や大気汚染のある日，もしくは太陽高度が低い夜明けや夕暮れには，入射短波放射量に占める散乱放射の割合が大きくなる．

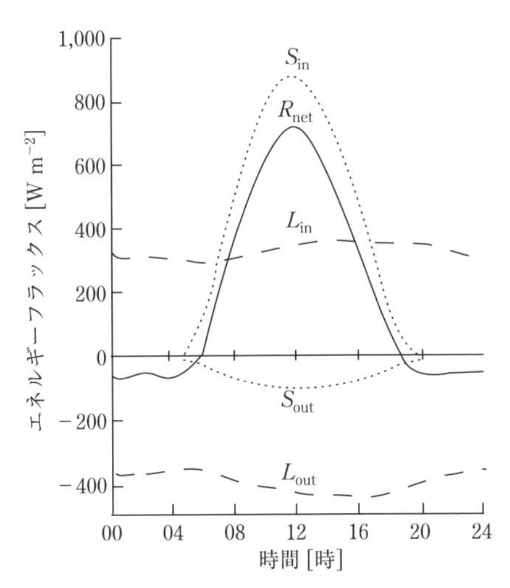


**図 4.2** ベイマツ林における夏の放射収支の日変化．Oke (1987) より．

吸収される入射短波放射量の割合は，生態系表面の短波反射率を表す**アルベド**（$\alpha$）に依存する．アルベドは，生態系の間で10倍以上の違いがあり，新雪のような高い反射率の表面から，湿潤土壌や湖の水，海洋のように低い反射率の表面まで及ぶ（表4.1）．たとえば，針葉樹の林冠[†]は落葉樹林に比べアルベドが低く（すなわち，入射放射の大部分を吸収する），立ち枯れた葉をもつ草地は比較的アルベドが高い．アルベドは，個々の葉や茎，土壌の反射率のみならず，生態系の構造にも依存する．複雑な群落では，一枚の葉が反射・透過した光が他の葉や茎に吸収され，群落全体として効率的に光を捕らえるため，個々の葉よりアルベドが低い．このため，深く不均一な針葉樹林の林冠はアルベドが低い．対照的に，作物畑や草地のように比較的滑らかな群落は，より多くの入射短波放射量を上

**表4.1**　地球上の主な地表面タイプのアルベドの標準値

| 地表面タイプ | アルベド |
|---|---|
| 海洋，湖沼 | 0.03〜0.10[a] |
| 裸地 | |
| 　湿潤，暗色 | 0.05 |
| 　乾燥，暗色 | 0.13 |
| 　乾燥，明色 | 0.40 |
| 常緑針葉樹 | 0.08〜0.11 |
| 落葉針葉樹 | 0.13〜0.15 |
| 常緑広葉樹 | 0.11〜0.13 |
| 落葉広葉樹 | 0.14〜0.15 |
| 北極域ツンドラ | 0.15〜0.20 |
| 草地 | 0.18〜0.21 |
| サバンナ | 0.18〜0.21 |
| 農作物 | 0.18〜0.19 |
| 砂漠 | 0.20〜0.45 |
| 海氷 | 0.30〜0.45 |
| 積雪 | |
| 　古い雪 | 0.40〜0.70 |
| 　新雪 | 0.75〜0.95 |

Oke (1987)，Sturman and Tapper (1996)，Eugster et al. (2000)，Hollinger et al. (2010) のデータ．

[a] 水面のアルベドは，太陽高度角が30°未満のときに著しく大きくなる（0.1〜1.0）．

† 訳注：第4章において原著のcanopyは，樹林と草原に共通する文脈では「群落」，とくに高い森林の上部に特化した文脈では「林冠」と訳す．

層の葉から宇宙へと直接反射する（Baldocchi et al. 2004）．

生態系のアルベドの変化は，なぜ高緯度地域が低緯度に比べて急速に温暖化しているのかを部分的に説明する．気候が温暖になると，春の雪，湖氷，海氷の融解がより早い時期に発生し，反射率の高い雪に覆われた地面を，吸収率の高い暗い地面に置き換える（Euskirchen et al. 2007）．このプロセスは，それによって生じる表面温度の変化とともに，**雪（または氷）のアルベドフィードバック**とよばれる．より長い時間スケールで見ると，ツンドラ地帯に森林が北進することによって，暗い林冠がその下の雪に覆われた表面を隠すため，その地域のアルベドはさらに低下する．森林限界線が北進すると，地表面はエネルギーをより吸収し，それが大気へと輸送されることで，地域の温暖化に対する増幅（すなわち正の）フィードバックを引き起こす（Foley et al. 1994；Chapin et al. 2005）．また，アルベドは入射太陽光の短時間変動に応じた変化も示す．群落が入射放射を吸収する割合は，朝夕に比べて日中に大きく（低いアルベドによる），快晴時より曇天時に大きい（散乱放射が大きいことによる；Hollinger et al. 2010）．

すべての植生タイプにわたって，アルベドは葉内窒素濃度が2.5%に達するまではともに上昇し，それ以上の濃度では葉内窒素上昇にそれほど依存しない（Hollinger et al. 2010）．窒素濃度の上昇にともなってアルベドが上昇するのは，高窒素濃度をもつ葉の中では，光合成細胞と内部空隙の間のガス交換のための表面積が大きいことによる（第5章参照；Hollinger et al. 2010）．水と空気の間を放射が行き来するたびに，放射スペクトル中の近赤外領域の大部分が反射されるため，高窒素濃度の葉は低窒素濃度の葉より短波放射を多く反射する．メカニズムはどうであれ，この関係によれば，低窒素濃度の群落は，光合成速度が低いにもかかわらず（第5章参照），生産力の高いサイトの群落より高い割合で入射放射を吸収するようである．

物体から放出される長波（熱）放射量は，その物体の温度と**放射率**（emissivity），すなわち物体が放射を行う能力を表す係数に依存する．吸収された放射のほとんどは放出されるため（植物生態系では放射率が約0.98），長波放射収支は主に，$L_{in}$ を決定する天空の温度と，$L_{out}$ を決定する生態系の表面の温度に依存する（式（4.2））．

$$R_{net} = (S_{in} - S_{out}) + (L_{in} - L_{out}) = (1 - \alpha)S_{in} + \sigma(\varepsilon_{sky}T_{sky}{}^4 - \varepsilon_{surf}T_{surf}{}^4) \quad (4.2)$$

ここで，$\alpha$ は表面のアルベド，$\sigma$ はステファン・ボルツマン定数（$5.67 \times 10^{-8}$ W m$^{-2}$ K$^{-4}$），$T$ は絶対温度［K］，$\varepsilon$ は放射率である（訳注：下付文字 sky は天空の値，surf は表面の値を示す）．雲や水蒸気は高層大気より温度が高く，表面から放出された長波放射を捕らえるため，生態系は快晴時より曇天時において，また湿潤な条件下においてより多くの長波放射を受け取る．このことは，曇った夜が快晴の夜より暖かい理由，また雲がなく乾燥した条件の砂漠で日中に高い太陽エネルギーが入力されるにもかかわらず，夜間に寒い理由を説明する．

生態系から放出される長波放射（$L_{out}$）は表面温度に依存するが，その表面温度は表面が受ける放射量に依存し，また次節で説明するように，乱流プロセスによってエネルギーが大気や土壌に輸送される効率に依存する．多くの入射太陽光や低いアルベドによって大量の太陽放射を吸収した表面は，温度が高い傾向があり，より多くの長波放射を放出する．乾燥した表面や蒸散速度が低い葉は，水の蒸発による冷却が起こらないため，とくに温度が高くなりがちである．たとえば，砂漠の砂，最近火災があった跡，都市の舗装面は概して高温である（Bonan 2008）．反対に，十分に水を与えられた芝生は，乾燥している生態系や蒸散速度が低い植生に占められた生態系に比べてはるかに冷涼である．一般的に，入射短波放射，アルベド，表面粗度（次項参照），そして表面温度が，放射収支および正味放射量（式（4.2））に最も強く影響するパラメータである．

## ■吸収された放射の分配

**正味放射量は，生態系に吸収される放射エネルギーであり，非放射プロセスによって生態系の外に輸送されるエネルギーとほぼ釣り合う．**非放射プロセスには，土壌にエネルギーを伝導する**地中熱流量**（$G$），および水の蒸発散（**潜熱フラックス**，$LE$）と熱（**顕熱フラックス**，$H$）の形で表面から大気へ乱流輸送されるエネルギーがある．光合成を通じた化学エネルギーや，植物バイオマスの昇温の形で貯留されるエネルギー（$\Delta S$）は，わずかな量である（一般に1日の正味放射量の10%未満）．普段は，貯留されたエネルギーは，呼吸やバイオマス温度の低下の形で放出される．光合成によって捕捉されたエネルギーは，生態系の炭素循環の最も主要な駆動源であるが，その量は生態系エネルギー収支全体のわずかな部分（5%未満）でしかない．通常，生態系におけるエネルギー貯留量は小さいため，1日を通して考えると，正味放射量として吸収されたエネルギーは非放射プロセスによるエネルギー損失に等しい（式（4.3））．

$$R_{\mathrm{net}} = H + LE + G + \Delta S \tag{4.3}$$

ここで，$L$ は**気化潜熱**（latent heat of vaporization，20℃で 2.45 MJ kg$^{-1}$），$E$ は蒸発散速度である．この式で示されるように，$R_{\mathrm{net}}$ は表面に向かうときに正であり，$H$，$LE$，$G$，$\Delta S$ は表面から離れるときに正である．地中海性気候のように正味放射量が高い生態系では，北極域ツンドラや温帯雨林のような正味放射量が低い生態系に比べて，顕熱フラックスおよび（または）潜熱フラックスが高い（図4.3（口絵4）；Wilson et al. 2002）．

**地中熱流量**（ground heat flux，$G$）は，日中に土壌内へ下向きに伝導された熱が，夜間に上向きに伝導して表面に戻される熱と釣り合うため，1日を通してみると，ほとんどの生態系で無視できる．地中熱流量の大きさは，土壌表面と深層土壌の間の温度勾配と土壌の熱伝導率に依存し，湿潤で乾燥密度が高い（空気による断熱が小さい）土壌で値が最も大きい．最も急な地温勾配と最大の地中熱流量が発生するのは，永久凍土地帯である．たとえば北極圏では，夏の間に吸収されるエネルギーのおよそ10〜20%が，地表付近の季節的な凍結土壌（活動層）の融解に消費される．このエネルギーは，次の冬に活動層の土壌が再凍結する際にもう一度大気に放出される（Chapin et al. 2000a）．

湖や海洋においても，太陽放射入力が表面よりも下まで貫通し，水の高い熱容量と乱流

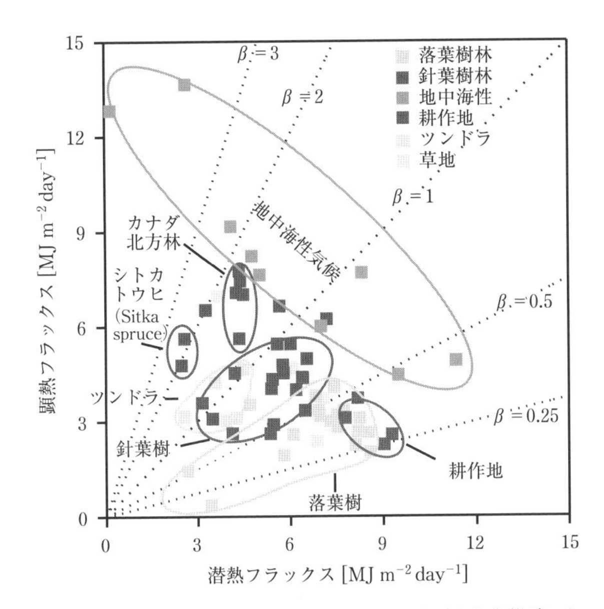


**図 4.3（口絵 4）** 渦相関法で測定された，さまざまな生態系における顕熱および潜熱フラックスの夏季平均値．点線はさまざまなボーエン比（$\beta$，潜熱フラックスに対する顕熱フラックスの比）を示す．生態系として，落葉樹林，針葉樹林，耕作地，ツンドラ，草地が示されている．また，地中海性気候のさまざまな生態系の例も示した（正味放射量の入力が大きいため，フラックスが大きい）．（Wilson et al. (2002) より）

混合によって熱が表面から下方に効果的に輸送されるため，夏の「地中熱流量」が膨大である．透明な湖では，入ってくる短波放射のおよそ半分が表層 10 cm で吸収されて熱に変換され，残りの熱変換がそれより深い所で起こる（Kalff 2002）．透過率の低い湖では，短波放射から熱への変換はより表面に近い所で発生し，それによって透明度が高い湖に比べて春のより早い時期に温度成層が形成されて，低温の深水層をもつようになる．温度成層の期間が長くなると，深水層での酸素欠乏の可能性が高まり，それによって生物的環境のあらゆる側面が変わってしまう（Kalff 2002）．

地中熱流量とは対照的に，大気への熱輸送は主に**乱流**によって発生する．乱流とは，表面と**バルク空気**（bulk air，植物群落の上にあり，群落の影響をあまり受けていない空気）の間にみられる不規則な速度の空気の動きである．この乱流を生じさせるプロセスは二つある．**対流性乱流**（convective turbulence）は，表面から 1～2 mm の領域で顕熱が表面付近の空気に伝導（拡散）されることによって生じる．空気は暖められると膨張し，浮力が強まることで，この密度の低い空気が上昇し，対流性乱流が生じる．さらに効率的な第二のエネルギー輸送プロセスは，**機械的乱流**（mechanical turbulence）によるもので，水平方向に動いている空気が不規則な表面を通過する際に不均一に減速することで生じる．針葉樹林のように背丈が高く不均一な群落は，背丈の低い作物群落に比べて空気力学的に**粗い**．不均一な地形や植生表面によって生成された機械的乱流は，空気の渦を生み出し，その渦が群落内に入り込むことで，バルク空気を群落内部に輸送して群落内の空気を排出する．これらの渦がエネルギーを表面から群落の外部に輸送し，大気と混合する（Jarvis and McNaughton 1986；Bonan 2008）．反対に，草地や作物畑のように背丈が低く滑らかな群落の上を流れる空気は，乱れが小さいため，吸収したエネルギーを発散する効率が低い．すなわち，このような群落とバルク空気との**カップリング**（coupling，結びつき）は弱い．滑らかな群落は熱の発散効率が低いため，森林に比べて日中の表面温度が高く，長波放射が大きい．

乱流は，顕熱だけではなく，植物からの蒸散や葉面・土壌表面からの蒸発によって生じた水蒸気を輸送することで，水蒸気に含まれる潜熱も輸送する．このエネルギーは，水蒸気が凝結して雲粒を形成する際に放出される．結露は，相対湿度が高く葉面や地面の温度が低い条件の夜間に，大気から生態系に小さな潜熱フラックスが生じていたことを示す．

生態系からの潜熱・顕熱フラックスは，表面の水分に依存した形で相互作用する．蒸発による熱の消費は表面を冷却し，その結果，顕熱フラックスを駆動する表面と空気との温度差を小さくする．反対に，顕熱フラックスが表面付近の空気を加熱すると，空気が保持しうる水蒸気量が増加し，蒸発する表面から湿潤空気を運び去る対流運動が起こる．これらのプロセスは，どちらも蒸発を駆動する水蒸気圧勾配を増加させる．これらの相互依存関係があるため，表面の水分は潜熱フラックスに対する顕熱フラックスの比である**ボーエン比**（Bowen ratio）に強い影響を与える．

ボーエン比は，生態系の間で2桁以上の違いがあり，これは顕熱・潜熱フラックスのいずれかが生態系から大気への乱流エネルギー輸送で卓越していることを意味する（表4.2；図4.3（口絵4）；Wilson et al. 2002）．一般に，湿潤な生態系（開水面，群落が湿潤な生態系など）からのエネルギーフラックスでは蒸発散が卓越し（ボーエン比 $< 1.0$），他の生態系，とくに乾燥した生態系からのエネルギーフラックスでは顕熱フラックスが卓越する（ボーエン比 $> 1.0$）．種の特性もボーエン比に影響し，光合成と蒸散の速度が高く成長が速い種が支配的な生態系では，蒸発散の割合が大きい（ボーエン比が小さい）（表4.2；第5章参照）．たとえば落葉樹林は，針葉樹林に比べて蒸散速度が高く，ボーエン比が低い（図4.3（口絵4））．強い風や表面が粗い群落は，大気乱流を起こすことで表面温度を低下させるため，顕熱フラックスとボーエン比を低下させる．したがって，エネルギー分配は季節によっても生態系によっても大幅に異なる．ボーエン比は，生態系のエネルギー収支と水収支の間のカップリングを決定し，湿潤な生態系（低いボーエン比）では乱流エネルギー交換の大部分が蒸発散として生じるため，水収支とエネルギー収支とのカップリングは強い（Box 4.1）．

景観における生態系の空間配置は，隣接する生態系どうしの加熱の差異が対流性乱流を発生させるため，エネルギー分配に影響を及ぼす．この乱流やそれにともなう顕熱・潜熱フラックスは，生態系の中心より境界で大きい（第13章参照）．たとえば，大きな湖の蒸

表4.2 さまざまな生態系タイプの代表的なボーエン比（潜熱フラックスに対する顕熱フラックスの比）

| 地表面タイプ | ボーエン比 |
|---|---|
| 砂漠 | ＞10 |
| 半乾燥地 | 2〜6 |
| 北極域ツンドラ | 0.3〜2.0 |
| 温帯林・草地 | 0.4〜0.8 |
| 北方林 | 0.5〜1.5 |
| 森林（濡れた林冠） | −0.7〜0.4 |
| 水ストレスを受けた作物 | 1.0〜1.6 |
| 灌漑された作物 | −0.5〜0.5 |
| 熱帯多雨林 | 0.1〜0.3 |
| 熱帯海洋 | ＜0.1 |

Jarvis (1976), Oke (1987), Eugster et al. (2000) のデータ.

発のほとんどは中心よりも縁で起こっている．湖の中心付近では，上を覆う空気の状態が非常に安定しているため，その空気が急速に飽和すると蒸発散速度が相対的に低くなる．同じ理由により，作物畑と休耕地がモザイクになっている所では，両者の面積割合が同じでも，それぞれが均一に広がっている場合に比べて蒸発散が大きい．アルベドやエネルギー分配がきわめて異なるそれぞれの生態系区画の大きさが，直径にして大気境界層の厚さ（＞≈ 10 km）より大きい場合，これらの生態系はメソスケールの大気循環，雲や降水のパターンを改変しうる（図 4.1；第 13 章参照；Pielke and Avissar 1990；Weaver and Avissar 2001）.

雪に覆われた表面では，融雪時にエネルギー交換の閾値が変化する．雪に覆われた表面はアルベドが高いため，融雪開始まではエネルギー吸収が最小限に抑えられるが，融雪が始まると，表面に吸収されるエネルギーと大気に輸送されるエネルギーが劇的に増加する．この結果，融雪後には地域の気温がしばしば急激に増加する．展葉もまた，アルベドの変化と，顕熱フラックスの消費による蒸発散の増加の両方によって，エネルギー交換を変化させる．雪で覆われた季節と雪のない季節ではエネルギー収支が著しく異なるため，陸域で雪が解ける期日や湖・海洋で氷が融ける期日が近年早まっていることは，高緯度の温暖化に対して強い増幅（正の）フィードバックを生み出している（Euskirchen et al. 2007).

## Box 4.1 水移動のエネルギー論

水とエネルギーは，動く量の大きさにおいてもターンオーバーの速さにおいても，この惑星で最もダイナミックな循環の二つを支配する．水移動のエネルギー論は，これらの循環の間のつながりや，その根本にある制御を理解するうえで，きわめて重要である．蒸発散は，生態系の水収支と熱収支の両方において最大の項の一つであるため，蒸発散の大きさを支配する要素は，水循環とエネルギー循環とのつながりの強さを決定する．

水は，その**比熱**（1 g の物質を1℃上昇させるのに必要なエネルギー）が高いため，与えられたエネルギー入力に対する温度上昇は，比較的ゆっくりである．水を1℃上昇させるには，同じ質量の空気と比べ4倍のエネルギーが必要である．それゆえ，大きな水塊（湖など）の付近の夏の気温は，一般に内陸部の気温より低い．同様に，湿った表面は，乾いた表面に比べて温度上昇が遅いが，より多くの水を蒸発させる．

水が相変化を起こすとき，膨大なエネルギーが吸収もしくは放出される．20℃の水1 g を気化させるには，その水を1℃上昇させるエネルギーの580倍（2.45 MJ $kg^{-1}$）が必要である．そのため蒸発散は，蒸散する葉や他の蒸発する表面において強力な冷却効果をもつ．反対に，水蒸気から雲に凝結するときには，周辺大気に対して強力な加熱効果があり，背丈の高い積乱雲を形成するような浮力をもたらす（第2章参照）．

**蒸気圧**（vapor pressure）は，空気中の水分子によってもたらされる分圧である．蒸発する表面（たとえば葉内の光合成細胞の細胞壁）に接触した空気は，その表面温度でほぼ飽和している．**飽差**（vapor pressure deficit）は，実際の蒸気圧と，その同じ温度で飽和した空気の蒸気圧との差である．飽差は蒸発散の駆動力であり，土壌から植物を通って大気に至る水移動の駆動力である．また飽差は，蒸発する表面に接触した空気と周辺大気との間の蒸気圧差を表現するのに近似的に用いられるが，厳密にはそれぞれの空気塊の温度は異なる．水蒸気の**コンダクタンス**（conductance，抵抗の逆数）は，単位駆動力（飽差）あたりの水蒸気フラックスである．

## 4.4　生態系水収支の概要

**生態系の生産性を支えるために利用可能な水は，インプットとアウトプットのバランスに依存する．**水は，生物圏の生産性を最も強く制約する資源であるため，生態系の動態で中心的な役割を果たす．また，水は世界中の多くの場所において，人間社会の持続的発展の機会を制限しつつある（Rockström et al. 1999；Vörösmarty et al. 2005；Carpenter and Biggs 2009）．したがって，自然と社会の両方のニーズに応えるには，生態系の水の流入，通過，流出を賢明に管理する必要があり，そのために水収支を理解することが重要である．

**生態系は水収支に対してバケツのように振る舞い，降水によって満たされ，蒸発散と流出によって空になる．**たとえば湖は，降水によって，また河川や隣接する生態系からの流入によって満たされ，表面蒸発によって水を失う．降水や流入による水のインプットが蒸発量を上回る場合，余剰分は「バケツを溢れ出して」流出として出て行く．多くの温帯の湖では，蒸発量は降水量とほぼ同じであり，したがって，湖からの流出量は流入量とほぼ同じである．暖かく乾燥した気候では，蒸発量がインプットを上回り，湖からの流出量は流入量より少ない．砂漠のように極度に乾燥した気候では，蒸発速度が非常に高いため，流出がめったに起こらず，**閉塞湖**を形成する．

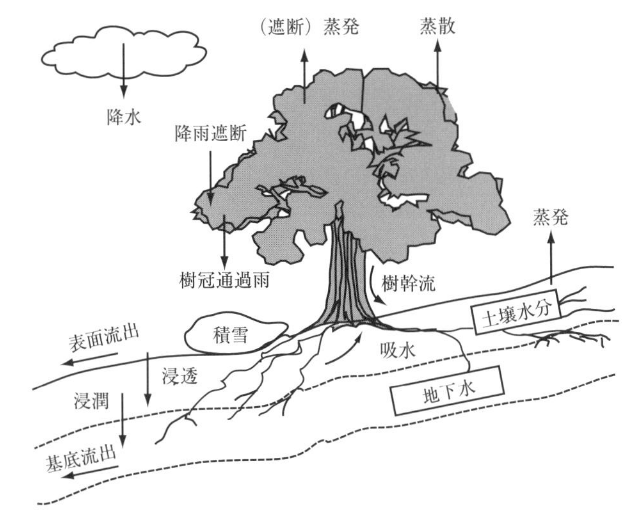


図 4.4　生態系における主な水フラックス

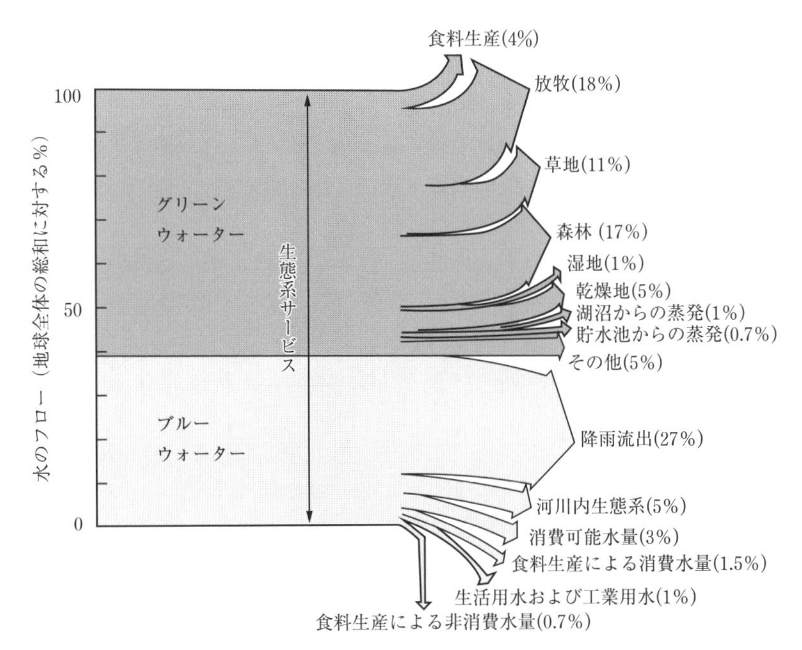


図 4.5　グローバルな生態系サービスを支えるブルーウォーターとグリーンウォーターのフロー．Rockström et al. (1999) のデータを基にした，Carpenter and Biggs (2009) より．

陸域の生態系もまた，土壌の容水量を超えない範囲で生態系に水が蓄積されるバケツのように振る舞う（図4.4）．この容水量を超えたとき，溢れた水は地下水に排水されるか，地表面上を流れ去る．生態系からの水損失は，河川や湖など，他の生態系へ側方移動する．**ブルーウォーター**（blue water）は，川，湖，貯水池，地下水の帯水層の液体水で，社会が利用できるものである．土壌表面からの蒸発や植物による蒸散（**グリーンウォーター**，green water）は，土壌に貯留された水が失われるもう一つの主要な経路である．これらのプロセスは，植物が吸水可能な水を土壌が保持している間しか持続せず，ちょうどバケツからの蒸発がバケツに水が蓄えられている間しか持続しないのと同じである．陸域生物圏のグリーンウォーターフラックスは，ブルーウォーターフラックスを上回る（図4.5；図14.3（口絵15）参照）．

## 4.5　生態系への水の流入

**降水は，大部分の陸域生態系にとって主な水の流入経路である．**そのため，地球全体および地域における降水の制限は，多くの生態系において水が流入する量と季節性を決定する（第2章参照）．しかし，降水の一部が雪で与えられる生態系の場合，積雪に含まれる水は融雪まで土壌に流入せず，降水が発生してからの遅れはしばしば数ヶ月になる．これにより，降水の季節性とは異なった土壌への水の流入の季節性が生じる．

一部の生態系（とくに河畔域）にみられる植生は，生態系を通り抜けて側方に流れる地下水にも接続する．たとえば，砂漠の**地下水植物**（phreatophyte，地下水を利用する深根性の植物）の群集は，十分な量の地下水を吸い上げ，生態系が降水で与えられる量を上回る水を蒸散で失う可能性がある．湖や河川も，水の流入のほとんどを隣接する陸域生態系から流れ出る地下水や流出水から得ている．そのため，陸水（淡水）生態系への水の流入は，降水と間接的にしかつながっていない．

頻繁に霧が生じる生態系では，霧の**群落（林冠）遮断**（canopy interception）が生態系への水の流入を増加させる．このとき，降水にならない雲粒が葉面に沈着し，群落から土壌に滴下する．たとえば，カリフォルニアの海岸のセコイア林は，夏の間は霧由来の水の流入に依存している．この間，降水が少なく，霧が頻繁に発生する（Ewing et al. 2009）．同様に，オーストラリアの熱帯多雨林としては気候的な限界にあたる地域では，樹木が霧やミストを捕らえることで，降雨量が40%増加しうる（Hutley et al. 1997）．これは，ニュージーランドの標高が高いタソック草原と同様である（Mark and Dickinson 2008）．しかし，霧がない場合には，次の節で述べるように遮断蒸発が寄与するため，群落遮断は通常，生態系に入る降水量の割合を減少させる．

# 4.6　生態系内部の水の動き

## ■ 群落（林冠）から土壌への水の動き

**林冠が閉鎖している森林では，降水のかなりの部分が林冠に着地する**（図 4.4）．この降水は，蒸発して直接大気に戻ったり，葉に吸収されたり，地面に滴下したり（**樹冠通過雨**, throughfall），幹を流下して地面に到達したりする（**樹幹流**，stemflow）．**樹冠遮断率**は，地面に到達しなかった降水量の割合である．一般にこの割合は，林冠が閉鎖した生態系でおよそ 10〜20%である（Bonan 2008）．弱い雨や雪の後では，降水のかなりの割合が林冠で蒸発し，土壌に到達することなく大気に戻る可能性がある．樹冠通過雨は，林冠の水の大部分を土壌に届けるプロセスである．

群落が水を遮断して蓄える容量は，生態系によって異なる．これは，群落の表面積，とくに葉の表面積に主に依存する（図 4.6）．たとえば森林は，葉，枝，幹がそれぞれ 0.8, 0.3, 0.25 mm の降水を蓄える．一般的に，針葉樹林は落葉樹林よりやや多くの水を蓄える（Waring and Running 2007；Bonan 2008）．林冠に根を下ろす着生植物は，水供給を完全に林冠遮断に依存しており，また自身が林冠遮断量を増加させる．林齢や着生植物の負荷などの要素は，それらが林冠表面積に及ぼす影響を通じて林冠遮断に影響する．

枝と幹の樹皮の質感や構造は，樹幹流の量や方向に影響する．樹皮が滑らかな樹木や灌木の樹幹流（降水量の約 12%）は，針葉樹のように粗い樹皮の植物の樹幹流（降水量の約 2 %；Waring and Running 2007）より大きい．オーストラリア南西部の背丈の低いユーカリ属（マレー，*Eucalyptus* mallee）の灌木林では，樹林がパラシュートのような形をしているため，降水量の 25%も樹幹を流下する．樹幹流はやがて，土壌と根の接触面のチャネルを通じて土壌断面深くに浸透する（Nulsen et al. 1986）．

草地は，一般に森林より降水量が少なく，遮断率は森林よりも大きく降水量の 30〜40%

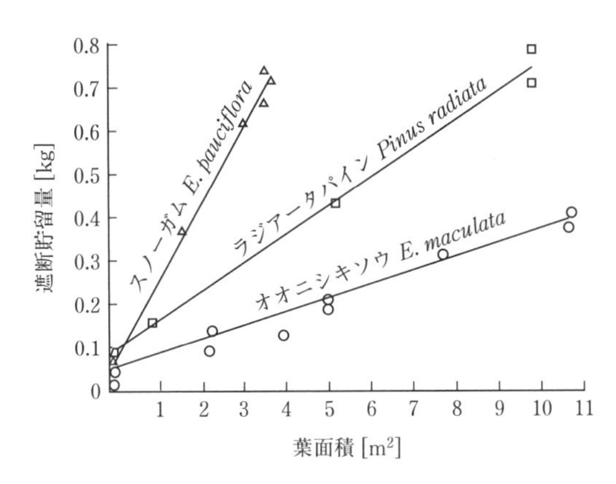


**図 4.6**　葉面積が異なるユーカリ属（*Eucalyptus*）（およびマツ）の遮断貯留能力．Aston (1979) より．

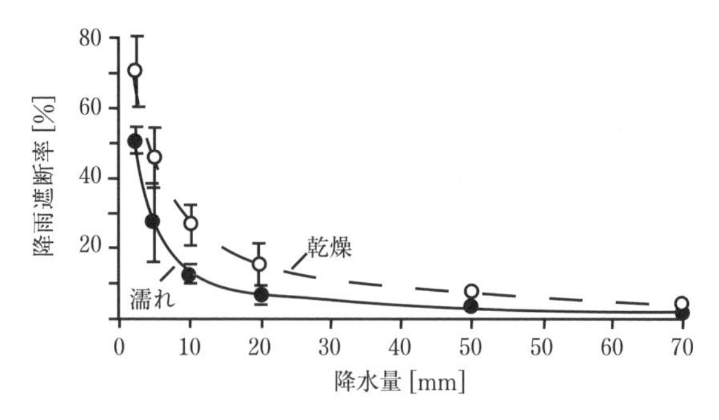


図4.7　アマゾン西部において，草本群落が乾燥している場合と濡れている場合の降水量に対する降雨遮断率．Ataroff and Naranjo (2009) より．

である（Seastedt 1985；Ataroff and Naranjo 2009）．弱い降水のときは，降水量の70%が乾燥した草地群落に遮断され，その遮断される割合は降水規模の増加にともなって小さくなる（図4.7；Ataroff and Naranjo 2009）．群落構造を変える放牧や火災のような要因は，草地に遮断される水の量に影響する．たとえば，火災にあったプレーリーでは，火災前のプレーリーに比べて遮断量はおよそ半分であった．そこでは，立ち枯れた葉が降水量の大部分を遮断する（Seastedt 1985；Gilliam et al. 1987）．

一般に，群落遮断は土壌への水の流入を減少させ，とくに弱い雨に対しては顕著である．霧がある場合にのみ，群落遮断は土壌への水の流入量を増やす．しかし，これらの単純な一般論を超えると，群落が土壌への水の流入に及ぼす影響が生態系によってどのように異なるのか，あまりわかっていない．

## ■ 土壌中の水の貯留と動き

**土壌水は，主に土粒子表面の薄い水の膜に貯留される**．土壌の保水力は，間隙体積の合計や周囲の土粒子の表面積に依存する（第3章参照）．そして間隙体積は，土壌深度と間隙率に依存する．たとえば，尾根の頂上の薄い土壌は，谷底の深い土壌に比べて少ない水しか保持できない．岩混じりの土や砂質土は，土壌の固体部分が土壌体積のほとんどを占め，土粒子の比表面積が小さいため，細粒土に比べて保持できる水は少ない．

**水は，ポテンシャルエネルギーの高いほうから低いほうへ，その勾配に沿って動く**．水のエネルギー状態は，その水の濃度やさまざまな圧力に依存する．自然系における圧力は，静水圧かマトリック力のいずれかによって表現できる（Passioura 1988）．自然系における主な静水圧は，(1) 重力による静水圧，および (2) 蒸発および組織の生理学的な過程によって生み出される圧力である．マトリック力は，水が細胞や土粒子の表面に吸着することで生じる．水膜が薄くなるほど，水分子はマトリック力によってより強く表面に保持される．

これらの力は，**水ポテンシャル**（water potential）の単位で同時に考えることができる．水ポテンシャルは，土壌表面における純水に対する相対的な水のポテンシャルエネルギーである．土壌水の全ポテンシャル（$\Psi_t$）は，それぞれのポテンシャルの合計である．

$$\Psi_t = \Psi_p + \Psi_o + \Psi_m \tag{4.4}$$

**圧力ポテンシャル**（pressure potential，$\Psi_p$）は，重力と有機体の生理プロセスによって生成される．**浸透ポテンシャル**（osmotic potential，$\Psi_o$）は，水に溶存する物質の存在を反映する．**マトリックポテンシャル**（matric potential，$\Psi_m$）は，表面への水の吸着による．文献によって，マトリックポテンシャルは圧力ポテンシャルの一成分として扱われる場合がある（Passioura 1988；Lambers et al. 2008）．慣例により，土壌表面で圧力がかかっていない純水の水ポテンシャルの値をゼロとする．この参照値よりポテンシャルエネルギーが高い場合，水ポテンシャルは正になり，低い場合には水ポテンシャルは負になる．生態系の大部分の領域では，水が土壌や幹に張力で保持されており，また水に物質が溶存しているため，水ポテンシャルは負である．

**重力とマトリック力による圧力勾配は，土壌中の水の動きのほとんどを制御する**．土壌を通る水の流れの速さ（$J_s$）は，駆動力（水ポテンシャル勾配）と水移動に対する抵抗によって決まる．そしてこの抵抗は，土壌の**透水係数**（hydraulic conductivity，$L_s$）と水が移動する水柱の経路長（$l$）に依存する．

$$J_s = L_s \frac{\Delta \Psi_t}{l} \tag{4.5}$$

この単純な関係は，土壌への雨水や融雪水の**浸透**や，土壌から植物根への水移動など，土壌中の水の動きのほとんどのパターンを表現する．土壌によって，土性と団粒構造が異なるため，透水係数は著しく異なる（第3章参照）．このため，粗粒の砂質土では，粘土や圧密土に比べて水が中を素早く移動する．たとえば，飽和した土壌における水の流速は，細粒土と粗粒土で3桁も異なる（それぞれ$< 0.25$ mm h$^{-1}$と$> 250$ mm h$^{-1}$）．

土壌への雨水の浸透は，透水係数だけではなく，土壌の亀裂や植物根・土壌動物が作った流路による**粗大間隙**を通る選択的な流れにも依存する（Dingman 2001）．土壌表面の数mmにおける流路の変化は，浸透に大きな影響を与える．たとえば，裸地の鉱質土壌に雨滴が衝突すると，透水係数は劇的に減少する．一度水が土壌に入ると，土粒子への水の吸着を表すマトリック力が重力ポテンシャルを上回らない限り，重力に従って下方に移動する．マトリック力に保持されなかった水は，土壌を通って地下水に排水され，河川や湖に流出する．土壌の**圃場容水量**は，重力水が排水された後で土壌に保持される水の量である．

土壌水分が圃場容水量と等しいとき，土壌の水ポテンシャルはおよそ$-0.03$ MPaであり，純水の水ポテンシャル（0 MPa）に近い．土壌が乾燥するにつれ，土壌の水膜は徐々に薄くなり，残った水は土粒子表面により強く保持される．**永久しおれ点**は，ほとんどの中湿性の植物が土壌から水を得られずにしおれてしまう土壌の水ポテンシャル（約$-1.5$ MPa）である．しかし，乾燥に適応した植物の多くは，$-3.0$〜$-8.0$ MPaという低い水ポテンシャルでも土壌から水を得ることができる（Larcher 2003）．さらに，乾燥土壌で水膜が薄

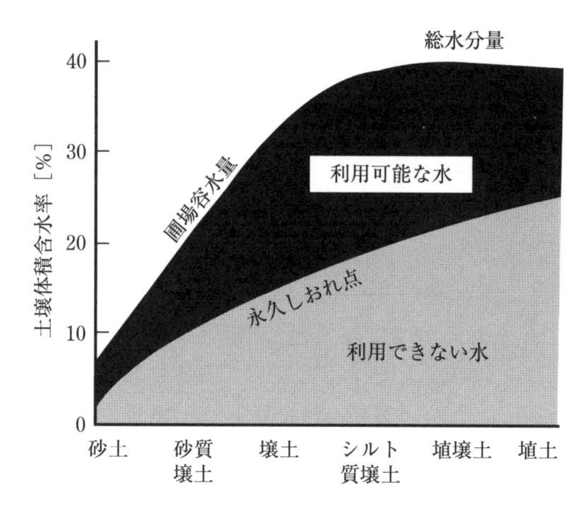


図4.8　土性の関数として表現した，圃場容水量における植物が利用可能な水．Kramer and Boyer (1995) より．

くなることによる第二の結果として，水は空気で満たされた間隙を横切って直接移動することができなくなり，間隙の縁に沿った水膜を通って，はるかに長く曲がりくねった経路で移動しなければならなくなる．このため，土壌が乾燥すると土壌の透水係数は劇的に減少する．圃場容水量と永久しおれ点との土壌水分の差（保水力）は，植物が利用可能な水とみなせる（図4.8）．ただし，この水の一部は小さい間隙に保持されるため，植物根への水移動は非常に遅い．植物は多くの場合，水ストレスの兆候が出るまでに，植物が利用可能な水の65〜75％を抜き取る（Waring and Running 2007）．植物が利用可能な水の総量は，土壌の単位体積あたりの利用可能な水分量と，根が利用している土壌体積との積で求められる．

## ■土壌から根への水移動

**水は，水ポテンシャルの高い所から低い所へ流れることによって，土壌から，蒸散している植物の根まで移動する．**根の水ポテンシャルが周囲の土壌より低いときはつねに，水は土壌から根の中に移動する．水ポテンシャル勾配に沿って水が根の中に移動することによって，隣接する土粒子上の水膜はさらに薄くなる．残った水はさらに強く土粒子に吸着されるため，水ポテンシャルはさらに低くなる．根の付近の水ポテンシャルが局所的に減少することによって，水は土壌の水膜に沿って根まで移動する．このようにして，根は半径約6 mmの周囲の土壌にある利用可能な水のほとんどにアクセスできる．土壌が乾燥すると，透水係数が減少し，根の水へのアクセスは遅くなる．塩類土壌では，土壌溶液中の浸透ポテンシャルが土壌水の全ポテンシャルを減少させるため，根の水ポテンシャルが同じでも，根が塩類土壌から吸える水の量は非塩類土壌に比べて少ない．

土壌から根までの連続した水移動の経路は，土壌まで伸びる根毛と菌根菌糸および，根と土壌との接触を最大化するために根から分泌された炭水化物によってもたらされる．土壌が乾燥して縮んだり，土壌動物が根毛や根の皮層細胞を消費したりすると，この根と土壌の接続が遮断され，根は水を吸えなくなる．

**根の深さは，水と養分の利用可能性の間の折衷案を反映している．**ほとんどの植物の根は土壌上層にあり，そこでは養分の投入量が最大で，一般に栄養を最も利用しやすい（第9章参照）．同じ生態系でも，寿命の短い草本は寿命の長い灌木や樹木に比べて一般に根が浅く，土壌表面の水分により強く依存する（図4.9；Schenk and Jackson 2002）．乾燥

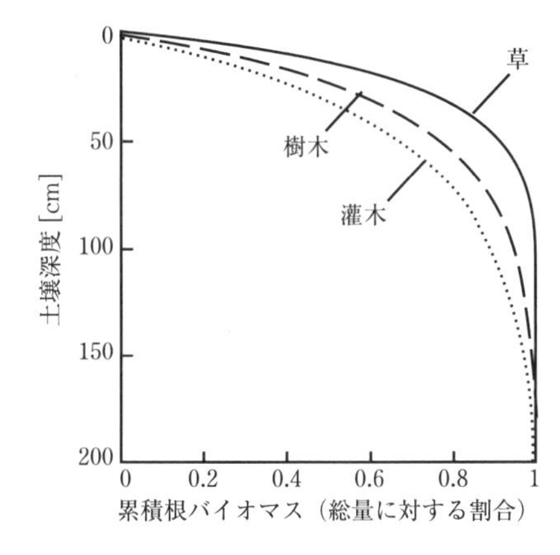


**図4.9**　すべてのバイオームで平均した，3種類の植物成長タイプの根の土壌深度に対する累積分布．Jackson et al. (1996) より．

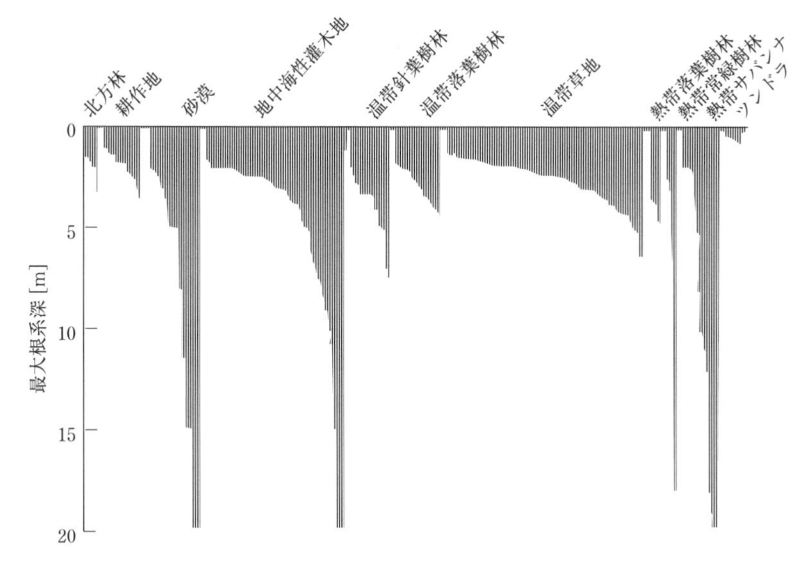


**図4.10**　世界中の主要なバイオームごとに選ばれた植物種の最大根系深．各バイオームにおいて植物種ごとの根系深は幅広く異なる．乾燥した環境の木本種は深根性であることが多い．Canadell et al. (1996) より．

生態系では，表面蒸発と蒸散によって，土壌表面が乾燥している．そのため，砂漠や乾燥灌木地，熱帯サバンナには，深根性の種が多い（図 4.10）．地下水植物は，深根性植物の極端な例である．これらの砂漠植物は，地下水面まで根を下ろし，その長さは数十 m にも及ぶ．これらの植物は，乾燥に対する生理学的適応をせず，蒸散速度が高い．熱帯多雨林のような湿潤な生態系であっても，乾季が存在するため，8 m 以上の深さから水を吸い上げる深根性の熱帯樹木が存在する（Nepstad et al. 1994）．これらの森林では，蒸散する水の 75% 以上が相対的に深い水（2〜8 m の深さ）に由来する．深根性の植物はおそらく，一般に認識されているより多くみられ，生態系水収支で大きな役割を果たしているだろう．

根の深さは，植物が利用する土壌の体積を決定するため，生態系に重大な影響を及ぼす（第 11 章参照）．たとえば，カリフォルニアの草地の土壌は，夏の干ばつの終わりであっても深さ 1 m より下が湿潤であるが，隣接するシャパラル（chaparral）灌木群落が土壌水を利用する深さは 2 m に達する．この根が深いことで，シャパラルは生育期が長く，生産性が大きい．シャパラルの中でも，種による根の深さの違いで水供給や乾燥ストレスの違いが生じている．

## ■ 植物を通る水の動き

**葉面から大気への水蒸気圧勾配が，植物体を通る水の動きの駆動力である．**土壌から植物を通る大気への水の輸送は，それぞれが連続した液体水の膜で相互に接続した，土壌‐植物‐大気の連続体で起こる．水は，水ポテンシャルの勾配に従って土壌から植物を通り大気へ移動する．葉の外の飽和していない空気の水ポテンシャルは，葉の内部の飽和した空気より相対的に低いため，葉からの水損失の主要な駆動力である（Box 4.1）．この空気の水ポテンシャルが，水ポテンシャル勾配に沿った根から葉への水輸送を駆動し，またそれが土壌から植物への水移動を駆動する．葉面で蒸散によって失われた分を補うために，水は植物の中を張力（負圧）で動くが，それはあたかも木部道管の中で「吸い上げられている」ように見える．植物を通る水移動の速度（$J_p$）は，水ポテンシャル勾配（駆動力；$\Delta\Psi_t$）および水移動に対する抵抗で決まり，ちょうど土壌中の水移動の表現（式（4.5））と似ている．土壌中の場合と同様に，植物を通る水移動に対する抵抗は，透水係数（もしくはコンダクタンス；$L_p$）および経路長（$l$）に依存する．水が植物に入って通り抜ける動きは，葉面からの蒸発の物理プロセスによって完全に駆動されるため，植物による代謝エネルギーがここで直接消費されることは，根の生産以外には一切ない．これは，植物が炭素や栄養分の獲得のために相当な代謝エネルギーを直接消費することとは，対照的である．

### ▶ 根

**水は，日中には湿潤土壌から大気へ，そしてときには夜間に湿潤土壌から地表の乾燥した土壌へ，根の中を水ポテンシャル勾配に沿って移動する．**湿潤土壌では，疎水性脂質で構成された根の細胞膜が，根を通る水移動に対する最大の抵抗となる（図 8.5 参照）．この水の流れに対する細胞膜の抵抗は，根の温度が低い条件，もしくは酸素濃度が低い条件で最大となるため，これらの条件に適応していない植物は，低温もしくは水で飽和した土壌において大きな水ストレスを受ける．乾燥土壌では，根と土壌とのギャップや後述する根の中の水柱の切断が，植物を通る水の流れに対する最大の抵抗になる．植物は，これらの土壌から葉への水の経路の断裂に対して，新しい根を生産することで克服する．この新しい根は，水輸送経路に損傷がなく，その根の炭水化物，根毛，および菌根によって土壌水膜との接続が向上している．

乾燥した環境では，表層土壌の低い水ポテンシャルによって，土壌の水ポテンシャルに強い鉛直勾配がある．しかし，乾燥土壌の透水係数は低いため，土壌中の水の動きは遅い．日中には，植物は蒸散によって水を失い，植物の水ポテンシャルが土壌の水ポテンシャルより低くなるため，水は土壌から植物へ移動する．とくに，水が最も利用可能な深層土壌（土壌の水ポテンシャルが最も高い；図 4.11）からの移動が著しい．夜間は，気孔が閉じて蒸散が止まり，植物の水ポテンシャルは深層土壌の水ポテンシャルと平衡になる．表層土壌が深層土壌より乾燥している場合，深層土壌から表層土壌へ水ポテンシャルの勾配が形成される．根は乾燥土壌に比べてはるかに透水係数が高いため，この水ポテンシャル勾配は**水圧リフト**（hydraulic lift），すなわち，水ポテンシャル勾配に沿って深い土壌から根の中を通り浅い土壌に向かう鉛直方向の水移動を駆動する（Caldwell and Richards 1989）．この水移動は，水の同位体組成の変化を測定することで実証できる（Box 4.2）．水圧リフトは，ほとんどの乾燥生態系や多くの湿潤な森林で起こっている．たとえば，サトウカエデ（sugar maple）の木は乾燥期間に水分のすべてを深い根から獲得するが，同じ森林にある根の浅い草本は，利用する水の 3 ～60％がサトウカエデの木の水圧リフトで運ばれた水である（Dawson 1993）．北米西部のグレートベイスン（Great Basin）砂漠では，根の浅い草が利用する水の 20～50％が，深根性のヤマヨモギ（sagebrush）灌木の水圧リフト

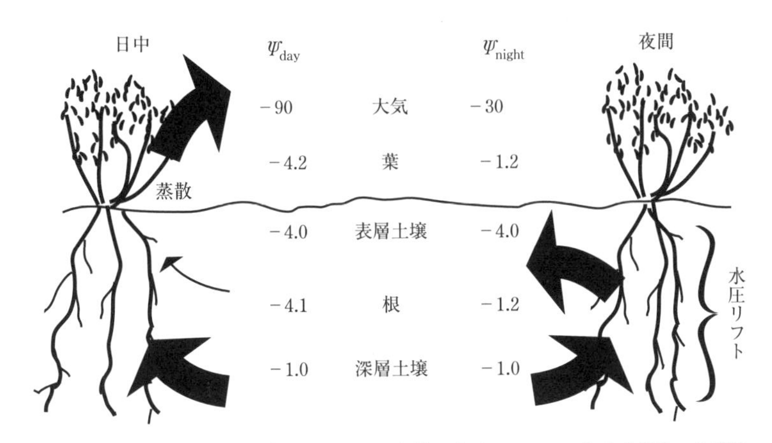


**図 4.11**　乾燥環境の日中と夜間における，土壌の水ポテンシャルと水分移動の典型的なパターン．日中は，植物から大気への強い水ポテンシャル勾配に応じて，水は（とくに深層の）土壌から大気へ移動する．夜間は，気孔が閉じており，水は根を通って湿潤な深層土壌から乾燥した表層土壌へと移動する（水圧リフト）．

で運ばれた水である．水圧リフトで供給された水は，乾燥した表層土壌における分解と無機化を刺激し，それにより浅根性の植物種に対する水と栄養の供給を増大させる．深根性植物は，表層土壌に水を供給する一方で，表層土壌から水と栄養をもち去る働きもあるため，多くの生態系では，水圧リフトによって種の間の相互作用の解釈が複雑になっている．降雨の後で表層土壌が深層土壌より湿潤になった場合，根は深層土壌の水分補給のための手段になる（Burgess et al. 1998）．このように根は，鉛直方向の水ポテンシャル勾配の向きによらず，水ポテンシャルの高い土壌から低い土壌への素早い水移動のための経路を提供する．

## Box 4.2　生態系を通る水の流れを追跡する

安定同位体は，生態系を介する元素や化合物の動きを追跡するうえで，有益な手段である（Dawson and Siegwolf 2007）．たとえば，植物が利用する水の起源は，その同位体組成から特定できる．ある元素の二つの同位体は，原子核の中の中性子数が異なるため，それらは，化学的性質に比べ物理的性質において，より大きく異なる．水素（H）に対する重水素（D）の濃度比は，水の起源の違いを示す有用な特徴である．これらの比率は，しばしば標準物質（水の場合は海水）との相対値で表現される．したがって，海水より多いDをもつ水は正の値を示し，海水よりDが少ない水は負の値を示す．重い同位体（重水素）ほど蒸発しにくいため，水蒸気の同位体比D/Hは蒸発の起源となった水に比べて減少する（より大きな負の値になる）（図4.12）．一方，凝結の場合にはD/H比は増加し，それによって降雨は，起源となった空気塊より小さな負の水素同位体比になる．そのため，大気中に残る水蒸気のD/H比は，降水イベントが連続するたびに減少する（より大きな負の値になる）．また，降水が発生したときの気温とD/H比にも正の線形関係があるため，夏の降水のD/H比は冬の降水に比べて高い．これらの蒸発や凝結にともなうD/H比の変化は，生態系における異なる水のプールに特徴的な特性を生じさせる．たとえば，生育期においては，土壌の深層の水は冬の降水由来（低いD/H比）で，表層の水は夏の降水由来（高いD/H比）である可能性が高い．これらの同位体特性は，植物が利用した水の起源を同定するのに利用できる（図4.13）．たとえば，木部の水の同位体比は，植物が利用した深層水と表層水の相対的な比率を示し，これはすなわち植物の冬季および夏季

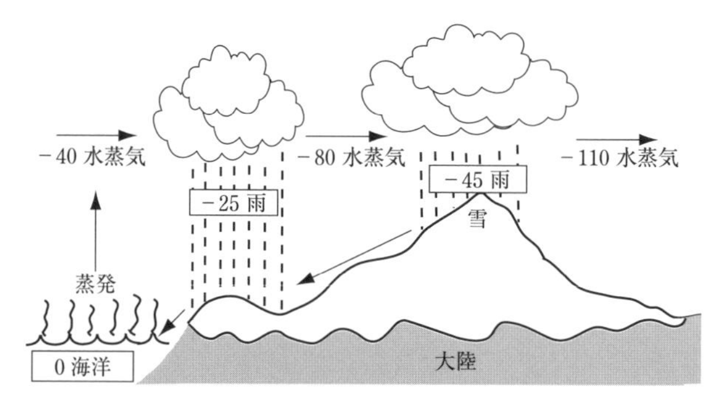


図4.12　蒸発と，その後の降雨時の凝結が，水素同位体比（訳注：単位［‰］）に及ぼす影響．Dawson, (1993) より．

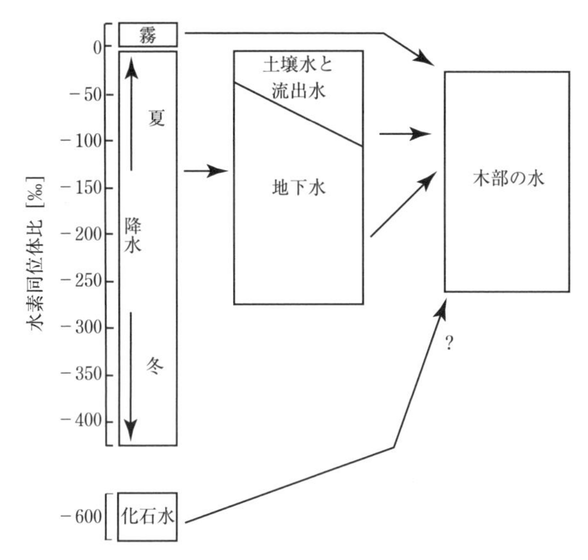


**図 4.13** さまざまな起源による水の同位体特性．植物の木部から水を採取することで，植物に利用された水の主なソースを特定できる．Dawson (1993) より．

の降水への依存度を示す．同様に D/H 比は，ほとんどの植物が土壌水や地下水を利用しているのに対し，セコイアのような植物は水の大部分を霧から得ていることも示している (Dawson 1993；Limm et al. 2009)．河川水の D/H 比は，最近の降水イベントによる土壌水と地下水が相対的にどの程度寄与しているかを特定する．水の酸素同位体比は，水素同位体比と同様な変動パターンを示し，はるか昔に氷河の氷を形成した降雪から気温を推定する場合にとくに有用である（図 14.2（口絵 14）参照)．

### ▶ 幹

**水は，葉が蒸散で失った水を補填するために幹を通って移動する**．木部にある水の通道組織は，死細胞による細い毛管で，根から葉に伸びている．水は，蒸散による水損失で形成された水ポテンシャル勾配に応答して，これらの毛管の中を吸い上げられる．水分子どうしに働く凝集力や，細い毛管への水分子の付着力のおかげで，これらの水柱は張力（負の水ポテンシャル）を受け，高木では 100 m もの高さまで上昇する．

木部道管の透水係数と**キャビテーション**（cavitation，張力による水柱の断裂）のリスクとの間には，トレードオフがある（Jackson et al. 2000；Sperry et al. 2008)．幹の透水係数は毛管の直径の 4 乗で変化するため，道管直径のわずかな拡大が透水係数を大きく上昇させる．たとえば，つる植物は幹が比較的細く，物理的な支えを他の植物に依存しているが，木部道管の直径は大きい．このことは，細い幹の中で素早い水の輸送を可能にする反面，キャビテーションのリスクを高めており，つる植物が熱帯多雨林のような湿潤な環境で最も一般的である理由を説明しうる．たとえば，熱帯性つる植物の幹の透水係数と樹液流速は，針葉樹林に比べてそれぞれ50倍および100倍も高い（Larcher 2003）．落葉広葉樹の値は両者の中間である．多くの湿潤環境の植物，とくに草本植物は，キャビテーションが起こる状況に近い水ポテンシャルでも機能しており，このことは，これらの植物が水輸送組織に対して，生育期の水輸送がかろうじて可能になる分しか投資していないことを示唆している（Sperry 1995；Sperry et al. 2008）．一方，乾燥環境由来の植物は，植物が一般に経験するより低い水ポテンシャルでもキャビテーションに耐える，大きな安全率をもった幹を生産する（図4.14）．

細根は，相対的に道管の直径が大きいため，幹よりキャビテーションを起こしやすいようである（Jackson et al 2000）．しかし，根の表面積は幹の断面の木部面積より大きいため，植物体全体レベルで見るとこれら二つの組織による水輸送の制限は同程度であろう（Craine 2009）．

寒冷な環境下の植物は，凍結によるキャビテーションに見舞われる．このような寒冷な環境に適応した樹木は，一般に直径の小さい道管を多量に生産し，種によってはキャビテーションが生じた後でも，その道管に水を再充填できる（散孔材樹種）．その一方で，温暖な環境の樹木の多くは，直径が小さい道管だけではなく，直径が大きい道管も生産するが，これらの道管はキャビテーションの後に再充填されないため，一度の生育期にしか機能しない（環孔材樹種）．

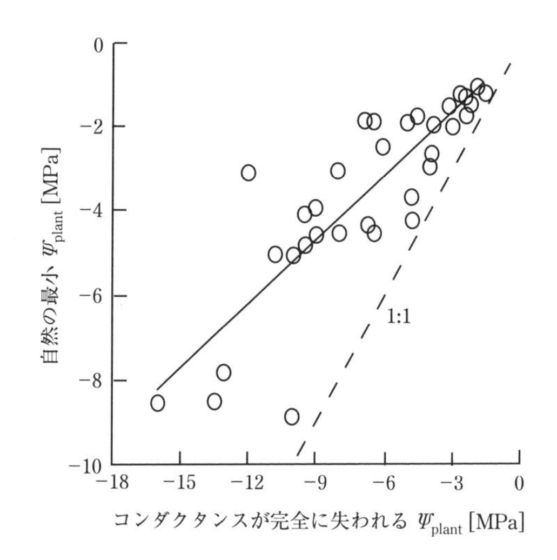


**図4.14**　キャビテーションによって植物が木部のコンダクタンスを完全に失う水ポテンシャルと，実際に観測される最小の水ポテンシャルとの関係．各データ点はさまざまな植物種を表す．1：1の線（破線）は，仮に安全率がない場合，すなわち実際に観測される最小の水ポテンシャルで各植物種がコンダクタンスを完全に失う場合に予測される線である．実際には，低い水ポテンシャルを自然に経験する植物種は，安全域がより広い（すなわち，1：1の線からの偏差がより大きい）．Sperry (1995) より．

幹によって輸送される水は，個々の通道要素の透水係数と，通道組織（**辺材**，sapwood）の全体量の両方に依存する．辺材の断面積と樹木が支える葉面積の間には強い線形関係がある（図 4.15）．しかし，この関係の傾きは種や環境によって著しく変化する．耐乾性の種は一般に，乾燥に敏感な種に比べて単位辺材面積あたりの葉面積が小さい．これは，耐乾性の種のほうが道管の直径が小さい（コンダクタンスが低い）ためである．たとえば，辺材面積に対する葉面積の比は，中湿性の環境で育った樹木の値は乾燥環境で育った樹木の 2 倍以上である（Margolis et al. 1995）．樹木の生産性を増大させる要素はいずれも，辺材面積に対する葉面積の比を増加させる．たとえば，この比の値は，栄養状態や水分状

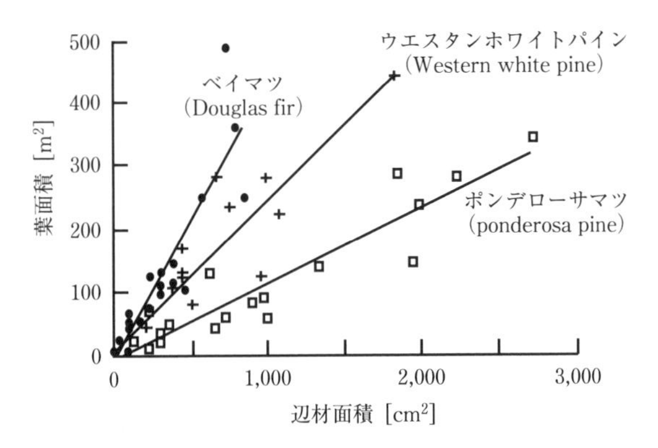


図 4.15　三つの森林樹種の辺材面積に対する葉面積の関係．主に乾燥地に生息するポンデローサマツは道管が小さいため，湿潤な土地に生息するベイマツに比べて単位辺材面積あたりの葉面積が小さい．Monserud and Marshall (1999) より．

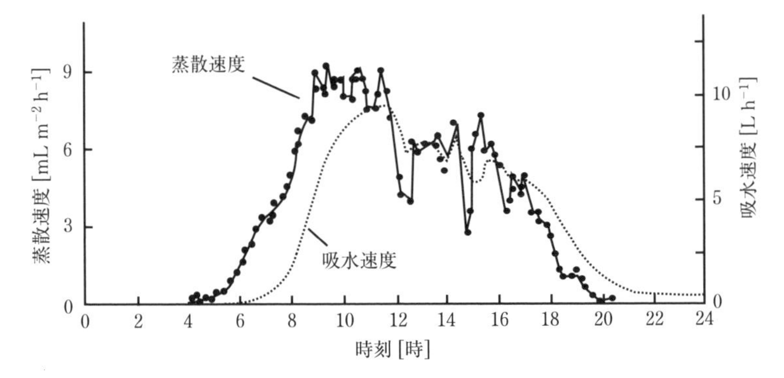


図 4.16　シベリアカラマツ（Siberian larch）による吸水と水損失の日変化．午前中，蒸散は幹からの水損失に支えられ，幹と根の水ポテンシャルが低下する．これによって，土壌から水を吸収するための水ポテンシャル勾配が作られる．吸水は幹を通る水の鉛直輸送として測定され，水損失は単位葉面積あたりの蒸散量として測定された．幹の貯水量は夜間に補填される．Schulze et al. (1987) より．

態を改善することで増加する．また林分内では，準優占種の個体より優占種の個体で大きい．

**幹に蓄えられた水は，水の要求と供給の不均衡による植物への刺激を和らげる**．樹木の幹の水分量は，一般に日中に低下し，それによって根による吸水は蒸散による水損失から約2時間遅れる（図4.16）．辺材に蓄えられる水の量は膨大であり，5～10日分の蒸散量に相当する．しかし，この辺材の水は，入れ替えの速度が比較的遅く，辺材の水貯留量の変化が蒸散量の10%を超えることはめったにない．熱帯乾燥林では，樹木は乾季に葉を落とすが，蓄えられた水は乾季に起こる開花を支えるのに不可欠である．材密度が低く幹の水貯留量が大きい樹木は乾季に開花できるが，材密度が高く幹の水貯留量が低い樹木は雨季にしか開花できない（Borchert 1994）．砂漠の多肉植物は，体内に蓄えられた水によって，土壌からの吸水が止まってから数週間は蒸散できる可能性がある．

### ▶ 葉

**葉からの水損失は，空気の蒸発ポテンシャル，土壌からの水供給，そして葉の気孔コンダクタンスによって制御される**．土壌による水供給と空気の蒸発ポテンシャルは，葉からの水損失に対する主要な環境制御因子である（図4.17）．**気孔**（stomata）は葉の表面にある穴であり，植物はこの気孔を開閉することで，$CO_2$が葉に入る速度と水が失われる速度（蒸散プロセス）を調節することができる．気孔は，植物と空気の間の水蒸気の**コンダクタンス**，すなわち駆動力（蒸気圧勾配）あたりの水蒸気フラックスを決定する．気孔が開いているときは，葉のコンダクタンスは高く，水蒸気は素早く失われる．気孔が閉じると，

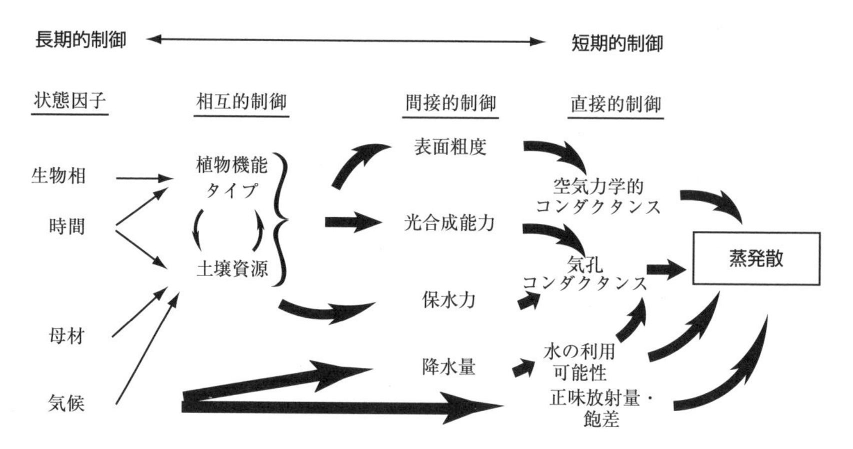


図4.17 植物群落からの蒸発散の時空間変動を支配する主要な因子．これらの制御は，蒸発散の日変化や季節変化を決定する直接的制御から，生態系間で蒸発散の相違を生む最大要因である間接的制御や状態因子まで及ぶ．太い矢印は，これらすべての制御が重要であることを示し，気孔コンダクタンスは乾燥条件で最も重要であり，空気力学的コンダクタンスは湿潤条件で最も重要である．正味放射量と飽差は，それぞれ表面が滑らかな群落と粗い群落における最も強い蒸発散の駆動力である．

コンダクタンスは非常に低いレベルに低下し，水損失はほとんど起こらない．乾燥土壌では，土壌の透水係数が低いため，地表面蒸発によって土壌から空気へ直接移動する水の量は最小限に抑えられる．植物は根系が広く，木部の透水係数が高いため，土壌から大気へ移動する水にとって効率の高いルートである．植物は，気孔の開口部の大きさを調整することで，葉からの水の損失を調節する．気孔コンダクタンスは，葉に入る $CO_2$ の速度も決定するため，葉における炭素獲得と水損失の間には不可避なトレードオフがある（第5章参照）．

**気温と湿度の日較差や気候による違いが，蒸散の駆動力を決定する．** 葉の内部にある空気は，湿った細胞表面に隣接しているため，つねに水蒸気で飽和している．晴れた日には，気温が上昇して正午過ぎに最高気温に達し，空気はより多くの水を保持できるようになる．この気温上昇と葉に吸収された放射によって，葉の温度が上昇するため，葉の内部の空隙の水蒸気濃度も上昇する．葉の外部の空気は，葉の内部に比べてあまり水蒸気濃度が上昇しない．その結果，葉の内側と外側の間の水蒸気濃度勾配（つまり飽差，Box 4.1）が上昇し，それによって葉からの蒸散による水損失が増加する．夜間には，温度が下がることで，葉の内側の水蒸気濃度が低下し，蒸散も低下する．また，天気や気候が変化して気温の上昇や大気湿度の低下が生じた場合でも，蒸散による水損失の駆動力が強められる．たとえば，砂漠では空気が高温でかつ乾燥しているため，蒸発ポテンシャルが著しく高い．一方，雲霧林では，空気が飽和していて雲が放射の入力を減衰させるため，一般に蒸発ポテンシャルは低い．また，寒冷気候では，冷たい空気が相対的に少ない水蒸気しか保持できないため，一般に蒸発ポテンシャルは低い．

気孔コンダクタンスは，植物が葉からの水損失に対して主導権を発揮するまさに主要な制御因子である．ある植物は，葉が暖かく乾燥した空気にさらされたときに気孔コンダクタンスを低下させ，蒸散による水損失が高くなるのを防ぐ．空気の蒸発ポテンシャルに対する気孔コンダクタンスの感度は，種によって大きく異なる．しかし，大気湿度に対する気孔コンダクタンスの感度については，そのメカニズムも生態学的パターンもいまだによくわかっていない．

**植物が根系の土壌水分を感知するため，気孔コンダクタンスは土壌の乾燥に応答して減少する．** 低い土壌水分にさらされた根は，**アブシジン酸**（ABA）を生産する．ABA は，根から葉に輸送されて気孔コンダクタンスの減少を引き起こすホルモンである．土壌水分と気孔コンダクタンスとのカップリングの度合いは，植物固有の適応に依存する．**水分制御型**（isohydric）植物は，主に湿潤環境で生育し，植物の水ポテンシャルの大きな変化を経験する前の比較的土壌水分が高い時点で，気孔を閉じる．これは光合成を止めてしまうため，彼らは乾燥期間のエネルギー要求に対して貯留分の炭水化物で間に合わせなければならないが，それによって通水阻害を防ぐ．一方，**水分非制御型**（anisohydric）植物は，主に乾燥環境で生育し，土壌の乾燥に対して気孔コンダクタンスがあまり反応しないため，土壌が乾燥しても光合成を続けてしまい，水を吸収しては失う（McDowell et al. 2008）．そのためこれらの植物は，湿潤なハビタットに適応した植物に比べて，乾燥土壌での生理学的活動をより高く維持する．そして，乾燥条件下でもより多くの水を大気に輸送する．水分非制御型植物は比較的乾燥耐性があるが，極端な乾燥条件下では安全性の限界に近い所まで活動するため，通水阻害になりやすい．そしてこれにより，昆虫の大発生やその他の間接的な干ばつの影響に対して，抵抗力が下がる（McDowell et al. 2008）．

好ましい条件下での気孔コンダクタンスは，植物種によって異なる．気孔コンダクタンスが最も高いのは，湿潤で肥沃な土壌に適応した成長の速い植物である（第5章参照；Körner et al. 1979；Schulze et al. 1994）．

## 4.7　生態系からの水損失

**水のインプットは，生態系からの水のアウトプットを決定する主要な要因である．**生態系からの水損失は，降水によるインプット（$P$）がさまざまな貯水量変化（$\Delta S$）で調整されたものに等しい．損失の主な経路は，蒸発散（$E$）および流出（$R$）である．

$$P \pm \Delta S = E + R \tag{4.6}$$

炭素やエネルギーの場合と同様に，長期間（複数年）にわたって平均すると，一般に貯水量変化はインプットやアウトプットに比べて小さい．そのため，生態系の比較では，生態系に入ってくる水の量が水のアウトプットの大部分を決定し，それは総一次生産（GPP；炭素インプット）が生態系呼吸（炭素アウトプット；第7章参照）の主要な決定要因であることと同様である．

水が生態系から出て行く経路は，蒸発散と流出の分配に依存する．この分配は，蒸発散によって大気に戻るグリーンウォーターが同じ生態系や他の生態系への降水を支えるため，地域の水循環に決定的な影響力がある．その一方で，流出は水域生態系へのブルーウォーターを供給し，人間が用いる水のほとんどを提供する（図4.5）．ある意味で，流出は降水で入ってきた水のうち，蒸発散で大気に輸送されなかった「余り」である．つまり，蒸発散と流出の分配の大部分は蒸発散の制御によって決定される．

### ■濡れた群落からの蒸発

**群落**（訳注：森林では林冠ともいう）**によって遮断された水の蒸発は，表面の粗度が高い生態系で最も大きい．**森林は濡れた林冠からの蒸発の速度が高いが，主にそれは粗い林冠で生じる効果的な混合が，個葉からの素早い蒸発を促進するためである（Kelliher and Jackson 2001）．森林の林冠は貯水容量が大きいが，濡れた林冠から蒸発する水の量を説明するうえでは，林冠の**表面粗度**（surface roughness，林冠表面の高さの凹凸）のほうが重要である．濡れた群落からの蒸発（遮断蒸発）は，蒸発を駆動する気候条件（主に飽差），および群落での環境条件が周辺大気の条件と乱流でカップリングする度合いに依存する．そして乱流は，背丈が高く林冠・群落の構造が空気力学的に粗い生態系で最大となる．森林では，大気条件と密接にカップリングしており，遮断蒸発量の大部分は正味放射量とは無関係で，昼と夜を通じて同程度である．草原では，大気とのカップリングが弱く，遮断蒸発量は正味放射量と飽差に依存しており，夜間より日中に大きい．林冠・群落の粗度の違いのため，森林は灌木や草原に比べて遮断蒸発量が大きく，とくに針葉樹林は広葉樹林より多くの水を濡れた林冠から蒸発させる．

気候は，濡れた群落からの蒸発を支配するもう一つの要因である．気候は，群落が降雨や結露を遮断する頻度や，蒸発を駆動する条件を決定する．湿潤気候の生態系では，その飽差が小さいために蒸発がゆっくりとしか起こらなくても，群落によって降雨が頻繁に捕捉されるため，一般に遮断蒸発量が大きい．遮断蒸発量の年間フラックスを支配する要素として，降雨や結露の頻度は総降水量より一般に重要である（Rutter et al. 1971）．森林では，林冠は降雨や結露からの水を貯めるバケツのように働き，貯水容量を超えると水は林冠通過雨量または樹幹流として地面に移動する．遮断蒸発量は，気温が飽差に影響するため，気温に対して指数関数的に増加し（Box 4.1；McNaughton 1976），それゆえに生態系は一般に寒冷気候より温暖気候において，降雨遮断量を遮断蒸発で失いやすい．一般的には上記のとおりだが，遮断蒸発を制御するさまざまな相互作用は非常に複雑であり，遮断蒸発はこれらすべての要素を同時に考慮する物理モデルによって表現するのが最善である（Waring and Running 2007；Monteith and Unsworth 2008）．

群落が遮断する降水量は，雨（液体）の場合に比べて，雪や氷の場合は液体換算（相当水量）で2倍もの量が貯留される．群落による積雪遮断やその後の**昇華**（固体から気体への直接変化）は，**葉面積指数**（leaf area index，LAI，単位地表面積あたりの葉面積）が高い生態系で最大である．しかし，正味放射量が低く風速が小さい所では，昇華は最小限に抑えられ，ほとんどの雪は地面に落下する．冬に雪を遮る葉群がないツンドラや，降水量や風速が小さい大陸の北方林では，昇華量は冬の降水量のそれぞれ30%と50%に及ぶ（Liston and Sturm 1998；Pomeroy et al. 1999；Sturm et al. 2001）．

## ■乾いた群落からの蒸発散

**乾いた群落から大気までの水移動は，二つの連続したステップ，すなわち拡散と乱流混合で起こる．**水文学的経路におけるこれら二つのステップは，きわめて異なるプロセスで制御される．**表面コンダクタンス**（surface conductance）は，葉の内部や土壌の内部から表面付近の空気への水蒸気フラックスを決定し，それぞれ葉の気孔および土壌表面特性によって主に制御される．**空気力学的コンダクタンス**（aerodynamic conductance）は，境界層コンダクタンスともよばれ，葉や土壌の表面から群落上の空気への水蒸気フラックスを決定し，群落内の乱流混合によって主に制御される．これら二つの制御の相対的な重要度は，生態系の構造や土壌水分によって決定される．

**土壌水分が十分なときは，植生構造と気候が蒸発散速度を支配する．**湿潤な土壌条件下では，開いた気孔と土壌蒸発によってこれらの表面の直上の空気に水蒸気が急速に拡散するため，乱流による周辺空気と群落内の空気の混合が水損失の速度を決定する．空気力学的コンダクタンスは，乱流混合のポテンシャルを決定するもので，風速に依存し，また樹木のような粗度要素の大きさや数に依存する．空気力学的コンダクタンスが最大となるのは，表面の乱流が大量の周辺大気を群落内の空気と混合し，葉や土壌表面での蒸発散を群落上の大気の水蒸気量とカップリングさせるときである．そのため，森林のように背丈が高く空気力学的に粗い群落をもつ生態系は，空気力学的コンダクタンスが大きく，草原や作物畑に比べて土壌水分を失うのが速い（Mark and Dickinson 2008）．

また，植生構造はどの気候変数が蒸発散を制御するのかも決定する．空気力学的に粗く，大気とよくカップリングした群落では，群落内の空気の水蒸気量は群落上のものと近いため，周辺大気の水蒸気量が蒸発散を決定する主な要因である（Waring and Running 2007）．対照的に，背丈が低く空気力学的に滑らかで，大気とのカップリングが弱い群落では，葉の近傍の空気は周辺大気とあまり混合されないため，蒸発散によって群落内の空気が湿り，気孔を通じた拡散を弱める．このような滑らかな群落では，正味放射量が表面温度を決定し，それにより気孔から表面近傍の空気への水蒸気拡散の駆動力が決定されるため，蒸発散は周辺大気の水蒸気量よりも正味放射量によって決定される．周辺大気からの群落の乖離度を示す**デカップリング係数**（decoupling coefficient，乖離率，表4.3；Jarvis and McNaughton 1986）は，主に群落高によって決められる．つまり，周辺大気の水蒸気量（飽差で測定される）は背丈が高く周辺大気とよくカップリングした群落の主要な制御因子であり，正味放射量は背丈が低く周辺大気とのカップリングが弱い群落の蒸発散の主要な駆動力である（Waring and Running 2007）．このような，土壌が湿潤で群落表面が乾い

**表4.3**　十分に水が与えられた条件下における，野外の植物群落のデカップリング係数

| 植生 | デカップリング係数[a] |
|---|---|
| アルファルファ | 0.9 |
| イチゴ畑 | 0.85 |
| 永年放牧地 | 0.8 |
| 草地 | 0.8 |
| トマト畑 | 0.7 |
| コムギ畑 | 0.6 |
| プレーリー | 0.5 |
| 綿花畑 | 0.4 |
| ヒースランド | 0.3 |
| 柑橘類の果樹園 | 0.3 |
| 森林 | 0.2 |
| マツ林 | 0.1 |

Jarvis and McNaughton (1986)，Jones (1992) のデータ．
[a] 完全に滑らかな表面ではデカップリング係数は1.0であり，中の空気が周辺大気と同一である群落ではデカップリング係数は0である．

ている生態系からの蒸発散を支配する環境要因のパターンは，前述の湿った群落からの蒸発散のものと同じである．

湿潤土壌条件下で，蒸発散が群落内の乱流混合によって律速される場合，生態系どうしの表面コンダクタンスの相違は驚くほど小さい（Kelliher et al. 1995）．まばらな植生では，土壌表面からの蒸発が水損失の主要な経路となる．葉面積が大きくなると，蒸散量が増加し（蒸散する葉の面積が増える），対照的に土壌蒸発が減少する（土壌表面において，より日陰になり，乱流混合が減少する）．そのため，表面コンダクタンスは存在している葉の面積に対して比較的感度が低い．植生は，表面コンダクタンスの最大値に対して，主に気孔コンダクタンスへの効力を通じて作用する（Kelliher et al. 1995）．しかし，この効果も多くの場合は比較的小さい．個葉の気孔コンダクタンスの最大値は，自然生態系を通じて比較的近い値である（Körner 1994；Kelliher et al. 1995）．たとえば，木本および草本生態系は似たような個葉の気孔コンダクタンスをもち（Körner 1994），生態系全体を表す表面コンダクタンスも似た値である（Kelliher et al. 1995）．しかし，作物は自然生態系より気孔コンダクタンスが約50%高く，表面コンダクタンスも約50%高い（Schulze et al. 1994；Kelliher et al. 1995）．つまり，湿潤土壌条件では，表面粗度が空気力学的コンダクタンスに及ぼす影響によって蒸発散が強く制御され，それは葉面積や最大気孔コンダクタンスの影響と比べてはるかに強い．

**土壌水分が減少すると，蒸発散の制御因子は群落構造から土壌水分に変わる．**植物の水ポテンシャルと蒸散速度は，植物が利用できる水の約75%を使い果たさない限り，水の利用可能性に対して驚くほど感度が低い（図4.18）．そのため，乾いた群落からの蒸発散は，幅広い土壌水分の範囲で降水に対して比較的感度が低い（図4.19）．この土壌水分の範囲

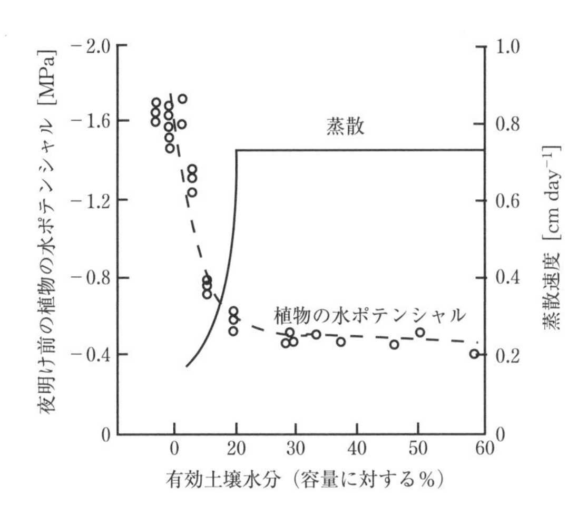


**図4.18**　植物の水ポテンシャルと蒸散の土壌水分に対する応答（Sucoff（1972）；Gardner（1983）；Waring and Running（2007）．利用可能な水の75%が根圏から失われない限り，土壌水分が植物の水ポテンシャルや蒸散に及ぼす影響は小さい．

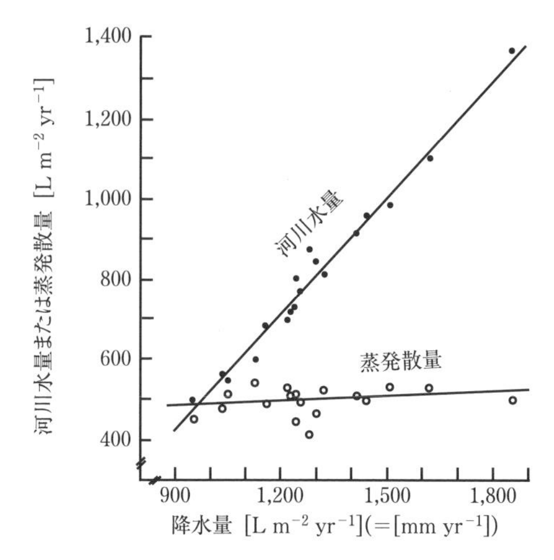


**図 4.19**　温帯林の流域における，19年間にわたる年間の水のインプット（降水量）とアウトプット（蒸発散量と河川流量）の関係（アメリカ・ハバードブルック，Hubbard Brook）．この湿潤な森林では，各年の蒸発散量の変動は小さいが，河川流量は降水量に対してきわめて敏感である．Bormann and Likens (1979) より．

では，空気力学的コンダクタンスが蒸発散に対する主要な制御として維持される．しかし，土壌が乾燥し続けると，その土壌の透水係数は低下する．これによって，土壌水分には比較的急激な変化をともなう閾値が作り出され，この値を下回ると根への水供給速度が低下し，植物は水ストレスを経験する（低い水ポテンシャル；図 4.18）．この状況下では，個葉に対してすでに述べたのと同様に，植物の気孔が閉じ，生理的最大値を下回るまで表面コンダクタンスと蒸発散量が低下する．このような乾燥土壌条件下では，表面コンダクタンスが生態系から大気への水移動を制限し，またすでに述べたように，それは主に土壌水分が気孔コンダクタンスに及ぼす影響によって制御される．

つまり，群落高と粗度要素数によって決まる空気力学的コンダクタンスは，適度に水が供給された条件における，乾いた群落からの蒸発散を制御する主要なメカニズムである．一方，気孔コンダクタンスは，土壌水分が低下して土壌の透水係数が大幅に低下する点を下回ると，蒸発散の制御メカニズムとして重要度を増す．言い換えると，気孔コンダクタンス（そして表面コンダクタンス）は，土壌の乾燥に応答した蒸発散の時間変化を説明する一方，表面粗度（そして空気力学的コンダクタンス）は，湿潤条件下の蒸発散の生態系間の相違を説明する主要な因子である．

## ■貯留量変化

**水の流入が流出を上回ると，余剰分は土壌水や地下水として蓄えられる．**土壌に入り込んだ水は，圃場容水量に達するまで保持される．それを超えた水は，下方の地下水に移動する．冬の寒冷な気候では，降水による流入のほとんどが地表面上に積雪として蓄えられる．積雪は，生態系が貯留可能な水の量と，生態系における水の滞留時間を大幅に増加させる．蓄えらえた水は，蒸発散量が降水量を上回ったときに蒸発散量をサポートする．このとき，土壌水分の低下によって貯水量が縮小する．貯水量の季節的な涵養と消耗は，多くの生態系において蒸発散量と NPP の重要な制御因子である．

地下水，すなわち根圏より下にある水は，多くの生態系では植物がアクセスできない大きなプールである．このプールの大きさは，不透水層までの深さと，この層の材料の間隙率に依存する．間隙率は，水の保持に利用できる間隙体積，および側方への排水に対する抵抗を支配する．地下水プールの大きさは比較的一定であるため，新しい水が地下水に入ると，古い水は置き換えられ，河川，湖沼，海へと横方向に排水される．この地下水プールは巨大であるため，地下水への流入と地下水からの流出との時間の遅れは相当な長さになる（数ヶ月から数千年）．

**人々は，植生や根の深さを変えることで，また人間活動を支えるために地下水を汲み上げることで，地下水のプールを変える．**乾燥地において緑陰樹として深根性の外来種を導入すると，それまでアクセスできなかった地下水を生態系が汲み上げられるようになることが多い．これにより，地下水位の低下が引き起こされる．たとえば，北米の砂漠における深根性のタマリスク（ギョリュウ，*Tamarix*）の導入は，地下水位の過剰な低下を引き起こして砂漠の池が干上がり，固有種の魚を危機にさらしている（Berry 1970）．

植生を除去すると，蒸発散を支える表面の水の吸い上げがなくなるため，地下水位は上昇する．たとえば，オーストラリア西部において農業のためにヒースランドを皆伐した事例では，根圏の深さが浅くなり，それにより元来塩分を含んだ地下水を表面付近まで上昇させることになった．そしてこれによって，作物の潜在生産力が低下し，さらに蒸発散量と地下水位までの深さが減少した．最終的には，土壌表面からの蒸発によって土壌塩分が上昇し，多くの土地で土壌がもはや作物の成長を支えられないばかりか，元々のヒース植生が再びコロニーを作ることもなくなった（Nulsen et al. 1986）．このような塩類土壌に耐塩性のユーカリ（Eucalypt）林を植林すると，蒸発散量が増加して地下水位が低下し，その林の中や隣接する土地の土壌塩分が減少する（Jackson et al. 2005）．このようにして，人間による植生の改変は，水循環および生態系の構造や機能をあらゆる側面で大幅に変えてしまう．

乾燥地への人間集団の展開は，地下水の汲み上げによって支えられている．この水は，汲み上げなければ地上の生物が利用できないものである．灌漑農業はその水のうち 80～90%を利用するが，これによって自然の水制限がなくなれば，気温が温暖で太陽放射が強いため，生産性は高い（図 14.1 参照）．これらの灌漑地は，果物，野菜，コメ，およびその他の付加価値の高い作物の重要なソースである．しかし，乾燥地域を灌漑耕作地に転換することは，流出量に使える水を減少させる．たとえば，アメリカ南西部の乾燥地における人間の水利用によって，主要河川であったリオグランデ川は，年に数回，間欠流を起こす小さな渓流に変わってしまった．また，灌漑は，土壌蒸発を増加させ，それによって先述したオーストラリア西部と同様に土壌塩分を増加させる．

灌漑耕作地からの蒸発散量が降水量を上回る場合，流出量の減少のみならず，地下水プールの減少も引き起こされる．たとえば，アメリカ中北部のオガララ（Ogallala）帯水層では，気候が現在より湿潤だった時代からの水が蓄積されている．この「化石水」の汲み上げが，地下水位を大幅に低下させている．現在の水資源では，灌漑利用によって減少する水を補填するには足りないため，この帯水層の継続的な水位低下は，無期限に続くかもしれない．

## ■流　出

**陸域生態系からの流出は，降水のインプット，貯水量変化，そして蒸発散損失の差である**（式（4.6））．流域からの平均的な流出（または**排水**）は，長期間の貯水量変化を通常無視できるため，主に降水と蒸発散に依存する．流出は，蒸発散および地下水の補填に対する水の要求が満たされた後の残余であるため，降水量の変動に対して蒸発散よりはるかに強く応答する（図4.19）．そのため，流出は乾燥気候や乾季に比べ，湿潤気候や雨季に大きい．数時間から数週間スケールでは，流出は降雨イベント後に上昇し，乾燥期間に減少する．貯水量変化は，この降水と流出とのリンクを緩和する．たとえば，草地や灌木地，乾燥林では，土壌が乾燥しているときは降雨後の河川流量の増加が抑制されるが，土壌が湿っている場合や土壌が浅い場合は，嵐の後に河川流量が急激に増加する（Jones 2000）．粗粒土や石灰質層による砂漠のような貯水容量が小さい生態系や，永久凍土が下にある生態系では，流出は降水に対してほぼ即座に応答し，暴風雨によって鉄砲水が起こりうる．反対に，ゆっくり排水される地下水は，雨のない期間でも河川への水の継続的なソース（**基底流出**，base flow）になる．このようにして，水収支は淡水生態系の分布や存在量，およびそれらの時間的変化を決定する（Kalff 2002）．

冬に雪が積もる生態系では，降水のインプットが冬の間に生態系に蓄えられるため，降水の季節性にかかわらず冬の河川流量が減少する．春の融雪期には，この蓄えられた水は帯水層を再充足するか，河川に直接移動し，春の大きな流出イベントを引き起こす．たとえば，氷河性河川は，温暖な気温が最も氷河を解かす真夏に流出の最大を迎えるが，同じ気候帯にある非氷河性河川は，融雪後の早春に流出のピークを迎える．気候温暖化によって降雪が冬の雨に変わると，冬の流出が増加し，多くの都市にとって重要な水源である春の融雪出水と夏の流出が減少する．

河川流量は，流域全体における降水量，蒸発散量，および貯留量変化が一体化したものである．大河川では，数時間から数週間前に上流で発生した降雨や蒸発散のパターンが，流量の季節変化にしばしば反映される．これらの影響が一体化したため，大流域からの流出は水循環の長期変動の良い指標である．

河川流量の季節変化は，渓流や河川における生態系プロセスの構造や季節性を決定する主要な因子である．たとえば，渓流や河川の流量が大きい期間は，河道を洗い流し，沈殿物や藻，有機堆積物を除去もしくは再分配する（Power 1992a）．ダムのない河川では，大流量イベントは予測可能なパターンの河岸侵食や堆積を起こしうる．そして，その河川生物相の生活史は，新しい流動様式に適応する（Poff et al. 1997；Lytle and Poff 2004）．一方，ダムは，河川の大流量イベントの強さや季節性を減らすため，自然の攪乱様式や淡水生態系の機能を劇的に変える．

**植生は流出の量に強く影響する．** 蒸発散が生態系の水収支において非常に大きな成分であるため，蒸発散を変えるどのような植生の変化も必然的に流出に影響する．たとえば，森林が伐採された流域では年間の流出量が増大するが，これはわずか数年しか続かないことが多い（図 4.20；第 12 章参照；Trimble et al. 1987；Moore and Wondzell 2005）．対照的に，新しい植林は流出を減らす（Jackson et al. 2005；Mark and Dickinson 2008；NRC 2008）．そのため，炭素を固定するために植林することは，水源涵養量や淡水利用可能量の意図しない減少を引き起こす（Jackson et al. 2005；Mark and Dickinson 2008）．平均で，植林は森林以外の植生に置き換えた場合に比べて流出を 38％減少させ，そのうち 13％では少なくとも 1 年は河川が完全に干上がる（Jackson et al. 2005）．よりわずかな植生変化でも，流出は変化する．針葉樹林は，落葉樹林に比べて遮断のための葉面積が大きく，蒸発散を行う季節が長いため，落葉樹林より流出が少ない（Swank and Douglass 1974；Jones and Post 2004）．植物の構造や構成を変える気候や火災発生様式，昆虫の大発生の変化は，蒸発散や流出に対して予測可能な影響を与える（NRC 2008）．

植生はまた，流出の季節性にも影響を及ぼす．たとえば，森林伐採は一般に地表流を増加させて浸透を減少させるため，嵐の期間にピーク流量が大きくなり，降水イベントの合間の流量が減少する．これにより，洪水のリスクが増大し，乾季の流量が減少する．

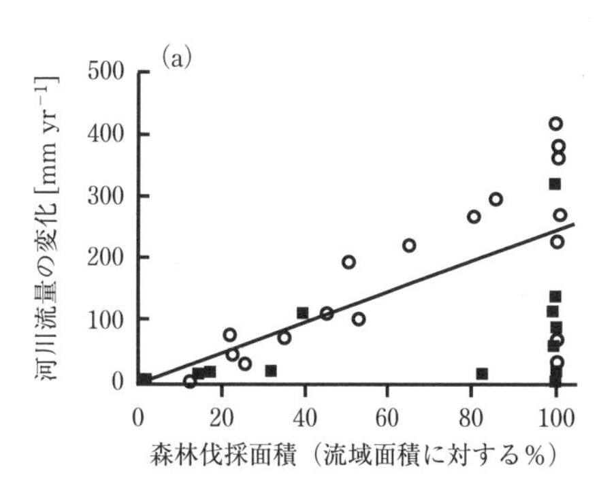


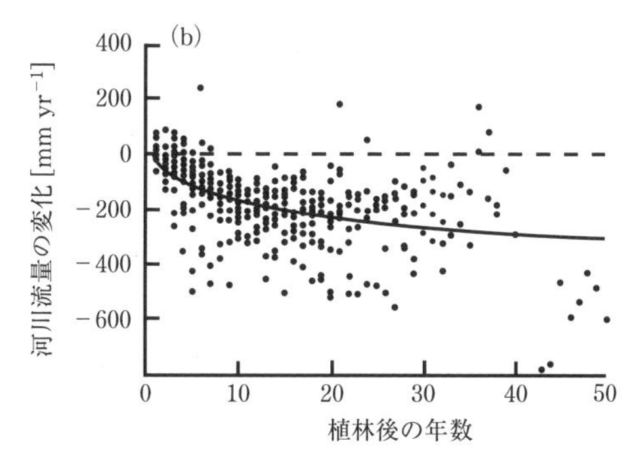


**図 4.20**　樹木の除去（a）と植栽（b）が河川流量の変化に及ぼす影響．アメリカ南東部（白丸）およびより乾燥したアメリカ南西部（黒四角）の河川流量は，伐採された流域の面積に比例して直線的に増加した．乾燥した生態系では，森林収穫後に目立った河川流量の増加はみられなかった．データは NRC（2008）による．反対に，過去に森林が伐採された流域では，データがとられた世界中の流域において，植林したほぼ直後から河川流量が減少した．Jackson et al.（2005）より．

## 4.8 まとめ

生態系のエネルギー収支と水収支は，正味放射量が蒸発散の主要な駆動力であり，蒸発散が生態系における水およびエネルギーの両方のフラックスにおいて大きな構成要素であることから，表裏一体のものである．正味放射量は，入射および射出する短波放射と長波放射の収支である．生態系は，正味放射量に対して主にアルベド（短波放射の反射率）を通じて影響する．アルベドは個々の葉や他の表面による反射と群落の粗度に依存し，群落粗度は群落の高さと複雑さによって決まる．吸収された放射のほとんどは，潜熱フラックス（蒸発散）と顕熱フラックスの形で大気に放出される．潜熱フラックスは表面を冷却して水蒸気を大気へ輸送し，顕熱フラックスは表面付近の空気を暖める．ボーエン比，すなわち潜熱フラックスに対する顕熱フラックスの比は，水循環がエネルギー収支にカップリングする強さを決定する．このカップリングは，湿潤な生態系で最も強い．

水は，陸域生態系に主に降水の形で入り，蒸発散および流出の形で出て行く．水は生態系の中を水ポテンシャル勾配に従って移動する．水は重力に応じて，生態系に入り，土壌中を下っていく．土壌中の利用可能な水は，蒸散（葉の内側にある細胞表面からの蒸発）によって生じた水ポテンシャル勾配に応じて，土壌－植物－大気の連続体を通じて液体水の膜に沿って移動する．群落からの蒸発散は，蒸発の駆動力（正味放射量と大気飽差）と二つのコンダクタンス，すなわち空気力学的コンダクタンスと表面コンダクタンスに依存する．空気力学的コンダクタンスは，群落が大気とカップリングする度合いに依存し，群落の高さや空気力学的粗度によって変化する．表面コンダクタンスは群落における葉の気孔コンダクタンスに依存し，植生がまばらな生態系では土壌蒸発に依存する．気孔コンダクタンスと表面コンダクタンスは，自然生態系どうしでは比較的似た値になるが，作物生態系では値が高い．気候が蒸発散に及ぼす影響は，直接的なものと，気孔コンダクタンスを決定する土壌水分の利用可能性への効果を通じたものがある．植生は，自身が（空気力学的コンダクタンスを支配する）植物の高さや群落粗度に与える効果と，（表面コンダクタンスと土壌水分に対する植物の応答に影響する）気孔コンダクタンスに与える効果を通じて，蒸発散に影響を及ぼす．

水損失の蒸発散と流出の間の分配は，根圏土壌の貯水量と蒸発散速度に主に依存する．流出は，生態系において降水量が蒸発散とあらゆる貯水量増加分の和を超えたときに排水される残余水である．人間活動は，主に土地被覆と土地利用を変えることで，蒸発散と土壌の貯水量に影響し，水循環を変化させる．

## 復習問題

1. 生態系に吸収されたエネルギーは，どのような気候特性や生態系特性に支配されるか？
2. 生態系に吸収されたエネルギーは，大気と交換される際に，主にどのような経路によって輸送されるか？　全体のエネルギー交換量を決定するものは何か？　エネルギー交換に使用される経路の相対的な重要度は何によって決定されるのか？

3. 蒸散は，生態系のエネルギー交換や，生態系のエネルギー収支と水収支の間のリンクにどのような影響を及ぼすか？
4. グローバルスケールの気候変動や土地利用変化は，生態系のエネルギー交換の成分をどのように変化させるか？
5. 生態系における水移動の主要な経路，たとえば蒸発，蒸散，流出の間のバランスは何によって決まるのか？　気候や土壌，植生は，生態系におけるプールやフラックスにどのように影響するか？
6. 植物による水の吸収や損失を駆動するメカニズムは何か？　植物の特性は，水の吸収や損失にどのように影響するか？
7. 植物群落からの水損失の制御は，個葉レベルの制御とどのように異なるか？
8. 草地と森林では，遮断蒸発や蒸散，土壌蒸発，浸透，流出に影響する特性がどのように異なるのか記述せよ．陸域の炭素貯蔵量を増やすために草地から森林への転換を奨励する政策は，流出や地域の気候にどのような影響を及ぼすか？

# 参考文献


Bonan, G.B. 2008. *Ecological Climatology: Principles and Applications*. 2nd edition. Cambridge University Press, Cambridge.

Dawson, T.E. 1993. Water sources of plants as determined from xylem-water isotopic composition: Perspectives on plant competition, distribution, and water relations. Pages 465-496 in J.R. Ehleringer, A.E. Hall, and G.D. Farquhar, editors. *Stable Isotopes and Plant Carbon-Water Relations*. Academic Press, San Diego.

Jackson, R.B., J.S. Sperry, and T.E. Dawson. 2000. Root water uptake and transport: Using physiological processes in global predictions. *Trends in Plant Science* 5: 482-488.

Jarvis, P.G., and K.G. McNaughton. 1986. Stomatal control of transpiration: Scaling up from leaf to region. *Advances in Ecological Research* 15: 1-49.

Kelliher, F.M., R. Leuning, M.R. Raupach, and E.-D. Schulze. 1995. Maximum conductances for evaporation from global vegetation types. *Agricultural and Forest Meteorology* 73: 1-16.

NRC. 2008. *Hydrologic Effects of a Changing Forest Landscape*. National Academies Press, Washington.

Oke, T.R. 1987. *Boundary Layer Climates*. 2nd Edition. Methuen, London.

Schulze, E.-D., F.M. Kelliher, C. Körner, J. Lloyd, and R. Leuning. 1994. Relationship among maximum stomatal conductance, ecosystem surface conductance, carbon assimilation rate, and plant nitrogen nutrition: A global ecology scaling exercise. *Annual Review of Ecology and Systematics* 25:629-660.

Sperry, J.S. 1995. Limitations on stem water transport and their consequences. Pages 105-124 *in* B.L. Gartner, editor. *Plant Stems: Physiology and Functional Morphology*. Academic Press, San Diego.

Waring, R.H. and S.W. Running. 2007. *Forest Ecosystems: Analysis at Multiple Scales*. 3rd edition. Academic Press, San Diego.

# 第5章 生態系への炭素インプット

植物による光合成は，生態系における生物的プロセスの大部分を駆動する炭素とエネルギーを供給する．本章では，生態系への炭素インプットの制御について述べる．

## 5.1 はじめに

**光合成により作られたエネルギーは，直接的には植物の成長を支え，また動物や土壌微生物によって消費される有機物を生産する．** 光合成由来の炭素は地球上の有機物の約半分を占めており，残りの大部分は水素や酸素である．人間活動は，このプロセスを制御する大部分を変えたため，陸域生態系へ流入する炭素の割合が近年急激に変化している．人類は，陸上植物が直接的影響を受ける大気中 $CO_2$ 濃度を，産業革命以前より35％増加させた．また，地域およびグローバルスケールで，植物が利用できる大気 $CO_2$ の量を決める主要な土壌資源である水と養分の利用可能性を変化させている．さらに，土地被覆の改変や，外来種の導入と種の絶滅により，陸域生態系の炭素固定能力の地理的分布も変えている．炭素が，気候システム（第2章参照），生物圏および社会で果たす中心的役割を考えると，我々が植物や生態系における炭素循環を制御する要因を理解することは重要である．我々は，本章で光合成による生態系への炭素**インプット**について，第6章および第7章で植物および生態系からの炭素損失についてそれぞれ述べる．これらのプロセスのバランスが，生態系における炭素の蓄積と損失のパターンや，陸域，大気および海洋における炭素分布を決めている．

## 5.2 焦　点

**葉面における孔（気孔）を介した炭素と水の交換は，人口増加に対してますます不足する水資源が食料生産を支えるための効率を決めている．** 開いている気孔（図5.1）は，水が豊富なときには大量の水分損失と引き替えに炭素を獲得し，生産性を最大にする．乾燥条件での部分的な気孔閉鎖は炭素獲得を減少させるが，損失を免れた水が植物の成長を効率的に支える．炭素獲得に対する生物圏の許容量を抑制しているものは何か？　どこで，どの季節に大部分の光合成は起こるのか？　植物は炭素獲得と水分損失のバランスをどのように制御しているのか？　炭素獲得と水分損失のトレードオフの制御に関する現在の理解を適用することで，増加する食料需要と農業生産を支える淡水の利用可能性の低下という近年の動向に起因する「最悪の事態」が起こる可能性を回避できるだろう．

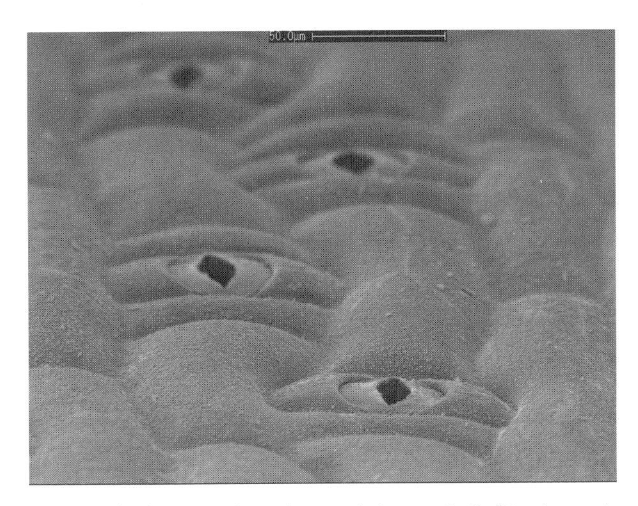


図 5.1 気孔が開いたオオムラサキツユクサ（*Tradescantia virginiana*）の葉表面．植物による気孔密度や気孔開度の生理学的制御の違いは，炭素獲得のために植物が利用する水の最大速度および効率に影響する．写真は Peter Franks 氏の好意による．

## 5.3 生態系への炭素インプットとは

**光合成は，大部分の炭素および化学エネルギーが生態系に流入するプロセスである．**細胞または葉レベルでの光合成を直接的に制御するのは，光エネルギー，$CO_2$ および温度といった反応速度を決めている光合成反応基質と，光合成酵素を作るのに必要な窒素の利用可能性である．生態系スケールの光合成は，**総一次生産**（gross primary production, **GPP**）とよばれている．個々の細胞または葉による光合成と同様に，GPP は光，温度および窒素供給の変化に応答して日周および季節変化する．しかし，年間 GPP の生態系間における違いは，主に光合成組織の量や光合成活性の持続性によって決められる（図 5.2）．同様に，これらは土壌資源（水や養分）の利用可能性，気候，および撹乱からの経過時間に依存している．本章では，これらの因果関係の背後にあるメカニズムについて探る．

炭素は，植物が太陽由来のエネルギーを用いて還元する主な成分である．それゆえ，炭素とエネルギーは密接に結びついて生態系に入り，生態系内を移動し，生態系から出て行く．光合成は，$CO_2$ を還元し，炭素を含む有機化合物を生産するために，光エネルギー（すなわち太陽光スペクトル中の可視域放射）を用いる．この有機炭素および関連するエネルギーは，その後，生態系内の構成要素間を移動し，最終的に呼吸あるいは燃焼によって大気中に放出される．

有機物のエネルギー含量は，炭素化合物の間で異なっているが，組織全体としてはほぼ一定で，無灰乾燥重量で約 20 kJ $g^{-1}$ である（Golley 1961；Larcher 2003；図 5.3）．有機物の炭素濃度もさまざまであるが，平均して草本組織では乾燥重量の約 45%，木本では

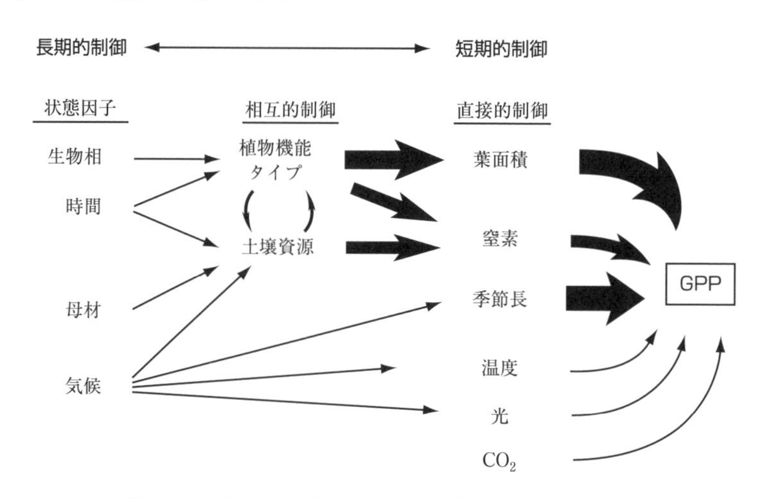


**図 5.2**　生態系における総一次生産（GPP）の時空間的な変化を決めている主な因子．これらは，GPP の日周および季節変化を決める直接的制御から，GPP の生態系間の違いの最大の原因となる相互的な制御や状態因子までを制御している．矢印の太さは，影響の強さを示している．GPP の生態系間の違いの最も大きな原因となる因子は，葉面積と光合成期間の長さであり，これらの因子は，大部分が土壌資源，気候，植生および撹乱条件との相互作用の影響によって決まっている．

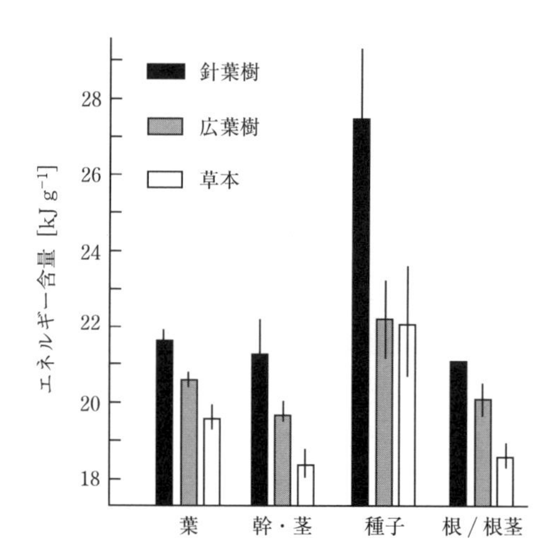


**図 5.3**　針葉樹，広葉樹および広葉草本の主な組織のエネルギー含量．エネルギー含量が高い化合物は，脂肪（種子），テルペンおよび樹脂（針葉樹），タンパク質（葉），リグニン（樹木組織）を含んでいる．値は無灰乾燥重量 1 g あたりで示している．データは Larcher (2003) より．

50%である（Gower et al. 1999；Sterner and Elser 2002）．有機物の炭素およびエネルギー含量は，脂質を多く含む種子や動物脂肪といった物質で最も高く，無機物あるいは有機酸を多く含む組織で最も低い．有機物の炭素およびエネルギー含量は相対的に不変なので，炭素，エネルギーおよびバイオマスは，生態系の炭素およびエネルギーの動態において，一種の通貨として，互換的に用いられる．選ばれる単位は生態学の研究分野によって異なり，最も興味のあるプロセスや最も直接的に測定されるプロセスに依存している．たとえば，一般に，生産力研究の分野ではバイオマスに，栄養研究においてはエネルギーに，ガス交換研究では炭素に主眼をおいている．

## 5.4　光合成の生化学

**光合成の生化学は，生態系への炭素インプットの環境制御を決めている．**光合成は，二つの主な反応系を含んでいる：**光化学反応**（light-harvesting reaction，あるいは光依存反応，ときどき明反応とよばれる）は，光エネルギーを一時的に化学エネルギーの形（ATP と NADPH；Lambers et al. 2008）に変換する．**炭素固定反応**（carbon-fixation reaction，あるいは光非依存反応，ときどき暗反応とよばれる）は，光化学反応の生産物を用いて，$CO_2$ を蓄積，輸送，代謝するための安定的な化学エネルギー形態である糖に変換する．両方の反応系は，明るい環境下で，光合成細胞内にある細胞小器官の**葉緑体**（chloroplast）において，同時に起こる（図 5.4）．光化学反応では，クロロフィル（**葉緑素**，chlorophyll）が可視光からエネルギーを捕らえる．吸収された光は，化学エネルギー（NADPH と ATP）に変換され，酸素が排出物として作られる．可視光は，入射する太陽光の 40%を占め（第 2 章参照），太陽放射を化学エネルギーに変換する光合成の潜在能力の上限を決めている．

光合成の炭素固定反応は，光化学反応由来の化学エネルギー（ATP と NADPH）を用いて $CO_2$ を糖に還元する．炭素固定反応における律速段階は，五炭糖（リブロース二リン酸，RuBP）と $CO_2$ から二つの三炭糖有機酸（ホスホグリセリン酸）を作る反応であり，次にそれらを光化学反応由来の ATP と NADPH を用いて還元し，三炭糖を作る（グリセルアルデヒド三リン酸）．$CO_2$ の炭素骨格への最初の結合は，リブロース二リン酸カルボキシラーゼ－オキシゲナーゼ（**ルビスコ，Rubisco**）という酵素により触媒される．この反応速度は，一般に光化学反応の生産物と葉緑体中の $CO_2$ 濃度によって律速される．炭素固定には驚くほど高濃度のルビスコが必要である．ルビスコは，光合成細胞中の窒素の約 25%を占め，他の光合成酵素は残りの 25%を構成する．炭素固定における残りの酵素反応プロセスは，光化学反応由来の ATP と NADPH を用いて，数分子の三炭糖（グリセルアルデヒド三リン酸）を RuBP に変換し，これで光合成の炭素還元回路が閉じられる．そして，残りの三炭糖を，葉緑体外に輸送される六炭糖のグルコースに変換する（図 5.4）．炭素固定反応の最大の特徴は以下である．

(1) ルビスコおよび他の光合成酵素のための高い窒素要求性．

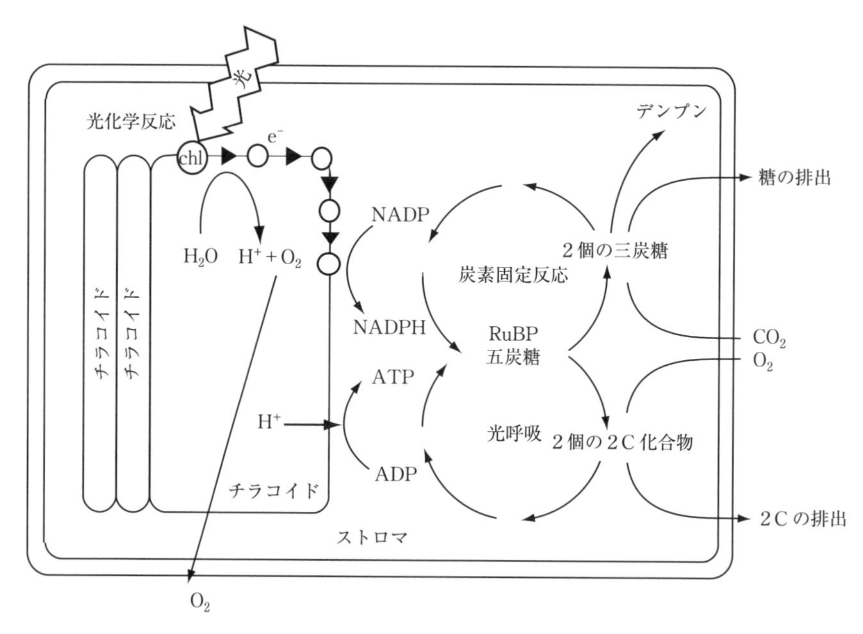


**図5.4**　光合成反応の場である葉緑体．光化学反応は**チラコイド**（thylakoid）膜で起こる；クロロフィル（chl）が可視光を吸収し，エネルギーを反応中心まで送り込む．チラコイド内の水が$H^+$と$O_2$に分解されると，その電子がチラコイド膜の電子伝達系を介して最終的にNADPに伝達され，NADPHが作られる．この過程で，プロトンはチラコイド膜を通って**ストロマ**（stroma）に輸送され，プロトン（$H^+$）勾配がATP合成を駆動する．ATPとNADPHは，リブロース二リン酸（RuBP）を合成するためのエネルギーを提供し，この物質は，糖およびデンプンを作るために$CO_2$と反応するか（光合成の炭素固定反応），あるいは2Cの中間体（光呼吸）から最終的に$CO_2$を作るために$O_2$と反応する．炭素固定でも光呼吸でも，ADPとNADPHは，さらなるATPおよびNADPHの生産において反応物質になるために再生される．光合成による正味の効果は，光エネルギーを，植物の維持成長を支えるのに必要な化学エネルギー（糖およびデンプン）に変換することである．

(2)　光化学反応の生産物（ATPとNADPH）に依存しており，同様にこれは**光照射**（irradiance），すなわち光合成細胞が受ける光に依存している．
(3)　葉緑体への$CO_2$輸送による律速．

それゆえ，光合成の生化学は，基本的に，このプロセスがミリ秒から分単位の時間スケールで光と$CO_2$獲得に感受性があることと，日から週の時間スケールで窒素供給に感受性があることで成り立つ（図5.2；Evans 1989）．

ルビスコは，光合成の炭素固定反応を起こす**カルボキシラーゼ**であり，RuBPと酸素との反応を触媒する**オキシゲナーゼ**でもある（図5.4）．地球上の光合成の進化初期では，酸素濃度が非常に低く，$CO_2$濃度が高かったため，この酵素のオキシゲナーゼ活性は無視できる割合であった（Sage 2004）．オキシゲナーゼは，糖を$CO_2$に分解する一連の段階を起こす．この**光呼吸プロセス**（photorespiration process）は，光合成により固定された炭素の20〜40%をただちに呼吸として消費し，そのプロセスの中でADPとNADPを再生する．なぜ植物は，このように，光合成で獲得した炭素の3分の1をただちに失うような非効率的な炭素獲得系をもつのだろうか？　光呼吸は，最適な炭素再生プロセスとみられている．光呼吸は，ルビスコのオキシゲナーゼ活性により，2分子のATPと1分子のNADPHを消費して1分子の$CO_2$と1分子の三炭糖有機酸（ホスホグリセリン酸）を作り，これがRuBPに戻される．これにより約75%の炭素を再生する．もし植物が，このホスホグリセリン酸を新しい3分子の$CO_2$からのみ獲得したとすると，9分子のATPと6分子のNADPHを消費することになる．光呼吸はまた，不十分な$CO_2$供給のために光化学反応速度が律速される条件で，炭素固定反応により再生される反応物質（ADPとNADPH）の供給を調整する安全弁として働いている．もし，光呼吸がなければ，光化学反応は光合成色素を破壊する酸素ラジカルを作り出す．

植物には，過剰に捕集したエネルギーからの付加的な防御メカニズムがあり，光呼吸と同じくらい重要である．たとえば，陸上植物と浅瀬のサンゴ礁は，**キサントフィルサイクル**（xanthophyll cycle）で色素を変化させる**光防御**（photoprotection）メカニズムをもつ．光化学反応における活性化エネルギーが，ATPとNADPHを合成する反応の許容量を超えると，キサントフィル色素は，この活性化したクロロフィルから過剰に吸収されたエネルギーを受け取る形に変化し，無害な熱として放散する（Demming-Adams and Adams 1996）．この強光下での過剰なエネルギーに対する反応プロセスは，光合成色素の**光破壊**（photodestruction）を防ぐ．

上述の光合成反応は，正確には**$C_3$型光合成**として知られている．なぜなら，2分子の三炭糖有機酸のホスホグリセリン酸が炭素固定で最初に作られるからである．後で議論するように，この点については重要な変異があるものの，いずれにせよ$C_3$型光合成は地球上のすべての光合成生物にとって主要な光合成経路である．この植物の葉緑体は，共生型藍色光合成細菌と多くの類似点があり，おそらくここから進化したと考えられる．別の炭素固定反応も，いくつかの陸上植物種を支えている（**$C_4$型光合成**および**ベンケイソウ型有機酸合成**（**CAM型光合成**，Crassulacian acid metabolism））．これらの反応は最初に四炭糖有機酸を作るが，これらは後に$CO_2$を放出して三炭糖を作るための通常の$C_3$型光合成経路に入り分解される．しかし重要な点は，$C_3$型光合成はすべての生態系にとって炭素が流入するための主要なメカニズムであり，この環境制御を理解することにより，生態系の炭素動態の重要な知見を得ることができる．

**純光合成**（net photosynthesis）は，細胞あるいは葉レベルで測定される正味の炭素獲得速度である．それは，明るい所で同時に起こる$CO_2$固定と光合成細胞の呼吸（光呼吸とミトコンドリア呼吸を含んでいる）とのバランスである．呼吸速度はタンパク質含量と比例関係にあるため，高い光合成能力をもつ光合成細胞および葉（多くの光合成タンパク質を含む）はまた，その高い呼吸速度のために多くの炭素を失う．それゆえ，**光補償点**（light compensation point，光合成が呼吸とバランスするときの放射量）は，高い光合成能力をもつ細胞あるいは葉で高くなる．したがって，強光下で光合成する植物（多くのタンパク質と高い光合成能力をもつ）の光合成能力と，弱光下で光合成する植物（タンパク質が少なく，呼吸速度が低く，弱光下で正の純光合成速度を示す，すなわち光補償点が低い）の光合成能力との間には，トレードオフがある．

**植物は，光合成のコンポーネントを調節し，光化学（光捕集）反応で捕らえたエネルギーが，$CO_2$ 固定反応に必要なエネルギーと非常にうまく釣り合うようにしている．**植物は，数日から数週間かけて新しい細胞を作るので，タンパク質合成は，光化学反応と炭素固定を行う酵素の間で分配されており，光化学反応と炭素固定の能力は，細胞あるいは葉の典型的な光および $CO_2$ 環境下でおおよそ釣り合っている．植物は，弱光下で光化学反応の能力への投資を，また強光下で炭素固定反応の能力への投資を増加させる．全体の**光合成能力**は，生育環境からの窒素獲得量に依存する，光合成酵素の量を反映している．光合成細胞が作られると，光化学反応と炭素固定の酵素の比率を調節するために能力が律速される．

弱光下では，光化学反応由来のATPとNADPHの供給が炭素固定を律速するが，純光合成は光の増加にともなって直線的に増加する（図5.5）．この直線の勾配（光合成の**量子収率**，quantum yield）は，光合成細胞が吸収した光から糖を作る効率の指標である．量子収率は，弱光で環境ストレスのない条件下では，すべての $C_3$ 植物（水生と陸生の両方を含む）の間で似ている（入射する光エネルギーの約1～4％；Kalff 2002；Lambers et al. 2008）．強光下では，光合成は**光飽和**（light saturation）する．すなわち，捕集した光に対する光化学反応の限界のために，それ以上の光供給があっても応答しなくなる．結果として，光エネルギーは，強光下では低効率で糖に変換される．**光合成能力**（photosynthetic capacity，光飽和下での最大光合成速度）は，細胞中の光合成酵素量に依存しており，一般に大きな細胞をもつ藻類や，養分の豊富な水や土壌に生育した成長の速い陸上植物で高い．光合成は，葉緑体のキサントフィルサイクルによる光防御プロセスが優占する著しい

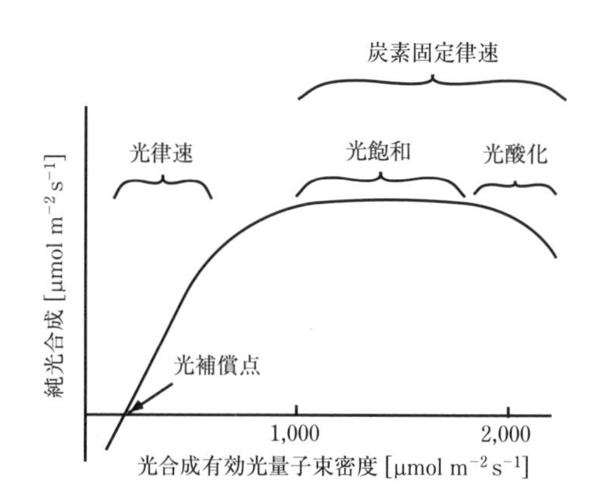


図5.5　光合成有効放射に対する純光合成速度の応答とさまざまな放射環境で光合成を律速するプロセス．光増加に応答した光合成の直線的な増加（光律速範囲）は，相対的に一定の光利用効率を示す．光補償点は，葉の正味の炭素獲得を示す放射の最小値である．

強光下では，光合成酵素や色素の**光酸化**（photo oxidation）により低下する（Kalff 2002；Mann and Lazier 2006；Lambers et al. 2008）．

次節では，環境が，水域および陸域生態系で起こる光合成をどのように制御しているのかについて述べる．はじめに説明する水域生態系では，最も初期の生産者が単細胞生物（植物プランクトン）であり，水が光合成を律速することがほとんどない．そのため，生態系への炭素インプットに対する環境制御の特徴を単純化できる．続いて説明する陸域生態系では，水域にはない複雑性について述べる．

## 5.5　外洋の光合成

### ■光制限

**湖沼および海洋などの水域生態系における光合成は，光獲得と植物プランクトンのバイオマスに依存している．**光は，湖面および海面に入射して，深度にともない指数関数的に減衰し，次のように示される．

$$I_z = I_0 e^{-kz} \tag{5.1}$$

$I_z$は，深さ$z$ [m] における**放射照度**（irradiance，単位面積・単位時間あたりに受け取る放射エネルギー量），$I_0$は水面における放射光強度，$k$は吸光係数である．水柱における光の減衰は，水，クロロフィル，水溶性有機物および有機物粒子あるいは土砂粒子の吸光による．海洋や**貧栄養**（oligotrophic）の湖沼のような澄んだ水では，エネルギー吸収の大部分を水が占め，澄んだ湖では 50～100 m まで（Kalff 2002），海洋では 200 m まで（図 5.6；Valiela 1995），高エネルギーの青色光が透過する．**富栄養**（eutrophic）の湖沼や河川では，クロロフィルが光の大部分を吸収し，青色光は数 m 以下までしか透過しない．タンニンは，茶色で酸性の貧栄養湖において大部分の光を吸収する．光透過深度は，水域生態系に二つの重要な結果をもたらす．一つ目は，植物プランクトンの成長に十分な光があり，すなわち光合成が呼吸を上回る（第 6 章参照），**真光層**（euphotic zone）の深さが決まる点である．植物プランクトンの光合成は弱光下で起こる場合もあるが，この値はしばしば，水面で獲得する光量の 1 %になる深さと定義される（Kalff 2002）．数多く存在する小さく浅い湖沼では，真光層は湖の底まで広がり，生産の多くが湖の底，とくに貧栄養環境で起こっている（Vadeboncoeur et al. 2002；Vander Zanden et al. 2006；Vadeboncoeur et al. 2008）．二つ目は，吸収された太陽放射の大部分は熱に変換され，その熱が水密度を低下させ成層化を促進する（表層が温かく密度の低い水になる）ので，湖沼の光透過深度が成層構造に影響する点である．したがって，浅い光透過深度をもつ富栄養の湖沼は，最も大きな成層構造を示し，風に駆動される撹拌に最も強い．

水柱における光合成速度の鉛直分布は，植物プランクトンの分布深度およびそれらの光強度に対する光合成応答に依存している（Valiela 1995；Kalff 2002）．水面の撹拌は，たいていは，植物プランクトンが新しい細胞を作る（およそ 1 日；図 2.21 参照）よりも速

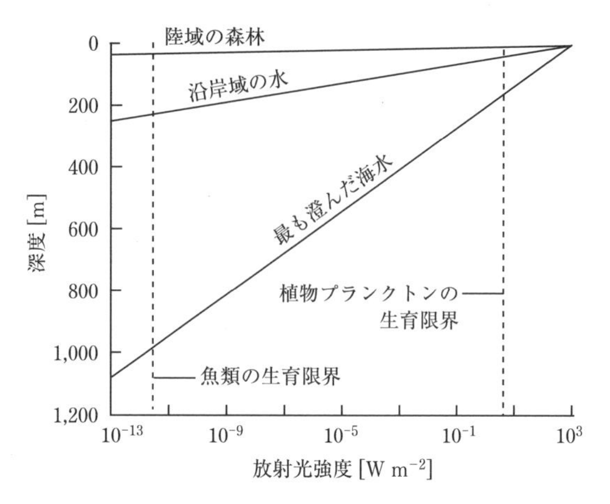


図5.6　森林群落面（Chazdon and Fetcher 1984），沿岸および海水面（Valiela 1995）より下層における生物の光利用可能性．Valiela（1995）を改変．

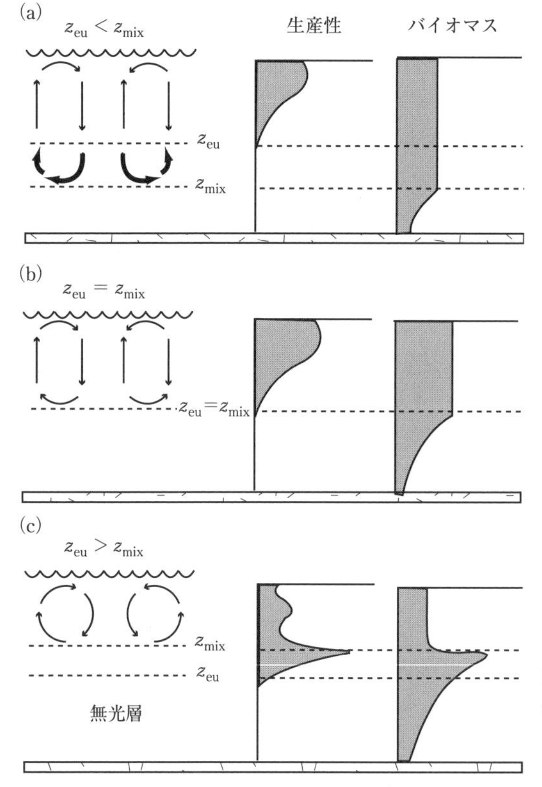


図5.7　真光層（$z_{eu}$）および混合層（$z_{mix}$）の相対的深度が，植物プランクトンの鉛直分布とバイオマスに与える影響．Thornton et al.（1990）より．

く起こるので，細胞の生死よりも乱流混合が植物プランクトンの鉛直分布，すなわち水柱の光合成ポテンシャル鉛直分布を決めている（図 5.7；Thornton et al. 1990）．風が穏やかで撹拌から遮蔽された湖沼では，植物プランクトンの鉛直分布に影響する他の要因として，細胞の生死および藻類の浮沈を含んでいる．大型藻類や，二酸化ケイ素の骨格をもつ珪藻は，他の植物プランクトンよりも速く沈む（Kalff 2002；Mann and Lazier 2006）．

植物プランクトンは，後述する陸域の陰生植物と似ている．光合成酵素の濃度が相対的に低いので，光合成能力および呼吸速度が低い．したがって，水柱の大部分を特徴づける弱光下および，細胞がその生存期間の大部分を過ごす深い位置でも正の純光合成を維持する．海洋性植物プランクトンの典型的な最大光合成速度は，太陽光の 5 ～25%の光強度をもつ，水面から数 m 下で生じる（Valiela 1995；Mann and Lazier 2006）．晴れた日に水面近くで生じる強光は光合成速度を低下させるが，乱流混合により，植物プランクトンが水面近くにいる時間は短い．最大光合成が起こるよりも深い場所では，光強度の指数関数的な低下にともなって，深さとともに炭素吸収が低下する．

真光層の深さは，しばしば表層の水が撹拌される深さと同じか，あるいはそれ以下である．この場合，植物プランクトンのバイオマスは相対的に均一な鉛直分布になり，光合成の深度分布は光合成の光応答曲線および光利用可能性の鉛直分布から容易に予測できる（図 5.7（b））．強く成層化されたあるいは極度に澄んだ湖沼では，光がときどき混合層よりも深く透過する．この場合，混合層より下の真光層底部におけるさらなる養分利用によって，植物プランクトンのバイオマスおよび光合成にピークが存在する（図 5.7（c））．実際の光合成の鉛直分布は，混合の変化が養分や植物プランクトンの鉛直的および水平的不均一性をもたらすので，このような単純な法則が示すよりも複雑である．

高緯度の海洋や澄んだ湖沼では，紫外線の UV-B もまた，水面の低い光合成速度に影響しているかもしれず，このことは水域の生産性が高緯度での UV-B 増加（人為起源の CFCs によって作られた「オゾンホール」，第 1 章参照）によって低下するかどうかという疑問を投げかけている．有色で可溶性の有機化合物は，UV-B 放射を吸収するので，これらは UV-B が水域生態系に与える影響を調整している可能性がある（Williamson et al. 1996；Kalff 2002）．海洋または湖沼の表面の光合成は，太陽高度が低く，日が短く，雪で覆われる冬季の高緯度域では，主に光によって制限されると考えられる．深度方向については，すべての外洋ハビタットで，光が光合成を制限する．

### ■ $CO_2$ 供給

**陸域に比べ，水域生態系の光合成が炭素により制限されることはほとんどない．**たとえば外洋生態系では，ある体積の水に含まれる炭素の 1 %しか一次生産に用いられていないが，この水に含まれる窒素は，一次生産において 1 年に 10～100 回，回転する（Thurman 1991）．外洋の光合成が炭素供給に対して応答性が低い理由の一つは，無機炭素が，豊富な濃度で，また $CO_2$，重炭酸塩，炭酸塩，炭酸といったいくつかの形態で利用できるからである．$CO_2$ が水に溶けるとき，ごく一部は炭酸に変換され，次に，pH の低下とともに重炭酸塩，炭酸塩，および$H^+$イオンに解離される．

$$H_2O + CO_2 \leftrightarrow H_2CO_3 \leftrightarrow H^+ + HCO_3^- \leftrightarrow 2H^+ + CO_3^{2-} \quad (5.2)$$

これらの平衡反応から考えられるように，無機炭素の主要な形態は，低pH（式（5.2）の左側に誘導される）での遊離した$CO_2$と炭酸塩，pH＝約8（海水の典型的な値）での可溶性重炭酸塩，および高pH（右側に誘導される）での炭酸塩である．大気中への化石燃料の放出は，海洋への$CO_2$流入を増加させており，式（5.2）の右側に誘導される．結果として海水酸性度（$H^+$）は30%も増加し，海洋無脊椎動物の炭酸塩の殻や石灰質の植物プランクトン（円石藻，cocolithophores）を分解し，海洋生態系の機能に深刻な影響を与える可能性がある（第14章参照）．重炭酸塩は，大部分の海水において無機炭素の90%を占めている．このように海洋では重炭酸塩が優占しているにもかかわらず，外洋生態系の植物プランクトンは最初の炭素源として$CO_2$を用いている．$CO_2$が消費されると，炭素は重炭酸塩から補填される（式（5.2））．大型藻類のアオサ属（*Ulva*）のような沿岸域の海洋藻類の中には，同じく重炭酸塩を利用するものがいる．

海洋の生産性が，大気中$CO_2$濃度増加に対して直接的に応答しているか否かについては，いまだ活発な議論がある．重炭酸塩と親和性が低い植物プランクトンや，富栄養条件下にいる植物プランクトンの大部分は，$CO_2$増加に応答して光合成量や成長量を増加させる（Schippers et al. 2004）．

**汚染されていない淡水生態系の1日の光合成量は，海洋生態系と同様に炭素に制限されることはほとんどない．**淡水生態系に流入する地下水は，陸域土壌の根および微生物呼吸由来の$CO_2$で過飽和している（Kling et al. 1991；Cole et al. 1994）．地下水からの$CO_2$流入は一般に，$CO_2$を利用する水域の一次生産者の能力を超えてしまうので，大部分の渓流，河川および湖沼が大気への正味の$CO_2$ソースである．さらに，水域および陸域に由来する有機炭素の水域での分解が，湖沼や河川内での大きな炭素源を生み出す（第7章参照；Kortelainen et al. 2006；Cole et al. 2007）．プランクトンバイオマスが大きい富栄養の湖沼は，貧栄養の生態系よりも光合成を維持するための$CO_2$要求が高いが，富栄養下で生じる有機物の蓄積や堆積物中の高い分解速度も，水柱への大きな$CO_2$インプットになっている．このことは，陸域生態系と同様に，成層した富栄養の湖沼において，日中に大気から吸収され，夜間に戻される$CO_2$により（Carpenter et al. 2001），$CO_2$の強い鉛直勾配を形成する．ミズニラ属（*Isotes*）のような淡水の維管束植物の中には，$CO_2$を夜間に吸収し，日中に光合成により再固定するCAM型光合成を行うものがいる（Keeley 1990）．他の淡水の維管束植物は，水柱から供給される$CO_2$を補うために，根から群落へ$CO_2$を輸送する．

## ■養分制限

**養分は，主に新たな細胞生産に影響を与えることにより，植物プランクトンの光合成を制限する．**生産性と光合成は，あらゆる生態系において，増幅（正の）フィードバックシステムを通して強く結びついている（第6章参照）．つまり，光合成は，新しい光合成細胞を作るために炭素とエネルギーを供給しており，それにより光合成が起こる確率をさらに高めている．このフィードバックは主に，新しい光合成細胞を作ることで植物プランクトンによる一次生産の大部分が起こる外洋生態系で強い．養分は，大部分の汚染されていない淡水および海洋の水域生態系において，生産性を強く制限する．養分可給性が増加すると，新しい細胞の生産速度が増加するが，各細胞の光合成酵素濃度は相対的にそれほど高くならない．これはそれらの光合成能力や光補償点が低いためである．言い換えれば，植物プランクトンは，各細胞の光合成能力の増加ではなく，主に光合成バイオマスの増加による養分供給に応答している．このことは，水柱に分布している植物プランクトン量を増加させ，また（低い光補償点をもち，結果として低い光合成能力をもつことにより）各細胞が，それらの一生の大部分を過ごす弱光環境で機能することを可能にする．

植物プランクトンは，種によって光合成能力がいくらか違っている．高い光合成能力をもつ大きな細胞種は，富栄養の水で優占し，小さな細胞の**ナノプランクトン**（直径 2～20 μm）や**ピコプランクトン**（直径 2 μm 未満）は貧栄養の水で優占する．第 6 章および第 9 章で述べるように，大きな細胞種は，養分が容易に利用できるときに急速にバイオマス生産できる利点がある．対照的に，高い比表面積をもつ小さな細胞種は，細胞表面への養分の拡散による制限を受けにくいので，他種との競合の点で貧栄養の水が好都合である．

## ■外洋の GPP

**外洋生態系の全光合成量は，養分が植物プランクトンバイオマスに与える影響，および光や他の環境因子が各細胞の光合成活性に与える影響を総合したものである．** GPP は，水柱の光合成速度の総和であり，典型的に日から年の時間間隔で示される（たとえば，g C $m^{-2}$ $yr^{-1}$ という単位）．生態系モデリングやリモートセンシングは，水域生態系の GPP 推定に大きな役割を果たしている．乱流混合に対して，クロロフィルが光を捕集する効率は比較的素早く順応し，表面より深い所で大きくなる一方で，表面の混合層の光合成能力は比較的均質に保たれる（一定の光合成能力および光補償点；Flynn 2003；Mann and Lazier 2006）．この混合層の光合成能力の均質性により，クロロフィル含量は，植物プランクトンバイオマスの指標として役立つ．海洋では，**SeaWiFS**（Sea-viewing Wide Field-of-view Sensor）を用いた衛星由来の海色画像から，クロロフィルの光吸収の鉛直分布が推定されている．異なる波長の光は異なる深さまで透過するので，SeaWiFS はクロロフィルにより吸収された放射の深度プロファイルを推定できる．

先に述べたように，光合成 - 深度曲線の形は，乱流混合の強度および深度や，光が透過する深度に依存している（図 5.7；Thornton et al. 1990；Kalff 2002；Mann and Lazier 2006）．湖沼は，水柱の光合成の総和（GPP）が全呼吸量を超えたときに炭素を蓄積する．**補償深度**は，GPP が，水柱全体の植物プランクトンの呼吸量と釣り合う深度である．もし混合深度が補償深度以下であった場合，この深度以下の植物プランクトンの呼吸量は光合成量を上回り，それらは炭素を失う．富栄養湖や，湧昇地域のような最も生産性の高い外洋生態系では，混合深度が補償深度よりかなり浅い．

## 5.6　河川と沿岸――縁に生きる――

**河川や海岸（海岸線）のハビタットは，陸域と水域の両方の要素に依存した特徴をもっている．**陸域面においては，水辺の植生は安定した水分供給と相対的に有利な養分環境から利益を得ている（第13章参照；Naiman et al. 2005）．このため，塩性湿地，淡水湿地および湖畔に沿った抽水植生は，しばしば高い光合成速度と生産性を支える（Valiela 1995）．水域面においては，後述のように，水面から突出した維管束植物（抽水植物）と陸域植生による被陰が，渓流の源流，湖沼および河畔の光環境の大部分を決めている．

渓流や河川のような**流水**生態系は，湖沼とも陸域生態系とも区別される独特の特徴をもつ．渓流の一次生産者は，維管束植物やコケといった**大型植物**，**底生**藻類，維管束植物やコケ，大型藻類の表面に付着している**着生**（epiphytic）藻類および緩やかな水流を漂う浮遊藻類を含んでいる．さまざまな一次生産者の光合成への相対的な貢献度は，流域内の地形（侵食，運搬および堆積）によって異なり，流速，冠水頻度および基質安定性のパターンに依存している（第3章参照）．流域の侵食帯における小さな源流はしばしば，河畔の植生によって被陰され，（少なくともある季節には）相対的に高い流速をもち，また隣接する陸域生態系の動態に依存して，養分流入が変動しやすい．一般に，**付着藻類**（periphyton），コケ（mosses）および岩石上の苔(たい)類（liverworts）や堆積物が，源流の光合成の大部分を説明する（Allan and Castillo 2007）．源流が合流してより大きな川を形成し，太陽からのより大きな入射が，浅い河畔の大型植物や川底の付着生物による光合成をより大きくする（図5.8）．流速が小さい期間は，シオグサ属（*Cladophora*）のような底生藻類は大きなマットを形成する（Power 1992b）．底生のコケは，多くの冷たい渓流や河川において重要である．下水や農業廃水により汚染された緩やかな流れの河川では，藻類の増殖速度が下流への流出速度より速い場合には，浮遊性の藻類が優占できる（Allan and Castillo 2007）．一般に，GPPは流域サイズの増加とともに増加するが，これはとくに人為影響が大きい流域においてきわめて変化しやすい（Finlay 2011）．

**渓流および河川における光合成の制御は，一次生産者のタイプと環境に依存して変化する．**たとえば，森林のある源流域にいる底生藻類は，隣接する陸域の林床と同様に，低い光利用可能性のために相対的に低い光合成速度をもつ．河畔の樹木や灌木の除去はしばしば，森林が伐採された源流の光合成および生産量を増加させる（Allan and Castillo 2007）．また，養分が藻類の成長を強く制限するので，藻類は相対的に光の付加に対してほとんど応答しない．一般に養分は，湖沼や海洋と同様に，光合成特性よりも新しい光合成細胞の生産に影響を与えることによって，底生の光合成を制限する．後述するように，流水の激しい乱流は，養分拡散による藻類の制限を低下させるので，養分制限は外洋生態系よりも流水において小さくなる傾向がある．地下水は$CO_2$で過飽和しているため，この地下水が流れ込む渓流の光合成が$CO_2$により制限されることがほとんどない．

一般に，渓流の大型植物が渓流内に占める生育面積は小さいので，それらの光合成による渓流生態系への炭素流入率は比較的小さい．コケは，とくに水温が低いときに，被陰さ

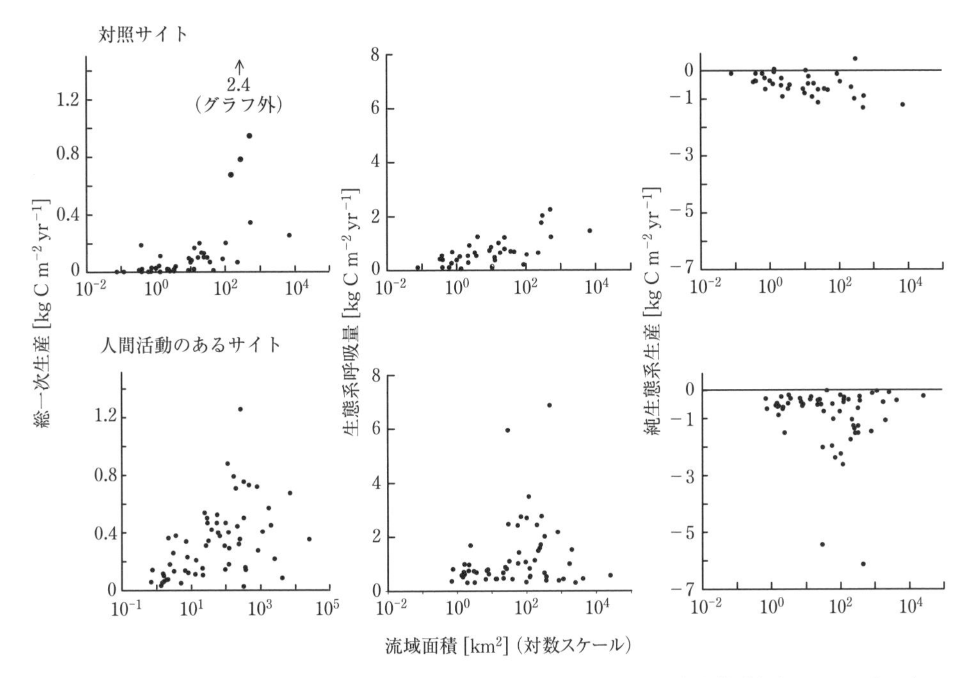


図 5.8 流域面積が異なる河川および渓流の総一次生産，生態系呼吸量および純生態系生産．Finlay（2011）より．

れた源流で優占する傾向がある．また，浮遊あるいは突出した維管束植物は，流れが緩やかで，土砂堆積が大きく，光利用可能性が高い低地の氾濫原や河口において優占する．

緩やかな流れの富栄養河川の水柱に存在する植物プランクトンはしばしば，緩やかな流れの側方流路，湖沼，貯水池または水たまりに普遍的な個体群に由来する．大部分の植物プランクトンの最大倍加時間は 1 日あたり 1 ～ 2 回なので，河川における流出と植物プランクトンバイオマスの間には強い逆相関がある．河川の植物プランクトン個体群は，もし流れが十分に緩やかで，養分が 1 年を通して高い生産量を支えられるほど十分であるならば，自己維持できる．また，河川には，季節的に河川と連結する湖沼や側方流路から植物プランクトンが供給される．河川の植物プランクトンの光合成制御における光および養分の役割は，湖沼における役割と似ている．第 7 章および第 9 章で述べるように，河川のある区間の総光合成量（GPP）は，その生態系の光環境および植物の光合成特性のみでなく，源流域からの藻類の輸送にも依存している．

## 5.7 陸域の光合成

### ■ 陸域生態系の光合成構造

大気と水の物理的な違いが，陸域と水域生態系間の光合成の大きな違いの原因である．

藻類は，物理的にそれらを支え，$CO_2$ と養分を直接的に光合成細胞にもたらす水に浸かっている．水流は，浮遊藻類を光勾配の異なる鉛直位置に攪拌し続ける．対照的に，陸上植物の葉は，精巧な支持組織につながっており，林冠内の固定された位置にとどまる．これらの葉とその支持組織は，林冠内の鉛直的な光勾配を作り出すとともにそれらに応答する．したがって，植物プランクトンと異なり，陸上の葉は特定の光環境に光合成を順応させることができる．陸上植物の光合成細胞は，水分損失を最小にするためにワックス状のクチクラに覆われているが，一方でこの不浸透性のコーティングは，葉緑体内の $CO_2$ 固定場所への $CO_2$ 拡散を遅らせる．すなわち，陸上の葉は，水域生態系では問題にならなかったような，水分損失と $CO_2$ 吸収とのトレードオフに直面している．

陸上植物では，光合成に使われる $CO_2$ は，葉の外側にある大気から葉緑体までの濃度勾配に従って拡散する．$CO_2$ は，はじめに葉面近傍の大気層（**葉面境界層**，leaf boundary

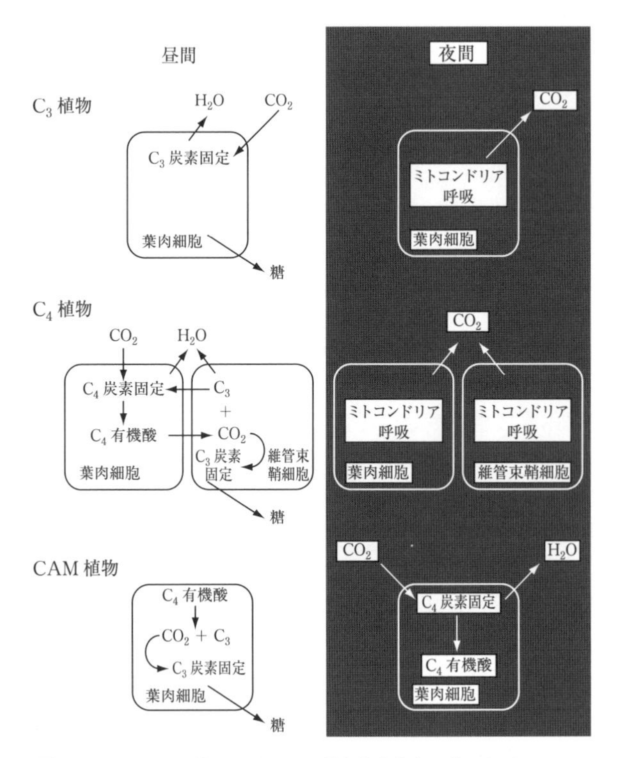


**図 5.9**　$C_3$ 型，$C_4$ 型および CAM 型光合成をもつ葉における，$CO_2$ 固定および水蒸気交換に関する細胞の位置と日周期．$C_3$ 植物と CAM 植物では，光合成はすべて葉肉細胞で起こる．$C_4$ 植物では，$C_4$ 炭素固定は葉肉細胞で起こり，$C_3$ 炭素固定は維管束鞘細胞で起こる．ミトコンドリア呼吸は夜間に起こる．大気中の $CO_2$ と水蒸気の交換は，$C_3$ 植物と $C_4$ 植物では昼間に起こり，CAM 植物では夜間に起こる．

layer）を拡散し，次に**気孔**（葉面の小さな孔）を通過するが，この気孔の直径は植物によって決まっている（図 5.1；図 5.9；Lambers et al. 2008）．$CO_2$ は葉内に入ると，細胞間隙を通過し，細胞表面の水に溶けて，細胞表面から葉緑体まで最短距離で拡散する．$C_3$ 植物の葉の葉緑体は，重炭酸塩から水溶性 $CO_2$ への変換を触媒する炭酸脱水酵素を含み，ルビスコに固定される形の炭素（$CO_2$）の濃度を最大化している．葉面境界層，気孔および細胞内の水はすべて大気からルビスコへの $CO_2$ 拡散全体に影響するが，その中で気孔が最も大きな（また最も変化しやすい）抵抗要素である．薄く平坦な葉の形態や，葉内の空隙の多さは，大気から葉緑体への $CO_2$ 拡散速度を高めている．

葉内の細胞壁は，大気から細胞内への $CO_2$ 輸送効率を促進する水の膜で覆われている．この水は容易に蒸発し，水蒸気は気孔から葉面境界層を通じて大気中へ拡散する．植物が炭素を獲得するには気孔が開いている必要があるが，それゆえに水不足となる（第 4 章参照）．言い換えると，陸上植物は，$CO_2$ 吸収（光合成を駆動するのに必要である）と水分損失（土壌から吸収された水によって置換される必要がある）との避けられないトレードオフに直面している．このトレードオフは，吸収された 1 分子の $CO_2$ に対して 400 分子の水が出て行くことを意味する．植物は，$CO_2$ 吸収と水分損失とを，気孔開度を変化させることによって制御している．すなわち，単位駆動力あたりの（ある濃度勾配に対する）水蒸気あるいは $CO_2$ フラックスである**気孔コンダクタンス**を制御している．植物が，水分保持のために気孔コンダクタンスを低下させると，光合成が低下し，植物が光エネルギーを炭水化物に変換する効率も低下する．したがって，植物の葉緑体への $CO_2$ 輸送の制御は，光合成を最大にすることと水分損失を最小にすることの間で折衷しており，また後で述べるように，$CO_2$，光および無機栄養塩類の相対的な供給に依存している．次に，暖かく，強光環境で植物の反応を促進する $C_4$ 型光合成と，乾燥地で促進する CAM 型光合成という，二つの光合成経路について述べる．

## ■ $C_4$ 型光合成

**$C_4$ 型光合成は，付加的な炭素固定反応系を備えており，これにより光呼吸を低下させ，温暖・強光環境で純光合成を増加させることができる．** 維管束植物種の約 85％は，ルビスコが主要なカルボキシル化酵素である $C_3$ 型光合成経路によって炭素を固定している．$C_3$ 型光合成の生化学的に安定した最初の生産物は，三炭糖有機酸である．一方で，世界の植物相の約 3％は **$C_4$ 型光合成経路**によって光合成を行っており（Sage 2004），陸域 GPP の約 23％を担っている（Still et al. 2003）．$C_4$ 植物種は，暖かく，強光な環境下，とくに熱帯草原やサバンナで優占している．$C_4$ 植物が優占した生態系は，不凍な陸域のほぼ 3 分の 1 を占めており（表 6.6 参照），ゆえに地球の炭素循環にとって量的に重要である．$C_4$ 型光合成では，最初にホスホエノールピルビン酸（PEP）が，葉肉細胞内で **PEP カルボキシラーゼ**によってカルボキシル化され，四炭糖有機酸を作る（図 5.9）．この有機酸は，**維管束鞘細胞**（bundle sheath cell）に輸送され，脱カルボキシル化される．そこで $CO_2$ が有機酸から放出された後，通常の $C_3$ 型光合成経路に入り，作られた糖は葉から放出される．

$C_4$ 型光合成経路には生態学的に重要な三つの側面がある．

第一に，$C_4$ の有機酸は維管束鞘細胞に入り，そこで脱カルボキシル化されるので，ルビスコが炭素を固定する場所で $CO_2$ が濃縮されることである．これにより，$O_2$ に比べて $CO_2$ の濃度が増加するので，競争阻害下でもルビスコによるカルボキシル化効率を高められる．$C_4$ 植物においては，葉レベルで測定される見かけ上の光呼吸は小さい．なぜなら，大部分の維管束鞘葉緑体における RuBP は，$O_2$ よりも $CO_2$ と反応し，また，葉肉細胞の PEP カルボキシラーゼは，維管束鞘細胞から拡散してくる光呼吸由来の $CO_2$ を除去するからである．

第二に，PEP カルボキシラーゼは，ルビスコよりも大量の $CO_2$ を葉内に取り込むことである．これにより，外気と葉内の細胞間隙との間の $CO_2$ 濃度勾配が増加する．したがって，$C_4$ 植物は，$C_3$ 植物に比べ，より閉じた気孔の下でも $CO_2$ を吸収できるため，水分損失を少なくできる．

第三に，$C_4$ 経路の炭素受容体となる分子（PEP）を再生する正味のコストは，同化する $CO_2$ あたり 2ATP であり，$C_3$ 植物と比べてエネルギー要求が 30% 大きいことである．

**$C_4$ 型光合成経路の主な利点は，光呼吸に好適な条件下で，カルボキシル化速度を増加させることである**（Sage 2004）．光呼吸は温度の上昇とともに指数関数的に増加するが，光呼吸がなくなることで，$C_4$ 植物は，高温下で $C_3$ 植物より高い純光合成速度を維持する．このことは，暖かい環境での $C_4$ 植物の繁栄を示唆する．$C_4$ 型光合成は最初に中湿性，乾燥性および塩性環境で同程度に進化したため，現在の $C_4$ 植物は，$C_3$ 植物と同様に，乾燥耐性ではないように思われる（Sage 2004）．それにもかかわらず，$C_4$ 植物が示す低い気孔コンダクタンスは，乾燥条件への事前適応と考えられ，現在，$C_4$ 植物は $C_3$ 植物よりも幅広く乾燥地に出現している（Osborne and Freckleton 2009）．$C_4$ 経路の主な欠点は，光合成により同化される炭素あたりのエネルギーコストが高いことであり，それは強光条件で最もよく見合うものとなる（Edwards and Smith 2010）．したがって，$C_4$ 経路は，熱帯草原や湿地といった暖かく，強光な条件で最も有利である．$C_4$ 経路は，18 科の植物で出現しており，少なくとも 45 回は独立に進化した（Sage 2004）．$C_4$ 植物種は，おそらく地球の大気中 $CO_2$ 濃度の低下を引き金として，中新世後期の 600～800 万年前に多くみられるようになった（Cerling 1999）．$C_4$ 植物の草地は，大気中 $CO_2$ 濃度が低下した氷期の間に拡大し，大気中 $CO_2$ 濃度が増加した氷期の終わりに後退しているため，$C_4$ 型光合成の進化は，大気中 $CO_2$ 濃度変動と強く結びついていることを示唆している．一方で，大気中 $CO_2$ 濃度に地理的変動はほとんどないため，現在の $C_4$ 植物の地理的分布は，$CO_2$ 濃度よりも主に温度と光獲得によって制御されていると考えられる．

**$C_4$ 植物は，その生態系における過去および現在の役割を追跡できる同位体標識をもつ．** $C_4$ 植物は，光合成の際，$C_3$ 植物よりも高い割合で $^{13}C$ と反応する（Box 5.1）．そのため，この光合成経路によって作られた，動物や土壌有機物を含むあらゆる有機物を特徴づける同位体標識をもつ．同位体測定は，$C_3$ 植物と $C_4$ 植物の相対量が経年的に変化する生態系内での生態学的プロセスを知る貴重な手段である（Ehleringer et al. 1993）．

## Box 5.1 炭素同位体

三つの炭素同位体（$^{12}C$，$^{13}C$ および $^{14}C$）は，中性子数が異なるが，同じ陽子数および電子数をもつ．原子の質量が大きくなるほど同位体は重くなり，ある反応，とくにルビスコによる $CO_2$ 固定が遅くなる．カルボキシル化酵素は，これらの同位体の中で最も軽い炭素（$^{12}C$）と優先的に結合する．一般的に，$C_3$ 植物は気孔コンダクタンスが大きいため，相対的に高い葉内 $CO_2$ 濃度をもつ．このような状態で，ルビスコは重い同位体を**分別**し，$^{13}CO_2$ を葉内細胞間隙中に蓄積する．それゆえ，$^{12}CO_2$ が葉内を拡散すると同時に，$^{13}CO_2$ は濃度勾配に従って気孔を通じて葉外に拡散する．対照的に，$C_4$ 植物や CAM 植物では，PEP カルボキシラーゼが $CO_2$ と高い親和性をもつため，葉に入ってくる大部分の $CO_2$ と反応し，相対的に $^{13}CO_2$ の分別はあまり起こらない．結果として，CAM 植物や $C_4$ 植物の $^{13}CO_2$ 濃度は，$C_3$ 植物に比べてずっと高い（$C_3$ 植物よりゼロに近い負の同位体比，表 5.1）．

$C_3$，$C_4$ および CAM 植物の間の同位体比の違いは，これらの植物に由来する有機化合物に残存する．このことから，動物組織の $^{13}C$ 含量を測定することにより，動物の食物中の $C_3$ および $C_4$ 植物の相対比を算出することができる．これは過去の人類のような化石骨からも行うことができる．化石骨の同位体比の変化は，食物の変化の明確な指標となる．植生が $C_3$ 優占から

**表 5.1** 大気中の $CO_2$ といくつかの植物および土壌材料の $^{13}C$ 濃度［‰］の典型的な値

| 材料 | $\delta^{13}C$［‰］[a] |
|---|---|
| PeeDee 層石灰岩の標準物質 | 0.0 |
| 大気中の $CO_2$ | −8 |
| 植物材料 | |
| ストレスのない $C_3$ 植物 | −27 |
| 水ストレスのかかった $C_3$ 植物 | −25 |
| ストレスのない $C_4$ 植物 | −13 |
| 水ストレスのかかった $C_4$ 植物 | −13 |
| CAM 植物[b] | −27〜−11 |
| 土壌有機物 | |
| ストレスのない $C_3$ 植物由来 | −27 |
| $C_4$ または CAM 植物由来 | −13 |

O'Leary（1988）および Ehleringer and Osmond（1989）のデータ．

[a] 濃度は，国際的に承認された標準物質（PeeDee ベレムナイト化石（矢石））との相対値で次式のように表される．

$$\delta^{13}C_{std} = 1{,}000 \times \left(\frac{R_{sam}}{R_{std}} - 1\right)$$

$\delta^{13}C$ は標準物質からの相対値をデルタ単位で表した同位体比であり，$R_{sam}$ および $R_{std}$ はそれぞれ，サンプルおよび標準物質の同位体比である（Ehleringer and Osmond 1989）．

[b] CAM 型光合成における −11 以下の値；多くの CAM 植物は，最適な湿潤条件で $C_3$ 型光合成に切り替わるので，ストレスのない $C_3$ 植物の同位体比と似た値になる．

$C_4$優占に変化した場合（あるいはその逆），植物の同位体比は，土壌有機物（および過去の植生）の同位体比とは異なる．したがって，土壌有機物の炭素安定同位体比の経時変化から，以前の植生下で作られた土壌有機物の，現在のターンオーバー速度が推定できる．

## ■ベンケイソウ型有機酸代謝

**ベンケイソウ型有機酸代謝**（Crassulacean acid metabolism, **CAM**）**は，極度に乾燥した条件で植物が炭素獲得できる光合成経路である．**熱帯林群落（林冠）の多くの着生植物を含め，乾燥地に生える多肉植物種（たとえばサボテン）は，CAM型光合成を通して炭素を獲得している．CAM型光合成は，極度に乾燥した条件でのみ活性化するので，陸域の炭素獲得においては少しの割合しか占めていない．また，そのような乾燥環境においても，CAM植物の中には，水が十分に利用できる場合には$C_3$型光合成に転換するものもある．

CAM型光合成では，植物は日中気孔を閉じている（図5.9）．なぜなら，高い組織温度と，外気の低い相対湿度のために，蒸散による水分損失が大きくなってしまうからである．夜には気孔を開き，$CO_2$が葉内に入り，PEPカルボキシラーゼにより固定される．作られた$C_4$有機酸は，脱カルボキシル化される翌日まで液胞に蓄積され，放出された$CO_2$は通常の$C_3$型光合成で固定される．したがって，CAM植物では，$C_3$炭素固定と$C_4$炭素固定の間に時間的な（昼夜の）分離があり，一方で$C_4$植物は，維管束鞘細胞と葉肉細胞という，空間的な分離がある．CAM型光合成は，$C_4$型光合成のようにエネルギーコストが高い．したがって，主に砂漠，浅い岩混じりの土および熱帯林群落といった乾燥，強光環境で起こる．CAM型光合成は，生態系内で炭素固定できないほど極度に乾燥した条件において，植物が炭素を獲得できるようにしている．

## ■$CO_2$制限

**植物は，光合成の構成要素に順応しているため，物理的および生化学的プロセスが炭素固定をともに制限している．**光合成は，葉への$CO_2$拡散速度が葉の生化学的な$CO_2$固定能力と一致したときに，最も効率的に働く．陸上植物は，光合成の葉内$CO_2$濃度への応答でみられるように，このバランスに近づくために光合成の構成要素を制御する（図5.10）．葉内$CO_2$濃度が低いとき，光合成は$CO_2$濃度に対してほぼ直線的に増加する．このような環境では，葉は利用している以上の炭素固定能をもっており，光合成は葉内への$CO_2$拡散速度によって制限される．植物は，気孔を開くことでのみ光合成を増加させることができる．一方で，葉内$CO_2$濃度が高いときには，光合成は$CO_2$濃度の変化に対してほとんど応答しない（図5.10の漸近線）．この場合，光合成はRuBP（$CO_2$と反応する化合物）の再生速度によって制限され，気孔開度の変化は光合成にほとんど影響しない．葉内$CO_2$濃度が高いとき，カルボキシル化速度は次のいずれかの不足によって制限される．

(1) 化学エネルギーを作るのに必要な光（あるいは光吸収色素）．

(2) 葉緑体内でのATP，NADPHおよび$CO_2$の反応過程にかかわる光合成酵素を生産す

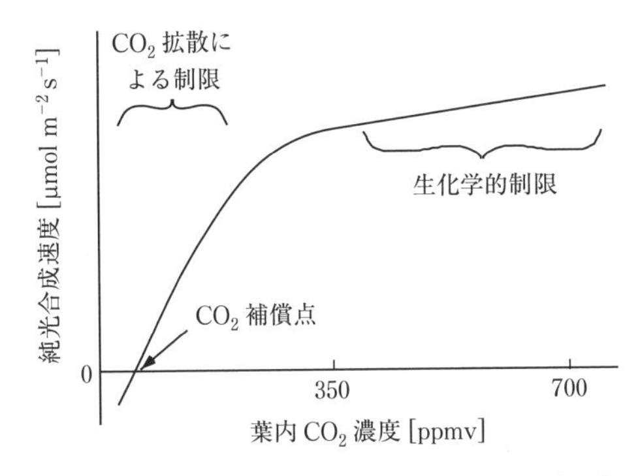


**図 5.10**　純光合成速度と葉内 $CO_2$ 濃度との関係．光合成速度は，$CO_2$ 応答曲線における初め（左手側）の直線部分では葉緑体への $CO_2$ 拡散速度によって制限されるが，高 $CO_2$ 濃度下では生化学プロセスによって制限される．$CO_2$ 補償点は，葉が正味の炭素を獲得する $CO_2$ 濃度の最低値である．

るのに必要な窒素．

(3) RuBP を合成するのに必要なリン酸塩あるいは糖リン酸．

さまざまな環境において，陸上植物は光合成構成要素に順応しているので，$CO_2$ 拡散と生化学は，ほぼ同等に光合成を制限しており（Farquhar and Sharkey 1982），植物は $CO_2$ 獲得と生化学的制限（光，窒素あるいはリン）の両方に応答している．植物は，気孔コンダクタンスを数分単位で変化させることや，光吸収色素または光合成酵素の濃度を数日から数週間単位で変化させることによって順応している．拡散と生化学による光合成制限の法則は，光合成の環境制限を最小にするための個葉の順応を理解するうえで重要である．気孔コンダクタンスは制御されているため，光合成は通常，$CO_2$ 供給と炭素固定能がほぼ同等に制限している，$CO_2$ 応答曲線の変曲点（breaking point）近くで起こる（図 5.10；Körner et al. 1979）．

**葉の気孔コンダクタンスの変化は，光合成への $CO_2$ 供給の影響を最小にする．** 自由大気は，$CO_2$ 濃度がグローバルスケールでたった 4 %までしか変動しないようによく混合されている——すなわち，光合成に大きな地域的変化をもたらすには不十分である．密度の高い群落では，光合成が群落内の $CO_2$ 濃度をある程度減少させ，土壌呼吸が群落底部の $CO_2$ ソースとなる．しかし，群落下部の陰葉は光制限を受ける傾向にあり，ゆえに相対的に $CO_2$ 濃度に応答しなくなる．結果的に，群落内の $CO_2$ 濃度の鉛直方向の変化は，生態系全体の光合成にはほとんど影響しない（Field 1991）．

$CO_2$ 濃度の空間変動は，光合成速度のグローバルスケールの変動をたいして説明できないが，産業革命以降，大気中の $CO_2$ 濃度が 35%増加したことは，総じて生態系の炭素獲得を増加させた（第 7 章参照；Canadell et al. 2007）．生育チャンバーとフィールド実験の両方において，$CO_2$ 濃度を 2 倍にすると光合成速度が 30～50%増加したことが報告されている（Curtis and Wang 1998；Ainsworth and Long 2005）．この $CO_2$ 上昇による光合成促進は，$C_3$ 植物，とくに樹木で最も顕著である（Ainsworth and Long 2005）．年月が経過すると，前述の光合成の生化学的・拡散的な制限に従い，ほとんどの植物は光合成能力や気孔コンダクタンスを低下させることで，上昇した $CO_2$ に順応する．この上昇した $CO_2$ に対する $CO_2$ 吸収の**ダウンレギュレーション**（down-regulation）は，蒸散速度や土壌水分要求を減少させながら，植物による炭素吸収を維持させることができる．このようにして，$CO_2$ 上昇はしばしば，光合成への直接的影響よりも水分制限を緩和することによって，植物の成長をより促進させることがある．$C_4$ 植物はしばしば $C_3$ 植物よりも間接的に $CO_2$ の影響を受けやすく，長期的な $CO_2$ 濃度上昇の $C_3$ 植物と $C_4$ 植物に対する競合的影響は，予測が難しい（Mooney et al. 1999）．

## ■光制限

**物理環境が生態系への光の入射を決めており，葉面積は群落内の光の分布を決めている．**葉への入射光は，太陽角，雲量および**陽斑**（**サンフレック**，sunfleck；植物群落を貫く直接的なパッチ状の太陽光）の位置の変化により，大きく変動する（10倍から1,000倍；図5.11）．しかし，葉面積の鉛直分布は，個葉の光環境を決める主な因子である．陸域群落内の光分布は，水域生態系でみられたのと同様に，経験則によって次のように近似される．

$$I_z = I_0\, e^{-kLz} \tag{5.3}$$

ここで，$I_z$ は群落底面から高さ $z$［m］の位置での放射光強度，$I_0$ は群落頂点での放射光強度，$k$ は単位葉面積あたりの吸光係数，$L$ は測定位置上部での**葉面積指数**（**LAI**；単位土地面積あたりの積算葉面積）である．群落内の実際の光分布は，もっと複雑で，直達放射と散乱放射のバランスに依存している．LAI は，潜在的に光を吸収できる面積と群落内を光が減衰する深さの両方を決めるので，生態系プロセスを決定する鍵となる因子である．LAI は，単位土地面積あたりのすべての葉の片側の総面積（円筒状の針葉の場合は葉の投影面積）と同等である．

LAI は生態系間で大きく異なっているが，典型的に閉じた群落をもつ生態系では1～8 $m^2$ leaf $m^{-2}$ である．群落内の放射光強度にともなう指数関数的な減衰度合いを示す**吸光係数**（extinction coefficient）は，一定である．また，鉛直方向に傾いている葉や小さな葉では値が小さくなり（たとえば，草本では0.3～0.5），群落内に直達放射が十分に入ってくることができるが，水平に近い葉では値が大きくなる（0.7～0.8）．針葉のように葉が枝に凝集している状態や葉がさまざまな角度に分布している状態では，$k$ は上記の間の値をとる．式（5.3）は，光は生態系内で不均一に分布していること，また群落頂点近くの葉は利用できる光の大部分を受け取っていることを示している．たとえば，森林の地表面における放射光強度は，水域の真光層の底面で獲得できる光強度と同様に，しばしば群落頂点のたった1～2％になってしまう（図5.6）．

**陸上植物における光合成の光応答曲線の形は，藻類と一致する**（図5.5）．光が制限され

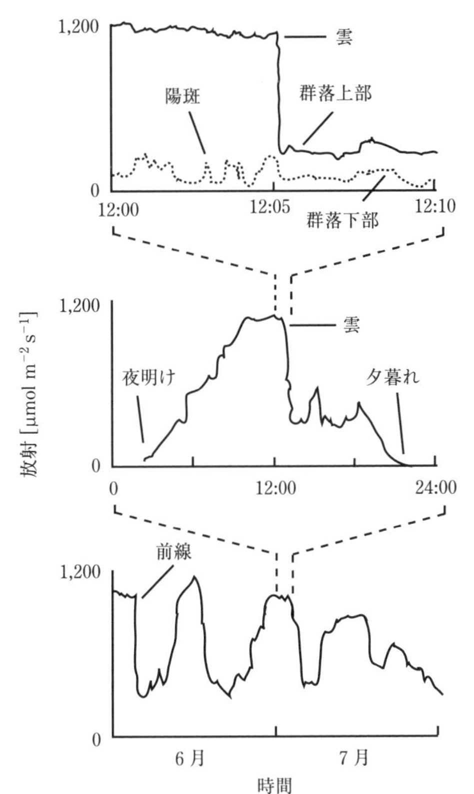


**図 5.11** 温帯林群落の上部および下部における光合成有効放射の分，時，月単位での経時変化の例．群落上部の光は，雲により数分間で変化する．群落下部では，光は直接的な放射である陽斑の有無によって変化し，これは数十秒から数分続く．日中，太陽角や雲の流れの変化が光を大きく変化させる．大気の対流はしばしば，午後の雲を増加させる．成長期には，太陽角や前線通過の季節変化が光の変化をもたらす主要因である．1年のうちのある時期は雲量が多く，また別の時期は風や前線通過の方向の変化が大きい．

た条件では，光合成は光獲得の増加とともに直線的に増加する（量子収率あるいは光利用効率が一定）．クロロフィルの光受容能が飽和すると，光合成は最大速度（光合成能力）に達する．極端に高い光強度では，植物プランクトンと同様に，色素および酵素の光酸化により，光合成は低下するかもしれない（図 5.5）．

数分から数時間にわたる光獲得の変動に応答して（図 5.11），炭素固定反応の要求を満たすために，植物は $CO_2$ 供給に順応するように気孔コンダクタンスを変化させる（Pearcy 1990；Chazdon and Pearcy 1991）．$CO_2$ に対する光合成要求が高いとき，気孔コンダクタンスは強光下で大きくなり，光合成要求が低いとき，気孔コンダクタンスは小さくなる．このような気孔調節は，我々が説明した光合成の生化学的・拡散的制限で説明されるように，相対的に葉内 $CO_2$ 濃度を一定に保つ．これにより，植物は弱光下でも水分を保持したり，強光下で $CO_2$ 吸収を最大化できたりする．

より長い時間スケールにおいて（数日から数週間），植物は，さまざまな光合成特性をもつ葉を作ることで光獲得の変化に応答する．このような，器官による生理学的調節は**順化**として知られている．群落頂点の葉（**陽葉**，sun leaf）は，弱光下で作られる**陰葉**（shade leaf）より多くの細胞層をもち，厚いため，単位葉面積あたりの光合成能力が高い

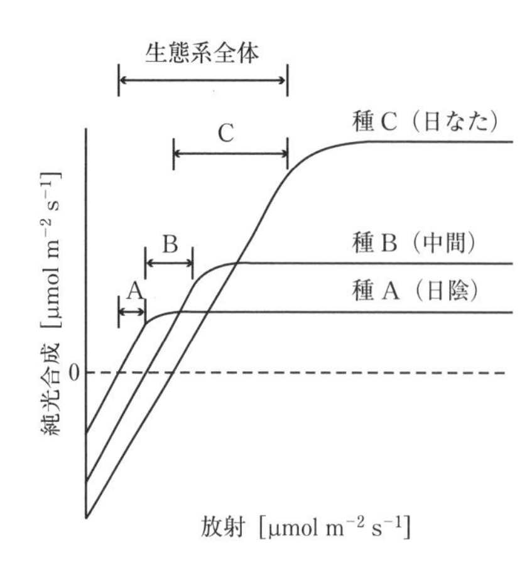


図5.12　弱，中，強光に適応（あるいは順化）した植物の純光合成の光応答曲線．水平の矢印は，各種および生態系全体にとって，純光合成が正で，かつ放射に対して直線的応答を示す放射範囲である．順化は，純光合成が光に対して直線的に応答する光利用範囲を増加させる，すなわち一定の光利用効率をもつ．

(Terashima and Hikosaka 1995, Walters and Reich 1999)．組織の呼吸速度は，タンパク含量に依存している（第6章参照）ので，光合成能力やタンパク含量の低い陰葉は，単位葉面積あたりの呼吸速度が陽葉より低くなる．このため，陰葉は，陽葉よりも低い光レベルで炭素収支（光合成と呼吸との差）を正に保つ（図5.12）．

植物は，**適応**（acclimation），すなわち，ある環境下でパフォーマンスを最大にするための群集の遺伝的順応の結果として，陰葉を作ることもある．強光に順応していて弱光に弱い種は，日陰に生育している場合でも，弱光に順応している種より単位重量または葉面積あたりの光合成能力が高い傾向がある（Walters and Reich 1999）．強光に適応した陽生植物が，高いタンパク含量や光合成速度をもつことの主な欠点は，呼吸速度が高いことである．弱光に適応した陰生植物は，陽生植物よりも光合成能力は低いが，低い光レベルでも光合成を行うことができる．言い換えると，陰生植物は光補償点が低い．光補償点では，葉呼吸は光合成による炭素獲得と完全に相殺され，純光合成がゼロになる（図5.5）．成熟した陰葉は，典型的に植物体の他の部位から炭素を取り込まないので，もし炭素獲得が長期間にわたり光補償点以下なら，葉は老化して死ぬ．このことは，気候や土壌資源の供給が十分であるか否かにかかわらず，生態系が定める葉面積の上限を決める．平均的に，陰生植物の葉レベルの光補償点は，陽生植物の値の約半分である（Craine and Reich 2005）．

植物群落は光を利用するので，葉の角度もその効率に影響する．強光下では，植物は傾斜の強い葉を作るので，あまり光を吸収できない（第4章参照）．群落頂点では，過剰な熱吸収または光合成色素の光酸化が起こる可能性を弱めることができるので，このほうが有利である．同時に，下部の葉がより多くの光を受けることができる．一方，群落中部の葉は，光捕集を最大にするために，より水平に配しており，植物体の他の葉との重なりを最小にするように作られている（Craine 2009）．

光獲得の違いによって，生態系間の炭素獲得の違いを説明できるだろうか？　ほとんどすべての生態系で植物の光合成が活発になる真夏には，日々の可視光の入射量は北極と熱帯でほとんど同じだが，高緯度のほうが日照時間が長く，散乱放射が多いという特徴がある（Billings and Mooney 1968）．したがって，高緯度よりも熱帯で炭素の日獲得量が大きい原因は，単に光合成を駆動する光獲得機能だけではないようである．雲量による光獲得の変化も，生態系間のエネルギー捕集の違いを説明できない．地球上で最も生産性の高い生態系である熱帯および温帯多雨林は，曇りになる頻度が高いのに比べて，乾燥した草地や砂漠は曇りにくく，年間で約10倍の光を受け取るが，生産性は低い．しかし，放射光強度の季節および経年的な違いは，生態系による炭素獲得の時間変化にかかわっている．たとえば，火山噴火や火災によって放出されるエアロゾルは，ある数年間の太陽放射および光合成を広範囲に低下させる．同様に，アマゾン熱帯多雨林の光合成（GPP）は，雨季の曇った条件下よりも乾季で高くなる（Saleska et al. 2007）．要約すると，光獲得は，炭素インプットの日変化および季節変化や，群落内の光合成分布に強く影響するが，年間の生態系への炭素インプットの地域的な変化についてはほとんど説明できない要素である（図5.2）．

## ■窒素制限と光合成能力

**維管束植物種には，光合成能力が10〜50倍違うものがある．光合成能力**とは，光，湿度および温度が最適な条件で測定された，単位葉重量あたりの光合成速度である．この値は，葉に投資されたバイオマスあたりの炭素獲得ポテンシャルの尺度である．光合成酵素は葉に含まれる窒素の大部分を占めているので（図5.2），光合成能力は葉の窒素濃度と強い相関がある（図5.13；Field and Mooney 1986；Reich et al. 1997, 1999；Wright et al. 2004）．多くの生態学的因子が，高い葉内窒素濃度，ひいては高い光合成能力をもたらす．たとえば，高窒素の土壌で生育している植物は，不毛な土壌で生育している同種よりも組

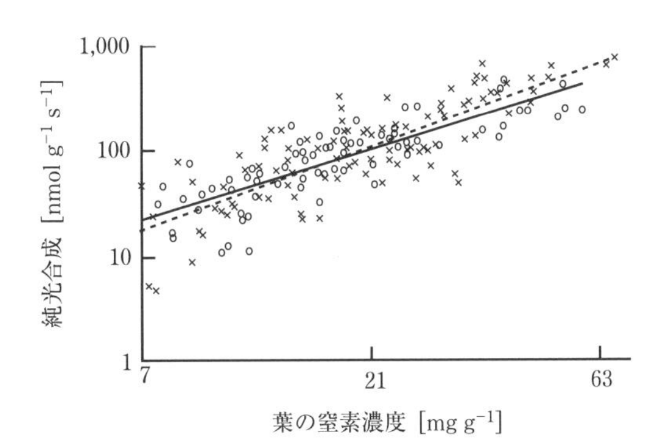


図5.13 地球の主なバイオームに由来する植物の葉の窒素濃度と最大光合成能力（最適な条件で測定された光合成速度）との関係．白丸と実線の回帰直線は六つのバイオームに由来する11種を示しており，共通の方法を用いて解析している．バツ印と破線の回帰直線は文献のデータである．Reich et al (1997) より．

織の窒素濃度や光合成速度が高い．このような高い窒素供給に対する植物の順化は，速い窒素ターンオーバーをともなって，耕作地や他の生態系での高い光合成速度に寄与する．同じ土壌で生育していても，葉の窒素濃度は異なっている．生産性の高いハビタットに適応している種は通常，寿命が短く，組織の窒素濃度が高く，光合成速度が高い葉を作る．また，窒素固定植物も葉の窒素濃度が高く，相応して光合成速度が高い．要約すると，葉の窒素濃度の変化の原因にかかわらず，葉の窒素濃度と光合成能力の間にはつねに強い正の相関がある（図 5.13；Reich et al. 1997；Wright et al. 2004）．

光合成の生化学的・拡散的制限仮説で説明したように，高い光合成能力をもつ植物では，環境ストレスがないときに気孔コンダクタンスも高くなる（図 5.14）．このため，光合成能力の高い植物は，水分損失速度が高いにもかかわらず $CO_2$ を迅速に吸収することができる．反対に，光合成能力の低い種は，気孔コンダクタンスが低いために水分を保持できる．

**光合成速度を最大にするという特性と葉寿命を最大にするという特性の間には，避けられないトレードオフがあると考えられる**（図 5.15；Reich et al. 1997, 1999；Wright et al. 2004）．貧栄養環境で生育する多くの植物種は，葉のターンオーバーを速くするには養分が不十分なので，寿命の長い葉を作る（Chapin 1980；Craine 2009）．また，陰生植物は陽生植物よりも寿命の長い葉を作る（Reich et al. 1999；Wright et al. 2004）．寿命の長い葉は，典型的に，葉の窒素濃度が低く，光合成能力も低い．したがって，その生涯の炭素収

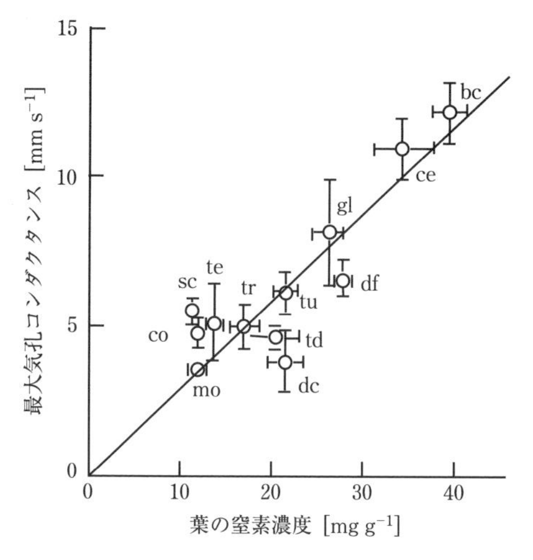


**図 5.14**　地球の主なバイオームに由来する植物の葉の窒素濃度と最大気孔コンダクタンスとの関係．各点および標準誤差はバイオームの違いを示している：bc 広葉樹の作物；ce 穀物；co 常緑針葉林；dc 落葉針葉林；df 熱帯乾燥林；gl 草地；mo モンスーン林；sc 硬葉灌木；sd 乾燥サバンナ；sw 湿潤サバンナ；tc 熱帯作物；td 温帯落葉広葉林；te 温帯常緑広葉林；tr 熱帯湿潤林；tu 草本ツンドラ．Schulze et al (1994) より．

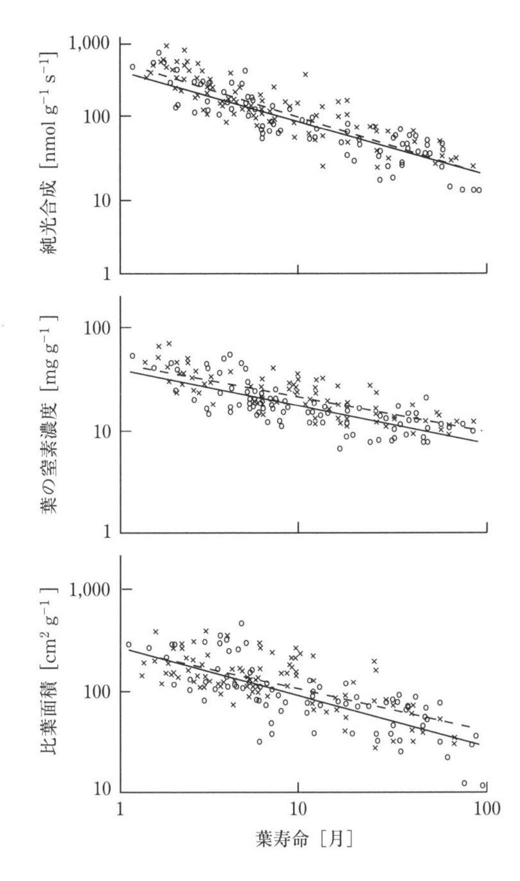


**図 5.15**　葉寿命が光合成能力，葉の窒素濃度および比葉面積に与える影響．記号と直線は図 5.13 と同様である．Reich et al. (1997) より．

支が差し引きゼロになるまで，相対的に長期間光合成を行わなければならない（Gulmon and Mooney 1986；Reich et al. 1997）．寿命の長い葉は，生き残るために，干ばつや冬の乾燥に耐えるための構造的な堅さをもつ必要がある．このような構造的要求性は，密度の高い葉をもたらし，**比葉面積**（specific leaf area，**SLA**）とよばれる，バイオマスあたりの葉表面積の値が小さくなる．また，寿命の長い葉は，植食動物や病原体からも身を守る必要がある．食害を阻むために，リグニン，タンニンや他の非窒素化合物を十分に分配する必要があり，これも高い組織重量や低い SLA をもたらす．

光合成速度と葉寿命に関する種を超えた広い関係は，すべての生物群で同様に当てはまる．葉寿命が 2 分の 1 に減少すると，光合成能力は約 5 倍に増加する（Reich et al. 1999；Wright et al. 2004）．

生産性の高い環境にいる植物は，高い組織の窒素濃度と高い光合成能力をもち，寿命の短い葉を作る．これにより，もし十分な光を獲得できれば，葉に投資されたバイオマスあたりの炭素獲得が大きくなる．このような葉の SLA は高く，葉面積量および単位葉重量あたりに捕集される光を最大化している．結果として生じる高い炭素獲得速度は，環境ス

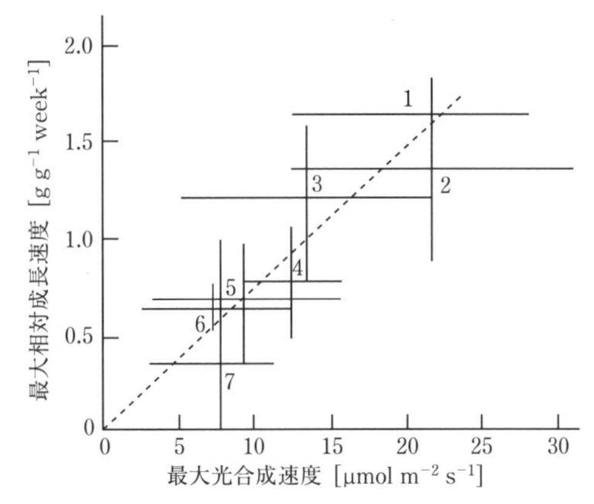


**図 5.16**　主な植物生活型に対する最大光合成速度と最大相対成長速度との関係：(1) 作物種，(2) 草本陽生種，(3) 草地およびスゲ (sedge)，(4) 夏季落葉樹，(5) 常緑および落葉の矮性灌木，(6) 草本陰生種および球根，(7) 常緑針葉樹．Schulze and Chapin (1987) より．

トレスあるいは他の植物との競争がないときに，最大相対成長速度を高くする（図 5.16；Schulze and Chapin 1987）．近年放棄された耕作地，群落ギャップあるいは火災跡地などの多くの遷移初期のハビタットには，高い成長速度を支えるだけの十分な光，水，養分があるので，寿命の短い葉，高い窒素濃度，高い SLA および高い光合成速度をもつ種が生育する特徴がある（第 12 章参照）．遷移後期であっても，水分および養分の獲得性が高い環境では，相対的に高い窒素濃度や光合成速度をもつ群落構成種が生育する特徴がある．このようなハビタット（生育地）の群落構成種は，食害に遭った葉を置換する，あるいは枝や個体が枯死してできた群落ギャップに入り込むために，成長が速い．

要約すると，植物は，寿命が短く，窒素濃度が高く，密度が低く，光合成速度の高い葉から，寿命が長く，窒素濃度が低く，密度が高く，光合成速度の低い葉まで，さまざまな光合成特性をもつ葉を作る．これらの特性間の関係は変化しないので，SLA はしばしば，光合成能力の簡易的な測定指標として生態系比較に用いられる（図 5.17）．

**葉バイオマスあたりの光合成能力が高い葉は，SLA も高いので，単位葉面積あたりの光合成能力には大きな違いがない．** 光合成能力あるいは単位葉面積あたりの同化速度 ($A_{area}$) は，葉が入射光を捕らえる能力の尺度である．単位葉面積あたりの同化速度は，単位葉重量あたりの光合成（同化）速度 ($A_{mass}$) を SLA で割ることで求められる．

$$A_{area} = \frac{A_{mass}}{SLA} \tag{5.4}$$

$$[\mathrm{g\ cm^{-2}\ s^{-1}}] = \frac{[\mathrm{g\ g^{-1}\ s^{-1}}]}{[\mathrm{cm^2\ g^{-1}}]}$$

生態系の違いによる植物間の $A_{area}$ の変化はほとんどない (Lambers and Poorter 1992)．

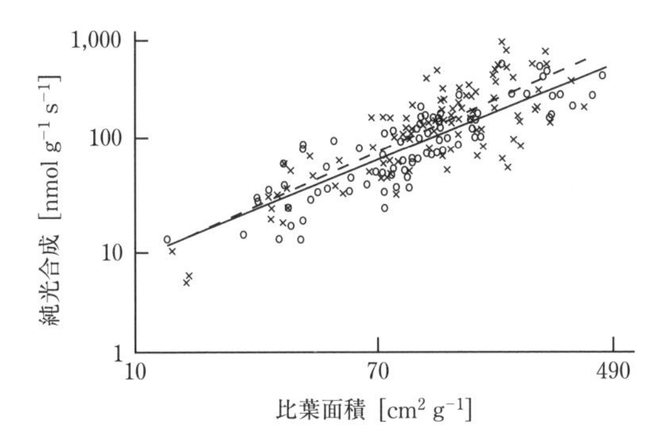


**図 5.17** 比葉面積（SLA）と光合成能力との関係．この関係の一貫性により，SLA を光合成能力の簡易測定指標として用いることができる．シンボルは図 5.13 と同様である．Reich et al.（1997）より．

生産性の高いハビタットでは，重量あたりの光合成能力および SLA が高い（図 5.15）．生産性の低いハビタットでは，これらのパラメータが低く，結果として面積あたりの光合成速度の変化がほとんどない（Lambers and Poorter 1992）．植物間での $A_{area}$ の変化は，寿命の短い葉をもつ種において高くなる傾向がある（Reich et al. 1997）．重量あたりの光合成能力は，光合成の生理的ポテンシャル（葉に投資されたバイオマスあたりの光合成速度）の良い尺度である．また，面積あたりの光合成能力は，生態系スケールでの葉の効率（利用できる光あたりの光合成速度）の良い尺度である．土壌資源の変化は，単位葉面積あたりの光合成能力よりも，生産される葉面積量により大きな影響を与える．

## ■ 水分制限

**水分制限は，$CO_2$ 供給と光獲得とを調和させる個葉の能力を低下させる．**晴天時は，降水量が少なく（水分供給が少ない），湿度が低い（水分損失速度が高い）ので，水ストレスはしばしば強光と関係している．強光はまた，葉温や葉内水蒸気濃度の増加を引き起こし，そのために飽差の増大や蒸散による水分損失が起こる（第 4 章参照）．強光条件では，光合成の $CO_2$ 制限を最小にするために，気孔コンダクタンスが増加することが予測されるが，それはしばしば蒸散による水分損失を大きくするため，植物にとって最も有害となる状況を招く．このような，炭素獲得を最大にする応答（気孔開口）と水分損失を最小にする応答（気孔閉鎖）との間のトレードオフは，生理や成長が一つ以上の環境資源によって制限されている植物が直面する，生理学的な折衷案の典型である（Mooney 1972）．水分供給が豊富なとき，葉は，高い水分損失速度にもかかわらず強光に応答して気孔を開く．葉の水ストレスが大きくなると，気孔コンダクタンスは水分損失を軽減するために低下する（図 4.17 参照）．この気孔コンダクタンスの低下は，光合成速度および炭素固定のための**光利用効率**（light-use efficiency，**LUE**）を，ストレスを受けていない植物でみられるレベル以下まで減少させる．

低水分への植物の順化は，低養分への適応とは質的に異なっている（Killingbeck and Whitford 1996；Cunningham et al. 1999；Wright et al. 2001；Craine 2009）．一般に，乾燥地の植物は，湿潤地の植物よりも厚い葉をもつが，葉内窒素濃度は同程度のため，単位葉面積あたりの窒素量が多くなる．乾燥地の植物はまた，気孔コンダクタンスが低い．このような特徴の組み合わせにより，乾燥地の植物は，湿潤地の植物と比較して，同じ水分損失速度下において高い光合成速度を維持することができる（Cunningham et al. 1999；Wright et al. 2001）．乾燥地の葉は，基本的により多くの光合成細胞を作り，気孔コンダクタンスに対する光合成能力が高い．

乾燥地の植物は，葉面積を小さくする（葉を落とす，あるいは新しい葉をあまり作らない）ことによって水ストレスを最小にしている．乾燥に適応した植物の中には，放射吸収を最小にするような葉を作るものもいる．このような葉は，大部分の入射光を反射する，あるいは太陽に対して急勾配に配置されている（第4章参照；Ehleringer and Mooney 1978）．高い放射吸収は，葉温が上昇し，呼吸による炭素消費（第6章参照），および蒸散による水分損失（第4章参照）が増加するので，乾燥地では不利である．したがって，乾燥地の植物には，水分と炭素を保持するために放射吸収を低下させるいくつかのメカニズムがある．葉面積が小さく，反射および傾斜の強い葉をもつことは，乾燥地での低い放射吸収と低い炭素インプットの主な要因である．言い換えると，植物は，単位葉面積あたりの光合成能力を低下させるよりも，主に葉面積や放射吸収を変化させることによって，乾燥地に適応している．

光合成の**水利用効率**（water-use efficiency，WUE）は，水分損失に対する炭素獲得量として定義される．WUEは，気孔コンダクタンスが$CO_2$流入速度と水分損失速度に対してわずかに異なる影響を与えるので，気孔開度に非常に敏感に応答する．葉から放出された水は，二つの拡散抵抗，すなわち気孔抵抗と葉面における外気との境界層抵抗に遭遇する（図5.18）．外気から光合成サイトまでの$CO_2$拡散に対する抵抗は，水分放出時と同様の気孔および葉面境界層に加えて，さらに，細胞表面から葉緑体への$CO_2$拡散にかかわる抵抗，およびカルボキシル化にかかわる生化学的制限という内部抵抗を含んでいる．この葉内への$CO_2$輸送に対する付加的な抵抗のために，あらゆる気孔コンダクタンスの変化は，炭素獲得よりも水分損失に対して比例的に大きな影響を与える．さらに水は，$CO_2$よりも分子量が小さく，気孔を介した拡散を駆動するための濃度勾配が大きいので，$CO_2$よりも拡散速度が高い．これらの理由により，気孔が閉じると，水分損失は，$CO_2$吸収よりも大規模に低下する．乾燥地における低い気孔コンダクタンスは，単位時間あたりの光合成を低下させるが，一方で水分損失に対する炭素獲得を増加させる，すなわちWUEが大きくなる．乾燥地の植物はまた，気孔コンダクタンスから予測されるよりもある程度高い光合成能力を維持することによって，WUEを高め，それによって葉内$CO_2$濃度を低下させて葉に流入する$CO_2$の拡散勾配を最大にしている（Wright et al. 2001）．新たに固定された炭素の$^{13}C$濃度は，葉内$CO_2$濃度が低い条件下で増加するので，植物の炭素同位体比は，植物の成長時のWUEに関する統合的な指標を提供する（Box 5.1；Ehleringer 1993）．

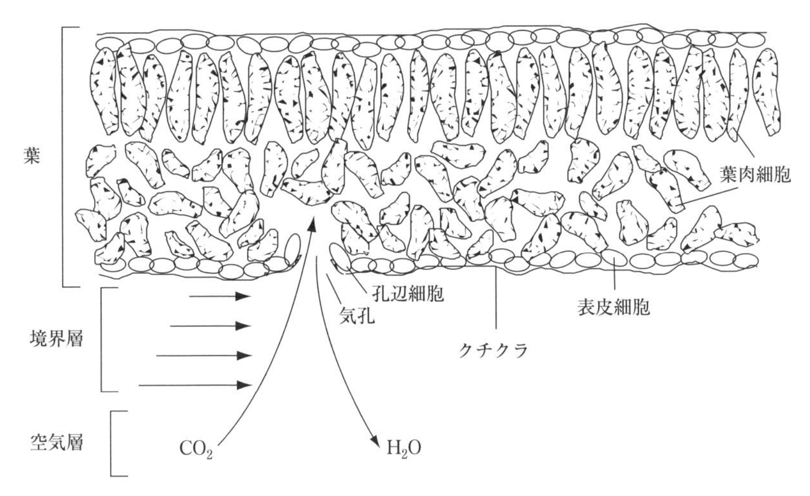


図 5.18 葉内および葉外への $CO_2$ と $H_2O$ の拡散経路を示した葉の断面．葉外の水平方向の矢印の長さは境界層の風速に比例する．

$C_4$ 型および CAM 型光合成は，植物の WUE，ひいては生態系の WUE を増加させる付加的な適応である．

## ■ 温度の影響

**極端な温度は，炭素吸収を制限する．** 光合成速度は，一般に晴天日における葉温で最大となる（図 5.19）．葉温は，蒸散による冷却効果，エネルギー吸収に対する葉面効果，および葉の温度と放射環境に対する隣接面からの影響により，気温と少し異なることがある（第 4 章参照）．低温下では，すべての化学反応と同様に，光合成は温度によって直接的に

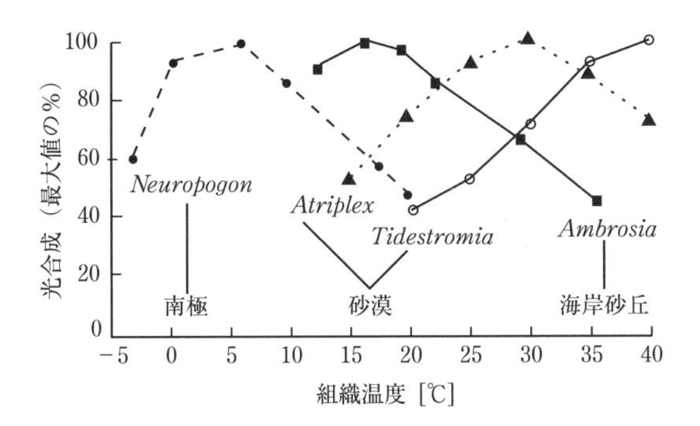


図 5.19 対照的な温度域に属する植物の光合成の温度応答．植物種は，南極の地衣類（*Neuropogon acromelanus*），冷涼な海岸砂丘の植物（*Ambrosia chamissonis*），常緑の砂漠灌木（*Atriplex hymenelytra*），および夏季に活性化する砂漠の多年草（*Tidestromia oblongifolia*）．Mooney（1986）より．

制限される．高温下では，光合成は光呼吸によって低下し，またさらに極端な温度条件では，酵素の不活性や光合成色素の破壊によって光合成が低下する．極端な温度は，しばしば光合成装置に損傷を与えるため，平均的な温度下よりも光合成に大きな影響を与える（Berry and Björkman 1980；Waring and Running 2007）．

いくつかの因子は光合成の温度に対する応答性を最小にする．酵素に制御された炭素固定反応は，典型的に，生物物理学的に制御された光化学反応より，低温に対して敏感に応答する．したがって，炭素固定反応は低温で光合成を制限する傾向がある．低温気候に適応した植物は，窒素および光合成酵素の濃度が高い葉を作り，カルボキシル化速度を光化学反応からのエネルギー供給に合わせることができるようにし，この制限を補償している（Berry and Björkman 1980）．これにより，北極圏や高山の植物が，土壌の窒素可給性が低いにもかかわらず，なぜ高い葉内窒素濃度をもつのかが説明できる（Körner and Larcher 1988）．低温地域の植物はまた，気温より葉温を上げるために，毛やその他の形態学的な特徴をもつ（Körner 1999）．水分供給が不足する高温地域では，植物は光合成速度の高い葉を作る．それと連動して高い蒸散速度で葉を冷却し，しばしば葉温を気温以下まで低下させる．

高温かつ乾燥した環境では，植物は水分保持のために気孔を閉鎖し，蒸散の冷却効果は低下する．このような環境の植物はしばしば，小さな葉を作り，これにより効果的に熱を放出し，葉温を気温付近に維持することができる（第4章参照）．要約すると，葉は短期的な温度変化に敏感に応答するにもかかわらず，その特性により生態系間の葉温の違いを最小にする．また，植物体も順化するため，生態系間で比較した場合に，野外での温度と葉の平均光合成速度との間にははっきりした関係がみられない．

## ■汚染物質

**汚染物質は，主として葉面積あるいは光合成能力を低下させることにより，炭素獲得を減少させる．** $SO_2$やオゾンのような汚染物質は，成長や葉面積の生産に影響を与え，光合成を低下させる．汚染物質はまた，気孔を通過して光合成装置に損傷を与え，それによって光合成能力を低下させることにより，直接的に光合成速度を減少させる（Winner et al. 1985）．そして植物は，低下した炭素固定能と$CO_2$吸収とを釣り合わせるために，気孔コンダクタンスを低下させる．これにより，汚染物質は葉内に入り込みにくくなり，葉のさらなる損傷が軽減される．貧栄養あるいは乾燥条件下で生育している植物は，気孔コンダクタンスが低いことで葉内に入る汚染物質量が最小になるので，元々汚染物質のストレスに適応している．したがって，汚染物質から受ける影響は，成長が早い作物や，気孔コンダクタンスが高い植物よりも，このような気孔コンダクタンスの低い植物のほうが小さい．

## 5.8 陸域の GPP

**陸域生態系の GPP は，群落全体の環境因子の影響や葉の光合成特性を統合している．** GPP は，生態系スケールで測定されたすべての光合成組織による純光合成の合計である．陸域生態系における GPP の制御は，少なくとも次の 3 点の理由から，水域生態系よりも複雑である．

(1) 水域とは異なり，陸域の光合成組織の量や光合成特性は，群落上部と下部の間で変化する．
(2) 全生態系の光合成に影響を与える光と養分に加え，陸域の光合成は，水分獲得や光合成細胞への $CO_2$ 輸送に敏感である．
(3) 群落の構造は，光合成細胞への光および $CO_2$ の輸送や，光合成細胞からの水分損失に影響を与える．

このような複雑性にもかかわらず，近年の技術的な発達により，数千 $m^2$ に至るスケールで $CO_2$ や他の化合物のフラックス測定が可能になり，森林のように背丈の高い生態系全体の炭素フラックス測定ができるようになった（Baldocchi 2003）．これらの測定を，モデルシミュレーションと組み合わせると，GPP や他の生態系の炭素フラックスの推定が可能である（Box 7.2 参照）．この節では，GPP の生態学的な制御に焦点を当て，第 7 章で述べる生態系の炭素バランスにおけるその役割について考察する．

### ■群落プロセス

**群落（森林の場合は林冠）では，葉の光合成特性の鉛直プロファイルは，陸域生態系の GPP を最大にするように形成される．** 外洋生態系とは対照的に，陸域群落の葉は，一生を通じて鉛直方向の位置が変わらない．したがって，光合成特性は，それらが置かれた環境に適応および順化している．たとえば，よく閉じた群落をもつ生態系では，個葉の光合成特性は放射の指数関数的な低下と並行して，指数関数的に低下する（式（5.3）；Hirose and Werger 1987）．これは，水域生態系とは根本的に異なっている．水域生態系では，乱流が表層の定期的な撹拌を引き起こすため，どの深さの藻類も陸域の陰生植物のように低い光合成能力をもつ．生態系における光獲得と光合成能力との一致については，拡散と生化学的プロセスによる光合成の共制限が維持されるために，群落内の個葉応答から予測できる．つまり，光獲得と光合成能力との一致は，群落上部での葉への窒素の優先的な輸送を通じて起こり，少なくともこれを引き起こす三つのプロセスが存在する．

(1) 光獲得が最大である群落上部で最初に新しい葉が作られ，窒素が群落上部へ輸送される（Field 1983；Hirose and Werger 1987）．
(2) 群落中部の葉は，光補償点以下に被陰されると老化する．これらの老化した葉から再吸収された大部分の窒素（第 8 章参照）は，高い光合成能力をもつ若い葉の生産を助けるために群落上部へ輸送される．
(3) 群落上部の陽葉は，陰葉より多くの細胞層を発達させているため，単位葉面積あたりの窒素含量も多い．

群落上部での窒素の蓄積は，水分や窒素獲得性の高い環境で発達する密度の高い群落では顕著である（Field 1991）．葉面積が水分，窒素あるいは撹乱からの経過時間により制限されている環境では，光獲得が群落を通じて十分に高いので，群落上部での窒素濃縮の利点が少ない．このような密度の低い群落では，光獲得，窒素濃度および光合成速度の鉛直分布はより一定である．

群落スケールでの光と窒素との関係は，多種からなる群集においても起こる．単一個体では，群落内の窒素分布が，葉に投資された単位窒素あたりの最大炭素獲得をもたらすので，これを最適に利用するための明らかな選択優位性がある．多種環境において，炭素獲得を決める要因についてはよくわかっていない．そのような環境では，より小さなサブ群落や林床の個体と比較して，群落上部の個体が光合成の大部分を説明しており，それにより，より多くの窒素を吸収するための大きな根バイオマスを支えている可能性が高い．このような個体間における特異性や競争は，多種環境でみられる窒素や光合成の鉛直的なスケーリングに寄与すると考えられる（Craine 2009）．

**他の環境変数の鉛直勾配は，しばしば群落上部付近の最大炭素獲得量を高める．** 群落は，光獲得だけでなく，風速，温度，相対湿度および $CO_2$ 濃度を含む他の変数も変化させる（図 5.20）．これらの影響の中で最も重要なものは，自由大気から地表面にかけての風速の低下である．地表面を移動する空気の摩擦は，自由大気から群落上部にかけて風速を指数関数的に低下させる．言い換えると，地表面は個葉の周囲に発達するのと同様の境界層を作る（図 5.18）．風速は，群落の構造に依存して，群落上部から地表面に向けて低下し続ける．作物畑や草原のような平らな群落では，群落上部から地表面にかけて段階的な風速の低下がみられるが，多くの森林のような凹凸のある群落では，より多くの摩擦や群落内の空気の鉛直撹拌を増加させる乱気流を引き起こす（第 4 章参照；McNaughton and Jarvis 1991）．このため，凹凸のある群落のガス交換は，平らな群落よりも自由大気の状

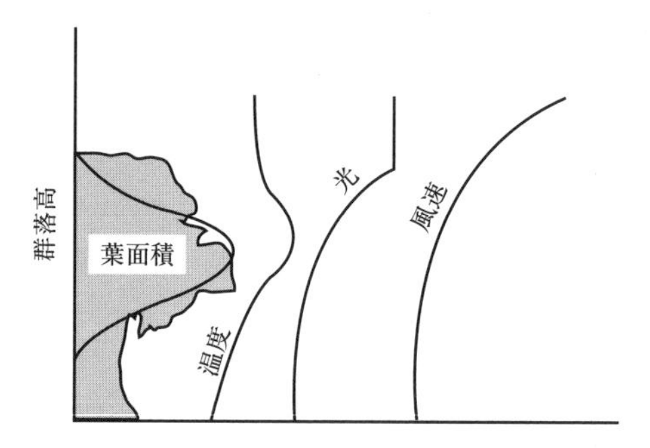


**図 5.20**　森林内の葉面積，温度，光および風速の典型的な鉛直勾配．温度は，最もエネルギーが吸収される群落中部で最大になる．Landsberg and Gower (1997) に基づく．

態と密接にカップリングしている．

風速は，各葉の周囲にある静止空気の境界層の厚さを減少させ，温度，$CO_2$ 濃度および葉面から大気にかけての水蒸気濃度の急勾配を作り出すので重要である．このことは，葉内への $CO_2$ 拡散および葉からの水分損失速度を高め，光合成や蒸散を促進する．葉面境界層の減少はまた，葉温を気温に近づける．風が光合成に与える正味の効果は，一般に，適度な風速で湿度が十分な条件ではポジティブであり，風速が最大になる群落上部では光合成が促進される．土壌水分が低く群落高の高い森林のように，土壌から群落上部までの距離の長さにより最上部の葉への水分供給が低下するときには，最上部の葉は気孔コンダクタンスを減少させ，光合成が最大となる位置を群落の下方へとシフトさせる．群落内のさまざまな環境勾配が光合成に複雑な影響を与えるが，これらはおそらく，密度の高い群落を発達させるのに十分な水分と養分がある生態系において，群落上部付近の光合成を高める．したがって，光，水分獲得および葉の窒素濃度の変化は，群落内で最大光合成速度を示す高さの日変化および季節変化をもたらす．

**群落の特性は，光利用効率（LUE）が一定になるまで光獲得範囲を広げる．**閉じた群落（LAI ≧ 3）で測定された群落光合成の光応答曲線は，いくつかの理由により（Jarvis and Leverenz 1983），個葉光合成よりも高い光強度で飽和する（図 5.21）．群落上部のより垂直に近い角度の葉は，光が飽和する可能性を低下させ，群落内への光透過を増加させる．また，シュート，枝および樹冠における葉の集合分布も同様に増加させる．針葉樹の群落はとくに，幹周囲における針葉の集合により群落内の光分布に効果的である．これは，針葉樹林がしばしば落葉樹林よりも高い LAI をもつ理由となる．光補償点もまた，群落上部から下部に向けて低下するので（図 5.12），低い位置の葉は，相対的に光獲得量が低いにもかかわらず正の炭素バランスを維持する．実際，強光（相応して高温，高飽差）では，光合成は群落上部で低下し，陰葉の光合成が，ある条件での群落全体の光合成の大部分を占めるようになる（図 5.22；Law et al. 2002）．

測定されたすべての森林を含むほとんどの生態系では，GPP は強光下で安定に近づくため，強光で LUE が低下することを示している（図 5.23；Ruimy et al. 1995；Law et al. 2002；Turner et al. 2003b）．この強光での LUE の低下は，群落の光合成能力が低く，す

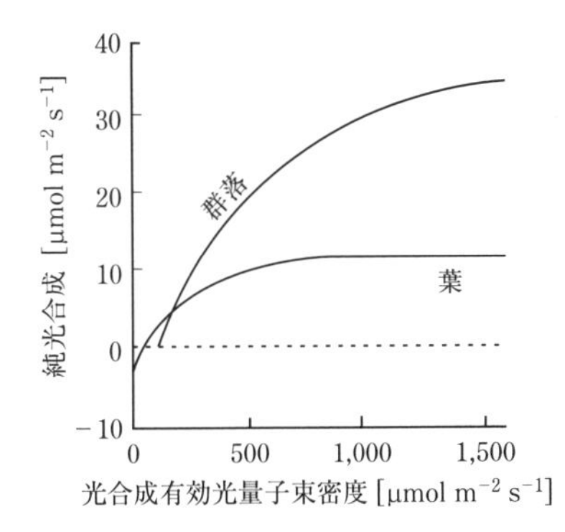


図 5.21　個葉と森林群落における光合成の光応答曲線．群落は個葉よりも広い光利用域において，相対的に一定の LUE（光に対する光合成の直線的応答）を維持する．Ruimy et al. (1995) より．

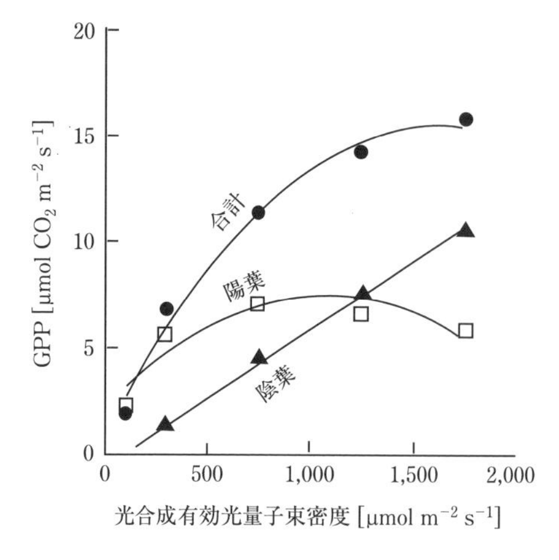


**図 5.22**　落葉樹林の GPP の光応答曲線において，陽葉と陰葉の役割を示す．CANVEG モデルより算出．Law et al. (2002) より．

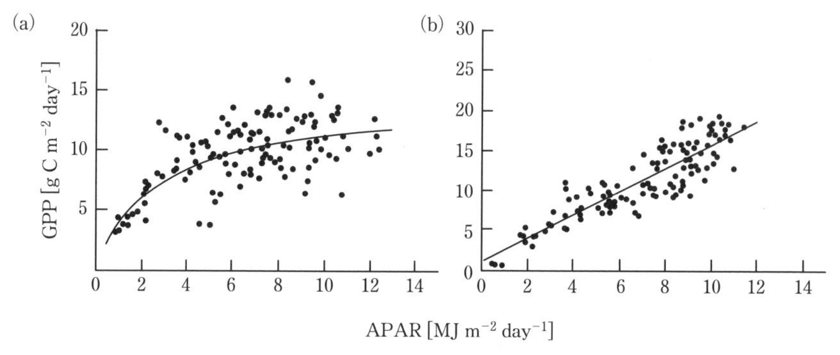


**図 5.23**　(a) マサチューセッツ州の落葉樹林と (b) カンザス州の草原において，吸収された光合成有効放射（APAR）に対する GPP 応答．森林は，ばらつきはあるものの太陽光の最大値の 30〜50% までの範囲で一定の光利用効率を維持する．草原は，自然光の全範囲において一定の光利用効率を維持する．Turner et al. (2003b) より．

べての葉が同様の光条件を経験するような，薄い群落をもつ資源の乏しい環境において最も明らかである（Gower et al. 1999；Baldocchi and Amthor 2001；Turner et al. 2003b)．言い換えれば，光に対する群落の光合成応答は，すべての個葉の光合成応答と同様の光合成応答を反映している．密度の高い群落では，より多くの葉が被陰され，光応答曲線の直線部分に作用し，全体として群落の LUE を増加させる（図 5.23；Teskey et al. 1995；Turner et al. 2003b)．

## ■葉面積

**土壌資源供給の変動により，生態系タイプ間における葉面積および GPP の空間変動の大部分が説明できる．**衛星画像の解析から，不凍陸域表面の約 70% は，比較的群落が開いていることが示されている（LAI < 1；図 5.24；Graetz 1991)．GPP は 4 以下の領域の

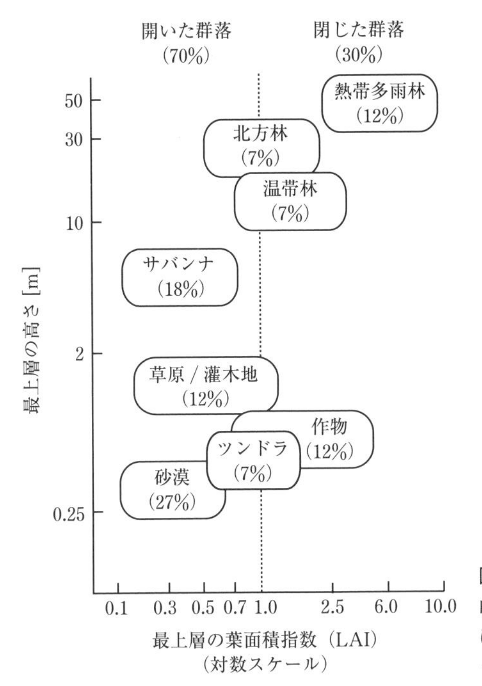


**図 5.24** 主な植物群の LAI と群落の高さ．各群の典型的な値と陸域植被率を示す．垂直線（点線：LAI = 1.0）は群落が 100% 覆われていることを示している．Graetz (1991) より．

LAI とよく相関しており（Schulze et al. 1994），このことは藻類バイオマスあるいはクロロフィルバイオマスが海洋の GPP の主な決定要因であるのと同様に，葉面積が大部分の地球の陸域表面の GPP の重要な決定要因であることを示唆している（図 5.1）．群落の中・下層の葉は，1 日あるいは 1 年を通して相対的に GPP への寄与が低いので，GPP は密度の高い群落の LAI への感受性が低い．土壌資源の利用可能性，とくに水や養分の供給は，次の二つの理由から LAI の重要な決定要因である．(1) 資源の豊富な環境下における植物は，大量の葉バイオマスを生産し，(2) このような環境下で作られた葉は高い SLA，すなわち高い葉バイオマスあたりの葉面積をもつ．先に述べたように，高い SLA は光収率ひいては葉バイオマスあたりの炭素獲得を最大にする（図 5.17；Lambers and Poorter 1992；Reich et al. 1997；Wright et al. 2004）．

**撹乱，食害および病害により，葉面積は資源が与えうるレベルよりも低くなる．** 群落内の土壌資源および光の吸収は，生態系が与えうる葉面積の上限を決める．しかし多くの因子が，たびたびこの潜在的 LAI よりも葉面積を減少させる．乾燥および凍結は，植物に落葉をもたらす気象要因である．落葉をもたらす他の要因には，生理的撹乱（たとえば，火や風）および生物的作用（たとえば，食害や病害）がある．大規模な撹乱後，生き残った植物は，ハビタットでの気候や土壌資源下で急速に葉面積を増やすために，極端に小さくなったり，分裂組織をほとんどもたなくなったり，あるいは生産性を欠いたりする．このため LAI は，撹乱後に時間とともに増加し，漸近線に近づき，その後（少なくとも森林では）遷移後期に低下する傾向にある（第12章参照）.

人間活動は，気候から予測できない別の道筋で，生態系の葉面積にますます影響している．たとえば，ウシ，ヒツジ，ヤギの過度の放牧は，直接的に葉面積を低下させ，同じ気候帯で通常みられるよりも生産性や葉面積が低い植生タイプへとシフトさせる（Reynolds and Stafford Smith 2002）．酸性雨や他の汚染物質も，葉量の低下をもたらす．たとえば，窒素降下物は，耕作地への養分や水分の付加を通してLAIひいてはGPPを増加させ，気候や土壌タイプから予測される以上のレベルまで葉の生産を促進する．人間活動があるため，LAIは気候との単純な関係からは推定できない．技術向上の途中ではあるが，現在では幸いにも，衛星からLAIを直接推定することができる．衛星は，すべての葉を「見る」ことはできないので，密度の高い群落のLAIを過小評価する傾向がある．LIDAR（Light Detection and Ranging：光検出と測距）は，三次元の群落構造を捕らえるためにレーダーのように光パルス（レーザー）の反射を用いており，リモートセンシングによるLAIの推定向上への可能性を示している．幸いにも，世界の群落の大部分は比較的開いており，そのLAIは衛星によりおおよそ正確に推定できる．世界のLAIの分布情報は，陸域生態系への炭素インプットの地域パターンを計算するモデルに入力するのに重要である（Running et al. 2004）.

## ■光合成期間の長さ

**光合成期間の長さにより，GPPの生態系間の違いの大部分が説明できる．ほとんどの生態系は，光合成が起こるか否かに重要な，極度に寒いあるいは極度に乾燥した期間を経験する．**寒冷気候の冬の間や，乾燥気候の土壌水分が枯渇している期間は，植物は，死ぬか（一年生植物），葉を落とすか（落葉植物），あるいは生理学的に休眠する（一部の常緑植物）．このような期間は，光や$CO_2$が利用できるにもかかわらず生態系による炭素の吸収はほとんどない．言い換えると，光合成の行われない期間は，極端な環境ストレスを受けた状態にある．高緯度，高標高および乾燥した生態系では，このことがおそらく生態系への炭素インプットの最も大きな制限となっている（図5.2；第6章参照；Köner 1999）．一年生植物や落葉植物にとって，葉面積がないことは，非成長期間に光合成による炭素獲得がないことを意味する．しかし，水分枯渇あるいは極度の低温状態では，常緑植物でさえ炭素の獲得が妨げられる．ある種の常緑植物は，非成長期間に光合成装置を部分的に分解する．このような植物は，光合成に有利な環境条件に戻った後しばらくの間に，光合成装置を再構成する必要があり（Bergh and Linder 1999），成長期間の早期の放射のすべてが炭素獲得に効率的に使われるわけではない（Xiao et al. 2010）．しかし，光合成に有利な条件が続く熱帯生態系では，葉が成熟してから落葉するまで光合成装置を維持する．GPPをシミュレートするモデルはしばしば，植物が葉を作らなくなる，あるいは光合成しなくなる気温または湿度の閾値から，光合成期間の長さを定義する（Running et al. 2004）.

**成長期間におけるGPPの環境制御は，個葉の純光合成で述べた制御と似ている．**土壌資源（養分や水分）は，主として光を炭水化物に変換する効率よりも，光合成能力や葉面積に対して影響を与えることによってGPPに影響する（Turner et al. 2003b）．結果として，GPPの生態系間の違いは，光を炭水化物に変換する効率（すなわち光利用効率）よりも，光吸収量の違いや光合成期間の長さにより強く依存している．

GPPの季節変化は，葉面積の発達および衰退の季節変化と，個葉光合成の光や温度の変化に対する応答の両方に依存しており，それらはLUEに影響する．これらの環境要因は，GPPの大部分を占める群落上部の葉にとくに強く影響する．たとえば，葉面境界層が薄く，根からの水輸送距離が長いと，上部の葉は温度，土壌水分，相対湿度の変化に対してとくに敏感に応答する．

LUEは日変化し，強光下で最低になる．LUEの季節変化は，光利用可能性だけでなく，葉面積，群落の窒素および乾燥や凍結のようなさまざまな環境ストレスの季節変化にも依存しているため，より複雑である．LUEは，高いLAIや光合成能力をもつ作物のような資源性の高い生態系において最高になる．LUEは，北方林や乾燥した草地といった資源性の低い生態系で最低になる（Turner et al. 2003b）．LUEはまた，温度上昇とともに低下し（光呼吸の増加を反映している；Lafont et al. 2002；Turner et al. 2003b），逆に極度の低温下でも大きく低下する（Teskey et al. 1995）．LUEおよびGPPのパターンの詳細やその時空間パターンの要因を明らかにすることは，生態系への炭素インプットパターンの理解や予測の重要な進展をもたらすため，活発に研究が行われている（Running et al. 2004；Luyssaert et al. 2007；Waring and Running 2007）．

## ■衛星観測に基づいたGPPの推定

**衛星観測に基づいた，吸収した光強度とLUEの推定は，グローバルスケールでの1日あたりのGPPマッピングを可能にする．** 個葉および群落レベルの光合成研究における重要な結論は，多くの因子が作用することで，さまざまな生態系における，吸収した光エネルギーから炭水化物への変換効率が，相対的に似た値に収れんしていくことである．(1)すべての$C_3$植物は，低から中程度の光強度下で同様の量子収率（LUE）をもつ．(2)群落内での光透過や光合成特性の鉛直勾配は，LUEが相対的に一定となる光強度の範囲を広げる．(3)ある生態系のLUEは，主に光強度や，気孔コンダクタンスを低下させる短期的な環境ストレスに応答して変化する．しかし植物は，長期的には葉面積および光合成色素や酵素の低下によって環境ストレスに応答するため，光合成能力は気孔コンダクタンスと釣り合っている．言い換えると，低資源環境での植物は，吸収した光を炭水化物に変換する効率よりも，吸収する光の量をより低下させる．モデル研究とフィールド観測は，LUEよりも葉面積や光合成能力において，生態系間により大きな違いがあることを示している（Field 1991；Turner et al. 2003b）．

もし，LUEの生態系間の差が非常に小さくて予測可能なパターンを示した場合，衛星観測された生態系の光吸収を，既知のLUE変動要因で補正することでGPPを推定することができる．群落上部の葉は，生態系によって吸収・反射される光に非常に大きな影響力をもつ．衛星は，入射および反射する放射を測定する．この吸収および反射した放射の鉛直分布傾向の類似性により，衛星は群落光合成推定の理想的な手段になった．しかし，葉だけでなく，土壌あるいは他の非光合成表面によって吸収された放射の割合を推定することも，また課題である．植生は，大気，水，雲あるいは裸地土壌と比べて，多様な吸収・反射スペクトルをもつ．これは，群落表面に集中して存在するクロロフィルとそれに関連する光吸収色素または補助色素が，効率的に可視光（VIS）を吸収するために起こる．しかし，葉の細胞構造に由来する光学的特徴は，近赤外（NIR）域で植生の反射率を高くする．生態学者は，植生のこのユニークな特徴を利用して，植生の「緑色」の指標，すなわち**正規化植生指標**（normalized difference vegetation index：**NDVI**）を定義した．

$$\mathrm{NDVI} = \frac{\mathrm{NIR} - \mathrm{VIS}}{\mathrm{NIR} + \mathrm{VIS}} \tag{5.5}$$

NDVIは，入射する光合成有効放射（PAR）のうち植生によって吸収される割合（FPAR）とほぼ同じである．

$$\mathrm{FPAR} \approx \mathrm{NDVI} \approx \frac{\mathrm{APAR}}{\mathrm{PAR}} \tag{5.6}$$

ここで，APARは吸収された光合成有効放射である（Running et al. 2004）．また，FPARは，生態系で直接測定でき，群落上部（$I_0$）および中部（$I_z$）の放射，あるいは$I_0$と葉面積指数（LAI，$L$）との関係を知ることができる．

$$\mathrm{FPAR} = 1 - \frac{I_z}{I_0} \tag{5.7}$$

ここで，$I_z = I_0\, e^{-kLz}$，$k$は吸光係数である（式（5.3））．炭素獲得速度の高い場所では，高いクロロフィル含量（低いVIS反射率）と高い葉面積（高いNIR反射率）のために，一般にNDVIは高くなる．葉の構造における種間の差もまた，赤外反射率（すなわちNDVI）に影響する．たとえば，一般に針葉樹林は，葉面積が大きいにもかかわらず落葉樹林よりも低いNDVIをもつ．結果的に，構造的に異なるタイプの植物が優占している生態系間の比較では，NDVIは注意して用いる必要がある（Verbyla 1995）．衛星で測定したNDVIの最大値は，地上観測した値と非常に類似している（図5.25）．もし，LUEがわ

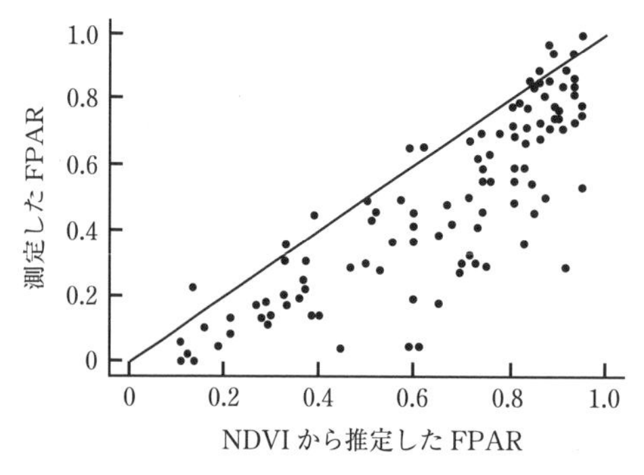


**図5.25**　衛星で測定したNDVIから推定されたFPAR（植生により吸収された光合成有効放射の割合；$x$軸）と地上で測定されたFPAR（$y$軸）との関係．データは，温帯および熱帯の草原，温帯および北方の針葉林を含む幅広い生態系から得られている．衛星を用いて植生が吸収した光合成有効放射量を大まかに測定することにより，生態系への炭素流入量が推定できる．Los et al. (2000) より．

かっていれば，GPP は放射（PAR）と FPAR，あるいは NDVI から計算できる．

$$GPP = LUE \times FPAR \times PAR \approx LUE \times NDVI \times PAR \quad (5.8)$$

衛星に搭載されている MODIS（Moderate Resolution Imaging Spectroradiometer）センサーは，宇宙から地表面の反射率を直接測定し，NDVI を計算できる．生態系モデルは，飽差や温度条件が異なるさまざまなバイオームの LUE を推定する（Running et al. 2000；White et al. 2000）．このモデル計算された LUE 値と観測した気象，NDVI および PAR（光合成有効放射，[$MJ^{-1}$]）を用いて，現在，1 日あたりの GPP [$g\ C\ m^{-2}$] を 1 km スケールでグローバルに計算できる（Running et al. 2004）．この計算は，毎日の気象観測データ，週あたりの NDVI の推定，および年あたりのバイオーム分布の推定に基づいている．グローバルスケールの GPP パターンの推定方法は，テストと改良が繰り返されている．現在，衛星と地上サイトで測定された GPP との間の不一致の大部分は，気象観測で生じるスケールの違いによって説明できる．GPP 制御にかかわる他の変化の原因は，前節に述べた（Turner et al. 2005；Heinsch et al. 2006）．アメリカの夏季に，GPP は耕作地や落葉林のような肥沃で湿潤な生態系で最大となり，草地や他の森林のような乾いた生態系で最小となった（図 5.26）．常緑林では，真夏の GPP は高くないが，冬の間も光合成を続ける．このような GPP の季節および生態系間の違いは，NPP（第 6 章参照）および炭素蓄積（第 7 章参照）における生態系間の違いの主な要因である．

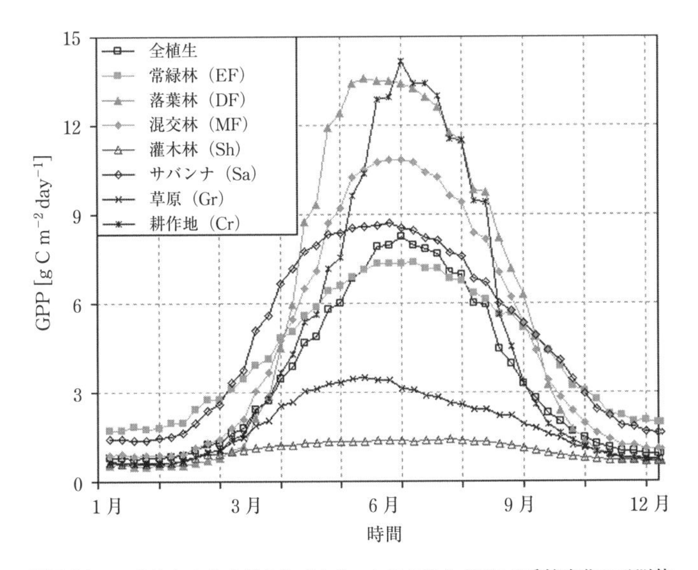


図 5.26 アメリカのさまざまなバイオームにおける GPP の季節変化の予測値（2001～2006 年）．AmeriFlux（生態系フラックス研究ネットワーク）の GPP 測定および MODIS 衛星画像の回帰モデルに基づく．Xiao et al.（2010）より．

## 5.9 まとめ

炭素の大部分は，一次生産者（陸域生態系の植物および海洋生態系の植物プランクトン）による光合成を通じて陸域生態系に取り込まれる．光合成の光化学反応は，光エネルギーを化学エネルギーに変換し，その化学エネルギーは$CO_2$を糖に変換する炭素固定反応に用いられる．光合成細胞に含まれている窒素の約半分は，光合成を触媒する酵素を構成している．

海洋生態系では，植物プランクトンは相対的に真光層でよく混合されており，陰生植物と類似した光合成特性をもつ．水域GPPは，植物プランクトンの量および光や他の物理的因子の鉛直プロファイルに依存している．成層化や鉛直混合による影響を受ける養分可給性は，植物プランクトンの量，ひいてはGPPに強く影響する．

陸域の植物は，光合成の構成要素に順応しているため，物理的および生化学的プロセスが炭素固定をともに制限している．たとえば，弱光下では，植物は薄い葉を作ることにより単位葉面積あたりの光合成装置の量を減らしている．大気中$CO_2$濃度が増加するにつれて，植物は気孔コンダクタンスを低下させる．生態系間での炭素獲得の違いを説明する主な環境因子は，光合成に最適な成育期間の長さと，葉面積の生産と維持を支える土壌資源（水と養分）の利用可能性である．不十分な水分供給，極端な温度および汚染物質といった環境ストレスは，植物が炭素獲得のために利用する光の効率を低下させる．また，植物は葉面積や窒素含量を低下させて，炭素固定のための光利用効率を相対的に一定に保つことにより，これらのストレスに応答する．結果的に，生態系スケールの光合成（GPP）の生態系間での違いは，第一に葉面積によって，第二に葉が光を化学エネルギーに変換する効率を低下させる環境ストレスによって決まる．

## 復習問題

1. 光，$CO_2$および窒素は，$C_3$植物の光合成の生化学にどのように相互作用しているか？　これらの各資源の獲得量が低下したときにどのような生化学的順応が起こるか？
2. 個々の細胞の光合成応答（たとえば，光応答曲線）や生態系スケールの光合成（GPP）に関する海域生態系の光合成の環境制御について記せ．
3. 主な環境変数（$CO_2$，光，窒素，水，温度，汚染物質）はそれぞれ，陸上植物の光合成速度にどのような短期的影響を与えているか？　植物は，各因子の変化にどのような長期的適応を示しているか？
4. ある環境変数（たとえば，水または養分）に対する光合成応答は，他の環境変数（たとえば，光，$CO_2$あるいは汚染物質）にどのような影響を与えているか？　環境変数のこのような相互作用を考えるとき，窒素流入の人為的増加は，大気中$CO_2$上昇に対する地球の生態系応答にどのような影響を与えるか？

5. 環境ストレスは，短期的に光利用効率に影響を与えるか？　ストレス環境下でLUEを最大にするために，植生はどのような長期的適応を示しているか？
6. GPPの生態系間の違いを説明するのに最も重要な環境因子は何か？　これらの各因子は，どれくらいの時間スケールでGPPに最も影響を与えているか？　あなたの考えを記せ．
7. どの因子が植生の葉面積や光合成能力に最も強く影響を与えているか？
8. 森林群落の光合成を制御している因子は，個葉光合成を制御している因子とどのような違いがあるか？　土壌資源（水や養分）の利用可能性や群落の構造は，これらの群落効果にどのような影響を与えているか？

# 参考文献


Craine, J.M. 2009. *Resource Strategies of Wild Plants*. Princeton University Press, Princeton.

Lambers, H., F.S. Chapin, III, and T.L. Pons. 2008. *Plant Physiological Ecology*. 2nd edition. Springer, New York.

Law, B.E., E. Falge, L. Gu, D.D. Baldocchi, P. Bakwin et al. 2002. Environmental controls over carbon dioxide and water vapor exchange of terrestrial vegetation. *Agricultural and Forest Meteorology* 113: 97–120.

Running, S.W., R.R. Nemani, F.A. Heinsch, M. Zhao, M. Reeves, and H. Hashimoto. 2004. A continuous satellite-derived measure of global terrestrial primary production. *BioScience* 54: 547–560.

Sage, R.F. 2004. The evolution of $C_4$ photosynthesis. *New Phytologist* 161: 341–370.

Schulze, E.-D., F. M. Kelliher, C. Körner, J. Lloyd, and R. Leuning. 1994. Relationship among maximum stomatal conductance, ecosystem surface conductance, carbon assimilation rate, and plant nitrogen nutrition: A global ecology scaling exercise. *Annual Review of Ecology and Systematics* 25: 629–660.

Turner, D.P., S. Urbanski, D. Bremer, S.C. Wofsy, T. Meyers et al. 2003. A cross-biome comparison of daily light use efficiency for gross primary production. *Global Change Biology* 9: 383–395.

Waring, R.H. and S.W. Running. 2007. *Forest Ecosystems: Analysis at Multiple Scales*. 3rd edition. Academic Press, San Diego.

Wright, I.J., P.B. Reich, M. Westoby, D.D. Ackerly, Z. Barusch et al. 2004. The world-wide leaf economics spectrum. *Nature* 428: 821–827.

# 第6章 植物の炭素収支

**植物の炭素収支は，総一次生産（GPP）による炭素のインプットと植物の呼吸による炭素の消費のバランス，そして組織のターンオーバー率により支配される．本章では，この収支を支配する要因について述べる．**

## 6.1 はじめに

**植物による生産は，人類を含むすべての生命体を維持するエネルギーの総量を決定する．**我々は，食料や繊維の生産に関して直接的に植物生産に依存している．また，植物生産は生態系プロセスのすべてに対して非常に重要な役割を担っているため，間接的にも我々は植物生産に依存している．総一次生産（GPP）のうち約半分は，植物の成長や維持に必要なエネルギーを獲得するための呼吸によって消費される（Schlesinger 1997；Waring and Running 2007）．**純一次生産（NPP）**は植物による正味の炭素獲得量であり，GPP から植物の呼吸を差し引いたものである．植物は，呼吸に加えてさまざまな経路から炭素を失う（図 6.1）．この過程は，植物や植物器官（たとえば，葉）の枯死，植食動物による被食，水溶性や揮発性の有機物の分泌，共生する微生物への炭素の選択的な輸送（たとえば，菌根菌，窒素固定細菌）が含まれる．最後に，炭素は火災による消失，人間による収穫やさまざまな撹乱によって失われる．

## 6.2 焦　点

**生物圏の生産力は，急速に土地利用変化が生じている場所に集中している．**たとえば，熱帯多雨林は陸地面積の 12％を占めるにすぎないが，陸域の一次生産量の 3 分の 1 をなす（図 6.2）．熱帯多雨林は急速に伐採されており，伐採の多くは違法なものである（Sampson et al. 2005）．過去には，温帯地域においても同様に森林破壊が高い割合で生じたが，現在，破壊された場所は森林に復元されたり，土地利用が市街地に改変されたりしている（第 12 章参照）．土地利用変化は生産性の低い生態系においても同様に重要である．なぜなら，これらの低温あるいは乾燥した生態系（ツンドラ，砂漠，草原，灌木地）は陸域面積の半分を占め，生産力の総量は熱帯林と同等だからである．景観に変化が生じているこれらの場所での生産力を支配する要因は何か？　もし，景観が別な植生に置き換われば，植生の生産力はどうなるのか？　海の熱帯多雨林と称されることもある海洋沿岸部についても，現在，魚の乱獲や陸からの養分流出により，陸域と同じように急激に変化して

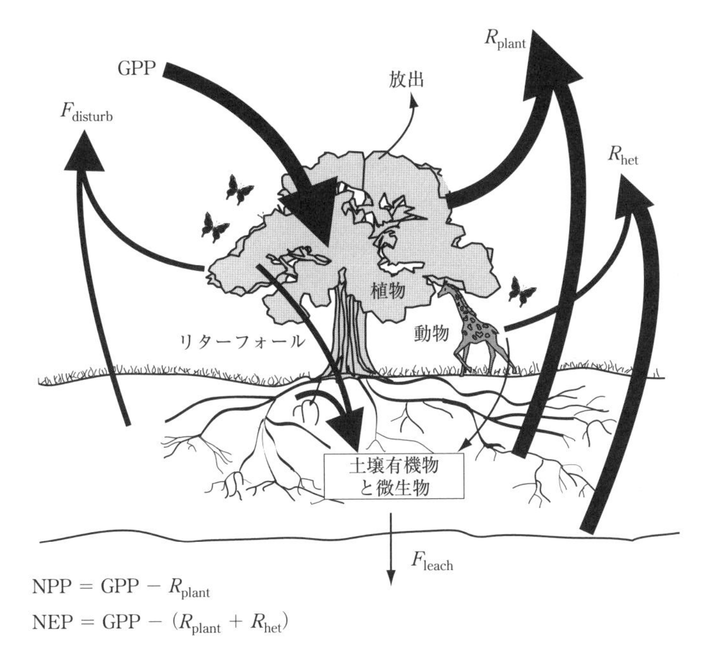


**図 6.1**　生態系における主要な炭素フラックスの概要．炭素は，植物の光合成により総一次生産（GPP）として生態系内にインプットされる．根と地上部の植物は，GPP による炭素の約半分を植物呼吸（$R_{plant}$）として大気へ戻す．純一次生産（NPP）は，GPP による炭素獲得と $R_{plant}$ による炭素損失の差である．NPP の大部分は，リターフォール，根の枯死，根浸出，共生動物への根からの輸送を通して土壌有機物へ輸送される．NPP のうちいくらかは動物によって食べられ，またときどき撹乱（山火事，収穫）によって生態系外へ失われる．動物もまた排泄や死を通して，いくらかの炭素を土壌へ移動させる．土壌に入る炭素のほとんどは，微生物呼吸（動物呼吸を含む従属栄養呼吸：$R_{het}$）によって失われる．純生態系生産（NEP）は，GPP から植物呼吸と従属栄養呼吸を差し引いたものである．浸出（$F_{leach}$）と撹乱（$F_{disturb}$）を通して，さらなる炭素が生態系から失われる．純生態系炭素収支（NECB）は，生態系による正味の炭素固定量を表す．NECB は，GPP からさまざまな過程で失われる炭素損失（呼吸，浸出，撹乱など；図 7.23 参照）を差し引いたものである．

いる．地球の一次生産量を支配する要因を正しく理解することは，急激に変化する世界において，自然についての要求，また人間生活についての要求を満たすうえで不可欠である．

## 6.3　植物の呼吸

**呼吸は，養分の獲得やバイオマスの維持に必要なエネルギーを植物に供給する．**植物の呼吸とは，ミトコンドリアの呼吸にともなう炭素の放出である．植物の呼吸は炭素の浪費ではなく，成長や維持のためのエネルギーを獲得するうえで必要不可欠な機能である．植物の総呼吸量（$R_{plant}$）は三つの要素，すなわち成長呼吸（$R_{growth}$），維持呼吸（$R_{maint}$），イオン吸収に必要な呼吸コスト（$R_{ion}$）に分けることができる．

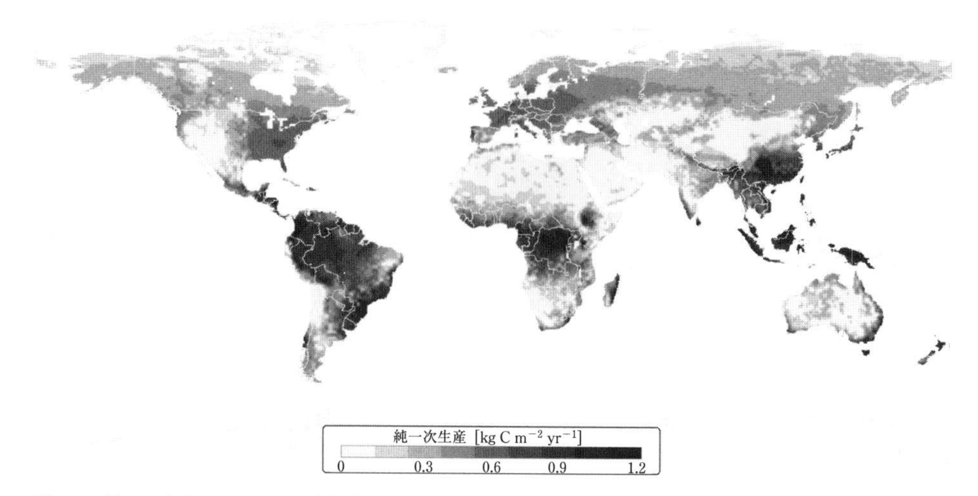


図 6.2　純一次生産のグローバル分布（Foley et al. 1996；Kucharik et al. 2000）．生産量の分布は温度よりも降水量とより強い相関があり（図 2.23 参照），生物圏の生産量が水分に強く支配されていることを示す．Atlas of the Biosphere（http://nelson.wisc.edu/sage/index.php）からの複製．

$$R_{\mathrm{plant}} = R_{\mathrm{growth}} + R_{\mathrm{maint}} + R_{\mathrm{ion}} \tag{6.1}$$

これらの呼吸は，主にミトコンドリアによる ATP 生成のための炭水化物の酸化を指す．各項の違いは，植物が何のために ATP を利用するのかという機能のみから来る．呼吸をこれらの機能要素に分けることで，植物呼吸を支配する生態学的要因を理解することができる．

**糖からバイオマスへの転換効率は，すべての植物で同程度である．** 新たな組織成長にはセルロース，タンパク質，核酸，脂質などのさまざまな化合物の生合成が必要となる（表 6.1）．それぞれの化合物の合成に必要な炭素コストには，化合物に合成される炭素に加えて，生合成に必要な ATP を獲得するための炭素（酸化されて $CO_2$ になる炭素）が含まれる．これら生合成にかかわる炭素コストは，生合成経路に関する知見からそれぞれの種類の化合物について計算できる（Penning de Vries et al. 1974；Amthor 2000）．つまり，1 g の組織を作るためのコストは，組織内の各化合物の濃度と合成にかかわる炭素コストから計算できる．

植物体内にみられる主要な化合物を合成するための炭素コストは，3 倍の範囲にわたる（表 6.1）．植物体内でエネルギー的に最も高コストな化合物は，タンパク質，タンニン，リグニン（維管束陸上植物のみ）と脂質である．一般に，葉などの代謝活性の高い組織はタンパク質，タンニン，脂質の濃度が高い．タンニンやテルペンなどの脂溶性物質は，主として植食動物や病原菌から高タンパク質な組織を防御するためにある（第 10 章参照）．構造組織はリグニンに富み，タンパク質，タンニン，脂質の濃度が低い．生育の速い植物の葉にはタンパク質やタンニンの濃度が高く，リグニン濃度が低い．一方，タンパク質濃

表6.1 スゲ（sedge）の葉の主な化学成分の濃度と炭素コスト[a]

| 要素 | 濃度［%］ | コスト［$mg\ C\ g^{-1}$ 生産量］ | 総コスト[b]［$mg\ C\ g^{-1}$ 組織］ |
|---|---|---|---|
| 糖質 | 11.9 | 438 | 52 |
| 核酸 | 1.2 | 409 | 5 |
| 多糖類 | 9.0 | 467 | 42 |
| セルロース | 21.6 | 467 | 101 |
| ヘミセルロース | 31.0 | 467 | 145 |
| アミノ酸 | 0.9 | 468 | 4 |
| タンパク質 | 9.7 | 649 | 63 |
| タンニン | 4.8 | 767 | 37 |
| リグニン | 4.2 | 928 | 39 |
| 脂質 | 5.7 | 1,212 | 69 |
| 総コスト | | | 557 |

[a] Chapin（1989）のデータ．

[b] 最も高価な四つの要素により合成コストの 37%が生じるが，それは組織重量の 24%を構成するにすぎない．生産量の総コスト（557 mg C $g^{-1}$ 組織）のうち 20%が呼吸で消費され，80%がバイオマスに合成されるため，組織重量あたり 1.23 g の糖質コストとなる．

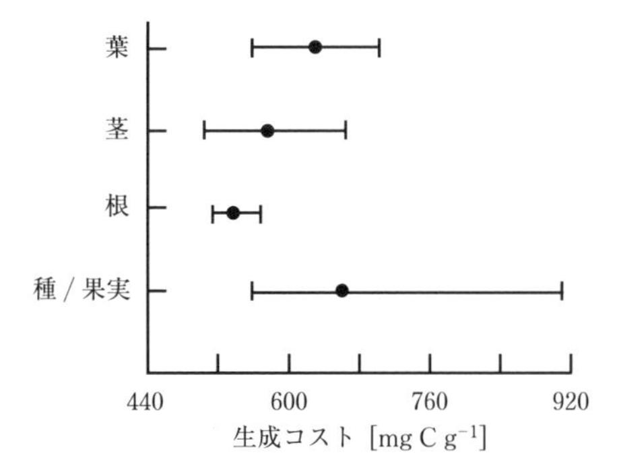


図6.3 葉（$n$ = 123），茎（$n$ = 38），根（$n$ = 35），果実と種（$n$ = 31）に関する調査から得られた生成コストの範囲．値は乾燥重量の単位で mg C $g^{-1}$，平均，10%分位，90%分位が示されている．新たなバイオマスの生成コストは，果実と種を除いて植物部位によってほとんど変わらない．果実と種は脂質を蓄えるため，他の植物部位に比べて生成コストが高い．Poorter（1994）より．

度が低い植物の葉ではタンニンの濃度が低く，リグニン濃度が高い．結果として，多くの植物の組織はいくつか高コストな成分を含んでいて，その成分は植物種や部位によって異なる．実際，組織を作るための炭素コストは，驚くべきことに植物種，各組織，生態系間で大きく変わらない（図6.3；Chapin 1989；Poorter 1994；Villar et al. 2006）．この一般的な傾向は，植物プランクトン（Hay and Fenical 1988）でも陸上植物（Chapin 1989）でも測定されている．平均すると，成長に使われるエネルギーのうち約20%が成長呼吸に使われ，残りの80%は新たなバイオマスに固定される（表6.1）．生態系スケールでの成長率，そして成長呼吸速度は，温度や水分環境が生育に最適な場合，高くなる．ただし，成長呼吸は環境条件によらず，概してNPPに対して一定の割合となる．

**イオン吸収にともなう総呼吸コストは，おそらくNPPと相関している．**細胞膜を越える輸送はエネルギーコストが高く，根や植物プランクトンの細胞における呼吸の25～50%にもなりうる（Lambers et al. 2008）．いくつかの要因により，イオン吸収にともなうこのコストは生態系間で異なる．獲得できる養分の量は生産性の高い環境下で最も高いが，獲得した養分ごとの呼吸コストは生産性の低い環境下で高い可能性がある（Lambers et al. 2008）．窒素吸収や利用にともなう呼吸コストは，吸収する窒素の形態によって異なる．たとえば，硝酸塩はタンパク質などの有機物として取り込まれる前に，アンモニウムに還元（並はずれて高コストなプロセス）される必要がある．硝酸塩還元のコストは，還元が根や葉のいずれの部位でなされるかによって，陸上植物種や生態系間でも異なる（第8章参照）．一般に，$R_{\mathrm{ion}}$は吸収するイオンの総量と相関し，それゆえNPPと正の相関関係があると予想される．

**維持呼吸，すなわち植物バイオマスを維持するためのコストはどのように変化するか？**すべての生細胞は，たとえ細胞が活発に成長していなかったとしても，細胞膜間のイオン勾配を維持したり，傷ついたタンパク質，細胞膜や他の成分を置き換えるためにエネルギーを必要とする．維持呼吸は，これらの細胞の維持や修復のためにATPを生み出す．室内実験から，維持呼吸の約85%がタンパク質のターンオーバー（1日あたり約2～5%の代謝回転）のために使われていることが示されている．このことは，成長が止まった細胞におけるタンパク質濃度と細胞全体の呼吸速度の間の強い相関を説明する（Penning de Vries 1975）．以上から，高い細胞窒素濃度をもつ生態系や，バイオマス量が多い生態系，すなわち生産性の高い生態系において，維持呼吸が大きくなることが予想される．数値計算モデルは，維持呼吸が植物の総呼吸量の約半分を占め，残りの半分を成長呼吸とイオン吸収にともなう呼吸が占めることを示唆している（Lambers et al. 2008）．

維持呼吸は，環境条件や細胞の化学成分によって変化する．維持呼吸は温度の上昇により高くなるが，これは高温下では分解したタンパク質や膜脂質を素早く修復する必要があるからである．干ばつもまた，浸透圧活性を維持する有機溶質を合成するための代謝コストを短期的に増大させる（第4章参照）．これらの環境ストレスによる維持呼吸への影響は，成長と呼吸の比を決定する主要因であり，それゆえGPPからNPPへの転換効率のばらつきを生む．維持呼吸は，環境条件が変化するときに増加し，その後，植物が変化した環境に順化すると生化学組成から予測される呼吸量へと低下する（Semikhatova 2000）．それゆえ，維持呼吸は，大きく環境条件が変動する場合を除いて，長期間では環境ストレスによって大きな影響を受けない．

**生態系間を比較する場合，植物呼吸はGPPに対しておおよそ一定の割合となる．**個別の植物の呼吸速度は，温度上昇にともない指数関数的に増加するが，この直接的な温度の効果は順化や適応により相殺される．暑い環境下の植物は，寒い環境下の植物に比べて同じ温度での呼吸速度が低い（Billings and Mooney 1968）．このように，温度に対する応答が相反するため，異なる温度環境下の植物でも平均的な生育温度に移して計測すると，その呼吸速度は同程度となる（Semikhatova 2000）．

要約すると，成長呼吸，イオン吸収にともなう呼吸，維持呼吸に関する研究から，植物の総呼吸量は GPP に対しておおよそ一定の割合となるべきことが示された．たとえば，植物プランクトンでは，細胞質量の 5 桁のスケールにわたって，呼吸で生成される熱がバイオマス量（炭素量）に比例する（Johnson et al. 2009）．この割合は，植物の炭素収支に関するメカニスティックなモデルの結果とも矛盾せず，さまざまな生態系で比較すると，植物呼吸量は GPP のおよそ半分（48〜60%）となる（図 6.4；Ryan et al. 1994；Landsberg and Gower 1997）．言い換えると，植物は約 40〜50%の成長効率をもっており，この効率で GPP が NPP へ変換される．維持呼吸の変動は，高い確率でこの効率の変動の主な要因となっている．微生物についても，外的環境からの炭素や窒素の獲得メカニズムが植物と異なるにもかかわらず，基質からバイオマスを生成する成長効率（約 40%；第 9 章参照）が植物と同等である．この明確な類似性は，生化学における同化と維持のコストについての共通性を反映したものかもしれない．しかし，この効率が季節，年，組織，生態系によってどのように異なるかについては，研究が少なく，よくわかっていない．

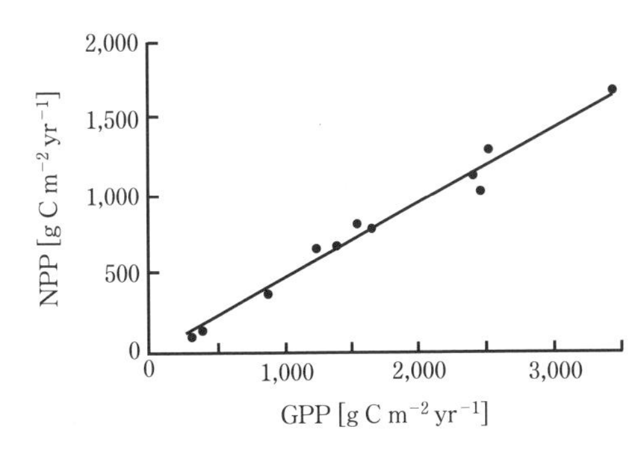


**図 6.4**　米国，オーストラリア，ニュージーランドの 11 の森林で得られた GPP と NPP の関係．これらの森林は広い湿度・温度条件から選ばれた．GPP と NPP は，生態系炭素収支モデルによって推定された．数値計算から，これらすべての森林は，気候条件が大きく異なるにもかかわらず，GPP をほぼ同じ割合で植物呼吸（53%）と NPP（47%）に分配していることが示唆された．Waring et al.（1998）より．

## 6.4　NPP とは

**純一次生産（NPP）は，植物による正味の炭素獲得量である．** NPP は，GPP による炭素獲得量とミトコンドリアによる炭素放出量の収支である．

$$\mathrm{NPP} = \mathrm{GPP} - R_{\mathrm{plant}} \tag{6.2}$$

GPP と同様に，一般に NPP は生態系スケールで計測され，たいていは 1 年などの長期間を対象として評価される（単位は g バイオマス m$^{-2}$ yr$^{-1}$，あるいは g C m$^{-2}$ yr$^{-1}$）．NPP には，植物による新たなバイオマスの生成，環境へ拡散・分泌される水溶性有機物（**根や植物プランクトンによる浸出**），根圏の共生微生物への炭素輸送（たとえば，菌根や窒素

**表 6.2　NPP の主な構成要素と構成率の代表値**

| NPP の構成要素[a] | NPP の合計に対する割合［%］ |
|---|---|
| 新たな植物バイオマス | 40〜70 |
| 葉・生殖器官（リターフォール） | 10〜30 |
| 茎の先端成長 | 0〜10 |
| 茎の二次成長 | 0〜30 |
| 新しい根 | 30〜40 |
| 根分泌 | 20〜40 |
| 根浸出 | 10〜30 |
| 菌根への根輸送 | 15〜30 |
| 植食と枯死による損失 | 1〜40 |
| 揮発分放出 | 0〜5 |

[a] 一つの研究ですべての構成要素が計測されることはほとんどない．

固定細菌)，葉から大気への揮発分放出を含む（Clark et al. 2001）．NPP に関する多くの野外観測ではバイオマスとして新たに固定される量のみを計測しているため，真の NPP を少なくとも 30%過小評価している可能性がある（表 6.2）．根浸出物は，速やかに根圏微生物に取り込まれて微生物呼吸として放出されるため，野外研究では根呼吸として計測される．同様に，海洋植物プランクトンと細菌もしばしば有機物粒子の表面に付着し，プランクトンからの浸出物を細菌が取り込み，呼吸によって放出させる（Mann and Lazier 2006）．揮発分放出も観測されることはほとんどないが，一般に NPP に対する割合は少ない（< 1〜5%）とされているため，NPP の評価にはおそらく大きな誤差とならない（Guenther et al. 1995）．いくらかのバイオマスは，計測される前に枯死したり植食動物に食べられたりする．そのため，野外研究で新しく生成されたバイオマスを計測したとしても，バイオマス生成量は過小評価される．目的によっては，これらの誤差は大きな問題とならないかもしれない．たとえば，陸域生態系の NPP を計測する目的はバイオマスの増加速度を知ることである．根浸出，共生生物への供給，揮発分放出は植物体に蓄積されるものではないため，バイオマスの増加には直接貢献しない．結果として，これらの要素を計測しなくても，バイオマス蓄積の評価にバイアスが生じない．しかし，これらの経路からの NPP の損失は，植食，分解，養分のターンオーバーなどの他の生態系プロセスを促進するため，生態系炭素動態全体や微生物への炭素ソースとして重要である（Schlesinger 1997；Mann and Lazier 2006）．

根の生産量などの NPP 構成要素のうちのいくつかは，とくに測定することが困難であり，しばしば地上部生産量に対する一定の比（たとえば 1：1）をとると仮定される（Fahey et al. 1998）．陸域生態系の NPP を対象とした研究のうち，実際に地下部 NPP を計測したものは 10%にも満たない（Clark et al. 2001）．地上部 NPP の計測は，しばしば大型植物（たとえば，樹木）のみを対象として下層植生の灌木やコケを含まないため，生態系によっては相当な NPP が過小評価されている．NPP に関してまとめたほとんどの文献は，NPP がどの構成要素を含んでいるかを明示していない（あるいは，ときどき，その単位が炭素重量かバイオマス重量であるかの記載がないことさえある）．以上の理由から，異なる研究の NPP やバイオマスのデータを比較する場合は，細心の注意を払う必要がある．概して，陸域生態系の NPP の真値は，多くの文献が提案するほどにはわかっていない．

## 6.5 海洋の NPP

**海洋は広大な面積をもつが，その単位面積あたりの生産性の低さによって相殺されるため，海洋と陸域の総 NPP は同程度となり，ともにグローバルな NPP の半分ずつを占めている．** 海洋は地球表面の 70％を占めているにもかかわらず，単位面積あたりの NPP は平均して陸域 NPP の 20％にすぎない（表 6.3）．しかし，水域の生産量は陸域生産量と同様に大きく変動する．生産量の最も高い水域生態系は，サンゴ礁，ケルプの森（海中），富栄養湖などであり，それらの NPP は最も生産性の高い陸域生態系のものと少なくとも同等である可能性がある（図 6.5）．外洋の NPP は海洋 NPP の 90％を占めるが，面積あたりの NPP は陸域の砂漠やツンドラと同程度である．外洋はその広大な面積から海全体の生産量の 60％を占め，この生産量の 90％はピコプランクトンによってなされる（Valiela 1995）．

海洋植物プランクトンが小さく支持組織をもたないことから，海洋の一次生産者は光合成能力の維持に比較的小さなバイオマスしか必要としない．たとえば，陸域の一次生産者の単位面積あたりのバイオマス量は，海洋のものに比べて 660 倍大きい．一方，単位面積あたりの陸域 NPP は，海洋のものに比べて 5 倍大きいにすぎない（表 6.3；Cohen 1994）．海洋や湖の植物プランクトンのバイオマスは年間で 20〜40 回代謝回転しており，生育環境が良い場合は 1 日のうちに 1 回代謝回転するが，陸域の植物バイオマスの代謝回転 1 回は一般的に 1 年〜数十年にわたる（Valiela 1995）．

**表 6.3** 海洋と大陸の特徴[a]

| 構成単位 | 海洋 | 大陸 |
|---|---|---|
| 表面積［地球全体に対する％］ | 71 | 29 |
| 生物分布帯の体積［％］ | 99.5 | 0.5 |
| 生物バイオマス［$10^{12}$ kg C］ | 2 | 560 |
| 生物バイオマス［$10^{3}$ kg km$^{-2}$］ | 5.6 | 3,700 |
| 枯死有機物［$10^{6}$ kg km$^{-2}$］ | 5.5 | 10 |
| 純一次生産［$10^{3}$ kg C km$^{-2}$ yr$^{-1}$］ | 69 | 330 |
| 生物バイオマスの炭素滞留時間［yr］ | 0.08 | 11.2 |

[a] Cohen（1994）のデータ．

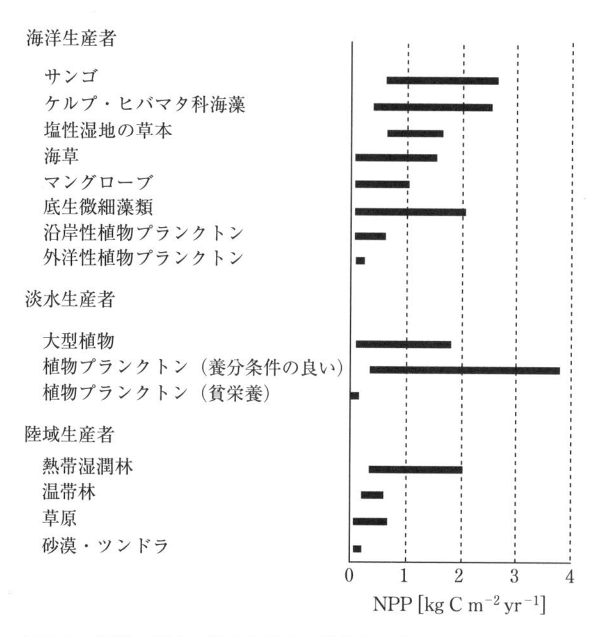


**図 6.5**　海洋，淡水，陸域生態系の単位底面積あたりの NPP の比較．海洋と淡水生態系の NPP は陸域生態系の NPP と同程度の範囲をもつが，非常に大きい面積を占める外洋性の海洋生態系は生産性が低い．Valiela（1995）より．

**海洋生産量は，陸域や深層水からの栄養塩の供給率に非常に強く制限されている．**この理由から，沿岸域での生産性は外洋のものよりも高い．栄養塩堆積物が酸素の豊富な水塊に潮汐混合されることで，河口域や，**沿岸境界域バイオーム**（coastal boundary zone biome）を構成する潮間帯や沿岸の海洋生態系の生産性が高まる（Nixon 1988；Longhurst 1998）．サンゴ礁は，地球上で最も生産性の高い生態系の一つである（図 6.5）．頻繁な潮汐混合により，死んだサンゴの表層で成育する藻類に栄養塩が供給される．魚によるたえまない捕食のため，これらの藻類は高いターンオーバー率をもつ．以上の理由から，サンゴ生態系の藻類バイオマスは小さく，外洋生態系の植物プランクトンバイオマスと同程度である．沿岸域では，人間活動により非常に多量の栄養塩がもたらされる．とくに河口域では，農業用水，下水，侵食に由来する養分を含む水が川からもたらされる．この富栄養化が，藻類，植食動物，分解者の自然なバランスを破壊する（第7章参照；図 9.1 参照）．

外洋生態系では，大陸西岸付近での湧昇が最も大きな栄養塩のソースとなる．ペルー沖，アフリカ北西部，インド東部，アフリカ南西部，アメリカ西海岸などの地球上の多くの重要漁場は，湧昇によって維持されている（図 6.6；Valiela 1995）．これらの地域では，コリオリ力によって風や表面水が沖に向かっている（図 2.11 参照）．このため，表層水は栄養塩の豊富な深層水に置き換わる．湧昇はまた，大きな海流が発散する外洋でも生じる（Mann and Lazier 2006）．たとえば，海流が南北に発散する赤道太平洋や，南極海，北大

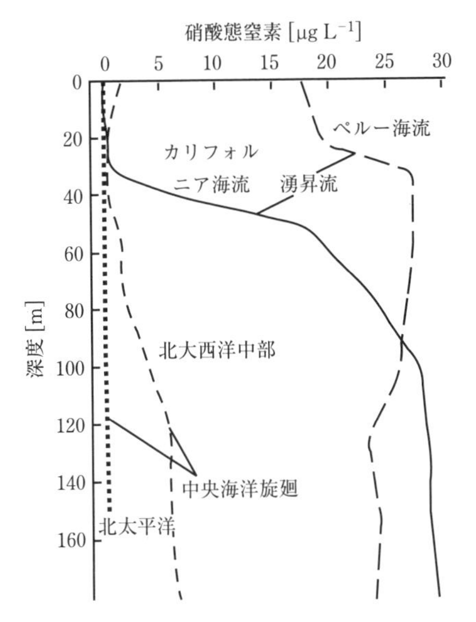


**図 6.6** 中央海洋旋廻と湧昇域における硝酸塩の深度プロファイル．Dugdale (1976) より．

西洋，北太平洋において発散に起因する湧昇が生じている（Valiela 1995）．これらの地域では相対的に栄養塩を利用しやすいため，生産性が高い．

海水密度の鉛直勾配もまた，水面下から表層への栄養塩輸送に影響する．中央亜熱帯海域の**貿易風域バイオーム**（Trades biome）では，日射量が高いため強い温度勾配が生まれ，非常に強く安定した**温度躍層**（thermocline）が形成される．この温度躍層では冷たく高密度の水の上に，暖かく低密度の水が乗る（第2章参照；Longhurst 1998）．鉛直安定度は，高密度な塩水が塩分濃度の低い表層水の下に存在する塩分躍層により強化される．このような水の安定成層化によって，波や海流による鉛直混合が弱まり，亜熱帯海洋の栄養塩利用可能性や生産性が大きく低下する．

緯度の上昇にともない，海洋表層の水温は低下する．この水温低下によって鉛直密度勾配は緩やかになり，表層水と栄養塩の豊富な深層水とが大波や海流によって混ざりやすくなる．強い西風や極ジェットにともなう低気圧経路も，また，温帯・高緯度域の**偏西風域バイオーム**（westerlies biome）における混合を促進する（Longhurst 1998）．このことから，温帯と極域の海では熱帯の外洋よりも栄養塩が豊富で生産性が高い．上層への栄養塩の混合は，表層水温が低く鉛直成層が最も弱くなる冬季に最も盛んになる．また冬季は，赤道－極間の熱勾配が大きくなるため，最も風が強まる（第2章参照）．冬季には，乱流混合により植物プランクトンが弱光で生育できないような深い水中へと運ばれる．しかし，春季には日射量の増加により表層水が温められ，混合層の深さは減衰する．これにより，真光層内に植物プランクトンが集まり，**ブルーム**（bloom）が発生する（Mann and Lazier 2006）．生産活動により栄養塩が低下してくるとブルームは終了し，多くの植物プランクトンは動物プランクトンに食べられて消費される．秋季にも表層の成層が弱まり栄養塩が表層に混合されるため，二次的なブルームが生じる．

**極域バイオーム**（polar biome）では，河川や海氷融解にともなう淡水供給が多いため表層水の塩分濃度が低くなり，水柱が強く成層化する．雪に覆われた海氷が融けて光の利用可能性が高まり，また風による混合で湧昇が促進されると，夏季にブルームが発生する（Carmack and Chapman 2003；Mann and Lazier 2006）．

乱獲により衰退してきているものの，高緯度海域の高い生産性は依然として漁業を支えている（Pauly et al. 2005）．緯度による外洋の生産性の変化は，クジラの季節回遊や海鳥の渡りなどのいくつもの興味深い生態的特徴を説明する．これらのクジラや海鳥は，夏季のブルームによる極域バイオームの生産性の増加や春季のブルームによる偏西風域バイオームの生産性の高まりを利用するために，南極海から北極海の間を移動する．加えて，高緯度の魚類の多くは**遡河性**（anadromous）魚類であり，生産性の高い海洋環境で成魚になるまで生育し，捕食動物の少ない淡水環境で生殖する．この遡河性の戦略は，緯度が高まるにつれて効果的である．なぜなら，緯度が高いほど海洋生産性が高くなる一方，陸域生産性は低くなるからである（Gross et al. 1988）．

要約すると，沿岸域で NPP は最も高くなり，栄養塩の制限を最も受けにくくなる．外洋では，表層が温められる海域（熱帯域や夏季）で最も栄養塩不足が深刻になる．なぜなら，加熱によって表層の密度が低くなり，高密度で栄養塩の豊富な水塊が深層から湧昇しにくくなるからである．深層混合が生じる条件（たとえば，強風，冷たく高密度な表層水，潮汐混合が生じる場合）では栄養塩による制限が緩和され，光や温度といった他の要因が NPP を支配する．NPP に対するさまざまな栄養塩の相互作用については，第 9 章で議論する．

## 6.6　湖の NPP

**汚染されていない湖の生産性は，一般に外洋と同様に栄養塩に制限されている．**湖の生産性を支配する要因は海洋のものとほぼ同じで，陸域からの栄養塩供給であり，混合が生産性に強く影響している．このことは，海洋における NPP や湖における GPP と同様である（第 5 章参照）．冬季には，高緯度になるに従って日射量が低下し，真光層が浅くなる．加えて，成層が弱まり深層混合が生じるため，植物プランクトンが真光層の下へと運ばれて生産性が低くなる．結氷した表面上に雪が積もる湖では，光の入力がさらに減少する．春には日射量の増加により真光層が厚くなり，また表層水温が高くなる．このことで，混合深度が浅くなり，真光層内に植物プランクトンが集まるようになる（Kalff 2002）．好適な光・温度条件のもと，植物プランクトンは冬季に表層で混合された栄養塩を利用することができ，春のブルームを生じさせる．海洋の場合と同様に，表層の栄養塩が利用し尽くされ，動物性プランクトンや植食性魚類が植物プランクトンのバイオマスを低下させることでブルームは終了する．貧栄養環境下（貧栄養湖や盛夏季の条件）も海洋と同様に，小型の植物プランクトン（ピコプランクトンとナノプランクトン）による生産量が支配的であり，大型藻類による生産は栄養塩が豊富な環境で支配的である．小型の植物プランクトンは動物プランクトンに容易に捕食されるため，ボトムアップ（栄養塩）効果とトップダウン（捕食）効果は相互的に湖の NPP に作用する．一般的に，栄養塩は湖間の植物プランクトンの生産性とバイオマス量の差の多くを説明しているように思われ，温度はバイオマスがこの上限に到達する速度に影響する（Kalff 2002）．GPP のおよそ 13％が，植物プランクトンから環境へ浸出している（Kalff 2002）．この浸出分は，植物プランクトンのバイオマス増加に直接貢献しないが，分解者による刺激や細菌による窒素無機化に対して重要であるかもしれない（第 7 章参照）．

底生生物による一次生産がかなりあるという点で，多くの湖は外洋とは異なる．この特徴は，グローバルの湖の面積比で 43％を占める小さな湖（$< 1\ km^2$）に当てはまる（Downing et al. 2006）．また，大きな湖においても，しばしば底部面積の大部分が真光層内にあるため，この特徴が当てはまる場合が多い．汚染のない透明度の高い湖では，魚類を養うための（植物プランクトンと細菌による）生産のうち，NPP 換算で半分，エネルギー換算で半分以上が，底生部でなされるため，底生生物による生産量はとくに重要である（Vander Zanden et al. 2005, 2006）．多くの水域生産量に関する研究では，その底生生産量を見落としているため，食物連鎖の底辺で利用可能なエネルギーを過小評価している（第 10 章参照）．

湖は陸域全体の中で小さく点在するため，地下水や渓流による養分の流入に強く影響を受ける（Schindler 1978）．たとえば，カナダ楯状地をなす花崗岩性の母岩は更新世の氷河によって土壌が削り取られたため，流域から湖への養分供給が少ない．この強い養分制限によって，この地域の湖の多くは農業や酸性雨による養分供給の変化に対して脆弱になっている（Driscoll et al. 2001）．マス（trout）などの高位捕食者が大きくなるのに，貧栄養湖では数十年を要するが，富栄養湖では数ヶ月～数年しかかからない．

また，湖の物理的特性も NPP の養分制限の程度に影響を与える．一般に，成層化が弱い湖では，深層との栄養塩の混合が容易に起こるため，養分不足に陥りにくい．風にさらされる湖，大きな湖，熱帯の湖は，温度の鉛直勾配が小さく沈殿物からの養分供給が多いため，深層混合が盛んで強い養分制限を受けない．一方，生産性の最も高い湖のうちのいくつかは，低地の浅い湖であり，そのような湖では養分の流入速度が自然状態でも高い（Kalff 2002）．

湖への養分の人為的な添加は**富栄養化**をもたらし，生産性を高める．富栄養化は生態系構造や機能を根本的に変える．植物プランクトンのバイオマス増加にともなって水の透明度が低下し，真光層深度は浅くなる（図 8.2（口絵 8）参照；Kalff 2002）．このことは，深部の利用可能な酸素を低下させる．生産性が高まると，大型のデトリタス（枯死物）を分解するために酸素要求量が高まる．混合によって十分な酸素が底部に供給できなければ，深層で魚類や他の従属栄養生物が生存できなくなる．低温によって光合成由来の酸素供給量が低下するため，このような条件はとくに冬季に深刻になる．氷に閉ざされた湖では，氷や積雪が光合成（酸素生成）に必要な光の入力を遮断し，また湖内の酸素の表層混合を妨げる．冬季に水柱のすべてが嫌気的になる湖では，魚は成育することができない．たとえ夏季でも，表層混合が少ないときに藻類の枯死物が蓄積すれば水柱の酸素濃度が低下し，魚類の致死率が高まる．

要約すると，多くの湖の NPP は養分に制限されており，海洋と同様に風による混合の結果，その制限が季節変化する．

## 6.7　渓流と河川の NPP

**渓流と河川の NPP を支配する要因は，水流の大きさや環境によって変わる．**一般に，NPP を支配する要因は GPP を支配する要因（第5章参照）と同様である．なぜなら，渓流と河川の生態系では，光合成と光合成細胞の生成の間に強い正の（増幅の）フィードバックが働くからである．栄養塩，光，温度の環境が良くなることで GPP と NPP は増加するが，基質不安定性，流速，懸濁堆積物，被食によって植物バイオマス，GPP，NPP は減少する（図6.7；Biggs 1996）．GPP と同様，森林内の上流河川における NPP は，広い河川における NPP の半分程度である（Webster et al. 1995；Mulholland et al. 2001）．多くの水系において，小さな上流河川から大きく広い河川に下るにつれて NPP が大きくなり，これは GPP の傾向と同様である（図5.8参照）．GPP に関して述べたように（第5章参照），大きな川の NPP は非常に多様である（Webster et al. 1995；McTammany et al.

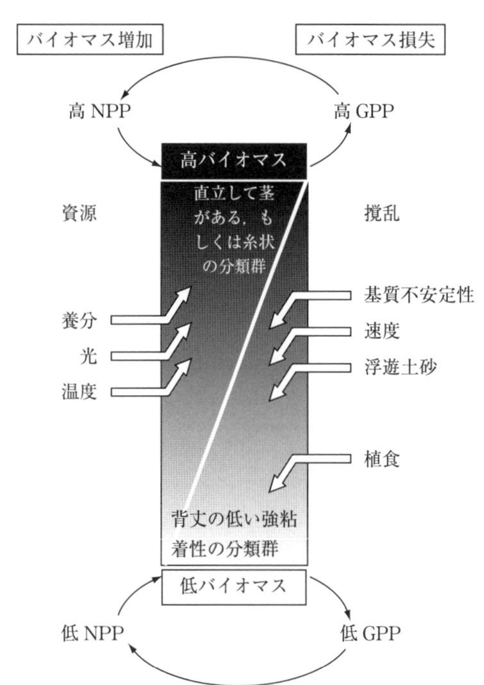


**図6.7**　渓流の付着生物の物理構造とバイオマスを支配する要因．Biggs (1996) からの改変．

2003；Allan and Castillo 2007).

渓流・河川のNPPを支配する要因は，海洋や湖などの外洋生態系のものと大きく異なる．素早く流れる渓流・河川では，渓流河畔の植生，懸濁堆積物や（ゆっくりと流れる富栄養水の中で）植物プランクトンによる被陰が存在するため，外洋生態系に比べて光が重要となる．加えて，水が流れているため，風による混合に頼る海洋や湖と比べて藻類細胞表面への養分の供給が速く，養分制限が低減される（第8章参照）．最後に，ゆっくりと流れる河川では植物プランクトンがNPPに大きく貢献しており，下流への植物プランクトン細胞の輸送が光合成バイオマスの蓄積やNPPを制限する．このことは，被食による輸送が植物プランクトンの蓄積より重要な要因である湖や海洋の傾向とは異なる（Allan and Castillo 2007）．一般に，ゆっくりと流れる川の植物プランクトンによるNPPは，同一の養分・温度環境下の湖より小さい．

渓流生態系においては，時空間的な不均一性によりNPPやその制限要因が大きく変動する．水が淀んでいる場所と早瀬のような場所での生物物理学的な違いは，湖と渓流における平均的な違いと同程度である．同様に，一つの渓流・河川でも，周期的な洪水と，それに続く流量が少ないかまったくない時期の両方を経験する．このような変動は，NPPに影響する要因を大きく変化させたり，GPPとNPPを支える一次生産者を除去してしまうような大きな変化をもたらす．渓流がもつこのパルス的な開放のような特徴は，湖や海洋の時間的変化と比べて極端である（Kalff 2002；Allan and Castillo 2007）．

## 6.8 陸域のNPP

**陸域のNPPを支配する環境要因は，水域生態系のものと根本的に異なる．**植物プランクトンの細胞は水や養分の中に直接浸かっていたが，陸上植物はこれらを土壌（光合成に必要な光がない場所）から得る必要がある．このため，陸上植物は直接的に光合成を促進する要素にならない根や支持組織に，バイオマスの多くを割く必要があり，光合成とNPPの間の増幅（正の）フィードバックが複雑なものとなっている．加えて，陸上植物のNPPは，水域生態系では制限要因にならない$CO_2$や水の利用可能性にしばしば制限されている．このことは，NPPを制限する環境要因の数を増やし，相互作用の可能性を増大させている．最後に，水域NPPは日中のすべての細胞の光合成による炭素獲得量と夜間の呼吸の差し引きで単純に決まっていたのに対し，陸上植物のNPPでは日中・夜間を通した非光合成器官の呼吸を考慮する必要がある．このことは，陸上植物の炭素利用の日変化を複雑にする．

### ■ NPPを支配する生理学的要因

**光合成，NPP，そして呼吸のうち，どれが三つを支配する要因なのか？**　NPPは，GPPによる炭素獲得とすべての植物部位からの呼吸による炭素損失と間の収支である（図6.1）．しかし，この簡単な収支の式（6.2）からは，光合成によって成長に利用できる炭素量が決まるのか，成長速度に影響する要因が光合成量を決定するのかがわからない．言い換えると，光合成が成長を「後押しする」のか，成長が光合成を「引き出す」のかがわからない．短い時間スケール（数秒から数日）では，光合成を支配する要因（たとえば，光や水の利用可能性）が光合成による炭素獲得を決めている（光合成による成長の「後押し」）．一方，月〜年スケールでは，植物は土壌資源に応じて成長を維持できるだけの炭素を獲得するように，葉面積と光合成能力を調整する（成長による光合成の「引き出し」；図 5.2 参照）．良好な環境条件で植物が素早く生育する場合，植物の炭水化物濃度は最も低くなる（すなわち，成長により炭水化物が減少させられる）．また，干ばつや養分制限が生じている場合や低温が NPP を制約する場合に，炭水化物濃度は上昇する傾向にある（Chapin 1991a）．もし，光合成産物が NPP を直接制限するなら，速い成長に付随して炭水化物濃度の上昇が起こるべきであるが，実際は成長速度との一貫した関係はみられない．

成長実験が示すことは，成長が単に光合成による炭素獲得の結果ではないということである．陸上植物は，水，養分，根圏の酸素が低下すると，成長低下を促すホルモンを生成する．これによる成長低下によって光合成が減衰する（Gollan et al. 1985；Chapin 1991a；Davies and Zhang 1991）．これらの実験による一般的な結論は，植物が環境中の資源供給を能動的に感じとり，成長速度を調節しているということである．この成長速度の変化は，炭水化物と養分の**シンク強度**（sink strength, 要求量）を変化させ，それが光合成と養分吸収を変化させる（Chapin 1991a；Lambers et al. 2008）．結果として成長と養分が変化して，葉面積指数（LAI）と光合成能力が決まり，生態系間の炭素インプットに違いが生じる（図 5.2 参照；Gower et al. 1999）．

シンク強度から光合成へのフィードバックは，100%効果的というわけではない．葉の炭水化物濃度は日中に高まり，夜間に減少する．このことで，植物は非光合成組織へ炭水化物をおおよそ一定に供給し続けることができる．同様に，炭水化物濃度は好天の期間（時間から数週間）にわたって増加し，曇天条件下で低下する．このような短い時間スケールでは，光合成に影響する環境条件は成長に利用可能な炭水化物を決定する主要な因子である．光合成に関する短期的な環境要因は，おそらく 1 時間ごとから週ごとの NPP の変動を決定する．一方，土壌資源は，年間の炭素獲得量や NPP を決め，景観やバイオーム間の NPP の違いを決める．

## ■ NPP を支配する環境・生物種的要因

**気候的要因は，主に地下部資源の利用可能性を通して NPP を支配する．**グローバルスケールでは，生態系間の NPP の違いの最大の関連要因は，気候である．熱帯多雨林のような温暖湿潤な環境下では NPP は大きく，乾燥地（たとえば砂漠）や寒冷地（たとえばツンドラ；図 6.2；図 2.23 参照）では NPP は最も小さくなる．NPP は降水量と最も強く相関する．約 2〜3 m $yr^{-1}$ の降水量（典型的な多雨林）で NPP は最大となり，それよりも極端に多くあるいは少なくなると減少する（図 6.8；Gower 2002；Schuur 2003；Huxman et al. 2004；Luyssaert et al. 2007）．また，乾燥生態系（たとえば砂漠）を除く

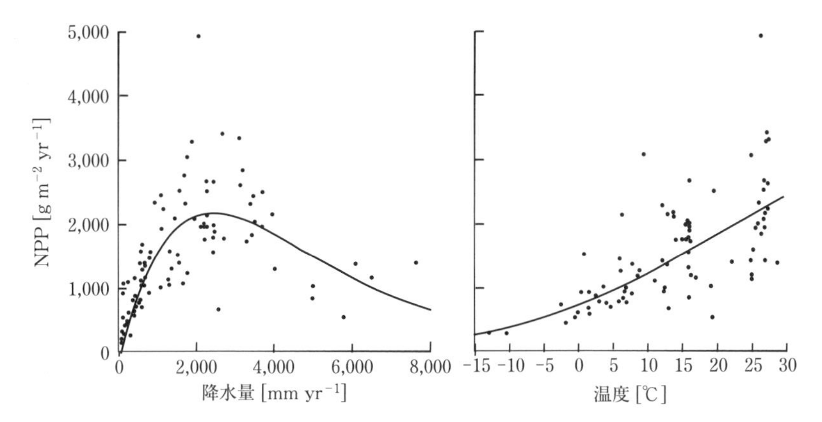


**図 6.8** 年間平均温度と年積算降水量に対する地上部 NPP（バイオマス重量の単位）の関係. NPP は熱帯湿潤林などの温暖湿潤な環境で最も高く，ツンドラや砂漠などの寒冷あるいは乾燥な生態系で最も低い. 熱帯林では，降水量が極端に多い（$> 3\ \mathrm{m\ yr^{-1}}$）と，土壌の低酸素や養分の浸出などの間接影響により NPP が低下する. Schuur (2003) より.

**表 6.4** バイオマス刈取に基づく主なバイオームの純一次生産（NPP）[a]

| バイオーム | 地上部 NPP $[\mathrm{g\ m^{-2}\ yr^{-1}}]$ | 地下部 NPP $[\mathrm{g\ m^{-2}\ yr^{-1}}]$ | 地下部 NPP [総量に対する%] | NPP の合計[b] $[\mathrm{g\ m^{-2}\ yr^{-1}}]$ |
|---|---|---|---|---|
| 熱帯林 | 1,400 | 1,100 | 44 | 2,500 |
| 温帯林 | 950 | 600 | 39 | 1,550 |
| 北方林 | 230 | 150 | 39 | 380 (670)[b] |
| 地中海性の灌木林 | 500 | 500 | 50 | 1,000 |
| 熱帯サバンナ・草原 | 540 | 540 | 50 | 1,080 |
| 温帯草原 | 250 | 500 | 67 | 750 |
| 砂漠 | 150 | 100 | 40 | 250 |
| 北極域ツンドラ | 80 | 100 | 57 | 180 |
| 耕作地 | 530 | 80 | 13 | 610 |

[a] NPP は乾燥重量の単位で示される. NPP は刈取法により推定されたため，植食，根浸出，菌根への輸送，揮発分放出による消費は含まれない.

[b] Saugier et al. (2001) によるデータ. ここで示された推定値は，他の NPP 推定値（Scurlock and Olson 2002；Zheng et al. 2003）の中間程度の値である. ただし，北方林については Saugier et al. (2001) による推定値（$380\ \mathrm{g\ m^{-2}\ yr^{-1}}$）と比べて，他の推定値が 75% 大きくなっている（$670\ \mathrm{g\ m^{-2}\ yr^{-1}}$）. それゆえ，北方林の NPP は他のバイオームと比べて過小評価されているかもしれない.

と，NPP は温度の上昇で指数関数的に増加する. NPP の大きな差は，バイオーム間の気候と植生構造の違いを反映している. 生態系をバイオームで分類すると，NPP の平均値は 14 倍程度異なる（表 6.4）. これらの NPP と気候との相関は，温度や湿度の単純な直接影響によるものだろうか？　あるいは他の要因が介在しているのだろうか？

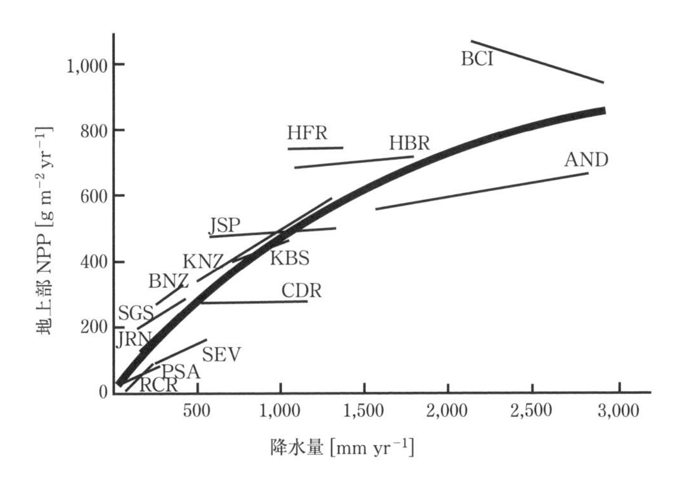


**図 6.9**　14 サイトにおける年積算降水量と地上部 NPP の関係．太い曲線は，サイト間における地上部 NPP の平均値と年間降水量の平均値の関係を表す．細い直線は，各サイトの地上部 NPP と年間降水量の年次間差を表す．サイトは主に長期生態学研究のサイトであり，砂漠（RCR），草原とステップ（PSA，SEV，JRN，SGS，CDR，KNZ，KBS，JSP），森林（BNZ，HBR，HFR，AND，BCI）が含まれる．Huxman et al. (2004) より．

生態系間の比較から，乾燥地の NPP は降水量の増加に対して最も強く上昇した（図 6.8 左図，図 6.9 のそれぞれの左端で曲線が立ち上がる部分）．このことは，乾燥地の NPP が水分に最も強く制限されていることを示唆する．これら乾燥地の NPP は，雨量の年々変化や実験的な散水に感度（図 6.9 中の細い直線の傾き）が高い（Huxman et al. 2004）．各サイトの NPP は，乾燥年には実験的な散水に対して，湿潤年には養分の付加に対して最も強く応答する．たとえ砂漠であっても，雨季や湿潤年には養分付加に対して応答する（Gutierrez and Whitford 1987）．乾燥地の NPP は，たいていの年で養分よりも水に強く応答する．適潤（湿潤）地では，NPP はたいていの年で散水に比べて養分付加に強く応答する（Huxman et al. 2004）．要約すると，

(1) 多くの生態系の NPP は長期的に複数の地下部資源（水，養分，また非常に湿潤な生態系ではしばしば酸素）によって制限されている．
(2) 環境による制限の種類は年によって異なり，乾燥年には水分制限が最も強くなり，湿潤年には養分制限が最も強くなる．
(3) 乾燥地の NPP はしばしば水分制限となり，適潤地の NPP はしばしば養分制限となる．

したがって，水分制限の乾燥地，養分制限の適潤地という単純な特徴は第一次近似としては妥当であるが，生態系はそのときどきによってさまざまな環境制限を受ける．

生態系の植物種の構成もまた生産力に影響を与える．いずれの生態系でも，環境条件の年々変化に対する NPP の変動量（図 6.9 の直線）は，生態系間の平均的な NPP の違い（図 6.9 の曲線）より小さい．したがって，どれほど水分や養分条件が良くなったとしても，

砂漠や草原は適潤な森林のような生産力をもたない．なぜなら，そこに生える植物には，大木がもつような高い潜在生産能力（葉面積を増やす能力）がないからである．たとえ，草原生態系どうしでも，ある草原の湿潤年から乾燥年のNPPの変動幅は，草原間（たとえば，図6.9中のSGS，CDR，KNZ，JSP）のNPPの違いよりも小さい．これも，乾燥草原を構成する植物は適潤草原よりも潜在生産性が低く，湿潤年の恩恵を十分に受けることができないためである（Lauenroth and Sala 1992）．一方，乾燥草原の植物は乾燥条件に適応しており，激しい干ばつに対しても枯死することは少ない（第4章参照）．したがって，長期的な環境変化によってNPPは少なくとも2種類の応答を示す．すなわち，(1) 水と養分制限のバランスに対する直接的応答，(2) 生態系内の植物種構成の変化とそれにともなう環境変化への耐性や植物種がもつ潜在生産量による応答である．

気候条件から，NPPが温度により制約されているとみられる寒冷地はどうか？　ツンドラでは，実験的な昇温よりも栄養塩施肥に対して強くNPPが増加する（Chapin et al. 1995；McKane et al. 1997）．したがって，ツンドラにおける気候とNPPとの相関は，窒素供給に対する温度の効果を反映したものか（第9章参照），あるいは温度の直接影響よりも生育期間長の変化を反映したものである．同様に，北方林のNPPは地温と強い相関を示すが，土壌の昇温実験の結果からは昇温による効果が，主に分解の増加による窒素供給によることが示されている（Van Cleve et al. 1990）．

要約すると，気候がNPPを強く制限していることが両者の相関からみられる生態系では，地下部資源に対する気候的制約が主だった要因であることが実験や観測から示された．

温度や水分が生育に対して十分に最適である温暖湿潤な気候で，NPPを制限するものは何か？　熱帯林は一般的に他の陸域バイオームよりもNPPが高い（表6.4）．熱帯林の間では，リター生成量は養分，とくにリンの供給量と相関する傾向がある（Vitousek 1984）．これは，熱帯林のNPPが地下部資源の供給量に制限されていることを示唆している．熱帯乾燥林のNPPは水分条件に制限されているが，極端に湿潤な気候（降水量が3 m $yr^{-1}$ 以上，図6.8）では降水量の増加にともなってNPPは低下する．これはおそらく，根や土壌微生物の酸素不足と，必須養分の浸出による損失が原因だと思われる（Schuur 2003）．それゆえ，熱帯林のNPPもおそらく，養分，水（相対的に乾燥した森林），酸素（相対的に湿潤な森林）などの地下部資源の供給量に制限されているだろう．

水と養分が豊富な温帯塩性湿地では，NPPは$CO_2$増加に直接的に応答する（Drake et al. 1996）．この傾向は，養分供給が十分なされている耕作地についても当てはまる．しかし，最も肥沃な耕作地でさえも，栄養塩施肥をすればNPPは増加するので（Evans 1980），NPPの養分制限は多くの植生に当てはまる（図8.1参照）．

要約すると，さまざまな生態系についての実験や観測から一貫した傾向がみられる．生態系が長い時間を通して多くの条件に直面する中で，NPPはさまざまな要因によって制限されている可能性がある．しかし，地下部資源の供給量は，一般的にNPPを制約する最も重要な要因である．そして，地下部資源の供給・獲得や植生の潜在生産性を決定する要因が，たいていNPPを決定し，それゆえ生態系の炭素獲得量を**直接的に**支配している．

地下部資源や植物種の特性がNPPを支配する重要な要因であるということは，前述のGPPに関する結論と矛盾しない．すなわち，GPPは，光合成に対する気温や$CO_2$による直接的な影響よりも，葉面積や光合成が可能な期間の長さによって支配されている（第5章参照）．実際，驚くべきことに，さまざまな環境条件下においてNPPはGPPに対して一定の割合（40〜52%）となることが，モデル研究から示唆されている（図6.4；Landsberg and Gower 1997；Warning and Running 2007）．このことは，GPPとNPPが同じ要因に支配されていることを示唆している．

## 6.9　分　配

### ■NPPの分配

**資源の制約を軽減し，資源獲得とNPPの両方を最大にするために，バイオマスは分配される．**NPPの支配要因を考察すると，興味深いパラドックスが示唆される．つまり，NPPを最大化するためには大きな葉面積が必要であるが，そのNPPの主な制限要因は地下部資源にあることだ．植物は，バイオマスをどのように葉（炭素獲得の最大化）と根（地下部の資源獲得の最大化）に分配するかの板ばさみに陥っている．植物の**分配**，すなわち植物部位間の成長分配は，地上部と地下部の資源供給速度のバランスに応じて成長を最大にするような，一貫した傾向がある（Garnier 1991）．

一般に，植物は最も大きな制限要因となっているある一つの資源を獲得できるように，生産物を分配する．水や養分により成長が制限されている場合，植物は新しいバイオマスをすべて根に分配する．光が制限要因となっている場合，植物は新しいバイオマスをすべて地上部に分配する（Reynolds and Thornley 1982）．植物は，適切な組織にさらなるバイオマスを生成したり，各部位の活性を高めたり，長期間にわたってバイオマスを保持することで，資源の獲得を増やす能力をもつ．たとえば，植物は，葉面積を大きくしたり，単位葉面積あたりの光合成速度を高めたり，葉を落とすまでのより長い期間にわたって葉を維持したりすることで，炭素獲得量を増やすことができる．同様に，根の形態変化，根のバイオマスの増加，根の寿命の長期化，単位根あたりの窒素獲得量の増加，菌根感染の範囲の拡張により，植物は窒素吸収量を増やすことができる．分配と根の形態を変化させることは，養分吸収にとくに強く影響する．分配は，バイオマス量，単位バイオマスあたりの獲得量，そして時間の積で表される統合的なメカニズムであり，成長とNPPを最大化するような地上部と根のバランスが要求される（Garnier 1991）．これらの分配に関する規則は，NPPを予測するすべての数値計算モデルにとって鍵となる特徴であり（Reynolds et al. 1993），低水分，低養分，弱光条件によって分配の応答が異なる（Craine 2009）．

生態系での観測結果は，一般に分配理論に矛盾しないものである．たとえば，ツンドラ，草原，灌木は，森林に比べてNPPのより多くを地下部へ分配する（表6.4；Gower et al. 1999；Saugier et al. 2001）．水分や養分供給が比較的好適な耕作地では，地下部への分配が最小限に抑えられている．ただし，地下部へのNPPの分配が生態系間で見かけ上あまり差がないことの解釈には，注意が必要である（表6.4）．なぜなら，地下部NPPは計測することが困難であり，使用した手法や細根のターンオーバーに関する仮定によって大きく値が異なるからである．

### ■さまざまな資源に対する分配の応答

**たいていの生態系のNPPは，一つの資源によって最も強く制約されているが，他の資源に対しても応答する．**もし，植物が最も制約となっている資源を獲得するためにバイオマスを完全に分配することができれば，植物はすべての資源によって等しく制限されることになるだろう（Bloom et al. 1985；Rastetter and Shaver 1992）．しかし，すでに見てきたように，そのようなことは通常は起こらない．たいていの生態系のNPPは，特定の資源に対して最も強く応答する．たとえば，砂漠，乾燥草原，乾燥地の灌木などは水に，ツンドラ，多くの北方林や温帯林では窒素に，熱帯湿潤林や熱帯乾燥林ではリンに対して強く応答する．つまり，第一次近似として，砂漠は水分制限の生態系，温帯林は窒素制限の生態系であるといえる．しかし，多くの生態系のNPPは一つ以上の資源の可給性が向上すればそれに対して応答する．なぜこのようなことが起こるのか？

環境による制限についての最も単純な視点は，植物成長は特定の瞬間においては一つの資源により制約されているということである．この第一の制限要因であった資源が大量に供給された後に初めて，他の資源が成長を制限する（**リービッヒの最小律**，Liebig's law of the minimum）．多くの生態系での観測結果から，少なくとも次の五つのプロセスが複合的な資源制限に寄与している．

(1) 植物は最も成長を制限する要因の獲得を最大化するため（制限を最小化するため）に分配を調整する．
(2) 環境変化（たとえば，暴風雨，湿潤年，一時的な養分供給）によって資源の相対存在量が変わるため，異なる時期では異なる要因がNPPの制限要因となる．
(3) 植物は最も制限となっている資源の供給を増やすメカニズムをもつ．
(4) 植物組織はいくつかの資源（たとえば，養分）を，それらが短期間に供給されるときに，より高い割合で保持する．
(5) 生態系内の異なる植物種は異なる資源によって制限を受けている．

これらのプロセスのそれぞれによって，生態系は多様な資源に応答する．

**植物は，成長を最も制限する要因の獲得を最大化するため（制限を最小化するため）に，分配を調整する．**先に議論したように，植物は新たな根と芽の分配率をそれぞれ地下部と地上部の資源による制限を最小化するために調整する．植物はまた，制約となる地下部資源の獲得を優先するため，根系内の分配も変化させる（Rastetter and Shaver 1992）．たとえば，砂漠では養分可給性は地表付近で最も高く，水は一般に深度によらず同程度に利用可能である．それゆえ，養分や水分を獲得する量は，根が作られる深度に依存する．いくつかの砂漠植物は，水を獲得するために太い水根をもつが，この根は効果的に水を吸い上げる一方で養分吸収速度が低い．他の植物は，土壌のごく浅い場所に表層水が利用可能なときに機能する根を作る．

根は，個別の養分に対して，それぞれ生化学的な投資を行う．たとえば，窒素吸収，硝酸塩還元，還元された窒素からアミノ酸への同化のために，個別の酵素の合成が窒素吸収に必要となる（第8章参照）．この生化学的分配によって，成長を最も強く制限する個別の養分の獲得能力が調整される．

**環境変化（たとえば，暴風雨や一時的な養分供給）によって資源の相対存在量が変わるため，時期によってNPPの制限要因は異なる．**重要な資源がどの時期も等しく利用できるわけではないため，たいていの生態系ではNPPを最も制限する要因は時間によって変化する．たとえば，雨季には光が減少し水分が増える．多くの生態系では，成長に対する温度が準最適となりうる生育期初期に，一時的に養分可給性が向上する．NPPを決定する主要因はさまざまな時間スケールで劇的に変化するため，NPPを制限するこれらの要因の重要性は相対的に変化する（Huxman et al. 2004）．

NPPを制限する要因の経時変化は，資源が貯留されることによって和らげられる．植物は炭水化物や養分をその利用効率の高いときに蓄え，供給が少なくなるときに引き出して成長の維持に使う（Chapin et al. 1990）．季節程度の時間スケールでは，植物は春季の芽吹きのために蓄えた炭水化物や養分を使用し，光合成や養分吸収が成長に必要な量を超えたときに補填する（第8章参照）．木本以外のたいていの植物は，1日の水の要求量に対する貯留能力が著しく低く，光や養分に比べると水の変動に対して脆弱である（Craine 2009）．しかし，砂漠の多肉植物には，大きな水貯留能力をもつものもある（第4章参照）．要約すると，植物は資源が十分利用可能なときに資源を貯留し，その供給量が減るときに使うという貯留メカニズムを通して資源の獲得を図っており，これにより制限となる資源の時間変動を低減している．

**養分については，植物は最も制限となる資源の供給を増やせる場合がある．**窒素固定細菌と共生する植物は，生態系への窒素インプットを直接的に促進する（第8章参照）．他の植物種は，いくつかのエリコイド菌根や外生菌根と共生することで，タンパク質を破壊してアミノ酸を獲得する（Read 1991）．いくつかの植物は，無機リンを可溶化する有機キレート化合物を生成したり，土壌中の有機リンを切断するホスファターゼを生成したりすることで，リン供給量を増す．植物はまた，根近傍の無機化を促進させる炭水化物を浸出する（第9章参照）．同じように，細い葉をもつ植物は霧を遮断することで，霧深い生態系で水インプットを増やしている（第4章参照；Mark and Dickinson 2008）．

**植物組織は，資源（たとえば，養分）が短期間に供給されるときは，それをより高い割合で保持する．**植物，動物，微生物が制限要因となる資源を優先的に保持・再利用する場合，これらの養分は生態系に保持される．生物が必要とする以上に保持されると，養分は流出するか微量ガスとして大気へ放出される可能性が高まる．これらは，窒素沈着により植生の要求以上の窒素が飽和したときと，似た状況である（第9章参照；Vitousek and Reiners 1975）．

**植物種ごとに成長を制限している資源が異なるので，生態系スケールのNPPは複数の**

**資源の増加に応答する．** 生態系内の多くの植物種はわずかに異なる環境条件下にあるため，種ごとに異なる資源の組み合わせにより制限を受けている．同じ生態系内の異なるツンドラ植物種は温度，光，養分に対する応答が異なり（Chapin and Shaver 1985），時として窒素とリンの付加に対しても異なる応答を示す．砂漠のある植物種は夏季の降雨に応答し，別な種は冬季の降雨に応答する．このような植物間の成長にかかわる要因の違いは，さまざまな環境下で異なる植物種の共存ができることに一役買っている（Tilman 1988）．これは，植物種ごとに気象の年々変化に対して異なる応答をもつことや，生態系全体の生産量は，それを構成するどの植物種の生産量よりも年々変化が少ないことを説明するうえで，重要である（Chapin and Shaver 1985）．制限要因となりうる資源の供給に空間不均一性があるため，資源に対する応答にも空間的変化が生じる．

## ■ 分配の日変化・季節変化

**光合成と成長は，環境条件の日変化・季節変化に対して高いレジリエンスをもつ．** 環境条件の日変化と季節変化は，生態系が経験する摂動のうち最も予想しやすいものである．多くの組織は，その生理と習性を固有の**概日リズム**（circadian rhythm, 約 24 時間周期）によって調整しているため，24 時間の周期をもっている．たとえば，気孔コンダクタンスや炭素獲得は，たとえ一定の環境条件下においたとしても概日リズムが生じる．これは，気孔開閉が 24 時間の固有周期をもっているからである．植物は，根への炭水化物の供給量を一定にするため，日中にデンプンを葉に蓄え，夜間に分解する（Lambers et al. 2008）．そのため，根浸出や菌根への炭素供給などの地下部のプロセスは，光合成による炭素獲得の日変化の影響が緩和される．

生物は季節的な**日長**（明期，photoperiod）変化に順応する．たとえば，多くの温帯の植物は，季節的な展葉，落葉，開花，結実といった**フェノロジー**（phenology, 植物季節）をもつ．植物の葉は，日長や他の環境要因をきっかけに冬季の始まりの特徴を捉え，老化が始まり光合成速度を低下させる．生理学的な老化においては，植物は老化する組織中の多くの化合物を分解し，老化した組織から貯蔵組織へと，約半分の窒素やリンと一部の炭素を**転流**（resorption）する．この転流によって，老化にともなう養分の損失が最小化される（第 8 章参照；Chapin and Moilanen 1991）．ここで蓄積されたものが翌春の植物成長に使われる．すなわち，葉がついてない時期は，NPP は新しい資源の獲得のみにすべてを依存しているわけではない．他の生態系プロセスは，環境変化にともなう直接的な結果（たとえば，低温による冬季の分解の減少）と，他のプロセスの変化にともなう間接的な結果（たとえば，落葉後の一時的なリターのインプット）のいずれによっても変化する．日周期・季節周期的な摂動の予想できる特徴と，これらの変化に対する生態系プロセスのレジリエンスがあるために，各サイクルが終わるたびに生態系プロセスは大きく回復する．それゆえ，より長期的な生態系プロセスを予測するうえで，概日や日長による影響を生理的な視点から明示的に考慮する必要はない（第 12 章参照）．温帯生態系とは逆に，熱帯湿潤林は明確な季節性がほとんどない．個別の植物種はしばしば同調して葉を落とすが，植物種の落葉時期が異なるため，生態系全体として生産量や老化の明確な季節性がほとんどみられない．

**植物成長の季節性は，葉面積と光合成を制限する要因の季節変化に依存する．**春の植物成長は，はじめに前年に蓄積された炭素と養分を利用してなされる．葉は，すぐにその他の植物部位への炭素ソースとなり，春季以外の生育期間の成長の多くは当年の光合成産物によってなされる．春季には，限られた炭水化物をどの植物部位に分配するかについてしばしば競争が起こる．その結果，はじめに葉をつけ，次に根，そして木部といったように，季節が進むにつれて分配する部位が変化する（Kozlowski et al. 1991）．しかし，分配の季節的な推移は植物種ごとに異なる．常緑植物は炭素獲得のための葉をつねにもつため，落葉植物に比べて早い時期にNPPを根へ分配をする可能性がある（Kummerow et al. 1983）．温帯環孔材樹種は機能的な水輸送システムをもつため，春季にまず道管生成のための炭素を分配する．冬季に太い直径の道管内の水柱が凍結して**キャビテーション**（cavitation, 破断）が生じると，木部道管は続く一回分の生育期のみしか機能しない．道管を再構築するために多量の炭素が必要なことが，オークなどの環孔材樹種の北限を説明するのかもしれない（Zimmermann 1983）．乾燥環境の苗木は，成長のはじめの数週間，子葉の光合成に完全に依存しており，すべてのNPPを水獲得のために根へ分配する．植物の分配暦により，おおよその分配の季節性が決まっている．炭素と養分を十分に獲得するために，この分配暦は，環境条件の変動によって一部修正される．

## 6.10　組織のターンオーバー

**NPPとバイオマス損失のバランスによって，植物バイオマスの年間増分が決まる．**植物は，生産したバイオマスのほんの一部を保持する．植物は，秋の落葉などのようなバイオマス損失を一部調整する．老化は，草原では生育期間を通して起こるが，ほとんどの生態系では秋や乾季の始まりなどの一時期に起こる．他のバイオマス損失（たとえば，植食，病害，風害，火災）は，抗菌化合物や耐火性樹皮のような性質によっても影響されるが，たいていは環境条件により強く支配されている．さらに，植物全体が枯死することで，その他のバイオマスは土壌へ輸送される．植物は，不完全とはいえ組織損失を生理的に抑えようと相当努力している一方で，なぜ自らが炭素，水，養分を投資して構築したバイオマスを処分するのだろうか？

**組織損失は重要なメカニズムである．なぜなら，このメカニズムを通して，植物は必須となる資源量と環境から利用可能な資源供給量を平衡させているからである．**植物は，通常，大量の炭素と水，そしてそれよりも少ない養分を獲得することで生命を維持している．たとえば，ひとたびバイオマスが生成されると，維持呼吸に使用される炭素がたえず必要となる．もし，植物や組織がこの炭素要求を満たすことができなければ，植物や組織は枯死する．同様に，光合成にともなう水損失を補塡できる水を獲得できなければ，植物は蒸散組織（葉）を落とすか，枯死する．それゆえ，植物はバイオマスを維持するために必要な資源が閾値以下となった際，バイオマスを切り捨てる必要がある．資源供給の変化に対する適応という点で，老化は生産と同様に重要であり，資源可給性の低下にともなうバイオマスの維持コストを低減させる唯一のメカニズムである．

**老化**（senescence）とはプログラムされた組織破壊である．老化する部位は生理的に制御されており，植物体の中で最も利用価値の低い部位である．たとえば，地上部組織が植食動物により食べられると根の生産量が減り，その結果，通常の根の老化率により根のバイオマス量も減る（Ruess et al. 1998）．同様に，地下部バイオマスが食べられると，葉の寿命が短くなることで葉のバイオマス量が減る（Detling et al. 1980）．地下部組織の老化や枯死を支配する要因に関してはほとんどわかっていないが，生成と老化の変動傾向から，植物は葉と根を機能的に調和させて環境変動に応答していることが明らかとなっている（Garnier 1991）．

**成長と老化の両メカニズムによって，個別の植物は新たなハビタットへ分布を広げることができるようになる．**一般に，樹冠か群落内のギャップのような光が最も利用できる場所で，葉と地上部は成長する．このことは，光環境が好適でない場所で葉や茎の老化が生じることと矛盾がない（Bazzaz 1996）．このバイオマス生成と損失の収支は，木や灌木に光へ向かう成長を促す．同様に，根は養分が豊富な場所や他の根との競争が少ない場所でしばしば増殖し，水や養分が少ない場所で死ぬ（第8章参照）．このように，地上部や根で占有されていない場所への拡大には，老化や組織損失が不可欠である．なぜなら，これらを通して生産性の低い組織を維持するコストを低減し，養分が集まる場所に新たな組織を作ることができるからである．成長と老化の同調による新たなハビタットの拡大によって，群落内ギャップや養分豊富な土壌が占有され，生態系の空間変動が低減される．

**老化による組織損失は，維持コストが資源獲得量に勝ったときに起こる．**環境条件が季節変化する場合，温度や水分が好適でない時期が長引くことがある．これらの生態系では，生育に不適な厳しい環境に耐え，この時期に植物に利点を生み出さない組織を維持するコストが，環境が改善した後に新たな組織を作るコストを上回る（Chabot and Hicks 1982）．たとえば，北極域，北方林，温帯生態系では，植物の資源獲得や成長にとって寒すぎる時期があると予想される．このような生態系では，日長や低温などが引き金になって，秋の老化がパルスのように急に起こる（Ruess et al. 1996）．乾燥生態系においても，乾季の始まりに葉や根のパルス的な老化が同様に起こる．それゆえ，老化や組織損失は，多くの生態系で資源獲得や，成長に好適な環境が終わる直前にパルス的に起こる．これらの季節で起こるパルス的な老化は，環境条件の季節変化が大きな場所での組織損失の多くを説明できる．

葉の寿命は植物種ごとに大きく異なり，数週間から数年，数十年とさまざまである．一般に，資源が豊富な環境下では，植物は比葉面積（SLA）が高く単位面積あたりの光合成速度が高い短寿命の葉を作るが，このような葉は環境ストレスに対して脆弱である．このような「使い捨ての葉」は，環境条件の悪化（冬や乾季）の際に落とされ，翌春に再び作られる．資源が限られた環境下では，植物は長寿命の葉を作って葉面積を維持し，養分の要求を低く抑える（第8章参照）．根の老化やターンオーバーを支配する要因については，葉と比べてほとんど知られていない．根は，食べられたり，菌に感染したり，あるいは好適な環境でなくなったりすると死ぬが，これはプログラムされた老化でもなければ他の植物部位への要素の再分配のためでもない．

**植物は，老化によって，寄生虫，病原菌，植食動物を切り捨てることができる．** 葉や細根は比較的多くの養分や有機物を含有しているため，病原菌，寄生生物，植食動物の攻撃にたえずさらされている．たとえば，**葉圏菌類**（phyllosphere fungi）は発芽して間もない葉上でコロニーを作って寄生生物として生育し，葉が落とされた後に分解者として振る舞う（第7章参照）．これらの細菌は，多くの古い葉の上に斑点状に現れる．根の病原菌は，農業収量を低下させる主な要因であるが，自然生態系ではありふれたものである．植物は天敵を検知するさまざまなメカニズムを備えており，はじめに化学的防御物質（第10章参照）を生成し，攻撃が激しい場合には組織を落とす．

**たいていの生態系では，予想できないような大きなバイオマス損失が起こる．** 暴風，火災，植食動物の大発生，病原菌の蔓延などは，しばしば予測不可能な大きな組織損失を引き起こす．このような損失は，プログラムされた組織の老化や養分の再吸収が生じる間もなく起こるため，老化による損失と比べて単位重量あたりの養分損失は約2倍となる（第8章参照）．このような大規模な損失はしばしば，不均一なリター供給や個葉から林分スケールにわたるギャップを生み出すことで，生態系内に光や養分資源の空間不均一性を生み出す（第12章参照）．

## 6.11 バイオマスとNPPのグローバルな分布

### ■ バイオマスのバイオーム間の違い

**生態系における植物バイオマス量は，NPPと組織のターンオーバーの収支によって決まる．** NPPと組織損失が完全に平衡することはない．攪乱直後にはNPPは組織損失を上回る傾向があるが，その他の期間では組織損失がNPPを上回る可能性がある（第12章参照）．しかし，定常状態の生態系では，植物バイオマスと気候の間に一貫した関係がみられる．地球上の主要な陸域生態系間で，総バイオマス量は60倍程度の開きがある（表6.5）．森林のバイオマス量は最も大きい．北方林のように，NPPが低く，しばしば起こる大規模火災でバイオマスが燃やし尽くされる森林があるため，平均バイオマス量は熱帯林からまばらな北方林までの間で4.5倍程度の開きがある．砂漠やツンドラの地上部バイオマスは，熱帯林と比べてたった1％である．どのバイオームでも，攪乱はしばしば植物バイオマスを気候や土壌資源が支持できる以下の水準にまで低下させる．たとえば，バイオマスが定期的に収穫される耕作地では，好適な環境にもかかわらずツンドラや砂漠程度のバイオマスしか存在しない．さらに例を挙げると，草原やサバンナで防火により攪乱頻度を低下させた場合，葉や根の生産量増加と高寿命化によってバイオマスはしばしば増加する．バイオマスは灌木や木の侵入によっても変化する（第12章参照）．

植物成長を最も強く制限している要因を反映して，生態系のバイオマス分配は決まる(表6.5)．森林は水や養分が比較的豊富な場所に成立しているため，しばしば光が個々の植物成長の制限となっている．そのため，森林バイオマスのうち約70〜80%は地上部バイオマスである．しかし，灌木，草原，ツンドラでは，水や養分が強く生産量を支配しているため，大部分のバイオマスが地下部にある．耕作地では水や養分が豊富であるため，根のバイオマス分配が最も小さい．

熱帯林は，不凍陸域の13%を占めるにすぎないが，地球上のすべての植物バイオマスの

**表6.5** 主な陸域バイオームのバイオマス分布[a]

| バイオーム | 地上部［$g\ m^{-2}$］ | 根［$g\ m^{-2}$］ | 根［総量に対する%］ | 総量［$g\ m^{-2}$］ |
|---|---|---|---|---|
| 熱帯林 | 30,400 | 8,400 | 22 | 38,800 |
| 温帯林 | 21,000 | 5,700 | 21 | 26,700 |
| 北方林 | 6,100 | 2,200 | 27 | 8,300 |
| 地中海性灌木林 | 6,000 | 6,000 | 50 | 12,000 |
| 熱帯サバンナ・草原 | 4,000 | 1,700 | 30 | 5,700 |
| 温帯草原 | 250 | 500 | 67 | 750 |
| 砂漠 | 350 | 350 | 50 | 700 |
| 北極域ツンドラ | 250 | 400 | 62 | 650 |
| 耕作地 | 530 | 80 | 13 | 610 |

Saugier et al. (2001) のデータ．
[a] NPPは乾燥重量の単位で示される．

**表6.6** 陸域バイオームのグローバルな広がりと植物バイオマス中の総炭素量およびNPP[a]

| バイオーム | 面積［$10^6\ km^2$］ | 植物炭素プールの総量［Pg C］ | NPPの合計［$Pg\ C\ yr^{-1}$］ |
|---|---|---|---|
| 熱帯林 | 17.5 | 320 | 20.6 |
| 温帯林 | 10.4 | 130 | 7.6 |
| 北方林 | 13.7 | 54 | 2.4 |
| 地中海性灌木林 | 2.8 | 16 | 1.3 |
| 熱帯サバンナ・草原 | 27.6 | 74 | 14.0 |
| 温帯草原 | 15.0 | 6 | 5.3 |
| 砂漠 | 27.7 | 9 | 3.3 |
| 北極域ツンドラ | 5.6 | 2 | 0.5 |
| 耕作地 | 13.5 | 4 | 3.9 |
| 雪氷 | 15.5 | | |
| 総計 | 149.3 | 615 | 58.9 |

Saugier et al. (2001) のデータから計算．
[a] バイオマスとNPPは，バイオマス中の47%が炭素である (Gower et al. 1999；Sterner and Elser 2002；Zheng et al. 2003) として炭素換算された単位で示される．

約半分を蓄積する（表6.6）．熱帯以外の森林は，さらに30%の植物バイオマスを蓄積している．それゆえ，森林以外のバイオームは不凍陸域の70%を占めているにもかかわらず，総植物バイオマスの20%を蓄積しているにすぎない．たとえば，耕作地は不凍陸域の10%を占めているにもかかわらず，陸域バイオマスの1%を蓄積しているにすぎない（図5.24参照）．生物多様性の損失とは無関係のバイオマスの観点からも，バイオマス量が最も大きな熱帯林が破壊されることに懸念が高まる．

## ■NPPのバイオーム間の違い

**生育期間の長さは，バイオーム間のNPPの違いの主要因である．** たいていの生態系は，光合成や植物成長にとって寒すぎたり乾燥しすぎたりする環境を経験する．それぞれのバイオームのNPPを生育期間の長さについて規格化すると，すべての森林生態系のNPPは同程度（5 g $m^{-2}$ $day^{-1}$）となり，砂漠と熱帯林のNPPの差はわずか3倍程度となる（表6.7）．この結論は，バイオーム間のNPPの差の多くが生育期間長で説明できることを示唆している（Bonan 1993；Gower et al. 1999；Körner 1999；Chapin 2003；Kerkhoff et al. 2005）．生育期間長について規格化しても，森林に比べて砂漠やツンドラの生産性は依然低いが，世界中のバイオームの地上部NPPと温度の関係は不明瞭となる（図6.10；Kerkhoff et al. 2005）．

**葉面積は，バイオーム間の生育期間における炭素獲得量の違いの主要因である．** 総LAIの平均値はバイオーム間で6倍程度異なる（表6.7；第5章参照）．最も生産性の高い生態系は，一般的にLAIが最も高い．NPPを生育期間長と葉面積によって規格化すると，ツンドラや砂漠などの生産性の低い生態系のNPPは，生産性の高い生態系のNPPと大きな違いがなくなる（表6.7）．どちらかといえば，耕作地や森林に比べて生産性の低い生態

**表6.7**　単位日，単位葉面積における生産量[a]

| バイオーム | 生育期間長［日］[b] | 単位地表面積あたりの日NPP［g $m^{-2}$ $day^{-1}$］ | 総LAI[c]［$m^2$ $m^{-2}$］ | 単位葉面積あたりの日NPP［g $m^{-2}$ $day^{-1}$］ |
|---|---|---|---|---|
| 熱帯林 | 365 | 6.8 | 6.0 | 1.14 |
| 温帯林 | 250 | 6.2 | 6.0 | 1.03 |
| 北方林 | 150 | 2.5 | 3.5 | 0.72 |
| 地中海性灌木林 | 200 | 5.0 | 2.0 | 2.50 |
| 熱帯サバンナ・草原 | 200 | 5.4 | 5.0 | 1.08 |
| 温帯草原 | 150 | 5.0 | 3.5 | 1.43 |
| 砂漠 | 100 | 2.5 | 1.0 | 2.50 |
| 北極域ツンドラ | 100 | 1.8 | 1.0 | 1.80 |
| 耕作地 | 200 | 3.1 | 4.0 | 0.76 |

[a] 表6.4から計算された．NPPは乾燥重量の単位で示される．
[b] 推定値．
[c] Gower（2002）のデータ．

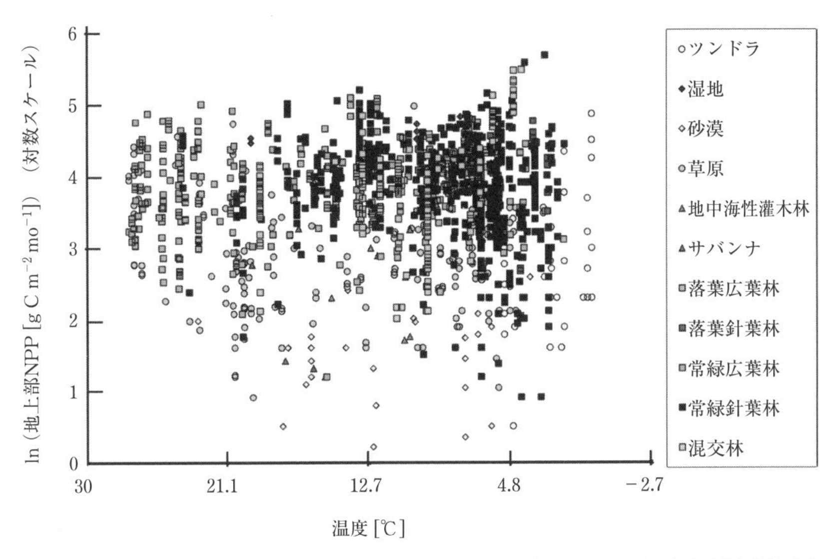


図 6.10　世界の生態系の生育期間における月別地上部 NPP（対数スケール）と生育期平均気温（横軸は高温から低温の向きにプロット）の関係．生育期間長で規格化すると，地上部 NPP は生育期間の温度と明確な関係を示さない．Kerkhoff et al. (2005) より．

系のほうが，単位葉面積，単位生育期間長あたりの NPP が高い可能性がある．たいていのバイオームでは，植物の生育期間の NPP が平均 1〜3 g 総バイオマス m$^{-2}$ leaf day$^{-1}$ となる．これは，総バイオマスの半分が炭素であることを考慮すると，約 1〜3 g C m$^{-2}$ leaf day$^{-1}$ の GPP と等価である．基礎となるデータに多くの不確実性があるため，これらの数字にバイオーム間の見かけの違いが生じている．現時点では，単位葉面積，単位生育期間長あたりの NPP が生態系間で大きく異なるという証拠はない．

LAI は，NPP の違いの理由にも結果にもなる．このことは水域生態系と同じである．LAI は，土壌資源（主に水と養分）の利用可能性によって決まる．たとえば，熱帯性湿潤林は，十分な水と養分によって高い葉面積を維持できる温暖湿潤な気候に成立する．熱帯では，多くの葉を落とす必要がある好適でない天候を長期に経験することがなく，乾燥月に植物は地下深くの水を吸い上げることができるため，これらの葉は 1 年を通して光合成することができる（Woodward 1987）．一方，砂漠は降水量が少なく水分貯留が小さいために，またツンドラは分解率が低く葉を作るための窒素供給が少ないために，非常に小さな葉面積しかない．砂漠やツンドラでは，生育期が短いために葉を生成する時間がほとんどなく，その他の期間は厳しい環境のために葉をつけることができない．これらの生態系を特徴づける小さな葉面積が，低い生産性の主要因となっている（表 6.7）．

**撹乱は気候と NPP の関係を変える．** 同じバイオーム内でも NPP は場所ごとに大きな違いがある．これらの違いのうちのいくつかは，気候や母材などの状態因子の違いを反映している．しかし，撹乱もまた，資源供給や LAI の変化などを通して NPP に非常に強く影響する．たとえば，森林のNPPは撹乱直後のLAIの減少によってしばしば低下し，その後，群落が閉じて（訳注：LAIが増加して）利用できる光が増えるにつれて増加する(図12.13参照；Ryan et al. 1997)．遷移後期の森林では，さまざまな理由から森林のNPPは低下する．

生物圏NPPの約半分（50〜60%）が陸域でなされ，残りの半分が水系生態系でなされる（第14章参照)．グローバルで積算すると，NPPはグローバルの陸域NPPの約3分の1が熱帯林によりなされる．森林全体では，陸域NPPの約半分となる（表6.5)．さらに，草原やサバンナは陸域NPPの約3分の1をなす．これら草原やサバンナ生態系は，バイオマスというよりも陸域生産量への貢献という点で重要である．耕作地は面積に応じて陸域NPPに貢献する．すなわち，耕作地は陸域生産量の約10%をなし，不凍陸域の10%を占める．

## 6.12　まとめ

植物呼吸は，養分獲得のためのエネルギーや，バイオマスの生成や維持のためのエネルギーを生み出す．すべての植物は，糖をバイオマスに転換する効率が同等である．それゆえ，生態系ごとの植物呼吸の違いは，第一にバイオマス量とそれに含まれる窒素含有量の違い，第二に維持呼吸に対する環境ストレス，とくに温度と水分の効果による．たいていの生態系では，GPPをNPPに転換する効率が同程度である．すなわち，GPPにより獲得した炭素の半分がNPPとなり，残りの半分が植物呼吸として大気に戻る．

NPPは植物が獲得した正味の炭素量である．NPPには，新たに生産された植物バイオマス，浸出，共生生物への輸送，そして揮発性有機化合物の放出が含まれる．海洋と湖のNPPの違いは，主に深部からの養分の再供給を支配する物理要因である．これらの生態系では，NPPが光，温度，混合の変化に応じて季節変化する．光，養分，流れ，撹乱は相互に作用して流水のNPPを決定する．陸域バイオーム間のNPPの違いは，温度，降水量が植物成長に必要な土壌資源の可給性を決定するため，グローバルスケールで概して気候と相関している．植物は積極的にこれらの資源の可給性を感知し，資源供給に見合うように葉の寿命，葉面積，光合成を調整する．このような理由から，地下部資源の可給性が高い環境下でNPPは最も高くなる．撹乱が生じるとその後，環境が潜在的に支持できる水準以下に葉面積とNPPが低下する．植物は，最も制限となっている資源を獲得するための組織を新たに成長させて，生産量を最大化する．植物の分配パターンがたえまなく変化することで，一つの資源によるNPPの制限が低減され，たいていの生態系のNPPが複数の資源に応答するようになる．組織損失は植物バイオマスの変化を説明するうえで，NPPと同程度に重要である．プログラムされた組織損失は，新たな生産のための養分を供給する．バイオマスとNPPは温暖湿潤な環境で最も高くなり，寒冷あるいは乾燥した環境下で最も低くなる．光合成が行われる季節の長さと葉面積は，グローバルNPPの傾向を説明するうえで最も重要な二つの要因である．たいていの生態系では，単位葉面積あたりの日積算 NPP（1～3 g バイオマス $m^{-2}$ leaf $day^{-1}$）は同程度である.

# 復習問題

1. 成長と呼吸への炭素分配を支配する要因は何か？　糖を新たなバイオマスへと転換する効率がおおよそ一定な理由を説明せよ.
2. 維持呼吸のばらつきに影響する要因は何か？
3. 表層の加熱や鉛直混合の効果により，気候が海洋や湖の NPP の季節変化にどのように影響しているかを記述せよ.
4. 光と養分は，海洋，湖，流水の NPP にどのように相互作用して影響しているか？
5. 草原とツンドラの NPP に対して，気候が与えるさまざまな影響を記述せよ.
6. 一般に，GPP と NPP の間には強い相関関係がある．GPP と NPP の短期変動（たとえば，日変化，季節変化）に寄与するメカニズムを記述せよ.
7. 異なる気候にある陸域生態系を比較した場合の，GPP と NPP の関係に寄与するメカニズムを記述せよ.
8. 被陰，養分，水，$CO_2$，植食動物は，根と地上部の分配にどのように影響するか？
9. 分配の変動は資源制限，資源獲得，NPP にどのように影響するか？
10. 植物組織は炭素や養分を投資して植物が作ったものであるが，なぜ植物は，撹乱や植食によりなくなるまでそれらの組織を保持せず，老化により落とすのか？
11. GPP，呼吸，生産に関する陸上植物の炭素収支を記述せよ．これらの要素は，温度，水，光，窒素の変化に対して，それぞれどのように応答するか？

# 参考文献

Chapin, F.S., III, E.-D. Schulze, and H.A. Mooney. 1990. The ecology and economics of storage in plants. *Annual Review of Ecology and Systematics* 21: 423-448.

Clark, D.A., S. Brown, D.W. Kicklighter, J.Q. Chambers, J.R. Thomlinson, et al. 2001. Measuring net primary production in forests: A synthesis of current concepts and field methods. *Ecological Applications* 11: 356-370.

Kalff, J. 2002. *Limnology*. Prentice-Hall, Upper Saddle River, NJ.

Kerkhoff, A.J., B.J. Enquist, J.J. Elser, and W.F. Fagan. 2005. Plant allometry, stoichiometry and the temperature-dependence of primary productivity. *Global Ecology and Biogeography* 14:585-598.

Mann, K.H. and J.R.N. Lazier. 2006. *Dynamics of Marine Ecosystems: Biological-Physical Interactions in the Oceans*. 3rd edition. Blackwell Publishing, Victoria, Australia.

Poorter, H. 1994. Construction costs and payback time of biomass: a whole plant perspective. Pages 111-127 in J. Roy and E. Garnier, editors. *A Whole-Plant Perspective on Carbon-Nitrogen Interactions*. SPB Academic Publishing, The Hague.

Rastetter, E.B., and G.R. Shaver. 1992. A model of multiple element limitation for acclimating vegetation. Ecology 73:1157-1174.

Saugier, B., J. Roy, and H.A. Mooney. 2001. Estimations of global terrestrial productivity: Converging toward a single number? Pages 543-557 in J. Roy, B. Saugier, and H.A. Mooney, editors. *Terrestrial Global Productivity*. Academic Press, San Diego.

Schuur, E.A.G. 2003. Productivity and global climate revisited: The sensitivity of tropical forest growth to precipitation. *Ecology* 84:1165-1170.

Waring, R.H., and S.W. Running. 2007. *Forest Ecosystems: Analysis at Multiple Scales*. 3rd Edition. Academic Press, New York.

# 第7章 分解と生態系炭素収支

分解とは，枯死有機物（動植物や微生物の遺体）が破壊されることにより，最終的に炭素が大気に放出され，また栄養塩が植物や微生物の生産に利用できる形で放出されることである．この章では，分解と生態系の炭素収支を制御する要因について述べる．

## 7.1 はじめに

**分解は，デトリタス（植物や動物，微生物などの枯死有機物や遺体）が物理的，化学的に破壊されるプロセスである．**分解によってデトリタスは破砕され，別の有機化合物に変換され，最終的には無機栄養塩や$CO_2$へと変換される．そして，この過程でデトリタスの重量は減少していく．もし，分解が起こらなければ，生態系はすぐに大量のデトリタスで埋め尽くされてしまうだろう．そうなれば，栄養塩は植物が利用できない形で固定され，大気$CO_2$も枯渇し，ついには多くの生物的プロセスが停止してしまうだろう．実際にはこのようなことは起こらないが，過去には石炭紀とよばれる時代があり（図2.15参照），そのときには分解速度が一次生産速度に追い付かなかったために，炭素や窒素を含む石炭や石油が大量に蓄積された[†]．このように，一次生産と分解のバランスは，生態系やグローバルスケールでの炭素や栄養塩の循環に大きな影響を及ぼしている．

もし，人為的な$CO_2$の放出に起因する温暖化が，一次生産と分解のバランスに対して直接大きな影響を与えないとしても，大気$CO_2$濃度が大きく変わることによって温暖化の進行速度は大きく変化するだろう．炭素収支は，生物圏や地球システムにおいて数多くの重要な役割を担っているため，植物や生態系における炭素循環の大きな変化は，根本的かつ社会的に重要な問題である．

## 7.2 焦　点

**生物圏における炭素固定の管理を誤ると，気候変動に及ぼす人為影響が増幅されてしまう．**自然の生態系が農業のために開墾されると，一般的に生態系の炭素固定能（炭素隔離能ともいう）は減少する．たとえば，アブラヤシのプランテーションにするために熱帯多雨林を伐採したり（図7.1），トウモロコシ畑にするためにプレーリー（北米大陸中央部にある大草原）を耕したりすると，それらの生態系の炭素固定能は減少する．そして，これ

† 訳注：埋没したデトリタスが，長い時間と高温高圧を経て，石炭・石油に変化したと考えられている．

図 7.1　土地利用の変化は生態系の炭素収支を大きく変える．多量の炭素の固定場所である熱帯多雨林は，アブラヤシ（oil palm）を育てるために伐採されてきた．アブラヤシは，食料生産のためやバイオエタノールの原料として，ますます広く利用されるようになってきた．熱帯多雨林の伐採が引き起こした炭素固定能の低下は，化石燃料の代替物であるバイオエタノールによって得られる気候変動の抑制効果よりも大きい．広大なアブラヤシプランテーションの開発は，気候調節のための論理的な生態系管理によってではなく，経済政策主導で引き起こされている．写真は World Land Trust の好意による．

らの作物を育てるために行われるエネルギー集約的な管理では，生産されるバイオ燃料を相殺してしまうほどの多くの化石燃料を消費することがある．では，土地を開墾すると土壌炭素には何が起こるのだろうか？　分解者の活性を主に決めているのは環境条件だろうか？　それとも植生や分解者自身の群集構造だろうか？　もし，温暖で湿潤な状態が生産者である植物と分解者である微生物の活性のどちらにとっても望ましいものならば，気候変動は生態系の正味の炭素収支に対してどのような影響を及ぼすのだろうか？　生態系によって炭素の貯蔵能や放出能が違う．では，どのような生態系において，人為的な土地利用の変化や気候変動が炭素収支に最も大きく影響するのだろうか？　加速し続ける気候変動に対して効果的に対処するためには，このような生態系の炭素循環において生物圏が果たす役割をよく理解することが，必要不可欠である．

## 7.3　分解と生態系炭素収支とは

分解においてデトリタスは，溶脱，破砕，化学変性を受け，最終的に $CO_2$ と無機栄養塩，そして微生物による破壊をそれ以上受けにくい複雑な有機化合物残渣へと変換される．分解のほとんどは，リター層や土壌中の有機物層，鉱質土層で起こる（第 3 章参照）．分解は，生きた土壌微生物や土壌動物の内外で起こる物理的，化学的プロセスの相互作用の結果であり，それぞれに固有の制御メカニズムと結果をもつ以下の三つのプロセスによって起こる．

(1) **溶脱**（leaching）：水によって分解中の有機物から環境中へ可溶性物質が輸送される．これらの可溶性物質は，生物によって吸収されるか，土壌や堆積物の無機鉱物と反応するか，または溶液としてその系から流失する．
(2) **破砕**（fragmentation）：土壌動物は，大きな有機物片を小さなものへと破壊して摂食する．そしてその過程で，微生物が定着できる新鮮な有機物表面が作り出される．また，土壌動物は分解途中の有機物を土壌と混合したり，有機物を糞の塊として土壌や堆積物に戻したりしている．この糞の塊は，消費された元の有機物よりも体積あたりの表面積の割合が高く，土壌微生物（細菌や菌類）にとって，より好都合な環境となっている．
(3) **化学変性**（chemical alteration）：土壌微生物の活動だけでなく，土壌中で自然に起こる化学反応によっても，枯死有機物は化学的に変化する．

枯死した植物体（葉や枝，根の**リター**）や動物の残渣は，それらが元々何であったのかわからなくなるまで連続的に分解され，**土壌有機物**（soil organic matter；SOM）となる．リターにおけるほとんどの化合物は，大きすぎたり不溶性であったりするため，そのままでは微生物の細胞膜を通過することができない．そのため微生物は，リターを分解するために環境中へ**細胞外酵素**（exoenzyme）を分泌する．この細胞外酵素の働きによって，大きな高分子は微生物が吸収・代謝できる可溶性のものへと変換される．微生物はまた，代謝における老廃物（$CO_2$や無機栄養塩など）を分泌したり，それらを土壌粒子に結合させる多糖類を生産したりする．微生物が死ぬと，それらの遺体もまた，分解が容易な有機物プールの一部となる．

分解は，土壌動物や従属栄養微生物による摂食活動（それぞれ破砕と化学変性に相当する）によるところが大きい．分解プロセスは，土壌生物の成長や生存，繁殖を最大にしようとする力によって発展してきた．言い換えれば，分解は分解者のエネルギーや栄養要求を満たした結果として起こるのであって，炭素循環に対する群集のサービスとして起こっているのではない．生態系における分解の行き着く先は，有機物を無機化合物（$CO_2$や無機栄養塩，水）にする**無機化**（mineralization）と，有機物を**難分解性**（recalcitrant）で微生物による破壊に対して抵抗性をもつ複雑な有機化合物へと変える**形態変換**（transformation）である．

ひとたびSOMが鉱質土壌へ取り込まれると，有機物分解の制御要因は根本的に変わる．たとえば，鉱質土壌の水分や酸素，熱の状態は，リター層とはまったく異なっている．そして，鉱質土壌においてSOMは，粘土鉱物と複合体を形成したり，非酵素的な化学反応を受けてより複雑な化合物へと形を変えたりする．たとえば，**腐植**（humus）は，非常に不規則な構造をもつ土壌有機化合物が複雑に混ざりあった物である．土壌における有機物の長期残留性は，化学的抵抗性や粘土表面への有機化合物の収着，そしてその他の微生物活性を制御する要因などに依存するが，これらのプロセスの相対的な重要性ははっきりしていない（Schmidt et al. 2011）．

動物や微生物は，自身のエネルギー的，栄養的な要求を満たすために，生きたあるいは死んだ有機物を摂食している．それにともなう**従属栄養生物呼吸**は，生態系から大気へ放出される$CO_2$の約半分を占めている．また，炭素は，メタンのような炭素を含む微量ガスの生成や，山火事や野焼きといった野火における燃焼によっても大気へと輸送される．最終的に炭素は，生態系から溶存態または粒子状の形で溶脱したり，土壌の侵食や堆積，動物の移動などによって水平方向へと移動したりする．陸域生態系からのこのような水平方向の炭素フラックスは，隣接する水域生態系にとっては重大なエネルギー供給源であり，多くの生態系における炭素収支の重要な構成要素である．

この章では，はじめに陸域生態系における分解について述べる．次に，陸域と水域における分解の違いについて述べ，最後に，**純生態系炭素収支**を評価するために，生態系への炭素のインプットと（第5，6章参照）とアウトプットの経路についてまとめる．

## 7.4　リターの溶脱

**溶脱は，植物葉の老化が始まったときの重量減少を律速している．溶脱**は，無機イオンや小さな可溶性有機化合物が，水に溶けてデトリタスから流れ出る物理的なプロセスである．これは，生物の組織がまだ生きているうちにすでに始まっており，組織の老化途中や老化が始まった直後に最も重要となる（第8章参照）．一般に，可溶性化合物が全体の重量に占める割合は，木質の幹や根よりも，葉や細根リターのほうが大きい（したがって，溶脱によって失われる割合も大きい）．また，溶脱による損失は，炭素よりもむしろ栄養塩において重要である．新鮮なリターからの溶脱による損失は，降水量の多い環境下で急速（数分から数時間）に起こることが多いが，乾燥した環境下では無視できる程度である．リターから溶脱される化合物には，糖やアミノ酸以外に，**易分解性**（labile，容易に破壊される）あるいは土壌微生物にそのまま吸収されるような有機化合物も含まれている．

## 7.5　リターの破砕

**リターが破砕されると，微生物が定着するための新鮮なリター断面が生まれ，リターの中で彼らが攻撃できる面積が増加する．**新鮮なデトリタスは，はじめはさまざまな保護層に覆われている．植物でいえば表皮や樹皮，動物でいえば皮膚や外骨格である．これらの外部被覆は，微生物による分解からある程度自身を守るように作られたものである．さらに，植物組織の内部では，易分解性の細胞内容物はリグニンを豊富に含む細胞壁によって守られている．リターが破砕されると，これらの防御壁が破られてリターの重量あたりの表面積割合が増加し，そこに微生物が定着する．これによって微生物による分解が大きく促進されることになる．

リターの破砕を担っているのは主に動物であるが，凍結融解サイクルや乾湿サイクルによってもリターの細胞構造は破壊される．また，動物は自身の摂食活動の副作用としてリターを細かくするし，クマやネズミなどの哺乳類は，昆虫や植物根，その他の食物を探す際に，樹木の一部をはぎ取ったり土壌をかき混ぜたりする．他にも，土壌中の無脊椎動物は彼らが摂食できるような小さな粒子へとリターを破砕している．これらの動物は，摂食したリター粒子の表面をまるで「ジャム」のように覆っている微生物を，自身の消化管内に存在する酵素によって消化することで，成長や繁殖に必要なエネルギーや養分を得ている．温暖湿潤生態系や熱帯生態系では，土壌無脊椎動物の存在が分解速度に大きな影響を及ぼすといわれているが，温度や水分によって分解が強く抑制されている場所では必ずしもそうではないようである（Wall et al. 2008）．しかし一方で，無脊椎動物群集の種組成は分解速度の変動にそれほど大きな影響を及ぼしていない（7%）という報告もある（Wall et al. 2008）．おそらく，破砕速度に及ぼす影響は，土壌動物の種類によらずある程度一定なのだろう．

## 7.6　化学変性

### ■菌　類

**菌類や細菌は，陸域の枯死植物体の主要な初期の分解者であり，すべての分解者のバイオマスや呼吸量の95%を占めている．**菌類は，**菌糸**（数cmから数mの距離をまたいで新しい基質内部へと伸長し，土壌から物質を輸送することができる糸状体）のネットワークからなっている．植物が大気から$CO_2$を，土壌から水や栄養塩を得ているのと同様に，菌類はこれらの菌糸ネットワークによってある場所からは炭素を，また別の場所からは窒素を得ることができる．たとえば，新鮮な葉リターや木質リターを分解する菌類は，地表面のリターから炭素を獲得する一方で，窒素についてはより深く分解の進んだ土壌層から得ているようである．このような菌類は，酵素を分泌することによって枯死した植物の葉の表皮やコルク化した根の外皮を突破してその内部へと入り込み，植物細胞の隙間や内部で増殖していく．より小さなスケールで見ると，菌類の中には細胞壁中のリグニンを破壊することで，リグニンに覆われた窒素やセルロース，そして死んだ細胞に含まれるその他の易分解性成分へとアクセスするものもいる．リグニン分解酵素に大きなエネルギーを投資することは，これらの比較的分解しやすい化合物へのアクセスを可能とすることに役立っている．

資源が豊富に存在するときには，菌類は密な菌糸ネットワークを形成してそれらの資源へ効率的にアクセスしている．一方で，資源に乏しいときには，まばらではあるが広範囲に広がる菌糸ネットワークを形成し，ネットワーク内で資源を再分配して新たなリターや土壌を探索している．この柔軟な成長戦略によって，菌類はその場の基質が使い尽くされたときでも，新たな基質を求めて新しい場所へと成長することが可能となっている．実際に，菌類の成長を支えている炭素や窒素のかなりの部分（25%）が，菌類の成長しているその場所で吸収されたものではなく，むしろ菌糸ネットワークの他の場所から輸送されてきたものであるという報告もある（Mary et al. 1996）．

菌類は，植物がもつさまざまな種類の化合物を分解できる酵素システムをもっている．菌類は，菌糸ネットワークによって離れた場所から窒素やリンを輸送してくる能力をもっているため，栄養塩濃度が低い組織を分解する際には，そのような能力をもたない多くの細菌との競争で優位に立つことができる．さらに，一般的に菌類はバイオマスあたりの窒素要求量が細菌よりも小さい（菌類のC：N比は細菌よりも高いことが多い）．このことが，C：N比の高い土壌で菌類：細菌比が概して高いことの一因かもしれない（Fierer et al. 2009a）．菌類の中でも白色腐朽菌（white-rot fungi）とよばれるグループは，樹木におけるリグニン分解に特化している．一方，褐色腐朽菌（brown-rot fungi）とよばれるグループは，リグニンの側鎖を開裂するものの，フェニル基はそのまま残す（それが木材を褐色にする）．この白色腐朽菌は，窒素が豊富に存在するときには，より成長速度が速い他の微生物との競争に負けることが多いので，窒素を添加しても白色腐朽菌による木質分解はほとんど影響を受けない（あるいは負の影響を及ぼすこともある；Waldrop and Zak 2006；Janssens et al. 2010）．また，ほとんどの菌類は嫌気性代謝能を欠いているので，嫌気的な土壌や水域堆積物中では存在しなかったり，休眠していたりする．

**菌根**（mycorrhizae）は，植物根と菌類の共生体である．その中で植物は，菌類へ炭水化物を渡し，その見返りとして菌類から栄養塩を得ている（第8章参照）．菌根菌は，必要な炭素の大部分をこのようにして植物根から得ているが，タンパク質をアミノ酸へ分解するという役割も果たしている．これらのアミノ酸もまた菌類の成長を支えているが，それはさらに宿主植物へも輸送されているという（Read 1991；Finlay 2008）．また，菌根菌は，植物根に侵入したりSOMを分解したりするためにセルラーゼを生産するが，枯死有機物の分解に菌根菌のセルラーゼがどれほど寄与しているのかについては，よくわかっていない．

いくつかの生態系において，近年発達してきた分子生物学的手法を用いて菌類の多様性を調べたところ，植物分類群の10～100倍の種類の菌類が存在していたという報告がある（Fierer et al. 2007；Taylor et al. 2010）．菌類は，その分類群によって栄養的機能（菌根性，あるいは枯死有機物を食べる**腐生性**（saprotrophic））や，活動する土壌層位や季節，そして生態学的地位（ニッチ）といった面で異なっていると考えられており，菌類の局所的多様性は生態系間の違いよりも大きいことが多い（Fierer et al. 2007）．

## ■細菌と古細菌

**細菌や古細菌は体サイズが小さく，表面積：体積比が大きいため，溶存態基質の迅速な吸収と，急速な成長・分裂が可能となっている．**古細菌（アーキア，archaea）は，構造的には細菌とよく似ているが，進化的にはまったく別のものである．細菌と同様に，古細菌は代謝的に多様である．細菌や古細菌（以降，まとめて細菌と表記する）の日和見主義的な戦略は，**根圏**（rhizosphere, 植物根による直接的な影響を受ける土壌領域）や易分解性の基質が豊富に存在する動物遺体中で彼らが優占している理由の一つである．細菌はまた，生きたあるいは死んだ細菌や菌類の細胞の分解においても重要である．一方，細菌の体サイズが小さいことによる最大のデメリットは，資源の獲得が自分に向かって移動してくる基質に大きく依存しているということである．これらの基質には，細菌の細胞外酵素によって生産されたものも含まれる．これらの生産物は，まず細胞外酵素が働いて可溶性基質が生産され，次に細菌が基質を吸収し始めることで細菌表面での基質濃度が減少し，これによって生じる濃度勾配に沿って，細菌のほうへと拡散していく．また，土壌中を移動する水によって細菌のほうへと流される可溶性基質も存在する．この水の挙動は，植物の蒸散や土壌表面での蒸発，重力による水の動きにともなって生じる水ポテンシャルの勾配によって引き起こされる（第4章参照）．このような水の動き（およびそれにともなう基質の供給）は，**粗大孔隙**（macropore, マクロポア；土壌団粒間に存在する，空気や水で満たされた比較的大きな空間）で最も速くなる．そのため細菌はしばしば，あたかも漁師が川を遡るサケに掛ける網のように粗大孔隙の表面を覆い，そこを流れる水から基質を吸収している．粗大孔隙では根の伸長への物理的抵抗が減少するため，そこは植物根にも優先的に利用される．これによって，さらに多くの易分解性基質が細菌に供給されることになる．しかし，粗大孔隙の露出した表面に付着した細菌は，粗大孔隙中の水の膜を利用して素早く移動している原生動物やセンチュウ類（nematodes）からの捕食に対しては無防備である．このことが，このような場所での細菌の速いターンオーバーにつながっている．

土壌には幅広いタイプの細菌が存在する．実際のところ，我々はそれらの豊富さや多様性については，分子生物学的手法によって新たな知見が得られるようになったばかりである．今後それらの技術が洗練されて広く応用されるにつれて，より多くの情報が利用できるようになるだろう．成長の速いグラム陰性菌は，植物根によって分泌される易分解性の基質に特化している．放線菌は，菌類の菌糸とよく似た糸状構造をもち，ゆっくりと成長するグラム陽性菌である．これらの放線菌は，菌類と同様にリグニン分解酵素を生産することで，比較的難分解性の基質も分解することができる．さらに，放線菌はしばしば，他の微生物との競争を弱めるために抗生物質を生産する．このような，さまざまな細菌の群集構造やそれらの細胞外酵素の活性に対する最良の予測因子は，土壌 pH とされている（Sinsabaugh et al. 2008；Fierer et al. 2009a）．

土壌団粒を覆う細菌群集は，驚くほど複雑な構造をもっている．それらは多くの場合，**バイオフィルム**（biofilm），すなわち細菌が分泌した多糖類と絡み合った形の微生物群集として存在している．この微生物の「ぬめり」は，原生動物による捕食から細菌を保護するだけでなく，スポンジのように水を保持することで細菌の水ストレスを軽減させている．さらに，移動する水によって細菌の細胞外酵素が洗い流されるのを防ぎ，その効率を高めることにも役立っている．このようなバイオフィルム中の細菌は，遺伝的な関連性はないが，一つの細菌グループとなっており，しばしば共同体（**コンソーシアム**）として働いている．その中では，それぞれの細菌は複雑な高分子を破壊するための酵素を生産することが求められる．複雑な高分子を可溶性産物へと分解していくためには，さまざまなタイプの細菌が連携して細胞外酵素を生産することが必要である．このことは，人間の世界でみられる工場の組み立てラインの様子に似ており，最終産物が得られるかどうかは，途中の連続したステップがいかに連携できるかにかかっている．この例えと同様に細菌もまた，すべてのステップが完了するまでは最終産物という恩恵を受けることはできない．このような微生物コンソーシアムの組成や機能を形作っている進化的な力や群集相互作用についての理解は，あまり進んでいない．しかし，このようなコンソーシアムは，人類が環境中に放出してしまった除草剤やその他の残留有機化合物の分解において，とくに重要である．

ほとんどの細菌は移動できないので，とくに水の動きが制限される土壌団粒の内部などでは，細菌のコロニーはやがて近くの基質を使い尽くしてしまう．すると彼らは不活性な状態になり，呼吸をほぼ無視できる程度にまで減少させる．細菌は何年間も不活性のままでいられるようである．たとえば，300 万年も前の永久凍土から生きた細菌が復活したという報告もある（Gilichinsky et al. 2008）．また，土壌中の細菌の約 50～80％は，代謝的に不活性であるという（Norton and Firestone 1991）．このような不活性な細菌は，たとえば植物根が土壌中へと伸長して炭水化物を浸出させるときのように，易分解性の基質が存在するようになると再び活性化する．土壌中の不活性な細菌は，分解ポテンシャルのリザーバーとなっており，それはちょうど埋土種子プールが撹乱後に定着する植物のソースとして機能しているのと似ている．そしてこの埋土種子プールの場合と同様に，これらの不活性な細菌の酵素的なポテンシャルは，活性のある細菌群集によって生産されている酵素とは異なるだろう．したがって，DNA 探索や微生物の培養技術で得られるものは，現在の代謝活性の指標というよりはむしろ，土壌が何をできるポテンシャルをもっているのか（その代謝的多様性や酵素的なポテンシャル）を示す良い指標であるといえる．

土壌中に生息する細菌や古細菌，ウイルス，菌類群集は，非常に多様である（Fierer et al. 2007）．その中でも細菌や古細菌は，嫌気的であったり，利用できる炭素や窒素に乏しかったり，有毒な重金属が混ざっていたり，あるいは極端な温度や紫外線にさらされたりするようなハビタットを含む広い範囲の微小環境で，菌類よりも繁栄することができる．

## ■ 土壌動物

**土壌動物は，リターの破砕や形態変化および輸送，細菌や菌類群集の捕食，土壌構造の改変を通して分解に影響を及ぼしている．小型動物類**（microfauna）は最も小さな動物（直径＜ 0.1 mm）であり，センモウチュウ（ciliates）やアメーバ（amoebae）などの原生動物，センチュウ（nematodes），ワムシ（rotifers）などが含まれる（図 7.2；Wallwork 1976；Lousier and Bamforth 1990）．原生動物は単細胞生物であり，自身の細胞内の細胞膜が結合した構造の中に餌を囲い込む，**食作用**（phagocytosis）とよばれる方法で摂食する．通常，原生動物は移動性が高く，細菌やその他の小型動物類を貪欲に捕食する（Lavelle et al. 1997）．細菌の成長速度が速い根圏のような場所では，原生動物はとくに重要な捕食者となる（Coleman 1994）．原生動物が細菌（さらには特定の種の細菌）を優先的に摂食することで，細菌：菌類比は低くなる傾向にある．原生動物の中でもセンチュウ

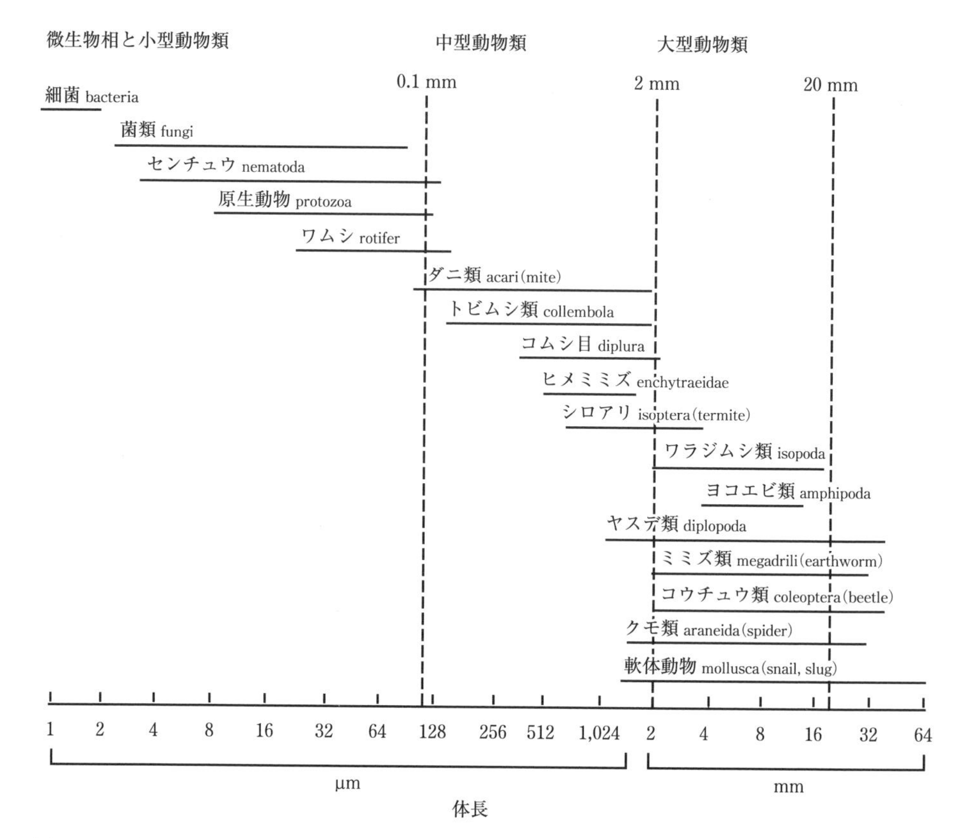


**図7.2**　土壌動物の代表的なタイプとサイズ（対数スケール）．小型動物類は捕食者として最も重要であり，中型動物類はリターを破砕し，大型動物類は生態系エンジニアとして機能する．Swift et al. (1979) より．

は，豊富に存在し，それぞれの種が細菌や菌類，根，その他の土壌動物を摂食することに特化した，栄養的に多様なグループである．たとえば，森林リターの中で細菌を餌とするセンチュウは，約 80 g m$^{-2}$ yr$^{-1}$ の速度で細菌を消費する．その結果，2〜13 g m$^{-2}$ yr$^{-1}$ の速度で窒素の無機化が起こるが，これは年間に土壌を介して循環する窒素のかなりの割合を占めている（Anderson et al. 1981）．原生動物やセンチュウは，土壌粒子間の水で満たされた孔隙を移動する水生動物であり，そのため菌類や土壌粒子を破砕する中型・大型動物類よりも，水ストレスに対して敏感に反応する．したがって，これらの個体群は，乾湿イベントや捕食により，空間的にも時間的にも劇的に変化する（Beare et al. 1992）．原生動物が死ぬと，それらの体は土壌微生物，とくに細菌によってすぐに破壊される．

**中型動物類**（mesofauna）とは，0.1〜2 mm の大きさの土壌動物からなり，数が多く分類学的に多様な土壌動物の一群である（図7.2）．彼らは，分解に対して最も大きな影響を与える動物でもある．彼らは，生きた微生物によって覆われたリターの破砕や摂食を行い，元々のリターよりも大きな表面積や水分保持容量をもつ糞を大量に生産する（Lavelle et al. 1997)．このようにして改変されたリター環境は，分解者にとってより都合がよい．中型動物類は，微生物の活動によって調整されたリターや土壌の菌類を選択的に摂食することで，菌類の群集構造に変化をもたらしている．トビムシ類（collembola）は主に菌類を餌とする小さな昆虫である．一方，ダニ類（mites, acari）は，分解途中のリターや細菌，菌類，土壌動物を摂食するクモのような動物からなる，より栄養的に多様なグループである．小型動物類や中型動物類による摂食は，微生物群集のバイオマスや活性を変化させ，その結果，分解速度や栄養塩のターンオーバーなどを有意に変化させうる（Bardgett 2005）．

ミミズ（earthworm）やシロアリ（termite）といった大きな土壌動物（**大型動物類**，macrofauna）は，土壌やリターの物理的特性を変えることで資源の利用可能性を変化させる**生態系エンジニア**（ecosystem engineer）である（Jones et al. 1994）．彼らの中には中型動物類のようにリターを破砕するものもいるが（Lavelle et al. 1997），その一方で，穴を掘ったり土壌を摂食したりすることによって，土壌の仮比重を減少させたり，土壌団粒を破壊したり，土壌への空気や水の浸透を増加させたりするものもいる（Beare et al. 1992）．ミミズにより作られた通路は，土壌中において水や根が容易に通過できる道となる．また，ミミズは，土壌微生物や他の土壌動物の活性を促進あるいは抑制するような土壌構造パターンを作る．温帯放牧草原において，ミミズは $4\ \mathrm{kg\ m^{-2}\ yr^{-1}}$ の土壌を処理しており，1 年で新たに 3〜4 mm の土壌が地表面へと移動している（Paul and Clark 1996）．時間軸を揃えて考えてみると，これは地形を改変する力としては，地滑りや表層土壌侵食に比べても桁違いに大きな力である（表 3.1 参照）．温帯林においては，外来種のミミズが土壌炭素蓄積量をかなり減少させてしまった例もある（Bohlen et al. 2004）．また，ミミズによる土壌の混合は，明瞭な土壌層位の形成を妨げる傾向にある．ひとたび土壌がミミズの消化管に入ると，消化管による混合と分泌作用によってそこに含まれていた微生物が刺激されて活性化し，微生物は腸内相利共生者のように振る舞う．一方で，土壌生物の多くは腸内を通過する間に消化され，最終産物がミミズに吸収される．ミミズは温帯に最も豊富に存在するが，熱帯の土壌における優占的な生態系エンジニアはシロアリやアリである．シロアリは植物リターを直接摂食し，彼らの腸内に存在する相利共生の原生動物や微生物の助けを借りてセルロースを消化し，そして有機物を土壌へと混ぜ込む．熱帯草原におけるフンチュウ（dung beetle）も，哺乳類の糞を使って似たような働きをしている．このように表層の有機物を土壌に埋めてしまうことは，より分解の速い湿潤環境下へと有機物を移動させることを意味している．

土壌動物の存在は，土壌の炭素や栄養塩の動態にとって非常に重要である．微生物バイオマスは土壌中の易分解性の炭素や窒素の 70〜80% を構成しているため，土壌から土壌動物を除去したり，あるいは土壌動物による微生物の捕食が自然に変動したりすると，土壌中の炭素や窒素のターンオーバーを変えてしまう．ただ，その正味の影響はそれほど大きくないとされている（最大 30%；Swift et al. 1979；Verhoef and Brussaard 1990）．土壌動物は，ときには直接的に微生物バイオマスを消費することによって分解を抑制するが，またあるときには微生物に対する捕食者の密度を減少させることによって分解を促進する (Bardgett et al. 2005b).

土壌動物は呼吸速度が大きいため，消費した微生物に含まれる炭素の多くを$CO_2$へと代謝する一方で，自身の成長や繁殖に必要な量を超えた窒素やリンを排泄している．これらの窒素やリンは，植物や微生物が吸収できる栄養塩の形である（第8章参照）．土壌動物の呼吸は土壌呼吸の約5％しか占めていないので，土壌動物が分解に及ぼす主な影響は，彼ら自身がデトリタスを分解してエネルギーを得ていることよりも，むしろ破砕を通して微生物の活性を高めていることにある（Wall et al. 2001).

## 7.7　分解の時空間的不均一性

### ■時間的パターン

**分解を制御する主な要因は，時間とともに変化する**．すでに述べたように分解は，溶脱，破砕，そして化学変性の相互作用の結果である．葉が展葉するとすぐに，空気中の細菌や菌類の胞子がそこに定着し，表皮や葉の表面の破壊を始める．そして植物は，植食動物や病原菌，物理的な破壊にさらされるようになる（Haynes 1986)．このような，まだ生きている葉が受ける分解（**葉圏分解**，phyllosphere decomposition）は，一般的には無視される．なぜなら，それは植物側の要因で起こる葉の重量や化学性の変化と区別することが難しいからである．また，細菌や菌類の中には，生きた葉の中に生息し，食害を減少させる毒を生成することで葉の性質や機能を改変するものもいる（Clay 1990)．これらのどちらのグループの微生物も，葉が地面に落ちるとすぐに易分解性の基質を分解し始める微生物の「接種源」である．根においても同様に皮質の崩壊が始まると考えられるが，根の通道組織は枯死後も水や栄養塩の輸送機能を維持していることがあり，生きた根と死んだ根の区別ははっきりしていない．

**分解にともなってリターの重量は初期に急速に減少し，その分解速度は年数を経るに従って減少する**（Haynes 1986；Harmon et al. 2009)．これらは，指数関数的な関係として記述される場合が多いが，このことはそれぞれの年にリターのうちの一定の割合が分解されることを意味している．

$$L_t = L_0 e^{-kt} \tag{7.1}$$

$$\ln \frac{L_t}{L_0} = -kt \tag{7.2}$$

ここで，$L_0$は初期のリター重量，$L_t$は任意の時間$t$における重量である．$k$は**分解速度係数**（decomposition rate constant）であり，粒子状物質の分解速度を特徴づける指数である．平均**滞留時間**，すなわちリターが定常状態において完全に分解されるのに必要な時間は，$1/k$に等しい．リターの滞留時間は，そこに存在しているリタープール量をリターフォール量で割ることでも推定できる．滞留時間は，バイオームによって大きく異なる（図

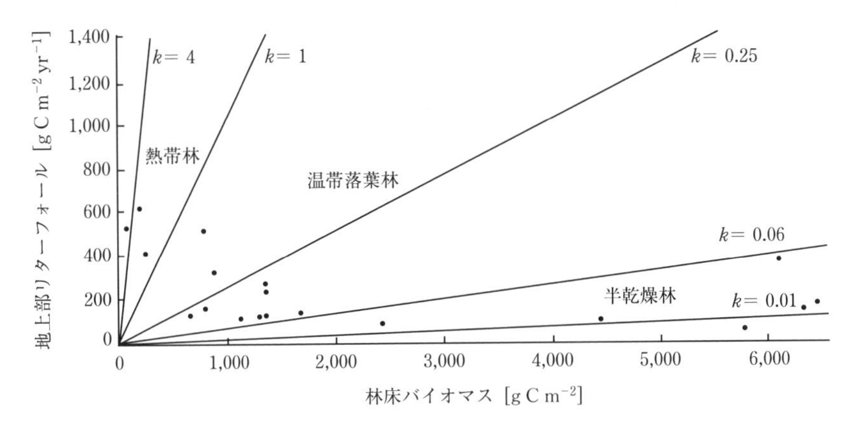


**図 7.3**　常緑林における森林の林床バイオマスと地上部リターフォール．実線は，それぞれの分解速度定数（$k$）に対する，林床バイオマスと地上部リターフォールの関係を示す．Olsen (1963) より．

7.3)．

$$\frac{1}{k} = \frac{\text{リタープール量}}{\text{リターフォール量}} \quad \text{または，} k = \frac{\text{リターフォール量}}{\text{リタープール量}} \tag{7.3}$$

プールやフラックスから滞留時間を計算する場合，ある時期に行われた測定結果が定常状態における代表値であると仮定しているが，現実にはそのようなケースはめったにない（第 12 章参照）．気象の年々変化や，直接的な気候変動は，リタープール量よりもリターフォール量を急速に変化させるため，滞留時間の推定は困難となる．また，分解速度係数は基質の成分によって幅広く変動する．たとえば，糖類の滞留時間は数時間から数日程度であるが，リグニンの滞留時間は，生態系によっては数ヶ月から数十年にもなる．さらに，植物と動物の組織では化学組成が大きく異なっており，そのためそれらの分解速度係数も大きく異なる．全体として捉えれば，一般的に葉や細根リターは数ヶ月から数年，丸太のような木質リターは数年から数百年，そして鉱質土壌と混ざった有機物は数年から千年の滞留時間をもつとされる．

分解の指数関数モデル（式 (7.1)）では，毎年一定の割合でリターが分解されることを示しているが，これは時間にともなうリター重量の減少を大雑把に近似しているにすぎない．このリター重量の減少パターンは，少なくとも四つの段階で説明される複数の曲線によって，より正確に説明される（図 7.4；Adair et al. 2008；Harmon et al. 2009）．最初の段階では，細胞に含まれる可溶性物質の溶脱がその大部分を占めている．たとえば，新鮮な葉や細根リターは，溶脱だけで 24 時間以内にその重量の 5 % を失う．分解の第二段階はよりゆっくりと起こるもので，そこには土壌動物による破砕や土壌微生物による化学変性，そしてリターからの分解産物の溶脱などが含まれている．この段階では，比較的易分解性の基質が分解され，より難分解性のものが残されていく．分解の第三段階には第二段階と同様のプロセスが含まれているが，この時点で残っている化合物は，分解に対する抵

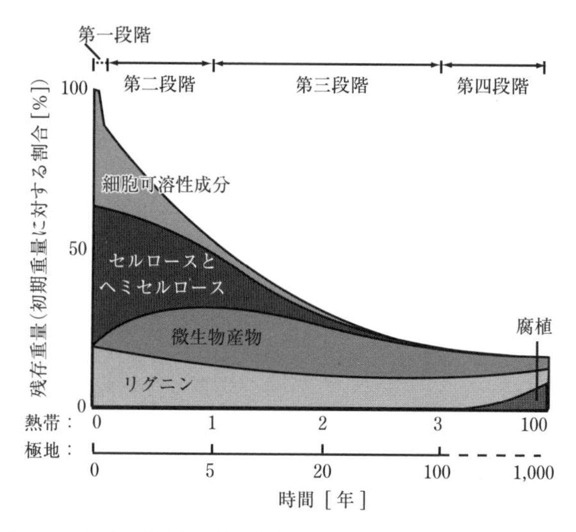


図7.4　葉リター分解の代表的な経時変化．リターの主要な化学成分（細胞可溶性成分，セルロース，ヘミセルロース，リグニン，微生物産物，腐植），リター分解における主要な四段階，そして温暖（熱帯）あるいは寒冷（極地）環境でそれぞれ一般的に認められるタイムスケールを示している．溶脱は分解の第一段階を占める．細胞可溶性成分などの易分解性基質は，リグニンや微生物細胞壁といった分解に抵抗性のある化合物よりも早く分解するため，第二から第三段階のリター分解プロセスでリターの基質組成が変化する．第四段階においては，リター粒子が鉱物表面と接触し，土壌有機物が生成する．

抗性があるので，分解は第二段階よりもさらにゆっくりと進んでいく．第二，第三段階の分解は，枯死した葉（Aerts 1997）や根（Berg et al. 1998），小枝などを糸にくくり付けたり，それらをメッシュ状の**リターバッグ**に入れたりして，それらの重量減少を定期的に測定することで調べられることが多い（Vogt et al. 1986；Robertson and Paul 2000）．はじめに述べた分解の指数関数モデルは，主に分解の第二，第三段階に対して適用されてきた（Harmon et al. 2009）．分解の最終段階（第四段階）は，主に鉱質土壌と混ざった有機物が化学変性を受けたり，分解産物が他の土壌層へと溶脱していく非常に遅い過程である．最終段階では，分解にともなう重量減少が非常にゆっくりと進むことから，分解速度は土壌呼吸や同位体トレーサーの測定によって推定されることが多い（Box 7.1；Schlesinger 1977；Trumbore and Harden 1997）．分解速度や分解速度係数（式（7.1）における $k$）は，これら四つの分解段階を経て，徐々に減少していく．

**季節性のある環境下では，微生物の呼吸は植物の成長期間よりも長い期間にわたってみられ，そしてそのピークは植物成長のピークよりも遅くなる．**植物の成長と同様に，微生物呼吸には温暖で湿潤な状態が適しており，そのため微生物呼吸は植物の成長が最大となる季節において最も高くなる．しかし，少なくとも以下の三つの理由によって，従属栄養生物呼吸は植物の成長に比べてより早く始まり，そしてより遅くに終わる．

(1) 一般的に微生物の呼吸は，植物の成長よりも幅広い温度（たとえば－10℃～＋40℃）と土壌水分の範囲で起こる．
(2) 土壌においては，植物地上部が耐えなければならないような激しい温度変化が緩和されている．
(3) 土壌温度の変化は気温の変化に対して遅れて起こるため，植物の活性が下がり始める晩夏から秋においても，微生物呼吸は高い値を維持する（Davidson and Janssens 2006）．

また，微生物活性は，植物活性の季節性による影響も受ける．根のターンオーバーや浸出物は，光合成が高い中間的な季節において最大となる場合が多く，このことも土壌呼吸のピークに寄与している．そして，秋季や乾季には植物が枯れることによって基質が土壌へ付加的に供給され，これがその後の土壌呼吸を支えている．

## Box 7.1　同位体と土壌炭素のターンオーバー

土壌炭素の量は，生態系によって劇的に異なっている（Post et al. 1982）．しかし，ある生態系における全炭素量の値は，その動態の理解にはそれほど貢献しない．たとえば，熱帯林やツンドラは，気候や生産性がまったく異なっているにもかかわらず，土壌炭素の量は同程度である．土壌炭素のターンオーバー（回転）を最も簡単に測定する方法は，プール量と炭素供給量をもとに滞留時間を算出することである（本文式（7.3））．これらを測定することにより，たとえ熱帯林や北極域ツンドラが同程度の土壌炭素プールをもっていたとしても，そのターンオーバーは熱帯林のほうが500倍も速いことがわかる．炭素同位体を用いて土壌炭素のターンオーバーを推定するという，より洗練された方法（Ehleringer et al. 2000）でも，同様の結論が得られている．熱帯においては，1960年代の核実験時代に生態系へと供給された$^{14}C$の85%は，すでに腐植へと変換されている．一方でこの割合は，温帯土壌では50%程度，北方林土壌においては限りなく0%に近い（Trumbore 1993；Trumbore and Harden 1997）．この比較は，高緯度地域に比べて熱帯域のほうが，SOMがより速く回転していることを明確に示している．

植生の変化が炭素同位体の変化をともなっているような状況であれば，土壌の炭素同位体比は，土地利用の変化が炭素のターンオーバーに及ぼす影響を推定する際にも有効である．たとえばハワイにおいて，$C_3$植物の優占する森林が$C_4$植物の優占する牧草地へ置き換わると，SOMの炭素同位体比は，$C_3$植物がもつ値から$C_4$植物がもつ値へと徐々に近づいていく（Townsand et al. 1995）．この情報を利用することで，その生態系内に残っている元々の森林由来の炭素の量を次式のように推定することができる．

$$\%C_{S1} = \frac{C_{S2} - C_{V2}}{C_{V1} - C_{V2}} \times 100 \tag{B7.1}$$

ここで，$\%C_{S1}$は初期の生態系タイプ由来の土壌炭素の割合，$C_{S2}$は第二の生態系タイプにおける土壌中$^{13}C$含量，$C_{V1}$および$C_{V2}$はそれぞれ第一および第二の生態系タイプの植生がもつ$^{13}C$含量である．

## ■ 鉛直分布

**ほとんどの分解は，リター供給が集中する土壌表面で起こる．** ほとんどの地上部リター（葉や木質）は土壌表面やその近傍で分解され，栄養塩が放出される．そのため，植物の根はそれらの栄養塩にアクセスするために，土壌表層で伸長する傾向にある．したがって，ほとんどの根リターもまた表層土壌で生産され，このことが分解の土壌表層への局在化を強めている．しかし，植物根の中には深層に達するものも存在するし，溶存有機物は土壌深層へと溶脱され，動物（とくにシロアリやミミズ）による土壌混合も起こっている．そのため，深さ 20 cm 以下の土壌に含まれる植物根は全体のわずか 3 分の 1 であるにもかかわらず，土壌有機炭素の半分はこの層よりも深い所に存在している（図 7.5；Jobbágy and Jackson 2000）．平均的に見ると，深層の土壌炭素は表層のものに比べるとより古く，より難分解性で，より強固に土壌鉱物と結合している（Trumbore and Harden 1997）が，ごく一部には新しいものも含まれている．そのような新しい炭素のほとんどは，深層の根のターンオーバーに由来するものである．

**分解速度はさまざまなスケールにおいて空間的に不均一である．** 土壌表面のリター層では，温度と水分が非常に大きな日変化を示す．この層における分解は，それより下の層から窒素を運び込む菌類によって支配されている．これに対して，鉱質土壌は根本的に異なる環境を示し，温度や水分はより安定している．また，有機物はある程度腐植化されて難分解性となっており，鉱質土壌粒子の表面は枯死有機物や微生物の酵素などと結合している．より小さなスケールで見ると，根の周辺に存在する根圏土壌は，非根圏土壌よりも高い微生物活性を支える，炭素に富んだ微小環境である．また，土壌団粒の内部は土壌空隙の表面よりも嫌気的な環境になりやすい．さらに，このような異なる分解環境の空間的配置は，土壌中の根や水，土壌動物の動きによってたえず変化している．

熱帯湿潤林のようないくつかの生態系では，かなりの量の地上部リターが，着生植物と樹冠の枝に捕らえられる．そしてその樹冠では，かなりの量の分解と栄養塩の放出，そし

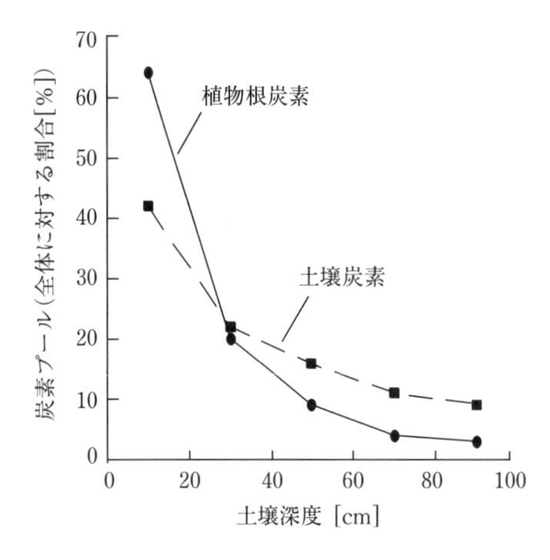


図 7.5　表層における土壌有機物と根深度のグローバル平均分布．Jobbágy and Jackson (2000) より．

て根が発達した着生植物による栄養塩の吸収が起こっており，それゆえ土壌として存在する期間は短い（Nadkarni 1981）．陸上リターや溶存有機態炭素（DOC）の一部は河川や湖にも入り，後述するようにそれらは水中の食物連鎖において重要なエネルギー源となる．低栄養な生態系では，河川に入るDOCのほとんどが非常に難分解であるため，その大半は分解されずに残る．これによって多くの熱帯林や北方林，温帯湿地に特徴的な黒い水，すなわち「ブラックウォーター」の河川が生み出される．

## 7.8 分解を制御している要因

**生態系における分解は，主に基質の質，微生物群集の特性，物理環境という三つの要因によって制御されている**（Swift et al. 1979；Allison 2006）．陸域の有機炭素の約75％は土壌中の枯死有機物（第14章参照）であり，それは分解者にとっての潜在的な餌である．土壌微生物の強い生育力やSOMの分解力をふまえると，なぜ彼らは有機物をすべて消費し尽くしてしまわないのだろうかという疑問が湧いてくる．言い換えれば，なぜ世界は茶色なのだろうか（Allison 2006）？　そこにはいくつもの要因が存在するが，それらの中で最も重要なことは，基質の質，微生物群集組成，そして物理環境であろう（Allison 2006）．

### ■ リターの質

**植物が地下資源をどれだけ利用できるかということが，植物リターの質の生態学的な違いを決めている．** 生育環境と自身のもつ種特性の両方の恩恵を受けて急速に成長する植物は，分解の速いリターを生産することが多い．これは，NPPを促進するような葉の形態的・化学的形質が，分解にもプラスに働くからである（Hobbie 1992；De Deyn et al. 2008）．具体的にいえば，葉に多くの資源を分配したり，寿命が短く養分に富んだ葉を作ったりすることは，NPPを高めるだけでなく，葉の分解のされやすさも高めることになる．このような葉の組織は，タンパク質などの易分解性成分の濃度が高く，リグニンなどの難分解性の細胞壁成分の濃度が低いため，分解が速い（Reich et al. 1997）．結果的に，生産性の高い場所で生育する種は，速やかに分解される微細リターを生産する（図7.6；Cornelissen 1996；DeDeyn et al. 2008）．植物種によってリターの質が異なることは，植物種が生態系プロセスに影響を及ぼす重要なメカニズムであり（第11章参照；Hobbie 1992），そして，初期リター分解の景観パターンに対する優れた予測因子となる（Flanagan and Van Cleve 1983）．たとえば，木質の幹や根を多量に生産する森林生態系では，質や分解速度がまったく異なる特徴的なリターが生産され，木質リターは微細リターよりもゆっくりと分解される．

**基質に含まれる炭素の質は，新鮮リターの分解を一次的に決定する化学的要因である．** ある実験では，基質の質の違い，すなわち基質がもつ分解に対する感受性の違いによって，リターの分解速度は5倍から10倍も異なっていた．動物遺体は植物リターよりも，また葉リターは木質リターよりも速く分解され，さらに落葉性の葉は常緑性の葉よりも速く分

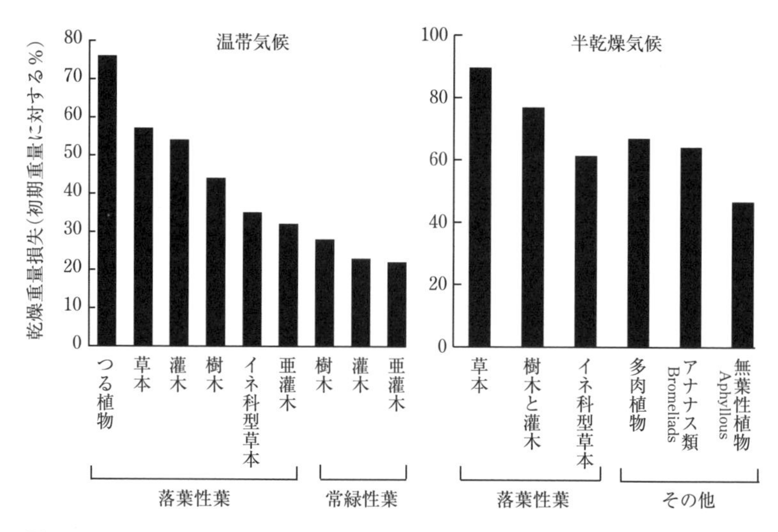


**図7.6**　イギリスの落葉性と常緑性植物（左），およびアルゼンチンの落葉性植物と乾燥帯植物（右）の葉の分解速度．データはCornelissen (1996) と Perez-Harguindeguy et al. (2000) より．

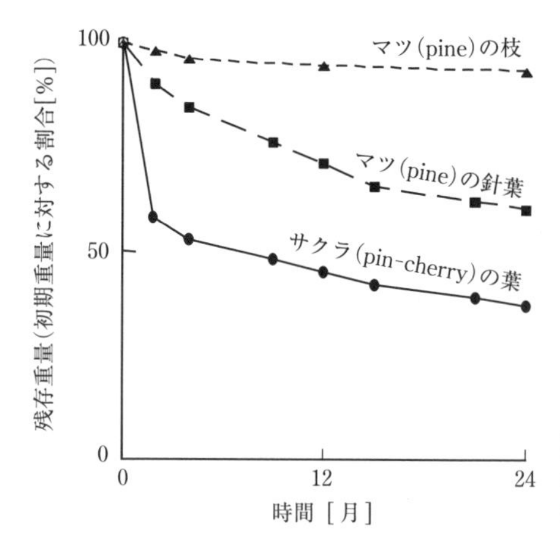


**図7.7**　カナダの温帯林における落葉，針葉，木質の分解における経時変化．データはMacLean and Wein (1978) より．

解される．また，栄養塩レベルの高い環境で生産された葉は，痩せた土地で生産された葉よりも速く分解される（図7.6；図7.7）．このような分解速度の違いは，リターの化学性に基づく論理的な結果である．リターの化合物は，大まかに，(1) 糖類やアミノ酸といった容易に代謝されるもの，(2) セルロースやヘミセルロースといった分解性が中程度のもの，(3) リグニンやコルク質，クチンといった難分解な構造をもつものに分類できる．速やかに分解されるリターは，ゆっくり分解されるリターに比べて，易分解性基質の割合が概して高く，難分解性化合物の濃度が低い．

有機物がもつ，互いに影響を及ぼしあう五つの化学特性が，基質の質を決定しているという（J. Schimel，私信）．すなわち，分子サイズ，化学結合の種類，構造の規則性，毒性，栄養塩濃度である．

(1) 分子サイズが大きいと，微生物の細胞膜を通過することができないので，微生物は細胞外酵素によってそれらを細胞の外側で分解しなければならない．これにより，微生物がその基質を発見したり，それに対して酵素を輸送したり，さらには分解産物を効率的に利用したりすることが難しくなっている．このような分子サイズの違いを反映して，糖類やアミノ酸はそれぞれセルロースやタンパク質よりも容易に代謝される．
(2) さまざまな化学結合の中には，破壊しやすさに違いがある．たとえば，リンを有機骨格へ結合させているエステル結合や，タンパク質を形成するためにアミノ酸どうしを結合させているペプチド結合は，芳香環の二重結合に比べると容易に破壊される．結果として，タンパク質中の窒素は，芳香環に含まれる窒素よりも微生物によって利用されやすい．
(3) 非常に不規則な構造をもつリグニンのような化合物は，ほとんどの酵素の活性部位に合致しない．そのため，グルコース単位が規則正しく繰り返される鎖でできたセルロースのような化合物と比べると，これらの化合物の分解は遅く，非特異的な酵素（たとえば，ペルオキシダーゼ）によってゆっくりと分解されていく．
(4) フェノール類やアルカロイドなどのいくつかの可溶性化合物は微生物に対する毒性をもっており，それらを吸収した微生物を死に至らしめたり，活性を低下させたりする．
(5) 窒素やリンを含む有機化合物は，微生物の成長を支える主要な栄養塩のソースであり，それらの元素の濃度が低い藁のような有機物からは，微生物はリター中の炭素を十分に利用するのに必要な栄養塩を得ることができないだろう．

**多くの場合，栄養塩は基質に含まれる炭素の質を通して，間接的に分解に影響を及ぼす．**栄養塩が少ない環境下では分解は遅いが，リターや土壌の栄養塩濃度が直接的に影響していることはほとんどない（Fog 1988；Hobbie 2008）．たとえば，窒素の利用可能性が異なる土壌中に同じリターを置いても，分解速度がつねに変わるとは限らなかった．また，炭素の化学性はよく似ているが窒素濃度が異なるリターの分解速度も，必ずしも異なるわけではなかった（Haynes 1986；Prescott 1995；Prescott et al. 1999；Hobbie and Vitousek 2000；Knorr et al. 2005；Hobbie 2008）．それにもかかわらず，一般的には窒素濃度に対する炭素濃度の割合が低い（低い**C：N比**；高い窒素濃度）リターは，とくに分解の初期段階において速く分解される（Enríquez et al. 1993；Gholz et al. 2000）．このことは，C：N比が初期分解速度の良い予測因子になることを意味している．リターの初期の**リグニン：窒素比**もまた，初期分解速度の良い予測因子となる（図7.8；Berg and Staaf 1980；Melillo et al. 1982；Taylor et al. 1989）．栄養塩が分解に影響するという点では，窒素は低リグニン含量のリター分解を促進し，高リグニン含量のリター分解を抑制するかもしれないが，窒素が分解全体に対して重大な影響を及ぼすことはほぼない（Fog 1988；Allison 2006；Janssens et al. 2010）．

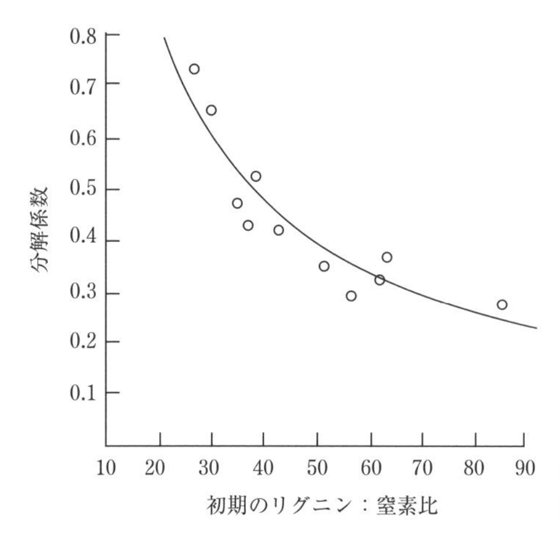


**図 7.8**　リターのリグニン：窒素比と分解係数の関係. Melillo et al. (1982) より.

リターの栄養塩濃度は，微生物によって代謝された炭素の行方に影響するかもしれない．たとえば，窒素に富んだリターを分解する微生物は，かなり多くの炭素を，自身の体に保持するよりもむしろ呼吸として放出する（Manzoni et al. 2008）．これによって，高い窒素濃度をもつリターでは易分解性炭素が早く失われ，その結果として残ったリターは非常にゆっくりとしか分解されないのかもしれない（Berg and Meentemeyer 2002）．

**SOM の経年数や初期の質は，どちらも分解速度に影響を及ぼす**．分解初期においては，微生物が易分解性の基質を分解し，より分解されにくいものが残っていくので，リターが分解されるにつれてその分解速度は減少していく（図 7.4）．また，微生物が死ぬことよって，それらの細胞壁中に含まれていたキチン質やその他の難分解性の化合物がリター全体の重量に占める割合が増加していく．易分解性の基質が使い尽くされると，植物種の違いがリターの分解速度に及ぼす影響は時間とともに減少していく．さらに，リター層の下に位置する鉱質土壌と混ざった古いリター片は，鉱物表面との非生物的な化学反応や相互作用を受けることになり，さらに分解速度が低下する（Allison 2006）．このような分解段階の後期における分解速度を予測することは難しい（Currie et al. 2010）．

鉱質土壌における SOM は，経年数や化学組成が異なる有機化合物が入り混じった物である．そこには，最近になって植物から脱離した根や幹，葉リターなどのかけらとともに，数千年の時を経た SOM が含まれている（Oades 1989）．SOM に含まれるこのような経年数が異なる化合物群は，密度遠心分離法を用いることで部分的に分離することができる．なぜなら，比較的最近生産されたリターの粒子は，古いものよりも密度が低く，鉱物粒子への結合も弱いと考えられるからである．SOM の大部分が軽い画分に分画されるような土壌は，概して分解速度が速い（Robertson and Paul 2000）．また，土壌を化学的に分離して，可溶性化合物や**腐植酸**，**フルボ酸**などの，平均経年数や破壊されやすさの異なる画分へと分ける方法もある．SOM 全体の平均滞留年数は一般に 20～50 年であるが，これには耕作地における 1 ～ 2 年のものから，分解がゆっくり進む環境での数千年のものまで，非常に幅広いものが含まれている.

## ■根圏における分解の促進

**植物は自身の根の近くにおける分解を促進する.根圏**（rhizosphere）とは，植物根からわずか数 mm の範囲の土壌を指す.根と根の間の平均距離が約 1 mm であるような細根の発達した草原では，根圏というものは事実上すべての土壌を指すことになるが，一方，森林では根の密度はそれほど高くない（根と根の間の距離は約 10 mm 程度が多い；Newman 1985）.植物根は，炭水化物の分泌と栄養塩の吸収によって，根圏土壌の化学性を改変する.このようなプロセスは，活発に成長している根の先端近くの土壌において最も顕著である（図 7.9；Jaeger et al. 1999）.根からの浸出物の影響を受ける領域は，炭素を豊富に利用できる（炭素の利用可能性が高い）環境（NPP の 20～40%；表 6.2 参照）であるため，細菌の成長（Norton and Firestone 1991）はむしろ栄養塩によって非常に強く制限されている（Cheng et al. 1996）.そこで細菌は，易分解性の炭素を使って，あたかも SOM から栄養塩を「採掘する」ような酵素を作っている.

根圏における微生物による不動化（微生物が自身の体を作るために環境中の栄養塩を取り込むこと）が植物にとって有益になるのは，不動化された栄養塩がその後に土壌に放出され，植物根にも利用できるようになる場合だけである.この根圏微生物からの栄養塩の放出には，二つのプロセスが関与している.一つ目は，原生動物やセンチュウが根圏微生物を摂食し，自身の高いエネルギー要求を満たすために細菌に含まれる炭素を利用する一方で，余剰な栄養塩を排泄することである（Clarholm 1985）.二つ目は，これらの捕食から生き延びた細菌が，植物根が成熟して炭水化物の浸出速度が減少するにつれてエネルギー不足となり，自身のエネルギー要求を満たすために土壌中の窒素を含む化合物を分解し始めることである.これらのプロセスの結果，窒素はアンモニア態窒素の形で根圏土壌へと放出される（Kuzyakov et al. 2000）.このような根圏動態は，複数の栄養段階の間にみ

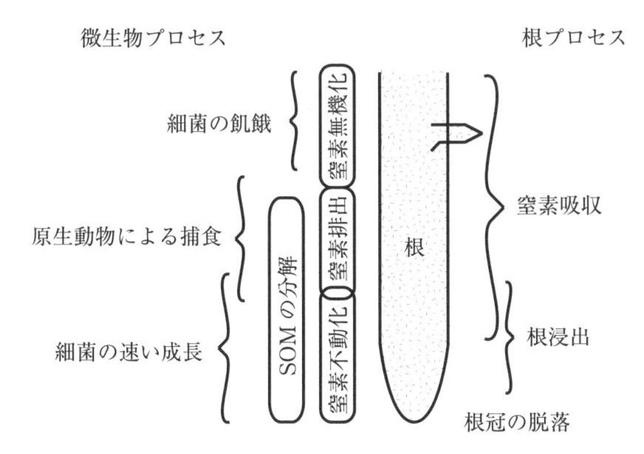


図 7.9 根圏における根と微生物が関与するプロセスと，その結果として根圏の土壌有機物と窒素動態が受ける影響.

られる食物網の相互作用によって複雑になっている（Moore et al. 2003）．

根圏の栄養塩放出において，上記のような微生物の被食や飢餓がどの程度寄与しているのかについてはよくわかっていないが，根圏土壌における純窒素無機化速度は，非根圏土壌における値よりも30％ほど高いと推定されてきた．植物種や土壌条件にも依存するが，一般的に植物根が存在することによってSOMの分解は最大で3倍ほど促進されるという（Cheng et al. 2003）．根圏における分解は，土壌の物理環境よりもむしろ，炭水化物を供給している植物側に関係する要因（たとえば光や被食）に敏感に応答するのかもしれない（Craine et al. 1999；Bardgett et al. 2005a）．そして，分解を制御する要因（土壌環境なのか，それとも植物の状態なのか）は生態系によってまったく異なっていて，根圏における分解の程度やそれを制御している生態学的特性に依存している．

菌根菌は，機能的には根系の延長とみなすことができ，この根と菌の共生体は離れた場所から栄養塩を吸収することができる．菌根菌の菌糸の周囲に広がる**菌根圏**（mycorrhizosphere）では，菌糸自体のターンオーバーとそこからの浸出作用の組み合わせによって，植物の炭素が土壌へと素早く移動している（Norton et al. 1990；Finlay 2008）．植物根における根圏の場合と同様に，このこともまた分解を促進するだろう．

## ■ 微生物群集組成と酵素活性

**分解速度を考えるうえで，土壌微生物の「活性」は「バイオマス」よりも重要となる．** 微生物バイオマスは，全土壌炭素の比較的一定の割合（約2％）を占める．すなわち，土壌炭素量が最大である場所では，微生物のプールサイズも最大となる（Fierer et al. 2009a）．また，そのような場所は生産性が最も低く，分解も最も遅い傾向にある（Vance and Chapin 2001）．耕作地土壌においても同様で，分解が速い適湿土壌よりも，極端に湿潤あるいは乾燥して分解が遅い土壌において，微生物バイオマスは高くなる傾向にある（Insam 1990）．微生物バイオマスはそのほとんどが不活性であるため，分解速度の予測因子というよりはむしろ，栄養塩の貯蔵場所（第9章参照）として重要であろう．このことは，生態系への炭素インプットの場合（GPPを決定するうえで，生産者である植物のバイオマスや葉面積がきわめて重要であった）とは異なっている．一方で，限られた微生物集団によって行われる硝化のような微生物プロセスは，その群集サイズ（バイオマス）の変化に対して敏感に応答するようである．

**土壌酵素活性は，微生物群集の組成に依存することが多い．** 微生物群集の組成は，分解にとって潜在的に重要である．なぜなら，それが酵素生産の種類や速度に影響することで，基質が破壊される速度に影響を及ぼすからである．タンパク質のような一般的な基質を破壊する酵素は，ほとんどの種類の微生物によって生産されるため，土壌中において普遍的に存在している（Schimel 2001）．つまり，組成がまったく異なる微生物群集であっても，比較的よく似た分解速度や酵素組成を示すことがよくある（Kemmitt et al. 2008；Fierer et al. 2009b）．一方，嫌気的なメタン生成のように特異的な環境でのみ起こるプロセスにかかわる酵素は，微生物群集構造に対する感受性が高い（Gulledge et al. 1997；Schimel

2001). リターの分解は，その植物が生育していた土壌を用いた場合のほうが，他の土壌を用いた場合よりも10%ほど速かった（Ayres et al. 2009）．このような，分解における「ホームの優位性（home field advantage)」は，そこに生育する微生物群集が最も頻繁に遭遇するリターに適応するように発達した結果であると考えられる．しかし，このような微生物群集組成による分解への影響は，環境要因や基質の質による影響に比べると小さい（Parton et al. 2007；Fierer et al. 2009a).

土壌酵素活性は，酵素が物質表面に結合することや，土壌に含まれるプロテアーゼによって酵素自身が破壊されることにも影響される．酵素が植物根や微生物の外部表面に結合することによって，その活性がしばしば土壌中で長持ちすることがある一方で，鉱物粒子に結合すると，酵素の形状変化や活性部位の遮断が起こり，活性が低下する．ここからは，微生物や土壌の特性がいかに細胞外酵素の活性に影響しているのかについて理解するために，いくつかの土壌酵素系について簡単に紹介する．

エリコイド菌根菌や外生菌根菌なども含めたほとんどの土壌微生物は，タンパク質をアミノ酸へと分解する酵素（プロテアーゼやペプチダーゼ）を生産する．そして，アミノ酸は微生物によって容易に吸収され，微生物のタンパク質の生産や，呼吸に必要なエネルギーの供給に利用される．タンパク質分解酵素であるプロテアーゼは，自分以外のプロテアーゼによる攻撃を受けるので，土壌中での残存時間は短い．そのため，土壌中のプロテアーゼ活性は，微生物活性を忠実に反映していると考えられる．一方，有機態のリン酸化合物からリンを分離させる酵素であるホスファターゼという酵素は，土壌中により長く存在し続ける．このため，土壌中でのホスファターゼ活性は，微生物活性というよりもむしろ，土壌における有機態リンの利用度と強い相関を示す（Kroehler and Linkins 1991).

セルロースは，植物リター中に最も豊富に存在する化学成分である．それは，グルコース分子を一つの単位（ユニット）とした鎖状の構造で，しばしば何千ユニットもの長さになる．しかし，このグルコース分子は，細胞外酵素による作用を受けるまでは微生物の代謝に利用することはできない．セルロースの破壊には，三つの別々の酵素系が必要である（Paul and Clark 1996）：**エンド型セルラーゼ**（endocellulase）は，セルロース内部の結合を破壊して結晶構造を崩壊させる．次に，**エキソ型セルラーゼ**（exocellulase）は，鎖の末端から二糖類ユニットを引きはがしてセロビオースを作る．そして，このセロビオースは微生物によって吸収され，細胞内で**セロビアーゼ**（cellobiase）によってグルコースへと分解される．菌類の大部分を含む土壌微生物の中には，上記のようなセルラーゼ酵素の一式をすべて生産するものもいるが，細菌などのその他の生物は，一部のセルラーゼ酵素しか生産しない．したがって，彼らがセルロースの分解からエネルギーを得るためには，微生物複合体の一部として働かなければならない．

リグニンの分解が遅いのは，限られた微生物（主に菌類）しか分解に必要な酵素を生産できないうえに，それらの微生物がこの酵素を生産するのは窒素欠乏状態のときだけだからである．そして，このような状況になる背景には，易分解性有機物を分解して窒素を放出する（これによって成長速度の遅いリグニン分解菌の成長は阻害される），成長の速い細菌どうしの競争がある．リグニンは，フェノールや遊離基の縮合反応によって非酵素的に形作られ，多くの酵素の活性部位と合致しない不規則な構造を作り出す．このため，リグニン分解酵素は，過酸化水素を利用することで，基質に対する特異性が低く強力な酸化剤であるラジカルを生じさせ，リグニンを分解している．過酸化水素やそれに続くラジカルを生み出すためには酸素が必要であるため，リグニン分解は嫌気的な土壌では起こらない．一般的に，分解者がリグニン分解酵素を生産する際には，自身がその分解産物の代謝によって得られるよりも多くのエネルギーを投資する必要がある（Coûteaux et al. 1995）．したがって，分解者は，リグニン化した死んだ細胞の内部にある窒素や，リグニンで覆われたセルロースにアクセスするために，リグニンを分解しているようである（Coûteaux et al. 1995；Adair et al. 2008）．リグニンの分解プロセスではラジカルが発生するので，リグニン分解にかかわる酵素群は，リグニン以外の既存の有機物を改変したり，より複雑な土壌腐植を生み出したりしている．

すでに議論したように，一般的に土壌動物による捕食は，分解に対して大きな影響を与えない．海洋においてはウイルスなどによる病害が分解に対して重要であるが，陸域においては分解に対する「トップダウン」的な制御としての病害の役割についてはほとんど知られていない（Allison 2006）．

## ■環　境

### ▶水　分

**水分の増加にともなって分解は増加するが，土壌が湛水して嫌気的な状態になると分解は阻害されるようになる．**もし，十分な酸素が利用可能であれば，植物と同様に分解者も温暖湿潤な環境で最も生産性が高くなるだろう．熱帯林で観察される高い分解速度はこのことを示している（Gholz et al. 2000）．鉱質土壌における分解速度は，一般的には土壌水分が乾燥重量の30～50％以下のときに低くなる（Haynes 1986）．これは，土壌表面の水の膜の厚さが減少することによって，微生物に向かって基質が拡散する速度が低下するからである（Stark and Firestone 1995）．極端に乾燥したり高濃度の**塩分**を含んだりしている土壌においては，浸透圧による影響が土壌微生物の活性をより強く制限する．微生物は，植物根が働けないような低い土壌水分条件であっても働くことができるため，極端に乾燥して植物が生育できないような土壌においても分解は続く．このことが，乾燥地帯における低い土壌有機炭素量の一因かもしれない．露や雨によって，非常に乾燥した土壌が再び湿潤になると，浸透圧ショックによって微生物細胞にストレスがかかり，分解に影響が出るだろう．結果として，土壌中には利用可能な炭素が一時的に増加することになる．乾湿サイクルが頻繁に起こらない場合（土壌中では概してそうである）には，乾湿サイクルは分解を促進させるが，リター層でみられるような頻繁な乾湿サイクルは，分解速度が低下するほどに微生物群集を減少させてしまうのかもしれない（Clein and Schimel 1994）．乾湿サイクルは，成長の速い細菌によって分解される易分解性基質（たとえばヘミセルロース）の分解を促進させ，成長の遅い菌類によって分解される難分解性基質（たとえばリグニン；Haynes 1986）の分解をさらに遅らせる傾向にある.

分解はまた，土壌水分が高い場合（たとえば鉱質土壌では，土壌の乾燥重量の100〜150％以上）にも低下する（Haynes 1986）．水中で酸素が拡散する速度は，空気中の1万分の1以下なので，湿潤な土壌や丸太の中，あるいは水はけの良い土壌であっても団粒内の濡れた微小部位などにおいては，水は酸素の拡散に対する障壁となる．分解に対する酸素制限は，水はけを左右する地形，硬盤層や永久凍土層の存在，高い粘土含有量，動物や農業機器による土壌の圧縮といったさまざまな要因で起こりうる．また，灌漑や降雨による短期間での酸素欠乏も起こりうる．温暖な環境下では，水中への酸素の溶解度が低く，酸素が根や微生物の呼吸によって速やかに消費されていく．したがって，分解プロセスは，高い土壌水分に対してとくに敏感に反応する．一方，一般的にNPPは土壌水分が高くてもそれほど制限されない．なぜなら，そのような環境に適応している植物の多くは，葉から根へと酸素を輸送するからである．あらゆる緯度における沼地や泥炭地のヒストソルに多くのSOMが蓄積していること（第3章参照）は，分解にとって酸素による制限が重要であることをはっきりと示している．

分解途中の木材には，特殊な微小環境が形成されており，一般的にはその木材のすぐ近くにある土壌表層リターよりも高い含水率を示す．そのため，湿潤な環境では，すぐ近くの土壌表層リターに棲む微生物が水分制限を受けているときでも，木材の分解速度はむしろ酸素供給によって制限されているのかもしれない．ただ，酸素はしばしば木材にある割れ目や昆虫の通り道に沿って拡散するので，材木の水分含量から予測されるよりも速い速度で，木材の内部へと浸透していく（Hicks and Harmon 2002）．

### ▶温　度

**微生物呼吸や分解は，短期的には温度とともに上昇する．しかし，その温度に対する感受性は，数年から数十年の長期的な時間スケールでは間接的な影響によって抑制される．** 幅広い温度域において，微生物の酵素活性や呼吸は短期的な温度上昇によって指数関数的に上昇し（図7.10），有機炭素の$CO_2$への無機化速度を上昇させる．とくに，難分解性基質の分解は温度に対して高い感受性を示す．たとえば，10℃から20℃への温度上昇は，生物化学的に分解しやすいクエン酸の分解を2倍に，分解性が低いタンニン酸の分解を3倍に，さらに難分解なSOMの分解を5倍に増加させる（Fierer et al. 2005）．

しかし，異なる時間スケールで働くいくつかのプロセスによって，この非常に高い温度感受性は抑制されていく（Davidson and Janssens 2006）．微生物は，数日から数週間をかけて，呼吸を低く抑えることによって高温環境に順応しているようである（Bradford et al. 2008）．また，基質のプールサイズは，より温度の高い環境において速く減少するが，そのことが炭素の利用可能性を減少させ，微生物に利用できるエネルギーを制限することになる．微生物群集組成が季節的に変化して，どの季節においても活発な状態を維持する集団になると，分解速度の季節変化はさらに小さくなる．

温度は他の環境要因に影響を及ぼすことで，間接的にも分解に影響を及ぼしている（図

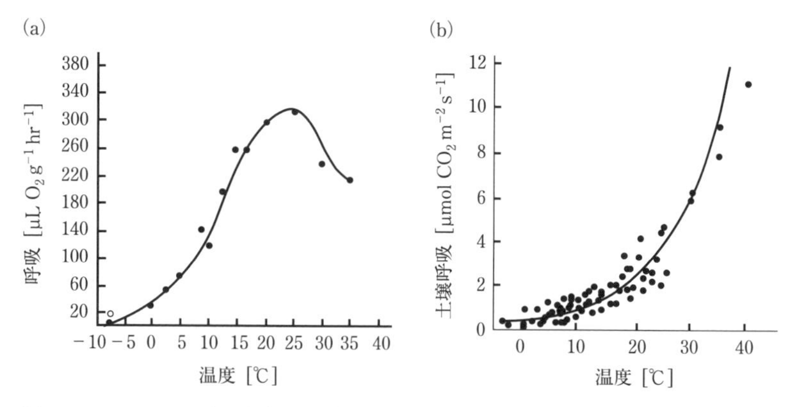


図 7.10　ツンドラ土壌の室内培養（a）と，世界の 15 ヶ所における土壌呼吸の野外測定（b）における温度と土壌呼吸の関係．データは，10℃における呼吸速度が同じになるように換算されている．Flanagan and Veum (1974) と Lloyd and Taylor (1994) より．

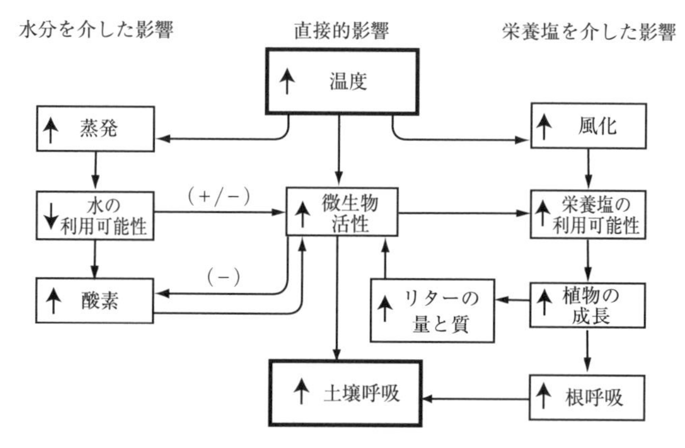


図 7.11　温度が土壌呼吸に及ぼす主要な直接および間接的影響

7.11)．湿潤な土壌や微小部位（たとえば団粒）において，温度上昇によって呼吸が促進されると，酸素が消費されてその利用可能性が減少し，その結果，微生物呼吸も減少する．しかし，より長期的な時間スケールで見ると，高温は蒸発散を増加させることによって土壌水分を減少させ，その結果として酸素の拡散が促進される．高緯度地域における温暖化においても同様に，温暖化が永久凍土層を解かして水はけを良くし，分解に適した環境へと改善する．より長期的な時間スケールでは，温度変化にともなう植生の変化が，土壌に供給される有機物の量や質を変える（第 12 章参照）．要するに，温度に対する分解の応答は単純ではない．温暖化によって分解が促進されることは，数時間から数週間の時間スケールではつねに観察されることであるが，これはより長期の時間スケールで生じる間接的な影響によってさらに変化していく．このことは，今後の研究で気候温暖化が分解にもたらす長期的な影響を明らかにすることの有益性を示唆している（Davidson and Janssens

2006；Currie et al. 2010).

## ■ 土壌有機物

**土壌有機物（SOM）の分解は，土壌鉱物との相互作用に強く影響を受ける．** ここまで我々は，主にリターの破壊と重量減少を左右する要因について焦点を当ててきた．それと同じく重要なこととして，次に，鉱質土層における分解速度の減少や有機物の蓄積といったプロセスについて述べる．

### ▶ 土壌特性

**粘土鉱物は土壌有機物の分解速度を抑制し，それによって土壌中の有機物量が増加する．** 粘土は，保水力を増加させることによって土壌の物理環境を変化させる（第3章参照）．その結果として，酸素の供給が低下し，湿潤で粘土質な土壌では分解が抑制されるかもしれない．中程度の土壌水分環境においてでさえ，粘土粒子によるSOMへの結合（微生物の酵素が接触しにくくなる），微生物酵素への結合（酵素の基質への付着力を下げる），細胞外酵素の働きによって生産された可溶性物質への結合（これらの生産物が土壌微生物によって吸収されにくくする）などのために，粘土粒子は有機物の蓄積を強めていく．このような結合は，粘土鉱物上に高密度に存在する負に帯電した部位が，有機物上に存在する正の電荷をもつ部位（アミノ基）を引きつけたり，有機物の中で陰性基（カルボキシル基）に結合している多価陽イオン（$Ca^{2+}$，$Fe^{2+}$，$Al^{3+}$，$Mn^{4+}$）を介して架橋したりすることによって起こる（図7.12）．粘土鉱物によるこの結合は，最終的にSOMを「保護」してその分解速度を減少させることになる．このような粘土鉱物によるSOMの保護は，分解が比較的速く，土壌動物が新鮮リターを鉱質土層と急速に混ぜてしまう草原や熱帯林といった生態系において，最も重要である．一方で，鉱質土壌より上層のよく発達した有機質

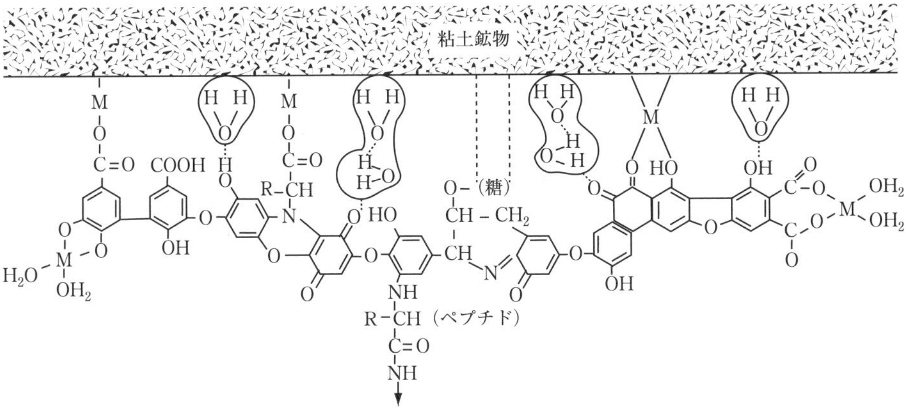

**図7.12** 水（H‑O‑H）と金属イオン（M）を介して起こる，土壌有機物と粘土粒子の間の相互作用を示す模式図．Stevenson (1994) より．

土壌層（O層）で分解の大部分が起こる針葉樹林やツンドラにおいては，鉱物によるSOMの保護はそれほど重要ではない．

粘土鉱物のタイプや量は，どちらも分解に影響を与える．多くの熱帯の粘土鉱物では，共有結合によって有機物と強固に結合するアルミニウムの濃度が高い．多層状の格子構造をもつ粘土は，そのケイ酸塩層の間で有機化合物と結合するが，これがとくにSOMの保護において効果的である（第3章参照）．

**他の条件が同じであれば，土壌有機物は中性土壌よりも酸性土壌においてよりゆっくりと分解するが，これは間接的な影響によるところが大きい．**土壌を酸性化させるプロセスは数多く存在し，陽イオンの溶脱や酸性沈着物などがあるが，有機物に富む土壌における有機酸の蓄積もその一つである．このような状況は，低い栄養塩利用可能性（そして，それゆえに低いリターの質）や，多くの微生物（とくに細菌）にとって有毒になりうるアルミニウムの濃度と関連づけられることが多い．

### ▶ 土壌撹乱

**土壌の撹乱は通気を促進し，また新たな表面を微生物に供給する．これによって分解が促進される．**撹乱が分解を促進するメカニズムは，土壌中のミミズの動きから，耕作地における人間による耕起に至るまで，さまざまなスケールにおいて基本的には同じである．撹乱によって土壌団粒は破壊され，団粒内部に含まれていた有機物が酸素にさらされ，微生物が定着するようになる．この撹乱の影響は，温暖で湿潤な土壌で最も顕著であり，そこでは通気性の上昇が分解に最も大きな影響を及ぼす．たとえば，灌漑を行う綿花畑へと変わった土壌では，数百年から千年の年月をかけて蓄えた有機物量の半分相当が，耕起によってわずか3～5年で失われたという報告がある（Haynes 1986）．同様に，10年から20年かけて復元されたプレーリーの土壌に固定されている炭素（West and Post 2002）も，耕作地に戻されるとすぐに失われてしまうようだ．耕起による有機物の損失や団粒の破壊は，最終的には水はけや根の成長，土壌栄養塩の無機化を阻害する．

### ▶ 腐植形成

**分解に適した気候下においては，かなりの量の炭素が数千年にわたって鉱質土壌中に存在し続ける．**これらの炭素は，主に難分解性であるがゆえに土壌へと蓄積する土壌腐植であると長らく考えられてきた（Oades 1989）．しかし，近年の研究では，土壌鉱物への収着がより重要な保護メカニズムなのではないか，そして単純な化合物も複雑な化合物と同じくらい土壌中に残留しているのではないか，と考えられるようになった（Schmidt et al. 2011）．腐植の形成が起こるのには，以下のようなステップ（図7.13）が考えられる（Zech and Kogel-Knabner 1994）．

(1) **選択的保存**：分解プロセスでは，デトリタス中の易分解性の化合物が選択的に分解され，ワックスやクチン，スベリン，リグニン，キチン，微生物細胞壁などの難分解性の化合物が残されていく．このような難分解性の「残飯」が微生物によって部分的に

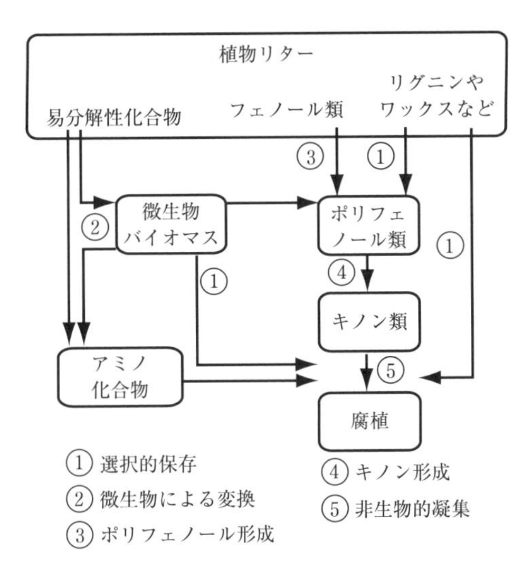


**図 7.13**　腐植形成の基本経路．腐植形成の主要なステップについては本文中で記述．

破壊されることにより，反応基や側鎖をもつ化合物（これらは非特異的な土壌反応を起こす物質である）が生産される．しかし，鉱質土壌において，リグニンがより単純な化合物よりもはるかに難分解であるという直接的な証拠はほとんどない（Schmidt et al. 2011）．

(2) **微生物による変換**：SOM が酵素によって破壊されると，低分子量の水溶性産物が生み出され，その一部は腐植形成において反応するだろう．タンパク質の分解から得られるアミノ酸や，微生物細胞壁の分解から得られるアミノ糖のようなアミノ化合物がとくに重要であろう（ステップ 5 参照；図 7.13）．

(3) **ポリフェノール形成**：可溶性のフェノール化合物もまた，腐植形成に重要な反応物質であるだろう．それらの起源には少なくとも次の三つが考えられる（Haynes 1986）．(1) 植物体リグニンの微生物による分解，(2) 植物由来の単純で非リグニン性の前駆物質を基にした，土壌微生物によるフェノール重合体の合成，そして (3) 植食者や病原菌に対する防御物質として植物によって生産されるポリフェノール類．

(4) **キノン形成**：リグニンやその他のフェノール化合物を破壊するために，菌類によって生産されるポリフェノールオキシダーゼやペルオキシダーゼといった酵素には，ポリフェノール類をキノンとよばれる高い反応性をもつ化合物へ変換する働きもある．

(5) **非生物的凝集**：キノンは，土壌中の多くの化合物とともに，自然に起こる凝集反応を受ける．とくに，反応速度が速い化合物（アミノ基をもつ化合物），あるいは豊富に存在する化合物（たとえば土壌中に蓄積されている難分解性化合物）と反応する．

残留性の高い SOM がもつ化学性は，生態系によってさまざまである（Haynes 1986；Paul and Clark 1996）．森林の有機物には，数多くの芳香環が連結したものとわずかな側鎖をもつ不溶性の化合物が含まれている．これは，植物の葉や木質部が，植食者や病原菌から防御するためのフェノール化合物を豊富に含んでいることに起因する．草原生態系におけるSOMは側鎖と荷電基に富んでいるため，より多くのSOMが水溶性である．

## ■泥炭の蓄積と微量ガスの放出

**湿潤な土壌には，地球に蓄えられている土壌有機物の3分の1が含まれている**(Schlesinger 1997)．酸素の利用可能性が低いために分解が抑制されているような環境下では，有機物は比較的未分解の状態で蓄積していく．このような有機物の蓄積は，それが化学的に難分解であるから起こるのではない．それはその場所の環境条件が，植物による土壌への炭素供給を抑制するよりもさらに強く，分解者の活動を抑制しているからである．このような湿潤な生態系ではSOMは易分解性である場合が多いので，酸素の拡散に十分なほど土壌が乾燥し，この有機物が受けている「環境からの保護」が破られれば，それらは急速に分解される（Neff and Hooper 2002)．湿地生態系土壌が大きな炭素リザーバーであること，そしてそれらが環境変動に対して敏感であることをふまえると，その分解を決定する要因を理解することは重要である．それに加えて，湿地生態系における嫌気的な分解では，しばしばメタンや一酸化二窒素などの微量ガスが放出される．これらは大気中における1分子あたりの温室効果が，$CO_2$に比べてそれぞれ23倍および300倍大きい（第2章参照；IPCC 2007)．

通気性に乏しい土壌では，その深さ方向や土壌団粒内部において，非常に酸化的な領域から酸素欠乏にある領域までの間に，分解速度の勾配が存在する．このような酸化還元電位の勾配（第3章参照）によって，生物自身の成長や呼吸に必要な電子受容体の利用可能性が決まる．たとえば，餌（微生物が吸収した可溶性有機物）から酸素へと電子を輸送する微生物は，その過程で自身の代謝や成長を支えるほとんどのエネルギーを獲得している．しかし，酸素が使い尽くされたときには，餌（有機基質）から酸素以外の電子受容体へと電子を運ぶことのできる微生物だけが，有機物を代謝（分解）して成長することができる．微生物の成長を支えるために放出されるエネルギー量は，有機物から以下のような電子受容体に輸送されるにつれて，次第に減少する．

$$O_2 > NO_3^- > Mn^{4+} > Fe^{3+} > SO_4^{2-} > CO_2 > H^+ \tag{7.4}$$

土壌生物の多くは，単一またはいくつかの酸化還元反応を行う．そのため，これらの電子受容体の利用可能性における時空間的な変化が，生物間の競争的なバランスや分解への寄与を決定している．微生物が好む電子受容体が不足なく供給されているときには，自身の酸化還元反応からより多くのエネルギーを得る生物（たとえば脱窒菌よりも酸化的分解者）が競争のうえで優位となる．なぜならば，彼らは同じ量の有機基質を消費しても，より大きな成長を支えられるからである．

湛水した土壌や堆積物には，表層での酸素（酸化剤）供給と，有機炭素（還元力のソースとして機能する）の埋没によって決まる動的平衡が存在する．この有機物を分解するとき，微生物は自身の代謝や成長を支えるために，酸素やその他の電子受容体を消費する．そのため，表層や酸素を輸送する根に近い場所では好気的分解が優勢となり，その他のエネルギー生産プロセスは酸素を使い尽くしたときに初めて重要になる．これによって，表層における好気的分解の領域，次いで脱窒の起こる領域，そしてマンガンや鉄還元の起こる領域，硫酸還元の領域，そしてメタン生成の領域というように，分解プロセスが鉛直方向に帯状分布することになる．それぞれの電子受容体の利用可能性によって，上記の各領域の範囲は鉛直分布の中でかなりの割合を占める（そのためかなりの分解につながっていると考えられる）こともあれば，無視できるほど小さくなることもある．たとえば酸素が枯渇した後で，次にエネルギー的に好ましい酸化還元反応は脱窒プロセスである（式（7.4））．この脱窒プロセスでは，脱窒菌は有機物から硝酸塩へと電子を輸送し，廃棄物として一酸化窒素や一酸化二窒素，窒素ガスを生産する．しかし，硝酸塩を作り出す硝化は酸化的なプロセスであるため，嫌気的環境下では硝酸塩の利用可能性は低いことが多い（第9章参照）．そのため脱窒は，ほとんどの湿地では相対的にあまり重要ではない．しかし，土壌の通気が不均一な場所（たとえば，好気的な土壌であっても団粒内部には嫌気的な部位が存在する）や，地下水位が変動するような場所（灌漑された場所や田圃など）では重要となる．

硝酸塩が枯渇すると，他の電子受容体を利用する細菌が易分解性有機化合物を発酵させ，酢酸塩やその他の単純な有機化合物，水素を生産する．もし，河口や塩性湿地，海洋堆積物などのように硫酸塩が利用可能な場合であれば，硫酸還元菌が単純な有機化合物から硫酸塩へと電子を輸送する（式（7.4））．これにより硫化水素が生産され，微生物自身の代謝や成長を支えるために有機物が分解される．

ほとんどの非沿岸性の湿地や湖沼堆積物では，硝酸塩と硫酸塩の濃度はどちらも低い（Schlesinger 1997）ため，メタン生成が嫌気的分解の優占的な形態となる場合が多い．対照的に，硫酸塩が豊富に存在する海洋堆積物ではメタン生成は重要でない．**メタン生成菌**（methanogen）は，その他の電子受容体が枯渇したときにメタン（$CH_4$）を生産する（式（7.4））．メタン生産はいくつかの経路で起こりうる．たとえば，あるメタン生成菌は，酢酸塩を$CO_2$と$CH_4$に分解する（式（7.5））が，また別のメタン生成菌は，エネルギー源として発酵の副産物である水素（$H_2$）を，電子受容体として炭酸塩（$CO_2$由来）を使う（式（7.6））．これは，脱窒や硫酸還元の場合において$NO_3^-$や$SO_4^{2-}$が電子受容体として働いていたのと同様のことである．

$$CH_3COOH \rightarrow CO_2 + CH_4 \tag{7.5}$$

$$CO_2 + 4H_2 \rightarrow CH_4 + 2H_2O \tag{7.6}$$

メタンは，炭水化物よりもはるかに還元された状態にあるため，酸素にアクセスできる生物にとっては良いエネルギー源となる．湿地生態系の表層土壌にみられる別の細菌群（**メタン酸化菌**，methanotroph）は，エネルギー源としてメタンを使用し，メタンが土壌深層から大気へと拡散していくときにその大部分を消費する．それゆえ，生態系内で生産されたすべてのメタンが系外へ放出されるわけではない．一般的には，メタンが植物体の通気組織を通して放出されるときや，メタンが泡となってメタン酸化菌によって消費される領域をすり抜けるようなときに，生態系からのメタンフラックスは最も大きくなる（Walter et al. 2006）．

窒素循環の一部として（第9章参照），アンモニウムを硝酸へ変換する酵素もまたメタンと反応するので，好気的な土壌はメタンのシンクになる．多くのメタンを生成する湿地生態系においてでさえ，深層におけるメタン生成菌由来のメタンよりも多くの炭素が，土壌表層近くの分解者によって$CO_2$として放出されており，依然として好気的呼吸が大気中へ炭素を戻す主要な経路となっている．量的に考えた場合，メタンは炭素循環の要素（第14章参照）としてよりも，むしろ温室効果ガス（第2章参照）として重要となる．

要約すると，分解速度が遅くなる状態（分解に適した環境条件下での有機物の腐植化，あるいは湛水土壌における泥炭（ピート）の蓄積）が，生態系の長期にわたる炭素蓄積に寄与している．次の章では，このような分解を制御する要因を，生態系全体の炭素収支に当てはめて考えていく．

## 7.9　従属栄養生物呼吸

**土壌中の微生物や動物による従属栄養生物呼吸は，生態系からの炭素損失の最も大きな経路である．**この呼吸の大部分は，分解者である微生物とそれらの捕食者によって占められている．地球上の炭素循環速度が異なるさまざまな場所（場所によって10倍以上の差がある）で，年間の従属栄養生物呼吸はNPPと密接に相関している．このことは，平均的には，それぞれの年に生態系に供給される量と同等の有機物が，分解者や他の従属栄養生物の呼吸によって分解されていることを示唆している（図7.14）．定常状態に近づきつつある（つまり，SOMの大きな獲得や損失がない）生態系では，このような関係をはっきりと見ることができる．分解による炭素放出と同時に起こっている炭素の供給（たとえば1日あたりのGPP）と，長期にわたるサイトの生産性（LAIに反映される）は，どちらも従属栄養生物呼吸に対する重要な予測因子である（Migliavacca et al. 2010）．従属栄養生物呼吸と根呼吸の両方を含む土壌呼吸の測定結果からも，この一般論が当てはまることが示されている．たとえば，土壌呼吸と従属栄養生物呼吸はどちらも（図7.14；図7.15），NPPと密接に相関している（Raich and Schlesinger 1992；Janssens et al. 2010）．土壌呼吸の半分（25〜65%）は植物根由来であり，残りが微生物による分解由来である（Raich and Schlesinger 1992；Högberg et al. 2001；Bhupinderpal-Singh et al. 2003）．

従属栄養生物呼吸は，土壌中の全有機物量との間には明瞭な関係を示さない．なぜならば，土壌炭素の多くは，鉱物表面に収着して化学的に難分解性であったり，微生物が好まない土壌環境（たとえば，低温や酸素の利用可能性が低い環境）中に存在していたりするからである．このことは，全土壌有機物量がフィールドスケールでの炭素損失の予測因子

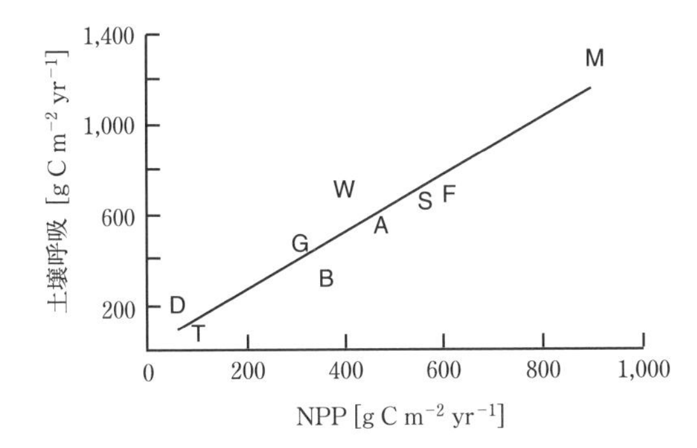


**図 7.14** 地球上の主要なバイオームにおける平均年間 NPP と平均年間土壌呼吸量の関係．生態系のタイプとして耕作地（A），北方林と林地（B），砂漠の灌木（D），温帯林（F），温帯草原（G），熱帯湿潤林（M），熱帯サバンナと乾燥林（S），ツンドラ（T），地中海性の森林とヒース（W）．この回帰直線上の点では，土壌呼吸に含まれる根呼吸により，土壌呼吸の値が NPP の値よりも 25％以上大きくなっている．Raich and Schlesinger（1992）より．

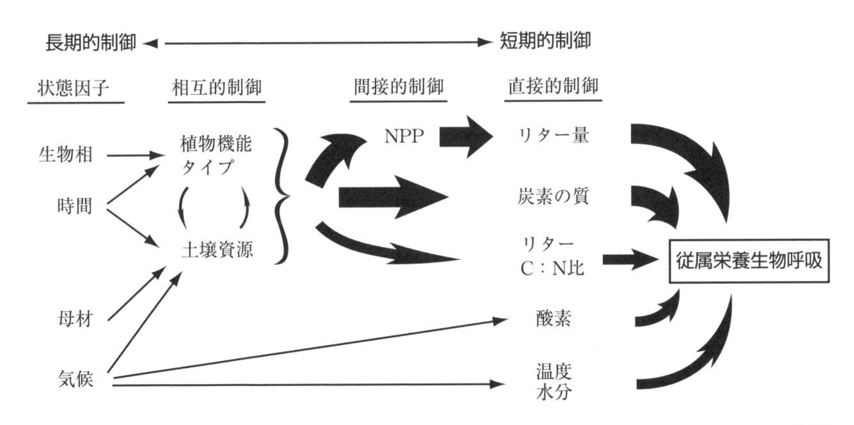


**図 7.15** 生態系における従属栄養生物呼吸の時空間的変動を制御する主な要因．それらは，従属栄養生物呼吸の季節変化を至近的に制御するものから，従属栄養生物呼吸の生態系間の違いを引き起こす究極的な要因としての状態因子と相互的制御まで，広範囲に及ぶ．矢印の太さは直接的・間接的影響の強さを示す．生態系間の従属栄養生物呼吸の変動の大部分を説明する要因は，リター供給の量や炭素の質である．そしてそれは究極的には，土壌資源や気候，植生，撹乱状況などの相互作用的な影響によって決まる．

としては適切でないことを意味している（Clein et al. 2000）．実際に，NPP が低い泥炭地のような生態系には大量の土壌炭素が蓄積しているが，そのような場所で分解は非常に遅い．

リターの窒素濃度が分解に及ぼす影響は小さくて一貫していないが，温帯林土壌に窒素を付加すると，生態系全体での従属栄養生物呼吸が減少した例がある（Janssens et al. 2010）．このことは，植物生産に対する窒素制限がほとんど起こらないような生産性の高

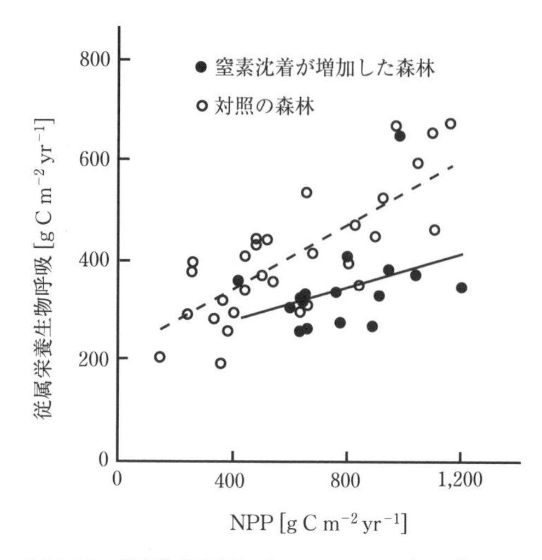


**図7.16**　窒素沈着が増加（$> 0.55$ g N $m^{-2}$ $yr^{-1}$）した森林における，NPPに対する従属栄養生物呼吸の関係．NPPに対する従属栄養生物呼吸の強い依存性は，窒素の蓄積によって減少しており，それはとくに生産性の高い森林において顕著である．Janssens et al.（2010）より．

い場所で顕著であり（図7.16），大気からの窒素沈着に応答して有機物が蓄積するようになる理由を説明するものである（Magnani et al. 2007；Sutton et al. 2008；Liu and Greaver 2009）．窒素付加による微生物（とくに分解者や菌根菌）バイオマスの減少，根や菌根からの浸出物の減少，リグニン分解酵素の生産の減少といった複数の影響の結果，従属栄養生物呼吸が抑制されていると考えられている（Fog 1988；Treseder 2008；Janssens et al. 2010）．

**炭素循環と窒素循環が連携することにより，NPPと分解の間にある潜在的な不均衡が抑制される．**植物と微生物はどちらも，その成長のために炭素（エネルギー）と栄養塩を必要とする．たとえば，新鮮リターを分解する微生物は，自身の成長に必要となる窒素を基質や土壌から得ている（**不動化**，immobilization）．そして，後に微生物がエネルギーを獲得するために窒素を含む化合物を分解したときに，窒素が環境中に放出される（**無機化**，mineralization；第9章参照）．窒素の不動化と無機化の強度やタイミングは，基質の化学性に依存する．たとえば，窒素制限下にある植物によって生産されたリターは，比較的窒素濃度が低く，難分解性化合物の濃度が高い．このようなリターを分解する微生物はゆっくりと窒素を無機化するので，植物に対する窒素供給を抑制し，さらにはNPPを低下させることになる．次に重要な炭素・窒素循環の連携は，菌根が介在するものである．菌根の成長は植物のGPPによって直接的に支えられており，また，菌根は自身だけでなく，その宿主の成長に必要な無機栄養塩を作り出す（Högberg et al. 2001；Finlay 2008）．このように，生命プロセスのためには生理的に炭素・窒素の両方が必要なので，炭素循環と窒素循環の間には必然的に連携が生じ，それゆえ，生態系においてNPPと分解の間にはある程度長期的な均衡が生まれる．第9章では，炭素循環と窒素循環の間の均衡を変え，それゆえにそのつながりの強さを変えてしまうプロセスについて議論する．

## 7.10　純生態系生産（NEP）

**短い時間スケールで見ると，一般的に陸域生態系の炭素収支はGPPと呼吸によって支配されている．**それらの収支は広く純生態系生産（NEP）とよばれる．

$$\mathrm{NEP} = \mathrm{GPP} - R_{\mathrm{ecosyst}} = \mathrm{NPP} - R_{\mathrm{het}} \tag{7.7}$$

ここで，

$$R_{\mathrm{ecosyst}} = R_{\mathrm{plant}} + R_{\mathrm{het}} \tag{7.8}$$

である．生態系呼吸（ecosystem respiration；$R_{\mathrm{ecosyst}}$）は，植物による呼吸（$R_{\mathrm{plant}}$）と，微生物や動物といった従属栄養生物による呼吸（$R_{\mathrm{het}}$）の和である．NEPは，生物が炭素やエネルギーを獲得する主要なプロセス（GPP）と，自身の成長や維持のためにそのエネルギーを呼吸によって利用するプロセス（$R_{\mathrm{ecosyst}}$）を的確に表現できる有益な概念である．そして，このNEPという概念によって，生物の生理的側面を生態系の炭素収支へとつなげていくことができる（Woodwell and Whittaker 1968；Chapin et al. 2006a；Luyssaert et al. 2007）．NEPの概念は，植物におけるNPP（$= \mathrm{GPP} - R_{\mathrm{plant}}$）の概念とよく似ており，そして，それは生態系内のあらゆる生物の生理的側面を記述するプロセスベースモデルに容易に組み込むことができる．

後述するように，NEPを直接測定することは事実上不可能である．しかし，陸域生態系においては，大気とのガス交換によって，GPPのソースとなる$CO_2$の大部分が供給され，その一方で呼吸由来の$CO_2$の大部分が取り除かれる．生態系全体におけるこの正味の$CO_2$交換量は，**純生態系交換**（net ecosystem exchange；**NEE**）とよばれ，短期的な観測においては，NEPと近似できることが多い．現在，NEEは幅広い生態系で測定されている（Box 7.2）．後述するが，このNEEは，陸域生態系ではNEPを過大評価し，淡水生態系では過小評価している可能性がある．しかし，定常状態に近い生態系におけるNEPの地理的パターンや，それを決めている環境要因などをある程度理解するためには利用できるだろう（Baldocchi et al. 2001；Luyssaert et al. 2007；Xiao et al. 2008）．

NEEは慣例的に，生態系から大気に向かう$CO_2$の流れ（フラックス）として定義される．これは，生態系に対する負の炭素インプットと同義である．NEEは，増加しつつある大気$CO_2$濃度の説明をするために大気科学者が生み出した用語であり，彼らは大気に対する正味の$CO_2$ソースを記述しようとしたため，NEEはこのように定義されている．

**さまざまな要因がGPPと$R_{\mathrm{ecosyst}}$の間の「不均衡」を引き起こし，それがNEPを決定**

する．最近まで撹乱を受けていない生態系においては，NEP は，光合成による炭素の獲得と，（主に植物と微生物による）呼吸を通した炭素の損失，という二つのフラックスの間のわずかな差にすぎない（図 7.17）．数日から数週間の時間スケールにおいては，一般に GPP は生態系呼吸とかなり密接に相関する（Migliavacca et al. 2010）．なぜなら，すでに議論したように，植物呼吸と従属栄養生物呼吸はともに，GPP を介して生態系へと供給される炭素の量に強く影響されるからである．しかし，NEP が GPP や NPP，あるいは生態系呼吸量と単純に相関していると考える理由はない．GPP が厳密に生態系呼吸と等しければ，NEP はその定義上ゼロとなる．しかし，GPP と呼吸が完全に釣り合うようなことは，ほとんど起こらない．日中においては光合成が呼吸を上回る一方で，夜中にはその逆が起こっている．同様に，植物がバイオマスを蓄積する成長期間においては，光合成が呼吸を上回って NEP は正の値をとるが，光合成が低下する非成長期間においては，従属栄養生物呼吸が光合成を上回って NEP は負の値をとる．これらによって，非常に単純で予測しやすい NEP の日変化や季節変化が起こる（図 7.17）．

この予測された季節パターン（図 7.17）のとおり，NEP は植物の成長に適した季節（GPP > 生態系呼吸）には概して正（または NEE が負）の値を示すが，成長に不適な季節（GPP < 生態系呼吸；図 7.18（口絵 5））には負の値を示す．NEP が示す季節変化の大きさは生態系によって異なる．たとえば，アメリカの落葉広葉樹林において，NEP は成長期間に正の最大値をとり，非成長期間に負の最大値をとる．その一方で，灌木地は NEP の季節変化が最も小さい（Xiao et al. 2008）．沿岸常緑樹林は，1 年を通して中程度の正の NEP を示す．当然のことながら，正の NEP（負の NEE）は，広葉樹林が優占しているアメリカ東部の夏に最もよくみられるが，アメリカ北西部の太平洋岸の沿岸常緑樹

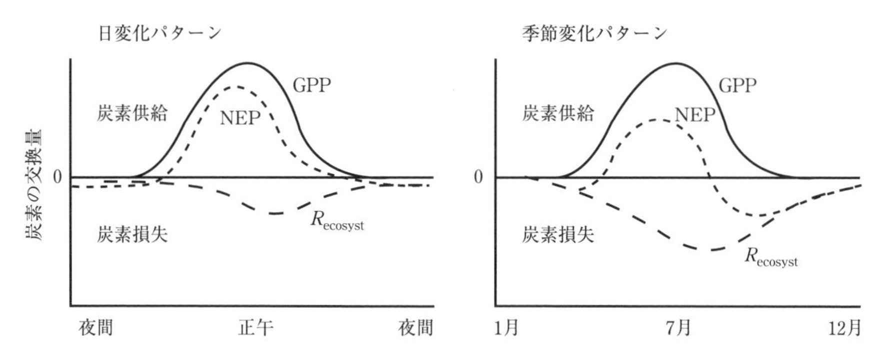


**図 7.17**　生態系の総一次生産（GPP）と生態系呼吸（$R_{ecosyst}$），純生態系生産（NEP）の模式的な日変化（植物成長が活発な季節）および季節変化パターン．NEP は二つの大きなフラックス（GPP としての炭素供給と，呼吸を通した炭素損失）の差である．これらの図の中では生態系が定常状態であると仮定している．日積算 NEP の値は正であり（植物の成長が活発な季節においては GPP > 生態系呼吸），そして年積算 NEP の値はゼロに近い値である．実際のこれらのフラックスの変動パターンは，環境条件や遷移段階，その他の要因によって変化する（本文参照）．溶脱や撹乱による炭素損失は，これらの図の中ではゼロと仮定している．

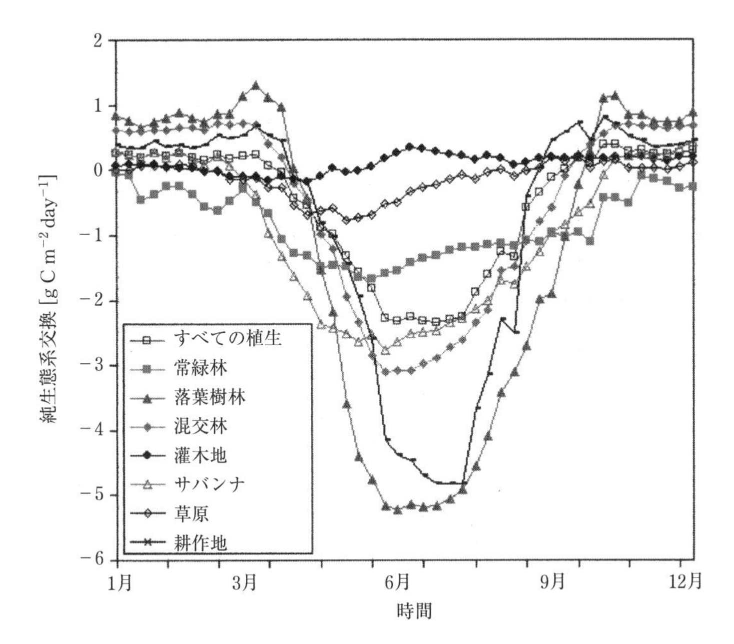


**図 7.18（口絵 5）** 生態系フラックス研究のネットワークの一つである AmeriFlux による純生態系交換（NEE）の測定結果と，MODIS 衛星画像を用いた回帰モデルに基づいて予測された，2005 年のアメリカにおける主要な植生タイプの NEE の季節変化．Xiao et al. (2008) より．

林帯においては 1 年を通して正の NEP がより均一に分布している．そしてアメリカ南西部の乾燥地域においては夏には負の値（NEE は正）を示す（図 7.19（口絵 6））．また，中西部の耕作地も夏の間に強い正の NEP（負の NEE）を示す．一般的に，NEP におけるこのような季節変化は，生態系呼吸よりもむしろ GPP によってより強く制御されている．なぜなら，一般的に GPP と生態系呼吸はどちらも成長期間に最も高くなるが，GPP の非成長期間における低下は，生態系呼吸における低下に比べてより大きくなるためである．

NEP はまた，撹乱後の時間経過にともなっても変化する．植物バイオマスや GPP を減少させるような伐採やハリケーン，山火事のような撹乱によって，NEP は減少すると予測される（第 12 章参照）．さらにこのようなときには，地上部バイオマスが地表面へ移動したり（たとえばハリケーン），分解に適した環境条件へと変化したりするため，撹乱によって従属栄養生物呼吸は増加することが多い．その後，バイオマスや GPP が増加するにつれて NEP は回復するが，さらにその後 GPP が生態系呼吸と平衡になるにつれて，NEP はゼロへと近づいていくはずである．しかし驚くべきことに，100 年以上経った森林においても NEP は正の値をとり続けることが多い（図 7.20；Luyssaert et al. 2007）．アメリカの中で見ると，灌木地を除くすべての生態系タイプにおいて，近年に撹乱を受けていなければ，平均 NEP は正の値を示したと報告されている（図 7.19；Xiao et al. 2008）．

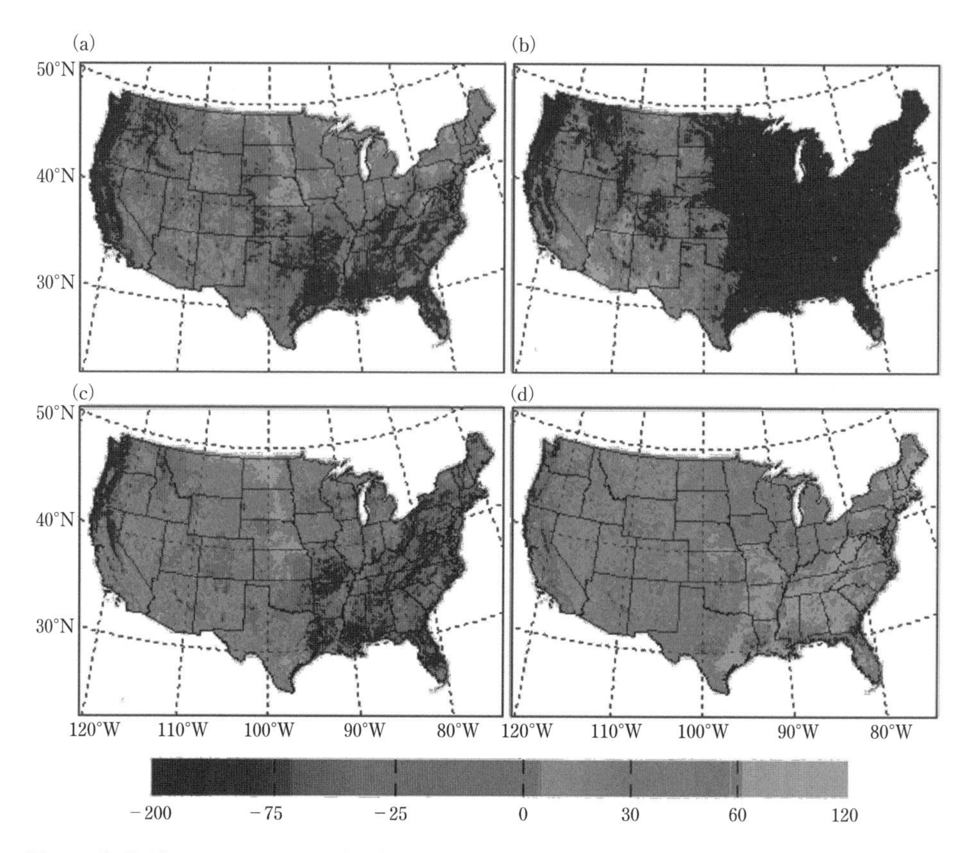


図7.19（口絵6）　AmeriFlux による純生態系交換（NEE）の測定結果と，MODIS 衛星画像を用いた回帰モデルに基づいて予測された NEE マップ．(a) 春季（3～5月），(b) 夏季（6～8月），(c) 秋季（9～11月），(d) 冬季（12～2月）．Xiao et al. (2008) より．

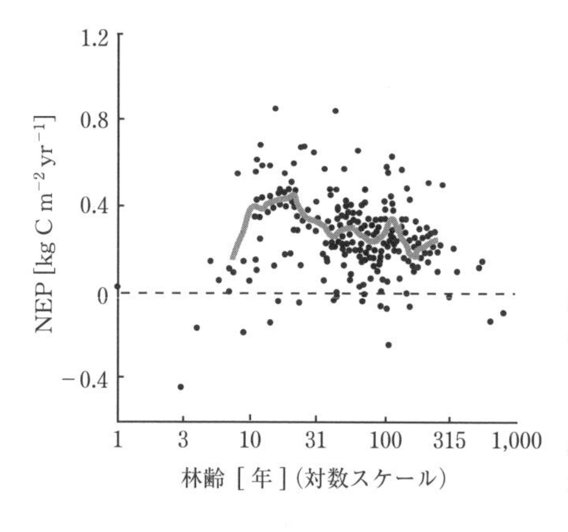


図7.20　林齢に対する森林の純生態系生産（NEP）の関係．正の値は森林が炭素のシンク，負の値はソースであることを示す．グレーの太線は NEP の平均値を示す（$n = 500$ 森林サイト）．NEP は20～30年生の森林で最大となるが，その後，数百年間は正の値が保たれている．Luyssaert et al. (2007) より．

これは，陸域生物圏全体で見ても同様である（Le Quéré et al. 2009）．

陸域生態系の広い範囲において概して正の値のNEPが観測されることには，少なくとも以下の四つの説明が考えられる．

(1) この現象は，NEPが撹乱後の遷移パターンに沿って回復していることを反映しており，生態系は撹乱を受けた後は非常に長期にわたって炭素のシンクであり続けるのかもしれない．言い換えると，新たな撹乱が生じるより前に生態系が定常状態に達することはめったにないのだろう（Luyssaert et al. 2007；Xiao et al. 2008）．
(2) 大気$CO_2$の増加や窒素沈着の増加といった近年の環境変化が，光合成の促進や呼吸の減少を引き起こし，その結果としてより多くの炭素蓄積につながっているのかもしれない（Magnani et al. 2007；de Vries et al. 2009；Liu and Greaver 2009；Janssens et al. 2010）．
(3) 未測定ではあるが，溶脱やその他の輸送経路による炭素の損失が，陸域生態系の正味の炭素収支において重要な構成要素なのかもしれない．つまり，こういった非ガス態での炭素の損失はNEEの観測では検出されず，NEPの過大評価につながっている可能性がある（Kling et al. 1991；Randerson et al. 2002；Cole et al. 2007）．
(4) 調査サイトの選定や各種観測，モデルにおいて，意図しない偏りがあるのかもしれない（Baldocchi 2003；Sutton et al. 2008）．

生態学者達は，陸域生態系において概して正のNEPが観察されることに対して，これらの四つを有力な原因として捉え，それぞれの重要性について精力的に議論している．ここからは，これらの問題についてもう少し詳細に探ってみよう．

一般的にNEPは，想定どおりの遷移パターンを示し，撹乱によって一時的に減少する．たとえば，昆虫の大発生は葉面積を減少させて従属栄養生物呼吸を増加させ，その結果としてNEPを（それゆえGPPも）減少させる（Kurz et al. 2008）．その後，植生が回復すると，GPPは呼吸に比べてより大きく増加し，NEPの増加へとつながる（図7.20；図12.13参照）．しかし，生態系の年齢が約80年を超えると，NEPは年齢にともなって減少し始める（Magnani et al. 2007）．ただし，すでに指摘したように，老齢林においてもNEPがゼロにまで減少することはほとんどない（Luyssaert et al. 2007；Xiao et al. 2008）．森林に蓄積されている炭素の約半分が地下部の根や土壌であり，地上部について見ると，3分の2は粗大木質リター中に，残りが生きている幹に蓄積されている（第6章参照）．大規模撹乱や撹乱後の遷移をほとんど経験しない北極域ツンドラのような生態系でさえ，NEPは正の値を示す（McGuire et al. 2009）．このことは，遷移にともなう生態系の変遷が，陸域で概してNEPが正であることに対する唯一の説明ではないことを示唆している．

大気$CO_2$濃度や生態系への窒素インプットのグローバルな増加によって，NEPは増加する．なぜなら，それらは生態系呼吸に比べてより強くGPPを促進するからである．たとえば，酸性雨にともなう窒素沈着によって，炭素の蓄積が森林では約6％，耕作地では約2％程度増加し，その他の自然生態系では検出できるほどの変化は認められなかった（Sutton et al. 2008；Liu and Greaver 2009）．一方，$CO_2$の上昇は，地球全体で比較的均一であるため，それがNEPに及ぼす影響を評価することはより難しい．しかし，とくに肥沃な生態系や，窒素沈着の影響をシミュレートするために実験的に栄養塩が添加されてきた生態系において，$CO_2$ 濃度の上昇がしばしばNEPを促進することが示されている（McGuire et al. 1995a；Ciais et al. 2005a）．このような人為的な環境改変は，その多くの場合で，撹乱を受けていない陸域生態系のNEPを高めてきた．

気候の時空間変動がNEPに対してもたらす影響を予測することは，簡単ではない．なぜなら，温暖な気候や土壌の通気性の改善，水分の利用可能性の改善などは，NEPに含まれるGPPや植物呼吸，微生物呼吸といったすべての要素を促進するからである．たとえば，南ヨーロッパにおいては，GPPと生態系呼吸はどちらも水分の制限を強く受けている．これらのフラックスはどちらも，湿潤な年や場所において同程度に高くなるので，水分供給とNEPの間に有意な関係はみられない（図7.21；Reichstein et al. 2007）．GPPと生態系呼吸が主に温度によって抑制されているような北方域のサイトにおいても同様に，温暖な年や場所においてこの二つのフラックスがともに同程度に増加するので，温度とNEPの間には有意な関係は認められない（図7.21；Luyssaert et al. 2007；Magnani et al. 2007；Reichstein et al. 2007；Piao et al. 2009）．水分と温度を同時に考える場合，主に乾燥がGPPを減少させる効果が非常に大きいという理由から，NEPに対しては温度よりも水分による影響が強い（Reichstein et al. 2007）．このようなことから，1年の中で観察される季節変化のケースと同様に，気候の年々変化は，生態系呼吸に対してよりも，主にGPPに対して影響することによって，NEPの変動を引き起こしている（Ciais et al. 2005a；Groendahl et al. 2007；Luyssaert et al. 2007；Reichstein et al. 2007）．

温度や水分の変化に対して，NEPがそれほど敏感に応答しないにもかかわらず，気候の変化は長い時間をかけてNEPを変化させるようだ．たとえば，最近の温度変化に対してNEPがそれほど敏感に応答しないような森林でさえ，20世紀の最後の20年間における温暖化の度合いが，これらの森林間で現在観察されているNEPの違いの大部分を説明しているという（Piao et al. 2009）．短期間での気候的なショックもまた，長期間のインパクトをもつことがある．たとえば，2003年7月にヨーロッパで起こった深刻な干ばつは，それまでの4年間に蓄積された炭素をなかったものにしてしまうほどにNEPを減少させた（Ciais et al. 2005b）．温暖化の季節性もまた重要である．たとえば，春の温暖化は，融雪日，植物の成長や光合成が始まる日を早めることによって，GPPやNEPを増加させる（Euskirchen et al. 2006；Lafleur and Humphreys 2007；Piao et al. 2008）．しかし，太陽高度が低く土壌が温かい秋においては，温暖化はGPPよりも生態系呼吸を大きく増加させ，結果としてNEPを減少させる．このような理由によって，ユーラシアでは顕著な春の温暖化が年間NEPの上昇を招き，逆に北アメリカでは顕著な秋の温暖化が年間NEPを減少させた（Piao et al. 2008）．

地下水面や土壌の通気性の変化もまた，NEPに複雑な変化を引き起こす．湛水した泥炭地を排水すると，GPPが減少し（Chivers et al. 2009），場合によっては従属栄養生物呼吸が増加する（Silvola et al. 1996）ため，はじめはNEPが減少する．長い時間が経過し

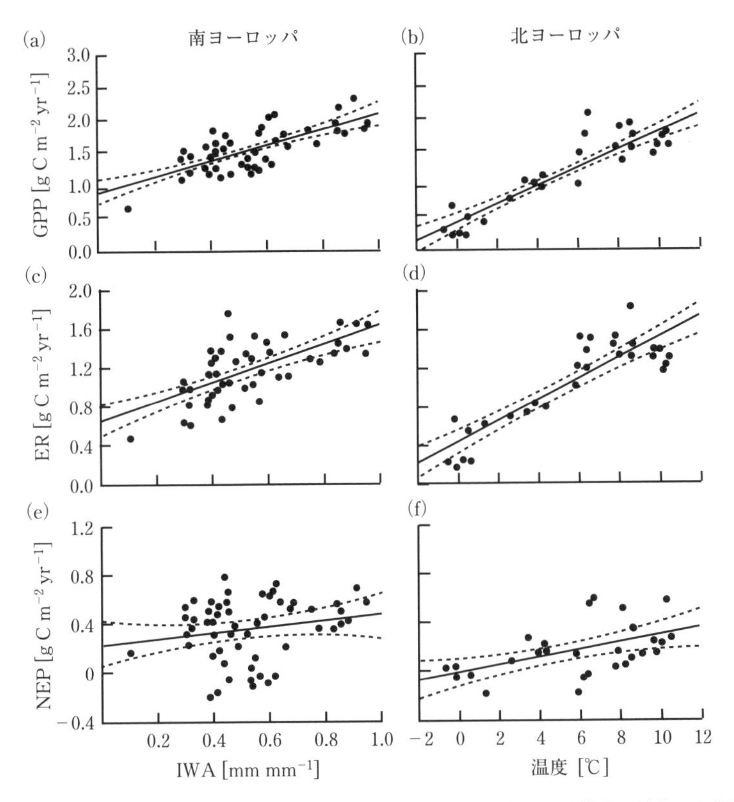


**図 7.21**　南ヨーロッパの森林における水の有効性指標（IWA；潜在的蒸発散量に対する実蒸発散量の比）と炭素フラックスの相関関係（a, c, e）と，北ヨーロッパの森林における年平均温度と炭素フラックスの相関関係（b, d, f）．ここに示したフラックスは，総一次生産（GPP；a および b），生態系呼吸量（ER†；c および d），そして純生態系生産（NEP；e および f）である．実線と破線は，それぞれ平均と 95％信頼区間を示す．GPP と ER は，NEP に比べてより強く環境要因と相関している．Reichstein et al.（2007）より．

て，より生産的な非泥炭地性の植物種が侵入してくると，葉面積や GPP が増加して NEP は正の値になることが多い（炭素の蓄積；Minkkinen et al. 2002；Laiho et al. 2003）．現在の温暖化に応答して起こっている永久凍土層の融解は，GPP よりも生態系呼吸を大きく上昇させ，その結果，数千年前に蓄えられた炭素の損失が起こる（Schuur et al. 2009）．大気中の炭素の 2 倍に相当する炭素が永久凍土層に存在することをふまえると，この負の NEP は，温暖化がより増幅するような（正の）フィードバック効果をもたらすだろう（Zimov et al. 2006；Schuur et al. 2008）．

以上をまとめると，撹乱後の自然遷移プロセスや気候変動，大気への人為影響などはすべて，主に GPP に影響することで，NEP に影響を及ぼしている．現在得られている証拠

† 訳注：式（7.8）の $R_{ecosyst}$ と同じものである．

によると，生物圏のNEPを制御している要因に対して，人間活動がかなりの影響を与えていることが示唆されている．これらの影響は，NEPを増減させうる撹乱や土地被覆の改変，一般的にはNEPを上昇させる窒素沈着や大気$CO_2$の増加上昇，そしてNEPに対してさまざまな影響を及ぼす人為的な温暖化などを介して，顕在化していくだろう．ただし，次節で説明するように，NEPの変化が気候システムや生物圏に及ぼす最終的な影響は，生態系炭素収支の全体的な変化に依存する．

### Box 7.2　生態系および地域における炭素フラックスの測定

光合成（GPP）や呼吸は，一般的に陸域生態系－大気間の最大の炭素フラックスである．ボールが芝生の上を転がるように，空気の乱流渦が生態系の表面を横切るとき，渦の縁の下向きに動く部分が大気中の空気を生態系へと運び，そして渦の縁の上向きに動く部分が生態系の空気を大気へと移動させる．**渦相関法**では，鉛直方向の風速および上下に動く空気塊中の$CO_2$濃度を，素早く（一秒あたり約10回）測定している．$CO_2$フラックスは，これらの測定結果から直接計算することができる（乱流渦がセンサーを通過する際に起こる，微小で瞬間的な$CO_2$濃度の変化と鉛直方向の風速の瞬間的な変化の掛け合わせとして計算される）．それらのフラックスを1時間，1日，1年というように積算すると，それぞれの期間における生態系と大気の間の正味の$CO_2$フラックス（すなわちNEE）を表すことになる（図7.22参照）．これらのフラックスの測定技術や，潜在的な人為影響を補正するための技術は，急速に発達しつつある（Baldocchi 2003）．観測サイトのネットワークを通じてNEEの長期観測結果を比較することで，陸域生態系におけるNEEの時空間的変動を制御する要因を理解し，一般化する基盤となる．このようにして得られた知見は，リモートセンシングで検出できる生態系特性（たとえば生態系タイプや葉面積）や環境条件（たとえば温度）に基づいてさまざまな炭素フラックス（たとえばGPPや生態系呼吸，NEP）を推定するモデルに組み込まれており（Running et al. 2004），広大な地域をカバーした炭素フラックスの推定へとつながっている（図7.19参照）．

NEEの測定は，山火事による$CO_2$放出や，地下水や水域生態系への炭素の輸送といったその他のフラックスを測定することによって補完される（Cole et al. 2007）．これらすべてのフラックスを積算することで，生態系による炭素の蓄積または損失速度である純生態系炭素収支（NECB）の推定が可能となる（Randerson et al. 2002；Chapin et al. 2006a）．

広域スケールの大気観測結果を用いることで，これらの推定されたフラックスを独立してチェックすることが可能である（図7.27（口絵7）参照）．大気循環モデルでは，空気塊が大陸や海洋を横断した際の大気$CO_2$量の変化を，実際の観測に基づいて計算することができる．この情報に基づいて，地表面－大気間での正味の地域的な$CO_2$交換（地域NEE）が計算され，地表面観測とモデルに基づいて得られた推定値を比較することが可能となる（Fan et al. 1998；Gurney et al. 2002；Schuh et al. 2010）．

## 7.11　純生態系炭素収支

**純生態系炭素収支**（net ecosystem carbon balance；**NECB**）**は，生態系による正味の炭素蓄積速度である．**それは生態系へ出入りする炭素の収支であり，すなわち，生態系における炭素貯蔵の時間経過にともなう変化量である．

$$\mathrm{NECB} = \frac{dC}{dt} \tag{7.9}$$

NECB を考える際には，上下面および側面によって生態系の容積を限定し，それを可視化すると理解しやすいだろう（図 7.22；Chapin et al. 2006a）．陸域生態系の場合，この生態系の「ボックス」の上部は樹冠の上側，ボックスの下部は根圏の下側に相当し，ボックスの側面は解析対象の範囲を限定するためのものである．炭素のほとんどは総一次生産（GPP）として生態系へ入り，そして植物や従属栄養生物の呼吸，DOC や DIC の溶脱，揮発性有機化合物の放出，メタン放出，撹乱といった複数のプロセスによって生態系から出て行く．侵食や沈着，動物の移動，あるいは収穫などの水平輸送によって生態系に出入りする炭素も存在する（図 7.22）．NECB とは，このボックスの生態系における炭素量の増加（正の値）または損失（負の値）を示している．

NECB ＝（ガス態のインプット－アウトプット）
　　＋（溶存態のインプット－アウトプット）
　　＋（粒子状のインプット－アウトプット）　(7.10)

$$\mathrm{NECB} = (-\,\mathrm{NEE} + F_{\mathrm{CO}} + F_{\mathrm{CH4}} + F_{\mathrm{VOC}}) + (F_{\mathrm{DIC}} + F_{\mathrm{DOC}}) + F_{\mathrm{POC}} \tag{7.11}$$

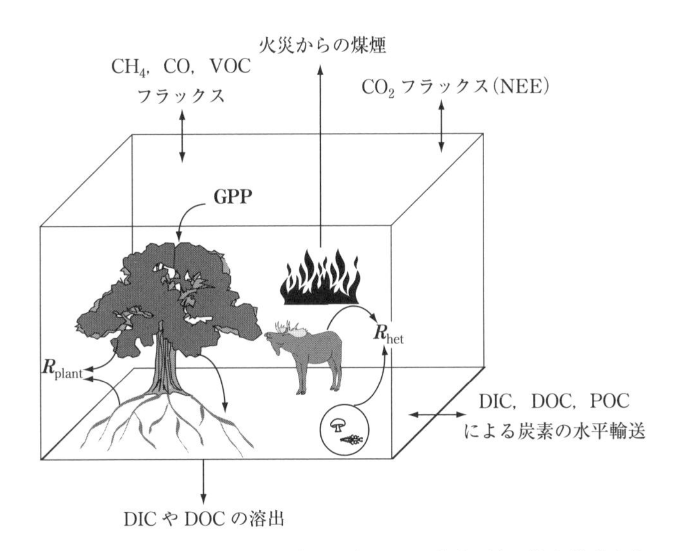


**図 7.22**　純生態系炭素収支（NECB）の主な構成要素．純生態系生産（NEP）を決定するフラックスは太字で示す．ボックスは炭素収支計算のための陸域生態系の空間範囲を表している．NECB と NEP に寄与しているフラックスについては，本文中で定義している．Chapin et al. (2006a) より．

## ■ガス態の炭素フラックス

多くの場合，主なガス態炭素フラックスはGPPと生態系呼吸である．しかし，いくつかの生態系においては，それに加えて，山火事による一時的だが多量の$CO_2$損失が起こる．また，$CH_4$とCOのフラックスも，気候学的に重要なガス放出である．山火事による有機物の燃焼は，生態系から大気への非呼吸的な$CO_2$損失であり，それはNEEやNECBの中で重要な要素となる．とくに，撹乱が含まれるほどの長い時間スケールにわたってNEEやNECBを積算したときに重要である．もちろん山火事はNEP（すなわちGPPと呼吸の収支）に含まれる要素で**はない**．しかし，多く場合，山火事にともなう炭素損失は，長期間の炭素収支の重要な要素である（図7.22；図7.23）．たとえば，カナダの北方林で発生した火災による炭素損失は，平均NPPの6～30％に相当するものであった（Harden et al. 2000；McGuire et al. 2010）．山火事の発生は遷移段階による影響を受けやすいので，地域スケールで推定されるNECBとNEEは，その地域に林齢の異なる林分がそれぞれ相対的にどのぐらい存在しているかに依存する．たとえば，近年のアメリカ北西部のよう

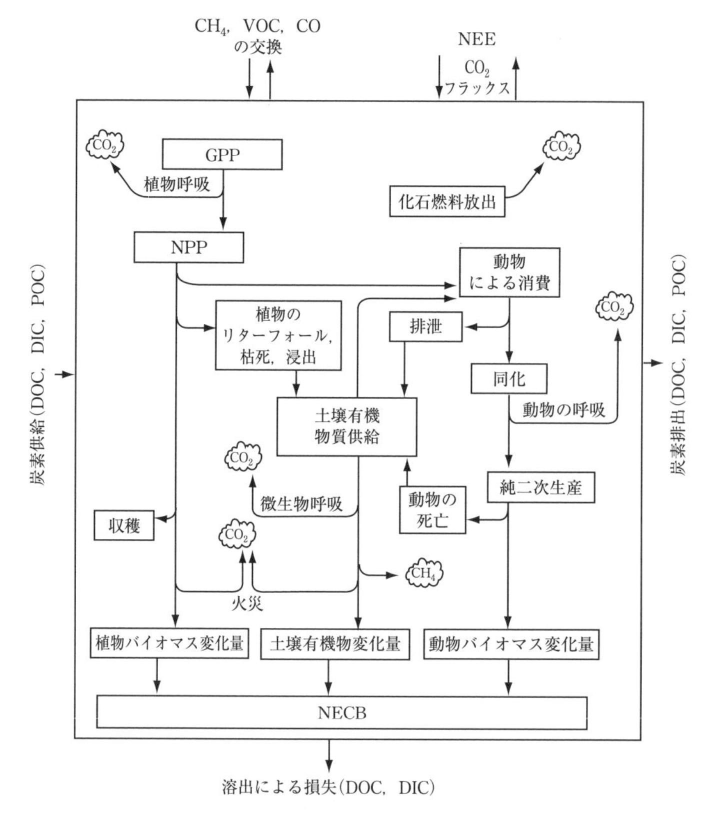


図7.23　生態系の炭素フラックスの概観．最も外側にある大きな四角形は生態系を示しており，これが大気や地下水，その他の生態系と炭素を交換する．

に，山火事の頻度が増加しているときにはNECBは負になりやすい．対照的に，ヨーロッパやアメリカ北東部のように前世紀において耕作地が広範囲にわたって放棄された場所では，山火事の頻度が小さく，NECBは正になるだろう．撹乱頻度やNECBの地域的な違いについての情報が不十分なことが，現在のグローバルな炭素循環を説明する際の不確実性を生む最も大きな要因の一つである（第14章参照）．

**正味の $CO_2$ フラックスが小さな生態系では，$CO_2$ 以外のガスフラックスがNECBの中で大きな割合を占める構成要素となりうる．**たとえば，北半球の永久凍土や氷に支配された場所（北極・北方域の陸地や，北極海）では，陸と海は中程度の炭素のシンクである．しかし，これらの地域は，湿地からの大きなメタン放出による温室効果で，気候の温暖化に寄与している（McGuire et al. 2009；McGuire et al. 2010）．さらに，山火事による一酸化炭素の放出（47 Tg C $yr^{-1}$）や，湿地や山火事によるメタンの放出（31 Tg C $yr^{-1}$）は，規模でいえば正味の $CO_2$ 固定速度（51 Tg C $yr^{-1}$）と同等であり，このことは地域レベルでの炭素収支を考える際には，$CO_2$ だけでなく複数種のガスフラックスが重要になること示している（McGuire et al. 2010）．

**生態系内の炭素を再分配するような撹乱では，炭素は生態系内にとどまっているので，NECBへの影響は間接的なものだけである．**たとえば，ハリケーンや昆虫の大発生では，生態系からの炭素の損失はないままで，生きた植物がもっていた炭素が土壌へ移動したり，立ち枯れした木へと変換されたりする．しかし，これらの撹乱は，光合成能力を下げ，分解者に利用できる餌を増やすことにより，NECBに間接的に影響する．言い換えれば，炭素収支におけるこれらの変化は，NEP（＝GPP－生態系呼吸）への影響を介してNECBにも影響を及ぼす．

**人間による化石燃料の燃焼は，いまもなお増加し続けている大気への $CO_2$ ソースである．**そしてそれは，工業的農業や，人間に占有された町や都市のような生態系において，大きな炭素フラックスである（第14章参照）．化石燃料の燃焼は，過去に不活性化された地質的な有機炭素プール（石炭や石油，天然ガス）から大気へと炭素を輸送することを意味する．

## ■粒子状炭素フラックス

**粒子状炭素が生態系の内外へ水平輸送されることは，生態系における長期の炭素収支にとって重要かもしれない．**炭素は，風や水の動きによる侵食や堆積，あるいは人間を含む動物の移動を通して，生態系の内外へ水平移動することがある（図7.22；図7.23）．多くの生態系のほとんどの年では，これらの水平輸送は検出することができないぐらい非常に小さい．しかし，水平輸送が長期間にわたる場合や，洪水や地滑り，森林伐採といった極端なイベントの最中では，水平輸送は量的に重要となりうる．たとえば，ヨーロッパにおけるNEEの観測結果を説明するには，測定された生態系のフラックスに，他の国々からの食料輸入を加味する必要がある（Ciais et al. 2008）．同様に，アメリカ中西部の農業生産が盛んな複数の州において，東側の州はそれらの作物のほとんどを輸出しており正味の

$CO_2$ シンクであるが，西側の州ではそれらの作物を動物に食べさせ，呼吸によって大気へと炭素を放出するので，結果的にほとんど炭素固定は起こっていない（Schuh et al. 2010）．現在の陸域表面の大部分は，管理された森林や耕作地，放牧生態系，そして人為的な改変を受けたその他の生態系によって占められているが，このような生態系においては，炭素を含むバイオマスの水平輸送も NECB の重要な構成要素である（Ellis and Ramankutty 2008）．

### ■溶存態炭素フラックス

**溶存態の有機および無機炭素（DOC と DIC）の地下水や河川への溶出は，いくつかの生態系では量的に重要な炭素損失経路となる**（図 7.22；図 7.23）．これらについては，次節の河川における炭素収支に関する内容の中で議論する．

以上をまとめると，とくに長期にわたって考える場合には，ほとんどの生態系で GPP や生態系呼吸以外のフラックスも重要なフラックスであった．そのため，NEP や NEE の変化は，陸域生態系の炭素収支の変化を部分的に表しているにすぎない．

## 7.12　河川炭素フラックス

### ■河川での分解

**河川における炭素の水平方向への流れは，陸域土壌中における鉛直方向の動きと似ているが，より長い距離をかけて起こっている．**基本的な分解プロセスは，陸域生態系や水域生態系と同じである（Valiela 1995；Wagener et al. 1998；Gessner et al. 2010）．それらの過程には，デトリタスからの可溶性物質の溶脱（24 時間で初期乾燥重量の 25％を占める），節足動物や物理的過程によるリターの微小粒子への破砕，そして微生物による易分解性および難分解性基質の分解などが含まれている（Allan and Castillo 2007）．陸域ではこれらの過程は土壌表層から始まり，節足動物による土壌混合や新しいリターの埋没，下方への溶脱，その他の過程によって，土壌断面の下方へと有機物が移動する（Wagener et al. 1998）．河川生態系においても同様のプロセスが起こっているが，この過程で物質は数十 km も下流へ運ばれる．そのため，エネルギーや栄養塩は，多くの陸域生態系でみられるような鉛直方向の循環というよりもむしろ，水の中を**スパイラル（らせん）状に流れ落ちていく**と表現できる（Fisher et al. 1998）．

森林の源流域における主なエネルギーのインプットは，葉や木質リターのような**粗粒有機物**（coarse particulate organic matter, CPOM；粒径＞ 1 mm）として供給される陸上のデトリタスである（図 7.24）．このような流域では，光の利用可能性が低いために，藻類の生産が制限されている（第 6 章参照）．CPOM の分解プロセスの制御は，陸上における分解のケースとよく似ている．河川に供給された細かなリターは，石や粗大木質有機物の背後に滞留して，流水による溶脱を受ける．また，そのようなリターに無脊椎動物が定着し，小さな粒子を破砕したり摂取したりすることにより，微生物が定着するための表面

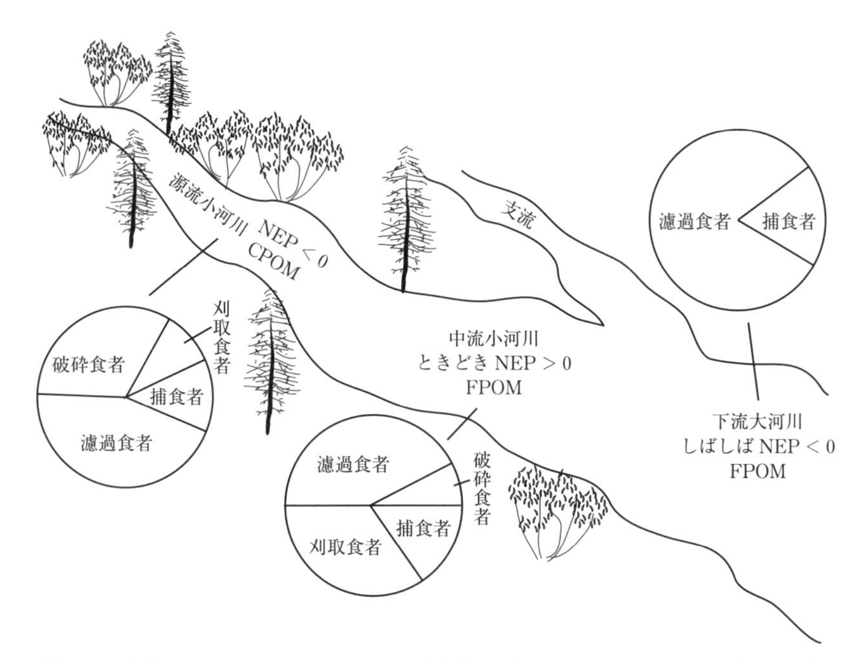


**図 7.24** 代表的な河川システムにおける河川連続体の概念．源流小河川では，河川内 GPP が低く従属栄養生物呼吸が高いため，NEP は負である．ここでは粗粒有機物（CPOM）がデトリタスプールの大部分を占めており，主要な無脊椎動物は破砕食者や濾過食者である．中流小河川では，光の利用可能性がより高く，GPP が生態系呼吸を上回る（その結果 NEP は正となる）ことがある．ここでは有機物の多くが細粒有機物（FPOM）であり，濾過食者や刈取食者が優占する．下流大河川では，上流から供給される FPOM を摂食する濾過食者の働きにより，有機物に富んだ堆積物が多量に蓄積する．生態系呼吸はしばしば GPP を超える（NEP は負となる）．河川システム全体では，生態系呼吸は概して GPP よりも大きい（NEP は負である）．Vannote et al. (1980) に基づく．

積が拡大する（図 7.25）．河川中の葉から**溶存有機態炭素**（dissolved organic carbon；DOC；粒径 < 0.5 μm）が溶出することや，**細粒有機物**（fine particulate organic matter；FPOM；0.5 μm < 粒径 < 1 mm）が流出することにより，デトリタスの重量は時間経過にともなって指数関数的に減少する（式 (7.1)）．これは，陸上でみられた現象と同様である（Allan and Castillo 2007）．河川においては微生物活性が水分によって制限されず，微粒子は下流へと洗い流されるので，河川中での分解は陸上に比べて速い．温帯の河川では，非常に細かなリター（非木質のもの）は 1 年以内にその重量の半分を失うが（Webster and Benfield 1986），同じ温帯の陸域環境では，リター重量が半減するのに 1 年以上かかる（図 7.6）．河川中で分解を担うのは，葉リターと一緒に河川に入ってきた生物ではなく，むしろ水中に特化した生物である．

菌類（もしくは，真菌）は流水中における主要な分解者であり，その一方で細菌（バクテリア）は通気性の低い河川堆積物中において優占する（Allan and Castillo 2007）．菌類

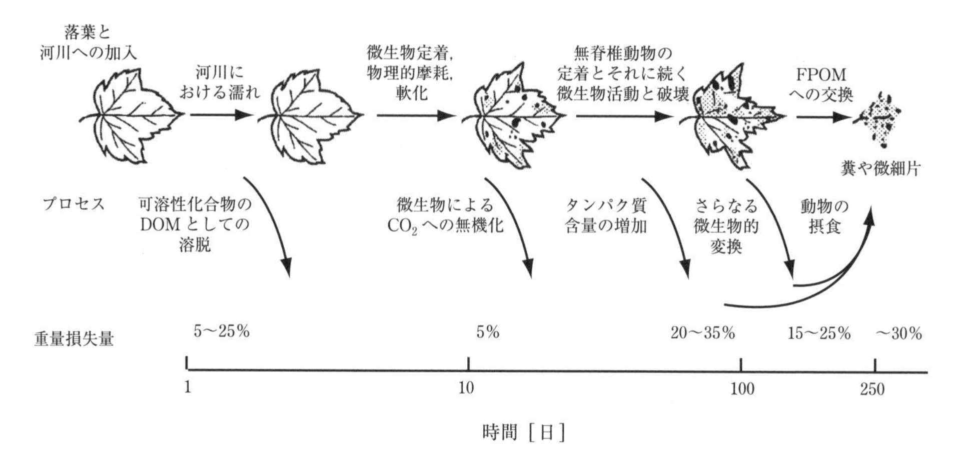


図7.25　温帯河川における中程度の質をもつ葉リターの「分解」プロセス．Allan and Castillo (2007) より．

は，細菌の活性を高めることもあれば（Gulis and Suberkropp 2003），それらと競合することもある（Wright and Covich 2005；Allan and Castillo 2007）．河川において，無脊椎動物がリターの微生物分解を促進する効果や，リターの質が分解に及ぼす化学的影響（Allan and Castillo 2007）は，実は陸域生態系の節ですでに述べたパターンと同じである（Gessner et al. 2010）．

FPOMは，主にCPOMが微粒子になる過程や無脊椎動物の糞，水生菌類による無性胞子の放出，岩石からの付着生物の剥離，微生物によるDOCの吸収などによって水中に生じる．たとえば，破砕食者によって消費される葉の約3分の1に相当する物質が，FPOMとして河川へ放出される（Giller and Malmqvist 1998）．河川の無脊椎動物は，彼らが摂取した有機物のうち比較的小さな割合（10～20%）しか同化しないので（第10章参照），相当な量の糞が生産されることになる．FPOMは，すでに易分解性基質が生物によって取り除かれているため，一般的にCPOMよりも難分解である（Allan and Castillo 2007）．実際，ほとんどのFPOMは，陸上由来の微細な粒子（たとえば，葉の微細片）ではなく，河川の生物によって生産されているように思われる．そして，このFPOMを主に分解しているのは細菌である（Findlay et al. 2002；Allan and Castillo 2007）．

ほとんどの河川において，DOCは最も大きな有機炭素プールである（Karlsson et al. 2005；Allan and Castillo 2007）．このDOCは，新鮮リターからの溶脱や藻類・高等植物・微生物による排泄といった河川内プロセスと，陸上湿地や河畔域からのインプットの両方によって生じる．河川のDOCには，分解性の大きく異なる多様な化合物が含まれている．易分解性のDOCは，分解者や高次栄養段階に位置する生物にとって重要なエネルギー源である（Allan and Castillo 2007）．たとえば，春に起こる藻類の大発生（藻類ブルーム；algal bloom）では，藻類から出る浸出物によって河川のDOCが1日で約37%も増加するという報告がある（Kaplan and Bott 1989；Allan and Castillo 2007）．また，1年の間にみられるDOCの急増は，魚類の遺体や枯葉からの溶脱に由来することも多い．生産されたDOCは，主に微生物による呼吸によって河川水中で消費されるが，光酸化や粘土粒子との結合といった非生物的な過程によっても河川水中から除去される（Allan and Castillo 2007）．藻類と細菌（バクテリア）からなるバイオフィルムは，岩や木，大型水生植物上にヌルヌルした膜状に形成されているが，このような付着生物では，藻類由来のDOCが分解者である細菌へ効率的に運ばれるという点がとくに重要だろう．熱帯域におけるブラックウォーターの河川や北方域の泥炭地（ピートランド）においては，そこに含まれるDOCの多くは土壌から浸出してきたタンニンや難分解性の腐植酸・フルボ酸である．これらの化合物は，河川中でゆっくりと分解されていく．

陸域の土壌と同様に，河川にも**河床間隙層**（hyporheic zone）とよばれる地下部があり，地下水はこの河床内を通って下流へと移動する．かなりの量の分解がこの河床間隙層で起こり，河川内の藻類の生産を支える栄養塩が放出されている．とくに，間欠河川の場合では，乾季の間には河床間隙層のみが残っている．この河床間隙層においては，河川流路よりも水がよりゆっくりと流れるため，有機物が分解作用を受ける距離は短くなり，結果としてその有機物が流れ下る距離も短くなる（Fisher et al. 1998）．

## ■ 河川の炭素収支

**源流から海洋へと至る河川における代謝プロセスには連続性がある**．河川生態系では，物質は下流へと流れ下るので，生物地球化学的プロセスの側方へのつながりの重要性が，陸域生態系とは劇的に異なる．**河川連続体仮説**（river continuum concept）という考え方では，河川サイズやエネルギー源，食物網，栄養塩プロセスなどが，源流から海洋に至る縦方向の河川代謝モデルとして統合されている（図7.24；Vannote et al. 1980）．多くの源流域では，デトリタス食物網や従属栄養的なエネルギープロセスが優占しているが，とくに森林内に位置する源流域でそれらは顕著である．これは，陸上からの多量のリター供給によって多くの餌が微生物に供給され，そして光の利用可能性が低いことによって藻類の生産が制限されているためである．そのためこれらの源流河川は，負のNEP（GPP < 生態系呼吸）を示し，多くの有機物を下流へと運ぶ（Webster and Meyer 1997；Mulholland et al. 2001；Allan and Castillo 2007）．ツンドラや北方林，湿地などにある日陰にならない源流河川でさえ，陸上起源の有機物が大量に供給されることと，藻類の生産が栄養塩不足によって制限されていることによって，一般的に従属栄養的である（Peterson et al. 1986）．土壌の場合と同様に，ほとんどの源流河川には**破砕食者**（shredder）が優占しており，彼らは葉などのデトリタスを小片に破壊することで，そこに存在する微生物混合物を消化している（Wagener et al. 1998）．この働きにより，微生物が接触できる新鮮な有機物表面が作り出されたり，下流へ運ばれる糞やその他の微細物質が生産されたりする．多くの源流河川はおおいに従属栄養的であるが，砂漠河川はそれに反する大きな例外である．乾燥環境下の河川では，リター供給が非常に少ない，あるいは日陰になることがまれなた

め，藻類による生産が優占していて，正のNEP（GPP >生態系呼吸）を示す（Fisher et al. 1982；Jones et al. 1997）.

下流域は川幅が広くて多くの光を受けることができるので，そこではGPPは上流域よりも大きくなるが（第6章参照），依然として従属栄養呼吸が優占していることが多い（結果，NEPは負となる；Webster and Meyer 1997）．ただし，これは光の利用可能性や水の透明度，水深といったGPPに影響する要因や，上流域や隣接する河畔からのデトリタス（FPOM）供給といった呼吸に影響する要因の両方に依存している（Howarth et al. 1996b）．微粒子（FPOM）の中には，ブヨの幼虫のような濾過食者（filter feeder）によって懸濁液中で消費されるものもあれば，貧毛類のような**収集食者**（collector）によって底生堆積物中で消費されるものもある．藻類とそれらに対する**刈取食者**（grazer）の存在量は，光の利用可能性に依存する．最終的に，FPOMが沈降するような大きな河川では，河床間隙層で起こる多量の分解を支える堆積物が存在することになる．もし，下流へ流される量を相殺できるほど藻類や細菌の繁殖が速ければ，これらの河川は水中における藻類の生産と微生物による分解の両者を支えていることになる．堆積帯では河川流路の勾配は緩やかで流速が低くなるので，しばしばこのようなことが起こりうる（Allan and Castillo 2007）．堆積物が懸濁され，透明度が低いために藻類の生産が制限されているような河川では，デトリタス分解プロセスが優占的となる傾向がある（NEPは負の値を示す；GPP <生態系呼吸）.

河川は一時的な変動が大きい系であり，これが炭素代謝の大きな時間変動につながっている．陸上における有機物供給の場合と同様に，リターフォールが季節変化することによって，河川への有機物供給もまた季節的に大きく変化する．また，融雪や豪雨は，陸上のリター表面を通る流出を増加させ，陸域由来の有機物粒子や鉱物粒子の懸濁や流出を増加させる．これによって，河川中へ運ばれる有機物や堆積物の量が大幅に増加する．たとえば，多くの源流域において，年間流出量でいえば1％にすぎない台風などのイベントが，年間に河川を通過するFPOM量の70～80％を輸送しているという報告がある（Bilby and Likens 1980；Webster et al. 1990；Allan and Castillo 2007）．さらには，洪水イベントは一次生産者を追い払い，堆積物や木質リター，その他の有機物を下流へと輸送する．藻類バイオマスはGPPやNPPを左右する重要な要因であるので（第6章参照），洪水は河川のGPPや正のNEPに対して抑制的に作用するといえる．アマゾン川のような人の手が加わっていない大きな河川では，洪水によって氾濫原の大部分が陸域から水域のハビタットへと変わる．そして，年間に氾濫原から河川へと供給される炭素の70～90％に相当する量が，この洪水の間に供給される（Bayley 1989；Meyer and Edwards 1990；Lewis et al. 2001；Allan and Castillo 2007）．ある気候状態において一次生産者のバイオマスを根本的に減少させるような撹乱は，陸上よりも河川においてより頻繁に起こる傾向があり，このことも，河川生態系において従属栄養的なプロセスが優占していることの一因である.

ある流路区間（**流程**）における炭素代謝は，その場所自体の特性（たとえば日陰の有無や温度，陸上リターの供給）だけでなく，上流域で起こるプロセスにも強く影響される.

河川中の有機物は，それが破壊されて呼吸によって失われるまでに，一般的に10～100 km（**回転長**；turnover length，その物質が分解されるまでの移動距離）を移動する（Allan and Castillo 2007；Webster 2007）．多くの河川では，その全長の85%が従属栄養的な源流域に相当する（Peterson et al. 2001）ので，源流域からの溶存態および粒子状炭素の輸送は，河川システム全体の代謝に大きな影響を与える．

全体として捉えれば，河川システムは一般的に従属栄養的であり，NEPは負の値を示すことが多い（GPP <生態系呼吸；Cole et al. 2007）．このことは，ほとんどの陸域生態系では概してNEPが正の値を示すこと（GPP >生態系呼吸）とは，大きく異なっている．炭素代謝におけるこの根本的な違いは，陸域から水域システムへの炭素輸送が景観レベルでの代謝に重要な役割を果たしていることを示している（第13章参照）．そして明らかに，陸域におけるNEPの値が陸上貯蔵された真の炭素量を示しているとはいえないことがわかるだろう．実際には，NEPの一部は水域システムへ輸送され，そこで$CO_2$として大気へ戻されたり，湖や貯水池の堆積物中に貯蔵されたり，あるいは海洋へ輸送されたりするのである（Cole et al. 2007）．

陸域から水域への炭素輸送は，二つの重要な要素からなる．一つ目は，すでに述べたように，水域の従属栄養生物呼吸を支える粒子状物質やDOCの輸送である．一方で，河川に入る地下水はきわめて高い$CO_2$濃度を示し，その75%は土壌中における根や微生物呼吸由来であり，残りの25%は岩石の風化に由来するものである（Schlesinger 1997；Cole et al. 2007）．陸上に固定された（すなわち，NEPは正）と考えられた炭素の約20%が，このようなDIC（溶存無機態炭素；dissolved inorganic carbon）として水域へ移動し，そしてそこでガス化して大気へと戻っていく（Kling et al. 1991；Algesten et al. 2003；Kortelainen et al. 2006；Cole et al. 2007）．言い換えれば，水域生態系から放出される$CO_2$の多くは，実際には陸域の呼吸由来であり，陸域においてみられる正のNEP（負のNEE）の多くは，陸上の炭素蓄積（正のNECB）に寄与していない．

陸域から水域システムへ入る炭素（溶存$CO_2$や枯死有機物）の中の約40%は$CO_2$として大気へ戻され，12%は湖や貯水池の堆積物に貯蔵される．そして，その残り（全体の約半分）が海洋へと輸送されるが，大まかにいうとその中の有機炭素と無機炭素の割合は同等である（Cole et al. 2007）．

## 7.13 湖沼の炭素フラックス

**湖沼では藻類のリター[†]の質が高いため，そこでの分解は陸上や河川中よりも速く進行する．**リター分解を遅くする要因でもあるリグニンは，陸上植物の構造の維持には重要であるが，湖沼のように一次生産者（藻類）が水中で浮遊したり，底に付着したりしているような環境では必要ない．さらに，湖沼でも河川と同様に，水分状態が分解を制限するよ

† 訳注：リターには，水域における藻類の枯死体なども含まれる．

うなことは起こらない．したがって，湖沼における分解は陸上よりも速く，分解の70〜85％は枯死有機物が堆積物へと沈降してしまう前の水中で起こる（Kalff 2002）．中間サイズの死んだ藻類細胞（直径10 μmのナノプランクトン）は，約0.25 m day$^{-1}$の速度で沈降するため，10 m沈降するのに40日かかるという（Baines and Pace 1994；Kalff 2002）．湖沼において水が撹拌されるのにかかる時間は，表層の混合層においては30分程度，深層においては1年程度，そして中間に位置する**変水層**（metalimnion）では3ヶ月程度のオーダー（図2.21参照）なので，ほとんどのデトリタス粒子は深層へと沈降する前に，分解を受けながら繰り返し撹拌される．このようによく混合される環境下であっても粒子が沈降できる唯一の理由は，乱流が卓越する表層混合層から層流が主な表層混合層底部，そしてほとんど流れのない深層へと粒子が段階的に移行していくからである．表層混合層から変水層への粒子の移行速度は，粒子の量（これは生産性の関数である）や，この境界層直上での粒子の沈降速度に依存する（Kalff 2002）．表層混合層の薄い湖（たとえば，小さい湖や風による影響から守られている湖，あるいは強く成層した湖）においては，より多くの割合のデトリタス粒子が表層混合層とその下の撹拌のない水の境目に入り込み，より下層へと沈降していくと考えられる．粒子が深層水を通過しているときも分解は続いているので，湖底の堆積物に到達する「レイクスノー（湖の雪）」の量は浅い湖よりも深い湖のほうが少なく，堆積物の有機物含量も低い．以上をまとめると，湖沼における分解は，乱流や成層状態，湖の深さといった湖沼の物理的特性に強く影響される．湖沼堆積物への枯死有機物フラックスは，富栄養で，小さく，浅く，そして風から守られているような湖において最も大きくなるだろう．

湖の表層混合層の下へと沈降していくような大きな粒子は，大型藻類や，動物プランクトンの糞塊，デトリタス物質の凝集などに由来する．大型藻類が優占するのは，富栄養な湖沼や微細藻類細胞を摂食する動物プランクトンが豊富な湖である．大型藻類は小型藻類よりも摂食されにくいのでその前に死ぬ頻度が高く，そのデトリタスがより深層へと沈降していく．また，動物プランクトンの糞塊は比較的密度が高く，100 m day$^{-1}$以上の速度で沈降することがある．これは中間サイズの藻類の死んだ細胞に比べると400倍も速い．溶存有機物の粒子への凝集は，表層混合層より下への沈降性を変化させるだけでなく，その分解速度にも影響を及ぼす．つまり，荷電基（カルボキシル基やアミノ基）をもつ有機化合物が，直接あるいは陽イオンによる架橋を介して相互作用することで凝集が起こり，そしてしばしば，土壌中と同様に（第3章参照）細菌の分泌物によって安定化される．このような場合は，凝集によって細菌と基質との遭遇率が上がるため，分解が速くなる．小さな湖では，最終的に湖底の堆積物に到達する有機物のおよそ半分は，藻類の生産によるものではなく，河川を通じて入ってくる陸域および沿岸域由来のものである（Kalff 2002）．

摂食は，湖における分解に複雑に影響している．第一に摂食は，藻類が死ぬ前に藻類細胞を消費するという意味で分解と競合関係にある．より多くのエネルギーが，デトリタスになる経路よりも摂食される経路を通るという点で，湖沼生態系は陸域生態系とは大きく異なる（第10章参照）．第二に，摂食者が高密度の糞塊を作り出したり，小さな藻類を摂食したりすることで，水中のデトリタスのサイズや沈降速度が上昇し，それによってデトリタスが堆積物に到達する可能性が高くなる．さらには，デトリタスをベースとする栄養システムと，生きた植物をベースとする栄養システムは，後述する海の外洋生態系における食物網の中で互いに密接に関係している．なぜなら，ほとんどの摂食者は餌の質よりもそのサイズに強く基づいて餌を選択するので，摂食に適したサイズであれば，生きた藻類細胞や死んだ藻類細胞，有機物集合体などをそれほど識別しないためである（第10章参照）．そのため摂食者は，湖における枯死有機物の分解に直接寄与している．

湖における分解の約15～30%は，堆積物中で起こる．堆積物の分解は，富栄養で，狭く小さな湖においてとくに重要である．湿地土壌のケースと同様に，湖沼堆積物の分解は酸素の利用可能性による影響を強く受ける．嫌気的な湖沼堆積物中では，酸化還元状態によってエネルギー放出の経路や，分解産物が $CO_2$ か $CH_4$ のどちらになるのかといったことが決まる．一方，酸化的な堆積物では，沿岸海洋堆積物におけるケースと同様に，ほとんどの分解が好気的に起こる．そこでは，軟体動物やミミズ類が堆積物の通気性を変化させる働きをすることによって，分解に大きな影響を及ぼしている．

水中から堆積物への有機物の輸送は一方向のものではない．堆積物の再懸濁によって，表層堆積物（とくに最近蓄積して緩く溜まっている堆積物）のかなりの割合が水中へと戻される．一般に乱流は再懸濁を引き起こし，それは水深が浅い所で最も大きくなる（たとえば，水深が15 mより浅い場所；Kalff 2002）．再懸濁は，乱流が激しくなる嵐の最中や，表層混合層の深さが最も大きくなって成層作用が弱くなる期間に最大となる．そのため，多くの温帯湖沼では，春と秋に再懸濁がピークを迎えることが多い．藻類のマットや沿岸大型水生植物のベッドが発達すると，再懸濁の程度は減少する．

堆積物の再懸濁は，水と堆積物間の相互作用だけではなく，湖沼域内における堆積物の水平方向の動きにも影響を及ぼす．浅い場所の堆積物では，しばしば再懸濁されることによって微粒子が取り除かれ，酸素の拡散を促進するような粗粒の堆積物が残されていく．浅い場所にあった堆積物は，再懸濁後の長い期間を経て，湖のより深い場所や，沿岸の大型水生植物のベッド（そこでは維管束植物や藻類マットによって堆積物が固定されている）へと移動していく．堆積物が再懸濁される領域とそれが堆積する領域の間の境界は，湖の乱流動態（それゆえ湖のサイズや深さ，成層状態，風からの保護）に依存する．このような移行帯は，湖底の傾斜が緩やかで3 mよりも浅く，風から保護されるような湖から，急勾配をもつ深さ40 m以上の大きな湖まで，幅広い範囲で生じうる．そして，堆積物が蓄積される領域は，湖における主要な炭素の貯蔵場所である．

湖は，淡水生態系における炭素貯蔵の主要な場である．平均的には，淡水系に入る陸域炭素の約12%は，湖の堆積物中に蓄えられている（Cole et al. 2007）．とくに貯水池は，陸域由来の有機物が急に低酸素環境に置かれるため，炭素貯蔵の重要な場である．この環境では，炭素の分解速度が減少し，また $CO_2$ よりも $CH_4$（強力な温室効果ガス）の形態で炭素が放出されやすくなる．さらに，貯水池は再懸濁速度が遅く水の貯留時間も長いため，自然の湖よりも川から入ってくる有機物粒子を効果的にトラップする．結果的に，近年に作られた貯水池は，すべての自然の湖を合わせた分よりも多くの炭素をそこに埋蔵しており，そしてそれは海洋堆積物へと輸送される炭素の1.5倍以上に及ぶ（Dean and Gorham 1998；Cole et al. 2007）．また，陸上から河川への堆積物輸送が増加しているにもかかわらず，貯水池が堆積物をトラップしてしまうので，陸上から海洋への堆積物の輸送は減少している（第3章参照；Syvitski et al. 2005）．このことは，積み重なればグローバルスケールでの影響が無視できなくなり，不用意な人間活動が炭素動態や地表面プロセスを大きく変えてしまうことを示している．

## 7.14　海洋の炭素フラックス

**海洋における分解パターンは，湖沼のものと似ている．** 海洋における分解は比較的速く進行する．なぜならば，海洋における炭素基質のほとんどが，低分子量の易分解性有機化合物だからである（Fenchel 1994）．そしてそれらは，陸上のデトリタスに多く含まれている，複雑な構造で炭素を豊富に含む化合物（セルロース，リグニン，フェノール類，タンニン類）とは対照的である．海洋における分解は，死細胞からの急速な溶脱とそれに続く化学変性が特徴的である．このことは，初期の「リター」（死細胞）が非常に小さいので無脊椎動物による破砕が生じないということを除けば，陸上におけるリター分解とまったく同じである．分解における化学的な制御もまた，陸上で観察されるものとよく似ている（Valiela 1995）．一方，ウイルスは，プランクトンの食物連鎖において重要な役割を担っており，植物プランクトンと細菌の両者を溶解する．このウイルスによる溶解は，外洋生態系における細菌の死亡の5～25%を占めるともいわれている（Valiela 1995）．このように，植物プランクトンからにじみ出たり，植物プランクトンや細菌の溶解や摂食中に放出されたりした溶存有機物（NPPの約10%）は，湖沼と同様に，細菌が定着した粒子へと凝集していく傾向にある（Valiela 1995）．外洋の植物プランクトンや細菌，ウイルス，そして粒子状の枯死有機物は，小さな鞭毛虫（ナノプランクトン）によって摂食され，そして次により大きな動物プランクトンによって摂食される．そのため，デトリタスをベースとした食物網（第10章参照）は，植物プランクトンをベースとした栄養システムと強固に組み合わされ，海洋の水産業をエネルギーと栄養塩の両面から大きく支えている．外洋生態系におけるこの**微生物ループ**（microbial loop）によって，ほとんどの炭素（80～95%）や栄養塩は，深層へと失われる前に真光層（狭義の有光層）で再利用されている（図7.26）．

**外洋の炭素循環によって，炭素や栄養塩は海洋表層から深層へと送り込まれる**（図7.26）．光合成を通して得られた粒子状炭素のほとんどは，陸域生態系や淡水生態系の場合と同様に，呼吸として環境へと戻されるが，外洋生態系では真光層で固定された炭素の5～20%がより深い海へと輸送される（Valiela 1995）．この割合は，多くの湖で起こっているものと比べるとやや小さい．この過程は，**生物ポンプ**（biological pump）とよばれる．深層への炭素フラックスは一次生産と密接に関係しているので，一次生産に影響を及ぼす

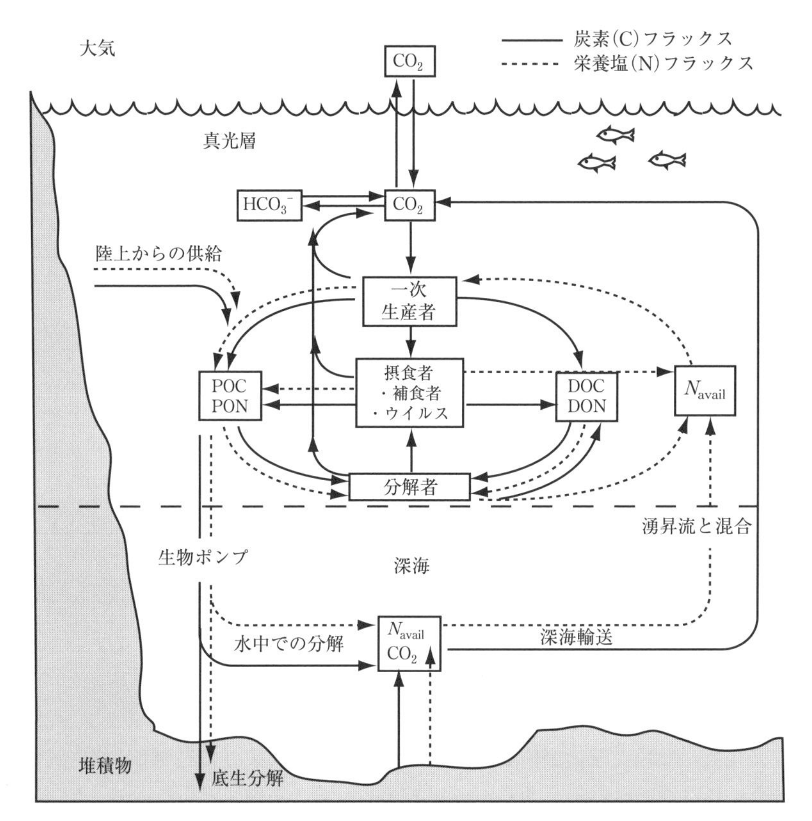


**図 7.26** 海洋における炭素（C）や栄養塩（N）の主要なプールと正味のフラックス．真光層（狭義の有光層）における $CO_2$ は，海水中の重炭酸塩（$HCO_3^-$）と大気中の $CO_2$ と平衡状態にある．$CO_2$ は一次生産者による光合成によって使い尽くされるが，生物の呼吸や深層からの湧昇流や混合によって補填される．摂食者は，一次生産者や細菌を消費するが，他の動物によって食べられたり，ウイルスによって溶解されたりする．これらの生物は，炭素や栄養塩を溶存態や粒子状の形（DOC，DON；POC，PON）で放出する．動物や分解者もまた，生物に利用可能な栄養塩を放出する（$N_{avail}$）．DOC は細菌によって消費され，そして栄養塩は一次生産者によって吸収される．糞や枯死有機物によって生産された粒子状の炭素や窒素は，真光層から堆積物へと沈降していくが，それらは沈降する間に分解され，$CO_2$ や栄養塩を放出する．底生における分解もまた，$CO_2$ や栄養塩を放出する．比較的 $CO_2$ や栄養塩に富んだ深層水は，やがて混合や湧昇流を通して表層へと戻され，これによって真光層における栄養塩供給が増加する．

環境要因は，海洋深層への炭素の輸送速度にも影響する．この炭素の輸送には，粒子状の枯死有機物（排泄物や死細胞）だけでなく，硬い構造をもつ海洋生物の炭酸塩でできた外骨格なども含まれている．このような炭酸塩は，生物的に固定されてやがて真光層から出て行く炭素の約 25% を占めている（Howarth et al. 1996b）が，炭酸塩は深層へ沈降するときに水圧の上昇によって再び溶解する．結果的に，比較的大きな粒子だけが速く沈降し，分解を受ける前に堆積物に到達する．数十年から数百年を経て，深層水中の炭素の一部は湧昇流や混合によって表層へと再循環する．この長期間にわたる循環があるために，現在の大気 $CO_2$ 濃度の上昇が海洋の生物地球化学に及ぼすインパクトは，それが陸上で検出された後も何百年にわたって続くことになる．生物ポンプの最終的な影響は，大気から深層水へ，そして海洋堆積物へと炭素を動かすことである．海洋中央部の堆積物においては，炭素は非常にゆっくりと蓄積する（NPP の約 0.01%）．なぜなら，分解のほとんどは有機物が堆積物に到達する前の水中で起こるからであり，また堆積物が非常に酸化的なために，残った炭素もそのほとんどが分解されるからである（Valiela 1995）．

深層へと炭素を輸送する生物ポンプは，枯死有機物に含まれている栄養塩類も輸送する．真光層では植物プランクトンに含まれる炭素や栄養塩のターンオーバーが速い（約1週間；Falkowski et al. 1998）ため，これらの栄養塩は生態系から失われやすくなっており，外洋生態系における比較的開放的な養分循環の要因となっている．一方で，陸域では，より長寿命かつサイズの大きな一次生産者が数年にわたって栄養塩を貯蔵したり，体内で再利用したりしている．これによって，1年の間に循環する栄養塩の割合が減少し，陸域の養分循環が逼迫することにつながっている．

底生堆積物での分解は，深い海洋よりも河口や大陸棚においてより重要である．なぜなら，こういった沿岸域はより生産的でより多くのデトリタスが生産されるだけでなく，河川を通じて多くの陸上由来の有機物が供給されるからである．さらに，枯死有機物が堆積物へ到達する前に分解を受ける時間が少ししかない．そのような場所では，分解者による酸素消費が大きいために酸素が枯渇し，分解は酸素不足によって制限される．そうすると，有機物はそこに蓄積されるか，あるいはちょうど陸域の湿地生態系のケースで述べたように，硫酸還元菌やメタン生成菌，脱窒菌のような嫌気性分解者の炭素源となる．しかし，自身の巣穴に注水することで餌を食べる濾過食性の底生無脊椎動物が存在すると，水と嫌気性堆積物との間の酸素交換のための表面積が大きくなり，好気性分解が促進されることもある．一方，河川の富栄養化は，多くの河口における生産性を大きく向上させ，堆積物へと沈降する枯死有機物を増加させる．これは，底生分解者による酸素の枯渇を招き，魚や無脊椎動物がもはや生存できない死の領域を作り出す（第9章参照；Howarth et al. 2011）．たとえば，アメリカの河口の3分の2ではこのようなことが起こって環境が劣化しており，もはや死の領域は世界中の河口や沿岸域においてありふれたことになってきている（Howarth et al. 2011）．

## 7.15　グローバルスケールでの炭素交換

**大気 $CO_2$ 濃度の季節的，地理的な変動は，NEE がグローバルスケールで変動していることを明示している**（Fung et al. 1987；Keeling et al. 1996a；Piao et al. 2008）．北半球の高緯度域においては，夏の間は暖かく，光合成が全体の呼吸を上回る（正の NEP，負の NEE）ので，大気 $CO_2$ 濃度は減少する（図7.27（口絵7））．対照的に，冬には低温や落

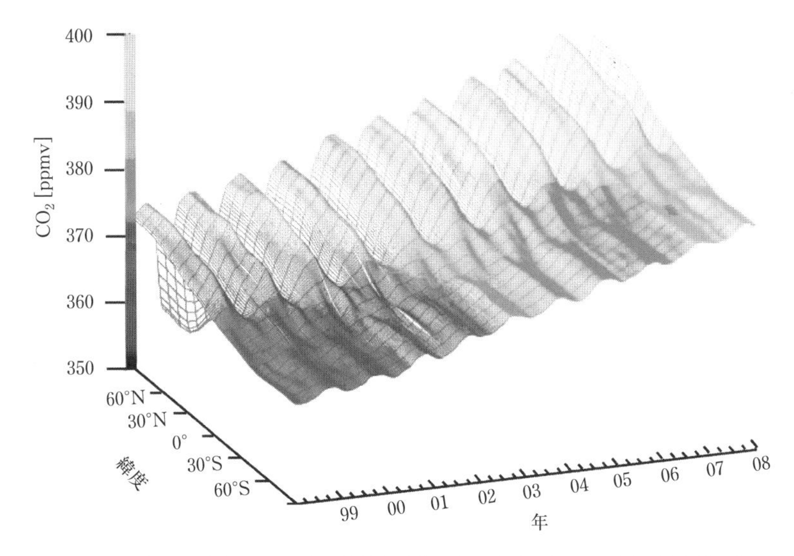


**図 7.27（口絵 7）** 大気 $CO_2$ 濃度の季節と緯度による変動．$CO_2$ 濃度の季節と緯度による変化は，主に陸上の光合成と呼吸のバランスを反映している．年を経るにつれて濃度が上昇していく傾向は，大気への人為的な $CO_2$ インプットの結果である．図は Pieter Tans 氏の好意による．http://www.esrl.noaa.gov/gmd/ccgg/

葉のために光合成が減少し，呼吸が炭素交換の中で大きな部分を占める（正の NEE）ので，大気 $CO_2$ 濃度は増加する．このような，光合成と呼吸のバランスの季節変化は，幅広い範囲の緯度帯で同調して起こり，大気 $CO_2$ 濃度の定常的な年々変化を生み出すことになる．この大気 $CO_2$ 濃度の年々変化は，まさに**生物圏**（biosphere, すなわち地球上のすべての生き物）の呼吸といえる（Fung et al. 1987）.

このような炭素交換の年々変化パターンは，緯度によって異なる気候の違いに沿って変化する．北半球の温帯域や高緯度域における NEE の明瞭な季節性とは対照的に，熱帯域では大気 $CO_2$ 濃度は 1 年の間でほとんど一定のままである．これは，光合成により得られる炭素量と呼吸によって失われる炭素量が 1 年を通して同等であり，ほぼ釣り合っているからである．言い換えれば，NEP や NEE はすべての季節においてゼロに近い．また，表面のほとんどを海が占めている南半球の高緯度域においても，大気 $CO_2$ 濃度の季節変化は比較的小さい．これは，海洋との炭素交換が，主に季節変化をあまり示さない風や水温，そして表層水中の $CO_2$ 濃度のような物理的要因によって決定されているからである（第 14 章参照）．以上をまとめると，グローバルスケールで観察された大気 $CO_2$ 濃度の変動パターンは，陸域生態系による炭素交換の規模が大きく，そしてそれが気候に対して敏感に応答していることを示す，説得力のある証拠となっている．

このように，大気 $CO_2$ 濃度を記録し続けることによって，年を追うごとに徐々に $CO_2$ 濃度が上昇していることもわかってきた（図 7.27（口絵 7））．これは，主に 19 世紀の産業革命以降，化石燃料由来の炭素が大気へ供給され続けた結果である（第14章参照）．そして，地球温暖化に寄与する温室効果ガスである大気$CO_2$の濃度上昇は，国際的な懸念事項になっている（第2章参照）．生物圏の炭素交換によって起こるある年における$CO_2$濃度の変動幅が，年間の$CO_2$濃度の上昇幅よりも約10倍も大きいことに注目してほしい．もし，生態系が獲得する正味の炭素量が長期間にわたって増加するならば，温暖化の速度を減少させるかもしれない．しかし，不運なことに，陸域生態系や水域生態系がもつ，大気から$CO_2$を除去する能力は減少しているように思われる（図7.28）．その理由は，陸域植生が炭素不足（$CO_2$の不足）による制限を受けているわけではないこと（第5章参照），そして海洋が$CO_2$を溶解できる容量が飽和していることによる（第14章参照；Canadell et al. 2007）．生態系生態学者は，気候システムの変化と生態系からの炭素フラックスのつながりを調べることで，世界的な政策決定において重要な役割を担っている（図7.22）．そして，その進歩は，葉レベルからグローバルレベルで行われたさまざまな測定結果を，コンピューターシミュレーションを用いて統合することで実現するだろう．

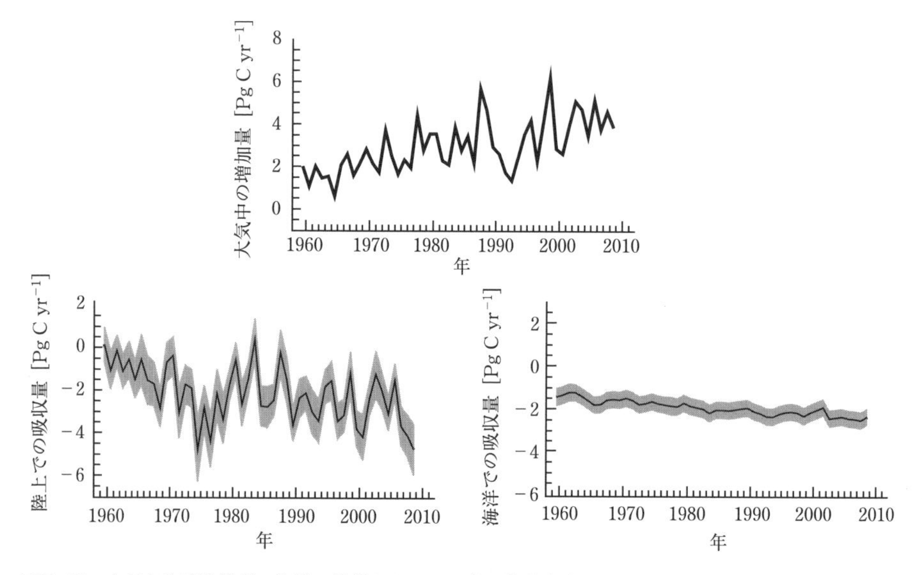


**図7.28**　大気や陸域生態系，海洋に保持されている化石燃料由来の$CO_2$放出．データはCanadell et al. (2007) より．

## 7.16　まとめ

分解とは，究極的には，溶脱や破砕，化学変性を通して枯死有機物を$CO_2$や無機栄養塩へと変換することである．溶脱プロセスでは，分解中の有機物から可溶性物質が取り除かれる．動物による破砕プロセスでは，有機物の大きな断片が彼らに摂食可能な小片へと破壊され，微生物が定着できる新鮮な表面が生まれる．また，陸域における破砕では，分解中の有機物が土壌と混合される．細菌や菌類が枯死有機物の化学変性プロセスの大部分を担っているが，微生物が介在しなくても自然に起こる化学反応も存在する．

分解速度は，基質の質や物理環境，微生物群集組成によって制御される．炭素の化学特性は，リターの質を大きく左右する因子である．糖やタンパク質といった易分解性基質は，リグニンや微生物細胞壁のような難分解性のものよりも速く分解される．資源の豊富な環境下に生育している植物は，質の高いリターを生産し，それゆえそのリターの分解速度も速くなる．時間が経過して易分解性基質が枯渇するにつれて，分解速度は次第に減少していく．土壌動物は，リターの破砕や他の土壌動物の摂食，そして鉱質土壌へリターを混ぜ込むことによって分解に影響を及ぼしている．NPP にとって都合のよい環境要因（温暖，湿潤，肥沃な土壌）は分解も促進するため，土壌に蓄えられている全炭素量は，NPP や分解速度のどちらに対しても明瞭な関係を示さない．

NECB は，生態系内における炭素蓄積速度である．この蓄積は，大気や他の生態系との間のガス態，溶存態，そして粒子状での炭素交換の結果として生じる．大きな撹乱がない所では，純生態系生産（NEP = GPP －生態系呼吸）が NECB を決める最も大きな因子である．NECB の近似値は，陸域生態系では純生態系交換（NEE）を，海洋生態系では DIC フラックスをそれぞれ測定することによって知ることができる．NEP は，環境よりもむしろ撹乱からの経過時間によって強く影響を受ける．驚くべきことに，多くの陸域生態系が炭素の活発なシンクとして機能しているようであり，その理由について本章でとくに精力的に議論した．山火事のような撹乱は，NEP の構成要素に含まれていないが，非呼吸的で非常に大きな炭素損失を引き起こす．NECB の推定にこれらの撹乱を含めることで，生態系と大気の間の相互作用をより的確に考えることができる．人間活動は，地球の気候を改変することによって，グローバルスケールで NECB を制御する主な要因のほとんどに影響を与えている．

有機物や溶存態 $CO_2$ が陸域から水域へと大量に輸送されるため，ほとんどの河川生態系は陸域生態系とは対照的に負の NEP を示す．河川における分解は陸域における分解とよく似ているが，河川では分解産物が下流へと流れ下ることで河川全体を通じた代謝が水平的につながっており，それが鉛直的につながっている陸域とはその点で異なっている．陸域から河川に入る炭素（溶存 $CO_2$ や枯死有機物）のうち，約 40％が $CO_2$ として大気へ戻され，12％が湖や貯水池の堆積物に蓄積され，そして残り（約半分）が海洋へと運ばれる．湖や海洋ではほとんどの分解は水中で起こり，それによって枯死有機物由来の栄養塩はすぐに再利用されることになる．海洋表層で固定された炭素の約 25％は，生物ポンプの働きによって深層へと沈降する．

## 復習問題

1. 分解とは何か？　そしてそれはなぜ生態系の機能に対して重要なのか？
2. 分解に寄与する三つの主要なプロセスは何か？　それぞれのプロセスにかかわる主要

な制御要因は何か？　それらのプロセスの中で，分解中のリターにおける重量減少に直接関与しているものはどれか？

3. 細菌と菌類では，環境応答や分解における役割はどのように違うのか？
4. 土壌動物が分解において果たす役割は何か？　原生動物とミミズでは，この機能はどのように異なるのか？
5. 分解者である微生物は，なぜ自身の体内で枯死有機物を破壊するのではなく，土壌へ酵素を分泌するのか？
6. 土壌有機物の質を決める化学特性は何か？　肥沃な土とそうではない土で成長した植物のリターでは，炭素の質やC：N比はどのように違うのか？
7. 温度と水分が分解速度に影響を及ぼすメカニズムを述べよ．
8. 植物根は分解速度にどのように影響を及ぼすのか？　根圏における分解は，非根圏土壌における分解とどのように異なるのか？　そしてそれはなぜか？
9. 源流域への炭素供給を決める要因は何か？　これが陸域－水域をつないだ景観レベルでの炭素収支に重要となるのはなぜか？
10. NEPとNECBを制御する要因は，GPPや分解を制御する要因とどのように異なるのか？　そしてそれらはなぜ異なるのか？

## 参考文献


Adair, E.C., W.J. Parton, S.J. Del Grosso, W.L. Silver, M.E. Harmon, et al. 2008. A simple three-pool model accurately describes patterns of long-term, global litter decomposition in the Long-term Intersite Decomposition Experiment Team (LIDET) data set. *Global Change Biology* 14:2636-2660.

Bardgett, R. D. 2005. *The Biology of Soil: A Community and Ecosystem Approach*. Oxford University Press, Oxford.

Canadell, J.G., C. Le Quéré, M.R. Raupach, C.B. Field, E.T. Buitehuls, et al. 2007. Contributions to accelerating atmospheric $CO_2$ growth from economic activity, carbon intensity, and efficiency of natural sinks. *Proceedings of the National Academy of Sciences, USA* 104:10288-10293.

Chapin, F.S., III, G.M. Woodwell, J.T. Randerson, G.M. Lovett, E.B. Rastetter et al. 2006. Reconciling carbon-cycle concepts, terminology, and methods. *Ecosystems* 9:1041-1050.

Chapin, F.S., III, J. McFarland, A.D. McGuire, E.S. Euskirchen, R.W. Ruess, et al. 2009. The changing global carbon cycle: Linking plant-soil carbon dynamics to global consequences. *Journal of Ecology* 97:840-850.

Davidson, E.A. and I.A. Janssens. 2006. Temperature sensitivity of soil carbon decomposition and feedbacks to climate change. *Nature* 440:165-173.

De Deyn, G.B., J.H.C. Cornelissen, and R.D. Bardgett. 2008. Plant functional traits and soil carbon sequestration in contrasting biomes. *Ecology Letters* 11:516-531.

Janssens, I.A., W. Dieleman, S. Luyssaert, J.-A. Subke, M. Reichstein, et al. 2010. Reduction of forest soil respiration in response to nitrogen deposition. *Nature Geoscience* 3:315-322.

Mary, B., S. Recous, D. Darwis, and D. Robin. 1996. Interactions between decomposition of plant residues and nitrogen cycling in soil. *Plant and Soil* 181:71-82.

Paul, E.A., and F.E. Clark. 1996. *Soil Microbiology and Biochemistry*. 2nd Edition. Academic Press, San Diego.

Schlesinger, W.H. 1977. Carbon balance in terrestrial detritus. *Annual Review of Ecology and Systematics* 8:51-81.

# 第8章 植物の養分利用

植物による養分の吸収，利用，損失は，生態系の物質循環において鍵となる段階である．本章では，植生を通じた養分の循環を規定する要因について述べる．

## 8.1 はじめに

生物圏における物質生産は，養分の供給に規定されているといえる．水中と陸上のいずれにおいても，ほとんどの生態系で実験的に養分を添加すると生産量が増加することから，養分条件による一次生産の制限は普遍的なものであるといえる（Vitousek and Howarth 1991；Elser et al. 2007）．陸域では水分条件が生産を規定する主要因となる場合もあるが（第4章参照），通常，いずれの気候帯においても，養分の可給性（＝利用可能性）と植物生産の間には強い正の相関がみられる．湖沼と海洋においては，漁業の生産性は養分の供給と一次生産に強くかかわっている．また，集約農業においても，継続的に収穫を得るためには施肥が欠かせない（図8.1）．このように，養分による生産の制限は広い範囲にわたってみられるため，植物による養分の獲得と利用，損失の制御について理解することは，植物生産と他の生態系プロセスがどのように規定されているのかを把握するために不可欠である．

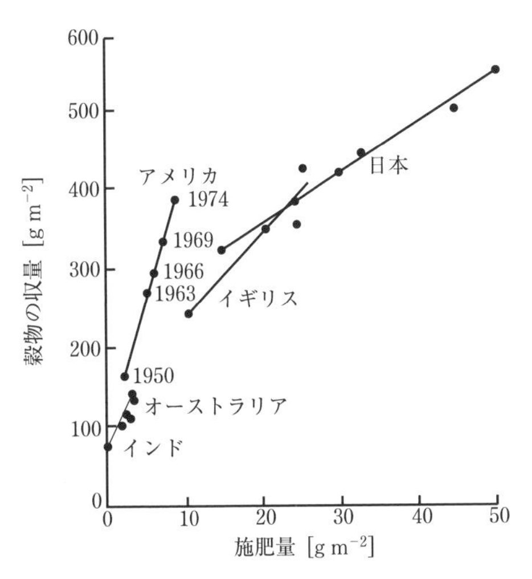


図8.1　施肥に対する穀物の収量の反応．これらの調査は緑の革命[†]の時期に行われた．収量は養分供給量が少ないときに最も強く反応する．多くの場合，窒素は飽和に到達している．Evans (1980) より．

† 訳注：1940 ～ 1960 年代にかけての農業技術の飛躍的な向上を指す．高収量品種の開発や化学肥料の大量投入が行われた．

## 8.2 焦　点

**耕作地や都市からの養分物質の流出によって，多くの湖や渓流で藻類の生産が増大し，水質やレクリエーションにおける価値を低下させてきた．**養分物質による汚染は，自然に起こりうる以上のレベルで生産量を増大させ，その効果は生態系を構成する要素のすべてに段階的に及んでいく．たとえば，透明度の高い淡水湖に養分を多量に供給すると，しばしば有害な藻類の異常発生を引き起こし（図8.2（口絵8）），魚の個体数を大きく変化させたり，消失させたりしてしまう．つまり，生産性が高いことは必ずしも良いことであるとは限らないのだ．なぜ，ある湖は他の湖に比べて，養分の流入に対して敏感に反応するのだろうか？　どの種類の養分が，長期的に見て湖の生産性に最も大きな影響を与えるのだろうか？　また，管理された景観ではそれらの陸からの流入はどのように低減されるのだろうか？　養分条件が一次生産に及ぼす影響を理解し，制御することは，注目しているある特定の生態系にとってだけでなく，グローバルスケールの気候と炭素動態にとっても非常に重要であるといえる．

**図8.2（口絵8）** リンの添加によって湖の生産性を上昇させた実験．カナダの湖沼試験地において，湖を実験的に幕で二分し，写真右下部分にリンが添加された（Schindler 1974）．藻類と窒素固定シアノバクテリアの生産がリンの添加によって刺激され，透明度の高かった湖を藻類の濃いスープ状の湖に変化させた．写真はDavid Schindler氏の好意による．

## 8.3 本章の概要

**植物は，ある種の養分を他のものよりも多く必要とする．多量養分元素**（macronutrient）は最も大量に必要とされているものである．多くの場合，植物の成長を制限している多量養分元素は，窒素とリン，カリウムである（表8.1）．植物は，カルシウムやマグネシウム，硫黄も多量に必要とするが，これらが成長を制限するケースは比較的少ない．**微量養分元素**（micronutrient）も植物にとって必要であるが，必要とされる量は少ない．ホウ素，塩素，銅，鉄，マンガン，モリブデン，亜鉛がこれに含まれる．**有用養分元素**（beneficial nutrient）は特定の状況下で，ある種の植物の成長を促進する（Marschner 1995）．たとえば，シダ類（ferns）にはアルミニウムが必要であり，窒素固定菌と共生する植物はコバルトを，珪藻類（diatoms）はケイ素を必要とする（Larcher 2003）．その他の元素は必要とされていないか，あるいはごく少量を必要とするものの，量が増えると逆に有害となる（有毒である．たとえば，セレン）．一般的には，根はそのような元素を吸収しないようになっているが，ある種の植物では耐性ができ，場合によっては病原体や植食者に対する防御として，そのような元素を高濃度で蓄積することさえある（Boyd 2004）．

**植物を通じて循環する養分の量は，植物の成長に必要な養分の要求量と，周囲からの供給量の間の動的なバランスによって決まる**．植物の成長にとって最適な養分の構成比は，多くの植物で共通している（Ingestad and Ågren 1988；Sterner and Elser 2002）．ある養分が，そのような最適なバランスを構成するには少なかった場合，その養分が成長を制限し，植物はその養分を選択的に吸収するようになると考えられる．また，植物の必要量よりも多く存在する養分はよりゆっくりと吸収される．植物の養分利用の種間差あるいは養分供給の違いによるばらつきは残るものの，このようにして植物体中の養分濃度は共通した比率に収束していく．その結果，植物の成長は複数種の養分の供給に対して反応するようになる（複合養分制限；Rastetter and Shaver 1992；Elser et al. 2007；Vitousek et al. 2010）．また，ある元素が他の養分に比べて相対的に非常に少なかった場合，ほとんどの養分の循環速度が，制限となっている養分の供給量に規定される．この元素に関する化学量論は，生態系におけるほとんどの必須養分元素の循環速度に影響する（第9章参照；Sterner and Elser 2002）．つまり，養分循環を理解するための鍵となるのは，どの養分元素が植物の成長を制限している要因となっているかを把握し，それらの養分の循環に影響を与えている要因を明らかにすることである．ときには，植物の成長が養分供給以外の要因によって規定されていることもあり，その場合には，養分物質の流れは供給速度に直接規定されるのではなく，植物による養分要求量によって規定される．そして，植物が利用可能な養分のうち植物に吸収されなかった分は，しばしば系から流失する（第9章参照）．この章では，まず植物の成長の制限要因としての養分について述べ，その後，養分吸収が成長における利用に直接結びついている海洋および淡水の生態系について論じる．次に，より複雑な陸域生態系における養分の関連について述べ，植物による養分吸収の調整や，養分の含有率と生産性の関係について，そして最後に植物から失われる養分の制御について検討する．

**最も基本的なレベルでは，ある一種類の養分（あるいは複数種の養分）を人為的に供給することによって植物の成長が促進される場合，その養分が植物の成長の制限要因となっていると定義される**．養分制限の予測値となるもの，あるいはその指標となるものは，植

表8.1　植物が必要とする養分とその主要な役割

| 養分 | 植物体内での役割 |
|---|---|
| 多量養分元素 | すべての植物が多量に必要とする |
| 一次要素 | 通常，最も多量に利用されているため，最も制限要因となりやすい |
| 窒素（N） | タンパク質，酵素，リン脂質，核酸の構成要素 |
| リン（P） | タンパク質，補酵素，核酸，油分，リン脂質，糖，デンプンの構成要素 |
| | ATP の構成要素として，エネルギーの伝達において必須 |
| カリウム（K） | タンパク質の構成要素 |
| | 病害からの防護，光合成，イオン輸送，浸透圧調節，酵素触媒 |
| 二次要素 | 多量養分元素ではあるが，比較的制限要因となりにくい |
| カルシウム（Ca） | 細胞壁の構成要素 |
| | 膜の構造と透過性，根の成長を調整 |
| | 酵素触媒 |
| マグネシウム（Mg） | クロロフィルの構成要素 |
| | 酵素の活性化 |
| 硫黄（S） | タンパク質と多くの酵素の構成要素 |
| | 酵素の活性化と耐寒性 |
| 微量養分元素 | すべての植物が少量ではあるが必要とする |
| ホウ素（B） | 糖の輸送と炭水化物の代謝 |
| 塩素（Cl） | 光合成反応と浸透圧調整 |
| 銅（Cu） | ある種の酵素においては構成要素となり，触媒の役割を果たす |
| 鉄（Fe） | クロロフィル合成，酵素，酸素の輸送 |
| マンガン（Mn） | 酵素の活性化，触媒 |
| モリブデン（Mo） | 窒素固定，硝酸同化にかかわる酵素，鉄の吸収と転流 |
| 亜鉛（Zn） | 酵素の活性化と糖の消費の制御 |
| 有用養分元素 | 特定の種あるいは特定の環境下でのみ必要とされる |
| アルミニウム（Al） | |
| コバルト（Co） | |
| ヨウ素（I） | |
| ニッケル（Ni） | |
| セレン（Se） | |
| ケイ素（Si） | |
| ナトリウム（Na） | |
| バナジウム（V） | |

Chapin and Eviner（2004）から転載.

物組織中の元素濃度比や土壌からの供給，養分を獲得するために根にどの程度資源を分配するかなど，数多く存在する．そういった指標は，対象となる地理学的，植物学的あるいは環境学的なひとまとまりの空間において養分添加実験によって較正された場合に，養分制限が生じていることの証拠として有効である．

この定義は直接的な経験に基づいたものであるが，それでも植物群落における養分による制限を理解するためにこの定義を当てはめようとすると，理解が難しくなる要因がいくつかある．まず，ある種の植物は本質的に養分の添加に対してあまり反応しない．たとえば，貧栄養な土壌に適応し，そのような場所で優占している種は，養分が一時的に添加された場合にそのほとんどを貯蔵してしまい，成長量は（それまで制限されていたにもかかわらず）ほとんど変化しない．それに対して，肥沃な土壌に適応し，そのような場所で優占している植物は，同じような一時的な養分の添加を受けると，そのほとんどを成長量を増大させることに利用する（Chapin et al. 1986b）．いずれの場合においても，植物は養分による制限を受けていたが，肥沃な場所に生育している植物は，貧栄養土壌に生育する植物よりも強く制限されていたといえる．

次に，短期間の養分添加実験で示される養分の制限は，どのような場合にも当てはまるわけではない．ある種の養分の添加は，植物群集の種構成を基本的に変化させることなく成長を促進するかもしれないが，それに対して，他の種類の養分を添加することは植物群集や生態系自体を変化させる可能性もあり，どちらが起こるかを短期間に判断することはできない．これらの違いは，現実の社会と強いかかわりをもつが，その実例として，1970年代に起こった湖の生態系の**富栄養化**（過剰な養分の供給とその養分の形態変化）を生じさせる養分が何であるかを巡る議論がある．社会集団によって，それぞれ異なる養分元素に注目が集まった．洗剤はリンを，農業は硝酸を，下水処理場は分解されると$CO_2$を出す溶存有機態炭素を放出する．**貧栄養**（養分濃度が低い）で，アルカリ度の低い湖水への短期的な養分添加実験では，プランクトンが窒素やリン，または$CO_2$の供給に反応して成長し，その湖ではプランクトンの成長が養分による制限を受けていたことが示されたが，これらのうちのどの要素が富栄養化を生じさせていたのかについて，これらの実験から明らかになったことはほとんどなかった．しかし，Schindler による湖全体を対象とした一連の実験により（Schindler 1971），湖の富栄養化にはリンの添加が必要であり，（それもリンのみの添加で）十分であることが示された．

ここで，養分制限に関する短期間の生物検定（bioassay）の結果と，湖全体への養分供給に対する反応が一致しなかったのはなぜだろうか？　この例では，リンの添加は窒素固定をするシアノバクテリアにとって有利に働き，その働きで湖に窒素が供給された．窒素とリンの供給に刺激されたプランクトンの増殖によって$CO_2$が枯渇し，短期的には$CO_2$による制限が大きくなったが，これによって大気と湖水の間の拡散勾配が大きくなり，$CO_2$フラックスを増大させた．そして，3種すべての要素が豊富に存在するようになり，湖は貧栄養から富栄養へ――澄んだ湖水から藻類に覆われた状態へ――と変化した（図 8.2（口絵 8））．リンの添加は，湖への窒素や炭素の供給を増やすことはできるかもしれないが，逆に窒素や炭素の添加によって湖に供給されるリンの量を増やすことはできない．つまり，3種の養分はすべて制限要因となっていたが，その中でリンの供給だけが湖を貧栄養から富栄養の状態へと変化させることができたのである．ここでは，群集や生態系を変化させることができるような要素を**究極制限栄養塩**（ultimate limiting nutrient），そして短期的に成長を促進することができるような要素を**至近制限栄養塩**（proximate limiting nutrient）とよぶことにする．

窒素とリンは，多くの生態系において代表的な至近制限栄養塩である（Elser et al. 2007）．前述の湖の生態系におけるリンの例のように，いずれも陸上あるいは水中の生態系において特定の条件下では究極制限栄養塩としての性質ももつ．陸域生態系の動態はさまざまで，数十年以上にわたって外部から加入してくる養分（風化されていない岩石の隆起，降雨，降塵）を蓄積可能な開放型システムであり，またその中で特定の養分による制限を受けている植物や微生物は，そのような養分を吸収して系内に保持することに長けている．リンによる至近的な制限はさまざまな理由で生じうるが，その中には窒素や他の資源の供給が増加することも含まれる．しかし，リンによる究極的な制限は，土壌が古く，長期にわたる風化や溶脱が利用可能なリンの供給を枯渇させた場合や，（母岩に含まれるリンの量が小さいため，あるいは風化されにくい性質であるために（Vitousek et al. 2010））他の制限要因となっている資源の供給と対応するだけのリンが，母岩の風化によって供給されない場合に生じる可能性がある．

窒素による究極的な制限について要因を説明することはさらに難しい．なぜなら，生物的窒素固定によって，大気中に多量に存在していて容易に獲得できる窒素ガスから，生物に利用可能な形として生態系内での循環に窒素が供給されるためである．窒素による究極的な制限は，次の二つの条件が満たされて初めて生じる．一つ目は，窒素が系外へ流出する経路が存在し，その流出が窒素による制限を受けている生物によって妨げられないことである．そのような経路の一つとして，溶存有機態窒素の形態での流亡が挙げられる（Hedin et al. 1995）．次に，窒素が制限要因となっている条件下であっても，生物的窒素固定を制限する他の要因が存在することである．考えられる要因として，窒素固定にかかるエネルギーコスト（このエネルギーコストのために，窒素固定菌と共生している植物が閉鎖した林冠に到達することができない）や，リンもしくは他の元素の不均衡による窒素固定の制限，共生窒素固定系において窒素濃度が高い組織が選択的に被食されることが挙げられる（第9章参照；Vitousek and Field 1999）．河口域においては，水の滞留時間が比較的短く，鉄による制限と被食によってシアノバクテリアによる窒素固定が抑制されることで，窒素による制限が継続している．このため，陸域と同様の要因によって窒素による究極的な制限を生じさせうる（Howarth and Marino 2006）．

養分による究極的制限と至近的制限は，いずれも生態系の機能において重要であり，この章の以下の部分ではその両方について（それらを動かすメカニズムを含めて）考察する．

## 8.4 海洋生態系

**一般に，外洋の真光層は貧栄養である．**外洋には海底からの養分供給は届かず，陸域のソースからも遠く離れており，養分的には砂漠のようなものである．河口域や沿岸の湧昇帯では，堆積物から養分が戻ってきたり深層水から表層水へ養分が供給されたりするが，外洋はそのような場所とは著しく異なっている．根を養分が利用可能な場所に分布させ，養分を光合成が行われる林冠組織へ輸送するような陸域生態系とも異なる．つまり，外洋においては，総じて養分の利用可能性が低いといえる．

植物プランクトンはサイズが小さく，粘性力によって水分子に結びついているため（第1章参照），（鞭毛や繊毛で）泳いだり（浮力を変化させて）浮いたり沈んだりする程度では，養分のイオンや分子との遭遇確率をそれほど上げることができない．つまり，植物プランクトンの細胞表面への養分の拡散が，養分吸収の律速プロセスとなる（Mann and Lazier 2006）．植物プランクトン（藻類とシアノバクテリア）は，盛んに養分を吸収することで細胞表面での養分濃度を低下させて，拡散勾配を作り出す．サイズの小さい海洋性プランクトンは，（表面積/体積比が高いため）拡散律速が小さくなっている．ピコプランクトンおよびナノプランクトン（それぞれ直径2 μm以下および2～20 μm）は，貧栄養な海洋生態系で優占する．対照的に，よりサイズが大きく，食用に適さない植物プランクトンは，捕食が群集構造により強い影響を与えるような富栄養な水中に最も多く分布している．このようなサイズの大きい植物プランクトンは，液胞をもち，可能な場合に養分をそこに貯蔵することで，富栄養な水中での競争において優位を得る（Falkowski et al. 1998）．

サイズの小さい植物プランクトンは，化学的に検出不可能なほど養分濃度の低い貧栄養な海水から養分を吸収している．植物プランクトンはどうやってそのようなことをするのだろうか？　その答えはまだはっきりとはわかっていないが，多くのプランクトンは有機物粒子の集塊に付着しており，そのような場所ではプランクトンは細菌による枯死有機物の無機化が起こっているすぐ近くに分布していることになる（Mann and Lazier 2006）．どこも同じように見える外洋においては，このような微細なスケールでのプロセスが重要なのかもしれない．

**外洋における養分制限の度合いは，表層が温められ，風と海流によってかき混ぜられることで生じる層構造間のバランスを反映している．**開けた外洋の広い範囲，とくに熱帯の貿易風帯のバイオーム（第6章参照）においては，つねに温かく養分に乏しい表層と，冷たくて塩分濃度が高く，養分に富んだ深層の水がはっきりと分けられて層構造が生じている．これらの層の間で水の密度が大きく異なること（**密度躍層**）により，深層の養分が上層へ混合されたり，表層の植物プランクトンが深層へ混合されたりすることが妨げられている（Mann and Lazier 2006）．生物生産の多くは，限られた水柱の中で，生食または腐食連鎖網によって再利用されるアンモニウムに支えられている（第10章参照）．一方で，貿易風や周期的に起こる暴風雨によって生じる大規模な海流は，養分の一部を巻き上げて混合し，排泄物や死んだ細胞として深層に沈んでいく養分を補う（第7章参照）．通常，アンモニウム[†1]に対する硝酸の比は深層ではずっと高い（第9章参照）．ある種のピコプランクトンは，表層の植物プランクトンの代謝によって再生産されるアンモニウムをとくに必要とする．他のプランクトンは，深層から巻き上げられて混合される硝酸を利用している．このような植物プランクトンのタイプごとの比率は，真光層における養分の再生成（**再生生産**，regenerated production）と，海底からの鉛直混合による供給を受けて起こる養分の再生成（**新生産**，new production）との相対的な重要性を示す良い指標となる（Dugdale and Goering 1967；Mann and Lazier 2006）．たとえば，シアノバクテリアの一種で，サイズが最も小さく，おそらくは地球上に最も多く存在する光合成生物であるプロクロロコッカス属（*Prochlorococcus*）は，貧栄養な表層水中の深部に発生する．そのような場所では光強度は低く，光合成と溶存有機態炭素（DOC；dissolved organic carbon）吸収の両方によって必要なエネルギーを得ている．硝酸を還元して利用するために十分なエネルギーが得られないため，彼らはアンモニウムの形態に再生成された窒素だけを利用している．プロクロロコッカス属は，サイズが小さいために1980年代まで発見されていなかったが，現在では北太平洋旋廻[†2]におけるバイオマスの60%を占めるとされ，おそらくは世界中の貧栄養な海水における生物生産の半分を占めると考えられている（Mann and Lazier 2006）．この例はまた，いまもなお新しい発見が生態系プロセスの制御に関する理解について大変革を起こしていることを示している．

外洋の暖温帯および高緯度地帯に位置する偏西風帯と極域のバイオームでは，成層が最も起こりにくい冬季には深層混合によって養分が運び上げられてくる（第6章参照）．深層混合もまた，植物プランクトンを広い範囲にわたって分散させ，その結果，植物プランクトンは真光層よりも深く，養分を吸収して成長するためのエネルギーが不足する場所（つまり，養分ではなく光に制限されるような場所）に長く分布することになる．熱帯の場合のように，表層と深層の水の間に密度躍層（つまり，温度躍層と塩分躍層によって生じる密度の勾配）が生じると，植物プランクトンは深層の水へと沈むことができなくなる（Mann and Lazier 2006）．春には，太陽高度が高くなり表層の水を温め，温度躍層が形成され，植物プランクトンは光条件の良いごく表層の部分に集中する．これによって，養分吸収と生産が著しく上昇する春季**ブルーム**が生じる（Mann and Lazier 2006）．春季には比較的水温が低いことで，プランクトン食の生物の成長が抑えられ，植物プランクトンは先に成長を開始できる．しかし最終的には，植物プランクトンは大部分が被食され，ほとんどの養分が深層に沈み，春季ブルームは終了する．温帯では秋にもしばしばブルームが起こるが，極域では起こらない．

沿岸境界域のバイオームにおいては，潮汐による激しい水の流れ，河川からの水の流入，

---

†1 訳注：第8，9章では，アンモニウム塩，アンモニウムイオンと硝酸塩，硝酸イオンをまとめて示す用語として，それぞれ「アンモニウム」と「硝酸」と訳す．亜硝酸，硫酸，リン酸についても同様である．

†2 訳注：北太平洋のほとんどの部分をなしている時計回りに廻る海流の旋廻渦．赤道と北緯50°の間の3,400万$km^2$程度の範囲を占める．北太平洋海流，カリフォルニア海流，北赤道海流と黒潮の四つの卓越する海流を含む．

湧昇，沿岸流による混合などのいくつかのプロセスによって，水柱の中でよく混合される．このような養分に富んだ水によってほぼ年中養分の吸収と成長が可能となり（第6章参照），それがときにこういった場所が地球上で最も生産力の高い漁場となる理由である（第10章参照）．

**養分のバランスはしばしば，外洋における養分の吸収と生産のパターンを説明する際に，総量と同じくらい重要な要因となる．** ほとんどの海洋性植物プランクトンのN：P比（窒素原子とリン原子の比）は，およそ16：1（あるいは質量比として7.2：1）である（**レッドフィールド比**とよばれる；Redfield 1958；Sterner and Elser 2002）．海洋性植物プランクトンのN：P比は時間的・空間的に（5～30の範囲で）変動するが，それは主にリンの濃度の変動によるものであり，淡水および陸域におけるN：P比よりも低い（もしくは同程度である）傾向がある（Guildford and Hecky 2000；Sterner and Elser 2002）．N：P比の低い（窒素に対して相対的にリンの多い）海洋性植物プランクトンは一般に窒素を選択的に吸収し，リンや他の養分の吸収を減少させ，置かれた環境において利用可能な窒素に対する（レッドフィールド比の）バランスを保つようにする（Valiela 1995；Falkowski 2000；Guildford and Hecky 2000；Sterner and Elser 2002；Mann and Lazier 2006）．海洋性植物プランクトン間のN：P比のばらつきは，環境中の養分比率の変動（この変動は海洋中では驚くほどささやかなものである）や，液胞中に蓄積された「余剰の養分」の変動（海洋性植物プランクトンのサイズは小さいためこの変動も小さい），種や成長条件によって異なる植物プランクトンの生理的要求量の変動を反映する．急速に成長している細胞は，（タンパク質合成のための細胞機構である）リボソームがリンを多く含むため，リンを多く必要とする（N：P比は低くなる；Sterner and Elser 2002）．同様のパターンが陸上植物でも観察されている（Güsewell 2004）．ブルーム（急激な大増殖）と急激な減少を繰り返す（bloom and bust cycle）という海洋性植物プランクトンの成長特性は，一般に海洋性植物プランクトンのN：P比が低いことと一致する．

短期的な生物検定においては通常，海洋性植物プランクトンは窒素とリンのいずれが添加された場合にも反応するが，窒素に対する反応のほうが強いことが多い（図8.3；Tyrrell 1999；Elser et al. 2007）．また，春季ブルームにおいて通常，窒素の量のほうがリンよりも急速に低下することは（Valiela 1995；Tyrrell 1999），海洋性植物プランクトンの生産が短期的には窒素に制限されていることを示唆している．しかし，長期的には海洋の多くの場所においてリンの河川やダストからの加入が，生産性を規定するように見える．ここで，長期的に見た場合と短期的に見た場合とで制限要因となる養分が異なることは，窒素固定植物プランクトンと非窒素固定植物プランクトンの養分に対する反応の違いを反映しているのかもしれない．窒素固定植物プランクトンは窒素固定にかかるエネルギーコストが高いため，一般に非窒素固定植物プランクトンよりも成長が遅い．しかし，窒素固定プランクトンはリンの供給に対して非窒素固定プランクトンよりも強く反応し，再びリンが窒素固定プランクトンの成長の制限要因となるまで生産を増加させる．その結果，海洋性植物プランクトンの生産量は至近的（短期的）には窒素によって制限され，究極的

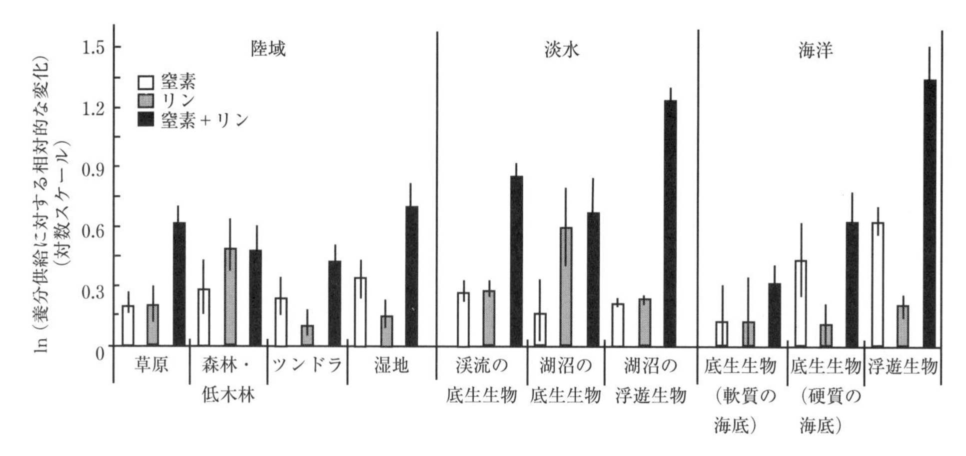


図8.3　陸域・淡水・海洋生態系における窒素あるいはリン，窒素＋リンの供給に対する植物生産の反応．反応は，養分供給区におけるバイオマスあるいは生産量を，対照区の値で割り対数変換した相対値として算出された．Elser et al. (2007) より．

（長期的）にはリンによって制限されることになる（Tyrrell 1999）．

窒素固定の制限要因となる微量元素もまた，海洋中での窒素制限の原因となりうる．鉄は，窒素固定をつかさどる酵素であるニトロゲナーゼの補因子として機能するが，非窒素固定植物プランクトンにも必要な要素である．亜赤道帯循環や，北太平洋の亜寒帯域，南極大陸を囲む南極海においては，表層の窒素とリンの濃度が比較的高く，利用可能な窒素とリンのおよそ半分程度は植物プランクトンに吸収されることなく深層と混合する（Falkowski et al. 1998）．こういった地域では，生物生産はこれらの養分の添加に対して反応を示さず，HNLC（high-nutrient, low-chlorophyll：高栄養塩・低クロロフィル）とよばれる一連の現象が引き起こされる（Valiela 1995；Falkowski et al. 1998；Mann and Lazier 2006）．これらの海域における大規模な鉄添加実験により，人工衛星からも観察可能なほどの植物プランクトンの大発生が起こり，ニトロゲナーゼの働きに必要な鉄が，植物プランクトンの窒素とリンの利用能力を制限していたことが示された．氷期には，鉄やリンを含むダストによる海洋への供給は現在の10倍はあった可能性があり，それらは海洋中の生物生産を促進し，大気 $CO_2$ 濃度を低下させていたと考えられる（Martin 1990；Falkowski et al. 1998）．鉄は，外洋の一部においては生物生産を制御するのに重要な役割を果たしており，大規模な鉄添加によって海洋の生産性を増大させることで，大量の $CO_2$ を大気から除去し，枯死有機物として深い海底に固定できるかもしれない．しかし，鉄の添加実験の結果，このような生産を増大させる刺激作用は比較的短期間のものであることが示されている．おそらくそれは植物プランクトンが必要とする鉄の要求が満たされると，すぐに他の養分が生産を制限するようになるからであろうと考えられる．珪藻の珪殻（ガラス殻；glass shells）の重要な成分であるケイ素もまた，HNLC 海域にかかわる養分であると考えられている（Dugdale et al. 1995；Mann and Lazier 2006）．その他の HNLC

海域においては，被食によって植物プランクトンのバイオマスと生産が小さくなっていると考えられるが，これは，プランクトンバイオマスそのものが小さいために，利用可能な養分が十分に消費されていないだけの場合もあるだろう（Valiela 1995）.

## 8.5 湖の生態系

**湖においても，海洋と同じように植物プランクトンの養分吸収と生産に養分が影響を与えている．**さまざまな特徴について考えると，海洋はただの巨大な塩湖とも捉えられる．湖と海洋はいずれも表面に混合層があり，それはより密度が高く養分が豊富な深い層から密度躍層によって隔てられている．このような層構造は，表層が温められ，風によって混合されることで形成される．岸の近くを除いては，湖と海洋における最大の一次生産者は単細胞の植物プランクトンであり，その成長は養分の細胞表面への拡散に強く規定されている．これらの単細胞生物は，通常きわめて小さく，その結果，表面積：体積比は大きくなり，養分の拡散による制限は小さくなっている．湖と海洋において植物プランクトンの生産量は利用可能な養分と被食の両方に強い影響を受け，地理的なパターンの変化の多くは利用可能な養分量によって説明できる（Kalff 2002；Mann and Lazier 2006）.

**ほとんどの汚染されていない湖において，短期的には窒素とリンの両方が一次生産を制限している．**海洋の場合とまったく同じように，短期間の生物検定において，湖の植物プランクトンの生産量は窒素あるいはリンのいずれに対しても強く反応し，この2種の養分の組み合わせに対しては相乗的な反応を示す（図8.3；Guildford and Hecky 2000；Kalff 2002；Elser et al. 2007；Sterner 2008）．湖においては，底生の植物プランクトンもまた窒素とリンの両方に対して反応するが，リンに対する反応のほうが強いといえる．湖全体を対象として行われた実験の数は比較的少ないが（そのすべてが貧栄養な湖で行われたものである），それらにおいても生物生産は窒素よりもリンに対して強く反応する傾向がみられる．なぜ湖では，海洋と比べて窒素が制限となることが少ないのだろうか？　おそらく，海洋で窒素固定を制限する要因となっている微量元素が，湖においては獲得しやすいのであろう．鉄が，海洋に比べて湖に豊富に存在することは間違いなく，陸からの流出や降塵，毎年起こる混合によって容易に補給される．一般に，湖の水の硝酸濃度は海水に比べて一桁高く（Valiela 1995），湖の植物プランクトンは海洋性植物プランクトンに比べてN：P比が高い．このこともまた，湖では海よりも利用可能な窒素量が大きいことを示している．海洋の場合と同じく，湖の植物プランクトンのN：P比の変動もリン濃度のばらつきを反映している．

海洋と湖における植物プランクトンの成長を制限する要因として，窒素とリンの相対的重要性が活発に議論されている（Sterner and Elser 2002；Elser et al. 2007；Schindler et al. 2008；Sterner 2008；Howarth et al. 2011）．植物プランクトンは非常に小さく，細菌や堆積有機物と分離するのは容易でないため，植物プランクトンに関する化学性や養分添加に対する反応を，分解者や堆積有機物の反応と分離して測定するのは困難である．さらに，湖の植物プランクトンが養分添加に対して示す短期的な反応は，長期的な反応とはしばしば異なっている．多くの水圏環境において植物プランクトンの成長は短期的には複数の養分に対して反応する傾向があるのに対し，長期的には一般にリンによる制限を示す．このような差異は，一次生産を制御する究極要因に対する至近要因として捉えられる（Vitousek et al. 2010）．湖においては，窒素の添加はしばしば植物プランクトンの成長を促し，貧栄養な湖においてはリンや炭素の添加さえも同様の反応をもたらすが（Schindler 1974），リンの供給量は外部から湖の表層水への加入に規定されていて，窒素の供給はリンの供給量自体をほとんど増大させない．対照的に，リンの添加は植物プランクトンの成長を促進するだけでなく，窒素固定をするシアノバクテリアの成長にも有利に働き，湖の生物全体への窒素供給量を増大させる．その意味で，窒素とリンは両方とも究極制限栄養塩であるといえるが，リンの供給量の変化によってのみ，多くの湖が貧栄養から富栄養へと究極的に変化しうるのである（Schindler 1971）．

## 8.6　河川と渓流

**河川や渓流における植物プランクトンの成長は，陸域の母材に応じて，窒素あるいはリン，もしくはその両方によって制限されている**（図 8.3；Elser et al. 2007）．多くの渓流，とくに源頭部では，養分による制限はそれほど強くないが，それはある程度は激しい流れによって拡散の制限が小さくなるからである．一方で，従属栄養生物ではしばしば反応がみられる．相対的な窒素とリンの重要性は，気候や，水文学的に見た水の流路，集水域の母岩，景観が形成されてからの年数，土地利用によって変化する（Green and Finlay 2010）．たとえば，米国南東部では渓流でリン制限になっているケースが頻繁にみられるが，この辺りでは大気汚染に起因した窒素化合物の沈着が多く，母材が比較的古くて風化が進んでおり，集水域へのリンの加入は少ない（Horne and Goldman 1994）．窒素による制限がより頻繁にみられるのは，風化があまり進んでおらず，窒素沈着が少ない土地においてである．

渓流水には，一般にアンモニウムよりもずっと高い濃度の硝酸が存在し，土壌中にアンモニウムのほうが多く存在する集水域においてさえその傾向は同じであるが，それには少なくとも三つの理由がある（Peterson et al. 2001）．(1) 土壌中において硝酸はアンモニウムよりも移動性が高く，その結果地下水から渓流へと選択的に輸送される．(2) 河畔域（川岸と渓流中）ではしばしば硝化速度が高い．(3) 渓流の生物は硝酸よりもアンモニウムを選択的に吸収する．このように陸上と同様，渓流中でも硝酸はアンモニウムよりも移動性が高いのだが，その理由はいくぶん異なる．河床近くでは窒素の吸収と循環の速度が速いことから，陸から渓流へ供給された窒素のほとんどが数分から数時間のうちに吸収され，海へと流れ着く前にその存在形態は何度も変化する（Peterson et al. 2001）．

流域の土地利用パターンは，河川や渓流における窒素の吸収に強い影響を及ぼす．耕作地や都市の小川の水では，あまり汚染されていない水に比べて硝酸濃度が高く，藻類はより多くの硝酸を吸収する (Mulholland et al. 2008). しかし, そのような場所では貧栄養な渓流よりも生物による硝酸の除去効率が低く (つまり, 除去される硝酸の比率が小さく), その結果, より多くの硝酸が下流へと流出する. 流域スケールでは, 汚染されていない水系における硝酸吸収に量的に最も貢献するのは小規模な渓流であり, それは大きな河川における硝酸吸収は上流からの供給によって規定されるからである. 窒素負荷が中程度であるとき, 小さな渓流の窒素吸収効率は低下し, 窒素はより大きな河川へと流出してそこでほとんどが吸収される. さらに窒素負荷が大きくなると, 流出する硝酸の量はすべての河川や渓流が吸収可能な窒素の量を超え, 河口域や海洋へと流出する (Mulholland et al. 2008). 平均的には, 地上に降下した窒素化合物の 20〜25%が, 海洋もしくは内陸の盆地に輸送される.

## 8.7 陸域生態系

**陸域生態系における養分の循環には, 非常に局所的な植物と微生物, それらを囲む物理的な環境がかかわっている.** 陸域生態系における養分は植物によって吸収され再び土壌に戻るが, そのほとんどは植物個体の根系が存在する範囲内で起こっているといえ, よく混合された大気プールと交換されている炭素と比べると対照的である. ほとんどの陸域生態系において, 植物が吸収した窒素とリンの 90%以上は, それ以前に植生から土壌に戻った養分が再循環したものである (表 8.2). そのため, 養分の吸収と利用がどのように調整されているかについては, 炭素の場合よりも局所的なスケールで調査されるべきであろう. 個々の生態系, そして実際のところ個々の植物個体さえもが, 養分の供給に関して局所的な影響を及ぼす (Hobbie 1992 ; Van Breemen and Finzi 1998). たとえば, 深根性のナラ・カシ (oak) 類やヤマボウシ (dogwood) は, 深い土壌からカルシウムを吸収し, 陽イオン濃度の高いリター (落葉) を落とすことで, 表層の土壌の化学性を変化させる. すぐ

表 8.2 陸上植物が吸収する養分の主要なソース

| 養分 | 植物の養分ソース (全体に占める割合 [%]) | | |
|---|---|---|---|
| | 窒素沈着/窒素固定 | 風化 | 再循環 |
| 温帯林 (Hubbard Brook) | | | |
| 窒素 | 7 | 0 | 93 |
| リン | 1 | < 10? | > 89 |
| カリウム | 2 | 10 | 88 |
| カルシウム | 4 | 31 | 65 |
| ツンドラ (Barrow) | | | |
| 窒素 | 4 | 0 | 96 |
| リン | 4 | < 1 | 96 |

Chapin (1991b) のデータ.

近くにある浅根性のマツ（pine）林では陽イオン吸収が少なく，より酸性のリターが生産され，これらの林床の植物相は大きく異なる（Thomas 1969；Andersson 1991）.

## ■根への養分の移動

**養分が根に届くまでには3種のメカニズムが働いている．拡散とマスフロー，根自体による捕捉である．**生きた根の細胞の表面まで届いた溶存態の養分だけが，根に吸収されうる．根は地下部のごくわずかの比率（1％未満）を占めているのにすぎないので，根が溶存態の養分を吸収するためには，まず，養分が根圏外の**バルク土壌**（直接根に接していない土壌）から根の表面に移動しなければならない.

## ■拡　散

**拡散は多くの養分を植物の根に届けるプロセスである．拡散**とは，濃度勾配に沿って分子やイオンが移動することをいう．根の表面の養分濃度が（吸収によって）低下したり，別の場所では養分濃度が（無機化によって）上昇したりすることで，**養分の吸収**や無機化による根の表面への養分の拡散を生じさせる原動力となっている．根の表面への拡散によって移動できる養分の量は，主に無機化やその他の経路による溶存態の養分の現存量によって規定される（第9章参照）.

土壌の陽イオン交換容量（cation exchange capacity；CEC）もまた，根の表面へ拡散することができる養分量と根が養分を吸収できる土壌の範囲に影響する．CECが高い土壌には，単位体積あたりの保持される陽イオン量が多く，つまり，**緩衝能**が高くなるが，交換反応を通じた根の表面への養分の移動速度は抑制される．これらの反応により，土壌溶液中の濃度が高いときには陽イオンは溶液中から除去され，土壌溶液の濃度が低くなると元に戻る（第3章参照）．そのため，とくに土壌の塩基飽和度が高い，つまり，土壌の交換基に陽イオンが多く付いている場合には，根は土壌溶液中に実際に溶けているよりも多くの養分を引き出すことができる．一般に，陰イオン交換容量は陽イオン交換容量に比べてずっと低く，ほとんどの陰イオンは，硝酸のように陽イオンよりも速く土壌中を拡散していく．しかし，リン酸のような化学的に反応性の高い陰イオンは，沈殿して溶液濃度を低下させ，その結果，根の表面への拡散速度を低下させる傾向がある.

イオンの種類によって，**電荷密度**（つまり，水和イオン体積あたりの電荷量）が異なることにより，拡散速度は著しく異なる．そしてその電荷密度は，イオンの荷電数と水和半径によって決まる．カルシウムやマグネシウムのような二価のイオンは，アンモニウムやカリウムのような一価のイオンに比べて交換体により強く吸着し，拡散はより遅くなる．荷電数が同じイオンの間でも，半径やイオンに結びついている水分子の数の違いによって，拡散速度はわずかに異なる.

土壌粒子のサイズと水分条件が，根圏外部の土壌から根の表面までの拡散経路の長さを規定する．イオンは土壌粒子の表面を覆う水膜を通って拡散していく．含水量が多いほど，また土壌粒子サイズが小さいほど，根圏外部の土壌から根の表面までの拡散経路はより直線的になる．そのため，乾燥した土壌よりも湿った土壌において，また粗い砂質の土壌よりも粘土質土壌において，拡散速度は速くなる．

吸収根はすべて，根の吸収によって養分量が減耗する**拡散シェル**（diffusion shell）とよばれる円筒形の領域を形成する．この拡散シェルは，根の養分吸収によって直接影響を受ける範囲からなる．根は，比較的広い範囲の土壌から速やかに拡散してくるイオンを獲得することが可能である．たとえば，拡散速度の速い硝酸は，吸収根の周りでは半径 6～10 mm 程度の範囲から吸収されて減少するのに対し，アンモニウムは吸収根の周囲で半径 1～2 mm 以下の範囲，リン酸は半径 1 mm 以下の範囲から吸収される．リン酸やアンモニウムを十分に利用するためには，硝酸の場合よりも根の密度を高くしなければならない．多くの生態系において，根の密度が硝酸を利用するのに十分である土壌は多いが，アンモニウムやリン酸を十分に利用するために十分な密度で根が存在する土壌は少ない．植物が拡散速度の遅いイオンの吸収を増やすための主要な方法は，根の長さを長くして，吸収可能な土壌の比率を上げることである．

## ■ マスフロー

**養分のマスフローは，拡散によってもたらされたイオンの根表面への供給を増加させる．** **マスフロー**とは，水に溶けた養分が土壌水の流れに乗って根の表面へと移動することをいう．蒸散によって植物から水が失われることが，土壌溶液から根の表面へのマスフローを作り出す主要なメカニズムとして働く．マスフローは，土壌溶液中に豊富に存在する養分や植物が必要とする量が少ない養分について，供給の重要なメカニズムとなりうる．たとえば，カルシウムは多くの土壌に多量に存在し，植物のカルシウム要求量はバルク土壌から根の表面へのマスフローによって完全に満たされる（表 8.3）．また別の例では，トウモロコシの根に対して，実際に必要な量の 4 倍ものカルシウムがマスフローによって供給されていた．マスフローによって供給されるカルシウムの量が植物にとって過剰な場合，植物は積極的に根から土壌溶液へカルシウムを分泌し，根の表面から根圏の外の土壌にかけて通常とは逆向きの拡散勾配が形成される．植物が必要とする量が小さい養分元素（微量元素）については，マスフローによる供給が必要量を完全に満たす（表 8.3）．しかし，窒素やリン，カリウムのように植物の要求量が大きく，土壌溶液中の濃度が低い養分に関しては，マスフローによる供給は十分ではない．このような多量元素（つまり，要求量の大きい養分）は主として拡散によって供給される．土壌溶液の濃度がはるかに高い耕作地の土壌においてさえも，一般に植物の生産量を規定するこれらの養分に関して，マスフローによる供給は 10％以下である．その結果，マスフローよりもむしろ拡散が，潜在的に植物の成長を制限する要因となっている養分（窒素やリン，カリウム）の主要供給メカニズムとなる．そして，土壌の肥沃度が低い場合には，拡散は養分を供給するうえでさらに重要になってくる（表 8.3）．

**土壌中を移動する飽和した水の流れは養分の供給を増加させ，拡散シェルに養分を補給する．** **飽和流**（saturated flow）とは，重力による土壌中の水の動きを指す（第 4 章参照）．

表8.3　養分が根表面へ移動するメカニズム

| 養分 | 植物による吸収量 [g m$^{-2}$] | 養分供給のメカニズム（総吸収量に占める比率［%］） | | |
|---|---|---|---|---|
| | | 根自体による捕捉 | マスフロー | 拡散 |
| スゲ属（sedge）ツンドラ（自然生態系） | | | | |
| 窒素 | 2.2 | — | 0.5 | 99.5 |
| リン | 0.14 | — | 0.7 | 99.3 |
| カリウム | 1.0 | — | 6 | 94 |
| カルシウム[a] | 2.1 | — | 250 | 0 |
| マグネシウム | 4.7 | — | 83 | 17 |
| トウモロコシ畑（耕作地・農地生態系） | | | | |
| 窒素 | 19 | 1 | 79 | 20 |
| リン | 4 | 2 | 4 | 94 |
| カリウム | 20 | 2 | 18 | 80 |
| カルシウム[a] | 4 | 150 | 413 | 0 |
| マグネシウム[a] | 4.5 | 33 | 244 | 0 |
| 硫黄 | 2.2 | 5 | 95 | 0 |
| 鉄 | 0.2 | — | 53 | — |
| マンガン[a] | 0.03 | — | 133 | 0 |
| 亜鉛 | 0.03 | — | 33 | — |
| ホウ素[a] | 0.02 | — | 350 | 0 |
| 銅[a] | 0.01 | — | 400 | 0 |
| モリブデン[a] | 0.001 | — | 200 | 0 |

[a] これらの元素のマスフローは植物の要求を満たしており，拡散による養分供給は必要ではない．
マスフローによる供給量は，土壌溶液全体の養分濃度に蒸散速度を掛け合わせることで算出された．拡散による供給量は，総吸収量とマスフローの差分として算出された．その他の形（たとえば，菌根）で根に供給される量も重要である可能性はあるが，この推定には含まれていない．
Barber (1984) および Chapin et al. (1980)，Lambers et al. (2008) のデータ．

降雨によって供給された水の量が土壌の保水力を超えると，水は飽和流によって土壌を鉛直に移動して排水される．利用可能な養分量や無機化速度は，一般に最表層の土壌で最も大きいため，この鉛直の水の流れは養分を再分配し，根の周囲の拡散シェルに養分を補填する．根の成長と鉛直方向の土壌水の移動はいずれも土壌の隙間に沿って起こりやすく，そのような根の周囲に形成された拡散シェルは速やかに消失してしまう．飽和流は，不透層を通過する地下水の水平な流れが常時存在する生態系においても，重要である．たとえば，永久凍土層が存在するツンドラにおいて深く根を伸ばすタイプの種は，地下水の速い流れのある場所では，地下水に横向きの流れが存在しない場所と比較して 10 倍も多くの養分吸収と生産を行う（Chapin et al. 1988）．河畔生態系において樹木や灌木の生産性が高いのは，その根がしばしば地下水面や流れの下の地下水（間隙水域；hyporheic zone）にまで届き，根圏を通過する飽和流中の養分を利用しているためでもあると考えられる．

### ■ 根自体による捕捉

**根自体による養分の捕捉は，根に養分を供給する重要なメカニズムであるとはいえない．**根は，新しい土壌に向かって伸びていくのにともなって，これまで利用されていなかった土壌中の利用可能な養分を捕捉する．しかし，この利用可能な窒素やリン，カリウムの土壌の体積あたりの存在量は，つねに根を形成するのに必要な養分の要求量よりも小さく，根による養分の捕捉は地上部に養分を供給するための重要なメカニズムにはなりえない．根の成長は非常に重要な要素であるが，それは成長した根が直接養分を捕捉するからではなく，新たな土壌に向かって伸び，新たに根の表面が形成されてそこに拡散やマスフローによって養分が運搬されてくるからである．

## 8.8　養分吸収

**養分吸収の担い手は？**　植物による養分吸収は，三つの要因によって規定されている．土壌からの養分の供給速度と，根の長さ，根量あたりの根の活性である．光合成と同様，いくつかの要因が生態系スケールでの養分吸収に影響を与える．この節では，その主要な結論として，次の三つについて述べる．

(1) 養分の供給速度は，定常状態における養分吸収の生態系間での違いを生じさせる主な要因である．つまり，植物の性質よりも，土壌からの養分供給が植生による養分吸収のバイオーム間の違いを規定している．
(2) 根の長さや深さ，根の活性といった植物の特性は主に，供給量が植物の要求量を上回る場合（たとえば，最近に伐採された場所や多量の施肥を受けた耕作地）や，植物の特性によって（たとえば，地中深くなど）通常であれば利用できないような養分が利用できる場合に，植物による養分吸収の総量に影響を及ぼす．十分な時間があれば，それぞれの種のもつ養分を吸収する能力が土壌による供給と対応するように植物は分布する．
(3) ある生態系の中で限られた養分の供給に対する競争において，どの種が最も成功するかということを決定する主要な要因となるのは根の長さである．

### ■ 養分供給

**養分の可給性の高低にかかわらず，植物による養分吸収は主に養分の供給量によって規定される．**養分供給が植物による養分吸収を規定していることの最も動かしがたい証拠として，ほとんどの生態系で，養分の添加に対して養分の吸収と NPP（純一次生産）が増加し，比較的肥沃な土壌の存在する系でさえ，同様であることが挙げられる（図 8.1）．これは，水域生態系とまったく同様である．

## ■根長の発達

**植生が撹乱から回復するとき，あるいは肥沃な土壌に成立しているとき，養分吸収とNPPには根の長さが強く影響する．** そのような状況下では，根が枝分かれして成長していっても隣接する根の拡散シェルが重複せず，土壌中の養分が十分に利用し尽くされるような根系が形成される．このような状況は，とくに撹乱の後に起こりやすい．すでに十分に根が張り巡らされていても，根の成長を増加させることは，供給される養分のうち実際に利用される比率を上昇させてその個体を有利にする（Craine 2009）．

さまざまな植物や土壌の特性が植物による養分吸収にどのように寄与するのかは，シミュレーションモデルによって定量的に示されている（Nye and Tinker 1977）．これらのモデルは，養分吸収の動力学よりも，養分の供給と根によって利用されている土壌の体積のほうが，養分吸収にとって重要な規定要因となっていることを示しており，それはとくにリン酸のような移動性の低いイオンで著しい．たとえば，養分の供給が小さいとき，拡散に影響する要因（拡散係数と緩衝能）と根の長さ（伸長速度）は，反応速度論的要因（最大および最小吸収能力あるいは根の養分に対する親和性）やマスフローに影響を及ぼす要因（蒸散速度）よりもはるかに大きな影響を示す（図8.4）．吸収の反応速度論は，どの根が養分を吸収するかという点においては重要であるが，植物に吸収される量においては重

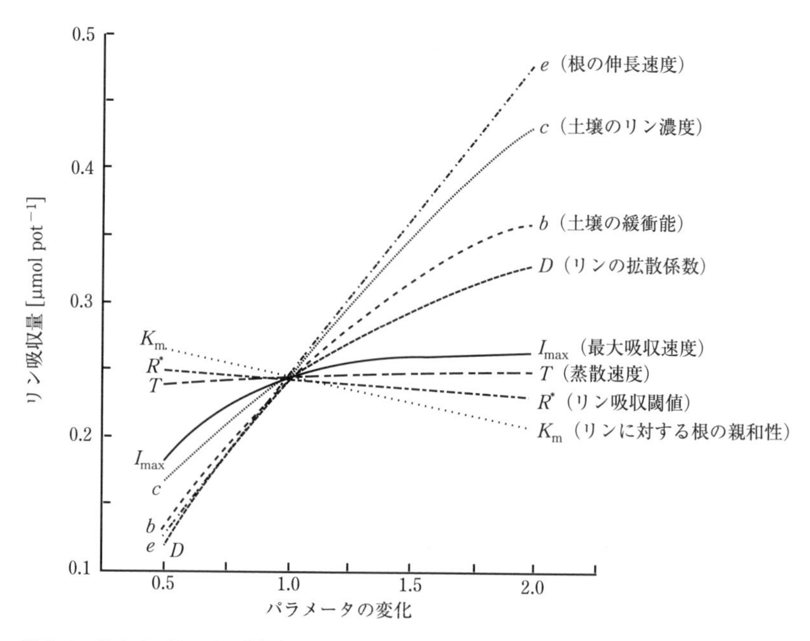


**図8.4**　ダイズの根のリン吸収をシミュレートするモデルにおいて，パラメータ値を（基準値の0.5倍から2倍まで）変化させたときの影響．リン吸収に最も大きな影響を及ぼした要因は，根の量を規定する植物のパラメータ（*e*）と，土壌からのリン供給に影響を及ぼす土壌のパラメータ（*c* と *b*，*D*）であった．Clarkson (1985) より．

要ではない．

**養分吸収に関する指標としては，根のバイオマスよりも根の長さのほうがふさわしい．** 植物による土壌からの養分吸収に関する短期の研究では，根の長さは養分獲得と強い相関を示している．根への投資量が一定の条件下では**比根長**（specific root length；**SRL**，根の単位重量あたりの長さ）が大きい場合，つまり単位重量あたりの根長が長いとき，最も多くの土壌を利用できることになる．根の形態や生理についてわかっていることは，葉よりもずっと少ない．しかし，その限られた情報から，草本植物（とくにイネ科草本）はしばしばSRLが木本よりも大きく，どのような生態系においてもSRLには大きな幅があるということが知られている．SRLのばらつきのほとんどは，地下部の組織の機能が多岐にわたることによる．SRLが大きくなるのは，根の直径が小さいとき，もしくは組織の密度が低いとき（体積あたりの重量が小さいとき）である．地下茎や粗根の一部には，直径が大きく，炭水化物や養分を蓄積し，水や養分の輸送をするが，養分吸収における役割は小さいものがある．また，SRLと細根の寿命にはトレードオフの関係があり，密度の高い根は低いものよりも乾燥の害や被食を受けやすい．成長の遅い種では葉も根も，組織密度が高く養分獲得の速度は遅く（それぞれ，炭素と養分に対応する）なりやすいが，より成長の速い種の葉や根よりも寿命は長くなる傾向がある（Craine 2009；Freschet et al. 2010）．

**根は養分の可給性が高い場所を選択して成長していく．** 土壌中で根の成長はランダムに起こっているわけではない．微視的に見て，養分の可給性が高い場所に分布する根はよく枝分かれし（Hodge et al. 1999），養分可給性の高い場所を選択的に活用することが可能となる．このことから，根が**重力屈性**（geotropic，鉛直下向きに成長する傾向）をもつにもかかわらず，なぜ養分の加入と無機化が最も大きい表層の土壌において最も長くなるのかがわかる（図7.5参照）．このようにして養分のホットスポットを活用することにより，植物は根への投資に対する見返りとしての養分獲得を確実に最大化するのである．このような根の成長パターンは，土壌における細かいスケールでの養分濃度の空間的不均一性をも低下させる．より細かいスケールにおいて，**根毛**（root hair），つまり土壌中に伸びていく根の表皮細胞の長さは，硝酸やリン酸の供給が減少すると，それに対応して（たとえば0.1 mmから0.8 mmに）伸びる（Bates and Lynch 1996）．これらの反応は，いずれも養分吸収が可能な根の長さと表面積を増大させる．しかし，ホットスポットの有効利用は必ず起こるわけではなく（Robinson 1994），成長速度が遅い種よりも成長速度が速い種でより顕著かもしれない（Huante et al. 1998）．植物は，根の成長や根毛の形成，菌根の形成によって養分吸収組織を拡大している．ここでは，これまでに最も詳細に記述されている根の伸長に着目したが，こういった根による新しい土壌の探索様式は，いずれも養分供給が十分でない状況でより顕著にみられる．

## ■菌 根

**菌根は，植物が有効に利用できる土壌の範囲を拡大する．菌根**（mycorrhizae）は，植物の根と菌類の菌糸の間に形成された共生体であり，植物は菌から養分を得て，それと引き換えに菌類の主要炭素源となる炭水化物を菌に供給する．およそ80％の被子植物，すべての裸子植物，そして多くのシダ類が菌根を形成する（Wilcox 1991）．このような菌根菌との共生関係は，施肥を受けている耕作地を含むさまざまな環境条件と養分条件の下で重要となる（Allen 1991；Smith and Read 1997）．養分吸収に関しては，菌根菌の菌糸は基本的に根系を根圏の外へと延長し，しばしば根1 cmあたり1〜15 mの菌糸長を作り出す，つまり吸収組織の長さを数十〜数百倍に増やす働きをしている．菌糸を通じた養分の輸送は，土壌粒子を覆う水膜の中を通る遠回りの経路を通じた拡散よりも速いため，菌根は植物の養分吸収の拡散による制限を低下させる．菌根菌の菌糸の直径（0.01 mm以下）は根の直径（一般に0.1〜1 mm）に比較して小さいため，植物は根に対して投資するよりも，菌根菌の菌糸に対して投資をするほうがより多くの土壌を利用できる．植物は一般に，総一次生産の4〜20％を菌根菌の菌糸に対して投資する（Lambers et al. 1996）．投資された炭素のほとんどは，菌のバイオマス生産ではなく呼吸に使われるため，菌根菌のバイオマスに対して投資されていた場合，植物にとって多大な炭素コストがかかっていることを意味する．菌根は，とくにリン酸，またおそらくは硝化速度が低い生態系におけるアンモニウムのように，土壌中でゆっくりと拡散する養分を補うために，最も重要である．室内実験によって，養分が多量に存在する場合には，植物は一貫して菌根を形成しないことが示されているが，実際にはほとんどの耕作地・農地生態系を含むさまざまな土壌養分条件にわたって菌根が存在する．このことは，比較的肥沃な土壌においてさえ，資源の投資分を差し引いても菌根は植物に対して利益をもたらし続けていることを示唆している．

菌根にはいくつかのタイプがあり，最も広くみられるのは**アーバスキュラー菌根**（arbuscular mycorrhizae, AM，VAM（vesicular arbuscular mycorrhizae）ともよばれる）と**外生菌根**（ectomycorrhizae）である．アーバスキュラー菌根菌は，根の病原菌と非常によく似た形で，根の養分吸収にかかわる細胞の層である**皮層**の細胞壁を貫いて成長する．しかし，病原菌とは対照的に，アーバスキュラー菌根は**樹枝状体**とよばれる細かく枝分かれした樹木に似た構造を形成し，皮層細胞の細胞膜に取り巻かれている．樹枝状体は，菌と植物の間で養分と炭水化物を交換する組織である．アーバスキュラー菌根は，草原のような草本からなる群落や，リンによる制限を受けている熱帯の森林，遷移初期の状態にある温帯の森林などで多くみられる．多くのアーバスキュラー菌根共生は，種を問わず起こり，撹乱直後には「外生菌根植物」との共生さえ起こりうる．通常，外生菌根菌が侵入してくることで，このような植物種からはアーバスキュラー菌根は排除されている．

ある生態系タイプを考えると，アーバスキュラー菌根共生はリンが制限となっている状況で最もよく発達し，拡散による植物の養分吸収の制限を短絡させることで緩和する（Allen 1991；Read 1991）．アーバスキュラー菌根共生は，植物と菌類の動的な相互作用であり，その中では根と菌糸の両方の速やかなターンオーバーが起こっている．若い実生や日陰，養分が豊富な状況など，植物の成長が炭素に規定されている状況では，菌根は寄生生物となり，植物の成長を低下させるかもしれない（Koide 1991；Lekberg and Koide 2005）．このような状況では，植物は新しく成長した根における菌根感染を低下させる．

これにより，古い根の枯死にともなって感染している根の比率は低下し，炭素の消耗を減らすことができる．アーバスキュラー菌根共生は，植物の根と菌の両方が慎重にバランスを保っている寄生状態と見ることもできるかもしれない．

外生菌根共生は，主に温帯および高緯度地方の木本植物の根と菌類の間に形成される比較的安定した共生関係である．物質の交換をする組織は，**菌套**（mantle）または，根および皮層の細胞壁を貫いて成長している菌糸を取り囲む菌糸鞘（**ハルティヒネット**：Hartig net）である．外生菌根菌に感染すると根は伸長成長を低下させ，枝分かれを増加させるようになり，短く，よく分岐した細根を形成する．菌類組織は，根端のうち体積にして40％を占める．アーバスキュラー菌根と同様に，外生菌根は菌類と植物の間で養分と炭水化物を交換する役割を果たす．アーバスキュラー菌根とは対照的に，外生菌根は一般的に根の寿命を長くする．外生菌根はまた，アーバスキュラー菌根とは異なり，有機態窒素化合物に作用するプロテアーゼや他の酵素をもつ．そして，アミノ酸を吸収して植物に供給する（Read 1991）．そのため，外生菌根は植物の窒素吸収とリン吸収をともに促進する．

他のタイプの菌根共生は，アーバスキュラー菌根や外生菌根とは機能的に異なる．たとえば，ツツジ科（Ericaceae）やエパクリス科（Epacridaceae）に属する細かい根を形成する低木植物では，根の体積の80％をも菌類の組織が占める菌根を形成する．外生菌根と同様に，これらの菌根は有機態窒素を加水分解し，生成されたアミノ酸を宿主植物に供給する．光合成をしないランの仲間（orchid）の多くは，養分だけでなく炭素をも菌根から得ている．そのような植物に形成される菌根では一般的に，菌がランと他の光合成植物，とくに針葉樹との間を連結する．この場合，非光合成植物は明らかに菌類に寄生しているといえる．

ラン－菌類の共生と同じく，外生菌根やアーバスキュラー菌根が複数の植物に結びついていることはしばしばあり，それらが異なる種である場合も多い．炭素と養分はこのような菌類のネットワークを通じて輸送されうるが，植物間で正味の炭素の移動を示した研究や（Simard et al. 1997），競争的な相互作用を変化させて下層で陰樹の実生が定着するのを促進することを示した研究（Booth and Hoeksema 2010）などの例は比較的少ない．つまり，森林生態系におけるこのような物質輸送の量的また機能的な重要性については，ほとんど知られていないといえる．

## ■窒素固定

**窒素固定植物は，光条件が良く，窒素が制限となっているような環境において，大量の窒素を利用可能である．**窒素固定細菌と共生関係にある植物は，ちょうど多くの菌根共生と同じように窒素を炭水化物と交換で獲得している（第9章参照）．この共生関係を通じて，通常は生物が利用できない莫大な量の大気中の窒素分子が利用可能となる．窒素固定はエネルギーコストが高いため，光条件が良く窒素の可給性が低い環境において最も多くみられる．このような状況は，サバンナのような乾燥地の環境や土壌がほとんど発達していないような場所に多い．窒素固定については次の章でより詳細に論じる．

## ■ 根の吸収特性

**植物が，潜在的に制限となっている養分を根の表面において土壌溶液から吸収する際の主要なメカニズムは，能動輸送である．**植物の根は主に**能動輸送**（active transport），つまりエネルギーを使い，濃度勾配に逆らって細胞膜を通してイオンを輸送することにより，養分を土壌溶液から獲得している．植物細胞内部ではイオンや代謝産物の濃度が高いため，根からは濃度勾配に沿って一定の漏出がある．たとえば，リン酸は土壌から吸収される速度の3分の1程度の速度で漏出していく．細根からの浸出物の多くは，このイオンや糖，その他の代謝産物の受動的な漏出によるものである．根に入ったイオンは，マスフローや拡散によって**皮層**の細胞壁を通して根の内部に受動的に移動する（図8.5）．養分が皮層の細胞壁を通して根の中心部に移動していくのと同時に，隣接した皮層細胞は能動輸送によって養分を吸収していく．養分は**内皮**（endodermis），つまり皮層と木部との間の（ワックス状の）**スベリン**で覆われた細胞の層までは細胞壁を通って到達できる．いったん皮層細胞に吸収されれば，養分は鎖のように互いにつながった細胞を通って内皮まで移動し，さらにそこで蒸散流によって水と養分を茎へと輸送する死んだ木部細胞の中へと分泌される．このとき，養分吸収には根の炭素収支の30〜50%程度が使われており，養分吸収には莫大なエネルギーコストがかかることを示している（Lambers et al. 2008）．必要量が少ない物質は，しばしば根の皮層細胞へのマスフローと拡散のみによって吸収されている（表8.3）．

**植物の中には，貯蔵されている養分のうち他の種が利用できない部分を利用している種**

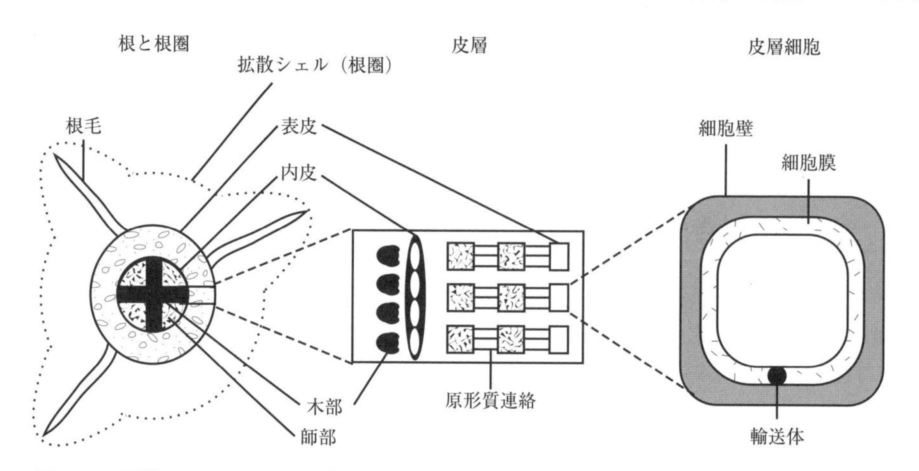


**図8.5**　三段階のスケールにおける根の断面．根圏（diffusion shell，拡散シェル）とは，土壌のうち根の影響を受ける部分を指す．皮層の外側にある細胞の層（**表皮**）の一部が伸長して根毛を形成する．皮層は，蠟で満たされた細胞の層（**内皮**）で輸送組織（木部と師部）から隔てられている．それぞれの皮層細胞は，細胞壁の間隙空間を通して細胞膜へ拡散するイオンを吸収する．膜結合性のタンパク質（**輸送体**）は，細胞膜を通して能動輸送によってイオンを輸送する．イオンは，最も外側の皮層細胞から内皮へと，細胞壁あるいは隣り合う皮層細胞間の細胞質橋（**原形質連絡**）を通じて移動する．

表8.4　窒素の形態に対する植物による吸収の選択性．異なる形態の窒素が同程度に利用可能であるとする．

| 種 | 硝酸態窒素に対するアンモニア態窒素選択性（$NH_4^+$：$NO_3^-$ 比[a]） | アンモニア態窒素に対するグリシン選択性（グリシン：$NH_4^+$ 比[a]） | 文献 |
|---|---|---|---|
| 寒帯の維管束植物 | 1.1 | 2.1 ± 0.6（12） | Chapin et al. 1993, Kielland 1994 |
| 寒帯の非維管束植物 | — | 5.0 ± 1.5（2） | Kielland 1997 |
| 北方林の木本植物 | 19.3 ± 5.8（4） | 1.3 | Chapin et al. 1986a, Kronzucker et al. 1997, Näsholm et al. 1998 |
| 高山帯のスゲ属草本（sedges） | 3.9 ± 1.3（12） | 1.5 ± 0.4（11） | Raab et al. 1999 |
| 温帯のツツジ科低木 | — | 1.0 | Read and Bajwa 1985 |
| 塩性湿地 | 1.3 | — | Morris 1980 |
| 地中海性灌木 | 1.2 | — | Stock and Lewis 1984 |
| コムギ | 2.5（2） | 0.5 | Chapin et al. 1993, Bloom and Chapin 1981 |
| トマト | 0.6 | | Smart and Bloom 1988 |

[a] ここに示された2種の異なる形態をもつ窒素の比が1よりも大きい場合，後者に比較して前者が選択的に吸収されることを意味する．カッコ内の値は，調査された種数もしくは品種数を示す．これらの研究は，すべての窒素の形態が同程度に利用可能であるとき，多くの植物がアンモニア態窒素よりもグリシン（移動性の高いアミノ酸）を好んで吸収し，硝酸態窒素よりもアンモニア態窒素を吸収することを示している．

もある．植物はすべて，同じ組み合わせの一揃いの養分を必要としており，その比率は似通っているが，窒素については（硝酸，アンモニウム，アミノ酸など）利用可能な形態が複数あり，それらの可給性は生態系によって異なる．これらの異なる窒素の形態に対する植物の相対的な選択性は種によって異なり（表8.4），その種が適応している生態系において最も豊富に存在する形態の窒素を吸収する能力が高いことがよくある．たとえば，作物にも時おりアミノ酸の吸収がみられる種があるが（Näsholm et al. 2000），とくにツンドラや北方林の生態系で有機物含有率の高い土壌に生育する種は，多くが選択的にアミノ酸を吸収する（Näsholm et al. 1998；Kielland et al. 2006）．異なる形態の窒素に対する選択性が種によって違うことによって，窒素資源を巡る種間の競争における対象が複数になり，群落レベルで重要な結果をもたらす．同一の群落に生育する種が，大きく異なる窒素安定同位体比を示すことはしばしばあるが，その原因はそれらの種が異なる窒素源から――つまり，異なる化学画分（硝酸，アンモニウム，有機態窒素），あるいは異なる経路（異なるタイプの菌根共生），または異なる土壌深度から――窒素を獲得したためである（図8.6；McKane et al. 2002；Kahmen et al. 2008）．

窒素は主に三つの異なる形態をとるが，形態によってバイオマスへと取り込まれる際に必要となる炭素コストが異なる．この中で，アミノ酸の取り込みに必要な炭素コストが最小である．それに対してアンモニウムは，植物の中で実質的に利用される前に，炭素骨格

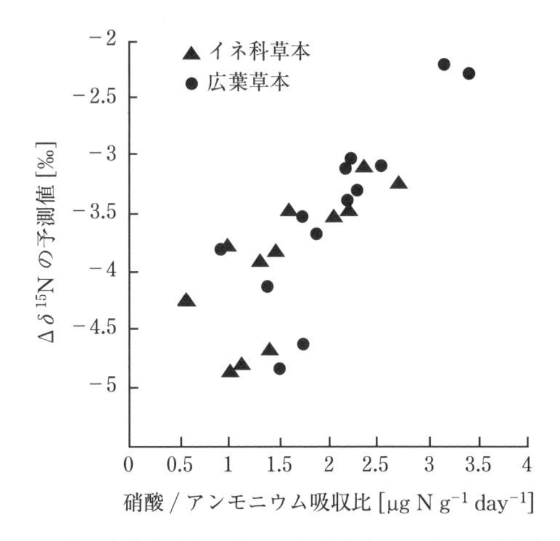


**図 8.6**　7種の広葉草本と8種のイネ科草本における，硝酸/アンモニウム吸収比の予測値と窒素安定同位体比（$\delta^{15}N$）の予測値†の関係．これらの草原においては硝酸態窒素は高い $\delta^{15}N$ を示し，相対的に硝酸を多く吸収する種ほど $\delta^{15}N$ が高くなる（負の値のため，0に近づく）．Kahmen et al. (2008) より．

に結合するプロセス（**同化**プロセス）が必要となる．そして，硝酸は同化される前にさらにアンモニウムへと還元される必要がある．この硝酸の還元は多大なエネルギーを必要とする．ほとんどの植物は，硝酸の一部を葉へと輸送し，明反応で消費されなかった余剰のエネルギーを硝酸の還元に利用している．この場合は，植物が他のプロセスに利用するはずであったエネルギーが，多大なエネルギーを必要とする硝酸還元によって奪われてしまうということにはならない（Smirnoff et al. 1984）．つまり，光と硝酸が多量に利用可能な場合は通常，葉で還元される硝酸の比率が上昇する．葉で硝酸を還元する能力は種によっても異なり，通常は硝酸が多量に存在する環境に適応した種では，葉で硝酸を還元する能力が高くなる．たとえば，熱帯や亜熱帯に生育する多年生の植物や撹乱跡地に典型的にみられる多くの一年生植物は，かなりの比率で葉で硝酸を還元するのに対し（Lambers et al. 2008），温帯の裸子植物やツツジ科（Ericaceae）灌木などは，ほとんどの硝酸を根で還元する（Smirnoff et al. 1984）．通常，温帯や高緯度地方の陸域生態系では窒素の可給性は非常に制限されているため，植物が吸収して利用する窒素の形態を規定する要因として，同化にかかるコストよりも土壌中における各形態の窒素の相対的可給性がより重要となる．つまり，植物は通常，手に入るものは何でも吸収するのである．

植物が利用できるリンのソースもまた，種によって異なっている．ある種の植物の根は，ホスファターゼという酵素を生成し，植物の根が吸収できるように無機リン酸を遊離させる（Richardson et al. 2007）．たとえば，北極圏の叢生ツンドラ（tussock tundra）で優占

† 訳注：ここでは，$\Delta\delta^{15}N = \delta^{15}N_{plant} - \delta^{15}N_{soil}$ と定義されている．

するスゲ属植物は，自らの根のホスファターゼによる生成物を吸収することで，必要なリンの75%を得ている（Kroehler and Linkins 1991）．他の植物，とくに乾燥地の環境に生育するものは，クエン酸塩やリンゴ酸塩のようなキレートを分泌し，それらは根から根圏外の土壌へと拡散していく．これらのキレートは不溶性の鉄－リン酸複合体中の鉄と結合し，それによってリン酸塩を可溶化する．そして，可溶性のリン酸は根へと拡散していき，そこで吸収される（Lambers et al. 2008）．ある種の植物，とくにオーストラリアと南アフリカのヤマモガシ科（Proteaceae）の低木は，密な房状の根（**プロテオイド根**，proteoid root）を形成し，非常に効率的にキレートを分泌してリン酸鉄を可溶化する．植物の根は多くの種類のキレート（**シデロフォア**，siderophore）を生成するが，そのようなキレート分泌によって植物が得ている利益についてはあまり知られていない．このように，植物が利用できるリンのソースは種によって異なっているが，このような種間の差が生態系にどのような結果をもたらすのかということについては，まだほんの初歩的なことしかわかっていない．

植物の種による根の深さと密度の違いは，吸収される養分のソースに影響を与える．互いに隣接した同じタイプの土壌の上に成立する草原と森林は，しばしば年間の養分吸収量と生産量が大きく異なる．それは，森林が浅根性の植物に比べてより深くまで根を伸張させるために，より広い範囲の土壌を利用することになり，その結果，より多くのソースから水と養分を吸収することが可能となるためである（第11章参照）．つまり，吸収される養分の量や形態が植生の種構成の影響を受けるメカニズムは，さまざまである．

**根の吸収能力は，植物の養分要求量に反応して変化する**．地上の環境が速い成長に適しており，それにともなって養分の**要求量**が大きいとき，植物の根は皮層細胞中の輸送タンパク質の合成を増やし，それによって根の養分吸収能力を上昇させる．そのため，本質的に相対成長速度が速い種，あるいは速い成長に適した環境に生育する種は，単位根量あたりの養分吸収能力が高くなる（Chapin 1980）．たとえば，光条件が良く気温が高ければ根の吸収能力は高くなり，逆に被陰や乾燥，季節的に成長速度が遅くなる時期には吸収能力は低くなる．そして，急速に成長している根は高い養分吸収能力をもつ（図8.7）．このように，植物による養分吸収の速度は，養分の供給を規定する土壌に関する要因と，養分の要求を規定する植物に関する要因の両方に影響される．野外における調査では，養分の吸収はNPPに密接に結びついている（図8.8）．しかし，この関係性における原因と結果を分離するのは難しい．

**植物は，根の吸収の動力学を変化させることによって，特定の養分を獲得する能力を微調整している**．イオン輸送タンパク質は，それぞれのイオンに固有のものである．つまり，アンモニウムや硝酸，リン酸，カリウム，硫黄は，個別に制御されているそれぞれ異なる膜結合性タンパク質によって輸送されるのである（Clarkson 1985；Lambers et al. 2008）．植物は，とくに成長の制限となるイオンの輸送タンパクの合成を促進する．そのため，リンが制限要因となっている植物の根は高いリン吸収能力をもち，窒素が制限要因となっている植物の根は硝酸とアンモニウムを吸収する能力が高くなる（表8.5）．また，硝酸をア

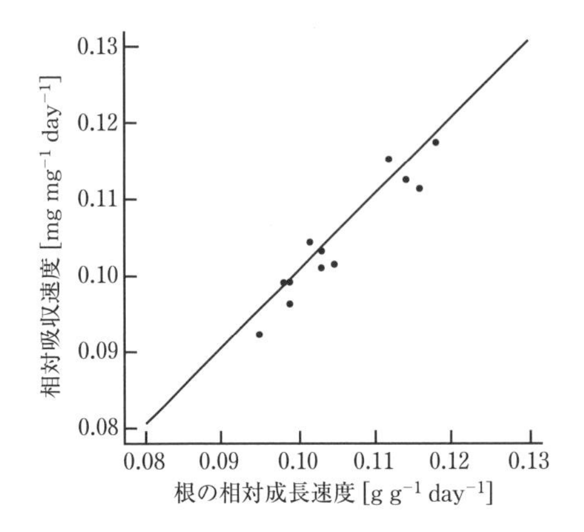


**図 8.7**　タバコの根の相対成長速度（relative growth rate；RGR）に対する窒素吸収速度の関係. Raper et al.（1978）より.

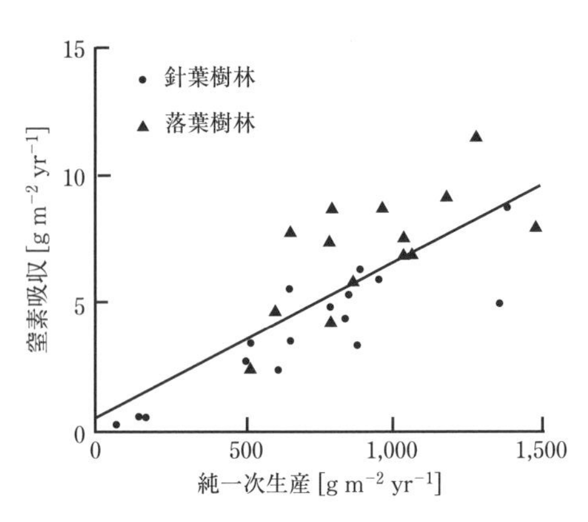


**図 8.8**　温帯および北方域の針葉樹林と落葉樹林におけるNPP（純一次生産）と窒素吸収量の関係. Chapin（1993b）より.

**表 8.5**　環境ストレスがコムギの養分吸収率に及ぼす影響

| ストレスの種類 | 吸収されるイオン | ストレスを受けた植物による吸収率（対照区に対する比率［%］） |
|---|---|---|
| 窒素 | アンモニウム | 209 |
| | 硝酸 | 206 |
| | リン酸 | 56 |
| | 硫酸 | 56 |
| リン | リン酸 | 400 |
| | 硝酸 | 35 |
| | 硫酸 | 70 |
| 硫黄 | 硫酸 | 895 |
| | 硝酸 | 69 |
| | リン酸 | 32 |
| 水 | リン酸 | 32 |
| 光 | 硝酸 | 73 |

Lee（1982）および Lee and Rudge（1987），Chapin（1991b）のデータ.

ンモニウムに還元（生合成によって硝酸態窒素がアミノ酸に合成される際の最初の段階）する酵素である硝酸還元酵素も，硝酸が存在するときに誘導されて生成される.

総合すると，植物が資源のバランスをとるために行っている調整にはいくつかある. その中には，

(1) 地下部と地上部の資源獲得のバランスをとるための地下部：地上部比の変化
(2) 養分の可給性が高い場所への選択的な根の成長
(3) 養分の種類別に吸収能力が調整されることによって養分のバランスが成長に最適な比

率に近づくこと

が含まれる．

**根による養分の吸収は，根圏の土壌の化学性を変化させる．** 植物の根による養分吸収は土壌中の溶存態の養分濃度を低下させるが，それは硝酸のような移動性の高い養分の生態系への保持を規定する決定的に重要な要因となる．たとえば，森林の皆伐や農産物の収穫によって除去されることで，土壌中の硝酸は地下水や渓流へ流出しやすくなる（図 9.14 参照；Bormann and Likens 1979）．

植物の養分吸収による影響として，その次に重要なのは，根圏の pH を変化させることである．植物の根が陽イオンを吸収するときには必ず，電気的に中性を保つために水素イオン（$H^+$）が根圏へ分泌される．この $H^+$ の分泌によって，根圏は酸性に傾く．陽イオン（$NH_4^+$）と陰イオン（$NO_3^-$）のいずれの形態でも吸収される窒素を除いて，植物に多量に吸収されるイオンは陽イオン（たとえば，$Ca^{2+}$，$K^+$，$Mg^{2+}$）であり，陰イオンは主にリン酸と硫酸に限られる（表 8.3）．植物が主要な窒素源として $NH_4^+$ を吸収するとき，陽イオン吸収が陰イオンの吸収を大きく上回り，根圏の荷電平衡を保つために $H^+$ が放出され，根圏は酸性化する．植物の主要窒素源が硝酸（$NO_3^-$）である場合には，吸収される陽イオン－陰イオンのバランスがほぼ保たれ，根が根圏土壌の pH に与える影響は小さくなる．酸性土壌においては主要な無機態窒素の形態はアンモニウムとなる傾向があり，塩基性土壌においては無機態窒素に占める硝酸の比率が大きくなる（第 9 章参照）．そのため，植物による吸収プロセスは，酸性土壌をさらに酸性に傾けることになる．

根はまた，枯死根や**根冠**（root cap）から脱落する粘液質の炭水化物，根から浸出する有機化合物といった多量の炭素供給によって，根圏の養分動態をも変化させる．こういった形での土壌への炭素供給は，NPP の 10〜30％を占めることもある（表 6.2 参照）．このような移動性の高い炭素源は細菌の成長を促し，細菌は根圏中の有機物を無機化することによって窒素を獲得している（第 7 章参照）．これらの細菌が原生動物に摂食された場合や，根の浸出物が減少してエネルギー不足に陥った場合などに，植物の根はこの窒素を利用することができるようになる（図 7.9 参照）．植物はときに，微生物にとって土壌中の養分を巡る手強い競争相手となるが，それはたとえば $CO_2$ を添加することによって植物が多量の炭素を獲得できるような場合である（Hu et al. 2001）．しかし，養分を巡る植物と微生物の競争を制御する要因については，わずかなことしかわかっていない（Schimel and Bennett 2004）．

## 8.9 養分利用

**水圏の場合とまったく同様に，ほとんどの陸域生態系において植物の成長は窒素とリンから短期的に共制限を受けている．** 短期的に見ると，陸域における植物の成長は窒素とリンによって平均してほぼ同程度の制限を受けているが（図 8.3；Elser et al. 2007），窒素とリンの相対的な制限の度合いは，生態系内部でも，生態系間でも異なっている

(Güsewell 2004)．たとえば，熱帯低地林はリンに対して最も強く反応する傾向があるのに対し，比較的最近まで氷河の作用を受けていたツンドラの植物は窒素により強く反応する．これは，熱帯の植物の葉が，高緯度地方の植物に比較して高いN：P比をもつことと一致している（Reich and Oleksyn 2004）．湖や海洋でみられるのとまったく同様に，熱帯の植物のN：P比が高いことは，主として植物体中のリン濃度が低いことに起因する(Sterner and Elser 2002；Reich and Oleksyn 2004)．ハワイの熱帯山地林においては，新しい土壌で最も制限となる養分が窒素であり，土壌が古くなるにつれてリンが最も制限となるという変遷が生じている．これは，土壌の風化が進むにつれてリンの可給性が低下し，生態系はよりリン制限を受けるようになるというWalker and Syers（1976）の仮説を支持するものである（第3章参照；Vitousek 2004）．それにもかかわらず，ほとんどの生態系は短期的には窒素とリンの供給のいずれにも反応し，とくに2種の養分を組み合わせて供給された場合に反応することから，この二つの養分による共制限が示唆される（Elser et al. 2007；LeBauer and Treseder 2008；Craine 2009）．共制限が長期的にも重要であるのか，それとも多くの湖沼でみられるように二つのうちいずれか一つの養分だけで生態系を変化させることができるのか，という問いに答えることはさらに難しい．それは多くの陸上植物が比較的寿命が長く，種の入れ替わりと（もしかすると）養分供給の調整が起こるのに時間がかかりすぎて実験による観察が難しいからである．いくつかの陸域生態系において，窒素固定生物の優占度や窒素固定速度がリンの添加に対して反応するという確かな証拠が得られており，窒素の供給はリン供給に対応して変化しうることが示唆されている．逆に，人為的な窒素供給は温帯域で広く行われているが，ほとんどの養分添加実験は上記のような場所で行われてきており，実験結果は長期的なリン制限の重要性を誇張してきた可能性がある．

共制限の短期的なパターンは二つのことを示唆している．

(1) 植物は，資源の各器官への分配を調整して水分，養分，あるいは光による制限を最小にしているのとまったく同様に，異なる養分による制限を最小にするように生理的に適応している．
(2) これらの適応が完全に効果を上げることは少なく，そのため，水分，養分，光のそれぞれに対する反応と同じように，ある生態系がある特定の養分に対してはより強く反応するといったパターンが，しばしばみられる．

それでは，陸域生態系における生産が，短期的には複数の養分に対して反応する様子がしばしばみられるのはなぜだろうか？

**複数の養分によるNPPの共制限には，いくつかの植物および生態系のプロセスが寄与している．** 陸上植物は，水分あるいは養分，光条件のいずれか一つによる強い制限を受けた場合に，資源の分配を調整してその影響を緩和する．これとまったく同様に，いずれか1種類の養分による制限が圧倒的な場合に，養分利用特性を変化させることでそれをできるだけ小さくしている．上に述べたとおり，植物は成長を制限している養分の吸収を最大にし，成長の制限となっていない養分の吸収能力を低下させるように養分吸収を調整している．共生もまた，特定の元素に関する養分による制限を緩和する方法となる．内生菌根共生はリン制限を緩和させ，外生菌根共生によって窒素とリンによる制限は両方とも弱くなる．同様に，窒素固定細菌との共生は，宿主となった植物の窒素制限を緩和するが，同じ生態系に生育する他の植物についても，間接的に窒素制限を緩和する（第 9 章参照）．強いリン制限を受ける環境に生育するある種の植物は，ホスファターゼやキレートを生成し，リンを可溶化することでリン制限の程度を和らげる．これらの特性はすべて養分獲得速度を変化させており，植物が窒素とリンのどちらをどの程度必要としているかという相対的な要求量によって調整されている．これらのプロセスによって，養分獲得速度は短期的に植物の必要を満たすように調整されており，その結果，そういったプロセスはもはや周囲の環境から供給される養分のバランスをとるためだけの機能ではなくなっている．しかし，この柔軟性にもまた限界がある．窒素固定によって生態系の外部から窒素を獲得することは可能であるが，リンを外部から獲得できる生物的なプロセスは存在しないのである．生態系内において岩石や鉱物が風化されている場所では（第 3 章参照），それが窒素とは比べ物にならないほどの新たなリンの重要なソースとなっている．（すべてではないが）ほとんどの岩石はリンを含んでいるが，窒素はほとんど含まれていないからである．この場合，もし窒素固定が抑制されていれば，窒素が最大の制限要因となる．しかし，古くて降水量が多い，熱帯の土壌にしばしばみられるように風化によるソースが枯渇している場所では，リンが主要な制限要因となりやすい．いずれの場合にも短期的には窒素とリンの両方が制限要因である可能性がある．

**制限となるかもしれない養分が植物に吸収されると，それは主に活発に代謝を行う組織を生産するために（つまり NPP として）使われる．** 光合成によって得られた炭素は植物全体の乾燥重量にしておよそ半分を占めているため，植物の器官の間におけるバイオマスの分配を反映する（第 6 章参照）．それに対して，多くの養分は，新しく形成される組織はいくらか養分の投資を必要とするものの，活発に代謝を行う組織に重点的に分配されている．たとえば，タンパク質の合成にかかわる酵素タンパク質と核酸では窒素濃度が高い．エネルギーの変換（たとえば，光合成と呼吸）と核酸，膜脂質はすべてリン酸を必要とする．浸透圧調節に重要な役割を果たすカリウムもまた，活発に代謝を行う組織に集中している．他の陽イオン（たとえば，マグネシウム，マンガン）は酵素の補因子として働く．カルシウムのみが主に構造的な役割を果たし，細胞壁の構成要素（ペクチン酸カルシウム）となる（Marschner 1995）．

窒素やリン，カリウムは代謝において重要な役割を果たすため，葉で濃度が高く，細根ではそれよりやや低い濃度で含まれるが，これらの養分の供給が変化することは，植物がさらに炭素と養分を獲得していく能力に対して強い相乗効果を及ぼす．そのため，成長の制限要因となる養分の蓄積が増加すると，実験条件下ではそれに比例した植物の成長速度の上昇がみられ（Ingestad and Ågren 1988），あるいは野外条件下において NPP の増加がみられた（図 8.8）．これは，生態系全体で光－光合成曲線を考えた場合に類似しており，系全体の炭素の獲得量（GPP：総一次生産）は比較的広い光条件にわたって光強度に比例して増加する（図5.23参照）．

陸上植物は，養分の供給が要求量を上回る場合には，貯蔵器官（たとえば，茎）や細胞小器官（たとえば，液胞）に養分を蓄積する．これにより，植物はきわめて短期間の養分供給，たとえば秋季に落葉したばかりの葉から雨によって溶脱するものを活用することができる（第9章参照）．ときに**過剰消費**（luxury consumption）とよばれる現象によって，植物体中の養分の比率は変化するが，それは成長の制限となっている養分よりも，制限要因となっていない養分のほうが，供給の増加によって植物体の養分濃度を顕著に上昇させるためである．蓄積された養分は，成長に必要な量が土壌からの吸収を上回るときに引き出される（Chapin et al. 1990；Sterner and Elser 2002）．たとえば，北極域ツンドラにおいてワタスゲ（cotton sedge）は，土壌から養分をまったく吸収せずに，前年までに獲得した蓄積養分だけで，通常どおりの成長を一年間続けることができる（Jonasson and Chapin 1985）．植物体内の養分の比率における変動は，さまざまな養分によって受ける相対的な制限の程度を反映することもあり（Güsewell 2004），たとえば，作物に供給する肥料の適切な養分の比率を決定するために利用できる（Ulrich and Hills 1973）．植物体の養分の比率が，養分による制限の程度とほとんど相関を示さない場合もある．たとえば，ある種の植物は，窒素を利用してアルカロイドのような防御物質を合成する．このような種は通常高いN：P比を示すが，N：P比の低い種に比べて窒素による制限の程度が低いとは限らない．最後に，土壌は化学的に不均一性が高く，そのスケールはmmから大陸レベルにわたり，養分の供給速度，ひいては植物体の養分の比率に差をもたらす．これらの要因が組み合わさって，植物体の養分の比率は，成長に最適と考えられる値から変更される．これにより，植物の成長と生態系のNPPが，複数の養分に対して反応するようになる（図8.9；Güsewell 2004；Craine et al. 2008）．

ハビタットによって種を分類すると，養分供給のハビタット間での変動に対する養分吸収とNPPの反応性を知ることができる．木本植物のような成長に養分を利用する能力が大きい種は多量の養分供給がある場所で優占し，それに対して貧栄養な場所は根系がよく発達するものの根の長さあたりの養分吸収能力が低い種に占められる．

**養分利用効率は，生産が養分によって制限されている場合に最大になる．**植物種間での養分濃度の違いから，生態系が単位養分量あたり生産可能なバイオマス量を把握することができる．養分利用効率とは，獲得された養分量あたりの生産量である．有用な指標である**養分利用効率**（**NUE**：nutrient use efficiency）は，リターとして失われたバイオマスに対する養分量の比である（すなわち，植物リター中の養分濃度の逆数である；Vitousek 1982）．この比は生産性が低い場所で最も高くなり（図8.10），この値が高いことは，植物が獲得できる養分の量に対してより効率的にバイオマス生産を行っており，養分の供給が不足すれば枯死するであろうことを示す．植物が養分量あたりのバイオマス生産を最大化する方法は，少なくとも二つある（Berendse and Aerts 1987）．(1) 高い**養分生産力**（nutrient productivity, $a_n$），つまり，短期的に見て単位養分量あたりの炭素獲得速度が高いこと，あるいは (2) 長い**滞留時間**（residence time, $t_r$），つまり，養分が植物体内にと

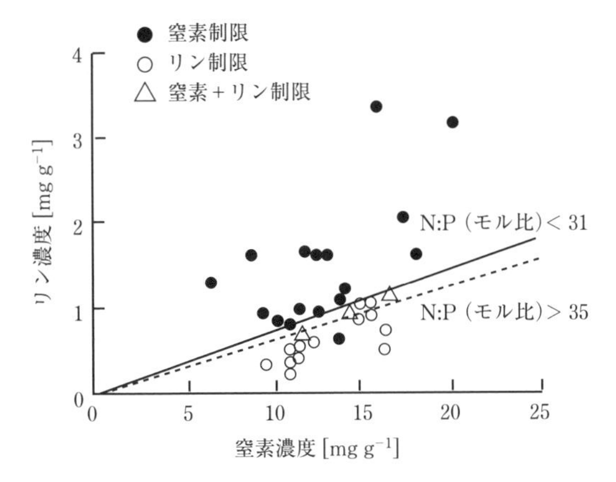


**図 8.9**　ツツジ科低木の葉の窒素濃度とリン濃度の関係．施肥実験によって，植物の成長が窒素によって制限されているサイト（●），あるいは，リンによって制限されているサイト（○），両方に制限されているサイト（△）が示されている．N：P 比< 14（モル比では 31）のサイトでは植物は主に窒素に反応するのに対し，N：P 比> 16（モル比では 35）では主にリンに反応する．Koerselman and Mueleman (1996) より．

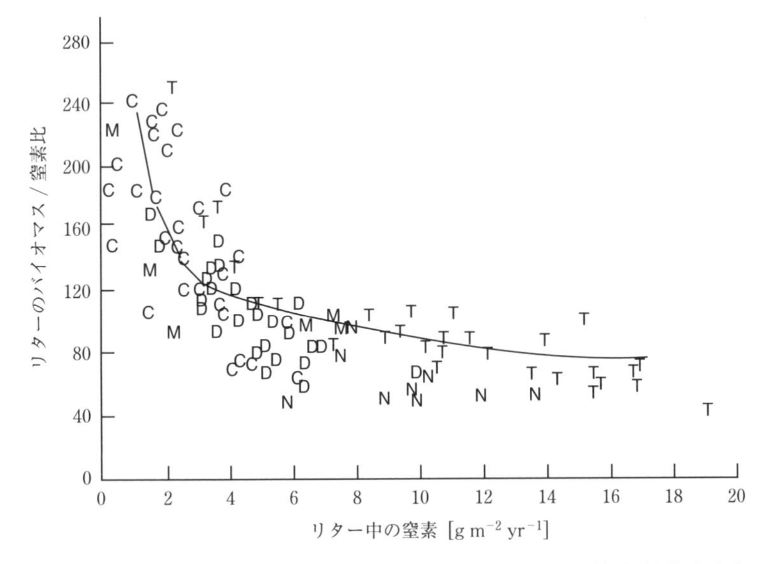


**図 8.10**　リター中の窒素量と窒素利用効率（リターのバイオマス（乾物重量）と窒素量の比）の関係．記号は異なる林分を示し，C は針葉樹林，D は温帯落葉樹林，T は熱帯常緑樹林，M は地中海型生態系，N は窒素固定植物が優占する温帯林を，それぞれ表す．Vitousek (1982) より．

**表8.6**　ツツジ科常緑低木とイネ科草本における窒素利用効率とその生理学的要素

| プロセス | 常緑低木[a] | イネ科草本[a] |
|---|---|---|
| 窒素生産性［g バイオマス $(\mathrm{g\,N})^{-1}\,\mathrm{yr}^{-1}$］ | 77 | 110 |
| 平均滞留時間［年］ | 1.2 | 0.8 |
| 窒素利用効率［g バイオマス $(\mathrm{g\,N})^{-1}$］ | 90 | 89 |

[a] 対象は，貧栄養環境に適応した常緑低木（*Erica tetralix*）と，比較的富栄養な環境に適応した落葉性イネ科草本で同所的に分布するヨウシュヌマガヤ（*Molinia caerulea*）である．これら2種の窒素利用効率は同程度であるが，これは養分に富んだ環境に適応した種においては窒素生産性を高くすることによって，貧栄養環境に適応した種においては平均滞留時間を長くすることによって，それぞれ達成された効率である．

Berendse and Aerts (1987) のデータ．

どまっている平均的な時間が長いことである．

$$\mathrm{NUE} = a_{\mathrm{n}} \times t_{\mathrm{r}} \qquad (8.1)$$

$$[\mathrm{g}\,\text{バイオマス}\cdot\mathrm{g\,N}^{-1}] \qquad \left[\frac{\mathrm{g}\,\text{バイオマス}}{\mathrm{g\,N}\cdot\mathrm{yr}}\cdot\mathrm{yr}\right]$$

貧栄養な土壌によくみられる種では，養分の滞留時間が長いが，養分生産力は低くなる（表8.6；Chapin 1980；Lambers and Poorter 1992）．これは，生産性が低い場所においてNUEが高くなるのは，短期的な単位養分量あたりバイオマス増加速度を上昇させる特性よりもむしろ，主として養分の損失を小さくするような特性によることを示している（表8.6）．同様に，遮光は，葉の炭素獲得能力を低下させるよりも，むしろ植物組織の損失を減らす効果が大きい（Walters and Reich 1999）．

本質的に，養分の滞留時間と養分生産力の間にはトレードオフの関係がある．これは，植物が養分を保持し続けると，成長速度を抑制するためである（Chapin 1980；Lambers and Poorter 1992）．養分生産力の高い植物は成長速度が速く，光合成速度も高いが，同時に組織の密度が低く，比葉面積が高く，窒素濃度も高い（第5章参照）．逆に，養分の滞留時間を長くする場合は，主として根や葉のターンオーバー速度を遅くする．好ましくない環境に耐えるために，より多くの構造性の細胞をもち，病原体や植食者を阻止するためにより高い濃度のリグニンや二次代謝産物をもつことで，葉は長い寿命をもつことができる．このような特性は，すべて葉の養分濃度が低く密度の高いことにつながり，結果的にバイオマスあたりの光合成速度は低くなる．そのため，貧栄養土壌における植物の高いNUEは，光合成において養分をより効率的に利用することよりも，それらの植物が組織をより長い時間保持することに反映されている（Craine 2009；Freschet et al. 2010）．NUEが高いと，防御された養分濃度の低い組織は落葉後の分解が遅く，微生物による養分の不動化が誘発されるため，分解速度や養分の無機化速度も低くなる（図8.11）．

根の寿命と養分吸収速度との間に生じるトレードオフについて，知見はあまりない．根

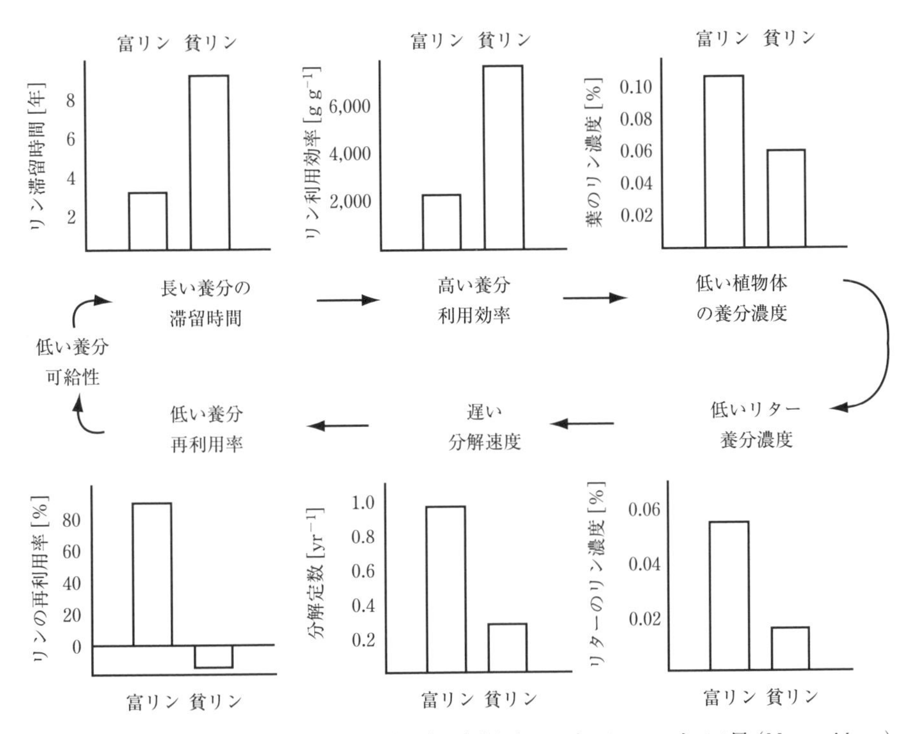


**図 8.11** リンに関して富栄養な土壌と貧栄養土壌に成立したハワイのムニンフトモモ属（*Meterosideros*）の森林のデータに基づいた，植物 − 土壌微生物間の正のフィードバックの構成要素．リンに関して貧栄養土壌に成立した森林におけるリン循環パターンは，富栄養な場所に比較して，リンの滞留時間が長く，利用効率が高く，葉内の濃度が低く，リター内の濃度が低く，分解が遅く，再利用率が低くなる．データは Vitousek（2004）より．

の年齢が上がり，根毛を失い，コルク化するにつれて根の養分吸収は低下するため，葉ではよく知られている生理活性と寿命の間のトレードオフが，おそらく根でも生じていると考えられる（Craine 2009；Freschet et al. 2010）．成長速度が遅い植物はしばしば根の養分濃度が低く，呼吸速度も遅いが（Tjoelker et al. 2005），これはこのような植物の養分吸収能力が低いことと一致している．

NUE と資源獲得速度の間のトレードオフによって，資源の勾配に沿った植物のタイプの多様性を説明できる．貧栄養な環境においては，組織のターンオーバー速度が遅く，NUE が高く，組織が長期間保たれるような物理的・化学的な性質をもった植物が優占する．このようなストレス耐性の強い植物は，貧栄養な環境においてより少ない養分しか保持できない植物よりも競争的に優位である（Chapin 1980；Craine 2009）．高い NUE とそれにともなう性質によって，植物の炭素と養分を獲得する能力は抑制される．そのため，養分が豊富な環境においては，資源獲得速度と成長速度が速く，組織のターンオーバーが速く起こることにより，NUE が低い種は NUE の高い種よりも競争的に優位となる．つまり，成長速度が速いこととNUEが高いこととの間には生理的トレードオフがつきものであるため，どちらかがどのような環境においても優位であるということはない．（養分利用の）効率性と成長の速さのどちらがより利益があるかということは，環境によるのである．

## 8.10　植物からの養分損失

**植物，とくに寿命の長い植物における養分の収支は，養分の吸収と同様，養分の損失によっても規定される**．植物から養分が失われる経路として，組織の老化と枯死，溶存態の養分の溶脱，植食者による被食や病原体による消耗，土壌への養分の浸出，そして，火災や風倒，その他の撹乱によって植生から劇的に養分が失われることが考えられる．植物からの養分の損失は，生態系からの損失というよりは，生態系内部での循環（植物から土壌への移動）であると捉えられる．土壌への養分の移動が起こった後，その養分は微生物あるいは植物によって吸収されるかもしれず，あるいは生態系から流亡するかもしれない．つまり，植物から土壌へ移動する養分の損失は，生態系から大気や地下水に移動する養分の損失とは大きく異なる結果をもたらすのである．

### ■老　化

**組織の老化は，植物からの養分の損失が生じる重要な経路の一つである**．植物は，とくに資源に乏しい環境においては組織のターンオーバーを抑制することで，老化によって生じる養分の損失を少なくしている．たとえば，イネ科草本と常緑木本植物の葉は，養分あるいは水分が不足した環境においては，資源が豊富な環境に比べて葉の寿命が長くなる（図8.11；Chapin 1980）．同様に，イネ科草本の根の寿命は貧栄養な場所で最大になる（Craine 2009）．組織のターンオーバー速度の種による違いを見ると，資源に乏しい環境において植物の器官の寿命は長くなる傾向を強める．土壌の肥沃度が低下するのにともなって，系内の常緑木本植物の比率は上昇し，生態系レベルでの葉のターンオーバー速度は遅くなっていく．他の条件がすべて同じであれば，組織のターンオーバー速度が遅くなることで，対応して組織に含まれていた養分の損失は少なくなる．このように組織のターンオーバー速度を低下させることは，貧栄養な立地で養分を保持し続けるために最も重要な適応であるといえる（Chapin 1980；Lambers and Poorter 1992；Craine 2009）．

養分の**再吸収**は，可溶性の養分が師部を通じて老化した組織から輸送されることを指す．これは，植物による養分の保持において非常に重要な役割を果たしているが，ほとんど明らかにされていない．植物は葉が老化して落葉する前に，平均的に保持している窒素やリン，カリウムのおよそ半分をも再吸収することから（表8.7），養分の再吸収は植物の養分収支において量的に重要であるといえる．再吸収の効率は，葉が元々もっていた窒素やリンの濃度が低い植物（貧栄養な植物）において高くなる傾向がある．しかし，このようなパターンがつねにみられるとは限らないうえに（Aerts and Chapin 2000；Kobe et al.

表 8.7　異なる生活型をもつ植物における窒素とリンの吸収効率

| 生活型 | 吸収効率（最大プールサイズに対する比率［%］）[a] | |
|---|---|---|
| | 窒素 | リン |
| 全体 | 50.3 ± 1.0（287） | 52.2 ± 1.5（226） |
| 常緑高木・低木（灌木） | 46.7 ± 1.6（108）[b] | 51.4 ± 2.3（88）[b] |
| 落葉高木・低木（灌木） | 54.0 ± 1.5（115）[c] | 50.4 ± 2.0（98）[b] |
| 広葉草本 | 41.4 ± 3.7（33）[b] | 42.4 ± 7.1（18）[b] |
| イネ科型草本 | 58.5 ± 2.6（31）[c] | 71.5 ± 3.4（22）[c] |

[a] 値は平均値±標準誤差，カッコ内の数値は種数を示す．列内の異なる添字（b または c）は，生活型間で統計的に有意な差があったことを示す（$P < 0.05$）．
Aerts（1995）のデータ．

2005；Craine 2009），先行研究でみられた再吸収の効率には大きな幅がある（0〜90%）．このばらつきの原因についてはほとんどわかっていない．効率的な養分の再吸収は，イネ科型草本（graminoid. イネ科（grass）およびカヤツリグサ科（sedge）；表 8.7）や多くの常緑植物で古い葉の老化と同時に発生する新しい葉のような，活性の高いシンク（養分の転流先）の存在によって促進される．乾燥は養分の再吸収効率を低下させ（Pugnaire and Chapin 1992；Aerts and Chapin 2000），イネ科型草本以外の植物においては，再吸収が完了していない葉が風によって落葉してしまうこともしばしばある．総じて，養分の再吸収効率は非常に重要であるため，ほとんどの植物が同程度の養分を再吸収する能力をもつのだろう．そして，養分の一時的な供給や乾燥，風といった環境要因は，このような再吸収の能力が実際に発揮される度合いに影響を及ぼしているのかもしれない．再吸収された養分は，植物の他の部位（たとえば，種子あるいは貯蔵器官，樹冠最上部の葉など）に輸送され，他の時期や部位における植物の成長に役立つ．カルシウムや鉄といったイオンは師管を通じて輸送されず，植物は老化した組織からこれらの養分を再吸収することができない．これらの養分が植物の成長を制限することはあまりないので，酸性雨によって土壌中のそれらの可給性が非常に小さくなっている場合を除いて，再吸収されないことで植物の養分利用に直接与える影響は小さい（Aber et al. 1998；Driscoll et al. 2001）．

植物の根には，あらかじめ組み込まれた老化や養分再吸収の季節的変化のパターンは存在せず（Craine 2009），単に物理的なストレスや植食者，病原体などによって生理的能力がある閾値以下に弱まったときに根は機能を停止するように見える．しかし，これまで研究された例がほとんどないため，根には明瞭な老化と再吸収がみられないとされているが（Aerts and Chapin 2000），ただまだ知られていないというだけであるかもしれない．

### ■ 植物からの溶脱による損失

**植物の葉からの養分の溶脱は，植物からの養分の損失における重要な二次的経路である．**溶脱は，年間に植物の地上部から土壌へ戻る養分のおよそ 15%を占める．雨によって葉や

**表8.8**　樹冠から溶脱した養分量（樹冠通過雨）が，植物から土壌へ還元された養分の総量に占める比率

| 養分 | 樹冠通過雨（年間の土壌への供給量に対する比率［%］）[a] | |
|---|---|---|
| | 常緑林 | 落葉林 |
| 窒素 | 14 ± 3 | 15 ± 3 |
| リン | 15 ± 3 | 15 ± 3 |
| カリウム | 59 ± 6 | 48 ± 4 |
| カルシウム | 27 ± 6 | 24 ± 5 |
| マグネシウム | 33 ± 6 | 38 ± 5 |

[a] 値は，それぞれ12の落葉林と12の常緑林の平均値±標準誤差.
Chapin (1991b) のデータ.

茎の表面の養分が溶かされ，**樹冠通過雨**（throughfall, 樹冠から土壌に滴下する水）や**樹幹流**（stemflow, 幹を伝わって流れ落ちる水）として土壌に運ばれる．樹幹流は，一般に幹の表面から溶脱する養分のために濃度が高い．しかし，この経路で移動する水の量はわずかである．概して，植物から溶脱する養分の90%が樹冠通過雨によるものである．葉一枚あたりでは失う養分量は養分条件が良い植物のほうが多いが，溶脱によって再循環する養分の比率はさまざまな生態系の間で驚くほど似通っている（表8.8）．溶脱による損失は，水に溶けやすい養分，または再吸収されない養分で最もはっきりとみられる．たとえば，リンゴの葉に含まれるカルシウムの50%，カリウムの80%が24時間以内に溶脱しうる．溶脱の速度は，雨が最初に葉に触れた瞬間が最も高く，その後時間が経つに従って指数的に低下していく．そのために，降雨パターンが大きく異なる生態系においても，土壌に戻る養分の経路における溶脱と老化の間の比率が同程度となるのかもしれない．植物の養分収支において，溶脱による損失は量的に重要であるにもかかわらず，溶脱を減少させるための明瞭な適応はみられない．かつて，常緑植物の葉の厚いクチクラ層は，溶脱による損失を減少させ，湿潤で貧栄養な森林に常緑樹が分布することの説明となると考えられていた．しかし，クチクラ層の厚さと溶脱による損失の間に相関があるという証拠は存在しない．養分の再吸収と同じく，植物からの溶脱による損失については，植物の養分収支において量的に重要であるにもかかわらず，十分に知られていない．生物学者には，炭素や養分の損失についてよりも，それらの獲得についてのほうがずっとよく知られているのである．

植物は，樹冠からも雨に溶けた養分を吸収することができる．樹冠からの降水中の養分吸収は，養分による制限が非常に厳しい環境において最も多くなる．

## ■植食者

**植食者による被食は，植物からの養分の損失における主要な経路となりうる．**多くの陸域生態系において，植物による生産のうち，植食者によって消費される割合は比較的小さ

い（1〜10%）．しかし，生産力の高い草原のような生態系においては，植食者は通常でも植物生産の大きな割合を消費し，植食者の個体群が大発生した場合には，地上部の生産のほとんどを食い尽くすこともある（第10章参照）．植食者が植物の養分収支に与える影響は，被食によるバイオマスの損失から推測されるよりもずっと大きい．それは，被食を受ける時期が再吸収が起こるよりも早いために，植食者によって失われるバイオマスあたりの窒素やリンの量は，老化によって失う量のおよそ2倍になるからである．また，動物は一般に窒素やリンの豊富な組織を好んで摂食することも，植物に植食者が及ぼす影響を大きくする．そのため，植食者や病原体を抑制するための化学的・形態的防御に対しては，強い淘汰が働いてきた．これらの防御は，寿命の長い組織において，また養分の供給が被食によって失われた養分を速やかに補うには十分でない環境において，最大となる（Coley et al. 1985；Gulmon and Mooney 1986；Herms and Mattson 1992）．植物から植食者に移動した養分のほとんどは，糞や尿として速やかに土壌に戻り，その場ですぐに植物が利用できるようになる．これによって，放牧のために管理されているような生態系においてはとくに，被食は養分の循環を加速させる（第10章参照）．しかし，過放牧によって植物のバイオマスが減少し，植物が植食者によって土壌に戻された養分を吸収できなくなった状況では，養分は生態系から失われうる．

## ■ 他の損失経路

**養分損失の他の経路についてはあまり知られていない**．実験的な研究によって，根の浸出物がアミノ酸を含んでおり，植物の炭素収支において重要な部分を占めていることが示唆されているものの（Rovira 1969），この経路を通じた植物からの窒素の損失がどの程度であるのかはわかっていない．植物からの養分の損失に関する他の経路としては，ヤドリギ（mistletoe）のような寄生者によるものや，菌根菌によってある植物から他の個体へ養分が輸送されるものなどが挙げられる．これらの養分輸送は，群落内で起こる養分の種間の移動としては非常に重要であるものの，全体としては植生による養分の保持もしくは損失の量を大きく変化させることはない．

**撹乱によって，一時的に非常に多量の養分が植生から失われることがある**．火災や風倒，病気の流行，その他の劇的な撹乱が起こった場合に，植生から多量の養分が失われる．火災と人間による収穫を除くと，植生から失われた養分は，系から失われたのではなく植物から土壌に移動したといえる．多量のリター供給にともなって起こる一時的な分解と無機化の速度増加によって，植生の遷移初期種による急速な養分吸収と生態系からの流亡との両方が可能性として起こりうる（第9章参照）．火災によって起こる養分の損失は，養分の種類と火災の強度によって異なる．たとえば，窒素と硫黄はカリウムやリンよりも火災によって揮発しやすく，それに対してカルシウムとマグネシウムはほとんどが灰の中に残る．火災によって失われる窒素は，林分の入れ替わりを起こさせるほどの火災では80%近くに及ぶのに対して，頻繁な火災に見舞われるサバンナや草原においてはそれほど多くない．さらに，そのような場所では一般に火災が起こるのは植物体の老化と転流が生じた後で，生きたバイオマスよりもリターが燃える量が多い．このような生態系では，火災が起こりやすい時期には，植物体中の養分のほとんどが地下部に蓄積されている．

## 8.11　まとめ

外洋域は，海底や陸域の養分ソースから遠く離れており，養分的にはほとんどが砂漠のようなものである．そこでは，主要な一次生産者は単細胞の植物プランクトンである．彼らは，きわめて小さい体サイズと高い表面積－体積比によって細胞表面への養分の拡散速度を高めることで，養分による制限を緩和している．海洋での養分による制限の程度は，表層が温められることによって起こる成層と，風と海流によって起こる乱流混合のバランスを反映する．成層が高度に発達した海盆では，養分の可給性と生産性が非常に低いのに対して，温帯および高緯度地帯の海盆では，乱流混合が季節的に急激に上昇する生産性を支えている．ほとんどの外洋において生産は，短期的には窒素とリンの共制限を受けている．海洋の多くの場所における窒素による制限は，窒素固定を行うシアノバクテリアの活性を規定する鉄の可給性が低いことによって増幅される．湖沼の生産力を規定する養分は，海洋と似通っているが，短期的にはほとんどの海洋の系が窒素に顕著に反応するのに対して，貧栄養な湖ではリンに対してより強く反応する．しかし，多くの場合，長期的には湖と海洋のいずれにおいても，リンが究極的な制限要因となる養分である．河川と渓流の生産性は，窒素もしくはリンのいずれかによって制限されうるが，それは母岩の性質によって異なる．

陸域の生物にとっても，生産の主要な制約となるのは養分の可給性である．植物による炭素の獲得が，主として植物の性質（葉面積と光合成能力）によって規定されるのに対して，養分の獲得は植物自体の性質よりも環境（土壌からの養分供給速度）により強く規定される．しかし，遷移の初期段階においては，植物による養分吸収に対して，植物自体の性質が生態系レベルで重要な影響力をもつこともある．拡散は，土壌中で根圏の外から根の表面へ養分を運ぶ主要なプロセスである．移動している土壌水中の養分のマスフローは，根圏への養分の補給，および，土壌中に豊富に存在する養分，あるいは植物の要求量が小さい養分の供給において本質的に重要である．

植物が，養分獲得能力を調整する方法はいくつかある．養分による制限を受けている状況下では，根に選択的に資源を分配して，養分を吸収できる根を長くすることができる．根の成長を，養分の可給性が比較的高くなっているホットスポットに集中させ，生産された養分ができるだけ多く根に戻るようにしている．菌根菌との共生関係を通じて，さらに養分を獲得する能力を上昇させている．好適な環境条件，あるいは高い相対成長速度のいずれかによって急速に成長する植物は，養分を吸収する能力が高い．養分吸収の動力学を変化させて，成長を最も強く制限する要因となっている養分を吸収している．多くの陸域生態系において最も強く制限要因となっている窒素の場合，植物は一般に土壌中で利用できるいずれの形態の窒素でも吸収する．すべての形態の窒素が利用可能であるとき，多くの植物は硝酸よりもアンモニウムもしくはアミノ酸を選択的に吸収する．しかし，土壌中で移動性が高いため，硝酸の吸収はしばしば重要である．

新しく成長していく部分への養分の投資を最大にすることと，バイオマスを生産するための養分の利用効率との間には，必然的にトレードオフが発生する．生産を抑制するような養分による制限を受けた条件の下で，植物の単位養分量あたりのバイオマス生産は最も効率的になる．養分利用効率は，組織の寿命を長くすること，つまり，養分が失われる速度を遅くすることによって最大となる．また，老化は植物から養分が失われる主要な経路である．植物は，落葉する前に葉から窒素やリン，カリウムのおよそ半分を再吸収することによって，成長を制限する養分の損失をなるべく小さくしている．植物の地上部から土壌に年間に再供給される養分のおよそ15%が，主に林冠から落ちる樹冠通過雨による溶脱によってもたらされる．植食者もまた，選択的に養分が豊富な組織を食べ，再吸収が起こる前にそれらの組織を消費してしまうため，植物から養分が失われる重要な経路となりうる．こういった理由により，老化によって失われる養分の単位バイオマスあたり2倍以上を食害によって失う．他に植生から養分が多量に失われる原因としては，植物の組織もしくは個体を枯死させる撹乱（たとえば，火災や風）や病害が挙げられる．

# 復習問題

1. 海洋中で成層と混合が起こることによって，海洋性植物プランクトンによる養分の吸収と利用はどのような影響を受けるか？
2. 植物プランクトンが，HNLC海域において利用可能な窒素やリンをほとんど利用しないのはなぜか？
3. 養分が根の表面に運ばれるプロセスには，マスフローと拡散，根自体による捕捉の3種類がある．これら三つのプロセスはそれぞれどのように働き，それぞれどの程度植物への養分供給において寄与するか.
4. 植物が根の表面に到達した養分を獲得する際に働く主要なメカニズムは何か？
5. 植物は，以下のような場合にどのように不足する養分を補うか？
   (a) すべての養分の可給性が低い場合
   (b) 土壌中の養分の分布が不均一である（局所的なホットスポットが形成されている）場合
   (c) 必要な養分間のバランス（たとえば，窒素とリンの可給性）がとれていない場合
6. 植物の成長速度は養分吸収にどのように影響するか？
7. 菌根が植物の養分吸収を増大させる主要なメカニズムは何か？　どのような環境において最も菌根は発達するか？
8. 硝酸を，植物にとって生化学的に有用な形態に変化させるために必要な主要なプロセスは何か？
9. 植物における養分と炭素の動きは，なぜ非常に密接に結びついているのか？　炭素の

獲得量が制限された場合，養分吸収はどうなるか？　養分吸収が制限された場合，炭素の獲得量はどうなるか．そのような調整が起こるメカニズムは何か．

10. 養分利用効率（NUE）とは何か？　NUE に違いが生じる生理学的原因は何か，またその生態学的な意義は何か？
11. 肥沃な土壌に出現するタイプの種と痩せた土壌に出現するタイプの種の主な違いは何か？　それぞれの土壌タイプにおけるそれぞれの植物の戦略について，その長所と短所は何か？
12. 養分が植物から失われる際の主要な経路は何か？　すべての植物はその養分の損失をどのように最小限にしているのか？　貧栄養な土壌に適応した植物は，どのようにしてさらなる養分の損失を少なくしているのか？

## 参考文献


Aerts, R. and F.S. Chapin, III. 2000. The mineral nutrition of wild plants revisited: A re-evaluation of processes and patterns. *Advances in Ecological Research* 30:1–67.

Chapin, F.S., III. 1980. The mineral nutrition of wild plants. *Annual Review of Ecology and Systematics* 11:233–260.

Craine, J.M. 2009. *Resource Strategies of Wild Plants*. Princeton University Press, Princeton.

Hobbie, S.E. 1992. Effects of plant species on nutrient cycling. *Trends in Ecology & Evolution* 7:336–339.

Kalff, J. 2002. *Limnology*. Prentice-Hall, Upper Saddle River, NJ.

Lambers, H., F.S. Chapin, III, and T.L. Pons. 2008. *Plant Physiological Ecology*. 2nd edition. Springer, New York.

Mann, K.H. and J.R.N. Lazier. 2006. *Dynamics of Marine Ecosystems: Biological-Physical Interactions in the Oceans*. 3rd edition. Blackwell Publishing, Victoria, Australia.

Read, D.J. 1991. Mycorrhizas in ecosystems. *Experientia* 47:376–391.

Sterner, R.W. and J.J. Elser. 2002. *Ecological Stoichiometry: The Biology of Elements from Molecules to the Biosphere*. Princeton University Press, Princeton.

Vitousek, P.M. 1982. Nutrient cycling and nutrient use efficiency. *American Naturalist* 119:553–572.

Vitousek, P.M. 2004. *Nutrient Cycling and Limitation: Hawai'i as a Model System*. Princeton University Press, Princeton.

# 第9章
# 養分循環

**養分の循環は，生態系へのインプット（入力，流入，投入），生態系からのアウトプット（出力，流出，除去），そして生態系の中での養分の内部移動からなる．この章ではこれらの養分動態について述べる．**

## 9.1 はじめに

**人間が養分循環に影響を与えることで，生態系プロセスの制御は根本的に変化する．**エネルギーといくつかの化学資源の利用可能性が，炭素（第5～7章参照），そして水（第4章参照）の循環速度を制御している．そのため，資源の利用可能性はすべての生態系プロセスを根本的に変化させる．化石燃料の燃焼は，大気へ窒素酸化物や硫黄酸化物を大量に放出し，生態系へのインプットを増大する（第14章参照）．肥料や窒素固定作物の栽培は，農業生態系，そして下流にある水域生態系への窒素フラックスをさらに増大させてきた（Galloway et al. 1995；Vitousek et al. 1997a；Gruber and Galloway 2008）．このような人間による影響は，自然に生じている生物圏へのインプット速度と比較して，窒素インプット速度を2倍に，リンのインプット速度を4倍にしている（Falkowski et al. 2000）．この結果として生じる植物生産の増大は，グローバル炭素循環に影響を与えるのに十分なほど大きなものになるだろう．森林の転用や収穫，火災といった人間による撹乱は，利用可能であり，そのために失われやすい養分プールの割合を増加させる．この養分損失は，地下水への溶存元素の流出として生じることがあり，土壌陽イオンの減少，土壌酸性度の上昇，そして水域生態系への養分インプットの増加をもたらす．ガス態の窒素としての損失は，大気の化学特性，そして放射特性に影響を与え，大気汚染を招き温室効果を増大させる（第2章参照）．つまり，養分循環の変化は，炭素循環や地球の気候と同様，生態系間の相互作用に劇的に影響を与える（第13章参照）．

## 9.2 焦　点

**淡水系から海洋への養分流出は，世界の河口域の3分の2にみられる酸欠区域の形成やその強化につながっている．**河口域や沿岸帯への農業由来の養分供給が，枯死有機物の生産と深部への供給を促進する．このことは酸素を枯渇させ，広範囲にわたる魚，エビ，その他の無脊椎動物の死滅をもたらす（図9.1（口絵9））．耕作地や都市における養分のソースをより注意深く取り扱うことで，この効果をどのように減らすことができるだろう

図 9.1（口絵 9）　ミシシッピ川排水からの農業廃水による養分インプットによって悪化した，メキシコ湾の酸欠区域．白っぽい（口絵カラーでは赤とオレンジ）部分は，植物プランクトンと堆積物が高濃度で存在していることを示している（http://www.nasa.gov/vision/earth/environment/dead_zone.html）．

か？　肥料要求量を減らし，耕作地から離れた所での汚染の影響を減らすために，作物の養分要求に肥料利用をどのように合わせられるだろうか？　沿岸域へ輸送された過剰な養分の行方はどのようなものだろうか？　生態系における養分フラックスの制御を理解することで，生態系制御におけるこれらの重要な問題に答えるために役立つ洞察を得ることができる．

## 9.3　養分循環とは

**養分循環には，養分の生態系への加入，植物，微生物，消費者そして環境の間での養分の内部移動，そして生態系からの損失が含まれる．**ある元素，たとえば窒素は水や大気によって移動するが，他の元素，たとえばリンには有用なガス態が存在せず，水溶液に含まれる形，または大気ではダスト粒子として，下方へ移動するのみである．水平輸送，岩石の化学風化，大気窒素の生物固定，大気から雨や風で輸送された粒子，またはガス態での養分の沈着を通じて，養分は生態系内で利用可能となる．人間によって管理された生態系においては，人為的な施肥がさらなる養分インプットとなる．内部循環プロセスとしては，有機物と無機物との間での相互変換，あるイオン種から異なるイオン種への元素の化学変化，植物や微生物による生物的吸収，土壌マトリクス（訳注：固相の微小構造集合体）表面における養分の交換がある．養分は生態系からの溶出，微量ガス放出，風や水による侵食，火災，流出，埋没，そして収穫による物質のもち出し，という形で失われる．

人間による管理を受けていない生態系において，植物成長に必要な窒素とリンのほとんどは，陸域生態系では植物リターや土壌有機物（SOM）を含む過去の一次生産物の分解により供給される．また，水域生態系では水柱または堆積物における有機物の無機化によって供給される．これらの生態系へのインプットとアウトプットは，内部循環している養分の量と比べて小さく，節制のきいた養分循環をもつ，比較的**閉鎖した系**を形作っている．人間活動は，内部輸送と比較してインプットとアウトプットを増やすように働くため，養分循環をより開放的なものにしていく傾向がある．

植物を通じた養分の循環については先に述べた（第8章参照）．この章では，生態系での養分インプットとアウトプット，そして枯死有機物から利用可能な養分を再生する生態系内のプロセスについて，焦点を当てる．

## 9.4 海洋養分循環

### ■ 大規模養分循環

**外洋における養分循環は，炭素フローと密接に組み合わさっている．** 海洋一次生産者（極微小の藻類の細胞や光合成細菌）のサイズは極端に小さいため，光合成，養分吸収，成長そして再生産といったプロセスは，細胞レベルで強く統合されている．外洋の養分循環がもつ基本的な特徴については，植物の炭素（第5章参照）や養分循環（第8章参照），および成長（第6章参照）との関連ですでに多くを説明してきた．植物プランクトンによる外洋養分循環の重要な特徴を挙げると，下記のようになる．

- 海洋表層における植物プランクトンにとっての養分の利用可能性のパターンは，大きく見れば三つのプロセスのバランスによって決まっている（第6，8章参照）：(1) 熱による海洋表層の成層化が，深層から表層への水輸送を制限すること．(2) 風による混合により成層が崩れ，混合層が深まることが，混合層での養分供給を増大させる一方で，混合層全体で見たときの平均的光利用可能性を減少させること．(3) 湧昇流が養分供給を補塡し，植物プランクトンをよく光の届く表層の浅い部分にとどめることで，高い総一次生産（GPP）と NPP を支えること．
- 基本的に，外洋における一次生産は，短期間においては窒素とリンの両方が制限する．通常，一次生産は，異なる季節の間，異なる年の間といった短いサイクルにおいては窒素に対して，一方より長い期間ではリンや微量養分元素に対して，それぞれ最も強く応答する（第8章参照）．
- 植物プランクトンが環境へ養分を戻す場合，そのほとんどは捕食によるものである（第8，10章参照）．
- 動物プランクトンの糞と植物プランクトンの堆積は，外洋からの連続的な養分損失を引き起こし，この損失は窒素固定，湧昇，そして混合で補塡される（第7章参照）．

**海洋において，窒素はいくつかのプロセスにより無機化（有機態の窒素からアンモニウム†に変換されること）される．**植食者とその捕食者は，窒素化合物を分解するときに窒素を排出する．その理由は，成長や移動のためのエネルギー要求を満たすため，または根系における原生動物のように（第8，10章参照）元素の**化学量論**（stoichiometry, 養分バランス）を維持するためである．植食は，陸上より海洋において重要な養分無機化経路である．なぜなら，植物プランクトンのバイオマスの多くが捕食されるので，死滅して分解される部分が小さい（第7章参照）からである．これに加えて，分解を担う細菌は，その成長がエネルギーで制限されている場合にはアンモニウムを排出する．藻類やシアノバクテリアが付着している粒子の上や，高い養分濃度をもつ微小パッチ（Stocker et al. 2008）の中で，この細菌による窒素無機化が多く生じており，一次生産者への効率的なアンモニウムの再循環を容易にしている．この水柱でのアンモニウムによる**再生産**（regenerated production）により，外洋養分循環は無駄のない緻密なものになっている（Dugdale and Goering 1967）．

密度躍層の下へと沈んだ枯死細胞や糞は引き続き分解され，窒素が無機化される．この深く暗い水柱では植物プランクトンがいないため，生み出されたアンモニウムの多くは，それをエネルギー源として利用し，硝酸を廃棄物として放出する（このプロセスを**硝化**とよぶ）硝化細菌によって吸収される．そのため，深層水は表層と比べて高い硝酸：アンモニウム比をもつことが多い．外洋では，有機態の炭素や窒素のほとんどが，堆積物に到達する前に無機化されてしまう（Mann and Lazier 2006）．そのために，有機物の投入速度と堆積物中での分解速度は比較的低く，堆積物は比較的酸化的な環境に保たれている．この酸化的な環境は，**脱窒**（窒素微量ガスの嫌気的放出）よりも硝化（硝酸を放出する酸化的プロセス）に適している．

一方で沿岸帯では，より生産性が高く水深が浅いために，より多くの有機物が堆積物まで到達し，分解または埋蔵される．深層水または堆積物におけるこの有機物分解は，利用可能な酸素の一部またはすべてを消費することになり，嫌気的な環境を形成する．そこでは，硫酸還元や脱窒を行う細菌が枯死有機物をエネルギー源として利用し，硫酸と硝酸をそれぞれ電子受容体として利用することで，硫化水素や，窒素微量ガス（$N_2O$ と $N_2$）を廃棄物として放出している（第3章参照）．この脱窒による $N_2O$ と $N_2$ のガス態放出は，リンのような他の養分と比較して窒素を海水中で不足させることとなり，しばしば起こる沿岸帯での窒素制限に貢献している．しかし通常，沿岸堆積物の嫌気的な分解の大部分は，硫酸還元が担っていると考えられている（Howarth 1984）．

## ■河口域

**河口域での養分循環や生産性は，水と養分の水平方向の流れに支配される．**川が海に流

---

† 訳注：第8，9章では，アンモニウム塩，アンモニウムイオンと硝酸塩，硝酸イオンをまとめて示す用語として，それぞれ「アンモニウム」と「硝酸」と訳す．亜硝酸，硫酸，リン酸についても同様である．

れ込む河口域は淡水と海水の接点である．河川から低密度な淡水が入り込むことで，河口域では成層が起こりやすい．この淡水が河口から沿岸へと流れ出るときに，表層海水を**引きずっていく**（淡水と一緒に運ぶ）こととなる．脱窒によって窒素が失われているリンの豊富な底層水が湾に上がってきて，この（引きずられてしまった）表層水と入れ替わる．この表層水とリンの豊富な底層水の混合度を決めるものは主に，長くて浅い河口域において最大になる潮の混合と，河川水流・風・嵐による表面乱流の二つである．チェサピーク（Chesapeake）湾を例にとると，リンの25%は沿岸域由来である一方で，窒素源の大部分は河川である（Nixon et al. 1996）．河口域での成層と乱流のバランスは，外洋と比較するとより強い混合を行うのに有利であり，非常に高い生産性を維持できる環境を形成する（Mann and Lazier 2006）．比較的よく混合した河口の水と，より深くより成層した沿岸域の水との間の「前線」で，とくに生産性が高い．河口域での混合の影響は，河口での河川プルーム（水柱）の形成により，河川が海洋へ流れ込む湾の範囲を越えて広がる．

河口域は，その養分のほとんどを陸上から受け取るが，その投入は前世紀において顕著に増加した．ミシシッピ川からの硝酸とリン酸の流出は20世紀後半の50年間で倍になり（Lohrenz et al. 1999），主要河川から北大西洋への硝酸の移動は前世紀に6～20倍に増加した（Howarth et al. 1996a）．アメリカの河口域の3分の2は養分汚染によって劣化している（Howarth et al. 2011）．この河川による汚染は，肥料利用，大気窒素沈着，作物による窒素固定，そして食料輸入の増加を反映している（第14章参照）．この養分は，河口域でのきわめて高い生産性を支えており，深層へと沈む大量の有機物を生産する．結果として微生物活動が促進されることにより，とくに夏になると20 mより深い水柱で酸素の枯渇が起こる．これは，面積にして数千$km^2$に及ぶ**貧酸素**（低酸素）**帯**（hypoxia）と**無酸素**（酸素ゼロ）**帯**（anoxia）を形成する（図9.1（口絵9）；Rabalais et al. 2002；Díaz and Rosenberg 2008）．これらの**酸欠区域**における無酸素状態は，底生生物や，海底で採餌するエビや魚を殺し，堆積物と水の接触面における養分循環を劇的に変化させる（Howarth et al. 2011）．土地利用変化，農業活動の強化，そして海水温の上昇が組み合わさって，世界中で酸欠区域の発生頻度とその程度が強まっており，この地球上で最も生産性の高い漁場の多くを危険な状態にしている．さらに，酸欠区域は新たな気候フィードバックを作り出す．このフィードバックでは，気候の温暖化が成層を強化し，貧酸素で高濃度硝酸の状態を増強する．この成層環境は，脱窒，そして強力な温室効果ガスとして気候の温暖化に寄与する$N_2O$の放出に適している（Mann and Lazier 2006；Stramma et al. 2008；Codispoti 2010）．このことは，人間による，グローバルな窒素循環に対する強力な改変が，意図していなかったグローバルな結果をもたらすことを実証している（第14章参照）．

**ダムや貯水池の建設は河口域の流動様式を変化させる**．貯水池はピーク時に水を貯留し，乾燥した季節に水を放出することで，農業や水力発電をはじめとした，人間活動のための水利需要を満たしている（Carpenter and Biggs 2009）．混合を促進し春季の生産性の高まりを支えるはずの河口域へのピーク流入は，この貯水池の働きにより減少する．一方で，洪水時に水を氾濫原へと広げず河口域へのピーク流量を増やす堤防によって，この流動様式の均質化は埋め合わせされている．また，貯水池における表面蒸発と農業のための取水は，流量とその年の他の時期における混合を減らすことになる．多くの魚の生活史は，河口域での流れやプルームなどのパターン化された季節性と関連がある．しかし，ダムは河川の流動様式を変化させるため，しばしばその生活史を台なしにする．それに加えて，貯水池はかなりの量の窒素，そしてとくにリンを堆積物に保持する（Friedl and Wüest 2002）．

### ■沿岸流

**沿岸流の高い生産性は，湧昇によって引き起こされる．** 海洋の広い範囲，とくに大陸の西岸では，沿岸から外洋へと表面水が運ばれ，沿岸へと移動してくる深層水によって表層水が置き換えられる（第2章参照）．この循環は，養分に富んだ深層水を表層にもち上げ，植物プランクトンを光利用可能性の高い表層へと浮上させる．沿岸湧昇流の場所や強さには多くの要因が影響している．たとえば，沖合へ吹く風は一般にラニーニャのときに最大になり，湧昇流を相殺する表層の安定性は一般に夏が最大である．

湧昇流の影響を受けない沿岸帯では，干満の日変化が深層の養分を上方へと混合する乱流を作り出す．十分に成層して光の良く当たる表層に，植物プランクトンを保持しやすい低塩分の沿岸水塊と，養分を供給する高塩分の深層水が，混合前線で引き合わされる．この前線が比較的安定した場所で生じることと干満の定期的な日変化によって，プランクトンの高い生産性が維持され，魚，海鳥，海洋哺乳類の大きな個体群を支える条件が整う（Mann and Lazier 2006）．湧昇流と海流の混合は，沿岸帯の生産性や養分動態において複雑な時空間的パターンを生み出し，そのパターンは，人間による長期間の利用に関する考古学的記録としばしば関連づけられる．

## 9.5　湖沼養分循環

**海洋と同様に，汚染されていない湖沼では，植物プランクトンによる活発な窒素とリンの吸収が，表層水の養分濃度を極端に低く保つことが多い．** また，外洋と同じく，より養分に富んだ深層水による養分輸送は，混合イベントによって時おり破壊される温度成層によって最小化されている．しかし，堆積物からの養分供給と表層水との隔離は，下記のいくつかの理由により外洋と比較するとそれほど極端ではない．

(1) 多くの小型湖沼では，一次生産（そのうちの多くが維管束植物や底生藻類によるもの）は堆積物からの養分の再供給と密接に結合している．一方で，大型湖沼の中心には堆積物とつながりの少ない表層水が存在し，外洋はさらに極端に堆積物と切り離されている．

(2) 湖の成層は温度勾配のみを反映する一方，海洋の温度躍層は塩分勾配でさらに強化され，養分が表面へと混合しづらくなっている．そのため，湖と比較して海洋においては，嵐が養分を深層から表層へと混合するのに役に立っている．

(3) 最後に，周縁部の長さと体積の比率から予想されるとおり，小さな湖は外洋と比較して周りの環境にさらされる程度が大きい．このため，渓流と大気は，湖の年間養分収支に影響を与える付加的な養分ソースであり，その程度は支配的な場合から微々たる場合まで幅をもつ．

湖における養分無機化は，海洋と比較して類似点と相違点の両方をもつ．湖でも海洋でも，枯死有機物粒子の捕食と細菌による無機化が，水柱での養分の急速な再循環を担っている．一方で，湖では海洋と比較して，有機物が底まで移動するのに必要な距離が短いため，堆積物へ枯死細胞や動物プランクトンの糞粒がより容易に到達する．湖沼や貯水池は地球表面の小さな領域にすぎないが（Downing et al. 2006），グローバルでは重要な炭素固定の場所である（Dean and Gorham 1998）．湖と海洋では，堆積物における養分無機化の速度と経路が著しく異なる．汚染を受けていない湖においては，堆積物中でリンは粘土とシルト粒子に強く結合されている．一方で，イオン交換サイトに対する硫酸と他の陰イオンとの競合により，リンは海洋堆積物から脱着される（Howarth et al. 2011）．加えて，窒素は河口域の嫌気的な堆積物中や沿岸海水中での脱窒によって失われ，リンは表層水へ再供給される．そして，比較的リンに富んだ環境が形成されていく．

集水域の起源と地質，集水域への人間のインパクト，そして現在の生物相の違いを反映して，湖の養分動態は非常に多様である．湖はグローバルの陸地表面の約３％を占める．そして，多くの湖沼は小さく，それらはこれまでによく研究されてきた大型湖沼と比較してより密接に陸域生態系とつながっている．たとえば，1 $km^2$ 未満の小さな沼や湖は，グローバルの湖面積の約40%を占める（Downing et al. 2006）．氷河湖は残る湖面積の約半分を占めるが，深さと大きさには幅がある．その他の重要な湖の種類としては，バイカル湖やアフリカの地溝湖のような深い構造湖や，三日月湖のような小さく浅い河畔の湖がある（Kalff 2002）．

深い湖は季節的な混合がなく，とくに，季節的な温度変化がほとんどない熱帯ではまったくない．そして，深い湖は嫌気的な深水層ももっており，そこでは堆積物へ到達した窒素が脱窒され，大気へと戻って行く．その対極を見てみると，浅い湖は高い生産力をもち養分循環の速度が高く，植物生産と養分の堆積物からの再供給が密接に関連していて，維管束植物が優占するような，広域の沿岸帯をもっていることが多い．農業廃水や下水からの養分添加は，多くの湖の養分量を大幅に増加させ，その色を透明な青から濁った緑色へと変化させる（図 8.2（口絵８）参照；Carpenter and Biggs 2009）．一般に，貧栄養の湖は，リン制限を示す高い N：P 比をとることが多く，富栄養になるにつれて N：P 比は減少する（図 9.2）．

**水の滞留時間**（water residence time, ある系のすべての水を入れ替えるのに必要な時間）は，水域生態系における多くの生態系の特性に影響を及ぼす（Kalff 2002）．多くの湖と比較して，外洋はより長い水の滞留時間をもち，汽水域はより短い滞留時間をもつ．湖の間でも，深い，集水域が小さい（たとえば流域内で標高が高い），あるいは河川からの流入速度が小さいものは，いずれも水の滞留時間が長くなる傾向がある（たとえば，構造湖

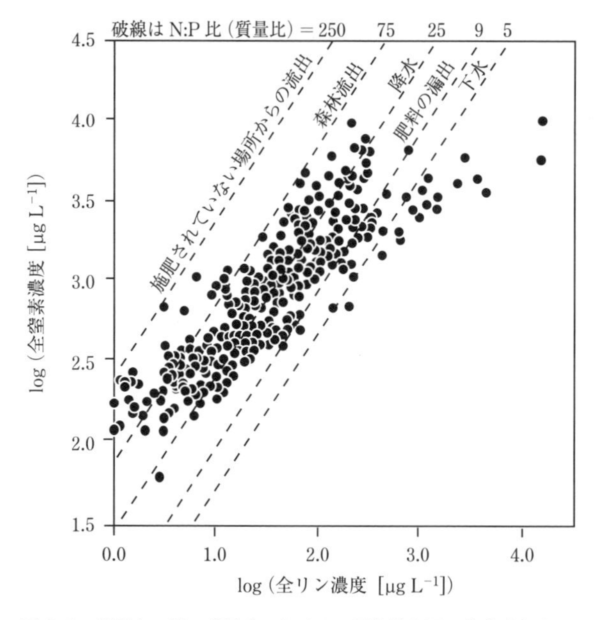


図 9.2　世界中の湖の表層水における，平均的な夏の全窒素と全リン濃度との関係．汚染は，窒素に比べリンのより大きな濃縮を引き起こす．Downing and McCauley (1992) より．

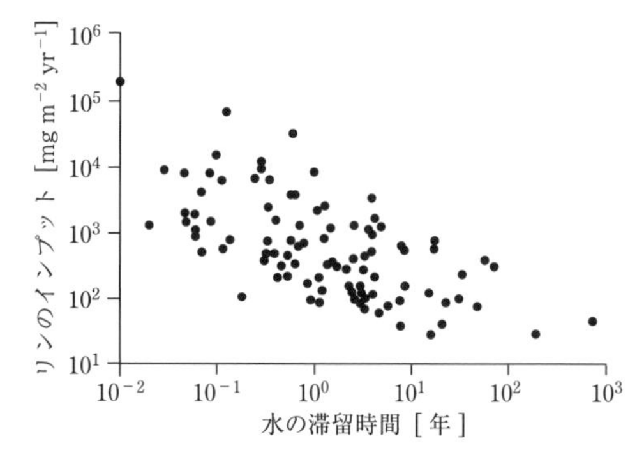


図 9.3　湿潤温帯湖における水の滞留時間とリンのインプットの関係（両対数軸）．Kalff (2002) より．

では数百年から数千年にも及ぶ）．このような湖は内部再循環プロセスが卓越しており，有機態炭素や養分のインプットが小さく，比較的低い生産性と養分循環速度をもち，湖への大気沈着の直接的なインパクトに対して脆弱である．より速く流出してしまう湖（水の滞留時間が 10 年以内）は，集水域内の土地利用変化による汚染にとくに脆弱である（図 9.3）．たとえば，堆積物がリンを固定する能力を超えるような汚染は，堆積物をリンのシンクからソースへと変化させてしまうが，そのような状態では植物プランクトンの生産を制御し，水の透明度を維持することがきわめて困難である（図 12.6 参照；Carpenter 2003）.

## 9.6 渓流養分循環

**渓流，河川，そしてそれらの下にある地下水へと，炭素と養分はスパイラル状に下って行く．**渓流は陸上から海洋へと物質を運ぶ不活性な水路ではなく，そこへ入ってくる物質の多くを処理している（Cole et al. 2007；Mulholland et al. 2008）．渓流や河川中では，連続した河川区間の中で流入物質が繰り返し再処理されており，強い水平流が生産物質を下流へと運搬する（Fisher et al. 1998）．このことは，養分循環が開放的なパターンをとっており，内部循環よりも水平方向の輸送がはるかに大きいことを示している（Giller and Malmqvist 1998）．そのため渓流の生産性は，渓流を取り囲んでいる陸上の基質からの規則的な補助供給物質（サブシディ：subsidy）に依存しており，汚染や土地利用変化によるこれらのインプットの変化にきわめて敏感である（Mulholland et al. 2008）．渓流の**スパイラル長**（spiraling length）とは，次の吸収イベントが生じるまでの平均的な水平距離を指す．このスパイラル長は，**回転長**（turnover length, ある元素が有機態で下流へと移動した距離）と**吸収長**（uptake length, ある原子が放出されてから再び吸収されるまでの時間に動いた平均距離）に依存する．森林を流れる渓流におけるスパイラル長の代表的な値は，約 200 m である．この距離の内訳は，微生物が CPOM や FPOM に付着した状態で下流へ流れていく形が 10%，消費者が下流へと移動していく形が 1 %，残りの 89%は無機化により養分が放出される形である（Giller and Malmqvist 1998）．そのため，養分はそのほとんどの時間を比較的動かない状態で過ごすが，ひとたび無機化され水に溶けると急速に移動することになる．したがって，スパイラル運動は徐々に起こるものではなく，パルス的に起こるものである．渓流に生息する無脊椎動物の**流下**様式は，このような一般化した考えと合致している．たとえば，無脊椎動物は，底質からはぎ取られて離散するときに下流へと押し流される．この流下は魚にとって重要な餌資源であるが，その量はどの時点においても渓流における無脊椎動物バイオマスのわずか 0.01%程度を占めるにすぎない．言い換えれば，渓流の無脊椎動物は底質に非常に強く付着しているために，炭素や養分がスパイラル状に下流へと流下していくのは主に溶存態の状態で生じるということである．

幅 10 m 未満の源頭渓流は，陸上からのインプットの大部分を真っ先に受け取る場所であり，ほとんどの水系網で全水路長の 85%に至るものであるため，養分プロセスにおいて非常に重要である（Peterson et al. 2001）．浅い水深や高い表面積－体積比が，岩や堆積物に付着している藻類や細菌による窒素の吸収を促進するため，小渓流では窒素が効果的に循環している（より短い吸収長をもつ）．大河川も重要であるが，その理由は異なる．そこでは，低い流速，長い流程，そして高い硝酸濃度により，大量の硝酸が吸収されうる（Wolheim et al. 2006；Mulholland et al. 2008）．アンモニウムの吸収長は 10 から 1,000 m まで，渓流の流量に対して指数関数的に増加する（Peterson et al. 2001）.

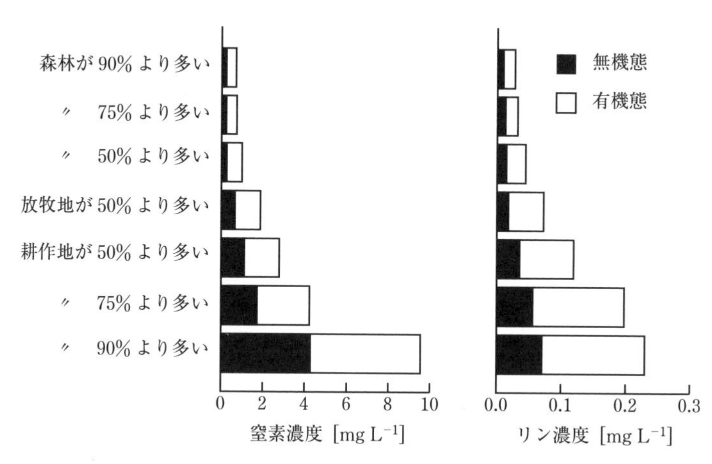


図 9.4　森林から耕作地への転換程度が異なる集水域について，比較的汚染を受けていないアメリカの 928 本の渓流における有機態および無機態窒素・リンの濃度．Allan and Castillo (2007) より．

汚染されていない河川においては，溶存態窒素の多くの部分が有機態であり，また，無機態窒素の大半を硝酸が占める（Allan and Castillo 2007）．窒素制限状態であり，窒素固定を行うのに十分な光があるような渓流（たとえば砂漠渓流）では，シアノバクテリアによる窒素固定が陸上窒素インプットを補う（Grimm and Petrone 1997）．土地利用の変化と農業活動の強化によって，渓流へ入ってくる溶存態窒素・リンの量と，そこに含まれる無機態の割合の両方が増加する（図 9.4；Seitzinger et al. 2005）．汚染された河川へ入る窒素のうち 60～75% が，とくに混合域にて脱窒される．一方で，リンはとくに貯水池において堆積物に捕捉される，または海洋へと移動して行くことが多い．通常，海洋へ入る水の N：P 比は，河川へ入る水のそれと比較して大幅に低い（Howarth et al. 1996a）．

## 9.7　陸域生態系への窒素インプット

**汚染されていない陸域生態系へ新たな窒素が入る主な経路は，生物による窒素固定である．**窒素固定細菌のみが $N_2$ の三重結合を切り，アンモニウム（$NH_4^+$）にまで還元し，それによって自分の成長を支えることができる．窒素固定植物によって固定された窒素は，主に窒素に富んだリターを生産し，それが分解されることを通じて，群集内の他の植物が利用可能となる．

### ■生物窒素固定

**$N_2$ から $NH_4^+$ への還元を触媒する酵素であるニトロゲナーゼの性質は，窒素固定の生物学のほとんどを決定づけている．**ニトロゲナーゼにより触媒される $N_2$ 還元は，多くのエネルギーを必要とする．そのため，$N_2$ 還元は細菌に十分な炭水化物と適切な量のリンがある場合のみ生じる．この酵素は酸素存在下では変性してしまうため，生物は酸素が触れないようにこの酵素を守らなければならない．最後に，多くの場合は温度が炭素供給とニトロゲナーゼ酵素活性を制御するため，窒素固定は熱帯で最も卓越し，高緯度地域では制限を受ける（Houlton et al. 2008）．

### ▶ 窒素固定を行うグループ

**窒素固定速度は，植物と共生関係にある窒素固定細菌が最も高い**．これは，窒素固定の高いエネルギー要求を満たすために，植物が十分な炭水化物を供給することができるためである．最も一般的な共生窒素固定生物は，マメ科植物（ダイズ，エンドウなど）と共生するリゾビウム属（*Rhizobium*）や，ハンノキ（alder），ソリチャ属（*Ceanothus*），そして他の非マメ科木本植物と共生するフランキア属（*Frankia*；放線菌）である（表9.1）．植物と共生するこれらの窒素固定細菌は，根の根粒に通常生息しており，そこではニトロゲナーゼ酵素が酸素から守られている．たとえば，マメ科植物は，脊椎動物の血流において酸素を運搬するヘモグロビンに似た，レグヘモグロビンとよばれる酸素と結合する色素をもっている．また，根粒中の窒素固定細菌は従属栄養性であり，窒素固定に必要なエネルギーを植物からの炭水化物に依存している．窒素固定のエネルギー要求量は，実験室環境で調べた場合でGPP（総一次生産）の約25%に上る．これは，土壌から無機態窒素を吸収するコストの2倍から4倍にあたる（Lambers et al. 2008）．実際の野外における窒素固定と窒素吸収の相対的なコストを推定するのは，さらに困難である．なぜなら，菌根共生，硝酸還元，そして根の浸出物についてのコストが不確かであるからである．そもそも，無機態窒素がはじめから豊富であったり土壌に付加されたりした場合には，窒素固定植物は一般に大気からの窒素固定能を低下させ，土壌から窒素を吸収する．しばしばリンの利用可能性が窒素固定植物の成長を制限する．さらに，窒素固定生物の生息する土壌がもつ高いホスファターゼ活性は，窒素固定植物への無機態リン供給を補填することが多い（Houlton et al. 2008）．

自由生活性の窒素固定細菌は通常，最も低い窒素固定速度をとる．これらの細菌は環境から有機炭素を獲得するので，窒素還元を駆動するための炭素基質を供給してくれる高い有機物濃度をもつ土壌や堆積物中で最も活動的である（表9.1）．その他の従属栄養的窒素固定生物は根圏でみられ，根の浸出物や根のターンオーバーに炭素供給を依存している．シロアリの嫌気的な後腸にいる窒素固定生物は，熱帯の木材の分解を促進する重要な窒素源を供給している（Yamada et al. 2006）．窒素固定を行う好気的従属栄養生物は，細菌の細胞の周りの酸素を高い呼吸速度によって減少させる，または酵素への酸素の拡散を防ぐための粘液を生産するなど，ニトロゲナーゼの近傍の酸素濃度を減らすさまざまなメカニズムをもっている．

多くの自由生活性窒素固定生物は**光栄養性**であり，光合成によって自らの有機炭素を作り出している．その中には，水域や多くの土壌表面にみられるシアノバクテリア（藍色細菌）が含まれる．多くの光栄養生物は，光合成細胞が光合成で作る酸素によって，すぐそ

表 9.1　窒素固定に関与する生物と共同関係

| 共同のタイプ[a] | 鍵となる特徴 | 代表的な属 |
|---|---|---|
| 従属栄養窒素固定生物 | | 細菌 |
| 共同的 | | |
| 根粒を形成するもの（共生的） | マメ科植物 | *Rhizobium* |
| | 非マメ科木本植物 | *Frankia* |
| 根粒を形成しないもの | 根圏 | *Azotobacter, Bacillus* |
| | 葉圏 | *Klebsiella* |
| 自由生活性生物 | 好気性 | *Azotobacter, Rhizobium* |
| | 通性好気性 | *Bacillus* |
| | 嫌気性 | *Clostridium* |
| 光栄養性窒素固定生物 | | シアノバクテリア |
| 共同的 | 地衣類 | *Nostoc, Calothrix* |
| | 苔(たい)類（*Marchantia*） | *Nostoc* |
| | 蘚類 | *Holosiphon* |
| | 裸子植物（*Cycas*） | *Nostoc* |
| | 水生シダ（*Azolla*） | *Nostoc* |
| 自由生活性生物 | シアノバクテリア | *Nostoc, Anabaena* |
| | 紅色非硫黄細菌 | *Rhodospirillium* |
| | 硫黄細菌 | *Chromarium* |

[a] もし，環境から有機炭素を獲得していなければ，窒素固定を行う微生物は従属栄養細菌である．もし，有機炭素を光合成により自ら生産しているのであれば，光栄養性藍藻（藍色細菌）である．これら両方の微生物グループの中のいくつかは通常植物と共同しており，そのほかは自由生活性である．同じ微生物の属が，共同的なものと自由生活的なものの両方をとることに注意．

Paul and Clark (1996) のデータ．

ばのニトロゲナーゼが変性させられないように，**ヘテロシスト**（異質細胞）とよばれる特殊化した非光合成細胞をもっている．

共生（共同的）窒素固定を行う光栄養生物もいる．たとえば，窒素固定地衣類は，光合成を行う共生者としての緑藻類やシアノバクテリア，窒素固定を行うものとしてのシアノバクテリア，そして物理的な保護を担うものとしての菌類から構成されている．この地衣類は，多くの遷移初期生態系において窒素インプットを担っている重要な存在である．水田や熱帯水系でよくみられる小さな淡水シダのアカウキクサ属（*Azolla*）は，ネンジュモ属（*Nostoc*）のようなシアノバクテリアと，光栄養活動において共同している．

マメ科植物やその他の共生窒素固定生物は最も高い窒素固定速度をもち，その速度はしばしば 5～20 $g\ m^{-2}\ yr^{-1}$（年間 1 $m^2$ あたり 5～20 g）に至る．水田におけるアカウキクサ属とネンジュモ属の光栄養共同体は，おそらく 10 $g\ m^{-2}\ yr^{-1}$ の窒素を固定するだろう．ネンジュモ属が自由生活性光栄養生活をしているときは，通常 2.5 $g\ m^{-2}\ yr^{-1}$ 程度の固定速度である．一方，自由生活性独立栄養生物はたった 0.1〜0.5 g $m^{-2}$ $yr^{-1}$ の窒素固定速度であり，これは汚染を受けていない環境における窒素沈着によるインプット速度とほぼ同等である．

### ▶ 窒素固定の変動原因

**窒素固定への生物的・非生物的な制約が，多くの生態系における窒素制限や窒素共制限状態につながっている．** 窒素固定速度は生態系間で大きく異なり，その変動の一部はそこに存在する窒素固定生物のタイプを反映している．しかし，ある一つの窒素固定系の中においても窒素固定速度は大きな変動をもつ．何がこの変動をもたらしているのだろうか？もし，窒素が多くの生態系において成長を制限しているのであれば，なぜ，ほとんどどこでも窒素固定が起こる，ということがないのだろうか？　窒素固定を行えない植物や微生物に対して，窒素固定生物は競争に有利であると考えられる．それなのになぜ，窒素固定生物は窒素がもはや生態系において制限とならない状態まで窒素を固定することで窒素制限に対応しないのだろうか？　いくつかの要因が窒素固定を抑制し，つまりは窒素制限または共制限状態を多くの生態系で維持している（Vitousek and Howarth 1991；Vitousek and Field 1999；Vitousek et al. 2002；Houlton et al. 2008；Hedin et al. 2009）．

**群落（林冠）が閉鎖した生態系では，エネルギーの利用可能性が窒素固定速度を抑制している．** 共生および独立栄養的窒素固定のコスト（窒素 1 g あたり炭素 3〜6 g，根粒生産のコストを含まず）は，アンモニウムや硝酸を吸収するコストと比較して高い．そのため，窒素固定は窒素よりも光があまり制限していないような，光の強い環境に主に限定される．遷移にともない林冠が閉鎖してくると，窒素固定植物の定着をエネルギーが制限するようになる．林冠内に窒素固定植物がいれば窒素を固定できるだろうが，被陰された所から林冠へと窒素固定植物が成長することは，高い窒素固定コストにより困難である．マメ科植物はサバンナや熱帯林でよくみられる．火災による窒素損失が大きいサバンナでは，マメ科植物は著しく根粒を発達させ，かなりの窒素を固定している（Högberg and Alexander 1995）．熱帯林ではマメ科植物はそこまで根粒が発達してはいないが，そこでの生態系がもつ高い窒素利用可能性によって，窒素を豊富に維持する（窒素リッチな）マメ科植物の生活型が受け入れられている（Vitousek et al. 2002）．マメ科植物の年間の窒素インプットへの貢献はそれほど大きくないが，森林の長期間にわたる窒素収支にとっては重要である（Pons et al. 2006；Hedin et al. 2009）．水域における窒素固定は，底生のシアノバクテリアマットへ光が届くような，浅い，もしくは濁りの少ない水環境で最も一般的に行われる．リンの利用可能性が適度であれば，このマットのもつ窒素固定速度は高くなる．

非共生型の従属栄養窒素固定細菌もまた，易分解性有機炭素の利用可能性に制限を受ける．利用できる炭素が乏しいときには，従属栄養的窒素固定の利益はない．低い窒素と高い有機炭素レベルをもつ分解途中の木材は，熱帯シロアリの腸内で生じる窒素固定など，しばしば相当高い従属栄養的窒素固定速度をもつ（Yamada et al. 2006）．嫌気的な堆積物の中でも従属栄養的窒素固定は生じるが，硝酸をガス態窒素へ変換する**脱窒**による損失が，窒素固定による窒素の獲得を通常上回る．

**多くの生態系において，窒素固定は他の養分，たとえばリンの利用可能性によって制限を受ける．** 窒素が簡単に手に入れられるため，窒素固定植物はしばしば他の養分によって制限を受ける．とくにリンは，多くの生態系において植物生産を共制限または二次的に制限する（Elser et al. 2007）．窒素固定生物は，しばしば養分リッチな化学量論状態（ストイキオメトリー）をとる．つまり，窒素と同様に大量のリンを利用する．そのため，窒素固定生物はしばしば他の植物よりも早くリン制限になる．窒素固定を制限することがあるリン以外の元素としては，ニトロゲナーゼの必須補因子であるモリブデン，鉄，硫黄といったものがある（Barron et al. 2009）．たとえば，モリブデンは，オーストラリアの草原や熱帯低地林において，強度に風化を受けた土壌の窒素固定をしばしば制限する．また，先に議論したように，海洋生態系において窒素固定生物は，鉄によって制限を受けるであろう．このような場合，短期的な実験においては，一次生産に最も強く反応する要因が窒素であったとしても，リン，鉄，硫黄またはモリブデンが生産を制限する究極的な「支配元素」なのであろう．

**窒素固定生物の被食は，高い窒素固定速度の維持能力をしばしば抑制する．** 多くの窒素固定植物は窒素を基にしてアルカロイドのような防御物質を作り，ジェネラリスト植食者を抑止するが，その一方で，窒素固定生物に特徴的な高タンパク含量は多くの植食者にとっての嗜好性を高めるものである（第10章参照）．結果として，多くの窒素固定植物が強く被食を受けることで，他の植物との競争力が低下し，窒素固定植物の個体数と生態系への窒素インプットが抑制される（Vitousek and Field 1999；Vitousek et al. 2002）．しばしば，植食者を除去した場所では窒素固定植物の量と生態系への窒素インプットが多くなり，最終的に生産力とバイオマスが増大する（Ritchie et al. 1998）．

## ■窒素沈着

**窒素は粒子態，溶存態，ガス態の形で生態系に沈着する．** すべての生態系は，大気沈着からの窒素を受け取っている．そのインプットは，汚染のない外洋の風下条件下で最小値となり，$0.1 \sim 0.5\ g\ m^{-2}\ yr^{-1}$ 程度である（Hedin et al. 1995）．また，沿岸生態系へのインプットは，主に海水からのしぶきが蒸発した後に残る有機物粒子と硝酸（$NO_3^-$），そして海水から揮散してくるアンモニア（$NH_3$）である．内陸では土壌や植生からのアンモニア揮散や，砂漠や植物の植えられていない耕作地，その他植生のわずかな生態系から風食で生産されたダストによって，窒素はもたらされる．稲妻も窒素を固定し†，最終的には大気沈着に貢献する．

**いまや世界の多くの場所において，人間活動が窒素沈着の主要なソースとなっている**（Vitousek et al. 1997a；Gruber and Galloway 2008）．尿素やアンモニア肥料の利用はアンモニアの揮散を促し，そしてそれは大気中のアンモニウム（$NH_4^+$）へと変換され，降

---

†訳注：雷の放電により，大気中で窒素酸化物が生成されることを指す．

水に乗って沈着することになる．家畜畜産も大気へのアンモニア放出をおおいに増加させる．化石燃料燃焼，バイオマス燃焼，そして農業システムからの揮散による窒素酸化物（NO や $NO_2$，ともに $NO_x$ として知られている）の放出は，グローバルレベルで見れば自然発生源の割合を小さくしており，$NO_x$ フラックスの 80% は人為的なものである（Delmas et al. 1997）．これらのソースからもたらされる窒素は，沈着するまでに工業地帯または農業地帯から風下へ長距離を輸送されることがある．たとえば，北極海とカナダの高緯度諸島にかかる「北極煙霧」は，中国と東ヨーロッパで生産された汚染物質によって主にもたらされている．生態系への人為的窒素インプットは大変大きくなることがあり，たとえば北アメリカで 1〜2 g $m^{-2}$ $yr^{-1}$，中国北部で 5〜10 g $m^{-2}$ $yr^{-1}$ と，窒素沈着のバックグラウンドレベルの 10〜100 倍にあたる．この高い速度は，植生により吸収されリターフォールとして循環する年間の量と同等である（第 8 章参照）．多くの生態系は，添加された窒素を土壌や植生に蓄積する十分な能力をもっている．しかし，ひとたびこれらのリザーバーが**窒素飽和**（nitrogen saturation）してしまうと，大気や地下水への窒素損失は顕著になる可能性がある．汚染を受けた生態系の窒素循環は，90% 以上閉鎖していた状態（表 8.2 参照）から炭素循環と同じようにほぼ開放された形へと変化してしまい，そこでは植生によって回転されている窒素と炭素の同等量が生態系へと獲得され，生態系から失われている．農業システムはしばしば窒素飽和状態であり，かなりの量の窒素を地下水帯，そして水域生態系へと放出している（農業システムにおける養分循環については，後に詳細を議論する）．一方で，多くの森林は窒素沈着に対応して炭素固定量を増加させており，このことは森林がまだ窒素飽和状態に至っていないことを示唆している（Magnani et al. 2007）．しかし，グローバルでの炭素固定への窒素沈着の影響はささやかなものであるらしく，このことは人為窒素インプットが炭素固定を強化して「気候問題を解決」してくれそうにはないことを示している（Gruber and Galloway 2008）．

**窒素がどのように生態系に沈着するかという過程は，気候と生態系の構造によって決定される．** 沈着は以下の三つの過程で生じる．

(1) 湿性沈着が降水に溶存した養分を運ぶ．
(2) 乾性沈着が沈降（鉛直沈着）または衝突（水平沈着または $HNO_3$ 蒸気のようなガスの直接吸着）により，ダストやエアロゾルといった化合物を運ぶ．
(3) 雲水が水滴の中の養分を，霧の中にいる植物の表面へと運ぶ．

湿性沈着のデータが最も簡単に測定できるために一番入手可能であるが，湿性沈着と乾性沈着はしばしば窒素インプットのソースとして同等の重要性をもつ（図 9.5）．通常の場合，湿性窒素沈着は乾燥した生態系よりも湿潤な生態系で大きい．乾燥生態系では，窒素インプットの大部分が乾性沈着としてもたらされているにもかかわらず，乾性窒素沈着と気候の明確な相関は認められていない．雲水沈着は雲に覆われている山頂部や沿岸の霧がよく出る地点で最大となる．湿性，乾性，そして雲水沈着の相対的な重要性は生態系構造にも依存する．たとえば，針葉樹の樹冠はその葉の表面積が大きいため，落葉樹の樹冠と比較してより多くの乾性および雲水沈着を集めることが多い．また，針葉樹林の凹凸のある林

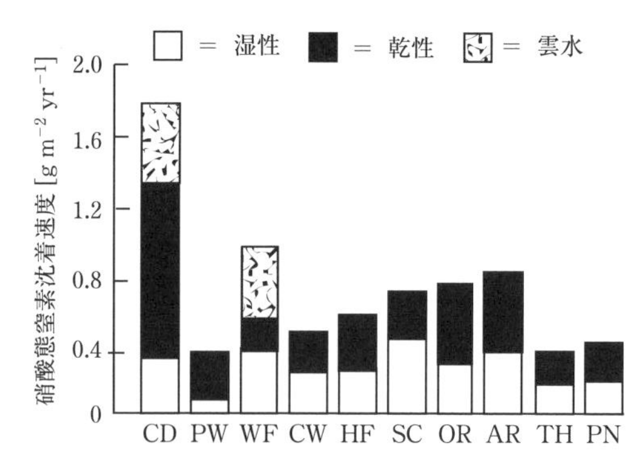


**図 9.5**　さまざまな生態系における湿性，乾性，雲水による窒素沈着．これらの生態系は（標高の高いものから低いものの順で），ノースカロライナ州クリングマンズ・ドーム（CD, Clingman's Dome），コロラド州ポーニー（PW, Pawnee），ニューヨーク州ホワイトフェイス山（WF, Whiteface Mountain），ノースカロライナ州コウィータ（CW, Coweta），ニューヨーク州ハンティンソン森林（HF, Huntington Forest），ペンシルバニア州ステートカレッジ（SC, State College），テネシー州オークリッジ（OR, Oak Ridge），イリノイ州アルゴンヌ（AR, Argonne），ワシントン州トンプソン（TH, Thompson），そしてジョージア州パノーラ（PN, Panola）．データは Lovett (1994) より．

冠は，水蒸気を多く含む空気を林冠層のより深い所まで侵入させ，より多くの葉の表面と接触させる（第4章参照）．

**窒素沈着の窒素化合物形態によって，生態系におけるそれらの帰結が決定される．** $NO_3^-$ や $NH_4^+$ ならばすぐに植物や微生物による吸収が可能であるが，ある種の有機態窒素はその前に無機化されなければならない．$HNO_3$ としての硝酸投入（もし**硝化**，つまりアンモニウムから硝酸への変換が引き続き起こるようであれば，アンモニウムの投入も）は，硝酸が生態系からの塩基性陽イオンの流出を引き起こすため，土壌を酸性化させる．全窒素沈着の約3分の1を有機窒素化合物が占めるが，その化学的特性は生態系においてさまざまである（Neff et al. 2002）．たとえば，沿岸地点では，アミンのような海洋由来の還元された化合物が有機態窒素として主に沈着する．大気汚染の影響を受ける内陸地点では，大気中で $NO_x$ と有機化合物の反応によって生成される，酸化された有機窒素化合物が主に有機態窒素として入ってくる．

**いくつかの生態系においては，堆積岩の風化が窒素収支に貢献しているかもしれない．** 地球表面に露出している岩石の75%を占める堆積岩には，時おりかなりの量の窒素が含まれる．高窒素濃度の堆積岩の上にある集水域では，生態系への窒素インプットとして岩石風化がかなりの貢献をしている（Holloway et al. 1998；Thompson et al. 2001）．しかし，多くの生態系では，岩石風化は生態系への窒素インプットとしてはごく小さいものであると考えられている．

# 9.8　窒素内部循環

## ■ 無機化とは

**自然生態系においては，植物によって吸収された窒素のほとんどは有機物の分解を通じて利用可能となる．**ほとんどの生態系において多くの（99%以上の）土壌窒素は，植物，動物そして微生物由来の枯死有機物中に含まれている．この枯死有機物を微生物が分解するにつれて（第7章参照），細胞外酵素の働きを通じ，窒素は**溶存有機態窒素（DON）**として放出される（図9.6）．植物と菌根菌はある種のDONを吸収し，植物の成長を支えるのに利用する．分解を担う微生物もDONを吸収し，成長への窒素や炭素要求を満たすた

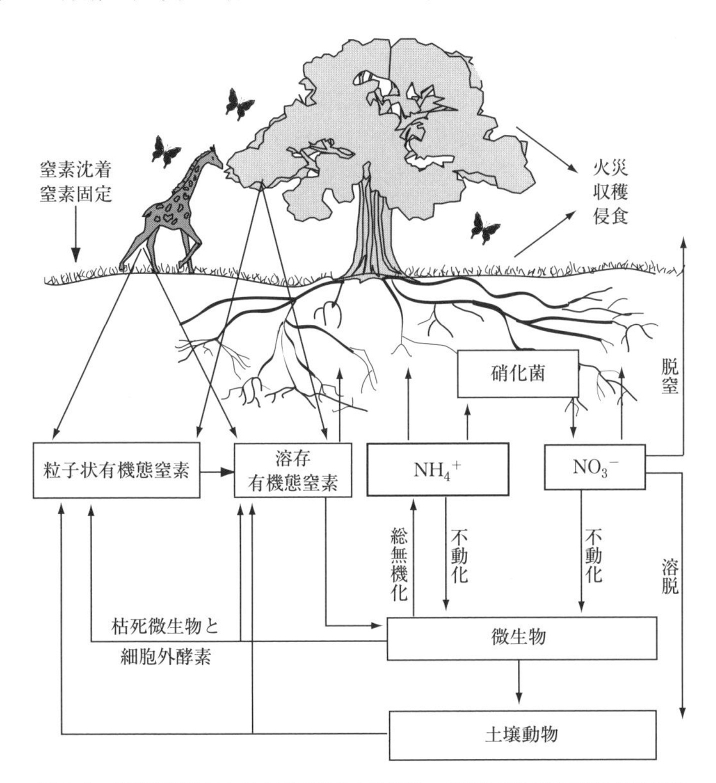


**図9.6**　陸域生態系における窒素循環の概略図．植物と微生物の両方が溶存有機態窒素（DON），$NH_4^+$，$NO_3^-$ を吸収し，粒子状の有機態窒素（枯死有機物として）とDONを放出する．成長に必要な量よりも多く窒素を吸収したときに，微生物もアンモニウムを放出する．硝化菌は，アンモニウムを亜硝酸へ，または亜硝酸を硝酸へと変換する特殊な微生物の一群である．植物や土壌微生物を動物が食べるときに，窒素は動物によって消費され，粒子状有機態窒素とDONとして土に戻される．脱窒，溶脱，侵食，収穫，または火災によって窒素は生態系から失われる．窒素は窒素沈着または窒素固定によって生態系へ入ってくる．

めに利用している．微生物は，DON からの窒素では窒素要求が満たされない場合に，さらに無機態窒素，主に $NH_4^+$ を土壌溶液から吸収する（Vitousek and Matson 1998；Fenn et al. 1998）．微生物の吸収と化学的吸着によって利用可能なプールから無機態窒素が失われることを，**不動化**（immobilization）とよぶ．微生物の成長はしばしば炭素制限状態である．このような場合，微生物は DON を分解し，その炭素骨格を利用して成長や維持へのエネルギー要求を支え，土壌へ $NH_4^+$ を分泌する．この過程は**窒素無機化**（nitrogen mineralization），またはアンモニウムがこの過程での直接的な産物であるため，**アンモニア化**（ammonification）とよばれている．いくつかの生態系においては，一部または全部の $NH_4^+$ が亜硝酸（$NO_2^-$），そして硝酸（$NO_3^-$）へと変換されるが，これが**硝化**である．

## ■ 溶存有機態窒素の生成と行方

**不溶性の有機態窒素から溶存有機態窒素（DON）への変換は，植物と微生物に対して窒素を利用可能にする**（図 9.6）．土壌において，無機態窒素のプールよりも粒子状の有機態窒素のプールが大きいことは，この最初の変換ステップが窒素無機化速度を制限していることを意味する．最終的に $NH_4^+$ や $NO_3^-$ へ無機化される有機態窒素はすべて，微生物に吸収され無機化されることのできる可溶態有機物へと，はじめに変換されなければならない（図 9.7）．そのため，DON 濃度が低い生態系においても，この DON プールを通るフラックスは他の窒素フラックスと比較して大きい（Schimel and Bennett 2004）．粒子状有機態窒素の分解は，粒子状有機態炭素の分解と利用に並行して行われるため，分解を左右する同じ微生物，そして要因に制御される（図 7.15 参照）．この制御には，基質の量，化学性，土壌微生物や動物の活動を左右する環境要因，そして微生物群集構造などが含まれる（第 7 章参照；Booth et al. 2005）．

枯死有機物中の窒素のほとんどは，タンパク質，核酸，そしてキチン（菌類の細胞壁や昆虫の外骨格由来）といった複合ポリマー（高分子）であり，大きすぎて微生物の細胞膜を通過することができない．そのため，これらの大きなポリマーを，微生物細胞によって吸収可能なアミノ酸やヌクレオチドといった小さな水溶性のサブユニットまで分解するために，微生物はプロテアーゼ，リボヌクレアーゼ，そしてキチナーゼといった細胞外酵素を分泌しなければならない．ウレアーゼは，動物の尿または肥料由来の尿素を，$CO_2$ と $NH_3$ へと分解する細胞外酵素である．微生物の出す酵素はそれ自体が微生物のプロテアーゼによる攻撃を受けやすいので，環境から窒素を獲得するために微生物はたえず細胞外酵素を分泌しなければならない．そのためには，窒素の継続的な投資が必要であり，潜在的にコストがかかる．細胞外酵素はしばしば土壌鉱物や有機物と吸着する．この吸着により酵素の活性部分が変形されて失活してしまう場合と，逆に他の細胞外酵素の攻撃から酵素を保護し，土壌中で酵素が活性のある状態を長く保つ場合がある（第 7 章参照）．プロテアーゼは，菌根菌，腐生菌，そして細菌によって生産される．

植物，菌根菌，そして分解微生物のすべてが DON を吸収する．土壌微生物にとって，これは重要な窒素と炭素の両方の養分ソースである．直接または菌根を介して DON を吸

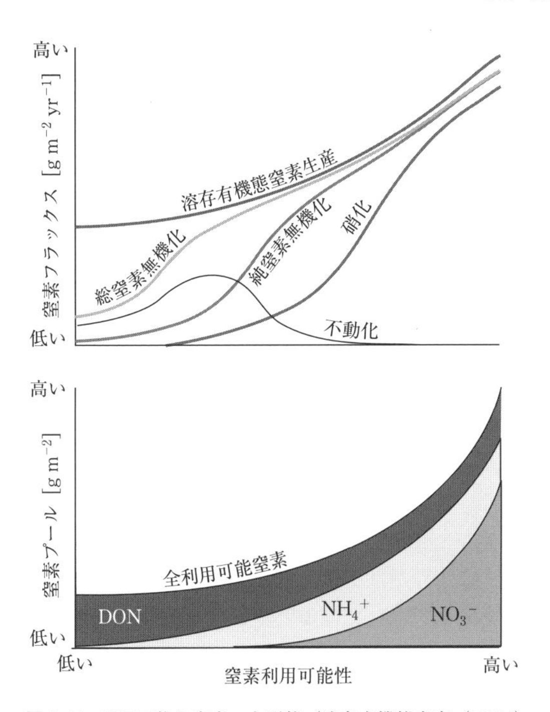


**図 9.7**　利用可能な窒素の主形態（溶存有機態窒素（DON），アンモニウム，および硝酸）のプールおよびフラックスに与える，窒素利用可能性の影響．

収する植物は，この窒素を獲得するために無機化を必要としない．植物によるこのような有機態窒素の直接吸収は，ほとんどの生態系で生じており（Read 1991；Kielland 1994；Näsholm et al. 1998；Lipson et al. 1999；Raab et al. 1999），とくに窒素制限状態の生態系において植物窒素要求のかなりの部分を満たしている（第 8 章参照；Lipson et al. 2001）．作物植物でさえ DON を吸収し利用している．

DON は，化学的には複雑な化合物の混合体であり，アミノ酸やその他の利用しやすい形態の窒素はそのわずか数％にすぎない．ほとんどの土壌は同じようなアミノ酸バランスをもっている（Sowden et al. 1977）．微生物細胞によって吸収される利用しやすい DON は，微生物のタンパク質や核酸へと直接取り込まれる．これら，そしてほかの DON 化合物も代謝され，微生物の成長や維持を支える炭素や窒素を供給する．DON もまた，土壌交換複合体に吸着されたり，腐植に取り込まれたり，地下水へと生態系から流出して行く．アミノ酸は，正電荷と負電荷をもつ基（それぞれアミノ基 $NH_2^+$ とカルボキシル基 $COO^-$）の両方をもっている．グリシンのように，小さく，電荷的に中性なアミノ酸は，最も土壌中で動きやすく，それゆえ植物や微生物に容易に吸収される（Kielland 1994）．

## ■アンモニウムの生成と行方

**アンモニウムが，微生物によって正味でどれだけ吸収されているか，あるいは放出されているかは，炭素の状態に依存している．**微生物の成長が炭素によって制限されているとき，微生物はDONからの炭素を成長や呼吸のために利用し，$NH_4^+$を土壌溶液へ排出する．このアンモニア化というプロセスが，DONがアンモニウムへと土壌中で無機化されるメカニズムである．他の窒素制限状態にある微生物は，このアンモニウムを吸収または**不動化**し，成長のために利用する．たとえば，窒素が豊富な微小環境で無機化された窒素は，近接する窒素不足の微小環境へと拡散し，そこで植物や微生物によって吸収される（Schimel and Bennett 2004）．この窒素利用可能性の微小スケールにおける不均一性のため，土壌窒素は植物による吸収やその他の運命に行き着く前に，微生物による放出と吸収の間を何度も循環する．**総無機化量**（gross mineralization）は，（その後不動化されるされないにかかわらず）無機化によって放出された窒素の総量である．総無機化速度は主に微生物の餌（土壌有機物）の質と土壌中の微生物バイオマスに依存する（Booth et al. 2005）．**純無機化量**（net mineralization）は，無機態窒素（アンモニウムと硝酸を足したもの）がある時間内で正味どれだけ土壌溶液中に蓄積したか，である．微生物の成長が窒素よりも炭素によって強く制限されているときに純無機化が生じ，一方で微生物の成長が窒素に制限を受けているときに純不動化が生じる（Schimel and Bennett 2004）．微生物食の生物による捕食のような生物的プロセスや，凍結融解サイクル，乾湿サイクルといった非生物的プロセスによって分解者群集が破壊されるときに，窒素の純無機化速度は速い．どちらの場合においても，生き残った微生物は，破壊され，養分が豊富かつ大量の微生物組織へアクセスする．

植物にとって，最も利用可能性の高い易分解性窒素の形態は，微生物の成長が窒素制限状態である（不動化＞無機化）微小環境と炭素制限状態（窒素無機化＞不動化）である微小環境の割合に，主に支配される．北極域ツンドラ，高山ツンドラや北方林のように不動化が卓越する，非常に厳しい窒素制限の土壌においては，菌根菌や腐生菌による細胞外酵素によって生産されるDONが土壌中で優占する利用可能な窒素形態であり，植物によって吸収される窒素のほとんどを占める．窒素利用可能性が増加するにつれて，窒素無機化が生じる微小環境の割合も増え，そのような微小環境から拡散してくるアンモニウムが植物と微生物にとって利用可能になる（Schimel and Bennett 2004）．加えて，アンモニウムの利用可能性が増加するにつれて，アンモニウムをエネルギー源として利用する硝化細菌が，アンモニウムから硝酸へと変換する割合を増加させる．まとめると，窒素の利用可能性が増大するにつれ，微生物の成長は窒素制限から炭素制限へと移行する．成長へのエネルギーを満たすために微生物によるDONの吸収割合は増加し，過剰な窒素はアンモニウムとして排出される．そして，硝化細菌は多くの利用可能なアンモニウムを成長のためのエネルギー源として利用するので，硝化が優占する過程となる．

微生物の成長が主に炭素制限であり，微生物がDONをエネルギー源として利用し，過剰な窒素をアンモニウムとして排出するような高い窒素利用可能性がある生態系において，純窒素無機化量は植物への窒素供給のすばらしい測定指標となる．このような環境においては，植物と微生物の間の窒素獲得競争はほとんどない．たとえば，アメリカ北東部の落葉樹林において，年間の純無機化量は植生による窒素吸収とほとんど同量であった（Nadelhoffer et al. 1992）．一方で，北極域ツンドラのような肥沃でない生態系では，植物は積極的に DON を吸収するため，純窒素無機化速度では年間に植物が必要とする窒素量を過小評価してしまう（Nadelhoffer et al. 1992；Schimel and Bennett 2004）．

**DON と無機態窒素の利用可能性，土壌微生物の活性と相対的な炭素と窒素の要求性によって，窒素無機化速度は左右される．**土壌へ加入する有機物の量と質は，分解（図 7.15 参照）と窒素無機化（図 9.8）の両方の主要な決定要因であるので，このインプットの生態学的な制御は分解と窒素無機化の両方の速度を支配する（Booth et al. 2005）．

窒素無機化速度は，基質の質がもつ二つの側面に応答する．(1) 枯死有機物が溶存態へと分解されるのを制御する炭素の質（第 7 章参照）と，(2) 微生物の成長における炭素と窒素制限のバランスを決定する C：N 比である．微生物の C：N 比は約 10：1 である（Cleveland and Liptzin 2007）．微生物が有機物を分解する際に，基質から炭素の約 40％をバイオマスに取り込み，残りの 60％は $CO_2$ として呼吸を通じて大気へ戻している．この 40％の成長効率を考えると，微生物は自分の窒素要求を満たすためには，C：N 比が約 25：1 の基質を必要とする（Box 9.1）．成長への要求を満たすために，微生物はより高い C：N 比の場合には窒素を外からもちこみ，より低い C：N 比の場合では窒素は微生物の成長に過剰となり，リターや土壌へと排出される．成長効率の体系的な変化につながっているかはわからない（Thiet et al. 2006）が，実際には微生物の C：N 比は変化する（細菌で 5 ～10，菌類で 8 ～15；Paul and Clark 1996）．炭素や養分基質が成長を制限していた

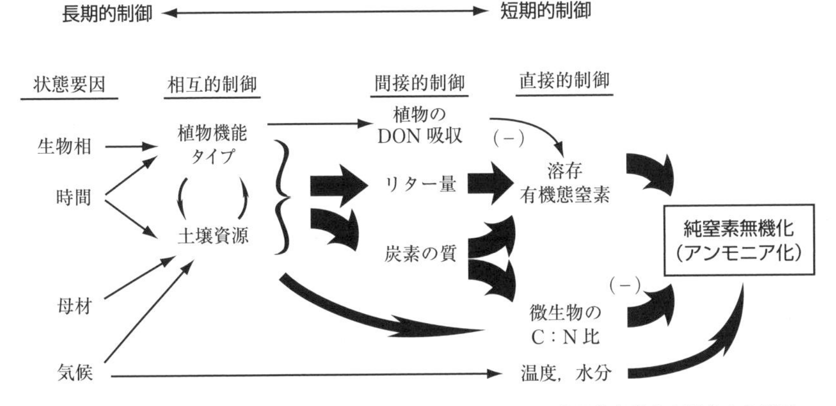


**図 9.8** 土壌中のアンモニア化（純窒素無機化）の時間的および空間的変動を支配する主要因．これらの制御は，直接的な窒素無機化への制御（溶存有機態窒素濃度，物理環境，そして微生物の C：N 比）から，究極的には無機化速度の生態系間での違いを決定する状態要因と相互的制御までの幅をとる．ある要因のもう一つへの要因に対する影響は，他の形（－）で指示されていない場合，正の影響であり，矢印の太さは直接的そして間接的影響の強さを示している．

り，ストレスのかかる環境（維持呼吸がより大きい）であったり，より分解しにくい基質に直面していたりする（維持呼吸がより大きく，より多くの細胞外酵素を必要とする；Thiet et al. 2006；Manzoni et al. 2008）ような状態では，より低い効率ですべての微生物はバイオマスへと基質を変換する．それにもかかわらず，有機物分解から正味で窒素を失うことがない下限のC：N比として，25：1という比率がしばしば考慮される．C：N比は典型的には新鮮なリター，とくに木質リターで高く，時間とともに低くなっていき，比較的撹乱を受けていない生態系の土壌で14，農業生態系では10まで下がる（Stevenson 1994；Cleveland and Liptzin 2007；Fierer et al. 2009a）．つまり，リターの分解にともない，新鮮なリターにおける不動化（または，最初のC：N比によっては無機化）から無機化へのシフトがある．しかし，ここで気をつけるべきは，C：N比は分解においては間接的な影響しか与えない（これはC：N比がもつ基質炭素の質との相関（第7章参照）を反映している）のだが，一方で，窒素の純不動化または無機化においては明らかな機械的影響を与えるということである．

リターのC：N比と窒素無機化または不動化の間には普遍的な関係があるようであり，それは基質の質に依存するものの，気候とは独立している（Parton et al. 2007；Manzoni et al. 2008）．気候は，単純に窒素の無機化または不動化の速度に影響する．好ましい環境条件では，高いC：N比をもつ脱落したばかりのリターや木質のリターでの窒素不動化が促進されることが多いが，C：N比が低くなりがちな分解後期や長期間の研究においては窒素の無機化が促進される．たとえば，実験室長期培養においては，好水分条件であると，一般に温度が純窒素無機化に対して正の影響を与える．これは，昇温は微生物の成長よりも維持呼吸を上昇させ，高温条件での微生物成長を炭素制限の状態へ移行させることで，アンモニウムの排出につながるからである．さらに，高温と微生物生産の両方は土壌動物による捕食を促進し，微生物のターンオーバーと土壌への窒素排出を大きくする．水分の影響はより複雑であり，窒素無機化は一般的に土壌水分増加に沿ってある閾値まで上昇するが，その閾値以上ではその高い水分が酸素の拡散，微生物活性，純窒素無機化を制限する（Stanford and Epstein 1974）．撹乱を受けていない森林と比較して伐採されて間もない森林は，好ましい土壌温度と水分，その他の要因の条件によって，一般に高い純窒素無機化速度をもつ（Matson and Vitousek 1981）．しかし，アメリカのグレートプレーンズにおける水分傾度において，高い水分は分解と窒素無機化を遅らせており，水分傾度の中で最も湿潤な位置にある生態系で植物窒素プールが大きかったのは，水分による窒素無機化の促進ではなく，植物と生態系による窒素の保持が大きいことを反映していた（McCulley et al. 2009）．窒素無機化への環境影響を予測する際に，微生物の成長，呼吸，そして基質によって決定される不動化と無機化の間のバランスといった，複数の植物と微生物プロセスに注意する必要があることは明らかである．

窒素無機化によって生成されるアンモニウムの行方は，複数の潜在的な経路をたどる．植物や微生物に吸収されることに加えて，アンモニウムは負に帯電している土壌鉱物や有機物の表面に容易に吸着し（第3章参照），土壌溶液中の$NH_4^+$濃度を減少させる（しばしば1 ppm に満たない）．植物や微生物の $NH_4^+$ 吸収は土壌溶液中の濃度を減少させる．このことにより，溶存プールと交換態プールとの間の平衡状態を動かし，吸着されたイオンを交換複合体から土壌溶液へと戻すことになる．つまり，この陽イオン交換複合体は，容易に利用しやすい $NH_4^+$ や他の陽イオンのリザーバーとして働く．また，$NH_4^+$ はある種のアルミノケイ酸塩粘土の層間部分に固定されたり，安定化された土壌有機物と複合体を形成したりする．このことにより，有機・無機複合体がそのまま残されている間は，植物と微生物に対する利用可能性が減少する．最後に，次の項で説明するように，$NH_4^+$ は主に細菌によって $NO_2^-$ と $NO_3^-$ へと酸化されたり，アンモニアガス（$NH_3$）へと変換されて大気へ失われたりする．

### Box 9.1 純窒素無機化の限界 C：N 比の推定

微生物による純窒素無機化と純窒素吸収の間の境界となる限界 C：N 比は，微生物群集の成長効率と，微生物バイオマスと微生物の基質の C：N 比から計算することができる．たとえば，微生物バイオマスが成長効率 40％であり，C：N 比が 10：1 であると仮定する．もし微生物が 100 単位の炭素を分解するときは，微生物は 40 単位の炭素を微生物バイオマスに取り込み，60 単位の炭素を $CO_2$ として呼吸で排出する．この 40 単位の炭素は，C：N 比が 10：1（＝40：4）である微生物バイオマスを生産するのに 4 単位の窒素を必要とする．もし，元々の基質 100 単位がこの窒素をすべて供給する場合，最初の（基質の）C：N 比は 25：1（＝100：4）でなければならない．より高い C：N 比であれば，微生物は成長に必要な要求を満たすために土壌から追加の無機態窒素を吸収しなければならない．より低い C：N 比であれば，微生物は過剰窒素を土壌へと分泌する．

### ■硝酸の生成と行方

**硝化は，$NH_4^+$ が $NO_2^-$ へ，続いて $NO_3^-$ へと酸化されるプロセスである．**幅広い分解者によって引き起こされるアンモニア化と違い，硝化のほとんどは限定されたグループである**硝化細菌**（nitrifying bacteria）によって行われる．硝化菌には一般に二つの種類がある．**独立栄養硝化菌**（autotrophic nitrifiers）は，$NH_4^+$ 酸化によって生じるエネルギーを使って成長と維持のための炭素を固定する．これは，植物が光合成を通じて太陽エネルギーを利用し炭素を固定するのに類似している．**従属栄養硝化菌**（heterotrophic nitrifiers）は有機物の分解からエネルギーを得ている．

独立栄養硝化菌には二つのグループがあり，一つはたとえば *Nitrosolobus* 属や他の「Nitroso-」で始まる属の，アンモニウムを亜硝酸へ変換するもの，もう一つはたとえば *Nitrobacter* 属や他の「Nitro-」で始まる属の，亜硝酸を硝酸へ変換するものである．これらの独立栄養硝化菌は偏性好気性微生物であり，$NH_4^+$ または $NO_2^-$ を酸化することで得られるエネルギーを用いて，構造や代謝に用いる炭素化合物を合成する．多くの系において，これら二つのグループは一緒にいるので，亜硝酸が土壌の中で蓄積することは通常ない．*Nitrobacter* 属の活性が制限されている乾燥林やサバンナでの乾季，そして植物や微生物の要求性と比較して多くの窒素インプットがある施肥される生態系では，亜硝酸の蓄積が生じやすい．

硝化は生態系プロセスに複数の影響を与える．硝化の最初のステップである $NH_4^+$ から $NO_2^-$ への酸化において，1 mol の $NH_4^+$ あたり 2 mol の $H^+$ が生成されるので，土壌を酸性化する傾向がある．このステップを触媒するモノオキシゲナーゼは，広い基質特異性をもっており，多くの塩素化炭化水素を酸化する．このことは，硝化菌が残留殺虫剤の分解に役立っていることを示唆している．最後に，硝化において生成する一酸化窒素（NO）と一酸化二窒素（$N_2O$）は（図 9.9），大気化学に重要な影響を与えるガスである．

**硝化速度の最も直接的な決定要因は，$NH_4^+$ の利用可能性である**（図 9.10；Robertson 1989；Booth et al. 2005）．硝化菌が他の土壌微生物と競争できるためには，少なくともある土壌微小環境中においては $NH_4^+$ 濃度は高くなければならない．このことはとくに，$NH_4^+$ を唯一のエネルギー源とする独立栄養硝化菌にとっては重要である．そして次に，先に説明したとおり（図 9.8），基質の質と環境がアンモニア化速度に与える影響によって $NH_4^+$ 供給は制御される．多くの生態系にとって，肥料添加とアンモニウム沈着が付加的なアンモニウム源である．逆に，植物の根は土壌溶液中の $NH_4^+$ 濃度を下げ，そして $NH_4^+$ について硝化菌と競争する．生産力の高い生態系は，高い無機化速度が硝化の基質として十分なアンモニウムを供給するので，一般的に高い硝化速度をもつ（Booth et al. 2005）．しかし，結果として生産される硝酸は比較的動きやすく（第3章参照），しばしば急速に植物に吸収されたり脱窒されたりするので，土壌硝酸濃度は必ずしも硝化速度の良い指標とはならない．

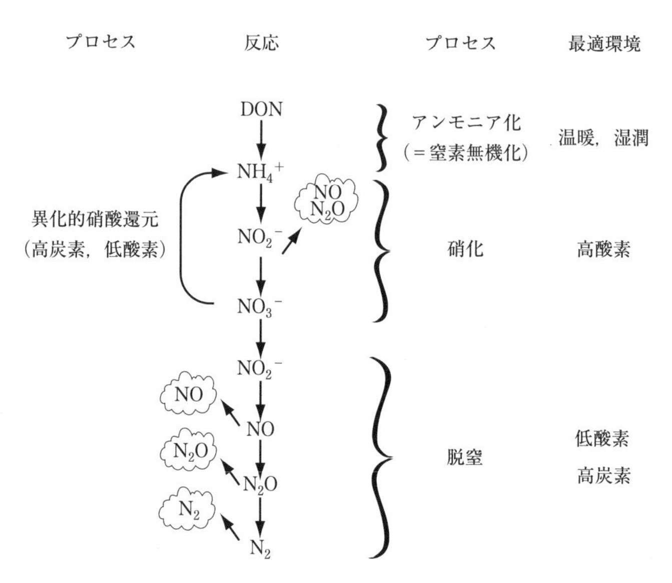


**図 9.9**　独立栄養的硝化と脱窒の経路，そしてこれらの経路における窒素微量ガスの放出（Firestone and Davidson 1989）．

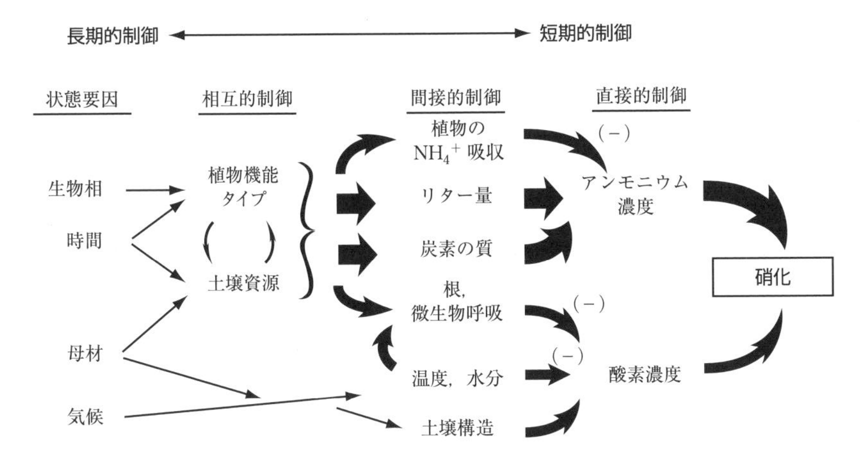


**図 9.10** 土壌中の硝化の時間的および空間的変動を支配する主要因（Robertson 1989）．これらの制御は，直接的な硝化への制御から，究極的に硝化速度の違いを決定する気候や撹乱レジームといった相互的制御までの幅をとる．ある要因のもう一つへの要因に対する影響は，他の形（−）で指示されていない場合，正の影響であり，矢印の太さは直接的そして間接的影響の強さを示している．

肥沃ではない土壌において，硝化菌個体群は顕著に硝化を行うには小さすぎることが多い．基質であるアンモニウムが利用可能になったとき（たとえば，窒素が添加される，無機化速度が増大するといった場合），硝化菌個体群と硝化速度は増加しうる．この反応は，土壌によって速かったり遅かったりする（Vitousek et al. 1982）．タンニンのような二次代謝産物は，ある生態系，たとえば遷移後期の生態系においては硝化を抑制する，という仮説が立てられてきている（Rice 1979）．しかし，遷移後期において硝化が小さくなることは，硝化菌へのフェノール化合物による毒性効果よりも，アンモニウム供給の減少によって最もよく説明できる（Pastor et al. 1984；Schimel et al. 1996）．硝化の速度低下や遅延のもう一つの要因は，その他の資源によって硝化菌の活性が制限されることである．しかし多くの場合，硝化菌の個体群密度と活性への影響を通じて，究極的にはアンモニウムの供給が硝化速度を制御している．

**ほとんどの硝化菌が $NH_4^+$ 酸化における電子受容体として酸素を必要とするため，酸素は硝化を左右する重要な付加的要因である．**そして，酸素の利用可能性は，土壌水分，土壌構造，微生物と根の呼吸といったさまざまな要因によって影響を受ける（図 9.10；第 3 章参照）．

硝化菌の活動は温度に敏感である．しかし一方で，硝化は低温でもゆっくりと続くので，長い冬の間，とくに窒素の多い耕作地土壌においては顕著な硝化が生じる．乾燥土壌では，主に硝化菌への $NH_4^+$ の拡散が薄い水膜で制限されることが原因で，硝化速度は低い（Stark and Firestone 1995）．極端に乾燥した条件では，低い水ポテンシャルによって硝化菌の活動がさらに制限される．硝化速度の制御における酸性化の重要性については，まだ不確かである．耕作地土壌を用いた室内実験においては，最大の硝化速度は pH 6.6 から 8.0 で起こり，pH 4.5 未満では無視できるレベルであった（Paul and Clark 1996）．しかし，酸性土壌をもつ多くの自然生態系では，たとえ pH が 4 であっても顕著な硝化速度をもっている（Stark and Hart 1997；Booth et al. 2005）.

**無機化された窒素のうち硝酸まで酸化されるものの割合は，生態系間で大きく異なる．** 多くの汚染を受けていない温帯針葉樹林と落葉樹林においては，植物および分解者がアンモニウムを巡って硝化菌と競争するために，純無機化量のうち硝化が占める割合はほんのわずか（たとえば 0 ～ 4 %）である．一方で，窒素沈着は，硝化される無機態窒素の割合を 23％まで増加させることができる（McNulty et al. 1990）．熱帯林においては，純無機化速度が低く，付加的な窒素のインプットがない場所においても，通常，純硝化は純無機化のほぼ 100％を占める（図 9.11；Vitousek and Matson 1988）．熱帯林においては，植物と微生物の成長はしばしば窒素以外の養分によって制限されており，窒素の要求性が低いため，硝化菌が容易に $NH_4^+$ にアクセスすることができる．

**硝酸の潜在的な行方としては，植物と微生物による吸収，陰イオン交換サイトでの交換，または脱窒や溶脱を通じた生態系からの損失，といったものがある．** 硝酸は負に帯電しており陽イオン交換サイトに結合しないために，土壌溶液中で比較的動きやすい．そのため，マスフローや拡散（第 8 章参照）によって植物の根へ容易に移動でき，あるいは土壌から溶脱することができる．ある種の微生物は，硝酸を吸収し，**異化的硝酸還元**（dissimilatory nitrate reduction）を通じてアンモニウムへと還元できる，つまり微生物による同化（不動化）を経ずに硝酸を還元する（図 9.9）．この過程は高いエネルギーを必要とするため，熱帯湿潤林のような，主に十分な硝酸と利用しやすい炭素がある還元的な環境に微生物がさらされるときに生じる（Silver et al. 2001）．この複合条件は，先に説明したとおり脱窒も促進するため，異化的硝酸還元は湿潤生態系における窒素保持の重要な過程となりうる．多くの針葉樹林酸性土壌において観測される低い硝酸濃度は，低い硝化速度と，土壌微生物と植物による硝酸吸収の組み合わせを反映している（Stark and Hart 1997）.

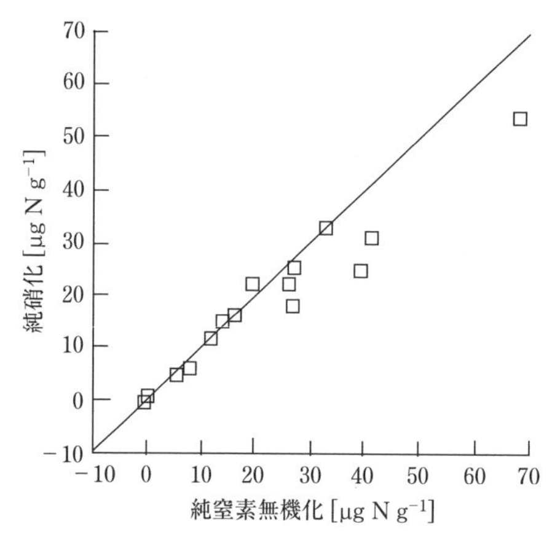


**図 9.11**　さまざまな熱帯森林生態系における純窒素無機化と純硝化（μg N $g^{-1}$ 乾燥土壌，培養 10 日間）の関係（Vitousek and Matson 1984）．これらの系においては，無機化された窒素のほとんどがすぐに硝化されている．一方，温帯生態系ではしばしば純無機化の 25％未満が硝化される．

ほとんどの陽イオンと比較して$NO_3^-$はより動きやすいが，高い陰イオン交換能をもつ土壌では土壌の交換サイトに保持されうる（第3章参照）．高い陰イオン交換能をもつ土壌は，撹乱後の硝酸流出損失を防ぐことができる（Matson et al. 1987）．多くの土壌においては，陰イオン吸着強度は，$PO_4^{3-} > SO_4^{3-} > Cl^- > NO_3^-$の順であるので，$NO_3^-$は脱着し，比較的容易に溶脱する．

## ■時空間的変動性

**窒素循環において，小さなスケールでの生態学的制御が大きな時間的・空間的変動をもたらす．** 土壌中の窒素代謝速度は変動性が高いことが知られており，近接した土壌試料の間やサンプリング日の間で，しばしば一桁異なる（Robertson et al. 1997；Schimel and Bennett 2004；Fierer et al. 2009a）．この変動は，制御要因の変動がとる細かな時間的・空間的スケールを反映している．たとえば，土壌団粒中の脱窒を支える嫌気的環境（下記参照）は，1 mmの好気的な土壌間隙の中で生じる．細根は，エネルギー要求を満たすために，炭素制限状態の土壌微生物が有機態窒素を無機化している土壌のすぐ横で，高濃度の炭素，低濃度の溶存態窒素という環境の根系を形成する．植物は根の発達した微小環境においては，硝化が維持できないほど低いレベルに$NH_4^+$濃度を下げ，一方で，根のない微小環境では硝化が著しく起こりうる．この窒素循環における細かな空間的不均一性の影響は，調べることが難しく，その重要な部分について我々は定性的に知っているだけである（Schimel and Bennett 2004）．

環境における時間的な変動と極端なイベントは，窒素無機化に強い影響を与える．たとえば，乾燥湿潤，凍結融解イベントは多くの微生物細胞を破壊し，突発的な養分の放出を招く．このため，長い乾季の後の最初の降雨はしばしば突発的な硝化と硝酸の流出を引き起こす（Davidson et al. 1993）．また，北方域や山岳地帯の生態系において，凍結融解イベントや冬季に植物が窒素を吸収しないことにより，春の融雪後の窒素流出は渓流へしばしば突発的に養分を供給する．たとえば，極域アラスカのトゥーリック（Toolik）湖においては，年間窒素インプットの90%が融雪の最初の10日で生じる（Whalen and Cornwell 1985）．

**窒素無機化の季節性は，しばしば植物の窒素吸収の季節性とは異なる．** 1年のある時期に植物が休眠するような生態系においては，その休眠期間においても土壌微生物は窒素無機化を続ける．この微生物活性と植物吸収の間の一時的な非同時性は，活動期に植物が利用可能な窒素を休眠時期において蓄積する効果をもたらす．たとえば，温帯林においては，冬季の（たとえ積雪の下であっても）無機化は，次の春が来るまで植物に吸収されることのない，相当な大きさの利用可能な窒素プールを形成する．植物が最も活性の高い期間に微生物が窒素を不動化する，窒素についてうまく競争しなければならないような，養分の少ない環境では，この非同時性はとくに重要である（Jaeger et al. 1999）．凍結したり乾燥する土壌では，微生物細胞の死滅は，条件が微生物活性に好ましい状態に再び戻ったときに残った微生物が行う純無機化を支える，付加的な利用可能な基質を提供する．

## 9.9　窒素損失の経路

### ■ガス態窒素損失

**生態系からガス態の形で窒素を失う主な経路は，アンモニア揮散，硝化，そして脱窒である．**これらのプロセスは，アンモニアガス，一酸化二窒素，一酸化窒素，そして窒素ガスの形で窒素を放出する．土壌プロセスの速度と，土壌からの拡散速度を制御する土壌と環境の特徴によって，ガスフラックスは制御される．ひとたび大気に放出されると，これらのガスは化学的に変質を受け，風下にて沈着する．

#### ▶生態学的制御

**アンモニアガス（$NH_3$）は，土壌と，老化している葉から放出される．**土壌においては，$NH_4^+$ と $NH_3$ の pH 依存平衡の結果として放出される．pH が 7 より大きいと，$NH_4^+$ のかなりの部分が $NH_3$ ガスへと変換される．

$$NH_4^+ + OH^- \leftrightarrow NH_3 + H_2O \tag{9.1}$$

そして，アンモニアは土壌から大気へと拡散する．この拡散は，大きな空隙をもつ目の粗い乾燥した土壌で最も速い．密な樹冠においては，土壌から放出する $NH_3$ のいくらかは植物の葉によって吸収され，アミノ酸へと取り込まれる．

ほとんどの生態系では，植物と微生物による吸収と土壌イオン交換複合体への結合によって $NH_4^+$ 濃度が低く抑えられているため，$NH_3$ フラックスは小さい．しかし，大きな窒素インプットによって $NH_4^+$ が蓄積する生態系においては，$NH_3$ フラックスはかなりのものになる．たとえば，放牧の行われている生態系においては，尿パッチが大気への $NH_3$ フラックスを支配する．アンモニア肥料または尿素を施肥する耕作地においては，とくに表面に肥料がまかれた場合，しばしば与えた窒素の 20〜30% が $NH_3$ として失われる．$NH_4^+$ と $NH_3$ の間の平衡における pH の影響のために，窒素に富んだ塩基性の土壌はとくに $NH_3$ 揮散を起こしやすい．貯蔵器官へ輸送するために窒素化合物を分解するときに，植物の葉も老化の間に $NH_3$ を放出する．施肥や家畜畜産は，大気への $NH_3$ フラックスを顕著に増加させてきている（第 14 章参照）．

**硝化における NO と $N_2O$ 生成は，主に硝化速度に依存する．**$NH_4^+$ が硝化によって $NO_3^-$ へと変換されると，いくらかの NO と $N_2O$ が副生成物として生成され（図 9.9），一般には NO と $N_2O$ の比は 10〜20 である．硝化において生成される NO と $N_2O$ の量は，硝化プロセスの総フラックスと相関しており，このことは，わずかな窒素（おそらく 0.1〜10%）が硝化プロセスから微量ガスとして「漏れ出る」ような，あたかも漏れのあるパイプ（Firestone and Davidson 1989）のように硝化が働いていることを示唆している．

**脱窒による硝酸や亜硝酸のガス態への還元は，高硝酸かつ低酸素な状態で生じる．**多くのタイプの細菌が生物的脱窒に貢献している．それらの細菌は酸素濃度が低い場合，エネルギーのために有機態炭素を酸化する際の電子受容体として，$NO_3^-$ または $NO_2^-$ を利用する．多くの脱窒菌は通性嫌気性であり，酸素が利用可能であれば$NO_3^-$よりも酸素を利用する．生物的な脱窒に加え，土壌が低いpHをもち$NO_2^-$が蓄積する場合，**化学的脱窒**（chemodenitrification）によって$NO_2^-$（亜硝酸）が一酸化窒素（NO）へと非生物的に変換される．ただし，たいていの場合，化学的脱窒は生物的脱窒と比較して重要ではない．

$NO_3^-$還元の順番は，$NO_3^- \rightarrow NO_2^- \rightarrow NO \rightarrow N_2O \rightarrow N_2$であり，最後の三つ，とくに$N_2O$と$N_2$がガスとして大気へ放出される（図9.9）．大部分の脱窒菌は，この一連の還元を完全に行うための酵素活性を潜在的にもっているが，酸化剤（$NO_3^-$）と還元剤（有機態炭素）の相対的な利用可能性に部分的に依存して，$N_2O$と$N_2$の間の放出割合を変化させる．利用しやすい有機態炭素と比較して$NO_3^-$がより豊富であるときには，この反応は完全ではなく部分的にのみ生じ，$N_2$よりも$N_2O$を比較的多く放出する．$N_2$よりも$N_2O$生成に好適な他の要因としては，低いpH，低温，そして高い酸素濃度がある．実験室での培養実験においては，NOがしばしば脱窒において放出されるが，水で満たされた間隙によって大気への拡散が妨げられるために，自然状態ではNOの純放出はめったにない．生成されたNOのいくらかは，脱窒細菌による$N_2O$や$N_2$へのさらなる還元の基質として働く．

**顕著な脱窒が起こるために必要な三つの条件は，低い酸素濃度，高い硝酸濃度，そして有機態炭素の供給である**（図9.12；Del Grosso et al. 2000）．湛水しない土壌のほとんどでは，酸素と硝酸の利用可能性が脱窒の最も強力な制御要因となる．土壌間隙における拡散を妨げる高い土壌水分量により，酸素の供給は少なくなる．そして，土壌水分は斜面位置，土壌構造，そして降水と蒸発散のバランスといった他の環境要因によって左右される．土壌酸素濃度は微生物と根による酸素消費速度にも敏感であり，温暖湿潤な環境では最も

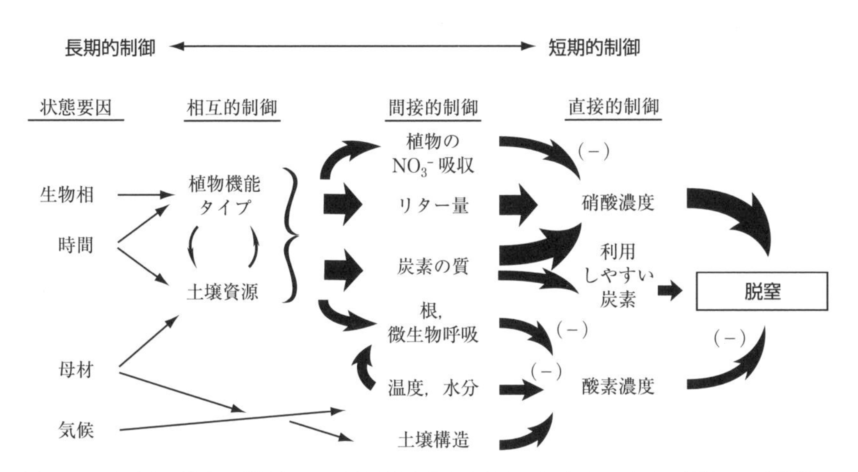


**図 9.12**　土壌中の脱窒の時間的および空間的変動を支配する主要因．これらの制御は，直接的に硝化を制御する基質濃度から，究極的に脱窒速度の違いを決定する気候や撹乱レジームといった相互的制御までの幅をとる．ある要因のもう一つへの要因に対する影響は，他の形（−）で指示されていない場合，正の影響であり，矢印の太さは直接的そして間接的影響の強さを示している．

素早く消費される．

脱窒に関する二つ目の主要な要因は，基質である$NO_3^-$の適度な供給である．硝化は主に好気的プロセスであるため，脱窒に適した低酸素環境はしばしば$NO_3^-$供給を制限する．たとえば，いくつかの湿地においては，硝酸の利用可能性が低いために，土壌が水で飽和しており，大量の有機態炭素があるにもかかわらず脱窒速度は低い．湿地が高い脱窒を支えるのは以下のようなときだけである．

(1) 外部から$NO_3^-$を受け取っている場合（水平輸送）．
(2) 部分排水のある湿地のように嫌気的な場所の上に好気的な場所がある場合（鉛直輸送）．
(3) 多くの水田のように湛水と乾燥のサイクルがある場合（時間的分離）．

土壌酸素濃度と硝化速度の細かい小さなスケールでの不均一性があるために，微視的に見れば適度に排水されている土壌における土壌団粒，または嫌気的微小環境（たとえば土壌有機物のかけら）において脱窒は生じる．

最後に，脱窒は主に従属栄養細菌によって駆動されるため，基質である有機態炭素の利用可能性は脱窒を制限することがある．たとえば，長期間耕作されている農業土壌では，土壌有機物濃度が脱窒を制限するのに十分なほど減少されている．グローバル窒素収支における主要要素の推定によると（Box 9.2），脱窒は量的に重要であり，人間による管理を受けていない陸域生物圏からの窒素損失の3分の1を占めている（Houlton and Bai 2009）．

**窒素の大きなガス態損失として火災もある．**揮散する窒素の量と形態は火災の温度に左右される．活発に炎を出して燃える火災はかなりの乱流を生じ，酸素がよく供給され，窒素を主に$NO_x$として放出する．くすぶっている火災は，アンモニアのような，より還元された形態で窒素を放出する（Goode et al. 2000）．そして約3分の1が$N_2$として放出される．林分を入れ替えてしまうような深刻な火災は，大部分の生態系の窒素を失わせてしまい，その窒素は火災後の遷移によってゆっくりと置き換えられる（第12章参照）．より低い温度の土壌火災では，燃焼される有機物は少なく，失われる窒素も少ない．ある場所では火災が沈静し，別の場所ではバイオマスが燃焼するということが，多くの生態系において窒素循環の自然のパターンを変化させてきた．

## Box 9.2　窒素同位体

（Joseph M. Craine 著）

窒素の二つの同位体（$^{14}N$と$^{15}N$）は，中性子の数が異なるが同じ数の陽子をもっている．炭素同位体の場合と同じく（Box 5.1 参照），$\delta$表記は，$^{15}N$と$^{14}N$の比率を大気標準と相対的に比較したものである．炭素と同様，付加された原子質量によって，重い同位体はいくつかの反応においてよりゆっくりと反応することとなる．窒素循環に関しては，重い同位体をもつ分子に対して三つの段階で強く分別を生じる（図9.13）．最初は硝化であり，$NH_4^+$プールの一部だけが硝化されるときにはつねに，重い同位体を$NH_4^+$に濃縮し，$NO_3^-$には枯渇させる．2

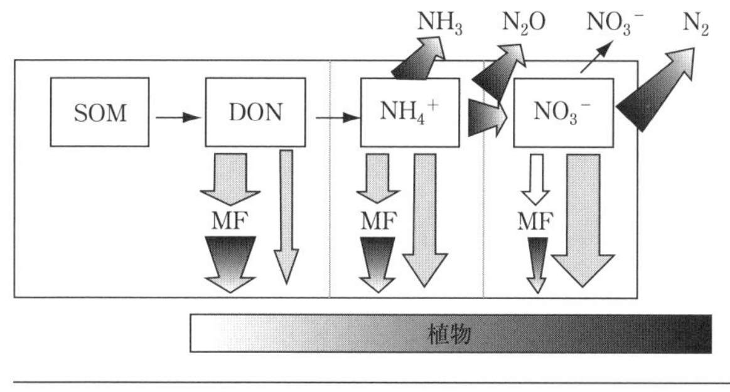


**図 9.13**　生態系の $\delta^{15}N$ に与える同位体分別の影響．窒素利用可能性が上昇するにつれ，植物は主に溶存有機態窒素（DON）を利用していた状態から，アンモニウムそして硝酸へと移行し，徐々に菌根菌（MF）への依存を弱めていく．それぞれの矢印の幅は菌根を介した輸送と根からの直接吸収の，植物吸収全体への相対的な貢献を示している．$^{15}N$ を分別する段階はグラデーションの矢印で示しており，生成物に $^{15}N$ がより少ししか濃縮せず（薄いアミ），基質にはより $^{15}N$ が濃縮する（濃いアミ）ことを示している．土壌の利用可能な窒素における $^{15}N$ 濃縮が，ガス態窒素損失により DON から $NH_4^+$ そして $NO_3^-$ へと漸進的に進んでいく．植物は窒素利用可能性が上昇するにつれ，より $^{15}N$ が濃縮されたプールから漸進的に利用するようになり，そのため植物の $\delta^{15}N$ は生態系を比較する際に窒素利用可能性の有効な指標となる．

番目に，$NH_3$ 揮散，硝化または脱窒における損失のどれであろうと，ガス態窒素損失は強い分別を示す．これは，水素と酸素の重い同位体に対して水の蒸発が分別を示すのと同様である（Box 4.2 参照）．最後に，菌根から植物への窒素輸送は相対的に菌根に $^{15}N$ を濃縮させ，植物に $^{15}N$ を枯渇させる．

異なる生態系における異なる窒素形態が同位体組成を変化させることは，機能的な重要性をそれほどもたないが，植物間での同位体比の違いは植物の機能と窒素循環のメカニズムについて重要な洞察を与える．同一生態系における植物間での異なる $\delta^{15}N$ は，$NH_4^+$ と $NO_3^-$ への相対的な依存性を推定するのに使うことができる．すべてが同じ条件であれば，硝化における同位体分別によって，より $NH_4^+$ を吸収する植物はより $NO_3^-$ を吸収する植物より $^{15}N$ に富む．林分レベルで見ると，異なる植物の異なる窒素形態への相対的な依存性はそれぞれ打ち消され，林分レベルの $^{15}N$ シグナルは，窒素利用可能性の指標として使うことができる．窒素利用可能性が低いとき，窒素は有機態窒素として循環する傾向があり，植物はより菌根菌に依存し，比較的 $^{15}N$ の少ない状態にある．窒素利用可能性が増加するにつれ，無機化と無機態窒素プールは増大し，より多くのガス態窒素損失が生じ，そして植物の利用する窒素プールに $^{15}N$ が濃縮されていく．このような状況では，窒素に関する菌根への依存性も弱まる．生態系を比較すると，窒素プールの $^{15}N$ 濃縮と菌根菌への依存性の低下はともに，窒素利用可能性の増大にともなう植物 $\delta^{15}N$ の上昇を導くことになる．

グローバルスケールでは，窒素濃度の高い非菌根共生植物は暑く乾燥した生態系で優占しており，その $\delta^{15}N$ は高い．一方で，冷たく湿った生態系の外生菌根植物は最も低い $\delta^{15}N$ をとる．これらのパターンは，植物有機物が土壌へ戻され土壌有機物へと取り込まれるので，土壌の $\delta^{15}N$ にも反映される．$\delta^{15}N$ の情報は植物の木部の中に長期間にわたって残されるので，現在の窒素利用可能性のパターンを理解するだけでなく，過去の生態系の窒素利用可能性の変化を再構築するためにも使うことができる．

### ▶ 窒素ガスの大気中での役割

**4種類の窒素ガスは大気中で異なる役割と結果をもたらす．**大気へ入ってくる $NH_3$ は酸と反応し，つまりは大気の酸性度を中和する．

$$2NH_3 + H_2SO_4 \leftrightarrow (NH_4)_2SO_4 \tag{9.2}$$

この反応において $NH_3$ は $NH_4^+$ へと戻され，乾性粒子の表面に乗って風下で沈着するか，$NH_4^+$ として降水に溶存する．アンモニアの揮散と沈着は，ある生態系からもう一つの生態系へと窒素を輸送する．アンモニアガスはそれ自体，植物の葉の気孔を通じて吸収されることができる．実際，光合成における $CO_2$ 補償点（第5章参照）と類似したアンモニアの補償点を，植物は一般にもっている．

大気中で窒素酸化物（NO と $NO_2$，まとめて $NO_x$ とよぶ）は，素早い相互変換のためにお互いに平衡状態にある．$NO_x$ は大変反応性が高く，その濃度は重要な複数の大気化学反応によって制御されている．たとえば，高い $NO_x$ 濃度は，一酸化炭素，メタン，そして非メタン炭化水素の酸化を，都市，工業そして農業地域における光化学スモッグの主要要素である対流圏オゾン（$O_3$）を生成する反応へと向かわせる．

$$CO + 2O_2 \leftrightarrow CO_2 + O_3 \tag{9.3}$$

低い $NO_x$ 濃度のときは，CO の酸化は $O_3$ を消費する．

$$CO + O_3 \leftrightarrow CO_2 + O_2 \tag{9.4}$$

$NO_x$ は大気化学に変化を与え，汚染を発生させる触媒として働くだけでなく，長距離輸送され，風下の生態系の機能を変化させることができる．硝酸という形態は酸性沈着の主構成要因であり，利用可能な窒素と酸性度の両方を土壌に与える．しかし，ガス態の $NO_2$ や $HNO_3$ という形態では，葉の気孔から吸収され，代謝に使うことができる（第5章参照）．そしてもう一つ，人間が意図しない施肥形態である粒子態としても沈着することができる．

反応性の大変高い $NO_x$ と対照的に，一酸化二窒素（$N_2O$）は150年という大気滞留時間をもち，対流圏では化学的に反応しない．$N_2O$ のこの低い反応性は異なる環境問題に貢献している．赤外放射の吸収において，$N_2O$ は $CO_2$ に比べて単位分子あたり200倍の効率をもつ温室効果ガスである（第2章参照）．加えて，紫外線のある状況で励起状態の酸素と $N_2O$ は成層圏で NO を生成し，この NO が成層圏オゾン（$O_3$）の破壊を触媒する．

脱窒は生態系の窒素プールに影響を与えるであろうが，大気の高い $N_2$ 濃度（78%）に対しては大きな影響を与えない．また，大気 $N_2$ は何千年もの滞留時間をもつ．

## ■溶液としての損失

**すべての生態系から窒素は溶存有機態窒素として，そして硝酸に富んだ生態系では硝酸として生態系から溶出により失われる**．撹乱と汚染を受けていない生態系は，比較的少量の窒素を主に溶存有機態の形で失う（Hedin et al. 1995；Perakis and Hedin 2002）．硝酸は土壌中で高い移動性をもつものの，多くの生態系では，根圏の下へと流出する前にその多くが植物と微生物によって吸収される．しかし，窒素無機化を促進するような環境条件を形成したり，養分を吸収することのできる植生のバイオマスが減少させる（第8章参照）ということで，撹乱は生態系からの硝酸流出をしばしば増加させる．たとえば，アメリカ北東部のハバードブルック森林では，すべての植生を実験的に除去したところ，硝酸，カルシウムそしてカリウムの地下水および渓流水への大量損失を引き起こした（図9.14；Bormann and Likens 1979）．しかし，ひとたび植生が再成長を始めると，蓄積していく植物バイオマスが無機化された養分のほとんどを吸収し，渓流水の養分濃度は伐採前のレベルに戻った．窒素肥料添加や窒素沈着が，植物と微生物の窒素要求量を上回る場合にも硝酸流出は生じる．そのため，硝酸流出は，人為的な窒素の付加時に生じる生態系機能の変化である**窒素飽和**の指標として考えることができる（Aber et al. 1998；Driscoll et al. 2001）．一般的には，生態系の中に保持される窒素プールが増加する割合よりも，流出や脱窒によって失われる窒素の増加割合のほうが大きい（Lu et al. 2010）．つまり，窒素添加は生態系をより窒素が漏れやすい状態にする．

人間の健康と水域生態系の健全性に対して，地下水への硝酸損失は重要な帰結をもたら

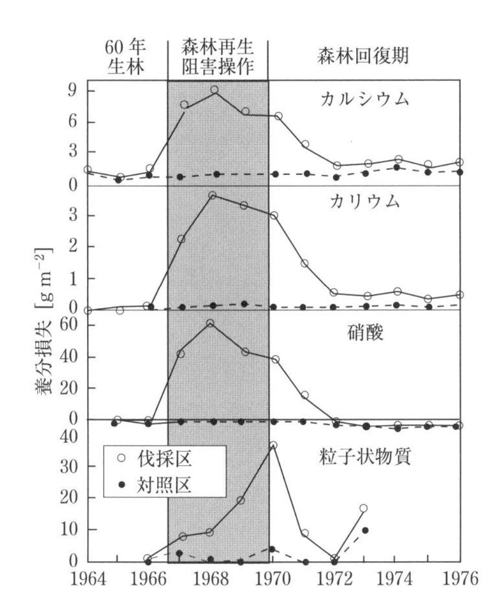


**図9.14** アメリカ北東部のハバードブルックでの実験集水域における，伐採前と伐採後の渓流水中カルシウム，カリウム，硝酸，そして粒子状物質の損失．アミ掛けになっている部分は，木の伐採と除草剤の利用のため植生がなかった時期を表している．Bormann and Likens (1979) より．

す．還元的な環境では硝酸は亜硝酸へと変換され，この亜硝酸は動物のヘモグロビンがもつ酸素運搬能力を減少させ，とくに人間の幼児に貧血をもたらす．集約農業を行っている場所の地下水は，しばしば公衆衛生基準を超えた硝酸濃度を示している．

陸域生態系から流れ出た窒素は地下水に入り，湖や川へと移動し，その後すでに議論したとおり，脱窒を経て大気へ戻ることで失われたり，海洋へと輸送されたりする．

土壌を移動する溶液は電荷のバランスを保つ必要があり，硝酸イオンのように負の電荷をもつものは，陽イオンまたは水素イオンとバランスする．そのため，電荷のバランスを保つために，すべての硝酸イオンはカルシウムイオン，カリウムイオン，そしてアンモニウムイオンといった陽イオンと一緒に土壌から流出する．風化と沈着による陽イオン供給速度を溶出による陽イオン損失が上回る場合，正味での損失は陽イオン不足を引き起こす可能性がある（Driscoll et al. 2001）．養分であるこれらの陽イオンが不足してしまうと，硝酸イオンは $H^+$ または $Al^{3+}$ をともなうことになり，下流生態系に害をもたらすこととなる．硝化も酸性化を引き起こす．

$$2NH_4^+ + 3O_2 \rightarrow 2NO_2^- + 2H_2O + 4H^+ \qquad (9.5)$$

この反応で放出される水素イオンは，土壌中の陽イオン交換サイトで他のイオンと交換し，これらの陽イオンをより流失しやすくする．

### ■ 侵食による損失

**侵食は，土地利用変化が生じた後に，窒素損失を劇的に増加させることが多い，自然の経路である．**土壌団粒と土壌粒子に結びついている有機態窒素の侵食フラックスが最も重要であるものの，溶出と同様に，有機態・無機態の両方で窒素は侵食によって失われる．

## 9.10　その他の養分循環

**元素循環のパターンと速度は，ソース（岩石または大気）の元素組成，化学的特性，そして植物の要求性の違いから予測可能である．**ほとんどの植物は同じような化学量論的元素比をとるので（第8章参照），さまざまな生態系の中を循環するすべての必須元素の循環パターンは広い類似性をもつ（Sterner and Elser 2002）．水域生態系で観測されるように，植生を通じてこれらの元素が循環する場合に，この化学量論は機能的なつながりを作り上げる．たとえば，生産性の高い生態系は生産性の低い生態系と比較して，植生を通じた必須養分元素の循環がより多く行われる．これらの広い類似性にもかかわらず，そのソース（岩石または大気），化学的特性，そして植物による元素ごとの要求性に依存して，元素と生態系間での循環様式には重要な違いが存在する．一般に，生態系へ元素を供給する非生物的プロセス（とくに風化と大気沈着）は，生物を通じて循環を制御するときと比べて，非常に異なる元素比をとる．この生物的，そして地質学的な化学量論の相互作用によって，陸域生態系における元素循環分析が豊かで複雑なものになる．

母材やその場所での侵食と風化の履歴に応じて，さまざまな岩石由来養分の利用可能性は生態系間で顕著に異なる．たとえば，海洋堆積物からもたらされる石灰岩はかなりの量のリンを含んでいることが多く，生態系がリン不足になることが少ない．一方で，窒素のように大気からもたらされる養分の利用可能性は，生物間の生物的相互作用に強く左右される．その水への溶解度と植生が必要とする量の両方に依存して，生態系の中での元素循環がどれだけ厳密なものかというのが左右される．たとえば，塩素は非常に水に溶けやすく，植生の要求量が小さいので，リンのようにやや溶けにくい必須主要養分元素よりもより開放的な循環をとる．

しかし，このような広い一般性を超えて，元素の特徴と生物による利用が，異なる元素循環での重要な差異を生み出す．ここでは，しばしば最も生態系の生産力を制限する主要な多量養分元素（窒素，リン，そしてカリウム）の主な特徴を簡単に説明し，あまり頻繁に生産力を制限することのない二次的な多量養分元素（カルシウムと硫黄），ごくわずかな量だけ必要とされる微量養分元素（塩素）の例を挙げる．

## ■リン

**リンは，その植生を通じた循環が最も密接に窒素と関連している養分である．**通常，このリンと窒素という二つの養分は，年間の植物要求量に対して土壌溶液中での利用可能性が最も低く（表8.3参照），そのためほとんどの場合で，植物の生産力を制限または共制限する（Elser et al. 2007）．窒素とリンは，植物生産（光合成と呼吸）のエネルギッシュなエンジンにおける必須要素である．そのため，植生を通じたこれらの循環様式に多くの類似性があることは驚きではない．粒子状有機化合物の分解により窒素とリンを吸収するとき，とくに拡散よりも素早く植物の根に養分を輸送する場合に，菌根菌は重要な役割を果たす．温帯や高緯度の森林で典型的な外生菌根は，とくに窒素獲得において重要であり，草地や熱帯林で典型的なアーバスキュラー菌根は，とくにリン獲得で重要である．植物は，代謝活性が高く資源を必要としている器官（葉と細根）に選択的にこの両方の養分を分配し，植物がさらに資源を獲得する能力を高めるといった増幅（正の）フィードバックを形成する．葉にある窒素とリンの約半分が，老化の間に葉から再吸収される．

これらの共通した特徴によって窒素とリンの循環は連携しているが，この連携を強めるプロセスもあれば，壊すようなプロセスもある（Chapin and Eviner 2004）．イオン特異的な養分吸収調節によって，窒素制限状態では植物が硝酸とアンモニウムの吸収を上方調節し，リン制限状態では植物がリン酸吸収を上方調節することで，生物体中でのこの二つの連携が強められる（表8.5参照）．窒素とリンの比率は，生態系内そして生態系間で非常に大きく変動するが（Sterner and Elser 2002；Townsend et al. 2007），植物，そして植物が作り出すデトリタスは，植物の成長に好ましい比率（N：Pモル比で約28；Sterner and Elser 2002；McGroddy et al. 2004）で窒素とリンを循環させる傾向がある．数年から数十年にわたる生態系のスケールで見ると，窒素固定は窒素制限の生態系に窒素を与える傾向にあり，植物と微生物の要求性を超えて利用可能な窒素が蓄積している生態系の嫌気的微小環境において，脱窒と硝酸流出が窒素を失わせる傾向にある．これらのフラックスは量的に大きく，グローバルなスケールでの窒素の濃度とその同位体比に強く影響を与える（Houlton and Bai 2009）．これらのプロセスは窒素とリン循環の連携を強め，植物と微生物に好ましいN：P比を作り出す．

窒素と有機態リンの比も，陸域生態系を通じて比較的一定である（土壌：13.1 ± 0.8；微生物バイオマス：6.9 ± 0.4，算術平均±標準誤差：図9.15；Cleveland and Liptzin 2007）．海洋や淡水でみられるように（Sterner and Elser 2002），リン濃度の変動は生態系間でのN：P比の変動のほとんどを説明する．たとえば，微生物のN：P比は，森林では微生物リン濃度が低いために，草地よりも高い値をとる（Cleveland and Liptzin 2007）．

植物（28：1）が微生物（7：1）よりも高いN：P比をもつことは，それらの生物的特徴が異なることを反映しているだろう．微生物は植物と比較して高い潜在的な成長速度をもつため，土壌環境の高い変動性に対して素早く対応しなければならない．このことは，高いタンパク質合成を支えるために高いリン濃度（低いN：P比）を必要とするはずである（Sterner and Elser 2002）．一方，植物は光合成のために（葉の窒素の半分は光合成に使われる）高い窒素要求（高いN：P比）をもつ．そのため，N：P比の違いが観測されること（McGroddy et al. 2004；Cleveland and Liptzin 2007）は理にかなっている．ある同じ環境において，植物は比較的窒素制限状態であり，微生物はリン制限であると予想される．植物と微生物それぞれが養分の獲得と放出を調整し要求を満たさなければならないし，それぞれのバイオマスのN：Pの特徴をもった枯死有機物を戻さねばならない．このような過程を通じて，観測されているとおり（Cleveland and Liptzin 2007），土壌のN：P比は，植物と微生物の中間の値をとることが期待される．

**窒素とリンの化学的な違いは，とくに数十年から数千年の長期スケールで考えると，それらの循環の連携を弱めるものである**（Chapin and Eviner 2004）．窒素は連続的に利用可能な大気プールから窒素固定を通じて入る一方で，リンは数千年をかけて風化により減

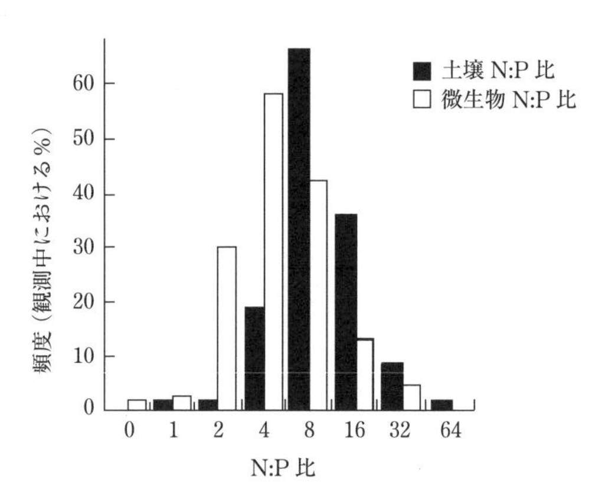


**図9.15**　土壌と微生物のN：P比頻度分布（$\log_2$ スケールで表している）．Cleveland and Liptzin (2007) より．

少していく一次鉱物から入ってくる（図3.5参照）というように，この二つの元素は生態系へ根本的に異なる経路で入ってくる．たとえば，若い地形においては，窒素がしばしば供給不足になるときでも，土壌呼吸で生成される炭酸がリン酸を含むアパタイトを風化させ，リン酸を利用可能な形態で放出する（式（9.6））．

$$Ca_5(PO_4)_3(OH) + 4H_2CO_3 \leftrightarrow 5Ca^{2+} + 3HPO_4^{2-} + 4HCO_3^- + H_2O \qquad (9.6)$$

しかし，とくに氷期－間氷期サイクルの影響を受けていない湿潤地域や地質学的隆起と侵食が遅い地域において，時間が経つにつれてこのリンの風化源は失われていく．ひとたび失われてしまうと，リンの生態系内のソースはほとんどなくなり，後は風上の農業または乾燥地域からのダストの輸送によってのみもたらされる．したがって，窒素とリンの供給は生態系のスケールで切り離されており，古い土壌の上に成立する生態系では窒素と比べてリンによる制限をより受けやすい（Vitousek 2004）．

**枯死有機物の微生物による処理は，リンと窒素の循環の連携を弱めることができる．** リンを炭素へと結合するエステル結合（C–O–P）は，炭素骨格を切ることなく酵素で切ることができるために，リンの分解との連携は窒素と比べていくぶん弱い．一方で，窒素はもっと密接に炭素と連携している．窒素は，有機物の炭素骨格に直接結合（C–N）しており，炭素骨格を壊すことで，一般にアミノ酸や他の窒素を含む溶存有機化合物へと放出される．この分解プロセスは有機物を断片化し，リンのC–O–P結合を酵素による攻撃へさらす．リンの低い利用可能性と窒素の高い利用可能性は，植物と微生物に窒素をリン獲得のための酵素生成へと投資させる（Olander and Vitousek 2000）．植物の根，そして共生している菌根菌，とくにアーバスキュラー菌根は，有機物のエステル結合を切りリン酸（$PO_4^{3-}$）を放出するホスファターゼを生産する．そのため，多くの生態系において，有機物と植物の根は非常に密接な関係にある．たとえば，熱帯林では，リター層にある菌根の付いた根のマットが，有機物からリン酸を切り出すホスファターゼを生成する．菌根の付いた根はこのリン酸の多くを，土壌の鉱物相と相互作用してしまう前に直接吸収する．植物と微生物のホスファターゼは，この窒素を豊富に含む酵素を生産するのに十分な窒素がある限り，低濃度の土壌リン酸によって誘導される．これは，その活性が土壌有機態炭素の濃度よりも微生物活性により強く相関を見せるプロテアーゼとは対照的である．

微生物バイオマスは，しばしば土壌有機態リンの20～30％を占めるが（Smith and Paul 1990；Jonasson et al. 1999），これは微生物炭素（約2％）や窒素（約4％）の割合よりもずっと大きい．それゆえ，微生物バイオマスは，とくに鉱物表面にリンが強く結合するような塩基性または酸性が著しい土壌をもつ生態系において，潜在的に利用可能なリンの重要なリザーバーである．後に述べるように，微生物リンは土壌の鉱物相との反応から保護されているために，無機態リンよりもより大きな潜在的利用可能性をもつ．しばしば，生態系における養分循環の理解のためにC：N比が非常に重要だと考えられているが，リンの無機化と不動化の間のバランスを制御し，それゆえ植物へのリンの供給を制御するという点で，枯死有機物のC：P比も非常に重要になりうる．

**土壌鉱物との化学反応は，土壌におけるリン酸の利用可能性を制御する重要な役割を果たす**．窒素と違ってリンは酸化－還元を土壌で受けず，重要なガス態をもたない．さらに実際，リンの利用可能性を制御する反応の多くは，生物的というより地球化学的である．リン酸（$PO_4^{3-}$）は，土壌における利用可能な無機態リンの主な形態である．リン酸は最初，陰イオン交換を通じて，鉱物の正に帯電しているサイトに静電気的に引きつけられる．その後，リン酸は鉱物表面の金属と一つまたは二つの共有結合を作り，ますます強固に結合して（そしてそれに応じて植物が利用できなくなって）いく．リン酸は溶存している鉱物（とくに鉄酸化物）とも結合し，不溶性の沈殿を形成する．強度に風化を受けた熱帯土壌（オキシソルとアルティソル）がなぜ極端に低いリンの利用可能性をもつのか，そして，その土壌に成立する森林の成長がなぜしばしばリン制限であるか（第3章参照）を説明するのに，この沈殿形成反応は役立つ．温帯土壌で優占するケイ酸塩粘土鉱物は，熱帯のオキシソルのもつ酸化物と比較して，リン酸を固定する程度が小さい．

リン酸の利用可能性はpHにきわめて敏感である．低いpH領域では，鉄，アルミニウム，マンガンはきわめて可溶であり，次式のように不溶性化合物をリン酸と反応して形成する．

$$\underset{\text{可溶性}}{Al^{3+} + H_2PO_4^- + 2H_2O} \leftrightarrow \underset{\text{不溶性}}{2H^+ + Al(OH)_2H_2PO_4} \tag{9.7}$$

一般的に，高いpH領域で交換性カルシウムと$CaCO_3$の濃度が高い土壌においては，次式のようにリン酸カルシウムが沈殿し，溶液中のリン酸利用可能性を減少させる．

$$\underset{\text{可溶性}}{Ca(H_2PO_4)_2 + 2Ca^{2+}} \leftrightarrow \underset{\text{不溶性}}{Ca_3(PO_4)_2 + 4H^+} \tag{9.8}$$

カルシウムに富んだ温帯の農業生態系で，リン酸肥料の効果が急減することの一つの主な理由として，リン酸カルシウムの沈殿がある．pHが高かったり低かったりするとこの沈殿反応が生じるため，リン酸は約6.5付近の狭い範囲で最も利用可能な状態である（図9.16）．

有機態化合物も，直接的そして間接的にリン酸の結合と利用可能性を制御する．たとえば，電荷をもっている有機化合物は，酸化物の表面にある結合サイトに対してリン酸と競合する可能性があり，または金属とキレート反応を生じ，それらがリン酸と反応をするのを妨げることができる．この両方とも，鉱質土壌でのリン酸の利用可能性を増加させる．一方で鉄，アルミニウムそしてリン酸は，酵素の攻撃から保護するような有機態化合物を形成する．熱帯のアロフェン土壌†では，これらの複合体がリン酸の主要なシンクとなっている．

鉄やアルミニウム，そしてカルシウム化合物と沈殿したリン酸のほとんどは，植物にと

---

† 訳注：表3.3のアンディソルに相当する．

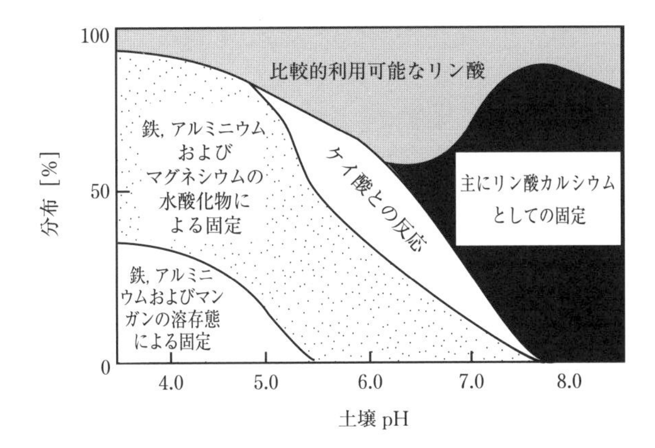


図 9.16 土壌中に存在する主なリンの形態に対する pH の影響．低 pH と高 pH におけるリン化合物の溶解度が低いことで，リン酸が可給である範囲が pH 6.5 付近の比較的狭い範囲に限定される．Brady and Weil (2001) より．

って基本的に利用できない状態であり，**吸蔵態リン**（occluded phosphorus）とよばれる．土壌の形成において，一次鉱物は風化と侵食による損失のために徐々に失われていく．土壌中のリン酸の多くの部分は鉱物質から有機態，そして非吸蔵態から吸蔵態そして有機的に結合した形態へと移行していき，長期間のスケールにわたる窒素からリンの制限状態へと生態系を移行させる（図 3.5 参照；Crews et al. 1995）．

多くの土壌において有機物または土壌鉱物へリンが密接に結合していることは，リンの損失の 90%が，地下水へ溶存態リン酸が流出することよりも，地表面流亡と粒子状リンの侵食を通じて起こるということの原因となっている（Tiessen 1995）．地下水へと入っていく溶存態リンの 3 分の 2 が有機態であり，そのため土壌鉱物とはあまり反応性が高くない．

## ■硫　黄

**硫黄汚染を受けていない生態系では，硫黄の循環は窒素とリンの循環に強くかかわっているが，汚染を受けている生態系では陽イオン損失を強めるため，ほかの元素循環とは連携しない．** 硫黄はタンパク質の主要構成要素であり，窒素やリンのように葉や細根といった代謝活性の高い器官を生産するのに使われるため，汚染を受けていない生態系での硫黄循環は，窒素とリンの循環と強く連携している．枯死有機物からの硫黄無機化の制御は，硫黄が炭素結合態とエステル結合態の両方に含まれるために，窒素とリンの無機化制御の中間的な形態をとる．エステル結合態は，植物が硫黄利用可能性の高い環境において生成する硫黄貯蔵化合物である．硫黄制限状態では，植物は主に炭素と結合した状態の硫黄を生成するので，窒素と同様に微生物の炭素要求によって硫黄無機化は決定される（McGill and Cole 1981）．しかし，硫黄が十分にある状況では，微生物は，植物と微生物の硫黄要求に依存した速度で，エステル結合態の硫黄を選択的に無機化する．これは，植物と微生物のリン要求に依存するリン無機化と同様である（Chapin and Eviner 2004）．硫黄は，窒素固定生物のニトロゲナーゼなどほとんどの酵素の構成要素であるため，汚染されていない地域の強度に風化を受けた土壌における硫黄の利用可能性は，生態系への窒素インプットを制限し，植物の生産性と養分のターンオーバーを制限する可能性がある．

窒素と同様に，無機態硫黄も酸化還元反応を受けるので，環境の酸素利用可能性に敏感である．嫌気的な土壌においては，微生物が有機態炭素をエネルギー源として使い，硫化水素を副生成物として出す代謝を行うことができるため，硫酸が電子受容体として働く．しかし，好気的な環境においては，還元態の硫黄は細菌の重要なエネルギー源として使われる．たとえば，深海熱水噴出孔における高い生産性は，噴出孔からの$H_2S$の酸化に完全に依存している．

ほとんどの生態系において，硫黄の主要な自然ソースは岩石風化と海洋エアロゾルの大気沈着である．ここに，硫黄を含む酸性雨が大気からインプットされることで，ますます補填されている．化石燃料の燃焼は，雲粒に溶け，酸性雨の主要構成要素である強酸の$H_2SO_4$を生成するようなガス態$SO_2$を発生させる．酸性雨にさらされている生態系の土壌から硫酸が流亡するにつれ，カリウムやマグネシウムといった陽イオンをともない，土壌中のそれらの利用可能なプールを枯渇させ，植生のそれらの陽イオンに対する要求性を徐々に風化インプット依存へと変えていく．言い換えると，生態系における強固な陽イオンが緩やかになる．大気中の硫黄化合物も，大気アルベドを増加させて気候の寒冷化をもたらすエアロゾルとして重要な役割を果たす（第2章参照）．

## ■必須陽イオン

**植物が大量に必要とする陽イオンであるカリウム，カルシウム，そしてマグネシウムは，主に岩石の風化と大気からインプットされる．** 窒素，リン，そして硫黄とともに，土壌から植物へそして土壌へ戻る生態系での陽イオン循環量は，年間の生態系へのインプットおよび生態系からの損失と比較してずっと多い．しかしこれらの元素とは異なり，多くの土壌は交換可能な状態で結合された大きな陽イオンプールをもっており，土壌溶液中でのその利用可能性は主にイオン交換反応によって支配されている．それらの供給は，土壌の陽イオン交換能と塩基飽和度に依存している（第3章参照）．それはすなわち，母岩と風化の特徴を反映している．カルシウムは，植物と真菌の細胞壁の重要な構成要素である．そのため，その放出と循環は窒素・リンの場合とそれなりに似た形で分解に依存している（図9.17）．一方，カリウムは主に細胞質に存在し，生きた，あるいは枯死した有機物の間を動く水によって溶脱され放出される．そして，マグネシウムは，カルシウムとカリウムの中間的な循環の特徴をもつ．カリウムは，いくつかの生態系では植物の生産性を制限するが，多くの生態系における土壌溶液中のカルシウム濃度は高いために，吸収プロセスにおいて植物細胞から能動的に排除される（第8章参照）．カルシウムと他の陽イオンの利用可能性は，古く，強度に風化を受けたいくつかの熱帯土壌において，植物の生産性を制

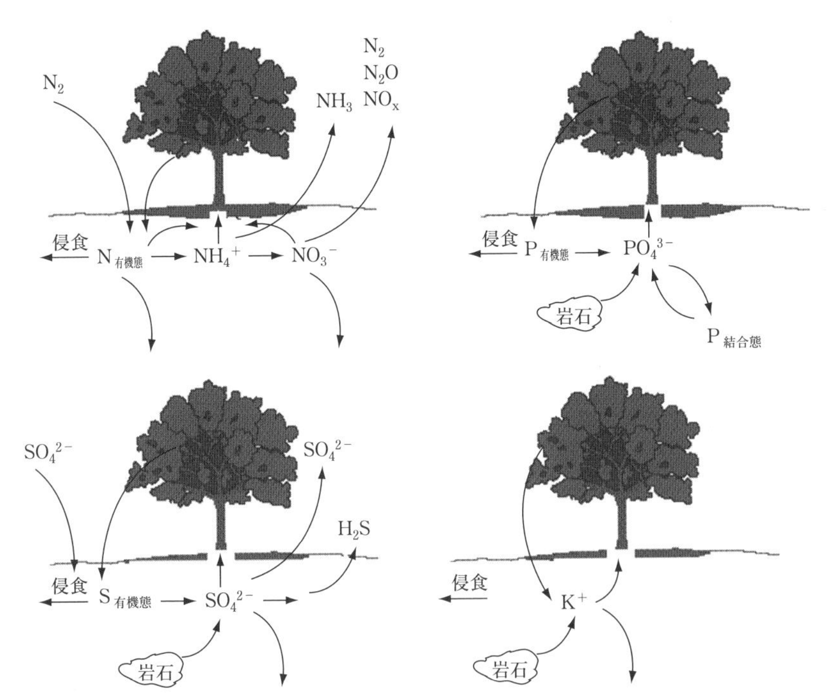


**図 9.17**　内部循環，インプット，そしてアウトプットの相対的な重要性に着目した，自然元素循環の比較．窒素のインプットは主に大気から来るが，リンとカリウムのインプットは主に岩石から来る．硫黄は岩石と大気の両方から来る．長期間のスケールで見ると，すべての元素の大気からのインプットは重要である．元素の損失は下方への溶脱，侵食，そして，窒素と硫黄の場合はガス態損失で生じる．

限するほど十分に低いかもしれない．

これらの陽イオンにはガス態はない．しかし，これらの元素（と必須微量養分）のダストに含まれた状態での大気輸送は，砂漠や農業地帯からの風食による重要な損失経路になるとともに，外洋や高度に一次鉱物の風化を受けた生態系への重要なインプットになりうる．陽イオンも溶脱で失われる．硝酸，硫酸，そしてその他の森林から溶脱する陰イオンは，電気的中性を保つために，陽イオンとともに動かねばならない．たとえば，強度の施肥を行う耕作地では陽イオン流亡が起こりやすい．ヨーロッパとアメリカ東部で観測された酸性雨に反応して生じる森林の生産力の低下は，少なくとも部分的には陽イオン溶脱によるカルシウムとマグネシウムの不足の結果である（Schulze 1989；Aber et al. 1998；Driscoll et al. 2001）．

なぜ，岩石由来の陽イオンではなく，リンがしばしば強度に風化を受けた場所で生物プロセスを最も制限するのか？　主要な陽イオン，とくにカルシウムはリンと比べてずっと大量に生物によって吸収され，より容易に土壌から溶脱する．たとえば，ハワイでは，岩石からもたらされたカルシウム，マグネシウム，そしてカリウムは10万年以内に実質的に失われてしまうが，その過程においては森林の生産力を制限しない（Vitousek and Farrington 1997；Vitousek 2004）．ハワイだけではなく他の多くの場所でもそうであろうが，大気からの陽イオン供給はこれらの元素が制限となることを防いでいる．カルシウム，マグネシウム，そしてカリウムを含む海洋エアロゾルは，雨や雲粒を通じてハワイの森林に沈着する．しかし，海洋生物の高いリン要求性が表層水の濃度を低く抑えているために，海洋エアロゾルのリン濃度は低い．カルシウムの大気インプットは若い地点での風化によるインプットよりも10倍低いが，古い地点での風化によるインプットよりも約100倍大きい（Vitousek 2004）．大陸内部においては，半乾燥地または植生のまばらな地点において，ダストが主要な陽イオン源である．（訳注：海洋の真ん中に位置する）ハワイにおいてさえ，6,000 km離れたアジアからのダストが重要なリンのインプットとなり，とくに植生による被覆がまばらで風速が速い氷期において重要度が増す（Box 9.3；Chadwick et al. 1999）．そのため，その場所での一次鉱物の風化は，必ずしも生態系への鉱物の主要なインプットにならない．

**Box 9.3　生態系へのソースを特定する地球化学トレーサー**

ハワイ諸島へのダストとそのインプット速度を算出するために，地球化学トレーサーが使われている．ハワイの岩石は地球のマントルからできているのに対し，アジアからのダストは地殻由来である．この二つのソースは，ネオジムの二つの同位体の比率，ユウロピウムと他のランタノイド元素との比率，そしてトリウムとハフニウムの比率に違いがある．これらすべての元素は比較的土壌中で動きにくく，そのため，同位体比または元素比の長年にわたる変化は，時間蓄積したアジアからのダストのインプットを計算するのに利用できる．ダスト中のリンの量を知ることができれば，この経路によるリンインプットを計算することが可能となる．土壌発達における最初の100万年程度は，風化と比較してリンの大気インプットはずっと小さかった．しかし，400万年までには岩石由来のリンはほとんど失われてしまい，アジアからのダストが土壌へのリンインプットのほとんどを供給している．古い地点ではリンの生物的利用可能性は低いが，もし，1万年前からその多くが輸送されているアジアからのダストのインプットがなければ，もっとずっと低かったであろう（Chadwick et al. 1999）．

## ■微量養分元素と非必須養分元素

**微量養分元素と非必須養分元素の循環は風化，降水そしてダストによるインプットと，溶脱によるアウトプットのバランスに支配されている．**少量しか必要としない元素（たとえば塩素）や生物に必要とされない元素（たとえば水銀や鉛）のインプットとアウトプットのバランスにおいて，植生は比較的小さな役割しか果たさない．その結果，非必須元素の循環は元素の外部循環（生態系へのインプットとアウトプット）が支配しており，一方で（少なくとも年間から数十年間といったスケールにおいては）植生を通じた内部循環が必須元素の循環を支配している．そのため，非必須元素の循環は植生活動の遷移における変化に強く影響を受けない一方，必須元素の損失は，遷移初期の有機物と関連養分が植物と微生物バイオマスに蓄積している遷移初期に劇的に減少する（図 12.18 参照；Vitousek and Reiners 1975）.

## 9.11　農業システムにおける窒素とリンの循環

**集約農業システムは，陸域養分循環の終点を示しており，周辺生態系への影響と同様に人類の福利にもとくに重要である．** 作物の収穫によって窒素，リン，その他の養分が耕作地土壌から取り除かれる．それは，農業システムの生産性が高ければ高いほど，必須養分の除去もより大きくなることを示す．窒素固定のような生物的プロセス，または無機肥料や異なる場所で得られた植物や動物排泄物の耕作地への添加によるそれらの養分の入れ替えが，持続的な農業生産で必要となる．これらからのインプットは，農業養分循環の支配的な特徴である（Robertson and Vitousek 2009）.

世界的に見れば，施肥は養分添加の主要な経路である．これらの投入は人口増加に先駆けて世界の作物生産を維持してきた．しかし，下流生態系の水質の悪化，沿岸海洋生態系の富栄養化（図 9.1（口絵 9）)，風下陸域生態系への農業由来窒素の沈着，光化学スモッグの発生，そして強力な温室効果ガスである一酸化二窒素のグローバルでの濃度上昇といった，農業由来の養分汚染の環境コストが大きなものになってきている．

とくに，基本的な課題である穀類をはじめとする作物の養分管理については，問題提起することは容易であるものの，解決することは難しい．大量の養分を供給する最も経済的な方法は，窒素またはリンに富んだ肥料を耕作期間中に一度だけ施肥することであり，とくに植え付け時期付近でしばしば行われている．しかし，現在のところ利用可能な窒素・リンの供給は，植物の潜在的な要求量よりもずっと大きく，肥料の多くが環境へと失われている可能性がある．代わりに有機物と結合させた養分を添加したほうが，ゆっくりと分解するので，植物の成長期間において供給が要求量を極端に上回ることは少ないだろう．しかし，通常，一年生作物が活動していない時期（収穫後や次の年の植え付けが始まる前）にもそれらは分解を続けるので，供給が要求量を上回り，養分損失が高い割合で生じやすい期間がかなりある．一方で，多年生植物のいる自然生態系において（主に分解と無機化を通じた)，養分供給はより密接に植物の栄養要求と同期しており，しばしば不足する養分の微生物による不動化は，さらに必須養分元素の保持を促進する．そのため，営農慣行と生物的プロセスを利用することの課題として，集約農業システムにおいて養分供給と要求の同期性を増加させることと，耕作地から失われる養分の行方を制御することが挙げられる．後者の具体例としては，環境にやさしい形態（たとえば $N_2$）をとる，あるいは河畔の緩衝地帯や湿地で再捕獲することが挙げられる．

作物収量と養分インプット速度は，農業システム間で顕著に異なり，我々が集約農業の環境フットプリントを減少させようとした場合，解決しなければならない科学的そして政治的課題も顕著に異なる．最も大きな違いは経済成長のレベルの差に関連している（Vitousek et al. 2009b)．最貧国においては，窒素とリンの施肥速度は年間に収穫で失われる量よりも少ない．この損失は，貧しい国々における食料不足を継続させる要因の一つになる．肥沃度を減少させ長期間にわたって劣化の循環を駆動する，土壌養分資本の縮小によってのみ，この農業システムを維持することができる．一方で，多くの急速に発展している国々では，肥料利用と農業生産の両方を近年大きく増加させてきた．この変革はとくに中国で著しく，食料安全保障の確保のために政治的に誘導された肥料利用の増加が，作物生産を増加することに貢献している．多くの耕作地における養分添加は，アメリカや北ヨーロッパでの値をはるかに超え，窒素とリンの施肥はそれぞれ700および100 kg $ha^{-1}$ $yr^{-1}$（70および10 g $m^{-2}$ $yr^{-1}$）に近づいている．この施肥速度は，非常に高い生産力をもつ作物での要求さえもはるかに超えており，過剰な肥料の多くが環境へと流出していき，大気と水の質を劣化させている（Ju et al. 2009）．過去に一度，北西ヨーロッパの農業生産が同様な道をたどったことがある．第二次大戦後，各国家や欧州共同体における食料安全保障政策は，巨大かつ有害な集約的作物・動物生産システムを強力に増加させ，多くの場所を現在の中国でみられるのと同じような窒素とリンの過剰状態にしてしまった．しかし，1980年代からの国家および欧州連合での厳しい規制と政策が，徐々に養分過剰状態を抑えてきた．養分の出入りの平衡化に向けて，これらの多くのステップをふんできたにもかかわらず，北西ヨーロッパの農業由来の大気と水の汚染は，両方とも深刻なままである（Billen et al. 2007；Erisman et al. 2008）．

最貧国において，不適切な養分インプットによる人間社会へのコストはかなり大きいため，研究やこれらの養分不足に取り組む政策は，人類に顕著な恩恵をもたらす（Sanchez 2010）．一方で，多くの急速に発展している国々においては，肥料の過剰利用が人類と環境にかなり大きなコストをかけており，同じように重要な科学的課題となっている．中国においては，養分供給（肥料としてまたは他の養分インプットとして）が成長中の作物の要求に時間的・空間的に密接に合致している作物生産システムの開発について着目し，農業における生物地球化学的な研究が行われてきた．たとえば，Ju et al.（2009）はそのような営農慣行によって，生産量または穀物の質を損なうことなく，窒素肥料の添加を半分に減らすこと，つまり窒素の損失を50%以上減らすことが可能であることを実験的に示した．Matson et al.（1998）は，メキシコの集約的コムギ生産システムへの過剰な肥料使用に対して，同様の解決策を示した．このような状況においては，養分インプットを減らし，一方で生産を維持または増加させることが，農業的に，経済的に，そして環境的に有益である．

北アメリカとヨーロッパでの経験によれば，たとえ養分インプットを減らしたとしても，集約農業は相当な養分フラックスを風下と下流の生態系へもたらすだろう．これらの損失を減らすにはさらなる努力が必要である．たとえば，作物の要求に対してどこにいつ養分を供給するかを決める技術革新と，家畜の餌の改良，そして河畔植生帯の保護や再生（Cherry et al. 2008）といった耕作地からの養分損失を減らせる営農慣行が現在取り組まれている．また，農業の再デザイン（たとえば，作物システムに多年生植物を組み込む）に向けた大胆な努力も必要であろう．全体として，農業システムは，我々の養分循環に対する基礎的な理解を助ける研究にとっての肥沃な土壌であり，それはまた人類の福利と環境の質にも貢献することができる．

## 9.12 まとめ

養分が生態系へ入る経路には，（水系において）上流からの流入，岩石の風化，大気窒素の生物窒素固定，そして雨，風で運ばれる粒子，またはガスからの養分の沈着がある．人間の活動はそれらのインプット，とくに窒素と硫黄のインプットを，化石燃料燃焼，肥料添加，そして窒素固定作物の栽培によって大きく増加させてきた．炭素と異なり，植物の必須養分の内部循環は，年間の生態系内外のインプット・アウトプットよりもずっと大きく，比較的閉じた養分循環を作り出している．

植物の生産に必須な養分のほとんどは，枯死有機物を微生物が分解している間に元素が放出されることで利用可能となる．微生物の細胞外酵素は粒子状の枯死有機物の大きなポリマーを，可溶性有機物とイオンに分解して，微生物や植物の根が吸収することが可能な形態に変化させている．養分の純無機化は，微生物の成長を支える微生物による養分の不動化と，微生物の成長への要求量を超えた養分の分泌のバランスに依存している．窒素の無機化の最初の生産物は，アンモニウムである．アンモニウムを還元力の源として使う独立栄養の硝化菌か従属栄養硝化菌によって，アンモニウムは硝酸へ変換される可能性がある．植物と微生物の両方とも，成長が窒素制限であるときは，溶存有機態窒素，アンモニウムそして硝酸を，窒素源に応じて異なる割合で使う．（顕著な陰イオン交換能をもついくつかの熱帯土壌を除いて，主に土壌陽イオンとの）交換反応，土壌鉱物とのリン酸の沈殿，そして窒素の腐植への取り込みを通じて，土壌鉱物と有機物も植物と微生物への養分利用可能性に影響を与える．

溶液中元素の生態系からの溶脱，ガス放出，風または水侵食中の土壌粒子に吸着した養分の損失，そして収穫による物質除去を通じて，養分は生態系から失われていく．養分インプットとともに，人間の活動はしばしば陸域生態系からの養分損失を増加させる．

ほとんどの河川と渓流における生産性も，窒素とリンで共制限されている．リター分解で無機化されながら，ある一つの流程の中で養分はスパイラル状に（らせんを描きながら）下流へ移動していく．養分は，その時間の90%をそこに棲む渓流の生物の一部分として過ごし，ある場所で生物から放出され，続いて下流に棲む別の生物によって吸収されるまでの水平輸送距離の90%は溶存態で過ごす．

## 復習問題

1. 植生の年間窒素吸収を支える際に，大気インプットと枯死有機物の無機化の強度の相対的な割合はいくらか？
2. 地球は窒素ガスの風呂に浸かっていると例えることもできるが，なぜ窒素の利用可能性によってこれほど多くの生態系の生産性が制限されているのか？　生物的窒素固定とは何か？　どのような要因が，それが起こる時間と場所に影響を与えているのか？

3. 大気から陸域生態系へと窒素が移動するメカニズムは何か？
4. リターの窒素を無機態へと無機化する主な段階は何か？　どのような微生物プロセスがそれぞれの段階をとりもっているのか，それぞれの段階で何が生産されるのか？　これらのプロセスのうちどれが細胞外で，どれが細胞内で生じるのか？
5. 年間純窒素無機化速度の生態系間での違いを説明する生態学的要因は何か？　それらの要因は微生物活性にどのように影響するのか？
6. 土壌における窒素無機化と窒素不動化のバランスを決定するものは何か？
7. 土壌中の窒素の溶存有機態と溶存無機態について，植物と微生物による吸収のバランスを決定する要因は何か？
8. 土壌中の移動性はアンモニウムと硝酸でどのように異なるか？　それはなぜか？　そのことが植物の吸収や溶脱損失の受けやすさにどう影響を与えるのか？
9. 脱窒とはどのような現象か？　何がそれを制御しているのか？　生成されうるガスは何か，そしてそれらの大気中での役割は何か？
10. リンが生態系に入っていく主なメカニズムは何か？
11. 植物吸収へのリンの利用可能性を左右しているのはどのような要因か？　多くの熱帯土壌でなぜリンの利用可能性が低いのか？
12. 植物がリンを獲得する際になぜ菌根は重要なのか？
13. 陸域生態系からリンが失われる主な経路は何か？

## 参考文献


Andreae, M.O. and D.S. Schimel. 1989. *Exchange of Trace Gases between Terrestrial Ecosystems and the Atmosphere*. Wiley, New York.

Elser, J.J., M.E.S. Bracken, E. Cleland, D.S. Gruner, W.S. Harpole, et al. 2007. Global analysis of nitrogen and phosphorus limitation of primary producers in freshwater, marine and terrestrial ecosystems. *Ecology Letters* 10:1135–1142.

Fierer, N., A.S. Grandy, J. Six, and E.A. Paul. 2009. Searching for unifying principles in soil ecology. *Soil Biology and Biochemistry* 41:2249–2256.

Gruber, N. and J.N. Galloway. 2008. An Earth-system perspective of the global nitrogen cycle. *Nature* 451:293–296.

Howarth, R.W. (editor) 1996. *Nitrogen Cycling in the North Atlantic Ocean and its Watershed*. Kluwer, Dordrecht.

Mann, K.H. and J.R.N. Lazier. 2006. *Dynamics of Marine Ecosystems: Biological-Physical Interactions in the Oceans*. 3rd edition. Blackwell Publishing, Victoria, Australia.

Paul, E.A. and F.E. Clark. 1996. *Soil Microbiology and Biochemistry*. 2nd Edition Academic Press, San Diego.

Schlesinger, W.H. 1997. *Biogeochemistry. An Analysis of Global Change*. Academic Press.

Sterner, R.W., and J.J. Elser. 2002. *Ecological Stoichiometry: The Biology of Elements from Molecules to the Biosphere*. Princeton University Press, Princeton.

Tiessen, H. 1995. *Phosphorus in the Global Environment: Transfers, Cycles and Management*. John Wiley & Sons, Chichester.

Vitousek, P.M., J.D. Aber, R.W. Howarth, G.E. Likens, P.A. Matson, et al. 1997. Human alteration of the global nitrogen cycle: Sources and consequences. *Ecological Applications* 7:737–750.

Vitousek, P.M., R.L. Naylor, T. Crews, M.B. David, L.E. Drinkwater, et al. 2009. Agriculture: Nutrient imbalances in agricultural development. *Science* 324:1519–1520.

# 第10章 栄養動態

栄養動態は，生態系における生物間の炭素，栄養塩類，そしてエネルギーの移動を支配する．この章では，生態系のそのような栄養動態を制御するものについて説明する．

## 10.1 はじめに

動物は，陸域の純一次生産（NPP）のごく一部を消費するだけにもかかわらず，ほとんどの生態系においてエネルギーの流れや養分循環に多大な影響を与える．前章では植物と土壌微生物の関係を強調したが，それは，これらの生物が多くの陸域生態系内のエネルギー輸送の約95%に，直接的にかかわっているためである．植物は太陽エネルギーを利用し，$CO_2$を有機物に変換し，やがて老化し，死を迎え，そして直接土壌に入り，土壌中で細菌（バクテリア）や菌類によって分解される．同様に，ほとんどの栄養塩類においてもその生態系内での移動には，植物による吸収と，微生物分解による枯死有機物から土壌への放出が関係している．また，たいていの生態系では，一次生産と分解の推定における不確実性の量（＝誤差）は，植物から動物へと移動する全エネルギー量を超えてしまう．これはおそらく，多くの陸域生態系を対象とする生態学者が，古典的な物質生産や生物地球化学的循環に関する研究において，動物の存在を無視してきたことに起因する．これとは対照的に，水域生態学者は動物の存在を無視することはできない．その理由は，陸域生態系に比べて，水域生態系では炭素や栄養塩の移動の大部分を動物が占めるためである（図10.1；Cyr and Pace 1993)．おそらくこのために，水域生態系を研究する生態学者は，生態系の機能としての栄養塩動態の役割に関する理論確立に貢献してきたのだろう．

エネルギー制御や動物への栄養塩の移動にかかわる要因は，社会的に重要な意味をもつ．我々人間は，食物として動物が作り出す高タンパク質にかなり依存しており，人口増加と，肉類の消費がより多くなるような食生活への変化は，世界の食料供給にとって大きな脅威である．増加を続ける人類に対して効果的に食料を供給するためには，生態学的に実現可能な戦略を立てることが必要である．そのためには，植物バイオマスから人間を含む動物バイオマスへの変換効率を制御する生態学的な原理を，しっかりと理解しておくことが必要である．

## 10.2 焦 点

家畜の過剰な飼育，あるいは管理されていない系において肉食動物の除去によって生じ

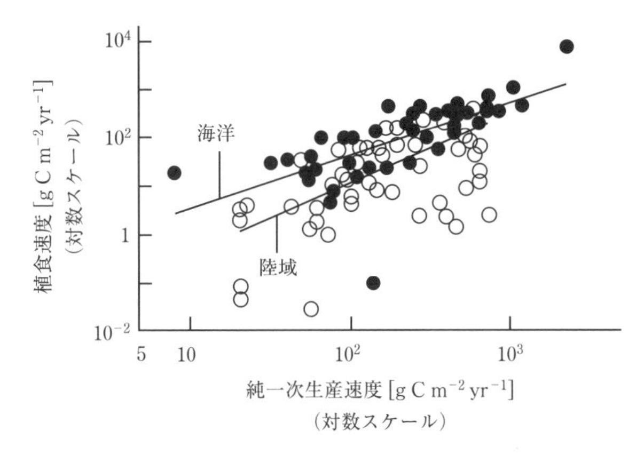


図 10.1　陸域生態系と海洋生態系における純一次生産速度と植食速度の関係の比較．Cyr and Pace (1993) より．

図 10.2（口絵 10）　集中的な植食は，嗜好性が高い植物の密度を減らし生態系の構造を変える．オーストラリアの放牧地ではウシの過剰な導入がサバンナを灌木草原に変えた．Ludwig and Tongway (1995)．写真は David Tongway 氏による．

**る植食動物による激しい被食は，食用可能な植物の多様性と量を減少させる．**世界の海洋の大部分からの巨大な捕食性魚類の捕獲，人類の居住と利用のために集約的に管理された地域からの肉食動物の除去，そして広範囲にわたる草原やサバンナで家畜放牧の維持といった行為は，我々人類が地球に及ぼす最も大きな影響の一つである（図 10.2（口絵 10））．なぜ，植食動物は一部の植物のみ多く食べるのだろうか？　植物，植食者，そして捕食者間の相互作用は，どのように生態系の構造と機能に影響を与えているのだろうか？　動物によって消費されたエネルギーや栄養塩はどうなるのだろうか？　人間によって消費される肉類と植物の割合の選択は，増加の一途をたどる人口に見合う食料の生産性にどのような影響を与えるのだろうか？　これらの問いに答えることは，社会が直面していて最も議論を引き起こすような生態学的な論点のいくつかに取り組むためのフレームワークとなる．

## 10.3　栄養動態とは

**エネルギーと栄養塩の移動は，生態系の階層的な栄養の構造を特徴づける．**ある生態系における生物間のエネルギーのやりとりを視覚化する最も単純な方法は，生態系内に入ってきたエネルギーが生態系から放出されるまでの行方をたどることである（Lindeman 1942）．**養分の移動**とは，生物や枯死有機物が別の生物に食べられるというプロセスとかかわっている．植物は**一次生産者**あるいは**独立栄養生物**とよばれる．その理由は，植物は，$CO_2$，水，そして太陽エネルギーをバイオマスに変換するからである（第5，6章参照）．また，従属栄養生物とは，生きた生物や枯死有機物を食べることによりエネルギーを得る生物のことをいう．従属栄養生物は，二つの主要な栄養動態の経路として機能している．一つは，生きた植物体をベースとするもの（**植物をベースとする栄養系**：生食連鎖）であり，もう一つは枯死有機物をベースにするもの（**デトリタスをベースとする栄養系**：腐食連鎖）である．後者は，通常，生態系内の動物を介するエネルギー移動の大部分を占めている．**消費者**は生きている生物を食べる．消費者には，植物を食べる**植食動物**，微生物を食べる**微生物食動物**，それに動物を食べる**肉食動物**がいる．**食物連鎖**は，一連の消費プロセスによって関連づけられる生物の群集を指す．たとえば，イネ科草本，バッタ，鳥類が一つの食物連鎖を形成する．これらの生物のうち，植物あるいはデトリタスから同数の変換段階を経てエネルギーを得る生物群は，同じ**栄養段階**に属する．したがって，植物ベースの栄養系（生食連鎖）において，植物は第1段階であり，植食動物は第2段階，一次肉食動物は第3段階，主に一次肉食動物を食べる二次肉食動物は第4段階の栄養段階といったように定義できる（Lindeman 1942；Odum 1959）．同様に，デトリタスベースの栄養系（腐食連鎖）では，細菌と菌類が枯死している土壌有機物を直接取り込み，そして破砕物を自身の生命活動の維持と成長のために吸収している．これらの**一次デトリタス食生物**は，デトリタスベースの栄養系の第1段階であり，植物ベースの栄養系と同じように，デトリタスベースの栄養系の一連の栄養段階の動物を支える食物となっている（図10.3）．

食物連鎖は，生態系の栄養動態を概念化する容易な方法であるが，1種類以上の食物を食べる多くの生物がいるために，全体として過度に単純化してしまう懸念がある．たとえば，人間は，さまざまな栄養段階のもの――植物（第1段階），ウシ（第2段階），魚（第3あるいはそれ以上の栄養段階），キノコ（デトリタス）――を食べている．また，その他の哺乳類や鳥類の多くも，植物ベースおよびデトリタスベースの昆虫や，その他の動物を消費している．それゆえ，全生態系においてみられる実際のエネルギー変換は，複雑な**食物網**になっている（図10.3）．生態系における各動物の食物に対する各栄養段階の貢献度を把握するだけで，これらの食物網を通じたエネルギー変換を明らかにすることが可能で

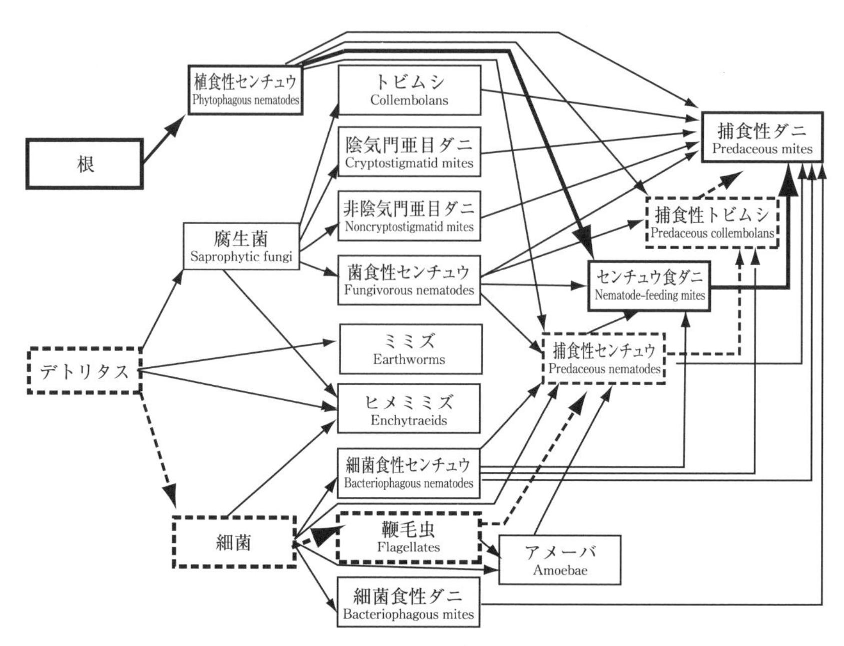


図 10.3　ある草原の食物網の地下部分におけるエネルギーの流れの模式図．食物網は多くの相互連結する食物連鎖からなる．植物ベースの食物連鎖の代表例を太い実線で，デトリタスベースの食物連鎖の代表例を太い破線で，それぞれ示している．Hunt et al. (1987) を改変．

ある．多くの生態系でその食物網が部分的に調べられているが（Pimm 1984），食物網を通じたエネルギーの流れの定量的なパターンはよくわかっていないことが多く，とくにデトリタスベースの食物網についてはほとんどわかっていない．

食物はエネルギー以外の多くのものから成り立っている．実際に，動物はしばしば消化しやすいエネルギーと同様に，タンパク質の量に基づいて食物を選択しており，その理由は動物は植物よりもより多くの窒素を必要とするからである（動物組織の窒素含量：7〜14%に対して，植物組織の窒素含量は0.5〜 4 %：Ayres 1993；Pastor et al. 2006；Barboza et al. 2009）．また，リン濃度も一般的に，動物のほうが植物よりも高いために，窒素あるいはリンのどちらかが，動物の生産の制限になることがある（Sterner and Elser 2002）．動物による植食は，植物が作り出す有毒物質や消化しにくくする防御物質の濃度の影響も強く受けている．これらの濃度は食物としての質に関する正負の決定要因であり，栄養変換の時間的・空間的パターンに多大な影響を与えている．

食物網を介したエネルギーと栄養塩の流れの制御は複雑であり，生態系によってかなり異なる．しかし，その制御可能な範囲については，二つの理論的パターンによってまとめることができる．

(1) **ボトムアップ制御**：食物連鎖の底辺にある食物の利用可能性が，より上位の栄養段階の生産を制御すること．この場合，食物の量と窒素，リンあるいは，防御物質濃度を含む食物の質が，上位の動物によって食べられる量も，さらに動物の生産も決定づける．

(2) **トップダウン制御**：被食者の量を制限する捕食者が食物網を制御すること．

多くの栄養系がボトムアップ制御とトップダウン制御が混ざった状態であり，それらの制御の程度は時間的・空間的に変化する（Polis 1999；Allison 2006）．たとえば，外洋生態系では，栄養塩類，光，そして温度が，生産量の地理的・季節的変化の主要因である（ボトムアップ制御）．しかし，ひとたび植物プランクトンの大発生が始まると，動物プランクトンも急速に成長，再生産し，植物プランクトンのバイオマスは減少する（トップダウン制御）．

エネルギーと栄養塩の変換は，生態系機能に重大な影響を及ぼす．これらは植物バイオマスを変化させるので，植物が介する水やエネルギーそして養分循環などのすべての生態系プロセスが変化する．また，植物とデトリタスの消費も環境中への栄養塩の回帰を加速させるが，植食動物が養分循環に及ぼす効果の程度は，初期の栄養塩の利用可能性に依存する（Pastor et al. 2006）．

## 10.4　生態系の中のエネルギーの流れの制御

### ■ボトムアップ制御

**ボトムアップ制御では，植物による一次生産が，植物およびデトリタスをベースとする食物網を通したエネルギーの流れの上限と位置づけられる．** 植物ベースの食物網において動物によって消費されるエネルギーは，一般的に植物の一次生産を通じて生態系に入ってくるエネルギー量を超えることはない．これは，ある生態系が支えうる動物の生産量に関する重要な制限を意味する．すべての陸域生態系を比較すると，植食動物のバイオマスと生産量は，植物の一次生産量の増加とともに増加する傾向がみられる（図 10.4）．一次生産量と植食動物のバイオマスの関係は，同様のタイプの生態系間に限るとより明らかである．たとえば，アルゼンチンの草原において，植食性哺乳類のバイオマスは，管理の有無にかかわらず，水分の利用可能性の傾度に沿って植物の地上部バイオマス生産量とともに増加する（図 10.5；Osterheld et al. 1992）．たとえば，アフリカ大陸のセレンゲティ（Serengeti）草原では，有蹄動物の巨大な群れは，より生産性の高い草原で食物を得る（Sinclair 1979；McNaughton 1985）．同様に，一般的に生産性の高い森林は，生産性の低い森林に比べて昆虫による食害がより多い．森林の生産性を上げるために施肥すると，植食動物による被食量が増加することが多い（Niemelä et al. 2001）．

世界の巨大な漁業は，一次生産と動物生産の間にある強い関係に依存しており，その傾向はとくに，植物プランクトン，動物プランクトン，そして魚類の高い生産性を支える栄養塩が豊富な湧昇流が生じる沿岸域において顕著である（第 6 章参照）．その逆に，栄養塩が豊富な底層水と切り離された熱帯の中央海洋旋廻や，更新世の氷河によって何度も侵食されているカナダ楯状地の**貧栄養**な湖では，一次生産性はとても低い．

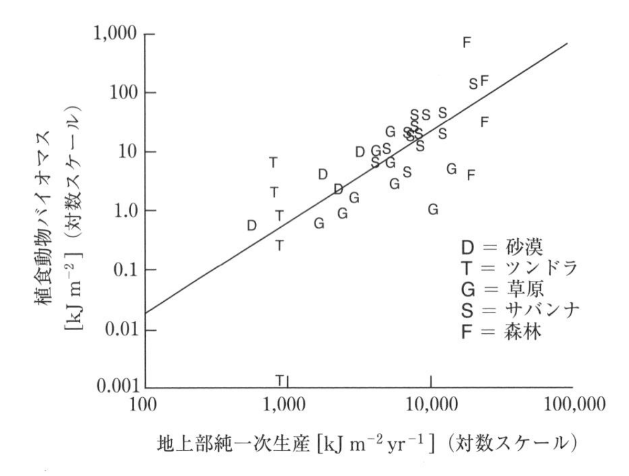


**図 10.4**　地上部純一次生産と植食動物バイオマスの相関（両対数グラフ）．無水無灰基準のバイオマス 1 g あたりのエネルギー等量を 20 kJ としている．さまざまな生態系における植食動物のバイオマスおよび生産量は，地上部 NPP と正の相関がみられる．McNaughton et al. (1989) より．

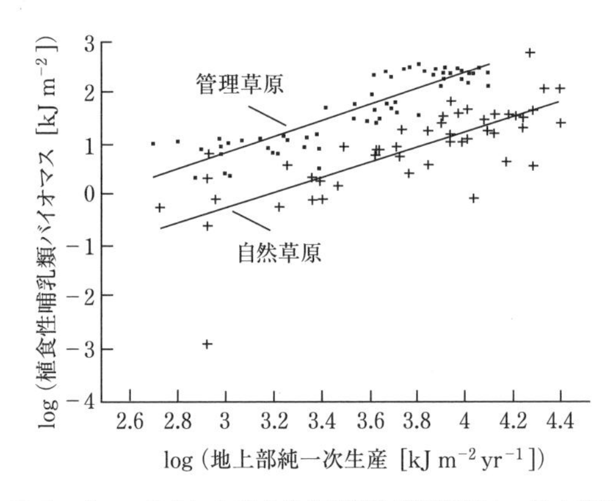


**図 10.5**　南アフリカにおける自然草原と管理草原の，地上部純一次生産と植食性哺乳類のバイオマスの相関（両対数グラフ）．地上部 NPP に対する管理草原の植食動物バイオマスは，自然草原の植食動物バイオマスよりも 10 倍以上大きい．これは，草原管理者が植食動物の捕食者，寄生生物，疾病を制御したり，水や無機物などを適宜供給したりするからである．管理草原と非管理草原の間の植食動物バイオマスの違いは，NPP のみが動物生産の唯一の制限要因ではないことを示唆している．Osterheld et al. (1992) より．

系外からの**補助供給**（subsidy）が，一次生産（NPP）が支えるその上位段階の動物による二次生産を補うこともある．たとえば，たいていの森林を流れる渓流のエネルギー源を考えた場合，陸上のリターの存在がある．**自地性生産**（autochthonous production, 渓流生態系の例でいうと系内での一次生産）に合流するような**異地性流入**（allochthonous input, 渓流生態系以外からのエネルギー流入ということ）は，水域の食物網を支えるエネルギーとなっている（第7章参照）．より細かいスケールで見ると，渓流内の濾過摂食性の無脊椎動物は，上流の淀み部分における藻類の生産物を利用して多くのエネルギーを得ている（Finlay et al. 2002）．海洋，河川，湖沼などに近い陸域における食物網は，水域から陸域へのエネルギー流入（たとえば，鳥類やクマが魚を捕らえたり，あるいはクモが海由来のデトリタスを捕らえたりするときなど）によって支えられている（Polis and Hurd 1996；Milner et al. 2007）．集約的な農業生産は，人の手による栄養塩，水，そして化石燃料の投入によって強く支えられている（Schlesinger 2000）．

**植食性のバイオーム間の違いは，NPP，養分収支，そして植物自身の構造的・化学的防御への分配を反映している**．生態系タイプ間の植食性における最も顕著な違いは，植物自身の身体を支える物理的な構造への分配からもたらされる．湖沼，海洋，そして多くの河川では，植物プランクトンが優占する．その植物プランクトンは，自ら作り出すエネルギーの大部分を構造的な部分ではなく，細胞質に分配している．たいていの植物プランクトンは，動物プランクトンによって容易に分解される．つまり，動物は，植物が作り出す一次生産の大部分を食べ，そして動物プランクトン自身のバイオマスに変換している．植物プランクトンの間でも違いがあり，緑色植物（無毛の緑藻）は概して，珪藻，渦鞭毛藻，黄金色藻などの防御的な外皮をもつ植物プランクトンよりも，すぐに分解される．その真逆の例として，森林の場合は，一次生産のうちかなりの部分をセルロースやリグニン含量の高い木質組織の多くもつために，動物によって容易に分解されない．しかし，ウシのような反芻動物，ウサギのような盲腸食，そしてシロアリのような昆虫は，微生物を腸内に共生させており，セルロースを分解することができる．これらの動物は，それらの微生物による細胞壁の分解によって放出されるエネルギーのうち，いくらかを取り込んでいる．結果的に，構造に植物バイオマスの多くを分配する森林では，動物によって消費されるNPPはごく一部になる（Barboza et al. 2009；Craine 2009）．

陸域生態系の中で，植食動物によって消費される植物バイオマス量には，約1,000倍もの違いがみられる（McNaughton et al. 1989）．植食動物は，ツンドラのようにきわめて生産性の低い生態系では，単位土地面積あたりの消費バイオマスはほとんどない（図10.6(a)）．しかし，植食動物によって消費されるエネルギーは，バイオーム内，そしてバイオーム間で著しく異なる．植食動物による消費量は，全地上部のNPPよりも（図10.6(a)），葉のような可食部分の生産量とより強い相関がある（図10.6(b)）．実際に，多くの植物が作り出すリグニンなどの木質の支持構造物は，植食動物による消費とはほとんど関係がないためである．

**植物による化学的および物理的防御も，植食動物によって変換されるエネルギーの割合を減少させる**．食物の利用可能性よりむしろ捕食が，植食動物の量を制限しているに違いないということが長く議論されている．実際に，この世界は，動物によって食べ尽くされることがない植物によって覆われているからである（Hairston et al. 1960）．しかし，すべ

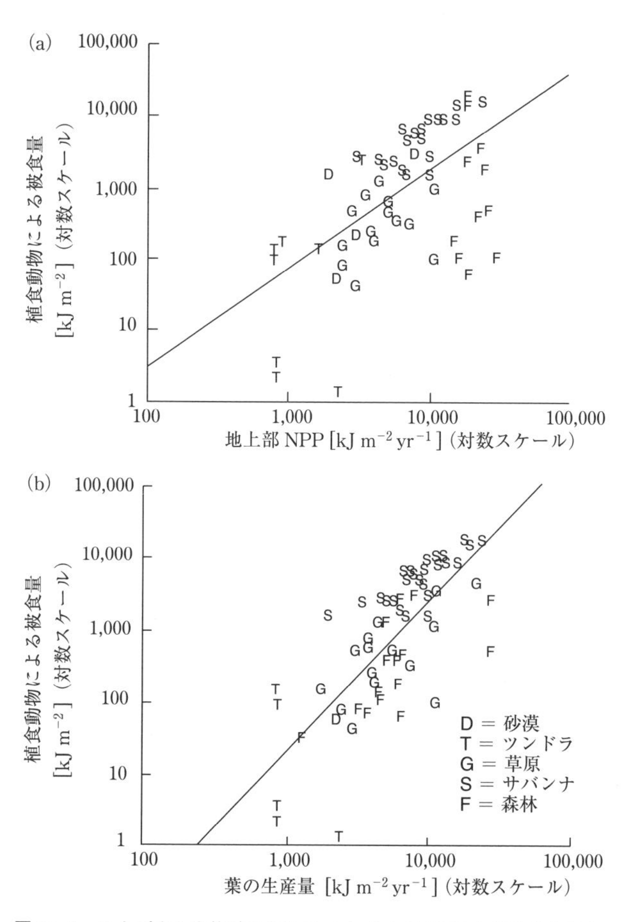


**図 10.6**　さまざまな生態系における（a）地上部 NPP と植食動物による被食量の相関，および（b）葉の生産量と植食動物による被食量の相関（それぞれ両対数グラフ）．無水無灰基準のバイオマス 1 g あたりのエネルギー等量を 20 kJ としている．植食動物による消費は，地上部 NPP のうちかなりの部分が植食動物の食物には適さない部分であるため，地上部全体の生産量（NPP）よりも，葉の生産量と密接な相関がみられる．McNaughton et al.（1989）より．

ての緑色バイオマスが，食物に適するほど消化しやすいわけではない．たとえば，反芻動物や昆虫は，自身を成長させるには少なくとも窒素濃度が 1 %以上の植物バイオマスが必要であるし，もっと高い窒素濃度の植物バイオマスを必要とする動物さえいる（Craine 2009）．貧栄養状態の生育環境では，植物は窒素やリンの濃度が低いことに加えて，化学的防御物質の濃度が高い（Bryant and Kuropat 1980；Pastor et al. 2006）．たとえば，アフリカ大陸では，肥沃な草原ではそうでない草原に比べて，植食動物の多様性と生産力が高い．同様の傾向は熱帯の森林でも確認することができ，そこでは肥沃な土壌に比べてそうでない土壌では，化学的防御物質の濃度が高く，植食性昆虫による食害が低い（McKey et al. 1978）．植物の防御物質への分配は，次の三つの要素，(1) 遺伝的要素，(2) 植物が育つ環境，(3) 分配の季節的パターン，によって制御されている．

(1) 生態系間の植物による防御の違いは，生態系を構成する種組成によってほぼ決まっている．陸域および水域の種では，植物が作り出す防御物質の種類と量が大きく異なる．貧栄養状態に適応してきた陸上植物と海洋の大型海草は，概して**炭素を主とする防御物質**（例：窒素をほぼ含まないタンニン，樹脂，揮発性油などの有機物，第6章参照）の濃度が高い長寿命の組織を作り出している．これらの組織があると，たいていの植食動物は食べるのをためらう（Coley et al. 1985；Hay and Fenical 1988）．植食動物によって食べられる組織の割合は約1～10％で，これは年間の再生産への分配率とほぼ似通った値であり（その分配率とは，ほぼ植物の適応度を決定づけるものといえる），植食動物に対する化学的防御への自然選択は非常に強いことを示唆している．たとえば，ある種の遺伝子型で比較すると，防御物質への分配が多い個体群の成長は遅くなり（図10.7），このことは，防御と成長への分配の間にトレードオフがあることを示唆している（Coley 1986）．窒素濃度が高い環境下の植物種，とくに窒素固定菌と共生している植物は，しばしば**窒素を主とする防御物質**（たとえばアルカロイドのような窒素を多く含む有機物質）を生成し，それらはジェネラリスト植食動物に対して，比較的少量でも強い毒性をもつ．窒素を主とする防御物質は，たとえば陸域のマメ科や淡水のシアノバクテリアでよく発達している．その他のタイプの防御物質として，硫黄を含む防御物質，セレンやシリカの蓄積，あるいはトゲのような物理的な防御がある（Boyd 2004）．植物にとって非常に重要であり，かつ全体量に対してごく一部となるような生殖にかかわる組織は，しばしば窒素あるいは硫黄を主とする毒性物質によって防御されている（Zangerl and Berenbaum 2006）．

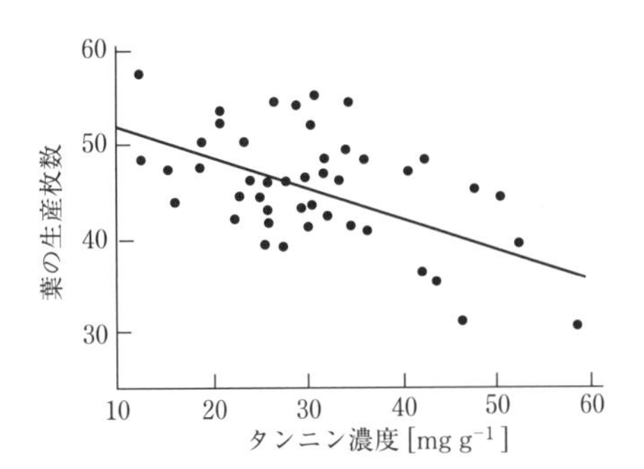


図10.7 熱帯樹木ヤツデグワ（*Cecropia peltata*）の葉生産速度（成長速度の一つの指標）とその葉に含まれるタンニンの含有濃度の関係．このグラフは，成長速度と防御への投資の間に負の相関があることを示している．Coley (1986) より．

(2) 肥沃な土地で生育する場合に比べてそうでない土地で生育させると，いかなる植物も嗜好性が低く（まずく）なる．それは，タンパク質含量がより低くなり，かつ炭素を主とした防御物質の割合がより高くなるためである（Ayres 1993）．利用可能な栄養塩が少ない状況では，炭素が蓄積しがちなために，植物の成長は光合成速度よりも強い制限を受けている（第6章参照，Bryant et al. 1983）．このような状況では，化学防御物質への炭素の分配は，成長速度に対して若干の負の効果をもたらすかもしれない．

(3) それぞれの環境において，植物は状況が良い場合には組織分化への分配を行い，状況が悪い場合には防御へ分配するように，分配先を防御メカニズムと成長の間で季節的に変化させる（Lorio 1986；Herms and Mattson 1992）．新しく開く葉，とくにそれが急速に拡大する葉の場合，ほとんど防御しないのでとくに植食動物に食害されやすい（Kursar and Coley 2003）．

植物による防御への分配の変動に対する最初の二つの要因，つまり（1）遺伝的要素と（2）環境要因は，肥沃な土地で育つ植物の防御のレベルを高くする．植物による防御には，直接的に毒となるものか，あるいは植食動物が利用できる資源の利用可能性を減少させるようなものがある（Barboza et al. 2009）．たとえば，タンパク質と結合するタンニンは，植食動物の窒素利用可能性を減少させるし，アルカロイドは神経毒として作用し，また，トゲは哺乳類による被食速度を遅くさせる．

**窒素，リン，そして消化しやすいエネルギーのバランスが，動物による二次生産を支える資源の効率に影響を与える**（Sterner and Elser 2002）．生命を失った物質の炭素/窒素/リン比は幅広い．しかし，生きている生物はすべて細胞内の生化学プロセスが似通っているために，その原形質はこれらの比の制限を強く受ける（Reiners 1986；Sterner and Elser 2002）．概して，植物，動物問わずリンの濃度は，窒素の濃度よりも変動が激しい．ちょうど，植物（第8章参照）と微生物（第9章参照）において観察されたように，動物による二次生産は，彼らにとっての食物中の窒素，リン，消化しやすいエネルギーなどの資源の制限を受けており，動物が最も制限となる要素を選択的に取り込むことによって，窒素循環とリン循環の結びつきを強固にしている．たとえば，動物は低窒素含量の食物から選択的に窒素を集めて腸での吸収率を上げたり，あるいは取り込んだ窒素の排出率を抑えたりすることで，窒素を効率良く取り込むようにしている．同様に，動物は低リン含量の食物からリンを非常に効率良く取り込むようにしている．それほど制限要因にならない元素は，食物から，効果的に取り込まないだけでなく，積極的に体外へ排出するようにしている．これ以前の章と本章においても再び述べるように，このような**化学量論的な関係**（元素の比）は，全生態系においてそれらの物質循環を決める主因となっている（Sterner and Elser 2002）．

## ■トップダウン制御

**捕食者による消費は，その食物網の中でつながりをもっていた複数の生物の量をしば**

**しば変える**（**栄養カスケード**；Pace et al. 1999）．たとえば，ある捕食者はその獲物の密度を減少させるが，そのことにより獲物の獲物に働いていた消費者制御が解放されるかもしれない（Carpenter et al. 1985；Pace et al. 1999；Beschta and Ripple 2009；Schmitz 2009）．栄養カスケードは，栄養段階間の生物量（バイオマス）の変化を引き起こす（Power 1990）．たとえば，たいていの渓流で，藻類のみが存在する場合には，藻類は栄養塩類が枯渇するまで成長し，一面が「緑」に覆われる（図 10.8（口絵 11））．次に，二つの栄養段階（植物と植食動物）が存在すると，その植食動物が植物バイオマスを激減するまで食べることで緑がない部分がまばらに生じ，成長の速い藻類が出現する．さらに栄養段階が三つに増えた場合，第 2 段階のバイオマスが減少し，植食動物による被食圧が減少し，再び藻類はバイオマスを増やすことができる．藻類バイオマスは，一般的に栄養段階が偶数個存在するときに抑えられる．一方，栄養カスケードの中で奇数番目の栄養段階は植食動物のバイオマスを抑制し，そして藻類への被食圧が減少することで「緑が豊かな」世界を生み出す（Fretwell 1977）．

栄養カスケードは，外洋から熱帯多雨林，そして微生物の食物網に至るまで幅広い生態系で確認されている（Pace et al. 1999；Schmitz et al. 2000；Borer et al. 2005；Beschta and Ripple 2009）．一般的に，栄養カスケードは各種間の強固な相互作用から生じており，それゆえ生態系全体よりも種レベルで，より明らかに確認されている（Paine 1980；Polis 1999）．また，栄養カスケードは種特異的であるが，生態系レベルにおいても単一種が一つの栄養段階を優占すると，その栄養カスケードが明瞭になる．たとえば，湖において動物プランクトンのミジンコ（*Daphnia*）が植食動物として優占し，小魚を食べる魚が肉食動物として優占する場合などである（Polis 1999）．同様に，北アメリカ西部におけるオオ

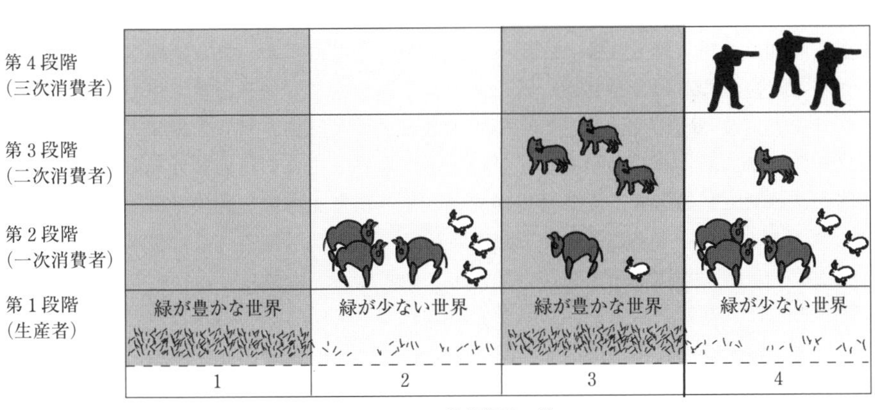


**図 10.8（口絵 11）**　栄養カスケードを操作したさまざまなケースにおける，一次生産者バイオマスへの食物連鎖の長さの影響．栄養段階の数が奇数のもの（1，3，5 など）は，植食動物バイオマスが小さいので植物バイオマスが大きい．栄養段階の数が偶数のもの（2，4，6 など）は，植食動物バイオマスが大きいために植物バイオマスは小さい．

カミの除去は，エルク（elk）を含む有蹄類（ungulates）の爆発的な増加を引き起こし，それら有蹄類は食物（植物）を食べ尽くした．そして，オオカミの再導入は，有蹄類が捕食とそのリスクの高い地域から逃避することで生息数が減るという，逆の効果をもたらした（Frank 2008；Beschta and Ripple 2009）．

淡水域の富栄養化は，競争に強い種の優占をもたらし，結果的に栄養カスケードが顕著になりやすい（Pace et al. 1999）．つまり，栄養カスケードは，起こっている現象を推論するうえで重要であるといえる．たとえば，小魚食の魚の導入は，動物プランクトンの個体数を上昇させ，それによる藻類のブルームの抑制は水質の改善をもたらす．さらに，植食性の無脊椎動物から恒温脊椎動物までを含む栄養カスケードは，とくに強固なものである（Schmitz et al. 2000；Borer et al. 2005）．種の導入や除去がもたらす栄養段階の動態の変化の際には，意図していなかった種間相互作用が重要になることもある（Kitchell 1992）．それゆえ，適切な管理を見出すための栄養カスケードの人為操作は，関連する種の生態とそれらがかかわる相互作用系の，高度な理解と十分な試行が必要である．

## 10.5　養分循環に対する栄養段階の影響

**植食動物は，生産性の高い生態系の生産力をさらに高める一方で，生産性の低い生態系の生産力をより低いものにする**（Frank 2006；Pastor et al. 2006）．貧栄養な環境において防御メカニズムが発達した植物が優占すると，生態系内の植食動物の出現頻度が減少傾向になる．これは，実際に植食動物は，景観内で嗜好性が低い（おいしくない）パッチを選択しないようになるからである（第13章参照；Frank 2006）．これらの環境において植食動物は，窒素やリンを効率良く保持し，再利用している．それゆえ，彼らの排泄物中の栄養塩濃度は非常に低く（Barboza et al. 2009），土壌微生物による栄養塩の再固定が促進されるようになる．植食動物が，防御メカニズムをあまり発達させていない植物を好んで食べるようになることで間接的に環境中の養分循環を減少させ，その結果として，栄養塩濃度が低くかつ防御物質の含有量が多いリターを作るような防御メカニズムを発達させた植物が，相対的に増加する．多くの植物種が生み出す土壌微生物に対する毒性は，分解速度を低下させ（第7章参照），貧栄養な環境での土壌肥沃度をさらに減少させる（図10.9；Pastor et al. 1988；Northup et al. 1995；Pastor et al. 2006）．

植食動物は，植物が生産的でかつ植食動物にとって嗜好性が高い（おいしい）肥沃な環境で，より多く存在する．彼らが食べることによって，植物バイオマスのターンオーバーと，動物の糞尿から土壌への栄養塩の回帰速度が上昇する．これによって，有機物分解と窒素無機化が速くなり，さらに植物による生産も増加する（Ruess and McNaughton 1987；Frank 2006；Pastor et al. 2006）．植物側の窒素濃度が約1.5％の状態を境として，植食動物が養分循環を抑制するような貧栄養な状態と，養分循環を促進するような肥沃な状態が区分される（Pastor et al. 2006）．

肥沃な環境下の植物は，しばしば被食に対してうまく適応している．肥沃な草原では，

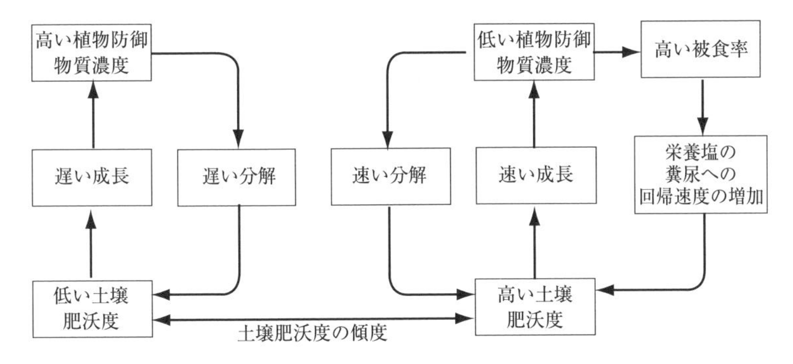


**図 10.9**　被食と植物防御によるフィードバックが拡大するサイト間の土壌肥沃度の違い．貧栄養な土壌では，植食動物による被食が植物の防御を大きくし，その結果，リターの質，分解速度，および栄養塩供給速度の低下をもたらす．肥沃な土壌では，植食動物による被食によって，利用可能な栄養塩の土壌への回帰が促進される．Chapin (1991b) に基づく．

まったく食害がない状況よりも，それなりに食害があるほうが生産性は高い（McNaughton 1979；Milchunas and Lauenroth 1993；Hobbs 1996）．しかし，人工管理下にある生態系における食害は，管理下にない自然状態での食害よりも大きくなる（図 10.2（口絵 10）；図 10.5）．実際に，人間が単位面積あたりの家畜数と植食動物の捕食者を制御するからである．自然状態，管理状態にかかわらず食害が大きすぎると，植物の生産力と植被率を減少させ，土壌侵食が増加し，その結果，土壌の肥沃度と生態系の生産力の低下をもたらす (Milchunas and Lauenroth 1993).

## 10.6　生態学的な効率

### ■ 栄養効率とエネルギーの流れ

**栄養段階の移動にともなうエネルギー損失は，上位の栄養段階の生産力の制限要因となる．**ある栄養段階で生産されるバイオマスのすべてが，次の栄養段階で消費され尽くすわけではない．さらに，消費されたバイオマスのごく一部が消化・同化され，さらに同化されたエネルギーのごく一部が，動物による二次生産のごく一部に変換される（図 10.10）．結果的に，一つの栄養段階の食物として利用可能なエネルギーのごく一部（1～25％以下）が，食物連鎖としてつながる次の栄養段階の生産量に変換される．いかなる植物ベースの栄養系においても，植物が最大のエネルギーを保有しており，植食動物，一次肉食動物，二次肉食動物などによって少しずつ利用されている．このことによって，必然的に**エネルギーピラミッド**が形成されている（図 10.11；Elton 1927）．このエネルギーピラミッドでは，各栄養段階での生産量（$Prod_n$）は，その直前（下位）の栄養段階の生産量（$Prod_{n-1}$）と，消費者にとっての餌（$Prod_{n-1}$）の中で消費者の生産量（$Prod_n$）に変換されるものの割合で表される**栄養効率**（$E_{\mathrm{troph}}$）に依存する（式（10.1））．

$$分解効率\ E_{\mathrm{consump}} = \frac{I_n}{Prod_{n-1}}$$

$$同化効率\ E_{\mathrm{assim}} = \frac{A_n}{I_n}$$

$$生産効率\ E_{\mathrm{prod}} = \frac{Prod_n}{A_n}$$

$$栄養効率\ E_{\mathrm{troph}} = E_{\mathrm{consump}} \times E_{\mathrm{assim}} \times E_{\mathrm{prod}} = \frac{Prod_n}{Prod_{n-1}}$$

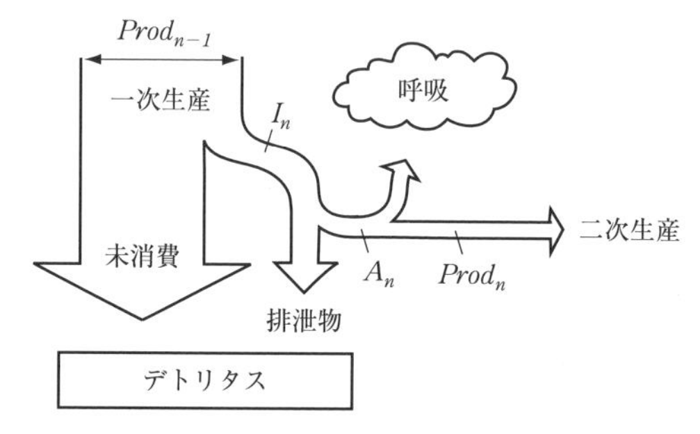


**図 10.10**　栄養効率の概要．栄養効率は，分解効率，同化効率，生産効率の積で表すことができる．生産効率は，動物によって消化された純一次生産の一部分（$I_n$）である．同化効率は，$I_n$ の一部で，動物の血流へと同化（$A_n$）されたものの割合である．生産効率は，同化されたエネルギー（$A_n$）のうち，実際に動物の生産量（$Prod_n$）として変換されたものの割合である．一次生産の多くは動物によって消費されずに，デトリタスとして直接土壌へ入っていく．植食動物によって消費された植物の大部分が，排泄物として土壌有機物へと変換される．動物によって同化されたものの大部分は，成長や維持（呼吸）に必要なエネルギーとなり，さらに新たな動物バイオマス（二次生産）へと変換される．

$$Prod_n = Prod_{n-1} \times E_{\mathrm{troph}} = Prod_{n-1} \times \frac{Prod_n}{Prod_{n-1}} \tag{10.1}$$

ある食物連鎖における栄養効率は，図 10.10 に示すように三つの生態学的な栄養効率，分解効率（$E_{\mathrm{consump}}$），同化効率（$E_{\mathrm{assim}}$），生産効率（$E_{\mathrm{prod}}$）に分けて表すことが可能である（Lindeman 1942；Odum 1959；Kozlovsky 1968）．

$$E_{\mathrm{troph}} = E_{\mathrm{consump}} \times E_{\mathrm{assim}} \times E_{\mathrm{prod}} \tag{10.2}$$

陸域生態系において，栄養段階間でのバイオマス分布は，構造的に類似している**バイオマスピラミッド**によって表すことができる．このバイオマスピラミッドでは，バイオマスが最大になる一次生産者の上に，徐々にバイオマスが少ない高次の栄養段階が来るような形になっている（図 10.11）．このようなピラミッドになるのには，少なくとも二つの理由がある．一つは，すでに述べたように各栄養段階において，利用可能なエネルギーが少な

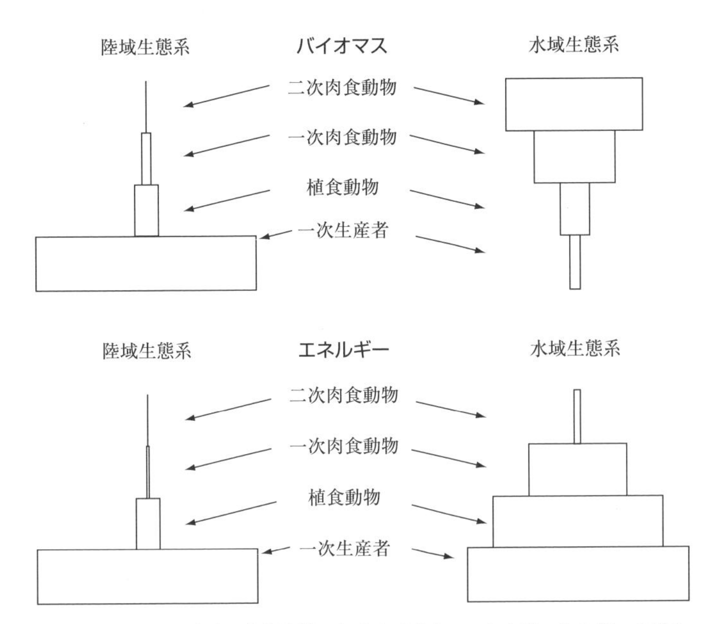


**図 10.11**　陸域と水域の食物連鎖におけるバイオマスおよびエネルギーのピラミッド．それぞれの四角形の幅は，そこに含まれるバイオマスあるいはエネルギーの相対量を示している．エネルギーは次の栄養段階に移行する際に必ず失われるので，陸域と水域の食物連鎖でエネルギーのピラミッド構造は似ている．バイオマスのピラミッドは，陸域と水域の食物連鎖で異なる．その理由は，水域生態系では植物バイオマス（植物プランクトン）の大部分が食べられる一方，陸域ではそうではないからである．

くなるからである．もう一つは，たいていの陸域生態系においては，バイオマスのかなりの部分を植物の構造組織と防御物質へ分配することによって，植物生産量のうち二次生産量に変換される部分が小さくなるからである．連続する栄養段階へのバイオマス減少は，森林ではよくみられる現象である．森林で優占する樹木は長い寿命をもち，それらのバイオマスの大部分は，地上に生息する植食動物にとって利用できないか，おいしくないものである．バイオマスピラミッドは，木質部分への分配が少ない草本が優占する草原では明確にみられず，植食動物やより高次の栄養段階のバイオマスも比較的大きい傾向がある．

陸域生態系とは対照的に，淡水あるいは外洋生態系では，一次生産者のバイオマスがより高次の栄養段階のバイオマスよりも小さいことがあり，その結果，通常とは上下が異なる**逆転バイオマスピラミッド**（inverted biomass pyramid）が形成される（図 10.11 右上図）．陸域と外洋生態系におけるこのような栄養段階構造の違いは，栄養段階間のバイオマスの相対的なターンオーバーの違いを反映している．水域生態系において，植物プランクトンは自身の身体を構成する構造組織が少ないために，陸域生態系の植物よりも食用に適している（おいしい，嗜好性が高い）．それゆえ，植物プランクトンはすぐに消費されてこれらのバイオマスは系内に蓄積しない．魚類のターンオーバーは，植物プランクトンよ

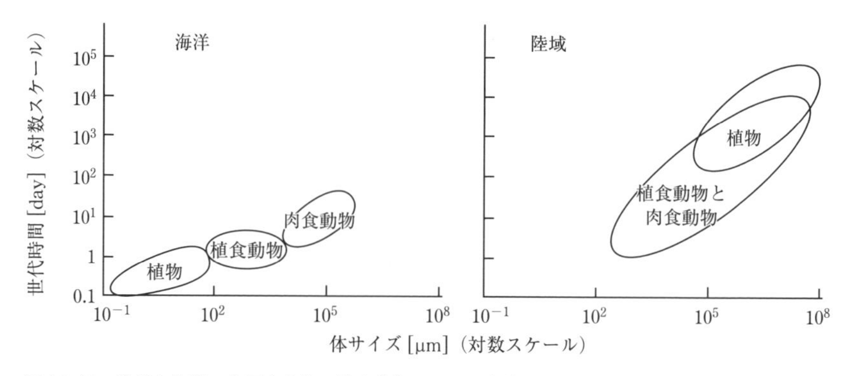


**図 10.12**　陸域と海洋の主要な植物，植食動物，および肉食動物の体サイズと世代時間（一世代の寿命）の関係．海洋では，優占する植物はピコ，およびナノプランクトンであり，それらを食べる植食動物よりも一般的に小さい．一方，陸域では，優占する植物はしばしば植食動物と同程度かあるいは大きい．Steele (1991) より．

りも遅いために，より大きなバイオマスとして系内に蓄積することになる．まとめると，陸域生態系は，巨大かつ長寿命の植物が優占するために，植物バイオマスが大きくなり，高次の栄養段階のバイオマスが相対的に小さくなる．対照的に水域生態系は，高次の栄養段階よりも小さくかつ寿命も短い再生産速度の速い植物プランクトンによって特徴づけられている（図 10.12）．

栄養段階間のバイオマス分布にかかわらず，基になる栄養段階を通過するエネルギーフローのほうが，より高次な栄養段階よりも必ず大きい必要がある．これがいわゆる**エネルギーピラミッド**であり，栄養段階間の根本的なエネルギー関係を示している．実際に，エネルギーは栄養段階間で必ず失われるために，連続する栄養段階を通じて利用可能なエネルギーは減少していくことになるからである．窒素とリンに関しての栄養効率は，後ほど議論する．

## ■ 消費効率

**消費効率は，第一に食物の質によって，第二に捕食によって決まる．**消費効率（$E_{\text{consump}}$）は，ある栄養段階の生産量（$Prod_{n-1}$）のうち，次（下位）の栄養段階によって消化されるものの割合を指す（$I_n$；図 10.10）．

$$E_{\text{consump}} = \frac{I_n}{Prod_{n-1}} \tag{10.3}$$

消費されない物質がしばしば枯死有機物として，デトリタスベースの食物網に取り込まれる．平均して，ある栄養段階で消費される食物の質は，その後に続く栄養段階によって生産されるものよりも低くなくてはならず，そうでない場合，捕食者は絶滅しかねない．しかし，ある栄養段階による消費量が，その後に続く栄養段階による消費量を超える期間もときどきみられる．たとえば，植食性脊椎動物は，植物による生産がない冬季の間に植物を消費する．しかし，この消費は植物の生産量が動物による消費量を上回るその他の期間によって相殺される．消費効率が100%を超える状況が長く続いた場合，生態系が大きく変わることになる（図10.2（口絵10））．たとえば，もし捕食者を制御したためにシカの個体群が増加し，植物が生産する生産量を超える消費があったとすると，植物のバイオマスが減少し種組成も変化することで，生態系のすべてのプロセスが多大な影響を受けるであろう（第12章参照；Pastor et al. 1988；Kielland and Bryant 1998；Paine 2000）．同様に，昆虫の突発的な大量発生は，その昆虫が利用する植物の生産性とバイオマスを顕著に減少させるであろう（Allen et al. 2006；Raffa et al. 2008）．栄養段階間の不均一は自然状況下でもときどき生じる．ビーバー（beaver）のような植食動物のいくつかは，自分達の餌資源をときどき過剰に消費し，それが枯渇したら新天地に移動する．カンジキウサギ（snow-shoe hare）やレミング（lemming）の個体群サイクルのように，植食動物の量の変動は，トップダウン制御とボトムアップ制御の間のバランスを改変しうる．

植食動物によって消費される地上部NPPの割合は，主に植物の木質部分や化学的防御構造への分配が異なるために，生態系間で1％以下から40%を超えるまでの少なくとも100倍ほどの違いがある（表10.1）．植食動物による消費効率は，一般的に森林で最も小さい（1～5％）．森林では，生産されるバイオマスの大部分を化学的に防御された木質バイオマスに変換しており，それらの木質バイオマスは植食動物がほとんど利用できない．草原は地上部分のほとんどが非木質バイオマスであるため，植食動物による地上部分の消費効率は森林よりも大きく，10～60%である．さらに，外洋生態系は細胞壁よりも細胞内容物が占める割合が多い植物プランクトンが優占するため，消費効率は40%以上と最大である．外洋生態系において，植物プランクトンのバイオマスの大部分が枯死し自然に分解されるより，植食動物によって消費されることがあり，そのような場合は逆転バイオマスピラミッドを形成しやすい（図10.11右上図）．草原における地上部バイオマスの消費効率は，一般的に小型の哺乳類や昆虫が優占する場合（消費効率：5～15%；Detling 1988）よりも，大型哺乳類が優占する場合のほうが大きい（消費効率：25～50%）．毒性を

**表10.1**　いくつかの生態系の植食動物の消費効率[a]

| 生態系タイプ | 消費効率<br>（地上部NPPのうちの消費割合［%］） |
|---|---|
| 海洋 | 60～99 |
| 管理放牧地 | 30～45 |
| アフリカの草原 | 28～60 |
| 放棄された草本性草原（放棄後1～7年） | 5～15 |
| 放棄された草本性草原（放棄後30年） | 1.1 |
| 成熟落葉樹林 | 1.5～2.5 |

[a] Wiegert and Owen (1971) と Detling (1988) のデータ．陸域でのこれらの推定は，植食動物による地上部の消費を意味することが多いが，生態系全体での消費効率を正しく反映していない可能性があることに注意．

もつ何らかの植物組織や（防御物質があるために）消費されにくいその他の植物組織が，陸域生態系における植食動物による消費効率の制限となっている．地下の主要な植食動物であるセンチュウは，草原の地下部NPPの5～15%を消費している（Detling 1988）．陸域生態系における地上部の最大の消費効率は，アフリカのサバンナ（McNaughton 1985）や北極圏湿地（Jefferies 1988）の**放牧草地**で確認された90%程度である．これらの高い生産性を示す草地では，植食動物による被食が繰り返されることにより短茎草原が維持されている．植食動物による糞尿排出を介した栄養塩の投入は，養分の再利用を促進し，これら草原の高い生産性を促進している（図10.9；Ruess et al. 1989）.

肉食動物による消費効率は，植食動物とほぼ同様な制約にさらされやすいが，肉食動物は，その食物の質からの制約をほとんど受けない．結果的に，その消費効率は植食動物による消費効率よりも大きくなりがちで，5～100%程度である．たとえば，脊椎動物の獲物を食べる脊椎動物の捕食者の消費効率は，50%を優に超えている．このことは，彼らにとっての獲物は，死んで土壌中のデトリタスになるよりも多く食べられることを示唆している．無脊椎肉食動物による消費効率は，脊椎肉食動物による分解効率よりも5～25%程度と小さい．生態系スケールで見たときのある栄養段階の消費効率の見積もりには，地中の食物を食べるまだあまり解明されていない動物も含めて，無脊椎動物と脊椎動物による消費の和を考えなればいけない．多くの研究では，生態系内の消費効率は，存在量が多い単一の植食動物についてのみ調べられている．

ある栄養段階の消費効率は，そのバイオマスと取り込む食物に依存する．バイオマスや取り込む食物は，利用可能な食物の量と質の影響（ボトムアップ制御）と，消費者のバイオマスを制御する捕食者による影響（トップダウン制御）の両方を受けている．ボトムアップ制御とトップダウン制御はしばしば相互作用している．たとえば，$CO_2$濃度の上昇によって，葉の窒素濃度が減少し，消化しにくくなるタンニン濃度が増加する（Ayres 1993）．イモムシは，変態に不可欠なエネルギー要求量を満たすべく，多くの餌をより長い期間食べなくてはならず，捕食者や寄生生物に狙われやすい期間も延びる（Lindroth 1996）．NPPや食物の質にかかわるボトムアップ制御は，生産性の高い生態系では消費者のバイオマスがより多いというように，平均的な消費者バイオマスや消費量が生態系間で異なることの理由となっている（図10.4；図10.5）．他方で，捕食者と天候といった物理環境も，消費者バイオマスや彼らが消費する食物量の年々変化の主要な説明要因となっている．

人類は，消費者バイオマスへの強い影響を通じて，生態系の栄養塩動態を大きく改変してきた．たとえば，湖でのサーモン類（salmonids）の蓄養は，小魚の捕食圧を増加させる．魚の除去は，その魚の栄養段階に応じてさまざまな影響を与えうる．サンゴ礁における植食性魚類の乱獲は，たとえば大型藻類に対する被食圧が減ることになり，その結果，サンゴ礁で大型藻類が過剰に成長し，サンゴを死滅させる．陸域では，ウシの飼育密度がその場の一次生産量によって支えることができる密度よりも高くなってしまうと，過剰な被食圧を生じさせて植物バイオマスが減少する．これにより，多くの乾燥地域において生産力が実際に損なわれつつある（図10.2（口絵10）；Schlesinger et al. 1990）．栄養系に及ぼす人間の影響の結果は非常に多様なものであるが，ある特定の種への影響と同様に，食物連鎖を通じてつながっている複数の栄養段階に対して重大な影響を及ぼすことがしばしばみられる（Pauly and Christensen 1995；Pauly et al. 2005）．

**消費効率を通じたボトムアップ制御は，食物取り込み量を制御する要因という点から表現することができる．**個々の動物による消費は，食事に充てられる時間，食物を探すのに充てられる時間，食べることのできる食物の割合，そして食物を消費して消化する速度に依存する．消費に関するこれら四つの要素は，重要な生態学的，生理学的，形態学的，そして行動学的な制御要素であり，これらは動物種間によって異なる（Barboza et al. 2009）．

動物は，食べるという行動以外に多くのことをする．たとえば，捕食者からの逃避，消化，繁殖，そして睡眠などである．加えて，彼らにとって好ましくない状況のために，彼らが食物を探し回るための時間がしばしば減ってしまう．とくに，昆虫，両生類，爬虫類といった**変温動物**は，体温は周辺環境に左右される．この制約があるために，サバクネズミ（desert rodent）は主に夜間に食事し，クマは冬眠し，蚊は多湿で穏やかな気温，かつ風があまりない状況下でのみ活動する．**活動収支**は，動物が費やすさまざまな時間の中で活動に費やす時間の割合で表される．活動収支は，種，季節，ハビタットによって異なるが，多くの動物は食物消費に充てる時間の割合が少ない．動物の活動量に影響を与える気候，あるいは捕食者のリスクの変化は，取り込む食物を大きく変えるし，それゆえ動物自身の生産や維持のためのエネルギー量も変えうる．これらの効果は，食物網を通じて拡大していくことがある．たとえば，米国西部のイエローストーン国立公園ではオオカミの再導入によって，エルクの活動範囲を生産性の低い生態系内にとどめられることになり，それにつれて，消費量と土壌炭素のターンオーバーが景観によって異なるようになった（Frank 2008；Beschta and Ripple 2009）．

動物は，生きるためには必ず食物を見つけねばならない．オオカミのようにたいていの捕食者は，食べるよりも探すことに多くの時間を割いている．多くの植食動物を含む他の動物は，適したハビタットを探し出した後で，時間の多くを食べるのに費やしている．一般的に，食物を消費するよりも速く分解して取り込む動物は，食事以外のいくらかの時間を消化に充てている．

ひとたび動物が自身の餌を見つけると，多くの場合その餌の一部のみを消費する．多くの植食動物は，たとえば特定種の最も若い葉のみを選び出し，それ以外の種の葉や，古い葉，茎，そして根といった部分は避ける．同様に，肉食動物は，動物の特定の部分のみを食べ，皮や巨大な骨といったようなその他の部分は食べ残す．この選択性は，消費効率の上限として位置づけられる．多くの動物は，食物の利用可能性が増加するにつれて，より選択的になる．たとえば，ライオンやクマは，食物が豊富にあるときは彼らの好みの獲物を少ししか食べない．また，マイマイガ（Gypsy moth）とカンジキウサギも，そのような機会が与えられると特定の植物種を選択的に食べるようになるが，好みの種（食物）が枯渇した後の個体群急増の間は，彼らは何でも食べるようになるであろう．

また，食物の選択性も動物の栄養塩要求性に依存する．たとえば，カリブー（caribou）

やシカは，他の多くの植食動物が避けるような地衣類を分解できる腸内細菌をもっている．これらの動物は，低温環境で生きる**恒温動物**であるがゆえに，高いエネルギーを要求される冬季の間に地衣類を食べる．地衣類は消化可能なエネルギーをたくさん含有しているが，タンパク質はほとんど含まない．しかし夏季には，これらの動物は授乳と成長のためにタンパク質の要求が高く，彼らは窒素を多く含む維管束植物の採食割合が増加する（Klein 1982）．その他の植食動物は，植物中に含まれる有毒物質蓄積を減らすように植物種を選択しているかもしれない．たとえば，北方林におけるヘラジカ（moose）やカンジキウサギは，植物毒をもつ特定種の消費をわずかに抑え，その蓄積による生理的に有害な影響を受けないようにしている（Bryant and Kuropat 1980；Feng et al. 2009）．それゆえ彼らは，有毒な**二次代謝産物**（通常の成長や発達過程では必ずしも必要としない化合物）を高濃度に含有する植物種を避けている．また，植食動物による選択性は群集特性にも依存する．哺乳類のジェネラリスト植食動物は，餌となる植物種がめったにない状況の場合にそれらの植物種を優先的に選択している．実際に，希少種はめったに遭遇することがなく，蓄積される毒性の閾値に達することがないので，すぐに消費される．それゆえ，それらジェネラリストによる選択性は，希少種を消滅させ，植物の種多様性が損なわれやすい（Feng et al. 2009）．

動物種間で，餌の選択性は異なる．アフリカのサバンナのヌー（wildbeest）のような植食動物は，まるで芝刈り機のようである．彼らは雨季後に生じる植物の成長を知っており，出会った植物のほぼすべてを消費し尽くす．インパラ（impala）のような動物の場合，とくに乾季に比較的窒素濃度が高く，かつ繊維質が少ない葉を選択している．哺乳類を見てみると，体サイズが大きく，相対的に選択性の低い**ジェネラリスト植食動物**から，体サイズが小さく食物要求性がとくに高い**スペシャリスト植食動物**までさまざまな動物がいる（Barboza et al. 2009）．同様の傾向は，淡水の動物プランクトンでも見ることができる．体サイズの大きいミジンコのような枝角類（cladoceran）がジェネラリスト濾過摂食動物としている一方で，同じぐらいか，あるいはより小さいサイズのカイアシ類（copepods）は，より選択性が高い（Thorp and Covich 2001）．特殊化は，陸上性の昆虫でより顕著である．たとえば，熱帯に生息するいくつかの昆虫は，単一種のある部分のみしか食べない．熱帯林にスペシャリスト昆虫が豊富に存在することは，ある植物の単一種が特異的に増えるのを抑制することによって，その高い多様性の維持に貢献していると考えることができる．

## ■ 同化効率

**同化効率は，食物の質と消費者の生理的能力の両方に依存する．同化効率**（$E_{\mathrm{assim}}$）は，摂取したエネルギー（$I_n$）のうち，消化され同化されて血流中に取り込まれたエネルギー（$A_n$）の割合で表される（図 10.10）．

$$E_{\mathrm{assim}} = \frac{A_n}{I_n} \tag{10.4}$$

同化されなかった物質は糞尿として土壌へ戻り，それらは生態系へのデトリタスインプットの一部となる．

消費効率（0.1～50%）よりも，同化効率（5～80%）が高いことがしばしばある．肉食脊椎動物の同化効率は約80%であり，陸域植食動物の同化効率（5～20%）よりも高い．実際に，肉食動物は骨のような構造部分以外を食物としており，それらは陸上植物よりも消化されやすい．巨大な獲物を殺す肉食動物は，骨のような難分解性の部分を食べることを避けられる一方，たいていの植食動物は食物として質の低い細胞壁を質の高い細胞内容物と一緒に消費している．植食動物の中でも，消化しやすく，かつ高エネルギー含有物である種子を食べる動物は，葉を食べる植食動物よりも高い同化効率を示す．次に，葉を食べる植食動物は，セルロースやリグニン含有率が高い木質部分を食べる動物よりも高い同化効率を示す．たいていの水生の植食動物は，高い同化効率を示す（80%以上）．というのも，多くの植物プランクトンとその他の水生植物は，構造にかかわる物質への分配が陸上植物に比べて少ないからである．しかし，水域生態系においてもしっかりとした防御メカニズムをもつ植物を食べる植食動物は，低い同化効率を示す．たとえば，シアノバクテリアを食べる植食動物の同化効率は，20%程度である．

消費者の生理学的特性も同化効率に多大な影響を及ぼす．セルロース分解機能をもつ微生物を共生させている反芻動物の同化効率は約50%であり，反芻をしない植食動物に比べて同化効率が高い（Barboza et al. 2009）．この反芻動物の同化効率が高い理由の一つは，同様の体サイズの反芻しない動物に比べて，その行程時間が非常に長く，微生物が食物を分解するのにより長い時間をかけている，ということである．恒温動物は，体温が温かく腸の温度が比較的一定で，消化と同化が促進されるため，一般的に変温動物よりも高い同化効率を示す．それゆえ恒温動物は，変温動物よりも消化効率と同化効率の両方で，優れている．

## ■ 生産効率

**生産効率は，主として動物の代謝によって決まる．** 生産効率（$E_{\mathrm{prod}}$）は，動物によって吸収されたエネルギー（$A_n$）のうち，動物の生産エネルギーに変換されたエネルギー（$Prod_n$）の割合で表される（図10.10）．生産効率は，個体群成長や，新規個体による再生産も含む．

$$E_{\mathrm{prod}} = \frac{Prod_n}{A_n} \tag{10.5}$$

吸収されたエネルギーのうち生産に回らないものは，呼吸による熱として環境中に排出される．動物個体の生産効率は，1%以下から50%以上までとその差は約50倍にもなる（表10.2）．最も大きな違いは，恒温動物（$E_{\mathrm{prod}} = 1 \sim 3\%$）と変温動物（$E_{\mathrm{prod}} = 10 \sim 50\%$）である．恒温動物は，体温をほぼ一定に維持するために吸収したエネルギーの多くを消費している．恒温動物はこの高く一定した体温のおかげで，環境温度の影響をあまり

表 10.2　いくつかの動物における生産効率[a]

| 動物のタイプ | 生産効率（同化量に対する割合［%］） |
|---|---|
| 恒温動物 | |
| 鳥 | 1.3 |
| 小型哺乳類 | 1.5 |
| 大型哺乳類 | 3.1 |
| 変温動物 | |
| 魚と社会性昆虫 | 9.8 |
| 非社会性昆虫 | 40.7 |
| 植食動物 | 38.8 |
| 肉食動物 | 55.6 |
| デトリタス食昆虫 | 47.0 |
| 無脊椎動物（昆虫以外） | 25.0 |
| 植食生物 | 20.9 |
| 肉食生物 | 27.6 |
| デトリタス食の無脊椎動物 | 36.2 |

[a] Humphreys (1979) のデータ.

受けずに自身の活動を行うことが可能になり，獲物を捕らえたり，捕食から逃れたりする能力が向上する一方，新規個体を生産する効率がきわめて低いという側面もある．生産効率は，恒温動物間において体サイズが小さくなるにつれて減少するが，それは小さい体サイズの動物は，体積あたりの体表面積が大きいので，温かい身体から冷たい環境中に放出されるエネルギー損失が大きいからである．対照的に，変温動物の生産効率は相対的に高く（約 25%），体サイズが大きくなるにつれて減少する傾向がある．マグロのような一部の体サイズが大きい動物で，変温動物に分類されると考えられる生物でも，運動にともなう熱によって恒温性を維持しているものもある．変温動物の中で生産効率が最も小さいのは魚類や社会性昆虫で（約 10%），中間的なのは昆虫ではない無脊椎動物（約 25%），最も高いのは非社会性昆虫である（約 40%；表 10.2）．生産効率は，維持，成長，再生産へのエネルギー分配が変化するため，しばしば加齢とともに減少する．

特筆すべきことに，共生菌類への移動や土壌中への漏出を含めた地下部 NPP は，非常に大きいうえにあまり定量化されておらず，さまざまな栄養効率を推定する際に考慮されていない．さまざまな栄養効率に対する我々の理解は，地下部分の栄養動態の理解が進むことで劇的に変化するかもしれない．たとえば，細根，共生菌類，漏出物のターンオーバーは非常に速く，センチュウのように炭素源が特化している植食動物の，地下部分での高い消費効率や同化効率に貢献しているかもしれない（Detling et al. 1980）.

## 10.7 食物連鎖の長さ

**生産は，その他の要因と相互に作用し，食物連鎖の長さや群集の栄養段階構造を決定している．** NPPと，各栄養段階間のエネルギー移動の非効率さは，連続している栄養段階で利用可能なエネルギーを制約するため，その生態系で支えることが可能な栄養段階の数に影響を与える．たとえば，最も生産性が低い生態系では，わずか一種ずつの植物と植食動物のみしか支えられない一方で，生産性が高いハビタットでは複数レベルの肉食動物を支えられる（Fretwell 1977；Oksanen 1990）．デトリタスベースの食物連鎖も，生産性の高い生態系ほど長くなる傾向がみられる（Moore and de Ruiter 2000）．しかし，いくつかの水域生態系では，それらとは逆の傾向がみられることもある．貧栄養なハビタットでも，逆の形をしたバイオマスピラミッドがみられ，そこでは植物プランクトンや無脊椎動物の個体群よりも，それらが支えている巨大で長寿命の魚類が目立つ．しかし，さまざまな生態系を生産性で並べてみても，NPPと栄養段階の数には単純な関係は見受けられない（Pimm 1982；Post et al. 2000）．栄養段階の数に対しては，食物連鎖の基盤となる利用可能なエネルギーよりも，環境変動や物理的構造などのその他の要因のほうが，しばしば重要となっている（Post et al. 2000）．

## 10.8 季節変化と年々変化

**陸域生態系において，一つの栄養段階による生産と，次の栄養段階の消費が同時に起こることはめったにない．** 捕食者と獲物の間のこのような時間的な相違は，非常に変化に富んでいるが，いくつかの共通パターンも存在する．植物とそれを捕食する昆虫は，しばしば春の成長を開始するために，同じような温度と光周期の刺激を利用する．しかし，昆虫は彼らの好物が現れる前に増加することができず，しばしば春に植物が植食性無脊椎動物の影響を比較的受けない短い期間ができる（図 10.13）．昆虫が現れた後，葉が頑丈になったり有毒になり過ぎたりするまでには，たいていは多少の猶予がある（Feeny 1970；Ayres and MacLean 1987）．昆虫とは対照的に，恒温性の植食動物は，植物が休眠するような寒い季節も食物の消費を続ける．加えて，多くの植食動物は，食物の質や環境の季節的な変化に応じて，移動する（Frank 2006；Pastor et al. 2006）．しかしこれらは，植物と植食者の相互作用にかかわる多くの特異的な季節パターンのうち，たった三つの例を紹介したまでである．さらに，より高次な栄養段階の動物による捕食は，しばしば餌となるものが非常に攻撃を受けやすいタイミング（すなわち，脊椎動物が出産するタイミング，サケが遡上するタイミング，あるいは昆虫が餌を探すために活発に動くタイミングなど）を狙う．繰り返すと，それらのパターンは非常に多様であり，捕食者と獲物の生物的な特徴に依存する．重要なことは，ある栄養段階による生産と次の栄養段階の消費が，1年間の循環の中で同時に起こることはめったにないということである．

捕食者－獲物の相互作用には年々変化もある．その理由の一部として，捕食者とその獲

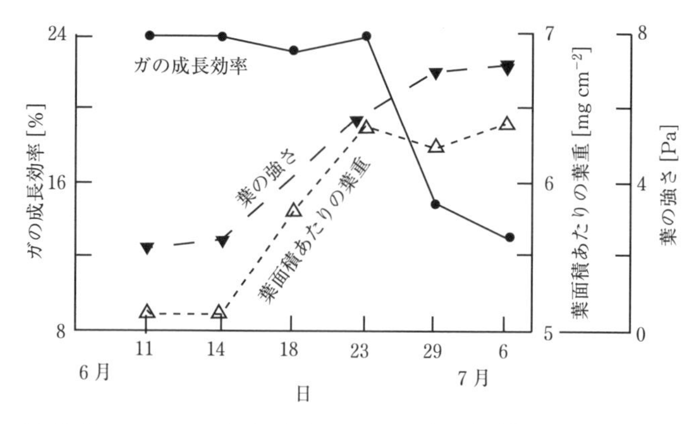


**図 10.13**　フィンランドバーチ（Finnish birch）の葉面積あたりの葉重と葉の強さ，およびバーチを餌にするガ（moth）の4齢虫の成長効率の季節変化．この幼虫は，バーチの葉が頑丈になって成熟するまでつねに高い成長効率を維持する．葉が展開し始めてから2週間が過ぎると，この幼虫の成長速度は遅くなる．データは Ayres and MacLean（1987）より．

物はしばしば1年以内の気象変動に対する応答，あるいは長期的な気候変動に対する応答がそれぞれ異なることが挙げられる．たとえば，アメリカ西部の長期的な温度上昇や乾燥化は，乾燥によって樹木の抵抗力が低下したり，越冬生残する個体が増加したりするために，アメリカマツノキクイムシ（mountain pine beetle）の大発生を引き起こす（Allen et al. 2006；Raffa et al. 2008）．広範な樹木の大量枯死は，すべての生態系プロセスを大きく改変し，これらの森林を炭素のシンクからソースに変化させてしまった（Kurz et al. 2008）．捕食者-獲物の相互作用は，小型哺乳類の個体群サイクルも調整することが知られており（Hanski et al. 1991），その変動は，哺乳類の食料供給と植物が関与する生態系プロセスの変化を引き起こす（第12章参照）．

## 10.9　栄養塩類の移行

**食物連鎖を通じた栄養塩類の移動経路は，一般的にはエネルギーの流れと似ている．** 植物や動物における窒素，リン，そしてその他の栄養塩類は，有機的な構成要素となっているか，あるいはそれぞれの細胞内に溶存態として存在する．生物体に含まれる栄養塩類は動物によって食べられるので，食物連鎖を介して植物から植食者，一次肉食者，二次肉食者というように，エネルギーと同様に移行していく．食物連鎖における各接点では，栄養塩類はエネルギーとまったく同様に動物によって消化そして同化されるが，その効率はかなり異なるかもしれない．エネルギーと同様に，栄養塩類は摂取されなかった食物や糞尿などの形でそれぞれの栄養移行の際に失われる．つまり，移行する栄養塩の量は，それぞれの栄養段階の接点において，徐々に減少していくに違いない．それゆえ，栄養塩類移行のピラミッドは，量的な動態は異なるかもしれないが，エネルギーの流れのピラミッドと同様の形に収まる．

一方で，この原則に反する重要な例としてナトリウムがある．ナトリウムは，動物の神経や筋肉における電気的刺激の伝達に欠かせない．動物とは対照的に，たいていの植物はナトリウムを必要としないので，積極的に根や葉から排出している．そのため，植物組織の中のナトリウム濃度は，周辺土壌中の濃度から推定されるよりもかなり低い（第8章参照）．つまり，ナトリウムは，植食動物の制限要因となる．多くの陸上の植食動物は，ナトリウムやその他無機元素を土壌から摂取したり，あるいは鉱泉や露頭にできる**塩塊**から摂取することで補っている．それゆえ，ナトリウムのような無機元素は，その他の栄養塩類の移行とは違う経路をたどるのかもしれない．

**植物が生産物に含まれる栄養塩類が，陸域の植食動物を経由する割合は，エネルギーの流れの場合よりも大きい．**陸域のたいていの植食動物は，栄養塩類と消化しやすいエネルギーの濃度が高く，セルロースやリグニンの濃度が低い，若い組織を選択的に摂取している．この高栄養塩類組織の選択的植食により，植物由来の栄養塩が，植物ベースのシステムによって循環する割合は，炭素の場合よりも大きい．

陸域の植食動物は，栄養塩類が豊富な組織を選択しているだけではなく，栄養塩類の循環を植物よりも速く行っている．植物は，自身の老化した葉に含まれる窒素，リンそれぞれの約半分を再吸収している．そのため，枯死した葉には，植食動物によって食べられる生葉の半分程度しか窒素やリンが含まれていない（第8章参照）．このため，葉を食べることは，バイオマスの循環やエネルギー収支の面よりも陸域生態系における窒素とリンの循環にとって，少なくとも2倍重要であるといえる．動物による栄養塩類のターンオーバー速度は，栄養塩類とエネルギーによる相対的な制限に依存している（Sterner and Elser 2002）．陸域の植食動物は，自身の成長に必要以上の栄養塩類を尿素や尿酸といった単純な形の有機物や無機態の形で排出しており，それらの排出物は土壌中ですぐに加水分解される（第9章参照）．まとめると，陸域の植食動物は少なくとも三つの方法で栄養塩類の循環速度を上げている（図10.9）．

(1) リターの形でそのまま土壌に戻るよりも，栄養塩類を多く含む植物組織を自身が取り込む．
(2) 植物による栄養塩類の循環よりもずっと速く，栄養塩類を土壌に回帰させる．
(3) 植物が容易に取り込みやすい形の栄養塩類を土壌に戻す．

**植物と植食動物が必要とする各要素の比が，生物における要素制限の性質と生態系における栄養塩類の循環パターンを決定する．**淡水および陸域に生育する植物は，モル比で約30：1の窒素とリンを必要とする（図10.14；図8.9参照；Sterner and Elser 2002）．植食性の動物プランクトンと昆虫のN：P比は約26：1であり，植物のN：P比と似通っている．しかし，さまざまな植物と動物の間では，N：P比は非常に大きくばらついている．これについては，即座に必要な量として蓄えられている窒素あるいはリンの貯蔵（第8章参照）と，これら二つの元素要求性の生物間の違いの両方を反映している．たとえば，急速に成長するかあるいは活発に再生産を行う動物プランクトンは，タンパク質合成を支え

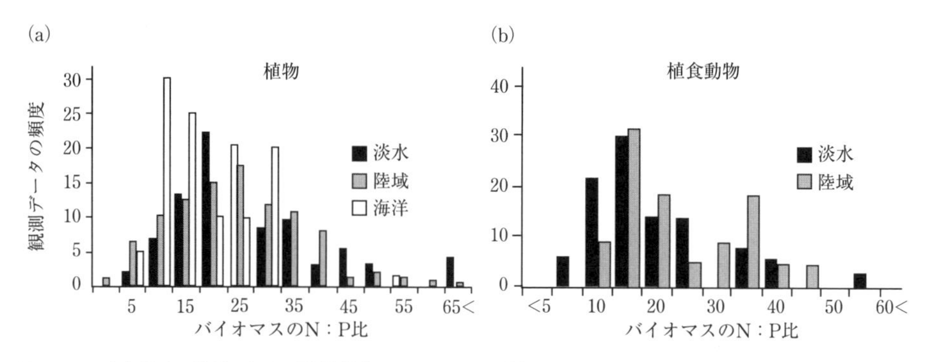


図 10.14　(a) 淡水，陸域，および海洋植物のN：P比と，(b) 陸域の昆虫と淡水の甲殻類のN：P比．Elser et al. (2000) より．

るためにリン濃度が高いリボソームをもっており，そのためN：P比は小さくなる（リンを相対的に多く要求するタイプ）．また，大きな脊椎動物も小さなN：P比をもつ傾向がある．それは，それらの動物が骨に分配するために多くのリンが必要だからである (Sterner and Elser 2002)．たとえば，貧栄養な湖の魚は水柱中のリンの約75%を占め，ヘラジカの角は北方林のリンのターンオーバー速度の10%相当を占めているかもしれないと考えられている (Moen et al. 1998；Sterner and Elser 2002)．

植物と動物の幅広いN：P比から考えると，植食動物はしばしば自身の身体の構成元素の比率と著しく異なる食料資源に直面する．このアンバランスは，最も不足する制限要因を効果的に取り込むことと，自身の成長の制限要因になっていない不要で過度に多い元素を環境中に戻すことによって修正される．これは，生態系における栄養塩類制限のパターンをより強固なものにする傾向がある．湖における植食動物間のN：P比の違いは，この効果が重要であることを示している．ミジンコ属 (*Daphnia*) は成長速度が速い植食性の枝角類で，カイアシ類よりリン要求性が高く（つまりN：P比が低い），それが速い成長速度を支えている．ミジンコ属が優占する条件下では，カイアシ類が優占する条件下に比べて植食者はより多くのリンを集積し，多くの窒素を排出する．このことによって，ミジンコ属が優占すると植物プランクトンにとって一時的なリン制限となり，一方，カイアシ類が優占すると一時的な窒素制限になる (Sterner and Elser 2002)．

陸域の植生における栄養塩類のターンオーバーは，非常に変化に富む（第8章参照）．水域に比べて陸域では，植食動物は植物から環境中に回帰する栄養塩のごく一部を取り込むだけだが，それでも土壌や植物のN：P比にとって重要な影響がある．たとえば，米国のイエローストーン国立公園のエルクは，その骨格と角の成長のためにかなりの量のリンを保持する一方で，窒素を捨てるため，その結果エルクに被食された植生のN：P比は増加することが知られている (Frank 2008)．化学量論的分析によって，生物による栄養塩類の要求性と生態系における各元素の循環パターンのつながりにとって，示唆に富む論理的なフレームワークができる (Sterner and Elser 2002)．

**栄養カスケードは下方に伝播し，土壌中の炭素や栄養塩類のターンオーバーに影響を与える．**動物は，土壌中へ入る有機物の量と質への影響を介して，土壌中の炭素と栄養塩類のターンオーバーに作用する（図 10.9）．たとえば，イエローストーン国立公園へのオオカミの再導入は，エルクの個体数を制限し，彼らのハビタットを捕食者の多い低地から標高が高い地域へと移動させ，その結果として低地ではエルクによる被食と窒素無機化が減少した（Frank 2008；Beschta and Ripple 2009）．景観スケールにおける土壌炭素のターンオーバーの空間変動を決める要因として，斜面上の位置よりも，植食動物による被食が重要であった（Frank et al. 2011）．同様に，米国北東部の耕作放棄地においては，人間にとって不快なけばけばしいクモを除去することによってバッタが増加し，植物の種組成が変化したため，リターの質と窒素無機化速度が上昇した．これらのことは，生態系の生物地球化学における栄養動態の重要性を示している（Schmitz 2009）．

## 10.10　デトリタスベースの栄養系

**デトリタス（生物遺体や生物由来物質の破片や微生物の死骸，あるいは排泄物）ベースの栄養系は，生きた植物ベースの栄養系よりも，多くの利用可能なエネルギーを一次生産に変換している．**分解者（主に細菌と菌類）は，ちょうど植食動物が生きた植物を餌にするように，植物，動物，そして微生物のデトリタスを餌にする．生きた植物ベースの栄養系のように，そこにはこれら分解者を餌にする動物の食物連鎖がある（図 10.15）．このエネルギーの流れの根底にある原理は，生きた植物ベースの栄養系と似通っている．

デトリタスベースの栄養系への枯死有機物の流入速度と質は，この系を流れるエネルギーの流れの量の主な決定要因である．この系では，生きた植物ベースの栄養系と同様に，成長呼吸，維持呼吸そして排泄物がエネルギーの損失である（図 10.15）．さらに，これも生きた植物ベースの系と同じように，各栄養段階において植物が利用可能な無機態窒素と無機態リンの排出をともなう．

生きた植物ベースの栄養系とデトリタスベースの栄養系の主な構造的な違いは，前者が一方通行のエネルギーの流れをともなうことである．前者では，系内のエネルギーが，食物連鎖の上位へ移動するか，あるいは呼吸，未消費の生産物，排泄物の形で食物連鎖から失われる．しかし，後者は，他の生物が利用できない食物，排泄物，そして枯死有機物は，分解者にとって再び食物連鎖の基になる基質となる（図 10.15；Heal and MacLean 1975）．それゆえ，デトリタスベースの栄養系は強力なリサイクルシステムをもつことになる．エネルギーはそれが呼吸によって系外へ放出されるか，あるいは難分解性の腐植物質になるまでは，系内に保持されていて，そしてデトリタスベースの生産で利用可能である．この食物連鎖の起点となりうる炭素（有機物）の有効利用のために，デトリタスベースの食物網は，生態系における動物の多様性の巨大な基盤になっているとともに，エネルギーの流れの大部分を占めている（Heal and MacLean 1975）．

**一般的にデトリタスベースの栄養系の栄養効率は，生きた植物ベースの栄養系のそれよ**

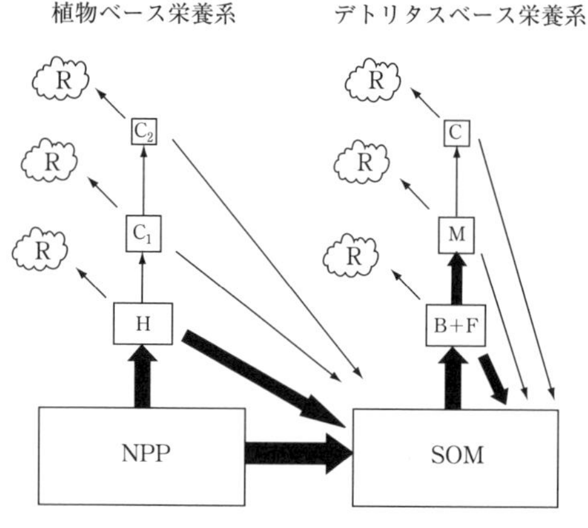


図 10.15　生態系における二つの基本的な栄養システムの模式図．生きた植物ベースの栄養系では，生きた植物（NPP）から植食動物（H），一次肉食動物（$C_1$），二次肉食動物（$C_2$）などへエネルギーが転送されていく（訳注：R は呼吸を示す）．デトリタスベースの栄養系では，エネルギーは枯死有機物（SOM）から細菌（B）と菌類（F），微細な植食動物（M），肉食動物（C）へとエネルギーが転送されていく．両方の栄養系において，各栄養段階で同化されなかったエネルギーは，最終的にデトリタスプールへと移送されていく（未分解有機物あるいは排泄物として）．これら二つの栄養系の主な違いは，生きた植物ベースの栄養系では，エネルギーが植物→植食動物→肉食動物へ，あるいは植物から直接，植物遺体（デトリタス）へと，一方向に流れる点である．デトリタスベースの栄養系では，消費されなかった物質は食物連鎖に戻り，最終的に呼吸として放出されるか，あるいは難分解性有機物に変換されるまで，繰り返し再利用される．Heal and MacLean (1975) より．

**りも高い**．デトリタスベースの栄養系における消費効率は非常に高い．それは，餌になりうる食物はすべて，それが呼吸として損失されるまで何度も消費されるからである．分解者（細菌と菌類）の同化効率も同様に高い．これは，彼らの消化は細胞で行われており，定義上は分解者によって消費される物質のほぼすべてが同化されるからである．分解者の生産効率（40〜60%，第 9 章参照）と，デトリタスベースの食物連鎖における動物の生産効率（35〜45%）は，生きた植物ベースの栄養系よりも高い（表 10.2）．デトリタスベースの栄養系が，生態系において最大の二次生産量をもつ理由は，これらの高い栄養効率にあるといえる．

## 10.11　一体化した食物網

**食物網は，生態系における各種の栄養段階の位置を曖昧にする**．現実の世界では，たいていの動物は一つ以上の栄養段階からの獲物を常食しており，生きた植物ベースの栄養系とデトリタスベースの栄養系の両方から，また，それぞれの系内の複数の段階から獲物を食べることも珍しくない（Polis 1991）．このために，ほぼすべての生物を単一の栄養段階とすることに無理がある．たとえば，外洋において，動物プランクトンは種よりも，サイズと形を基にして食物を選択しており，植物プランクトン，デトリタス，小型動物プランクトンを消費している．一方，菌食動物は，菌根菌の集合体を常食としており，植物と枯死有機物を分解する腐生菌から必要なエネルギーを得ている．また，細菌も，植物根の浸出物（NPP の一部）と枯死有機物からエネルギーを得ている．それゆえ，細菌と菌類を常食とする土壌動物は，生きた植物ベースの栄養系とデトリタスベースの栄養系の両方に組み込まれていることになる．植物根を食べるダニとセンチュウは，デトリタスをベースにする動物を常食とする土壌動物の餌となる（図 10.3）．それゆえ，すべての土壌食物網は，植物とデトリタスに含まれるエネルギーや栄養塩類の集合体を複数の方法で利用しており，そのために理解が難しくなっている．また，地上部で生活する動物も，菌類や土壌動物のようなデトリタスをかなり常食としている．たとえば，コマドリ（robin）は，ミミズと植食性昆虫の両方を常食としている．クマは，植物根．陸域起源のアリ，さらには水域の食物網の魚を常食としている．多くの昆虫は，幼虫の段階ではデトリタス食であるが，成虫になると樹液，体液あるいは血液を吸う（これらは生きた植物ベースの栄養系である）．食物網の約 75％は，植物とデトリタスの両方をベースにする部分に含まれている（Moore and Hunt 1988）．そのため，入り混じった栄養系は例外というよりもむしろ一般的である．

たとえば，ハゲワシ（vulture），ハイエナ（hyena），カニ，そして多くの甲虫のような腐食性の動物は，厳密にいうとデトリタスベースの食物網の一部だが，これらの動物の消化効率，同化効率，生産効率は，肉食動物と類似している．腐食性の動物はしばしば弱った動物を殺す一方で，多くの捕食者は他の動物によって殺された動物を食べることがあるため，生きた植物をベースにするのか，あるいはデトリタスをベースにするのか，という区別がさらに不明瞭になっている．

**寄生生物，病原体，さらに疾病も，栄養段階的には捕食者と似通っている．** これらは，捕食者と同様に自身の成長と再生産に必要なエネルギーを宿主の組織から得たり，宿主細胞の産物を得たりしている．しかし，実際には寄生生物，病原体，感染生物のバイオマスを彼らの宿主から分離することは難しい．そのため，これらの生物には消費効率と同化効率という定義が適用されることはない．それゆえ，寄生生物，病原体，疾病はしばしば，消費者というよりも，死をもたらす仲介者として扱われることが多い．

**また，相利共生生物も栄養系を複雑なものにする．** 菌根菌は，環境条件や宿主である植物の栄養状態に応じて，自身を相利共生的関係から寄生的関係に変化させることができる（Koide 1991）．相利共生関係状態では，菌根菌は植物由来の炭水化物を植物側から菌類側へ取り込むという点で植食動物のように振る舞うが，栄養塩はその逆の動きをする（つまりデトリタスベースの食物網となる）．それゆえ，植物と相利共生菌の栄養段階での役割は，対象とするものによって変わる．栄養動態の全体像は定性的に確立しているが，自然の複雑さのため，また地下部でのプロセスに対する我々の知見が足りないため，しばしば実際の食物網を定量的に理解することが難しい．

## 10.12 まとめ

生きた植物ベースの栄養系において，栄養塩類供給と，NPPを制御するその他の要因は，より高次の栄養段階が利用するエネルギーを制限している．これらの要因は，土壌へ供給されるリターの質と量はもとより，デトリタスベースの栄養系において利用可能なエネルギーも制御している．これらの要因は，栄養動態を通じてボトムアップ的制御の役割を果たしている．栄養効率は，消費，同化，そして生産の効率に依存する．消費効率は，餌の質と量と，高次の捕食者の相互関係に依存する．樹木が主体で，かつ防御がしっかりとされている植物が優占する生産性が低い生態系において，植食動物の消費効率は最も低い．肉食動物による消費効率は，一般的に植食動物の消費効率よりも高い．同化効率は，主に食物の質によって決まり，生産性の高い場所よりも低い場所のほうが同化効率は小さいし，また，肉食動物よりも植食動物のほうが同化効率は小さい．対照的に，生産効率は主に動物の生理特性によって決まる．たとえば，変温動物は恒温動物よりも高い生産効率を示す．陸域生態系におけるたいていの二次生産は，デトリタスベースの栄養系において生じている．完全に消化されなかった，あるいは同化されなかった物質は，この系の食物連鎖に取り込まれ，呼吸によって完全分解されるか，あるいは難分解性の腐植物質になるまで，この食物連鎖の中で再利用される．たいていの食物網は，植物ベースおよびデトリタスベースの両方の部分を含む．人間活動由来のものも含む食物網のある接点への影響は，しばしば他の食物網の接点へと伝わることがある．

## 復習問題

1. 植食動物を中心とする食物連鎖における炭素の流れの経路を記述せよ．さらに，食物から消費者バイオマスへの転換効率は，植食動物と肉食動物でどのように異なるか説明せよ．また，同化されたエネルギーの呼吸と生産への分配は何によって決まっているのか？
2. 植物ベースの食物連鎖とデトリタスベースの食物連鎖の構造的な違いは何か？　また，どちらの食物連鎖が全生産を支えているか？　理由とともに説明せよ．
3. 陸域と水域の食物連鎖の主要な構造的な違いは何か？　またその違いはどのようにして生じるのか説明せよ．
4. 植食動物の量を決定する植物の特性は何か？　それらの植物の特性に影響を与える生態学的な要因は何か？
5. 窒素循環に及ぼす植食動物の影響は何か？
6. 水域の食物連鎖において，最上位捕食者が一次生産者の量に影響を与えるメカニズムは何か？　その栄養段階のリンクの数は，生態系の構造にどのように影響を及ぼすのか？

# 参考文献


Barboza, P.S., K.L. Parker, and I.D. Hume. 2009. *Integrative Wildlife Nutrition*. Springer, Berlin.

Coley, P.D., J.P. Bryant, and F.S. Chapin, III. 1985. Resource availability and plant anti-herbivore defense. *Science* 230:895-899.

Cyr, H. and M.L. Pace. 1993. Magnitude and patterns of herbivory in aquatic and terrestrial ecosystems. *Nature* 343:148-150.

Danell, K., R. Bergstrom, P. Duncan, and J. Pastor. 2006. *Large Herbivore Ecology, Ecosystem Dynamics and Conservation*. Cambridge University Press, Cambridge.

Heal, O.W., and J. MacLean, S.F. 1975. Comparative productivity in ecosystems-secondary productivity. Pages 89-108 in W.H. van Dobben, and R.H. Lowe-McConnell, editors. *Unifying Concepts in Ecology*. Junk, The Hague.

Herms, D.A., and W.J. Mattson. 1992. The dilemma of plants: To grow or defend. *Quarterly Review of Biology* 67:283-335.

Lindeman, R.L. 1942. The trophic-dynamic aspects of ecology. *Ecology* 23:399-418.

Oksanen, L. 1990. Predation, herbivory, and plant strategies along gradients of primary productivity. Pages 445-474 in J.B. Grace, and D. Tilman, editors. *Perspectives on Plant Competition*. Academic Press, San Diego.

Paine, R.T. 2000. Phycology for the mammalogist: Marine rocky shores and mammal-dominated communities. How different are the structuring processes? *Journal of Mammalogy* 81:637-648.

Pastor, J., R.J. Naiman, B. Dewey, and P. McInnes. 1988. Moose, microbes, and the boreal forest. *BioScience* 38:770-777.

Polis, G.A. 1999. Why are parts of the world green? Multiple factors control productivity and the distribution of biomass. *Oikos* 86:3-15.

Power, M.E. 1992. Top-down and bottom-up forces in food webs: Do plants have primacy? *Ecology* 73:733-746.

Sterner, R.W. and J.J. Elser. 2002. *Ecological Stoichiometry: The Biology of Elements from Molecules to the Biosphere*. Princeton University Press, Princeton.

# 第11章 生態系プロセスへの種の影響

**種の形質の特徴や多様性，そして生物間の相互作用は，生態系に強く影響する．この章では，種が生態系プロセスに及ぼす影響のパターンを述べる．**

## 11.1 はじめに

**人間は，生物圏における種組成を劇的に改変してきた．**人間活動は，土地利用や撹乱レジームの変化，そして生態系管理を通じて（Foley et al. 2005；MEA 2005），氷に覆われていない（不凍）地表面のうち75%を改変してきた（図1.8（口絵1）参照；Ellis and Ramankutty 2008）．たとえば，人間が火入れしたり，防火策をとったりすることで，森林火災の頻度は変化してきた．また，多くの灌木帯や草原は家畜の食害を強く受けている．さらには，汚染によって地球全体で養分の利用可能量も変化している．これらの変化は，植物，動物，そして微生物の種組成の変化を介して，一次生産や養分循環などの生態系プロセスへ直接的な影響を及ぼしている例である．

人間は，意図的か否かによらず世界中で数千もの種を移動させてきた．その結果，世界の生物相の均一化が進んでいる（D'Antonio and Vitousek 1992）．移動した種が新しいハビタットで定着し，個体群が拡大し続ける場合，それらは人間によってもたらされた生物の侵入とみなすことができる．生物の特徴や，生物によって駆動されるプロセスを変えるような侵入は，生態系の構造と機能を多くの点において改変することが本章で示され，それは生物の状態因子の重要性を高めている（第1章参照）．生物の侵入が生態系へ影響を及ぼすことは珍しいものではなく，在来種も同様の影響を及ぼしうる．しかし，生物の侵入後にしばしば起こる急速な変化は，在来群集による長期の影響よりも顕著なものとなる．

## 11.2 焦　点

**外来種は，生態系における在来種の優占度を改変，あるいは消失させるほど，生態系の物理的，生物的環境を変化させることがある．**たとえば，現在ニュージーランドに分布しているすべての哺乳類と，植物種の半分は，過去200年で人間がもち込んだものである（Kelly and Sullivan 2010）．哺乳類を外からもち込んだことによって，地上に巣を作る種が多いニュージーランド在来の鳥類の25%が絶滅した（Tennyson 2010）．同様に，近年アメリカ南西部にあるソノラ（Sonoran）砂漠へ外来の草本が侵入することで，在来種が競争の結果として排除される一方，火災につながる燃料（枯草）が増加している．同時に，

**図 11.1**　ブッフェルグラス（Buffel grass）はヨーロッパ原産の草本である．それはアメリカ南西部のソノラ砂漠において，ベンケイチュウ（Saguaro cactus）の実生を含む在来種を打ち負かすことで，生態系をすっかり変化させてしまっている（Olsson et al. 2012）．その草本は火災の確率も上げるため，火災に弱いベンケイチュウの成体を長期的に現在の分布範囲から排除してしまうだろう．写真は Aaryn Olsson 氏の好意による．

これらの変化はベンケイチュウ（Saguaro cactus）のような寿命が長く火災に弱い種を絶滅させるおそれがある（図 11.1）．

水域生態系については，生物の移入によってさらに著しく改変されてきた．船のバラスト水や釣り道具による，意図しない種の移入もしくは意図的な魚や他の生物の侵入は，多くの河口，河川，そして湖の種組成を変化させてきた．たとえば，魚の棲まない湖では，鳥類，植物，両生類，そして無脊椎動物も高い多様性をもつ傾向がある．そこへ魚がもち込まれると，これらすべてのグループについて，優占度も多様性も減少する（Scheffer et al. 2006）．

種の絶滅も移入も自然に存在する生態学的プロセスではあるが，その頻度がここ数十年で劇的に増加したことは，この地球の生物多様性のパターンを急速に変化させている．したがって，どの種の変化が生態系に最も大きな影響をもたらしうるかを理解し，これらの種が新しい場所へ移入する可能性を最小限にする方策を練ることが重要である．

## 11.3　生態系プロセスへの種の影響とは

生態系のある栄養段階において，生物群の果たす機能的役割のすべてを一つの種が担うことは不可能である．この点について，本章では生物の最も一般的な特徴に注目して紹介してきた．たとえば一次生産者について，光合成速度のような形質は，気候や母材によって広く予測ができるような均一な生物のグループであるかのように述べてきた．では，生態系プロセスを理解するうえで，一つの栄養段階内の生物の多様性は，どのような環境下において重要になってくるのだろうか？

**生物多様性**は，ある系に存在する生物学的多様性のことを指し，個体群内における遺伝的多様性，機能的に似通ったグループ内の**種の多様性**，そして景観における生態系の多様性を含む．生態系全体として見ると，生物多様性は，系内のすべての種の生物学的形質について，各種の優占度で重みづけ総和したものであるといえる（Grime 1998）．種が失われると，生態系内に現れる形質の範囲が狭まり，結果として生態系の特徴を維持できる条件範囲が狭くなる．さらには，それぞれの種がもっている形質の組み合わせは異なるため，種が加わったり失われたりすることは，形質どうしが相互に作用しながら生態系プロセスに影響する経路が変化することにつながる．**機能形質**（functional traits）は，各生物の特徴の中で，成長や繁殖，もしくは生存への影響を介して適応度に強く影響するものを指す（Díaz and Cabido 2001；Violle et al. 2007）．

まず，大まかには，種の影響はその優占度，その種が占有している地理的な範囲，そして，それぞれの個体ごとの影響に依存する（Parker et al. 1999；Suding et al. 2008）．優占種，もしくは広域分布種の優占度が変化することは，希少種の優占度が変化する場合よりも生態系へ及ぼす影響が大きい（図 11.2（b）；Sala et al. 1996）．なぜなら，生態系を巡る炭素や養分の循環のほとんどは優占種が担っていて，環境へ大きな影響を及ぼしているためである（Grime 1998）．たとえば，優占している針葉樹が病原菌や昆虫の大発生によって失われてしまうと，多くの生態系プロセスに強い影響を及ぼし，微気象や植物バイオマスを変えてしまう（Matson and Waring 1984；Kurz et al. 2008；Raffa et al. 2008）．しかし，一方で希少種も重要な機能を果たしうる．たとえば，ニュージーランドの氾濫原では，バイオマスとしては 3％に満たない非在来種の侵入が，土壌炭素，微生物バイオマス，そして微生物食の補食者であるセンチュウ（nematodes）の優占度を増加させた（Peltzer et al. 2009）．希少種が重要になるのは，極端なイベント（たとえば，昆虫の大発生，山火事，もしくは過剰な放牧など）や環境の変化が，生態学的に類似している複数の優占種を減少させたときである（Grime 1998；Walker et al. 1999）．

もし，すべての種の優占度が等しいが，機能的に異なっていた場合（すなわち，あるプロセスに対して特有の経路で貢献していたら），生態系プロセスの速度は種の増加にともなって線形に変化するだろう（図 11.2（a）；Vitousek and Hooper 1993；Sala et al. 1996）．たとえば，根の深さや，吸収する窒素の形態が異なる種が生態系に加わるに従い，植生による窒素の保持量は増加するだろう．しかし実際は，種数と各生態系プロセスの速度との関係は，種の増加にともなって頭打ちになる．なぜなら，加わった種のいくつかは，元から群集に存在する種と生態学的に類似しているからである（図 11.2（a））．

種間の機能的な類似性は，生態学的に重要である（Hooper et al. 2005）．生態系の中で，

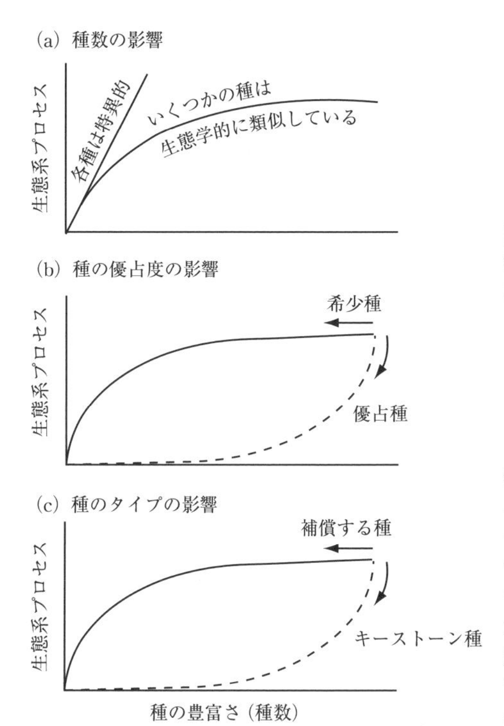


**図 11.2** ある生態系において，生態系プロセスと，種数，それらの相対的優占度，そして種のタイプとの間にあると予想される関係.（a）あるプロセス（もしくは蓄積）は種の増加にともなって増加するだろうが（図に示されているように），いくつかの種が生態学的に類似している場合，プロセスの増加は頭打ちとなる（Vitousek and Hooper 1993).（b）生態系から優占種を取り除くことは，希少種が失われることよりも生態系プロセスに大きな影響を及ぼす.（c）同様に，キーストーン種が失われると生態系へ大きな影響を及ぼす一方，ある機能タイプから一つの種を除いた場合，その機能タイプにおける他の種が優占度を上げることになる．このような補償によって，その機能タイプから大半の種が失われてしまうまで，弱い影響のみが生態系プロセスに及ぼされる．矢印は，種の消失に対して予想される生態系プロセスの変化を示している．Sala et al.（1996）に基づく.

**キーストーン種**は他のすべての種と異なり，そのバイオマスから予想されるよりも著しく大きな影響を，生態系もしくは群集に及ぼす（図 11.2（c）；Power et al. 1996)．たとえば，アフリカのツェツェバエ（tsetse fly）は，バイオマスあたりで見ると，生態系プロセスに大きな影響を及ぼす．なぜならば，ツェツェバエは人間の密度とその影響を制限しているからである（Sinclair and Norton-Griffiths 1979)†．キーストーン種が失われることのほうが，他の種と機能的に似た種が失われる場合に比べて生態学的な影響は大きい．なぜなら，後者の場合では，残った種が生態系機能を維持することができるためである．

**機能タイプ**（functional type）はその生態系への影響（**影響機能タイプ**，effect functional type)，もしくはそれらの環境変化への反応（**反応機能タイプ**，response functional type）が，「生態学的に似ている」種のグループである（Díaz and Cabido 2001；Elmqvist et al. 2003；Hooper et al. 2005；Suding et al. 2008)．硝化菌，常緑性灌木，シロアリなどは，生態系プロセスに予想可能な影響をもつ機能タイプの例である．硝化菌は，土壌中の利用可能な窒素の移動性を増加させる．常緑性の灌木はよく防御された葉を生産するが，このような葉は植食者にとっての嗜好性が低く，分解も比較的遅い．また，シロアリは土壌を鉛直方向に混合し，表層のリターを埋没させる．

† 訳注：ツェツェバエは，人間に対してアフリカ睡眠病を媒介する.

$C_4$ 草本や火災に適応した種は，特定の環境変化に対する反応が予想可能な機能タイプの良い例である．$C_4$ 草本は温暖環境で $C_3$ 草本よりも優れており，また，火災に適応した種は火災後に生き残ってただちに萌芽する．究極的には，我々はさまざまな機能がお互いにどのように影響するのかを理解したい．なぜなら，そうすることによって，環境変化時の種組成の変化がどのように生態系の反応につながっているのかを理解できるからである．たとえば，常緑性の灌木の多くは，土壌が貧栄養な条件で成長が良いなど，生態系や環境に対して予測可能な反応を示す．対照的に，$C_4$ 草本種は成長速度や養分への反応の幅が広く，気候変動によるそれらの分布の変化が，どのような結果に至るのかを予測することが難しい．

一つの機能タイプの種が多く存在すればするほど，生態系へ大きな影響を及ぼす機会が少なくなる．生態学者である我々に求められていることは，生態系への影響が大きな生物の形質を特定すること（Paine 2000），そして，どの環境変化がこれらの種の優占度を変化させるのかを予測することである．

## 11.4　影響機能タイプ

**種は，相互作用を介して制御している直接的な生態系プロセスを変化させるとき（たとえば養分供給や撹乱の発生など）に，生態系に大きな影響を及ぼすことが多い**（第1章参照）．これらの制御は，生物地球化学的プロセス，生物物理学プロセス，食物連鎖，そして撹乱レジームへ影響する（Vitousek 1990；Chapin 2003；S. E. Hobbie 私信）．相互的制御へ影響する種は，間接的に生態系機能のすべての面を変化させる．

### ■ 生物地球化学に対する種の影響

#### ▶ 養分供給

**養分の供給や流出に影響する種の形質は，生態系へ重要な影響を及ぼす**．元々窒素固定者がいない群集へ窒素固定者を導入することは，窒素の利用可能量や循環を増大させる．たとえば，外来の窒素固定樹木であるモレラ・ファヤ（*Morella faya*；以前は *Myrica faya* とよんでいた）をハワイに導入することで，窒素のインプット，リターの窒素含有量，窒素の利用可能量，植物と土壌動物の群集の組成が変化した（図 11.3；Vitousek et al. 1987；Vitousek 2004）．窒素を固定する移入種は，窒素が制限されていて，共生型の窒素固定菌が存在せず，十分なリン，微量元素，そして光が存在する生態系で最も繁栄しうる（第9章参照；Vitousek and Howarth 1991）．したがって，以下の条件で窒素固定種が侵入すると，生態系へ大きな影響を及ぼすことが予想できる．

(1) 養分供給量が低い（劣化した土地での遷移初期段階や他の低窒素環境）．
(2) 光やリンを巡る競争が小さい（たとえば遷移初期段階，被食による牧草群落の減少，湖や土壌にリンが豊富になる状況）．
(3) 窒素固定種が選択的に被食される．

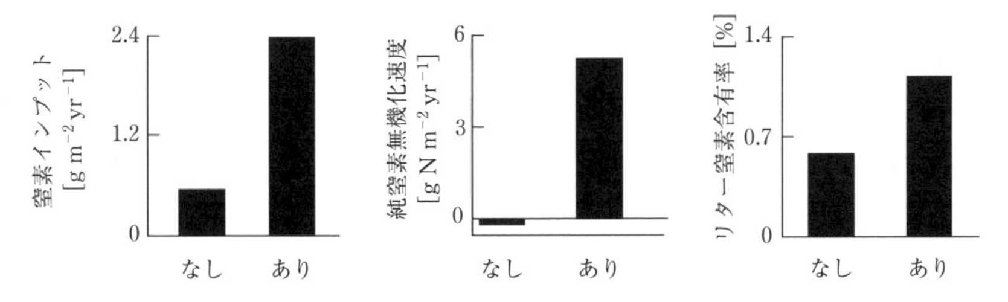


**図 11.3**　ハワイの山岳地の森林において，窒素固定を行う木本であるモレラ・ファヤ（*Morella faya*；ヤマモモ科）の有無が窒素流入，リターの窒素含有率，そして窒素の無機化速度へ及ぼす影響．データは平均値±標準誤差（Vitousek et al. 1987）

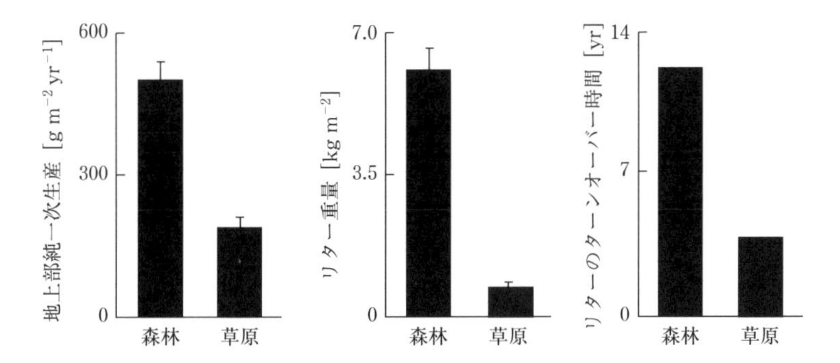


**図 11.4**　根の深さが異なる外来群集の間の生態系プロセスの比較．カリフォルニアのユーカリ林や一年生草原において．データは平均値±標準誤差（Robles and Chapin 1995）．

(4) 在来の窒素固定種がいない（たとえばソース個体群から遠い場所にある島嶼など）（Vitousek et al. 2002）．

深根性の種は，生態系によって利用される土壌の体積を増やすことができ，生産を支える水や利用可能な養分の供給を増加させる．たとえば，カリフォルニアの草原でかつて優占した多年生で矮性の草本は，移入されたヨーロッパの一年生草本もしくは人工林，とくにオーストラリアのユーカリの林分にその大部分がとって代わられてしまった．深根性の樹木であるユーカリ（*Eucalyptus*）は，一年生の草本よりもより深い土壌層に到達することができ，そのために森林植生はより多くの水や養分を吸収する．乾燥して，養分が欠乏している生態系では，このことが生態系における生産性や養分の循環を大きく促進するが（図 11.4），種の多様性は減少する．

より細かいレベルでは，乾燥地の草原における種の共生は，種ごとの根の深さとそれらが利用できる水資源に依存している（Fargione and Tilman 2005；Nippert and Knapp 2007a, b）．種によっては，その種のみが利用できる資源をもつものも存在する．たとえば，山岳地の雪田に生育するコリダリス属（ケマンソウ亜科；*Corydalis conorhiza*）は，積雪の中を地面から上に向けて成長する「スノールート（雪中の根）」を発達させる．それらが積雪中の窒素を利用しなければ，融雪時に斜面の下部へ流れてしまい，系から失われてしまうだろう（Onipchenko et al. 2009）．

また，菌根菌も，植生が利用可能な養分量へ影響する（第8章参照）．菌根が発達しなければ，外来性の樹種を植栽しても，それらが成長するのは困難となる．

動物は，ある場所で摂食し，他の場所へ糞として養分や尿素を落とすことで，資源の基盤へ影響を及ぼす（第10章参照）．たとえば，ヒツジは夜間に寝床を作る丘の頂上の土壌を豊かにする．回遊するサケ科魚類も，河川において同様の養分輸送を担う．それらは，開けた海洋において主に採餌し，その後，小さな河川に戻り，産卵をし，死に，分解する．海洋からサケ科魚類によってもたらされる養分は，小さな河川における藻類や昆虫類の生産性の大きな部分を支えている．これら養分のサブシディは，サケ科魚類を食べるクマやカワウソ（otter），もしくは河川から現れる昆虫の捕食者によって，隣接する陸域へ輸送される（Naiman et al. 2005）．

### ▶ 養分のターンオーバー

**種間でのリターの質の違いは，土壌の肥沃度についてサイト間の差を助長する．** 植物の種による植物組織の質の違いは，リターの分解速度へ強く影響を及ぼす（第7章参照）．貧栄養条件に適応した種のリターは，ゆっくりと分解する．なぜなら，低濃度の窒素やリン，そして高濃度のリグニンやタンニン，ワックス，そして他の難分解性もしくは毒性のある化合物が，土壌微生物に負の影響を及ぼすためである．貧栄養な場所に特徴的な種のリターの分解速度が遅いと，これらの場所における養分が少なくなる（図10.9参照；Hobbie 1992；Wilson and Agnew 1992）．対照的に，資源が豊富な場所に適応した種は，窒素やリンの含有量が高く，難分解性の化合物が低いために素早く分解するリターを作り出し，養分が豊富な場所における養分のターンオーバーを促している．

共通の土壌に異なる種を実験的に植栽してみると，種によるリターの質の違いが，とても短い間に土壌の肥沃度を変化させることがわかる．たとえば，プレーリーに生える遷移初期段階の草本は，遷移後期種で高いC：N比のリターを生成する種に比べてリターのC：N比は低いが，同じ土壌上でも，二つの種が植えられている場所は，正味の窒素無機化速度が3年間でまったく異なるものになってしまった（図11.5；Wedin and Tilman 1990）．

**湖の種構成は，その物質循環に強く影響を及ぼす．** たとえば，カワホトトギスガイ属（Zebra mussels）は，アメリカ中西部の淡水系に広がってしまっているが，それらは在来の類似した種より効果的な濾過食者として働き，1日で水柱の10〜100%を濾す（Strayer et al. 1999）．結果として，植物プランクトンのターンオーバーが加速され，他の利用可能な粒子が動物プランクトンの優占度を低下させ，水柱から堆積物へのエネルギーの流れを変化させる．

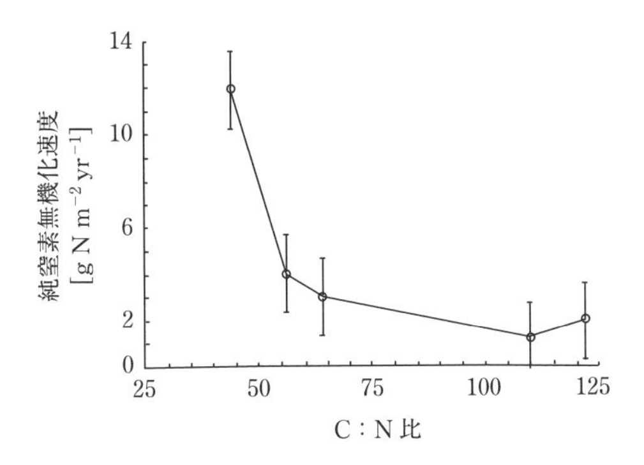


**図 11.5** C：N 比が異なるプレーリーの草本種が窒素の無機化に及ぼす影響．土壌には 100 g N m$^{-2}$ が含まれる．データは平均値± 95% 信頼区間（Wedin and Tilman (1990)）．

## ■ 種が生物物理学的プロセスへ及ぼす影響

**種による微気象への作用が生態系プロセスへ及ぼす影響は，極限環境において最も強くなる**（Wilson and Agnew 1992；Callaway 1995；Hobbie 1995）．たとえば，北方域に生育するコケは分厚いマットを形成し，土壌を夏の高い気温から断熱する（Heijmans et al. 2004）．結果として，土壌温度は低く保たれ，分解が遅れ，養分循環が遅くなる（Van Cleve et al. 1991；Turetsky et al. 2010）．具体的には，未分解の泥炭中へ窒素やリンが蓄積されることで，維管束植物の成長は減少する．暑い環境では，植物によって土壌が日陰になるということは，土壌の微気象を決定する重要な要素である．たとえば，砂漠のサボテン類の定着は「ナースプラント」[†]の陰でしばしばみられる．

**種による水やエネルギー交換への影響は，地域の気候に影響する．** 生態系における優占種の背丈，根の深さ，そして密度は，表層の粗度を決定し，空気力学的なコンダクタンス，最終的には生態系と大気との間の水やエネルギーのやりとりへ強く影響する（第 4 章参照）．群落が凹凸であると，機械的な乱流が発生し，空気の渦が植物の群落の中を深く貫通するようになる．これらの渦は，水蒸気を生態系から大気へ効率的に運ぶ．つまり，周辺の植生より背丈の高い個体や種は，群落の凹凸を生み出し，生態系からの水のフラックスを増加させる．

種によるアルベド，水やエネルギー交換の違いは，気候システムにとっても重要な影響を及ぼす．北方林の遷移後期に優占する針葉樹は，アルベドや気孔コンダクタンスが小さいので，大量の顕熱を大気へ移動させる．対照的に，火災後に成立する落葉林は，アルベドが高いためエネルギーの吸収も少なく，顕熱よりも潜熱の形でこのエネルギーを大気中へ移動させる．その結果として大気はすぐには暖まらず，降水となる水蒸気が増す（図 11.6）．

過放牧による植生の変化は，地域の気候を変化させうる．たとえば，中東では過放牧に

† 訳注：他の種の侵入と成長を助ける植物．

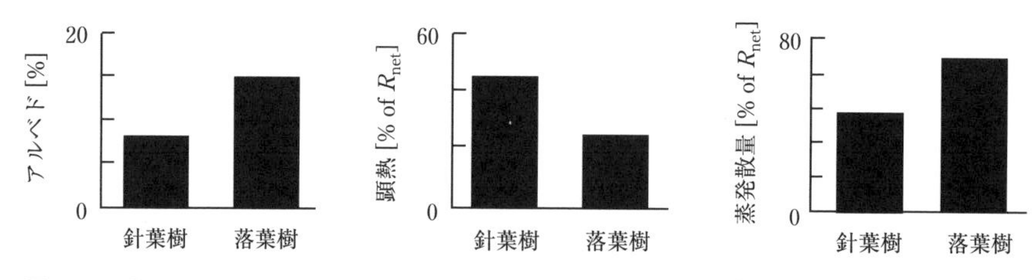


**図 11.6**　落葉樹および針葉樹の森からの顕熱および潜熱のフラックス[†1]．データは Baldocchi et al. (2000) より．

よって植物バイオマスの被度が減少した．モデルを用いてシミュレーションを行ったところ，過放牧の結果として起こるアルベドの増加が，吸収されるエネルギーの全量を減少させ，大気へ放出される顕熱の量，ひいては上空の対流の上昇量が減少していることを示唆していた．したがって，地中海から中東の内陸へ湿気はあまりもたらされず，降雨が少なく植生の変化を余儀なくされる（Charney et al. 1977）．これらの植生に駆動される気候のフィードバックは，肥沃な三日月地帯[†2]の砂漠化を引き起こしている可能性がある．

## ■種による栄養相互作用

**栄養相互作用を変化させる種は，生態系に大きく影響する可能性がある．** 頂点捕食者が失われると，被食者の個体数が激増することがあり，その餌資源を枯渇させ，結果として生態的影響が波及していく（第10章参照），こうした**トップダウン制御**（top-down control）は，とくに水域にて発達している．たとえば，ロシアの毛皮商人によってラッコ（sea otter）が失われると，ウニ（sea archin）の個体数が激増し，コンブ（kelp）を食べ尽くしてしまう（図11.7；図11.8（口絵12）；Estes and Palmisano 1974）．近年，北太平洋において過剰な漁業が行われたことで，シャチ（killer whale）が餌を探して沿岸域を移動するようになり，ラッコが新たな被食者となることで，前述のようなウニの激増を引き起こしている（Estes et al. 1998）．ウニが高密度でなければ，コンブはさまざまな潮間帯の生物群集へ物理的な構造を提供するとともに，嵐のときに波によって沿岸域の土砂が流出してしまうのも防いでいる．同様に，陸上でもホッキョクギツネ（arctic fox）を島に導入することで，海鳥が減り，海由来の養分が減少することで草原から灌木帯へ植生が変化したという例がある（Croll et al. 2005）．

湖において，新たな魚種が加わったり失われたりすることは，しばしば食物連鎖へカスケード効果をもたらすようなキーストーン効果を及ぼす（Carpenter et al. 1992；Power et al. 1996）．水域以外の多くの生態系も，捕食者の変化に対して強く反応する（Hairston et al. 1960；Strong 1992；Hobbs 1996）．たとえば，オオカミが失われてしまったことで，エルク（elk）の個体群が補食圧から解放されて植生を食べ尽くしたり（Beschta and

---

†1 訳注：$R_{net}$ は式（4.3）の正味放射量を指す．

†2 訳注：現在のイラクからシリアを経てエジプトに至る地域．

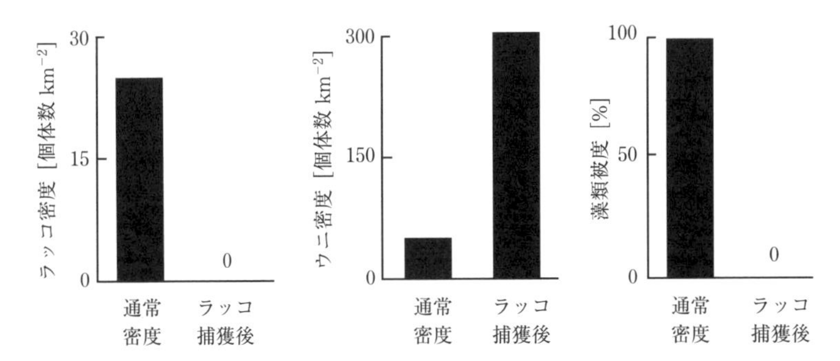


**図 11.7** アラスカのアリューシャン列島におけるラッコとウニの密度，そして大型藻類の被度．サイト間では，過去 300 年に及ぶ捕獲圧が異なるため，ラッコの密度が異なる．データは Estes and Palmisano (1974) より．

**図 11.8（口絵 12）** アラスカのアリューシャン列島において，ラッコが優占する潮下帯のコンブの森のハビタットと，ロシアの毛皮商人によってラッコが失われた結果，ウニが優占する不毛な場所（右下）の比較．三つの優占するコンブは，表面に向けて伸びる一年生種のオニワカメ属（*Eualaria*（*Alaria*）），背丈の低い群落を形成するゴヘイコンブ属（*Laminaria*），そして葉に穴があるアナメ属（*Agarum*）．写真は Jim Estes 氏と Mike Kenner 氏の好意による．

Ripple 2009），ゾウや他のキーストーンとなる植食性哺乳類が失われてサバンナへ樹木が分布を拡大したりする（Owen-Smith 1988）．アフリカにおいて偶蹄類へ被害を及ぼす牛疫のような病原菌は，競争関係や群集構造を大幅に改変するキーストーン種として働くこともある（Bond 1993）．宿主特異的な植食性昆虫や病原菌が存在しない状態でもち込まれた植物は，しばしば強力な侵入者となる．たとえば，サボテンであるオプンティア属（*Opuntia*）はオーストラリアへもち込まれた際に著しく優占したが，サボテンに特異的な植食者である *Cactoblastis*（メイガの一種）を導入することで，過食によって管理可能なレベルに減少した地域がある．その他にスペシャリスト植食者がいないことで脅威になった種としては，ヨーロッパにおけるアキノキリンソウ（*Solidago spp.*）や，アルゼンチンの野バラ（*Rosa spp.*），そしてカリフォルニアのヤグルマギク（*Centaurea spp.*）などがある．

こうした捕食者や病原体によるトップダウン制御は，生態系におけるエネルギーや養分の全体的な流れよりも，しばしば，下位の栄養段階に属する種のバイオマスの構成に大きな影響を及ぼす（Carpenter et al. 1985）．なぜならば，生産者のターンオーバーが大きいためである．たとえば，ダンザニアのセレンゲティ（Serengeti）の南部や南東部のような強く被食された草原系では，植物のバイオマスは小さいがターンオーバーが速く，また，大型哺乳類からの排泄物の供給によって炭素や養分の循環も速い．草本が食べられることによって，枯死したリターが立った状態で蓄積するのを防ぎ，養分が植物に利用可能な形で土壌に戻る速度を速める（McNaughton 1985, 1988）．したがって，キーストーンとなる捕食者や植食者は，エネルギーや養分フローの経路を変え，植物ベースとデトリタスベースの食物連鎖のバランスを改変するが，それが生態系全体としてのエネルギーや養分循環へ及ぼす影響については理解が進んでいない．

## ■撹乱レジームへの種の影響

**撹乱レジームを変化させる生物は，定着と種間相互作用の間で生態系プロセスを制御する相対的な重要性を変える．** 撹乱後，しばしば生態系への移入と消失は釣り合わないのだが，新しい個体の定着を含む多くの生態系プロセスに大きな変化が起こる（第12章参照）．こうした理由から，撹乱の頻度や強度を変化させるような動植物は，非平衡状態において，定着などの群集構造を決定づけるプロセスの重要性を増加させる．裏を返せば，撹乱後に定着する植物は，その後の生態系のあらゆる機能へ影響するということである．

動物が生態系プロセスへ影響する主なメカニズムの一つとして，**生態系エンジニア**（ecosystem engineer）としての行動によるハビタットの形成や改変がある（Jones et al. 1994；Lawton and Jones 1995；Hobbs 1996）．たとえば，ホリネズミ（gopher），ブタ，そしてアリなどは，土壌を物理的に破壊し，植物の実生の定着に適した場所を作ることで，とくに遷移初期種の定着を促す（Hobbs and Mooney 1991）．植生を踏み荒らし，樹木の一部を失わせるアフリカのゾウも，同じような影響力をもっている（Owen-Smith 1988）．同じように，更新世の大型動物はコケを踏みつけ養分の循環を促進することで，ステップにおける草本植生の繁栄を支えていたと考えられている（Zimov et al. 1995）．一般的には，遷移初期の木本類の少ない植生への変化は，バイオマスの低下，バイオマスの割には高い生産量，分解しやすい質のリターや微環境の形成へつながる（第12章参照）．関連して起こる無機化は，生産を促すか（Zimov et al. 1995），または生態系からの窒素の喪失を促すが（Singer et al. 1984），その程度は撹乱の強度による．

北アメリカに生息するビーバー（beaver）は，景観スケールで物理環境を改変する生態系エンジニアである（Jones et al. 1994）．洪水が起こることで，有機物を豊富に含む河畔の土壌が嫌気的になり，ビーバーの生育する池がメタン放出のホットスポットとなっている（第13章参照；Roulet et al. 1997）．19世紀から20世紀初頭にかけてビーバーが乱獲されたが，近年，その個体群が回復するにつれて，北方域の景観は劇的に変化した．また，ビーバーが優占する場所では，メタンの放出量が4倍に増加した（Bridgham et al. 1995）．

土壌中の主な生態系エンジニアは，温帯ではミミズ（earthworm），熱帯ではシロアリ（termite）である（Lavelle et al. 1997）．これらの生物による土壌撹拌は，明確な土壌層位の形成を妨げ，土壌の緻密度を低下させるとともに，有機物を表層から深層へ移動させることで，土壌の発達や多くの土壌プロセスへ影響する（第7章参照）．同時に起こる土壌撹乱は，土壌中への炭素貯蔵を減少させ，下層植物の多様性を低下させる（Bohlen et al. 2004）．

植物は，その可燃性によって撹乱レジームを変化させる．たとえば，草本が森林や灌木帯へ侵入すると，火災の頻度を増加させ，森林や灌木帯を草原に変えてしまう（D'Antonio and Vitousek 1992；Mack et al. 2001；Grigulis et al. 2005）．同様に，北方域の針葉樹は，落葉性の樹木に比べてより可燃性が高い．なぜならば，針葉樹の葉や枝の表面積は大きく，下枝が低い所までついているため樹冠は（実質的に）地表面近くまで達し（火が容易に樹冠に達する梯子として働く），さらに含水量が低く，樹脂の含有量が高いためである（Johnson 1992）．一方，北方域に生える針葉樹の樹脂は，火災を促進する一方で分解を遅らせる働きもあり（Flanagan and Van Cleve 1983），燃料の蓄積へつながる．

一方，植物は土壌を安定化させ遷移初期段階の風食や土壌侵食を減少させることで，撹乱を減らす役割を果たしている．植物によって撹乱が減少するおかげで遷移は進み，遷移後期段階の生産性や構造に影響する土壌養分が保持される．たとえば，砂丘に草本をもち込んだことで，アメリカ西部の砂丘の土壌蓄積パターンや砂丘の形が変化した（D'Antonio and Vitousek 1992）一方，南アフリカにアカシア（acacia）がもち込まれたことで砂丘は安定化し，その地域にヨーロッパ人が定住するのを助けた．山岳地の遷移初期段階では，植生は土壌を安定化させ，土砂崩れの発生確率を低下させる機能をもつ．

## 11.5　反応機能タイプ

**環境への応答が種間で異なると，環境が変化した際に，生態系プロセスの速さが維持される条件の幅が広がる．**どのような生態系であれ，優占種は，基本的にはその地理的な分布範囲や過去の気候の変異に対する反応の歴史が異なる（Webb and Bartlein 1992）．したがって，優占種は現在の環境の季節・年々変化に対する応答や，一定の方向性をもった変化に対する応答も異なりそうである．生態系に複数種が共存しているのは，それらが同一の環境範囲に適応したからではなく，それらが共生する環境において，生残，競争，そして繁殖することが可能であったためである．優占種ではない種は，自身の能力を上げ，温度，湿度，肥沃度，そして撹乱頻度の変化や害虫の大発生への反応において，より強い競争者となるかもしれない．生態系において代表的な種の環境への耐性の幅が大きいほど，一次生産，二次生産，そして分解などの生態系プロセスの速さが維持される条件の幅も広くなるだろう．このため，環境への反応の多様性は，環境のばらつきや変化に対する生態系機能のレジリエンスを高める（Elmqvist et al. 2003）．

**反応の多様性は，生態系における資源の利用・保持の効率を高めるだろう．**たとえば，実験的な草原群集において，より多くの種が植栽された区画では，多様性が低い区画に比べて植物の被度が高く，系外に流出しうる土壌中の硝酸濃度が低かった（図 11.9；Tilman et al. 1996）．このことは，多様な群集では，生産的な種が含まれる可能性が高いことを反映している（Hooper et al. 2005）．また，種が**資源利用について相補的パターン**をもっている場合には，多様性が高い区画はより多くの資源を利用するだろう（各種が異なる種類の資源を利用する，異なる根の深さをもつ，吸収の時期が異なる場合など；Tilman 1988；Dimitrakopoulos and Schmid 2004）．たとえば，オランダでは種が豊富なヒースランドは生産的である．その理由は，一つの種の生産性の高さによるものではなく，生産性の低い数種が相補的に生産を行っているためである（van Ruijven and Berendse 2003）．相補性は，他種が十分に利用していない資源を利用する種が自然選択されることによって，増加する傾向がある．

温帯の草原では，植物による資源利用が相補的であるという証拠が野外で得られている．$C_4$ 草本は，$C_3$ 草本に比べて気温が高い条件で活発である．結果として，$C_3$ 草本が，生育時期の早い段階における草本の生産を主に担い，$C_4$ 草本は生育時期の中頃に生産を多く行っている．同様に，ソノラ砂漠において，夏の雨と冬の雨の後では異なる一年生植物が活発になる．二つの例においては，種間での環境応答の違いが，年間の生産を増やしている．混作をしている耕作地・農地生態系では，種間で 1 年のうちの異なる時間を利用するようにフェノロジーをもつほうが，異なる根の深さをもつよりも生産量を増加させていた

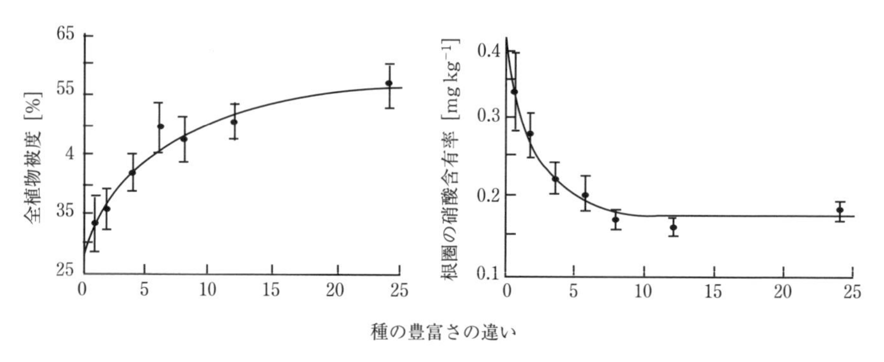


**図 11.9**　実験区画に播種された種の数が全植物被度や根圏における硝酸濃度へ及ぼす影響．データは平均±標準誤差．Tilman et al. (1996) より．

(Steiner 1982).

多様な生態系のほうが，必ずしも生産的，もしくはより有効に資源を利用しているとは限らない．たとえば，作物・森林のいずれも，単植の場所であっても，混作の畑（Ewel 1986；Vandermeer 1995）や混植の森林（Rodin and Bazilevich 1967）と同程度の生産性をもつ．**種の豊富さ**が生態系プロセスへ及ぼす影響は，実験系においては，しばしば多くの自然群集でみられるよりもずっと少ない数の種（5～10 種）で飽和する（図 11.9）．種数が生態系プロセスに影響する状況やメカニズムを明らかにすることは，生態系研究において活発な分野となっている（Hooper et al. 2005；Naeem et al. 2009）．

また，反応の多様性は動物においても重要である．ポリネシア西部では，大部分の樹木が肉厚の果実を作るが，それらは大型のコウモリ（オオコウモリ，flying fox）によって散布される．コウモリは種間で食料の 60～80%が重なっているため，たとえ優占するコウモリ種がサイクロンによって失われても，他のコウモリ種が優占度を増やし果実を散布し続ける（Elmqvist et al. 2003）．このように，種子散布者の反応の多様性は，土地利用の変化によって森林ハビタットが分断され，種の維持にとって植物の定着がより重要となる中で，影響力を増している．

## 11.6 生態系への形質の影響の統合

### ■ 複数の形質の機能的マトリクス

**生物は，複数の形質を介して複数の経路で生態系へ影響する．**機能タイプとは，一つの形質もしくは強く相関している複数の形質について，その生態系プロセスへの影響を検討するために生態学者が考え出した概念である．たとえば，我々は山火事への耐性，成長に関する形質，温度耐性，根の深さ，分散能力などそれぞれについて機能タイプを記載することができる．しかし，これらの形質の多くはお互い独立して変異するため，一つの機能タイプについて着目するだけで，種が生態系へ及ぼす影響の経路を網羅することは難しい．たとえば，分解に及ぼす種の影響は，リターの化学性，可溶性炭素の浸出，土壌水分への影響などお互いに独立して変化する複数の形質によって決まっている．そのような中で，形質の**機能的マトリクス**は，機能タイプに基づいたアプローチを発展させ，生態系に存在するすべての形質を考慮する概念である（Eviner and Chapin 2003）．それぞれの形質（たとえば，葉のリグニン含有量，成長速度，根の深さ）は，その形質について特異的な値をもつ種について，種をまたいで連続的な値として扱うことができる．一次元的な機能分類に比べるとより複雑ではあるものの，機能的マトリクスのほうが，より正確に種の生態系への影響について評価できる．たとえば，種の影響に関して，広いスケールでのパターンを記載するうえで有効であるのに加え，より包括的に種の形質を考慮することで，特定の生態系における相互作用の理解が深まるだろう．

機能的マトリクスは，生態系の再生において有益な指標となるだろう．反応形質は，ある特定の環境に耐えたり，よく成長したりする種を選択する（Grime 2001）．ある特定の環境で繁栄する種の集合は，そうではない種に比べて環境への影響が異なりそうである．適切な種を選ぶことで，生態学者は生態系を発達させる方針を示すことができる（Whisenant 1999）．たとえば，被覆作物を，窒素の供給量によって選ぶことがある（Eviner and Chapin 2001）．同様に，河川復元においては，流出に耐えることができ（反応形質），地下水から硝酸を蓄積することができる（影響形質）ような，河畔性の種が求められるだろう．種を繁栄させ，その種にとって良い影響を及ぼしている形質のマトリクスがわかれば，適切な形質の組み合わせをもち，地域に適応した種を選ぶことも可能であろう（Eviner and Hawkes 2008）．潜在的に高い復元能力をもった種が成功するか否かは，種間相互作用や他の（しばしば知られていない）要因によって変化する．加えて，やむをえないトレードオフ（たとえば，速い成長と，乾燥や土壌肥沃度の低さへの耐性との間など）があるので，まとめることが可能な形質の組み合わせも限られてくる．

## ■反応形質と影響形質のつながり

**環境のばらつきや変化が生態系プロセスに及ぼす影響は，種が示す環境への応答と生態系への影響との関係によって変化する**（Suding et al. 2008）．生態系内に存在する形質は，種という明確な入れ物に収まっているが，種は，それぞれ特有の反応および影響形質の組み合わせをもっている．もし，反応形質と影響形質が強く関係していれば，生態系は，それらの形質に影響する環境変化に対して敏感に反応するだろう．たとえば，窒素吸収能力，光合成，そして成長率が高い種は，窒素付加に対して敏感に反応し，分解速度の速いリターを生成するため，窒素が豊富なサイトで優占する．一方で，これらのプロセスが遅い種は，窒素が少ないサイトで優占する．生態系が窒素供給に対して敏感に反応するのは，少なくとも部分的には反応形質と影響形質のつながりが強いことが理由である．

しかし，前述した$C_3$草本と$C_4$草本やオオコウモリの例にあるように，種の反応と影響の間では，ほとんどもしくはまったく関係がない場合もある．その場合では，多くの似た種が共生することで，環境のばらつきや変化に対する生態系の感受性が最小化されている．なぜならば，そこでの影響形質のタイプ（たとえば草本など）には，暖かく乾燥した状況で生産的な種が含まれる一方，寒くて湿った条件で生産的な種も存在するためである（Suding et al. 2008）．同様に，嗜好性，不嗜好性の種の両方を含むような草原の生産性は，不嗜好性の草本を含まない草原に比べて，被食が強い時期に対する感受性が低いだろう（Walker et al. 1999）．

## ■保険としての多様性

**現在，地球は史上6番目に大きな絶滅イベントの最中にある**（Pimm et al. 1995）．過去に起こった絶滅について，いくつかの理由ははっきりしないが，おそらく小惑星の衝突や周期的な火山活動によるものだろう．現在の絶滅速度は，人類が現れる前の少なくとも100倍ほどの速さとなっている（図11.10；Mace et al. 2005）．現在起こっている絶滅イベントは，生物的に駆動されているという点で，これまでと比べて特異的である．とくに，

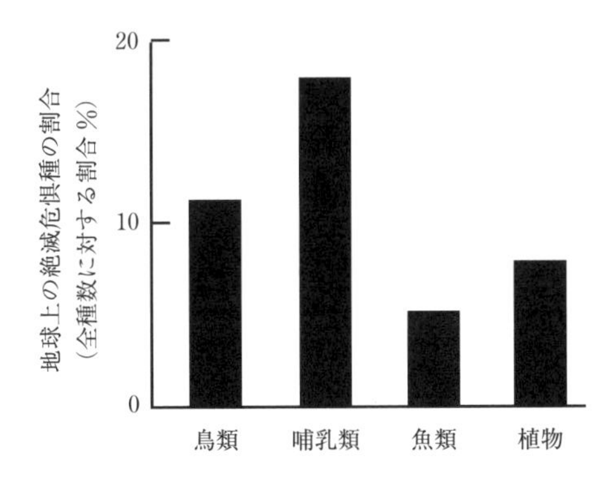


**図 11.10** 現在，絶滅の危機に瀕している主要な脊椎動物と維管束植物の割合．Chapin et al.（2000b）より．

人間による土地利用，種の移入，そして環境変化の要因が大きい．人間活動はグローバルスケールでさまざまなプロセスに影響しているが（第 14 章参照；Vitousek 1994），種の多様性の消失は，不可逆的であるためにとくに懸念されている．種はひとたび失われると，回復しない．そのため，現在起こっている種の多様性が機能的に失われてしまう結果を理解することは必要不可欠である（Chapin et al. 2000b）．

**多様性は，極限環境や新たな環境において，生態系機能が変化してしまうことへの保険となっている．**ある種にとって好適な条件は，他の機能的に似た種の競争時の利点を減らすこととなり，群集全体のバイオマスや活性が安定する（McNaughton 1977；Chapin and Shaver 1985；Tilman et al. 2006）．言い換えれば，ある種が自身にとって好適な条件下で資源獲得を増加させれば，他の種にとっては資源が減り，成長量が減少する．たとえば，北極圏の叢生ツンドラでは，天候の年々変化によって，優占する維管束植物の種間で少なくとも 2 倍の生産量のばらつきを生み出した．しかし，ある種にとって好適な年には，他の種の生産量が減り，結果として研究を行った 5 年の間に，生態系スケールでは生産量の変異はみられなかった（Chapin and Shaver 1985）．このように，多様化によってバイオマスや生産性が安定化する現象は，水や養分の添加（Lauenroth et al. 1978；Tilman et al. 2006）もしくは被食（McNaughton 1977）に反応する草原や，温度や光，そして養分の変化に反応するツンドラ（Chapin and Shaver 1985），酸性化に反応する湖（Frost et al. 1995）など，多くの（しかしすべてではない）研究において観察されている（Cottingham et al. 2001）．多様性によってプロセスが安定することは，我々の社会とも関連している．農家は伝統的にさまざまな作物を植えるが，それは生産性を最大化するためではなく，悪い年に凶作になるリスクを減らすためである（Altieri 1990）．

種の多様性は，環境の年々変化に対する生態系プロセスの年々変化を安定化させるのみならず，極端なイベントによって生態系の構造やプロセスが劇的に変化してしまうことに対する保険としても働いている（Walker 1992；Chapin et al. 1997）．一つの種を絶滅させてしまうほどの気候変化や異常気象であっても，一つの機能タイプに含まれるすべての種を消失させることはなさそうだ（Walker 1995）．なぜならば，反応および影響形質は，種間にさまざまな組み合わせで存在しているためである（Eviner and Hawkes 2008）．一つの影響形質タイプにより多くの種が含まれていればいるほど，絶滅イベントが複数回起こったとしても，生態系へ深刻な影響は及ぼさないだろう（Holling 1986）．コケの種の多様性を操作した室内実験では，多様な群集のほうがそうではない群集に比べて，乾燥にさらされたときに大きな優占種の生残率が増加し，群集全体の高いバイオマスを維持した（Mulder et al. 2001）．同様に，野外実験においても，草本群集が人為および自然状態での気候の変異や撹乱にさらされた際に，多様性が群集の組成や構造を維持するのに貢献している（Grime et al. 2000；Hobbs et al. 2007；Grime et al. 2008）．

## ■ 種間相互作用と生態系プロセス

**種間の相互作用によって，それぞれの種が生態系へ及ぼす影響は変化する．** 多くの生態系プロセスは種の優占度の変化に対して複雑に反応する．なぜなら，種間の相互作用は，種の形質が生態系スケールにおいて発揮される程度を決定するからである．共生，栄養相互作用（補食，寄生，そして植食），相互扶助，競争などの種間相互作用は，直接的にはエネルギーや物質の流入経路を変化させることで，また間接的には種の優占度もしくは形質を変化させることで生態系プロセスに影響するだろう（Wilson and Agnew 1992；Callaway 1995）．

**種の影響の多くは間接的なもので，簡単には予測できない．** 自身では生態系プロセスへの影響が小さな種でも，もしそれらが生態系へ直接的に大きな影響を及ぼす種の優占度へ，前述したように栄養相互作用を介して影響を与えるのであれば，間接的影響は大きいだろう．たとえば，生態系への直接的な影響が小さい種子散布者や送粉者は，生態系へ直接的に大きな影響をもっている林冠構成種の維持に必要不可欠であろう．河川中の捕食者である無脊椎動物は，被食者の行動を変化させ，それらを魚に補食されやすくし，魚の体重を増加させる（Soluck and Richardson 1997）．草原では，マメ科植物と $C_4$ 草本が組み合わさることで，土壌への炭素の蓄積が増加する．なぜなら，マメ科植物は窒素の流入を促し，$C_4$ 草本はその窒素を効率的に利用して根のバイオマスを生産し，その結果として土壌の炭素蓄積を増加させるためである（Fornara and Tilman 2008）．複数の種のリターが混ざると，窒素は各リタータイプのみから予想されるのとは異なる速さで（しばしば速く）分解する（Gartner and Cardon 2004）．これらのリター間の相互作用の特徴は，環境に対して敏感で（Jonsson and Wardle 2008），しばしば一つのリタータイプからの養分と他のリタータイプの炭素の化学性の相互作用が反映されるという点である（Dijkstra et al. 2009）．また，動物－植物－微生物の間での相互作用は，カリフォルニアの草原における種の影響を調節している（Eviner and Chapin 2005）．たとえば，リターの質が低い（C：N 比が高い）ヤギムギ（goat grass）の種子をまいた実験区画では，撹乱がなければ窒素の無機化が少ない．しかし，この種の根のバイオマスが高いことによって，土壌の凝集性が増し，ホリネズミが土に穴を掘る際に必要なエネルギーが少なくてすむ．すると，ホリネズミがヤギムギの区画へやってきて撹乱を起こすことで，窒素の無機化を促進する．したがって，植物，動物，そして微生物の間に存在するあらゆる形の生物間相互作用が，生物多様性が生態系機能へ及ぼす影響を理解するうえで重要となる．上述した例はそれぞれの生態系に特有であるが，生態系に強い影響をもっている種間相互作用があらゆる場所に存在することを考えると，これらの相互作用は生態系機能の一般的な特徴ともいえるだろう（Chapin et al. 2000b）．多くの場合において，生物間の相互作用の変化は種の表現形質を変え，結果として種が生態系へ及ぼす影響も改変する．すなわち，ある種が存在するかしないかを単純に知るだけでは，その種が生態系へ及ぼす影響を予測するのに不十分である．生物間の相互作用のタイプや特徴を数理生態学的観点から予測するためのフレームワークも，まだ提案され始めたばかりである（Parker et al. 1999；Polis 1999；Eviner and Hawkes 2008；Cardinale et al. 2009）．

## 11.7 まとめ

地球上の生物多様性は，頻繁に起こる種の絶滅（地域スケール，グローバルスケールのいずれも），移入，そして優占度が変わることによって，著しく変化している．しかし，我々はこうした変化が生態系にどのような結果をもたらすのかについては，まだ理解し始めたばかりである．多くの種は，その活性を律速している資源の供給やターンオーバー，微気象，栄養相互作用，そして撹乱レジームを介して生態系プロセスに大きく影響する形質をもっている．これらの種の形質が生態系プロセスへ及ぼす影響は，生態系スケールでの種の優占度，群集内での他の種との機能的な類似度，そして重要な形質へ影響する種間相互作用などによって変化する．

種の形質による生態系プロセスへの影響は，一般にとても強いため，種構成や生態系の多様性の変化は，生態系の機能を変化させると考えられるが，その変化を正確に予想することは難しい．一定面積における機能的多様性自体は，異なる種間で資源を相補的に利用したり，生態系への特異的な影響をもった種を含む可能性を増加させる場合には，生態学的に重要となるだろう．機能的に同じ影響タイプに含まれる種でも，一般に環境への反応は異なるので，ある機能的影響タイプ内での反応の多様性は，環境の時間的な変異や方向性をもった変化に対して生態系プロセスを安定化させるだろう．対照的に，機能的な影響が異なる種を生態系にもち込むことは，生態系の変化を加速させるだろう．

## 復習問題

1. 機能タイプとは何か？　もしすべての種が生態学的に異なっていた場合，機能タイプという概念を用いることの有用性は何か？
2. (a) 生態系における種数，(b) 失われた種の豊富さや優占度，もしくは (c) 失われた種のタイプによって，種が失われることで予想される生態系への作用は異なるか？

説明せよ．

3. もし，ある種が生態系に侵入もしくは失われた場合，どのような種の形質が生産性や養分循環に大きな影響を及ぼすと考えられるか？　種の影響が起こるメカニズムを表している例を示せ．
4. どのような種の形質が気候や水文など地域的なプロセスへ影響するか？
5. 生物間相互作用は，どのようにして種が生態系プロセスへ及ぼす影響へ作用するか？
6. 一つの機能タイプにおける種の多様性が，生態系プロセスへどのように影響するか？　これが起こるメカニズムは何か？　なぜ，機能タイプ内と機能タイプ間での種構成の変化の影響を区別することが重要なのか？
7. 生態系において種の多様性が，養分の吸収もしくは消失に影響を及ぼすと考えられるメカニズムは何か？　これらの可能性のあるメカニズムを区別する実験を提案せよ．作物の生産性を保ちつつ，養分循環の漏れが少ない農業生態系をデザインせよ．

## 参考文献

Chapin, F.S., III, E.S. Zavaleta, V.T. Eviner, R.L. Naylor, P.M. Vitousek, et al. 2000. Consequences of changing biotic diversity. *Nature* 405: 234-242.

Frost, T.M., S.R. Carpenter, A.R. Ives, and T.K. Kratz. 1995. Species compensation and complementarity in ecosystem function. Pages 224-239 in C.G. Jones, and J.H. Lawton, editors. *Linking Species and Ecosystems*. Chapman and Hall, New York.

Hooper, D.U., F.S. Chapin, III, J.J. Ewel, A. Hector, P. Inchausti, et al. 2005. Effects of biodiversity on ecosystem functioning: A consensus of current knowledge and needs for future research. *Ecological Applications* 75:3-35.

Lawton, J.H., and C.G. Jones. 1995. Linking species and ecosystems: Organisms as ecosystem engineers. Pages 141-150 in C.G. Jones, and J.H. Lawton, editors. *Linking Species and Ecosystems*. Chapman and Hall, New York.

Naeem, S., D.E. Bunker, A. Hector, M. Loreau, and C. Perrings, editors. 2009. *Biodiversity, Ecosystem Functioning, and Human Well-being: An Ecological and Economic Perspective*. Oxford University Press, New York.

Parker, I.M., D. Simberloff, W.M. Lonsdale, K. Goodell, M. Wonham, et al. 1999. Impact: Toward a framework for understanding the ecological effects of invaders. *Biological Invasions* 1 :3-19.

Power, M.E., D. Tilman, J.A. Estes, B.A. Menge, W.J. Bond, et al. 1996. Challenges in the quest for keystones. *BioScience* 46:609.

Vandermeer, J. 1995. The ecological basis of alternative agriculture. *Annual Review of Ecology and Systematics* 26:201-224.

Vitousek, P.M. 1990. Biological invasions and ecosystem processes: Towards an integration of population biology and ecosystem studies. *Oikos* 57:7-13.

Wilson, J.B., and D.Q. Agnew. 1992. Positive-feedback switches in plant communities. *Advances in Ecological Research* 23:263-336.

# 第Ⅲ部

# パターン

# 第12章 時間的動態

生態系プロセスは，あらゆる時間スケールでの環境の変動にたえず適応している．本章では，生態系の時間的変動の主なパターンと制御メカニズムについて解説する．

## 12.1 はじめに

生態系は，現在の環境だけでなく過去の環境変化にも応答して，つねに変容している (Holling 1973；Wu and Loucks 1995；Turner 2010)．これまでの章では，現在の環境に対する生態系の応答に焦点を当てた．現在の動態に影響する過去の変化には，比較的予測しやすい日・季節変化や，予測しにくいあるいはより長周期で生じる環境変化（たとえば，気象前線の通過，エルニーニョ，氷期サイクル）と撹乱（たとえば，倒木，植食者の大発生，伐採，火山噴火）が含まれる．結果として，生態系の振る舞いは，現在の環境とさまざまな過去の環境変動や撹乱にたえず影響される．本章では，このような生態系の時間的動態について解説する．

## 12.2 焦 点

人間は，過去50年の間に人類史上類を見ない速さで広範囲に生態系を変化させてきた．これらの変化は，指数関数的な人口増加，資源の消費および地球環境や生態系を改変する技術力の向上に起因している．おそらく生態系生態学に最も緊急に求められるものは，生態系のレジリエンスおよび変化を制御する要因に対する理解を向上させることである．我々は，起こりつつある撹乱のタイプや強度の変化にどのように備えるべきであろうか．たとえば，気温上昇は海水面温度を上昇させ，ハリケーン・カトリーナのように，沿岸都市に被害をもたらすハリケーンの強度を高めると予想される（図2.1参照）．世界の乾燥地域での温暖化・乾燥化は，すでにオーストラリア，南ヨーロッパおよびアメリカ西部で生じているような干ばつや，それにともなう火災および植食者の大発生を引き起こすと予想される（図12.1（口絵13））．洪水は，湿潤な低地の沿岸地域でより頻発するだろう．生態系は，頻繁に直面する撹乱に対してどのように応答するだろうか？　新たな撹乱に対してはどうだろうか？　生態系のどのような特性が，撹乱レジームの変化に対して構造や機能を維持する能力を高めるだろうか？　人間が引き起こす気候変動によって，撹乱レジームが歴史的なパターンを逸脱するとき，生態系生態学者は新たな撹乱パターンを引き起こした原因やその結果を解明することで，生命や財産の保護，多様性や生態学的な特性の維

図 12.1（口絵 13）　気候の温暖化により多くの乾燥地域で山火事の範囲が拡大しており，生物の生存や，原野と都市の境界面の資源を直接的に脅かしている．写真はコロラド州ゴールドヒル（Gold Hill）における 2010 年の火災で，Greg Cortopassi 氏（Cortoimages.com）の好意による．

持において重要な役割を果たすだろう．

## 12.3　生態系レジリエンスと変化

### ■代替的安定状態

**ある環境において，一つの生態系はしばしば複数の潜在的な状態をとりうる．**我々が今日観察している生態系は，現在の状況下で繁栄する能力だけでなく，過去に生じたイベントである歴史的な**レガシー**（legacies，遺産）にも依存している．生態系は**複雑適応系**（complex adaptive system）であるため，過去の土地利用履歴のようなレガシーは重要である．つまり，生態系はさらされてきた変化に応答してその特性（adapts）を複雑に変化させる（Levin 1999；Chapin et al. 2009）．たとえば，北アメリカ北東部の広い地域は，過去に耕作地化のために伐採されたが，1850 年以降は森林に戻っている（図 12.2）．かつての耕作地上に発達した 150 年生の森林では，作土層がいまでも残っている．一方，以前に植林地であった森林では，この土壌特性と養分供給の鉛直方向の不連続性は生じない（Motzkin et al. 1996；Foster et al. 2010）．このような異なる履歴は，森林に，種組成，乾燥の感受性や社会にもたらす生態系サービスの違いを生じさせる．近年では，このような歴史的なルーツによる影響のほかに，舗装道路や市街地の面積拡大による影響も受ける傾向にある．これらの硬い地表面もまた，種構成，水域生態系への流出や将来的な生態系変化の軌跡に影響する．

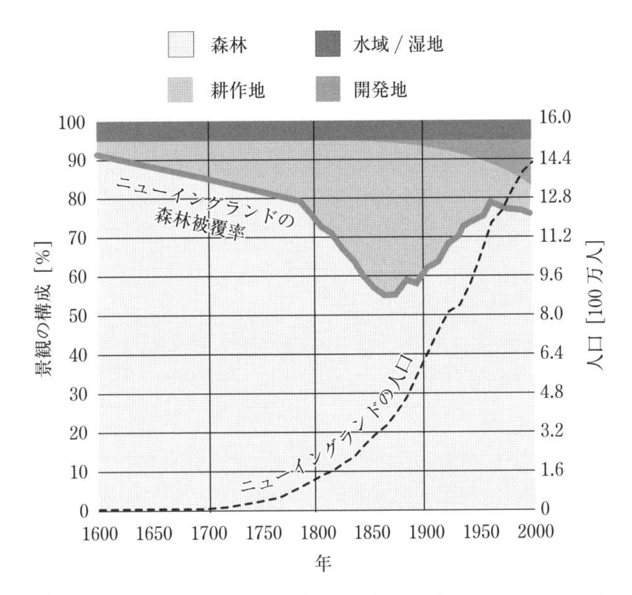


**図 12.2** ニューイングランド（アメリカ北東部）でのヨーロッパ諸国による入植以降の景観構造および人口の変化．1850 年までに耕作地として開拓された多くの土地は，再森林化するか，あるいはより近年には都市開発されている．データは Foster et al.（2010）より．

現在の均質な環境において頻繁に生じうる**代替的安定状態**（alternative stable state）は，身の周りの景観の中でなじみがあるもので，それは現在の均質な環境でみられる，構造や構成の小スケールでの変化として観察される．たとえば，異なる種が優占する森林パッチは，（それとはわからないが）過去の撹乱，特定種の定着，放牧履歴などのレガシーによるものである．広域スケールでは，流域内の景観パターンは過去の火災や土地利用履歴の影響を受けているかもしれない．大陸スケールでは，たとえば，ニュージーランドに歴史的に哺乳類が生息していなかったことが，より近年に生じた人間の入植や人間がもち込んだ動植物に対する生態系応答に強く影響した（Kelly and Sullivan 2010）．気候変動や人間の狩猟の結果として生じた更新世の大型動物相の絶滅（1 万年前）は，当時の生態系に大きく影響を及ぼしており，それは，いまだ今日のバイオームを構成するレガシーである（Flannery 1994；Zimov et al. 1995；Gill et al. 2009）．現在の生態系動態を理解するうえで歴史的なレガシーや**経路依存**（path dependence）が重要であることは，生態系管理に明確な意義を与える．すなわち，今日行われている生態系管理活動によって，将来の生態系の状態を変えることができる（第 15 章参照）．

## ■ レジリエンスと閾値

### ▶ レジリエンスのソース

**レジリエンスは，摂動（あるいは撹乱）に対する生態系の応答を制約する．**一つの生態系に対してさまざまな代替状態がありうるが，生態系はしばしば長期間にわたって比較的安定した機能を維持する．生態系の**レジリエンス**（resilience）とは，さまざまなショックや摂動に対して，生態系がその基盤的機能，構造やフィードバックを維持する能力である（Holling 1973；Chapin et al. 2009）．

生態系は，生物がうまく適応している変動に対して，とくにレジリエンスが高い．それには，光や気温の日・季節周期，2～10年周期で発生するエルニーニョ振動，生態系を占有している生物の進化史にわたって繰り返し発生してきた干ばつ，火災やその他の極端なイベントが含まれる．

生態系の内部動態もまた，生態系プロセスの変動を引き起こす．たとえば，植食者の個体群密度は，数年で100倍以上変動し，植物バイオマス，養分循環やその他のプロセスを大きく変動させる（図12.3）．たとえば，キリギリス（grasshopper），マイマイガ（gypsymoth），カンジキウサギやレミング（lemming）の変動，大発生や周期は，多くの生態系を特徴づける典型的な内部変動である．これらの変動や周期は，植物，植食者，捕食者や寄生者間で生じる正負のフィードバックの間の相互作用を反映する（Hanski et al. 2001）．たとえば，植食者の個体群は，餌資源の不足や捕食者の増加により，餌供給が低下した後に減少する．このようなフィードバックは，捕食者と餌の両者の潜在的個体群変動を制約し，それゆえ，系の養分動態にレジリエンスを与える（第1，10章参照）．

ゆっくりと変化している生物地球化学的なプールや長寿命の生物，生物多様性を維持することは，これらが生態系の多くの相互作用を生み出していることから，長期的なレジリエンスにとくに重要である（Carpenter and Folke 2006）．たとえば，可塑性，遺伝的多様性や種多様性が高く，それゆえ応答の多様性（第11章参照）が高い生態系は，特定の機能を維持できる外部環境や生物環境の範囲が広いため，高いレジリエンスを示す（Elmqvist et al. 2003）．たとえば，寒地型イネ科草本（$C_3$）と暖地型イネ科草本（$C_4$）の両方が生育する草原は，どちらか一方のみの草原よりも広範囲の温度や水分条件で生産性を維持できる．安定化（負の）フィードバックは，広域・長期的スケールで鍵となる遅い変数の変化

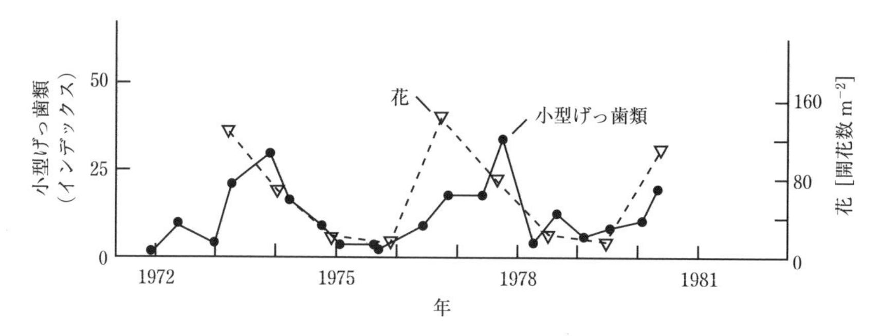


**図12.3**　フィンランド北部の林床灌木（セイヨウスノキ，*Vaccimium myrtillus*）における開花密度および小型げっ歯類（rodents）の経年変動．これらの植食者および餌植物の種の豊富さは，おおむね4年周期で変動する．データはLaine and Henttonen（1983）より．

を抑制することで，系にレジリエンスを与える．

### ▶ レジリエンスの限界

**生態系レジリエンスに対する生物的・物理的限界は，大きな変化や指向的変化に対して生態系を脆弱にする．** 生物的変化や環境変化が生態系のレジリエンスを超過するとき，変化のトリガー（引き金．たとえば，病虫害の発生，種の侵入あるいは内部動態の変化）が代替状態への経路依存的な変化を招くおそれがある．たとえば，気温上昇は高地で木本にストレスを与え，アメリカマツノキクイムシ（mountain pine beetle）の冬季生存率を高めることで，大規模な樹木の枯死やマツの更新阻害を引き起こす（Raffa et al. 2008）．このような変化は，非森林状態に移行する可能性を高める．湖沼堆積物のリン結合能の飽和は，前述のように透明湖のレジリエンスを超過する（Carpenter 2003）．

種の導入や絶滅，環境変動，土地利用変化，新規化学物質の導入を含む近年のグローバルスケールでの環境変動の多くは，さまざまな生態系のレジリエンスを超過するだろう（Rockström et al. 2009）．これは，環境の指向的変化が系の**適応範囲**（adaptive range），すなわち系における耐性の上限と下限の間の幅を超過する場合（図 12.4（a）），あるいは環境がより変動的でより頻繁に適応範囲を超える場合（図 12.4（b）；Smit and Wandel

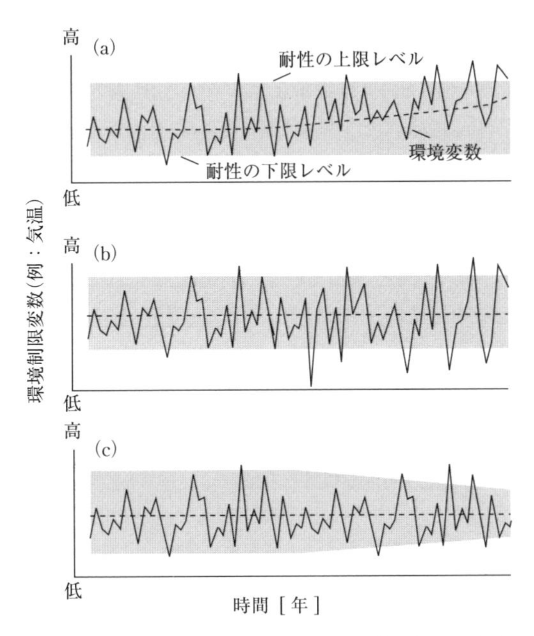


図 12.4　重要な環境制限要因（たとえば温度）の時間変動に対する生態系の適応範囲（耐性の上限と下限の間の幅）．環境制限要因が（a）一定の方向に変化する場合，（b）可変的である場合，（c）適応範囲が縮小する場合．Smit and Wandel (2006) に基づく．

2006）に生じる．また，生態系の適応範囲は，生物多様性の消失（たとえば作物の遺伝的多様性の減少），生態系の緩衝能の消失（たとえば酸性雨による陽イオンの溶脱），生産性や種の生存の限界を制約するような他のストレス（外来の病原菌や都市の高濃度オゾン公害）との相互作用などの要因によって縮小するかもしれない（図12.4（c））．これらのパターンは，生態系のレジリエンスが，環境ストレスの低減，生物の応答の多様性の促進，生態系に影響する相互作用ストレスの複雑さの最小化によって向上しうることを示唆している．

#### ▶ 閾値とレジームシフト

**生態系レジリエンスを超過すると，速やかに予期せぬ形でレジームシフトが生じる．**多くの生態系は，進化や発生の結果として，自然の環境変動に対してきわめて高いレジリエンスを有している．また，人間による多くの環境，構造および多様性の改変による損傷に対しても，レジリエンスが高い．それゆえ，生態系は幅広い条件下で，前章で述べたようなフィードバックを介した「自己回復力」を示す．したがって，レジリエンスを超過することは驚くべきことであり，生態系は代替状態への突然の（閾値的）変化を受けることになる．複雑適応系は経路依存的に変化するため，新たな系の状態は異なる環境応答を示しやすく，たとえ外部ストレスが取り除かれ環境が以前の状態に戻っても，すぐには元の系に回復しないおそれがある（Box 12.1）．このような**レジームシフト**（regime shift）に応答して，新たな一連のフィードバックや環境応答が生じ，代替状態のレジリエンスが生じる．アメリカ西部の例では，過放牧と不嗜好性種のスズメノチャヒキ属（高茎イネ科草本，cheatgrass）の導入により，広範囲で在来バンチグラス（矮性イネ科草本，bunchgrass）が置き換わった．スズメノチャヒキ属の侵入による被食圧の低下と火災頻度の増加が合わさることで，草原はこの新たな状態のまま維持され，元の草原に戻すためのさまざまな管理努力に対して高いレジリエンスを示している（Brooks et al. 2004）．同様に，湖沼が透明状態から堆積物のリン飽和による懸濁状態にひとたび移行すると，世間の関心が集まり修復が試みられるが，流域からのリン流入が大幅に抑制されても，水の透明状態への回復はきわめて困難である（図12.6；Carpenter 2003）．

#### Box 12.1　レジリエンスとレジームシフト

**撹乱に対する生態系の応答は，そのレジリエンスおよび代替状態に向かわせる撹乱の強度と指向性によって決まる．**生態系の状態変化は，曲面上のボールの動きに例えられる（図12.5；Holling and Gunderson 2002）．ボールの位置は，生態学的変数（たとえば水平軸の位置で表される水利用可能性）に関連した系の状態を表している．レジリエンスは，環境の時間変動にかかわらず，生態系を同じ状態に維持する系の性質である．これは，くぼみの深さによって表される．もし，生態系が，適応力や幅広い水利用可能性を許容する負のフィードバックによってレジリエンスが高い場合，くぼみは広く深くなり，系はかなりの水分状態の撹乱（たとえば洪水や干ばつ）でも元の状態を維持する（図12.5（a））．

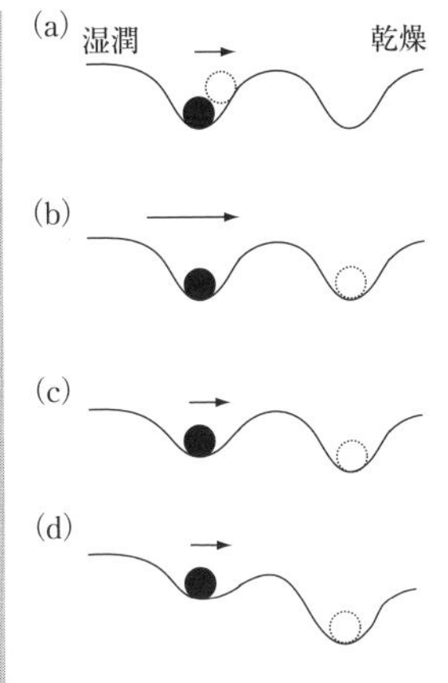


**図 12.5** ボールの位置は，（たとえば水利用可能性などの）生態系の状態を表している．くぼみの深さは生態系のレジリエンスを規定しており，くぼみの幅は生態系が同じ領域にとどまる（すなわち回復する）環境変数の範囲であり，矢印の長さは生態系がさらされている撹乱（たとえば干ばつ）の強さを示している．黒丸は生態系の元の状態，白丸は最終状態である．(a) 回復力の高い生態系の安定状態での軽度の干ばつに対する応答；(b) 回復力の高い生態系の強度の干ばつに対する応答；(c) 回復力の低い生態系の軽度の干ばつに対する応答；(d) 水利用可能性が低下している状態での軽度の干ばつに対する生態系の応答

干ばつが，より高頻度あるいは高強度で生じるような場合，昆虫大発生のような別のイベントと関連して，新たなフィードバックによって新たな状態に維持される，異なる生態系状態の系に移行しやすくなる（図 12.5 (b)）．生態系の干ばつに対するレジリエンスが，土壌有機物（SOM）や耐乾性のある種の消失によって損なわれた場合（図中の浅いくぼみ），わずかな撹乱でもレジームシフトが生じるかもしれない（図 12.5 (c)）．

実際には，安定領域の深さや位置のたえまない変化にともなって，安定状態は動的である（生態系の代替的安定状態を表すくぼみ）．指向的に変化する条件では，いくつかの新たな安定領域が生じやすく，現在の状態が脆弱になりやすい（図 12.5 (d)）．生態系生態学者の課題は，生態系の健全性や社会の利益を提供する安定領域のレジリエンスを向上させること，望ましくない状態のレジリエンスを低下させることである．過去の生態系を維持できる場合もあるが，現在の系を新しい環境下で持続できない場合には，新たな代替状態の中から次善のものを選択することが徐々に必要になるかもしれない（Hobbs et al. 2009）．

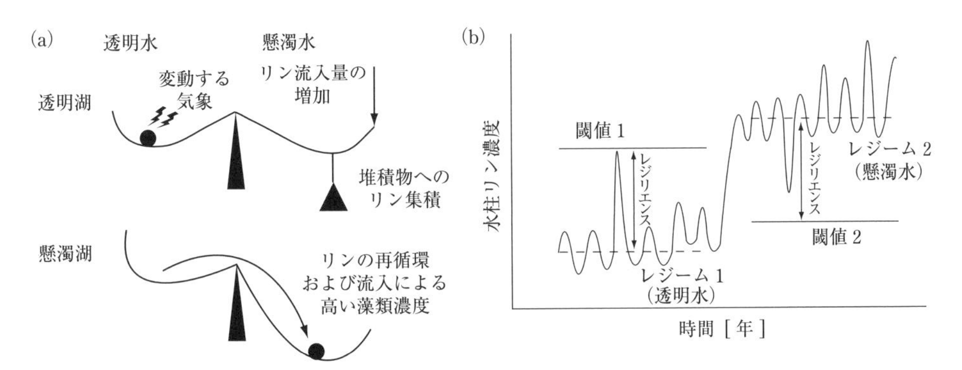


**図 12.6** リン流入量増加に対する湖の応答の (a) 天秤バランスモデルおよび (b) 時間経過．天秤モデルでは，透明湖はリン流入量の増加によりレジリエンスを失う．ある時点において，風による撹拌イベントのような確率的ショックによって，湖が透明状態から懸濁状態に移行する．この経時変化は，初期には透明湖の典型的な濃度を示す水柱リン濃度を変動させる．変動が生態系のレジリエンスを超過すると，水柱リン濃度の平均値および透明状態に回復する閾値が異なる懸濁状態に移行する．Carpenter (2003) より．

撹乱は，しばしば緩やかに変化している群集におけるレジームシフトのトリガーとなる（Turner 2010）．このような移行は，堆積したリンを再び懸濁させる嵐（Carpenter 2003），苗床を改変する山火事（Johnstone et al. 2010），風倒害，森林をサバンナに移行させる気温上昇下での火災（Frelich and Reich 2009）においてみられる．このようなレジームの変化は，新たな種構成や特性をもつ群集を生じさせる（Williams and Jackson 2007）．

生態学者は，干ばつ，汚染，温暖化などの環境ストレスが生態系に及ぼす影響を部分的に明らかにしている．しかし，いまのところ生態系が，レジームシフトが生じるまでにどのくらいの変化やストレスに耐えられるのか，どのストレスあるいはイベント（植食者の大発生など）との相互作用が移行のトリガーになるのかについては，ほとんど予測できていない．時として，水柱リンのような主要なパラメータは，レジリエンスの限界が近づくときに時間的・空間的により変化しやすくなる（Scheffer and Carpenter 2003；Carpenter and Brock 2006）．レジームシフトのリスクを低減させる予防的な方法は，レジリエンスの増強やストレス（汚染など）の最小化による脆弱性の低減，多様性の維持（幅広い状況を許容する力），および生態系が環境変化に自然に適応できる状態を提供することである（Walker et al. 2004）．

生態系の適応範囲は，予測される環境変動に適応するために，どのように拡大あるいは移行できるだろうか．環境変化に対する進化あるいは遺伝子型や種の移動を介した生態系応答速度は，現在の急速な環境変化速度に対抗するには遅すぎるだろう．一つの方法は，在来の非雑草種が移入する機会を最大化させる移入コリドー（回廊）を設けることである．二つ目のより論争の的になっている方法は，遺伝子型や種を環境が不適になりつつある場所からより好適な（になりつつある）場所に移動させる，**移動支援**（assisted migration）である．たとえばオーストラリアでは，30年後（生産がピークになるとき）にブドウの生育に好適な気候になると予測される地域へのブドウ園設置を推進している（NRC 2010）．移動支援は，新たな場所への種の導入によって管理問題を解決しようとする試みの紆余曲折の歴史をふまえて，多くの保全生物学者の間で不安視されている（McLachlan et al. 2007）．一方で，この方法は，樹木個体の生存期間中に気候が大きく変化すると認識している森林管理者の間では注目されている．一つの方法は，伐採や火災を受けた森林を幅広い気候帯から集めた種子により再森林化し，どのような気候であろうと定着した木本実生にまかせることである（Millar et al. 2007）．これは，地域に適合した遺伝子型を再播種するという現在の「最良事例」とは，きわめて対照的である．しかし移動支援は，昆虫の大発生（アメリカマツノキクイムシなど）や種の置き換わり（スズメノチャヒキ属やビャクシン属（junipers）など）が，管理されていない生態系の構造を急激に改変しているような地域においては，魅力的な代替手段である．たとえば，サワロ（Saguaro）国立公園（アメリカ・アリゾナ州）に侵入している燃えやすく侵略的なイネ科草本は，成長が遅く長寿命の保全対象種を脅かしている（図11.1参照）．サワロのサボテンは，現在の分布域を越えて，イネ科草本がまだ侵入していない場所に植えられるべきだろうか．生態系生態学者は，提案されている種の操作が生態系に及ぼす影響を調査することで，これらの議論に建設的な役割を果たすことができる（第11章参照）．

**復元生態学は，代替の，潜在的により好適な状態へのレジームシフトへ導くことを目指す．** 鉱物採掘，産業開発，河川の水路化，あるいは過放牧によって荒廃している多くの陸域・水域生態系は，きわめてレジリエンスが高く，不適な土壌や水分条件によって長期的に荒廃状態のままになっている．復元生態学の明確なゴールは，これらの系を，復元状態を維持するフィードバックを自発的に生み出すような代替状態に転換することである．たとえば，イギリスの鉱山では，近隣の森林生態系と同様の養分循環を生じさせるために，鉱山廃棄物上に，土壌発達を加速させる窒素固定を行う樹木が用いられてきた（Bradshaw 1983）．復元生態学における有益で新たな案は，荒廃した生態系を，過去の参照状態よりも，将来の気象を反映した状態へ転換させることを目標とすることである（Choi 2007；Hobbs and Cramer 2008）．

## 12.4　撹　乱

### ■ 概念的なフレームワーク

**撹乱は，生態系の構造や機能の長期的変動の主要な駆動要因である．** ここでは，撹乱を，植物バイオマスの排除をともなう比較的不連続なイベントとして定義する（Grime 2001）．撹乱はまた，個体群，群集や生態系を変化させ，資源の利用可能性あるいは物理環境を変化させる，時空間的に不連続なイベントとして説明されてきた（White and Pickett 1985）．撹乱には，植食者の大発生，倒木，火災，ハリケーン，洪水，氷河後退や火山の噴火が挙げられる．撹乱と通常事象の境界はいくぶん任意に決められる．たとえば，植食はたいていは生態系動態の安定状態の一部として扱われるが，林分を枯死させるような昆虫の大発生は撹乱である．また，乾燥も，弱い水ストレスから，植物を枯死させ風食を引き起こすような厳しい渇水までさまざまである．通常事象と撹乱の間のサイズ，強度および頻度は連続的である．撹乱は生態系に「発生する」外部イベントではない．その他の相互的制御（第1章参照）と同じように，撹乱は生態系プロセスに応答して影響する，すべての生態系の機能にとって欠くことのできない要素である．ゆえに，火災やハリケーンのような自然発生する撹乱は「悪い」ものでなく，生態系の正常な特性である．ただし撹乱は，社会に負の影響を与え，ときに生態系と人間のかかわりを変化させる場合には災害とみなされる．

人間活動は，火災や洪水のような多くの自然撹乱の頻度や規模を変化させ，大規模伐採，採掘や戦争などの新たなタイプの撹乱を生み出している．多くの人為撹乱は自然撹乱と類似した生態的影響をもつため，自然撹乱と人為撹乱のどちらの研究も，生態系プロセスおよびこれらプロセスへの人為影響を制御するうえでの知識を提供する．自然撹乱および人為撹乱は環境傾度と相互作用し，多くの景観の空間パターンを生み出している（第13章参照；Turner 2010）．

撹乱の後，生態系では**遷移**，すなわち生態系構造，構成，機能の指向的変化が進行する．たとえば，有機物の消失をともなう撹乱では，植物の定着により徐々に地表面の光利用可能性が低下し，水・栄養塩利用可能性が変化する（Tilman 1985）．さらなる撹乱が生じなければ，遷移は安定状態に向けて進行するだろう．遷移の経路依存的な性質によって，この安定状態は撹乱前の生態系に類似するか，あるいは別の終点に移行するだろう．たとえば，1988年に火災を受けたイエローストーンのロッジポールマツ（lodgepole pine）林では，初期の種子利用可能性（球果の種子残存率や火災強度によって決まる）や実生定着によって，林分密度，栄養塩可給性および生産性が大きく異なる傾向で推移した（Turner et al. 1997；Turner 2010）．しかし，実際には，遷移が安定状態に到達する前に新たな撹乱や環境変化が発生する．それでもなお，撹乱後の植生の指向的変化の概念は，生態系プロセスにおける撹乱の役割を検証するうえで有効なフレームワークである．

## ■撹乱イベントのインパクト

**撹乱イベントのインパクトは，（1）撹乱タイプ，（2）生態系の感受性，（3）撹乱の厳しさあるいは強度の三つの特性によって決まる．**

異なる**撹乱タイプ**は生態系に対して根本的に異なる影響を及ぼす．火災は生存・枯死有機物を取り除き，温度を致死レベルまで上昇させる．また，季節はずれの凍結も致死温度になりうる．洪水や地滑りは土壌の流出あるいは堆積を引き起こし，土壌酸素を激減させる．ハリケーン，高潮や伐採も生物を消失させたり損傷を与えたりする．生物種は，進化の過程で頻繁に発生する撹乱に耐えるよう適応しているが，それ以外の新たな撹乱には脆弱だろう．たとえば，底生生物群集は，個体を一時的に移動させる程度の嵐からは速やかに回復するが，表面堆積物を取り除いてしまうような底引き網漁業からの回復には時間を要するだろう．多くの高地性種は洪水に耐性がないのに対し，湿潤環境の木本は定期的な洪水に耐性がある一方で，樹皮が薄いために火災によって枯死しやすい．

特定の撹乱タイプに対する**感受性**（sensitivity）は，系の特性によって決まる．根の深さや霜，火災，乾燥に対する耐性などの種特性は，個々の生物の感受性に影響する．加えて，植物の密度や構造などの系特性は，火災，病原菌，害虫の拡大に影響し，ゆえに撹乱に対する景観の感受性に影響する．

**撹乱の厳しさ**（disturbance severity）は，撹乱によるバイオマス，土壌資源や種の消失の度合いである．**撹乱強度**（disturbance intensity）は，単位面積あるいは単位時間あたりに放出されるエネルギーのことである．**一次遷移**は，有機物や生物をほとんど残さずに生態系プロセスの生産物を消失させる，あるいは埋もれさせる厳しい撹乱の後に起こる．一次遷移を引き起こすような撹乱としては，火山噴火，氷河後退，土砂崩れ，採掘，洪水，海岸砂丘の形成や湖沼の排水が挙げられる．

**二次遷移**は，火災，ハリケーン，伐採や耕作地の耕起のような撹乱の後に，過去に植生があった場所で起こる．これらの撹乱は生存している地上部バイオマスの多くを消失させるが，土壌有機物，植物やその散布体の一部が残る．撹乱の厳しさは，おそらく，撹乱後の植生発達の速度や軌跡を決定する，まさに主要な要因である．たとえば，表面リターのみを消失させ，植生が再成長できるような火災と，植物をすべて消失させる過酷な火災で

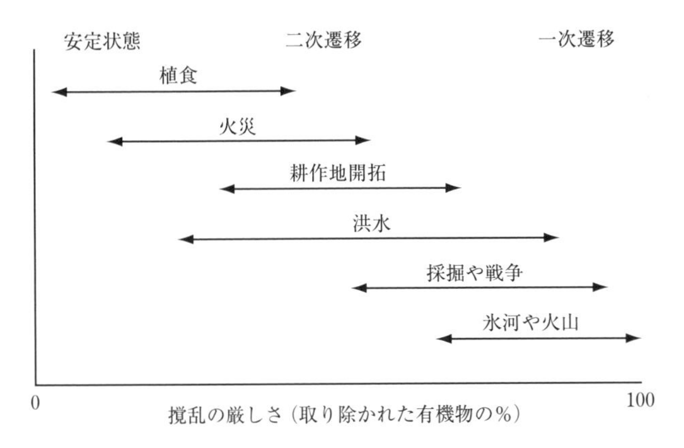


図 12.7 通常の安定状態での生態系の機能から一次遷移までに及ぶ，主要な撹乱タイプと撹乱の厳しさの範囲.

は，植生の回復が異なる（Johnstone et al. 2010）. 撹乱の厳しさは，大規模な落葉イベントからイモムシによる個葉の除去に至るまでや，あるいは地滑りからミミズによる地表面リターの埋入に至るまで連続的である. 言い換えれば，生態系の日変化から一次遷移を引き起こすイベントに至るまで，撹乱の厳しさは連続的である（図 12.7）.

## ■ 撹乱後の回復と更新

**撹乱に対するレジリエンスとその後の遷移の軌跡は，初期の撹乱インパクトだけでなく，撹乱後の更新に影響を与える撹乱サイズ，パターンや景観構造によって決まる.**

撹乱を生き延びた生物の特性や量は，撹乱後の遷移にきわめて重要である. 撹乱のタイプや厳しさ，撹乱イベントに対する生態系の感受性に応じて，さまざまな個体や種が生存，成長，繁殖する. 新規個体の更新もまた重要である. チャパラル（地中海性灌木林，chaparral）の火災後の一年草にみられる熱誘導発芽のような特性は，種が特定の撹乱タイプに応答することを可能にする. その他の特性も，さまざまな撹乱タイプを通して種の定着を可能にする. たとえば，雑草は小さな種子を多量に生産し，長距離まで散布したり，撹乱期を土中で休眠して生き残ることができる. それらの発芽は，しばしば撹乱場所に特徴的な温度や栄養塩の変動がトリガーとなり（Fenner 1985；Baskin and Baskin 1998），それゆえ撹乱タイプに対する感受性が相対的に低い. 新たな撹乱では，生物が適応している撹乱に比べて回復が遅く，新たな遷移系列をたどりやすい.

**撹乱サイズ**には大きなばらつきがある. たとえば，**ギャップ期の遷移**は，1～数個体の植物の枯死によって形成される小さなギャップで生じる. たとえば，多くの熱帯湿潤林や潮間帯の群集は，異なる齢のギャップのモザイク構造からなっている. 同様に，ホリネズミは草原にパッチ状の撹乱を形成する（Yoo et al. 2005）. 何百 km$^2$ にも及ぶ**立木除去撹乱**（stand-replacing disturbance）後には別の生態系が発達する. 撹乱サイズは，主に，パッチ間の物質，生物，撹乱の水平方向の流れに影響を及ぼす景観構造への影響を介して，生態系に影響する（第13章参照）．たとえば，撹乱サイズは火災後の種子移入速度に影響する．小規模の火災では，周囲の非燃焼パッチからの移入や，動物や鳥に散布された種子から速やかに定着する．対照的に，大規模火災，耕作，皆伐下での更新は種子の利用可能性に制限され，最初のうちは長距離散布する光発芽種子が定着するだろう．撹乱サイズはまた，遷移初期サイトに定着する植食者や病原体の広がりにも影響する．

景観での**撹乱パターン**は，撹乱イベントの有効サイズに影響する．撹乱は，しばしば未撹乱植生を島状に残し，散布体のソースからの距離が異なるさまざまな形の土地を作る．それゆえ，実質的な撹乱サイズが面積から想定されるよりもかなり小さくなるだろう（Turner 2010）．

また，撹乱に対するレジリエンスも，撹乱を受けた生態系の景観特性，とくに生態系の

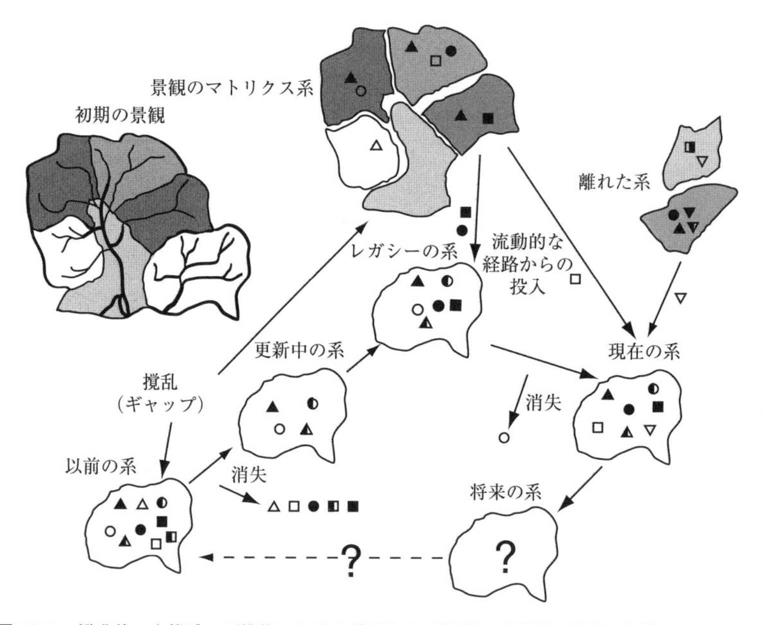


**図 12.8**　撹乱後の生態系の再構築における林分および景観の多様性の役割．火災，ハリケーン，火山噴火あるいは戦争などの撹乱は，生態系にギャップを生み出す．この図では，それぞれの形が異なる機能グループ（たとえばサンゴ群集における藻類－植食者）を表しており，色の違いが機能グループ内の種の違いを示している．撹乱後にいくつかの種は消失するが，生き残った種のその場でのレガシーは，生態系再構築の開始地点として機能する．たとえば，北方林の火災後には，約半数の維管束植物が消失する（Bernhardt et al. 2011）．撹乱前の生態系の種多様性が高いほど，多くの種・機能が生き残りやすい．一方で，撹乱が厳しいほど，より多くの種が消失しやすい（この図では「四角形□■◧」を除くすべての機能グループが撹乱後に生存）．パッチ周辺のマトリクスにおける景観の多様性も，撹乱パッチに再定着する多様性のリザーバーとなるため，生態系再構築において重要である．この図では，「四角形」の機能が周囲の生態系マトリクスからの移入により再定着している．時系列で見ると，いくつかの追加種が獲得されあるいは消失し，新しい機能グループ（逆三角形▽）が遠くから移入している．Chapin et al.（2009）から転載．

タイプや生態系の齢の多様性などの，攪乱後の定着にとって潜在的な散布体源を提供する特性によって決まる．耕作地や都市マトリクス内で孤立している自然保護区や森林は，散布体源から離れており，異なる林齢の森林マトリクス内に位置する林よりもレジリエンスが低い（図 12.8）．同様に，多様な景観構造は，次節で述べる均一な景観構造よりも幅広い攪乱タイプの領域に対してレジリエンスが高い．よって，効率的な伐採のための同齢の単一種の植林管理は，景観構造のレジリエンスを低下させると考えられる（Peterson et al. 1998）．

## ■ 攪乱レジーム

**生態系における攪乱の役割は，複数の攪乱タイプの頻度や相互作用，個々の攪乱イベントの特性，レジリエンスや再生を制御する景観構造によって決まる．**多くの生態系は，時間とともに異なる頻度や強度で生じる多種多様な攪乱タイプを経験する．これらによって，生態系の**攪乱レジーム**が構成される．

**攪乱頻度**は，生態系間や攪乱タイプ間で劇的に変化する．植食者は多くの生態系でたえまなく発生する．反対に，火山噴火や洪水は発生しない地域もある．平均的な火災発生頻度は，草原での年 1 回から湿潤林での数千年に 1 回までの幅がある．生態系はたいてい，頻度の高い攪乱に対してレジリエンスが高い．たとえば，高頻度で火災が発生する生態系では，低頻度の生態系より速やかにバイオマスを回復させるような，火災に適応した種が優占する．人間活動は，しばしば攪乱の開始や抑制によって攪乱頻度を変化させる．流路の堰き止めは，堆積物やデトリタスを流路から除去する春の洪水を消失させ，結果として河川の食物網や魚類相の維持能力を大きく変化させる（Power 1992a）．カリフォルニア・シエラネバダ（Sierra Nevada）山脈のジャイアントセコイア（*Sequoiadendron gigantea*）における火災の抑制事例では，林床木が成長した結果，その木々を伝って火災が地表から樹冠に到達するようになり，生態系が火災に対してより脆弱になった．樹皮の厚いセコイアは地上火災に抵抗性がある一方，樹冠にまで及ぶ火災には脆弱である．このようにして，火災の抑制は，ジャイアントセコイアを消失させる壊滅的な火災のリスクを増加させた．

**攪乱タイミング**はそのインパクトに影響する．強度の凍結や火災は，出芽時期に生じる場合のほうが，それより 2 週間早く生じる場合よりも大きなインパクトをもつ．同様に，1993 年の成長期にミシシッピ川で発生した洪水による嫌気状態は，根が不活性状態である非成長期に発生する場合よりも，より多くの根や樹木の枯死を引き起こした．水力発電ダムは降雨や融雪にともなう季節的な洪水を消失させ，電力需要に応じて流量を調節しており，それゆえ，生物が適応している攪乱のタイミングと攪乱レジーム間の不一致をしばしば引き起こしている．

攪乱は，相互的制御（第 1 章参照）の中でも，他の相互的制御（微環境，土壌養分供給，生物の機能タイプ）への影響を介して生態系プロセスを制御する，最も主要なものである．たとえば，火災後の林分では，炭化した地表面での低いアルベドや，蒸散を行い地表面を被陰する葉面積の減少によって，温度が高く湿潤な土壌になる．火災は，窒素を揮散させるとともに，土壌への灰供給によって無機態窒素やその他の栄養塩を還元しており，それによって土壌養分供給を変化させる．火災の正味の影響は，通常は栄養塩可給性を高めるが，この影響の度合いは，栄養塩や，火災の厳しさおよび強度によって決まる（Wan et al. 2001；Smithwick et al. 2005）．火災は，火災後の環境で生存－競争バランスに異なる影響を与えることで，植物の機能タイプに影響する．その他の相互的制御への感受性やそれらへの影響によって，撹乱レジームの変化は生態系の構造や機能を変化させる．

## 12.5　遷　移

**数十～数千年にわたる遷移的変化は，生態系間の局所的な違いの大部分を説明する．**気候，土壌や地形は生態系プロセスのグローバル・地域的パターンを説明するが，撹乱レジームや撹乱後の遷移は空間変動の局所的なパターンの主要因となる（第13章参照）．この節では，主要な生態系プロセスにおける遷移的変化の共通パターンを解説する．これらの遷移的変化は，一次遷移で最も明確に現れるため，まず一次遷移のプロセスを解説し，次いで一次遷移と二次遷移の間でどのようにパターンが異なるのかについて述べる．

### ■生態系構造と構成

#### ▶一次遷移

**一次遷移は，生態系プロセスの生産物のほとんどを消失あるいは埋没させるような厳しい撹乱の後に生じる．**これらのサイトの初期の種構成は，有機物に乏しい土壌における，窒素可給性と水分保持力の低さなどの環境ストレスへの植物の対処能力によって決まる．共生窒素固定能をもつ維管束植物は，植生に優占する時間は25％程度だが，初期の一次遷移におけるほとんどの場合（研究サイトの約75％）にみられる（Walker 1993）．これらの種は氷河モレーンや土石流に最もよくみられ，鉱山，地滑り，氾濫原や砂丘で中程度であり，火山や露岩には少ない．遷移初期の定着種が窒素を豊富に固定すれば，それらの正味の影響は一般的に遷移後期種の定着や成長を**促進**する（図12.9；Walker 1993）．

遷移初期のサイトでは植物や散布体がないため，散布されてきた種が移入定着する．最も初期の定着種は風散布の小さな種子をもつ．たとえば，新しい溶岩や氷河モレーンでは，土壌クラストを形成する藻類，シアノバクテリアや地衣類がはじめに定着する（Walker and del Moral 2003）．これらに続き，小さな風散布種子（到着率は種子源からの距離に強く依存）をもつ維管束植物（主に木本種）が定着する（Tsuyuzaki and del Moral 1995）．種子が重い遷移後期種は，一般的にさらに遅れて到達する（図12.10）．

初期定着種の特性は，長期的な遷移の軌跡に強く影響する．たとえば，ハワイの火山噴火後では，通常，藻類クラスト，草本植物，灌木が優占する背丈の低い植生から，成長の遅い木生シダや木本が優占する森林へと，ゆっくりと遷移が進行する．しかし，鳥散布種子をもつ外来の窒素固定木本である*Morella faya*は，多量の窒素を供給して窒素供給，生産性，種構成を大きく改変するため，植生遷移の軌跡を変化させる（Vitousek et al.

| 遷移段階 | 遷移初期種 | チョウノスケソウ属 *Dryas* | ハンノキ alder | トウヒ spruce |
|---|---|---|---|---|
| 生活史パターン | 軽い種子の種による優占 | 成長の早い種による優占 | 中程度の寿命の高灌木による優占 | 長寿命木本による優占 |
| 促進作用 | ↑ 生存 | ↑ 窒素（弱）<br>↑ 成長（弱） | ↑ 土壌有機物<br>↑ 窒素<br>↑ 菌根<br>↑ 成長 | ↑ 発芽 |
| 阻害作用 | ↓ 発芽（弱） | ↓ 発芽<br>↓ 生存<br>↑ 種子の食害と死亡 | ↓ 発芽<br>↓ 生存<br>↑ 種子の食害と死亡<br>根の競争<br>光の競争 | ↓ 成長<br>↓ 生存<br>↑ 種子の食害と死亡<br>根の競争<br>光の競争<br>↓ 窒素 |
| 植食の影響 | 最小 | 遷移初期種の成長の低下 | 遷移初期種の排除 | 最小 |

**図 12.9** アラスカのグレーシャー（Glacier）湾での氷河後退後の遷移状態の変化にともなう生活史特性，競争，促進，植食の相互作用の変化．生活史特性は各遷移段階での優占パターンを決定する．この優占種変化の速度は，優占種の促進作用/抑制作用や植食者のパターンによって決定される．一般的に，これら四つのプロセスは同時に遷移状態の移行に寄与しており，遷移初期では生活史特性，遷移中期では植食，ハンノキ段階では促進作用，遷移後期では競争が卓越する．Chapin et al.（1994）を改変．

1987）．

同様の遷移系列の変化は，アラスカのグレーシャー湾での氷河後退後にも生じたが，その原因は異なる．1800 年に最初に氷河が後退を開始したとき，ポプラ（*Populus*）とトウヒ（*Picea*）が主要な初期定着種であった．しかし，さらなる氷河の後退によって窒素固定ハンノキ（alder）の散布距離内に遷移初期ハビタットが形成され，重要な初期の遷移種となった（Fastie 1995）．ハンノキは，遷移後期段階における窒素投入や長期的な生産性を増加させた（Bormann and Sidle 1990）．それにより，グレーシャー湾の古いサイトにおける遷移後期林は，若いサイトのハンノキ林と異なる（より生産性の低い）遷移の軌跡をたどった．人間活動は，撹乱後の環境と散布体の利用可能性の両方に強く影響するため，将来的な遷移の軌跡は現在優占しているものとは異なるだろう．

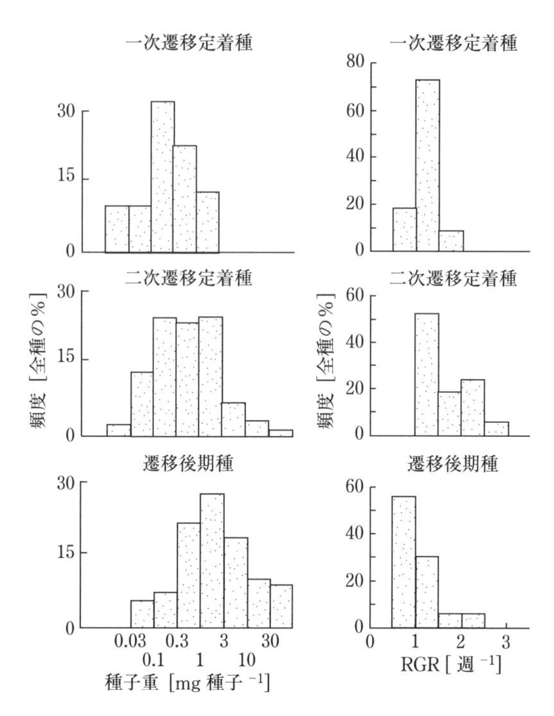


**図 12.10**　イギリスの一次遷移種，二次遷移種および遷移後期種における種子重（対数スケール）および相対成長速度（RGR）の頻度分布．データは Grime and Hunt（1975）および Grime et al.（1981）より．Chapin（1993a）より．

### ▶ 二次遷移

**二次遷移は，植生下に発達した土壌で始まる．** 無機化によって放出される栄養塩を吸収する植生がないことにより，通常，撹乱後の栄養塩の可給性（利用可能性）にパルス（間欠的に生じる高い値）が起こる．

二次遷移は，撹乱直後のサイトにすでに定着種が存在している点でも一次遷移とは異なる．これらは撹乱を生き延びた根や茎から再出芽したり，土壌**シードバンク**（seed bank），すなわち撹乱イベントの前に生産され，発芽のトリガーとなる撹乱後の条件（光，温度変動幅や土壌中の高い硝酸濃度）まで休眠していた種子から発芽する（Fenner 1985；Baskin and Baskin 1998）．また，多くの森林は，大きな種子をもつ種の**実生バンク**（seedling bank）をもっており，これらは樹冠の被陰下では成長が抑制されるが，倒木ギャップが形成されると急速に成長し，更新を進める．その他の二次遷移の定着種は，隣接地から撹乱サイトへ種子散布する．種子散布する種には，小さな種子の風散布種および大きな種子の動物散布種の二つがある（図 12.10）．初期の定着種は，撹乱によって利用可能になった資源を利用することで急速に成長する．ギャップ期の遷移は，散布体の利用可能性に制限されることはほとんどないが，大規模な撹乱地での遷移の軌跡はサイトに散布される種によって決まるだろう（Fastie 1995）．大規模な撹乱であっても，撹乱地域内に未撹乱の種子供給源が残っているような場合には，種子制限は生じない（Turner 2010）．

撹乱地への初期定着後に生じる種構成の変化は，(1) 定着種の元来の生活史特性，(2) 促進，(3) 競争関係，(4) 植食，および (5) 環境の確率的変動の組み合わせによって決まる（Connell and Slatyer 1977；Pickett et al. 1987；Walker 1999）．**生活史特性**（life-history traits）には，種子サイズや種子数，潜在成長率，最大サイズや寿命が含まれる．これらの特性は，種がどのくらい早くサイトに到着するか，どのくらい速く成長するか，どのくらい大きくなるか，どのくらい長く生存するかを決定する．撹乱後すぐに侵入して急速に成長する初期の多くの二次遷移種は，遷移後期種と比べて相対的に背丈が低く，最大寿命が短い（図 12.10；表 12.1；Noble and Slatyer 1980）．たとえ遷移期間に種間相互作用が生じなくとも，生活史特性は到着率，サイズや寿命の違いによって，遷移初期種から後期種への優占の移行を生じさせるだろう．

**促進作用**（facilitation）は，遷移初期種が後続種の成長にとってより好適な環境を形成するプロセスである．促進作用は，厳しい物理環境下でとくに重要であり，一次遷移では，遷移初期種による窒素固定や土壌への有機物の付加が環境を改善し，他種の実生が定着して成長する確率を高める（Callaway 1995；Brooker and Callaghan 1998）．**競争**は，同じ資源を利用する二つの生物間や種間の相互作用（資源競争），あるいは資源の探索プロセスを妨害するような相互作用（妨害・干渉競争）である．競争および促進作用はどちらも植物群集で広く生じており（Callaway 1995；Bazzaz 1996），遷移期間に種構成の変化を引き起こすうえでの相対的な重要性は，環境の厳しさによって決まる（図 12.9；Connell and Slatyer 1977；Callaway 1995）．**植食者および病原体**は，遷移期間に枯死する植物の主要因である．哺乳類による選択的採食では一般に遷移初期種が対象となり，後続種との競争を減少させ，遷移的変化を速める（Paine 2000；Walker and del Moral 2003）．潮間帯群集では，魚やカサガイ（limpet）などの無脊椎動物による摂食が同様の影響を及ぼす．昆虫は，生態学的に重要な植物種の成長を低下させ死亡率を高める大発生時に，影響が最大になる．たとえば，遷移中・後期の間，植物の水・栄養塩要求が高いときに起こる周期的な乾燥ストレスは，植物の抵抗性を低下させ，昆虫の大発生（北アメリカ西部でのアメ

**表 12.1** アラスカ・グレーシャー湾における氷河後退後の遷移にともなう生活史特性の変化[a]．

| 属 | 遷移段階 | 種子重 [g 種子$^{-1}$] | 最大高 [m] | 繁殖開始齢 [年] | 最大寿命 [年] |
|---|---|---|---|---|---|
| アカバナ属 *Epilabium* | 遷移初期種 | 72 | 0.3 | 1 | 20 |
| チョウノスケソウ属 *Dryas* | チョウノスケソウ属 Dryas | 97 | 0.1 | 7 | 50 |
| ハンノキ属 *Alnus* | ハンノキ alder | 494 | 4 | 8 | 100 |
| トウヒ属 *Picea* | トウヒ spruce | 2,694 | 40 | 40 | 700 |

[a] Chapin et al. (1994) のデータ．

リカマツノキクイムシの大発生など）を引き起こす（Raffa et al. 2008）.

一般的に，生活史特性は遷移を介した種の変化パターンを決定し，促進作用，競争および植食はこれが生じる速度を決定する（Chapin et al. 1994）．これらのプロセスは，その他の撹乱と相互作用して，自然生態系において遷移経路の多様性を生み出す（Pickett et al. 1987；Walker and del Moral 2003；Turner 2010）.

実生定着の機会は，しばしば遷移にともない減少する．たとえば，多くの森林では，すべての木本種は遷移初期に定着し，優占種の遷移的変化は，小型で急速に成長する植物から，樹高が高くゆっくり成長する種への段階的移行を反映する（Egler 1954；Walker et al. 1986）．別の場合では，遷移後期種はより段階的に定着するかもしれない．遷移が進行すると，土壌は葉リターに覆われるようになり，不良な苗床となり，定着した実生間で光や栄養塩の競争が増加する.

## ■水とエネルギー交換

**植物バイオマスを消失させる撹乱は，蒸散の減少を介して水の流出を増加させる．**森林伐採や過放牧が引き起こす最も劇的な影響は，流量の少ない時期と洪水時期の両期間における流路や河川の流量増加である（NRC 2008）．このことから，一部の資源管理者は，社会の水需要に見合う水量を増加させる方法として森林伐採を提案している．しかし，このような方法による流出の増加は長くは続かない．遷移期間に植生が再成長すると，通常5年以内に，流量は伐採前のレベル（あるいはそれより少ないレベル；第4章参照）まで，減少する（図12.11；Jones and Post 2004）．森林伐採による流量の速度や変化パターンは，植生回復のパターンによって決まる（Jones and Post 2004；Brown et al. 2005；NRC 2008）．二次遷移の初期における高い窒素可給性，高い光合成速度および広い葉面積は，

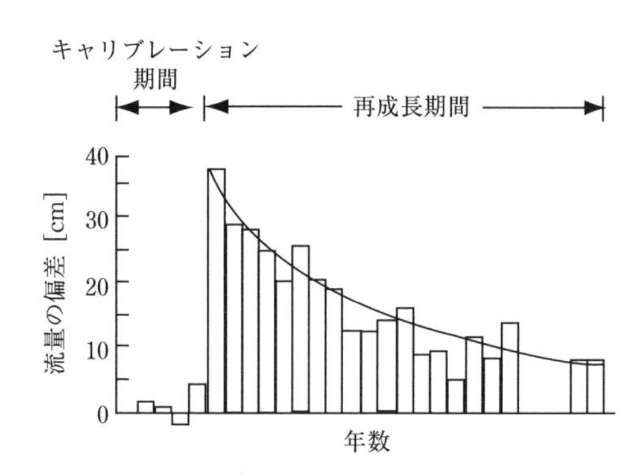


図12.11　アメリカ南東部のノースカロライナの森林における，自然状態（キャリブレーション期間）および森林伐採後（再成長期間）の流域からの流出量．流域からの流出量は植生の消失により著しく増加し，20年以内に伐採前のレベルまで減少した．Hibbert（1967）より.

未撹乱の森林よりも高い蒸散量と低い流量をもたらす（Jones and Post 2004）．森林伐採後の放出の短期的な増加は，一般的に乾燥生態系の乾季，すなわち人間の水需要が最大となる状況で最少となる（NRC 2008）．このことから，森林伐採は，人間が利用する水収量を増加させるための有効な戦略でないと考えられる．遷移期間に根が急増すると，植物による水の吸収が増加し，地下水や流路への水移動がより低下する．林冠が群落高や複雑性を増加させると，遮断される光エネルギーの割合が増加し，アルベドが低下して蒸散を駆動するエネルギーが増加する．群落高が高く複雑な林冠における高い表面粗度は，林冠内の機械的乱流や混合を増加させる．これらのすべての要因は，遷移期間の蒸散の速やかな回復に寄与する．

裸地のアルベドが生態系間で広い範囲の値をとることからわかるとおり，遷移にともなうアルベドの変化は生態系間で異なる（表 4.1 参照）．多くの撹乱直後のサイトでは，湿った露出土壌や炭成分が，黒やダークグレーであるため，アルベドが低い．アルベドは，植生（一般的にアルベドが高い）が地表面を被覆し始めると高くなる（図 12.12）．アルベドは，林冠の複雑性が高まる遷移後期に再び低下するだろう（第 4 章参照）．落葉樹林から針葉樹林に移行した生態系では，種の移行がアルベドのさらなる低下を引き起こす．北方林の冬季のエネルギー交換は雪の影響を受けており，これは植生より 3 ～ 4 倍高いアルベドを示す（Betts and Ball 1997）．これらの森林の冬季のアルベドは遷移を介して低下し，はじめは植生が雪上で成長し，その後，林冠が密になり，最終的に（場合によって）植生が落葉樹林から常緑樹林に変化する．これらの変化は，植生が太陽放射から雪を覆い隠すまで拡大する（Euskirchen et al. 2009）．

**高い地表面温度は長波放射の放出を増加させ，遷移初期サイトのエネルギー収支に影響する．** 遷移初期サイトは，次のいくつかの理由により地表面温度が高くなる．

(1) 撹乱直後のサイトの低いアルベドは放射吸収を最大化させ，地表面の有効エネルギー量を最大化させる．

(2) 低い葉面積，低い根バイオマスや乾燥した表面土壌の低い水コンダクタンスは，蒸散により失うエネルギー割合を制限する．

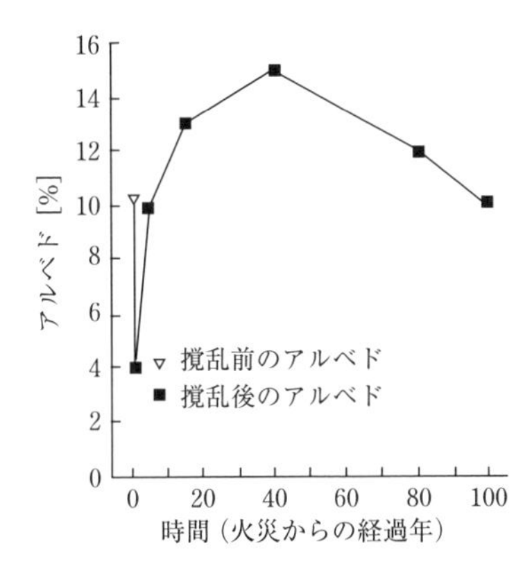


図 12.12　アラスカ北方林における火災後の遷移にともなうアルベドの変化．火災後の黒色の地表面がアルベドの低下を引き起こす．アルベドは遷移の草本・落葉樹林期に増加し，針葉樹林に移行する遷移後期に低下する．このような遷移的変化は，中程度の火災後に，針葉樹によって落葉樹種がより速やかに置き換わることで，より急速に生じる．データは Chambers and Chapin (2002) より．

(3) 植生被覆のない，あるいは遷移初期のサイトの比較的平坦な地表面は，地表面から熱を輸送しうる機械的乱流を最小化させる．

結果として生じる高い地表面温度は，長波放射の放出と高いボーエン比（顕熱フラックスの潜熱フラックスに対する比；第 4 章参照）の両方を促進させる．

多量の長波放射は，撹乱後の吸収放射の大半を散乱させ，それゆえ，純放射（地表面に吸収される純エネルギー）はこれらのサイトの低いアルベドから予想されるほどには大きくない．たとえば，北方林の火災後には，長波放射の多量の放出によって，純放射はアルベドの低下にもかかわらず実際には減少する（Chambers et al. 2005）．植生被覆のないサイトの地表面では，地表面温度が高いことと，乾燥土壌の水コンダクタンスが低いために深層からの水の再供給率が低いことが合わさることで，降雨イベントの合間に乾燥化する傾向がある（第 4 章参照）．乾燥土壌は地表面の蒸発への水供給が少なく，良い断熱材となり，それゆえ，蒸発散および地中熱フラックスの両方とも，植生被覆のない地表面より相対的に低くなる（Oke 1987）．結果として，これらのサイトから大気に散乱されるエネルギーのうち，顕熱フラックスの割合が大きくなる．遷移初期サイトからの顕熱フラックスの絶対的規模は，生態系や気候帯間で異なり，純放射（消費される有効エネルギー量）や顕熱・潜熱・地中熱フラックス間のエネルギー割合によって決まる．遷移の進行にともなって，潜熱フラックスのほうが地上から大気へのエネルギー輸送におけるより重要な要素になる．

## ■炭素収支

### ▶ 一次遷移

**一次遷移では，生産性や従属栄養呼吸は遷移中期に最大となる．**一次遷移は有機物がほとんどない状態から開始するため，純一次生産（NPP）と従属栄養呼吸は初期ではほぼゼロに等しい．NPP は，遷移のはじめは低い植物密度，小さい植物サイズ，成長における強い窒素制限のためにゆっくり増加する．NPP およびバイオマスは，一般的にサイトに窒素固定種が定着した後に劇的に増加する．たとえば，イギリスの鉱山廃棄物の上への窒素固定植物ルピナス（マメ科，lupines）の植栽（Bradshaw 1983）や，アラスカの氷河後退後の窒素固定種であるハンノキの自然定着（Bormann and Sidle 1990）は，植物バイオマスおよび NPP の急速な増加を引き起こす．窒素固定植物を欠く一次遷移系列では，バイオマスや NPP の遷移にともなう増加は，他の形態（大気降下，植物や動物のデトリタス，地下水流からの側方流など）の窒素投入によって決まる．

バイオマスおよび NPP の長期的な遷移にともなう傾向は，生態系間で異なる．森林の共通パターンとして，NPP は遷移初期から中期に増加し，森林が最大葉面積指数（LAI）に達した後に低下する（図 12.13；Ryan et al. 1997）．このようなパターンに寄与するプロセスはいくつかある．一部の森林では，水コンダクタンスが遷移後期に低下することで，水による葉面積の制限が起こり，一次生産（GPP）や NPP を制限する（第 6 章参照）．別の森林では，遷移後期に窒素供給が減少し，続いて GPP や NPP の低下を引き起こす

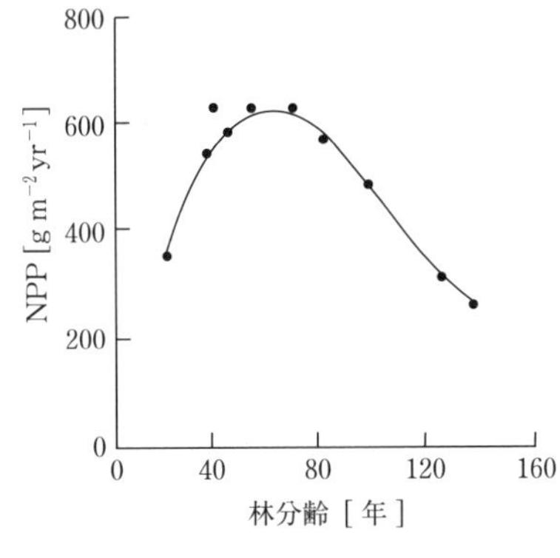


図 12.13　ロシア東部におけるトウヒの地上部生産量の遷移にともなう変化．NPP は森林が樹齢 60 年で最大 LAI に到達した後に低下する．Ryan et al. (1997) より．

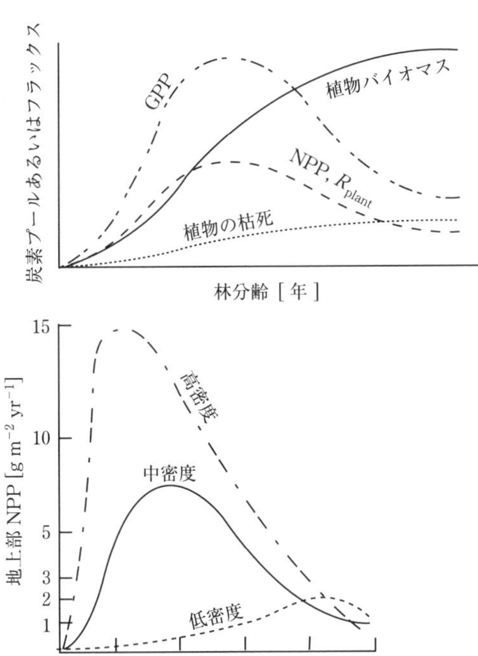


図 12.14　森林における植物バイオマス，GPP，NPP，植物の呼吸（$R_{plant}$）および植物の枯死の一次遷移にともなう変化の理論パターン（上図）．GPP，NPP および植物呼吸量は遷移中期でピークに達し，遷移後期に低下する．現実のパターンは生態系間で大幅に異なる（下図）．イエローストーン国立公園における初期の実生密度が異なるロッジポールマツ（lodgepole pine）林での，地上部 NPP の仮定パターン．Turner (2010) より．

(Van Cleve et al. 1991)．遷移後期の NPP の低下について，以前は増加するバイオマスを支える維持呼吸の増加を反映していると考えられていたが（Odum 1969），森林バイオマスの大部分は呼吸しない死細胞であるため，その可能性は低いだろう．枝や樹木の枯死は，遷移後期に樹齢とともに増加する．遷移後期に低下する NPP と増加する植物体の枯死はバイオマス蓄積の速度を低減させ，バイオマスは相対的に一定値に至るか（安定状態；図 12.14），間引きにより減少する．炭素プールおよびフラックスが遷移期間に変化する速度やパターンは，初期状態，および遷移期間に生じるイベントや気候変動の両方に依存し，それゆえ生態系タイプ内およびタイプ間で変わりやすい（図12.14；Turner 2010）．撹乱は一般に，生態系が安定状態に至る前に遷移時間をリセットするため，バイオマスおよびNPPの遷移的変化の長期的な終点もまた不明確である．

きわめて長い時間スケールでは，風化や土壌発達速度の変化が，バイオマスやその他の生態系特性のさらなる変化を生じさせる（第3章参照）．たとえば，硬い地表面の形成は，排水を阻害し分解や根の成長を遅延させるような嫌気状態を作り出す．それゆえ，カリフォルニアの海岸林におけるセコイア（redwood）は，数十万年後に常緑木本や灌木の矮性林に置き換わる（Westman 1978）．このような貧栄養条件下で生存できる成長の遅い植物は，さらに分解を遅延させる高フェノールのリターを生産し，結果としてバイオマス，生産性および養分ターンオーバー率の低下を徐々に引き起こす増幅（正の）フィードバックを生じさせる（Northup et al. 1995）．

**一次遷移の開始時における従属栄養呼吸速度は，土壌有機物がほとんど存在しないためにほぼゼロである．** これらの土壌の低い有機物含量は，低い水分保持力やCECに寄与している（図12.15；第3章参照）．一次遷移を介した従属栄養呼吸の変化パターンは，NPPで解説したパターンと同様である．しかし，従属栄養呼吸はNPPの変化より遅れ，それゆえ，土壌有機物が蓄積する（図12.16）．一次遷移の初期では，土壌有機物量に制限されるため，従属栄養呼吸は低い．遷移中期になると，従属栄養呼吸はリターの量および質の増加に応答してかなり増加する．森林では，遷移後期におけるNPPの低下が土壌へのリター供給を減少させ，それにより，従属栄養呼吸は低下する．遷移後期に栄養塩可給性が低下するそれらの生態系では，これによってリターの量や質が減少し，さらに分解速度や従属栄養呼吸が減少する（Van Cleve et al. 1993）．

NEPは，NPPへの炭素投入と従属栄養呼吸による炭素放出の収支である．NEPは，従属栄養呼吸がNPPより遅れることにより，通常は遷移の初期・中期から増加する（図12.16；図12.17）．このことは，1～2世紀前に耕作放棄地に定着した中緯度北部温帯林の炭素蓄積に影響している（Goulden et al. 1996；Valentini et al. 2000）．NEPは通常，遷移後期に低下するが，数世紀後でも正の値を維持する場合もある（図7.20参照；Luyssaert et al. 2007；Xiao et al. 2008）．

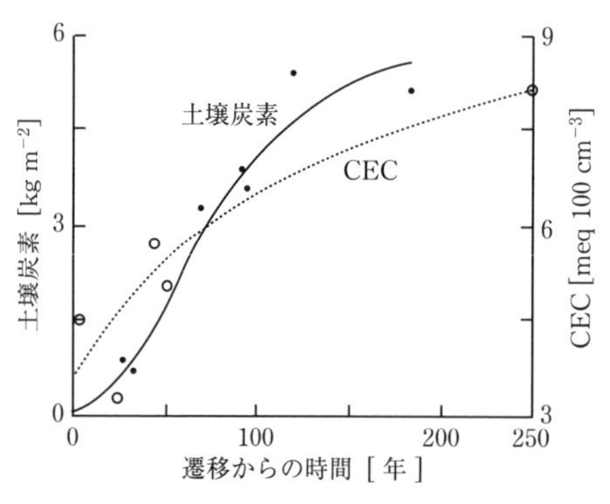


**図12.15**　氷河後退後のアラスカ・グレーシャー湾において，遷移期間中の土壌有機炭素の蓄積（Crocker and Major 1955）と，それにともなう鉱質土壌中の陽イオン交換容量（CEC）の変化（Ugolini 1968）．鉱質土壌45 cm深地点の測定値を示す．土壌炭素の蓄積はCECの増加に寄与し，植物成長を支える栄養分を保持する．

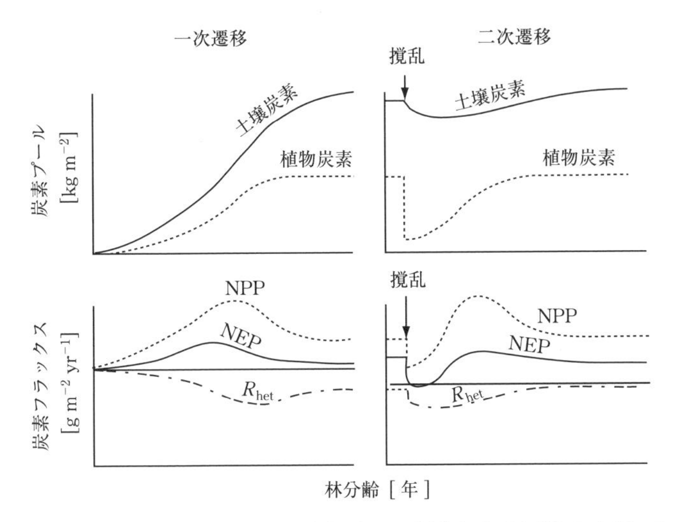


図 12.16 一次および二次遷移における炭素プール（植物および土壌）およびフラックス（NPP，$R_{het}$，NEP）の変化の理論パターン．一次遷移の初期では，NPP が従属栄養呼吸よりも高い，すなわち NEP が正の値であるため，植物および土壌炭素はゆっくり蓄積する．二次遷移の初期では，従属栄養呼吸からの炭素消失が NPP からの炭素獲得を上回るため，土壌炭素は撹乱後に減少し，NEP は負の値になる．二次遷移後期では，植物炭素および土壌炭素は（この理論図では）安定状態に達し，NEP はゼロに近づく．一次および二次遷移のいずれも，NPP と NEP は遷移中期で最大になる．純生態系炭素収支（NECB）は，溶脱による損失やその他の炭素フラックスが相当量である場合には，ここで示したパターンと異なるだろう．

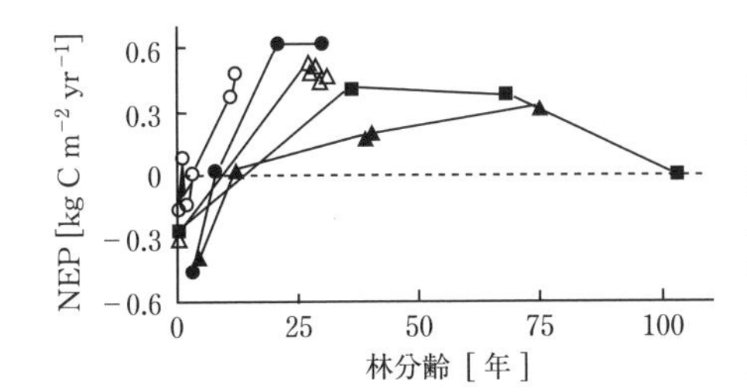


図 12.17 $CO_2$ 交換法によって測定されたヨーロッパの森林における遷移にともなう NEP の変化．● シトカトウヒ（*Picea sitkensis*）；△ フランスカイガンショウ（*Pinus pinaster*）；■▲ ヨーロッパアカマツ（*Pinus sylvestris*，異なる 2 サイト）；○ トルコカシ（*Quercus cerris*）．Magnani et al. (2007) より．

純生態系炭素収支（NECB）は，光合成や従属栄養呼吸（すなわち NEP）を反映するだけでなく，その他の炭素輸送，たとえば燃焼，溶脱，生態系間の水平方向の流れ（動物の移動，森林伐採，洪水や廃棄物輸送など）を含む炭素輸送を反映する．NEP と同様に，NECB は一般的に遷移中期から後期に正の値を維持する（Magnani et al. 2007；Luyssaert et al. 2008）．このことは，生態系の炭素収支が安定状態に到達する前に，ほとんどの場合で撹乱が再び起こることを示している．また，遷移後期の生態系は，継続的な炭素蓄積（Magnani et al. 2007；Luyssaert et al. 2008）あるいは損失（Oechel et al. 2000）を支える近年の環境変化（気温，大気中 $CO_2$ や窒素沈着量の増加）に応答しているかもしれない．北方林では，気候温暖化は NEP への影響よりも火災レジームへの影響を介してより強く

NECBを制御する（Bond-Lamberty et al. 2007）．

### ▶ 二次遷移

**初期の炭素プールやフラックスは，一次遷移より二次遷移のほうが大きい．** 二次遷移は土壌有機物の蓄積がある状態で開始するため，炭素動態は一次遷移と二次遷移の間で劇的に異なる．撹乱直後では，二次遷移のNPPは，一次遷移と同様に植物バイオマスが低いために低い（図12.16）．しかし，二次遷移のNPPは，広葉草本，イネ科草本，栄養繁殖する多年生種の速やかな定着と高い成長速度によって，一次遷移より速やかに回復する．多くの二次遷移系列では，光，水，栄養塩の高い利用可能性が遷移初期植生の高い成長ポテンシャルを支える．初期の二次遷移サイトに優占する草本種は，毎年土壌にバイオマスを還元する．多年生植物，とくに木本種は，バイオマスが大きいため，種の豊富さ，バイオマスおよびNPPを増加させる．二次遷移の中・後期のバイオマスおよびNPPの変化は，一次遷移と同様の要因やプロセス（大部分は生態系の典型種の生産や成長ポテンシャルを支えるのに利用可能な土壌資源）に制御されるため，一次遷移と同様のパターンを示す（図12.13；図12.16）．

一次遷移と対照的に，湿潤な生態系の従属栄養呼吸は，多くの撹乱が土壌に多量の易分解性炭素を移送し，分解に好適な暖かく湿潤な環境を形成するため，二次遷移の初期でしばしばかなり高い（図12.16）．土壌炭素プールへの初期の投入量は，撹乱のタイプや強度によって決まる．倒木，ハリケーンや昆虫大発生後に，葉や根の枯死から新たな易分解性炭素が投入される．火災は地表のSOM（soil organic matter，土壌有機物）の一部を消費するが，枯死根や燃焼しなかった地上部の植物体を介して土壌に新規の炭素を追加する．初期の二次遷移植物における多量で高質なリターもまた，従属栄養呼吸を促進する．遷移中期では，再成長した植生が水や栄養塩利用可能性の増加分を使い，地表面を被陰することによって地温を低下させる．これらの環境変化は分解の低下を引き起こす．従属栄養呼吸は，NPPの減少がリターの投入を減少させ，リターの質が低下し，遷移の初期より不適な環境になるため，遷移後期に低下する．

NPPと従属栄養呼吸のこのような対照的なパターンは，NEPにどのように影響するだろうか．二次遷移の初期では，従属栄養呼吸が多量の炭素放出を引き起こし，NPPがほとんどないために，NEPは負の値になる（図12.16；図12.17）．NPPがピークに達する前の遷移初期には，NPPが従属栄養呼吸を上回るとすぐに生態系は再び炭素蓄積を開始する．遷移後期には，生態系は一般的に，NPPや従属栄養呼吸における環境制限に依存したゆっくりした速度で炭素を蓄積する（Magnani et al. 2007；Luyssaert et al. 2008）．溶存有機態炭素の溶脱のような別の経路での生態系からの炭素放出は，遷移動態からは容易に予測できない方法でNECBに影響する．

ここで解説した植物および土壌におけるNPP，従属栄養呼吸および炭素ストックの遷移パターンはしばしばみられるが，これらのパターンの詳細，タイミング，長期的な軌跡は，初期の生態系炭素蓄積，資源利用可能性，撹乱の厳しさや遷移経路などの要因に依存して，生態系内外で大きく異なる（Turner 2010）.

## ■ 養分循環

### ▶ 一次遷移

**遷移期間の養分動態は，NPP と分解の間の動的な相互作用の原因であると同時に結果でもある．**一次遷移初期の養分循環における最も劇的な変化は，植生および土壌での窒素蓄積である．母材の多くは，生物の影響がない場合には窒素含量がきわめて低く，そのため，生態系での初期の窒素プールは少量であり大気からの投入によって決まる．この一次遷移の初期段階では，窒素は植物成長を最も強く制限する要素であり，植物バイオマスの蓄積速度や SOM を制限する（Crocker and Major 1955；Vitousek 2004）．窒素投入の速度は，窒素固定植物（非共生型のシアノバクテリアや共生窒素固定細菌）の定着としばしば関連し，そのため，一次遷移の養分循環の初期動態を制御する．窒素固定植物の葉や根が老化したり，植食者に被食されると，窒素は植物から（窒素固定植物および非固定植物の両方によって無機化や吸収が行われる場所としての）土壌に移送される．非窒素固定植物のリターは，一次遷移が進行するにつれて窒素の無機化の重要な資源となる．これにより，生態系は，窒素固定からの多量の投入がある開放系の窒素循環（第 9 章参照）から，植物成長が土壌有機態窒素の無機化に依存する閉鎖系の循環に移行する．遷移中期では，植物や土壌微生物は，生態系からの窒素や他の必須元素の損失が無視できるほど，養分蓄積の効率が高い（図 12.18；Vitousek and Reiners 1975）．安定状態（NECB がほぼゼロ）に到達する遷移後期の生態系では，生態系への窒素投入は溶脱（とくに溶存有機態窒素として）や脱窒による窒素の損失により収支が保たれ，それゆえ，生態系の窒素プールは相対的に安定な量に達するだろう．NECB が正の値を維持するそれらの生態系では，窒素は蓄積し続けるだろう．

**一次遷移期間のその他の必須元素の蓄積は，生物的プールの蓄積や二次鉱物の生成によって決まる．**一次遷移の初期では，植生や土壌における生物的な貯蔵プールは小さく，そのため，風化によって移動可能になった元素をわずかに保持するのみである．非生物的なプロセス，とくに二次粘土鉱物の生成（第 3 章参照）は，一部の元素（マグネシウムなど）の粘土粒子への取り込みと陽イオン交換プロセスの両方を介して，多くの元素を保持するうえでより重要である．二次粘土鉱物の生成やそれらが保持する元素は，気候や母材に依存して変化する．たとえば，気候については，乾燥地で生成する粘土に元素の大部分が保持されることが，また母材については，火山地域できわめて反応性に富むアロフェンが生成することが挙げられる．有機物は，一次遷移の後期から二次遷移を通して，元素のソースおよびシンクとしてより重要である．

土壌発達の後に，風化した鉱物の供給が枯渇したり，それが非可給態に結合したりするとき，養分循環のさらなる変化が生じる．たとえば，リンや陽イオンの可給性は，それらが溶脱するか非可給態に結合するとき，古く風化したサイトでは減少する（第 3，9 章参照）．このような状況下で，リンあるいは他の元素は植物生産を制限し（Chadwick et al.

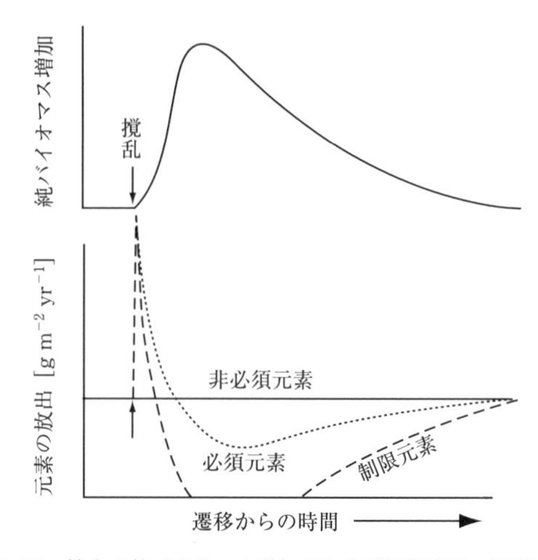


図 12.18　植生の純バイオマス増加量および制限元素，必須元素，非必須元素の消失の遷移にともなう変化．バイオマスが急速に蓄積する遷移初期では，この生産（とくに成長）を制限する元素は，新たな植物体や微生物バイオマスに蓄積し，それゆえ溶脱による生態系からの消失は生じない．遷移後期では，植物体・微生物バイオマスの元素要求と枯死有機物の分解からの元素放出が釣り合い，植生からの栄養要求の有無にかかわらず，生態系への栄養投入が放出とほぼ均衡する．Vitousek and Reiners (1975) より．

1999)，これらの制限元素の循環速度は，窒素やその他の鉱物の循環速度を決定する．

### ▶ 二次遷移

**自然撹乱後の二次遷移は，一般に窒素利用可能性が高い状態から開始するため，一次遷移とは異なる．** 二次遷移から始まる自然撹乱は，撹乱による環境変化やリターの投入が枯死有機物の無機化速度を上昇させる一方で，植物バイオマスや養分吸収を減少させるため，栄養塩の可給性にパルスが生じる．多量の窒素を揮散させる火災もまた，前述のように栄養塩を灰に戻し，火災後の栄養塩可給性を増加させる (Wan et al. 2001)．ゆえに，植物成長は一般的に一次遷移と比べて二次遷移の初期では栄養塩による強い制限を受けておらず，通常，窒素は高い光合成や成長速度を支えるのに十分である (Scatena et al. 1996；Smithwick et al. 2005)．撹乱後の栄養塩可給性の急激な増加と，植物バイオマスおよび植物の吸収能力の低下もまた，栄養塩損失に対する生態系の脆弱性を高める．高い窒素無機化速度や硝化速度は，脱窒あるいは根茎から下層に溶脱する硝酸塩の生成を促す．窒素損失の発生や程度は，窒素の無機化と植物や微生物による吸収との間の収支によって決まる．火災直後に生じる降雨 (Minshall et al. 1997；Betts and Jones 2009) やハリケーン (Schaefer et al. 2000) は，しばしば硝酸塩を地下水に到達させる．このような水域への栄養塩の放出は，栄養塩の微生物による固定化や植生の再成長による吸収にともない減少する（Turner 2010）．

攪乱後の栄養塩損失に対する生態系の脆弱性は，アメリカのハバードブルックで行われたような，多くの森林伐採実験によって示されている．渓流水の流量および化学性の数年間のモニタリング後に，森林は全流域で伐採され，再生植生は除草剤によって除去された（Bormann and Likens 1979）．攪乱後の高い分解および無機化速度と植物による吸収の欠如の複合的な影響は，地表流への植物の必須養分元素の多量の損失を引き起こした（図 9.14 参照）．植生が再成長できる場合，植物による吸収の増加は地表流への栄養塩損失を伐採前のレベルまで低下させた．これらの研究は，攪乱後の栄養塩損失の動態が，攪乱時の栄養塩可給性や，栄養塩を吸収する再生植生の栄養塩吸収能力に依存した栄養塩損失の程度と関連して，大きく変化することを示している．

**人為攪乱は，初期の栄養塩可給性に大きな幅を生み出す．**採掘のような人為攪乱では，遷移開始時に自然攪乱後の一次遷移ハビタットよりも不適な環境が形成されることがある．これらのハビタットは，採掘の有害副産物あるいは，水および栄養塩保持力の低い無機物を含むことがある．また，いくつかの耕作地は，侵食や（熱帯地域での鉄やアルミニウムに富む）プリンサイト層の形成（第 3 章参照）後に放棄され，二次遷移が始まり，土壌の養分供給力が低下する．そのため，荒廃地の二次遷移はかなりゆっくり進行するだろう．反対に，栄養塩に富んだ耕作地の放棄や生産力の高い森林の伐採は，栄養塩の可給性が高い状態を作り出し，溶脱や脱窒を介して潜在的な栄養塩損失を生じさせるかもしれない．これらの栄養塩損失は，森林伐採にともなう急速な無機化やバイオマスの燃焼が，多量の窒素を微量ガス（$NO_x$ と $N_2O$）や地下水の硝酸塩として放出する熱帯において，とくに顕著である（Matson et al. 1987）．耕作地の養分付加による影響は，土壌で保持されやすいリンでとくに長期間継続する．養分循環の遷移的制御を理解することは，望ましくない環境影響を最小化させるための管理戦略の基盤となる（第 15 章参照）．たとえば，鉱山廃棄物の上に表土を戻したり窒素固定植物を植栽したりすることは，これらのサイトの遷移発達の速度を速める（Bradshaw 1983）．また，伐採後に有機物残渣を残しておくことは，（さもなければ消失するであろう）微生物による栄養塩固定を助けるだろう．

## ■養分動態

**植食者に消費される一次生産の割合は，遷移初期から中期に最大となる．**一次・二次遷移の初期では，低い餌密度や，植食性脊椎動物が捕食者から隠れる十分な植生被覆がないこと，植食性無脊椎動物に湿潤な環境を提供するのに十分な樹冠がないことなどにより，植食速度が低いだろう．植食は，二次遷移の初期から中期にしばしば最大となる．これは，この段階に優占し，急速に成長する草本種や灌木種の窒素含量が高く，炭素由来の植物防御物質への分配が低いことによる（第 10 章参照）．このことは，耕作放棄地，近年の火災跡あるいは河畔域が，なぜ哺乳類，植食性昆虫，およびそれらの捕食者の採食の中心になるかを説明する．たとえば，遷移初期の北方河畔林では，ヘラジカ（moose）が地上部 NPP の 30％を消費し，同程度の割合の窒素を土壌に投入する（Kielland and Bryant 1998）．

これらのサイトの豊富な植食性昆虫は，亜熱帯から来る渡り鳥の高い多様性を支えている．同様に，温帯・熱帯地域では，遷移初期の森林はシカやその他の植食者の大規模な個体群を支えている．遷移の初期から後期にかけて栄養塩可給性が低下する生態系では，植物は成長から防御へと資源分配を移行させる（第10章参照）．結果として生じる餌の質の低下は，多くの植食者やより高次の栄養段階による消費レベルを低下させる．一部の昆虫大発生はこの遷移パターンの重要な例外である．それらは，環境ストレスによって衰弱した遷移後期の樹木を攻撃する（Raffa et al. 2008）．

**植食性脊椎動物は，遷移初期種－遷移後期種間の相対的なインパクトに依存して，遷移を促進させたり遅らせたりする．**植食性脊椎動物は遷移的変化に応答し（第10章参照），かつ寄与する．遷移に対する植食者の影響は，植物－植食者間相互作用の特性や特異性に依存して生態系間で異なる．しかし，いくつかの共通パターンがある．

森林域では，鳥類，げっ歯類やその他の脊椎動物が，耕作放棄地や撹乱サイトに遷移初期種（クロイチゴ（blackberries），ネズ（junipers），イネ科草本など）の散布を行う．また，鳥類やリスは遷移初期サイトに，遷移後期種（オーク（oak）やヒッコリー（クルミ科，hickory）など）の大きな種子も散布する．これらの動物を介した散布イベントは，草本植生の急速な発達によって，小さな種子をもつ木本の競争や定着成功が困難になるような二次遷移において，とくに重要である．

初期の二次遷移林に特徴的な，比較的低レベルの炭素由来の植物防御物質をもつ種は，ジェネラリストの昆虫や植食性脊椎動物の被食対象になる．これらの種の選択的摂食は，高さ方向の成長や繁殖力を低下させる．被食された植物は，根への資源分配を減らして地上部の植食者に応答することで，水や養分の競争力が低下する（Ruess et al. 1998）．多くの遷移後期種は，ジェネラリスト植食者を阻止する化学防御物質を生産する．選択的摂食は遷移後期種の**競争的解放**（competitive release）を促し，それにより，遷移後期種が遷移初期の競争者を被覆して被陰する．このように，哺乳類による選択的摂食は，しばしば森林の遷移的変化を速める（Pastor et al. 1988；Kielland and Bryant 1998；Paine 2000）．熱帯多雨林では，植食性哺乳類が林床に普遍的な「雑草の」木本実生を優先的に摂食することで，次に樹冠優占する世代になる林床実生の多様性を維持している（Dirzo and Miranda 1991）．

森林と対照的に，多くの草原やサバンナは，森林への遷移を妨げる植食性哺乳類によって維持されている．たとえばアフリカのサバンナでは，ゾウが樹木を摂食し根を引き抜く．このようなサバンナのうち，ゾウ個体群が密猟によって減少している地域では，閉鎖林化する．北米プレーリーでは，摂食や火災が木本の侵入を阻害する．これらの撹乱源が減少すると，木本が侵入し，草原が森林に転換する．同様に，更新世の終わりには，多くの大陸で出現していた大型哺乳類の減少（一部は人間による狩猟が原因）が，当時の植生変化に影響した（Flannery 1994；Zimov et al. 1995；Gill et al. 2009）．

植食者は，遷移の初期に養分循環にさまざまな影響を及ぼす．短期的には，植食者は排泄物によって土壌に栄養塩を還元し，分解プロセスを短縮させることで栄養塩可給性を高める（Kielland and Bryant 1998）．また，植食者は葉や根バイオマスを減少させることにより，土壌表面での分解の温度や水分レジームを変化させる．また，植物生産物であるリターの質も植食者によって向上する（Irons et al. 1991）．しかし長期的には，植食者は養分循環速度や栄養塩損失を低下させる傾向のある遷移初期種を取り除き，それにより植生遷移を進行させる（図 10.9 参照；Pastor et al. 1988；Kielland and Bryant 1998）．

## 12.6　生態系プロセスの時間的スケーリング

**時間外挿を行うときは，重要な生態的プロセスの典型的な時間スケールを理解する必要がある．**生態学者は，一般的に予測したい時間スケールより短い時間で生態的プロセスを測定している．たとえば，生態系がグローバルスケールの環境変動に応答する数十年～数百年の時間スケールにわたって，生態系の機能を詳細に示したような研究は存在しない．**時間スケーリング**は，ある時間間隔での測定をより長い時間間隔へ外挿することである．瞬間フラックス速度に単純に 24 時間を掛け合わせることによる日換算や，365 日を掛けることによる年換算は，駆動要因の時間変化やこれらの駆動要因に応答する生態系のタイムラグや閾値を考慮していないため，妥当な近似値を与えることはほとんどないだろう．たとえば，光合成速度は日中 - 夜間や夏 - 冬間で異なる．

時間スケーリングの一つの方法は，着目する時間スケールにわたって測定を行うことである．二つ目の方法は，着目する時間スケールにわたって重要な変動源となるプロセスをシミュレートするモデルに基づいて，結果を外挿することである．ゆえに，時間スケーリングの鍵は，着目事象の時間スケールにわたって重要なプロセスに明確に焦点を当てることである．時間スケーリングは，同位体測定（Ehleringer et al. 1993），長期観測（Sala et al. 2000），およびモデリング（Ehleringer and Field 1993；Waring and Running 2007）に基づく．ここではこれらのアプローチについて簡単に概説する．

同位体トレーサーは，炭素交換期間にわたって炭素や栄養塩投入および損失の正味の影響を積分するため，植物や生態系の長期的な純炭素交換速度を推定する重要な手段である（Box 5.1 参照）．たとえば，乾燥環境下での植物における $^{13}C$ 含量は，植物体が生産される期間における水利用効率（WUE）の積算値を示す．優占植生が $C_3$ から $C_4$ 植物に変化した生態系での土壌の $^{13}C$ 含量は，植生変化以後の土壌炭素ターンオーバー率の積算値を提供する．これらの測定は，短期のガス交換測定では得られない，ゆっくりと断続的に生じるプロセスの影響を含むため，長期速度の推定に有効である．たとえば，安定同位体による季節ごとに積分した水利用効率の測定値は，季節的な水および炭素交換に影響する乾季や湿潤期の影響を反映するが，ガス交換の瞬時測定値が全体の年間動態を代表することはできないだろう．同様に，NPP からは光合成あるいは呼吸よりも長い期間の積算値が，また土壌炭素貯蔵の遷移的変化からは NPP や分解の測定よりも長い期間の積算値が，それぞれ得られる．

プロセスベースのモデルは，直接の観測が可能な期間よりも長い期間の生態系の状態予測ができるため，時間スケーリングにとって重要な手段である．時間外挿を行うためのモデル開発における試みは，着目する時間スケールにわたって，時間変動における最も重要な駆動要因を選択することである．純光合成の日変化は，光や温度との関係に基づいて適切にシミュレートできる．しかし，光合成フラックス（GPP）の年間値の推定には，葉バイオマスや光合成能力の季節変化の情報も必要である．年間のシミュレーションでは，光合成の日変化は，日平均の光合成と日平均温度・光量間の経験的関係によってかなり予測可能であるため，モデルにおいてさほど重要でない．LAIや窒素可給性の遷移的変化のような**遅い変数**（slow variables）は，短期的な生態学研究ではしばしば定数として扱われるが，長期スケールでは重要な制限変数になりうる（Peterson et al. 1998；Carpenter and Turner 2000）．それゆえ，決定的な駆動要因のうちのどれが将来予測の時間スケールにわたって変化しやすいかを慎重に検討し，生態的プロセスのこれら遅い変数との関係の根拠を明らかにすべきである．たとえば，GPPと呼吸の，日ごとあるいは月ごとの気象との関係に基づく炭素フラックスのモデルは，長期スケールで観測された炭素フラックスのパターン（炭素フラックスの年内変動など）と比較することにより，モデル結果を検証できる（図12.19）．

駆動要因の空間変動は，長期外挿に含めるうえでどの遅い変数が重要なのかのヒントを与える．たとえば，バイオームあるいは植物の機能タイプの分布と気候の間の空間的関係は，植生が将来の気候温暖化にどのように応答するかの予測に使われている（Prentice et al. 1992；VEMAP-Members 1995；Euskirchen et al. 2009）．また，駆動要因との空間的関係は，疑似的な平衡関係を反映する．たとえば，熱帯乾燥林は平均の気候が温暖であり，

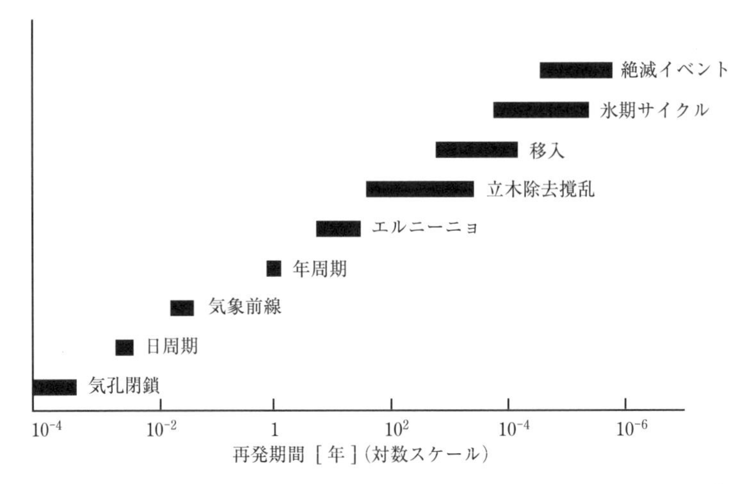


図12.19　生態系プロセスに強く影響する変数の再発期間のばらつき．NPPのような特定のプロセスにおいて，気孔閉鎖のような速い変数は無視できる．エルニーニョや立木除去攪乱のような遅い変数はプロセスに強く作用し，氷期サイクルのような著しく遅い変数は定数として扱うことができる．

明確な乾季をもつ．また，時間外挿では，空間パターンの調査からは明らかにならないような極端なイベントやタイムラグも考慮すべきである．氷雨，春季の凍結，強度の干ばつ，100 年に一度の洪水，その他の長期的に続く影響をもちうるイベントは，その後の長期的な生態系の構造や機能に強く影響する．

## 12.7 まとめ

生態系プロセスは，ミリ秒単位の陽斑から 100 万年にわたって生じる土壌発達までの，あらゆる時間スケールで生じる過去の変化にたえず適応している．土壌有機物の発達のようにゆっくり進行する生態系プロセスは，安定状態から最も強く逸脱し，過去のイベントのレガシーに最も強く影響される．生態系プロセスは，日的・季節的に生じる予測可能な環境変化や生物がよく適応している撹乱に対して，レジリエンスが高い．

立木除去撹乱は，蒸発散量を著しく低下させ流出を増加させる．蒸発散量は，遷移初期の植生が高い蒸散速度を示すことにより，バイオマスの回復から予測されるよりも急速に遷移を介して増加する．顕熱フラックスは遷移と逆向きのパターンを示す傾向があり，撹乱直後に顕熱フラックス（あるいは長波放射）は高く，遷移中期の植生が急成長し定着するのにつれて低下し，エネルギーを大気中に水蒸気として放出する．

撹乱は，あらゆる生態系が自然に備えている要素であるため，撹乱後の生態系プロセスの遷移的変化は生態系動態の地域的パターンを理解するうえで重要である．生態系の遷移的変化は，とくに撹乱の強度，頻度およびタイプの影響を受ける．炭素は一次遷移を介して植生や土壌に蓄積し，分解の変化が NPP の変化より遅れることにより，NEP は正の値となる．森林の NPP はしばしば遷移中期に最大となる．二次遷移の NEP は，低い NPP と急速な分解により負の値から開始するが，遷移中期・後期の炭素動態は一次遷移と同様のパターンを示す．

養分循環は，一次遷移の初期に窒素固定者が定着し，窒素を生態系に取り込むときに変化する．他の要素は窒素動態に比例して循環する．しかし二次遷移では，窒素は遷移初期に最も利用可能になる．この段階では，植物や微生物の栄養塩吸収能力が純無機化速度を超えるまで，窒素や他の元素は損失しやすい．これにより窒素動態は制限される．生態系内の再循環は，栄養塩の無機化速度が植生による吸収速度を抑制する場合，遷移中期に最大となる．

遷移における植食者の役割は，生態系タイプ間や遷移段階間で異なる．哺乳類は，しばしば嗜好性が高い遷移初期種を食べて排除したり競争力を低下させるため，森林での初期の遷移的変化を速める．しかし，草原では，植食者が草原から灌木地・森林に移行させる木本種の定着を阻害する．一部の昆虫は，とくに昆虫が枯死の重要なトリガーになる森林において，遷移後期に最も影響を及ぼす．

## 復習問題

1. 生態系の炭素および窒素の動態が，1週間前，5年前，100年前，2000年前に起こったイベントのレガシーに影響される例をそれぞれ挙げよ．
2. 撹乱レジームのどのような特性が，撹乱の生態的帰結を決定するだろうか？　これらの特性は，熱帯湿潤林における倒木と乾燥針葉樹林における火災とでどのように異なるだろうか？
3. 植物種の遷移的変化を引き起こす主なプロセスは何か？　これらのプロセスの相対的重要性は，一次遷移－二次遷移間でどのように異なるだろうか？
4. NPP，分解，植物や土壌における炭素蓄積は，一次遷移の間にどのように変化するか？　炭素が最も速やかに蓄積する遷移段階は何か？　それはなぜか？　これらのパターンは一次遷移－二次遷移間でどのように異なるか？　これらの違いはなぜ生じるか？
5. 窒素循環は一次遷移－二次遷移間でどのように異なるか？　この違いはどの段階で最も明瞭にみられるか？
6. 養分動態は遷移の間にどのように変化するか？　それはなぜか？
7. 水やエネルギー交換効率は遷移の間にどのように変化するか？　これらのパターンは何によって説明されるか？
8. 一つの時間スケールから別の時間スケールへの情報の外挿を検討するうえで，主要な問題は何か？　この時間外挿を行うための方法を述べよ．

## 参考文献

Bormann, F.H., and G.E. Likens. 1979. *Pattern and Process in a Forested Ecosystem*. Springer-Verlag, New York.

Chapin, F.S., III, L.R. Walker, C.L. Fastie, and L.C. Sharman. 1994. Mechanisms of primary succession following deglaciation at Glacier Bay, Alaska. *Ecological Monographs* 64:149–175.

Connell, J.H., and R.O. Slatyer. 1977. Mechanisms of succession in natural communities and their role in community stability and organization. *American Naturalist* 111:1119–1114.

Crocker, R.L., and J. Major. 1955. Soil development in relation to vegetation and surface age at Glacier Bay, Alaska. *Journal of Ecology* 43:427–448.

Fastie, C.L. 1995. Causes and ecosystem consequences of multiple pathways of primary succession at Glacier Bay, Alaska. *Ecology* 76:1899–1916.

Peters, D.P.C., A.E. Lugo, F.S. Chapin, III, S.T.A. Pickett, M. Duniway, et al. 2011. Cross-system comparisons elucidate disturbance complexities and generalities. *Ecosphere* 2(7):art81. doi:10-1890/ES11-00115.1.

Raffa, K.F., B.H. Aukema, B.J. Bentz, A.L. Carroll, J.A. Hicke, et al. 2008. Cross-scale drivers of natural disturbances prone to anthropogenic amplification: The dynamics of bark beetle eruptions. *BioScience* 58:501–517.

Turner, M.G. 2010. Disturbance and landscape dynamics in a changing world. *Ecology* 91:2833–2849.

Vitousek, P.M., and W.A. Reiners. 1975. Ecosystem succession and nutrient retention: A hypothesis. *BioScience* 25:376–381.

Vitousek, P.M. 2004. *Nutrient Cycling and Limitation: Hawai'i as a Model System*. Princeton University Press, Princeton.

Zimov, S.A., V.I. Chuprynin, A.P. Oreshko, F.S. Chapin, III, J.F. Reynolds, et al. 1995. Steppe-tundra transition: An herbivore-driven biome shift at the end of the Pleistocene. *American Naturalist* 146:765–794.

# 第13章 景観の不均一性と生態系動態

景観の不均一性は，個々の生態系で起こっているプロセスの地域への帰結を決定する．この章では，景観の不均一性の主な原因とその結果を記述する．

## 13.1 はじめに

生態系内部および生態系間の空間的不均一性は，個々の生態系や地域全体の機能に影響を与える．前章では，生態系の比較的均質なユニットやパッチを想定した生態系プロセスの制御について述べてきた．ところが，ある地域では，生態系の空間パターンもまた，生態系プロセスに影響を与える．たとえば，台地にある農業システムと河川の間にある河畔生態系は，河川に流入する窒素や汚染物を濾過しているかもしれない．より小さなスケールでは，乾燥生態系における窒素の循環や有機物の蓄積速度は，灌木の間よりも灌木の下のほうが高い．他のパッチタイプによって隔てられた小さなユニットへの生態系の分断化は，動物の総数や多様性に影響する．生態系で駆動するすべてのプロセスやメカニズム（第4～11章参照）は，機能する空間スケールが多様である．この章では，まずはじめに，景観の相互作用を理解し定量化するために，景観の概念や特徴について議論する．そして，生態系内や生態系間の空間的不均一性の原因や，その不均一性による景観内の生態系間の相互作用への結果について議論する．

## 13.2 焦　点

人為的な土地利用改変は，世界中で景観を分断化してきており，しばしばそのバランスを変化させる．そこでは管理されたパッチが大きく広がり，その中に未管理の土地が小さな断片として存在する（図13.1）．これら断片の面積に対する境界線長さの比率（エッジ－面積比）が増すと，パッチの至る所の物理環境を変え，パッチ間の連結が消失し，多くの種を支える力がさらに低下する．食料増産に対する世界的な需要が高まるにつれ，どのように景観を管理し，自然パッチの機能を維持すべきだろうか？　土地を持続可能にするための管理強度の割合は，どのようなものだろうか？　もし，その割合を超えてしまったら何が起こるだろうか？　どのような配置の自然・管理パッチが，自然や社会の要求を最も満たせるだろうか？　人間の優占がますます高まる地球において，景観の配置や動態に対する細心の注意を払うことで，人間活動による地域影響を減らすことができる．

図 13.1　中国雲南省の台地にみられる移動農業．人口増加圧により森林が維持できず，景観の中で耕作地の割合が増えた．写真は Desmanthus4food（ユーザー名）より（http://upload.wikimedia.org/wikipedia/commons/b/ba/Swidden_agriculture_in_Yunnan_Province_uplands.JPG）．

## 13.3　景観の不均一性とは

**空間パターンは，すべてのスケールにおいて生態学的プロセスを制御する．**景観は，生態学的に重要な特性が異なるパッチのモザイクであり，この空間的不均一性の原因と結果は，**景観生態学**で取り扱われる（Urban et al. 1987；Forman 1995；Turner et al. 2001；Cadenasso et al. 2007）．この分野においては，景観上のパッチ間の相互作用と景観の振る舞いや機能に焦点を当てている．景観プロセスは，1 $m^2$ サイズのホリネズミ（gopher）のマウンドのモザイクから，地球全体にパッチ状に散らばったバイオームまでの，あらゆるスケールで研究されうるが（図 13.2），しばしば流域や地域スケールで研究されている．

いくつかの景観パッチは，プロセス速度が高い**生物地球化学的なホットスポット**であり，それらは面積から予想されるよりももっと重要である．たとえば，ビーバー（beaver）が作った池は北方林景観におけるメタン排出の生物地球化学的ホットスポットであり（Roulet et al. 1997），中央アマゾンにおいて森林伐採で開拓されたばかりの牧草地は一酸化二窒素放出のホットスポットである（Matson et al. 1987）．ホットスポットは特定のプロセスに関して定義され，根圏から，放牧地の尿パッチ，湿地や熱帯多雨林までの，すべてのスケールで発生する．生物地球化学的ホットスポット全体の環境的制御は，周辺の**マトリクス**，すなわち景観で優占するパッチタイプの制御とは根本的に異なる．我々は，こ

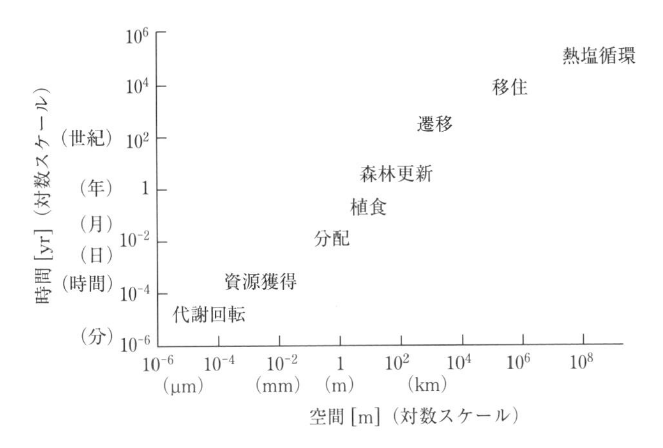


**図 13.2** 生態系プロセスが生じる時空間スケール．生態系プロセスの研究は，少なくとも一つ上（時空間変動のパターンに関する背景を知るため）と一つ下（メカニズムを理解するため）のレベルを理解する必要がある．

れらのホットスポットのプロセスを研究することによってのみ，プロセスを理解し，これらの結果をより大きなスケールへ外挿することができる．したがって景観生態学は，地域スケールおよびグローバルスケールでのエネルギーや物質のフラックス（とその制御）を見積もることの重要度から考えて，地球システムを理解するうえで必要不可欠である．

**景観内のパッチのサイズ，形，分布は，パッチ間の相互作用を支配している．パッチサイズ**はハビタットの不均一性に影響する．たとえば，農業景観における面積の大きな残存林は多くのハビタットの不均一性を含み，小さなパッチよりも多くの種や鳥のつがいを支える（Freemark and Merriam 1986；Wiens 1996）．パッチサイズはまた，散布体や撹乱のパッチからパッチへの拡散に影響する（第 12 章参照）．**パッチの形**はパッチ内の各点から端までの距離を決定することで，パッチの実効サイズに影響する．パッチのサイズと形は，パッチ面積に対するエッジ（外周部）の比を決定する．たとえば，湖のエッジ－面積比は，水域の食物網へのエネルギー供給に関して，湖の内水域と周囲の生産性の相対的重要性を決定するうえで重要である．

**配置**（configuration），すなわち景観内のパッチの空間的配列は，景観特性に影響を与える．なぜなら，それはどのパッチが相互作用するかということや，それらの相互作用の空間的な範囲を決定するからである．水辺は，陸と水の生態系の接点となるため重要である．それらの直線的配置や位置は，面積の狭さにもかかわらず，非常に重要である．

配置は，パッチのサイズや形とともにパッチ間の**連結性**に影響する．多くの生物の個体群動態はパッチ間の移動に依存しているため，それらの連結性に強く影響を受ける（Turner et al. 2001）．たとえば，耕作地の鳥類や小型動物は，好適なハビタットのパッチ間を移動するために柵を利用する．分断化が進んだ環境では局所個体群は絶滅するかもしれないが，**メタ個体群**（訳注：部分的に独立したサブ個体群から構成された個体群）の動態は，パッチの局所絶滅と隣接するパッチからの移入の相対速度によって決定される（Hanski 1999）．議論の余地はあるが（Rosenberg et al. 1997；Turner et al. 2001），種の保全計画はしばしば，好適なハビタットパッチ間の移動を促進するようなコリドー（回廊）の利用を推奨している（Fahrig and Merriam 1985；Chetkiewicz et al. 2006；Saura and Pascual-Hortal 2007）．連結性は，気候変動の際にとくに重要である．たとえば，孤立した自然保護区は，急速な環境変動に適応もしくは，移動できない種を含んでいるかもしれない．コリドーの有効性は，生物のサイズや移動性もしくは，パッチ間を移動する撹乱の振る舞いに依存する（Wu and Loucks 1995）．たとえば，柵による境界線はハタネズミ（vole）にとってはコリドーとなり，ウシにとってはバリアとなるが，鳥にとっては無関係である．パッチ間の高い連結性は，必ずしも利益があるとは限らない．たとえば，連結性の高いアメリカ中西部の広大なトウモロコシ畑では，気候変動に対応して害虫が広く蔓延するかもしれない．

生態学的**境界**（ecological boundaries）は，隣接する景観要素間の相互作用に重要である（Gosz 1991）．たとえば，シカのような動物は，ある特定のパッチタイプで採食し，捕食者から身を守る場所を求めるエッジスペシャリスト（エッジに適応した生物）である．パッチのサイズとエッジ－面積比は，エッジスペシャリストの利用できるハビタットを決定する．エッジは，しばしばパッチ内部とは異なる物理環境を提供する．たとえば，皆伐された土地に隣接した森林境界は，パッチ内部よりも風や日光が強く，乾燥している（Chen et al. 1995）．熱帯森林では，エッジから 400 m 以内の木々は，より強い吹き降ろしを受ける（Laurance and Bierregaard 1997）．これらの物理環境の違いは，撹乱や養分循環の速度に影響し，更新，生産，競争バランスを変動させる．これらのエッジ効果の影響の程度は，プロセスや生態系で異なる．たとえば，エッジからの影響は，菌根菌の胞子の利用可能性よりも，風のほうが大きい場合もある．

境界の明瞭性（エッジコントラスト）は，景観内の役割に影響する（McCoy et al. 1986）．バイオーム間の相対的に緩やかな傾度の境界では，降水量や気温のような制御要因の穏やかな変化が引き起こされる．明瞭な境界では，生物の分布や生態系プロセス（河川と河畔の間），あるいは気候の制限を受ける生態的に重要な機能タイプ（たとえば木）を制御する物理要因に，大きな変化が生じる傾向がある．河川と河畔の境界は，地表面の水の存在を反映している．物理的に決定された境界は気候変動下でも安定であるが，気候的に決定された境界は摂動あるいは方向性をもった移動が生じうる（Peters et al. 2009）．森林限界や，サバンナ－森林の境界のような気候的に決定された境界は，種が気候の小さな変化に対してよく応答するため，気候変動の影響を研究するのに適した場所である．

## 13.4　空間的不均一性の原因

**景観の不均一性は，環境の変異，個体群や群集のプロセスと撹乱により生じる**（Turner 2005）．状態因子（たとえば，地形と母材）や相互的制御（たとえば，撹乱と優占植物種）

の空間変異は，生態系内の空間変異のマトリクスの性質を決定する（Holling 1992）．人間活動は，生態系の空間的不均一性に変化を引き起こす原因となっている．

## ■ 空間的不均一性の検出と分析

**リモートセンシングは，不均一な景観の構造や機能を発見するための手段となる．** 興味の対象となる空間的不均一性の多くは，陸上の一つの地点から観察することのできない空間スケールで起こる．リモートセンシングは，単純な技術である航空機からの観察と写真から，継続的に撮影される衛星画像までの幅広い技術を提供し，一度に広域を可視化することができる．リモートセンシングの最近の発展により，生態系の不均一性の解析がすでに可能になったが，その発展はさらに今後も続いていくであろう．たとえば，スペクトルおよび空間の分解能が高い分光放射計（植生群落の化学的・生理学的ストレスを測定できる）が備わった航空機ベースのLIDAR観測（光による検出と測距．地形，樹冠高さ，植生構造の測定に用いられる）は，瞬時に数千haもの広さにわたって高解像度で植物の構造や化学性の空間分布を観測することができる（Asner et al. 2007）．このアプローチを自然の陸域生態系に応用すると，生態系の構造と機能の空間的不均一性を検出すると同時に地図化でき，直接解析することができる（Vitousek et al. 2009a）．またさらに，アフリカのサバンナにあるシロアリのマウンドや（Levick et al. 2010），ハワイの多雨林にある窒素固定生物の侵入者のような（Hall and Asner 2007），生物地球化学的ホットスポットに関連する分布，動態や結果を理解することに応用できる．

## ■ 状態因子と相互的制御

**非生物的な特性の違いと，それにともなう生物的プロセスの違いは，景観変異の基盤となるマトリクスを形成する．** 気温，降水量，母材，地形は地球の表面上で独立に変化する．母岩タイプなどのいくつかの状態因子は，急激な境界を示すため，明瞭に分類することができる．これらの傾度によって制御されるプロセス間の増幅フィードバックは，しばしば明瞭な境界を作るのに対して，気候変動を含むその他の要因はより連続的に変化し，生態系の構造や機能の変異を生じる．これらの景観クラスや変異の分析は，異なる要因が異なる空間スケールで空間パターンを制御することを示している．たとえば草原において，植生，純一次生産（NPP），土壌有機物，リターの質と養分の可給性の地域スケールのパターンは，降水量や気温と相関する（図 13.3；Burke et al. 1989）．一方，地形，土性や土地利用の歴史は，数kmの変異を最もよく説明する（Burke et al. 1999）．ハワイ諸島にある熱帯多雨林においても，広域での標高および斜面方位に関連する生態系プロセスのパターンは，気候と母材のタイプや年代を反映する局所変異によって支配されている（Vitousek et al. 1992；Raich et al. 1997；Vitousek 2004）．結果として生じる土壌の性質の違いは，窒素循環（Pastor et al. 1984），リン循環（Lajtha and Klein 1988），一酸化二窒素放出（Matson and Vitousek 1987）に一貫した違いを引き起こす．これらの比較研究は，非生物要因の空間マトリクスに基づいて，生態系プロセスを地域スケールへと外挿する根拠になる．

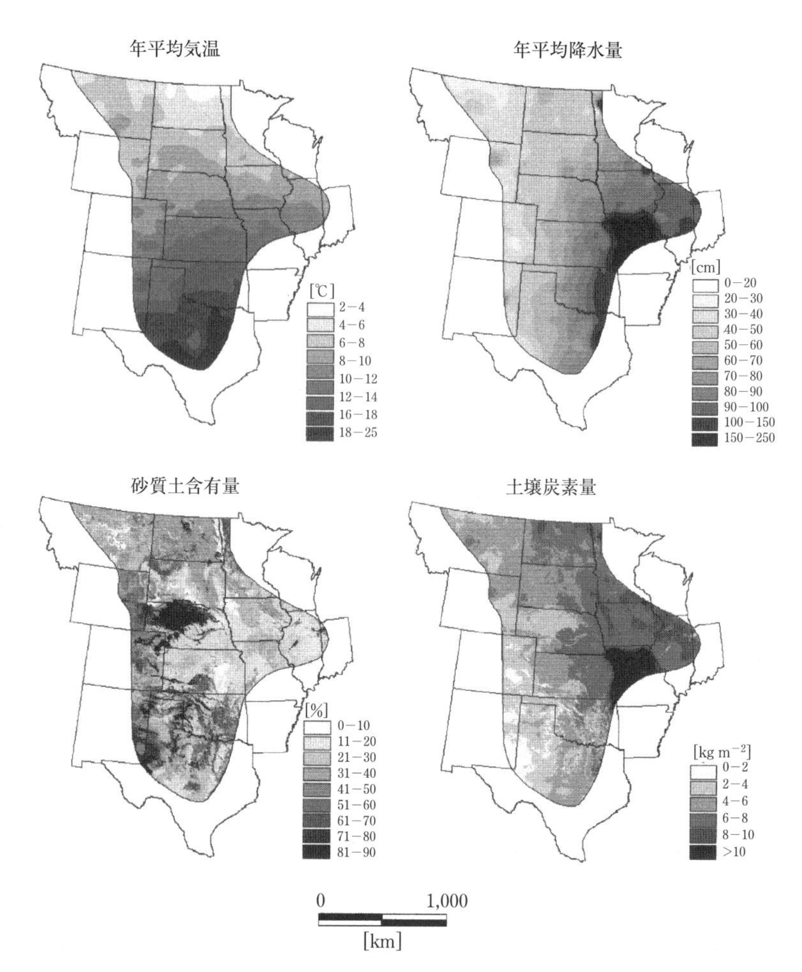


**図 13.3**　アメリカのグレートプレーンズにおける気温，降水量，砂質土（土性の粗度の計測）と土壌炭素量の地域パターン（Burke et al. 1989）．土壌炭素量は，CENTURY モデルを使った環境要因の地域データベースに基づいてモデル化した．気候や土性からある程度予想できるように，土壌炭素量には地域的な変異が生じる．図は Indy Burke 氏の好意による．

## ■群集プロセスとレガシー

**歴史的なレガシー，確率論的な離散イベントとその他の群集プロセスは，環境と種分布の関係を改変しうる．**生態系プロセスは，現在の環境だけでなく，過去のイベントにも依存しており，ある地点に存在する種に影響を与える（第12章参照）．たとえば，イエローストーン国立公園では，火災強度やトウモロコシの**セロティニー**（serotiny；種子がトウモロコシに保持される程度）における景観レベルの変異が，火災後のロッジポールマツ（lodgepole pine）の実生更新数において1 ha あたり0～500,000 茎にわたる変異を引き起こし，火災後の生産性や養分循環に強く影響を与えた（図12.14参照；Turner et al.

1999；Turner 2010）．乾燥地，半乾燥地の生態系においては，土壌プロセスが植物個体の有無から強く影響を受けた結果，樹冠の下に「資源の島」を形成する（Schlesinger et al. 1990；Burke and Lauenroth 1995）．ある景観における種の分布は，その種のハビタット要求，歴史的なレガシーと確率論的イベントの組み合わせの結果を反映する（第 12 章参照）．ひとたびこのパターンが確立すれば，その種の影響が強かった場合にはそれらの種は長期間持続することができる．たとえば，数千年前にミシガンで発達したアメリカツガ（hemlock）とサトウカエデ（sugar maple）は，それぞれの種が存続に適した土壌状態を作るため，それらの小スケールでの分布は維持され続けてきた（Davis et al. 1998）．

## ■撹　乱

**自然撹乱は，生態系内で普遍的に存在するものであり，多くのスケールで空間パターンを生じさせている．**景観の**パッチ動態**は，撹乱と撹乱後の遷移のサイクルによって発生する（第 12 章参照；Pickett and White 1985；Turner 2010）．比較的安定な条件では，これは**定常状態のモザイクの移動**を形成し，その中では景観内のすべての地点で植生がたえず変化するが，広域で見ると平均的には景観内の各遷移段階の割合は一定である（Bormann and Likens 1979）．すなわち，景観内のすべての点は異なる遷移段階であるけれども，全体の景観は定常状態に近いということである（Turner et al. 1993）．このパターンは，(1) ほぼ撹乱のみが環境変異の要因となっているが環境は均一の地域，(2) 撹乱が景観のサイズに比べて小さいとき，(3) 回復速度が撹乱の周期と近い場合，にみられる（図 13.4）．撹乱が小さく回復が速い場合，ほとんどの景観は中間から後期の遷移段階になるだろう．たとえば，コスタリカの主要な熱帯多雨林では，定期的に発生する倒木により，樹齢は最高でも 80 年から 140 年となっている（Hartshorn 1980）．ギャップ期の撹乱は森林全体の生産性や養分動態の維持に貢献する．光と養分の利用可能性が倒木で増加し，森林モザイクの中で養分要求の高い種が急成長し，維持される（Chazdon and Fetcher 1984；Brokaw 1985）．動物による撹乱は，安定状態のモザイク移動を発生させる．たとえば，カリフォルニアの草原でホリネズミはパッチを撹乱し，3 年から 5 年ごとにパッチを循環させる（Hobbs and Mooney 1991）．

**大スケールでの低頻度の撹乱は，景観の大部分の構造やプロセスを改変する．**これらの撹乱は，同じ遷移段階のエリアが広がった**非定常状態モザイク**を形成する．たとえば，プエルトリコを襲ったハリケーン（1989 年の Hugo）の後には，ほとんどの木が吹き飛ばされたり葉を失ったりし，炭素や養分が植物から土壌へと移動した．質の良いリターが突然に大量供給されたことで，多くの地域で分解速度がかなり上昇した（Scatena et al. 1996）．

火災も，景観内において単一の遷移段階にある大きなパッチを形成する（Johnson 1992）．1988 年にイエローストーン国立公園の約 3 分の 1 の面積が山火事で焼失したが，この程度の火災は，数世紀ごとに繰り返し起こっている（Schoennagel et al. 2004）．人間による火災の長期間の抑制は，地上部火災を特徴にもつ多くの森林において（たとえば，米国西部におけるポンデローサマツ（ponderosa pine）やセコイア（sequoia）），遷移後期群落の

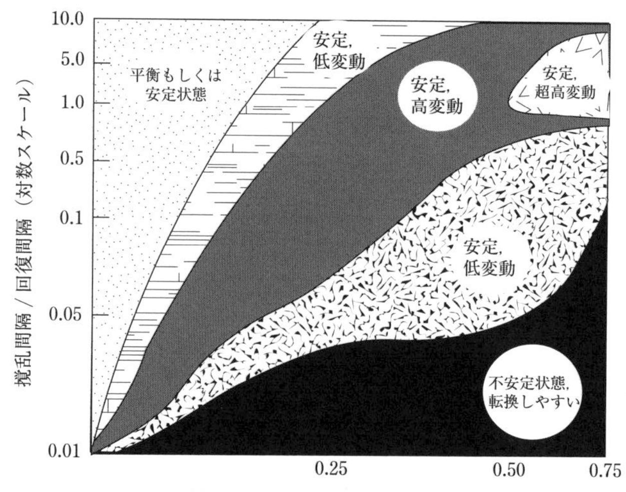


**図 13.4**　撹乱サイズ（景観サイズに比例）と撹乱頻度（生態系の回復までに必要な時間と比例）が景観プロセスの安定性に及ぼす影響†．景観は，撹乱サイズが（調査領域に対して相対的に）小さいときや，（生態系の回復に必要な時間に対して相対的に）低頻度のときに，定常状態に近づく．撹乱の頻度やサイズが大きくなるにつれて，景観がより不均一になり，個々のパッチが異なる遷移系列にシフトしやすくなる．Turner et al. (1993) より．

割合を増加させる．その結果，より空間的に均一で連続的，かつ火災が起こるための燃料が豊富になる．林冠火災を特徴とする森林（たとえば，イエローストーンのロッジポールマツ）は，再び燃えるために十分な燃料を素早く再生する．したがって，火災の抑制はこれらの森林の火災レジームにほとんど影響しない．

たとえ大きな撹乱エリアであっても，内部はパッチ化していることが多く，これはパッチ間の機能に重要な違いのある景観，すなわち**機能的なモザイク**を構築する．たとえば，火災は，顕著に燃えたパッチと燃えなかったパッチを島状に作り出す．それらはしばしば，再生密度，生産性，窒素循環速度が劇的に異なっている（Turner 2010）．燃えなかったパッチは，火災後の遷移の種子源としてや，野生動物の保護植生として機能し，撹乱の実効サイズを著しく減少する（Turner et al. 1997）．多くの場合，これらのパッチは遷移が進むにつれ境界がはっきりしなくなり，非定常状態モザイクでは空間的不均一性が減少する（図 12.14（b）参照；Turner 2010）．

**人為撹乱は，景観の不均一性の自然のパターンやその程度を改変し，**その痕跡は景観パターンの中で検出できる（Cardille and Lambois 2010）．孤立した土地利用の改変は，自然植生のマトリクス内に小さなパッチを作ることで，景観の不均一性を増加させる．しか

† 訳注：対数スケールの目盛は，縦軸と横軸で異なっている．

し一方で，不凍陸地の半分は，人間の活動によって改変されている（図1.8参照；Turner et al. 1990；Ellis and Ramankutty 2008）．つまり，我々は森林を伐採し，選択的に収穫し，草原とサバンナを，放牧地または農業システム（排水した湿地，湛水した台地（訳注：棚田のようなものを指していると思われる），灌漑した乾燥地など）に改変してきた．しかし，これらの土地利用の改変が拡大するにつれ，逆に人間が優占するパッチがマトリクスになり，そこに孤立した自然生態系の断片が埋め込まれたような状況になる．このことは，景観の不均一性を減少させ，景観の構造と機能を質的に変化させる原因になる．移動農業は，これらの人間の活動による景観の不均一性への影響の典型的な例である．

**移動農業は，低密度の人口では景観の不均一性の要因となるが，人口の増加にともなって不均一性は減少する．移動農業は刈って燃やす農業**，すなわち**焼畑農業**としても知られており，森林が再生する休耕期間ののちに，作物のために伐採を行うサイクルを繰り返し行うことである（図13.1）．移動農業は熱帯で広く行われ，ヨーロッパや北アメリカでもかつては森林伐採で重要な役割を担った．小面積の森林のほとんどの木が伐採され，燃やされ，有機態の養分を放出した．作物は複数の種が混作され，多毛作も行われた（Vandermeer 1990）．土壌肥沃度が減少し，昆虫や害虫が侵入すると，しばしば3～5年で農業区画は放棄され，森林が再生する．再生した森林は，20～40年の繰り返しサイクルの間，燃料の供給源となり，果物やその他の生産物をとるために管理される．移動農業は，森林内の年代の異なるパッチから，耕作地内の種類の異なる作物までにわたり，多くのスケールで景観の不均一性を生み出す．耕作のための十分な休耕期間と賢明な土地選択が可能な中程度の人口密度では，移動農業は，生物地球化学的循環に一方的な変化を与えず，数千年の間にわたって持続する（Ramakrishnan 1992；Palm et al. 2005）．

人口密度が増加するにつれ陸地は不足し，休閑期は短くあるいは消えることで，より均一な耕作地になる．このような状況では，農期での養分や有機物の減少を取り戻すことができず，農業システムが劣化し，十分な食料を供給するためにさらに広い面積が必要となる．景観が耕作地や遷移初期の雑草に優占されるにつれ，遷移中期種の種子源が除去される．これによって森林の再成長が抑制され，さらに景観の不均一性の創出機会が失われる．たとえば，インド北東部では，この移動農業の輪換周期が10年以内になると持続性が失われるようである（表13.1；Ramakrishnan 1992；Palm et al. 2005）．

## ■ 不均一性のソース間の相互作用

**景観の不均一性や撹乱の歴史は，これからの撹乱と相互に影響する．**わずかな地形や土壌要因の変異でさえも，自然撹乱の頻度，タイプや影響度，土地が開発される可能性に影響しうるため，撹乱は環境に左右される空間パターンを単純に重ね合わせたもの以上の影響がある．丘陵の斜面の角度や方位は，太陽放射，土壌湿度，地温，蒸発速度に影響する．さらに，これらの要因は，バイオマス蓄積，種構成，燃料特性の変異に貢献する．よって景観内の場所によって火に対する感受性が異なる．結果として起こる異なる燃焼度のパッチタイプのモザイクは，局所的な火災が大スケールに広がることを抑える．また，火災は

表 13.1　インド北東部における複数の農業システム間の生態系プロセスの比較[a]

| 生態系 | 窒素流入 [g N $m^{-2}$ $yr^{-1}$][b] | NPP [g $m^{-2}$ $yr^{-1}$][c] | リター蓄積量 [g $m^{-2}$ $yr^{-1}$][c] | 土壌侵食 [g $m^{-2}$ $yr^{-1}$][d] |
|---|---|---|---|---|
| 自然林 | 15.5 | 2,360 | 118 | 800 |
| 移動農業 | | | | |
| 5年サイクル | 5.7 | 550 | 48 | 6,900 |
| 10年サイクル | 9.2 | 670 | 71 | 3,000 |
| 30年サイクル | 10.9 | 1,480 | 98 | 1,500 |
| 混作農業 | — | 100 | — | 100 |
| 集約農業 | | | | |
| コーヒー | 12.4 | 50 | — | 1,200 |
| 茶 | 28.4 | 100 | — | 2,600 |
| 生姜 | 21.3 | 190 | — | 20,000 |

[a] 自然林とは撹乱を受けていない神聖不可侵な林であり，多くの集約的管理作物よりもリター蓄積による年間窒素流入が少ないにもかかわらず，管理された生態系よりも生産性やリター量が多い．移動農業の輪換周期が10年以内になったとき，窒素循環やリター量が減少し，侵食が増加する．連続的な収穫システム（混作と集約農業）は，収穫段階においてさえ，移動農業よりも生産性が低い．Ramakrishnan (1992) のデータ．

[b] 窒素流入は自然のリターや移動農業の休耕期間によるものであるが，集約農業においては肥料によるものである．

[c] 移動農業での休閑期の値は乾燥重量である．

[d] 全ローテーションサイクルの値である．

徐々に丘陵や丘陵頂部に移動するため，斜面の角度と方位は生態系が火災にさらされる度合いに直接的に影響する．高度や地形位置は森林の風への感受性に影響しうる（Foster 1988）．もしくは，たとえ小さな火種であっても，連結性の高い景観では山火事が燃え広がることがある．コロラド州では2002年に，管理されていなかったキャンプファイヤーが大火災につながったことがある（ヘイマン（Hayman）火災；Graham 2003）．

**撹乱や他のレガシーによって生じるパッチの性質は，撹乱の発生可能性や分布に影響し，それによって景観のモザイク構造を維持する**．たとえば，火入れの広がりは遷移初期植生のパッチを形成し，そこでは遷移後期植生よりも燃えにくい（Rupp et al. 2000）．このように，過去の撹乱は，将来の撹乱の可能性やパッチサイズを規定するレガシーを生み出す．これらの撹乱が発生する遷移初期の火災は気候に依存する．激しい火災の場合はほとんどの植生が燃える（Turner 2010）．

過去の昆虫や病原体の異常発生の履歴もまた，将来の異常発生を決定する空間パターンを作り出す．アメリカ北西部の山岳ツガ（mountain hemlock）生態系では，老木林における弱い光や養分の利用可能性が，根の病原体に対する脆弱度を増す．その結果としての枯死が，光，窒素無機化，養分可給性を増加させ，病原体の再生林への攻撃に対する抵抗性を増す（Matson and Boone 1984；図 13.5）．感染は木立を通して波のように移動し，感受性の高いパッチを攻撃し，火災のところで述べたように抵抗パッチを形成する（Sprugel 1976）．同様に，森林の大部分に吹き降ろすハリケーンは，風の影響を受けにくい灌木か

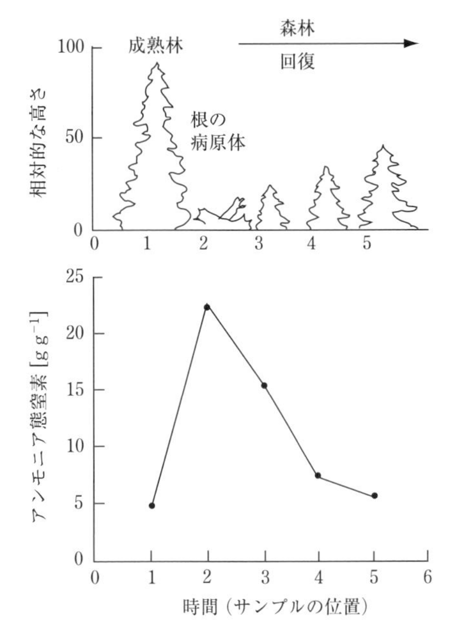


**図 13.5**　アメリカ北西部のツガ（hemlock）林における，根の病原体による撹乱を通した樹木の高さと純窒素無機化速度の断面図．窒素の無機化は，最近病原体によって枯死した樹木の下で急激に増加している（位置 2）．樹木が回復するにつれ（位置 3 ～ 5），純窒素無機化速度は典型的な非撹乱森林の速度に向かって減少する（位置 1）．データは Matson and Boone（1984）より．

らなる遷移初期パッチを発生させる．ギャップ期の遷移を特徴づける小さなスケールでの安定的モザイクでさえ，自立的な維持が可能である．なぜなら，倒木によって形成されるギャップで成長する若い木は，老木よりも枯死しにくいからである．まとめると，将来の撹乱の可能性を減らすような撹乱は，生態系の撹乱レジームを安定させる傾向がある負のフィードバックを発生させ，特徴的なパッチサイズや回復間隔をもつ安定状態のモザイクへとシフトする．撹乱レジームを変える気候や土壌資源の長期的な傾向は，おそらく景観のパッチサイズの特徴的な分布を改変するだろう．

**異なるスケールで制御されているプロセス間の相互作用は，非線形な関係になったり，ときに壊滅的な結果を招いたりする**（Peters et al. 2004）．たとえば，火災は燃えやすい構造や化学性をもつ木に稲妻が落ちることで始まる．しかし，火災の広がりは林分内の樹冠の配置に依存する．火災は林分間に高い連結性があれば，ある林分から別の林分へと広がっていくだろう．そして，ひとたびこの閾値を通過すると，燃料が再び非線形に増加する．最後に，広範囲で起こる高温火災は，それ自体が風を生み出し，それが火災の広がりを大きく加速する．大スケールでの新しい制御が作用し始めるにつれて，砂漠化，草原への灌木の侵入，非線形な増加速度の疾病の蔓延も同様に非線形に広がっていく（図 13.6）．大スケールで徐々に起こる変化は，増幅と安定化のいずれにも進みうる．これらの**スケールを超えた連結**の結果を予測するには，各スケールで顕著な制御要因を理解する必要がある．

新規の小スケールの撹乱を形成する人間活動は，大スケールでの予期しない影響を生み出す可能性がある．1920 年代のアメリカの不毛地では，乾燥に敏感な作物が広域にわたって耕作されたが，それは自然草原の小パッチが間に入った，乾燥に敏感な耕作されたパッ

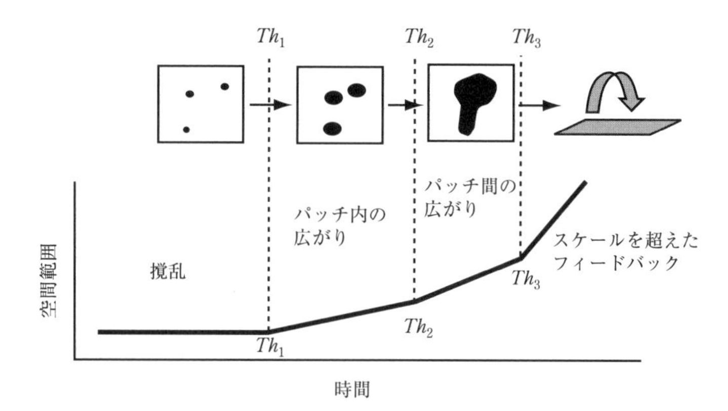


**図 13.6**　景観全体にわたる攪乱の非線形な広がりに影響する，スケールを超えた相互作用．攪乱（たとえば，火災，干ばつ，疫病拡散）はしばしば，異なるスケール（たとえば，個体，パッチ，景観や地域のスケール）の異なるプロセスに制御されている．このことは，それぞれのスケールで新しいプロセスが支配的な影響を及ぼすにつれ，閾値（$Th_1$，$Th_2$，…）や時間的な反応の変化を生じる．増幅フィードバックは曲線を増加方向にシフトする．安定化フィードバックは曲線を減少方向にシフトさせる．Peters et al.（2004）より．

チによる景観マトリクスを形成した（Peters et al. 2004）．1930年代の強風をともなう暑く乾燥した気象は，植被率の減少，植物死亡率の上昇と，局所的な風食を耕作地にもたらした．景観スケールでは，これらの小さな砂塵嵐がパッチ間に集中し，間にある非耕作パッチを攪乱し，アメリカの国土の大部分に影響が広がる強大な砂嵐（「ブラック・ブリザード」とよばれた）を発生させた（図3.1参照；Peters et al. 2004；Schubert et al. 2004）．そのインパクトは，降水量を減らし干ばつ化するのに十分である．グレートプレーンズから東海岸まで1,500kmもの距離を，土が吹き飛ばされたという報告がある．

**他の攪乱の可能性を高める攪乱は，景観パターンの予測を複雑にする**．たとえば，細かいスケールのモザイクにおいて樹木を死に至らしめる昆虫の異常発生は，（証拠は少ないが）大火災の可能性を全体的に増加させると考えられている．一方で，昆虫はしばしば燃料密度を減少させることで，火災のリスクを減少させている（Turner 2010；Simard et al. 2011）．昆虫大発生後において，大火災に対する人々の懸念は，昆虫によって枯死した林分を回収する伐採を求める政治的な圧力となる．この伐採は，昆虫によって作られたものと，壊滅的な火災によって作られてきたかもしれないものの中間サイズの伐採パッチを生み出す．どのようなパッチ構造が発達するかを前もって予測するのは困難である．ある特定のシナリオが起こる状態を定義するルールベースのモデルは，複数の潜在的な結果に直面して，予測のためのフレームワークを与えるだろう（Starfield 1991）．

**人間活動は，パッチ構造や景観の機能を改変する攪乱に対して，増幅と安定化の両方のフィードバックを形成する**．原則として，伐採のような人為攪乱による景観構造への影響は，他の攪乱による影響と違いがない．しかし，新しい自然と拡大する人間活動は，多くの景観の構造を急速に改変する．たとえば，ブラジル・ロンドニア州（アマゾン）の熱帯湿潤林を通る道路の建設は，無視できるほど小さなサイズの，シンプルな直線状の撹乱を形成する．しかし，人間のアクセスの急激な増加は，自然の倒木ギャップや，移動農業による手作業で伐採されたパッチに比べて，ずっと大きい森林伐採のパッチを作る．同様に，道路アクセスはアラスカの北方林での火災発生の分布を決定する主要因である（図 13.7）．これらの例のように一般的に，道路アクセスは自然景観における人為撹乱の広がりを予測指標の一つである（Dale et al. 2000）．

農家の収入のような社会経済的要因は，現地の特徴と相互作用し，景観パターンへの人間の効果に影響する．不均一な景観はしばしば農業や自然植生の細かいスケールのモザイクに転換され，一方で機械化農業に適した広い地域は，大きなブロックに伐採されがちである．たとえば，アルゼンチン北部のアンデス山脈東斜面にある乾燥落葉林は，小さな畑のパッチに転換されたり，放牧によって有棘灌木が目立つ放牧地や二次林へと転換される（図 13.8；Cabido and Zak 1999）．しかし，隣接する平地では，大きな区画がはじめに放牧用に伐採され，最近では機械化農業地に転換されている．平地の大部分は，世界経済に基づいて土地利用を決定する農業法人によって転換される．山における小家族生産者は，土地利用の変化の少ない伝統的な生活スタイルを維持している（Zak et al. 2008）．

撹乱は，自然生態系の木立，景観構造により近づけるための管理手段として広く使われるようになってきた．森林の収穫は，木の除去率が 0% から 100% までと幅広く，皆伐のサイズや形は通常の格子パターンから自然撹乱を真似たものまでさまざまに行われる（Franklin et al. 1997）．また，森林収穫レジームは，河畔植生の濾過機能，大きな木材残渣の存在や，種子供給と営巣ハビタットとしての少数の大木の維持のように，遷移後期樹種の機能を維持するためのデザインが可能である．これらの特徴を守ると，森林収穫による生態学的な影響を小さくできる．計画的な火入れは，とくに 1 世紀も行われている「スモーキー・ベア」政策†に代表されるように，不自然な大量の燃料蓄積が起こっている地域において，火災を抑制するための管理手段として広く使われるようになってきた．火入

**図 13.7**　アラスカの自然・人為火災の発生地図．人為火災の発生位置が道路や川のような輸送路に酷似していることから，人のアクセスによる地域的な火災レジームの改変の重要性がわかる．Gabriel and Tande（1983）より．

† 訳注：森林火災予防のマスコットキャラクターとしてクマが使われ，政策の通称名にもなっている．

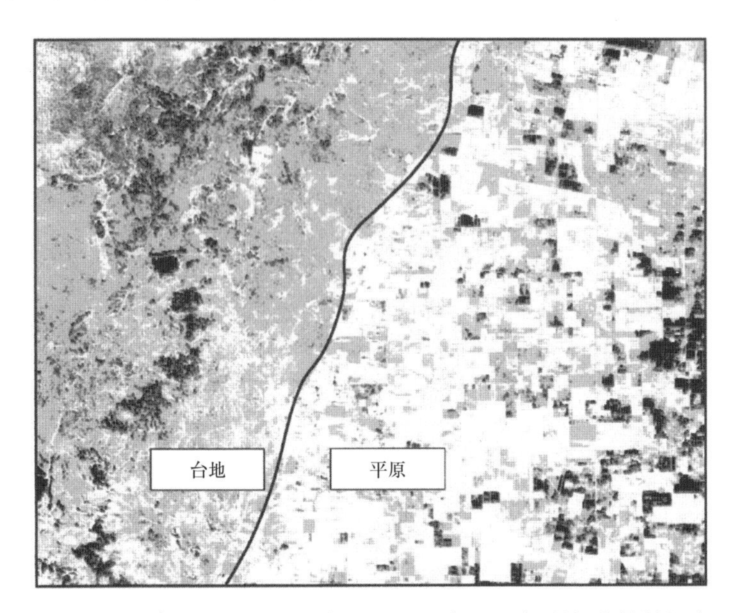


図 13.8　1999 年のアルゼンチン北部のコルドバ（Cordoba）地区の衛星地図．半自然植生は黒，放牧改変地は灰色，耕作改変地は白色で示している．機械化農業により適した東にある平原は，大部分が耕作地に転換された．西にある土地は山がちで，機械化農業には適していない．これらの土地は小規模農家が所有し，不均一な土地利用のモザイク構造を維持している．耕作地に転換された面積の割合は広大で，集約農業に適している（Cabido and Zak 1999）．図は Marcelo Cabido 氏と Marcelo Zak 氏の好意による．

れは，火を小さく制御できるような天候の際に行われる．人口密集地区では，火入れは危険であるため，その代わりに植生は物理的に取り除かれる．自然火災，野焼き，植生除去は，有機物や除去した養分の量が異なるため，生態系へのインパクトがそれぞれ異なるだろう．そして，これらの影響の違いが再成長に影響する．

生態学者は，生態系と景観の構造や機能に対して，異なる撹乱レジームが長期的にどのような帰結をもたらすのか，まだあまり理解していない．この理解が進めば，撹乱を生態系管理の手段として使ううえで，より情報に基づいた決断ができるだろう（第 15 章参照）．自然撹乱パターンが社会に受容されない結果を生む状況では，撹乱レジームの管理は，自然撹乱レジームが再び作用できる景観構造を再構築できる，あるいは撹乱の生態的な効果を模倣できるだろう．

## 13.5　景観におけるパッチ間の相互作用

景観内のパッチ間の相互作用は，個々のパッチや景観の機能に影響を与える．水，エネルギー，養分や生物が，境界を越えて一つのパッチから別のパッチへと移動することを通して，景観パッチは相互作用する．これは，地形的に制御された相互作用を通して起こり，大気，生物的輸送，撹乱の拡大を通して輸送される．これらの輸送は，生態系の長期安定性に大変重要である．なぜなら，これらは提供側生態系からの喪失と，受容側生態系への供給を表すためである．これらの輸送の大きな変化は，資源の出入りの変化を構成し，生態系の機能を改変する．

## ■ 地形と陸－水間相互作用

**地形的要因を背景とした物質の再分配は，生態系間を移動する物質の物理的な移動経路を決定する**（図 13.9）．重力は，景観の相互作用を引き起こす強い力である．それは，水が斜面を下る際に溶存・懸濁物質を運ぶ．また，地滑り，土壌クリープや他の土壌移動にとっての駆動力である（第 3 章参照）．これらの地形的に制御されたプロセスは，物質を，ホリネズミ（gopher）のマウンドから周辺の草原マトリクスへ，高地から低地へ，陸域生態系から水域生態系へ，淡水生態系から河口生態系や海洋生態系へと輸送する（Naiman et al. 2005；Yoo et al. 2005）．

提供側生態系の性質とそれらの管理は，溶存物質の輸送を制御する．集約農業地域とそれらの受容する相当な量の窒素沈着は，相当な量の硝酸塩とリンを川，湖，地下水に運ぶ（Carpenter and Biggs 2009）．たとえば，世界の主要な流域への硝酸塩の総流入量と，河川への窒素添加には強い関係がある（図 13.10；Howarth et al. 1996a）．より局所スケールでは，土地利用や都市化のパターンは，湖や渓流への養分流入に影響を与える．これらの増加した溶存態窒素フラックスは，下流の淡水・海洋生態系において，健康被害，酸性化，富栄養化，多様性の減少などの多様な帰結をもたらす（Howarth et al. 1996a；Nixon et al. 1996）．

**侵食は，養分や有機物を含む粒子を，一つの生態系から別の生態系へと移動する**．侵食のスケールは，流水中の懸濁シルトから，地滑りでの山全体の移動まで幅がある．物質の移動量は，斜面位置，傾斜角，母岩のタイプや土壌下の未固結物質や，侵食作用因子のタイプ（たとえば，降雨イベントの量や強度；第 3 章参照）などの多くの物理的要因に依存する．生態系の生物的特徴もまた重要である．植生タイプ，根の強度，撹乱，管理，人間開発もまた鉛直方向の傾斜や母材と同様に重要であろう．たとえば，アメリカ北西部の急傾斜地における森林収穫は，地滑りの頻度を増加する．同様に，台地の農業では，堆積や，それと関連する養分や汚染の移動が増加する（Comeleo et al. 1996；Syvitski et al. 2005）．カバークロップ（被覆作物）の導入，耕起の削減，その他の管理手法の実践を通じて行う，上流域の適切な管理は，物質の侵食輸送を抑えることができる．

**景観パターンは生態系間の物質の輸送に影響する**．管理・非管理の景観の中で，台地で溶脱した養分が，中間斜面や低地生態系に提供されるように，生態系どうしは地形的連続性に沿って相互作用している（Shaver et al. 1991）．景観内の生態系の配置は，養分再分配やそれらの結果としての地下水や渓流のパターンを決定する．湿地や氾濫原を含む河畔植生帯は，水や物質が台地から渓流へ流れる際のフィルター（濾過部）や堆積物トラップ

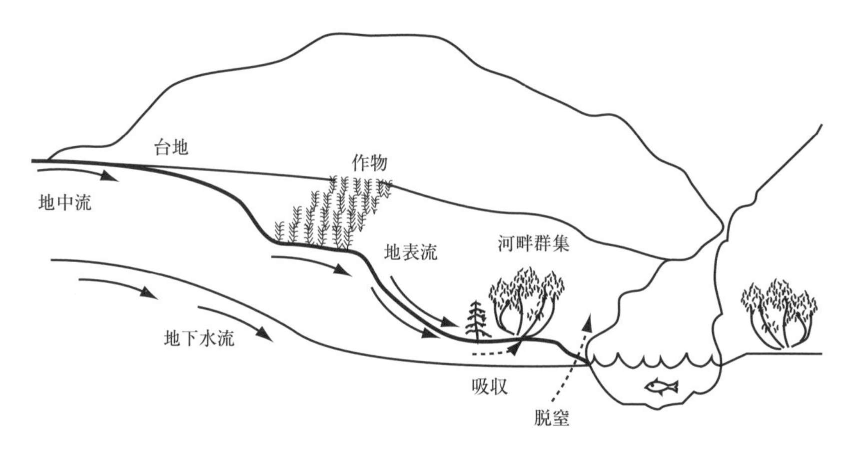


図 13.9　侵食や地中流や地下水による溶液移動を介した，景観における生態系間の地形的に制御された相互作用．河畔林はよく通気された土壌から主に養分を吸収する一方で，脱窒は嫌気状態を必要とするため，水面以下で一般に発生する．窒素吸収や脱窒は，河畔域が高地生態系や渓流の間の地下水から窒素を濾過することによる最も重要なメカニズムである．

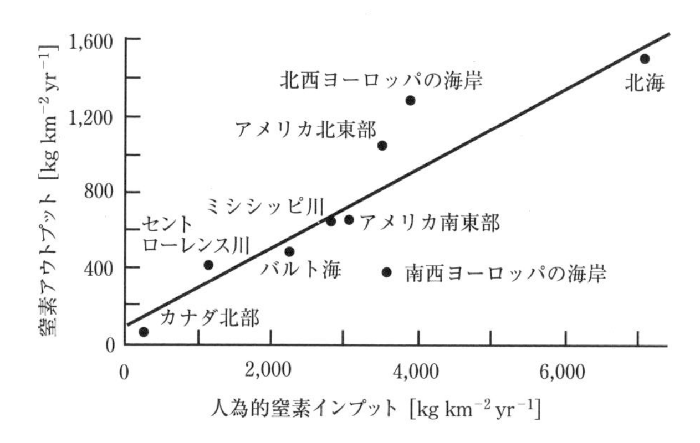


図 13.10　世界の主要な河川流域への全窒素流入と河川の窒素負荷の関係．Howarth et al. (1996a) より．

として働いている（図 13.9）．河畔域に，土壌堆積に耐性があり，かつ成長が速いような攪乱に適応した植物が優占していると，その景観の濾過機能の効率が高まる．河畔域は農業地帯の流域においてとくに重要な役割を果たしており，そこで肥料由来の窒素・リン，侵食堆積物が除去されている．また，たいていの河畔域は，粒子が細かく有機物が豊富な土と，湿潤条件があり，その特性が流入する硝酸塩の脱窒も促進する．植物による吸収と脱窒はともに，地下水が耕作地から河畔林を通って渓流まで流れる過程での，硝酸塩濃度の低下を説明する．リンはガス態としての損失経路がないため，主に河畔にとどまり，植物や微生物によって取り込まれたり，土壌に吸収されたりする．

高い生産性と養分状態を保つ植物と水の存在は，管理された生態系における家畜などの動物による流域の利用を集中させる．人も，水，砂利，輸送経路，レクリエーションのために，河畔域を集約的に利用している．過剰施肥された農業地域や，汚水処理（すなわち微生物による分解生成物を取り除くこと）のために利用された湿地からの長期間にわたる投入資源量の増加は，地下水からの養分の濾過能力を飽和させてしまう．河畔域の過剰利用は，いずれも河川への堆積物や養分負荷を増加させ，日陰が減少することで，淡水生態系が流域内の土地利用改変に対してより脆弱になってしまう（Correll 1997；Lowrance et al. 1997；Naiman and Décamps 1997）．

あるケースでは，景観パターンは生態系のプロセスに対してはっきりとした効果が現れない．たとえば，激しい火災ではすべての木立が燃えてしまうため，可燃性が異なることの景観パターンは相対的に重要ではない（Turner et al. 1994）．明らかな方向性をもつパッチ相互作用があった場合（たとえば陸から水への養分の流れ）や，撹乱強度が低から中程度の場合に，景観パターンは最も重要であるらしい（Turner 2010）．

**受容側生態系の特性は，景観の相互作用への感受性に影響する．** 他のパッチからの生態系への流入に対する脆弱度は，その流入の固定や輸送に対する能力に強く依存する．たとえば，河畔域は台地にある遷移後期種に比べて，養分パルスを保持，あるいは脱窒によってそれらを大気に放出する能力が高い．頻繁な洪水によって特徴づけられる渓流は，洪水が堆積物を流すため，水の流れの穏やかな渓流や川に比べて堆積物を蓄積しそうにない．石灰岩基質あるいは豊富な地下水の流入を受ける湖は，より下流域に位置するため，花崗岩基質あるいは地下水の流入が少ない湖に比べて，酸性や養分の流入に対する緩衝能が高い（Webster et al. 1996）．

**河口**，すなわち河川と海の境界部分に位置する沿岸生態系は，生態系の特性が景観からの流入に対する感受性に影響を与える好例である．それらは，地球上で最も生産性の高い生態系である（Howarth et al. 1996b；Nixon et al. 1996）．その高い生産性の一部は，陸地からの流入や，海藻や他の根を張る植物の存在によって安定した生態系の物理的構造に依拠している．この物理的構造の安定は，波や潮のエネルギーを抑える傾向があり，植物などの再浮遊を減らし，堆積物を増やす．塩分濃度や，水の混合によって起こる他の地球化学的変化は，懸濁粒子を凝集させ，沈殿させる．根を張った植生と植物プランクトンによる養分の吸収，堆積による埋没や嫌気堆積物の脱窒は，河畔域のように上部からの水の流れの養分のシンクとして機能している．たとえば，ミシシッピ川デルタ（河口三角州）の景観の安定性は，上流からの堆積物の輸送が，潮汐侵食によって失われる土壌を補うことに依存する．運河や堤防のような洪水を抑えたり水管理をするための工学的解決策は，短期的には洪水の可能性を減らすかもしれない．しかし，大きな嵐から海岸を守るバリアとなる島々を築き維持する堆積物の供給も止めることになる．ニューオーリンズで都市部の発展を支える湿地の排水は，広範囲な地盤沈下と，嵐の際の湿地の水涵養能力の低下を引き起こしている．これと同様に，自然景観の相互作用への依存から工学的改変へのシフトは，2005 年にニューオーリンズで起こったハリケーンによる壊滅的な被害をもたらした（Kates et al. 2006）．ミシシッピ川の河口近くのメキシコ湾岸を含む多くの河口域は，流域内での養分の濃縮で飽和状態になっており，有害な藻類のブルーム，海藻の消失，魚やエビのような無脊椎動物の大量死をともなう赤潮の発生頻度増加が問題となっている（図9.1参照；Rabalais et al. 2002）．

## ■大気による移動

**ガスや粒子の大気輸送は，長距離，粗い空間スケールを横断して生態系を結びつけている．** 管理下もしくは自然生態系から放出されたガスは大気で変成され，km スケールからグローバルスケールで広く運ばれていく．それらはひとたび沈着してしまうと，まるで地形的に制御された輸送のように，それを受容した生態系の機能を改変する（図13.11）．

耕作地の風下では，アンモニア，窒素酸化物が窒素沈着の重要な部分である．たとえば，オランダのヒースランドでは，自然条件下の10倍もの窒素沈着が生じている．これらの流入の規模は，植生が1年で循環させる窒素量に匹敵しており，窒素循環の開放性を強めている．工業や化石燃料燃焼の風下地域が受ける窒素は，主に窒素酸化物である．亜硫酸ガスを含む硫黄ガスもまた，化石燃料の燃焼によって発生するが，規制が改良されて窒素酸化物に比べて相対的に放出や沈着量を減らしてきた．

生態系への窒素の大量流入は，NPP，養分循環，微量ガスフラックス，炭素貯蔵に大きな影響をもたらす．継続的な窒素添加は，はじめに窒素循環速度，葉の窒素濃度，NPPを増加させることによって窒素制限を解消する．ところが，ある限界を超えると，生態系は窒素に対して飽和する（図13.12；Aber et al. 1998）．土壌からの過剰な窒素，硫黄溶脱が進行するにつれ，土壌が荷電バランスを維持するために陽イオンも放出し，植生のカルシウムやマグネシウムを不足させる（Driscoll et al. 2001）．たとえば，スウェーデン南部では，地表70cmの土壌中にある半分以上の陽イオンがこの半世紀以内で失われてきた．これはおそらく，酸性雨に継続的にさらされたためと考えられている（Hallbacken 1992）．

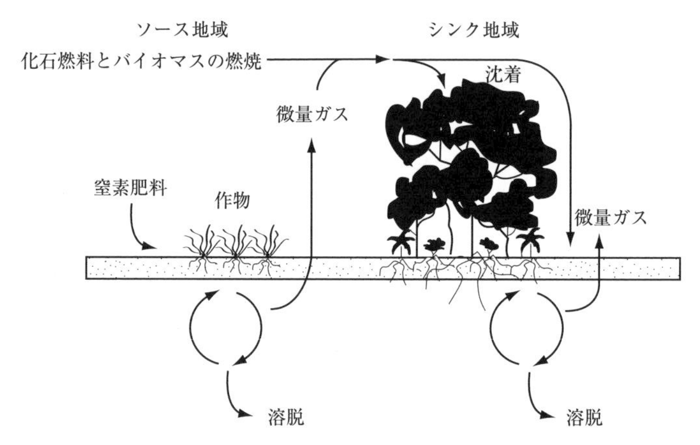


**図13.11**　ガス，溶液と粒子の生態系間の大気移動．流入は化石燃料やバイオマスの燃焼と，自然生態系・管理生態系から発生する微量ガスに由来する．

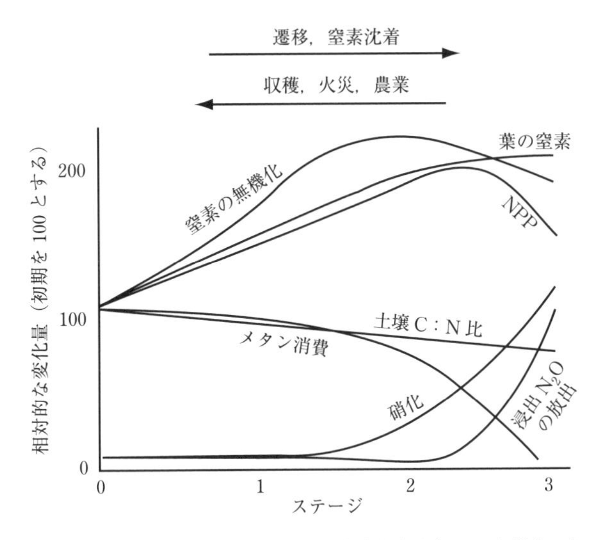


**図 13.12**　森林が長期の窒素沈着や窒素飽和を起こした場合に起こると予測される変化．Galloway et al.（2003）より．

この交換複合体は，マンガン，アルミニウム，水素の各イオンがより支配的になり，土壌の酸性化やおそらくアルミニウム毒性の問題が生じる．このことと同時に，一連の土壌の変化は，ヨーロッパやアメリカ北東部において，霜害への感受性の上昇，根の発達阻害，植食の促進を通じて，森林の衰退を招いている（Schulze 1989；Aber et al. 1998）．しかし驚くべきは，多くの森林が酸性雨を耐え抜くために，流入した窒素資源を何十年も保持し，生産性を維持し，炭素貯蔵を続けていることである（Magnani et al. 2007；de Vries et al. 2009；Janssens et al. 2010）．

他の森林では，窒素インプットの半分は川の流れで失われる（Lovett et al. 2000）．生態系の酸性雨に対する脆弱性は，（汚染源からの距離と降水量に関連する）インプットや初期の土壌酸性度から部分的に影響を受けるが，それはつまり母材や種構成から影響を受けることを意味する．たとえば，アメリカ北東部では，花崗岩の母岩をもち，とくに土壌プール中の塩基性陽イオンが最も少ない台地で，森林の生産性が減少してきた（Likens et al. 1996；Fahey et al. 2005）．これは，土壌からのカルシウム消失や，重要な群落優占種であるサトウカエデのカルシウム感受性が高いことで，成長が停滞していることや死亡率が増加していることに関連している．流域へのカルシウム添加は，とくに台地でサトウカエデ実生の菌根菌，細胞壁へのカルシウム沈着や成長を促進する（Juice et al. 2006）．酸性雨はまた，渓流への窒素投入量を増加させ，湖の酸中和能力を低下させる（Aber et al. 1998；Carpenter et al. 1998；Driscoll et al. 2001）．湖の酸性度の上昇は，陽イオンの不足した母岩をもつ流域で顕著である．これらの湖では，酸性は餌供給の減少を通して魚のサイズ，生存や密度を減少させる（Driscoll et al. 2001）．

人為由来の窒素の輸送，沈着，生態系での帰結に関するほとんどの研究が，温帯地域で行われてきた．しかし，窒素沈着のさらなる増加は，主に熱帯や亜熱帯地域で起こっており，そこでは植物や微生物の成長はしばしば窒素よりも無機物によって制限されている（Galloway et al. 1995）．したがって，これらの生態系では，窒素沈着に対応した微量ガス放出あるいは溶脱による，より迅速な窒素消失を示すかもしれない（Matson et al. 1998）．その一方で，粘土含量や陽イオン交換容量の高い土壌特性は，溶脱する前に熱帯の土壌に十分な量の窒素固定をもたらす．

**バイオマス燃焼は養分を直接的に，陸域プールから大気，そして風下生態系に運ぶ．** バイオマス燃焼は，植生の元素濃度や火災強度を反映した一連のガスを発生させる．乾燥バイオマスの約半分は炭素で構成されているため，発生するガスの多くは二酸化炭素，メタン，一酸化炭素や少量の非メタン系炭化水素を含むさまざまな酸化段階の炭素化合物である．これらのガスの大気における役割はさまざまである．$CO_2$ や $CH_4$ は温暖化ガスで，一酸化炭素や非メタン系炭化水素は，オゾンや風下生態系に影響する他の大気汚染物を生産するために対流圏で反応する（第2章参照）．また，窒素も，窒素酸化物（NO と $NO_2$，$NO_x$ などとしても知られる）やアンモニア（$NH_3$）を含むさまざまな酸化形態で排出される．これらの形態の排出割合もまた，$NO_x$ に代表されるように燃焼強度に依存する．硫黄を含んだガス，煤煙や他のエアロゾル粒子，黒鉛のように，多くの微量種の炭素，窒素と硫黄もまた，重要な地域的，グローバルな影響がある．衛星や航空機による観測データは，バイオマス燃焼プリューム中のこれらのガスやエアロゾルが，長距離輸送されることを示している．

**風によって運ばれる，自然および人為起源の粒子は，景観における生態系を結んでいる．** 輸送経路における大気の役割は要素によって異なる．いくつかの塩基性陽イオン（$Ca^{2+}$，$Mg^{2+}$，$Na^+$，$K^+$）やリンにとっては，粒子による輸送が主な大気移動手段である．局所から地域スケールでは，道路や川からのダストは，植生や陸－大気交換の空間分布を説明する土壌 pH や，他の土壌特性を変える（Walker et al. 1998）．グローバルスケールでは，サハラのダストは熱帯の偏東風（貿易風）によって大西洋を越えて輸送され，アマゾンに沈着する．ダストの年間流入は少ないが，長期的な土壌発達に相当貢献している（Okin et al. 2004）．同様に，ゴビ（Gobi）砂漠からのダストは，ハワイ島の湿潤林で年間 1.25 g $m^2$ $yr^{-1}$ の速度で沈着している．すなわち，200 万年以上の古い地層では，ダストがリンの最大のソースとなっている（Chadwick et al. 1999；Vitousek 2004）．アメリカ西部では，1860～1900 年の間に行われた鉄道の建設とウシやヒツジの過放牧とが相まって，アメリカ南西部において大気へのダストインプットが増加し，サン・ホアン（San Juan）山脈で積雪の期間が短くなった（Painter et al. 2007；Neff et al. 2008）．同様に，アジアの大きな砂塵嵐はアメリカ西部にも到達し，融雪の早期化・短期化とともに，灌漑，都市やロッキー山脈のスキーリゾートでの利用可能な水量を減少させた．

**ある場所における水とエネルギーの陸－大気間の交換は，風下の気候に影響を与える．** 海や大きな湖は気温異常を減らし，降水量を増やすことで，隣接する土地の気候を緩和する（第2章参照）．陸域の人為改変は広域で起こっており，風下の生態系にも大きな影響

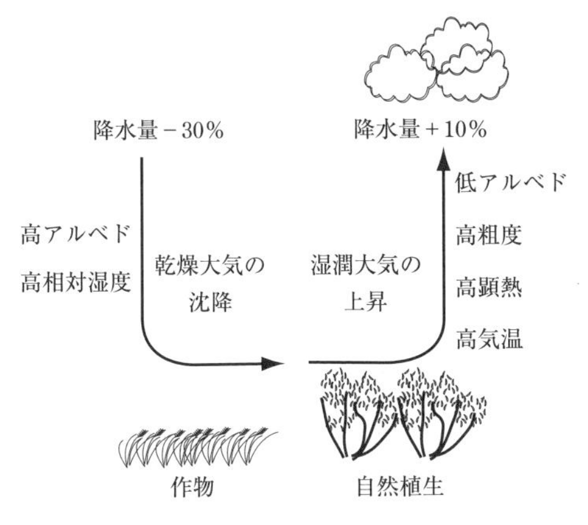


**図 13.13** 南西オーストラリアのヒースランドからオオムギ畑への転換による局所気候への影響．ヒースランドは隣接する耕作地よりも放射線を吸収（低いアルベド）し，このエネルギーの大部分を顕熱として大気に伝える．これはヒースランド全体の大気を上昇させ，灌漑耕作地から横方向に湿った（相対湿度の高い）空気を吸い込む．このことは海風の大気循環と同様に（第 2 章参照），耕作地全体の大気の沈降を引き起こす．上昇した湿潤大気はヒースランド全体の降水量を約 10％増加させる一方で，乾燥大気の沈降は降水量を 30％減少させる．Chambers（1998）のデータより（図 4.1 参照）．

を与える．たとえば，オーストラリアのヒースランドの耕作地への転換は，ヒースランドへの降水量を増やす一方で，耕作地への降水量を 30％減少させる（図 13.13；図 4.1 参照）．アマゾンの森林伐採は地域的な蒸発散量を減らす．水循環におけるこの減少は，流域内の他の場所の降水で使える水分を減らし，熱帯多雨林にとって気候を好ましくないものにする（Foley et al. 2003b）．グローバルスケールでは，耕作地開拓のための伐採はアルベドや蒸発散量を減らし，顕熱フラックスを大きくする（Chase et al. 2000；Foley et al. 2003b；Field et al. 2007）．すべての空間スケールにおける他の生態系への熱や水蒸気の大気輸送は，風下の生態系プロセスに影響する．しかし，貯水池の風下の生態系，乾燥地の灌漑，土地利用変化への気候影響は，これらの管理プロジェクトの中で評価すべき潜在的インパクトとして挙げられることはめったにない．

## ■ 景観上の植物と動物の移動

**植物や動物の移動や分散は，景観内の生態系どうしを結んでいる．**大型動物はとくに質の高いパッチから餌を消費し，休憩や睡眠をとる場所に糞や尿を排泄する．たとえば，ニュージーランドのヒツジ（sheep）は夜に山で過ごすため，重力により通常は下方に流れていくはずの養分を山に戻す．海鳥は海の食物からのリンを大量に陸地に運び，古くからの営巣地域に堆積した**グアノ**は肥料としてのリンの主要なソースになっていた．淡水で繁殖する海水魚である**遡河性魚**は，同じく海由来の養分を陸域生態系に運んでいる．これらの魚は養分を川の上流に運び，そこで陸の捕食者にとって重要な餌となる（Willson et al. 1998；Helfield and Naiman 2001）．海由来の養分によって促進された樹木の成長は，日陰を作り，河岸侵食を減らし，粗大枯死材を提供し，サケ（salmon）にとって良好なハビタットを供給できる可能性がある（Helfield and Naiman 2001）．同様に，海藻や海のデトリタスを捕食する昆虫は，島のクモ類にとって重要な食資源であり，海と陸の食物網をつないでいる（Polis and Hurd 1996）．

また，動物は，毛や糞に付着した種子の形で植物を運ぶ．多くの植物は，この散布という効率的な移動にかかわる生活史戦略を進化させてきた．この散布メカニズムは，侵入植物の分散に貢献してきた．たとえば，ハワイの雨林において外来植食者であるイノシシ（feral pig）は，パッションフラワー（passion vine）のような侵入植物の種子を運び，養分循環のパターンを変える．同様に，外来鳥であるメジロ（white eye）は外来窒素固定植物（*Morella faya*）を散布し（Woodward et al. 1990），元来の生態系の窒素状態を変えている（Vitousek et al. 1987）．したがって，植物と動物の別の生態系への侵入は，生態系をさまざまに変化させうる．

パッチ間を移動する動物は，パッチタイプによって異なる影響を与える．たとえば，シカのようなエッジスペシャリストは，ある特定のハビタットタイプを採食するが，捕食者から避難するため，他のハビタットに養分を添加する（Seagle 2003）．捕食者－被食者動態は，たとえば，ヘラジカ（moose）が窒素の豊富な水生草を低地で食べ，高地でオオカミに殺されるなどの捕食が生じて死骸が堆積することで，養分の不均一構造を作るかもしれない（Bump et al. 2009）．大スケールでは，渡り鳥が異なる生態系タイプ間を季節に合わせて移動する．たとえば，ハクガン（lesser snow goose）はアメリカ南部で冬を越し，カナダ北極域で繁殖する．この種は，越冬地の作物（コメ，トウモロコシ，コムギ）を餌としてより多く食べ，また狩猟圧が減ったことにより，個体数が一桁以上も増加した．現在では夏の繁殖地がその収容力を超えたため，生産性の高い塩性湿地は，植生のない不毛の地へと変わってしまっている（Jefferies and Bryant 1995）．

人間は，肥料や農薬などの添加や，外来種の散布体の導入，作物や森林生産物の除去，水の転用などを通して，生態系間の物質の水平移動を増加させている原因である．その結果として生じる水系への養分の流入は，河畔域や他の生物濾過機能が，劣化しているか，そもそも残っていないような場所で起こる．田舎から都市への食料輸送にともなう養分の輸送は顕著な例である．ヨーロッパにおける食料の輸入は，この地域の炭素や窒素バランスの重要な要素であり（Ciais et al. 2008），食料の輸入は沿岸生態系の窒素供給源である（Drriscoll et al. 2003）．人間による水の転用は，川や流域の代償として乾燥地の土地利用変化の速度やパターンを改変する（第4章参照）．これから数十年の間に，水が枯渇するにつれ，水の転用への人々の圧力が増加するであろう．

## ■攪乱の広がり

**パッチのサイズや配置は，景観内の攪乱の広がりを決定する．**攪乱は，パッチ間の水平方向の広がりに強く影響を受ける生態系プロセスにおいて，相互作用を制御する重要な要素である．火災や病原体は，植生の連続的な範囲を容易に移動する．たとえば，不燃性植生による防火線は，野生地と都市の境界における火災リスクを減らす効果的なメカニズムである．火災後の植生は燃えにくいので，火災は自ら防火線を作っていることになる．理論的なモデルでは，景観内の半分以下に攪乱が広がった場合，攪乱の頻度は強度に比べて重要でなくなる．ところが，景観の大部分が攪乱に対して感受性が高い場合，攪乱の頻度が重要になってくる（Gardner et al. 1987；Turner et al. 1989）．また，パッチのサイズも撹乱の広がりに影響する．大きなパッチに優占された景観は，大火災の頻度が小さくなる傾向がある．小さなパッチの景観の場合，パッチのエッジが多くなるため，不燃性の植生にも燃え広がる傾向がある（Rupp et al. 2000）．このように，景観は他の要因によって改変されるまで，それらに特徴的な撹乱レジームを維持する傾向がある（たとえば気候あるいは土地利用変化）．

パッチ化した農業生態系は，単一の作物が広大に広がった景観に比べ病害虫が広がりにくい．集約農業は景観の不均一性を失う．個々の耕作地のサイズや利用面積の割合が増加するにつれ，作物が遺伝的にも均一になる．このことはさらに害虫の蔓延を招く．

## 13.6 人為的な土地利用変化と景観不均一性

**人為的な土地利用改変は地域，グローバルなプロセスにおける生態系の役割を根本的に改変してきた．** 土地利用の変化は主にここ 2，3 世紀以内に発生しており，これは景観形成の観点からすると比較的短い期間である．たとえば 1700 年以来，作物生産のための土地面積は 466% 増加し，その大きさは不凍陸地表面の約 10～20% に相当する（Ellis and Ramankutty 2008）．その結果，世界の多くは耕作地，放牧地，未利用・非管理地のパッチワークに優占されている．これに類似して，わずかな面積の老齢林と混在する伐採地や再生林のパッチワークは，すべての大陸で共通してみられる．人間の優占する景観は大量の食料，繊維と生態系サービスを供給している．一般的な土地利用改変のパターンとして次の二つが生じる．(1) **拡張**，すなわち人間活動に影響を受ける土地の増加と，(2) **集約**，すなわち与えられた陸地や水面積あたりの投入量の増加である．

### ■拡　張

**土地利用の変化は，転換と改変の両方を含む**（Meyer and Turner 1992）．**土地利用の転換**は，たとえば，森林から放牧地への，あるいは川から貯水池への変化など，異なる物理環境や植物機能タイプによって優占される生態系における人為的な改変を含む．また，**土地利用の改変**は，物理環境や優占植物機能タイプには影響を与えず，生態系プロセス，群集構造や個体群動態に強い影響を与える生態系の人為改変である．これらの例としては，自然林から管理林への改変，サバンナの放牧地としての管理，伝統的な低投入（粗放的）耕作地から集約耕作地への改変などを含む．水域生態系では，洪水の頻発する川からダムや堤防，釣りのための湖への改変を含む．どちらの例も，生態系の機能，景観のパッチ相互作用を変化させる．

**森林伐採は，空間範囲と生態系，グローバルスケールの結果の観点から重要な転換である．** 森林は陸地表面の 25% を占め，耕作地の 2，3 倍に達する（図 1.8；表 6.6 参照）．世界的に，森林の面積は農業の開始以前に比べて，約 15% 減少してきた（すなわち 900 万 $km^2$）．たとえば，ヨーロッパ大陸やインド亜大陸の多くは先史時代には森林に覆われてきたが，この 5～10 世紀にわたっては耕作地の拡大を支えてきた．同様に，北アメリカはかつて北極からミシシッピ川まで森林に覆われていたが，ヨーロッパからの移住者によって，現在の熱帯多雨林と同じような速度で大部分が伐採されてしまった（Dale et al. 2000）.

今日では，森林からの草地や耕作地への転換は，湿潤熱帯地域において優占的な土地利用改変である．この土地利用改変の規模は，リモートセンシングの技術や応用によって明らかになりつつある（Chambers et al. 2007）．1990年という最近までは，最も大きな伐採のみがリモートセンシングで正しくモニターできたのが，現在では新しく発達した手法によって選択的な間伐でさえも見つけることができるようになった．たとえば，Asner et al.（2010）は，ペルーのアマゾンの430万haにおいて，炭素の蓄積や消失を0.1haの高解像度で評価するために，航空機ベースのLIDARと衛星システムを駆使した複数スケールのアプローチを用いた．これらの解析は，立木バイオマスの1%強にあたる炭素蓄積量が，ここ10年間の土地利用改変によって失われていることと，さらに選択的間伐を考慮すると消失した炭素は50%近くに達することを示した．細かい空間スケールでは，LIDARによる森林構造の繰り返し観測が，景観スケールで倒木ギャップ形成速度の推定と，直接補間に用いられる（Kellner et al. 2009）．やがて，この森林更新の直接観測は，より大きく不均一な地域にも応用されるであろう（Kellner and Asner 2009）．これらの手法は，バイオマス中に炭素を保持あるいは固定する試みがより普及するにつれて，ますます重要になるであろう.

森林伐採によって引き起こされる景観変化の軌跡は，元の森林とその後の土地利用に依存する．一次林はアマゾンや中央アジアのような人里から離れた土地で長く保存されている傾向がある．永久的あるいは長期の，森林から管理生態系への転換は，火災やほとんどのバイオマスの除去を含み，土壌の炭素，窒素や他の養分を大きく焼失させる．この森林伐採に付随する養分の消失は，隣接する生態系，とくに水域生態系を変え，ガスフラックスや水とエネルギー交換の変化を通して大気や気候に影響を与える（第4章参照）．それらは，撹乱後の森林の再成長にも影響するかもしれない（Davidson et al. 2004）.

とくに，アメリカ東部，ヨーロッパ，中国やロシアにみられる自然遷移や植林による耕作放棄地の再森林化もまた景観を変える．たとえば，アメリカ東部ではかつて完全に伐採された土地が，在来種によって優占された森林に戻っている（図12.2参照）．しかし，チリではラジアータパイン（*Pinus radiate*）のような成長が早い外来樹種の植林が，一次林を置き換えている（Armesto et al. 2001）．これらの植林は，一次林と比べて，多様性が低く，リターの化学性や養分循環のパターンが異なっている．加えて，ある熱帯地域では，過去に減少していた森林面積が回復する「森林移行（forest transition）」を経験し，全体の森林被覆率が増加している．これは，20世紀に温帯地域の多くで生じたパターンに似ている（Rudel et al. 2005）.

再生林の特徴は，過去の土地利用のタイプにも依存している（Foster et al. 1996, 2010）．長期かつ集約的な農業は，土壌を硬くし，土壌構造や排水能力を変え，土壌有機物を劣化させ，土壌水分保持能力や栄養塩の可給性を減少させ，在来種の埋土種子を劣化させ，新しい雑草種の侵入をもたらす．そのような土地に再生した森林は，元の森林やあまり管理されていない森林とは大きく異なる（Motzkin et al. 1996）．放牧の強度と土地の管理様式は植生の回復に影響を与えるため，集約的な放牧が行われているシステムでは，森林のバイオマスの回復により長い時間を要する．このような状況下での自然再生林化は，ゆっくりと進むか，一向に進まないかのどちらかだろう．

**草原，サバンナ，灌木や伐採森林のウシの放牧利用は，今日起こっている自然生態系の最も粗放的な転換である．**そして，森林伐採と同じように，現在ではリモートセンシングによって観測・解析される．ウシの放牧に対する生産性を維持するために，世界的に数千 $km^2$ のサバンナが毎年燃やされている．火入れと放牧は湿性草原の自然な要素であるが，その頻度や強度の変化は，生態系プロセスを変える（Knapp et al. 1998）．火入れは養分を放出し，高タンパクで植食動物への嗜好性が高い新葉の生産性を増す．その一方で，植食動物はイネ科のバイオマスや葉のリターの蓄積量を減らすことによって，火災の発生可能性を低下させる．火災と喫食は両方とも木の定着を抑えるため，もしそれらがなければサバンナは森林に置き換わるかもしれない．しかし，火災の頻度がかなり大きくなった場合，炭素や窒素の消失が土壌肥沃度や水分保持能力（それゆえ，生産性）を減らしうる．火災は，地域的な微量ガス収支や風下生態系への蓄積に影響し，養分や堆積物を水域生態系へ輸送する．

**海洋漁業の拡大は，グローバルな海の食物網を改変し，ほとんどの生態系プロセスにカスケード効果をもたらす．**世界の海で漁業が行われている面積はかなり増加しているが，その理由の一部は技術の進歩による魚介類の効率的な捕獲や長期間の保存が可能になったためである．大陸棚のほとんどで，生産性の高い海の生態系では活発に漁業が行われている．魚の捕獲は，海のバイオマスや動物プランクトンの種構成に強いトップダウン効果を与え，今度はそれが植物プランクトンによる一次生産に影響し，水柱内で海の養分のリサイクルに影響するため，海洋生態系にカスケード効果をもたらす（第 10 章参照；Pauly et al. 1998）．貝類やカニのような底生無脊椎動物の捕獲も，ハビタットを直接撹乱し，またこれらの生物による食物網や分解機能が働かなくなるため（Berkes et al. 2006），生態系に大きな影響をもたらす．海洋漁業のグローバルな広がりは，想像以上に影響が大きい．なぜなら，多くの大型魚は長距離移動するからである．したがって，これらの魚の個体数の大きな変化は，遡河性魚の場合，海全体を介して，淡水生態系に対してまで広く生態学的な影響が拡散する．

### ■ 集約化

**農業の集約化は，しばしば景観の不均一性を減らし，養分や汚染物質の隣接する生態系への輸送を増加させる．**集約農業は，耕作，灌漑，肥料，農薬をともなう高収量作物の生産を意味する．集約化は人口増加のペースを維持するための食料生産を可能にする（図 8.1 参照；Evans 1980；Naylor 2009）．これは，農業に必要な土地面積を減少させるが，肥沃な土地を占有していたいくつかの生態系タイプを排除するだろう．集約農業は，灌漑や大規模機械化農業に適した氾濫原やプレーリーのような平らな土地で発達する．大きな面積を必要とし，景観の不均一性の自然パターンを排除している（図13.8）．

農業集約化は，さまざまなスケールの環境に影響を与える生態系プロセスを改変し，生物地球化学的ホットスポットを発生させる（Matson et al. 1997）．集約農業を支えるために必要な養分の大量投入は（図8.1参照），地球窒素循環や生態系間をつなぐ重要な役割を果たしている窒素微量ガスの排出量を増やす（第9，14章参照）．

陸地への養分負荷は，隣接する海の生態系を汚染する（Strayer et al. 2003；Carpenter and Biggs 2009）．リンの負荷は，少なくとも二つの理由でとくに湖沼に大きな影響を与える．1番目に，湖沼の一次生産の大部分はリンによって制限され，したがってわずかなリンの添加によっても敏感に反応する．2番目に，耕作地に投入されるリンの多くは，化学的に固定されている非可給態であり，しばしば作物に吸収されるよりも多くのリンが投入されている．たとえば，中国の華北平原（North China Plain）では，作物に取り込まれる量の3倍のリンが使用されていた．大量投入はリンの大量蓄積につながり，農家が施肥をやめた後でも水域生態系に入り続ける．人間の下水や，家畜の糞尿からのリンの流入も同様に長期間影響が及ぶ．あるケースでは，農家が作物需要を満たすため，過去に肥料添加した土を「採掘」することがある．たとえば，コーンベルトにある多くの農家がリンの投入量を減らし，過去に施肥したリンの遺物に依存している（Vitousek et al. 2009b）．

**土地利用改変は，20世紀の間で，他のグローバルスケールの変化よりも大きな生態学的影響を引き起こした．**したがって，土地利用の将来変化を理解し予測することは，地球システムの将来変化を予測し，管理するために重要である．土地利用変化を研究する科学者は，土地利用や土地被覆変化の速度や，その因果関係を評価するために，気候学者，地理学者，生態学者，農学者や社会学者との間で，学際的な共同研究を効果的に行ってきた（Lambin et al. 2003）．これらの共同研究によって，土地利用や土地被覆変化に関する将来シナリオを考案することができる．増加人口が飢餓や戦争あるいは伝染病で死なず，維持されることを仮定した楽観的なシナリオは，土地利用の大幅な変化が続くこと，とくに発展途上国で著しいことを予測している（MEA 2005）．当然ながら将来に何が起こるかはわからないが，他のシナリオは土地利用の改変が今後数十年の間は地球環境変化の主要因になり続けると提案している．生態学者は，政策立案者，計画立案者や管理者と協働し，将来の土地利用の影響を最小限にするアプローチを開発しようとしている（第15章参照）．この視点では，土地利用の変化による景観プロセスへの大きな影響や，その結果起こるローカル－グローバルスケールでの人間の活動との関係を認識しなければならない．

## 13.7　より大きなスケールへの外挿

**生態系プロセスをより大きなスケールへ外挿するためには，空間的不均一性の役割を理解する必要がある．**景観スケールから地域スケール，グローバルスケールに至る生態系の変化による蓄積的な効果を推定することによって，生態系の動態における景観プロセスの重要性の認識が高まった．たとえば，年間の炭素蓄積の見積もりは，少数の地点で計測

(またはモデル化) された蓄積速度を広い地域に外挿することや，空間的不均一性を考慮して炭素プールを計測する方法の開発が (ますます) 必要とされている．これらの推測は，人為的な要因による気候システムへの影響を減らす国際的交渉を行う際に，経済的，政治的に重要である．

空間的外挿に多くのアプローチが使われてきたが，それぞれ有利，不利な面がある (Miller et al. 2004；Turner and Chapin 2005)．有用な出発点は，地域的プールやフラックスの推定のために，最も広い土地被覆タイプの典型的な割合と面積を掛けて，「ごく大雑把に」概算することである．これは，興味のあるプロセス (たとえば森林伐採による地域の降水量への影響) がより慎重な配慮を必要とするかどうかを教えてくれるかもしれない．「ペイント・バイ・ナンバー (paint-by-numbers)」†法は，重要である可能性の高いパッチタイプを特定し，それぞれのパッチタイプについて平均値 (たとえば主要作物の収量や異なる森林タイプの炭素蓄積) に，パッチタイプの面積を掛けて，フラックスやプールを見積もる方法である．この方法はより現実的な見積もりで，プロセスベースの研究に導くことができる．この方法は，重要度の高い代表的プロセスの選択と，それぞれのパッチタイプの面積の正しい推測が必要となる．この外挿方法は，実証データからの回帰関係と組み合わせることで，それぞれのパッチタイプのプロセス速度を見積もることができる．たとえば，森林タイプにおける炭素プールについては，すべてのサイトの炭素蓄積を一つの値で代表させるのではなく，地温や NDVI の関数として推定される．衛星リモートセンシング技術の改良，また衛星センサー，航空機観測，地上での解析の三つをデータ同化するようなマルチスケールサンプリング手法の発展は，状態因子とパッチ動態の両方の空間的変異を結ぶサンプリング戦略の発展に貢献している (Asner et al. 2010)．

プロセスベースモデルは，広域や新しい条件においてフラックスやプールを推測するためにも利用することができる．これらの推測は，あるエリアでの入力変数のマップ (たとえば，気候，標高，土壌や，生態系の構造と機能を捉えるための衛星ベースの葉面積指数またはより複雑な観測値) や，モデルによってシミュレートされた生態系特性に入力変数を関連づけるモデルに基づいている (Box 13.1；Potter et al. 1993；VEMAP-Members 1995；Running et al. 2004)．たとえば，地域の蒸発散量は，衛星画像の植生構造や生態系モデルに入力した地温や降水量から推測される (Running et al. 1989)．生態系モデルからの推定値は，入力データの質，量，不確実性や，モデルで仮定された関係の妥当性や普遍性に敏感である．生態系モデルに使われている関係の一般性は，モデルの結果と野外データの比較や，構造は異なるが同じ入力データを使ったモデルとの相互比較を通して，確認することができる (Cramer et al. 2001)．

どの外挿問題でも，プロセス速度の高い生物地球化学的ホットスポットの存在に考慮が必要である．たとえば，高緯度でのメタンフラックスの地域的外挿は，ビーバーの池 (Roulet et al. 1997) や，サーモカルスト (永久凍土の融解) による池 (Walter et al. 2006)

† 訳注：簡単な油絵キットの名前から転じて，手軽な，あるいは考えなしに機械的な，というような意味．

を考慮する必要がある．なぜなら，サバンナでシロアリの巣のマウンドの分布を考慮する必要があるのと同じように，それらは面積に比べてとても高いフラックスをもっているからである．同様に，NEP の推測は，樹齢が重要な決定要因であるため，若齢林と老齢林の区別が必要となる（第 12 章参照）．

景観内のパッチ間にある相互作用に強く影響を受けるプロセスは，これらの相互作用を明示的に考慮せずに大スケールに外挿することは不可能である．たとえば，気候変動による火災のリスクは，生態系の配置に依存して火の広がりに強く影響を受ける．景観内のパッチ間の攪乱の広がりを組み込んだ空間的明示モデルは，植生や攪乱レジームの長期的変化の予測に重要である（Gardner et al. 1987；Rupp et al. 2000；Perry and Enright 2006）．

### Box 13.1　生態系モデリングによる空間スケーリング

生態系の炭素収支に影響するすべてのプロセスは，複雑に制御されており，そのことは陸域炭素蓄積の長期的な将来予測を難しくする．しかし，これらの予測を行うことは，世界の炭素収支における陸域生態系のさまざまな役割を調べるために重要である．野外・室内実験で，複数の環境要因による炭素蓄積への効果を調べることは難しい．一方で，モデリングは，環境と生物の相互作用の複雑な組み合わせを考慮するため，限られた経験的な情報を拡張することができる．たとえば，生態系モデルは，異なるシナリオの化石燃料起源の排出や気候変動の下で，純生態系炭素収支（NECB）を制御する要因を調べるために使われてきており，大気 $CO_2$ 濃度の決定における生物圏の役割の評価に貢献している（IPCC 2007）．

NECB を制御する重要なプロセスは，多くが数十年から数世紀にわたって起こる変化を含むため，モデルの時間的解像度は，日，月や年のような**時間ステップ**に従って粗くなる（モデルによって最短の時間ステップは異なる）．比較的長い時間ステップを用いる場合は，詳細な現象を考慮できない．たとえば，分解プロセスにおける乾湿サイクルや土壌動物による摂食にともなう短期的なパルスは，年間の気温と湿度に対する反応曲線や，代表的な係数によって計算されるようになっている．その場合，年ステップでは，気温，湿度や化学性などのより一般的な事象しか，観測することができない．

NECB モデルは，土壌と植生の炭素プールを必ず基本構造にもつ．大気から植物（GPP や NPP），植物から大気（植物呼吸，収穫と燃焼），植物から土壌（リターフォール），土壌から大気（従属栄養生物呼吸と攪乱）への炭素フラックスも必ず含む．モデルは，再現するプールやフラックスによって細部が変わってくる．たとえば，植物体は一つのプールとして扱われる場合もあるし，植物部位（葉，茎，根），機能タイプ（たとえば，サバンナにおける樹木や草本など），あるいは細胞壁や細胞内容物のような化学成分に分けて考慮する場合もある．あるフラックス（たとえば火災や溶脱）は考慮されない場合もある．唯一の「ベスト」な NECB モデルは存在せず，それぞれのモデルは特定の目的を満たすようにデザインされ，その結果は目的や仮説に沿ったものであることを理解していなければならない．ここでは，三つのモデルがどのように NEP を制御する情報を取り込んでいるかについて，特定の問題や生態系に適したモデル構造について強調しつつ，簡単にまとめる．なお，NEP モデルは，攪乱や溶脱に関連する炭素フラックスを考慮していない．

おそらく，モデル開発における最も難しい点は，どのプロセスを組み込むかについての決断であろう．一つのアプローチは，異なるスケールにおけるさまざまな仮説を階層的に取り扱うモデルを利用することである（Reynolds et al. 1993）．個葉レベルの光合成や群落内の微気候のモデルは，葉の生化学や群落内の放射伝達の物理学の原理を基にして，これまでにたくさん開発されてきており，農作物に対して広範囲にテストされてきた．これらのモデルの一つの出口は，群落上部の環境と群落の正味光合成量の間の回帰関係である．この環境－光合成の間の回帰関係は，生化学や放射伝達の詳細のすべてを明示的に取り扱わずに，NPPを再現するより粗い時空間スケールで働くモデルに組み込むことができる．この階層的アプローチは，それぞれの解像度における重要なプロセスを捉え，複数の時空間スケールでモデルの結果を**検証**することができる．すなわち，モデル予測と，野外観測または操作実験から得られたデータを比較することができる．

陸域生態系モデル（TEM；図13.14）は，地球上のすべての地点を緯度・経度方向に0.5°の解像度で切り分け，生態系炭素収支を一世紀以上にわたって再現できるようにデザインされている（McGuire et al. 2001）．TEMは，構造が比較的シンプルで，多くのグリッドセルで長期間にわたって効率的に計算を走らせることができる．たとえば，土壌は単純な一つの炭素プールで構成されている．モデルは，生態学に基づいた環境－生態系プロセス間のシンプルで普遍的な関係を想定している．たとえば，土壌炭素の分解速度は，プールの大きさ，気温，湿度と土壌C：N比から影響を受けるように作られている．モデルは，その出力がとりうる範囲を制限するためのフィードバック機能をもっている．たとえば，分解によって排出される窒素は，NPPへの利用可能な窒素量を決定し，今度はそれが土壌への炭素流入を制御し，分解に利用できる土壌炭素のプールへと流れる．モデルは，自然生態系の炭素プールやフラックスについてグローバルなパターンとの比較によって検証されており（McGuire et al. 2001），歴史的な過去のあるいは潜在的な将来の気候条件の下で，土壌炭素蓄積の地域とグローバルなパターンを再現することに利用できる．

CENTURYモデル（図13.14）は，元々，土壌炭素蓄積を気候，土壌や耕起の変化に対応してシミュレートするように開発され，多くの生態系タイプに適用されてきた（Parton et al. 1987；Parton et al. 1993）．CENTURYは，土壌を三つのコンパートメント（Active（活性），Slow（遅効性），Passive（不活性）の各土壌炭素プール）に分け，実験的に得られたターンオーバー率を定義している．Activeプールは，日から年単位のターンオーバー率をもった土壌の微生物バイオマスや易分解性炭素を再現する．Slowプールは，数年から数十年単位のターンオーバー率をもったより難分解性の物質で構成される．Passiveプールは，数百年から数千年の単位のターンオーバー率をもった，鉱物表面の上に固定されている腐植炭素のプールである．CENTURYによる土壌プールの詳細な表現は，撹乱の状態や気候の変動が，土壌プールごとに異なる変化をもたらすような状況の下において，分解の変化を見積もることができる．たとえば，気候変動は第一にActiveやSlowのプールに影響を与え，Passiveプールは粘土鉱物によって保護されたままである一方で，耕起はすべての土壌プールの分解を促進する．

グローバルスケールのモデルで予測されたNEPのパターンが現実的であるか否かを，我々はどのように知ることができるだろうか？　検証の一つ目の方法は，NEP予測値と，野外データとの比較である．これらの場所では，さまざまな気候条件下で複数年にわたって観測されたNEPから，気候変動に対応する生態系の反応についての尺度が与えられる．これにより，生態系の構造や気候によるNEPへの影響について，モデルの再現能力がテスト可能になる．

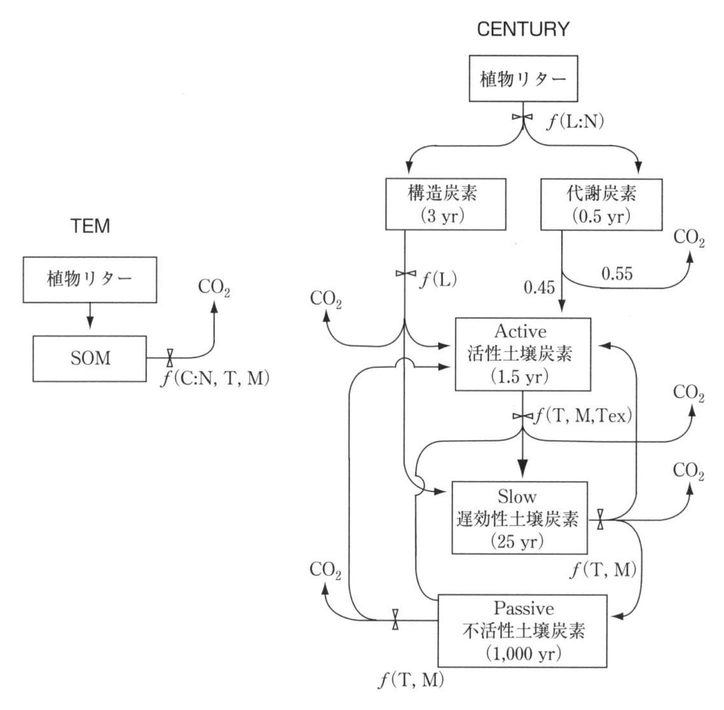


図13.14　二つの陸域生態系モデルの分解図：TEMモデル（McGuire et al. 1995b）およびCENTURYモデル（Parton et al. 1987）．これらのモデルの植生要素からの流入は，植物リターとして示される．矢印はリターからの他の炭素プールや最終的な$CO_2$までの流れを示す．蝶ネクタイのマーク（⋈）は，C：N比（C：N），リグニン（L），リグニン：N比（L：N），温度（T），湿度（M）と土性（Tex）の関数としてこれらの流れ（または二つのプールの間の分配）を支配していることを示す．CENTURYモデルでは，草原土壌のさまざまな炭素プールにおける代表的な滞留時間を示す．

大気$CO_2$の季節・年々変化パターンも，NEPのグローバルモデルに対する二つ目の検証機会を与える．大気輸送モデルは，地球の大気を通じた水，エネルギーと$CO_2$の再分配のパターンを記述する．これらの輸送モデルは，逆方向の計算を展開することも可能で，観測された大気$CO_2$濃度のパターンを生成するような，陸と海からの$CO_2$の吸収・放出の時空間パターンを推測することができる（Fung et al. 1987；Tans et al. 1990）．大気輸送モデルから推測された$CO_2$のシンクやソースのグローバルなパターンは，生態系モデルの結果と比較することができる．二つのモデルアプローチ間にある大きな相違は，生態系モデルと大気輸送モデルのどちらもが，炭素の交換・輸送についての重要な制御を適切に捉えられなかったプロセスや地点に関するヒントを与える．

## 13.8　まとめ

生態系内や生態系間の空間的不均一性は，個々の生態系や地域全体の機能にとって重要である．景観は，生態学的に重要な特性が異なるパッチのモザイクである．たとえば，それには生物地球化学的に重要なホットスポットのパッチなどが含まれる．パッチのサイズ，形，連結性と景観内の配置はそれらの相互作用に影響する．たとえば，大きなパッチはエッジハビタットの割合が少ないであろう．パッチの形や連結性はそれらの実効サイズや不均一性に影響を与える．景観内のパッチの分布は，隣接するパッチ間の物質と撹乱の輸送を決定するため重要である．パッチ間の境界は，エッジスペシャリストにとって重要で独特な特性をもつ．また，境界はパッチの内部とは物理的，生物的に異なる特性をもっており，サイズや形によって決まる各パッチのエッジ割合の違いが，プロセスの平均速度に影響を与える．

地形や母材のような状態因子は，景観内における空間的変異のマトリクスを支配する．さまざまな種が強く環境に影響する状況においては，この物理的に決定された変異のパターンは，生物的プロセスやレガシーによって改変される．これらの景観パターンやプロセスは，今度は撹乱レジームに影響し，さらに景観パターンを改変する．人間は景観のパターンや変化により大きな影響を与えている．ある景観タイプを別のものに転換したり（たとえば森林伐採，森林再生，移動農業），それらの機能を改変したり（たとえばウシの放牧による粗放牧地への影響）するような土地利用決定は，概してそれらの活動が実行されている場所や隣接する生態系や景観が機能している場所の両方に影響を与える．人間による生態系への影響は，ますます広く（つまりインパクトを与える範囲がより大きい），強大（つまり単位面積あたりのインパクトが大きい）になってきている．

生態系は，それぞれが孤立しているわけではない．それらは，水，空気，物質，生物，撹乱のパッチ間の移動を介して相互作用している．地形的に制御された水や物質の斜面下方への移動は，景観内のパッチの配置や特性に依存する．たとえば，河畔域は，台地からの養分や堆積物の川，池や海への輸送を減らす重要なフィルターである．養分や水，熱の大気中の移動は養分の流入や風下の生態系の気候に強く影響を与える．また，これらの大気中における移動は非常に広範なものなので，生物圏全体の機能にも影響するほどである．動物は養分や植物を局所スケールで輸送し，定着や生態系変化のパターンに影響する．撹乱の広がりは，一時的な動態やパッチの平均特性の両方に影響する．生態系の連結性は，管理や計画活動にほとんど組み込まれていない．増加中の人口による景観の相互作用への影響においては，管理あるいは自然生態系の持続性のための長期的な計画を考慮に入れなければならない．

## 復習問題

1. 景観とは何か？　景観内でどのような割合のパッチがそれらの相互作用を決定しているのだろうか？
2. 断片化や連結性は景観の機能にどのような影響を与えるか？
3. 1 m，10 m，1 km，1,000 km の各スケールで，生態系の構造における空間的不均一性の例を挙げよ．それぞれのスケールで，空間的不均一性がこれらの生態系機能にどのように影響するのだろうか？　言い換えれば，もしそれぞれのスケールで不均一性が失われた場合，これらの生態系機能にはどのような違いが生じるか？

4. 景観内に空間的不均一性を生じる主な自然，人為要因にはどのようなものがあるだろうか？　これらの要因は，どのように生態系機能に影響するだろうか？　これらの要因の間にある相互作用は，どのように景観動態に影響するだろうか？
5. 定常状態モザイクと非定常状態モザイクの違いは何か？　それぞれ例を挙げよ．
6. 集約と拡張の間の違いは何か？　それぞれの生態系やグローバルなプロセスにおけるそれぞれの役割はどのようなものだったのだろう？
7. どの生態系プロセスが最も強く景観パターンから影響を受けるだろうか？　それはなぜか？
8. 景観内のパッチ間に生じる相互作用のタイプに影響する境界の割合は？
9. 景観内のパッチが水，大気，動物と撹乱の動きを通してどのように相互作用するかを記述せよ．どのような割合の景観やパッチが，パッチ相互作用のメカニズムの相対的な重要性に影響するか？
10. あるスケールで計測されたプロセスをより大きな面積に外挿するときには，どのような問題を考慮すべきだろうか？　ホットスポットの出現は，空間スケーリングアプローチにどのように影響するか？

## 参考文献


Forman, R.T.T. 1995. *Land Mosaics: The Ecology of Landscapes and Regions*. Cambridge University Press, Cambridge.

Foster, D.R., B. Donahue, D. Kittredge, K.F. Lambert, M. Hunter, et al. 2010. Wildlands and Woodlands: A Vision for the New England Landscape. Harvard University, Petersham, MA.（http://www.wildlandsandwoodlands.org/）.

Lovett, G.M., C.G. Jones, M.G. Turner, and K.C. Weathers, editors. 2005. *Ecosystem Function in Heterogeneous Landscapes*. Springer, New York.

Matson, P.A., W.J. Parton, A.G. Power, and M.J. Swift. 1997. Agricultural intensification and ecosystem properties. *Science* 227:504-509.

Meyer, W.B., and B.L. Turner, III. 1992. Human population growth and global land-use/cover change. *Annual Review of Ecology and Systematics* 23:39-61.

Naiman, R.J., H. Décamps, and M.E. McClain. 2005. *Riparia: Ecology, Conservation, and Management of Streamside Communities*. Elsevier, Amsterdam.

O'Neill, R.V., D.L. DeAngelis, J.B. Waide, and T.F.H. Allen. 1986. *A Hierarchical Concept of Ecosystems*. Princeton University Press, Princeton.

Pickett, S.T.A., and M.L. Cadenasso. 1995. Landscape ecology: Spatial heterogeneity in ecological systems. *Science* 269:331-334.

Turner, M.G. 2010. Disturbance and landscape dynamics in a changing world. *Ecology* 91:2833-2849.

Turner, M.G., R.H. Gardner, and R.V. O'Neill. 2001. *Landscape Ecology in Theory and Practice: Pattern and Process*. Springer-Verlag, New York.

Urban, D.L., R.V. O'Neill, and H.H. Shugart. 1987. Landscape ecology. *BioScience* 37:119-27.

Vitousek, P.M. 2004. *Nutrient Cycling and Limitation: Hawai'i as a Model System*. Princeton University Press, Princeton.

Waring, R.H., and S.W. Running. 2007. *Forest Ecosystems: Analysis at Multiple Scales*. 3rd Edition. Academic Press, New York.

# 第Ⅳ部

# 統　合

# 第14章 地球システムの変化

生態系プロセスにおける生物的・人為的インパクトの程度は，グローバルスケールで合計されたときに明らかになる．本章は，人新世とよばれる現代に起こっている地球システムの生物地球化学的な循環の変化について述べる．

## 14.1 はじめに

人間活動は，生態系としての地球の機能を変化させることによってグローバルスケールで生物地球化学的循環を改変してきた．たとえば，人間活動は，産業革命以来，元素循環を劇的に改変させてきた．とくに化石燃料の燃焼は，$CO_2$，一酸化二窒素（$N_2O$），そしていくつかの硫黄系ガスの放出を増大させた．さらに，鉱業と農業は，炭素，窒素，リン，そして硫黄の利用可能性と移動性を変化させた．これらの生物地球化学的循環の変化は，地球の気候を変化させ，さらにグローバルな水循環を加速させる．それは，他の生物地球化学的循環にフィードバックされる．これらの変化は同時に，生物個体から生物圏全体までにわたるすべてのスケールで生態系を改変する．本章では，生物地球化学的循環における主要なプールとフラックス，循環の変化に寄与する要因についてグローバルな視点でまとめる．

## 14.2 焦　点

活発な人間活動は，グローバルスケールの生物地球化学的循環を変化させてきた．化石燃料の放出は大気 $CO_2$ 濃度を 35％も増加させ，海洋酸性度も同程度に上昇させた．海洋酸性度は，ほとんどの人には見ることができず，いわば隠れた「$CO_2$ 問題」である．しかし，海洋酸性度の上昇は，サンゴやムラサキイガイ（mussel），カニ類，微細有孔虫のような海洋無脊椎動物など，海洋食物連鎖の基礎となる多くの海洋生物の炭酸カルシウム構造を溶解させる．また，多くの海洋サンゴ礁は，昇温やそれによる白化，陸からの養分と堆積物の流出などによって危機に瀕している．これらの人間による多様な影響がどのように相互作用し，サンゴ礁の発達やそれが支える生態系に影響を与えるのだろうか（図 14.1）？　世界の海洋における食物の基礎を改変することで，どのような結果がもたらされるのだろうか？　海洋生産力の変化は，地球の $CO_2$ 濃度と気候にどのようなフィードバックを与えるのか？　これらの効果は陸域生物圏が気候に与える影響と比べて，大きいのか小さいのか？　グローバルな生物地球化学的循環を調べることで，これらの重要な疑問がもたら

**図 14.1**　サンゴ礁は，生物的多様性のホットスポットという意味で，海洋の熱帯多雨林に例えられる．サンゴ礁も熱帯多雨林と同様に，地域住民の重要な食料資源と防波堤になり，社会に広く利益を与える重要な文化的・娯楽的・美的資源である．フロリダ州 Key Largo 島の写真は istockphoto より．

される．この疑問に答えることは，人間活動の相互作用の結果である社会に，統一的な知識をもたらすだろう．

## 14.3　人間が引き起こす変化

**人口増加とそれにともなう資源消費によって，地球システムの近年の変化の多くを説明することができる．**最後の氷期が終了して以来，この1万年（**完新世間氷期**）は地球の気候の歴史において特筆して温和で安定した時期である（図 14.2（口絵 14））．この安定性は，人々による安定した食料供給，食料となる植物の手入れや利用を行う定住性コミュニティの形成，さらに世界中でさまざまな文明の発祥を促した農業の開始に貢献した．人口は，最終氷期の終了から産業革命の開始（1750 年）までの間に 140 倍（500 万人から 7 億人）に増加し，その後の 2010 年までの 250 年間でさらに 10 倍の 70 億人にまで増加した．人類の歴史を通して，人間はすべての生物と同様に（第 11 章参照）環境に影響を与えてきた．それには，更新世に起こった大型動物相の絶滅の原因となった人間による狩猟（Flannery 1994；Zimov et al. 1995；Gill et al. 2009）や，地表面被覆の約半分を改変した農業と家畜摂食の拡大（第 13 章参照；Ellis and Ramankutty 2008）も含まれる．しかし，産業革命以前の人間活動は，グローバルな環境において小さな影響しか与えなかった．一方で，

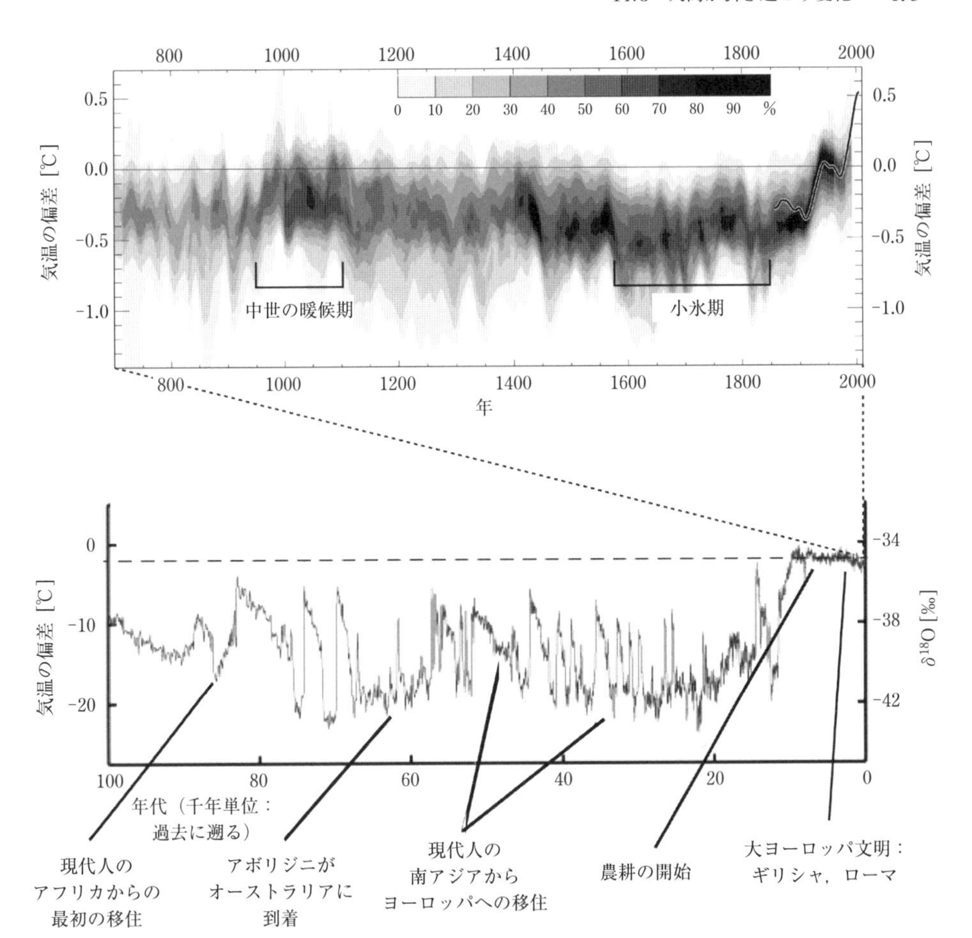


**図 14.2（口絵 14）** 過去 1,300 年と過去 100,000 年の気温傾向．過去 1,300 年の気温は，世界中で集められた 10 個の代理指標から推定された．陰影の濃さは，各温度を示す記録の存在割合（± 1 標準偏差）を示す．実線は，直接的な気温の記録（IPCC 2007）から推定された温度を示す．過去 100,000 年の気温は，氷床コアの $^{18}O$ 濃度から推定された．人類の歴史における主要なイベントも示す．IPCC (2007)，Young and Steffen (2009) より．

1750 年以降の人口増加と資源消費は地球システムに劇的なインパクトを与えてきた．とくに，1950 年以降において顕著であり（**グレートアクセラレーション**（Great Acceleration, 急加速）とよばれる），人類による資源消費が大幅に減少しないと，21 世紀の前半には地球システムへ与える影響がさらに大きくなるという予想がある（Steffen et al. 2004；Young and Steffen 2009）．

中世暖候期や小氷期（図 14.2（口絵 14））などの更新世での穏やかな温度変化でさえ，食料生産と人類の移動に大きなインパクトを与えた．そして，1800 年以降のグローバルな温度の上昇は，過去 1,000 年間には前例がないほど急激であった．これは，人間のインパクトがある限界点を超えて，地球システムを人類にとっては好ましくない新たな状態へ移行させる可能性を示している（第15章参照；MEA 2005；Rockström et al. 2009）.

## 14.4　グローバルな水循環

### ■水のプールとフラックス

**陸域生物の活動を支える水は，土壌中に存在して植物がアクセス可能なものに限られ，それは地球上の水のごくわずか（0.01%）にすぎない．** 地球上の水のほとんどは海洋（96.5%），氷帽と氷河（2.4%），そして地下水（1%；図14.3（口絵15）；Oki and Kanae 2006；Carpenter and Biggs 2009）として存在する．海洋から蒸発した水の90%は，雨として海洋に戻る．残りの10%（45,000 km$^3$ yr$^{-1}$）は陸域に移動して雨として降り，やがて河川から流出して海洋に戻る．陸域の降水量（110,000 km$^3$ yr$^{-1}$）のうち約40%（45,000 km$^3$ yr$^{-1}$）が海洋由来で，残りの60%（65,000 km$^3$ yr$^{-1}$）が陸由来である．陸は地球表面の30%を覆っているが，そこで起こる蒸発はグローバルな蒸発のうち約15%程度（65,000 km$^3$ yr$^{-1}$）である．これは，陸での平均蒸発速度が，海洋の約半分であることを示している．

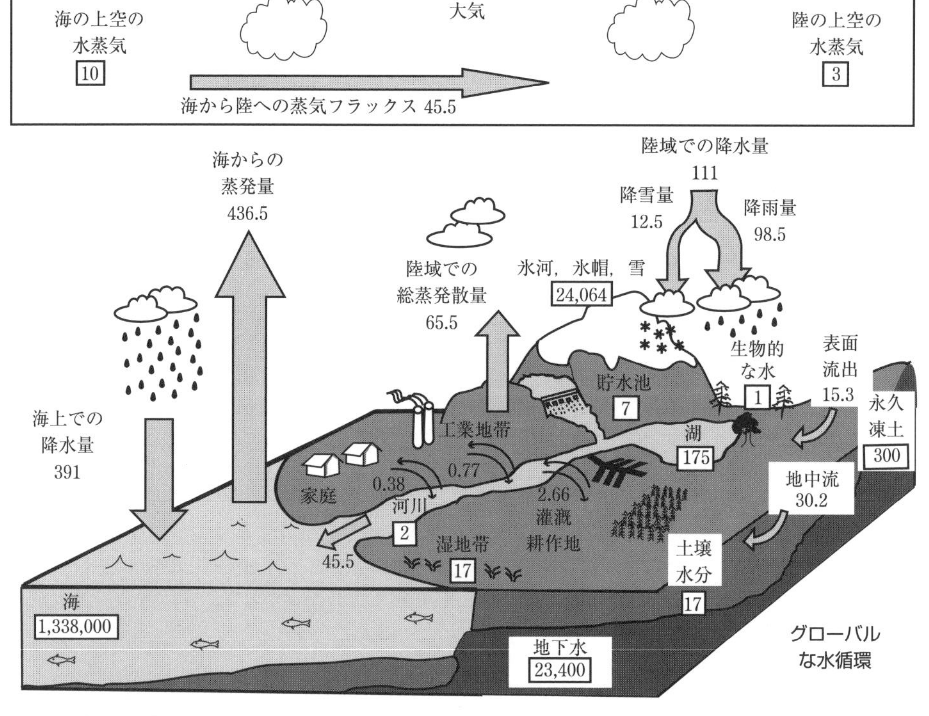


図14.3（口絵15）　グローバルな水循環の主要なプール（枠）とフラックス（矢印）のおおよその規模（単位：1,000 km$^3$ yr$^{-1}$）．ほとんどの水は，陸域生物が直接利用できない海，氷，地下水にある．主要なフラックスは降雨，蒸散，流出である．Carpenter and Biggs (2009) から改変.

また，陸と海のどちらにおいても，蒸発速度の気候的・地域的な変異は大きく，たとえば陸では，植生による蒸散速度と水の利用可能性によって決まっている．つまり，降水と蒸発は季節や地域で大きく変化している．

大気に常時存在する水の割合は，蒸発と蒸散によって年間に循環する水の総量の，わずか2.6%である．つまり，約10日間の平均**ターンオーバー時間**（再び蓄積するまでに必要な時間）をもつことになる．それゆえに降水量は，風上の生態系において，数時間から数週間の時間スケールで起こる蒸発散と密接に関連している．また，土壌水分は大きな地域変異性をともなうが，平均すると約2ヶ月というターンオーバー時間をもつ．つまり，植物における水利用は降水の季節変化に非常に敏感である．一方で，地下水は200年間の平均ターンオーバー時間をもつ（図14.3（口絵15））．これは，表面水に比べて余裕がある水源であるが，灌漑やその他の利用のために過剰に汲み上げられた場合には，涵養には時間がかかるという面もある．たとえば，現在とは異なる過去の気候において蓄積したいわゆる**化石地下水**の場合などは，現在の気候では地下水の涵養が起こらないか，またはターンオーバー時間が単純計算したものよりも長いであろう．

## ■ 水循環における人為起源の変化

**人為的に誘発された気候温暖化により，蒸発散と降水の両方が増加し，グローバルな水循環が加速されてきた．** 地球の空気が温暖化すると，空気はより多くの水蒸気を保持し，より多くの蒸発を促すことで降水のポテンシャルを増大させる．たとえば，20世紀において，陸域の降水は北緯30°以北で増加した（IPCC 2007）．温暖化が続けば，湿潤なエリアは大きな洪水の頻発によりさらに湿潤になり，乾燥した地域はより乾燥すると予想される．

土地利用変化は，(1) エネルギーの吸収量，(2) エネルギー損失の経路，(3) 大気の水分含量と温度を，それぞれ変化させることで水循環を改変する．たとえば，熱帯多雨林から牧草地への転換は，アルベドの上昇によってエネルギー吸収を減少させ，さらに潜熱よりも顕熱として大気に消散されるエネルギーの割合を増大させる（Foley et al. 2003b）．また，温暖で乾燥した大気は降水量を減らし，熱帯林への遷移よりも牧草地の持続に有利に働くだろう（図2.14参照）．広範囲の土地利用変化は多くの場合，大気循環を通してそこから遠く離れた場所の温度と降水量に大陸規模の影響を与える（Chase et al. 2000）．たとえば，とくに南西アジアにおける土地被覆変化は，大気のテレコネクション（遠隔相関）を通して，グローバルスケールの気候に大きく影響する．

一方，陸域生態系は一般に，降水量より土壌水分量に敏感である．土壌水分量は，降水量が減少した地域や，蒸発が降水量を上回る地域で減少すると考えられる．また，モデルからは一般的に，高緯度地域や海洋島嶼における土壌水分量の増加と，大陸の中央部での高温と降雨量の増加不足（または減少不足）によって起こる夏季の土壌水分の減少が予想されている．さらに，ウクライナやアメリカ中西部のような，現在の農業において重要な穀倉地帯の多くは，将来的に干ばつ化する傾向にあり，現在は寒すぎるために集約農業ができない極地方向へ，穀物生産地域が移動するだろうと考えられている．このような農業に適した土壌水分の分布の変化は，地域と国家に経済的，社会的に大きな影響を与えるだろう．

## ■水循環の変化の結果

**人間社会が直接的に依存しているプールは，グローバルな水循環において最小かつ最弱である．** たとえば，非灌漑農業は降雨由来の土壌水分に頼るが，それは降雨量と蒸発散量の変化に強く影響される相対的に小さなプールである．よって，いくつかの地域においては，湖や川，地下からの水を利用した灌漑によって補われている．このような灌漑耕作地は20 世紀の間に 5 倍に増加し，作物生産全体の 40％を支えている（図 14.4；Gleick 1998；

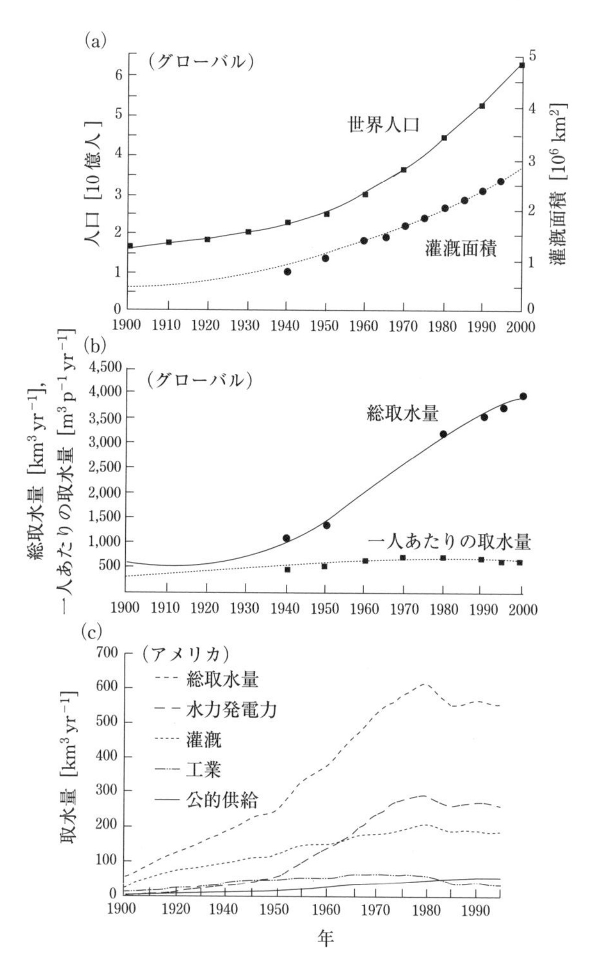


**図 14.4**　(a) 世界の人口と灌漑面積，(b) 人間活動のための取水の総量と一人あたり（$p^{-1}$）の量，(c) アメリカにおける経済部門ごとの取水量（訳注：(c) の横軸の目盛は不均等）．Gleick (1998) より．

Carpenter and Biggs 2009).さらに過去一世紀において,人口は4倍に増加し,一人あたりの水消費量も50%増加するとともに,人間活動を支えるための水の利用量は6倍に増加した.人類は現在,陸域にある流出水の25%を使っており(第4章参照),その多くは水力発電や灌漑に使われる.また,世界の貧困地域では,飢えや貧困を緩和するための重要な方法として,灌漑農業が拡大している(Carpenter and Biggs 2009).

水不足は,社会が直面する水文学的な課題の一部でしかない.2004年において,世界人口の40%は適切な公衆衛生サービスを受ける機会がなく,17%はきれいな飲み水を入手できなかった(Vörösmarty et al. 2005).きれいな水の不足は,将来的な人口成長と水分要求量が増大するであろう途上国において,とくに深刻である(Postel and Richter 2003).

人間の淡水需要の増加は,灌漑のための淡水の排水路・ダム・貯水池による流量管理方法の変化を通して,水域生態系へ大きな影響を与えるだろう.しかし,社会における水と養分の使用効率が上がれば,それらの影響は最小化されるだろう.

## 14.5 グローバルな炭素循環

### ■炭素のプールとフラックス

**光合成による大気と海洋からの炭素の取り込みは,ほとんどの生物的なプロセスの駆動源となる.** 光合成によって取り込まれた炭素は,地球の有機物質量の約半分を構成する.生態系は,維持と成長を支えるためのエネルギー源として有機炭素を使うとき,$CO_2$を排出する.その炭素循環の制御は時間スケールに依存し,光合成速度や地表 - 大気間の交換の数秒から,地殻変動の数百万年までにわたっている(第5～7章参照).

炭素は,大気,海,陸(土壌と植生),そして堆積物・岩の四つの主要なプールの間で分配される(図14.5;Reeburgh 1997;Sarmiento and Gruber 2006;IPCC 2007).主に$CO_2$として存在する炭素の大気中の量は最も少ないが,その代わり大気は最も活動的なプールである.大気中炭素は,主に光合成による除去と呼吸による回帰を通して,約5年ごとに入れ替わる.それゆえ,生物による代謝作用は,数秒から数世紀の時間スケールで起こるグローバルな炭素循環を駆動させるエンジンである.

海中の炭素は,溶存有機態炭素(DOC: dissolved organic carbon)や溶存無機態炭素(DIC: dissolved inorganic carbon),生きた有機体と枯死物質の両方で構成される粒子状有機態炭素(POC: particulate organic carbon)として存在している.海中の炭素の多く(98%)は,溶存無機態(DIC)で存在し,そのうち90%は重炭酸塩,残りの多くは炭酸塩として存在する.つまり,海洋における一次生産者の大部分が直接使える$CO_2$は,無機プールの1%以下の割合でしかない.それらDICの三つの形態は,pHに依存した平衡状態にある(第5章参照).海洋生物相は毎年,陸域植物とほぼ同じ量の炭素を循環させるが,その炭素量はたった3 Pg($3 \times 10^{15}$ g)にすぎない.また,海洋生物相での炭素は約3週間で回転する.

一方,大気と接している海洋表層水は,相対的に小さなプール(深さ75～200 m)であ

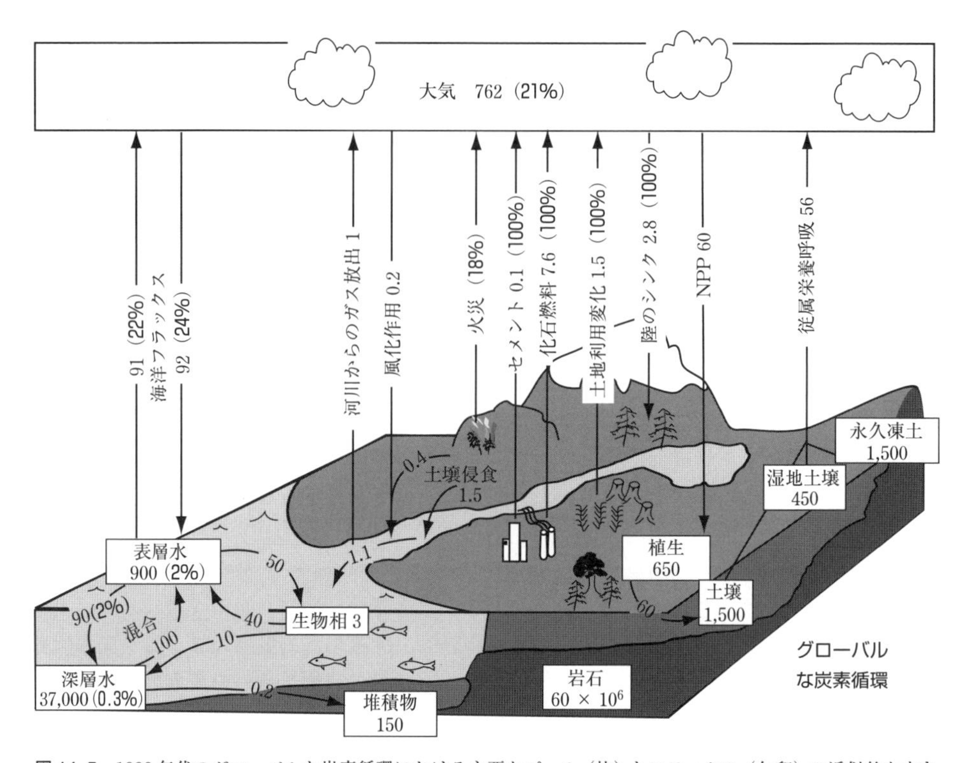


図 14.5　1990 年代のグローバルな炭素循環における主要なプール（枠）とフラックス（矢印）の近似的な大きさ．各値の単位は Pg $yr^{-1}$（$10^{15}$ g $yr^{-1}$）で，**カッコ内の太い数字**は産業革命以前の時代に対する人為的貢献の割合である．データは Sabine et al. (2004)，Sarmiento and Gruber (2006)，IPCC (2007) より．さらに，2000～2006 年の人為起源フラックスの値は Canadell et al. (2007) から引用している．数十年から数世紀にわたり炭素循環に寄与する炭素プールは，大気，陸域（植生と土壌）そして海洋表層水である．陸では高い $CO_2$ と窒素蓄積（すなわち陸域シンク）の施肥効果による植生の炭素の獲得は，土地利用変化による炭素の損失よりわずかに大きく，正味の陸への炭素移動をもたらす．陸域の炭素と同量が川の中に失われ，そのうち半分が大気へガス放出され，もう半分が海へと運ばれる．大気から海への炭素流入も，大気に戻される炭素よりわずかに大きい．このような陸域と海洋のシンクは，化石燃料の燃焼によって大気へ放出され蓄積する炭素の半分未満である．陸域生物圏はグローバルな NPP の 50～60%を占める．海の NPP のほとんど（80%）は，従属栄養呼吸によって環境へ放出され，残りの 20%は生物ポンプによって深海へ行く．その炭素の大部分が，湧昇流によって海洋表層水へ戻る．

るが，大気と同量の約 920 Pg の炭素を含む（図 14.5）．海洋が吸収可能な炭素量は，異なる時間スケールで起こる三つのプロセスによって制限される（Schlesinger 1997）．短い時間スケールでは，表面交換速度が風速や表面温度，表層水の $CO_2$ 濃度によって決まる．1 日から 1 ヶ月の時間スケールでは，表層水の $CO_2$ 濃度が，光合成と pH に依存する緩衝反応によって決まる．その表層水は温かく低塩分であり，深層水よりも低密度なために，長い時間スケールでみると表層水と深層水はゆっくりとしか交換されない（図 2.10 参照）．表層水域に取り込まれた炭素は，二つの主要なメカニズムによってゆっくりと深い層へと運ばれる．一つ目は，真光層で生じる有機デトリタスとそれら生物の炭酸カルシウム骨格が，深層水域まで沈降するプロセスである．これは，**生物ポンプ**（biological pump）とよばれる（第7章参照）．二つ目は，極域の海洋において形成される底層水が，溶存態炭素をより深くへ運ぶプロセスである．これは，**溶解ポンプ**（solubility pump）とよばれる（第2章参照）．こうして，より深く運ばれた炭素は，中間または深い水域で数百から数千年にわたって蓄えられ，その後，湧昇によって表層に戻る．つまり，海洋炭素の多く（97%）は，中間または深い水域に存在する（図14.5）．

陸域生物圏は，最大の生物的炭素リザーバーである．大気にあるのと同じ程度の炭素が陸上植生にあり，2～3倍程度が土壌有機物にある（図14.5；Jobbágy and Jackson 2000；Sabine et al. 2004；IPCC 2007）．また，永久凍土（恒久的に凍っている地面）も，最近までとてもゆっくりと回転していた大きな炭素プールである（Zimov et al. 2006；Schuur et al. 2008；Tarnocai et al. 2009）．NPPは陸が海よりわずかに大きいだけだが，植物バイオマスは海よりも陸のほうがはるかに大きいため，炭素のターンオーバー時間は海洋が3週間なのに対して陸は11年と長い．また，それぞれのNPPは，GPP（光合成による炭素獲得）の約半分である（陸域はGPP 120 Pg $yr^{-1}$に対してNPP 60 Pg $yr^{-1}$；海洋はGPP 103 Pg $yr^{-1}$に対してNPP 45 Pg $yr^{-1}$；Prentice et al. 2001；IPCC 2007）．また，土壌炭素は平均25年ごとに入れ替わる．陸域炭素循環のターンオーバー時間は，平均でみるとわからないが，構成要素間で大きな差がある．たとえば，光合成で固定された葉緑体内の炭素は，光呼吸を通して数秒の時間スケールで入れ替わる（第5章参照）．一方で，葉と根は，数週間から数年で置き換えられ，木は数十年から数世紀で置き換えられる．また，土壌有機物の構成要素でも，易分解性形態は数分，腐植土は数十年から数千年などと，まったく異なるターンオーバー時間をもつ（第7章参照）．

岩石と堆積物に含まれる炭素は，地球の炭素の99%以上の割合を占める（$10^7$ Pg；Reeburgh 1997；Schlesinger 1997）．この炭素プールは，何百万年というターンオーバー時間できわめて緩やかに循環する．このプールの代謝のターンオーバーは，大陸プレートの移動，火山活動，地殻の隆起，風化を含む岩石循環に関する地質学的プロセス（第3章参照）によって制御されている．

現代において人間活動は，グローバルな炭素循環の重要な構成要素である．化石燃料の燃焼による炭素排出は，1990年から2008年の間で40%増加した（8.7 Pg $yr^{-1}$；Canadell et al. 2007；IPCC 2007；Le Quéré et al. 2009）．土地利用の転換は，バイオマス燃焼や分解の促進によってさらに1.5 Pg $yr^{-1}$の炭素を放出する（表14.1；Canadell et al. 2007）．それらの人為起源フラックスを集めると，人間の炭素排出量は，生物的に制御された大気への炭素フラックスのうち3番目に多く，陸域や海洋の生産によって循環された炭素の約15%にあたる．そのうえ，人間による炭素フラックスは，一次生産とは異なり，そのまま大気$CO_2$の正味増加分になる．

表14.1　人為起源の炭素の年間放出量とその行方（平均値：2000〜2006年）．Canadell et al.（2007）と Le Quéré et al.（2009）から改変．

| 人為起源炭素のソースとシンク | 年間の正味フラックス［Pg C $yr^{-1}$］ |
|---|---|
| 人為起源炭素ソース | 9.1 |
| 化石燃料とセメント生産 | 7.6<br>（2008年では8.7） |
| 土地利用変化 | 1.5 |
| 炭素シンク（1990〜2000年） | 9.1 |
| 大気貯蔵 | 4.1 |
| 海洋吸収 | 2.2 |
| 陸域吸収 | 2.8 |

## ■ 大気 $CO_2$ の変化

**炭素循環における重要なプロセスは，多様な時間スケールにおいて環境に応答する．**炭素循環には，数秒から数年の時間スケールで起こる光合成と呼吸，数年から数世紀の時間スケールで起こるNPPやSOMのターンオーバーやそれらの撹乱，数千年から数百万年以上の時間スケールで起こる地殻の隆起や風化，海洋堆積作用などの重要な制御メカニズムがある．地球の歴史を通して，大気中の $CO_2$ 濃度は，産業革命前の280 ppmvから3,000 ppmv以上へと少なくとも10倍は増加してきた．地質学的な時間スケールでの大気中 $CO_2$ の変動は，ケイ酸塩岩の風化（$CO_2$ を消費して重炭酸塩を放出）や堆積物内の有機物の埋没，火山活動（$CO_2$ を放出）を含む地球化学的プロセスによって決まる（Berner 1997；Sundquist and Visser 2004）．また，生物的プロセスは，風化速度の増加（第3章参照）などのさまざまな方法で地球化学的循環に影響を与える．この地球化学的プロセスは長い時間スケールでは重要だが，その速度は人為的変化に比べると非常に遅い．つまり，現在起こっている大気 $CO_2$ 濃度変化には影響しない．

過去65万年にわたり，地球軌道の変動による太陽光入力の変化（第2章参照）は，氷期－間氷期サイクルと，それに付随した大気 $CO_2$ 濃度の周期変動を引き起こしてきた（図14.6；Petit et al. 1999；Sigman and Boyle 2000；IPCC 2007）．$CO_2$ 濃度は氷期において減少し，間氷期において増加した．その $CO_2$ 濃度の変化は，入射太陽光の変動に対応した光強度と温度の変化で簡単に説明できるものよりも，はるかに大きい．つまり，これら生物圏の大きな変化は，地球システムにおける生物地球化学的フィードバックの増幅に起因しているに違いない．そしていくつかのフィードバックは，再び大気の変化に寄与するだろう（Sigman and Boyle 2000；IPCC 2007）．たとえば，

(1) 氷期においては，植生被覆の少ない大陸からのダストの移動が増加し，鉄，リン，シリカの輸送を増やし，高緯度の海盆におけるNPPを高めることで，$CO_2$ の吸収とその生物ポンプを用いた深部への輸送を増加させた（図7.26参照）．
(2) 冬季の南極周辺にある広大な海氷は，$CO_2$ を豊富に含む深層水の湧昇域を覆うため，

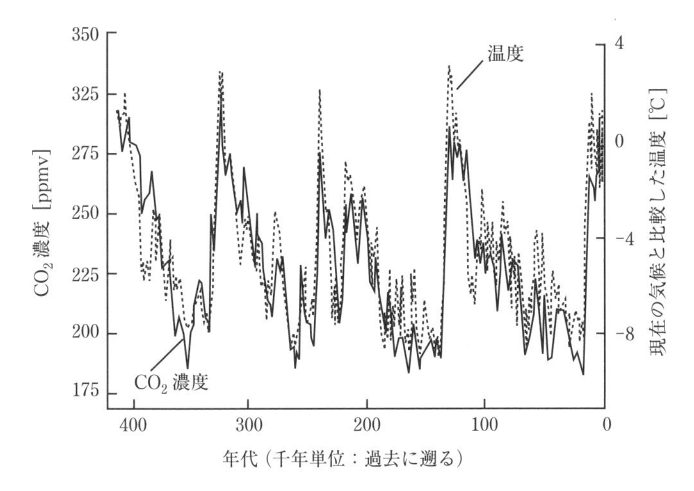


**図 14.6** 南極の氷床コア中に取り込まれた空気の分析値から推定された気温と大気 $CO_2$ 濃度の変動．Folland et al.（2001）より．

$CO_2$ ガスの放出を減らしただろう（Stephens and Keeling 2000）．

(3) さらに氷期においては，海水面の低下によって露出した大陸棚や，高緯度における永久凍土層などの陸に炭素が蓄えられただろう（Zimov et al. 2006）．

しかし，陸域のシステムも，氷期において森林が草原や砂漠，凍土帯（ツンドラ），氷床へ置き換わったことによって炭素を失った．これらのすべての変化の正味の影響は不確実であるものの（IPCC 2007），氷期サイクルの間に，陸，大気，海洋間で炭素の再分配をしていた（Bird et al. 1994；Crowley 1995）．このようなプール間でのグローバルな炭素再分配の制御をより深く理解することは，温度と大気 $CO_2$ が上昇しているという最近の傾向に対して，地球システムがどのように応答するかを理解することにつながる．

気温（図 14.2）と同様，大気の $CO_2$ 濃度も，産業革命以前は過去 12,000 年にわたり約 260 ppmv から 280 ppmv という値で比較的安定してきた（図 14.7）．しかし，$CO_2$ 濃度はこの 1 世紀で，過去 2 万年のどの時期よりも急速に，10 倍に上昇した（Petit et al. 1999）．2011 年における 390 ppmv という濃度は，おそらく過去 2000 万年，少なくとも過去 65 万年で最も高い値である（Pearson and Palmer 2000；Canadell et al. 2007）．近年の $CO_2$ 排出量削減の努力にもかかわらず，大気中の $CO_2$ 濃度とその増加速度はどちらも上昇を続けている（Canadell et al. 2007；IPCC 2007；Solomon et al. 2009）．これは，とくに中国やインドのような急速に経済発展している国家での $CO_2$ 排出量の増加や，アメリカや日本，ヨーロッパのような先進国において高い排出速度が継続されることで生じる．このような近年にみられる人間活動に起因する炭素や他の元素のグローバル循環の変化は，地球が新しい地質年代，すなわち**人新世**（Anthropocene）に入っているということを十分に示唆している（図 2.15 参照；Crutzen 2002）．

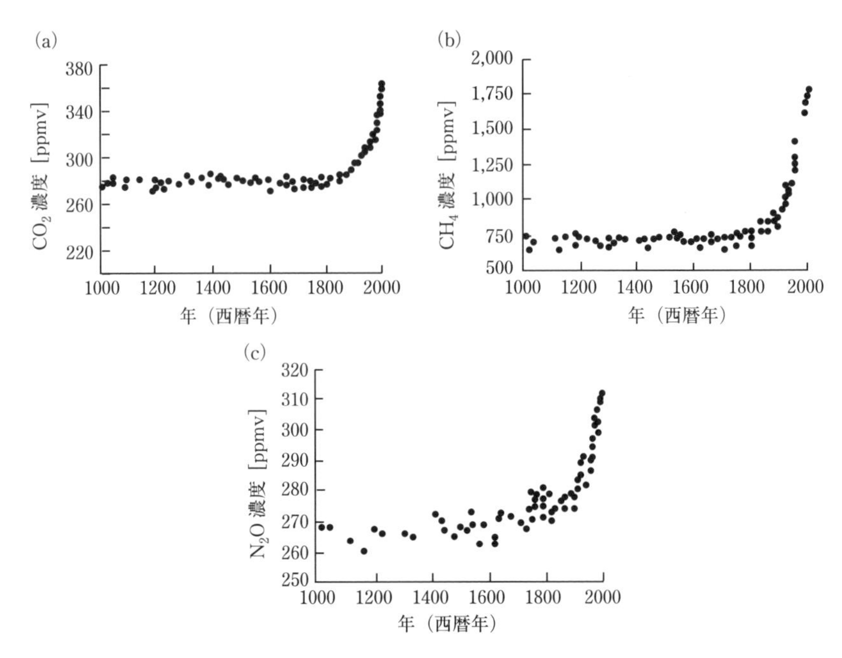


**図14.7**　人間活動の影響を受けた三つの放射活性ガスの過去1,000年にわたる大気中濃度の変化．データは，南極の氷床コア中の空気分析と直接的な大気観測の時系列データを統合したものである．Prentice et al. (2001) より．

## ■海洋の $CO_2$ シンク

**海は，海水での溶解と海洋生物による光合成を通して大気から $CO_2$ を除去する．**海洋への $CO_2$ の移動の大部分は海水中への溶解であり，重炭酸塩や炭酸鉄とのバランスで酸性度（$H^+$）が決まる（式（14.1）；Doney et al. 2009）．溶解 $CO_2$ 濃度の上昇とそれにより生じる海の酸性度の30%の増加は，少なくとも二つの重要な帰結をもつ（Feely et al. 2004；Orr et al. 2005）．まず，酸性度の増加は，海生無脊椎動物（ロブスターやカキ，サンゴ；図14.1；式（14.2））の炭酸塩殻（たとえば炭酸カルシウム）や珪藻を溶解することで海洋生態系の機能を変え，さらに海での $CO_2$ 溶解の速度を減少させる．つまり，海を $CO_2$ にとっての弱いシンクにしてしまい，その結果として，大気中に温室効果ガスとして存在する化石燃料由来の炭素の割合を増加させる（図7.28参照；Box 14.1；Canadell et al. 2007）．

$$CO_2 + H_2O \leftrightarrow H^+ + HCO_3^- \leftrightarrow 2H^+ + CO_3^{2-} \quad (14.1)$$

$$CO_2 + CaCO_3 + H_2O \leftrightarrow 2HCO_3^- + Ca^{2+} \quad (14.2)$$

## ■陸域の $CO_2$ シンク

**陸域の $CO_2$ シンクは，土地利用変化や $CO_2$ 施肥効果，窒素沈着，そしてさまざまな気候の影響を受ける**（Schimel 1995；Reich et al. 2006；Luo 2007）．20 世紀半ばまでの中高緯度での土地利用変化は，主に森林から耕作地への転換であった．一方，現代では，とくにヨーロッパや北米において，耕作放棄地で森林の再生が起こり，それによって炭素貯蔵量が増加している．また，大きな山火事の抑制は，火災による $CO_2$ の放出を減らし，草原への樹木の侵入を促したため，中緯度において炭素シンクを大きくしている（Houghton 2004）．おそらく，それらが温帯北部の陸域生態系が正味の炭素シンクである，最も重要な理由である（IPCC 2007）．同時に，熱帯地方における森林破壊速度の増加は，低緯度における $CO_2$ シンクを減らしている（Field et al. 2007）．

高 $CO_2$ による光合成の促進も，短期的な $CO_2$ 応答が示唆するほどではないが，炭素貯蔵量に寄与する（Norby et al. 2005；Long et al. 2006）．一方で，より長期的に見ると，生体・枯死体の有機物の中に固定される養分が，$CO_2$ 吸収速度を制限する（第 6 章参照；Shaver et al. 1992；Norby et al. 2010）．また，$CO_2$ 施肥の炭素貯蔵量への影響は，温帯では森林再生の影響が大きいために小さく見えるが，熱帯では森林破壊による炭素固定容量の損失を十分に相殺しているほど大きいように見える（Field et al. 2007）．

施肥による窒素添加，または化石燃料燃焼による $NO_x$ などの大気汚染物質からの窒素沈着は，光合成を促進し呼吸を減らすために，一部の地域において大きな炭素固定をもたらしている（第 7 章参照；Magnani et al. 2007；de Vries et al. 2009；Janssens et al. 2010）．

最後に，気候変動（温度や湿度，放射の変化を含む）は炭素のインプット（光合成）とアウトプット（呼吸）に影響を与え，炭素貯蔵量に作用する．その影響は，地域的に変化するだけでなく，気候からの直接的な効果（高温時の呼吸を通した炭素損失の促進など）と間接的な効果（分解で放出される養分による NPP の刺激；Shaver et al. 2000 など）が相殺し合うため，一般化するのが難しい．一般的に，植物の C：N 比（160：1）は，土壌有機物（14：1）よりはるかに高い．よって，土壌から植物への一定量の窒素の移動は炭素貯蔵量を高める（Vukicevic et al. 2001）．さらに，植物の呼吸は気温に順化するので，温度上昇に対する生態系呼吸の増加は．短期間の測定から予測された値よりも小さい（Luo et al. 2001）．

陸域生物圏には炭素貯蔵量を高める多様なメカニズムがあるが，その相対的な重要性は不確かである（Schimel et al. 2001）．しかし，大気から陸への人為的 $CO_2$ の動きは，十分に説明できるだろう．その結果，陸の炭素シンクの強度は海洋のシンクで説明したのと同様に弱体化しているように思われる（図 7.28 参照；Le Quéré et al. 2007）．このシンクの弱体化は，シンクのメカニズム（森林の再成長や $CO_2$ 施肥，窒素添加，気候の効果）が飽和し始めていることや，将来的に大気から除去できる $CO_2$ の量が減少するだろうということを示唆している．つまり，大気の $CO_2$ 濃度を安定化させる最も効果的な方法は，人為的排出を減らすことである．

### Box 14.1　陸と海の間の炭素取り込みの分配

大気に入った人為起源$CO_2$の約半分が大気中にとどまり，残りは陸または海に吸収される（表14.1）．つまり，大気の酸素含有量の変化は，陸と海での吸収の相対的重要性の一つ目の尺度となる．陸での$CO_2$吸収は酸素の放出に付随して起こり，放出された$O_2$と吸収された$CO_2$のモル比は1：1である．しかし，$CO_2$が海水に溶けるときは，酸素の放出をともなわない．この交換プロセスでの違いを利用して，陸と海の間の総$CO_2$吸収量の分配を推定することができる（Keeling et al. 1996b）．

大気における炭素の二つの安定同位体（$^{13}C$と$^{12}C$）の相対的な存在量は，グローバルな炭素循環における，陸と海のコンポーネントの相対的重要性を測る二つ目の尺度となる（Ciais et al. 1995）．$C_3$植物による光合成中の分別は$^{13}C$に対して働き，結果として生物圏の$^{13}C$濃度は大気に対して約18‰低い．しかし一方で，海洋との$CO_2$交換は相対的に小さな分別しか生じない．それゆえ大気$CO_2$の$^{13}C/^{12}C$比の変化は，陸と海の$CO_2$吸収の相対的な大きさを示す．

酸素濃度，および大気$CO_2$の$^{13}C/^{12}C$比の，グローバルな地理的パターンと時間的な変化の測定によって，陸と海による$CO_2$吸収の合計が，人為起源$CO_2$の大気からの取り去りとほぼ同程度であるということが示唆された（IPCC 2007）．しかし，陸と海の炭素取り込みの相対的な大きさを推定するためのアプローチには，多くの仮定や複雑性が残っている．これに対し大気測定は，大気が混合する速度が相対的に速いために，地球でのすべての吸収プロセスを積算した推定値を与えるという点で優れている．

## ■気候への$CO_2$の影響

**増加した化石燃料由来の$CO_2$の多くは，数百年から数千年にわたって，大気中にとどまるだろう．**もし今日，すべての人為的排出が止まったら，大気中$CO_2$の約半分が30年以内に陸と海に吸収されるが，約30％は数世紀，残りの20％は数千年間，それぞれ大気中にとどまるだろう（IPCC 2007；Archer et al. 2009；Solomon et al. 2009）．大気中からの$CO_2$消失速度が遅いのには少なくとも四つの理由がある．

(1) 前述したように，陸と海のシンクが弱体化しているため．
(2) 大きな長期$CO_2$シンクである深海が，海洋表面と大気の平衡プロセスをとても緩やかに保つため．
(3) 安定化フィードバック，たとえば増加した光合成およびリターインプットへの応答として起こる分解の増加（第7章参照）が，生態系炭素プールの増加を最小化するため．
(4) 陸における最大の長期$CO_2$シンクであるケイ酸塩岩の風化が，とてもゆっくり起こるため．

気候温暖化に最も寄与する人為的な原因は$CO_2$排出であり（図2.18），過去の$CO_2$排出によって温暖になることは必然であり，そのうえで今後の排出は温暖化の持続性に大きく影響する．さらに，たとえ自然の循環，または（まだ知られていない）技術的な解決策によって，すべての化石燃料炭素が大気からすぐに除去されたとしても（Solomon et al. 2009），温室効果ガス濃度の増加が原因で吸収された多くの熱は，海中を経由して大気へ戻るだろう．このように将来の温暖化が長期的に不可避であることは，地球が「危険な気候変動」

の限界に近づいた，もしくは超えたであろうという懸念を強め（Stern 2007；Rockström et al. 2009），大気への炭素排出を減らす精力的な取り組みを速やかに行うべきだという主張の根拠になっている．

## ■ グローバルなメタン収支

**人間活動は，大気中のメタン（$CH_4$）濃度増加の原因となっている．**大気の $CH_4$ 濃度（1.8 ppmv）は，$CO_2$ 濃度（390 ppmv）よりもはるかに低いが，温室効果は $CH_4$ の1分子につき $CO_2$ の約23倍もある．そして，大気の $CH_4$ 濃度は $CO_2$ と同様に，産業革命以来，指数関数的に増加し（図14.7），それは，大気の地球温暖化係数（global warming potential: GWP）の増加の20%を占める（図2.18参照；Bousquet et al. 2006；IPCC 2007参照）．つまり，グローバルな大気 $CH_4$ のシンクとソースを記述することは，近年のグローバルな温度の上昇や，将来的な気候温暖化のポテンシャルを理解するために重要である．

$CH_4$ は嫌気状態下でのみ生産される（第7章参照）．自然に生産された $CH_4$ の85%は湿地帯で発生し，残りは主に淡水の堆積物や動物の腸における発酵（たとえば，シロアリや反芻動物）で発生するが，その他の多様な地質学的なソースも存在する（表14.2）．人為

表14.2 メタン $CH_4$ のグローバルなソースとシンク．Wang et al. (2004), Chen and Prinn (2006), IPCC (2007) のデータ．

| メタンのソースとシンク | 年間フラックス［$Tg\ CH_4\ yr^{-1}$］ |
|---|---|
| 自然のソース | 168 |
| 　湿地帯 | 145 |
| 　シロアリと反芻動物 | 23 |
| 人為起源ソース | 428 |
| 　石炭燃焼 | 48 |
| 　石油・ガス燃焼 | 36 |
| 　埋立地と廃棄物 | 70 |
| 　家畜牛による発酵 | 119 |
| 　稲作農業 | 112 |
| 　バイオマス燃焼 | 43 |
| 合計ソース | 596 |
| シンク | 581 |
| 　OH基との反応 | 511 |
| 　成層圏での除去 | 40 |
| 　土壌による除去 | 30 |
| 大気中の増加 | 1〜22[a] |

[a] 大気中の年間増加量は，1990年代の22 $Tg\ CH_4\ yr^{-1}$ から，2000〜2004年の約1 $Tg\ CH_4\ yr^{-1}$ へと減少した．

的な $CH_4$ ソースは，自然のソースより 2.5 倍大きい．これが，$CH_4$ が高い反応性とターンオーバー速度（9年）をもつにもかかわらず，大気に蓄積していく理由である．化石燃料の採掘と精製，廃棄物管理（廃棄物処分場や動物の排泄物，家庭の下水処理），農業（水田やバイオマス燃焼，家畜牛などの反芻動物の腸における発酵）は，それぞれ主要な $CH_4$ ソースである．$CH_4$ の大気中の濃度と蓄積の速度はかなり正確に知られているが，異なるソースとシンクでの相対的寄与については，まだ活発に議論されている．また，未解明の新しいソースは，高緯度の凍土融解湖や有機物に富んだハビタットをもつ貯水池など，現在も特定が続けられている（St. Louis et al. 2000；Friedl and Wüest 2002；Walter et al. 2007）.

太陽光の下において，$CH_4$ は大気中で OH 基と急速に反応する．この光化学プロセスは大気の $CH_4$ の主要なシンク（表 14.2）であり，$CH_4$ の消失プロセスの 85% を占める．残りの $CH_4$ は，成層圏でオゾンと反応する（第 2 章参照）か，土壌中でメタン酸化菌によって除去される（第 7 章参照）．よって，大気中に蓄積する $CH_4$ は，年間ベースで人為起源フラックスの約 10%（$CO_2$ は 50%）程度である．

## 14.6　グローバルな窒素循環

### ■ 窒素のプールとフラックス

**陸と海の多くの生態系における生産性は，可給態窒素の供給量によって部分的に制限を受ける．** 生物地球化学に関連する窒素のほとんどは，大気という単一のプールにあり，わずかな残りが海や岩，堆積物中に存在する（図 14.8）．有機態窒素のプールは，大気のプールと比べて非常に小さく，主に土壌と陸上植生の中に存在する．大気組成の 78% を占める窒素が，地球上のほぼすべての $N_2$ であり，ほとんどの生物はその窒素を利用できない．窒素は，土壌と水域生態系の中や，植物と共生している細菌（バクテリア）による窒素固定を通して，生物が利用可能な形に変換される．1 年間に自然生態系によって固定される窒素は，陸域生態系において 100 $Tg\ yr^{-1}$ 程度である．海洋生態系においては 40〜200 $Tg\ yr^{-1}$ の間と非常に不確かである．さらに，稲妻によるものが 3〜10 $Tg\ yr^{-1}$ である．窒素循環の人為的改変より前には，窒素固定を通して生物圏に取り込まれた窒素量が，脱窒と堆積物内への埋没を通して利用できないプールに戻ることで，おおよその平衡が保たれていた．氷期には，鉄と他の微量養分元素のインプットによって，海洋で窒素固定が脱窒を超え，窒素制限の度合いを低下させていたかもしれない．しかし，現在のような間氷期においては，脱窒は窒素固定を超えるだろう．最近の平衡の度合い，または海洋における窒素固定と脱窒の間の不均衡については，多数の議論がある（Falkowski et al. 1998）．しかし，窒素は炭素とは対照的に，陸域生態系が非常に大きな年間処理能力（少なくとも流入と損失よりも 4 倍大きい）をもつため，かなり緊密に循環される．

### ■ 窒素循環における人為起源の変化

**過去一世紀において，人間活動は大気から陸域生態系への窒素固定の量をおよそ倍にし**

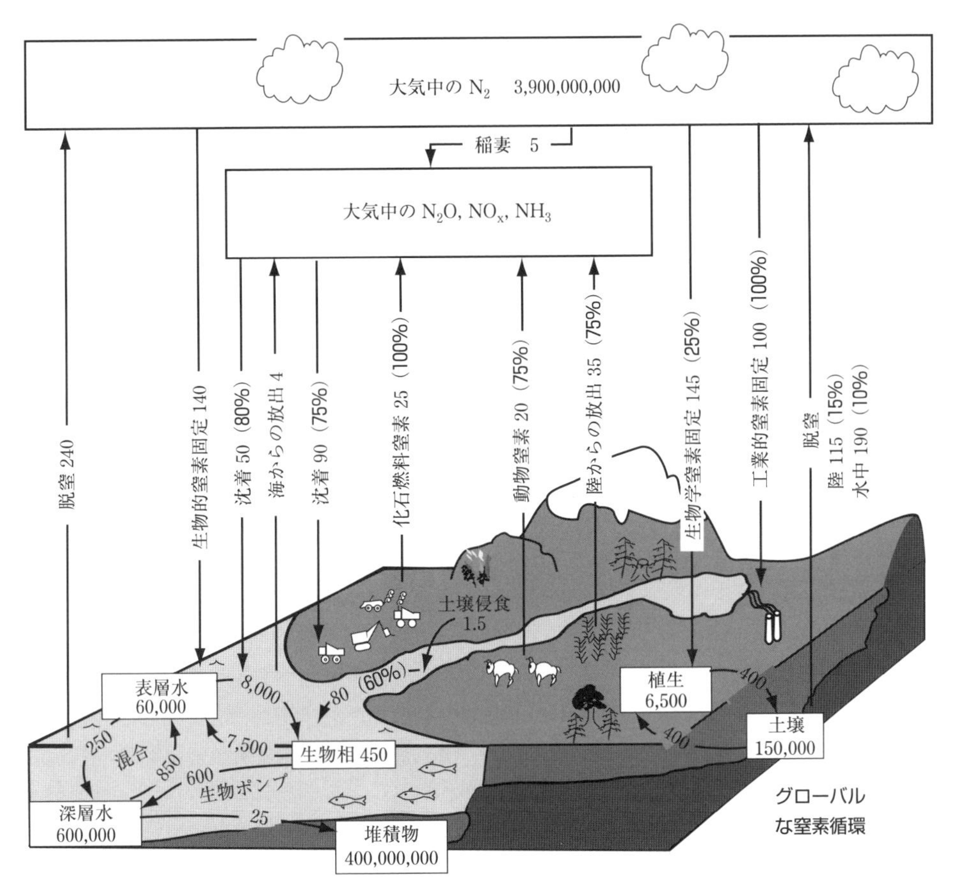


**図 14.8**　グローバルな窒素循環における主要なプール（枠）とフラックス（矢印）の近似的な大きさ．各値の単位は Tg $yr^{-1}$（$10^{12}$ g $yr^{-1}$）で，**カッコ内の太い数字**は人為起源の寄与の割合を示している．データは，Reeburgh (1997)，Chapin et al. (2002)，Galloway et al. (2004)，Gruber and Galloway (2008) より．他の元素のグローバル循環との整合性をとるために，生物相のプールとフラックスは，質量基準の C：N 比（海洋生物相：6.6，陸域植生：100，陸域リター：150；Sterner and Elser 2002）を想定し，グローバルな炭素収支（図 14.5）から計算された．これらの値はグローバルな窒素収支の推定値に近い．大気は地球の窒素の大部分を含む．作物以外の陸上植物を通して年間で循環する窒素の量は，窒素固定による流入量より 4 倍大きい．さらに，海洋での生物相を通した窒素の年間の循環は，窒素固定による流入量より 60 倍大きい．脱窒は，窒素の大気への主要な流出経路である．人間活動は，肥料生産や窒素固定作物の栽培，化石燃料の燃焼を通して窒素流入量を増やすだけでなく，化石燃料放出や土地からの放出（農業，火災，土地利用変化），畜産を通して，窒素微量ガス（$NO_x$，$N_2O$，$NH_3$）の放出も増やす．

てきた．肥料の生産において，化石燃料のエネルギーを使って $N_2$ を $NH_3$ へ変えるハーバー法は，ほかの人為的な方法より多くの窒素を固定する．ハーバー法による窒素の工業的固定は，実質的に 1940 年代から増加し始め，1970 年で 30 Tg $yr^{-1}$，2000 年で 100 Tg $yr^{-1}$ に達しており（図 14.9），2050 年には 165 Tg $yr^{-1}$ に達すると予測されている（Galloway

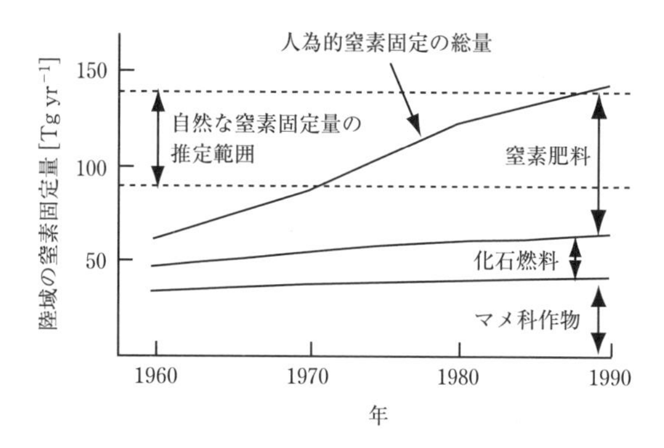


図 14.9　自然の生物的窒素固定の推定範囲と比較した，陸域生態系における窒素の人為的固定の変化．Vitousek et al. (1997a) より．

et al. 2004)．当初は，窒素肥料のほとんどが先進国で使用されたが，2000 年から 2009 年にかけての増加の約 80％は中国とインドによるものである．このように，今後は途上国において窒素肥料の使用が増加すると予測されている．

自然生態系での生物的固定に加えて，ダイズ（soybean）やアルファルファ（Alfalfa），エンドウマメ（pea）のような窒素固定力のある作物の栽培によって，窒素固定は増える．農作物は陸域の窒素固定の約 25％を占め（図 14.8），他には水田に発生するアカウキクサ（*Azolla*）のような自由生活性で共生型の窒素固定者も窒素を固定する．

**陸域から大気に移動した窒素微量ガスの大部分は，人間活動から発生したものである．** 相対的に非反応性である $N_2$ の大きなプールに加えて，大気は $NO_x$（NO と $NO_2$）や $N_2O$，$NH_3$ などのいくつかの窒素微量ガスを含む．それら窒素微量ガスのプールとフラックスは $N_2$ のものよりもとても小さいが（図 14.8），大気化学に深くかかわり，人間活動の影響をより強く受けてきた（第 9 章参照）．

年間 0.2〜0.3％の速度で増えている一酸化二窒素（$N_2O$）は（図 14.7），温室効果が $CO_2$ よりも 200 倍高く，地球温暖化の約 6 ％に寄与する不活性ガスである（IPCC 2007）．海洋や熱帯土壌での硝化作用と脱窒は，$N_2O$ の主要な自然のソースである（Schlesinger 1997；Galloway et al. 2004）．一方で，人間活動は主に農業の施肥を通して，陸地から大気への $N_2O$ フラックスを 2 倍近くに高めてきた．他の人為的な $N_2O$ 発生ソースには，家畜牛と肥育場や，バイオマス燃焼，さまざまな工業的なものがある．そして $N_2O$ は成層圏において，オゾン層の破壊に触媒として機能する際に分解される．

また，人間活動は，陸から大気へのアンモニア（$NH_3$）フラックスを 3 倍に増やした（Galloway et al. 2004)．家畜は，現在単独では最大のグローバルなアンモニア発生ソースであり，他には農業の施肥やバイオマス燃焼，生活廃水などがある．不凍の陸部分の 10％だけ占める耕作地（表 6.6 参照）は，土壌から大気へのアンモニアフラックスの約半分を占める．まとめると，農業に関連した活動（畜産や施肥，バイオマス燃焼）が，大気へのアンモニア輸送の増加の主な原因であり，グローバルなフラックスの60%を占める．アンモニアは，降雨や雲水，エアロゾルのpHを上げることで，大気中の酸中和剤の役割を果たす．そして大気に放出されたアンモニアの多くは，降雨によって地球に戻る．

さらに，人間活動は主に化石燃料の燃焼を通して，大気への$NO_x$フラックスを6～7倍へ増やしてきた．硝化は，陸域でNOの最も大きな自然のソースであり（第9章参照），バイオマス燃焼により発生するNOとともに，施肥がそのソースを増大させている．産業革命前の$NO_x$フラックスは，たびたび起こる熱帯サバンナの燃焼や土壌からの放出，稲妻の生成物であり，温帯生態系より熱帯生態系において大きかった（Holland et al. 1999）．しかし，現在$NO_x$沈着の多くは温帯で起こっており，その沈着速度は産業革命以前と比べて4倍に増加している．

**窒素沈着は，多くの生態系プロセスに影響を与えている．** 非熱帯生態系における植物生産では，広範囲にわたる窒素制限または共制限によって，生態系に沈着する人為起源窒素の大部分が保持される．とくに，植生に養分を蓄積し続けている，若くて成長が活発な森林生態系で著しい．（図12.18参照）．窒素沈着は多くの場合，窒素制限されたサイトでの生産を刺激し，さらに窒素豊富なサイトでの従属栄養呼吸を減らすことにより，炭素貯蔵を刺激する（Magnani et al. 2007；de Vries et al. 2009；Janssens et al. 2010）．それにもかかわらず，陸の炭素シンクを説明するうえで窒素沈着の総合的な役割は，非常に不確かである．

生産物内の窒素沈着や有機物の貯蔵は，無制限には増加しないだろう．これは長期間たえまなく続いた窒素流入によって，供給が植物と微生物の要求を超え，**窒素飽和**（nitrogen saturation）をもたらすためと考えられる（Aber et al. 1998；Driscoll et al. 2001）．生態系が窒素飽和になるときには，河川水や地下水，大気への窒素の損失が増加し，流入量に最終的に近づくべきである．そして，窒素飽和はたいていの場合，ヨーロッパ（Schulze 1989）やアメリカ（Aber et al. 1995；Fahey et al. 2005）における針葉樹林の減少と関連づけられる．

温帯林は，窒素飽和に達する速度について地域的なばらつきがあり，それは窒素流入速度と，その流入を和らげるのに必要な土壌体積に依存している（Aber et al. 1995；Fathey et al. 2005；Juice et al. 2006）．熱帯林では一般的に，植物と微生物の要求に比べて窒素が多く，人為的な窒素沈着は植物と土壌のプロセスに負の影響を与える（Matson et al. 1999）ような窒素損失をもたらすだろう（Hall and Matson 1998）．一般的に，森林生態系における窒素保持の容量は，潜在生産力と窒素制限の度合いとに関連している（Aber et al. 1995；Magill et al. 1997；Magnani et al. 2007）．

制限要因となっている養分の添加は，種の優占性を変え，生態系の多様性を減らすだろう．たとえば，草原やヒースへの窒素施肥は，窒素を多く要求する草本を優占させ，他の植物種の繁殖を抑える（Berendse et al. 1993）．このような種の変化により，養分の少ないヒースが，種数の乏しい森林や草原へ転換されるだろう（Aerts and Berendse 1988；Tilman and Wedin 1991）．

**人間活動は，陸域生態系から水域生態系への窒素移動を増やしている．**沈着や施肥，食品輸入，窒素固定力のある作物の成長などの形で行われる，陸域生態系への大量の窒素添加は，過去一世紀にわたり表面水と地下水の窒素濃度の急激な増加をもたらしている（第9章参照）．

## 14.7　グローバルなリン循環

### ■リンのプールとフラックス

**炭素や窒素と異なり，リンは，ガス態としての量はとても小さく，生態系に取り込まれる生物的経路はない．**最近まで，生態系は利用するリンの多くを有機態から得ており，リンは陸域の生態系の中で非常に緊密に循環してきた．リンは窒素と同様に，不足しがちな必須養分元素である．地球表面におけるリンの大部分は，海洋と淡水の堆積物や，陸域の土壌中に存在する（図14.10）．その貯蔵物の多くは，リン酸カルシウムまたはリン酸鉄のように，主に不溶性の形で存在するため，生物相が直接的には利用できない．生物相が直接利用できる有機リンのほとんどは，植物か微生物のバイオマスの中に存在する．そのため，主にそれらの枯死による有機物の循環によって，生物が直接利用できるリンが供給される．

グローバルシステムにおけるリンの物理的移動は，リンが大気中に大きなガス態コンポーネントをもたないことによって制限される．自然生態系におけるリンの溶脱損失は，溶解度が低いので少ないが，その代わりにリンは主に風食と，河川や渓流における海への微粒子の流出を通してグローバルに移動する．海へ流出したリン含有の微粒子のいくらかは海洋生物相によって循環され，残りは堆積物に埋蔵される．つまり，グローバルなリン循環において，（人間活動を除いた）主要なフラックスは陸から海へ水文学的に輸送される．大気には海から陸へのリンの経路が存在しないため，その流れは短い時間スケールでは一方通行である（Smil 2000）．そしてリンは，リン含有の堆積岩がむき出しになり風化されることによって，地質学的な時間スケール（数千万から数億年）で生物圏へ再供給される（Ruttenberg 2004）．

### ■リン循環の人為起源の変化

**人間活動は，岩からの風化を加速させるリンが豊富な堆積物の採掘や，侵食や風輸送，水上輸送の加速によって，リンの流動性を高めるとともに自然循環を変化させてきた．**無機リン肥料は，1800年代半ばから生産されてきたが，「緑の革命」にともなって起こった農業の増大と同期して，20世紀半ばからその生産量や施肥量が劇的に増えてきた（図14.11；Smil 2000）．1850年から2000年の間で，農業システムにおいて約550 Tgの新たなリンが使われた．1年間に農業生態系へ施肥されるリン（10～15 Tg $yr^{-1}$）は，陸域生態系を通して自然に循環する量の約3分の1を占める（図14.10）．

人間による土地利用変化もまた，生態系からリンを減少させている．世界中の耕作地で

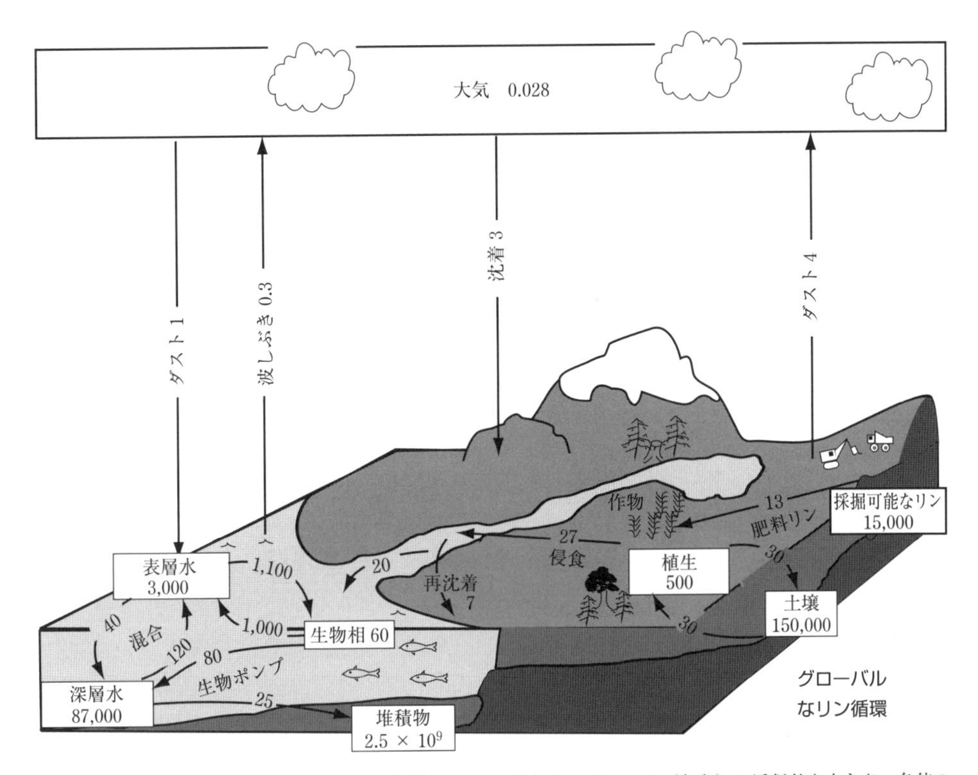


図 14.10 グローバルなリン循環における主要なプール（枠）とフラックス（矢印）の近似的な大きさ．各値の単位は Tg yr$^{-1}$（10$^{12}$ g yr$^{-1}$）である．データは Smil（2000）と Ruttenberg（2004）より．他の元素のグローバル循環の間の整合性をとるために，生物相のプールとフラックスは，質量基準の N：P 比（Sterner and Elser 2002；海洋生物相：7.2，陸域の植生とリター：12.6）を仮定し，グローバルな炭素収支と窒素収支（図 14.5；図 14.8）から計算される．この値は，グローバルな海洋生物相でのリン収支の推定値と近いが，陸上生物相での推定値よりは小さい（Ruttenberg 2004）．ほとんどのリンは土壌や堆積物，海の中に存在し，数十年から数世紀かけて生物地球化学的な循環に関与する．そしてリンは，陸地で植生と土壌の間，海で海洋生物相と表層水の間を緊密に循環する．リン循環に人間が与える影響は，主に施肥（植生を通して自然に循環するリンの 3 分の 1 に相当）と耕作地・放牧地からの侵食損失である．

は，水食や風食によって 15 Tg yr$^{-1}$ のリンが減少している．これは肥料による年間の投入と同じである．過放牧もまた，侵食損失を増やしており，放牧地で約 12 Tg yr$^{-1}$ のリンを減らしている（Smil 2000）．その約 25%は，氾濫原に再び堆積するか貯水池へと堆積する．また，人間と動物の生み出す廃棄物は，リンのポイントソースとノンポイントソースとなっており†，陸から海へのリンの移動は人間活動が原因で 50～300%増加している（Ruttenberg 2004）．

† 訳注：ポイントソースは，発生場所が特定できる点源ソース．ノンポイントソースは，雨などによって広く発生する非点源ソース．

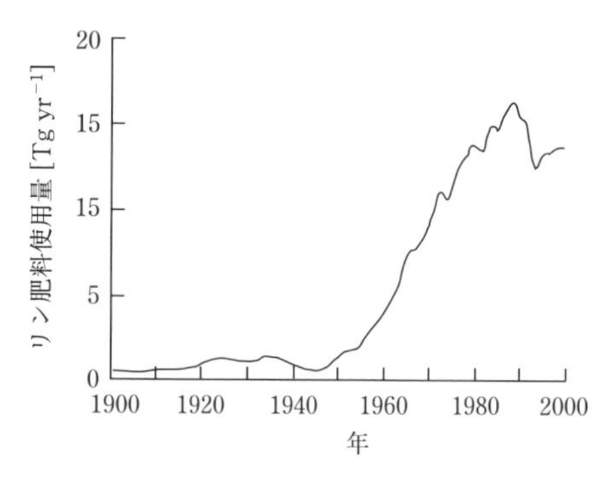


図 14.11　20 世紀における無機リン肥料のグローバルな使用量の変化．Smil (2000) より．

同時に，それらの変化は世界中のリンの輸送を増やしている (Howarth et al. 1995)．一般に，リンは湖における生産を制限するので，淡水生態系での不用意なリンの施肥は，富栄養化を引き起こすとともに，水生生物とその共同体への負の影響をもたらすだろう（第 9 章参照）．さらに，風によるリンの輸送は，南極海のような風下・下流側にあたる生態系に影響を与えるだろう．

## 14.8　グローバルな硫黄循環

**硫黄のグローバルな循環は，窒素とリンの循環と同様の特徴をもっている．** 窒素循環のように，硫黄循環は重要な大気のコンポーネントであり，大気中では低濃度だが重要な役割を担う．リンと同様に，硫黄は主に岩石から得られる．よって，海水や堆積物，岩石が最も大きな硫黄のリザーバーである（図 14.12）．一方で，大気には少ししか硫黄が含まれない．過去数世紀にわたる人間活動以前は，硫黄は主に堆積性黄鉄鉱の風化を通して生物圏で利用可能になっていた．硫黄は風化するとすぐに，還元された硫黄ガスまたは硫黄含有微粒子としての大気への放出や，水文学的な輸送といったグローバルなシステムを通して移動する．また，産業革命以前は，主に溶存態硫酸塩として約 100 Tg yr$^{-1}$ の硫黄が，川を通って沿岸または外洋へ運ばれた (Galloway 1996)．

硫黄は，湿地帯や沿岸堆積物のような嫌気性環境において，硫化物または微量ガスの状態まで還元されるだろう．海（波しぶき）からの硫黄や，硫黄微量ガス (160 Tg yr$^{-1}$) の放出は，大陸からの放出よりも約 100 倍大きい（図 14.12）．海の生物起源の放出物には，大気の硫酸塩のソースの一つであるジメチルスルフィド (DMS) がある．また，火山噴火によって放出される $SO_2$ も硫黄のソースとなる．

大気へ放出された硫黄の滞留時間は短く，OH 基との反応によって硫酸塩へ酸化される．そして硫酸塩は，数日中に遠く離れた風下で硫酸として降り注ぐ．硫酸は，雲粒の中で凝集し，硫酸塩を素早く形成する．それは，ただちに蒸発して硫酸塩エアロゾルを形成する．

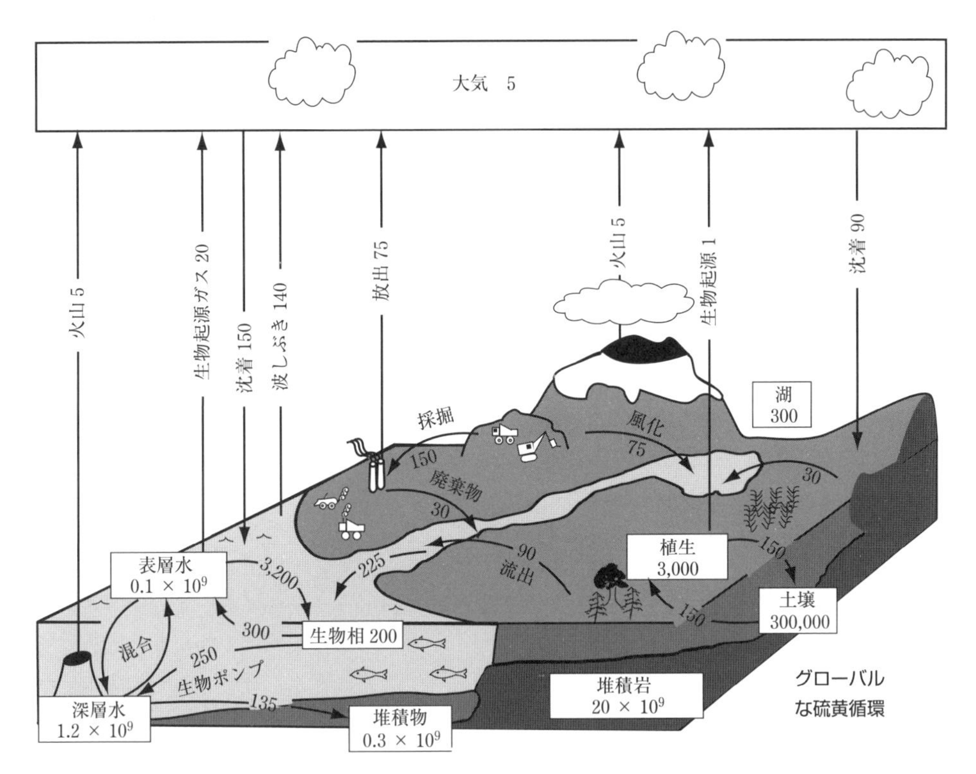


**図 14.12** グローバルな硫黄循環における主要なプール（枠）とフラックス（矢印）の近似的な大きさ．各値の単位は Tg $yr^{-1}$ ($10^{12}$ g $yr^{-1}$) である．データは Galloway (1996), Reeburgh (1997), Schlesinger (1997), Brimblecombe (2004) より．他の元素のグローバル循環の間の整合性をとるために，生物相のプールとフラックスは，質量基準の N：S 比 7.4 (Bolin et al. 1983) を仮定し，グローバルな炭素収支と窒素収支（図 14.5；図 14.8）から計算された．ほとんどの硫黄は，岩や堆積物，海の中にあり，硫黄の主要なフラックスは，生物相とさまざまな微量ガスフラックスを通る．人間活動は，採掘と排気ガスの増加を通して，硫黄のグローバルフラックスを 2 倍まで増やしてきている．

その硫酸塩エアロゾルは，地球のエネルギー収支に対して直接的，間接的な影響をもつ．直接的な影響としては，入射する短波放射を後方散乱（反射）する．つまり，太陽光入力を減らしグローバルな気温を下げることである（図 2.18 参照）．一方で，間接的な影響はより複雑で予測することが難しい．硫酸塩エアロゾルは，水が凝結できる表面を与えることで雲凝結核として働き，雲の形成や雲の寿命，雲の液滴直径，ひいては雲のアルベドに影響を与えている．この硫酸塩エアロゾルの気候に対する影響の方向と大きさの不確実性は，グローバルな硫黄循環の人為的変化へと関心が向けられる主な理由である．

人間活動は，硫黄の自然の循環速度を約 50％増加させ，現在約 135 Tg $yr^{-1}$ の硫黄を大気と海洋に移動させている（図 14.12）．その硫黄の半分は，化石燃料の燃焼と精製から生じ，残りは農業，畜産，野ざらしの堆積物の侵食などから生じるダストに含まれた状態での移動によって生じる．そして，人為起源の硫黄の多くは，大気を通して陸上に沈着されて土壌または生物相に堆積する，または溶解して海へと放出される．

氷床コアから復元されたグローバルな気温の記録は，火山から放出された二酸化硫黄が，長い時間スケールにおける経年気候変動の主な原因であるということを示した．つまり，人為起源の硫黄エアロゾルの劇的な変化は，将来的な気候変動において重要な役割を果たすことが明らかである．そして，硫黄排出による冷却効果やそれに関連した直接的，間接的な影響は，温室効果ガスによる温度上昇を部分的に相殺しながら，$0 \sim 1.5\,\mathrm{Wm}^2$ の範囲をとるだろう（IPCC 2007）．

## 14.9　まとめ

生態学的プロセスと人間活動は，ほとんどの生物地球化学的循環において大きな役割を果たす．生物と人間が生態系プロセスに与える影響の大きさは，グローバルスケールでまとめることで見えてくる．

地球上の水の大部分は，海や氷，地下水として存在し，地上の生物が直接的に利用するのは難しい．主要な水フラックスは，降水量や蒸発散量，そして流出水である．人間活動は，グローバルな気温を上昇させることで蒸発散量ひいては降水量を高める原因となり，さらに利用可能な淡水の多くを転用することで，グローバルな水循環を加速させている．もし，現在の人口増加が続けば，十分な淡水を入手できることが，社会の中で希少価値をもつようになる．

生物的プロセス（光合成と呼吸）は，グローバルな炭素循環の原動力の構成要素である．主要な炭素プールは，大気，陸，海，そして表面堆積物の四つであり，数十年から数世紀にわたり炭素循環に寄与する．陸において，植物の生育による炭素獲得は，呼吸による炭素損失よりわずかに大きいため，それは陸での正味の炭素貯蔵につながる．海への正味の炭素インプットもまた，大気への正味の炭素回帰量よりもわずかに大きい．海洋の一次生産量は，陸とほぼ同じである．その海洋の NPP の多く（80%）は呼吸によって環境へ放出され，残り 20%は生物ポンプによって深海へ運ばれる．その後，その炭素の大部分は湧昇によって海洋表層水へ戻り，少量が堆積物になる．人間活動は，化石燃料の燃焼，セメント生産，そして土地利用変化を通して，大気への正味の炭素フラックスの原因となる．そのフラックスは，陸の従属栄養呼吸の 14%と等しい．

地球の窒素の大部分は大気に含まれる．陸の植物の生育を通して毎年循環する窒素の量は，窒素固定によるインプットよりも 9 倍大きい．また，海洋における生物を通した毎年の窒素の循環は，窒素固定による流入量より 70 倍大きい．脱窒は，大気への主要な窒素アウトプットである．人間の活動は，肥料生産，炭素固定作物の栽培，そして化石燃料の燃焼を通して，陸域生物圏によって固定される窒素の量を倍にしている．

数十年から数世紀にわたって生物地球化学的循環に関与するリンのほとんどは，土壌，堆積物，そして海洋の中に存在している．リンは，陸では植生と土壌の間を，海洋では海洋生物相と表層水の間を緊密に循環する．グローバルなリン循環への人間による影響は，肥料の使用（植生を通して自然に循環するそれの約 40%と等しい）や作物や放牧地からの侵食損失（植生を通して毎年循環するそれの約半分に等しい）である．ほとんどの硫黄は，岩，堆積物，そして海水にあり，硫黄の主要なフラックスは，生物相とさまざまな微量ガス態を通している．そして，人間の活動は，採掘とガス放出増加を通して，硫黄のグローバルなフラックスを大幅に増やしている．

## 復習問題

1. 各物質（炭素，窒素，リン，硫黄，水）のグローバルな循環において，(1) 主要なプール，(2) 主要なフラックスは，それぞれどのように異なるか？　土壌のプールとフラックスが最大である循環はどれか？　大気のプールとフラックスが最大である循環はどれか？
2. 人間活動は，グローバルな水循環をどのように変えているのか？　世界にはたくさんの水があり，その水は降雨によって頻繁に補填されるのに，なぜ人々はグローバルな水循環の変化について関心をもつのか？　水の質と量の変化による社会的な影響を最も大きく受ける地域はどこか？　それはなぜか？
3. グローバルな炭素循環の制御は，数ヶ月，数十年，数千年の時間スケールの間でどのように異なるのか？　大気中の $CO_2$ は，それぞれの時間スケールにおいてどのように変化し，その変化を引き起こす要因は何か？
4. 人間活動は，グローバルな炭素循環をどのように変えているか？　人間活動によって発生した $CO_2$ の一部が，陸域と海中に固定されるということを説明するメカニズムは何か？
5. $CO_2$，$CH_4$，$N_2O$ の大気中の濃度増加の主な原因と，気候に対する影響は何か？　それらのガスの増加速度を減らすためには，どのような人間活動の変化が必要とされ，その政策変更による社会的な影響はどのようなものだろうか？
6. 自然における大気中の $CH_4$ の主なソースとシンクは何か？　それらは，近年の気候と土地利用の変化によってどのように変化しているだろうか？
7. 自然における大気中の $N_2O$ の主なソースとシンクは何か？　それらは，近年の気候と土地利用の変化によってどのように変化しているだろうか？
8. 人間活動は，グローバルな窒素循環をどのように変えてきたか？　それらの変化は，管理されていない生態系での窒素循環にどのように影響を与えているか？
9. 窒素循環の変化は，グローバルな炭素循環にどのような影響を与えるか？　土壌肥沃度は，窒素が炭素循環に影響を与えるメカニズムにどのような影響を与えるか？

# 参考文献

Bousquet, P., P. Cias, J.B. Miller, E.J. Dlugokenck, D.A.Houglustaine et al. 2006. Contribution of anthropogenic and natural sources of atmospheric methane variability. *Nature* 443:439-443.

Brimblecombe, P. 2004. The global sulfur cycle. Pages 645-682 *in* W.H. Schlesinger, editor. *Biogeochemistry*. Elsevier, Amsterdam.

Canadell, J.G., C. Le Quéré, M.R. Raupach, C.B. Field, E.T. Buitehuls, et al. 2007. Contributions to accelerating atmospheric $CO_2$ growth from economic activity, carbon intensity, and efficiency of natural sinks. *Proceedings of the National Academy of Sciences, USA* 104:10288-10293.

Galloway, J.N., F.J. Dentener, D.G. Capone, E.W. Boyer, R.W. Howarth et al. 2004. Nitrogen cycles: Past, present, and future. *Biogeochemistry* 70:153-226.

IPCC. 2007. *Climate Change 2007: The Physical Science Basis, Contribution of Working Group I to the Fourth Assessment Report of the Intergovernmental Panel on Climate Change*. Cambridge University Press, Cambridge.

Matson, P.A., W.H. McDowell, A.R. Townsend, and P.M. Vitousek. 1999. The globalization of N deposition: Ecosystem consequences in tropical environments. *Biogeochemistry* 46:67-83.

Oki, T. and S. Kanae. 2006. Global hydrological cycles and world water resources. *Science* 313:1068-1072.

Ruttenberg, K.C. 2004. The global phosphorus cycle. Pages 585-643 in W. H. Schlesinger, editor. *Biogeochemistry*. Elsevier, Amsterdam.

Schlesinger, W.H. 1997. *Biogeochemistry: An Analysis of Global Change*. Academic Press, San Diego.

Smil, V. 2000. Phosphorus in the environment: Natural flows and human interferences. *Annual Review of Energy in the Environment* 25:53-88.

# 第15章 生態系の管理と維持

**人間活動は，地球のすべての生態系に影響を与えている．本章では，生態系および社会の要求を満たすために重要な生態学的特性を維持する原理について解説する．**

## 15.1 はじめに

**過去50年間にわたり，人口および資源利用の増加は，人類の歴史上最も急速かつ広範囲に生態系を変容させた**（図15.1；MEA 2005）．加速する人間活動の影響は，気候（グローバルスケールの気候変動），土壌および水資源（窒素沈着，侵食，排水），撹乱レジーム（土地利用変化，火災の抑制），生物の機能タイプ（種の導入および絶滅）といった生態系の主要な要素をグローバルスケールで変化させた．すべての生態系でこれらの要素が一方向に変化し，生態系は新たな状態へと移行しつつあり，多くの場合，その移行を増幅させる（正の）フィードバックが働いている．このような生態系におけるメカニズムの変化は必然的に生態系の特性を変容させ，しばしば人間社会にも損失をもたらしている．

## 15.2 焦 点

**人間活動は今後も地球の生態系に影響を与え続ける．生態系の特性や，人間社会が利用する生態系のサービスを維持するために，生態系をどのように管理すればよいだろうか**（図15.2）？　本章では，生態系管理に貢献しうる一般原則をいくつか解説する．人為影響の増大に対して，手つかずの生態系も含めた地球上の生態系を維持するためには，生物圏における人類の優占が拡大していることをふまえた新たな管理アプローチが必要である（Palmer et al. 2004）．生態系，およびそこから我々が得る利益の管理・維持に向けた，生態系生態学および関連科学分野における管理アプローチを紹介する．

## 15.3 社会生態システムの維持

**人間と自然は，社会生態システムにおいて相互に連結した構成要素である．**人間は不凍陸地面積の80%に居住しているため，ほとんどの生態系において主要な構成要素となっている（Ellis and Ramankutty 2008）．人間はさまざまな社会的欲求や要望を満たすべく行動をしており，人為による負の影響の多くは意図されたものではない．生態系と社会の重要なつながりについての認識がなければ，適切な**生態系管理**（ecosystem management）

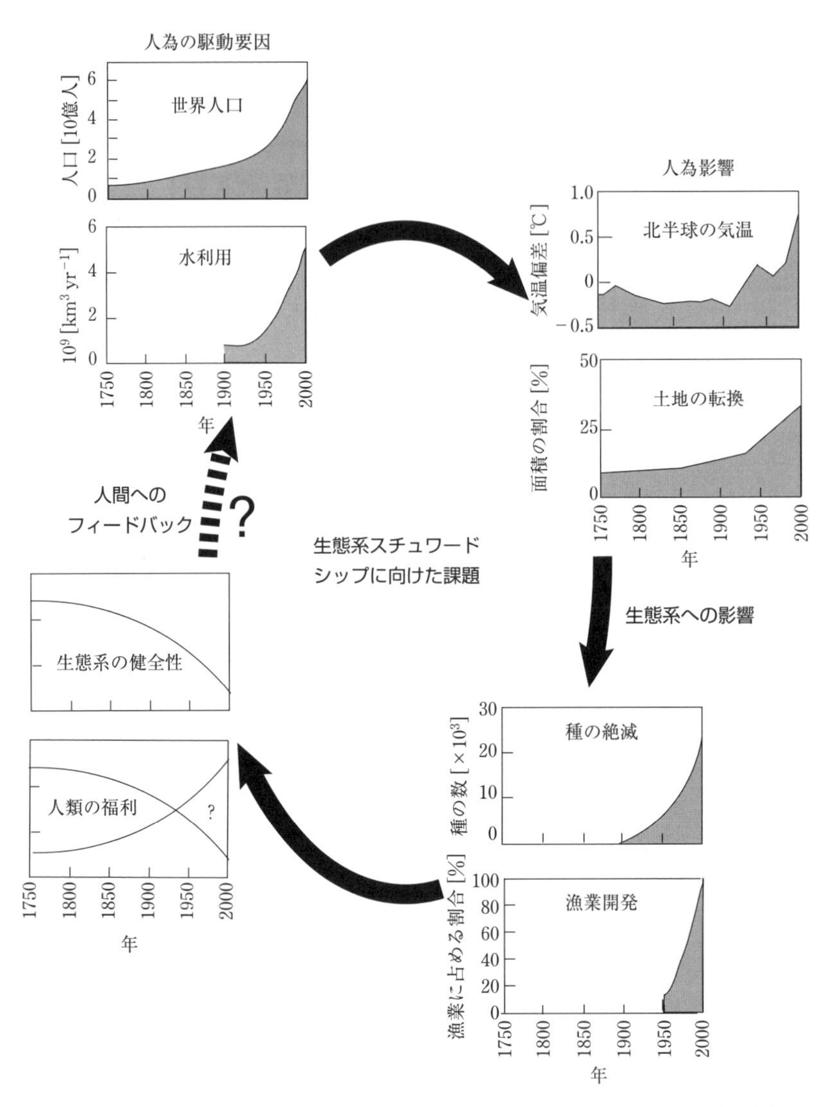


**図 15.1**　生態系管理および生態系スチュワードシップに向けた課題．人口と資源消費の変化は，気候や土地被覆を変え，種の絶滅や漁業資源の乱獲など，生態系へ重大な影響を及ぼす．これらの変化は，生態系を不健全にし，人類の福利にさまざまな影響を与えることで，人為による駆動要因をさらに変化させる．Chapin et al. (2009) より（原図は Steffen et al. (2004)）．

ができず，生態系は脆弱になる．すなわち，適切な資源管理は，生態系の長期的な持続可能性および社会にとって必要不可欠な，生態系からの利益やサービスを促進する．たとえば，ニューオーリンズの都市化過程における，湿地灌漑による洪水制御機能の消失や防波島への堆積物の供給の減少は，2005 年にハリケーン・カトリーナが大規模な洪水を引き

図 15.2 人間の行為は生態系を改変し，地球システム全体に影響を与えている．人間社会は現在，生態系により提供される利益を維持・促進し，人類の福利を支えるため，人間活動と生物圏の関係性を管理するという課題に直面している．写真は istockphoto より．

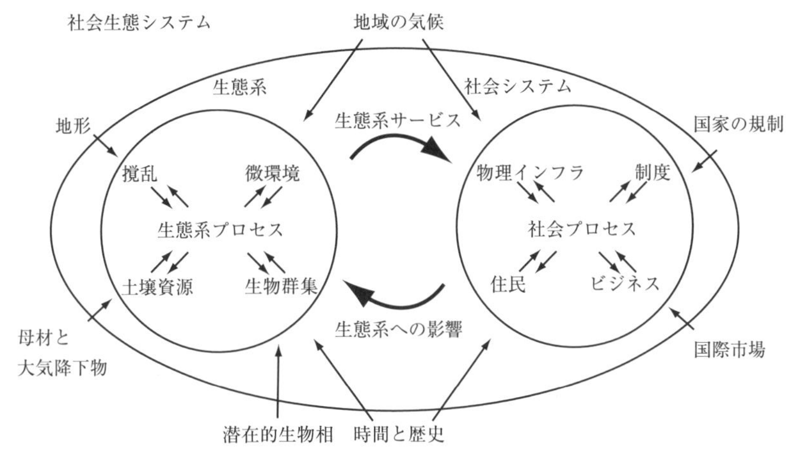


図 15.3 社会生態システムの機能とその制御要因．生態系への人為影響はさまざまな社会プロセスを介しており，社会は生態系から供給されるサービスから利益を得る．Whiteman et al. (2004) を改変．

起こし，人々の生活や財産が失われるまでは見過ごされてきた（Box 15.1；Kates et al. 2006）．ゆえに，生態系の管理者は，生態系に影響する環境および生物学的要因だけでなく，社会的および政治的な背景についても考慮する必要がある．なぜなら，それは生態系に意図しない効果をもたらすような意思決定を左右するからである（図 15.3）．

## Box 15.1 社会生態的な相互作用とニューオーリンズにおける洪水

米国の南東部の海岸平野は標高が低く平坦であり，その土地の多くが主要河川から運搬される堆積物によって成立している．ルイジアナ州沿岸の防波島および広大な湿地は，この河川三角州のシステムにより生み出されており，都市部を嵐や洪水から保護している（NRC 2006）．堤防や貯水池の建設によって，このような自然の防護特性の維持に寄与する堆積物の運搬が減少した．また，石油やガスの採掘に起因する地盤沈下，低地の排水，その他の開発行為も，嵐や洪水に対する脆弱性をもたらしている（NRC 2006）．たとえば，ニューオーリンズは年平均で5 mmのペースで地盤沈下している．ニューオーリンズの多くの土地が海抜以下の標高となっており，堤防および排水システムによって維持されている．2005年のハリケーン・カトリーナによる高潮は，ニューオーリンズを取り囲む防護堤防のシステムを破壊し，それによって多くの生命および財産が失われた（Kates et al. 2006）．

## ■ 持続可能性

**持続可能性を考えるうえでは，人間の選択によるトレードオフが現在および将来の社会生態システムに影響しうるという認識が必要である．** 生態系に負の影響を与える意思決定のほとんどが悪意のあるものではなく，特定の社会経済的な利益を追求した結果を反映しているにすぎない．たとえば，鉱山開発や過放牧は，一般的に人間の鉱物や食料への要求を満たすことで生じる．これらの行動の生態学的な帰結は，意思決定者にとっては短期的な社会経済的利益に比べてあまり明白なものではなく，差し迫った問題だと認識されないことがある．生態学者は，生態学的かつ社会的なリスクと機会に影響を与える潜在的な**トレードオフ**（tradeoff）を記録し立証することによって，これらの意思決定において重要な役割を担うことができる（Matson 2009）．**持続可能性**の概念は，社会が直面する選択の帰結を明らかにする重要なフレームワークとなりうる．とりわけ，発展途上国の人々は生存のために生態系に直接的に依存しているだけでなく，貧困や生活の質の低さから抜け出そうとしているため，このような選択はとりわけ発展途上国において難しい問題となる．1987年，ブルントラント委員会（WCED 1987）は国連において，生態系の保全と人類の発展への要求の双方を満たす持続可能性のフレームワークを提唱した．この委員会報告において，「持続可能性」とは，将来世代の要求を満たす能力を損なうことなく，現在世代の要求を満たすように環境と資源を利用すること，と定義されている．世界は急速に変化するため，持続可能性は生態系が変化することを前提としている．さらに，我々は将来世代が何を望むかについて正確に知りえない．すなわち持続可能性は，将来世代に自身の選択をする機会を提供することによって，将来世代にとって生産的基盤が利用可能な状態で維持されることを前提としている．

社会が依存する生産的基盤は，生態学的および社会経済的な側面をもっている．持続可能性は，システムにおける総合的な**資本**もしくは生産的基盤（資産）が維持されることが前提である．この資本は，自然資本，製造資本，人的資本，社会的資本から構成される（Arrow et al. 2004）．**自然資本**（natural capital）は，社会が依存する財とサービスの生産を支える，再生不可能な資源（たとえば，石油資源）および再生可能な生態系資源（植物，動物，水）の両方からなる（Daily 1997）．**製造資本**（built capital）は，自然には生じえない，物理的手段による生産物（たとえば，道具，衣服，住まい，ダム，工場）から成り立っている．**人的資本**（human capital）は，人々が目的を達成するための能力であり，さまざまな学習を通じて能力を開発することができる．これらの資本は，システムの**包括的**

**な富**（inclusive wealth），すなわち社会にとって利用可能な生産的基盤（資産）を構成している（Dasgupta 2001；Chapin et al. 2009）．包括的な「富」の正式な定義には含まれていないが，**社会的資本**（social capital）も重要な社会全体の資産である．社会的資本は，問題解決のために人々が集団で行動する能力である（Coleman 1990）．以上の資本は時間とともに変化する．たとえば，自然資本は，荒廃した生態系を復元もしくは再生したり，海洋保護区のネットワークを構築したりするなど，生態系の管理を改善することによって増加する．製造資本は，橋梁や学校の建設に投資することによって増加する．人的資本は，教育と訓練によって増加する．そして社会的資本は，問題解決のために新たな協調行動を広げることで増加する．このように，生産的基盤は**正当な投資**によって増加する．**投資**（investment）とは，資産量の価値の増加である．持続可能性の条件は，正当な投資が正になること，すなわち生産的基盤（包括的な富）が時間にともなって減少しないことである（Arrow et al. 2004）．これは，管理が持続可能かどうかを評価する客観的な基準となる．

異なる種類の資本は，ある程度互いに**代替**（substitute）することができる．たとえば，自然湿地は水の浄化機能を提供できるが，そのような自然湿地がない場合はコストのかかる水処理施設を建設する必要があるだろう．事情に通じたリーダーシップをもつ人々によって，ある特定の問題に対する費用効率の高い解決法が実行できるかもしれない（人的資本を経済資本に代替するということ）．しかし，異なる種類の資本が置換できる程度には限界がある．たとえば，水や食料は生存に**不可欠**だが，その他のどの資本によってもそれらを完全に代替することはできない．そのため，水や食料が少なくなったときは，それらは社会にとってきわめて価値が高くなる．同様に，作物生産に必要な耕作地土壌の水分保持力の低下，作物の花粉媒介を行う生物種の存在，文化的な独自性，社会のリーダーシップにおける信頼なども，他の異なる資本によってたやすく置き換えられるものではない．多くの人的，社会的，自然的資本の消失は，適切に代替するのが困難であったり，きわめて高いコストがかかったりするために，非常に問題がある（Folke et al. 1994；Daily 1997）．それゆえ，将来世代が彼らの要求を満たせなくならないように，これらの資本の重要な構成要素を維持する方法に焦点を当てる必要がある（Arrow et al. 2004）．

科学や政治などの事情に通じた管理者はたいてい，包括的な富の構成要素を持続的に管理するためのガイドラインをもっている．たとえば，再生可能な自然資源の収穫速度はその再生速度を超えてはならない，廃棄物排出は環境の浄化能力を超えてはならない，再生不可能な資源は再生可能な代替物の生成速度を超えて利用するべきではない，生活の質を改善するために社会において経済的に恵まれない人々に対して教育と訓練の機会が与えられなければならない，といったガイドラインである（Barbier 1987；Costanza and Daily 1992；Folke et al. 1994）．これらのガイドラインは，生態系の管理者が直面する多くの実務的な判断のためのフレームワークとなる．

持続可能性の基盤として有益で正当な投資を維持するという概念は，社会生態システムの固定資産が時間とともに変化することは避けられないことと，人々が資本におく価値が時間的にも空間的にも異なることをふまえている点で重要である．仮にシステムの生産的な基盤が維持されるならば，将来世代は彼らの要求を満たす最適な方法について彼ら自身の選択を行うことができる．この概念によって，変動する環境において，ある特定の行動手法が持続可能かどうかを決定する基準が定まる．資本の量と社会にとっての価値の観点から，さまざまな資本の変化を測定する目的で多くの挑戦がなされている．それにもかかわらず，製造資本および人的資本は過去50年間で増加した一方で，再生可能および再生不可能資源の減少や，生物多様性の機能的な利益の減損または消失によって，自然資本は減少した（Arrow et al. 2004；MEA 2005）．貧困な発展途上国の中には，自然資本の減少が製造資本および人的資本の増加を凌駕している国もあり，明らかに持続不可能な発展の経路をたどっていることを示している（MEA 2005）．

## ■持続可能性の生態学的な側面

**生態系サービスは，生態学的な持続可能性の管理のための実用的なフレームワークとなる．**自然資本は，長期にわたって社会の要求を満たすためにもつ，生態系の能力についての基本的な測定基準であるが，多目的林業や海洋管理といった特定の社会生態的な課題に取り組む生態系の管理者にとってはあまり有用ではない．さまざまな生態系は，一様に自然資本のレベルを反映する一方で，生態系から人間社会が得る利益，すなわち**生態系サービス**（ecosystem service）について，さまざまなパターンをもたらしうる．生態系は，水，木材，飼料，燃料，薬，工業製品の元となるもの，といった周知の**供給サービス**（provisioning service，**生態系の財**）を提供している．生態系は，水や化学物質の再循環，洪水の緩和，作物の花粉媒介，大気の浄化といった**調整サービス**（regulatory service），レクリエーションや美的・精神的な要求を満たすための**文化的サービス**（cultural service）も提供している（図15.4；表15.1；Daily 1997；MEA 2005）．これらのサービスのすべてが，生態系プロセス（あるいは基盤サービスとしても知られている）に依存している．これらのプロセスは，生物地球化学的な循環，多様性の維持，撹乱周期などを含んでいる．これらの基本的な生態系の特性が維持されなければ，社会が直接的に認識・評価している生態系のサービスを維持することはできない．

資源の過剰利用や乱用は，生態系の機能およびサービスを変容させる．たとえば，土地利用の変化は集水域の水浄化の能力を減少させ，都市に対して大きな水処理コストを強いることになる（Grove 2009）．湿地の減少や消失によって，人々は洪水や高潮の被害の増加にさらされる（Kates et al. 2006）．花粉媒介昆虫の個体数の大幅な減少は，多くの作物の収量を減少させた（Ricketts et al. 2004）．人為による，アフリカミツバチ（killer bee），アカヒアリ（fire ant），ゼブラガイ（zebra mussel）といった外来種の導入または侵入は，生活資源に甚大な被害を与え，人の健康を脅かす（Patz et al. 2005；Díaz et al. 2006）．人間活動は，大気，水文システム，気候などを変化させることで，生態系の財やサービスに間接的にも影響を与える（第14章参照）．

管理に関する意思決定は，たいてい生態系サービス間のトレードオフを反映したものになる．たとえば伐採による木材収穫は，無伐採林が提供するレクリエーションの機会を犠

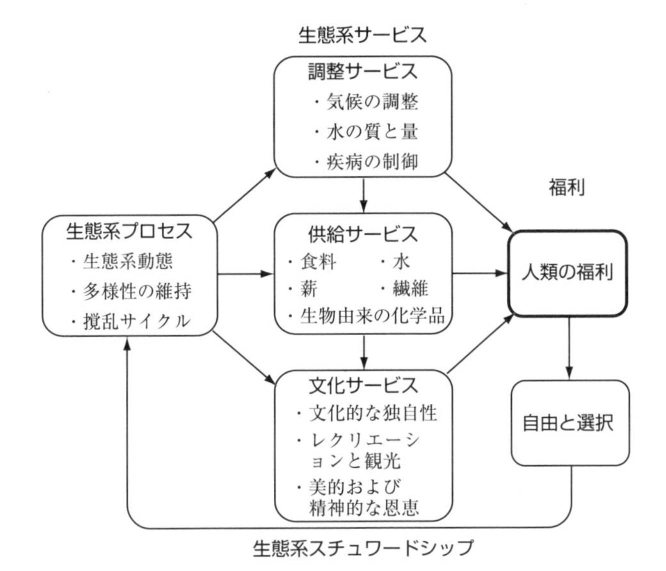


図 15.4　生態系プロセス，生態系サービス，社会の福利の間の関係性．国連ミレニアム生態系評価によるフレームワーク（MEA 2005）．生態系プロセスは生態系サービスの基盤であり，生態系サービスが直接社会に利用されることによって人類の福利におおいに影響を与える．人間の行為は環境（たとえば，気候）や生態系を改変することで，地球の生命維持システムに影響を与える．Chapin（2009）より．

牲にして森林生産を得ることができる．スノーモービルの利用者にとってレクリエーション価値を上げるような政策は，クロスカントリースキーヤーにとってのレクリエーション価値を犠牲にしなければならないだろう．熱帯林の伐採は現地の人々に対して森林生産や農業用地を提供するかもしれないが，土壌の荒廃によって将来世代の生活の機会を損なうことになるだろう．生態系管理における重要なステップは，意思決定による複数の生態系サービスへの潜在的影響を評価することである．生態系は膨大な数のサービスを提供しており，人間の行動に対するそれらの応答は不確実であるため，このステップは挑戦的である（表 15.1；Box 15.2）．そのため，変化に対して非常に脆弱で，技術的あるいは生態学的な代替手段がほとんどなく，そして社会にとっての価値がきわめて高い**重要な生態系サービス**に焦点を当てることが，しばしば現実的であると考えられる（A. Kinzig，私信）．

起こりうるシナリオは，管理者やその他の**利害関係者**（stakeholder，ステークホルダー；結果によって影響を受ける人々）がとりうる政策オプションが生態系サービスへ与える効果を調べるのに役立つ（Peterson et al. 2003；Carpenter et al. 2006）．たとえば，湖畔の土地に対する開発オプションは，開発のタイプだけでなく，開発にともなう汚染のレベル，魚類資源，現在および将来の利用者へのレクリエーションの機会に影響を与える．

重要な生態系サービスが特定でき，かつ特定の行動に対するその応答が推定できたとし

**表 15.1**　生態系サービスの分類とその社会への直接的な利益の例．Chapin (2009) を改変．

| 生態系サービス | 社会への直接的な利益 |
| --- | --- |
| 生態系プロセス（基盤サービス） | |
| 土壌資源の維持 | 栄養，安全 |
| 水循環 | 健康，廃棄物管理 |
| 炭素循環，養分循環 | 栄養，安全 |
| 撹乱レジームの維持 | 安全，健康，栄養 |
| 生物多様性の維持 | 栄養，健康，文化的な健全性 |
| 供給サービス | |
| 淡水 | 健康，廃棄物管理 |
| 食料と繊維 | 栄養，安全 |
| 燃料 | 健康，暖かさ |
| 生化学物質 | 健康 |
| 遺伝資源 | 栄養，健康，文化的な健全性 |
| 調整サービス | |
| 気候の調整 | 安全，栄養，健康 |
| 侵食，水の量・質，汚染 | 健康，廃棄物管理 |
| 撹乱の伝播 | 安全 |
| 害虫，侵入，疾病の制御 | 健康 |
| 送粉 | 栄養 |
| 文化的サービス | |
| 文化の独自性と文化的遺産 | 文化的な健全性，価値 |
| 精神的，美的な恩恵 | 価値 |
| レクリエーションとエコツーリズム | 健康，価値 |

ても，環境の代替利用手段について難しい選択が迫られることに変わりはない．湿地は，その文化的および美的な資産のために保全されるべきか，汚水処理のために利用するべきか，灌漑して耕作地に転換されるべきか？　淡水系はどのサービスを念頭に管理すべきなのだろうか？　個人や社会はつねに，どのように生態系の財およびサービスを利用するかの意思決定を行っている．しかし，これらの意思決定はしばしば短期的な経済的利益を重視しており，失われる生態系のサービスは「無料」であるため，それらが荒廃してもコストは発生しないという前提をおいている（Daily et al. 2000）．

**生態系サービスの評価**（valuation of ecosystem service）は，そのような意思決定に役立つ情報を整理するための一つの手段である（Daily et al. 2000）．生態系サービスの評価においては，適切な生態学的情報，および代替となるサービスとそれがもつ影響について明確に理解することが必要である．たとえば，生態系の理解によって，生態系が提供するサービス，およびそのサービスを支える生態系のプロセスを特徴づけることは重要である．この情報は，しばしばその場所に特有であり，地域的および伝統的な生態学的知識が必要とされる．そのうえで，適切な意思決定に向けて，生態学と経済学の情報が統合されなければならない．たとえば，生態系サービスの経済的価値は，土地や製品の市場価値，生態系サービスが維持されることによって回避することのできるコスト（湿地を維持することで回避できる水処理コスト）から，直接推定することができる．また，代替となるサービスに人々がおく価値を評価するための調査や，その他の間接的なアプローチが必要となる場合もある（Goulder and Kennedy 1997）．推定が完了すれば，生態系サービスの経済的価値（あるいは生態系サービスの荒廃によるコスト）は，持続可能性を左右する意思決定において明示的に考慮することができる．生態系の保全を通した，高価値かつ広く理解されている生態系サービス（たとえば，きれいな水）の保全は，コストのかかる土木事業の賢い代替手段であるとみなされつつある（Box 15.3）．知識が増えるに従って，まだあまり認知されていない生態系サービスを保全する利点がより広く認識されるようになるだろう．

次節では，社会生態システムの管理の文脈で，持続可能性の人的側面について解説する．

### Box 15.2 生態系サービス間のトレードオフの評価：ニュージーランドにおける水力発電と保全

生態系に影響を与える政策選択のほとんどが，生態系サービス間のトレードオフの問題を含んでいる．ニュージーランドのフィヨルドランド（Fiordland）における水力発電開発と保全のバランスにかかわる政策についての度重なる政治的議論では，トレードオフの評価と望ましい結果についての交渉において，生態系管理が担う役割を物語っている（Mark et al. 2001）．1963年，ニュージーランド政府は，国家経済，地方における雇用，およびニュージーランドにおける人口変動の流れを逆転させるために重要と判断し，多国籍のアルミニウム精錬所へ電力を供給するための水力発電施設を建設することに合意した．建設によって，ニュージーランドで2番目に大きい河川（ワイアウ（Waiau）川）からの水が，水力発電所からトンネルによって，フィヨルドランドの海へ流れ込むように改変された．発電能力を最大化するために，政府はある湖沼の水位を24 m まで高める第二期計画を立てた．それは，ニュージーランド最大の国立公園で，かつ世界遺産となっているフィヨルドランド国立公園の玄関口となっている二つの主要湖沼のうち一つである．

精錬所の電力要求に応えるために湖沼の水位レベルを上げることによる，生態学的および美的な影響に対する社会的関心が高まり，過去の湖沼最高水位を大きく上回る（灌水による樹木の死亡率の上昇），もしくは最低水位を大きく下回る（湖岸の崩壊）ことによる影響を検証する生態学研究が行われた．湖沼の水位操作によって，かなり大きな悪影響が生態系に及ぶという知見が得られた．このため，国の総人口のおよそ10%が，精錬所との水力発電に関する契約について，湖沼の水位上昇を回避し環境影響を最小限にするように要求する嘆願書に署名した．この問題についての議論は，中央政府の政策転換と湖沼の管理者団体の設立につながった．それによって，環境影響を最小限とし，湖沼水位の通常の変動幅内で工場の電力要求を満たすための生態学的・工学的なガイドラインが推奨されるようになった．このような状況を受け，新しい法律では，この水力発電プロジェクトにおいて湖沼の水位レベルは持続的に管理されなければならない，という条項が明記された．この法律の下，政府は，水資源に関連する生態系サービスの管理についての再交渉を監視するよう，20の利害関係団体を集めた．5年間の交渉および付加情報の収集を経て，生態学的な健全性の最大化，および精錬所が容認できるレベルの電力の供給についての水資源管理に関するコンセンサスが得られた．このコンセンサスには，従来の自然状態での湖沼水位の変動の範囲内に水位を維持すること，魚類やその他の生物相のハビタットを復元するためにワイアウ川の最低流量の保証をすること，過去の河川管理によって改変された湿地を復元すること，現地の先住者達（マオリ）が失った伝統的な食料資源に対して補償すること，以上の制限の下で電力生産を最大化すること，が盛り込まれている．交渉による最終的な合意には，議論されたほとんどの生態系サービスが含まれ，20の利害関係団体からの異論は出なかった．

この事例研究を通して，生態系サービスのトレードオフについてのいくつかの一般的課題を解説した．(1) 重要な政策転換の，生態学的および社会経済的帰結の両方を評価することが重要である．生態学的あるいは社会経済的な帰結のどちらかの考慮が欠けた意思決定は，持続不可能となる可能性が高い．(2) 大きな課題は簡単に解決することはできず，資源を利用する団体間での信頼と理解を発展させるための十分な議論がしばしば必要となる．(3) 長期的な環境モニタリング，そして互いに合意できる妥協点を得るために，多様な資源利用者間での情報共有と交渉を通して，持続的な解決策を導くことができる．

**Box 15.3　ニューヨーク市における水質浄化**

ニューヨーク市の水は，長い間，きれいな水として受け入れられてきた．この水はキャッツキル（Catskill）山地を源としており，その清らかさから，かつては瓶詰にされて売られていた．近年，このキャッツキル山地がもつ自然の生態学的浄化システムは，下水や農業廃水によってその効果が現れなくなっており，水質が認定された健康基準を下回るようになった．この水を浄化するためのコストは，製造資本に60億〜80億米ドル，運営に年間3億米ドルが必要と推定され，かつては無料で得られていたと考えると高額な支払いとなる（NRC 2000；Pires 2004）．

この高額な推定コストを受け，流域の自然浄化サービスの健全性を修復するコストの調査が進んだ．この環境問題を解決するコストは，流域内の重要な土地における開発の中断，民間開発への制限に対する土地所有者への補償，汚水処理タンクの改善に対する助成金の支払いで，およそ10億ドルと試算された．市は，生態系サービスに支えられることで生じる大幅なコスト削減を，望ましい選択肢として選んだ．この選択によって，洪水の制御や，植物および土壌における炭素固定など他の有用な生態系サービスも得られることとなった．

## 15.4　生態系管理の概念的フレームワーク

**生態系管理は，生物多様性と人間社会が依存する生態系サービスを支える生態系の，機能的な特性の維持または向上を目的としている．**生態系プロセスを規定する相互作用は継続的に（しばしば方向性をもって）変化するため，生産的なポテンシャルや変化に対するレジリエンスといった生態系の一般的特性の持続可能性を考慮して生態系を管理することが，より現実的である．土壌資源，生物多様性，撹乱レジームは，しばしば人間活動の影響を受けながら相互作用し，生態系や生態系サービスにとりわけ強い影響を与える（第1章参照）．

## 土壌資源の維持

**土壌や堆積物は，生物が必要とする資源を提供することによって生態系プロセスを規定する，反応が遅い変数である．** それゆえ，土壌や堆積物の生成，劣化，資源供給ポテンシャルの制御は，適切な生態系管理や人間社会が依存する自然資本の維持にとって重要である（第3章参照）．生態系における土壌の量は，主として風化や堆積による流入と侵食による流出のバランスに左右される．さらに，生物，とくに植物は，組織や個体の死亡を通して土壌に有機物を付加し，それらは分解によって相殺される．一般的には，植物の被覆やリター層の存在は雨滴の表層土壌への影響を減少させることで侵食を抑え，水の浸透を減少させる．植生被覆を減少させる人間活動は土壌侵食速度を桁違いに増加させ，何千年もの間蓄積してきたであろう土壌を数年から数十年のうちに消失させる．このことは本質的に，生態系の生産能力を永久的に消失させることに他ならない．同様に，流路の人為改変は氾濫原や三角州への堆積物の流入を変化させる．たとえば，米国南部では，堆積物の流入および土壌の供給の停止によって，ニューオーリンズをハリケーンから守っていた防波島の消失につながった（Box 15.1）．

粘土や有機物などの細かい粒子は，水分および養分保持においてとりわけ重要である（第3章参照）．粘土や有機物は土壌表層近辺に集中しており，侵食による消失に対して脆弱である．森林伐採，過放牧，耕起，耕作地の休閑といった，風食や水食を助長する人間活動によって，土壌の水分および養分保持能力は土壌流出量から推定されるよりもきわめて速く損なわれる．たとえわずかな侵食速度の増加であっても，それを抑制することは陸域生態系の生産能力の維持にとってはきわめて重要である．

土壌侵食の加速は，生態系サービスのグローバルスケールでの減少の最も深刻な要因の一つである．細かな土壌粒子の侵食による消失は，**砂漠化**，すなわち乾燥地における土壌荒廃の直接的な要因である（Stafford Smith et al. 2009）．砂漠化は，干ばつ，植生被覆の減少，過放牧，およびこれらの相互作用によって引き起こされる（Reynolds and Stafford Smith 2002；Foley et al. 2003a）．たとえば，干ばつによって植生被覆が減少すると，ヤギやその他の家畜は残存植生をより激しく食べる．人間社会が過度の貧困と安定的な食料供給の欠如に陥ると，短期的な食料要求は侵食を回避するための習慣よりも優先されるため，干ばつ時に放牧圧を下げる選択がなされなくことがよくある．より湿潤な地域においても，とりわけ植生の消失によって土壌が地表流にさらされた場合は，侵食による土壌の著しい流出が起こりうる．たとえば，中国の黄河は，上流部に位置する黄土高原（Loess Plateau）における農業地帯から流出した堆積物を年間で16億トン運搬している．米国においては，1930年代の干ばつ期に草原が耕起され耕作地に転換されたことで同様の土壌の侵食流亡が起こり，ダストボウル（砂嵐）が発生した．とりわけ，傾斜地や河川近辺における植生被覆を維持・管理することによって，土壌侵食ポテンシャルを大きく減らすことができ，それによって陸域生態系の生産能力を維持することができる．

陸地からの土壌侵食は，湖や河口への堆積物の流入を意味する．グローバルスケールでは，土壌侵食の加速による海洋への堆積物流入は，湖や貯水池への堆積物流入によって一部相殺される．それゆえ，湖や貯水池，河口域は，陸域の侵食によって最も強く影響を受ける水域生態系である．とりわけ農業地域では，堆積物や養分の水域生態系への流入は，土地の生産力の消失と同様に問題となる（第9，13章参照）．

## ■生物多様性の維持

**生物多様性は，生態系プロセスが維持される環境・生物条件の範囲を左右する．** 多様な生態系に含まれる種は，土壌資源の利用や循環を通して，広範囲の生態系プロセスを維持する（**効果の多様性**，effect diversity）．多様な生態系はまた，広範囲の環境・生物条件の下で，生態系サービスの維持に貢献する生物を含んでいる（**応答の多様性**，response diversity：第11章参照；Elmqvist et al. 2003；Suding et al. 2008）．この生態系サービスの提供は，どのような種が存在するか（機能的な組成），種内の遺伝的多様性，種の多様性，地域における景観の多様性に左右される（表15.2）．

人間活動によって大きく改変されていない生態系における生物多様性には，独自の維持メカニズムが存在しうる．特定の場所に種がたどり着き，その環境下で成長および繁殖を行い，競争や他種からの捕食に対して生き残ることで，種の多様性が形成される．ある種が特定のハビタットから消失した場合は，隣接するハビタットから再移入するだろう．しかし，人間活動はしばしば，土地利用や景観構造の変化，種間の競争や栄養相互作用に影響を与える種の導入や除去によって，自然・生物環境を根本的に変化させる（Foley et al. 2005）．たとえば，歴史的に哺乳類が生息していなかった島へのネズミの導入によって，飛翔能力のない鳥や多くの在来種が排除される（Towns et al. 2006）．外来の窒素固定種を低窒素環境に導入すると，成長の速い雑草種の競争的な優占を助長する．捕食者の除去は，植食者の密度の急増を引き起こし，植物の多様性を減少させてしまう．気候，養分沈着，侵食の長期的な傾向は現在，グローバルの自然環境を改変しており，種間の競争関係を変え，新しい条件下で効果的に競争できない種をしばしば排除している．これらの種の消失は，種の移動や進化による多様性レベルの回復速度よりも著しく速い速度で起こっている．世界が現在，地球上の生命史における第6の大量絶滅期にあることは，人間活動による生物多様性への影響が原因であると認識されつつある（Chapin et al. 2000b）．さらに，人為による多くのグローバルな変化の中でも，種の多様性の消失は元に戻すことが最も難しい変化かもしれない．土壌，土地被覆，大気組成は，何千年という時を経れば影響を受ける以前の状態に戻るかもしれないが，絶滅は文字どおり永久的である．

生態系の管理は，生物多様性の維持または消失に大きく影響する．集約的に管理された

**表 15.2**　生態系サービスに対する生物多様性の効果の例．多様性の効果は，機能的な組成によるもの，種の数によるもの，種内の遺伝的多様性によるもの，景観の構造と多様性によるものに区別されている．Díaz et al.（2006）を改変．

| 生態系サービス | 多様性の要素とメカニズム |
|---|---|
| 1. 社会的に重要な植物による生産 | 機能的組成：(1) 成長の速い種の生産量は大きくなる；(2) 種は資源利用のタイミングおよび空間パターンにおいて異なる（相補性により資源がより利用される）． |
| | 種数：大きな種プールは，生産性の高い種を含む可能性が高くなる． |
| 2. 作物生産の安定性 | 遺伝的多様性：遺伝的多様性は，害虫や環境の変動性による生産性の減少を緩和する． |
| | 種数：複数の種を栽培すると高い生産性を維持することができる． |
| | 機能的組成：種は環境および撹乱に対する応答が異なるため，生産性を安定化させる． |
| 3. 土壌資源の維持 | 機能的組成：(1) 成長の速い種は土壌の肥沃度を高める；(2) 密な根系は土壌侵食を防ぐ． |
| 4. 水の量と質の調整 | 景観の多様性：改変されていない河畔のコリドー（回廊）は侵食を弱める． |
| | 機能的組成：成長の速い植物は蒸散速度が高く，流出量を減少させる． |
| 5. 食料生産と種の生存のための送粉 | 機能的組成：スペシャリスト送粉者の消失は，結実および繁殖に成功する植物の多様性を減少させる． |
| | 種数：送粉者の消失は繁殖成功する植物の多様性を減少させる（遺伝的多様性の消失）． |
| | 景観の多様性：大きく，かつよく連結された景観ユニットによって，送粉者はハビタットのパッチ間の遺伝子流動を促進させる． |
| 6. 生態的・文化的に負の効果をもつ侵入種に対する耐性 | 機能的組成：競争的な種は外来種の侵入に対して耐性をもつ． |
| | 景観の構造：道路は，侵入種の拡大にとってコリドーとして機能する；自然ハビタットのパッチは拡大を抑えることができる． |
| | 種数：種数の多い群集は未利用資源をほとんどもたず，侵入種に抵抗する競争的な種をより多く含む． |
| 7. 害虫と疾病の制御 | 遺伝的多様性もしくは種数：特定の害虫と疾病に適合した宿主の密度を減少させる． |
| | 景観の多様性：害虫の天敵にとってのハビタットを提供する． |
| 8. 生物物理学的な気候の制御 | 機能的組成：機能的な組成は水およびエネルギー交換を決定し，局所的な気温および循環パターンに影響を与える． |
| | 景観の構造：景観の構造は空気塊の対流移動に影響を与え，局所的な気温および降水に影響を与える． |
| 9. 炭素固定による気候の調整 | 景観の構造：分断化された景観は面積に対するエッジ（外周部）の割合が大きい；エッジでは炭素の消失が大きい． |
| | 機能的組成：小さく，短命の植物は，炭素を多く貯蔵することができない． |
| | 種数：種数が多ければ，炭素消失を引き起こす害虫の発生を減少させることができる． |
| 10. 自然災害（洪水，ハリケーン，火災）に対する保護 | 景観の構造：景観構造は，撹乱の拡大，あるいは自然災害に対する保護に影響を与える． |
| | 機能的組成：(1) 広範な根系は侵食および抜根を防ぐ；(2) 落葉種は常緑種よりも燃えにくい． |

森林や耕作地では，管理者は通常，効果的に管理・収穫ができる均一の林分を作るために，意図的に多様性を最小化する．しかし，収穫の効率と，環境的・生物的な変動および変化に対する多様性の低い林分の脆弱性の間にはトレードオフがある（第11章参照）．多様性の低い林分においてはしばしば，生産性を維持するために，自然由来の病原菌や撹乱を抑制する必要がある．意図的ではない人為の影響もまた，多様性を変化させる．水や養分といった資源の付加は，植物の競争を引き起こす潜在的な制限資源の数を減少させ，その結果，共存しうる種の多様性を減少させてしまう（Harpole and Tilman 2007）．

集約的に管理されていない生態系では，生態系における新たな変化の大きさや範囲を最小化することで，生物多様性を維持することができる．これによって，歴史的な環境・生物条件によく適応した種の消失の可能性を減らすことができる．たとえば，耕作地への土地転換や熱帯多雨林における火入れを最小限にとどめることで，在来種のハビタットが維持できる．自然ハビタットの被覆率は，地域における生物多様性を強く反映する指標となる．同様に，外来種の導入や蔓延を防ぐことで，生物多様性や生態系が大スケールで変化する可能性が減る（Vitousek 1990）．生態系に新規の効果を与える種（たとえば，窒素固定種や可燃性の高い種），原産地でその種の個体群を制御していた疾病や捕食者から解放された種は，生物多様性に強い影響を与える．最後に，撹乱の自然なパターンや景観の連続性の維持により，景観におけるすべての遷移段階の個体群を持続させることができ，移動や撹乱後の移入の経路が確保される．これについては，次節で解説する．

## ■変動性とレジリエンスの維持

**撹乱は，生態系の構造と機能の長期的な変動，変化に対して生態系のレジリエンスと脆弱性を生み出している．** 撹乱は，生態系に偶然影響を及ぼすだけのものではなく，生態系の機能に不可欠な要素でもあり，景観における時間的および空間的な変動の主要な発生源である（第12章参照）．種は概して撹乱レジームに適応しており，それによって種の進化の歴史が形成される．撹乱レジームを変える管理，たとえば洪水，山火事，害虫の発生の抑制は，これらの撹乱にあまり適応しない種が生き延びやすい条件を生み出す．たとえば，自然撹乱の抑制によって（たとえば，米国の「スモーキー・ベア」を利用したキャンペーンのような山火事抑制の努力），遷移後期種で構成される同質なパッチが生み出され，遷移初期種のパッチは失われる．さらに，遷移後期段階の生態系においては，同質性の高い林分に広範囲に広がる病害（Raffa et al. 2008）が大発生しやすくなる（Matson and Boone 1984）．自然に起こりうる小スケールの撹乱を許容した管理は，撹乱の広がりを抑える空間的不均一性を創出し，大規模な壊滅的撹乱の可能性を減少させる（Holling and Meffe 1996）．しかし，小スケールの撹乱はときに，人間が収穫を行う資源の経済的価値を減少あるいは消失させ（たとえば，森林収穫），居住地域におけるリスクを生み（たとえば，自然と都市の境界地域における獣害などのリスク），人々にとって身近な自然の美的価値を景観内で減少させるため，小スケールの撹乱を許容することはしばしば政策的な難しさを含んでいる．以降で議論するように，このようなトレードオフに対しては，長期的な社会生態的な計画によって最良な対処を行うことができる．

小スケール撹乱によって作られた景観の多様性は，さまざまな構造や種組成をもつ生態系のモザイクを作り出す．それぞれの立地は，歴史的に重要な撹乱や，気候変化，汚染，そしてまったく新しい撹乱レジーム（たとえば，山火事や洪水の頻度や強度の変化）に起因する環境条件といった，さまざまな予測可能および予測不可能な外力や撹乱に対する応答が異なる可能性がある．よって，立地における遺伝的多様性や種の多様性と同様に，景観の多様性は，歴史的およびまったく新しい撹乱に対するレジリエンスを促進する（表 15.2；図 12.8 参照；第 12，13 章参照）．

**生態系の管理は，生態系間の相互作用を考慮した景観からの視点を必要とする．**たとえば，湖沼は，周辺景観からの養分流入を考慮せずに持続的な管理はできない．また，森林生産は，ハリケーン，山火事，伐採といった撹乱を考慮し景観のモザイク性を保つことで，最も持続的に管理することができる．湖沼のレジリエンスと持続可能性は，撹乱の影響を緩和する，異なるスケールで機能するさまざまなプロセスに左右される（Carpenter and Biggs 2009）．このようなプロセスには，河川植生や湿地の濾過機能，栄養動態におけるゲームフィッシング（釣り）の役割，大型植物による養分吸収などが含まれる．これらの要素が相互作用すると，湖沼を含む景観は，干ばつ，洪水，森林火災，そして土地利用の変化といった撹乱に耐えることができる（Turner 2010）．広域の粗い空間スケールにおいて景観を管理するためには，特定の湖沼，耕作地，林分を管理するよりも，より多くの情報が必要となる．粗い空間スケールにおいては，湖沼の食物網のモニタリングは現実的ではなく，土地利用の記録，湖沼の透明度のリモートセンシング，現地住民の知識，漁業活動の調査などが，管理モデルにおける有用なパラメータとなる．複数の駆動要因に対する生態系の応答の認識が求められている点で，景観に焦点を当てることが重要となる．

## 15.5 生態系の原理の管理への応用

**生態系管理とは，生態系の持続可能性と人間社会にとって必要不可欠な生態系の財とサービスの提供を促進するために，生態系の科学を資源管理に応用することを指す．**1992 年に米国森林保護局が提唱し，以来，共通の原則を用いながら，その理論と応用が発展してきた（表 15.3）．この節では，いくつかの資源管理の課題に対して，これらの原則を応用した事例を解説する．

### ■ 森林管理

**持続可能な林業への挑戦は，森林生態系において生態学的かつ社会的に重要な属性を決定し，変化に対して森林の生態系サービスを最大化することである．**森林管理者が直面する管理上の課題は，樹木の長寿命な性質そのものによる帰結であるともいえる（Szaro et al. 1999；Swanson and Chapin 2009）．

**複数の生態系サービスを対象とした森林管理においては，**複数世代の利用者に影響する

表15.3　Christensen et al. (1996) に基づく生態系管理の属性

| | |
|---|---|
| 持続可能性 | 世代間の持続可能性を主な目標とする． |
| 目標 | 結果の持続可能性を評価するために，測定可能な目標が定義される． |
| 生態学的な理解 | 遺伝子，種，生態系といったすべてのレベルの生態学研究を管理に役立てる． |
| 生態学的な複雑性 | 生態学的な多様性と連結性が，予期できない変化のリスクを減少させる． |
| 動的な変化 | 進化と変化は，生態学的な持続可能性に内在している． |
| 背景とスケール | 重要な生態系プロセスは，生態系とそのマトリクスをつなぐ多くのスケールで生じている． |
| 生態系の要素としての人間 | 人間は，持続可能な管理目標の決定に積極的に参加する． |
| 適応力 | 科学的な知見と人間の価値観の変化に合わせて，管理アプローチは変化する． |

選択が迫られ，**異なる利用者にとっての費用（コスト）と便益の間の強いトレードオフが生じる**．森林は，燃料，木材生産，水供給，レクリエーション，種の保全，美的・精神的価値といったさまざまな生態系サービスを提供する．これらの生態系サービスを支えるための養分供給速度は，速い成長を支えるのに十分でなければならないが，大幅な養分損失や種組成の変化を引き起こすほど速過ぎてもいけない．林分の収穫速度は，伐採跡の再生速度と釣り合っていなければならない．森林林分の自然なモザイクにおける種の多様性は維持する必要がある．伐採されたパッチの大きさと配置は，種子源や動物個体群による利用や移動を促す森林エッジ（外周部）のパターンを確保するように，半自然の景観モザイクを提供しなければならない（Franklin et al. 1997）．異なる管理アプローチの長期的な結果を予測することは困難であるため，さまざまな地域において複数のアプローチを用いることが肝要である（Bormann and Kiester 2004）．それによって，異なる利用者の要求を満たし，その中のいくつかのアプローチで長期的に良い結果が得られるとよい．

林分における個々の樹木は，その寿命の間に新規の環境および社会経済条件にさらされるため，**急速に変化する条件下で森林を管理することは難しい**．地球上の森林生態系は，大気汚染，侵入種，そして地球気候変動といった，意図的または非意図的な人為影響の脅威に直面している．多くの森林樹木は，それらが生まれたときとはまったく異なる条件下で成熟を迎えうるため，異なる気候帯に属するさまざまな遺伝子型樹木の再播種が適切であるかもしれない（Millar et al. 2007）．これは，局所的に適応した遺伝子型の樹木が森林再生には望ましいとする，過去において最良とされた実践事例とは異なる．

**森林から新たな土地利用への転換は，森林樹木および生態系の長い再生時間を考慮すると，元に戻すことが困難あるいは時間がかかる状態の変化である**．過去および現在進行中の土地利用は，産業革命以前の森林被覆の40%を，耕作地，新たな環境，しばしば外来種を含む単一または限定された種のプランテーションへと変換した（Shvidenko et al. 2005；Foster et al. 2010）．これとは逆に，大スケールでの農業放棄や，炭素蓄積や美的な利益に関する森林の経済的価値の増加は，**森林再生**（最近収穫された場所における森林の再生）や**植林**（以前森林でなかった場所に移植して新たに森林を作ること）を促す．

## ■漁業管理

**漁業の管理オプションの決定には，生態系レジリエンスの理解が必要である．**管理オプションは，海洋保護区，割当制度，魚類資源の個体群サイズに基づいた漁獲制限の設定への新しいアプローチ，長期的な個体群維持に対する経済的なインセンティブ，などが挙げられる．無制限な漁獲は，個体群変化への安定化（負の）フィードバックを，変化を増幅する（正の）フィードバック応答に切り替え，漁獲される個体群の数を減少させる（Berkes et al. 2006；Walters and Ahrens 2009）．たとえば，需要と供給の経済や政府助成は，魚類個体群が減少したとき，しばしば漁獲の強度を維持もしくは増加させる（Ludwig et al. 1993；Pauly and Christensen 1995）．これは，管理されていない生態系において，捕食圧の減少が被食者個体群の減少にともなって起こることとは対照的である（Francis 1990；Walters and Ahrens 2009）．

北太平洋のサケ漁業の管理は，漁業活動の厳しい規制によって，漁獲圧に対する安定的な（負の）フィードバックを設定している．商業および生活権漁業は，適正な加入量を確保するために十分な数の魚が産卵河川に移動した後に解禁される．この漁獲圧への負のフィードバックは，管理開始40年後にみられた，この漁場における過去最高の漁獲量に貢献したかもしれない（Ludwig et al. 1993；Walters and Ahrens 2009）．漁業の維持においては，その他の相互作用要因の変化から産卵河川を保護する必要がある．これらの変化には，冬季の洪水を抑制するためのダム（撹乱レジームの変容），伐採サイトにおける河川植生の除去による水温上昇（微環境の変容），種の導入（魚種群の機能タイプへの影響），耕作地や都市の流出水および下水に含まれるシルトや養分の流入（養分資源の変化），などが含まれる．

持続可能な管理への一般的アプローチは，**余剰生産分**だけを収穫することである．これは，密度に依存した死亡率によって魚類資源が制限されるときに，起こりうるような超過生産量を指す（Rosenberg et al. 1993；Hilborn et al. 1995）．余剰生産の存在と規模は，残存している魚が成長率を増加させるかもしくは，その一部が収穫されても繁殖成功率が上昇するかどうかに依存して決まる．また，余剰生産量は，相互作用（たとえば，自然環境，養分，捕食圧）の安定性と，相互作用が漁業資源の変化に対してどの程度応答するかに依存する．漁業管理における主要な課題は，相互作用の変動や，相互作用と魚種個体群サイズの関係性の不確実性に対して，余剰生産を推定することである．漁業生物学者は，人間による継続的な収穫を受けたときに生態系が持続可能かどうかについて，活発に議論している（Ludwig et al. 1993；Rosenberg et al. 1993；Walters and Ahrens 2009）．

## ■生態系の更新

**生態系の更新はしばしば，生態系を新しい，より望ましい状態への変化へと増幅する（正の）フィードバックの導入による恩恵を受ける．**多くの生態系は，土壌消失，大気・水汚染，ハビタットの分断化，用水，野火の抑制，そして外来種の導入といった複合的な人為影響の結果，荒廃していく．荒廃した農業システムや放牧地には，人々にとっての財とサービスを十分に生産できる状態へと復元するという課題がある．つまり，自然状態の種組成，構造，プロセス，元の生態系の動態を復元することが目標となる（Christensen et al. 1996）．実際に復元するためには，生態系の構造と機能の回復を阻害する要因を特定し，しばしば自然のプロセスや相互作用を利用・模倣する人為的な介入によって克服する必要がある（Meffe et al. 2002）．

人為的介入は，生態系のどの構成要素に対しても適用できるが，一般的には水文，土壌，植物群集の特性がその対象となる（Box 15.4；Dobson et al. 1997；Meffe et al. 2002）．土壌肥沃度や有機物含量の低さは，強い利用圧にさらされた農牧業システムや，鉱山廃棄物の上に再生した森林や草原においてはよくある問題である．施肥や窒素固定樹木の植林によって，土壌養分や有機物供給を復元できる（Bradshaw 1983）．土壌特性が適切となった時点で，植物種は播種，植栽，自然移入によって再導入することができる（Dobson et al. 1997）．復元生態学の科学的基盤は，盛んに発展しており，新たな挑戦を模索している（Young et al. 2005）．たとえば，急速な環境変化の下では，元の状態が現在の環境条件における平衡状態と離れつつあるため，元の状態へと復元するよりはむしろ，新たな気候条件に適合した生態系タイプへと更新させるほうがより実践的となるだろう（Harris et al. 2006；Choi 2007；Hobbs and Cramer 2008）．この点では，**復元生態学**（restoration ecology）よりも**更新生態学**（renewal ecology）が最も適切なフレームワークとなるであろう．

### Box 15.4　エバーグレーズにおける生態系復元の研究

20世紀初頭，米国南東部のエバーグレーズ（Everglades）の湿地生態系における水文環境に人為影響が現れ始めた．ハリケーン，洪水，それによる人間の生命および財産の消失に対応するべく，米国陸軍工兵隊が堤防，運河，ポンプ施設，洪水制御のための構造物を建設したため，残存するエバーグレーズの湿地と成長過程にあった都市や農業地域は，空間的に分離された（Davis and Ogden 1994）．本来のエバーグレーズへの水の流入は著しく減少し，洪水制御構造が規定する富栄養の農業廃水および都市廃水によって生じる突発的な水の流入へと変化した．この水文環境の変化は，湿地の水位レベルの顕著な変動をもたらし，大規模な乾燥イベントの頻度を増加させた（DeAngelis et al. 1998）．鳥，アリゲーター（alligator），クロコダイル（crocodile）など湿地に棲む多くの種の生存は，本来，年間を通して適度に規則性をもった水位変動に依存している．1940年代以降，水鳥の営巣個体群は90%減少した（Davis and Ogden 1994）．農業排水路などの土地利用の変化は，相対的に標高の高い，冠水期間の短い湿地を破壊した．富栄養化は，種間の競争関係を変え，侵入種の影響を増加させた（DeAngelis et al. 1998）．

フロリダ州南部の生態系復元プログラムの目標には，撹乱レジーム，水文学的プロセス，および養分循環の維持，すべての在来種の存続個体群の維持などの生態学的プロセスが含まれる．米国陸軍工兵隊は，エバーグレーズ国立公園の保護の推進と，都市圏および農業経済の要求を満たすのに十分な水の供給の両方に対して責任を負った．建設プロジェクト計画には，雨水からリンを除去し，エバーグレーズに流入する水量を増加させるための雨水処理施設の建設が盛り込まれている（DeAngelis et al. 1998）．また，貯水域，拡大市街地と自然地域の間の緩衝地帯を設けるための土地が順次確保されつつある．

このプログラムでは，復元および管理オプションを評価するための生態系モデルが開発された．この空間明示的な景観モデルは，高栄養段階の指標種10種の個体ベースモデルと連携しており，エバーグレーズ復元プログラムの目標に関連する定量的な予測を提示した（DeAngelis et al. 1998）．これらの指標種には，フロリダパンサー（Florida panther），シロトキ（white ibis），アメリカワニ（American crocodile）などが含まれ，景観や資源の利用が異なり，ハビタットの要求や栄養相互作用が多岐にわたる（Davis and Ogden 1994）．これらの種の回復・再定着がエバーグレーズ復元後にすべての種で達成できれば，それは生態系全体の健全性を示唆するだろう（DeAngelis et al. 1998）．より栄養段階の高い指標種のモデルが，中間の栄養段階（魚類，ザリガニ（crayfish）などの水生の大型無脊椎動物，爬虫類・両生類機能タイプに属する種）および低栄養段階（付着藻類，中型動物類，および大型植物）におけるモデルから得られた情報を用いる構造になっており，階層的なモデリングアプローチがこの生態系モデルで採用されている．これらの種特異的なモデルは，地表標高，植生タイプ，土壌タイプ，道路の位置，そして水位といった水文学的・非生物的要因を含んだ，地理情報システム（GIS）モデルに階層化されて組み込まれる（DeAngelis et al. 1998）．以上のフロリダ州南部の生態系復元プログラムは，生態系プロセスについての科学的知見を，州レベルおよび国レベルの長期的な生態系管理の取り組みに組み込む事例であるといえる．

### ■ 絶滅危惧種の管理

**絶滅危惧種の管理には，景観の視点が必要である．**絶滅危惧種の保護においては概して，対象種の個体群やその種に関連する植生を含む保護区域の設立に焦点が当てられる．しかし，人々が気候，火災レジーム，水の流れ，種の導入など，生態系の状態を支える重要な要因や相互作用に影響を与え続ける場合は，公園を設置するだけでは保護は十分ではない（Hobbs et al. 2010）．たとえば，気候が変化した場合，公園内が動物にとって適した気候や植生ではなくなり，動物は園内に取り残されることになる．標高域の幅をもたせた公園を設置することによって，生物は温暖化に応答して，より高い標高へと垂直移動する機会ができる．ハビタットの分断化および土地利用の変化もまた，公園内外の生態系の自然状態でのつながりを変化させる．たとえば，イエローストーン国立公園では，境界によって，エルク（elk）が伝統的に越冬してきた地域への移動を妨げられているため，管理者が冬季の補完的な餌資源を提供しなければならない．この餌資源の供給に加えて，エルクの天敵の駆除をすると，エルクの個体数の自然状態での制御メカニズムが働かなくなる．ゆえに管理者は，個体数制御の代替メカニズムとして，エルクの狩猟や再配置を考慮しなければならない．とりわけ，複数のしばしば矛盾するような管理目標がある場合に，生態系の相互作用を維持するような管理ではなく，相互作用に介入するような集約的な管理手段をとると，コストが高く，複雑かつ困難な課題となる（Beschta and Ripple 2009）．

## 15.6 生態系管理の社会経済的側面

**生態系管理を効果的に進めるためには，変化する世界の持続可能性を理解し管理するた**

めに，統合された社会生態的なフレームワークが必要である．生態学的な持続可能性は，経済的および文化的な持続可能性と切り離すことはできない．人間を犠牲にして生態学的持続性を促進するような政策は，効果的に社会実装できない，もしくは維持することができない．逆に，長期的な生態学的もしくは文化的持続可能性を犠牲にした経済開発プログラムも，長期的に維持することができない．特定の政策に関連する生態学的，経済的，文化的な費用と便益を同時に考慮したうえで，地域的な持続可能性の問題に取り組むことは目下の課題である（Berkes et al. 2003；Clark and Dickson 2003；Turner et al. 2003a；Chapin et al. 2009）．社会生態的な持続可能性を育成する政策のデザインおよび実装には，生態学者，経済学者，社会学者，人類学者，政策立案者，資源管理者，土地所有者，産業や娯楽の利用者といった多様な主体間での緊密な協調が必要である（Armitage et al. 2007）．この包括的な社会生態的なアプローチ（**生態系スチュワードシップ**，ecosystem stewardship）は，本書で取り扱った生態系の原理，ならびに社会科学の多くの領域で発展してきた原理や理解の両方を取り入れている．その目的，スケール，科学や生態系管理への役割は，慣習的な管理アプローチとは著しく異なる（表15.4）．

表15.4　平衡状態を前提におく慣習的な資源管理と生態系スチュワードシップの違い．Chapin et al.（2010）を改変．

| 特性 | 平衡状態を前提におく慣習的な資源管理 | 生態系スチュワードシップ |
| --- | --- | --- |
| 基準点 | 過去の状態 | 変化の軌跡 |
| 目標 | 生態系の健全性 | 社会生態システムと生態系サービスの提供の維持 |
| 主なアプローチ | 資源の量と状態の管理 | フィードバックの管理 |
| 不確実性への対処 | 実行する前に不確実性を減らす | 不確実性を受け入れる：不確実な将来に適応するために柔軟性を最大化 |
| 研究の役割 | 研究者は，行動の主体となる管理者に知見を伝える | 継続的な学習ループの形成のための順応的管理を通して，研究者と管理者が協同する |
| 資源管理者の役割 | 持続的管理への方向性を決定する意思決定者 | 利害関係者グループに対して，社会生態的な変化へ応答し，具体化することを促し，レジリエンスを育成するようなファシリテーター（世話役） |
| 撹乱への応答 | 撹乱の可能性と影響を最小化する | 撹乱サイクルを許容する |
| 最も関心のある資源 | 種組成と生態系の構造 | 生物多様性，福利，適応能力 |

## ■ 人間の要求と欲望への適合

**生態系管理の成否は，生態系サービスが人間の要求を満たす度合いによっている．人類の福利**や生活の質は，人間の要求の階層[†]を反映している（Maslow 1943）．食料や水などの生理的な要求は最も根本的であり，続いて，安全や安全保障の認識，家族やコミュニテ

† 訳注：心理学分野では「マズローの欲求段階」という訳語が定まっているが，本書では「要求の階層」と訳す．

ィ間の社会的なつながりを通した帰属意識，自尊心や他者の尊重への要求，そして最後に社会的および環境的な不公平を正すための努力や活動を通した自己実現，といった要求の階層が存在する．社会生態的な持続可能性追求への好機は，福利（well-being）†についてのマズロー（Maslow）の構成要素が満たされれば満たされるほど増加する．生存のための基本的な要求を満たすための資源が不足している人々は，長期的な帰結にかかわらず，それらの要求を満たすために生態系を利用するだろう．人間の要求の階層性が満たされていくにつれて，持続可能性への機会は向上するものと考えられる．しかし，古くから，生態系からの収穫に直接依存してきた多くの社会は，マズローの要求の階層がある程度満たされた場合であっても，それらの土地を積極的に維持しようと努力する（Dietz et al. 2003；Agrawal et al. 2008；Berkes et al. 2009）．

人々はしばしば，基本的な要求を満たすために必要以上に資源を消費する．一人あたりの国民所得が12,000米ドル以下では，国家の富は国民の平均的な幸福度と密接に相関する（Diener and Seligman 2004）．同様の相関が，国内スケールでも認められる．しかし，個人の基本的な物質的要求が一度満たされてしまうと，幸福度はあまり増加しない（Easterlin 2001）．このレベル以上では人々がより大きな富を獲得すると，さらに大きな富を得ることを目指し，それによって幸福度および総合的な満足度が減少すると考えられる．以上のような知見から，生態系サービスのフローと社会の物質的要求をより持続可能な形で対応させるには，二つの基本的なアプローチが導き出せる．第一に，貧困層の人々が基本的な物質的要求を満たせるように保証すること，第二に，すでに物質的要求を満たしている人々のさらなる資源の消費を抑制することである．

## ■ 生態系サービスのフローの管理

以前の節の，生態系サービスの評価の文脈で議論したように，**経済的な費用と便益は，生態系管理の持続可能性におおいに影響を与える**．説明を繰り返すと，木材や魚のように売買できる商品に比べて，価値が不明瞭もしくは認知されていない生態系サービスは意思決定において過小評価されがちである．さらに，将来世代のために保存される資源よりも即時に利益を生む資源のほうが，高い価値を与えられることが多い．一般的な経済学の用語では，将来利用する財やサービスの価値は，将来のために生態系サービスを保全する**機会費用**（opportunity cost，代替的な投資）を反映した割合分が**割り引き**（discount）される．今日における生態系サービスの利用が，将来世代が彼らの要求を満たす能力を減少させるのであれば，将来世代が利用する生態系サービスの維持についての割引率は0とすべきであると主張する経済学者もいる（Heal 2000）．たとえば，老齢林における収穫は，将来世代が数世紀にわたってそれらの森林から生物多様性の恩恵を受けることを妨げるかもしれない．生態系生態学者は，管理行動に対する生態系サービスの感受性およびその更新速度について示すことで，現在世代と将来世代間のトレードオフに関連する意思決定にお

† 訳注：心理学分野では「幸福」と訳すが，本書では「福利」とする．

いて重要な役割を果たすことができる.

**市場において売られる私有の自然資源はしばしば，持続的に管理することが難しい**. なぜなら，長期的な便益が大きく割り引かれ，その結果として短期的な費用と便益に重点がおかれるからである. この状況はとりわけ土地開発が進行中の地域で認められ，そのような地域では，資産価値や付随する税金の上昇によって，開発のために土地を売却する経済的なインセンティブが増加する. たとえば，私有の森林地や牧場はしばしば不動産開発者に売られる. このような土地開発は，これらの土地が提供している生態系サービスを改変するだけではなく，隣接する公共地への自然撹乱レジームを維持するための選択肢も制限する. しかし，保全や農業の地役権を売るといった革新的な取り組みによって†，個人が地方の税率で現在の土地利用を継続することができる（Ginn 2005；Sayre 2005；Foster et al. 2010）. しかし，ときにはやはり，新しい物事のやり方について学習・交渉し，そして実行する時間や労力などの**取引費用**（transaction cost）が，新たな持続可能策の個人への便益を上回るため，意思決定は慣習に従うことになる（Kofinas 2009）. 生態系管理者はときに，保全や農業にかかわる地役権の交渉や，その他の新しい持続可能策の実装を促進することによって，これらのコストを削減することができる. さらに，一般的には，持続可能性の目標を経済的なインセンティブに連携させた政策によって，上述の保全の地役権のように，持続可能な資源利用の機会を大きく改善する. 一方で，不適切な助成金は，持続不可能な行動を助長する. たとえば，資源が経済的に実益の出るレベル以下に減少した場合に，漁師や森林伐採者に収穫を維持するための助成金を与えることは，持続可能な資源の利用可能性を減少させる.

**私有の自然資源はしばしば，生態系サービスのフローの管理への責任をもつ政府機関によって管理される**. 政府機関はときに，特定の生態系サービスを優先する. たとえば，米国では，多くの州の魚類鳥獣局や森林局は，最大持続収量（MSY）もしくは最適持続収量（OSY）や，それぞれの局が担当する自然資源の効果的な生産を優先する. 原則として，このような管理は長期的に該当資源が持続可能であるような利用を担保しなければならない. そのような持続可能性の目標にもかかわらず，MSY や OSY の管理は対象とする資源を過剰に利用してしまいがちである. なぜなら，MSY や OSY の管理は，生産量の維持，撹乱の回避，収穫者の行動の規制，極端な経済もしくは環境イベントに対して過度に楽観的な前提をおいており（Holling and Meffe 1996），異なる管理下で，対象とする生態系が供給しうる他の多くの利益を無視しているからである. 広範囲の生態系サービスの多様な利用に重点をおいた生態系管理は，異なる生態系サービスの利用の間でトレードオフがあるために実装しにくい. たとえば，木材生産に依存しているコミュニティ，都市住民，国土保全団体の間では，生態系サービスの異なる組み合わせにおく価値が一般的に異なる. 生態系生態学者は，異なる管理手法による基盤，供給，調整，文化サービスの制御と傾向を特定することで，多様な利用を前提とした資源管理に対して多くの情報を提供すること

† 訳注：土地の所有と利用を分け，後者だけでも売買できるようにすること.

ができる（Meffe et al. 2002）.

**生態系から提供される文化的サービスは，しばしば持続可能な利用を促進する．**多くの伝統的社会は，人々が生活を送る土地や水を特徴づける種やプロセスに対して，精神的もしくは文化的な尊重を維持している（Berkes 2008；Berkes et al. 2009）．あるコミュニティでは，精神的な要求を満たすためだけでなく，周辺の土地に種子や花粉媒介者を供給する生物多様性の源として，神聖不可侵の木立を維持している（Ramakrishnan 1992；Brown 2003；Tengö et al. 2007）．牧畜業者，農業従事者，漁業従事者，都市住民の多くが，彼らが利用する土地や海によって供給される生態系サービスを尊重している．しかるべき立場となれば，現地住民は意見を通す代弁者，および土地の持続可能な管理の受託者となりうる（Armitage et al. 2007）．一方で，現地の人々は持続不可能な収穫政策についての率直な発言者にもなれる．多くの場合，人々は彼らが育ったもしくは生活している土地や海について，**地域らしさ**（sense of place）なるものを感じている．これは，土地の持続可能な利用における経済的なインセンティブよりも力強いものとなる．生態系生態学者は，現地住民を市民科学へといざない，彼らが住んでいる場所について学び，訪問者が土地に美的価値を感じていることを知ることを通して，地域らしさの形成に貢献することができる．また，生態系生態学者は，現地住民の観察や文化的知識に基づいて，彼らから管理対象地についてより深く学ぶことができる（Berkes 2008）.

**持続可能な生態系管理は，私有地もしくは公有地に限られるものではない．資源に依存した社会はしばしば，私有財産制度もしくは政府の規制なしであっても，共有する自然資源（共有資源）を持続的に管理している．**さまざまな社会で，**共有資源**（common-pool resources）を管理するためのさまざまな非公式な規則が発達してきた（Dietz et al. 2003；Ostrom 2009）．以下のような場合に，共有資源の管理は最も持続可能に近くなる．

- 共同利用する資源が明瞭に定義された境界内に存在し，資源利用者によって管理されている（たとえば，流域における水や，サンゴ礁における魚）.
- 利用者が得る便益は，資源を維持および収穫するために利用者が費やした労力と費用に比例する.
- 部外者が利用者間の資源の分配を決定する規則を勝手に決められないように，利用者が規則の作成および改変に参加する.
- 利用者（あるいは利用者の代表者）は，個々の利用者が共有量以上に収穫しないように資源利用を監視する.
- 収穫についての規則を破った利用者は，その違反の程度に応じて罰される.
- 利用者は，紛争を簡単に解決する方法をもっている.
- 利用者は，資源が管理される方法について不満がある場合に，（交渉のための）組合を作る権利がある.

これらのどの条件も，資源管理が持続可能となることを保証するわけではないが，それぞれの条件は持続可能な資源利用の可能性を増加させる．数十年から数世紀にわたる共有資源の持続的管理の潜在的な事例は，メイン州におけるロブスターの収穫，世界各地における生活権漁業，スイスにおける干し草の収穫，日本における竹材の収穫，などが挙げられる（Ostrom 1990）．一方で，共有資源の非持続的な管理についても多くの事例が存在する．これらの非公式な管理システムの成功と失敗を左右する条件は概して，地域の状況や歴史である（Ostrom 2007）．たとえば，堕落した指導者がいれば，本来であれば機能するはずのシステムが機能しなくなる．同様に，局所で管理されてきた共有資源を規制する民営化や政府の介入によって，局所での資源の利用や管理の持続可能性は消失しうる．多くの遠洋漁業のように，共有資源が制限なく誰でも収穫できるという，**オープンアクセス**（開かれた利用）は，持続可能な管理がほぼ実現できない状況を作り出す（Hardin 1968；Berkes et al. 2006）．

## ■政治的な情勢への対応

**資源管理者が直面している課題の多くは，彼らがおかれている社会的および政治的な立場を反映している．**資源管理者の日常的な課題のほとんどは，目標や価値観，権力関係，制度的および経済的な制約，人間性，その他の社会的・政治的な要因が，資源利用者間で異なることからもたらされる．ゆえに，社会的なプロセスは生態系管理に不可欠な構成要素である．社会や環境の急速な変化の下では，自然資源管理のフレームワークは機能しなくなる可能性があり，変化に応じて多様な資源利用者や管理者とのコミュニケーション，新しい物事のやり方を受け入れる寛大さが必要となる．官僚的な管理組織は，変化に対する抵抗があるか，もしくは逆に適応が遅いという可能性がある．こういった組織の権力構造は，変化に対して多様な生態系サービスの管理を促進する可能性もあれば，妨げる可能性もある．

持続可能性を高める政策に貢献したい生態系生態学者にとって，政治への意識はきわめて重要である．政策に実質的な影響を与えているのは，ごく一部の研究である（Clark and Holliday 2006；Kristjanson et al. 2009）．政策に貢献するためには，世界がどのように動くべきかという議論よりも，第一に，科学は科学的理解と事実に基づく「善き科学」であるという意味において，**信頼できる**（credible）ものでなくてはならない．第二に，単一の支持団体からの検討議題としてではなく，多様な資源利用団体から**合理的**（legitimate）であるとみなされなければならない．これにはしばしば，推奨される政策がもたらす結果に対して，異なる関心と視点をもつ多様な資源利用団体との折衝や対話を重ねる必要がある．最後に，科学はそれが**際立つ**（salient）とき，つまり，的確な時期に的確な人々に対して発表されるときが最も効果的となる．科学者はしばしば，意思決定において，管理者に対して得られた知見を伝える努力をしないまま，学術雑誌に発表する．同様に，政策を変える機会が終わった後に発表された報告書は，あまり政治的な影響力をもたないだろう．科学的な知見と人々の行動を結びつける経験則は，以下のとおりである（Clark and Holliday 2006；Kristjanson et al. 2009）．

• 科学者と資源利用者による研究すべき課題の共同設定．

- 資源利用に端を発した科学，つまり，課題を解決する情報を提供する一方で，基本的な理解を改善するような，研究上の対話と管理（Stokes 1997）.
- 研究者と政策決定者のコミュニケーションのギャップの橋渡しを支援するような境界領域の団体（たとえば，非政府組織）の参加.
- 科学研究が膨大な社会生態的な検討課題のごく一部にすぎないことを認識するためのフレームワーク.
- 知識の生産というよりも，学習の促進のためにデザインされた研究．ただし，これは科学研究の主旨から見ると大きなリスクをともなう.
- 新たな戦略，および地域の行動力を発展させるネットワークを利用した，柔軟な能力開発の重視.
- 権力の不均一を改善し，知識の生産者と利用者の間の条件を公平にすること．これには，権利をもたない資源利用者に対するアウトリーチが必要となるだろう.

## ■イノベーションと順応的管理

**政策のデザインや実装における実験をともなう順応的管理は，生態系管理を効果的に行うために重要である**．これはすなわち「行動によって学ぶ」ということである．**順応的政策**（adaptive policy）とは，人間の行動によって生態系の振る舞いがどのように変化するかについての仮説を，まずはじめに検証するようにデザインされている．仮に政策が失敗した場合，学習が行われ，より良い政策が将来適用される．度重なる管理の失敗と科学的知識の間のギャップの結果を受けて，順応的管理は生態系管理方法の実装にとって重要な概念となったと考えられる．順応的管理の一つの利点は，現実の複雑系では不確実性が高いことに起因する（Levin 1999）．確実性がないことによって適時な行動を遅らせる代わりに，順応的管理は管理の経験から学習する機会を与える．管理において，不確実性があれば行動しないという守りの意思決定を行っても，生態系および社会に対して不利益をもたらす可能性がある．その不利益につながる可能性は結局，生態系の挙動に対する妥当な仮説に基づいて行動を起こすような攻めの決定をしたときと，さほど変わらない．順応的管理の背景にある仮説は，望ましい結果と生態学的な災害の両方の可能性を考慮する（Starfield and Bleloch 1991）．たとえば，好ましい政策というのは，望ましい結果が生まれる可能性が適度にあり，かつ生態学的な災害が起こる可能性が低いといったものである.

順応的管理は，大きな課題にも小さな課題にも対応することができる．たとえば，**シングルループ学習**では，ある特定の魚種や樹種の個体群を維持するために必要な収穫レベルを変化させるような，事前合意した管理目標を満たすための調整行動をとる（図 15.5）．しかし，**ダブルループ学習**においては，管理者がさらなる行動をとるために，これまでに利用したアプローチを評価する必要がある．たとえば，単一の生産物（たとえば，樹木生産；Armitage et al. 2007；Kofinas 2009）を対象とした森林管理というよりは，多様な生態系サービスを対象に森林を管理する際の費用と便益の評価がこれに該当する.

ダブルループ学習には，従来の常識にとらわれない考え方と新たなアイデアが必要であ

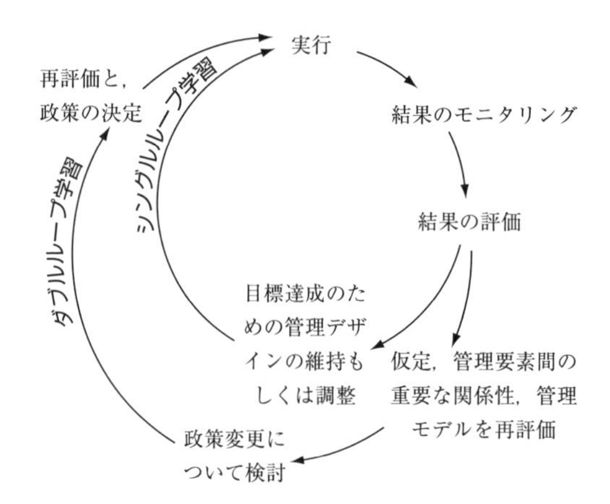


図 15.5　シングルループ学習とダブルループ学習．シングルループ学習では，管理の目標を達成するために，しばしば試行錯誤を経て，行動を変化させる（たとえば，規定の収穫制限に収まるように収穫速度を調整する）．ダブルループ学習は，問題の基礎となる前提とモデルの評価を反映するプロセスを含んでいる（たとえば，現行政策の結果に基づいて，肥料の投入と作物生産の関係性を計算するための，指標とシミュレーションモデルを修正するようなこと）．Kofinas (2009) から転載．

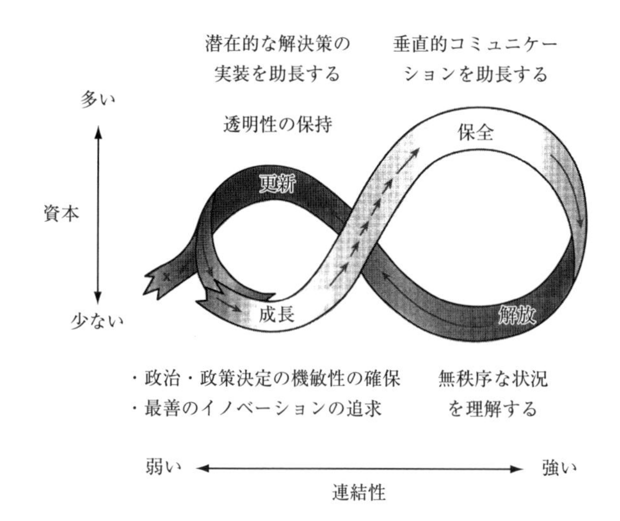


図 15.6　社会生態システムにおける撹乱と更新のさまざまな段階における効果的なイノベーション戦略．社会生態システムは，しばしば成長と発展を経て（たとえば，生態系の遷移，管理に関する専門的知識の開発），安定的な状況である保全の段階へと移行し，生態的もしくは政治的な環境の変化によってまれに急激な変化をともないながら，元の状態もしくは改変された状況において再構成を行う（Holling and Gunderson 2002）．イノベーションと新規性の促進にとって最も効果的な戦略は，撹乱と更新のサイクルにおけるそれぞれの段階に応じて異なる（Westley et al. 2006）．

る．新たなアイデアを生み出すアプローチは社会の状況によって異なる（Westley et al. 2006）．社会的状況が落ち着いていて，管理が厳格に行われていれば，異なる階層間（たとえば，実務者，中位および上位の管理者間）で問題の本質や潜在的な解決策についてのコミュニケーションを促進することによって，新たなアイデアが生まれる可能性がある（図15.6）．管理における危機的状況に際しては，パターンを特定し，要因を説明し，潜在的な解決策を提案するような新たなアイデアがとくに望まれる．潜在的な解決策が生み出されるにつれて，最も適切な解決策について，透明性をもって評価し推進することによって，大きな進歩が得られる可能性がある．最後に，合意済みの解決策が出された後は，その解決策を実装するための政治的に機敏な行動がとりわけ望まれる（Westley et al. 2006）．どのような場合でも，順応的管理は，管理に起因する結果の注意深いモニタリングと同調して機能しなければならない．そのようなモニタリングがないと，（管理のための）人為介入が機能したのか否かを学習する好機を失い，それゆえに介入の仕方を改善する機会を失ってしまう．

## ■持続可能な開発：社会生態的な変容

**統合的保全開発プロジェクト**（integrated conservation and development project, **ICDPs）は，発展途上国地域における保全と人間生活に関する事案に取り組む活動を指す．** ICDPs は，生物学的保全と人間開発の両方に焦点を当てており，主として外部資金の援助を受けた，地域に根ざしたプロジェクトである（Wells and Brandon 1993；Kremen et al. 1994；Berkes et al. 2009）．保全と開発のプロジェクトは，矛盾する目標と結果をともなうこともあるため，従来は別々に，かつ異なる組織によって検討されていた（Sutherland 2000）．しかし，この二つの方向性は，同時に検討されたほうがより成功につながる可能性が高くなる．ICDPs の主な目標は，従来は互いに対立していた目標を結びつけることである．個々に成功を目指した保全と開発のプロジェクトの失敗を受けて，1980 年代から取り組まれるようになった ICDPs は，破壊的な土地利用に代わる，環境保全型かつ経済的に持続可能な代替案を生み出す目的で，保全団体と地域の開発機関との間に公式な協調関係を構築した（Kremen et al. 1994；Barrett and Arcese 1995；Alpert 1996）．

ICDPs の重要な目的は，生物多様性の保全と生態的プロセスの維持の両立を可能にする資源利用のタイプ，強度，および分布を明らかにすることである（Alpert 1996）．それゆえ，ほとんどの ICDPs が次のような特徴をもっている．

(1) 現地のコミュニティにおける生活状況の改善と自然ハビタットの保全を連携する．
(2) 現場に即し，きわめて希少なハビタットの差し迫った消失といった具体的な問題に対応する．
(3) 国際的な専門的知識，地域の支援，外部からの収入源を引き込む．
(4) 自然資源への強い依存，高い人口増加率，保護区域の高い機会費用といった発展途上国地域の状況に適応する（Alpert 1996）．

ICDPs はしばしば，林業，野生動物，あるいは公園に関係する，非政府組織および外国の資金援助機関と現地の従来からの正式な指導者とを結びつける．プロジェクトのデザインと実装においては，管理者と現地のコミュニティの関心と，生態系プロセスに関する生物学的情報および科学的知識が連結されなければならない．

ICDPsの成功に向けた一つの大きな課題は，保全と開発という二つの目的を果たすために必要な，科学的データを収集する研究メカニズムを開発することである（Kremen et al. 1994）．生物多様性および生態系プロセス，そしてそれらの管理に対する応答を，時間的かつ空間的に，複数の生態学的要素のレベル（種，群集，生態系，景観）においてモニタリングすることが重要である（Noss 1990；Kremen et al. 1994）．生態学的および社会経済的な指標によって，ハビタット消失の要因と結果を特定したり，資源利用の変化および収穫による影響をモニタリングしたり，さまざまな管理プログラムの成功について評価したりすることができるようになる（Kremen et al. 1994；Barrett and Arcese 1995；Krement et al. 1998）．保全に配慮した経済開発が保全を促進するという仮説を検証するためには，うまく機能するモニタリングプログラムが必要不可欠である．

1990年代には，100を超えるICDPsのプロジェクトが立ち上がり，そのうち50を超えるプロジェクトが，サハラ砂漠以南のアフリカの少なくとも20の国々で行われた（Alpert 1996）．アフリカのプロジェクトの総括によると，ICDPsはハビタットの消失に対しては明確な解決策を出せなかったが，生態学的な重要性が非常に高い，貧困かつ僻地における自然資源の利用と，生物学的保全の間の矛盾に対して中期的な解決策を提示した，と結論づけられている（Alpert 1996）．発展途上国で行われた世界銀行のプロジェクトの16％のみが，生態学的な持続可能性と人間開発の両方を促進することに成功している（Tallis et al. 2008）．観光収入ポテンシャルが限られていること，地域の生態系管理の能力の欠如，政情不安，人口の多さ，保護区に指定された土地および資源への慣習上の権利，あるいは公式な保護区域が存在しないこと，といった要因がプロジェクトの成功を著しく妨げる（Alpert 1996）．保全を促進するうえでICDPsが最も成功した点は，現地コミュニティの積極的な参加によって，保全に対するコミュニティの姿勢を改善したことである（Brown 2003；Liu et al. 2008；Berkes et al. 2009）．その他の生態系管理手法と同じように，科学を正しく理解することは必要不可欠なステップではあるが，それだけでは不十分である．我々が成功と失敗から学習するように，ICDPsで用いられたアプローチは，残った障壁や課題に取り組むべく，長期にわたって発展していくだろう．

## 15.7　まとめ

人間活動は，地球上のすべての生態系に影響を与える．生態系は，資源収穫，土地の転換，管理などの行動によって直接的に影響を受け，人為による大気化学組成，水文，気候の変化によって間接的な影響を受ける．人間活動は地球上の生態系のほとんどに対して強い影響を与えるため，我々は生態系に対する配慮と保護に対して責任がある．気候，生物地球化学的な循環，土地利用についてのグローバルスケールの変化の速度と広がりを抑制することは，その責任の一つである．さらに，すべての生態系の積極的な管理は，人為による変化に対して個体群，種，生態系の機能を維持し，人間が得る生態系の財とサービスの供給を持続させるうえで必須である．

生態系の状態を左右する要因および相互作用は，生態系プロセスを強く制御する．それらの変化によって，生態系が変化することは避けられず，現在の生態系の特性が維持されうる程度が減少する．しかし，管理による実践は持続可能性に大きな影響を与える．管理の目標が生態系全般の持続可能性の促進にあるならば，可能な限り生態系の状態要因と相互作用は保全される必要があり，また状態要因と相互作用に対する安定化（負の）フィードバックは生態系内および生態系間で強化される必要がある．このような生態系の制御要因の変化は，自然資源の持続的な管理の課題を困難にしており，各地の自然生態系の持続可能性を脅かしている．

管理への生態系アプローチとは，長期的な生態系の持続可能性の促進，そして社会にとって必要不可欠な生態系の財とサービスの提供に向けて，生態系の理解を資源管理に応用することである．このアプローチには，生態系間の相互作用を考慮し，地域システムの構成要素として人間を明確に位置づけるという，景観もしくは地域からの視点が必要である．生態系管理は，確率論的なイベント，および将来の状況は正確に予想することができないという前提をおいている．管理が生態系にどのように影響を与えるかについての仮説に基づき，順応的管理を行うことができる．順応的管理における実験の結果を受けて，持続可能性を向上させるために管理政策が改変される．

統合的保全開発プロジェクト（ICDPs）は，発展途上国地域における保全に対して順応的管理を適用している．ICDPs は，生物学的保全および人間開発の双方に焦点を当てている．ICDPs の主な目標は，地域の人々が保全への関心よりも短期的な社会経済保障に目を向けるという前提に基づいて，従来は矛盾していた保全と人間開発を結びつけることである．生態系管理全般，とくに ICDPs における基本原則は，人間が地域システムの構成要素の一部であるということ，持続可能な未来に向けた計画には生態学的，経済学的，文化的に持続可能な解決策が必要とされるということである．

## 復習問題

1. 人間活動による生態系への直接影響および間接影響で主要なものは何か？　人間活動の影響の大きさの例を挙げよ．
2. 生態系のレジリエンスは，人為による環境変化に対する生態系の持続可能性にどのような影響を与えるか？　生態系のどのような生態学的特性がその持続可能性に影響するか？
3. 生態系の持続可能性を最大化するような管理アプローチについて記述せよ．どのような要因やイベントが，このような管理アプローチを失敗に導く可能性が高いと考えられるか？

4. 生態系の財とサービスとは何か？　管理における意思決定において，生態系サービスについての理解はどのように活用することができるか？
5. 生態系管理とは何か？　生態系管理の文脈において，生態系における人間の役割とは何か？
6. 生態系を管理するアプローチとしての順応的管理の利点と欠点は何か？
7. 人間を生態系の構成要素として組み入れることの妥当性について，我々は統合的保全開発プロジェクト（ICDPs）から何を学んだのか？

## 参考文献


Alpert, P. 1996. Integrated conservation and development projects: Examples from Africa. *BioScience* 46:845-855.

Chapin, F.S., III, G.P. Kofinas, and C. Folke, editors. 2009. *Principles of Ecosystem Stewardship: Resilience-Based Natural Resource Management in a Changing World*. Springer, New York.

Christensen, N.L., A.M. Bartuska, J.H. Brown, S. Carpenter, C. D'Antonio, et al. 1996. The report of the Ecological Society of America committee on the scientific basis for ecosystem management. *Ecological Applications* 6:665-691.

Clark, W.C. and N.M. Dickson. 2003. Sustainability science: The emerging research program. *Proceedings of the National Academy of Sciences, USA* 100:8059-8061.

Daily, G.C. 1997. *Nature's Services: Societal Dependence on Natural Ecosystems*. Island Press, Washington, D. C.

Foley, J.A., R. DeFries, G.P. Asner, C. Barford, G. Bonan, et al. 2005. Global consequences of land use. *Science* 309:570-574.

Holling, C.S. and G.K. Meffe. 1996. Command and control and the pathology of natural resource management. *Conservation Biology* 10:328-337.

Lubchenco, J., A.M. Olson, L.B. Brubaker, S.R. Carpenter, M.M. Holland, et al. 1991. The sustainable biosphere initiative: An ecological research agenda. *Ecology* 72:371-412.

Matson, P.A. 2009. The sustainability transition. *Issues in Science and Technology* 25:39-42.

MEA（Millennium Ecosystem Assessment). 2005. *Ecosystems and Human Well-being: Synthesis*. Island Press, Washington.

Steffen, W.L., A. Sanderson, P.D. Tyson, J. Jäger, P.A.

Matson, et al. 2004. *Global Change and the Earth System: A Planet under Pressure*. Springer-Verlag, New York.

Turner, B.L., II, R.E. Kasperson, P.A. Matson, J.J. McCarthy, R.W. Corell, et al. 2003. A framework for vulnerability analysis in sustainability science. *Proceedings of the National Academy of Sciences, USA* 100:8074-8079.

# 略語一覧

A　土壌層位の一つ
$A_{area}$　光合成速度（単位葉面積あたり）
$A_{mass}$　光合成速度（単位葉重量あたり）
$A_n$　栄養段階ごとに同化されたエネルギーや物質の量
$a_n$　栄養生産性
$A_{net}$　正味光合成（単位葉重量もしくは単位底面積あたり）
ABA　アブシジン酸
ADP　アデノシン二リン酸
$Al^{3+}$　アルミニウムイオン
AM　アーバスキュラー菌根
ANPP　地上部 NPP
APAR　吸収光合成有効放射
Ar　アルゴン
ATP　アデノシン三リン酸
B　土壌層位の一つ
BT　細菌バチルス・チューリンゲンシスからの遺伝子．ヨーロッパアワノメイガに対して毒性を示し，トウモロコシのゲノムへ導入されてきた．
C　摂氏；炭素；土壌層位の一つ
$C_3$　光合成回路の一つ．初期のカルボキシル化生産物が炭素数 3 の炭酸である．
$C_4$　光合成回路の一つ．初期のカルボキシル化生産物が炭素数 4 の炭酸である．
$C_{S1}$　初期植生タイプ由来の土壌炭素の百分率
$C_{S2}$　二次土壌タイプの $^{13}C$ 含有量
$^{13}C_{std}$　標準試料の $^{13}C$ 含有量
$C_{V1}$　初期植生タイプからの植生の $^{13}C$ 含有量
$C_{V2}$　二次植生タイプからの植生の $^{13}C$ 含有量
$Ca^{2+}$　カルシウムイオン
cal　カロリー
CAM　ベンケイソウ型有機酸代謝
CEC　陽イオン交換容量
CFCs　クロロフルオロカーボン
$[CH_2O]_X$　有機物の最小単位としての $CH_2O$
$CH_4$　メタン
$Cl^-$　塩化物イオン
cm　センチメートル（$10^{-2}$ m）
cmol　センチモル（$10^{-2}$ mol）
C：N　炭素・窒素比
CO　一酸化炭素
$CO_2$　二酸化炭素
$CO_3^-$　炭酸イオン
COOH　カルボキシル基
C：P　炭素・リン比
cP　センチポアズ（粘度の単位）
CPOM　粗粒有機物
D　重水素
d　日
DDT　殺虫剤の一つ
DIC　溶存無機態炭素
DIN　溶存無機態窒素
DMS　ジメチルスルホキシド
DNA　デオキシリボ核酸
DOC　溶存有機態炭素
DON　溶存有機態窒素
E　土壌層位の一つ
$E$　生態系の蒸発散量
$e$　自然対数の底
$e^-$　電子
$E_{assim}$　同化効率
$E_{consump}$　消費効率
$E_{prod}$　生産効率
$E_{troph}$　栄養効率
ENSO　エルニーニョ・南方振動
$F_{CH4}$　生態系に入るメタンフラックス
$F_{CO}$　生態系に入る一酸化炭素フラックス
$F_{DIC}$　生態系に入る溶存無機態炭素フラックス
$F_{disturb}$　撹乱により生態系から大気へ出て行く炭素フラックス
$F_{DOC}$　生態系に入る溶存有機態炭素フラックス
$F_n$　重力の斜面における法線成分
$F_p$　重力の斜面における接線成分
$F_{POC}$　生態系に入る一酸化炭素フラックス
$F_t$　生態系に入る一酸化炭素フラックス
$F_{VOC}$　生態系に入る揮発性有機炭素フラックス
$f(\ )$　関数（カッコ内にパラメータが入る）
$Fe^{2+}$　第一鉄イオン

$Fe^{3+}$ 第二鉄イオン
FPAR PARのうちで植生によって吸収される割合
FPOM 細粒有機物
$G$ 地中熱フラックス
g グラム
GIS 地理情報システム
GPP 総一次生産
H 水素；植食動物
$H$ 顕熱フラックス
h 時間；高度
$H^+$ 水素イオン
$H_2$ 水素ガス
ha ヘクタール（$10^4$ $m^2$）
$HCO_3^-$ 重炭酸イオン
$H_2CO_3$ 炭酸
HNLC 高栄養塩・低クロロフィル
$HNO_3$ 硝酸
$H_2O$ 水
$H_2S$ 硫化水素
$H_2SO_4$ 硫酸
$I_0$ 群落もしくは水面上の放射照度
$I_n$ $n$の栄養段階で摂取されたエネルギーもしくは物質の量
$I_z$ （群落や水面下の）深度$z$における放射照度
ICDPs 統合的保全開発プロジェクト
ITCZ 熱帯収束帯
J ジュール
$J_p$ 植物内の水の流速
$J_s$ 土壌内の水の流速
K ケルビン
$K$ 平衡定数
$k$ 消散係数；分解定数
$K^+$ カリウムイオン
kcal キロカロリー（$10^3$ cal）
kg キログラム（$10^3$ g）
kJ キロジュール（$10^3$ J）
km キロメートル（$10^3$ m）
L リットル；リグニン
$L$ 蒸発潜熱；葉面積指数
$l$ 土壌や木部の柱の経路長；生物の長さ
$L_{in}$ 入射長波放射
$L_{out}$ 放出長波放射
$L_p$ 木部の透水係数
$L_s$ 土壌の透水係数
$L_t$ 時間$t$のときのリター重量
$L_0$ 時間0のときのリター重量
LAI 葉面積指数
LIDAR 光検出と測距（ライダー）
ln 自然対数
L：N リグニン・窒素比
LUE 光利用効率
M 微生物食者；水分
m メートル
$m$ 質量
$M_a$ 角運動量
Ma 100万年
mg ミリグラム（$10^{-3}$ g）
$Mg^{2+}$ マグネシウムイオン
MJ メガジュール（$10^6$ J）
mL ミリリットル（$10^{-3}$ L）
mm ミリメートル（$10^{-3}$ m）
$Mn^{4+}$ マンガンイオン
MODIS 中分解能スペクトル放射計
mol モル
MPa メガパスカル（$10^6$ Pa）
MRT 平均滞留時間
mV ミリボルト（$10^{-3}$ V）
N 窒素；北
$N_2$ 窒素ガス
$N_{avail}$ 利用可能窒素
$N_{org}$ 有機態窒素
$Na^+$ ナトリウムイオン
NADP ニコチンアミドアデニンジヌクレオチドリン酸（酸化型）
NADPH ニコチンアミドアデニンジヌクレオチドリン酸（還元型）
NAO 北大西洋振動
NDVI 正規化植生指標
NECB 純生態系炭素収支
NEE 純生態系交換
NEP 純生態系生産
$NH_3$ アンモニアガス
$NH^+$ アンモニウムイオン
NIR 近赤外放射
nm ナノメートル（$10^{-9}$ m）
nmol ナノモル（$10^{-9}$ mol）
$N_2O$ 一酸化二窒素
NO 一酸化窒素
$NO_2$ 二酸化窒素
$NO_2^-$ 亜硝酸イオン
$NO_3^-$ 硝酸イオン
$NO_x$ 窒素酸化物（NOと$NO_2$を含む）
N：P 窒素：リン比
NPP 純一次生産

| | |
|---|---|
| NUE | 窒素利用効率 |
| O | 酸素；土壌層位の一つ |
| $O_2$ | 酸素ガス |
| $O_3$ | オゾン |
| $O_a$ | 高分解有機層 |
| $O_e$ | 中分解有機層 |
| $O_i$ | 低分解有機層 |
| OH | ヒドロキシルラジカル |
| $OH^-$ | 水酸化物イオン |
| P | リン |
| $P$ | 降水量 |
| $P_{org}$ | 有機態リン |
| p | 人数 |
| Pa | パスカル |
| PAR | 光合成有効放射 |
| PBL | プラネタリー境界層 |
| PCB | ポリ塩化ビフェニル（塩素を含む工業用化合物群） |
| PDO | 太平洋十年規模振動 |
| PEP | ホスホエノールピルビン酸 |
| Pg | ペタグラム（$10^{15}$ g） |
| pH | 水素イオン濃度［$H^+$］の対数の負の値（$-\log[H^+]$） |
| PNA | 太平洋・北米パターン |
| $PO_4^{3-}$ | リン酸イオン |
| POC | 粒子状有機態炭素 |
| PON | 粒子状有機態窒素 |
| ppbv | 体積十億分率 |
| ppmv | 体積百万分率 |
| ppt | 千分率 |
| $Prod_n$ | 栄養段階 $n$ の生産量 |
| $Prod_{n-1}$ | 前栄養段階 $n-1$ の生産量 |
| PW | ペタワット（$10^{15}$ W） |
| $Q_{10}$ | 10℃の昇温過程における相対的上昇率 |
| R | 母岩 |
| $R$ | 流出；呼吸；気体定数 |
| $r$ | 半径 |
| $R_{ecosyst}$ | 生態系呼吸 |
| $R_{growth}$ | 成長呼吸 |
| $R_{het}$ | 従属栄養生物呼吸 |
| $R_{ion}$ | イオン吸収に関連した呼吸 |
| $R_{maint}$ | 維持呼吸 |
| $R_{net}$ | 正味放射 |
| $R_{plant}$ | 植物呼吸 |
| $R_{sam}$ | サンプルの同位体比 |
| $R_{std}$ | 標準試料の同位体比 |
| $Re$ | レイノルズ数 |
| RH | 相対湿度 |
| Rubisco | リブロース二リン酸カルボキシラーゼ－オキシゲナーゼ |
| RuBP | リブロース二リン酸 |
| S | 硫黄；南 |
| $S$ | 表面の熱蓄積；生態系による水貯留 |
| s | 秒 |
| $S_{in}$ | 入射短波放射 |
| $S_{org}$ | 有機態硫黄 |
| $S_{out}$ | 放出短波放射 |
| SE | 標準誤差 |
| SeaWiFS | 海洋観察広視野センサー |
| Si | ケイ素 |
| SLA | 比葉面積 |
| $SO_2$ | 二酸化硫黄 |
| $SO_4^{2-}$ | 硫酸イオン |
| SOM | 土壌有機物 |
| SRL | 比根長 |
| $T$ | 温度 |
| $t$ | 時間 |
| $t_r$ | 滞留時間 |
| Tg | テラグラム（$10^{12}$ g） |
| U.K. | イギリス（連合王国） |
| U.S. | アメリカ合衆国 |
| UV | 紫外線 |
| $v$ | 速度 |
| $V_k$ | 動粘度 |
| VAM | 嚢状体アーバスキュラー菌根 |
| VIS | 可視放射 |
| VPD | 飽差 |
| W | ワット |
| WUE | 水利用効率 |
| yr | 年 |
| $z$ | 群落または水面下の深度 |
| $\alpha$ | アルベド |
| $\beta$ | ボーエン比 |
| $\Delta$ | 変位量 |
| $\delta$ | デルタ；標準試料に対する同位体濃度差 |
| $\varepsilon$ | 放射率 |
| μg | マイクログラム（$10^{-6}$ g） |
| μm | マイクロメートル（$10^{-6}$ m） |
| μL | マイクロリットル（$10^{-6}$ L） |
| μmol | マイクロモル（$10^{-6}$ mol） |
| $\rho$ | 密度 |
| $\sigma$ | ステファン－ボルツマン定数 |
| $\Psi_m$ | マトリックポテンシャル |
| $\Psi_o$ | 浸透ポテンシャル |
| $\Psi_p$ | 圧力ポテンシャル |
| $\Psi_t$ | 全水ポテンシャル |

# 用語説明

**A 層**　A horizon　土壌表面の無機鉱物層.

**B 層**　B horizon　鉄・アルミニウム酸化物と粘土の蓄積が最大である地層.

**$C_3$ 型光合成**　$C_3$ photosynthesis　ルビスコによって初めに固定された $CO_2$ から，炭素数 3 の酸を生成する光合成回路.

**$C_4$ 型光合成**　$C_4$ photosynthesis　PEP カルボキシラーゼによって初めに固定された $CO_2$ から，炭素数 4 の酸を生成する光合成回路.

**C：N 比**　C:N ratio　窒素の量に対する炭素の比.

**$CO_2$ 補償点**　$CO_2$ compensation point　純光合成速度がゼロになったとき $CO_2$ 濃度.

**C 層**　C horizon　土壌形成プロセスに比較的影響を受けない地層.

**E 層**　E horizon　A 層の下にある，著しく溶脱した地層．多湿気候で形成される.

**O 層**　O horizon　無機層の上にある有機物の層.

**PEP カルボキシラーゼ**　PEP carboxylase　$C_4$ 型光合成で，最初に働く酵素.

**pH**　pH　液体中の水素イオンの活性（濃度）の負の対数値．酸性度を測る指標となる.

**VA 菌根**　vesicular arbuscular mycorrhizae 「アーバスキュラー菌根」を参照.

**アイスアルベドフィードバック**　ice-albedo feedback　温暖化によって海氷が早期に融けたことで，アルベドが低下し，さらなる大気の温暖化を引き起こす現象.

**圧力ポテンシャル**　pressure potential　重力と生物の生理プロセスによって生じる水ポテンシャルの構成要素.

**亜熱帯高圧帯**　horse latitude　南北緯 30° の緯度帯．弱風と高温が特徴である.

**アーバスキュラー菌根**　arbuscular mycorrhizae　樹枝状体を経て，植物の根と真菌の菌糸との間で炭水化物の交換を行う菌根．VA 菌根，内生菌根ともいう.

**アブシジン酸**　abscisic acid　根から葉へ輸送され，気孔コンダクタンスを減少させる植物ホルモン.

**アリディソル**　Aridisol　乾燥した気候で発達する土壌目.

**アルティソル**　Ultisol　温暖・多湿な環境で，かなり溶脱が進んだ土壌目.

**アルフィソル**　Alfisol　温帯と亜熱帯森林で発達する土壌目．スポドソルよりも溶脱が少ない.

**アルベド**　albedo　入射短波放射のうち反射した割合.

**安定化フィードバック**　stabilizing feedback　相反する作用を及ぼす構成要素間の相互作用．システム内での変化を減少させる．負のフィードバックと類義.

**安定状態**　steady state　長期間（たとえば，系のターンオーバー時間など）にわたり平均して観察した場合，増加と損失がおおむね等しい状態．安定状態では，生態系内の主なプールにおける正味の変化量はゼロである.

**アンティソル**　Entisol　わずかにしか土壌が形成されない土壌目.

**アンディソル**　Andisol　火山性の基質の上に新しく形成される土壌目.

**アンモニア化**　ammonification　「窒素無機化」を参照.

**イオン結合**　ionic binding　正負に帯電したイオンや表面どうしの静電気的な結合.

**異化的硝酸還元**　dissimilatory nitrate reduction　微生物による，硝酸塩からアンモニアへの還元.

**維管束鞘細胞**　bundle sheath cell　葉の維管束の周りの細胞．$C_4$ 植物内で $C_3$ 型光合成が行われる場所.

**一次鉱物**　primary mineral　化学変化が起こる前の，岩や未固結な母材に存在する無機鉱物.

**一次生産**　primary production　$CO_2$ や水，太陽光がバイオマスに変換されること．総一次生産（GPP）とは，生態系にインプットされた正味の炭素量である．すなわち，生態系スケールで表される純光合成である（$g\ C\ m^{-2}\ yr^{-1}$）．純一次生産とは，植生による正味の炭素獲得量である（＝GPP －植物呼吸）.

**一次生産者**　primary producer　$CO_2$ や水，太陽光をバイオマスに変換する生物（すなわち，植物）．独立栄養生物と類義.

**一次遷移**　primary succession　生態系プロセスのほとんどの有機物質や生物などを除去してしまうような

深刻な撹乱の後に生じる遷移.

**一次デトリタス食生物** primary detritivore 枯死有機物を食べる生物（細菌や菌）.

**異地性流入** allochthonous input 生態系外からのエネルギーと養分の投入. 資源補償と類義.

**一価の** monovalent 電子一つを帯びた〜.

**移動支援** assisted migration 気候的に生存に適さなくなった場所から, 気候が良い, あるいは良くなると予想される場所へ, 人間が遺伝子型や種を移動すること.

**移動性定常状態モザイク** shifting steady-state mosaic ある地域において, 内部では植生はどの場所においてもつねに変化しているが, 十分に広い範囲を平均した場合には, 各遷移段階の景観の相対的な割合が比較的一定である景観のこと.

**移動農業** shifting agriculture 森林が再生するための休耕期間の後で, 作物のために森林を皆伐する農業. このサイクルは繰り返される. 焼畑農業と類義.

**イネ科型草本** graminoid イネ科の植物類（牧草, ショウブなど）.

**易分解性の** labile 分解しやすい.

**入り江, 河口域** estuary 河川水と海水が混合する沿岸域生態系.

**移流** advection ガスや水の正味の水平方向の輸送.

**陰イオン** anion 負に帯電したイオン. アニオン.

**陰イオン交換容量** anion exchange capacity 土壌鉱物や有機物の表面で, 正に帯電した場所と陰イオンを交換する土壌の能力.

**インセプティソル** Inceptisol 層の発達が弱い土壌目.

**陰葉** shade leaf 日陰に適応した葉や, 日陰に順化した植物が生産した葉.

**雨陰** rain shadow 山脈の風下において降雨量が低くなる地域.

**渦相関法** eddy covariance 生態系と大気間におけるエネルギーや物質（たとえば, 水蒸気や二酸化炭素）の流れを, 大気中の渦によって見積もる微気象学的な方法.

**海風** sea breeze 昼間, 海岸線付近で, 海よりも陸の気温が高いために陸に向かって吹く風.

**エアロゾル** aerosol 空気中の微小な（0.005〜5 μm）固体や液体の粒子.

**永久しおれ点** permanent wilting point 植物が吸収できる限界を下回った土壌水分量.

**永久凍土** permafrost 永久的に凍った地面. 少なくとも 2 年以上は凍った状態を保っている土壌.

**栄養カスケード** trophic cascade 最下層の栄養段階の生物のバイオマスに対する, 捕食者のトップダウン的な影響. 結果的に, 連続的な栄養段階の中で, バイオマスの高いものと低いものに変化が起こる.

**栄養効率** trophic efficiency 被食者の生産のうちで, 次の栄養段階の消費者の生産に転換された割合.

**栄養相互作用** trophic interaction 生物間の捕食・被食にかかわる関係性.

**栄養段階** trophic level 植物やデトリタスから除去された後に同じ段階数でエネルギーを得る生物.

**エキソ型セルラーゼ** exocellulase セルロース鎖の端から, 二糖類単位を切断し, セロビオースを形成する酵素.

**エネルギーピラミッド** energy pyramid 連続した栄養段階の間を移動するエネルギーの階層構造.

**エルニーニョ** El Niño 熱帯の太平洋の中央部から東部にかけての海表面温度の上昇.

**塩塊** salt lick 動物が無機物の補給源として使用する鉱泉や露頭.

**沿岸帯** littoral zone 湖や海の岸.

**塩基性陽イオン** base cation 非水素, 非アルミニウム性の陽イオン.

**塩基飽和度** base saturation 土壌陽イオンに対する交換性陽イオンの含量の割合.

**塩水排除** brine rejection 海の中で海氷が凍るときに塩分が除かれること.

**エンド型セルラーゼ** endocellulase セルロースの内部の結合を分解し, 結晶構造を壊す酵素.

**塩分躍層** halocline 湖や海における, 比較的, 明瞭な塩分濃度の傾斜.

**塩分を含んだ** saline 塩気のある〜.

**塩類化** salinization 表層の水が蒸発することによって塩分が集積すること.

**塩類の硬盤** salt pan 土壌表層に塩類が集積した砂漠の低位部.

**塩類平原** salt flat 流出口はないが流出が生じたことにより塩類が集積する, 乾燥した低地.「閉塞湖」を参照.

**大型水生植物** macrophyte 水中で生育する大型の植物. プランクトンは含まない.

**大型動物類** macrofauna 幅が 2 mm 以上ある土壌動物.

**オキシゲナーゼ** oxygenase 酸素を使う反応を触媒する酵素.

**オキシソル** Oxisol 湿潤熱帯にみられる, 著しく風化し溶脱した土壌目.

**遅い変数**　slow variables　ゆっくり変化し，長い時間スケールでは重要な制御要因となる変数のこと．
**オゾン**　ozone　$O_3$ の形をとる分子で，対流圏の汚染を除去し，成層圏では紫外線を吸収する．
**オゾンホール**　ozone hole　高緯度成層圏のオゾンが消滅している領域．この穴によって地球表面への紫外線の入射が増大している．
**オープンアクセス**　open access　潜在的な利用者が自由に資源を使用できる状態にあること．
**温室効果**　greenhouse effect　波長の長い放射を吸収することで，大気が暖まること．
**温室効果ガス**　greenhouse gas　波長の長い放射を吸収する大気中のガス．
**温度躍層**　thermocline　湖や海で，比較的急な温度勾配が生じる層．
**概日リズム**　circadian rhythm　生物が生来もっている生理的なリズムで，約 24 時間周期である．
**外生菌根**　ectomycorrhizae　菌類組織の大部分が木本植物の根の外側にみられる菌根の集合体．
**回転長**　turnover length　炭素分子や養分が川に入り呼吸に使われるまでの間に，下流に向かって移動した距離．
**外洋の**　pelagic　開けた海洋の．遠洋の．
**化学的脱窒反応**　chemodenitrification　硝酸塩を一酸化窒素（NO）に非生物的に変換すること．
**化学的変性**　chemical alteration　分解中に起こる枯死有機物内の化学変化．
**化学量論的な関係**　stoichiometric relationship　元素の割合．ストイキオメトリー．
**角運動量**　angular momentum　回転運動のエネルギー．
**拡散**　diffusion　分子やイオンがランダムな力学的運動によって，濃度勾配に従い動くこと．
**拡散シェル**　diffusion shell　活発な養分摂取が起こり，養分低下が生じた根表面近傍の領域．
**拡張**　extensification　人間活動によって土地被覆が変化する空間が拡大すること．
**撹乱**　disturbance　時おり生じる，植物バイオマスが一掃されるようなイベント．
**撹乱強度**　disturbance intensity　単位面積，単位時間あたりに放出されたエネルギー．
**撹乱の厳しさ**　disturbance severity　撹乱によるバイオマス，土壌資源，種の喪失の度合い．
**撹乱レジーム**　disturbance regime　生態系撹乱の厳しさ，頻度，タイプ，大きさ，タイミング，強度の変域．
**下降流**　downwelling　表面海水が下降する動きで，高塩分濃度と低温による密度の高さ（重いこと）から生じる．
**河床間隙層**　hyporheic zone　河床内で地下水が流れている場所．
**過剰消費**　luxury consumption　短期間に行う成長や貯蔵のための余分な養分の蓄積．
**火成岩**　igneous rock　マグマが地上付近で冷やされることで形成される岩．
**化石地下水**　fossil groundwater　湿った気候の下で長い時間かけて蓄積された地下水．再涵養には時間がかかる．
**河川連続体仮説**　river continuum concept　渓流のサイズやエネルギー資源，食物網，栄養塩プロセスといった生態系の構造や機能の移行を，川の上流から海洋にわたる代謝の長期的モデルへ組み込むという概念．
**画素**　pixel　あるエリアにおいて，一般化したスペクトル応答を提供する衛星画像における一つのセル．
**カタバ風**　katabatic wind　夜間において，冷たい空気が，密度が重くなることで，斜面を下る風のこと．
**傾き**　tilt　地軸と，太陽に対する周回軌道面の間の角度．
**刈って燃やす農業**　slash-and-burn agriculture　「移動農業」を参照．
**活動収支**　activity budget　動物が活動する時間の割合．
**カップリング**　coupling　群落（林冠）と大気の間での空気混合の有効性．または生物地球化学的循環の間の連関．
**カテナ**　catena　傾斜，排水，そのほか地形的プロセスを反映した，尾根と谷底の間にある土壌や生態系の連続．
**河畔の**　riparian　河床に沿って位置している～．
**カリーチ**　caliche　「カルシック層」を参照．
**仮比重**　bulk density　単位体積あたりの土粒子の量．
**カルシック層**　calcic horizon　硬いカルシウム（またはマグネシウム）の炭酸塩に富んだ地層で，砂漠地域で形成される．以前はカリーチとよばれていた．
**カルボキシラーゼ**　carboxylase　二酸化炭素と基質の反応を触媒する酵素．
**カルボキシル化**　carboxylation　受容分子に $CO_2$ を付けること．
**環境ストレス**　environmental stress　植物の活性を低下させる環境要因．または，土壌の質量移動を促進する物理的な力．
**間隙**　void　土壌粒子どうしの隙間．

**還元**　reduction　酸化還元反応で，電子受容体による電子の獲得．

**緩衝能**　buffering capacity　陽イオンを放出し，取り込みや溶脱によって土壌から消失したイオンへと変換する土壌の能力．

**岩石圏**　lithosphere　地球の最も外側の硬い殻．

**岩石循環**　rock cycle　岩石の形成，変形，風化の一連の変化．

**寒帯前線**　polar front　上昇気流と頻繁な暴風をともなう，寒帯気団と亜熱帯気団の境界線．

**気化潜熱**　latent heat of vaporization　1 g の物質を，温度変化をともなわずに，液体から蒸気に変化させるのに必要なエネルギー．

**気孔**　stomata　葉と大気の間で水と $CO_2$ を交換する際に通過する，葉表面にある細孔．

**気孔コンダクタンス**　stomatal conductance　葉と大気の間に生じる水蒸気と $CO_2$ の交換しやすさ．

**気候システム**　climate system　大気圏，水圏，生物圏，寒冷圏，地表面によって形成された相互作用系．

**気候的極相**　climatic climax　気候のみによって決定される遷移の仮想的な終点．

**気候モード**　climate mode　比較的安定したグローバルスケールの大気循環のパターン．

**キサントフィルサイクル**　xanthophyll cycle　電子受容体が炭素固定反応系への電子の輸送に有効に働かないとき，吸収したエネルギーをキサントフィルを通して最終的に熱などに転換させる反応．

**疑似砂**　pseudosand　粘土質オキシソルとアルティソルにおいて，酸化鉄と粘土粒子が強力に結合した安定な集合体．

**キーストーン種**　keystone species　バイオマスの大きさから類推されるよりも大きな影響を生態系に与えているいくつかの種のこと．もしくは，機能タイプを代表する一つの種．

**北大西洋海流**　North Atlantic drift　メキシコ湾流から続く，極方向への暖流．

**基底流出**　base flow　近い過去に大雨が降っていない場合でも起こる，地下水由来の背景水流．

**機能タイプ**　functional type　群集や生態系プロセスに与える影響や，二酸化炭素濃度の上昇といったような環境の変化に対する反応の，どちらかもしくは両方について似通った種のグループ．

**機能的マトリクス**　functional matrix　生態系内の種によって表される，すべての機能的特性のマトリクス．

**機能モザイク**　functional mosaic　パッチ間において，機能的に重要な差異をもつ景観．

**キノン**　quinone　ポリフェノールから生産される，高い反応性を示す化合物．

**逆転**　inversion　大気中で高度が増すにつれ，気温が上昇すること．

**逆転バイオマスピラミッド**　inverted biomass pyramid　上位の栄養段階よりも，一次生産者のバイオマスが小さいようなバイオマスピラミッド．典型的なのは，湖，渓流や海洋の浮遊生態系である．

**ギャップ期の遷移**　gap-phase succession　植物が枯死して生じる小さいパッチにおいて起こる天然更新．

**キャビテーション**　cavitation　木部において張力がかかり，水柱が破断すること．

**究極制限栄養塩**　ultimate limiting nutrient　持続的に付加されることで，生産力を活性化し，群集や生態系を変形させてしまう養分．

**吸収**　uptake　生物や組織による水や無機物の取り込み．

**吸収長**　uptake length　無機化により放出されてから，再び吸収されるまでの間に原子が動く平均の距離．

**吸収率**　absorbence　全天日射量のうち吸収された割合．

**吸蔵態リン**　occluded phosphorus　鉄・アルミニウム酸化物との結合が最も強い，生物が利用できないリン酸塩．

**境界層**　boundary layer　葉や根の周りにある薄い層で，それぞれバルク大気や土壌とは異なる状況（物理量）をもつ．

**境界層コンダクタンス**　boundary layer conductance　葉表面に近い境界層内の水蒸気のコンダクタンス．樹冠の空気力学的なコンダクタンスに当てはまる場合もある．

**供給サービス**　provisioning service　人間による収穫によって直接的に生態系から供給されたもの（たとえば，食物，繊維，水）．生態系の財や再生可能資源と類義．

**共生**　mutualism　二つの種の間で，双方に利益がある相互扶助関係．

**競争**　competition　限りある同じ資源を使う生物間の相互作用（資源競争），または資源を獲得する過程で互いに阻害しあう相互作用（干渉競争）．

**競争的解放**　competitive release　隣にいた個体の死や成長の減退によって獲得できる資源が増えたときに，突然成長が促されること．

**共同事業体**　consortium　コンソーシアム．遺伝子的につながりのない，細菌（バクテリア）のグループ．それぞれの細菌は複雑な高分子を分解するのに必要ないくつかの酵素しか生産しない．

**共同体**　community　一つの生態系の中で，共存している生物のグループ．

**共同利用資源**　common-pool resource　共有され，枯渇する可能性があり，人間が利用しないようにするのが困難な資源（たとえば，大気，淡水，海の魚）．

**極循環**　polar cell　極域において冷たい収束した空気が沈下することによって起こる，緯度60°と極の間の大気循環．

**キレート化**　chelation　通常高い親和性をもつ（鉄や銅などの）金属イオンへの可逆的な化学結合．

**際立つ科学**　salient science　的確な時期に的確な人々が考える科学．

**菌根**　mycorrhizae　植物の根と菌糸の共生関係．そこでは，植物は共生する菌類に主要な炭素獲得源として炭化水素を提供する代わりに，菌から養分を得る．

**菌根圏**　mycorrhizosphere　菌根菌の菌糸からの直接的な影響を受ける土壌の範囲．

**菌糸**　hyphae　菌の栄養体を作る，繊維構造．

**菌套**　mantle　菌根を取り囲む菌糸のこと．菌鞘ともいう．

**グアノ**　guano　海鳥の排泄物由来の大量の堆積物．

**空気力学的コンダクタンス**　aerodynamic conductance　植生や土壌表面からバルク大気への，群落を介した水蒸気の移動のしやすさ．境界層コンダクタンスとよぶこともある．

**雲凝結核**　cloud condensation nuclei　雲になるために周囲に水蒸気が凝縮したエアロゾル．

**グライ土**　gley soil　鉄が鉄イオンに変化したことにより，青みがかった灰色を示す土壌．嫌気条件下で形成される．

**グリーンウォーター**　green water　土壌表面から蒸発する水，または植物から発散される水．

**グレートアクセラレーション**　Great Acceleration　1950年からに始まる，地球の生命維持システムに対して及ぼす人類の影響が，急激に大きくなっていったこと．

**クロノシーケンス**　chronosequence　撹乱が起こってから，時間以外のすべての要因に関して似ている場所．年代系列．

**グロマリン**　glomalin　微細団粒を固めて粗大団粒を形成する菌根菌によって生産される糖タンパク質．

**クロロフィル**　chlorophyll　光合成において光を捕集する緑色の色素．

**クロロフルオロカーボン**　chlorofluorocarbon　塩素かフッ素，またはその両方を含む有機化合物．ガス態は成層圏のオゾンを破壊する．

**景観**　landscape　生態的に重要な特性が異なるパッチのモザイク．

**傾斜方向**　aspect　斜面が向いている方位．

**形態変換**　transformation　リターに含まれた有機化合物が，土壌腐植中で難分解性有機化合物に転換すること．また，系の状態を定義する制御変数やフィードバックを結果的に変異させる，系の状態の基礎からの変化のことも指す．

**経路依存**　path dependence　あるシステムの将来の軌跡に対して，歴史的レガシーが影響を及ぼすこと．

**結晶鉱物**　crystalline mineral　原子が規則的に配列されている鉱物のこと．

**ケルビン波**　Kelvin wave　海洋における大規模な波で，大洋を広くさまざまな方向に伝わっていく．

**圏界面**　tropopause　対流圏と成層圏の間の境界面．

**嫌気性**　anaerobic　酸素がないときに起こる～．

**原形質連絡**　plasmodesmata　近接した皮層細胞間における細胞質の接続．

**検証**　validation　モデルによる予測を観測データと比較すること．

**原生動物**　protozoan　単細胞動物のこと．

**現存植生**　actual vegetation　実際にその場所に生育する植物．

**顕熱**　sensible heat　（たとえば温度計によって）検知可能な熱のことで，相変化をともなわない．

**顕熱フラックス**　sensible heat flux　暖まった物体の表面からその上にある空気へと直接伝導するエネルギー．空気塊が上方へ伝導することで熱も移動する．

**恒温性**　homeothermy　体温を一定に保つ性質．

**光化学反応**　light-harvesting reaction　光エネルギーを化学エネルギーに変換する光合成反応．光捕集反応ともいう．

**好気性**　aerobic　酸素があるときに起こる～．

**光合成**　photosynthesis　二酸化炭素を糖に変換するために光エネルギーを使う生化学プロセス．純光合成量は，生態系に対する正味の炭素のインプット量を指す．生態系のスケールで考えると，総一次生産と類義．

**光合成能力**　photosynthetic capacity　光，水分，気温が良好な条件の下で，単位葉面積あたりの光合成の速度を示したもの．

**光合成有効放射**　photosynthetically active radiation　光合成に利用される可視光線．波長が400～700 nmの太陽放射．

**更新生態学**　renewal ecology　系を現在あるいは将来的に望ましい状態にするのに必要な，生態系サービスを高めるための学問.

**降水**　precipitation　雨や雪による生態系への水の流入.

**酵素**　enzyme　生物によって生成される, 化学反応を触媒する有機分子.

**硬盤層**　hard pan　透水係数が低い地層.

**後方散乱**　backscatter　元来た方向への反射.

**小型動物類**　microfauna　幅が 0.1 mm 以下の土壌動物.

**呼吸**　respiration　炭水化物を, 成長やメンテナンスに使用可能なエネルギーを排出しながら, $CO_2$ と水に変換する生化学プロセス. 呼吸は, 栄養グループ（植物呼吸, 動物呼吸, 微生物呼吸）やグループの結合（従属栄養の呼吸＝動物＋微生物の呼吸；生態系呼吸＝従属栄養生物＋植物の呼吸）に関連している. また呼吸は, 結果として生じるエネルギーが使用される手段によっても定義することができる（維持呼吸, 成長呼吸, イオンを取り込むための呼吸など).

**コリオリ力**　Coriolis effect　地球の自転により, 北半球では右に, 南半球では左に, 物体がそれる性質.

**根圏**　rhizosphere　根の影響を直接受ける土壌層.

**コンダクタンス**　conductance　単位駆動力あたりのフラックス（たとえば濃度勾配). 抵抗の逆数.

**根毛**　root hair　土壌へと伸びた, 根が延長した表皮細胞.

**再吸収効率**　resorption efficiency　老齢期に組織から養分を再吸収して, 養分量が最大となった組織の割合.

**歳差運動**　precession　恒星に対する地球の自転軸のぶれ. これによって夏（冬）至と春（秋）分が決まる.

**再生可能資源**　renewable resource　「供給サービス」を参照.

**再生生産**　regenerated production　真光層で再生産される養分によって支えられる植物プランクトン生産.

**細胞外酵素**　exoenzyme　生物によって環境中へ分泌される酵素.

**細胞質**　cytoplasm　原形質膜内に満たされた細胞の中身. 外側には液胞や核がある.

**細粒有機物, FPOM**　fine particulate organic matter　水域生態系に存在する, 直径 1 mm 以下の粒子状有機物質.

**雑食性動物**　omnivore　さまざまな栄養段階から食料を得る動物.

**砂漠化**　desertification　乾燥した地域で起こる土壌の劣化.

**サバンナ**　savanna　樹木や灌木が散在した草原.

**酸化**　oxidation　酸化還元反応で, 電子供与体によって電子を失うこと.

**酸化還元電位**　redox potential　電子を失うもしくは得る物質によって生じる系の電位.

**酸性雨**　acid rain　化石燃料から発生する硫黄酸化物・窒素酸化物が高濃縮されたことによる低 pH の雨.

**散乱放射**　diffuse radiation　大気中の分子やガスによって散乱される短波放射.

**ジェット気流**　jet stream　対流圏の上部の広い高度範囲で吹く強い風のこと.

**ジェネラリスト植食動物**　generalist herbivore　どのような植物でも食べる植食動物.

**ジェリソル**　Gelisol　永久凍土が存在する土壌目. ゲリソルともよぶ.

**時間スケーリング**　temporal scaling　一瞬から非常に長期までにわたる観測で得られる推定.

**時間ステップ**　time step　モデルシミュレーションにおける計算の時間間隔.

**閾値**　threshold　生態系に変化を起こす一つ, あるいは複数の要因の限界レベル.

**至近制限栄養塩**　proximate limiting nutrient　添加されてからすぐに植物の成長を高める養分（短期間の養分の制限).

**資源**　resource　自然環境から獲得され, 生物がその成長や体の維持のために使用する物質（たとえば, 光, $CO_2$, 水, 養分).

**システム生態学**　systems ecology　生態系を, 物質やエネルギーの流れとリンクした構成要素のひとかたまりとして研究する学問.

**沈み込み**　subduction　大陸や海洋のプレートが他のプレートの下に入り込むように移動すること.

**持続可能性**　sustainability　将来世代の需要を満たす能力を脅かさずに, 現在の需要を満たすように環境と資源を利用すること.

**自地性生産**　autochthonous production　生態系内で起こる生産.

**質**　quality　植食動物や分解者の分解が容易に進むかどうかを左右する, 有機体の化学性.

**質量移動**　mass wasting　重力の影響による, 土壌や岩の斜面方向の移動のこと. 水や空気, 氷などからの直接的な影響はない場合を考える.

**シデロフォア**　siderophore　植物の根が生産する有機キレート.

**至点**　solstice　昼の時間が最長, または最短となる日. 夏至または冬至.

**シードバンク**　seed bank　撹乱の後で生産され土壌

に埋まっている種子のことで，発芽につながるような次の撹乱（光，温度の大きな変動，高い土壌硝酸塩濃度のいずれか，もしくはすべて）が起こるまで休眠している．

**師部**　phloem　植物体内における長距離の移送システムのことで，炭水化物などの溶質を移送する．

**資本**　capital　ある系内における生産性のある資産．自然資本は再生不可能な資源（たとえば石油）と再生可能な資源（たとえば植物，動物，水）の両方から成り立っていて，社会はその財やサービスの生産に依存している．製造資本は，非自然的な生産の方法で構成される（たとえば，道具，衣類，住まい，ダム，工場）．人的資本は，人間が自ら設定した目標を達成する能力のことであり，さまざまな形態の学習によって増加する．社会資本は，問題を解決するために人々が結集して行動する能力を指す．

**社会生態的スチュワードシップ**　social-ecological stewardship　生態系のレジリエンスと人類の福利を高めるように，社会生態的変化の道筋を形作るための戦略．

**収集者**　collector　水底に生息し，微細な有機物粒子を食べる大型無脊椎動物．浮遊している粒子を濾過して食べる収集者や，沈殿物を集めて食べる収集者がいる．

**集水域**　catchment　「流域」を参照．

**従属栄養呼吸**　heterotrophic respiration　独立栄養生物以外の呼吸（たとえば，微生物や動物の呼吸）．

**従属栄養生物**　heterotroph　二酸化炭素や環境エネルギーから有機物を生成するのではなく，他の生物が生産した有機物を消費する生物のこと．分解者や，消費者，寄生生物も含む．

**収着**　sorption　無機鉱物表面へのイオンの吸着のこと．クーロン力や共有結合なども含む．

**集約，集約化**　intensification　生産性を向上させるために，農業生態系に対して，水，エネルギー，肥料などを集中的に使用すること．

**重要な生態系サービス**　critical ecosystem service　変化に対して脆弱であり，技術的，生態学的に代用の選択肢がほぼない生態系サービス．社会的に最も価値があるとされる．

**重力屈性**　geotropism　重力によって植物器官の成長方向が決まること．

**根冠**　root cap　土壌中で根が動きやすくなるように，粘液質の炭化水素を分泌する根の先端の細胞．

**樹冠遮断**　canopy interception　樹冠へ入った降水量のうち，地面に到達しない部分の割合．群落遮断，林冠遮断．

**樹幹流**　stemflow　幹を伝い地面へ流れる水．

**樹枝状体**　arbuscule　植物細胞内にある植物と真菌の間の交換器官．

**種多様性**　species diversity　ある生態系における種の数，均一性，構成．すなわち，生態系内に存在するすべての種の生物学的帰属性の範囲．

**種の豊富さ**　species richness　ある生態系における種の数．

**純一次生産，NPP**　net primary production　一年間に生産された新しい植物の総量（＝GPP－植物呼吸量）．新しいバイオマス，炭化水素放出，根の浸出物，菌根への転移を含む．

**順化，馴化**　acclimation　環境の変化に対し，植物が形態的または生理的に順応すること．

**純光合成**　net photosynthesis　個々の細胞や葉のレベルで計測したときの正味の炭素獲得速度．$CO_2$ の固定と光合成細胞による呼吸（光合成による呼吸とミトコンドリアによる呼吸の両方を含む）の差し引き．

**純生態系交換，NEE**　net ecosystem exchange　陸や海洋と大気間における $CO_2$ の正味の交換量．生態系純交換，正味生態系交換ともいう．

**純生態系生産，NEP**　net ecosystem production　総一次生産から生態系呼吸を引いた正味の炭素吸収．または，純一次生産から従属栄養生物呼吸を引いた正味の炭素吸収．生態系純生産，正味生態系生産ともいう．

**純生態系炭素収支，NECB**　net ecosystem carbon balance　生態系における，一年間の正味の炭素蓄積量．

**順応的管理**　adaptive management　次に行う処理をより適切にすることを目的として，デザインや方法を工夫する管理方法．

**純放射**　net radiation　短波と長波の入力と出力の差し引き．

**硝化**　nitrification　土壌中におけるアンモニウムから硝酸塩への変換作用．独立栄養硝化菌は，$NH_4^+$ の酸化物からエネルギーを得て，成長やメンテナンスに使用するため炭素を固定する．これは，植物が太陽光を用いて光合成を行い，炭素を固定するプロセスに類似している．従属栄養硝化菌は，有機物の分解からエネルギーを得ている．

**昇華**　sublimation　雪などの固体が直接，気体に変化すること．

**蒸気圧**　vapor pressure　空気中の水分子による分圧．

**消散係数**　extinction coefficient　群落やその他媒体（たとえば水）を通した，放射照度の指数関数的な減少の程度を表す定数.

**状態因子**　state factor　土壌や生態系（気候，母材，地形，潜在的生物相，時間，人間活動）の性質を制御する独立変数．状態決定因子，生成因子，定常因子ともいう.

**壌土**　loam　2種類以上のサイズの異なる粒子によって大部分が形成される土壌.

**蒸発**　transpiration　気孔を通じて植物から大気へ水が移動する現象.

**蒸発散**　evapotranspiration　蒸散や蒸発によって生態系から失われる水の量．潜熱フラックスと類義だが，こちらは単位が水の量で表される.

**上皮**　epidermis　葉や根の表面の細胞層.

**消費効率**　consumption efficiency　ある栄養段階における生産量のうち，次の栄養段階によって消化されるものの割合.

**消費者**　consumer　ほかの生物を食べることで，自身が必要なエネルギーや養分を摂取する生物.

**常緑性の**　evergreen　年間を通して葉を維持すること.

**食作用**　phagocytosis　細胞が膜結合した構造の中に物質を囲い込むことで，それを消費すること.

**植食，草食**　herbivory　動物が植物を消費する行動.

**植食動物，植食者**　grazer, herbivore　草（陸域生態系）または付着生物（水域生態系）を消費する植食動物.

**触媒**　catalyst　基質が生成物に転換するのを速める分子.

**植物プランクトン**　phytoplankton　水域生態系の水面に懸濁している微細な一次生産者.

**植物ベースの栄養系**　plant-based trophic system　植物，植食動物，そして植食動物や捕食者を消費する生物を含む系.

**植物防御**　plant defense　植食動物からの捕食を抑止するために，植物が備えている化学的もしくは物理的な特性.

**食物網**　food web　同じソースから得られたエネルギーや養分の移動によってつながっている生物のグループ.

**食物連鎖**　food chain　ある生物から別の生物へと移行するエネルギーや養分によってつながっている生物のグループ.

**植林**　afforestation　元々，森林ではない場所に新たな森林を作ること.

**シルト**　silt　直径が0.002〜0.05 mmの土壌粒子.

**人為起源**　anthropogenic　人が原因で起こったもの.

**シンク**　sink　吸収源.

**シンク強度**　sink strength　植物器官やプロセスにおける炭水化物の要求量.

**シングルループ学習**　single-loop learning　以前に合意した管理目標を満たすために行動を調整する学習．たとえば，特定の種の魚や樹木の個体数を維持するために，収穫レベルを変化させるようなことである.

**真光層**　euphotic zone　植物プランクトンが成長するのに十分な日光がある水域生態系の水の最上層．すなわち，藻類の光合成が，呼吸量を上回る場所である.

**浸出物**　exudation　生物による可溶性有機化合物の環境中への分泌.

**侵食帯**　erosional zone　堆積よりも侵食が卓越する集水域の部分.

**人新世**　anthropocene　産業革命より始まった，人類によるインパクトによって特徴づけられる地質年代.

**深水層**　hypolimnion　表層の動きに影響されない，深い所にある水の層.

**新生産**　new production　混合によって真光層の下から供給された養分によって促された，植物プランクトンによる生産.

**深層水**　deep water　1,000 m以深の海の水.

**浸透**　infiltration　土壌へ水がしみこむこと.

**浸透ポテンシャル**　osmotic potential　水中の溶質により発生する，水ポテンシャルの構成要素.

**信頼できる科学**　credible science　世界がどのように機能しているかについて，論争によらない，理解と事実に基づく根拠ある科学.

**森林伐採**　deforestation　森林が樹木のない生態タイプに転換されること.

**人類の福利**　human well-being　生活の質を指す．良い生活，自由と選択，良好な社会的関係，個人の安全を保つために必要な物資への要求.

**水圧リフト**　hydraulic lift　根を通じて，地中深くの水分量が多い土壌から地上表面の乾いた土壌まで，水ポテンシャル勾配に沿って水が上昇する動き.

**水蒸気フィードバック**　water vapor feedback　水蒸気による温室効果で，大気が暖まり水蒸気量が増えたときに生じる.

**水蒸気密度**　vapor density　ある体積の空気に対する水分子の量．絶対湿度.

**水分制御型植物**　isohydric plant　湿潤な場所由来の植物で，高い土壌水分においても，水ポテンシャルに大きな変化が起こる前に，気孔を閉鎖する.

**水分非制御型植物**　anioshydric plant　乾燥していく土壌に対して，気孔コンダクタンスの変化がほとんどないために，光合成を維持することができる乾燥した場所由来の植物．土壌の乾燥度合いに合わせて，水分の吸収と放出を行う．

**スケールを超えた連結**　cross-scale linkage　異なる場所・時間で起こったイベントの連鎖．

**ストロマ**　stroma　葉緑体の中のゲル状の基質で，炭素固定反応が起こる場所．

**砂**　sand　直径 0.05～2 mm の土壌粒子．

**スノーアルベドフィードバック**　snow-albedo feedback　温暖化の影響で融雪が早まり，アルベドが減少することで大気が暖まること．

**スパイラル長**　spiraling length　連続した吸収イベントの間での，養分の水平移動の平均距離．

**スペシャリスト植食動物**　specialist herbivore　一つ，あるいはいくつかの植物種や組織のみに特化して消費する植食動物のこと．

**スベリン**　suberin　植物根の内皮・外皮の細胞壁に存在する，疎水性でワックス状の物質．

**スポドソル**　Spodosol　寒冷な気候下で溶脱が進んだ土壌目．ヨーロッパではポドゾルともいう．

**生活史特性**　life history traits　ある土地にどのくらい素早くたどり着いたか，どのくらいの速度で成長したか，どのくらいの期間生き延びたか，などを決定する有機物の形質（たとえば，種子のサイズ，数，潜在的な成長速度，最大のサイズ，寿命など）．

**正規化植生指標，NDVI**　normalized difference vegetation index　植生の緑色濃度のリモートセンシング指標．

**制限**　limitation　不適切な資源の供給や，低温により，あるプロセス（たとえば，NPP，成長や光合成）の速度が抑えられること．至近制限は，資源の付加に対する素早い反応を反映する．究極制限は，資源の付加に対する長期的な生態系の変化を反映する．

**生産**　growth　新しいバイオマスの生産．

**生産効率**　production efficiency　同化したエネルギーのうち，成長や再生産を含む動物生産に使われたものの割合．

**成層化**　stratification　湖や海洋で，温度や塩分濃度の違いによって，鉛直方向に密度が異なる 2～3 m 間隔の層に分かれている状態．

**成層圏**　stratosphere　対流圏の上に位置する大気の層．上部から暖められるため，高度の上昇にともない温度が上がる．

**成層圏界面**　stratopause　成層圏と中間圏の間の境界．

**生態系**　ecosystem　ある地域におけるすべての生物および，相互作用する物理環境を含む生態学的なまとまりのこと．

**生態系エンジニア**　ecosystem engineer　土壌やリターの特性を改変することで資源を利用可能にする生物のこと．

**生態系管理**　ecosystem management　生態系の長期的な持続可能性を促進するためや，社会に必要な生態系の財と生態系サービスを届けるために，生態学を資源管理に応用すること．

**生態系呼吸**　ecosystem respiration　植物，従属栄養生物の呼吸量の総和．

**生態系サービス**　ecosystem service　生態系から人間が得る利益．供給，調整，文化サービスを含む．

**生態系生態学**　ecosystem ecology　生物とそれらを取り巻く環境の相互作用を，統合された系として扱う学問．

**生態系の財**　ecosystem goods　「供給サービス」を参照．生態系グッズ．

**生態系プロセス**　ecosystem process　生態系への物質とエネルギーの流入・損失や，生態系コンポーネント間での物質の移動など．

**生態系モデル**　ecosystem model　ある生態系において，主なプールとフラックスや，これらフラックスを制御する要因を記述するフレームワーク．

**正当な科学**　legitimate science　公平であり，異なる分野と意見をもった大勢の人から支持される科学のこと．

**正のフィードバック**　positive feedback　「増幅フィードバック」を参照．

**生物起源性**　biogenic　生物が生成した～．

**生物圏**　biosphere　地球の生物的な構成要素で，すべての生態環境と生物を含む．

**生物性**　biotic　生物によって引き起こされる～．

**生物地球化学**　biogeochemistry　生態系で起こる化学的プロセスをともなう生物的相互作用．

**生物地球化学的ホットスポット**　biogeochemical hot spot　土壌または景観の中で，生物地球化学的プロセスの速度が高い地域．

**生物ポンプ**　biological pump　真光層から深海・海底に向かう排泄物と死亡生物に含まれる，炭素と養分の流れ．

**赤道無風帯**　doldrum　弱い風と高い湿度が特徴の赤道近くの地域．

**セストン**　seston　水柱に懸濁している粒子で，藻類，細菌（バクテリア），デトリタス，無機鉱物粒子などを含む．

**セロティニー** serotiny 種子を球果に保持する程度.

**セロビアーゼ** cellobiase セロビオースをグルコースに分解する酵素.

**セロビオース** cellobiose セルロースの分解によって形成された二つのグルコースからなる有機化合物.

**遷移** succession 撹乱の後に，生態系の構造と機能が変化する現象.

**遷移帯** transfer zone 流域の一部で，長期的に見ると浸食と堆積が均衡を保っていると考えられるエリア.

**旋廻，環流** gyre 海表面水の大きな循環システム.

**潜在植生** potential vegetation 人為撹乱がない場合に存在する植生.

**潜在生物相** potential biota ある地域においてすでに存在し，その中の場所において潜在的に占有する可能性のある生物群.

**選択的保存** selective preservation 易分解性基質が分解された結果として，難分解性物質が増加すること.

**潜熱フラックス** latent heat flux 水の蒸発や凝結によって，その表面と大気の間で移動するエネルギー．蒸発散量と類義だが，こちらはエネルギーの単位で表される.

**総一次生産，GPP** gross primary production 生態系に対する正味の炭素のインプット量．すなわち生態系スケールで表される純光合成量（$g\ C\ m^{-2}\ yr^{-1}$).

**相互的制御** interactive control 資源供給，微環境，生物の機能タイプ，撹乱などのように，生態系の性質を制御したり，それに対して反応するような要素.

**相対湿度** relative humidity ある気温において大気が含有できる最大の水分量に対する，実際にその大気が保持している水分量の割合.

**相対成長速度** relative growth rate 単位植物バイオマスあたりの成長の割合.

**増幅フィードバック** amplifying feedback 正または負のみの影響を互いに及ぼしあう二つの構成要素間の相互作用．すなわち，これは系の変化を強める．正のフィードバック.

**相補的資源利用** complementary resource use 異なる方法，程度，タイミングで，同じ資源を異なる種が使用すること.

**遡河性** anadromous 湖，渓流や河川などで繁殖を行い，海で成体となる生活環.

**促進作用** facilitation ある種が，別の種の成長を促進するようなプロセス.

**ソース** source 物質やエネルギーの純放出を示す系（植物，景観，気候システムなど）の一部．供給源.

**粗大孔隙** macropore 土壌粒子の間の大きな細孔．この細孔により，水，根，土壌生物などの素早い移動が可能となる．マクロポア.

**粗度要素** roughness element 摩擦によって乱流を起こす，気流に対する障害物（樹木など).

**粗粒有機物，CPOM** coarse particulate organic matter 水域生態系における有機物で，葉や直径1 mm 以上の木材を含む.

**タイガ** taiga 北方域の森林タイプの一種.

**耐乾性の** xeric 乾燥した状況に耐えうる～.

**大気境界層** planetary boundary layer 対流圏の下層の一部であり，地球表面の流動や摩擦に直接影響を受ける空気の層.

**大気減率** lapse rate 高度の増加にともない低下する気温の割合．平均で 6.5℃ $km^{-1}$ となる.

**堆積岩** sedimentary rock 堆積物によって形成された岩.

**堆積地帯** depositional zone 排水域の一部．堆積速度が，侵食速度を大幅に超えている場所.

**代替** substitutibility ある資本の一つの形態（たとえば，湿地）が，別の形態（たとえば，水処理場）がもつ機能を提供すること.

**代替安定状態** alternative stable state ある環境において，受け入れ可能な異なる系の状態.

**対流** convection 流体（たとえば空気や水）の乱流運動による熱の移動.

**対流圏** troposphere 大気の最下層のことで，下のほうが暖かい．さまざまな気象条件により混合され，高度が上がるにつれ温度は下がる.

**滞留時間** residence time 分子や細胞が，あるシステムの中に残存する平均の時間．プールサイズをインプット量で割った値として計算される．ターンオーバー時間と類義.

**ダウンレギュレーション** down-regulation 反応を継続するための能力が低下すること．たとえば，高 $CO_2$ に応答した $CO_2$ 吸収速度の低下など.

**卓越風** prevailing wind 最も頻度が高い方向の風.

**立木除去撹乱** stand-replacing disturbance 植生内のすべての立木に影響するほどの大規模な撹乱.

**脱窒** denitrification 硝酸塩がガス態（$N_2$，NO，$N_2O$）に変化すること.

**ダブルループ学習** double-loop learning 次の行動を起こす前に，管理者が以前に用いたアプローチを評価することが求められる学習方法．たとえば，一つの生産物（たとえば樹木）としてよりも，複数の生態系サービスについて，管理している森林の費用と便益を評価すること.

**多量養分元素**　macronutrient　生物が多量に必要とする栄養素.

**ターンオーバー**　turnover　プールの内容が入れ替わること. プールの大きさに対する流れの割合. 表面近くの水の密度が, 深層よりも大きくなったときに生じる湖水の混合. 回転ともよぶ.

**ターンオーバー時間**　turnover time　系（プールやインプット）の中で分子が過ごす平均時間. 滞留時間と類義.

**炭素固定反応**　carbon-fixation reaction　光化学反応の生成物を利用し, $CO_2$ を糖に還元する光合成における一連の反応. 非光依存反応や暗反応ともよばれる.

**炭素ベースの防御物質**　carbon-based defense　病原体や植食動物に対して植物自身を防御する, 窒素を含まない有機化合物.

**短波放射**　shortwave radiation　波長が約 0.2〜0.4 μm の放射. 紫外線や可視光線, 赤外線を含む.

**断片化**　fragmentation　リターが細かく分解されること.

**団粒**　aggregate　多糖類や真菌類, 菌糸, 無機鉱物によって構成された土壌粒子の塊.

**地域らしさ**　sense of place　特定の場所や地域に対する人々の意識.

**地下水**　groundwater　根が張った層よりも下に位置する, 土壌や岩の中に存在する水.

**地下水植物**　phreatophyte　地下水を吸い上げる根の深い植物.

**地下部：地上部比**　root : shoot ratio　地上に出ている器官（シュート）に対する根のバイオマス量の割合. ルート：シュート比ともいう.

**地形系列**　toposequence　地形的位置は異なるが, それ以外は似た生態系の連なり.

**地形性効果**　orographic effect　山脈の存在による気候への影響.

**地中熱流量**　ground heat flux　土壌表面から地中への熱の移動.

**窒素固定**　nitrogen fixation　窒素ガス分子をアンモニウムに変換すること.

**窒素ベースの防御物質**　nitrogen-based defense　植物自身を防御するための窒素を含む化合物.

**窒素飽和**　nitrogen saturation　窒素の量が植物や微生物の必要量を超えている状態を指し, 大気や地下水, 川などへ窒素が流出する.

**窒素無機化**　nitrogen mineralization　溶解した有機態窒素をアンモニウムに変換すること. アンモニア化と類義.

**地表流**　overland flow　土壌表面を流れる水.

**着生の**　epiphytic　植物の表面に付く〜.

**中型動物類**　mesofauna　幅が 1 〜 2 mm の土壌動物.

**中間圏**　mesosphere　成層圏と熱圏の間の大気層のこと. 中間圏では, 高度が上昇するにつれて気温が下がる.

**中間圏界面**　mesopause　中間圏と熱圏の境界.

**中層水**　intermediate water　200〜1,000 m の深さの中間的な海水層.

**昼夜平分**　equinox　太陽がちょうど赤道の真上に来て, 地球の全域で約 12 時間にわたり日光を観測できる日. 春分, 秋分.

**調整サービス**　regulating service　生態系が, その領域を超えて及ぼす影響（たとえば気候の調整, 水量や水質, 災害, 森林火災の拡大, 汚染など）.

**長波放射**　longwave radiation　波長が約 4 〜30 mm の放射.

**直達放射**　direct radiation　大気や物質による散乱や再放射ではなく, 太陽からの直接的な放射.

**チラコイド**　thylakoid　光合成において光捕集反応が起こる, 葉緑体の膜.

**沈着**　deposition　大気から生態系への物質のインプット.

**ツンドラ**　tundra　樹木が成長できないほど寒い生態系タイプ.

**低酸素, 貧酸素**　hypoxic　わずかにしか酸素がない状態の〜.

**底生性**　benthic　水中堆積物と関連した〜, 水底に存在する〜.

**底層水**　bottom water　おおよそ 1,000 m よりも下にある深海の水.

**デカップリング係数**　decoupling coefficient　バルク大気と群落のつながりの弱さの尺度. 乖離率.

**適応**　adaptation　特定の環境で生産力が最大化した個体群による遺伝的調節.

**適応範囲**　adaptive range　ある系の中における耐性の上限と下限の間の幅.

**デッドゾーン**　dead zone　無酸素状態の沿岸域のことで, 底生生物や海底で餌をとるエビ・魚は生きていけない. 堆積物と水の間の界面では, 急激な養分循環の変化が起こる. それはたいてい富栄養化が原因である.

**デトリタス**　detritus　死んだ植物や動物由来の物質. 葉幹, 根, 死んだ動物や動物の糞も含む.

**デトリタスベースの栄養系**　detritus-based trophic system　デトリタス由来のエネルギーを消費する生

物.

**テレコネクション** teleconnection 遠く離れた地点の大気中の現象が相関すること.

**電荷密度** charge density 単位水和イオンあたりの電荷の大きさ.

**電子伝達系** electron-transport chain 電子を電位勾配に沿って受け渡し，最終的にATPやNADPHを生産するような，膜結合性の酵素の連なり.

**転流** resorption 老齢期に組織からの養分を回収すること.

**同化** assimilation 無機物資源（たとえば$CO_2$や$NH_4^+$）を有機化合物へ取り込むこと．動物が腸から消化した食物を血流に移すようなことを含む.

**同化効率** assimilation efficiency 摂取エネルギーのうち，動物の血液に吸収された割合.

**統合的保全開発プロジェクト** integrated conservation and development project 発展途上国において，生物学的保全と人類発展を同時に実現しようとするプロジェクト．ICDPs.

**投資** investment 資産の量に価値を掛けたものの増加量．正当な投資は系の総資本を増加させる.

**透水係数** hydraulic conductivity ある一定の体積の（土壌のような）物質が水を通す能力．これは，流出とそれを形成する動水勾配の関係を定義する.

**動物プランクトン** zooplankton 水域生態系の表面水に漂っている微細な動物.

**独立栄養生物** autotroph 他の生物が生産した有機物の消費よりも，$CO_2$や環境エネルギーから，より多くの有機物を作る生物．ほとんどの独立栄養生物は光合成で有機物を生産する．一次生産者と類義.

**土壌** soil 地球の地殻の風化した部分のことで，リター層と岩盤の間にある.「土壌層位」を参照.

**土壌移動** soil creep 斜面に沿って土壌が下降する動き.

**土壌型** soil type 同じ土壌統内で，A層の土性が異なる土壌の分類.

**土壌構造** soil structure 土壌粒子が結合した団粒の形成の仕方.

**土壌資源** soil resource 土壌から入手できる水や養分のこと.

**土壌せん断応力** shear stress of soil 地滑りのような大量崩壊イベントを引き起こす，斜面に平行にかかる力.

**土壌せん断力** shear strength of soil 斜面崩壊を起こさずに，土壌が保つことができるせん断応力.

**土壌相** soil phase 同じ土壌型に属し，景観の中での位置や，硬さ，そのほかの特徴が異なる土壌間の分類.

**土壌層位** soil horizon 土壌断面にみられる層．上から下に向かって，O層は有機物からなり鉱質（無機鉱物）層の上に形成され，その下のA層はかなり多く有機物を含む暗い色の層である．E層はかなり溶脱されている．B層は鉄，酸化アルミニウム，粘土が集積している．C層は土壌の形成プロセスとは比較的かかわりなく形成される.

**土壌断面** soil profile 土壌を垂直に見たときの断面.

**土壌統** soil series 同じ土壌目内で，層の数やタイプ，厚さ，層の特徴などが異なる土壌に対する分類.

**土壌目** soil order アメリカの土壌分類学における最も主要な土壌の分類グループ.

**土壌有機物** soil organic matter 元々の由来が不明になるまで分解させた土壌中の枯死有機物.

**土性** soil texture 土壌粒子サイズの相対的分布.

**土地利用改変** land-use modification 人間が，物理環境や優占する植物機能タイプを変化させないで，生態系プロセス，群集構造，個体群動態に対し操作を行うことで生態系に著しく影響を与えること.

**土地利用転換** land-use conversion ある生態系を，別の物理環境や植物機能タイプが優占する生態系へと人為的に変化させてしまうこと.

**トップダウン制御** top-down control 捕食者によって個体群が制限されること.

**トレードオフ** tradeoff 二者択一の選択．たとえば，異なる生態系サービスのどちらを優先するかという選択などである.

**内皮** endodermis 根の皮層と木部の間の，スベリンで覆われた層．これらの細胞の原形質を通してのみ，水を通過させる.

**ナノプランクトン** nanoplankton 直径2～20 mmのプランクトン.

**難分解性** recalcitrant 微生物の分解を妨害する性質.

**南方振動** Southern Oscillation 南東太平洋とインド洋における大気圧の変化.

**二価の** divalent イオンが二つ帯電した～.

**肉食動物** carnivore 生きている動物を食べる動物.

**二次鉱物** secondary mineral 風化プロセスで物質が反応することで形成される，結晶質と非晶質（アモルファス）生成物.

**二次遷移** secondary succession 以前に植生があった場所で，撹乱後に起こる遷移のこと．その場所では，撹乱以前にあった生物や生物由来有機物の影響が残っている.

**二次代謝産物** secondary metabolite 植物に生産される，通常の成長や発育には必要ではない化合物．

**ニッチ** niche 生態系において，特定の生物が占める生態学的役割．

**ニトロゲナーゼ** nitrogenase 窒素分子をアンモニウムへ変換させる酵素．

**根自体による捕捉** root interception 根が養分のある方向に成長することによって起こる，根と養分の接続．

**熱塩循環** thermohaline circulation グリーンランドや南極の表層の，冷たく塩分濃度の高い海水が沈降することによって生じる，深層から中層におけるグローバルスケールの海水の循環．

**熱圏** thermosphere 大気の最も外側の層．高度が上がるにつれ温度も上昇する．

**熱水噴出孔** hydrothermal vent 海底（プレート）の広がる場所で，硫化水素のような還元されたガスを放出する穴．

**熱帯収束帯** intertropical convergence zone 南北半球から来る表層の大気が収束し，低気圧と上昇気流が生じる領域．

**熱容量** heat capacity 物体の温度を 1 ℃上げるのに必要なエネルギーの量．

**根の浸出** root exudation 有機化合物が，根から土壌へ流出したり，分泌されたりすること．

**根の皮層** root cortex 養分の吸収にかかわる根の細胞層．

**粘土** clay 直径 0.002 mm 以下の土壌粒子．

**能動輸送** active transport 電気化学的勾配に逆らって起こる，細胞膜を越えたイオンや分子の輸送を指し，エネルギーを必要とする．

**バイオフィルム** biofilm 細菌（バクテリア）から分泌された多糖類を基盤として形成された微生物共同体．

**バイオマス** biomass 生命を構成する物質の量（たとえば植物バイオマス）．

**バイオマス燃焼** biomass burning 皆伐の後に起こる植物や土壌有機物の燃焼．

**バイオマスピラミッド** biomass pyramid 生態系の異なる栄養段階のバイオマス量．

**バイオーム** biome 生物群系．生態系の概括的な分類（たとえば，熱帯多雨林，北極域ツンドラなど）．

**配置** configuration 景観の中のパッチの空間的配列．

**破砕者** shredder 葉と有機堆積物を粉々にし，微生物を消化する無脊椎動物．

**発酵** fermentation 易分解性有機物を分解して有機酸や $CO_2$ を生成する嫌気的プロセスのこと．

**パッチ** patch 比較的均質だと考えられる植生のまとまり．

**バーティソル** Vertisol 膨張と収縮を生じる粘土によって特徴づけられる土壌目．

**ハドレー循環** Hadley cell 赤道と南北緯 30° の間で起こる大気循環セルのこと．赤道付近の空気が膨張，上昇することと，亜熱帯地帯の冷たい高密度な空気が下降することによって起こる．

**ハビタット** habitat 生息地，棲み場所．

**速い変数** fast variables 素早く変化し，資源管理者がたいてい着目する変数のこと．

**バルク空気** bulk air 樹冠によって強く影響されない，樹冠上の空気．

**バルク土壌** bulk soil 根圏の外側の土壌．

**ハルティヒネット** Hartig net 根の皮質細胞の細胞壁を突き破って侵入する菌糸．

**反射放射** reflected radiation 雲や物体に反射された，短波放射．

**光栄養性，光栄養生物** phototroph 光合成によって自ら有機炭素を生産する，窒素固定が可能な微生物．

**光呼吸** photorespiration ルビスコの触媒作用で促進されるオキシゲナーゼ反応による二酸化酸素の生産．ルビスコのオキシゲナーゼ活動による生産物を回復させるためのプロセスという見方が適当であるとされる．

**光酸化** photo-oxidation 光エネルギーによる化合物の酸化作用．強い光がある条件で，光合成酵素の光酸化が可能になる．

**光破壊** photodestruction 強い光によって光合成色素が破壊されること．

**光防御** photoprotection 強い光による破壊から，光合成色素を守ること．

**光飽和** light saturation 光合成速度が放射照度に比例しなくなること．

**光補償点** light compensation point 純光合成量がゼロになるときの放射照度．

**光利用効率** light use efficiency 葉や生態系における，光合成有効放射に対する GPP の割合．

**微環境** microenvironment 生態系プロセスの速度に影響する局所的な環境条件（たとえば温度や pH）．微環境は生物活動に影響を及ぼすが，それ自体が消費されたり，枯渇したりはしない．

**ピコプランクトン** picoplankton 直径が 2 mm 以下のプランクトン．

**比根長** specific root length 根の重量に対する根の長さの比．

**微細孔隙** micropore 土壌粒子の間や，土壌団粒の中によくみられる小さな穴．ミクロポア．

**非晶性鉱物**　amorphous mineral　規則的な原子配列がない鉱物．

**ヒストソル**　Histosol　不十分な排水と，低酸素の条件下で生じる有機物濃度の高い土壌目．

**微生物食動物**　microbivore　微生物を食べる生物．

**非生物的**　abiotic　有機物に起因しない〜．

**非生物的濃縮**　abiotic condensation　土壌中での，キノンと，その他有機物の非酵素的反応．

**微生物による変換**　microbial transformation　微生物によるターンオーバーの結果として，植物由来の基質を，微生物由来の基質へ変換すること．

**微生物ループ**　microbial loop　真光層内で，炭素や窒素を再利用する微生物による食物網（植物ベースとデトリタスベースの有機物の両方を含む）．

**皮層**　cortex　養分吸収にかかわる，外側の内皮の外側にある根の細胞の層．

**非定常状態モザイク**　non-steady-state mosaic　大規模な撹乱によって，その大部分の面積が一つ，またはいくつかの遷移段階のみになり，現在の環境では平衡状態にならない景観．

**比熱**　specific heat　1 g の物質の温度を 1 ℃上げるのに必要なエネルギー．

**表水層**　epilimnion　放射吸収によって温められ，風によって混合される表面の水の層．混合層．

**表面コンダクタンス**　surface conductance　葉や土壌表面から水を喪失する潜在能力．気孔コンダクタンスと同様に，群落スケールにも適用できる．

**表面水**　surface water　日光によって温められ，風によって混合される海の表層．一般的には 75〜200 m 程度の深さにあたる．

**比葉面積**　specific leaf area　葉の重量に対する面積の割合．

**表面粗度**　surface roughness　群落表面の不規則な凹凸．

**微量元素**　micronutrients　生物にとって，微量で足りる養分．

**貧栄養の**　oligotrophic　養分が不足した．

**フィードバック**　feedback　ある一連の反応の最終生成物が，別の反応の最初のステップに影響を及ぼす反応のこと．フィードバックを安定させると割合や濃度の変動は最小化され，逆にフィードバックを増幅させると拡大される．

**風化**　weathering　母岩や無機鉱物がより安定した状態へと変異するプロセス．物理的風化は岩をより小さい破片にすることである．化学的風化は，岩の無機鉱物と大気や水の間で起こる化学変化の結果として起こる変異である．

**富栄養化**　eutrophication　窒素の増加により，藻類の生産性が増大すること．

**富栄養な**　eutrophic　窒素が豊富な．

**フェノロジー**　phenology　生物に周期的に起こる事象の時間的推移のことで，気候に関係する．例は発芽である．

**フェレル循環**　Ferrell cell　南北緯 30° から 60° で起こる大気循環のこと．

**複雑適応系**　complex adaptive system　構成要素どうしが，状態の変化に対する適応を行う系．

**腐植**　humus　非常に不規則な構造をもつ，土壌有機化合物の複雑な混合体．

**腐植化**　humification　分解における難分解性粉砕生成物を混合して，腐植を形成する非酵素プロセス．

**腐植酸**　humic acid　芳香環とわずかな側鎖による広い網状構造をもった比較的，水溶性が低い腐植化合物．

**腐食性動物**　detritivore　死んだ生物を分解してエネルギーを得る生物．

**腐生性の**　saprotrophic　枯死有機物を食べること（非菌根菌と同様に）．

**付着生物**　periphyton　岩や維管束植物の表面に付着する，藻類，細菌（バクテリア），無脊椎動物などの集合体．

**不動化**　immobilization　微生物による吸収と化学的固定によって，利用可能なプールから無機養分を除去すること．

**負のフィードバック**　negative feedback　「安定化フィードバック」を参照．

**不飽和流**　unsaturated flow　地面の含水量を超えない程度の，土壌中の水の流れ．

**フラックス**　flux　プール間を移動する水や物質の流れ．

**プラネタリー波**　planetary wave　大気圏内の大きい（1,500 km 以上の大きさ）波であり，コリオリ力，陸と海の熱のコントラスト，大きい山脈の位置の影響を受ける．

**プランクトン**　plankton　水域生態系の水面に懸濁する微細な生物．

**プリンサイト層**　plinthite layer　飽和と乾燥に繰り返しさらされることで硬くなった，鉄が豊富な熱帯の土壌層．

**プール**　pool　植物や土壌といった，生態系における構成要素内のエネルギーや物質の量．

**ブルーウォーター**　blue water　潜在的に社会に供給

可能な，河川，湖，貯水池，地下帯水層にある液体水．

**フルボ酸**　fulvic acid　豊富な側鎖と荷電基のために，比較的，水溶性が高い腐植化合物．

**ブルーム**　bloom　植物プランクトンのバイオマスが急速に増加すること．

**プレートテクトニクス**　plate tectonics　地球表面で大陸プレートと海洋プレートが大きく動いているとする理論．

**プロテアーゼ**　protease　タンパク質を加水分解する酵素．

**プロテオイド根**　proteoid root　ヤマモガシ科の植物のような，ある種の植物の密集した微細な根．

**分解**　decomposition　枯死有機物を断片化，化学的改変，溶脱によって粉砕すること．

**分解者**　decomposer　枯死有機物を分解する，または使い終わったエネルギーや養分を自らの生産のために使用するような生物のこと．

**分解速度定数**　decomposition rate constant　生物の指数関数的な分解速度を示す定数，記号は $k$．

**文化的サービス**　cultural service　社会がうまく機能するために重要な，物質的でない利益（たとえば，レクリエーション的，感覚的，精神的な利益）．

**分水界**　watershed　「流域」を参照．イギリスでは，二つの水系を分ける分水嶺を表す語句として使っている．

**分配**　allocation　光合成産物や養分の，植物中の異なる器官や機能の間での配分割合．

**分別**　discrimination, fractionation　元素や化合物において，より軽い同位体を含む物質が優先的に反応すること．言い換えると，軽い同位体（たとえば $^{13}C$ と比べて $^{12}C$）の選択的な取り込み．

**平均滞留時間**　mean residence time　与えられた時間において，質量を，プールに出入りするフラックスで割ったもの．ターンオーバー時間と類義．

**平衡状態**　equilibrium　対立する外力どうしが釣り合っているために，時間が経過しても変化が起こらない状態のこと．

**閉鎖系**　closed system　インプットやアウトプットよりも，内部での物質移動が卓越する系．

**閉塞湖**　closed-basin lake　流出がめったに起こらない，蒸発速度の高い乾燥地域の湖．

**ヘテロシスト，異質細胞**　heterocyst　酸素による変性からニトロゲナーゼを保護する光合成生物において，光合成を行わない特異な細胞．

**変温性の**　poikilothermic　体温が周囲の環境に依存する生物．

**ベンケイソウ（CAM）型有機酸代謝**　Crassulacean acid metabolism　夜に葉や茎にある気孔が開いて，炭素が，四炭糖有機酸に変換される光合成プロセス．日中に気孔が閉じている間，その有機酸が脱炭酸化され，$C_3$ 型光合成により二酸化炭素が固定される．

**辺材**　sapwood　木部の組織を形成している部分．

**変水層**　metalimnion　表水層と深水層の中間にあたる水の層．

**変成岩**　metamorphic rock　熱や外部からの圧力にさらされたことで形成された，火成岩や堆積岩．

**偏西風**　westerlies　西から吹く地表近くの風．

**貿易風**　tradewinds　北緯 30 度～南緯 30 度の間にある，東方へ吹く風．

**飽差**　vapor pressure deficit　実際の水蒸気圧と，同じ温度における飽和水蒸気圧との差．蒸発が起こっている表面に近接した空気と，バルク大気の蒸気圧の差を表すこともあるが，厳密には両者は温度が異なる．

**放射活性ガス**　radiatively active gas　赤外線を吸収するガス（水蒸気，$CO_2$，$CH_4$，$N_2O$，クロロフルオロカーボン（CFCs）のような人工物）．

**放射照度**　irradiance　ある表面が受ける放射エネルギー束密度のこと．すなわち，単位時間あたりにある表面が受け取る放射エネルギーの量である．

**放射率**　emissivity　物体が放射線を射出するときの効率で，完全（黒体）放射体（係数は 1.0）に対する割合を示す．

**放牧草地**　grazing lawn　放牧家畜によって大量に植物を失うが，同時に排泄物として栄養も供給される状態にある，生産的な草原や湿地．

**飽和流**　saturated flow　重力による排水．

**ボーエン比**　Bowen ratio　潜熱フラックスに対する顕熱フラックスの比．

**母岩**　bedrock　土壌鉛直分布の底部にある未風化の岩石．

**母材**　parent material　風化によって土壌を生成する基となる，岩や基質．

**補償深度**　compensation depth　GPP と植物プランクトンの呼吸量が，水柱において釣り合った地点の深さ．

**補償点**　compensation point　葉における純光合成速度がゼロになったときの，気温や二酸化炭素濃度，光レベル（つまり，光合成と呼吸量が等しいということ）．

**圃場容水量**　field capacity　重力水が排水されたのちに，土壌に保持されている水の量．

**補助供給，サブシディ**　subsidy　ある生態系から別の生態系へエネルギーや養分が移動すること．異地性流入と類義.

**保水力**　water holding capacity　圃場容水量と永久しおれ点との土壌に含まれる水量の差.

**ホスファターゼ**　phosphatase　リン酸塩を含んだ化合物からリン酸に加水分解する酵素.

**ポドゾル**　podzol　「スポドソル」を参照.

**ボトムアップ制御**　bottom-up control　食物の量と質による消費者個体数の制御.

**ポリフェノール**　polyphenol　多様なフェニル基が付いた可溶性有機化合物.

**マグマ**　magma　地殻の岩石が融解したもの.

**マスフロー**　mass flow　土壌溶液の移動によって生じる溶質の輸送.

**マトリクス**　matrix　ある地形において優勢なパッチタイプのことをいう.

**マトリックポテンシャル**　matric potential　水ポテンシャルの構成要素で，水の吸着によるもの．つまり，圧力ポテンシャルの一成分とみなされる.

**実生バンク**　seedling bank　林冠の下に生育し，日陰ができるためあまり大きな成長はしていないが，林冠ギャップが生じると急速に成長する実生のこと.

**水の滞留時間**　water residence time　系内の水が置き換わるのに必要な時間.

**水飽和**　water-saturation　土壌のすべての細孔が水でふさがれた状態.

**水ポテンシャル**　water potential　土壌表面の水のポテンシャルエネルギー.

**水利用効率**　water use efficiency　水の損失に対するGPPの割合．累積蒸散量に対するNPPの割合として計算されることもある（成長水利用効率）.

**密度躍層**　pycnocline　湖や海洋で，水密度の鉛直勾配が比較的明瞭であるような領域.

**ミランコビッチサイクル**　Milankovitch cycle　地球の軌道（離心率，傾き，歳差）の規則的な変動によって起こる，地球への太陽光入射量の変化のサイクル.

**無機化**　mineralization　リターや土壌有機物の分解によって，炭素と養分が有機態から無機態へと変化すること．総無機化量とは，無機化（無機化した後固定化するかどうかは考慮しない）によって形成された養分の総量を表す．純無機化量とはある一定の期間において土壌中に存在する正味の無機養分の量を示す.

**無酸素性**　anoxic　酸素がない状態の～.

**明期**　photoperiod　日長．光周期.

**メタ個体群**　metapopulation　部分的に独立したサブ個体群で構成される種の個体群.

**メタン酸化菌**　methanotroph　メタンを消費する細菌.

**メタン生成菌**　methanogen　メタンを生産する細菌.

**木部**　xylem　植物内で水を伝達する組織.

**モリソル**　Mollisol　肥沃なA層が徐々にB層に変化する，有機物が豊富な土壌目.

**モンスーン**　Monsoon　陸風と海風の勢力の強弱が季節によって入れ替わる，熱帯もしくは亜熱帯の気流の系.

**焼畑農業**　swidden agriculture　「移動農業」を参照.

**湧昇**　upwelling　深層から中層の海水が上昇する動き．海岸付近で沖に向かって吹く風によって起こる.

**有用養分元素**　beneficial nutrient　特定の条件下や，特定の植物グループに対して成長を高める元素.

**輸送者**　transporter　細胞膜を通じてイオンの輸送を行う膜結合性タンパク質.

**陽イオン**　cation　正に帯電したイオン．カチオン.

**陽イオン交換能力**　cation exchange capacity　負に帯電した土壌無機鉱物の表面や有機物上で，陽イオンに交換する土壌の能力.

**溶解ポンプ**　solubility pump　$CO_2$が豊富な北大西洋と南極の海水の沈降によって，海表面から深海へと炭素が下降する流れ.

**要求**　demand　必要量．一プロセス（たとえば養分吸収）の速度を制御する.

**葉圏分解**　phyllosphere decomposition　老化期の前段階にあたる葉で起こる分解.

**溶存無機態炭素**　dissolved inorganic carbon　水に溶けた二酸化炭素，重炭酸塩，炭酸塩.

**溶存有機態炭素**　dissolved organic carbon　水に溶けた有機炭素.

**溶存有機態窒素**　dissolved organic nitrogen　水に溶けた有機窒素化合物.

**溶脱**　leaching　溶液が下方に移動する現象．樹冠から地中，土壌有機物から土壌溶液，ある土壌層から別の土壌層，地上部の生態系から地下水または水域生態系，などの例が挙げられる.

**葉肉細胞**　mesophyll cell　光合成を行う葉の細胞.

**陽斑**　sunfleck　低照度の拡散光下に，間欠的にごく短時間だけ差し込む直達光．サンフレック.

**養分，栄養塩**　nutrient　生物にとって必要な物質資源のうち，炭素，酸素，水以外のもの.

**養分移行**　trophic transfer　ある生物が別の生物に消費されることで生じるエネルギーや物質の流れ.

**養分循環**　nutrient cycling　生態系パッチ内における養分の無機化と吸収.

**養分スパイラル**　nutrient spiraling　枯死有機物，分解された養分や生物が渓流や河川などを動くときに起こる，無機化と養分の取り込みのこと．

**養分制限**　nutrient limitation　養分の供給が不十分なために植物の成長が制限されること．「至近制限栄養塩・究極制限栄養塩」を参照．

**養分生産力**　nutrient productivity　ある瞬間の，単位養分あたりの炭素獲得量の割合．

**養分摂取**　nutrient uptake　植物の根から養分が摂取されること．

**養分利用効率**　nutrient use efficiency　植物の単位養分あたりの成長率．リターフォールによるバイオマス消失に対する養分の割合．また，養分生産の滞留時間としても算出される．

**葉面積指数，LAI**　leaf area index　単位土地面積に対する，葉（たとえば，平坦な葉の片側一方）の総面積．

**陽葉**　sun leaf　強い日光に適応した葉や，強い日光に適した植物が生産した葉のこと．

**葉緑体**　chloroplast　光合成を行う細胞小器官．

**余剰生産**　surplus production　密度効果を考慮した魚類の自然増加量．

**落葉性**　deciduous　特定の環境的なきっかけで，葉を落とすこと．

**ラテライト**　laterite　「プリンサイト層」を参照．

**ラニーニャ**　La Niña　赤道付近の太平洋における，海表面の温度低下．南米周辺での冷たい海水の湧昇と，西太平洋での暖流に関連して起こる．

**乱流**　turbulence　空気や水の移動において不規則に異なる速度が生じていることで，それは拡散よりも熱や物質をより早く移動させる．機械的乱流は，粗い表面で空気塊の移動速度の低下が不均一になることで生じる．対流性乱流は，表面からの熱の移動で，空気の浮力が増加することで発生する．

**利害関係者**　stakeholder　方針や行動の結果によって影響を受ける人．

**陸風**　land breeze　夜間に陸から海に向かって吹く風のこと．夜間は海表面の温度のほうが高いために起こる．

**離心率**　eccentricity　太陽の周りをまわる地球の軌道の楕円性の程度．

**リター**　litter　損傷が少ない植物の遺体．落葉落枝．

**リターバッグ**　litterbag　有機堆積物の分解の割合を計測するために使用される網目状のバッグ．

**リターフォール**　litterfall　地上植物の一部が死んで落下すること．

**リービッヒの最小律**　Liebig's law of the minimum　植物の成長は，供給量が最も少ない養分によって制限される．他の養分は，供給量が最も少ない養分がある一定の制限値を超えた場合にのみ，制限をかけることになる．

**流域**　drainage basin　一連の大河川や渓流を通じて，排水される地表面のこと．集水域や分水界と類義．

**流下**　drift　無脊椎動物が流水に乗って下流へ移動すること．

**隆起**　uplift　地球の表面が上向きに変形すること．

**流出**　runoff　生態系から渓流や河川に水が流れ出ること．

**流水の**　lotic　流れる水による～．

**流程**　reach　渓流における区画．流路区間．

**量子収率**　quantum yield　吸収された量子に対し，実際に反応に使用された量子の割合．光反応曲線の最初の傾き．

**リン固定**　phosphorus fixation　強力な化学結合によって土壌中にリンが固定されること．

**林内雨**　throughfall　林冠から地面へ直接落ちる水．

**ルビスコ**　Rubisco　リブロース二リン酸カルボキシラーゼ．$C_3$ 型光合成において最初にカルボキシル化に対して触媒反応を起こす光合成酵素．

**レガシー**　legacy　現在の生態系機能に対して，過去のイベントが与える影響のこと．遺産．

**レジームシフト**　regime shift　まったく異なる構造やフィードバックを有する新たな状態へと，急速で大規模な変化を起こすこと．

**レジリエンス**　resilience　社会生態系システムが，ショックや摂動の後に，元どおりの構造，機能・フィードバックを取り戻す能力のこと．回復力．

**レス**　loess　主に風によって運ばれたシルトで形成される土壌．

**レッドフィールド比**　Redfield ratio　藻類に最適な成長をもたらすリンに対する窒素の割合（値は約 16）．

**連結性**　connectivity　景観の中のパッチ間における連結の程度．

**老化**　senescence　植物組織にプログラムされている衰弱現象．

**濾過食者**　filter feeder　水中に浮遊する物質を餌とする水生動物．

# 参考文献


Aber, J., W. McDowell, K. Nadelhoffer, A. Magill, G. Bernstson, et al. 1998. Nitrogen saturation in temperate forest ecosystems. *BioScience* 48: 921–934.

Aber, J.D., A. Magill, S.G. McNulty, R.D. Boone, K.J. Nadelhoffer, et al. 1995. Forest biogeochemistry and primary production altered by nitrogen saturation. *Water Air and Soil Pollution* 85: 1665–1670.

Adair, E.C., W.J. Parton, S.J. Del Grosso, W.L. Silver, M.E. Harmon, et al. 2008. A simple three-pool model accurately describes patterns of long-term, global litter decomposition in the Long-term Intersite Decomposition Experiment Team (LIDET) data set. *Global Change Biology* 14: 2636–2660.

Aerts, R. and F. Berendse. 1988. The effect of increased nutrient availability on vegetation dynamics in wet heathlands. *Vegetatio* 76: 63–69.

Aerts, R. 1995. Nutrient resorption from senescing leaves of perennials: Are there general patterns? *Journal of Ecology* 84: 597–608.

Aerts, R. 1997. Climate, leaf litter chemistry and leaf litter decomposition in terrestrial ecosystems: A triangular relationship. *Oikos* 79: 439–449.

Aerts, R. and F.S. Chapin, III. 2000. The mineral nutrition of wild plants revisited: A re-evaluation of processes and patterns. *Advances in Ecological Research* 30: 1–67.

Agrawal, A., A. Chhatre, and R. Hardin. 2008. Changing governance of the world's forests. *Science* 320: 1460–1462.

Ahrens, C.D. 1998. *Essentials of Meteorology: An Invitation to the Atmosphere.* 2nd edition. Wadsworth, Belmont, California.

Ainsworth, E.A. and S.P. Long. 2005. What have we learned from 15 years of free-air $CO_2$ enrichment (FACE)? A meta-analytic review of the responses of photosynthesis, canopy properties and plant production to rising $CO_2$. *New Phytologist* 165: 351–371.

Algesten, G., S. Sobek, A.K. Bergström, A. Ågren, L.J. Tranvik, et al. 2003. The role of lakes in organic carbon cycling in the boreal zone. *Global Change Biology* 10: 141–147.

Allan, J.D. and M.M. Castillo. 2007. *Stream Ecology: Structure and Function of Running Waters.* 2nd edition. Springer, Dordrecht.

Allen, J.L., S. Wesser, C.J. Markon, and K.C. Winterberger. 2006. Stand and landscape level effects of a major outbreak of spruce beetles on forest vegetation in the Copper River Basin, Alaska. *Forest Ecology and Management* 227: 257–266.

Allen, M.F. 1991. *The Ecology of Mycorrhizae.* Cambridge University Press, Cambridge.

Allison, S.D. 2006. Brown ground: A soil carbon analog for the Green World Hypothesis? *American Naturalist* 167: 619–627.

Alpert, P. 1996. Integrated conservation and development projects: Examples from Africa. *BioScience* 46: 845–855.

Altieri, M.A. 1990. Why study traditional agriculture? Pages 551–564 *in* C.R. Carrol, J.H. Vandermeer, and P.M. Rosset, editors. *Agroecology.* McGraw Hill, New York.

Amthor, J.S. 2000. The McCree-deWit-Penning de Vries-Thornley respiration paradigms: 30 years later. *Annals of Botany* 86: 1–20.

Amundson, R. and H. Jenny. 1997. On a state factor model of ecosystems. *BioScience* 47: 536–543.

Amundson, R., D.D. Richter, G.S. Humphreys, E.G. Jobbágy, and J. Gaillardet. 2007. Coupling between biota and earth materials in the critical zone. *Elements* 3: 327–332.

Anderson, R.V., D.C. Coleman, and C.V. Cole. 1981. Effects of saprotrophic grazing on net mineralisation. Pages 201–216 *in* F.E. Clark and T. Rosswall, editors. *Terrestrial Nitrogen Cycles: Processes, Ecosystem Strategies and Management Impacts.* Ecological Bulletins, Stockholm.

Andersson, T. 1991. Influence of stemflow and throughfall from common oak (*Quercus robur*) on soil chemistry and vegetation patterns. *Canadian Journal of Forest Research* 21: 917–924.

Archer, D., M. Eby, V. Brovkin, A. Ridgwell, L. Cao, et al. 2009. Atmospheric lifetime of fossil fuel carbon dioxide. *Annual Review of Earth and Planetary Science* 37: 117–134.

Armesto, J.J., R. Rozzi, and J. Caspersen. 2001. Temperate forests of North and South America. Pages 223–249 *in* F.S. Chapin, III, O.E. Sala, and E. Huber-Sannwald, editors. *Global Biodiversity in a Changing Environment: Scenarios for the 21st Century.* Springer-Verlag, New York.

Armitage, D., F. Berkes, and N. Doubleday, editors. 2007. *Adaptive Co-Management: Collaboration, Learning, and Multi-Level Governance.* University of British Columbia Press, Vancouver.

Arrow, K., L. Goulder, P. Dasgupta, G. Daily, P. Ehrlich, et al. 2004. Are we consuming too much? *Journal of Economic Perspectives* 18: 147–172.

Asner, G.P., D.E. Knapp, M.O. Jones, T. Kennedy-Bowdoin, R.E. Martin, et al. 2007. Carnegie Airborne Observatory: In-flight fusion of hyperspectral imaging and waveform light detection and ranging (wLiDAR) for three-dimensional studies of ecosystems. *Journal of Applied Remote Sensing* 1: DOI: 10.1117/1111.2794018.

Asner, G.P., G.V.N. Powell, J. Mascaro, D.E. Knapp, J.K. Clark, et al. 2010. High resolution forest carbon stocks and emissions in the Amazon. *Proceedings of the National Academy of Sciences, USA* 107: 16738–16742.

Aston, A.R. 1979. Rainfall interception by eight small trees.

*Journal of Hydrology* 42: 383–396.

Ataroff, M. and M.E. Naranjo. 2009. Interception of water by pastures of *Pennisetum clandestinum* Hochst ex Chiov. and *Melinus minutiflora* Beauv. *Agricultural and Forest Meteorology* 149: 1616–1620.

Ayres, E., H. Steltzer, B.L. Simmons, R.T. Simpson, J.M. Steinweg, et al. 2009. Home-field advantage accelerates leaf litter decomposition in forests. *Soil Biology and Biochemistry* 41: 606–610.

Ayres, M.P. and S.F. MacLean, Jr. 1987. Development of birch leaves and the growth energetics of *Epirrita autumnata* (Geometridae). *Ecology* 68: 558–568.

Ayres, M.P. 1993. Plant defense, herbivory, and climate change. Pages 75–94 *in* P.M. Kareiva, J.G. Kingsolver, and R.B. Huey, editors. *Biotic Interactions and Global Change.* Sinauer Assoc., Sunderland, MA.

Bailey, R.G. 1998. *Ecoregions: The Ecosystem Geography of the Oceans and Continents.* Springer-Verlag, New York.

Baines, S.B. and M.L. Pace. 1994. Sinking fluxes along a trophic gradient: Patterns and their implications for the fate of primary production. *Canadian Journal of Fisheries and Aquatic Sciences* 51: 25–36.

Baker, J.M., T.E. Ochsner, R.T. Veterea, and T.J. Griffis. 2007. Tillage and soil carbon sequestration. What do we really know? *Agriculture, Ecosystems & Environment* 118: 1–5.

Baldocchi, D., F.M. Kelliher, T.A. Black, and P.G. Jarvis. 2000. Climate and vegetation controls on boreal zone energy exchange. *Global Change Biology* 6 (Suppl. 1): 69–83.

Baldocchi, D., E. Falge, L. Gu, R. Olson, D. Hollinger, et al. 2001. FLUXNET: A new tool to study the temporal and spatial variability of ecosystem-scale carbon dioxide water vapor, and energy flux densities. *Bulletin of the American Meteorological Society* 82: 2415–2434.

Baldocchi, D.D. and J.S. Amthor. 2001. Canopy photosynthesis: History, measurements, and models.*in* J. Roy, B. Saugier, and H.A. Mooney, editors. *Terrestrial Global Productivity.* Academic Press, San Diego.

Baldocchi, D.D. 2003. Assessing the eddy covariance technique for evaluating carbon dioxide exchange rates of ecosystems: past, present and future. *Global Change Biology* 9: 479–492.

Baldocchi, D.D., L. Xu, and N. Kiang. 2004. How plant functional-type, weather, seasonal drought, and soil physical properties alter water and energy fluxes of an oak-grass savanna and an annual grassland. *Agricultural and Forest Meteorology* 123: 13–39.

Barber, S.A. 1984. *Soil Nutrient Bioavailability.* John Wiley & Sons, New York.

Barbier, E.B. 1987. The concept of sustainable economic development. *Environmental Conservation* 14: 101–110.

Barboza, P.S., K.L. Parker, and I.D. Hume. 2009. *Integrative Wildlife Nutrition.* Springer, Berlin.

Bardgett, R.D. 2005. *The Biology of Soil: A Community and Ecosystem Approach.* Oxford University Press, Oxford.

Bardgett, R.D., W.D. Bowman, R. Kaufmann, and S.K. Schmidt. 2005a. A temporal approach to linking aboveground and belowground ecology. *Trends in Ecology & Evolution* 20: 634–641.

Bardgett, R.D., M.B. Usher, and D.W. Hopkins, editors. 2005b. *Biological Diversity and Function in Soils.* Cambridge University Press, Cambridge.

Barrett, C.B. and P. Arcese. 1995. Are integrated conservation-development projects sustainable? On the conservation of large mammals in sub-Saharan Africa. *World Development* 23: 1073–1084.

Barron, A.R., N. Wurzburger, J.P. Bellenger, S.J. Wright, A.M.L. Kraepiel, et al. 2009. Molybdenum limitation of asymbiotic nitrogen fixation in tropical forest soils. *Nature Geoscience* 2: 42–45.

Barry, R.G. and R.J. Chorley. 2003. *Atmosphere, Weather and Climate.* 8th edition. Routledge, London.

Baskin, C.C. and J.M. Baskin. 1998. *Seeds: Ecology, Biogeography, and Evolution of Dormancy and Germination.* Academic Press, San Diego.

Bates, T.R. and J.P. Lynch. 1996. Stimulation of root hair elongation in *Arabidopsis thaliana* by low phosphorus availability. *Plant Cell and Environment* 19: 529–538.

Bayley, P.B. 1989. Aquatic environments in the Amazon Basin, with an analysis of carbon sources, fish production, and yield. Pages 399–408 *in* D.P. Dodge, editor. *Proceedings of the International Large River Symposium, Canadian Special Publications of Fisheries and Aquatic Sciences.*

Bazzaz, F.A. 1996. *Plants in Changing Environments. Linking Physiological, Population, and Community Ecology.* Cambridge University Press, Cambridge.

Beare, M.H., R.W. Parmelee, P.F. Hendrix, W. Cheng, D.C. Coleman, et al. 1992. Microbial and faunal interactions and effects on litter nitrogen and decomposition in agroecosystems. *Ecological Monographs* 62: 569–591.

Berendse, F. and R. Aerts. 1987. Nitrogen-use efficiency: A biologically meaningful definition? *Functional Ecology* 1: 293–296.

Berendse, F., R. Aerts, and R. Bobbink. 1993. Atmospheric nitrogen deposition and its impact on terrestrial ecosystems. Pages 104–121 *in* C.C. Vos and P. Opdam, editors. *Landscape Ecology of a Stressed Environment.* Chapman and Hall, London.

Berg, B. and H. Staaf. 1980. Decomposition rate and chemical changes of Scots pine needle litter. II. Influence of chemical composition. Pages 373–390 *in* T. Persson, editor. *Structure and Function of Northern Coniferous Forests: An Ecosystem Study.* Ecological Bulletins, Stockholm.

Berg, B., M.-B. Johansson, V. Meentemeyer, and W. Kratz. 1998. Decomposition of tree root litter in a climatic transect of coniferous forests in Northern Europe: A synthesis. *Scandinavian Journal of Forest Research* 13: 202–212.

Berg, B. and V. Meentemeyer. 2002. Litter quality in a north European transect vs. carbon storage potential. *Plant and Soil* 242: 83–92.

Bergh, J. and S. Linder. 1999. Effects of soil warming during spring on photosynthetic recovery in boreal Norway spruce stands. *Global Change Biology* 5: 245–253.

Berkes, F., J. Colding, and C. Folke, editors. 2003. *Navigating Social-Ecological Systems: Building Resilience for Complexity and Change.* Cambridge University Press, Cambridge.

Berkes, F., T.P. Hughes, and R.S. Steneck. 2006. Globalization, roving bandits, and marine resources. *Science* 311: 1557–1558.

Berkes, F. 2008. *Sacred Ecology: Traditional Ecological Knowledge and Resource Management.* 2nd edition.

Taylor & Francis, Philadelphia.

Berkes, F., G.P. Kofinas, and F.S. Chapin, III. 2009. Conservation, community, and livelihoods: Sustaining, renewing, and adapting cultural connections to the land. Pages 129-147 *in* F.S. Chapin, III, G.P. Kofinas, and C. Folke, editors. *Principles of Ecosystem Stewardship: Resilience-Based Natural Resource Management in a Changing World*. Springer, New York.

Berner, E.K., R.A. Berner, and K.L. Moulton. 2004. Plants and mineral weathering: Past and present. Pages 169-188 *in* J.I. Drever, editor. *Surface and Ground Water, Weathering, and Soils. Treatise on GeoChemistry 5*. Elsevier, San Diego.

Berner, R.A. 1997. The rise of plants and their effect on weathering and atmosphere $CO_2$. *Science* 276: 544-546.

Bernhardt, E.L., T.N. Hollingsworth, and F.S. Chapin, III. 2011. Fire severity mediates climate-driven shifts in understory composition of black spruce stands in interior Alaska. *Journal of Vegetation Science* 22: 32-44.

Berry, J. and O. Björkman. 1980. Photosynthetic response and adaptation to temperature in higher plants. *Annual Review of Plant Physiology* 31: 491-543.

Berry, W.L. 1970. Characteristics of salts secreted by *Tamarix aphylla*. *American Journal of Botany* 57: 1226-1230.

Beschta, R.L. and W.J. Ripple. 2009. Large predators and trophic cascades in terrestrial ecosystems in the western United States. *Biological Conservation* 142: 2401-2414.

Bettis, E.A., III, D.R. Muhs, H.M. Roberts, and A.G. Wintle. 2003. Last Glacial loess in the conterminous USA. *Quaternary Science Reviews* 22: 1907-1946.

Betts, A.K. and J.H. Ball. 1997. Albedo over the boreal forest. *Journal of Geophysical Research-Atmospheres* 102: 28901-28909.

Betts, E.F. and J.B. Jones. 2009. Impact of wildfire on stream nutrient chemistry and ecosystem metabolism in boreal forest catchments of interior Alaska. *Arctic, Antarctic, and Alpine Research* 41: 407-417.

Bhupinderpal-Singh, A. Nordgren, M.O. Lövfvenius, M.N. Högberg, P.-E. Mellander, et al. 2003. Tree root and soil heterotrophic respiration as revealed by girdling of boreal Scots pine forest: Extending observations beyond the first year. *Plant, Cell & Environment* 26: 1287-1296.

Biggs, B.J.F. 1996. Patterns in benthic algae of streams. Pages 31-56 *in* R.J. Stevenson, M.L. Bothwell, and R.L. Lowe, editors. *Algal Ecology*. Academic Press, San Diego.

Bilby, R.E. and G.E. Likens. 1980. Importance of organic debris dams in the structure and function of stream ecosystems. *Ecology* 61: 1107-1113.

Billen, G., J. Garnier, J. Némery, M. Sebilo, A. Sferratore, et al. 2007. Human activity and material fluxes in a regional river basin: The Seine River watershed. *Science of the Total Environment* 375: 80-97.

Billings, W.D. and H.A. Mooney. 1968. The ecology of arctic and alpine plants. *Biological Review* 43: 481-529.

Bird, M.I., J. Lloyd, and G.D. Farquhar. 1994. Terrestrial carbon storage at the LGM. *Nature* 371: 585.

Birkeland, P.W. 1999. *Soils and Geomorphology*. 3rd edition. Oxford University Press, New York.

Bloom, A.J., F.S. Chapin, III, and H.A. Mooney. 1985. Resource limitation in plants: An economic analogy. *Annual Review of Ecology and Systematics* 16: 363-392.

Bloom, A.J. and F.S. Chapin, III. 1981. Differences in steady-state net ammonium and nitrate influx by cold and warm-adapted barley varieties. *Plant Physiology* 68: 1064-11067.

Bohlen, P.J., S. Scheu, C.M. Hale, M.A. McLean, S. Migge, et al. 2004. Non-native invasive earthworms as agents of change in northern temperate forests. *Frontiers in Ecology and the Environment* 2: 427-435.

Bolin, B., P. Crutzen, P. Vitousek, R. Woodmansee, E. Goldberg, et al. 1983. Interactions of biogeochemical cycles. Pages 1-39 *in* B. Bolin and R. Cook, editors. *The Major Biogeochemical Cycles and Their Interactions*. Wiley, New York.

Bonan, G.B. 1993. Physiological controls of the carbon balance of boreal forest ecosystems. *Canadian Journal of Forest Research* 23: 1453-1471.

Bonan, G.B. 2008. *Ecological Climatology: Principles and Applications*. 2nd edition. Cambridge University Press, Cambridge.

Bond, W.J. 1993. Keystone species. Pages 237-253 *in* E.-D. Schulze and H.A. Mooney, editors. *Ecosystem Function and Biodiversity*. Springer-Verlag, Berlin.

Bond-Lamberty, B.P., S.D. Peckham, D.E. Ahl, and S.T. Gower. 2007. Fire as the dominant driver of central Canadian boreal forest carbon balance. *Nature* 450: 89.

Booth, M.G. and J.D. Hoeksema. 2010. Mycorrhizal networks counteract competitive effects of canopy trees on seedling survival. *Ecology* 91: 2294-2302.

Booth, M.S., J.M. Stark, and E.B. Rastetter. 2005. Controls on nitrogen cycling in terrestrial ecosystems: A synthetic analysis of literature data. *Ecological Monographs* 75: 139-157.

Borchert, R. 1994. Soil and stem water storage determine phenology and distribution of tropical dry forest trees. *Ecology* 75: 1437-1449.

Borer, E.T., E.W. Seabloom, J.B. Shurin, K.E. Anderson, C.A. Blanchette, et al. 2005. What determines the strength of a trophic cascade? *Ecology* 86: 528-537.

Bormann, B.T. and R.C. Sidle. 1990. Changes in productivity and distribution of nutrients in a chronosequence at Glacier Bay National Park, Alaska. *Journal of Ecology* 78: 561-578.

Bormann, B.T. and A.R. Kiester. 2004. Options forestry: Acting on uncertainty. *Journal of Forestry* 102: 22-27.

Bormann, F.H. and G.E. Likens. 1979. *Pattern and Process in a Forested Ecosystem*. Springer-Verlag, New York.

Bousquet, P., P. Cias, J.B. Miller, E.J. Dlugokenck, D.A. Houglustaine, et al. 2006. Contribution of anthropogenic and natural sources of atmospheric methane variability. *Nature* 443: 439-443.

Boyd, R.S. 2004. Ecology of metal hyperaccumulation. *New Phytologist* 162: 563-567.

Bradford, M.A., C.A. Davies, S.D. Frey, T.R. Maddox, J.M. Melillo, et al. 2008. Thermal adaptation of soil microbial respiration to elevated temperature. *Ecology Letters* 11: 1316-1327.

Bradley, B.A. and J.F. Mustard. 2005. Identifying land cover variability distinct from land cover change: Cheatgrass in the Great Basin. *Remote Sensing of Environment* 94: 204-213.

Bradshaw, A.D. 1983. The reconstruction of ecosystems. *Journal of Ecology* 20: 1-17.

Brady, N.C. and R.R. Weil. 2001. *The Nature and Properties of Soils*. 13th Edition edition. Prentice Hall, Upper Saddle

River, New Jersey.

Brady, N.C. and R.R. Weil. 2008. *The Nature and Properties of Soils*. 14th edition. Pearson Education, Inc., Upper Saddle River, NJ.

Bridgham, S.D., C.A. Johnston, J. Pastor, and K. Updegraff. 1995. Potential feedbacks of northern wetlands on climate change. *BioScience* 45: 262-274.

Brimblecombe, P. 2004. The global sulfur cycle. Pages 645-682 *in* W.H. Schlesinger, editor. *Biogeochemistry*. Elsevier, Amsterdam.

Brokaw, N.V.L. 1985. Gap-phase regeneration in a tropical forest. *Ecology* 66: 682-687.

Brooker, R.W. and T.V. Callaghan. 1998. The balance between positive and negative plant interactions and its relationship to environmental gradients: A model. *Oikos* 81: 196-207.

Brooks, M.L., C.M. D'Antonio, D.M. Richardson, J.B. Grace, J.E. Keeley, et al. 2004. Effects of invasive alien plants on fire regimes. *BioScience* 54: 677-688.

Brown, A.E., L. Zhang, T.A. McMahon, A.W. Western, and R.A. Vertessy. 2005. A review of paired catchment studies for determining changes in water yield resulting from alterations in vegetation. *Journal of Hydrology* 310: 28-61.

Brown, K. 2003. Integrating conservation and development: A case of institutional misfit. *Frontiers of Ecology and the Environment* 1: 479-487.

Bryant, J.P. and P.J. Kuropat. 1980. Selection of winter forage by subarctic browsing vertebrates: The role of plant chemistry. *Annual Review of Ecology and Systematics* 11: 261-285.

Bryant, J.P., F.S. Chapin, III, and D.R. Klein. 1983. Carbon/nutrient balance of boreal plants in relation to vertebrate herbivory. *Oikos* 40: 357-368.

Bump, J.K., K.B. Tischler, A.J. Schrank, R.O. Peterson, and J.A. Vucetich. 2009. Large herbivores and aquatic- terrestrial links in southern boreal forests. *Journal of Animal Ecology* 78: 338-345.

Burgess, S.S.O., M.A. Adams, N.C. Turner, and C.K. Ong. 1998. The redistribution of soil water by tree root systems. *Oecologia* 115: 306-311.

Burke, I.C., C.M. Yonker, W.J. Parton, C.V. Cole, K. Flach, et al. 1989. Texture, climate, and cultivation effects on soil organic matter content in U.S. grassland soils. *Soil Science Society of America Journal* 53: 800-805.

Burke, I.C., D.S. Schimel, C.M. Yonker, W.J. Parton, L.A. Joyce, et al. 1990. Regional modeling of grassland biogeochemistry using GIS. *Landscape Ecology* 4: 45-54.

Burke, I.C. and W.K. Lauenroth. 1995. Biodiversity at landscape to regional scales. Pages 304-311 *in* V.H. Heywood, editor. *Global Biodiversity Assessment*. Cambridge University Press, Cambridge.

Burke, I.C., W.K. Lauenroth, R. Riggle, P. Brannen, B. Madigan, et al. 1999. Spatial variability of soil properties in the shortgrass steppe: The relative importance of topography, grazing, microsite, and plant species in controlling spatial patterns. *Ecosystems* 2: 422-438.

Cabido, M.R. and M.R. Zak. 1999. *Vegetación del Norte de Córdoba*. Imprenta Nico, Córdoba, Argentina.

Cadenasso, M.L., S.T.A. Pickett, and K. Schwarz. 2007. Spatial heterogeneity in urban ecosystems: Reconceptualizing land cover and a framework for classification. *Frontiers in Ecology and the Environment* 5: 80-88.

Caldwell, M.M. and J.H. Richards. 1989. Hydraulic lift: Water efflux from upper roots improves effectiveness of water uptake from deep roots. *Oecologia* 79: 1-5.

Callaway, R.M. 1995. Positive interactions among plants. *Botanical Review* 61: 306-349.

Canadell, J., R.B. Jackson, J.R. Ehleringer, H.A. Mooney, O.E. Sala, et al. 1996. Maximum rooting depth of vegetation types at the global scale. *Oecologia* 108: 585-595.

Canadell, J.G., C. Le Quéré, M.R. Raupach, C.B. Field, E.T. Buitehuls, et al. 2007. Contributions to accelerating atmospheric $CO_2$ growth from economic activity, carbon intensity, and efficiency of natural sinks. *Proceedings of the National Academy of Sciences, USA* 104: 10288-10293.

Cardille, J.A. and M. Lambois. 2010. From the redwood forest to the Gulf Stream waters: human signature nearly ubiquitous in representative US landscapes. *Frontiers in Ecology and the Environment* 8: 130-134.

Cardinale, B.J., E. Duffy, D. Srivastava, M. Loreau, M. Thomas, et al. 2009. Towards a food-web perspective on biodiversity and ecosystem functioning Pages 105-120 *in* S. Naeem, D.E. Bunker, M. Loreau, A. Hector, and C. Perring, editors. *Biodiversity, Ecosystem Functioning, and Human Well-being: An Ecological and Economic Perspective*. Oxford University Press, New York.

Carmack, E. and D.C. Chapman. 2003. Wind-driven shelf/basin exchange on an Arctic shelf: The joint roles of ice cover extent and shelf-break bathymetry. *Geophysical Research Letters* 30: 1778, doi: 1710.1029/2003GL017526.

Carpenter, S.R., J.F. Kitchell, and J.R. Hodgson. 1985. Cascading trophic interactions and lake productivity. *BioScience* 35: 634-639.

Carpenter, S.R., S.G. Fisher, N.B. Grimm, and J.F. Kitchell. 1992. Global change and freshwater ecosystems. *Annual Review of Ecology and Systematics* 23: 119-139.

Carpenter, S.R., N.F. Caraco, D.L. Correll, R.W. Howarth, A.N. Sharpley, et al. 1998. Nonpoint pollution of surface waters with phosphorus and nitrogen. *Ecological Applications* 9: 559-568.

Carpenter, S.R. and M.G. Turner. 2000. Hares and tortoises: Interactions of fast and slow variables in ecosystems. *Ecosystems* 3: 495-497.

Carpenter, S.R., J.J. Hodgson, J.F. Kitchell, M.L. Pace, D. Bade, et al. 2001. Trophic cascades, nutrients, and lake productivity: Whole-lake experiments. *Ecological Monographs* 71: 163-186.

Carpenter, S.R. 2003. *Regime Shifts in Lake Ecosystems: Pattern and Variation*. International Ecology Institute, Lodendorf/Luhe, Germany.

Carpenter, S.R., E.M. Bennett, and G.D. Peterson. 2006. Scenarios for ecosystem services: An overview. *Ecology and Society* 11: http: //www.ecologyandsociety.org/vol11/iss11/art29/.

Carpenter, S.R. and W.A. Brock. 2006. Rising variance: A leading indicator of ecological transition. *Ecology Letters* 9: 308-315.

Carpenter, S.R. and C. Folke. 2006. Ecology for transformation. *Trends in Ecology & Evolution* 21: 309-315.

Carpenter, S.R. and R. Biggs. 2009. Freshwaters: Managing across scales in space and time. Pages 197-220 *in* F.S. Chapin, III, G.P. Kofinas, and C. Folke, editors. *Principles of Ecosystem Stewardship: Resilience-Based Natural Resource Management in a Changing World*. Springer,

New York.
Carson, R. 1962. *Silent Spring*. Crest, New York.
Cerling, T.E. 1999. Paleorecords of $C_4$ plants and ecosystems. Pages 445–469 *in* R.F. Sage and R.K. Monson, editors. *$C_4$ Plant Biology*. Academic Press, San Diego.
Chabot, B.F. and D.J. Hicks. 1982. The ecology of leaf life spans. *Annual Review of Ecology and Systematics* 13: 229–259.
Chadwick, O.A., L.A. Derry, P.M. Vitousek, B.J. Huebert, and L.O. Hedin. 1999. Changing sources of nutrients during 4 million years of soil and ecosystem development. *Nature* 397: 491–497.
Chambers, J.Q., G.P. Asner, D.C. Morton, L.O. Anderson, S.S. Saatchi, et al. 2007. Regional ecosystem structure and function: Ecological insights from remote sensing of tropical forests. *Trends in Ecology & Evolution* 22: 414–423.
Chambers, S. 1998. *Short- and Long-Term Effects of Clearing Native Vegetation for Agricultural Purposes*. PhD. Flinders University of South Australia, Adelaide, Australia.
Chambers, S. and F.S. Chapin, III. 2002. Fire effects on surface-atmosphere energy exchange in Alaskan black spruce ecosystems: Implications for feedbacks to regional climate. *Journal of Geophysical Research* 108: 8145, doi: 8110.1029/2001JD000530.
Chambers, S., J. Beringer, J. Randerson, and F.S. Chapin, III. 2005. Fire effects on net radiation and energy partitioning: Contrasting responses of tundra and boreal forest ecosystems. *Journal of Geophysical Research – Atmospheres* 110: D09106.
Chapin, F.S., III. 1980. The mineral nutrition of wild plants. *Annual Review of Ecology and Systematics* 11: 233–260.
Chapin, F.S., III and G.R. Shaver. 1985. Individualistic growth response of tundra plant species to environmental manipulations in the field. *Ecology* 66: 564–576.
Chapin, F.S., III, K. Van Cleve, and P.R. Tryon. 1986a. Relationship of ion absorption to growth rate in taiga trees. *Oecologia* 69: 238–242.
Chapin, F.S., III, P.M. Vitousek, and K. Van Cleve. 1986b. The nature of nutrient limitation in plant communities. *American Naturalist* 127: 48–58.
Chapin, F.S., III, N. Fetcher, K. Kielland, K.R. Everett, and A.E. Linkins. 1988. Productivity and nutrient cycling of Alaskan tundra: Enhancement by flowing soil water. *Ecology* 69: 693–702.
Chapin, F.S., III. 1989. The cost of tundra plant structures: Evaluation of concepts and currencies. *American Naturalist* 133: 1–19.
Chapin, F.S., III, E.-D. Schulze, and H.A. Mooney. 1990. The ecology and economics of storage in plants. *Annual Review of Ecology and Systematics* 21: 423–448.
Chapin, F.S., III. 1991a. Integrated responses of plants to stress. *BioScience* 41: 29–36.
Chapin, F.S., III. 1991b. Effects of multiple environmental stresses on nutrient availability and use. Pages 67–88 *in* H.A. Mooney, W.E. Winner, and E.J. Pell, editors. *Response of Plants to Multiple Stresses*. Academic Press, San Diego.
Chapin, F.S., III and L. Moilanen. 1991. Nutritional controls over nitrogen and phosphorus resorption from Alaskan birch leaves. *Ecology* 72: 709–715.
Chapin, F.S., III. 1993a. Physiological controls over plant establishment in primary succession. Pages 161–178 *in* J. Miles and D.W.H. Walton, editors. *Primary Succession*. Blackwell Scientific Publishers, Ltd., Oxford.
Chapin, F.S., III. 1993b. Functional role of growth forms in ecosystem and global processes. Pages 287–312 *in* J.R. Ehleringer and C.B. Field, editors. *Scaling Physiological Processes: Leaf to Globe*. Academic Press, San Diego.
Chapin, F.S., III, L. Moilanen, and K. Kielland. 1993. Preferential use of organic nitrogen for growth by a non-mycorrhizal arctic sedge. *Nature* 361: 150–153.
Chapin, F.S., III, L.R. Walker, C.L. Fastie, and L.C. Sharman. 1994. Mechanisms of primary succession following deglaciation at Glacier Bay, Alaska. *Ecological Monographs* 64: 149–175.
Chapin, F.S., III, G.R. Shaver, A.E. Giblin, K.G. Nadelhoffer, and J.A. Laundre. 1995. Response of arctic tundra to experimental and observed changes in climate. *Ecology* 76: 694–711.
Chapin, F.S., III, M.S. Torn, and M. Tateno. 1996. Principles of ecosystem sustainability. *American Naturalist* 148: 1016–1037.
Chapin, F.S., III, B.H. Walker, R.J. Hobbs, D.U. Hooper, J.H. Lawton, et al. 1997. Biotic control over the functioning of ecosystems. *Science* 277: 500–504.
Chapin, F.S., III, W. Eugster, J.P. McFadden, A.H. Lynch, and D.A. Walker. 2000a. Summer differences among arctic ecosystems in regional climate forcing. *Journal of Climate* 13: 2002–2010.
Chapin, F.S., III, E.S. Zavaleta, V.T. Eviner, R.L. Naylor, P.M. Vitousek, et al. 2000b. Consequences of changing biotic diversity. *Nature* 405: 234–242.
Chapin, F.S., III, P.A. Matson, and H.A. Mooney. 2002. *Principles of Terrestrial Ecosystem Ecology*. Springer-Verlag, New York.
Chapin, F.S., III. 2003. Effects of plant traits on ecosystem and regional processes: A conceptual framework for predicting the consequences of global change. *Annals of Botany* 91: 455–463.
Chapin, F.S., III and V.T. Eviner. 2004. Biogeochemistry of terrestrial net primary production. Pages 215–247 *in* W.H. Schlesinger, editor. *Treatise on Geochemistry*. Elsevier, Amsterdam.
Chapin, F.S., III, M. Sturm, M.C. Serreze, J.P. McFadden, J.R. Key, et al. 2005. Role of land-surface changes in arctic summer warming. *Science* 310: 657–660.
Chapin, F.S., III, G.M. Woodwell, J.T. Randerson, G.M. Lovett, E.B. Rastetter, et al. 2006a. Reconciling carbon-cycle concepts, terminology, and methods. *Ecosystems* 9: 1041–1050.
Chapin, F.S., III, J. Yarie, K. Van Cleve, and L.A. Viereck. 2006b. The conceptual basis of LTER studies in the Alaskan boreal forest. Pages 3–11 *in* F.S. Chapin, III, M.W. Oswood, K. Van Cleve, L.A. Viereck, and D.L. Verbyla, editors. *Alaska's Changing Boreal Forest*. Oxford University Press, New York.
Chapin, F.S., III, J.T. Randerson, A.D. McGuire, J.A. Foley, and C.B. Field. 2008. Changing feedbacks in the earth-climate system. *Frontiers in Ecology and the Environment* 6: 313–320.
Chapin, F.S., III. 2009. Managing ecosystems sustainably: The key role of resilience. Pages 29–53 *in* F.S. Chapin, III, G.P. Kofinas, and C. Folke, editors. *Principles of Ecosystem Stewardship: Resilience-Based Natural*

*Resource Management in a Changing World*. Springer, New York.

Chapin, F.S., III, G.P. Kofinas, and C. Folke, editors. 2009. *Principles of Ecosystem Stewardship: Resilience- Based Natural Resource Management in a Changing World*. Springer, New York.

Chapin, F.S., III, S.R. Carpenter, G.P. Kofinas, C. Folke, N. Abel, et al. 2010. Ecosystem stewardship: Sustainability strategies for a rapidly changing planet. *Trends in Ecology & Evolution* 25: 241-249.

Charney, J.G., W.J. Quirk, S.-H. Chow, and J. Kornfield. 1977. A comparative study of effects of albedo change on drought in semiarid regions. *Journal of Atmospheric Sciences* 34: 1366-1385.

Chase, T.N., R.A. Pielke, Sr., T.G.F. Kittel, R.R. Nemani, and S.W. Running. 2000. Simulated impacts of historical land cover changes on global climate in northern winter. *Climate Dynamics* 16: 93-105.

Chazdon, R.L. and N. Fetcher. 1984. Photosynthetic light environments in a lowland rain forest in Costa Rica. *Journal of Ecology* 72: 553-564.

Chazdon, R.L. and R.W. Pearcy. 1991. The importance of sunflecks for forest understory plants. *BioScience* 41: 760-766.

Chen, J., J.F. Franklin, and T.A. Spies. 1995. Growing- season microclimatic gradients from clearcut edges into old-growth Douglas-fir forests. *Ecological Applications* 5: 74-86.

Chen, Y.-H. and R.G. Prinn. 2006. Estimation of atmospheric methane emission between 1996-2001 using a 3-D global chemical transport model. *Journal of Geophysical Research - Atmospheres* 110: D10307, doi: 10310.11029/12005JD006058.

Cheng, W., Q. Zhang, D.C. Coleman, C.R. Carroll, and C.A. Hoffman. 1996. Is available carbon limiting microbial respiration in the rhizosphere? *Soil Biology and Biochemistry* 28: 1283-1288.

Cheng, W., D.W. Johnson, and S. Fu. 2003. Rhizosphere effects on decomposition. *Soil Science Society of America Journal* 67: 1418-1427.

Cherry, K.A., M. Shepherd, P.J.A. Withers, and S.J. Mooney. 2008. Assessing the effectiveness of actions to mitigate nutrient loss from agriculture: A review of methods. *Science of the Total Environment* 406: 1-23.

Chetkiewicz, C.-L.B., C.C. St. Clair, and M.S. Boyce. 2006. Corridors for conservation: integrating pattern and process. *Annual Review of Ecology, Evolution and Systematics* 37: 317-342.

Chivers, M.R., M.R. Turetsky, J.M. Waddington, J.W. Harden, and A.D. McGuire. 2009. Effects of experimental water table and temperature manipulations on ecosystem $CO_2$ fluxes in an Alaskan boreal peatland. *Ecosystems* 12: 1329-1342.

Choi, Y.D. 2007. Restoration ecology to the future: A call for a new paradigm. *Restoration Ecology* 15: 351-353.

Christensen, N.L., A.M. Bartuska, J.H. Brown, S. Carpenter, C. D'Antonio, et al. 1996. The report of the Ecological Society of America committee on the scientific basis for ecosystem management. *Ecological Applications* 6: 665-691.

Church, M. 2002. Geomorphic thresholds in riverine landscapes. *Freshwater Biology* 47: 541-557.

Ciais, P., P.P. Tans, M. Trolier, J.W.C. White, and R.J. Francey. 1995. A large northern hemisphere terrestrial $CO_2$ sink indicated by the $^{13}C/^{12}C$ ratio of atmospheric $CO_2$. *Nature* 269: 1098-1102.

Ciais, P., I. Janssens, A. Shvidenko, C. Wirth, Y. Malhi, et al. 2005a. The potential for rising $CO_2$ to account for the observed uptake of carbon by tropical, temperate and boreal forest biomes. Pages 109-150 *in* H. Griffith and P. Jarvis, editors. *The Carbon Balance of Forest Biomes*. Taylor and Francis, Milton Park, UK.

Ciais, P., M. Reichstein, N. Viovy, A. Granier, J. Ogée, et al. 2005b. Europe-wide reduction in primary productivity caused by heat and drought in 2003. *Nature* 437: 529-533.

Ciais, P., A.V. Borges, G. Abril, M. Meybeck, G. Folberth, et al. 2008. The lateral carbon pump and the European carbon balance. Pages 341-360 *in* A.J. Dolman, R. Valentini, and A. Freibauer, editors. *The Continental-Scale Greenhouse Gas Balance of Europe*. Springer-Verlag, New York.

Clarholm, M. 1985. Interactions of bacteria, protozoa and plants leading to mineralization of soil nitrogen. *Soil Biology and Biochemistry* 17: 181-187.

Clark, D.A., S. Brown, D.W. Kicklighter, J.Q. Chambers, J.R. Thomlinson, et al. 2001. Measuring net primary production in forests: Concepts and field methods. *Ecological Applications* 11: 356-370.

Clark, W.C. and N.M. Dickson. 2003. Sustainability science: The emerging research program. *Proceedings of the National Academy of Sciences, USA* 100: 8059-8061.

Clark, W.C. and L. Holliday. 2006. *Linking Knowledge with Action for Sustainable Development: The Role of Program Management*. National Academies Press, Washington.

Clarkson, D.T. 1985. Factors affecting mineral nutrient acquisition by plants. *Annual Review of Plant Physiology* 36: 77-115.

Clay, K. 1990. Fungal endophytes of grasses. *Annual Review of Ecology and Systematics* 21: 275-297.

Clein, J.S. and J.P. Schimel. 1994. Reduction in micro- bial activity in birch litter due to drying and rewetting events. *Soil Biology and Biochemistry* 26: 403-406.

Clein, J.S., B.L. Kwiatkowski, A.D. McGuire, J.E. Hobbie, E.B. Rastetter, et al. 2000. Modeling carbon responses of tundra ecosystems to historical and projected climate: A comparison of a plot- and a global-scale ecosystem model to identify process-based uncertainties. *Global Change Biology* 6(Suppl. 1): 127-140.

Clements, F.E. 1916. *Plant Succession: An Analysis of the Development of Vegetation*. Carnegie Institution of Washington Publication 242, Washington, D. C.

Cleveland, C.C. and D. Liptzin. 2007. C: N: P stoichiometry in soil: Is there a "Redfield ratio" for the microbial biomass? *Biogeochemistry* 85: 235-252.

Codispoti, L.A. 2010. Interesting times for marine $N_2O$. *Science* 327: 1339-1340.

Cody, M.L. and H.A. Mooney. 1978. Convergence versus nonconvergence in mediterranean-climate ecosys tems. *Annual Review of Ecology and Systematics* 9: 265-321.

Cohen, J.E. 1994. Marine and continental food webs: Three paradoxes. *Philosophical Transactions of the Royal Society of London, Series B* 343: 57-69.

COHMAP. 1988. Climatic changes of the last 18,000 years: Observations and model simulations. *Science* 241: 1043-

1052.
Cole, J.J., N.F. Caracao, G.W. Kling, and T.K. Kratz. 1994. Carbon dioxide supersaturation in the surface waters of lakes. *Science* 265: 1568–1570.
Cole, J.J., Y.T. Prairie, N.F. Caraco, W.H. McDowell, L.J. Tranvik, et al. 2007. Plumbing the global carbon cycle: Integrating inland waters into the terrestrial carbon budget. *Ecosystems* 10: 171–184.
Coleman, D.C. 1994. The microbial loop concept as used in terrestrial soil ecology studies. *Microbial Ecology* 28: 245–250.
Coleman, J. 1990. *Foundations of Social Theory*. Harvard University Press, Cambridge, MA.
Coley, P.D., J.P. Bryant, and F.S. Chapin, III. 1985. Resource availability and plant anti-herbivore defense. *Science* 230: 895–899.
Coley, P.D. 1986. Costs and benefits of defense by tannins in a neotropical tree. *Oecologia* 70: 238–241.
Comeleo, R.L., J.F. Paul, P.V. August, J. Copeland, C. Baker, et al. 1996. Relationships between watershed stressors and sediment contamination in Chesapeake Bay estuaries. *Landscape Ecology* 11: 307–319.
Connell, J.H. and R.O. Slatyer. 1977. Mechanisms of succession in natural communities and their role in community stability and organization. *American Naturalist* 111: 1119–1114.
Cornelissen, J.H.C. 1996. An experimental comparison of leaf decomposition rates in a wide range of temperate plant species and types. *Journal of Ecology* 84: 573–582.
Correll, D.L. 1997. Buffer zones and water quality protection: General principles.*in* N.E. Haycock, T.P. Burt, K.W.T. Goulding, and G. Pinay, editors. *Buffer Zones: Their Processes and Potential in Water Protection*. Quest Environmental, Harpenden.
Costa, M.H. and J.A. Foley. 1999. Trends in the hydro- logical cycle of the Amazon basin. *Journal of Geophysical Research* 104: 14189–14198.
Costanza, R. and H. Daly. 1992. Natural capital and sustainable development. *Conservation Biology* 6: 37–46.
Cottingham, K.L., B.L. Brown, and J.T. Lennon. 2001. Biodiversity may regulate the temporal variability of ecological processes. *Ecology Letters* 4: 72–85.
Coûteaux, M.-M., P. Bottner, and B. Berg. 1995. Litter decomposition, climate and litter quality. *Trends in Ecology & Evolution* 10: 63–66.
Cowles, H.C. 1899. The ecological relations of the vegetation on the sand dunes of Lake Michigan. *Botanical Gazette* 27: 95–117.
Craine, J.M., D.A. Wedin, and F.S. Chapin, III. 1999. Predominance of ecophysiological over environmental controls over $CO_2$ flux in a Minnesota grassland. *Plant and Soil* 207: 77–86.
Craine, J.M. and P.B. Reich. 2005. Leaf-level light compensation points are lower in shade-tolerant woody seedlings: Evidence from a synthesis of 115 species. *New Phytologist* 166: 710–713.
Craine, J.M., C. Morrow, and W.D. Stock. 2008. Nutrient concentration ratios and co-limitation of aboveground production by nitrogen and phosphorus in Kruger National Park, South Africa. *New Phytologist* 179: 829–836.
Craine, J.M. 2009. *Resource Strategies of Wild Plants*. Princeton University Press, Princeton.
Cramer, W., A. Bondeau, F.I. Woodward, I.C. Prentice, R.A. Betts, et al. 2001. Global response of terrestrial ecosystem structure and function to $CO_2$ and climate change: Results from six dynamic global vegetation models. *Global Change Biology* 7: 357–373.
Crews, T.E., K. Kitayama, J.H. Fownes, R.H. Riley, D.A. Herbert, et al. 1995. Changes in soil phosphorus fractions and ecosystem dynamics across a long chronosequence in Hawaii. *Ecology* 76: 1407–1424.
Crocker, R.L. and J. Major. 1955. Soil development in relation to vegetation and surface age at Glacier Bay, Alaska. *Journal of Ecology* 43: 427–448.
Croll, D.A., J.L. Maron, J.A. Estes, E.M. Danner, and G.V. Byrd. 2005. Introduced predators transform subarctic islands from grassland to tundra. *Science* 307: 1959–1961.
Crowley, T.J. 1995. Ice-age terrestrial carbon changes revisited. *Global Biogeochemical Cycles* 9: 377–389.
Crutzen, P.J. 2002. Geology of mankind. *Nature* 415: 23.
Cunningham, S.A., B. Summerhayes, and M. Westoby. 1999. Evolutionary divergences in leaf structure and chemistry, comparing rainfall and soil nutrient gradients. *Ecological Monographs* 69: 569–588.
Currie, W.S., M.E. Harmon, I.C. Burke, S.C. Hart, W.J. Parton, et al. 2010. Cross-biome transplants of plant litter over a decade reveal both extension and limitation of the climate-litter quality paradigm. *Global Change Biology* 16: 1744–1761.
Curtis, P.S. and X. Wang. 1998. A meta-analysis of elevated $CO_2$ effects on woody plant mass, form, and physiology. *Oecologia* 113: 299–313.
Cyr, H. and M.L. Pace. 1993. Magnitude and patterns of herbivory in aquatic and terrestrial ecosystems. *Nature* 343: 148–150.
D'Antonio, C.M. and P.M. Vitousek. 1992. Biological invasions by exotic grasses, the grass-fire cycle, and global change. *Annual Review of Ecology and Systematics* 23: 63–87.
Daily, G.C. 1997. *Nature's Services: Societal Dependence on Natural Ecosystems*. Island Press, Washington.
Daily, G.C., T. Soderqvist, S. Aniyar, K. Arrow, P. Dasgupta, et al. 2000. Ecology: The value of nature and the nature of value. *Science* 289: 395–396.
Dale, V.H., S. Brown, R. Haeuber, N.T. Hobbs, N. Huntly, et al. 2000. Ecological principles and guidelines for managing the use of land. *Ecological Applications* 10: 639–670.
Dasgupta, P. 2001. *Human Well-Being and the Natural Environment*. Oxford University Press, Oxford.
Davidson, E.A., P.A. Matson, P.M. Vitousek, R. Riley, K. Dunkin, et al. 1993. Process regulation of soil emissions of NO and $N_2O$ in a seasonally dry tropical forest. *Ecology* 74: 130–139.
Davidson, E.A., C.J.R. de Carvalho, I.C.G. Vieira, R.D. Figueiredo, P. Moutinho, et al. 2004. Nitrogen and phosphorus limitation of biomass growth in a tropical secondary forest. *Ecological Applications* 14: 150–163.
Davidson, E.A. and I.A. Janssens. 2006. Temperature sensitivity of soil carbon decomposition and feedbacks to climate change. *Nature* 440: 165–173.
Davies, W.J. and J. Zhang. 1991. Root signals and the regulation of growth and development of plants in drying soil. *Annual Review of Plant Physiology and Molecular Biology* 42: 55–76.
Davis, M.B., R.R. Calcote, S. Sugita, and H. Takahara. 1998.

Patchy invasion and the origin of a hemlockhardwood forest mosaic. *Ecology* 79: 2641–2659.

Davis, S.M. and J.C. Ogden, editors. 1994. *Everglades: The Ecosystem and Its Restoration.* St Lucie, Delray Beach, Florida.

Dawson, T.E. 1993. Water sources of plants as determined from xylem-water isotopic composition: Perspectives on plant competition, distribution, and water relations. Pages 465–496 *in* J.R. Ehleringer, A.E. Hall, and G.D. Farquhar, editors. *Stable Isotopes and Plant Carbon-Water Relations.* Academic Press, San Diego.

Dawson, T.E. and T.W. Siegwolf. 2007. *Stable Isotopes as Indicators of Ecological Change.* Academic Press-Elsevier, San Diego.

De Deyn, G.B., J.H.C. Cornelissen, and R.D. Bardgett. 2008. Plant functional traits and soil carbon sequestration in contrasting biomes. *Ecology Letters* 11: 516–531.

de Vries, W., S. Solberg, M. Dobbertin, H. Sterba, D. Laubhann, et al. 2009. The impact of nitrogen deposition on carbon sequestration by European forests and heathlands. *Forest Ecology and Management* 258: 1814–1823.

Dean, W.E. and E. Gorham. 1998. Magnitude and significance of carbon burial in lakes, reservoirs, and peatlands. *Geology* 26: 535–538.

DeAngelis, D.L. and W.M. Post. 1991. Positive feedback and ecosystem organization. Pages 155–178 *in* M. Higashi and T.P. Burns, editors. *Theoretical Studies of Ecosystems: The Network Perspective.* Cambridge University Press, Cambridge.

DeAngelis, D.L., L.J. Gross, M.A. Huston, W.F. Wolff, D.M. Fleming, et al. 1998. Landscape modeling for Everglades ecosystem restoration. *Ecosystems* 1: 64–75.

Del Grosso, S.J., W.J. Parton, A.R. Mosier, D.S. Ojima, A.E. Kulmala, et al. 2000. General model for $N_2O$ and $N_2$ gas emissions from soils due to denitrification. *Global Biogeochemical Cycles* 14: 1045–1060.

Delmas, R., C. Jambert, and Serga. 1997. Global inventory of $NO_x$ sources. *Nutrient Cycling in Agroecosystems* 48: 51–60.

Demming-Adams, B. and W.W. Adams. 1996. The role of xanthophyll cycle carotenoids in the protection of photosynthesis. *Trends in Plant Sciences* 1: 21–26.

Detling, J.K., D.T. Winn, C. Procter-Gregg, and E.L. Painter. 1980. Effects of simulated grazing by belowground herbivores on growth, $CO_2$ exchange, and carbon allocation patterns of *Bouteloua gracilis. Journal of Applied Ecology* 17: 771–778.

Detling, J.K. 1988. Grasslands and savannas: Regulation of energy flow and nutrient cycling by herbivores. Pages 131–148 *in* L.R. Pomeroy and J.J. Alberts, editors. *Concepts of Ecosystem Ecology.* Springer-Verlag, New York.

Díaz, R.J. and R. Rosenberg. 2008. Spreading dead zones and consequences for marine ecosystems. *Science* 321: 926–929.

Díaz, S. and M. Cabido. 2001. Vive la différence: Plant functional diversity matters to ecosystem processes. *Trends in Ecology & Evolution* 16: 646–655.

Díaz, S., J. Fargione, F.S. Chapin, III, and D. Tilman. 2006. Biodiversity loss threatens human well-being. *Plant Library of Science (PLoS)* 4: 1300–1305.

Diener, E. and M.E.P. Seligman. 2004. Beyond money: Toward an economy of well-being. *Psychological Science in the Public Interest* 5: 1–31.

Dietrich, W.E. and J.T. Perron. 2006. The search for a topographic signature of life. *Nature* 439: 411–418.

Dietz, T., E. Ostrom, and P.C. Stern. 2003. The struggle to govern the commons. *Science* 302: 1907–1912.

Dijkstra, F.A., J.B. West, S.E. Hobbie, and P.B. Reich. 2009. Antagonistic effects of species on C respiration and net N mineralization in soils from mixed coniferous plantations. *Forest Ecology and Management* 257: 1112–1118.

Dimitrakopoulos, P.G. and B. Schmid. 2004. Biodiversity effects increase linearly with biotope space. *Ecology Letters* 7: 574–583.

Dingman, S.L. 2001. *Physical Hydrology.* 2nd edition. Prentice Hall, Upper Saddle River, NJ.

Dirzo, R. and A. Miranda. 1991. Altered patterns of herbivory and diversity in the forest understory: A case study of the possible consequences of contemporary defaunation. Pages 273–287 *in* P.W. Price, T.M. Lewinsohn, G.W. Fernandes, and W.W. Benson, editors. *Plant-Animal Interactions: Evolutionary Ecology in Tropical and Temperate Regions.* Wiley, New York.

Dobson, A.P., A.D. Bradshaw, and A.J.M. Baker. 1997. Hopes for the future: Restoration ecology and conservation biology. *Science* 277: 515–522.

Dokuchaev, V.V. 1879. Abridged historical account and critical examination of the principal soil classifications existing. *Transactions of the Petersburg Society of Naturalists* 1: 64–67.

Doney, S.C., V.J. Fabry, R.A. Feely, and J.A. Kleypas. 2009. Ocean acidification: The other $CO_2$ problem. *Annual Review of Marine Science* 1: 169–192.

Downing, J.A. and E. McCauley. 1992. The nitrogen: phosphorus relationship in lakes. *Limnology and Oceanography* 37: 936–945.

Downing, J.A., Y.T. Prairie, J.J. Cole, C.M. Duarte, L.J. Tranvik, et al. 2006. The global abundance and size distribution of lakes, ponds, and impoundments. *Limnology and Oceanography* 51: 2388–2397.

Drake, B.G., G. Peresta, E. Beugeling, and R. Matamala. 1996. Long-term elevated $CO_2$ exposure in a Chesapeake Bay wetland: Ecosystem gas exchange, primary production, and tissue nitrogen. Pages 197–214 *in* G.W. Koch and H.A. Mooney, editors. *Carbon Dioxide and Terrestrial Ecosystems.* Academic Press, San Diego.

Driscoll, C.T., G.B. Lawrence, A.J. Bulger, T.J. Butler, C.S. Cronan, et al. 2001. Acidic deposition in the northeastern United States: Sources and inputs, ecosystem effects and management strategies. *BioScience* 51: 180–198.

Driscoll, C.T., D. Whitall, J. Aber, E. Boyer, M. Castro, et al. 2003. Nitrogen pollution in the northeastern United States: Sources, effects, and management opitons. *BioScience* 53: 357–374.

Dugdale, R.C. and J.J. Goering. 1967. Uptake of new and regenerated forms of nitrogen in primary productivity. *Limnology and Oceanography* 12: 196–206.

Dugdale, R.C. 1976. Nutrient cycles. Pages 141–172 *in* D.H. Cushing and J.J. Walsh, editors. *The Ecology of the Seas.* W. B. Saunders, Philadelphia.

Dugdale, R.C., F.P. Wilkerson, and H.J. Minas. 1995. The role of a silicate pump in driving new production. *Deep Sea Research (Part I, Oceanographic Research Papers)* 42: 697–719.

Dunne, T., L.A.K. Mertes, R.H. Meade, J.E. Richey, and B.R.

Forsberg. 1998. Exchanges of sediment between the flood plain and channel of the Amazon River in Brazil. *Geological Society of America Bulletin* 110: 450-467.

Easterlin, R.A. 2001. Income and happiness: Towards a unified theory. *The Economic Journal* 111: 465-484.

Edwards, E.J. and S.A. Smith. 2010. Phylogenetic analyses reveal the shady history of $C_4$ grasses. *Proceedings of the National Academy of Sciences, USA* 107: 2532-2537.

Egler, F.E. 1954. Vegetation science concepts. I. Initial floristic composition, a factor in old-field vegetation development. *Vegetatio* 4: 414-417.

Ehleringer, J.R. and H.A. Mooney. 1978. Leaf hairs: Effects on physiological activity and adaptive value to a desert shrub. *Oecologia* 37: 183-200.

Ehleringer, J.R. and C.B. Osmond. 1989. Stable isotopes. Pages 281-300 *in* R.W. Pearcy, J. Ehleringer, H.A. Mooney, and P.W. Rundel, editors. *Plant Physiological Ecology: Field Methods and Instrumentation.* Chapman and Hall, London.

Ehleringer, J.R. 1993. Carbon and water relations in desert plants: An isotopic perspective. Pages 155-172 *in* J.R. Ehleringer, A.E. Hall, and G.D. Farquhar, editors. *Stable Isotopes and Plant Carbon-Water Relations.* Academic Press, San Diego.

Ehleringer, J.R. and C.B. Field, editors. 1993. *Scaling Physiological Processes: Leaf to Globe.* Academic Press, San Diego.

Ehleringer, J.R., A.E. Hall, and G.D. Farquhar, editors. 1993. *Stable Isotopes and Plant Carbon-Water Relations.* Academic Press, San Diego.

Ehleringer, J.R., N. Buchmann, and L.B. Flanagan. 2000. Carbon isotope ratios in belowground carbon cycle processes. *Ecological Applications* 10: 412-422.

Ellenberg, H. 1978. *Vegetation von Mittleuropa.* Eugen Ulmer, Stuttgart.

Ellenberg, H. 1979. Man's influence on tropical mountain ecosystems in South-America: 2nd Tansley lecture. *Journal of Ecology* 67: 401-416.

Ellis, E.C. and N. Ramankutty. 2008. Putting people on the map: Anthropogenic biomes of the world. *Frontiers in Ecology and the Environment* 6: 439-447.

Elmqvist, T., C. Folke, M. Nyström, G. Peterson, J. Bengtsson, et al. 2003. Response diversity, ecosystem change, and resilience. *Frontiers in Ecology and the Environment* 1: 488-494.

Elser, J.J., W.F. Fagan, R.F. Denno, D.R. Dobberfuhl, A. Folarin, et al. 2000. Nutritional constraints in terrestrial and freshwater food webs. *Nature* 408: 578-580.

Elser, J.J., M.E.S. Bracken, E. Cleland, D.S. Gruner, W.S. Harpole, et al. 2007. Global analysis of nitrogen and phosphorus limitation of primary producers in fresh- water, marine and terrestrial ecosystems. *Ecology Letters* 10: 1135-1142.

Elton, C.S. 1927. *Animal Ecology.* Macmillan, New York.

Enquist, B.J., A.J. Kerkhoff, S.C. Stark, N.G. Swenson, M.C. McCarthy, et al. 2007. A general integrative model for scaling plant growth, carbon flux, and functional trait spectra. *Nature* 449: 218-222.

Enríquez, S., C.M. Duarte, and K. Sand-Jensen. 1993. Patterns in decomposition rates among photosynthetic organisms: The importance of detritus C: N: P content. *Oecologia* 94: 457-471.

Erisman, J.W., A. Bleeker, A. Hensen, and A. Vermeulen. 2008. Agricultural air quality in Europe and the future perspective. *Atmospheric Environment* 42: 3209-3217.

Estes, J.A. and J.F. Palmisano. 1974. Sea otters: Their role in structuring nearshore communities. *Science* 185: 1058-1060.

Estes, J.A., M.T. Tinker, T.M. Williams, and D.F. Doak. 1998. Killer whale predation on sea otters linking oceanic and nearshore ecosystems. *Science* 282: 473-476.

Eugster, W., W.R. Rouse, R.A. Pielke, J.P. McFadden, D.D. Baldocchi, et al. 2000. Land-atmosphere energy exchange in arctic tundra and boreal forest: Available data and feedbacks to climate. *Global Change Biology* 6 (Suppl. 1): 84-115.

Euskirchen, E.S., A.D. McGuire, D.W. Kicklighter, Q. Zhuang, J.S. Clein, et al. 2006. Importance of recent shifts in soil thermal dynamics on growing season length, productivity, and carbon sequestration in terrestrial high-latitude ecosystems. *Global Change Biology* 12: 731-750.

Euskirchen, E.S., A.D. McGuire, and F.S. Chapin, III. 2007. Energy feedbacks to the climate system due to reduced high latitude snow cover during 20th century warming. *Global Change Biology* 13: 2425-2438.

Euskirchen, E.S., A.D. McGuire, F.S. Chapin, III, S. Yi, and C.C. Thompson. 2009. Changes in vegetation in northern Alaska under scenarios of climate change, 2003-2100: Implications for climate feedbacks. *Ecological Applications* 19: 1022-1043.

Evans, J.R. 1989. Photosynthesis and nitrogen relationships in leaves of $C_3$ plants. *Oecologia* 78: 9-19.

Evans, L.T. 1980. The natural history of crop yield. *American Scientist* 68: 388-397.

Eviner, V.T. and F.S. Chapin, III. 2001. Plant species provide vital ecosystem functions for sustainable agriculture, rangeland management and restoration. *California Agriculture* 55: 54-59.

Eviner, V.T. and F.S. Chapin, III. 2003. Functional matrix: A conceptual framework for predicting multiple plant effects on ecosystem processes. *Annual Review of Ecology and Systematics* 34: 455-485.

Eviner, V.T. and F.S. Chapin, III. 2005. Selective gopher disturbance influences plant species effects on nitrogen cycling. *Oikos* 109: 154-166.

Eviner, V.T. and C.V. Hawkes. 2008. Embracing variability in the application of plant-soil interactions to the restoration of communities and ecosystems. *Restoration Ecology* 16: 713-729.

Ewel, J.J. 1986. Designing agricultural ecosystems for the humid tropics. *Annual Review of Ecology and Systematics* 17: 245-271.

Ewing, H.A., K.C. Weathers, P.H. Templer, T.E. Dawson, M.K. Firestone, et al. 2009. Fog water and ecosystem function: Heterogeneity in a California redwood for- est. *Ecosystems* 12: 417-433.

Fahey, T., C. Bledsoe, R. Day, R. Ruess, and A. Smucker. 1998. *Fine Root Production and Demography.* CRC Press, Boca Raton, FL.

Fahey, T.J., T.G. Siccama, C.T. Driscoll, G.E. Likens, J.L. Campbell, et al. 2005. The biogeochemistry of carbon at Hubbard Brook. *Biogeochemistry* 75: 109-176.

Fahrig, L. and G. Merriam. 1985. Habitat patch connectivity and population survival. *Ecology* 66: 1762-1768.

Falkenmark, M. and J. Rockström. 2004. *Balancing Water for Humans and Nature: The New Approach in*

*Ecohydrology*. Earthscan, London.

Falkowski, P.G., R.T. Barber, and V. Smetacek. 1998. Biogeochemical controls and feedbacks on ocean primary production. *Science* 281: 200–206.

Falkowski, P.G. 2000. Rationalizing elemental ratios in unicellular algae. *Journal of Phycology* 36: 3–6.

Falkowski, P.G., R.J. Scholes, E. Boyle, J. Canadell, D. Canfield, et al. 2000. The global carbon cycle: A test of our knowlege of Earth as a system. *Science* 290: 291–296.

Fan, S., M. Gloor, J. Mahlman, S. Pacala, J. Sarmiento, et al. 1998. A large terrestrial carbon sink in North America implied by atmospheric and oceanic carbon dioxide data and models. *Science* 282: 442–446.

Fargione, J. and D. Tilman. 2005. Niche differences in phenology and rooting depth promote coexistence with a dominant $C_4$ bunchgrass *Oecologia* 143: 598–606.

Farquhar, G.D. and T.D. Sharkey. 1982. Stomatal conductance and photosynthesis. *Annual Review of Plant Physiology* 33: 317–345.

Fastie, C.L. 1995. Causes and ecosystem consequences of multiple pathways of primary succession at Glacier Bay, Alaska. *Ecology* 76: 1899–1916.

Fasullo, J.T. and K.E. Trenberth. 2008. The annual cycle of the energy budget. Part II: Meridional structures and poleward transport. *Journal of Climate* 21: 2313–2325.

Federov, A.V. and S.G. Philander. 2000. Is El Niño changing? *Science* 288: 1997–2002.

Feely, R.A., C.L. Sabine, K. Lee, W. Berelson, J. Kleyas, et al. 2004. Impact of anthropogenic $CO_2$ on the $CaCO_3$ system in the oceans. *Science* 305: 362–366.

Feeny, P.P. 1970. Seasonal changes in oak leaf tannins and nutrients as cause of spring feeding by winter moth caterpillars. *Ecology* 51: 565–581.

Fenchel, T. 1994. Microbial ecology on land and sea. *Philosophical Transactions of the Royal Society of London, Series B* 343: 51–56.

Feng, Z., R. Liu, D.L. DeAngelis, J.P. Bryant, K. Kielland, et al. 2009. Plant toxicity, adaptive herbivory, and plant community dynamics. *Ecosystems* 12: 534–547.

Fenn, M.E., M.A. Poth, J.D. Aber, J.S. Baron, B.T. Bormann, et al. 1998. Nitrogen excess in North American ecosystems: Predisposing factors, ecosystem responses and management strategies. *Ecological Applications* 8: 706–733.

Fenner, M. 1985. *Seed Ecology*. Chapman and Hall, London.

Field, C. 1983. Allocating leaf nitrogen for the maximization of carbon gain: Leaf age as a control on the allocation program. *Oecologia* 56: 341–347.

Field, C. and H.A. Mooney. 1986. The photosynthesis-nitrogen relationship in wild plants. Pages 25–55 *in* T.J. Givnish, editor. *On the Economy of Plant Form and Function*. Cambridge University Press, Cambridge.

Field, C., F.S. Chapin, III, P.A. Matson, and H.A. Mooney. 1992. Responses of terrestrial ecosystems to the changing atmosphere: A resource-based approach. *Annual Review of Ecology and Systematics* 23: 201–235.

Field, C.B. 1991. Ecological scaling of carbon gain to stress and resource availability. Pages 35–65 *in* H.A. Mooney, W.E. Winner, and E.J. Pell, editors. *Integrated Responses of Plants to Stress*. Academic Press, San Diego.

Field, C.B., D.B. Lobell, H.A. Peters, and N.R. Chiariello. 2007. Feedbacks of terrestrial ecosystems to climate change. *Annual Review of Environment and Resources* 32: 1–29.

Fierer, N., J.M. Craine, K. McLauchghan, and J.P. Schimel. 2005. Litter quality and the temperature sensitivity of decomposition. *Ecology* 86: 320–326.

Fierer, N., M. Breitbart, J. Nulton, P. Salamon, C. Lozupone, et al. 2007. Metagenomic and small-sub-unit rRNA analyses reveal the genetic diversity of bacteria, Archaea, fungi, and viruses in soil. *Applied & Environmental Microbiology* 73: 7059–7066.

Fierer, N., A.S. Grandy, J. Six, and E.A. Paul. 2009a. Searching for unifying principles in soil ecology. *Soil Biology and Biochemistry* 41: 2249–2256.

Fierer, N., M.S. Strickland, D. Liptzin, M.A. Bradford, and C.C. Cleveland. 2009b. Global patterns in belowground communities. *Ecology Letters* 12: 1238–1249.

Findlay, S.E.G., J.L. Tank, S. Dye, H.M. Valett, P.J. Mulholland, et al. 2002. A cross-system comparison of bacterial and fungal biomass in detritus pools of headwater streams. *Microbial Ecology* 43: 55–66.

Finlay, J.C., S. Khandwala, and M.E. Power. 2002. Spatial scales of carbon flow in a river food web. *Ecology* 83: 1845–1859.

Finlay, J.C. 2011. Stream size and human influences on ecosystem production in river networks. Ecosphere 2(7): artXX. doi: 10.1890/ES11-00071.1.

Finlay, R.D. 2008. Ecological aspects of mycorrhizal symbiosis: With special emphasis on the functional diversity of interactions involving the extraradical mycelium. *Journal of Experimental Botany* 59: 1115–1126.

Firestone, M.K. and E.A. Davidson. 1989. Microbiological basis of NO and $N_2O$ production and consumption in soil. Pages 7–21 *in* M.O. Andreae and D.S. Schimel, editors. *Exchange of Trace Gases Between Terrestrial Ecosystems and the Atmosphere*. John Wiley and Sons, Ltd., New York.

Fisher, R.F. and D. Binkley. 2000. *Ecology and Management of Forest Soils*. $3^{rd}$ edition. John Wiley & Sons, Inc., New York.

Fisher, S.G., L.J. Gray, N.B. Grimm, and D.E. Busch. 1982. Temporal succession in a desert stream ecosystem following flash flooding. *Ecological Monographs* 52: 92–110.

Fisher, S.G., N.B. Grimm, E. Martí, R.M. Holmes, and J.B. Jones, Jr. 1998. Material spiraling in stream corridors: A telescoping ecosystem model. *Ecosystems* 1: 19–34.

Flanagan, P.W. and A.K. Veum. 1974. Relationships between respiration, weight loss, temperature, and moisture in organic residues on tundra. Pages 249–277 *in* A.J. Holding, O.W. Heal, S.F. Maclean, Jr., and P.W. Flanagan, editors. *Soil Organisms and Decomposition in Tundra*. Tundra Biome Steering Committee, Stockholm.

Flanagan, P.W. and K. Van Cleve. 1983. Nutrient cycling in relation to decomposition and organic matter quality in taiga ecosystems. *Canadian Journal of Forest Research* 13: 795–817.

Flannery, T.F. 1994. *The Future Eaters*. Reed Books, Victoria.

Flynn, K.J. 2003. Do we need complex mechanistic phytoacclimation models for phytoplankton? *Limnology and Oceanography* 48: 2243–2249.

Fog, K. 1988. The effect of added nitrogen on the rate of decomposition of organic matter. *Biological Review* 63: 433–462.

Foley, J.A., J.E. Kutzbach, M.T. Coe, and S. Levis. 1994. Feedbacks between climate and boreal forests during the Holocene epoch. *Nature* 371: 52–54.

Foley, J.A., I.C. Prentice, N. Ramankutty, S. Levis, D. Pollard, et al. 1996. An integrated biosphere model of land surface processes, terrestrial carbon balance, and vegetation dynamics. *Global Biogeochemical Cycles* 10: 603–628.

Foley, J.A., M.T. Coe, M. Scheffer, and G. Wang. 2003a. Regime shifts in the Sahara and Sahel: Interactions between ecological and climatic systems in Northern Africa. *Ecosystems* 6: 524–539.

Foley, J.A., M.H. Costa, C. Delire, N. Ramankutty, and P. Snyder. 2003b. Green surprise? How terrestrial ecosystems could affect earth's climate. *Frontiers of Ecology and the Environment* 1: 38–44.

Foley, J.A., R. DeFries, G.P. Asner, C. Barford, G. Bonan, et al. 2005. Global consequences of land use. *Science* 309: 570–574.

Folke, C., M. Hammer, R. Costanza, and A. Jansson. 1994. Investing in natural capital: Why, what, and how? Pages 1–20 *in* A. Jansson, M. Hammer, C. Folke, and R. Costanza, editors. *Investing in Natural Capital.* Island Press, Washington.

Folland, C.K., T.R. Karl, J.R. Christy, R.A. Clarke, G.V. Gruza, et al. 2001. Observed climate variability and change. Pages 99–181 *in* J.T. Houghton, Y. Ding, D.J. Griggs, M. Noguer, P.J. van der Linden, et al., editors. *Climate Change 2001: The Scientific Basis.* Cambridge University Press, Cambridge.

Forman, R.T.T. 1995. *Land Mosaics: The Ecology of Landscapes and Regions.* Cambridge University Press, Cambridge.

Fornara, D.A. and D. Tilman. 2008. Plant functional composition influences rates of soil carbon and nitrogen accumulation. *Journal of Ecology* 96: 314–322.

Foster, D.R. 1988. Disturbance history, community organization and vegetation dynamics of the old-growth Pisgah Forest, southwestern New Hampshire. *Journal of Ecology* 76: 105–134.

Foster, D.R., D.A. Orwig, and J.S. McLachlan. 1996. Ecological and conservation insights from reconstructive studies of temperate old-growth forests. *Trends in Ecology & Evolution* 11: 419–424.

Foster, D.R., B. Donahue, D. Kittredge, K.F. Lambert, M. Hunter, et al. 2010. *Wildlands and Woodlands: A Vision for the New England Landscape.* Harvard University, Petersham, MA.

Francis, R.C. 1990. Fisheries science and modeling: A look to the future. *Natural Resource Modeling* 4: 1–10.

Frank, D.A. 2006. Large herbivores in heterogeneous grassland ecosystems. Pages 326–347 *in* K. Danell, R. Bergström, P. Duncan, and J. Pastor, editors. *Large Mammalian Herbivores, Ecosystem Dynamics, and Conservation.* Cambridge University Press, Cambridge.

Frank, D.A. 2008. Ungulate and topographic control of nitrogen: phosphorus stoichiometry in a temperate grassland: Soils, plants and mineralization rates. *Oikos* 117: 591–601.

Frank, D.A., T. Depriest, K. McLauchlan, and A. Risch. 2011. Topographic and ungulate regulation of soil C turnover in a temperate trassland ecosystem. *Global Change Biology* 17: 495–504.

Franklin, J.F., D.R. Berg, D.A. Thornburgh, and J.C. Tappeiner. 1997. Alternative silvicultural approaches to timber harvesting: Variable retention harvest systems. Pages 111–140 *in* K.A. Kohm and J.F. Franklin, editors. *Creating a Forestry for the 21st Century: The Science of Ecosystem Management.* Island Press, Washington.

Freemark, K.E. and H.G. Merriam. 1986. Importance of area and habitat heterogeneity to bird assemblages in temperate forest fragments. *Biological Conservation* 31: 95–105.

Frelich, L.E. and P.B. Reich. 2009. Will environmental change reinforce the impact of global warming on the prairie-forest border of central North America? *Frontiers in Ecology and the Environment.*

Freschet, G.T., J.H.C. Cornelissen, R.S.P. van Longtestijn, and R. Aerts. 2010. Evidence of the 'plant economics spectrum' in a subarctic flora. *Journal of Ecology* 98: 362–373.

Fretwell, S.D. 1977. The regulation of plant communities by food chains exploiting them. *Perspectives in Biology and Medicine* 20: 169–185.

Friedl, G. and A. Wüest. 2002. Disrupting biogeochemical cycles: Consequences of damming. *Aquatic Sciences* 64: 55–65.

Frost, T.M., S.R. Carpenter, A.R. Ives, and T.K. Kratz. 1995. Species compensation and complementarity in ecosystem function. Pages 224–239 *in* C.G. Jones and J.H. Lawton, editors. *Linking Species and Ecosystems.* Chapman and Hall, New York.

Fung, I.Y., C.J. Tucker, and K.C. Prentice. 1987. Application of advanced very high resolution radiometer vegetation index to study atmosphere-biosphere exchange of $CO_2$. *Journal of Geophysical Research* 92D: 2999–3015.

Gabriel, H.W. and G.F. Tande. 1983. *A Regional Approach to Fire History in Alaska.* BLM-Alaska Technical Report 9, U.S.D.I. Bureau of Land Management.

Galloway, J.N., W.H. Schlesinger, H. Levy, II, A. Michaels, and J.L. Schnoor. 1995. Nitrogen fixation: Anthropogenic enhancement-environmental response. *Global Biogeochemical Cycles* 9: 235–252.

Galloway, J.N. 1996. Anthropogenic mobilization of sulfur and nitrogen: Immediate and delayed consequences. *Annual Review of Energy in the Environment* 21: 261–292.

Galloway, J.N., J.D. Aber, J.W. Erisman, S.P. Seitzinger, R.W. Howarth, et al. 2003. The nitrogen cascade. *BioScience* 53: 341–356.

Galloway, J.N., F.J. Dentener, D.G. Capone, E.W. Boyer, R.W. Howarth, et al. 2004. Nitrogen cycles: Past, present, and future. *Biogeochemistry* 70: 153–226.

Gardner, R.H., B.T. Milne, M.G. Turner, and R.V. O'Neil. 1987. Neutral models for the analysis of broad-scale landscape pattern. *Landscape Ecology* 1: 19–28.

Gardner, W.R. 1983. Soil properties and efficient water use: An overview. Pages 45–64 *in* H.M. Taylor, W.R. Jordan, and T.R. Sinclair, editors. *Limitations to Efficient Water Use in Crop Production.* American Society of Agronomy, Madison.

Garnier, E. 1991. Resource capture, biomass allocation and growth in herbaceous plants. *Trends in Ecology & Evolution* 6: 126–131.

Gartner, T.B. and Z.G. Cardon. 2004. Decomposition dynamics in mixed-species leaf litter. *Oikos* 104: 230–246.

Gessner, M.O., C.M. Swan, C.K. Dang, B.G. McKie, R.D.

Bardgett, et al. 2010. Diversity meets decomposition. *Trends in Ecology & Evolution* 25: 325–331.

Gholz, H.L., D.A. Wedin, S.M. Smitherman, M.E. Harmon, and W.J. Parton. 2000. Long-term dynamics of pine and hardwood litter in contrasting environments: Toward a global model of decomposition. *Global Change Biology* 6: 751–765.

Gilichinsky, D., T. Vishnivetskaya, M. Petrova, E. Spirina, V. Mamykin, et al. 2008. Bacteria in permafrost. Pages 83–102 *in* R. Margesin, F. Schinner, J.-C. Marx, and C. Gerday, editors. *Psychrophiles: From Biodiversity to Biotechnology.* Springer-Verlag, Berlin.

Gill, J.L., J.W. Williams, S.T. Jackson, K.B. Lininger, and G.S. Robinson. 2009. Pleistocene megafaunal collapse, novel plant communities, and enhanced fire regimes in North America. *Science* 326: 1100–1103.

Giller, P.S. and B. Malmqvist. 1998. *The Biology of Streams and Rivers.* Oxford University Press, Oxford.

Gilliam, F.S., T.R. Seastedt, and A.K. Knapp. 1987. Canopy rainfall interception and throughfall in burned and unburned tallgrass prairie. *Southwestern Naturalist* 32: 267–271.

Ginn, W.J. 2005. *Investing in Nature: Case Studies of Land Conservation in Collaboration with Business.* Island Press, Washington.

Gleason, H.A. 1926. The individualistic concept of the plant association. *Bulletin of the Torrey Botanical Club* 53: 7–26.

Gleick, P.H. 1998. *The World's Water 1998–1999. The Biennial Report on Freshwater Resources.* Island Press, Washington.

Goetz, S.J., A.G. Bunn, G.A. Fiske, and R.A. Houghton. 2005. Satellite-observed photosynthetic trends across boreal North America associated with climate and fire disturbance. *Proceedings of the National Academy of Sciences, USA* 102: 13521–13525.

Gollan, T., N.C. Turner, and E.D. Schulze. 1985. The responses of stomata and leaf gas exchange to vapor pressure deficits and soil water content. III. In the sclerophyllous woody species *Nerium oleander. Oecologia* 65: 356–362.

Golley, F. 1961. Energy values of ecological materials. *Ecology* 42: 581–584.

Golley, F.B. 1993. *A History of the Ecosystem Concept in Ecology: More than the Sum of the Parts.* Yale University Press, New Haven.

Goode, J.G., R.J. Yokelson, D.E. Ward, R.A. Susott, R.E. Babbitt, et al. 2000. Measurements of excess $O_3$, $CO_2$, CO, $CH_4$, $C_2H_4$, $C_2H_2$, HCN, NO, $NH_3$, HCOOH, $CH_3COOH$, HCHO, and $CH_3OH$ in 1997 Alaskan biomass burning plumes by airborne Fourier transform infrared spectroscopy (AFTIR). *Journal of Geophysical Research* 105: 22147–22166.

Gorham, E. 1991. Biogeochemistry: Its origins and development. *Biogeochemistry* 13: 199–239.

Gosz, J.R. 1991. Fundamental ecological characteristics of landscape boundaries. Pages 8–30 *in* M.M. Holland, P.G. Risser, and R.J. Naiman, editors. *Ecotones: The Role of Landscape Boundaries in the Management and Restoration of Changing Environments.* Chapman and Hall, New York.

Goulden, M.L., J.W. Munger, S.-M. Fan, B.C. Daube, and S.C. Wofsy. 1996. $CO_2$ exchange by a deciduous forest: Response to interannual climate variability. *Science* 271: 1576–1578.

Goulder, L.H. and D. Kennedy. 1997. Valuing ecosystem services: Philosophical bases and empirical methods. Pages 23–48 *in* G.C. Daily, editor. *Nature's Services: Societal Dependence on Natural Ecosystems.* Island Press, Washington, D. C.

Gower, S.T., C.J. Kucharik, and J.M. Norman. 1999. Direct and indirect estimation of leaf area index, f(APAR), and net primary production of terrestrial ecosystems. *Remote Sensing of the Environment* 70: 29–51.

Gower, S.T. 2002. Productivity of terrestrial ecosystems. Pages 516–521 *in* H.A. Mooney and J. Canadell, editors. *Encyclopedia of Global Change.* Blackwell Scientific, Oxford.

Graedel, T.E. and P.J. Crutzen. 1995. *Atmosphere, Climate, and Change.* Scientific American Library, New York.

Graetz, R.D. 1991. The nature and significance of the feedback of change in terrestrial vegetation on global atmospheric and climatic change. *Climatic Change* 18: 147–173.

Graham, R.T. 2003. *Hayman Fire Case Study. General Technical Report RMRS-GTR-114.* U.S. Forest Service. Rocky Mountain Research Station, Ogden, UT.

Green, M.B. and J.C. Finlay. 2010. Patterns of hydrologic control over stream water total nitrogen to phosphorus ratios. *Biogeochemistry* 99: 15–30.

Grigulis, K., S. Lavorel, I.D. Davies, A. Dossantos, F. Lloret, et al. 2005. Landscape-scale positive feedbacks between fire and expansion of the large tussock grass, *Ampelodesmos mauritanica,* in Catalan shrublands. *Global Change Biology* 11: 1042–1053.

Grim, R.E. 1968. *Clay Mineralogy.* McGraw-Hill, New York.

Grime, J.P. and R. Hunt. 1975. Relative growth rate: Its range and adaptive significance in a local flora. *Journal of Ecology* 63: 393–422.

Grime, J.P., G. Mason, A.V. Curtis, J. Rodman, S.R. Band, et al. 1981. A comparative study of germination characteristics in a local flora. *Journal of Ecology* 69: 1017–1059.

Grime, J.P. 1998. Benefits of plant diversity to ecosystems: Immediate, filter and founder effects. *Journal of Ecology* 86: 902–910.

Grime, J.P., V.K. Brown, K. Thompson, G.J. Masters, S.H. Hillier, et al. 2000. The response of two contrasting limestone grasslands to simulated climate change. *Science* 289: 762–765.

Grime, J.P. 2001. *Plant Strategies, Vegetation Processes, and Ecosystem Properties.* John Wiley & Sons, Chichester, UK.

Grime, J.P., J.D. Fridley, A.P. Askew, K. Thompson, J.G. Hodgson, et al. 2008. Long-term resistance to simulated climate change in an infertile grassland. *Proceedings of the National Academy of Sciences, USA* 105: 10029–10032.

Grimm, N.B. and K.C. Petrone. 1997. Nitrogen fixation in a desert stream ecosystem. *Biogeochemistry* 37: 33–61.

Groendahl, L., T. Fribort, and H. Soegaard. 2007. Temperature and snow-melt controls on interannual variability in carbon exchange in the high Arctic. *Theoretical and Applied Climatology* 88: 111–125.

Gross, M.R., R.M. Coleman, and R.M. McDowell. 1988. Aquatic productivity and the evolution of diadromous fish migration. *Science* 239: 1291–1293.

Grove, J.M. 2009. Cities: Managing densely settled social-ecological systems. Pages 281–294 *in* F.S. Chapin, III, G.P. Kofinas, and C. Folke, editors. *Principles of Ecosystem Stewardship: Resilience-Based Natural Resource Management in a Changing World*. Springer, New York.

Gruber, N. and J.N. Galloway. 2008. An Earth-system perspective of the global nitrogen cycle. *Nature* 451: 293–296.

Guenther, A., C. Hewitt, D. Erickson, R. Fall, C. Geron, et al. 1995. A global model of natural volatile organic compound emissions. *Journal of Geophysical Research* 100D: 8873–8892.

Guildford, S.J. and R.E. Hecky. 2000. Total nitrogen, total phosphorus, and nutrient limitation in lakes and oceans: Is there a common relationship? *Limnology and Oceanography* 45: 1213–1223.

Gulis, V. and K. Suberkropp. 2003. Effect of inorganic nutrients on relative contributions of fungi and bacteria to carbon flow from submerged decomposing leaf litter. *Microbial Ecology* 45: 11–19.

Gulledge, J., A. Doyle, and J. Schimel. 1997. Different $NH_4^+$-inhibition patterns of soil $CH_4$ consumption: A result of distinct $CH_4$ oxidizer populations across sites? *Soil Biology and Biochemistry* 29: 13–21.

Gulmon, S.L. and H.A. Mooney. 1986. Costs of defense on plant productivity. Pages 681–698 *in* T.J. Givnish, editor. *On the Economy of Plant Form and Function*. Cambridge University Press, Cambridge, U.K.

Gurney, K.R., R.M. Law, A.S. Denning, P.J. Rayner, D. Baker, et al. 2002. Towards robust regional estimates of $CO_2$ sources and sinks using atmospheric transport models. *Nature* 415: 626–630.

Güsewell, S. 2004. N: P ratios in terrestrial plants: Variation and functional significance. *New Phytologist* 164: 243–266.

Gutierrez, J.R. and W.G. Whitford. 1987. Chihuahuan desert annuals: Importance of water and nitrogen. *Ecology* 68: 2032–2045.

Haberl, H., K.H. Erb, F. Krausmann, V. Gaube, A. Bondeau, et al. 2007. Quantifying and mapping the human appropriation of net primary production in Earth's terrestrial ecosystems. *Proceedings of the National Academy of Sciences, USA* 104: 12942–12945.

Hagen, J.B. 1992. *An Entangled Bank: The Origins of Ecosystem Ecology*. Rutgers University Press, New Brunswick, New Jersey.

Hairston, N.G., F.E. Smith, and L.B. Slobodkin. 1960. Community structure, population control and competition. *American Naturalist* 94: 421–425.

Hall, S.J. and P.A. Matson. 1998. Nitrogen oxide emissions after nitrogen additions in tropical forests. *Nature* 400: 152–155.

Hall, S.J. and G.P. Asner. 2007. Biological invasions alter regional N-oxide emissions in Hawaiian rain forests. *Global Change Biology* 13: 2143–2160.

Hallbacken, L. 1992. *The Nature and Importance of Long-Term Soil Acidification in Swedish Forest Ecosystems*. Swedish University of Agricultural Sciences, Department of Ecology and Environmental Research, Uppsala.

Hanski, I., L. Hansson, and H. Henttonen. 1991. Specialist predators, generalist predators, and the microtine rodent cycle. *Journal of Animal Ecology* 60: 353–367.

Hanski, I. 1999. *Metapopulation Ecology*. Oxford University Press, Oxford.

Hanski, I., H. Henttonen, E. Korpimäki, L. Oksanen, and P. Turchin. 2001. Small-rodent dynamics and predation. *Ecology* 82: 1505–1520.

Harden, J.W., S.E. Trumbore, B.J. Stocks, A. Hirsch, S.T. Gower, et al. 2000. The role of fire in the boreal carbon budget. *Global Change Biology* 6 (Suppl. 1): 174–184.

Hardin, G. 1968. The tragedy of the commons. *Science* 162: 1243–1248.

Harmon, M.E., W.L. Silver, B. Fasth, H. Chen, I.C. Burke, et al. 2009. Long-term patterns of mass loss during the decomposition of leaf and fine root litter: An intersite comparison. *Global Change Biology* 15: 1320–1338.

Harpole, W.S. and D. Tilman. 2007. Grassland species loss resulting from reduced niche dimension. *Nature* 446: 791–793.

Harris, J.A., R.J. Hobbs, E. Higgs, and J. Aronson. 2006. Ecological restoration and global climate change. *Restoration Ecology* 14: 170–176.

Hartshorn, G.S. 1980. Neotropical forest dynamics. *Biotroprica* 12: 23–30.

Hay, M.E. and W. Fenical. 1988. Marine plant-herbivore interactions: The ecology of chemical defense. *Annual Review of Ecology and Systematics* 19: 111–145.

Haynes, R.J. 1986. The decomposition process: Mineralization, immobilization, humus formation, and degradation. Pages 52–126 *in* R.J. Haynes, editor. *Mineral Nitrogen in the Plant-Soil System*. Academic Press, Orlando.

Heal, G. 2000. *Nature and the Marketplace: Capturing the Value of Ecosystem Services*. Island Press, Washington.

Heal, O.W. and J. MacLean, S. F. 1975. Comparative productivity in ecosystems: Secondary productivity. Pages 89–108 *in* W.H. van Dobben and R.H. LoweMcConnell, editors. *Unifying Concepts in Ecology*. Junk, The Hague.

Hedin, L.O., J.J. Armesto, and A.H. Johnson. 1995. Patterns of nutrient loss from unpolluted, old-growth temperate forests: Evaluation of biogeochemical theory. *Ecology* 76: 493–509.

Hedin, L.O., E.N.J. Brookshire, D.N.L. Menge, and A.R. Barron. 2009. The nitrogen paradox in tropical forest ecosystems. *Annual Review of Ecology and Systematics* 40: 613–635.

Heijmans, M.M.P.D., W.J. Arp, and F.S. Chapin, III. 2004. Controls on moss evaporation in a boreal black spruce forest. *Global Biogeochemical Cycles* 18: GB2004, doi: 2010.1029/2003GB002128.

Heinsch, F.A., M. Zhao, S.W. Running, J.S. Kimball, R.R. Nemani, et al. 2006. Evaluation of remote sensing based terrestrial productivity from MODIS using regional tower eddy flux network observations. *IEEE Transactions on Geoscience and Remote Sensing* 44: 1908–1925.

Helfield, J.M. and R.J. Naiman. 2001. Effects of salmon-derived nitrogen on riparian forest growth and implications for stream productivity. *Ecology* 82: 2403–2409.

Herms, D.A. and W.J. Mattson. 1992. The dilemma of plants: To grow or defend. *Quarterly Review of Biology* 67: 283–335.

Heywood, V.H. and R.T. Watson, editors. 1995. *Global Biodiversity Assessment*. Cambridge University Press, Cambridge.

Hibbert, A.R. 1967. Forest treatment effects on water yield.

*in* W.E. Sopper and H.W. Lull, editors. *International Symposium on Forest Hydrology*. Pergamon Press, New York.

Hicks, W.T. and M.E. Harmon. 2002. Diffusion and seasonal dynamics of $O_2$ in woody debris from the Pacific Northwest, USA. *Plant and Soil* 243: 67-79.

Hilborn, R., C.J. Walters, and D. Ludwig. 1995. Sustainable exploitation of renewable resources. *Annual Review of Ecology and Systematics* 26: 45-67.

Hirose, T. and M.J.A. Werger. 1987. Maximizing daily canopy photosynthesis with respect to the leaf nitrogen allocation pattern in the canopy. *Oecologia* 72: 520-526.

Hobbie, S.E. 1992. Effects of plant species on nutrient cycling. *Trends in Ecology & Evolution* 7: 336-339.

Hobbie, S.E. 1995. Direct and indirect effects of plant species on biogeochemical processes in arctic ecosystems. Pages 213-224 *in* F.S. Chapin, III and C. Körner, editors. *Arctic and Alpine Biodiversity: Patterns, Causes and Ecosystem Consequences*. Springer-Verlag, Berlin.

Hobbie, S.E. and P.M. Vitousek. 2000. Nutrient regulation of decomposition in Hawaiian montane forests: Do the same nutrients limit production and decomposition? *Ecology* 81: 1867-1877.

Hobbie, S.E. 2008. Nitrogen effects on litter decomposition: A five-year experiment in eight temperate grassland and forest sites. *Ecology* 89: 2633-2644.

Hobbs, N.T. 1996. Modification of ecosystems by ungulates. *Journal of Wildlife Management* 60: 695-713.

Hobbs, R.J. and H.A. Mooney. 1991. Effects of rainfall variability and gopher disturbance on serpentine annual grassland dynamics. *Ecology* 72: 59-68.

Hobbs, R.J., S. Yates, and H.A. Mooney. 2007. Long-term data reveal complex dynamics in grassland in relation to climate and long-term disturbance. *Ecological Monographs* 77: 545-568.

Hobbs, R.J. and V.A. Cramer. 2008. Restoration ecology: Interventionist approaches for restoring and maintaining ecosystem function in the face of rapid environmental change. *Annual Review of Environment and Resources* 33: 39-61.

Hobbs, R.J., E. Higgs, and J.A. Harris. 2009. Novel ecosystems: Implications for conservation and restoration. *Trends in Ecology & Evolution* 24: 599-605.

Hobbs, R.J., D.N. Cole, L. Yung, E.S. Zavaleta, G.H. Aplet, et al. 2010. Guiding concepts for park and wilderness stewardship in an era of global environmental change. *Frontiers in Ecology and the Environment* 8: 483-490.

Hodge, A., D. Robinson, B. Griffiths, and A. Fitter. 1999. Why plants bother: Root proliferation results in increased nitrogen capture from an organic patch when two grasses compete. *Plant, Cell and Environment* 22: 811-820.

Högberg, P. and I.J. Alexander. 1995. Roles of root symbioses in African woodland and forest: Evidence from $^{15}N$ abundance and foliar nutrient concentrations. *Journal of Ecology* 83: 217-224.

Högberg, P., A. Nordgren, N. Buchmann, A.F.S. Taylor, A. Ekblad, et al. 2001. Large-scale forest girdling experiment demonstrates that current photosynthesis drives soil respiration. *Nature* 411: 789-792.

Holdridge, L.R. 1947. Determination of world plant formations from simple climatic data. *Science* 105: 367-368.

Holland, E.A., F.J. Dentener, B.H. Braswell, and J.M. Sulzman. 1999. Contemporary and pre-industrial global reactive nitrogen budgets. *Biogeochemistry* 46: 1-37.

Holling, C.S. 1973. Resilience and stability of ecological systems. *Annual Review of Ecology and Systematics* 4: 1-23.

Holling, C.S. 1986. Resilience of ecosystems: Local surprise and global change. Pages 292-317 *in* W.C. Clark and R.E. Munn, editors. *Sustainable Development and the Biosphere*. Cambridge University Press, Cambridge.

Holling, C.S. 1992. The role of forest insects in structuring the boreal landscape. Pages 170-191 *in* H.H. Shugart, R. Leemans, and G.B. Bonan, editors. *A Systems Analysis of the Global Boreal Forest*. Cambridge University Press, Cambridge.

Holling, C.S. and G.K. Meffe. 1996. Command and control and the pathology of natural resource management. *Conservation Biology* 10: 328-337.

Holling, C.S. and L.H. Gunderson. 2002. Resilience and adaptive cycles. Pages 25-62 *in* L.H. Gunderson and C.S. Holling, editors. *Panarchy: Understanding Transformations in Human and Natural Systems*. Island Press, Washington.

Hollinger, D.Y., S.V. Ollinger, A.D. Richardson, T.P. Meyers, D.B. Dail, et al. 2010. Albedo estimates for land surface models and support for a new paradigm based on foliage nitrogen concentration. *Global Change Biology* 16: 696-710.

Holloway, J.M., R.A. Dahlgren, B. Hansen, and W.H. Casey. 1998. Contribution of bedrock nitrogen to high nitrate concentrations in stream water. *Nature* 395: 785-788.

Hooper, D.U. and P.M. Vitousek. 1998. Effects of plant composition and diversity on nutrient cycling. *Ecological Monographs* 68: 121-149.

Hooper, D.U., F.S. Chapin, III, J.J. Ewel, A. Hector, P. Inchausti, et al. 2005. Effects of biodiversity on ecosystem functioning: A consensus of current knowledge and needs for future research. *Ecological Applications* 75: 3-35.

Horne, A.J. and C.R. Goldman. 1994. *Limnology*. McGraw-Hill, New York.

Houghton, R.A. 2004. The contemporary carbon cycle. Pages 473-513 *in* W.H. Schlesinger, editor. *Biogeochemistry*. Elsevier, Amsterdam.

Houlton, B.Z., Y.-P. Wang, P.M. Vitousek, and C.B. Field. 2008. A unifying framework for dinitrogen fixation in the terrestrial biosphere. *Nature* 454: 327-330.

Houlton, B.Z. and E. Bai. 2009. Imprint of denitrifying bacteria on the global terrestrial biosphere. *Proceedings of the National Academy of Sciences, USA* 106: 21713-21716.

Howarth, R.W. 1984. The ecological significance of sulfur in the energy dynamics of salt marsh and marine sediments. *Biogeochemistry* 1: 5-27.

Howarth, R.W., H. Jensen, R. Marino, and H. Postma. 1995. Transport and processing of phosphorus in nearshore and oceanic waters. Pages 323-345 *in* H. Tiessen, editor. *Phosphorus in the Global Environment: Transfers, Cycles, and Management*. John Wiley & Sons, Chichester.

Howarth, R.W., G. Billen, D. Swaney, A. Townsend, N. Jaworski, et al. 1996a. Regional nitrogen budgets and N and P fluxes for the drainages to the North Atlantic Ocean: Natural and human influences. *Biogeochemistry* 35: 75-139.

Howarth, R.W., R. Schneider, and D. Swaney. 1996b. Metabolism and organic carbon fluxes in the tidal, freshwater Hudson River. *Estuaries* 19: 848–865.

Howarth, R.W. and R. Marino. 2006. Nitrogen as the limiting nutrient for eutrophication in coastal marine ecosystems: Evolving views over three decades. *Limnology and Oceanography* 51: 364–376.

Howarth, R.W., F. Chan, D.J. Conley, J. Garnier, S.C. Doney, et al. 2011. Coupled biogeochemical cycles: Eutrophication and hypoxia in temperate estuaries and coastal marine ecosystems. *Frontiers in Ecology and the Environment* 9: 18–26.

Hu, S., F.S. Chapin, III, M.K. Firestone, C.B. Field, and N.R. Chiariello. 2001. Nitrogen limitation of microbial decomposition in a grassland under elevated $CO_2$. *Nature* 409: 188–191.

Huante, P., E. Rincón, and F.S. Chapin, III. 1998. Effect of changing light availability on nutrient foraging in tropical deciduous tree-seedlings. *Oikos* 82: 449–458.

Humphreys, W.F. 1979. Production and respiration in animal populations. *Journal of Animal Ecology* 48: 427–454.

Hunt, H.W., D.C. Coleman, E.R. Ingham, E.T. Elliott, J.C. Moore, et al. 1987. The detrital food web in a shortrass prairie. *Biology and Fertility of Soils* 3: 57–68.

Hutley, L.B., D. Doley, D.J. Yates, and A. Boonsaner. 1997. Water-balance of an Australian subtropical rain-forest at altitude: The ecological and physiological significance of intercepted cloud and fog. *Australian Journal of Botany* 45: 311–329.

Huxman, T.E., M.D. Smith, P.A. Fay, A.K. Knapp, M.R. Shaw, et al. 2004. Convergence across biomes to a common rain-use efficiency. *Nature* 429: 651–654.

Ingestad, T. and G.I. Ågren. 1988. Nutrient uptake and allocation at steady-state nutrition. *Physiologia Plantarum* 72: 450–459.

Insam, H. 1990. Are the soil microbial biomass and basal respiration governed by the climatic regime? *Soil Biology and Biochemistry* 22: 525–532.

IPCC. 2007. *Climate Change 2007: The Physical Science Basis, Contribution of Working Group I to the Fourth Assessment Report of the Intergovernmental Panel on Climate Change*. Cambridge University Press, Cambridge.

Irons, J.G., III, J.P. Bryant, and M.W. Oswood. 1991. Effects of moose browsing on decomposition rates of birch leaf litter in a subarctic stream. *Canadian Journal of Fisheries and Aquatic Science* 48: 442–444.

Jackson, R.B., J. Canadell, J.R. Ehleringer, H.A. Mooney, O.E. Sala, et al. 1996. A global analysis of root distributions for terrestrial biomes. *Oecologia* 108: 389–411.

Jackson, R.B., J.S. Sperry, and T.E. Dawson. 2000. Root water uptake and transport: Using physiological processes in global predictions. *Trends in Plant Science* 5: 482–488.

Jackson, R.B., E.G. Jobbágy, R. Avissar, S.B. Roy, D.J. Barrett, et al. 2005. Trading water for carbon with biological carbon sequestration. *Science* 310: 1944–1947.

Jaeger, C.H., III, S.E. Lindow, W. Miller, E. Clark, and M.K. Firestone. 1999. Mapping sugar and amino acid availability in soil around roots with bacterial sensors of sucrose and tryptophan. *Applied and Environmental Microbiology* 65: 2685–2690.

Janssens, I.A., W. Dieleman, S. Luyssaert, J.-A. Subke, M. Reichstein, et al. 2010. Reduction of forest soil respiration in response to nitrogen deposition. *Nature Geoscience* 3: 315–322.

Jarvis, P.G. 1976. The interpretation of the variations in leaf water potential and stomatal conductance found in canopies in the field. *Philosophical Transactions of the Royal Society of London, Series B* 273: 593–610.

Jarvis, P.G. and J.W. Leverenz. 1983. Productivity of temperate, deciduous and evergreen forests. Pages 233–280 *in* O.L. Lange, P.S. Nobel, C.B. Osmond, and H. Ziegler, editors. *Encyclodedia of Plant Physiology, New Series*. Springer-Verlag, Berlin.

Jarvis, P.G. and K.G. McNaughton. 1986. Stomatal control of transpiration: Scaling up from leaf to region. *Advances in Ecological Research* 15: 1–49.

Jefferies, R.L. 1988. Vegetation mosaics, plant-animal interactions, and resources for plant growth. Pages 341–369 *in* L. Gottlieb and S.K. Kain, editors. *Plant Evolutionary Biology*. Chapman and Hall, London.

Jefferies, R.L. and J.P. Bryant. 1995. The plant-vertebrate herbivore interface in arctic ecosystems. Pages 271–281 *in* F.S. Chapin, III and C. Körner, editors. *Arctic and Alpine Biodiversity: Patterns, Causes, and Ecosystem Consequences*. Springer-Verlag, Berlin.

Jenny, H. 1941. *Factors of Soil Formation*. McGraw-Hill, New York.

Jenny, H. 1980. *The Soil Resources: Origin and Behavior*. Springer-Verlag, New York.

Jenny, H., R.J. Arkley, and A.M. Schultz. 1969. The pigmy forest-podsol ecosystem and its dune associates of the Mendocino Coast. *Madroño*. 20: 60–74.

Jobbágy, E.G. and R.B. Jackson. 2000. The vertical distribution of soil organic carbon and its relation to climate and vegetation. *Ecological Applications* 10: 423–436.

Johnson, E.A. 1992. *Fire and Vegetation Dynamics. Studies from the North American Boreal Forest*. Cambridge University Press, Cambridge.

Johnson, M.D., J. Völker, H.V. Moeller, E. Laws, K.J. Breslauer, et al. 2009. Universal constant for heat production in protists. *Proceedings of the National Academy of Sciences, USA* 106: 6696–6699.

Johnstone, J.F., T.N. Hollingsworth, F.S. Chapin, III, and M.C. Mack. 2010. Changes in fire regime break the legacy lock on successional trajectories in the Alaskan boreal forest. *Global Change Biology* 16: 1281–1295.

Jonasson, S. and F.S. Chapin, III. 1985. Significance of sequential leaf development for nutrient balance of the cotton sedge, *Eriophorum vaginatum* L. *Oecologia* 67: 511–518.

Jonasson, S., A. Michelsen, and I.K. Schmidt. 1999. Coupling of nutrient cycling and carbon dynamics in the Arctic: Integration of soil microbial and plant processes. *Applied Soil Ecology* 11: 135–146.

Jones, C.G., J.H. Lawton, and M. Shachak. 1994. Organisms as ecosystem engineers. *Oikos* 69: 373–386.

Jones, H.G. 1992. *Plants and Microclimate: A Quantitative Approach to Environmental Plant Physiology*. 2nd edition. Cambridge University Press, Cambridge.

Jones, J.A. 2000. Hydrologic processes and peak discharge response to forest removal, regrowth, and roads in ten small experimental basins, western Cascades, Oregon. *Water Resources Research* 36: 2621–2642.

Jones, J.A. and D.A. Post. 2004. Seasonal and successional streamflow response to forest cutting and regrowth in the northwest and eastern United States. *Water Resources*

*Research* 40: W05203, doi: 05210.01029/02003WR002952.

Jones, J.B., J.D. Schade, S.G. Fisher, and N.B. Grimm. 1997. Organic matter dynamics in Sycamore Creek, a desert stream in Arizona, USA. *Journal of the North American Benthological Society* 16: 78-82.

Jonsson, M. and D.A. Wardle. 2008. Context dependency of litter-mixing effects on decomposition and nutrient release across a long-term chronosequence. *Oikos* 117: 1674-1682.

Ju, X.-T., G.-X. Xing, X.-P. Chen, S.-L. Zhang, L.-J. Zhang, et al. 2009. Reducing environmental risk by improving N management in intensive Chinese agricultural systems. *Proceedings of the National Academy of Sciences, USA* 106: 3041-3046

Juice, S.M., T.J. Fahey, T.G. Siccama, C.T. Driscoll, E.G. Denny, et al. 2006. Response of sugar maple to calcium addition to northern hardwood forest at Hubbard Brook, NH. *Ecology* 87: 1267-1280.

Kahmen, A., W. Wanek, and N. Buchmann. 2008. Foliar $\delta^{15}N$ values characterize soil N cycling and reflect nitrate or ammonium preference of plants along a temperate grassland gradient. *Oecologia* 156: 861-870.

Kalff, J. 2002. *Limnology*. Prentice-Hall, Upper Saddle River, NJ.

Kaplan, L.A. and T.L. Bott. 1989. Diel fluctuations in bacterial activity on streambed substrata during vernal alagal blooms: Effects of temperature, water chemis- try, and habitat. *Limnology and Oceanography* 34: 718-733.

Karlsson, O.M., J.S. Richardson, and P.A. Kiffney. 2005. Modeling organic matter dynamics in headwater streams of south-western British Columbia, Canada. *Ecological Modelling* 183: 463-476.

Kates, R.W., C.E. Colten, S. Laska, and S.P. Leatherman. 2006. Reconstruction of New Orleans after Hurricane Katrina: A research perspective. *Proceedings of the National Academy of Sciences, USA* 103: 14653-14660.

Keeley, J.E. 1990. Photosynthetic pathways in freshwater aquatic plants. *Trends in Ecology & Evolution* 5: 330-333.

Keeling, C.D., J.F.S. Chin, and T.P. Whorf. 1996a. Increased activity of northern vegetation inferred from atmospheric $CO_2$ measurements. *Nature* 382: 146-149.

Keeling, R.F., S.C. Piper, and M. Heimann. 1996b. Global and hemispheric $CO_2$ sinks deduced from changes in atmospheric $O_2$ concentration. *Nature* 381: 218-221.

Kelliher, F.M., R. Leuning, M.R. Raupach, and E.-D. Schulze. 1995. Maximum conductances for evaporation from global vegetation types. *Agricultural and Forest Meteorology* 73: 1-16.

Kelliher, F.M. and R. Jackson. 2001. Evaporation and the water balance. Pages 206-217 *in* A. Sturman and R. Spronken-Smith, editors. *The Physical Environment: A New Zealand Perspective*. Oxford University Press, Melbourne, Australia.

Kellner, J.R. and G.P. Asner. 2009. Convergent structural responses of tropical forests to diverse disturbance regimes. *Ecology Letters* 12: 887-897.

Kellner, J.R., D.B. Clark, and S.P. Hubbell. 2009. Pervasive canopy dynamics produce short-term stability in a tropical rain forest landscape. *Ecology Letters* 12: 155-164.

Kelly, D. and J.J. Sullivan. 2010. Life histories, dispersal, invasions, and global change: Progress and prospects in New Zealand ecology, 1989-2029. *New Zealand Journal of Ecology* 34: 207-217.

Kemmitt, S., C.V. Lanyon, I.S. Waite, Q. Wen, A.G. O'Donnell, et al. 2008. Mineralization of native soil organic matter is not regulated by the size, activity or composition of the soil microbial biomass - a new perspective. *Soil Biology and Biochemistry* 40: 61-73.

Kerkhoff, A.J., B.J. Enquist, J.J. Elser, and W.F. Fagan. 2005. Plant allometry, stoichiometry and the temperature-dependence of primary productivity. *Global Ecology and Biogeography* 14: 585-598.

Kielland, K. 1994. Amino acid absorption by arctic plants: Implications for plant nutrition and nitrogen cycling. *Ecology* 75: 2373-2383.

Kielland, K. 1997. Role of free amino acids in the nitrogen economy of arctic cryptogams. *Ecoscience* 4: 75-79.

Kielland, K. and J. Bryant. 1998. Moose herbivory in taiga: Effects on biogeochemistry and vegetation dynamics in primary succession. *Oikos* 82: 377-383.

Kielland, K., J.W. McFarland, and K. Olson. 2006. Amino acid uptake in deciduous and coniferous taiga ecosystems. *Plant and Soil* 288: 297-307.

Killingbeck, K.T. and W.G. Whitford. 1996. High foliar nitrogen in desert shrubs: An important ecosystem trait or defective desert doctrine? *Ecology* 77: 1728-1737.

Kitchell, J.F., editor. 1992. *Food Web Management: A Case Study of Lake Mendota*. Springer-Verlag, New York.

Kleiden, A. and H.A. Mooney. 2000. A global distribution of biodiversity inferred from climatic constraints: Results from a process-based modelling study. *Global Change Biology* 6: 507-523.

Klein, D.R. 1982. Fire, lichens, and caribou. *Journal of Range Management* 35: 390-395.

Kling, G.W., G.W. Kipphut, and M.C. Miller. 1991. Arctic lakes and streams as gas conduits to the atmosphere: Implications for tundra carbon budgets. *Science* 251: 298-301.

Knapp, A.K., J.M. Briggs, D.C. Hartnett, and S.L. Collins, editors. 1998. *Grassland Dynamics: Konza Prairie, and Long-Term Ecological Research in Tallgrass Prairie*. Oxford University Press, New York.

Knapp, A.K. and M.D. Smith. 2001. Variation among biomes in temporal dynamics of aboveground primary production. *Science* 291: 481-484.

Knorr, M., S.D. Frey, and P.S. Curtis. 2005. Nitrogen additions and litter decomposition: A meta-analysis. *Ecology* 86: 3252-3257.

Kobe, R.K., C.A. Lepczyk, and M. Iyer. 2005. Resorption efficiency decreases with increasing green leaf nutrients in a global data set. *Ecology* 86: 2780-2792.

Koerselman, W. and A.F.M. Mueleman. 1996. The vegetation N: P ratio: A new tool to detect the nature of nutrient limitation. *Journal of Applied Ecology* 33: 1441-1450.

Kofinas, G.P. 2009. Adaptive co-management in social-ecological governance. Pages 77-101 *in* F.S. Chapin, III, G.P. Kofinas, and C. Folke, editors. *Principles of Ecosystem Stewardship: Resilience-Based Natural Resource Management in a Changing World*. Springer, New York.

Koide, R.T. 1991. Nutrient supply, nutrient demand and plant response to mycorrhizal infection. *New Phytologist* 117: 365-386.

Körner, C., J.A. Scheel, and H. Bauer. 1979. Maximum leaf

diffusive conductance in vascular plants. *Photosynthetica* 13: 45-82.

Körner, C. and W. Larcher. 1988. Plant life in cold climates. *Symposium of the Society of Experimental Biology* 42: 25-57.

Körner, C. 1994. Leaf diffusive conductances in the major vegetation types of the globe. Pages 463-490 *in* E.-D. Schulze and M.M. Caldwell, editors. *Ecophysiology of Photosynthesis.* Springer-Verlag, Berlin.

Körner, C. 1999. *Alpine Plant Life.* Springer-Verlag, Berlin.

Kortelainen, P., M. Rantakari, J.T. Huttunen, T. Mattsson, J. Alm, et al. 2006. Sediment respiration and lake trophic state are important predictors of large $CO_2$ evasion from small boreal lakes. *Global Change Biology* 12: 1554-1567.

Kozlovsky, D.G. 1968. A critical evaluation of the trophic level concept. I. Ecological efficiencies. *Ecology* 49: 48-60.

Kozlowski, T.T., P.J. Kramer, and S.G. Pallardy. 1991. *The Physiological Ecology of Woody Plants.* Academic Press, San Diego.

Kramer, P.J. and J.S. Boyer. 1995. *Water Relations of Plants and Soils.* Academic Press, San Diego.

Kremen, C.K., A.M. Merenlender, and D.D. Murphy. 1994. Ecological monitoring: A vital need for integrated conservation and development programs in the tropics. *Conservation Biology* 8: 388-397.

Kremen, C.K., I. Raymond, and K. Lance. 1998. An interdisciplinary tool for monitoring conservation impacts in Madagascar. *Conservation Biology* 12: 549-563.

Kristjanson, P., R.S. Reid, N.M. Dickson, W.C. Clark, D. Romney, et al. 2009. Linking international agricultural research knowledge with action for sustainable development. *Proceedings of the National Academy of Sciences, USA* 106: 5047-5052.

Kroehler, C.J. and A.E. Linkins. 1991. The absorption of inorganic phosphate from $^{32}$P-labeled inositol hexaphosphate by *Eriophorum vaginatum. Oecologia* 85: 424-428.

Kronzucker, H.J., M.Y. Siddiqi, and A.M. Glass. 1997. Conifer root discrimination against soil nitrate and the ecology of forest succession. *Nature* 385: 59-61.

Kucharik, C.J., J.A. Foley, C. Delire, V.A. Fisher, M.T. Coe, et al. 2000. Testing the performance of a dynamic global ecosystem model: Water balance, carbon balance and vegetation structure. *Global Biogeochemical Cycles* 14: 795-825.

Kummerow, J., B.A. Ellis, S. Kummerow, and F.S. Chapin, III. 1983. Spring growth of shoots and roots in shrubs of an Alaskan muskeg. *American Journal of Botany* 70: 1509-1515.

Kursar, T.A. and P.D. Coley. 2003. Convergence in defense syndromes of young leaves in tropical rainforests. *Biochemical Systematics and Ecology* 31: 929-949.

Kurz, W.A., C.C. Dymond, G. Stinson, G.J. Rampley, E.T. Neilson, et al. 2008. Mountain pine beetle and forest carbon feedback to climate change. *Nature* 452: 987-990.

Kuzyakov, Y., J.K. Friedel, and K. Stahr. 2000. Review of mechanisms and quantification of priming effects. *Soil Biology and Biochemistry* 32: 1485-1498.

Lafleur, P.M. and E.R. Humphreys. 2007. Spring warming and carbon dioxide exchange over low Arctic tundra in central Canada. *Global Change Biology* 14: 740-756.

Lafont, S., L. Kergoat, G. Dedieu, A. Chevillard, U. Karstens, et al. 2002. Spatial and temporal variability of land $CO_2$ fluxes estimated with remote sensing and analysis data over western Eurasia. *Tellus B* 4: 820-833.

Laiho, R., H. Vasander, T. Penttila, and J. Laine. 2003. Dynamics of plant-mediated organic matter and nutrient cycling following water-level draw-down in boreal peatlands. *Global Biogeochemical Cycles* 17: 17: 1053. doi: 1010.1029/2002GB002015.

Laine, K. and H. Henttonen. 1983. The role of plant production in microtine cycles in northern Fennoscandia. *Oikos* 40: 407-418.

Lajtha, K. and M. Klein. 1988. The effect of varying phosphorus availability on nutrient use by *Larrea tridentata,* a desert evergreen shrub. *Oecologia* 75: 348-353.

Lambers, H. and H. Poorter. 1992. Inherent variation in growth rate between higher plants: A search for physiological causes and ecological consequences. *Advances in Ecological Research* 23: 187-261.

Lambers, H., O.K. Atkin, and I. Scheurwater. 1996. Respiratory patterns in roots in relation to their functioning. Pages 323-362 *in* Y. Waisel, A. Eshel, and U. Kafkaki, editors. *Plant Roots: The Hidden Half.* Marcel Dekker, New York.

Lambers, H., F.S. Chapin, III, and T.L. Pons. 2008. *Plant Physiological Ecology.* 2nd edition. Springer, New York.

Lambin, E.F., H.J. Geist, and E. Lepers. 2003. Dynamics of land use and land cover in tropical regions. *Annual Review of Environment and Resources* 28: 205-241.

Landsberg, J.J. and S.T. Gower. 1997. *Applications of Physiological Ecology to Forest Management.* Academic Press, San Diego.

Larcher, W. 2003. *Physiological Plant Ecology: Ecophysiology and Stress Physiology of Functional Groups.* 4th edition. Springer-Verlag, Berlin.

Lauenroth, W.K., J.L. Dodd, and P.L. Simms. 1978. The effects of water- and nitrogen-induced stresses on plant community structure in a semiarid grassland. *Oecologia* 36: 211-222.

Lauenroth, W.K. and O.E. Sala. 1992. Long-term forage production of North American shortgrass steppe. *Ecological Applications* 2: 397-403.

Laurance, W.F. and R.O. Bierregaard, editors. 1997. *Tropical Forest Remnants: Ecology, Management and Conservation of Fragmented Forests.* University of Chicago Press, Chicago.

Lavelle, P., D. Bignell, and M. Lepage. 1997. Soil function in a changing world: The role of invertebrate ecosystem engineers. *European Journal of Soil Biology* 33: 159-193.

Law, B.E., E. Falge, L. Gu, D.D. Baldocchi, P. Bakwin, et al. 2002. Environmental controls over carbon dioxide and water vapor exchange of terrestrial vegetation. *Agricultural and Forest Meteorology* 113: 97-120.

Lawton, J.H. and C.G. Jones. 1995. Linking species and ecosystems: Organisms as ecosystem engineers. Pages 141-150 *in* C.G. Jones and J.H. Lawton, editors. *Linking species and ecosystems.* Chapman and Hall, New York.

Le Quéré, C., C. Rödenbeck, E. T. Buitenhuis, T. J. Conway, R. L. Langenfelds, et al. 2007. Saturation of the Southern Ocean $CO_2$ sink due to recent climate change. *Science* 316: 1735-1738.

Le Quéré, C., M.R. Raupach, J.G. Canadell, G. Marland, L. Bopp, et al. 2009. Trends in the sources and sinks of carbon dioxide. *Nature Geoscience* 2: 831-836.

LeBauer, D.S. and K.K. Treseder. 2008. Nitrogen limitation

of net primary production in terrestrial ecosystems is globally distributed. *Ecology* 89: 371-379.

Lee, R.B. 1982. Selectivity and kinetics of ion uptake by barley plants following nutrient deficiency. *Annals of Botany* 50: 429-449.

Lee, R.B. and K.A. Rudge. 1987. Effects of nitrogen deficiency on the absorption of nitrate and ammonium by barley plants. *Annals of Botany* 57: 471-486.

Lekberg, Y. and R.T. Koide. 2005. Is plant performance limited by abundance of arbuscular mycorrhizal fungi? A meta-analysis of studies published between 1988 and 2003. *New Phytologist* 168: 189-204.

Levick, S.R., G.P. Asner, O.A. Chadwick, L.M. Khomo, K.H. Rogers, et al. 2010. Regional insight into savanna hydrogeomorphology from termite mounds. *Nature Communications* 1: doi: 10.1038/ncomms1066.

Levin, S.A. 1999. *Fragile Dominion: Complexity and the Commons*. Perseus Books, Reading, MA.

Lewis, W.M., Jr., S.K. Hamilton, M.A. Rodriguez, J.F. Saunders, and M.A. Lasi. 2001. Foodweb analysis of the Orinoco floodplain based on production estimates and stable isotope data. *Journal of the North American Benthological Society* 20: 241-254.

Lieth, H. 1975. Modeling the primary productivity of the world. Pages 237-263 *in* H. Lieth and R.H. Whittaker, editors. *Primary Productivity of the Biosphere*. Springer-Verlag, Berlin.

Likens, G.E., F.H. Bormann, R.S. Pierce, J.S. Eaton, and N.M. Johnson. 1977. *Biogeochemistry of a Forested Ecosystem*. Springer-Verlag, New York.

Likens, G.E., C.T. Driscoll, and D.C. Buso. 1996. Longterm effects of acid rain: Response and recovery of a forest ecosystem. *Science* 272: 244-246.

Limm, E.B., K.A. Simonin, A.G. Bothman, and T.E. Dawson. 2009. Foliar water uptake: A common water acquisition strategy for plants of the redwood forest. *Oecologia* 161: 449-459.

Lindeman, R.L. 1942. The trophic-dynamic aspects of ecology. *Ecology* 23: 399-418.

Lindroth, R.L. 1996. $CO_2$-mediated changes in tree chemistry and tree-Lepidopteran interactions. Pages 105-120 *in* G.W. Koch and H.A. Mooney, editors. *Carbon Dioxide and Terrestrial Ecosystems*. Academic Press, San Diego.

Lipson, D.A., S.K. Schmidt, and R.K. Monson. 1999. Links between microbial population dynamics and nitrogen availability in an alpine ecosystem. *Ecology* 80: 1623-1631.

Lipson, D.A., T.K. Raab, S.K. Schmidt, and R.K. Monson. 2001. An empirical model of amino acid transformations in an alpine soil. *Soil Biology and Biochemistry* 33: 189-198.

Liston, G.E. and M. Sturm. 1998. A snow-transport model for complex terrain. *Journal of Glaciology* 44: 498-516.

Liu, J., S.X. Li, Z.Y. Ouyang, C. Tam, and X. Chen. 2008. Ecological and socioeconomic effects of China's policies for ecosystem services. *Proceedings of the National Academy of Sciences, USA* 105: 9477-9482.

Liu, L. and T.L. Greaver. 2009. A review of nitrogen enrichment effects on three biogenic GHGs: The $CO_2$ sink may be largely offset by stimulated $N_2O$ and $CH_4$ emission. *Ecology Letters* 12: 1103-1117.

Livingston, G.P. and G.L. Hutchinson. 1995. Enclosurebased measurement of trace gas exchange: Applications and sources of error. Pages 14-51 *in* P.A. Matson and R.C. Harriss, editors. *Biogenic Trace Gases: Measuring Emissions from Soil and Water*. Blackwell Scientific, Oxford.

Lloyd, J. and J.A. Taylor. 1994. On the temperature dependence of soil respiration. *Functional Ecology* 8: 315-323.

Lohrenz, S.E., G.L. Fahnenstiel, D.G. Redalje, G.A. Lang, M.J. Dagg, et al. 1999. Nutrients, irradiance, and mixing as factors regulating primary production in coastal waters impacted by the Mississippi River plume. *Continental Shelf Research* 19: 1113-1141.

Long, S.P., E.A. Ainsworth, A.D.B. Leakey, J. Nosberger, and D.R. Ort. 2006. Food for thought: Lower-than-expected crop yield stimulation with rising $CO_2$ concentrations. *Science* 312: 1918-1921.

Longhurst, A.R. 1998. *Ecological Geography of the Sea*. Academic Press, San Diego.

Lorio, P.L., Jr. 1986. Growth-differentiation balance: A basis for understanding southern pine beetle-tree interactions. *Forest Ecology and Management* 14: 259-273.

Los, S.O., G.J. Collatz, P.J. Sellers, C.M. Malmström, N.H. Pollack, et al. 2000. A global 9-yr biophysical land surface dataset from NOAA AVHRR data. *Journal of Hydrometeorology* 1: 183-199.

Lousier, J.D. and S.S. Bamforth. 1990. Soil protozoa. Pages 97-136 *in* D.L. Dindal, editor. *Soil Biology Guide*. John Wiley and Sons, New York.

Lovett, G.M. 1994. Atmospheric deposition of nutrients and pollutants in North America: An ecological perspective. *Ecological Applications* 4: 629-650.

Lovett, G.M., K.C. Weathers, and W.V. Sobczak. 2000. Nitrogen saturation and retention in forested watersheds of the Catskill Mountains, New Hampshire. *Ecological Applications* 10: 73-84.

Lowrance, R., L.S. Altier, J.D. Newbold, R.R. Schnabel, P.M. Groffman, et al. 1997. Water quality functions of riparian forest buffer systems in the Chesapeake Bay watershed. *Environmental Management* 21: 687-712.

Ludwig, D., R. Hilborn, and C. Walters. 1993. Uncertainty, resource exploitation, and conservation: Lessons from history. *Science* 260: 17, 36.

Lu, M., Y. Yang, Y. Luo, C. Fang, X. Zhou, et al. 2010. Responses of ecosystem nitrogen cycle to nitrogen addition: A meta-analysis. New Phytologist: doi: 10.1111/j.1469-8137.2010.03563.x.

Ludwig, J.A. and D.J. Tongway. 1995. Spatial organisation of landscapes and its function in semi-arid woodlands, Australia. *Landscape Ecology* 10: 51-63.

Luo, Y., S. Wan, D. Hui, and L.L. Wallace. 2001. Acclimatization of soil respiration to warming in a tall grass prairie. *Nature* 413: 622-625.

Luo, Y. 2007. Terrestrial carbon-cycle feedback to climate warming. *Annual Review of Ecology, Evolution and Systematics* 38: 683-712.

Luyssaert, S., I. Inglima, M. Jung, A.D. Richardson, M. Reichstein, et al. 2007. $CO_2$ balance of boreal, temperate, and tropical forests derived from a global data base. *Global Change Biology* 13: 2509-2537.

Luyssaert, S., E.-D. Schulze, A. Börner, A. Knohl, D. Hessenmöller, et al. 2008. Old-growth forests as global carbon sinks. *Nature* 455: 213-215.

Lytle, D.A. and N.L. Poff. 2004. Adaptation to natural flow regimes. *Trends in Ecology & Evolution* 19: 94-100.

Lyver, P.O.B., H. Moller, and C. Thompson. 1999. Changes in sooty shearwater *Puffinus griseus* chick production and harvest precede ENSO events. *Marine Ecology Progress Series* 188: 237-248.

MacArthur, R.H. and E.O. Wilson. 1967. *The Theory of Island Biogeography*. Princeton University Press, Princeton.

Mace, G., H. Masundire, J. Baillie, T. Ricketts, T. Brooks, et al. 2005. Biodiversity. Pages 77-122 *in* R. Hassan, R.J. Scholes, and N. Ash, editors. *Ecosystems and Human Well-Being: Current State and Trends, Volume 1*. Island Press, Washington.

Mack, M.C., C.M. D'Antonio, and R.E. Ley. 2001. Pathways through which exotic grasses alter N cycling in a seasonally dry Hawaiian woodland. *Ecological Applications* 11: 1323-1335.

MacLean, D.A. and R.W. Wein. 1978. Weight loss and nutrient changes in decomposing litter and forest floor material in New Brunswick forest stands. *Canadian Journal of Botany* 56: 2730-2749.

Magill, A.H., J.D. Aber, J.J. Hendricks, R.D. Bowden, J.M. Melillo, et al. 1997. Biogeochemical response of forest ecosystems to simulated chronic nitrogen deposition. *Ecological Applications* 7: 402-415.

Magnani, F., M. Mencuccini, M. Borghetti, P. Berbigier, F. Berninger, et al. 2007. The human footprint in the carbon cycle of temperate and boreal forests. *Nature* 447: 849-851.

Mann, K.H. and J.R.N. Lazier. 2006. *Dynamics of Marine Ecosystems: Biological-Physical Interactions in the Oceans*. 3rd edition. Blackwell Publishing, Victoria, Australia.

Manzoni, S., R.B. Jackson, J.A. Trofymow, and A. Porporato. 2008. The global stoichiometry of litter nitrogen mineralization. *Science* 321: 684-686.

Margalef, R. 1968. *Perspectives in Ecological Theory*. University of Chicago Press, Chicago.

Margolis, H., R. Oren, D. Whitehead, and M.R. Kaufmann. 1995. Leaf area dynamics of conifer forests. Pages 181-223 *in* W.K. Smith and T.M. Hinckley, editors. *Ecophysiology of Coniferous Forests*. Academic Press, San Diego.

Mark, A.F., K.S. Turner, and C.J. West. 2001. Integrating nature conservation with hydro-electric development: Conflict resolution with Lakes Manapouri and Te Anau, Fiordland National Park, New Zealand. *Lake and Reservoir Management* 17: 1-16.

Mark, A.F. and K.J.M. Dickinson. 2008. Maximizing water yield with indigenous non-forest vegetation: A New Zealand perspective. *Frontiers in Ecology and the Environment* 6: 25-34.

Marschner, H. 1995. *Mineral Nutrition in Higher Plants*. 2nd edition. Academic Press, London.

Martin, J.H. 1990. Glacial-interglacial $CO_2$ exchange: The iron hypothesis. *Paleoceanography* 5: 1-13.

Marvier, M., C. McCreedy, J. Regetz, and P. Kareiva. 2007. A meta-analysis of effects of Bt cotton and maize on nontarget invertebrates. *Science* 316: 1475-1477.

Mary, B., S. Recous, D. Darwis, and D. Robin. 1996. Interactions between decomposition of plant residues and nitrogen cycling in soil. *Plant and Soil* 181: 71-82.

Maslow, A.H. 1943. A theory of human motivation. *Psychological Review* 50: 370-396.

Matson, P.A. and P.M. Vitousek. 1981. Nitrogen mineralization and nitrification potentials following clearcutting in the Hoosier National Forest, Indiana. *Forest Science* 27: 781-791.

Matson, P.A. and R.D. Boone. 1984. Natural disturbance and nitrogen mineralization: Wave-form dieback of mountain hemlock in the Oregon Cascades. *Ecology* 65: 1511-1516.

Matson, P.A. and R.H. Waring. 1984. Effects of nutrient and light limitation on mountain hemlock: Susceptibility to laminated root rot. *Ecology* 65: 1517-1524.

Matson, P.A. and P.M. Vitousek. 1987. Cross-system comparisons of soil nitrogen transformations and nitrous oxide flux in tropical forest ecosystems. *Global Biogeochemical Cycles* 1: 163-170.

Matson, P.A., P.M. Vitousek, J. Ewel, M. Mazzarino, and G. Robertson. 1987. Nitrogen transformations following tropical forest felling and burning on a volcanic soil. *Ecology* 68: 491-502.

Matson, P.A. and R.C. Harriss. 1988. Prospects for air-craft-based gas exchange measurements in ecosystem studies. *Ecology* 69: 1318-1325.

Matson, P.A., C. Volkmann, K. Coppinger, and W.A. Reiners. 1991. Annual nitrous oxide flux and soil nitrogen characteristics in sagebrush steppe ecosystems. *Biogeochemistry* 14: 1-12.

Matson, P.A., W.J. Parton, A.G. Power, and M.J. Swift. 1997. Agricultural intensification and ecosystem properties. *Science* 227: 504-509.

Matson, P.A., R.L. Naylor, and I. Ortiz-Monasterio. 1998. The integration of environmental, agronomic, and economic aspects of fertilizer management. *Science* 280: 112-115.

Matson, P.A., W.H. McDowell, A.R. Townsend, and P.M. Vitousek. 1999. The globalization of N deposition: Ecosystem consequences in tropical environments. *Biogeochemistry* 46: 67-83.

Matson, P.A. 2009. The sustainability transition. *Issues in Science and Technology* 25: 39-42.

McAndrews, J.H. 1966. Postglacial history of prairie, savanna, and forest in northwestern Minnesota. *Torrey Botanical Club Memoir* 22: 1-72.

McCoy, E.D., S.S. Bell, and K. Walters. 1986. Identifying biotic boundaries along environmental gradients. *Ecology* 67: 749-759.

McCulley, R.L., I.C. Burke, and W.K. Lauenroth. 2009. Conservation of nitrogen increases with precipitation across a major grassland gradient in the Central Great Plains of North America. *Oecologia* 159: 571-581.

McDowell, N., W.T. Pockman, C.D. Allen, D.D. Breshears, N. Cobb, et al. 2008. Mechanisms of plant survival and mortality during drought: Why do some plants survive while others succumb to drought? *New Phytologist* 178: 719-739.

McElroy, M.B. 2002. *The Atmospheric Environment: Effects of Human Activity*. Princeton University Press, Princeton.

McGill, W. and C.V. Cole. 1981. Comparative aspects of cycling of organic C, N, S, and P through soil organic matter. *Geoderma* 26: 267-286.

McGroddy, M., T. Deaufresne, and L.O. Hedin. 2004. Scaling of C: N: P stoichiometry in forests worldwide: Implications of terrestrial Redfield-type ratios. *Ecology* 85: 2390-2401.

McGuire, A.D., J.M. Melillo, and L.A. Joyce. 1995a. The role of nitrogen in the response of forest net primary production to elevated atmospheric carbon dioxide. *Annual Review of Ecology and Systematics* 26: 473-503.

McGuire, A.D., J.W. Melillo, D.W. Kicklighter, and L.A. Joyce. 1995b. Equilibrium responses of soil carbon to climate change: Empirical and process-based estimates. *Journal of Biogeography* 22: 785-796.

McGuire, A.D., S. Sitch, J.S. Clein, R. Dargaville, G. Esser, et al. 2001. Carbon balance of the terrestrial biosphere in the twentieth century: Analyses of $CO_2$, climate and land-use effects with four process-based models. *Global Biogeochemical Cycles* 15: 183-206.

McGuire, A.D., L.G. Anderson, T.R. Christensen, S. Dallimore, L. Guo, et al. 2009. Sensitivity of the carbon cycle in the Arctic to climate change. *Ecological Monographs* 79: 523-555.

McGuire, A.D., D.J. Hayes, D.W. Kicklighter, M. Manizza, Q. Zhuang, et al. 2010. An analysis of the carbon balance of the Arctic Basin from 1997 to 2006. *Tellus Series B: Chemical and Physical Meteorology.*

McKane, R.B., E.B. Rastetter, G.R. Shaver, K.J. Nadelhoffer, A.E. Giblin, et al. 1997. Climatic effects on tundra carbon storage inferred from experimental data and a model. *Ecology* 78: 1170-1187.

McKane, R.B., L.C. Johnson, G.R. Shaver, K.J. Nadelhoffer, E.B. Rastetter, et al. 2002. Resourcebased niches provide a basis for plant species diversity and dominance in arctic tundra. *Nature* 415: 68-71.

McKey, D., P.G. Waterman, C.N. Mbi, J.S. Gartlan, and T.T. Struhsaker. 1978. Phenolic content of vegetation in two African rain forests: Ecological implications. *Science* 202: 61-63.

McLachlan, J.S., J. Hellmann, and M. Schwartz. 2007. A framework for debate of assisted migration in an era of climate change. *Conservation Biology* 21: 297-302.

McNaughton, K.G. 1976. Evaporation and advection I: Evaporation from extensive homogeneous surfaces. *Quarterly Journal of the Royal Meteorological Society* 102: 181-191.

McNaughton, K.G. and P.G. Jarvis. 1991. Effects of spatial scale on stomatal control of transpiration. *Agricultural and Forest Meteorology* 54: 279-302.

McNaughton, S.J. 1977. Diversity and stability of ecological communities: A comment on the role of empiricism in ecology. *American Naturalist* 111: 515-525.

McNaughton, S.J. 1979. Grazing as an optimization process: Grass-ungulate relationships in the Serengeti. *American Naturalist* 113: 691-703.

McNaughton, S.J. 1985. Ecology of a grazing ecosystem: The Serengeti. *Ecological Monographs* 53: 259-294.

McNaughton, S.J. 1988. Mineral nutrition and spatial concentrations of African ungulates. *Nature* 334: 343-345.

McNaughton, S.J., M. Oesterheld, D.A. Frank, and K.J. Williams. 1989. Ecosystem-level patterns of primary productivity and herbivory in terrestrial habitats. *Nature* 341: 142-144.

McNulty, S.G., J.D. Aber, T.M. McLellan, and S.M. Katt. 1990. Nitrogen cycling in high elevation forests of the northeastern U.S. in relation to nitrogen deposition. *Ambio* 19: 38-40.

McTammany, M.E., J.R. Webster, E.F. Benfield, and M.A. Neatrour. 2003. Longitudinal patterns of metabolism in a southern Appalachian river. *Journal of the North American Benthological Society* 22: 359-370.

MEA (Millennium Ecosystem Assessment). 2005. *Ecosystems and Human Well-being: Synthesis.* Island Press, Washington.

Meffe, G.K., L.A. Nielsen, R.L. Knight, and D.A. Schenborn. 2002. *Ecosystem Management: Adaptive, Community-Based Conservation* Island Press, Washington.

Melillo, J.M., J.D. Aber, and J.F. Muratore. 1982. Nitrogen and lignin control of hardwood leaf litter decomposition dynamics. *Ecology* 63: 621-626.

Meyer, J.L. and R.T. Edwards. 1990. Ecosystem metabolism and turnover of organic carbon along a blackwater river continuum. *Ecology* 71: 668-677.

Meyer, W.B. and B.L. Turner, III. 1992. Human population growth and global land-use/cover change. *Annual Review of Ecology and Systematics* 23: 39-61.

Migliavacca, M., M. Reichstein, A.D. Richardson, R. Colombo, M.A. Sutton, et al. 2010. Semiempirical modeling of abiotic and biotic factors controlling ecosystem respiration across eddy covariance sites. *Global Change Biology* 16: 187-208.

Milchunas, D.G. and W.K. Lauenroth. 1993. Quantitative effects of grazing on vegetation and soils over a global range of environments. *Ecological Monographs* 63: 327-366.

Millar, C.I., N.L. Stephenson, and S.L. Stephens. 2007. Climate change and forests of the future: Managing in the face of uncertainty. *Ecological Applications* 17: 2145-2151.

Miller, J.R., M.G. Turner, E.A.H. Smithwick, C.L. Dent, and E.H. Stanley. 2004. Spatial extrapolation: The science of predicting ecological patterns and processes. *BioScience* 54: 310-320.

Miller, R.W. and R.L. Donahue. 1990. *Soils. An Introduction to Soils and Plant Growth.* $6^{th}$ edition. Prentice Hall, Englewood, USA.

Milliman, J.D. and J.P.M. Syvitski. 1992. Geomorphic/ tectonic control of sediment discharge to the ocean: The importance of small mountains and rivers. *Journal of Geology* 100: 525-544.

Milner, A.M., C. Fastie, F.S. Chapin, III, D.R. Engstrom, and L. Sharman. 2007. Interactions and linkages among ecosystems during landscape evolution. *BioScience* 57: 237-247.

Minkkinen, K., R. Korhonen, I. Savolainen, and J. Laine. 2002. Carbon balance and radiative forcing of Finnish peatlands 1900-2100: The impact of forestry drainage. *Global Change Biology* 8: 785-799.

Minshall, G.W., C.T. Robinson, and D.E. Lawrence. 1997. Postfire responses of lotic ecosystems in Yellowstone National Park, U.S.A. *Canadian Journal of Fisheries and Aquatic Sciences* 54: 2509-2525.

Moen, R., Y. Cohen, and J. Pastor. 1998. Linking moose population and plant growth models with a moose energetics model. *Ecosystems* 1: 52-63.

Monserud, R.A. and J.D. Marshall. 1999. Allometric crown relations in three northern Idaho conifer species. *Canadian Journal of Forest Research* 29: 521-535.

Monteith, J.L. and M.H. Unsworth. 2008. *Principles of Environmental Physics.* $3^{rd}$ edition. Elsevier, Amsterdam.

Mooney, H.A. and E.L. Dunn. 1970. Convergent evolution of mediterranean-climate evergreen sclerophyll shrubs.

*Evolution* 24: 292-303.
Mooney, H.A. 1972. The carbon balance of plants. *Annual Review of Ecology and Systematics* 3: 315-346.
Mooney, H.A. 1986. Photosynthesis. Pages 345-373 *in* M.J. Crawley, editor. *Plant Ecology.* Blackwell, Oxford.
Mooney, H.A., J. Canadell, F.S. Chapin, III, J.R. Ehleringer, C. Körner, et al. 1999. Ecosystem physiology responses to global change. Pages 141-189 *in* B. Walker, W. Steffen, J. Canadell, and J. Ingram, editors. *The Terrestrial Biosphere and Global Change: Implications for Natural and Managed Ecosystems.* Cambridge University Press, Cambridge.
Moore, J.C. and H.W. Hunt. 1988. Resource compartmentation and the stability of real ecosystems. *Nature* 333: 261-263.
Moore, J.C. and P.C. de Ruiter. 2000. Invertebrates in detrital food webs along gradients of productivity *in* D.C. Coleman and P.F. Hendrix, editors. *Invertebrates as Webmasters in Ecosystems.* CABI Publishing, Oxford.
Moore, J.C., K. McCann, H. Setälä, and P.C. de Ruiter. 2003. Top-down is bottom-up: Does predation in the rhizosphere regulate aboveground dynamics? *Ecology* 84: 846-857.
Moore, R.D. and S.M. Wondzell. 2005. Physical hydrology and the effects of forest harvesting in the Pacific Northwest: A review. *Journal of the American Water Resources Association* 41: 763-784.
Morris, J.T. 1980. The nitrogen uptake kinetics of *Spartina alterniflora* in culture. *Ecology* 61: 1114-1121.
Moss, B. 1998. *Ecology of Fresh Waters: Man and Medium, Past to Future.* 3rd edition. Blackwell Scientific, Oxford.
Motzkin, G., D. Foster, A. Allen, J. Harrod, and R. Boone. 1996. Controlling site to evaluate history: Vegetation patterns of a New England sand plain. *Ecological Monographs* 66: 345-365.
Mulder, C.P.H., D.D. Uliassi, and D.F. Doak. 2001. Physical stress and diversity-productivity relationships: The role of positive interactions. *Proceedings of the National Academy of Sciences, USA* 98: 6704-6708.
Mulholland, P.J., C.S. Fellows, J.L. Tank, N.B. Grimm, J.R. Webster, et al. 2001. Inter-biome comparison of factors controlling stream metabolism. *Freshwater Biology* 46: 1503-1517.
Mulholland, P.J., A.M. Helton, G.C. Poole, R.O. Hall, Jr., S.K. Hamilton, et al. 2008. Stream denitrification across biomes and its response to anthropogenic nitrate loading. *Nature* 452: 202-205.
Mullon, C., P. Freon, and P. Cury. 2005. The dynamics of collapse in world fisheries. *Fish and Fisheries* 6: 111-120.
Nadelhoffer, K.J., A.E. Giblin, G.R. Shaver, and A.E. Linkins. 1992. Microbial processes and plant nutrient availability in arctic soils. Pages 281-300 *in* F.S. Chapin, III, R.L. Jefferies, J.F. Reynolds, G.R. Shaver, and J. Svoboda, editors. *Arctic Ecosystems in a Changing Climate: An Ecophysiological Perspective.* Academic Press, San Diego.
Nadkarni, N. 1981. Canopy roots: Convergent evolution in rainforest nutrient cycles. *Science* 214: 1023-1024.
Naeem, S., D.E. Bunker, A. Hector, M. Loreau, and C. Perrings, editors. 2009. *Biodiversity, Ecosystem Functioning, and Human Well-being: An Ecological and Economic Perspective.* Oxford University Press, Oxford.
Naiman, R.J. and H. Décamps. 1997. The ecology of interfaces: Riparian zones. *Annual Review of Ecology and Systematics* 28: 621-658.
Naiman, R.J., H. Décamps, and M.E. McClain. 2005. *Riparia: Ecology, Conservation, and Management of Streamside Communities.* Elsevier, Amsterdam.
Näsholm, T., A. Ekblad, A. Nordin, R. Giesler, M. Högberg, et al. 1998. Boreal forest plants take up organic nitrogen. *Nature* 392: 914-916.
Näsholm, T., K. Huss-Danell, and P. Högberg. 2000. Uptake of organic nitrogen in the field by four agriculturally important plant species. *Ecology* 81: 1155-1161.
Naylor, R.L. 2009. Managing food production systems for resilience. Pages 259-280 *in* F.S. Chapin, III, G.P. Kofinas, and C. Folke, editors. *Principles of Ecosystem Stewardship: Resilience-Based Natural Resource Management in a Changing World.* Springer, New York.
Neff, J.C., E.A. Holland, F.J. Dentener, W.H. McDowell, and K.M. Russell. 2002. The origin, composition and rates of organic nitrogen deposition: A missing piece of the nitrogen cycle? *Biogeochemistry* 57: 99-136.
Neff, J.C. and D.U. Hooper. 2002. Vegetation and climate controls on potential $CO_2$, DOC and DON production in northern latitude soils. *Global Change Biology* 8: 872-884.
Neff, J.C., A.P. Ballantyne, G.L. Famer, N.M. Mahowald, J.L. Conroy, et al. 2008. Recent increase in eolian dust deposition related to human activity in the Western United States. *Nature Geosciences* 1: 189-195.
Nepstad, D.C., C.R. deCarvalho, E.A. Davidson, P.H. Jipp, P.A. Lefebvre, et al. 1994. The role of deep roots in the hydrological and carbon cycles of Amazonian forests and pastures. *Nature* 372: 666-669.
New, M.G., M. Hulme, and P.D. Jones. 1999. Representing 20th century space-time climate variability, I: Development of a 1961-1990 mean monthly terrestrial climatology. *Journal of Climate* 12: 829-856.
New, M.G., D. Lister, M. Hulme, and I. Makin. 2002. A high-resolution data set of surface climate over global land areas. *Climate Research* 21: 1-25.
Newman, E.I. 1985. The rhizosphere: Carbon sources and microbial populations. Pages 107-121 *in* A.H. Fitter, D. Atkinson, D.J. Read, and M. Busher, editors. *Ecological Interactions in Soil.* Blackwell, Oxford.
Niemelä, P., F.S. Chapin, III, K. Danell, and J.P. Bryant. 2001. Animal-mediated responses of boreal forest to climatic change. *Climatic Change* 48: 427-440.
Nippert, J.B. and A.K. Knapp. 2007a. Linking water uptake with rooting patterns in grassland species. *Oecologia* 153: 261-272.
Nippert, J.B. and A.K. Knapp. 2007b. Soil water partitioning contributes to species coexistence in tallgrass prairie. *Oikos* 116: 1017-1029.
Nixon, S.W. 1988. Physical energy inputs and the comparative ecology of lake and marine ecosystems. *Limnology and Oceanography* 33: 1005-1025.
Nixon, S.W., J.W. Ammerman, L.P. Atkinson, V.M. Berounsky, G. Billen, et al. 1996. The fate of nitrogen and phosphorus at the land-sea margin of the North Atlantic Ocean. *Biogeochemistry* 35: 141-180.
Noble, I.R. and R.O. Slatyer. 1980. The use of vital attributes to predict successional changes in plant communities subject to recurrent disturbances. *Vegetatio* 43: 5-21.
Norby, R.J., E.H. DeLucia, B. Gielen, C. Calfapietra, C.P.

Giardina, et al. 2005. Forest response to elevated $CO_2$ is conserved across a broad range of productivity. *Proceedings of the National Academy of Sciences, USA* 102: 18052-18056.

Norby, R.J., J.M. Warren, C.M. Iversen, B.E. Medlyn, and R.E. McMurtrie. 2010. $CO_2$ enhancement of forest productivity constrained by limited nitrogen availability. *Proceedings of the National Academy of Sciences USA* 107: 19368-19373.

Northup, R.R., Z. Yu, R.A. Dahlgren, and K.A. Vogt. 1995. Polyphenol control of nitrogen release from pine litter. *Nature* 377: 227-229.

Norton, J.M., J.L. Smith, and M.K. Firestone. 1990. Carbon flow in the rhizosphere of Ponderosa pine seedlings. *Soil Biology and Biochemistry* 22: 449-445.

Norton, J.M. and M.K. Firestone. 1991. Metabolic status of bacteria and fungi in the rhizosphere of ponderosa pine seedlings. *Applied and Environmental Microbiology* 57: 1161-1167.

Noss, R.F. 1990. Indicators for monitoring biodiversity: A hierarchical approach. *Conservation Biology* 4: 355-364.

NRC (National Research Council). 2000. *Watershed Management for Potable Water Supply: Assessing New York City's Approach*. National Academies Press, Washington.

NRC (National Research Council). 2006. *Drawing Louisiana's New Map: Addressing Land Loss in Coastal Louisiana*. National Academies Press, Washington.

NRC (National Research Council). 2008. *Hydrologic Effects of a Changing Forest Landscape*. National Academies Press, Washington.

NRC (National Research Council). 2010. *America's Climate Choices: Adapting to the Impacts of Climate Change*. National Academies Press, Washington.

Nulsen, R.A., K.J. Bligh, I.N. Baxter, E.J. Solin, and D.H. Imrie. 1986. The fate of rainfall in a mallee and heath vegetated catchment in southern Western Australia. *Australian Journal of Ecology* 11: 361-371.

Nye, P.H. and P.B. Tinker. 1977. *Solute Movement in the Soil-Root System*. University of California Press, Berkeley.

O'Leary, M.H. 1988. Carbon isotopes in photosynthesis. *BioScience* 38: 325-336.

O'Neill, R.V., D.L. DeAngelis, J.B. Waide, and T.F.H. Allen. 1986. *A Hierarchical Concept of Ecosystems*. Princeton University Press, Princeton.

Oades, J.M. 1989. An introduction to organic matter in mineral soils. Pages 89-160 *in* J.B. Dixon and S.B. Weed, editors. *Minerals in Soil Environments*. Soil Science Society of America, Madison.

Odum, E.P. 1959. *Fundamentals of Ecology*. W. B. Saunders, Philadelphia.

Odum, E.P. 1969. The strategy of ecosystem development. *Science* 164: 262-270.

Oechel, W.C., G.L. Vourlitis, S.J. Hastings, R.C. Zulueta, L. Hinzman, et al. 2000. Acclimation of ecosystem $CO_2$ exchange in the Alaskan Arctic in response to decadal climate warming. *Nature* 406: 978-981.

Oke, T.R. 1987. *Boundary Layer Climates*. $2^{nd}$ edition. Methuen, London.

Oki, T. and S. Kanae. 2006. Global hydrological cycles and world water resources. *Science* 313: 1068-1072.

Okin, G.S., N.M. Mahowald, O.A. Chadwick, and P. Artaxo. 2004. Impact of desert dust on the biogeochemistry of phosphorus in terrestrial ecosystems. *Global Biogeochemical Cycles* 18: GB2005, doi: 2010.1029/2003GB002145.

Oksanen, L. 1990. Predation, herbivory, and plant strategies along gradients of primary productivity. Pages 445-474 *in* J.B. Grace and D. Tilman, editors. *Perspectives on Plant Competition*. Academic Press, San Diego.

Olander, L.P. and P.M. Vitousek. 2000. Asymmetry in N and P mineralization: Regulation of extracellular phosphatase and chitinase activity by N and P availability. *Biogeochemistry* 49: 175-190.

Olsen, J.S. 1963. Energy storage and the balance of producers and decomposers in ecological systems. *Ecology* 44: 322-331.

Olsson, A.D., J. Betancourt, M.P. McClaran, and S.E. Marsh. 2012. Sonoran Desert Ecosystem transformation by a $C_4$ grass without the grass/fire cycle. *Diversity and Distributions* 18: 10-21.

Onipchenko, V.G., M. Makarov, R.S.P. van Logtestijn, V. Ivanov, A.A. Akhmetzhanova, et al. 2009. New nitrogen uptake strategy: Specialized snow roots. *Ecology Letters* 12: 758-764.

Orlove, B.S., J.C.H. Chiang, and M.A. Cane. 2000. Forecasting Andean rainfall and crop yield from the influence of El Niño on Pleiades visibility. *Nature* 403: 68-71.

Orr, J.C., V.J. Fabry, O. Aumont, L. Bopp, S.C. Doney, et al. 2005. Anthropogenic ocean acidification over the twenty-first century and its impact on calcifying organisms. *Nature* 437: 681-686.

Osborne, C.P. and R.P. Freckleton. 2009. Ecological selection pressures for $C_4$ photosynthesis. *Proceedings of The Royal Society, Series B* 276: 1753-1760.

Osterheld, M., O.E. Sala, and S.J. McNaughton. 1992. Effect of animal husbandry on herbivore-carrying capacity at a regional scale. *Nature* 356: 234-236.

Ostfeld, R.S. and F. Keesing. 2000. Biodiversity and disease risk: The case of Lyme disease. *Conservation Biology* 14: 722-728.

Ostrom, E. 1990. *Governing the Commons: The Evolution of Institutions for Collective Action*. Cambridge University Press, Cambridge.

Ostrom, E. 2007. A diagnostic approach for going beyond panaceas. *Proceedings of the National Academy of Sciences, USA* 104: 15181-15187.

Ostrom, E. 2009. A general framework for analyzing sustainability of social-ecological systems. *Science* 325: 419-422.

Ovington, J.D. 1962. Quantitative ecology and the woodland ecosystem concept. *Advances in Ecological Research* 1: 103-192.

Owen-Smith, R.N. 1988. *Megaherbivores: The Influence of Very Large Body Size on Ecology*. Cambridge University Press, Cambridge.

Pace, M.L., J.J. Cole, S.R. Carpenter, and J.F. Kitchell. 1999. Trophic cascades revealed in diverse ecosystems. *Trends in Ecology & Evolution* 14: 483-488.

Paine, R.T. 1980. Food webs: Linkage, interaction strength and community infrastructure. *Journal of Animal Ecology* 49: 667-685.

Paine, R.T. 2000. Phycology for the mammalogist: Marine rocky shores and mammal-dominated communities. How different are the structuring processes? *Journal of Mammalogy* 81: 637-648.

Painter, T.H., A.P. Barrett, C.C. Landry, J.C. Neff, M.P. Cassidy, et al. 2007. Impact of disturbed desert soils on duration of mountain snowcover. *Geophysical Research Letters* 34: 12, L12502, 12510.11029/12007GL030208.

Palm, C.A., S.A. Vosti, P.A. Sanchez, and P.J. Ericksen. 2005. *Slash-and-Burn Agriculture: The Search for Alternatives*. Columbia University Press, New York.

Palmer, M., E. Bernhardt, E. Chornesky, S. Collins, A. Dobson, et al. 2004. Ecology for a crowded planet. *Science* 304: 1251-1252.

Parker, I.M., D. Simberloff, W.M. Lonsdale, K. Goodell, M. Wonham, et al. 1999. Impact: Toward a framework for understanding the ecological effects of invaders. *Biological Invasions* 1: 3-19.

Parton, W.J., D.S. Schimel, C.V. Cole, and D.S. Ojima. 1987. Analysis of factors controlling soil organic matter levels in Great Plains grasslands. *Soil Science Society of America Journal* 51: 1173-1179.

Parton, W.J., J.M.O. Scurlock, D.S. Ojima, T.G. Gilmanov, R.J. Scholes, et al. 1993. Observations and modeling of biomass and soil organic matter dynamics for the grassland biome worldwide. *Global Biogeochemical Cycles* 7: 785-809.

Parton, W.J., W.L. Silver, I.C. Burke, L. Grassens, M.E. Harmon, et al. 2007. Global-scale similarities in nitrogen release patterns during long-term decomposition. *Science* 315: 361-364.

Passioura, J.B. 1988. Response to Dr. P. J. Kramer's article, 'Changing concepts regarding plant water relations'. *Plant, Cell and Environment* 11: 569-571.

Pastor, J., J.D. Aber, C.A. McClaugherty, and J.M. Melillo. 1984. Aboveground primary production and N and P cycling along a nitrogen mineralization gradient on Blackhawk Island, Wisconsin. *Ecology* 65: 256-268.

Pastor, J., R.J. Naiman, B. Dewey, and P. McInnes. 1988. Moose, microbes, and the boreal forest. *BioScience* 38: 770-777.

Pastor, J., Y. Cohen, and N.T. Hobbs. 2006. The roles of large herbivores in ecosystem nutrient cycles. Pages 289-325 *in* K. Danell, editor. *Large Herbivore Ecology, Ecosystem Dynamics and Conservation*. Cambridge University Press, Cambridge.

Paton, T.R., G.S. Humphreys, and P.B. Mitchell. 1995. *Soils: A New Global View*. Yale University Press, New Haven.

Patz, J.A., U.E.C. Confalonieri, F.P. Amerasinghe, K.B. Chua, P. Daszak, et al. 2005. Human health: Ecosystem regulation of infectious diseases. Pages 391-415 *in* R. Hassan, R.J. Scholes, and N. Ash, editors. *Ecosystems and Well-Being: Current State and Trends, Volume 1*. Island Press, Washington.

Paul, E.A. and F.E. Clark. 1996. *Soil Microbiology and Biochemistry*. 2nd edition. Academic Press, San Diego.

Pauly, D. and V. Christensen. 1995. Primary production required to sustain global fisheries. *Nature* 374: 255-257.

Pauly, D., V. Christensen, J. Dalsgaard, R. Froese, and F. Torres, Jr. 1998. Fishing down marine food webs. *Science* 279: 860-863.

Pauly, D., J. Alder, A. Bakun, S. Heileman, K.-H. Kock, et al. 2005. Marine fisheries systems. Pages 477-511 *in* R. Hassan, R.J. Scholes, and N. Ash, editor. *Ecosystems and Human Well-Being: Current State and Trends*. Island Press, Washington.

Payette, S. and L. Filion. 1985. White spruce expansion at the tree line and recent climatic change. *Canadian Journal of Forest Research* 15: 241-251.

Pearcy, R.W. 1990. Sunflecks and photosynthesis in plant canopies. *Annual Review of Plant Physiology* 41: 421-453.

Pearson, P.N. and M.R. Palmer. 2000. Atmosphere carbon dioxide concentrations over the past 60 million years. *Nature* 406: 695-699.

Peltzer, D.A., P.J. Bellingham, H. Kurokawa, L.R. Walker, D.A. Wardle, et al. 2009. Punching above their weight: Low-biomass non-native plant species alter soil properties during primary succession. *Oikos* 118: 1001-1014.

Penning de Vries, F.W.T., A.H.M. Brunsting, and H.H. van Laar. 1974. Products, requirements, and efficiency of biosynthesis: A quantitative approach. *Journal of Theoretical Biology* 45: 339-377.

Penning de Vries, F.W.T. 1975. The cost of maintenance processes in plant cells. *Annals of Botany* 39: 77-92.

Perakis, S.S. and L.O. Hedin. 2002. Nitrogen loss from unpolluted South American forests mainly via dissolved organic compounds. *Nature* 415: 416-419.

Perez-Harguindeguy, N., S. Díaz, J.H.C. Cornelissen, F. Vendramini, M. Cabido, et al. 2000. Chemistry and toughness predict leaf litter decomposition rates over a wide spectrum of functional types and taxa in central Argentina. *Plant and Soil* 218: 21-30.

Perry, G.L.W. and N.J. Enright. 2006. Spatial modelling of vegetation change in dynamic landscapes: A review of methods and applications. *Progress in Physical Geography* 30: 43-72.

Peters, D.P.C., R.A. Pielke, Sr., B.T. Bestelmeyer, C.D. Allen, S. Munson-McGee, et al. 2004. Cross-scale interactions, nonlinearities, and forecasting catastrophic events. *Proceedings of the National Academy of Sciences, USA* 101: 15130-15135.

Peters, D.P.C., J.R. Gosz, and S.L. Collins. 2009. Boundary dynamics in landscapes. Pages 458-463 *in* S.A. Levin, S.R. Carpenter, H.C.J. Godfray, A.P. Kinzig, M. Loreau, et al., editors. *Princeton Guide to Ecology*. Princeton University Press, Princeton.

Peters, D.P.C., A.E. Lugo, F.S. Chapin, III, S.T.A. Pickett, M. Duniway, et al. 2011. Cross-system comparisons elucidate disturbance complexities and generalities. *Ecosphere* 2(7): art81. doi: 10-1890/ES11-00115.1.

Peterson, B.J., J.E. Hobbie, and T.J. Corliss. 1986. Carbon flow in a tundra stream ecosystem. *Canadian Journal of Fisheries and Aquatic Sciences* 43: 1259-1270.

Peterson, B.J., W.M. Wolheim, P.J. Mujlholland, J.R. Webster, J.L. Meyer, et al. 2001. Control of nitrogen export from watersheds by headwater streams. *Science* 292: 86-90.

Peterson, G.D., C.R. Allen, and C.S. Holling. 1998. Ecological resilience, biodiversity, and scale. *Ecosystems* 1: 6-18.

Peterson, G.D., G.S. Cumming, and S.R. Carpenter. 2003. Scenario planning: A tool for conservation in an uncertain world. *Conservation Biology* 17: 358-366.

Petit, J.R., J. Jouzel, D. Raynaud, N.I. Barkov, J.M. Barnola, et al. 1999. Climate and atmospheric history of the past 420,000 years from the Vostok ice core, Antarctica. *Nature* 399: 429-436.

Piao, S., P. Ciais, P. Friedlingstein, P. Peylin, M. Reichstein, et al. 2008. Net carbon dioxide losses of northern ecosystems in response to autumn warming. *Nature* 451: 49-53.

Piao, S., P. Friedlingstein, P. Ciais, P. Peylin, B. Zhu, et al. 2009. Footprint of temperature changes in the temperate and boreal forest carbon balance. *Geophysical Research Letters* 36: L07404, doi: 07410.01029/02009GL037381.

Pickett, S.T.A. and P.S. White. 1985. *The Ecology of Natural Disturbance as Patch Dynamics*. Academic Press, New York.

Pickett, S.T.A., S.L. Collins, and J.J. Armesto. 1987. A hierarchical consideration of causes and mechanisms of succession. *Vegetatio* 69: 109-114.

Pickett, S.T.A., J. Kolasa, and C.G. Jones. 1994. *Ecological Understanding. The Nature of Theory and the Theory of Nature*. Academic Press, New York.

Pielke, R.A., Sr. and R. Avissar. 1990. Influence of landscape structure on local and regional climate. *Landscape Ecology* 4: 133-156.

Pimm, S.L. 1982. *Food Webs*. Chapman and Hall, New York.

Pimm, S.L. 1984. The complexity and stability of ecosystems. *Nature* 307: 321-326.

Pimm, S.L., G.J. Russell, J.L. Gittleman, and T.M. Brooks. 1995. The future of biodiversity. *Science* 269: 347-350.

Pires, M. 2004. Watershed protection for a world city: The case of New York. *Land Use Policy* 21: 161-175.

Poff, N.L., J.D. Allan, M.B. Bain, J.R. Karr, K.L. Prestegaard, et al. 1997. The natural flow regime: A paradigm for river conservation and restoration. *BioScience* 47: 769-784.

Polis, G.A. 1991. Complex trophic interactions in deserts: An empirical critique of food-web theory. *American Naturalist* 138: 123-155.

Polis, G.A. and S.D. Hurd. 1996. Linking marine and terrestrial food webs: Allochthonous input from the ocean supports high secondary productivity on small islands and coastal land communities. *American Naturalist* 147: 396-423.

Polis, G.A. 1999. Why are parts of the world green? Multiple factors control productivity and the distribution of biomass. *Oikos* 86: 3-15.

Pomeroy, J., N. Hedstrom, and J. Parviainen. 1999. The snow mass balance of Wolf Creek, Yukon: Effects of snow sublimation and redistribution. Pages 15-30 *in* J.W. Pomeroy and R.J. Granger, editors. *Wolf Creek Research Basin: Hydrology, Ecology, Environment*. National Water Research Institute, Environment Canada, Saskatoon.

Pons, T.L., K. Perreijn, C. van Kessel, and M.J.A. Werger. 2006. Symbiotic nitrogen fixation in a tropical rainforest: $^{15}$N natural abundance measurements supported by experimental isotopic enrichment. *New Phytologist* 173: 154-167.

Poorter, H. 1994. Construction costs and payback time of biomass: A whole-plant perspective. Pages 111-127 *in* J. Roy and E. Garnier, editors. *A Whole-Plant Perspective on Carbon-Nitrogen Interactions*. SPB Academic Publishing, The Hague.

Porder, S., A. Paytan, and P.M. Vitousek. 2005. Erosion and landscape development affect plant nutrient status in the Hawaiian Islands. *Oecologia* 142: 440-449.

Post, D.M., M.L. Pace, and N.G. Hairston. 2000. Ecosystem size determines food-chain length in lakes. *Nature* 405: 1047-1049.

Post, W.M., W.R. Emanuel, P.J. Zinke, and A.G. Stangenberger. 1982. Soil carbon pools and world life zones. *Nature* 298: 156-159.

Postel, S.L., G.C. Daily, and P.R. Ehrlich. 1996. Human appropriation of renewable fresh water. *Science* 271: 785-788.

Postel, S.L. and B. Richter. 2003. *Rivers for Life: Managing Water for People and Nature*. Island Press, Washington.

Potter, C.S., J.T. Randerson, C.B. Field, P.A. Matson, P.M. Vitousek, et al. 1993. Terrestrial ecosystem production: A process model based on global satellite and surface data. *Global Biogeochemical Cycles* 7: 811-841.

Power, M.E. 1990. Effects of fish in river food webs. *Science* 250: 411-415.

Power, M.E. 1992a. Hydrologic and trophic controls of seasonal algal blooms in northern California rivers. *Archivs fur Hydrobiologie* 125: 385-410.

Power, M.E. 1992b. Top-down and bottom-up forces in food webs: Do plants have primacy? *Ecology* 73: 733-746.

Power, M.E., D. Tilman, J.A. Estes, B.A. Menge, W.J. Bond, et al. 1996. Challenges in the quest for key- stones. *BioScience* 46: 609-620.

Prentice, I.C., W. Cramer, S.P. Harrison, R. Leemans, R.A. Monserud, et al. 1992. A global biome model based on plant physiology and dominance, soil properties and climate. *Journal of Biogeography* 19: 117-134.

Prentice, I.C., G.D. Farquhar, M.J.R. Fasham, M.L. Goulden, M. Heimann, et al. 2001. The carbon cycle and atmospheric carbon dioxide. Pages 183-237 *in* J.T. Houghton, Y. Ding, D.J. Griggs, M. Noguer, P.J. van der Linden, et al., editors. *Climate Change 2001: The Scientific Basis*. Cambridge University Press, Cambridge.

Prescott, C.E. 1995. Does nitrogen availability control rates of litter decomposition in forests? *Plant and Soil* 168-169: 83-88.

Prescott, C.E., R. Kabzems, and L.M. Zabek. 1999. Effects of fertilization on decomposition rate of *Populus tremuloides* foliar litter in a boreal forest. *Canadian Journal of Forest Research* 29: 393-397.

Press, F. and R. Siever. 1986. *Earth*. 4th edition. W. H. Freeman and Company, New York.

Pugnaire, F.I. and F.S. Chapin, III. 1992. Environmental and physiological factors governing nutrient resorption efficiency in barley. *Oecologia* 90: 120-126.

Raab, T.K., D.A. Lipson, and R.K. Monson. 1999. Soil amino acid utilization among species of the Cyperaceae: Plant and soil processes. *Ecology* 80: 2408-2419.

Rabalais, N.N., R.E. Turner, and W.J. Wiseman, Jr. 2002. Gulf of Mexico hypoxia, A.K.A. "The dead zone". *Annual Review of Ecology and Systematics* 33: 235-263.

Raffa, K.F., B.H. Aukema, B.J. Bentz, A.L. Carroll, J.A. Hicke, et al. 2008. Cross-scale drivers of natural disturbances prone to anthropogenic amplification: The dynamics of bark beetle eruptions. *BioScience* 58: 501-517.

Raich, J.W. and W.H. Schlesinger. 1992. The global carbon dioxide flux in soil respiration and its relationship to climate. *Tellus* 44B: 81-99.

Raich, J.W., A.E. Russell, and P.M. Vitousek. 1997. Primary production and ecosystem development along an elevational gradient in Hawaii. *Ecology* 78: 707-721.

Ramakrishnan, P.S. 1992. *Shifting Agriculture and Sustainable Development: An Interdisciplinary Study from North-Eastern India*. Parthenon Publishing Group, Park Ridge, NJ.

Randerson, J.T., F.S. Chapin, III, J. Harden, J.C. Neff, and M.E. Harmon. 2002. Net ecosystem production: A comprehensive measure of net carbon accumulation by ecosystems. *Ecological Applications* 12: 937-947.

Raper, C.D., Jr., D.L. Osmond, M. Wann, and W.W. Weeks. 1978. Interdependence of root and shoot activities in determining nitrogen uptake rate of roots. *Botanical Gazette* 139: 289-294.

Rastetter, E.B. and G.R. Shaver. 1992. A model of multiple-element limitation for acclimating vegetation. *Ecology* 73: 1157-1174.

Read, D.J. and R. Bajwa. 1985. Some nutritional aspects of the biology of ericaceous mycorrhizas. *Proceedings of the Royal Society of Edinburgh* 85B: 317-332.

Read, D.J. 1991. Mycorrhizas in ecosystems. *Experientia* 47: 376-391.

Redfield, A.C. 1958. The biological control of chemical factors in the environment. *American Scientist* 46: 205-221.

Reeburgh, W.S. 1997. Figures summarizing the global cycles of biogeochemically important elements. *Bulletin of the Ecological Society of America* 78: 260-267.

Reich, P.B., M.B. Walters, and D.S. Ellsworth. 1997. From tropics to tundra: Global convergence in plant functioning. *Proceedings of the National Academy of Sciences, USA* 94: 13730-13734.

Reich, P.B., D.S. Ellsworth, M.B. Walters, J.M. Vose, C. Gresham, et al. 1999. Generality of leaf trait relationships: A test across six biomes. *Ecology* 80: 1955-1969.

Reich, P.B. and J. Oleksyn. 2004. Global patterns of plant leaf N and P in relation to temperature and latitude. *Proceedings of the National Academy of Sciences, USA* 101: 11001-11006.

Reich, P.B., S.E. Hobbie, T. Lee, D.W. Ellsworth, J.B. West, et al. 2006. Nitrogen limitation constrains sustainability of ecosystem response to $CO_2$. *Nature* 440: 922-925.

Reichstein, M., D. Papale, R. Valentini, M. Aubinet, C. Bernhofer, et al. 2007. Determinants of terrestrial ecosystem carbon balance inferred from European eddy covariance flux sites. *Geophysical Research Letters* 34: L01402, doi: 01410.01029/02006GL027880.

Reiners, W.A. 1986. Complementary models for ecosystems. *American Naturalist* 127: 59-73.

Reynolds, J.F. and J.H.M. Thornley. 1982. A shoot: root partitioning model. *Annals of Botany* 49: 585-597.

Reynolds, J.F., D.W. Hilbert, and P.R. Kemp. 1993. Scaling ecophysiology from the plant to the ecosystem: A conceptual framework. Pages 127-140 *in* J.R. Ehleringer and C.B. Field, editors. *Scaling Physiological Processes: Leaf to Globe*. Academic Press, San Diego.

Reynolds, J.F. and D.M. Stafford Smith, editors. 2002. *Global Desertification: Do Humans Cause Deserts?* Dahlem University Press, Berlin.

Rice, E.L. 1979. Allelopathy: An update. *Botanical Review* 45: 15-109.

Richardson, A.E., T.S. George, I. Jakobsen, and R.J. Simpson. 2007. Plant utilization of inositol phosphates. Pages 242-260 *in* B.L. Turner, A.E. Richardson, and E.J. Mullaney, editors. *Inositol Phosphates: Linking Agriculture and the Environment*. CABI Publishing, Wallingford.

Richter, D.D., Jr. and D. Markewitz. 2001. *Understanding Soil Change: Soil Sustainability over Millennia, Centuries, and Decades*. Cambridge University Press, Cambridge.

Ricketts, T.H., G.C. Daily, P.R. Ehrlich, and C.D. Michener. 2004. Economic value of tropical forest to coffee production. *Proceedings of the National Academy of Sciences, USA* 101: 12579-12582.

Ritchie, M.E., D. Tilman, and J.M.H. Knops. 1998. Herbivore effects on plant and nitrogen dynamics in oak savanna. *Ecology* 79: 165-177.

Robertson, G.P. 1989. Nitrification and denitrification in humid tropical ecosystems: Potential controls on nitrogen retention. Pages 55-69 *in* J. Proctor, editor. *Mineral Nutrients in Tropical Forest and Savanna Ecosystems*. Blackwell Scientific, Oxford.

Robertson, G.P., K.M. Klingensmith, M.J. Klug, E.A. Paul, J.R. Crum, et al. 1997. Soil resources, microbial activity, and primary production across an agriculatural ecosystem. *Ecological Applications* 7: 158-170.

Robertson, G.P. and E.A. Paul. 2000. Decomposition and soil organic matter dynamics. Pages 104-116 *in* O.E. Sala, R.B. Jackson, H.A. Mooney, and R.W. Howarth, editors. *Methods in Ecosystem Science*. Springer-Verlag, New York.

Robertson, G.P. and P.M. Vitousek. 2009. Nitrogen in agriculture: Balancing the cost of an essential resource. *Annual Review of Environment and Resources* 34: 97-125.

Robinson, D. 1994. The responses of plants to non-uni- form supplies of nutrients. *New Phytologist* 127: 635-674.

Robles, M. and F.S. Chapin, III. 1995. Comparison of the influence of two exotic species on ecosystem processes in the Berkeley Hills. *Madrono* 42: 349-357.

Rockström, J., L. Gordon, C. Folke, M. Falkenmark, and M. Engvall. 1999. Linkages among water vapor flows, food production, and terrestrial ecosystem services. *Conservation Ecology* 3: [online] http: //www.consecol.org/vol3/iss2/art5.

Rockström, J., W. Steffen, K. Noone, Å. Persson, F.S. Chapin, III, et al. 2009. A safe operating space for humanity. *Nature* 461: 472-475.

Rodin, L.E. and N.I. Bazilevich. 1967. *Production and Mineral Cycling in Terrestrial Vegetation*. Oliver and Boyd, Edinburgh, Scotland.

Rosenberg, A.A., M.J. Fogarty, M.P. Sissenwine, J.R. Beddington, and J.G. Shepherd. 1993. Achieving sustainable use of renewable resources. *Science* 262: 828-829.

Rosenberg, D.K., B.R. Noon, and E.C. Meslow. 1997. Biological corridors: Form, function, and efficacy. *BioScience* 47: 677-687.

Roulet, N.T., P.M. Crill, N.T. Comer, A. Dove, and R.A. Boubonniere. 1997. $CO_2$ and $CH_4$ flux between a boreal beaver pond and the atmosphere. *Journal of Geophysical Research* 102: 29313-29319.

Rovira, A.D. 1969. Plant root exudates. *Botanical Review* 35: 35-56.

Rudel, T.K., O.T. Coomes, E. Moran, F. Achard, A. Angelsen, et al. 2005. Forest transitions: Towards a global understanding of land use change. *Global Environmental Change* 15: 23-31.

Ruess, R.W. and S.J. McNaughton. 1987. Grazing and the dynamics of nutrient and energy regulated microbial

processes in the Serengeti grasslands. *Oikos* 49: 101–110.
Ruess, R.W., D.S. Hik, and R.L. Jefferies. 1989. The role of lesser snow geese as nitrogen processors in a subarctic salt marsh. *Oecologia* 89: 23–29.
Ruess, R.W., K. Van Cleve, J. Yarie, and L.A. Viereck. 1996. Contributions of fine root production and turn-over to the carbon and nitrogen cycling in taiga forests of the Alaskan interior. *Canadian Journal of Forest Research* 26: 1326–1336.
Ruess, R.W., R.L. Hendrick, and J.P. Bryant. 1998. Regulation of fine root dynamics by mammalian browsers in early successional Alaskan taiga forests. *Ecology* 79: 2706–2720.
Ruimy, A., P.G. Jarvis, D.D. Baldocchi, and B. Saugier. 1995. $CO_2$ fluxes over plant canopies and solar radiation: A review. *Advances in Ecological Research* 26: 1–53.
Running, S.W., R.R. Nemani, D.L. Peterson, L.E. Band, D.F. Potts, et al. 1989. Mapping regional forest evapotranspiration and photosynthesis by coupling satellite data with ecosystem simulation. *Ecology* 70: 1090–1101.
Running, S.W., P.E. Thornton, R.R. Nemani, and J.M. Glassy. 2000. Global terrestrial gross and net primary productivity from the earth observing system. Pages 44–57 *in* O. Sala, R.B. Jackson, and H.A. Mooney, editors. *Methods in Ecosystem Science*. Springer-Verlag, New York.
Running, S.W., R.R. Nemani, F.A. Heinsch, M. Zhao, M. Reeves, et al. 2004. A continuous satellite-derived measure of global terrestrial primary production. *BioScience* 54: 547–560.
Rupp, T.S., A.M. Starfield, and F.S. Chapin, III. 2000. A frame-based spatially explicit model of subarctic vegetation response to climatic change: Comparison with a point model. *Landscape Ecology* 15: 383–400.
Ruttenberg, K.C. 2004. The global phosphorus cycle. Pages 585–643 *in* W.H. Schlesinger, editor. *Biogeochemistry*. Elsevier, Amsterdam.
Rutter, A.J., P.C. Robins, A.J. Morton, and K.A. Kershaw. 1971. Predictive model of rainfall interception in for- ests, 1. Derivation of the model from observations in a plantation of Corsican pine. *Agricultural Meteorology* 9: 367–384.
Ryan, M.G., S. Linder, J.M. Vose, and R.M. Hubbard. 1994. Respiration of pine forests. *Ecological Bulletin* 43: 50–63.
Ryan, M.G., D. Binkley, and J.H. Fownes. 1997. Agerelated decline in forest productivity: Pattern and process. *Advances in Ecological Research* 27: 213–262.
Sabine, C.L., M. Heiman, P. Artaxo, D.C.E. Bakker, C.-T.A. Chen, et al. 2004. Current status and past trends of the carbon cycle. Pages 17–44 *in* C.B. Field and M.R. Raupach, editors. *The Global Carbon Cycle: Integrating Humans, Climate and the Natural World*. Island Press, Washington.
Sage, R.F. 2004. The evolution of $C_4$ photosynthesis. *New Phytologist* 161: 341–370.
Sala, O.E., W.K. Lauenroth, S.J. McNaughton, G. Rusch, and X. Zhang. 1996. Biodiversity and ecosystem functioning in grasslands. Pages 129–149 *in* H.A. Mooney, J.H. Cushman, E. Medina, O.E. Sala, and E.-D. Schulze, editors. *Functional Role of Biodiversity: A Global Perspective*. John Wiley & Sons, Chichester.
Sala, O.E., R.B. Jackson, H.A. Mooney, and R.W. Howarth, editors. 2000. *Methods in Ecosystem Science*. Springer-Verlag, New York.
Saleska, S.R., K. Didan, A.R. Huete, and H.R. da Rocha. 2007. Amazon forests green-up during 2005 drought. *Science* 318: 612.
Sampson, R.N., N. Bystriakova, S. Brown, P. Gonzalez, L. C. Irland, et al. 2005. Timber, fuel, and fiber. Pages 585–621 *in* R. Hassan, R. J. Scholes, and N. Ash, editors. Ecosystems and Human Well-Being: Current State and Trends. Cambridge University Press, Cambridge.
Sanchez, P.A. 2010. Tripling crop yields in tropical Africa. *Nature Geoscience* 3: 299–300.
Sarmiento, J.L. and N. Gruber. 2006. *Ocean Biogeochemical Dynamics*. Princeton University Press, Princeton.
Saugier, B., J. Roy, and H.A. Mooney. 2001. Estimations of global terrestrial productivity: Converging toward a single number? Pages 543–557 *in* J. Roy, B. Saugier, and H.A. Mooney, editors. *Terrestrial Global Productivity*. Academic Press, San Diego.
Saura, S. and L. Pascual-Hortal. 2007. A new habitat availability index to integrate connectivity in landscape conservation planning: comparison with existing indices and application to a case study. *Landscape and Urban Planning* 83: 91–103.
Sayre, N. 2005. *Working Wilderness: The Malpai Borderlands Group Story and the Future of the Western Range*. Rio Nuevo Press, Tucson, AZ.
Scatena, F.N., S. Moya, C. Estrada, and J.D. Chinea. 1996. The first five years in the reorganization of aboveground biomass and nutrient use following Hurricane Hugo in the Bisley Experimental Watersheds, Luquillo Experimental Forest, Puerto Rico. *Biotropica* 28: 424–440.
Schaefer, D.A., W.H. McDowell, F.N. Scatena, and C.E. Asbury. 2000. Effects of hurricane disturbance on stream water concentrations and fluxes in eight tropi-cal forest watersheds of the Luquillo Experimental Forest, Puerto Rico. *Journal of Tropical Ecology* 16: 189–207.
Scheffer, M. and S.R. Carpenter. 2003. Catastrophic regime shifts in ecosystems: Linking theory to observation. *Trends in Ecology & Evolution* 18: 648–656.
Scheffer, M., G.J. van Geest, K. Zimmer, E. Jeppsen, M. Sondergaard, et al. 2006. Small habitat size and isolation can promote species richness: Second-order effects on biodiversity in shallow lakes and ponds. *Oikos* 112: 227–231.
Schenk, H.J. and R.B. Jackson. 2002. Rooting depths, lateral root spreads and below-ground/above-ground allometries of plants in water-limited ecosystems. *Journal of Ecology* 90: 480–494.
Schimel, D.S. 1995. Terrestrial ecosystems and the carbon cycle. *Global Change Biology* 1: 77–91.
Schimel, D.S., J.I. House, K.A. Hibbard, P. Bousquet, P. Ciais, et al. 2001. Recent patterns and mechanisms of carbon exchange by terrestrial ecosystems. *Nature* 414: 169–172.
Schimel, J.P., K. Van Cleve, R.G. Cates, T.P. Clausen, and P.B. Reichardt. 1996. Effects of balsam poplar (*Populus balsamifera*) tannins and low molecular weight phenolics on microbial activity in taiga floodplain soil: Implications for changes in N cycling during succession. *Canadian Journal of Botany* 74: 84–90.
Schimel, J.P. 2001. Biogeochemical models: Implicit vs. explicit microbiology. Pages 177–183 *in* E.-D. Schulze, S.P.

Harrison, M. Heimann, E.A. Holland, J.J. Lloyd, et al., editors. *Global Biogeochemical Cycles in the Climate System*. Academic Press, San Diego.

Schimel, J.P. and J. Bennett. 2004. Nitrogen mineralization: Challenges of a changing paradigm. *Ecology* 85: 591–602.

Schimper, A.F.W. 1898. *Pflanzengeographie auf Physiologischer Grundlage*. Fisher, Jena, Germany.

Schindler, D.W. 1971. Carbon, nitrogen, and phosphorus and the eutrophication of freshwater lakes. *Journal of Phycology* 7: 321–329.

Schindler, D.W. 1974. Eutrophication and recovery in experimental lakes: Implications for lake management. *Science* 184: 897–899.

Schindler, D.W. 1978. Factors regulating phytoplankton production and standing crop in the world's lakes. *Limnology and Oceanography* 23: 478–486.

Schindler, D.W. 1985. The coupling of elemental cycles by organisms: Evidence from whole-lake chemical perturbations. Pages 225–250 *in* W. Stumm, editor. *Chemical Processes in Lakes*. Wiley Press, New York.

Schindler, D.W., R.E. Hecky, D.L. Findlay, M.P. Stainton, B.R. Parker, et al. 2008. Eutrophication of lakes can- not be controlled by reducing nitrogen inputs: Results of a 37-year whole-ecosystem experiment. *Proceedings of the National Academy of Sciences, USA* 105: 11254-11258.

Schippers, P., M. Lurling, and M. Scheffer. 2004. Increase in atmospheric $CO_2$ promotes phytoplankton productivity. *Ecology Letters* 7: 446–451.

Schlesinger, W.H. 1977. Carbon balance in terrestrial detritus. *Annual Review of Ecology and Systematics* 8: 51–81.

Schlesinger, W.H., J.F. Reynolds, G.L. Cunningham, L.F. Huenneke, W.M. Jarrell, et al. 1990. Biological feedbacks in global desertification. *Science* 247: 1043–1048.

Schlesinger, W.H. 1997. *Biogeochemistry: An Analysis of Global Change*. 2nd edition. Academic Press, San Diego.

Schlesinger, W.H. 2000. Carbon sequestration in soils: Some cautions amidst optimism. *Agriculture, Ecosystems and Environment* 82: 121–127.

Schmidt, M.W.I., M.S. Torn, S. Abiven, T. Dittmar, G. Guggenberger, et al. 2011. Persistence of soil organic matter as an ecosystem property. *Nature* 478: 49–56.

Schmitz, O.A., P.A. Hambäck, and A.P. Beckerman. 2000. Trophic cascades in terrestrial systems: A review of the effects of carnivore removals on plants. *American Naturalist* 155: 141–153.

Schmitz, O.J. 2009. Effects of predator functional diversity on grassland ecosystem function. *Ecology* 90: 2339–2345.

Schoennagel, T., T.T. Veblen, and W.H. Romme. 2004. The interaction of fire, fuels, and climate across Rocky Mountain forests. *BioScience* 54: 661–676.

Schubert, S.D., M.J. Suarez, P.J. Pegion, R.D. Koster, and J.T. Bacmeister. 2004. On the cause of the 1930s dust bowl. *Science* 303: 1855–1859.

Schuh, A.E., A.S. Denning, K.D. Corbin, I.T. Baker, M. Uliasz, et al. 2010. A regional high-resolution carbon flux inversion of North America for 2004. *Biogeosciences* 7: 1625–1644.

Schulze, E.-D. and F.S. Chapin, III. 1987. Plant specialization to environments of different resource availability. Pages 120–148 *in* E.-D. Schulze and H. Zwolfer, editors. *Potentials and Limitations in Ecosystem Analysis*. Springer-Verlag, Berlin.

Schulze, E.-D., R.H. Robichaux, J. Grace, P.W. Rundel, and J.R. Ehleringer. 1987. Plant water balance. *BioScience* 37: 30–37.

Schulze, E.-D. 1989. Air pollution and forest decline in a spruce (*Picea abies*) forest. *Science* 244: 776–783.

Schulze, E.-D., F.M. Kelliher, C. Körner, J. Lloyd, and R. Leuning. 1994. Relationship among maximum stomatal conductance, ecosystem surface conductance, carbon assimilation rate, and plant nitrogen nutrition: A global ecology scaling exercise. *Annual Review of Ecology and Systematics* 25: 629–660.

Schuur, E.A.G. 2003. Productivity and global climate revisited: The sensitivity of tropical forest growth to precipitation. *Ecology* 84: 1165–1170.

Schuur, E.A.G., J. Bockheim, J. Canadell, E.S. Euskirchen, C. Field, et al. 2008. The vulnerability of permafrost carbon to climate change: Implications for the global carbon cycle. *BioScience* 58: 701–714.

Schuur, E.A.G., J.G. Vogel, K.G. Crummer, H. Lee, J.O. Sickman, et al. 2009. The effect of permafrost thaw on old carbon release and net carbon exchange from tundra. *Nature* 459: 556–559.

Schwoerbel, J. 1987. *Handbook of Limnology*. 5th edition. Halsted Press, New York.

Scurlock, J.M.O. and R.J. Olson. 2002. Terrestrial net primary productivity: A brief history and a new worldwide database. *Environmental Reviews* 10: 91–109.

Seagle, S.W. 2003. Can deer foraging in multiple-use landscapes alter forest nitrogen budgets? *Oikos* 103: 230–234.

Seastedt, T.R. 1985. Canopy interception of nitrogen in bulk precipitation by annually burned and unburned tallgrass prairie. *Oecologia* 66: 88–92.

Seitzinger, S.P., J.A. Harrison, E. Dumont, A.H.W. Beusen, and A.F. Bouwman. 2005. Sources and delivery of carbon, nitrogen, and phosphorus to the coastal zone: An overview of Global Nutrient Export from Watersheds (NEWS) models and their application. *Global Biogeochemical Cycles* 19: GB4S01, doi: 10.1029/2005GB002606.

Selby, M.J. 1993. *Hillslope Materials and Processes*. 2nd edition. Oxford University Press, Oxford.

Semikhatova, O.A. 2000. Ecological physiology of plant dark respiration: Its past, present and future. *Botanishcheskii Zhurnal* 85: 15–32.

Serreze, M.C. 2010. Understanding recent climate change. *Conservation Biology* 24: 10–17.

Shaver, G.R., K.J. Nadelhoffer, and A.E. Giblin. 1991. Biogeochemical diversity and element transport in a heterogeneous landscape, the North Slope of Alaska. Pages 105–126 *in* M.G. Turner and R.H. Gardner, editors. *Quantitative Methods in Landscape Ecology*. Springer-Verlag, New York.

Shaver, G.R., W.D. Billings, F.S. Chapin, III, A.E. Giblin, K.J. Nadelhoffer, et al. 1992. Global change and the carbon balance of arctic ecosystems. *BioScience* 61: 415–435.

Shaver, G.R., J. Canadell, F.S. Chapin, III, J. Gurevitch, J. Harte, et al. 2000. Global warming and terrestrial ecosystems: A conceptual framework for analysis. *BioScience* 50: 871–882.

Shvidenko, A., D.V. Barber, and R. Persson. 2005. Forest and woodland systems. Pages 585–621 *in* R. Hassan, R.J. Scholes, and N. Ash, editors. *Ecosystems and Human Well-Being: Current State and Trends, Volume 1*. Island Press, Washington.

Sigman, D.M. and E.A. Boyle. 2000. Glacial/interglacial variations in atmospheric carbon dioxide. *Nature* 407: 859-869.

Silver, W.L., D.J. Herman, and M.K. Firestone. 2001. Dissimilatory nitrate reduction to ammonium in upland tropical rain forest soils. *Ecology* 82: 2410-2416.

Silvola, J., J. Alm, U. Ahlholm, H. Nykanen, and P.J. Martikainen. 1996. $CO_2$ fluxes from peat in boreal mires under varying temperature and moisture conditions. *Journal of Ecology* 84: 219-228.

Simard, M., W.H. Romme, J.M. Griffin, and M.G. Turner. 2011. Do mountain pine beetle outbreaks change the probability of active crown fire in lodgepole pine forests? *Ecological Monographs* 81: 3-24.

Simard, S.W., D.A. Perry, M.D. Jones, D.D. Myrold, D.M. Durall, et al. 1997. Net transfer of carbon between ectomycorrhizal tree species in the field. *Nature* 388: 579-582.

Sinclair, A.R.E. 1979. The eruption of the ruminants. Pages 82-103 *in* A.R.E. Sinclair and M. Norton-Griffiths, editors. *Serengeti: Dynamics of an Ecosystem*. University of Chicago Press, Chicago.

Sinclair, A.R.E. and M. Norton-Griffiths. 1979. Dynamics of the Serengeti Ecosystem. Pages 1-30 *in* A.R.E. Sinclair and M. Norton-Griffiths, editors. *Serengeti: Dynamics of an Ecosystem*. University of Chicago, Chicago.

Singer, F., W. Swank, and E. Clebsch. 1984. Effects of wild pig rooting in a deciduous forest. *Journal of Wildlife Management* 48: 464-473.

Sinsabaugh, R.L., C.L. Lauber, M.N. Weintraub, B. Ahmed, S.D. Allison, et al. 2008. Stoichiometry of soil enzyme activity at global scale. *Ecology Letters* 11: 1252-1264.

Smart, D.R. and A.J. Bloom. 1988. Kinetics of ammonium and nitrate uptake among wild and cultivated tomatoes. *Oecologia* 76: 336-340.

Smil, V. 2000. Phosphorus in the environment: Natural flows and human interferences. *Annual Review of Energy in the Environment* 25: 53-88.

Smirnoff, N., P. Todd, and G.R. Stewart. 1984. The occurrence of nitrate reduction in the leaves of woody plants. *Annals of Botany* 54: 363-374.

Smit, B. and J. Wandel. 2006. Adaptation, adaptive capacity and vulnerability. *Global Environmental Change* 16: 282-292.

Smith, J.L. and E.A. Paul. 1990. The significance of soil microbial biomass estimations. Pages 357-396 *in* J. Bollag and G. Stotsky, editors. *Soil Biochemistry*. Marcel Dekker, New York.

Smith, S.E. and D.J. Read. 1997. *Mycorrhizal Symbiosis*. Academic Press, London.

Smithwick, E.A.H., M.C. Mack, M.G. Turner, F.S. Chapin, III, J. Zhu, et al. 2005. Spatial heterogeneity and soil nitrogen dynamics in a burned black spruce forest stand: Distinct controls at different scales. *Biogeochemistry* 76: 517-537.

Solomon, S., G.-K. Plattner, R. Knutti, and P. Friedlingstein. 2009. Irreversible climate change due to carbon dioxide emissions. *Proceedings of the National Academy of Sciences, USA* 106: 1704-1709.

Soluck, D.A. and J.S. Richardson. 1997. The role of stoneflies in enhancing growth of trout: A test of the importance of predator-predator facilitation within a stream community. *Oikos* 80: 214-219.

Sowden, F., Y. Chen, and M. Schnitzer. 1977. The nitrogen distribution in soils formed under widely differing climatic conditions. *Geochimica et Cosmochimica Acta* 41: 1524-1526.

Sperry, J.S. 1995. Limitations on stem water transport and their consequences. Pages 105-124 *in* B.L. Gartner, editor. *Plant Stems: Physiology and Functional Morphology*. Academic Press, San Diego.

Sperry, J.S., F.C. Meinzer, and K.A. McCulloh. 2008. Safety and efficiency conflicts in hydraulic architecture: Scaling from tissues to trees. *Plant, Cell & Environment* 31: 632-635.

Sprugel, D.G. 1976. Dynamic structure of wave-generated *Abies balsamea* forests in the northeastern United States. *Journal of Ecology* 64: 880-911.

St. Louis, V.L., C.A. Kelly, E. Duchemin, J.W.M. Rudd, and D.M. Rosenberg. 2000. Reservoir surfaces as sources of greenhouse gases to the atmosphere: A global estimate. *BioScience* 50: 766-775.

Stafford Smith, D.M., N. Abel, B. Walker, and F.S. Chapin, III. 2009. Drylands: Coping with uncertainty, thresholds, and changes in state. Pages 171-195 *in* F.S. Chapin, III, G.P. Kofinas, and C. Folke, editors. *Principles of Ecosystem Stewardship: Resilience-Based Natural Resource Management in a Changing World*. Springer, New Work.

Stanford, G. and E. Epstein. 1974. Nitrogen mineralization-water relations in soils. *Soil Science Society of America Journal* 38: 103-107.

Starfield, A.M. 1991. Qualitative rule-based modeling. *BioScience* 40: 601-604.

Starfield, A.M. and A.L. Bleloch. 1991. *Building Models for Conservation and Wildlife Management*. $2^{nd}$ edition. Burgess Press, Edina, MN.

Stark, J.M. and M.K. Firestone. 1995. Mechanisms for soil moisture effects on nitrifying bacteria. *Applied Environmental Microbiology* 61: 218-221.

Stark, J.M. and S.C. Hart. 1997. High rates of nitrification and nitrate turnover in undisturbed coniferous forests. *Nature* 385: 61-64.

Steele, J.H. 1991. Can ecological theory cross the landsea boundary? *Journal of Theoretical Biology* 153: 425-436.

Steffen, W.L., A. Sanderson, P.D. Tyson, J. Jäger, P.A. Matson, et al. 2004. *Global Change and the Earth System: A Planet under Pressure*. Springer-Verlag, New York.

Steiner, K. 1982. *Intercropping in Tropical Smallholder Agriculture with Special Reference to West Africa*. German Agency for Technical Cooperation (GTZ), Eschborn, Germany.

Stephens, B.B. and R.F. Keeling. 2000. The influence of Antarctic sea ice on glacial-interglacial $CO_2$ variations. *Nature* 404: 171-174.

Stern, N. 2007. *The Economics of Climate Change: The Stern Review*. Cambridge University Press, Cambridge.

Sterner, R.W. and J.J. Elser. 2002. *Ecological Stoichiometry: The Biology of Elements from Molecules to the Biosphere*. Princeton University Press, Princeton.

Sterner, R.W. 2008. On the phosphorus limitation paradigm for lakes. *International Review of Hydrobiology* 93: 433-445.

Stevenson, F.J. 1994. *Humus Chemistry: Genesis, Composition, Reactions*. $2^{nd}$ edition. Wiley, New York.

Still, C.J., J.A. Berry, G.J. Collatz, and R.S. DeFries. 2003.

Global distribution of $C_3$ and $C_4$ vegetation: Carbon cycle implications. *Global Biogeochemical Cycles* 17: doi: 10.1029/2001GB001807.

Stock, W.D. and O.A.M. Lewis. 1984. Uptake and assimilation of nitrate and ammonium by an evergreen Fynbos shrub species *Protea repens* L. (Proteaceae). *New Phytologist* 97: 261–268.

Stocker, R., J.R. Seymour, A. Samadani, D.E. Hunt, and M.F. Polz. 2008. Rapid chemotactic response enables marine bacteria to exploit microscale nutrient patches. *Proceedings of the National Academy of Sciences, USA* 105: 4209–4214.

Stokes, D.E. 1997. *Pasteur's Quadrant: Basic Science and Technological Innovation.* Brookings Institution Press, Washington.

Stramma, L., G.C. Johnson, J. Sprintal, and V. Mohrholz. 2008. Expanding oxygen-minimum zones in the tropical oceans. *Science* 320: 655–658.

Strayer, D.L., N.F. Caraco, J.J. Cole, S. Findlay, and M.L. Pace. 1999. Transformation of freshwater ecosystems by bivalves. *BioScience* 49: 19–27.

Strayer, D.L., R.E. Beighley, L.C. Thompson, A. Brooks, C. Nilsson, et al. 2003. Effects of land cover on stream ecosystems: Roles of empirical models and scaling issues. *Ecosystems* 6: 407–423.

Strong, D.R. 1992. Are trophic cascades all wet? Differentiation and donor-control in speciose ecosystems. *Ecology* 73: 747–754.

Sturm, M., J.P. McFadden, G.E. Liston, F.S. Chapin, III, J. Holmgren, et al. 2001. Snow-shrub interactions in arctic tundra: A feedback loop with climatic implications. *Journal of Climate* 14: 336–344.

Sturman, A.P. and N.J. Tapper. 1996. *The Weather and Climate of Australia and New Zealand.* Oxford University Press, Oxford.

Sucoff, E. 1972. Water potential in red pine: Soil moisture, evapotranspiration, crown position. *Ecology* 52: 681–686.

Suding, K.N., S. Lavorel, F.S. Chapin, III, J.H.C. Cornelissen, S. Díaz, et al. 2008. Scaling environmental change through the community level: A trait-based response- and-effect framework for plants. *Global Change Biology* 14: 1125–1140.

Sun, J.M., K.E. Kohfield, and S.P. Harrison. 2000. *Records of aeolian dust deposition on the Chinese Loess Plateau during the Quaternary.* Max-Planck Instutut für Biogeochemie Technical Reports.

Sundquist, E.T. and K. Visser. 2004. The geologic history of the carbon cycle. Pages 425–472 *in* W.H. Schlesinger, editor. *Biogeochemistry.* Elsevier, Amsterdam.

Sutherland, W.J. 2000. *The Conservation Handbook: Research, Management and Policy.* Blackwell Scientific, Oxford.

Sutton, M.A., D. Smpson, P.E. Levy, R.I. Smith, S. Fres, et al. 2008. Uncertainties in the relationship between atmospheric nitrogen deposition and forest carbon sequestration. *Global Change Biology* 14: 2057–2063.

Swank, W.T. and J.E. Douglass. 1974. Streamflow greatly reduced by converting deciduous hardwood stands to pine. *Science* 185: 857–859.

Swanson, F.J. and F.S. Chapin, III. 2009. Forest Systems: Living with long-term change. Pages 149–170 *in* F.S. Chapin, III, G.P. Kofinas, and C. Folke, editors. *Principles of Ecosystem Stewardship: Resilience- Based Natural Resource Management in a Changing World.* Springer, New York.

Swift, M.J., O.W. Heal, and J.M. Anderson. 1979. *Decomposition in Terrestrial Ecosystems.* Blackwell Scientific Publications, Ltd., Oxford.

Syvitski, J.P.M., C.J. Vörösmarty, A.J. Kettner, and P.A. Green. 2005. Impact of humans on the flux of terrestrial sediment to the global coastal ocean. *Science* 308: 376–380.

Szaro, R.C., N.D. Johnson, W.T. Sexton, and A.J. Malk, editors. 1999. *Ecological Stewardship: A Common Reference for Ecosystem Management.* Elsevier Science Ltd, Oxford.

Tallis, H., P. Kareiva, M. Marvier, and A. Chang. 2008. An ecosystem services framework to support both practical conservation and economic development. *Proceedings of the National Academy of Sciences, USA* 105: 9457–9464.

Tans, P.P., I.Y. Fung, and T. Takahashi. 1990. Observational constraints on the global $CO_2$ budget. *Science* 247: 1431–1438.

Tansley, A.G. 1935. The use and abuse of vegetational concepts and terms. *Ecology* 16: 284–307.

Tarnocai, C., J.G. Canadell, E.A.G. Schuur, P. Kuhry, G. Mazhitova, et al. 2009. Soil organic carbon pools in the northern circumpolar permafrost region. Global Biogeochemical Cycles 23: GB2023, doi: 2010.1029/2008GB003327.

Taylor, B.R., D. Parkinson, and W.F.J. Parsons. 1989. Nitrogen and lignin as predictors of litter decay rates: A microcosm test. *Ecology* 70: 97–104.

Taylor, D.L., I.C. Herriott, K.E. Stone, J.W. McFarland, M.G. Booth, et al. 2010. Structure and resilience of fungal communities in Alaskan boreal forest soils. *Canadian Journal of Forest Research* 40: 1288–1301.

Tengö, M., K. Johansson, F. Rakotongrasoa, J. Lundberg, J.-A. Andriamaherilala, et al. 2007. Taboos and forest governance: Informal protection of hot spot dry forest in Southern Madagascar. *Ambio* 36: 683–691.

Tennyson, A.J.D. 2010. The origin and history of New Zealand's terrestrial vertebrates. *New Zealand Journal of Ecology* 34: 6–27.

Terashima, I. and K. Hikosaka. 1995. Comparative ecophysiology of leaf and canopy photosynthesis. *Plant, Cell and Environment* 18: 1111–1128.

Teskey, R.O., D.W. Sheriff, and D.Y. Hollinger. 1995. External and internal factors regulating photosynthesis *in* W.K. Smith and T.M. Hinkley, editors. *Resources and Physiology of Conifers: Acquisition, Allocation, and Utilization.* Academic Press, San Diego.

Thiet, R.K., S.D. Frey, and J. Six. 2006. Do growth yield efficiencies differ between soil microbial communities differing in fungal: bacterial ratios? Reality check and methodological issues. *Soil Biology and Biochemistry* 38: 837–844.

Thomas, W.A. 1969. Accumulation and cycling of calcium by dogwood trees. *Ecological Monographs* 39: 101–120.

Thompson, R.M., C.R. Townsend, D. Craw, R. Frew, and R. Riley. 2001. (Further) links from rocks to plants. *Trends in Ecology & Evolution* 16: 543.

Thornton, K.W., B.L. Kimmel, and F.E. Payne. 1990. *Reservoir Limnology: Ecological Perspectives.* John Wiley and Sons, New York.

Thorp, J.H. and A.P. Covich, editors. 2001. *Ecology and Classification of North American Freshwater*

*Invertebrates*. Academic Press, San Diego.
Thurman, H.V. 1991. *Introductory Oceanography*. 6th edition. MacMillan Publishing Company, New York.
Tiessen, H. 1995. Introduction and synthesis. Pages 1-6 *in* H. Tiessen, editor. *Phosphorus in the Global Environment: Transfers, Cycles and Management*. John Wiley & Sons, Chichester.
Tietema, A. and C. Beier. 1995. A correlative evaluation of nitrogen cycling in the forest ecosystems of the EC projects NITREX and EXMAN. *Forest Ecology and Management* 71: 143-151.
Tilman, D. 1985. The resource-ratio hypothesis of plant succession. *American Naturalist* 125: 827-852.
Tilman, D. 1988. *Plant Strategies and the Dynamics and Function of Plant Communities*. Princeton University Press, Princeton.
Tilman, D. and D. Wedin. 1991. Dynamics of nitrogen competition between successional grasses. *Ecology* 72: 1038-1049.
Tilman, D., D. Wedin, and J. Knops. 1996. Productivity and sustainability influenced by biodiversity in grassland ecosystems. *Nature* 379: 718-720.
Tilman, D., P.B. Reich, and J.M.H. Knops. 2006. Biodiversity and ecosystem stability in a decade-long grassland experiment. *Nature* 441: 629-632.
Tjoelker, M.G., J.M. Craine, D. Wedin, P.B. Reich, and D. Tilman. 2005. Linking leaf and root trait syndromes among 39 grassland and savannah species. *New Phytologist* 167: 493-508.
Towns, D.R., I.A.E. Atkinson, and C.H. Daugherty. 2006. Have the harmful effects of introduced rats on islands been exaggerated? *Biological Invasions* 8: 863-891.
Townsend, A.R., P.M. Vitousek, and S.E. Trumbore. 1995. Soil organic matter dynamics along gradients in temperature and land use on the island of Hawaii. *Ecology* 76: 721-733.
Townsend, A.R., C.C. Cleveland, G.P. Asner, and M.M.C. Bustamante. 2007. Controls of foliar N: P ratios in tropical rain forests. *Ecology* 88: 107-118.
Trenberth, K.E., and T.J. Haar. 1996. The 1990-1995 El Niño - Southern Oscillation event: Longest on record. *Geophysical Research Letters* 23: 57-60.
Trenberth, K.E. and D.P. Stepaniak. 2003. Coveriability of components of poleward atmospheric energy transports on seasonal and interannual timescales. *Journal of Climate* 16: 3691-3705.
Trenberth, K.E., J.T. Fasullo, and J. Kiehl. 2009. Earth's global energy budget. *Bulletin of the American Meteorological Society*.
Treseder, K.K. 2008. Nitrogen additions and microbial biomass: A meta-analysis of ecosystem studies. *Ecology Letters* 11: 1111-1120.
Trimble, S.W., F.H. Weirich, and B.L. Hoag. 1987. Reforestation reduces stream flow in the southeastern United States. *Water Resource Research* 23: 425-437.
Trumbore, S.E. 1993. Comparison of carbon dynamics in tropical and temperate soils using radiocarbon measurements. *Global Biogeochemical Cycles* 7: 275-290.
Trumbore, S.E. and J.W. Harden. 1997. Accumulation and turnover of carbon in organic and mineral soils of the BOREAS northern study area. *Journal of Geophysical Research* 102: 28817-28830.
Tsuyuzaki, S. and R. del Moral. 1995. Species attributes in early primary succession on volcanoes. *Journal of Vegetation Science* 6: 517-522.
Turetsky, M.R., M.C. Mack, T.N. Hollingsworth, and J.W. Harden. 2010. The role of mosses in ecosystem succession and function in Alaska's boreal forest. *Canadian Journal of Forest Research* 40: 1237-1264.
Turner, B.L., II, W.C. Clark, R.W. Kates, J.F. Richards, J.T. Mathews, et al., editors. 1990. *The Earth as Transformed by Human Action: Global and Regional Changes in the Biosphere over the Past 300 Years*. Cambridge University Press, Cambridge.
Turner, B.L., II, R.E. Kasperson, P.A. Matson, J.J. McCarthy, R.W. Corell, et al. 2003a. A framework for vulnerability analysis in sustainability science. *Proceedings of the National Academy of Sciences, USA* 100: 8074-8079.
Turner, D.P., S. Urbanski, D. Bremer, S.C. Wofsy, T. Meyers, et al. 2003b. A cross-biome comparison of daily light use efficiency for gross primary production. *Global Change Biology* 9: 383-395.
Turner, D.P., W.D. Ritts, W.B. Cohen, T.K. Maeirsperger, S.T. Gower, et al. 2005. Site-level evaluation of satellite-based global terrestrial primary production and net primary production monitoring. *Global Change Biology* 11: 666-684.
Turner, M.G., R.V. O'Neill, R.H. Gardner, and B.T. Milne. 1989. Effects of changing spatial scale on the analysis of landscape pattern. *Landscape Ecology* 3: 153-162.
Turner, M.G., W.H. Romme, R.H. Gardner, R.V. O'Neill, and T.K. Kratz. 1993. A revised concept of landscape equilibrium: Disturbance and stability on scaled landscapes. *Landscape Ecology* 8: 213-227.
Turner, M.G., W.H. Hargrove, R.H. Gardner, and W.H. Romme. 1994. Effects of fire on landscape heterogeneity in Yellowstone National Park, Wyoming. *Journal of Vegetation Science* 5: 731-742.
Turner, M.G., W.H. Romme, R.H. Gardner, and W.W. Hargrove. 1997. Effects of fire size and pattern on early succession Yellowstone National Park. *Ecological Monographs* 67: 411-433.
Turner, M.G., W.H. Romme, and R.H. Gardner. 1999. Prefire heterogeneity, fire severity and plant reestablishment in subalpine forests of Yellowstone National Park, Wyoming. *International Journal of Wildland Fire* 9: 21-36.
Turner, M.G., R.H. Gardner, and R.V. O'Neill. 2001. *Landscape Ecology in Theory and Practice: Pattern and Process*. Springer-Verlag, New York.
Turner, M.G. 2005. Landscape ecology: What is the state of the science? *Annual Review of Ecology, Evolution, and Systematics* 36: 319-344.
Turner, M.G. and F.S. Chapin, III. 2005. Causes and consequences of spatial heterogeneity in ecosystem function. Pages 9-30 *in* G.M. Lovett, C.G. Jones, M.G. Turner, and K.C. Weathers, editors. *Ecosystem Function in Heterogeneous Landscapes*. Springer, New York.
Turner, M.G. 2010. Disturbance and landscape dynamics in a changing world. *Ecology* 91: 2833-2849.
Tyrrell, T. 1999. The relative influences of nitrogen and phosphorus on oceanic primary production. *Nature* 400: 525-531.
Uehara, G. and G. Gillman. 1981. *The Minerology, Chemistry, and Physics of Tropical Soils with Variable*

*Charge Clays*. Westview Press, Boulder.

Ugolini, F.C. 1968. Soil development and alder invasion in a recently deglaciated area of Glacier Bay, Alaska. Pages 115–148 *in* J.M. Trappe, F.F. Franklin, R.F. Tarrant, and G.M. Hansen, editors. *Biology of Alder*. USDA Forest Service, Pacific Northwest Forest and Range Experiment Station, Portland.

Ugolini, F.C. and H. Spaltenstein. 1992. Pedosphere. Pages 123–153 *in* S.S. Butcher, R.J. Charlson, G.H. Orians, and G.V. Wolfe, editors. *Global Biogeochemical Cycles*. Academic Press, London.

Ulrich, A. and J.J. Hills. 1973. Plant analysis as an aid in fertilizing sugar crops: Part I. Sugar beets. Pages 271–288 *in* L.M. Walsh and J.D. Beaton, editors. *Soil Testing and Plant Analysis*. Soil Science Society of America, Madison, WI.

Urban, D.L., R.V. O'Neill, and H.H. Shugart. 1987. Landscape ecology. *BioScience* 37: 119–127.

Vadeboncoeur, Y., M.J. Vander Zanden, and D.M. Lodge. 2002. Putting the lake back together: Reintegrating benthic pathways into lake food web models. *BioScience* 52: 44–54.

Vadeboncoeur, Y., G.D. Peterson, M.J. Vander Zanden, and J. Kalff. 2008. Benthic algal production across lake size gradients: Interactions among morphometry, nutrients, and light. *Ecology* 89: 2542–2552.

Valentini, R., G. Matteucci, A.J. Dolman, E.-D. Schulze, C. Rebmann, et al. 2000. Respiration as the main determinant of carbon balance in European forests. *Nature* 404: 861–864.

Valiela, I. 1995. *Marine Ecological Processes*. $2^{nd}$ edition. Springer-Verlag, New York.

Van Breemen, N. and A.C. Finzi. 1998. Plant-soil interactions: Ecological aspects and evolutionary implications. *Biogeochemistry* 42: 1–19.

Van Cleve, K., W.C. Oechel, and J.L. Hom. 1990. Response of black spruce (*Picea mariana*) ecosystems to soil temperature modification in interior Alaska. *Canadian Journal of Forest Research* 20: 1530–1535.

Van Cleve, K., F.S. Chapin, III, C.T. Dyrness, and L.A. Viereck. 1991. Element cycling in taiga forest: State-factor control. *BioScience* 41: 78–88.

Van Cleve, K., C.T. Dyrness, G.M. Marion, and R. Erickson. 1993. Control of soil development on the Tanana River floodplain, interior Alaska. *Canadian Journal of Forest Research* 23: 941–955.

van Ruijven, J. and F. Berendse. 2003. Positive effects of plant species diversity on productivity in the absence of legumes. *Ecology Letters* 6: 170–175.

Vance, E.D. and F.S. Chapin, III. 2001. Substrate-environment interactions: Multiple limitations to microbial activity in taiga forest floors. *Soil Biology and Biochemistry* 33: 173–188.

Vander Zanden, M.J., T.E. Essington, and Y. Vadeboncoeur. 2005. Is pelagic top-down control in lakes augmented by benthic energy pathways? *Canadian Journal of Fisheries and Aquatic Sciences* 62: 1422–1431.

Vander Zanden, M.J., S. Chandra, S.-K. Park, Y. Vadeboncoeur, and C.R. Goldman. 2006. Efficiencies of benthic and pelagic trophic pathways in a subalpine lake. *Canadian Journal of Fisheries and Aquatic Sciences* 63: 2608–2620.

Vandermeer, J.H. 1990. Intercropping. Pages 481–516 *in* C.R. Carrol, J.H. Vandermeer, and P.M. Rosset, editors. *Agroecology*. McGraw Hill, New York.

Vandermeer, J.H. 1995. The ecological basis of alternative agriculture. *Annual Review of Ecology and Systematics* 26: 201–224.

Vannote, R.I., G.W. Minshall, K.W. Cummings, J.R. Sedell, and C.E. Cushing. 1980. The river continuum concept. *Canadian Journal of Fisheries and Aquatic Sciences* 37: 120–137.

VEMAP-Members. 1995. Vegetation/ecosystem modeling and analysis project: Comparing biogeography and biogeochemistry models in a continental-scale study of terrestrial ecosystem responses to climate change and $CO_2$ doubling. *Global Biogeochemical Cycles* 9: 407–437.

Verbyla, D.L. 1995. *Satellite Remote Sensing of Natural Resources*. CRC Press, Boca Raton, Florida.

Verhoef, H.A. and L. Brussaard. 1990. Decomposition and nitrogen mineralization in natural and agro-ecosystems: The contribution of soil animals. *Biogeochemistry* 11: 175–211.

Villar, R., J.R. Robleto, Y. De Jong, and H. Poorter. 2006. Differences in construction costs and chemical composition between deciduous and evergreen woody species are small as compared to differences among families. *Plant, Cell and Environment* 29: 1629–1643.

Violle, C., M.-L. Navas, D. Vile, E. Kazakou, C. Fortunel, et al. 2007. Let the concept of trait be functional! *Oikos* 116: 882–892.

Vitousek, P.M. and W.A. Reiners. 1975. Ecosystem succession and nutrient retention: A hypothesis. *BioScience* 25: 376–381.

Vitousek, P.M. 1982. Nutrient cycling and nutrient use efficiency. *American Naturalist* 119: 553–572.

Vitousek, P.M., J.R. Gosz, C.C. Grier, J.M. Melillo, and W.A. Reiners. 1982. A comparative analysis of potential nitrification and nitrate mobility in forest ecosystems. *Ecological Monographs* 52: 155–177.

Vitousek, P.M. 1984. Litterfall, nutrient cycling, and nutrient limitation in tropical forests. *Ecology* 65: 285–298.

Vitousek, P.M. and P.A. Matson. 1984. Mechanisms of nitrogen retention in forest ecosystems: A field experiment. *Science* 225: 51–52.

Vitousek, P.M., L.R. Walker, L.D. Whiteaker, D. Mueller-Dombois, and P.A. Matson. 1987. Biological invasion by *Myrica faya* alters ecosystem development in Hawai'i. *Science* 238: 802–804.

Vitousek, P.M. and P.A. Matson. 1988. Nitrogen transformations in a range of tropical forest soils. *Soil Biology and Biochemistry* 20: 361–367.

Vitousek, P.M. 1990. Biological invasions and ecosystem processes: Towards an integration of population biology and ecosystem studies. *Oikos* 57: 7–13.

Vitousek, P.M. and R.W. Howarth. 1991. Nitrogen limitation on land and in the sea: How can it occur? *Biogeochemistry* 13: 87–115.

Vitousek, P.M., G. Aplet, D. Turner, and J.J. Lockwood. 1992. The Mauna Loa environmental matrix: Foliar and soil nutrients. *Oecologia* 89: 372–382.

Vitousek, P.M. and D.U. Hooper. 1993. Biological diversity and terrestrial ecosystem biogeochemistry. Pages 3–14 *in* E.-D. Schulze and H.A. Mooney, editors. *Biodiversity and Ecosystem Function*. Springer-Verlag, Berlin.

Vitousek, P.M. 1994. Beyond global warming: Ecology and global change. *Ecology* 75: 1861-1876.

Vitousek, P.M., J.D. Aber, R.W. Howarth, G.E. Likens, P.A. Matson, et al. 1997a. Human alteration of the global nitrogen cycle: Sources and consequences. *Ecological Applications* 7: 737-750.

Vitousek, P.M. and H. Farrington. 1997. Nitrogen limitation and soil development: Experimental test of a biogeochemical theory. *Biogeochemistry* 37: 63-75.

Vitousek, P.M., H.A. Mooney, J. Lubchenco, and J.M. Melillo. 1997b. Human domination of Earth's ecosystems. *Science* 277: 494-499.

Vitousek, P.M. and C.B. Field. 1999. Ecosystem constraints to symbiotic nitrogen fixers: A simple model and its implications. *Biogeochemistry* 46: 179-202.

Vitousek, P.M., K. Cassman, C.C. Cleveland, T. Crews, C.B. Field, et al. 2002. Towards an ecological understanding of biological nitrogen fixation. *Biogeochemistry* 57/58: 1-45.

Vitousek, P.M. 2004. *Nutrient Cycling and Limitation: Hawai'i as a Model System.* Princeton University Press, Princeton.

Vitousek, P.M., G.P. Asner, O.A. Chadwick, and S. Hotchkiss. 2009a. Landscape-level variation in forest structure and biogeochemistry across a substrate age gradient in Hawai'i. *Ecology* 90: 3074-3086.

Vitousek, P.M., R.L. Naylor, T. Crews, M.B. David, L.E. Drinkwater, et al. 2009b. Agriculture: Nutrient imbalances in agricultural development. *Science* 324: 1519-1520.

Vitousek, P.M., S. Porder, B.Z. Houlton, and O.A. Chadwick. 2010. Terrestrial phosphorus limitation: Mechanisms, implications, and nitrogen-phosphorus interactions. *Ecological Applications* 20: 5-15.

Vogt, K.A., C.C. Grier, and D.J. Vogt. 1986. Production, turnover, and nutrient dynamics in above- and belowground detritus of world forests. *Advances in Ecological Research* 15: 303-377.

Vörösmarty, C.J., C. Leveque, C. Revenga, R. Bos, C. Caudill, et al. 2005. Fresh water. Pages 165-207 *in* R. Hassan, R.J. Scholes, and N. Ash, editors. *Ecosystems and Human Well-Being: Current State and Trends, Volume 1.* Island Press, Washington.

Vrba, E.S. and S.J. Gould. 1986. The hierarchical expansion of sorting and selection: Sorting and selection cannot be equated. *Paleobiology* 12: 217-228.

Vukicevic, T., B.H. Braswell, and D. Schimel. 2001. A diagnostic study of temperature controls on global terrestrial carbon exchange. *Tellus* 53B: 150-170.

Wagener, S.M., M.W. Oswood, and J.P. Schimel. 1998. Rivers and soils: Parallels in carbon and nutrient processing. *BioScience* 48: 104-108.

Waldrop, M.P. and D.R. Zak. 2006. Response of oxidative enzyme activities to nitrogen deposition affects soil concentrations of dissolved organic carbon. *Ecosystems* 9: 921-933.

Walker, B.H. 1992. Biodiversity and ecological redundancy. *Conservation Biology* 6: 18-23.

Walker, B.H. 1995. Conserving biological diversity through ecosystem resilience. *Conservation Biology* 9: 747-752.

Walker, B.H., A. Kinzig, and J. Langridge. 1999. Plant attribute diversity, resilience, and ecosystem function: The nature and significance of dominant and minor species. *Ecosystems* 2: 95-113.

Walker, B.H., C.S. Holling, S.R. Carpenter, and A. Kinzig. 2004. Resilience, adaptability, and transformability in social-ecological systems. *Ecology and Society* 9: http: // www.ecologyandsociety.org/vol9/ iss2/art5.

Walker, D.A., J.G. Bockheim, F.S. Chapin, III, W. Eugster, J.Y. King, et al. 1998. A major arctic soil pH boundary: Implications for energy and trace-gas fluxes. *Nature* 394: 469-472.

Walker, L.R., J.C. Zasada, and F.S. Chapin, III. 1986. The role of life history processes in primary succession on an Alaskan floodplain. *Ecology* 67: 1243-1253.

Walker, L.R. 1993. Nitrogen fixers and species replacements in primary succession. Pages 249-272 *in* J. Miles and D.W.H. Walton, editors. *Primary succession on land.* Blackwell, Oxford.

Walker, L.R. 1999. Patterns and processes in primary succession. Pages 585-610 *in* L.R. Walker, editor. *Ecosystems of Disturbed Ground.* Elsevier, Amsterdam.

Walker, L.R. and R. del Moral. 2003. *Primary Succession and Ecosystem Rehabilitation.* Cambridge University Press, Cambridge.

Walker, T.W. and J.K. Syers. 1976. The fate of phosphorus during pedogenesis. *Geoderma* 15: 1-19.

Wall, D.H., G. Adams, and A.N. Parsons. 2001. Soil biodiversity. Pages 47-82 *in* F.S. Chapin, III, O.E. Sala, and E. Huber-Sannwald, editors. *Global Biodiversity in a Changing Environment: Scenarios for the 21st century.* Springer-Verlag, New York.

Wall, D.H., M.A. Bradford, M.G. St. John, J.A. Trofymow, V. Behan-Pelletier, et al. 2008. Global decomposition experiment shows soil animal impacts on decomposi- tion are climate-dependent. *Global Change Biology* 14: 2661-2677.

Wallwork, J.A. 1976. *The Distribution and Diversity of Soil Fauna.* Academic Press, New York.

Walter, K.M., L.C. Smith, and F.S. Chapin, III. 2007. Methane bubbling from northern lakes: Present and future contributions to the global methane budget. *Philosophical Transactions of the Royal Society of London* A365: 1657-1676.

Walter, M.K., S.A. Zimov, J.P. Chanton, D. Verbyla, and F.S. Chapin, III. 2006. Methane bubbling from Siberian thaw lakes as a positive feedback to climate warming. *Nature* 443: 71-75.

Walters, C.J. and S.J.D. Martell. 2004. *Fisheries Ecology and Management.* Princeton University Press, Princeton.

Walters, C.J. and R. Ahrens. 2009. Oceans and estuaries: Managing the commons. Pages 221-240 *in* F.S. Chapin, III, G.P. Kofinas, and C. Folke, editors. *Principles of Ecosystem Stewardship: Resilience-Based Natural Resource Manangement in a Changing World.* Springer, New York.

Walters, M.B. and P.B. Reich. 1999. Low-light carbon balance and shade tolerance in the seedlings of woody plants: Do winter deciduous and broad-leaved evergreen species differ? *New Phytologist* 143: 143-154.

Wan, S., D. Hui, and Y. Luo. 2001. Fire effects on nitrogen pools and dynamics in terrestrial ecosystems: A meta-analysis. *Ecological Applications* 11: 1349-1365.

Wang, J.S., J.A. Logan, M.B. McElroy, B.N. Duncan, I.A. Megretskaia, et al. 2004. A 3-D model analysis of the slowdown and interannual variability in the methane growth rate from 1988 to 1997. *Global Biogeochemical Cycles* 18: GB3011, doi: 3010.1029/3003GB002180.

Waring, R.H., J.J. Landsberg, and M. Williams. 1998. Net primary production of forests: A constant fraction of gross primary production? *Tree Physiology* 18: 129-134.

Waring, R.H. and S.W. Running. 2007. *Forest Ecosystems: Analysis at Multiple Scales.* 3rd edition. Academic Press, San Diego.

WCED. 1987. *Our Common Future.* World Commission on Environment and Development, Oxford University Press, Oxford.

Weaver, C.P. and R. Avissar. 2001. Atmospheric disturbances caused by human modification of the landscape. *Bulletin of the American Meteorological Society* 82: 269-281.

Webb, T. and P.J. Bartlein. 1992. Global changes during the last three million years: Climatic controls and biotic responses. *Annual Review of Ecology and Systematics* 23: 141-173.

Webster, J.R. and E.F. Benfield. 1986. Vascular plant breakdown in freshwater ecosystems. *Annual Review of Ecology and Systematics* 17: 567-594.

Webster, J.R., S.W. Golliday, E.F. Benfield, D.J. D'Angelo, and G.T. Peters. 1990. Effects of forest disturbance on particulate organic matter budgets of small streams. *Journal of the North American Benthological Society* 9: 120-140.

Webster, J.R., J.B. Wallace, and E.F. Benfield. 1995. Organic processes in streams of the eastern United States.*in* C.E. Cushing, G.W. Minshall, and K.W. Cummins, editors. *Ecosystems of the World 22: River and Stream Ecosystems.* Elsevier, Amsterdam.

Webster, J.R. and J.L. Meyer. 1997. Organic matter budgets for streams: A synthesis. *Journal of the North American Benthological Society* 16: 141-161.

Webster, J.R. 2007. Spiraling down the river continuum: Stream ecology and the U-shaped curve. *Journal of the North American Benthological Society* 26: 375-389.

Webster, K.E., T.K. Kratz, C.J. Bowser, and J.J. Magnuson. 1996. The influence of landscape position on lake chemical responses to drought in northern Wisconsin. *Limnology and Oceanography* 41: 977-984.

Webster, P.J. and T.N. Palmer. 1997. The past and future of El Niño. *Nature* 390: 562-564.

Wedin, D.A. and D. Tilman. 1990. Species effects on nitrogen cycling: A test with perennial grasses. *Oecologia* 84: 433-441.

Wells, M.P. and K.E. Brandon. 1993. The principles and practice of buffer zones and local participation in biodiversity conservation. *Ambio* 22: 157-162.

West, T.O. and W.M. Post. 2002. Soil organic carbon sequestration rates by tillage and crop rotation: A global data analysis. *Soil Science Society of America Journal* 66: 1930-1946.

Westley, F., B. Zimmerman, and M.Q. Patton. 2006. *Getting to Maybe: How the World is Changed.* Random House, Toronto.

Westman, W.E. 1978. Patterns of nutrient flow in the pygmy forest region of northern California. *Vegetatio* 36: 1-15.

Whalen, S.C. and J.C. Cornwell. 1985. Nitrogen, phosphorus, and organic carbon cycling in an arctic lake. *Canadian Journal of Fisheries and Aquatic Sciences* 42: 797-808.

Whisenant, S. 1999. *Repairing Damaged Ecosystems.* Cambridge University Press, New York.

White, M.A., P.E. Thornton, S.W. Running, and R.R. Nemani. 2000. Parameterization and sensitivity analysis of the BIOME-BGC terrestrial ecosystem model: Net primary production controls. *Earth Interactions* 4: 1-85.

White, P.S. and S.T.A. Pickett. 1985. Natural disturbance and patch dynamics: An introduction. Pages 3-13 *in* S.T.A. Pickett and P.S. White, editors. *The Ecology of Natural Disturbance and Patch Dynamics.* Academic Press, New York.

Whiteman, G., B.C. Forbes, J. Niemelä, and F.S. Chapin, III. 2004. Bringing feedback and resilience of high-latitude ecosystems into the corporate boardroom. *Ambio* 33: 371-376.

Whittaker, R.H. and W.A. Niering. 1965. Vegetation of the Santa Catalina Mountains, Arizona. (II) A gradient analysis of the south slope. *Ecology* 46: 429-452.

Whittaker, R.H. 1975. *Communities and Ecosystems.* 2nd edition. Macmillan, New York.

Wiegert, R.G. and D.F. Owen. 1971. Trophic structure, available resources and population density in terrestrial versus aquatic ecosystems. *Journal of Theoretical Biology* 30: 69-81.

Wiens, J.A. 1996. Wildlife in patchy environments: Metapopulations, mosaics, and management. Pages 53-84 *in* D.R. McCullough, editor. *Metapopulations and Wildlife Conservation.* Island Press, Washington.

Wilcox, H.E. 1991. Mycorrhizae. Pages 731-765 *in* Y. Waisel, A. Eshel, and U. Kafkaki, editors. *Plant Roots: The Hidden Half.* Marcel Dekker, New York.

Williams, J.W. and S.T. Jackson. 2007. Novel climates, no-analog communities, and ecological surprises. *Frontiers in Ecology and the Environment* 5: 475-482.

Williamson, C.E., R.S. Sternberger, D.P. Morris, T.M. Frost, and S.G. Paulsen. 1996. Ultraviolet radiation in North American lakes: Attenuation estimates from DOC measurements and implications for plankton communities. *Limnology and Oceanography* 41: 1024-1034.

Willson, M.F., S.M. Gende, and B.H. Marston. 1998. Fishes and the forest. *BioScience* 48: 455-462.

Wilson, G.W.T., W. Rice, M.C. Rillig, A. Springer, and D.C. Hartnett. 2009. Soil aggregation and carbon sequestration are tightly correlated with the abundance of arbuscular mycorrhizal fungi: Results from long-term field experiments. *Ecology Letters* 12: 452-461.

Wilson, J.B. and D.Q. Agnew. 1992. Positive-feedback switches in plant communities. *Advances in Ecological Research* 23: 263-336.

Wilson, K.B., D.D. Baldocchi, M. Aubinet, P. Berbigier, C. Bernhofer, et al. 2002. Energy partitioning between latent and sensible heat flux during the warm season at FLUXNET sites. *Water Resources Research* 38: 1294, doi: 1210.1029/2001WR000989.

Winner, W.E., H.A. Mooney, K. Williams, and S. von Caemmerer. 1985. Measuring and assessing $SO_2$ effects on photosynthesis and plant growth. Pages 118-132 *in* W.E. Winner and H.A. Mooney, editors. *Sulfur Dioxide and Vegetation.* Stanford University Press, Stanford, California.

Wolheim, W.M., C.J. Vörösmarty, B.J. Peterson, S.P. Seitzinger, and C.S. Hopkinson. 2006. Relationship between river size and nutrient removal. *Geophysical Research Letters* 33: L06410, doi: 06410.01029/02006 GL025845.

Woodward, F.I. 1987. *Climate and Plant Distribution*. Cambridge University Press, Cambridge.

Woodward, S., P.M. Vitousek, K. Benvenuto, and P.A. Matson. 1990. Use of the exotic tree *Myrica faya* by native and exotic birds in Hawaii Volcanoes National Park. *Pacific Science* 44: 88-93.

Woodwell, G.M. and R.H. Whittaker. 1968. Primary production in terrestrial communities. *American Zoologist* 8: 19-30.

Wright, I.J., P.B. Reich, and M. Westoby. 2001. Strategy shifts in leaf physiology, structure and nutrient content between species of high- and low-rainfall and high- and low-nutrient habitats. *Functional Ecology* 15: 423-434.

Wright, I.J., P.B. Reich, M. Westoby, D.D. Ackerly, Z. Barusch, et al. 2004. The world-wide leaf economics spectrum. *Nature* 428: 821-827.

Wright, M.S. and A.P. Covich. 2005. Relative importance of bacteria and fungi in a tropical headwater stream: Leaf decomposition and invertebrate feeding preference. *Microbial Ecology* 49: 536-546.

Wu, J. and O.L. Loucks. 1995. From balance of nature to hierarchical patch dynamics: A paradigm shift in ecology. *Quarterly Review of Biology* 70: 439-466.

Xiao, J., Q. Zhuang, D.D. Baldocchi, B.E. Law, A.D. Richardson, et al. 2008. Estimation of net ecosystem carbon exchange for the conterminous United States by combining MODIS and AmeriFlux data. *Agricultural and Forest Meteorology* 148: 1827-1847.

Xiao, J., Q. Zhuang, B.E. Law, J. Chen, D.D. Baldocchi, et al. 2010. A continuous measure of gross primary production for the conterminous United States derived from MODIS and AmeriFlux data. *Remote Sensing of Environment* 114: 576-591.

Yamada, A., T. Inoue, D. Wiwatwitaya, M. Ohkuma, T. Kudo, et al. 2006. Nitrogen fixation by termites in tropical forests, Thailand. *Ecosystems* 9: 75-83.

Yoo, K., R. Amundson, A.M. Heimsath, and W.E. Dietrich. 2005. Process-based model linking pocket gopher (*Thomomys bottae*) activity to sediment transport and soil thickness. *Geology* 33: 917-920.

Young, O.R. and W. Steffen. 2009. The Earth System: Sustaining planetary life-support systems. Pages 295-315 *in* F.S. Chapin, III, G.P. Kofinas, and C. Folke, editors. *Principles of Ecosystem Stewardship: Resilience-Based Natural Resource Management in a Changing World*. Springer, New York.

Young, T.P., D.A. Petersen, and J.J. Clary. 2005. The ecology of restoration: Historical links, emerging issues and unexplored realms. *Ecology Letters* 8: 662-673.

Zak, M.R., M. Cabido, D. Cáceres, and S. Díaz. 2008. What drives accelerated land cover change in central Argentina? Synergistic consequences of climatic, socioeconomic and technological factors. *Environmental Management* 42: 181-189.

Zangerl, A.R. and M.R. Berenbaum. 2006. Parsnip webworms and host plants at home and abroad: Trophic complexity in a geographic mosaic. *Ecology* 87: 3070-3081.

Zech, W. and I. Kogel-Knabner. 1994. Patterns and regulation of organic matter transformation in soils: Litter decomposition and humification. Pages 303-335 *in* E.-D. Schulze, editor. *Flux Control in Biological Systems: From Enzymes to Populations and Ecosystems*. Academic Press, San Diego.

Zheng, D., S. Prince, and R. Wright. 2003. Terrestrial net primary production estimates for 0.5° grid cells from field observations: A contribution to global biogeochemical modeling. *Global Change Biology* 9: 46-64.

Zimmermann, M.H. 1983. *Xylem Structure and the Ascent of Sap*. Springer, New York.

Zimov, S.A., V.I. Chuprynin, A.P. Oreshko, F.S. Chapin, III, J.F. Reynolds, et al. 1995. Steppe-tundra transi- tion: An herbivore-driven biome shift at the end of the Pleistocene. *American Naturalist* 146: 765-794.

Zimov, S.A., E.A.G. Schuur, and F.S. Chapin, III. 2006. Permafrost and the global carbon budget. *Science* 312: 1612-1613.

# 索　引

## 英数字



## あ　行

## ■か　行

## さ　行

## ■た 行

## ■な　行



## ■は　行

## ま　行



## や　行



## ら　行

## わ 行

## 監訳者略歴（以下の所属は2018年6月現在）

加藤　知道（かとう・ともみち）　担当：監訳，第14章（共同）

1976年生まれ，北海道大学 農学研究院 准教授，博士（理学）（筑波大学），専門：植物生態学，微気象学

## 訳者略歴

榎木　勉（えのき・つとむ）　担当：第1章

1967年生まれ，九州大学 農学研究院 准教授，博士（農学）（京都大学），専門：森林生態学

戸田　求（とだ・もとむ）　担当：第2章

1970年生まれ，広島大学 生物圏科学研究科 講師，博士（農学）（京都大学），専門：森林気象学，生態系生態学

藤井　一至（ふじい・かずみち）　担当：第3章

1981年生まれ，森林総合研究所 立地環境研究領域 主任研究員，博士（農学）（京都大学），専門：土壌学

中井　太郎（なかい・たろう）　担当：第4章

1972年生まれ，名古屋大学 宇宙地球環境研究所 特任助教，博士（農学）（北海道大学），専門：微気象学

鎌倉　真依（かまくら・まい）　担当：第5章

1982年生まれ，京都大学 農学研究科 研究員，博士（理学）（奈良女子大学），専門：植物生理生態学

植山　雅仁（うえやま・まさひと）　担当：第6章

1978年生まれ，大阪府立大学 生命環境科学研究科 准教授，博士（理学）（岡山大学），専門：微気象学

友常　満利（ともつね・みつとし）　担当：第7章（共同）

1986年生まれ，早稲田大学 教育・総合科学学術院 助教，博士（理学）（早稲田大学），専門：生態系生態学

吉竹　晋平（よしたけ・しんぺい）　担当：第7章（共同）

1980年生まれ，岐阜大学 流域圏科学研究センター 助手，博士（学術）（広島大学），専門：土壌微生物生態学

小山　里奈（こやま・りな）　担当：第8章

1973年生まれ，京都大学 情報学研究科 准教授，博士（農学）（京都大学），専門：植物生理生態学

木庭　啓介（こば・けいすけ）　担当：第9章

1971年生まれ，京都大学 生態学研究センター 教授，博士（農学）（京都大学），専門：同位体生態学，生物地球化学

廣田　充（ひろた・みつる）　担当：第10章

1975年生まれ，筑波大学 生命環境系 准教授，博士（理学）（筑波大学），専門：生態系生態学，植物生態学

小林　真（こばやし・まこと）　担当：第11章

1981年生まれ，北海道大学 北方生物圏フィールド科学センター 准教授，博士（農学）（北海道大学），専門：樹木生理生態学，土壌生態学

小山　明日香（こやま・あすか）　担当：第12章

1982年生まれ，東京大学 生態調和農学機構 助教，博士（環境科学）（北海道大学），専門：植物生態学

吉原　佑（よしはら・ゆう）　担当：第13章

1979年生まれ，三重大学 生物資源学研究科 准教授，博士（農学）（東京大学），専門：草地生態学

酒井　佑槙（さかい・ゆうま）　担当：第14章（共同）

1985年生まれ，北海道大学 農学研究院 学術研究員，博士（環境科学）（北海道大学），専門：数理生物学

佐々木　雄大（ささき・たけひろ）　担当：第15章

1981年生まれ，横浜国立大学 環境情報研究院 准教授，博士（農学）（東京大学），専門：生物多様性保全学，草原生態学

## 著 者 略 歴


F. Stuart Chapin III（フランシス・スチュアート・チェイピン III）

1973年　Ph.D（生物科学），スタンフォード大学
1973年　アラスカ大学 フェアバンクス校 助教授/准教授
1984年　アラスカ大学 フェアバンクス校 教授
1989年　カリフォルニア大学 バークレー校 教授
1998年　アラスカ大学 フェアバンクス校 教授
2008年　米国生態学会 持続性科学賞共同受賞
2010年　米国生態学会 会長（～2011年）
2011年　アラスカ大学 フェアバンクス校 名誉教授
米国科学アカデミー会員，米国科学振興協会フェロー

Pamela Anne Matson（パメラ・アン・マトソン）

1983年　Ph.D（森林生態学），オレゴン州立大学
1983年　ノースカロライナ州立大学 博士研究員
1983年　NASA エイムズ研究センター リサーチサイエンティスト
1993年　カリフォルニア大学 バークレー校 教授
1995年　マッカーサー財団マッカーサー・フェロー賞受賞
1997年　スタンフォード大学 地質環境科学部 教授
2002年　スタンフォード大学 地球科学部 教授
米国科学アカデミー会員，米国科学振興協会フェロー
著書『Pursuing Sustainability: A Guide to the Science and Practice』(Princeton University Press, 2016) など

Peter Morrison Vitousek（ピーター・モリソン・ヴィトーセク）

1975年　Ph.D（生物学），ダートマス大学
1975年　インディアナ大学 助教授
1980年　ノースカロライナ大学 チャペルヒル校 准教授
1984年　スタンフォード大学 生物学部 准教授　のちに教授
2006年　米国科学アカデミー 科学レビュー賞（環境科学）受賞
2010年　日本国際賞受賞
米国科学アカデミー会員，米国科学振興協会フェロー
著書『Nutrient Cycling and Limitation: Hawai'i as a Model System』(Princeton University Press, 2004) など



**編集担当**　千先治樹（森北出版）
**編集責任**　富井　晃（森北出版）
**組　　版**　創栄図書印刷
**印　　刷**　　同
**製　　本**　ブックアート

生態系生態学（第2版）　　版権取得　*2016*

2018年7月30日　第2版第1刷発行


【本書の無断転載を禁ず】


**監 訳 者**　加藤知道
**発 行 者**　森北博巳
**発 行 所**　**森北出版株式会社**
東京都千代田区富士見1-4-11（〒102-0071）
電話 03-3265-8341／FAX 03-3264-8709
http://www.morikita.co.jp/
日本書籍出版協会・自然科学書協会　会員


JCOPY <（社）出版者著作権管理機構 委託出版物>

落丁・乱丁本はお取替えいたします．


Printed in Japan／ISBN978-4-627-26122-8